프린키피아

프린키피아

Philosophiæ Naturalis Principia Mathematica

아이작 뉴턴 지음 · 박병철 옮김

1687

ISAAC NEWTON

Humanist

일러두기

1. 이 책은 앤드루 모트(Andrew Motte)가 영역한 *Newton's Principia 1st American Edition*(New York: Daniel Adee, 1846)을 저본으로 하되, 다양한 판본을 두루 참고하였다.
2. 본문의 모든 주석은 내용의 이해를 돕기 위해 옮긴이가 작성한 것이다.
3. 이 책은 국립국어원 한국어 어문 규범을 따랐고, 외래어의 경우 외래어 표기법을 따랐다. 단, 이미 익숙한 인명, 지명 및 고유명사 등은 관례에 따랐다.
4. 본문에 삽입된 그림과 표의 번호는 내용의 이해를 돕기 위해 한국어판 편집 과정에서 추가한 것이다.
5. 이 책의 절제목과 원문의 대응 관계는 다음과 같다.
   정의(Definition) / 부가설명(Scholium)
   법칙(Law) / 부가법칙(Corollary)
   보조정리(Lemma) / 부가정리(Corollary)
   명제(Proposition) / 정리(Theorem) / 부가정리(Corollary)
   규칙(Rule) / 현상(Phenomenon)

위대한 과학자 아이작 뉴턴의 손에서 태어나
우리 시대와 조국을 빛낸
수리물리학의 명저에 바치는 헌시

– 에드먼드 핼리(Edmond Halley)

보라, 하늘에 새겨진 문양과 신성한 구조물의 절묘한 조화를
보라, 주피터의 계산과 그의 법칙을
이 세상이 시작될 때 창조주도 이 법칙을 따랐으니
그의 뜻이 세상의 기초가 되었도다
이 한 권의 책으로 하늘의 가장 깊숙한 비밀이 드러나니
천구(天球)를 돌리는 힘의 실체가 눈앞에 보이는구나
태양은 왕좌에 앉아 만물을 호령하되
그 누구에게도 특별한 지위를 허용하지 않았나니
그들은 광활한 공간을 가로질러
변치 않는 원을 그리고 있도다

이 책으로 말미암아 혜성이 그리는 곡선을 알았으니
가련했던 백성은 수염 달린 별이 나타나도 놀라지 않고
어떤 천문가도 정복하지 못했던 포이베(Phoebe)[1]의 비밀을 밝혔으니
교점이 뒤로 후퇴하고 원일점이 앞으로 이동하는 이유를 알았으며
달이 우리에게 행사하는 힘을 알았으니
해초와 모래를 남기고 사라지는 썰물과
해수면을 높이는 밀물의 원리가 만천하에 드러났도다
고대 철학자들을 괴롭혔던 문제들
과학자들 사이에 헛된 논쟁을 야기했던 숱한 문제들
수학이라는 빗자루로 그 일대의 구름을 말끔하게 걷어내니
문제의 본질이 극명하게 드러나는구나
오류와 의심은 이제 우리의 눈을 가리지 못하니
예리한 지성을 길잡이로 삼아
신이 머무는 곳을 향해 천상계로 날아오르도다

인간이여, 이제 야만의 삶을 끝낼 때가 되었나니
속세의 번뇌를 뒤로하고
하늘이 주신 이성의 힘을 깨달을지어다
명판에 율법을 새겨 살인과 도둑질, 부정, 거짓 증언을 금지한 자
유목민에게 성벽으로 둘러싼 도시를 짓게 하고

1) 달.

케레스(Ceres)[2]의 선물로 백성을 배불리 먹인 자
포도를 짠 즙으로 시름을 더는 길을 알려준 자
나일강변에서 자란 갈대에 글자를 새겨 소리를 눈으로 읽게 한 자
이들 모두는 인간의 열악한 삶에 몇 가지 편의를 주었을 뿐이나
이제 우리는 신들의 잔치에 정식으로 초대되었도다
우리는 하늘의 법칙을 논하고, 지구 깊은 곳에 숨겨진 비밀을 밝히고
세상을 관장하는 불변의 법칙을 깨달았으니
아득한 과거부터 숨겨져 온 금단의 열매가 눈앞에 보이는구나

천상의 신들에게만 허용되었던 감로주를 음미하며
뉴턴의 이름을 찬미하자
은밀한 곳에 숨겨진 보물 같은 진리를 발견한 자
태양의 신 아폴로가 심장에 거주하는 자
신성한 힘으로 마음을 가득 채운 자
어느 누가 그보다 더 가까이 신에게 다가갔으랴

2) 농업의 여신.

초판 저자 서문

그리스의 철학자 파푸스(Pappus)가 남긴 기록에 의하면, 고대인들도 자연과 과학을 연구할 때 "역학(mechanics)"을 가장 중요한 요소로 꼽았다. 현대에는 자연에서 초자연적인 개념을 배척하고 눈에 보이는 현상을 수학 법칙으로 표현하려는 시도가 대세로 자리 잡았기에, 나 역시 수학에 집중하여 자연철학을 조명하고자 한다. 고대인들은 역학을 "논리적인 부분"과 "실용적인 부분"으로 나누어 취급했다. 논리적인 부분은 일련의 증명 과정을 통해 증명될 수 있는 역학이고, 실용적인 역학은 주로 손으로 만든 물건의 작동 원리와 관련되어 있다. 원래 "역학"은 숙련된 기술자를 뜻하는 "mechanic(메카닉)"에서 유래된 용어이다.

기술자의 작업이 고도로 정확하게 이루어지지 않는다는 점에서 역학은 기하학(geometry)과 구별된다. 기하학은 정확함의 상징이고, 그 외의 것은 역학에 속한다. 그러나 이 오차는 역학의 본질이 아니라, 그것을 다루는 사람의 오류에서 비롯된 것이다. 정확도가 떨어지는 물건을 만드는 사람은 기술이 부족한 사람이고, 높은 정확도를 유지하는 사람은 고급 기술자로 대접받는다. 직선과 원은 기하학의 기초를 이루는 개념이지만, 그것을 그리는 행위는 역학에 속한다. 기하학은 원이나 직선을 그리는 방법을 알려주지 않은 채 그냥 "그릴 수 있다"는 가정에서 출발하기 때문에, 초보자들은 기하학의 문턱을 넘기 전에 원과 직선을 그리는 방법부터 습득해야 한다. 기본 도형을 이용하여 문제를 푸는 것은 그다음의 일이다. 직선을 긋거나 원을 작도하는 것은 결코 쉬운 일이 아니지만, 기하학에서 내줄 만한 문제는 아니다. 기하학은 역학에서 찾은 답을 이미 가정하고, 그것의 활용법을 가르칠 뿐이다. 기하학은 다른 분야에서 가져온 단 몇 개의 원리에서 출발하여 엄청난 결과물을 만들어냈다. 그러므로 기하학은 역학적 기술에 기초한 학문이며, 따지고 보면 "측정 행위를 정확한 명제와 증명으로 승화시킨 범용 역학(universal mechanics)"의 일부에 불과하다. 그러나 손으로 만든 것은 대부분 움직이는 물체이기에 기하학은 주로 물체의 크기와 관련되어 있고, 역학은 물체의 운동을 다룬다.

이런 점에서 볼 때 논리적 역학이란 임의의 힘에서 초래된 운동과 임의의 운동을 야기한 힘을 정확한 명제와 증명으로 표현하는 과학이라 할 수 있다. 고대인들은 이런 역학을 "다섯 가지의 역학적 힘"으로 분류하여 연구했으나, 중력은 인공적인 힘이 아니었기에 다섯 가지 힘으로 무거운 물체를 움직일 때를 제외하고는 별다른 관심을 갖지 않았다. 그러나 지금 우리의 관심사는 인공물이나 인공적 힘이 아니라 자연철학과 자연의 힘이기 때문에, 이 책에서는 중력과 부력, 탄성력, 유체의 저항력과 같은 인력과 척력을 주로 다룰 것이다. 다시 말해서, 이 책은 "자연철학의 수학적 원리(mathematical principles of natural philosophy)"의 출발점이라 할 수 있다. 자연철학의 본분은 자연 현상(운동)으로부터 힘을 발견하고, 그 힘으로부터 다른 현상을 설명하는 것이기 때문이다. 그래서 1권과 2권에서는 일반적인 명제(proposition)를 증명하고, 3권에서는 이 명제를 이용하여 세상의 체계(the system of the world)[1]를 설명하는 식으로 풀어갈 것이다. 특히 3권은 1권과 2권에서 제시한 명제와 수학적 증명을 이용하여 태양의 중력과 행성들 사이에 작용하는 중력을 설명하는 데 많은 부분을 할애했다. 또한 명제에 제시된 중력 법칙을 이용하여 행성과 혜성 및 달의 운동과 조수 현상도 설명해놓았다. 이 책에서 다루지 않은 자연 현상도 동일한 수학 원리를 이용하여 설명할 수 있으리라 생각한다.

이 모든 자연 현상은 물체의 구성 입자들이 어떤 힘을 발휘하면서 나타나는 것으로 추정된다. 그런 힘이 작용하는 근본적 원인은 알 수 없지만, 입자들은 이 힘에 의해 서로 뭉쳐서 규칙적인 모양을 형성하거나, 서로 밀어내면서 거리가 멀어지기도 한다. 과거의 철학자들이 자연 현상을 제대로 서술하지 못한 것은 입자들 사이에 힘이 작용한다는 사실을 몰랐기 때문이다. 이 책에서 제시한 원리가 철학이나 여타 학문에 밝은 빛을 비춰 올바른 길로 나아갈 수 있기를 바란다.

이 책을 집필하는 동안 물심양면으로 커다란 도움을 준 에드먼드 핼리에게 진심으로 감사드린다. 최고의 지성과 학식을 보유한 그는 오타를 수정하고 그림 작성을 도왔을 뿐만 아니라, 나에게 이 책을 집필하도록 권한 장본인이기도 하다. 언젠가 내가 천체의 궤도

---

1) 여기서 "세상"이란 태양계를 의미한다.

를 계산한 결과물을 그에게 보여준 적이 있는데, 그는 당장 왕립학회에 발표하라면서 나를 다그쳤고, 그의 권유와 전폭적인 지원에 힘입어 결국 책을 집필하기로 마음먹게 되었다. 그러나 달의 불규칙한 운동을 다루다 보니 중력에서 파생된 부가적 효과와 다른 힘의 작용 원리를 고려할 수밖에 없었고, 주어진 힘에 의해 물체가 그리는 곡선과 여러 물체들의 상대적인 운동, 저항이 있는 매질(유체) 속에서 진행되는 물체의 운동, 매질의 힘과 밀도, 운동 그리고 혜성의 궤도 등 추가로 고려해야 할 사항이 너무 많았다. 그래서 나는 출간 일정을 연기하고 모든 것을 처음부터 면밀히 분석하여 내용을 정리한 끝에 이제야 펜을 놓을 수 있게 된 것이다. 달의 운동과 관련된 내용은 제1권의 명제 66에 딸린 22개의 (아직은 불완전한) 부가정리에 모아놓았는데, 이들을 별도의 명제로 취급하지 않은 이유는 내용이 다소 장황하여 그 후에 등장하는 명제의 논리적 흐름을 방해할 수도 있다고 생각했기 때문이다. 그리고 내가 뒤늦게 증명한 명제들 중에는 이미 붙여놓은 명제 번호를 유지하기 위해 다소 부적절한 위치에 들어간 것도 있다.

독자들은 부디 이 책을 열린 마음으로, 끈기 있게 읽어주기 바란다. 도중에 오류가 발견되더라도 너무 심하게 꾸짖지 말고, 올바른 답을 찾아서 알려주기 바란다.

1686년 5월 8일

케임브리지 트리니티 칼리지에서

아이작 뉴턴

2판 저자 서문

본 개정판에는 많은 부분이 수정되었으며, 새로 추가된 내용도 있다. 1권의 2장에는 주어진 궤도를 따라 움직이는 물체에 작용하는 힘을 좀더 쉽게 구하는 방법이 추가되었고, 2권의 7장에는 유체의 저항과 관련된 내용이 새로운 실험을 통해 좀더 정확하게 개선되었으며, 3권에서는 달의 운동 이론과 춘-추분점의 세차 운동을 기본 원리에 입각하여 더욱 정확하고 완전하게 설명해놓았다. 또한 혜성의 궤도를 설명하는 이론도 더욱 정밀한 계산과 다양한 관측 자료를 추가하여 이론의 신뢰도를 높였다.

1713년 3월 28일

런던에서

아이작 뉴턴

뉴턴의 걸작《프린키피아》에서 몇 가지 부분을 수정하고 다양한 내용을 추가한 끝에, 드디어 개정판이 출간되었다. 이 탁월한 책의 주제는 목차에 일목요연하게 정리되어 있으며, 이번 개정판에는 색인도 추가되었다. 초판과 달라진 부분은 뉴턴이 쓴 개정판 서문에 언급되어 있으므로, 이 글에서 나는 철학의 연구 방법에 대해 논하고자 한다.

자연과학을 연구하는 사람은 세 가지 부류로 나눌 수 있다. 그중 첫 번째는 아리스토텔레스(Aristotle)의 뒤를 잇는 소요학파(Peripatetics)인데, 이들은 모든 사물에 고유의 신비한 특질(特質)을 부여하고, "개개의 사물이 자신만의 개성을 갖는 이유는 바로 이 특질 때문"이라고 주장했다. 그러나 특질이 사물에 영향을 주는 과정을 설명하지 못했으므로, 소요학파의 주장은 우리에게 아무런 도움도 되지 않는다. 또한 이들의 관심은 사물의 본질이 아니라 개개의 사물에 이름을 붙이는 것이었기에, 철학자라기보다 "철학 용어를 만들어내는 집단"에 가까웠다.

두 번째 부류의 자연과학자는 소요학파의 쓸데없는 언어적 유희를 멀리하고, 자연에서 좀더 구체적인 정보를 얻으려는 사람들이다. 이들의 주장에 의하면 모든 물질은 균일하며, 사물의 형태는 구성 입자들의 단순한 특성에 의해 결정된다. 단순한 하부 구조에서 출발하여 복잡한 전체로 다가가는 것은 매우 바람직한 방법이다. 여기서 사물의 가장 중요한 특성을 자연에서 찾았다면 올바른 길로 갈 수 있었을 것이다. 그러나 이들은 모양과 크기도 모르는 입자를 마음대로 상상하여 불확실한 위치와 운동을 부여했을 뿐만 아니라, 신비한 유체가 물체에 난 구멍으로 자유롭게 스며들어 온갖 미묘하고 신비한 운동을 낳는다고 주장했다. 상상의 나래를 너무 과하게 펼치다가 잘못된 추론에 함몰되어 물질의 진정한 구성 요소를 놓친 것이다. 이런 사조에 빠지면 명확한 실험 결과가 눈앞에 주어져도 진실에서 멀어지기 쉽다. 검증되지 않은 가설에 기초하여 이론을 전개하면, 중간에 제아무리 엄밀한 수학적 논리를 거친다 해도 결국 엉뚱한 곳으로 빠지기 십상이다. 그 결과가 제아무리 아름답고 우아하고 신비하다 해도 진실과는 거리가 멀다.

자연과학자의 세 번째 부류는 실험에 기초한 자연철학을 신봉하는 사람들이다. 이들도 가장 단순한 원리에서 출발하여 모든 현상을 설명하려 노력하고 있지만, 자연에서 관측되지 않은 것은 기본 가정으로 삼지 않는다. 또한 이들은 가설을 억지로 만들어내지 않으며, 검증되지 않은 가설의 진위 여부를 놓고 논쟁을 벌일 수는 있지만 확실하게 검증되기 전에는 자연과학으로 인정하지 않는다. 이들의 접근법은 "분석적인 방법"과 "종합적인 방법"으로 나눌 수 있다. 몇 개의 자연 현상을 선별하여 분석함으로써 힘의 특성과 힘이 작용하는 법칙을 추측하고, 여기서 얻은 결론에 기초하여 다른 현상을 종합적으로 이해하는 식이다. 이것이야말로 자연철학을 연구하는 가장 바람직한 방법이며, 우리의 뛰어난 저자 아이작 뉴턴이 추구하는 길이기도 하다. 그가 이룩한 가장 뛰어난 업적은 중력 이론을 이용하여 이 세계(태양계)의 작동 원리를 설명한 것이다. 사실 모든 물체에 작용하는 중력의 개념을 떠올린 사람은 뉴턴만이 아니었다. 그러나 뉴턴은 자연 현상으로부터 만유인력(중력)의 존재를 증명하고 확고한 이론 체계를 구축한 유일한 사람이다.

일부 저명한 과학자들은 과거의 선입견에 얽매여 새로운 (중력) 원리를 수용하지 못하고 확실함보다 불확실함을 택하는 실수를 범했다. 물론 그들의 명성을 폄훼할 생각은 없다. 다만 이 책을 읽는 독자들을 위해 "논쟁의 한복판에서 올바른 판단을 내리는 방법"에 대해 간단한 지침을 제시하고자 한다.

일단 우리 주변에 있는 간단한 물체에서 시작하여 중력의 본질을 살펴본 후, 먼 거리에 있는 천체의 중력을 고려하는 편이 좋을 것 같다. 지구 근처의 모든 물체들이 지구를 향한 중력에 끌린다는 것은 모든 철학자들이 동의하는 사실이다. 또한 우리는 무게가 없는 물체가 존재하지 않는다는 것도 다양한 경험을 통해 알고 있다. 물에 잠긴 물체는 무게가 없을 수도 있지만, 이것은 무게 자체가 없어진 것이 아니라 물의 부력이 물체에 작용하는 중력(무게)과 상쇄되었기 때문이다.

모든 물체들이 지구의 중력에 끌리는 것처럼, 지구도 물체들 쪽으로 끌리는 힘을 받고 있다. 중력은 항상 쌍방향으로 작용하고, 작용과 반작용은 크기가 같으면서 방향이 반대이기 때문이다. 이것은 다음과 같은 방법으로 증명할 수 있다. 일단 지구를 두 부분 A와 B로 나눠보자. 크기가 같건 다르건 상관없다. 이런 상황에서 A가 B를 잡아당기는 중력이 B가 A를 잡아당기는 중력보다 강하다면 지구는 A가 있는 쪽으로 직선 운동을 할 것이고, 이 운동은 영원히 계속되어야 한다. 그러나 우리의 경험에 의하면 지구는 결코 이런 식으로 움직이지 않으므로 A와 B가 느끼는 무게(중력)는 같아야 한다. 즉 중력은 항상 쌍방으로 작용하며, 두 힘은 크기가 같고 방향만 반대이다.

지구의 중심으로부터 같은 거리에 있는 여러 물체들의 무게는 각 물체를 구성하는 물질의 양(질량)에 비례한다. 이것은 같은 높이에서 지유 낙하하는 물체들이 질량에 상관없이 항상 같은 가속도로 떨어진다는 사실로부터 알 수 있다. 질량이 각기 다른 물체들의 가속도가 같으려면 물체에 작용하는 힘이 질량에 비례해야 하기 때문이다. 로버트 보일(Robert Boyle)[1]이 제작한 펌프를 이용하여 일부 공간을 진공으로 만들면(즉 공기의 저항력을 제거하면) 그곳에서 낙하하는 물체는 가속도가 정확하게 같다. 즉 이들은 같은 시간 동안 같은 거리를 떨어진다. 단진자를 이용하면 이 사실을 더욱 정밀하게 확인할 수 있다.

지구로부터 같은 거리만큼 떨어져 있는 물체들이 느끼는 지구의 중력은 각 물체의 질량에 비례한다. 물체가 지구에 끌리면 지구도

---

1) 1627~1691, 영국의 물리학자.

그 물체에 같은 힘으로 끌리므로, 물체를 향한 지구의 무게와 지구를 향한 물체의 무게는 같다. 그런데 이 무게는 물체의 질량에 비례하므로, 물체가 지구를 당기는 힘(즉 물체가 행사하는 절대적 힘)은 질량에 비례한다.

임의의 물체가 행사하는 인력은 그 물체의 각 부분이 행사하는 인력의 합과 같다. (방금 증명한 바와 같이) 질량이 증가하거나 감소하면 인력은 그에 비례하여 증가하거나 감소하기 때문이다. 따라서 지구가 물체를 당기는 힘은 지구의 모든 부분이 그 물체를 당기는 힘의 합과 같으며, 지구의 모든 물체들은 자신의 질량에 비례하는 힘으로 주변의 모든 물체를 잡아당기고 있다. 이것이 바로 지구가 행사하는 중력의 본성이다. 그렇다면 하늘에서는 이 힘이 어떤 식으로 작용하고 있을까?

모든 물체는 외부에서 힘을 가하여 상태를 바꾸지 않는 한 정지 상태를 유지하거나 등속 직선 운동을 유지하려는 성질이 있다. 이것은 모든 철학자들이 동의하는 자연의 법칙이다. 그러므로 임의의 물체가 곡선 궤적을 그리려면, 궤적의 접선 방향으로부터 그 물체를 벗어나게 만드는 힘이 계속해서 가해져야 한다. 따라서 모든 행성이 곡선 궤적을 그린다는 것은 궤적의 접선 방향에서 벗어나게 만드는 힘이 이들에게 끊임없이 가해지고 있다는 뜻이다.

수학적으로 타당하면서 엄밀한 증명도 할 수 있는 한 가지 사실을 생각해보자. 여기, 평면에 그려진 궤적을 따라 움직이는 물체가 있다. 이 물체와 외부의 한 점(정지 상태이건 움직이건 상관없다)을 이은 직선이 쓸고 지나간 면적이 시간에 비례하면, 이 물체는 바로 그 점을 향해 힘을 받고 있다. 태양계의 행성들이 태양을 중심으로 공전할 때 반지름이 쓸고 지나가는 면적은 시간에 비례하고, 모행성 주변을 공전하는 위성들도 이와 동일한 규칙을 따른다. 이것 역시 모든 천문학자들이 인정하는 사실이다. 그러므로 이들이 매 순간 직선 경로를 벗어나 곡선 궤적을 그리도록 만드는 힘은 궤도의 중심에 있는 천체를 향해 작용하고 있다. 중심에 놓인 천체의 입장에서 볼 때 이 힘은 단순한 인력이지만, 공전하는 행성의 입장에서는 일종의 구심력(centripetal force)이라 할 수 있다(이 힘이 생기는 원인은 아직 미지로 남아 있다).

수학적으로 입증된 또 하나의 사실이 있다. 여러 개의 물체들이 한 점을 중심으로 동심원을 그리면서 각기 일정한 속도로 돌고 있을 때, 각 물체의 주기의 제곱이 거리(중심과 물체 사이 거리)의 세제곱에 비례하면, 회전하는 물체의 구심력은 거리의 제곱에 반비례한다. 또는 이들이 거의 원에 가까운 궤적을 그리면서 원일점과 근일점이 한 자리에 고정되어 있으면, 회전하는 물체의 구심력은 거리의 제곱에 반비례한다. 천문학자들은 모든 행성과 위성들이 이 법칙을 따른다는 점에 대체로 동의하고 있다. 그러므로 모든 행성에 작용하는 구심력은 궤도 중심까지 거리의 제곱에 반비례한다. 누군가가 "행성(특히 달)의 원-근일점은 완전히 정지해 있지 않고 서서히 앞으로 움직인다"는 점을 지적하면서 반론을 제기한다면, 나는 이렇게 답하고 싶다. 구심력이 거리의 제곱에 반비례하지 않고 여기서 아주 조금 벗어나 있다고 가정하면[2] 원-근일점이 서서히 이동하는 현상을 수학적으로 설명할 수 있지만, 그 차이는 거의 무시할 수 있을 정도로 작다. 이 차이는 달에서 가장 크게 나타나는데, 이 경우에도 거리의 제곱에 반비례한다고 했을 때 나타나는 오차는 거리의 세제곱에 비례하는 경우에 나타나는 오차보다 60배 이상 작다. 그러나 원-근일점이 이동하는 진짜 이유는 거리에 붙은 지수가 틀렸기 때문이 아니라, 완전히 다른 현상 때문이다. 뉴턴은 진정 아름답고 우아한 논리로 이 문제의 해답을 제시했다. 태양 주변을 공전하는 행성과 행성 주변을 공전하는 위성의 구심력은 정확하게 거리의 제곱에 반비례한다.

지금까지 언급된 내용에 의하면 행성은 자신에게 끊임없이 작용하는 힘 덕분에 궤도를 유지하고, 이 힘은 궤도의 중심을 향한다. 여기에는 의심의 여지가 없다. 또한 이 힘은 행성과 궤도 중심 사이의 거리가 가까울수록 강해지고 멀수록 약해지며, 구체적인 관계는 "거리의 제곱에 반비례한다." 이제 행성에 작용하는 구심력과 중력을 비교하여 이들이 같은 힘인지, 아니면 다른 기원에서 발현된 힘인지, 그 여부를 확인해보자. 만일 이들이 동일한 법칙을 따르면서 동일한 특성을 갖고 있다면, 두 힘은 같은 힘으로 간주해도 무방하다. 일단 우리에게 가장 가까운 달의 구심력부터 생각해보자.

정지 상태에 있던 물체가 어떤 힘을 받아 떨어질 때, 처음 움직이기 시작한 순간에 물체가 이동한 거리는 힘 자체에 비례한다. 이것은 수학적으로 증명 가능한 사실이다.[3] 그러므로 궤도 운동을 하는 달의 구심력과 지구 표면에 작용하는 중력의 비율은 "(달이 갑자

---

2) 예를 들어 거리를 d라 했을 때 비례 인자가 d^{-2}가 아니라 $d^{-2.00001}$이라는 뜻이다.

기 공전을 멈췄다고 가정했을 때) 처음 짧은 시간 동안 달이 지구로 떨어진 거리"와 "지표면 근처에서 무거운 물체가 지구의 중력에 의해 같은 시간 동안 떨어진 거리"의 비율과 같다. 여기서 전자의 거리는 공전하는 달이 같은 시간 동안 그린 호의 버사인(versine)[4]과 같은데, 버사인은 구심력에 의해 달이 접선 방향에서 벗어난 정도를 나타내는 양이므로, 달의 주기와 지구-달 사이의 거리를 알면 구할 수 있다. 그리고 후자의 거리는 진자를 이용하여 구할 수 있으며, 이 값은 크리스티안 하위헌스(Christiaan Huygens)[5]가 이미 구해 놓았다. 그러므로 앞에서 언급한 비율, 즉 궤도 운동을 하는 달의 구심력과 지구 표면에 작용하는 중력의 비율은 지구 반지름의 제곱과 달 궤도의 반지름의 제곱의 비율과 같다. 그리고 앞서 펼친 논리에 의해, 이 비율은 "지금과 같은 위치에서 궤도 운동을 하는 달의 구심력"과 "지표면에 가까운 곳에서 지구 주변을 공전하는 달의 구심력"의 비율과 같다. 이는 곧 지표면 근처에서 발휘되는 구심력이 중력과 같다는 뜻이므로, 결국 구심력과 중력이 같은 힘이라는 결론에 도달하게 된다. 만일 이들이 다른 힘이라면 2개의 힘이 한

---

3) 현대식 기호로 쓰면 물체가 떨어진 거리 s는 $s=\frac{1}{2}at^2$이고, 중력 F는 운동의 제2법칙에 의해 $F=ma$로 쓸 수 있다. 여기서 a는 물체의 가속도, t는 시간, m은 물체의 질량이다. 물체가 떨어지는 동안에는 거리가 점점 가까워지므로 중력 F도 변한다. 그러나 처음 떨어지기 시작한 순간에는 이동 거리가 아주 짧을 것이므로 이 구간에서는 F를 상수로 취급할 수 있다. 그런데 원래 a는 F에 비례하므로, 처음 짧은 시간 동안에는 거리 s도 F에 비례한다.

4) $\text{versin}\,\theta = 1-\cos\theta = 2\sin^2\frac{\theta}{2}$.

5) 1629~1695, 네덜란드의 물리학자.

꺼번에 작용한 물체는 중력만 작용한 경우보다 2배 빠른 속도로 지구를 향해 떨어질 것이다. 그러므로 달을 궤도의 접선 방향으로부터 끊임없이 이탈시켜서 곡선 궤적을 유지하도록 만드는 구심력의 원천은 "지구가 달에 행사하는 중력"임을 알 수 있다. 높은 산에 올라가도 중력이 거의 변하지 않는 것을 보면, 중력은 아주 먼 거리까지 도달하는 힘이 분명하다. 그러므로 달은 지구의 중력에 의해 지구 쪽으로 당겨지고 있다. 또한 중력은 항상 쌍방향으로 작용하므로, 지구도 달의 중력에 의해 당겨지고 있다. 뉴턴은 이것도 엄밀하게 증명해놓았다. 바닷물의 조수와 춘-추분점의 이동은 달과 태양의 중력에 의해 나타나는 현상이다. 또한 우리는 중력이 거리에 따라 변하는 양상도 알 수 있다. 중력은 달의 구심력과 동일한 힘이고 이 힘은 거리의 제곱에 반비례하므로, 중력도 거리의 제곱에 반비례한다.

이제 행성으로 눈을 돌려보자. 행성은 태양 주변을 공전하고, 위성은 목성이나 토성과 같은 행성 주변을 공전한다. 이것은 달이 지구 주변을 공전하는 것과 같은 원리이다. 또한 행성에는 태양의 중심을 향해 구심력이 작용하고, 목성과 토성의 위성에는 모행성의 중심을 향해 구심력이 작용한다. 이것도 달이 지구 쪽으로 구심력을 받는 것과 같은 원리이다. 달에 작용하는 힘이 지구와 달 사이 거리의 제곱에 반비례하듯이, 위에 언급한 힘들은 예외 없이 태양(또는 모행성)의 중심과 행성(또는 위성) 사이 거리의 제곱에 반비례한다. 그러므로 행성과 위성에 작용하는 모든 힘은 같은 종류의 힘으로 보는 것이 타당하다. 달이 지구의 중력에 끌리고 지구가 달의 중력에 끌리는 것처럼, 모든 위성은 모행성의 중력에 끌리고, 모든 모행성은 위성의 중력에 끌린다. 또한 모든 행성은 태양의 중력에 끌리고, 태양은 모든 행성의 중력에 끌린다.

그러므로 태양은 모든 행성과 위성의 중력에 끌리고, 행성과 위성은 태양의 중력에 끌린다. 위성은 모행성의 중력에 묶여 공전하므로, 모행성과 함께 태양 주변을 공전한다. 즉 모든 행성과 위성은 태양의 중력에 영향을 받고, 태양은 이들에게 영향을 받는다. 위성이 태양의 중력에 영향을 받는다는 것은 달의 균차(inequality, 均差)로부터 알 수 있다. 이것은 3권에 놀랍고도 아름다우면서 더할 나위 없이 정교한 논리로 증명되어 있다.

혜성의 운동을 보면 태양의 인력이 공간의 모든 방향으로, 매우 먼 곳까지 전달된다는 것을 알 수 있다. 혜성은 까마득히 먼 곳에서 날아와 태양에 아주 가까이 접근하는데, 가끔은 근일점이 너무 가까워서 태양을 거의 스치듯 지나가는 경우도 있다. 최근까지만 해도 천문학자들은 혜성의 운동을 이론적으로 규명하지 못했으나, 우리 시대 최고의 과학자인 뉴턴이 드디어 혜성의 궤도를 설명하는 이론을 구축했다. 그의 이론은 실제 관측 결과와 거의 정확하게 일치한다. 결국 혜성의 궤도는 태양을 초점으로 갖는 원뿔 곡선(conic section)으로 판명되었으며, 혜성과 태양을 잇는 반지름이 쓸고 지나가는 면적은 시간에 비례한다. 이로부터 혜성의 궤도를 유지시키는 힘이 태양을 향하고, 태양의 중심과 혜성 사이 거리의 제곱에 반비례한다는 것을 수학적으로 증명할 수 있다. 그러므로 혜성은 다른 행성과 마찬가지로 태양의 중력에 끌린다. 태양의 중력이 고정된 거리에서 같은 궤도면을 유지하는 행성뿐만 아니라, 아득히 먼 곳까지 달아났다가 주기적으로 되돌아오는 혜성에도 똑같이 작용하는 것이다. 그러므로 한 물체의 중력은 질량을 가진 모든 물체를 대상으로 무한히 먼 곳까지 전달된다고 보는 것이 타당하다. 모든 행성과 혜성들은 서로 중력을 교환하고 있는데, 이것은 목성과 토성에 나타나는 작은 요동(perturbation)으로부터 알 수 있다. 또한 목성과 토성은 상대방의 중력에 의해 궤도가 조금씩 교란되어 춘-추분점이 서서히 이동하고 있는데, 이것 역시 행성들 사이에 중력이 작용한다는 확실한 증거이다.

지금까지 펼친 논리에 의하면 태양과 지구를 비롯한 모든 천체들은 서로 인력을 행사하고 있으며, 따라서 이들을 구성하는 작은 입자들도 자신의 질량에 비례하는 힘으로 인력을 행사하고 있음이 거의 확실하다. 그리고 이들이 행사하는 인력도 거리의 제곱에 반비례한다. 작은 입자들이 행사하는 인력과 이들이 모여서 형성된 구체(球體)의 인력이 동일한 법칙을 따르고 있기 때문이다. 물론 이것은 수학적으로 증명된 사실이다.

이 결론은 "여러 개의 현상이 동일한 결과를 낳으면 그 현상들은 동일한 원인에서 탄생한 것이며, 이들은 아직 알려지지 않은 특성도 서로 같다"는 공리(axiom)에 기초하고 있다. 이것은 모든 철학자들이 수용하는 자명한 공리이다. 예를 들어 유럽에서 돌멩이가 떨어지는 원인이 중력으로 밝혀졌다면, 미국에서 돌멩이가 떨어지는 것도 중력 때문이다. 그 외에 어떤 원인을 생각할 수 있겠는가? 유럽에서 돌멩이와 지구가 서로 중력을 교환하고 있는데, 미국에서는 그렇지 않다고 어느 누가 반박할 수 있겠는가? 유럽에서 돌멩이와 지구 사이에 작용하는 중력이 작은 구성 입자들 사이에 작용하는 자잘한 중력의 합으로 밝혀졌다면, 미국에서 같은 법칙이 성립하지 않는다고 어느 누가 주장할 수 있겠는가? 또 유럽에서 지구의 중력이 모든 방향으로 무한히 먼 곳까지 전달된다면, 미국에서도 중력이 그와 같은 식으로 전달된다는 것을 부인할 이유가 어디 있는가? 모든 철학은 이 규칙(공리)에 기초하고 있다. 만일 이것을 부정한다면, 우리는 범우주적으로 적용되는 진리를 단 하나도 알아내지 못할 것이다. 개개의 사물이 지닌 특성은 관찰과 실험을 통해 알 수 있지만, 전술한 공리가 없으면 이로부터 일반적인 결론을 이끌어낼 방법이 없다.

또한 지상이건 우주에서건 우리가 실험하고 관측한 모든 물체는 "무게"라는 물리량을 갖고 있었으므로, 질량을 가진 물체는 예외 없이 중력을 행사한다고 보는 것이 타당하다. 모든 물체가 부피가 있고, 움직일 수 있고, 불가입성(impenetrability)[6]을 가진다는 것을 아무도 의심하지 않는 것처럼, 모든 물체는 당연히 무게를 갖고 있다. 물체의 부피와 이동성, 그리고 불가입성은 오직 실험을 통해서만 확인할 수 있으며, 무게의 경우도 마찬가지다. 지금까지 우리가 관찰해 온 모든 물체는 부피가 있고 움직일 수 있으며, 불가입성을 갖고 있었다. 이로부터 우리는 (아직 관찰한 적 없는 물체를 포함한) 모든 만물에 부피가 있고, 움직일 수 있고, 불가입성을 가진다고 결론지을 수

6) 2개 이상의 물체가 동시에 같은 공간을 점유하지 못하는 성질.

있다. 이와 같은 맥락에서 우리가 관찰해온 모든 물체는 무게를 갖고 있었으므로, (아직 관찰한 적 없는 물체를 포함한) 모든 만물은 무게를 갖고 있다고 결론지을 수 있는 것이다. 만일 누군가가 "아득히 먼 거리에 있는 별은 중력이 관측되지 않았으므로 무게가 없을 수도 있다"고 주장한다면, 그는 그 별이 부피가 없고, 움직일 수 없고, 불가입성을 갖지 않는다는 것도 인정해야 한다. 그 별에 대해서는 중력뿐만 아니라 부피와 운동성, 그리고 불가입성도 확인되지 않았기 때문이다. 간단히 말해서 (1) 우주에 존재하는 모든 물체는 중력을 행사하거나, (2) 부피와 운동성, 불가입성을 갖지 않거나, 둘 중 하나라는 뜻이다. 또는 (1) 모든 물체의 특성을 중력으로 올바르게 서술할 수 있거나, (2) 물체의 특성을 부피와 운동성, 불가입성으로 서술할 수 없거나, 둘 중 하나라는 뜻이기도 하다.

철학자들 중에는 여기서 내린 결론을 부정하고 초자연적인 양을 내세우는 사람도 있다. 이들은 오히려 중력이 초자연적인 개념이며, 이런 것은 철학에서 철저하게 배제되어야 한다고 주장한다. 나는 그런 사람들을 향해 이렇게 외치고 싶다. "초자연적인 원인은 실험과 관측으로 검증 가능한 결과를 낳지 않는다. 검증할 수 없는 것은 오직 초자연적인 것들뿐이다!"라고 말이다. 중력은 분명히 검증 가능한 결과를 낳았으므로 초자연적 현상이 아니라 실재하는 힘이다. 천체의 운동을 설명하겠다며 기원도 알 수 없는 가상의 소용돌이를 도입하여 무리한 논리를 펼치는 사람들이야말로 초자연적 미신에 의존하는 사람들이다.

물론 중력의 근원이 아직 밝혀지지 않은 건 사실이다. 그러나 이런 이유로 중력을 초자연적 현상으로 단정 짓고 자연철학의 무대에서 추방해야 할까? 여기에 찬성한다면 철학의 기초를 포기하는 것과 마찬가지다. 일반적으로 원인은 복잡한 쪽에서 단순한 쪽으로 사슬처럼 연결되어 있으며, 가장 단순한 원인에 도달하면 더 이상 파헤칠 원인이 존재하지 않는 법이다. 그러므로 가장 단순한 원인에는 역학적 설명이 필요 없다. 여기서 더 파헤치고 들어가 추가 설명을 할 수 있다면, 애초부터 가장 단순한 원인이 아니었다는 뜻이다. 이렇게 가장 단순한 원인을 초자연적 개념이라며 부정한다면, 그로부터 초래된 다음 원인도 부정해야 하고, 그다음에 따라오는 원인도 부정해야 하고… 이런 식으로 모든 원인을 부정해야 한다. 즉 철학의 무대에서 모든 원인이 사라지는 것이다.

개중에는 중력이 초자연적 현상이라며 영원히 알 수 없는 기적으로 치부하는 사람도 있다. 이들은 "초자연적 현상은 물리학의 연구 대상이 아니므로 마땅히 폐기되어야 한다"고 주장하는데, 이런 것은 철학의 기초를 뒤엎는 행위이므로 일일이 대꾸할 가치조차 없다. 이들은 모든 물체가 중력을 행사할 수 없거나, (중력이) 다른 원인에서 나타난 결과가 아니므로 초자연적 현상이라고 주장한다. 다시 말해서, 중력은 역학적 원인으로부터 나타난 결과가 아니라는 것이다. 모든 물체에 다른 원인에서 파생되지 않은 "가장 근본적인 특성"이 있다는 것은 명백한 사실인데 이것을 초자연적 대상으로 취급하면서 거부한다면, 철학에는 더이상 연구할 대상이 남지 않는다.

천체물리학이 르네 데카르트(Rene Descartes)[7]의 관점에 어긋난다며 거부하는 사람도 있다. 이들은 생각을 바꿀 가능성이 거의 없기에, 나 역시 그들을 애써 설득하고 싶지 않다. 그러나 만사는 공평해야 하므로, 그들이 사고의 자유를 누리는 만큼 우리에게도 자유를 허용해야 한다. 우리가 그들을 부정하지 않듯이, 그들도 우리를 부정해선 안 된다는 이야기다. 우리는 뉴턴의 철학을 진리로 여기고 있으므로 여기에 기초하여 현상으로부터 입증된 원인과, 아직 입증되지 않았지만 상상할 수 있는 원인을 적극적으로 수용할 것이다. 철학의 본분은 실존하는 원인으로부터 사물의 본질을 유추하고, 조물주가 이 아름다운 세상의 질서를 창조할 때 선택한 법칙을 찾아내는 것이다. 단지 자신의 입맛에 맞는다는 이유로 "조물주가 선택했을 수도 있는 법칙"을 우주의 섭리로 단정 지을 수는 없다. 몇 가지 다른 요인들이 동일한 결과를 낳을 수도 있지 않을까? 경우에 따라서는 그렇게 보일 수도 있다. 그러나 마지막 단계까지 파고들어 가면 진정한 원인은 단 하나뿐이며, 나머지는 비철학적(비과학적)인 것으로 판명된다. 역학적 구조를 가진 시계를 예로 들어보자. 시계의 시침은 추의 무게로 작동할 수도 있고, 늘어난 용수철의 복원력으로 작동하도록 만들 수도 있다. 그런데 누군가가 추로 작동하는 시계를 눈앞에 놓고 그것이 용수철로 작동한다는 가정하에 시침이 돌아가는 이유를 설명하려 애쓴다면 당장 웃음거리가 될 것이다. 그가 이런 실수를 범한 이유는 시계의 내부 구조를 세심하게 살펴보지 않은 채 선부른 가정을 내세웠기 때문이다. "우주 공간을 가득 채운 모종의 미묘한 물질이 소용돌이를 치면서 행성들이 공전하도록 만

7) 1596~1650, 프랑스의 철학자.

든다"고 주장하는 사람들도 이와 비슷한 오류에 빠져 있다. 이런 가정에서 출발하여 천문 현상을 정확하게 설명한다 해도, 천체 운동의 진정한 원인을 알아냈다고 주장하기에는 역부족이다. 이들의 주장이 설득력을 가지려면 소용돌이의 존재를 증명하거나, 적어도 다른 요인이 존재하지 않는다는 것을 증명해야 한다. 그러므로 모든 우주 만물이 서로 잡아당긴다는 것이 사실로 밝혀지고, 이로부터 계산된 천체의 운동이 실제 관측 결과와 정확하게 일치한다면, 소용돌이 가설은 더 이상 설 자리를 잃게 된다. 소용돌이 가설이 천체의 운동을 정확하게 설명하고 모든 사람들이 거기에 동의한다 해도 소용없다. 물론 소용돌이 가설은 천체의 운동을 제대로 설명하지 못한다. 이 책의 저자인 뉴턴은 명쾌한 논리로 이 사실을 증명했다. 그런데도 일부 사람들은 자신만의 상상에 빠져 헛된 가설을 열심히 파고들고 있다.

행성과 혜성이 소용돌이에 휘말려 태양 주변을 공전하는 것이라면 이들은 현재 자신이 있는 곳에서 소용돌이와 같은 속도, 같은 방향으로 움직여야 하고, 이들의 밀도(또는 관성)는 소용돌이를 이루는 물질과 같아야 한다. 그러나 행성과 혜성은 하늘의 같은 영역을 지나갈 때도 속도와 방향이 제각각이다. 그런데도 소용돌이 가설이 맞으려면 하늘을 가득 채운 유체(소용돌이)는 태양으로부터 거리가 같은 곳이라 해도 각기 다른 방향, 다른 속도로 움직여야 한다. 행성을 몰고 가는 속도와 혜성을 몰고 가는 속도가 달라야 하기 때문이다. 그렇다면 남은 선택은 두 가지뿐이다. (1) 소용돌이 때문에 천체가 움직인다는 주장을 포기하거나, (2) 소용돌이가 하나가 아니라 여러 개여서, 태양으로부터 거리가 같은 곳에서도 각기 다른 속도와 방향으로 나아간다고 가정하는 것이다.

여기서 (1)을 선택한다면 모든 문제가 종결되지만, (2)를 선택하면 상황이 더욱 복잡해진다. 하나의 공간에 혼재하는 여러 개의 소용돌이가 서로 상대방을 관통하면서 각자의 속도와 방향을 유지하고 있다면(행성과 혜성의 궤도는 매우 규칙적인 원뿔 곡선인데 이심률이 제각각이어서 거의 원에 가까운 것도 있고, 크게 일그러진 타원도 있다), 행성과 혜성이 그토록 오랜 세월 동안 다른 소용돌이의 방해를 받지 않고 자신만의 궤도를 유지해온 비결을 밝혀야 한다. 초인적인 인내를 발휘한다면 어떻게든 해낼 수 있겠지만, 중력 이론보다 훨씬 복잡하고 장황해질 것은 불을 보듯 뻔하다. 앞서 말한 바와 같이 모든 원인은 결과보다 단순해야 하므로, 소용돌이 가설은 방향을 잘못 잡았을 가능성이 매우 높다. 그렇다면 또 다른 가설을 제기해보자. 예를 들어 누군가가 "모든 행성과 혜성은 지구처럼 자신만의 대기로 둘러싸여 있다"고 주장한다고 하자. 소용돌이 가설보다 좀더 그럴듯하게 들린다. 그는 이 대기들이 자신만의 특성을 따라 고유한 원뿔 곡선을 그린다고 주장하는데, 서로 상대방을 뚫고 지나가는 다중 소용돌이 가설보다 훨씬 설득력이 있다. 그는 자신의 가설에 딱히 반대 의견을 내세우는 사람이 없다는 사실에 잔뜩 고무되어 마침내 다음과 같은 주장을 펼친다. "행성과 혜성은 자신을 에워싼 대기가 이끄는 대로 움직이면서 지금과 같은 궤도를 그리고 있다!" 그는 하늘의 비밀을 알아냈다는 사실에 매우 만족하면서 속으로 쾌재를 부를 것이다. 독자들은 이 황당한 가설에 동의할 수 있겠는가? 만일 동의할 수 없다면, 소용돌이 가설도 부정해야 한다. 대기 유도 가설이나 소용돌이 가설이나, 다른 점이 별로 없기 때문이다.

갈릴레이는 허공으로 던진 돌멩이가 포물선 궤적을 그린다는 것을 증명했다. 돌멩이가 직선 운동을 하지 않는 이유는 지구의 중심을 향해 중력이라는 "신비한 힘"이 작용하기 때문이다. 여기서 또 한 가지 상황을 가정해보자. 그 무렵에 "신비한 힘"의 존재를 받아들일 수 없었던(그러나 갈릴레오보다 똑똑하다고 정평이 나 있던) 한 자연과학자가 나서서 그 원인을 다음과 같이 설명했다고 하자. "지표면 근처의 공간은 우리 눈에 보이지 않고, 만질 수 없고, 느낄 수도 없는 신비한 물질로 가득 차 있다. 이 물질은 각 위치마다 다른 속도, 다른 방향으로 움직이고 있으며, 허공으로 던진 돌멩이는 이 물질의 흐름을 따라 포물선 궤적을 그린다." 이것도 대기 유도 가설 못지않게 그럴듯하다. 마침내 그는 돌멩이의 궤적이 휘어지는 이유를 멋지게 설명했고, 대중들은 크게 열광했다. 그의 주장에 따르면 돌멩이는 신비한 유체의 움직임을 충실하게 따라가는데, 그 유체가 포물선 운동을 하기 때문에 돌멩이도 포물선 궤적을 그릴 수밖에 없다. 이 얼마나 명쾌한 논리인가! 그는 역학적 원인(물질과 운동)으로부터 눈에 보이는 현상을 일반인도 알아들을 수 있는 간단한 논리로 설명했다. 철학에서 폐기되어야 마땅한 "신비의 물질"을 복원시키기 위해 그토록 고된 수학적 노동을 감수하다니, 그의 노고에 찬사를 보내야 할까? 이 문제는 더 이상 논할 필요가 없을 줄로 안다.

논지의 핵심은 다음과 같다. 혜성의 수는 엄청나게 많고, 이들은 타원 궤도를 따라 규칙적으로 움직이고 있으며, 그 규칙은 행성들이 따르는 규칙과 동일하다. 또한 혜성의 궤도는 원뿔 곡선인데 행성과 달리 이심률이 매우 크고, 공간의 모든 방향으로 자유롭게 이동하고 있으며, 황도 12궁을 역순으로 지나갈 때도 있다.[8] 이 모든 것은 천문 관측을 통해 사실로 확인되었는데, 소용돌이 가설로는 논리적 설명이 불가능하다. 물론 행성의 경우도 마찬가지다. 그러므로 혜성의 운동을 올바르게 이해하려면 소용돌이 같은 가상의 물질은 우주에서 완전히 퇴출되어야 한다.

행성의 공전이 태양을 중심으로 돌아가는 소용돌이에 휘말려 나타나는 현상이라면, 앞서 지적한 대로 지구 근처에서 소용돌이의 밀도는 지구의 밀도와 거의 같아야 한다. 이는 곧 지구의 공전 궤도 전체에 걸쳐 소용돌이의 밀도가 지구의 밀도와 같고, 지구와 토성 사이에 존재하는 소용돌이의 밀도는 지구와 같거나 커야 한다는 뜻이다. 소용돌이가 영원히 유지되려면 중심부는 밀도가 낮고 바깥으로 갈수록 밀도가 높아야 하기 때문이다. 그런데 행성의 공전 주기가 태양과의 거리의 제곱에 비례한다는 것은 명백한 사실이므로 소용돌이의 회전 주기도 이와 동일한 규칙을 따라야 하고, 따라서 원심력은 거리의 제곱에 반비례해야 한다. 즉 중심에서 멀수록 중심으로부터 멀어지려는 힘이 약하게 작용한다는 뜻이다. 그렇다면 중심에서 가까운 부분(밀도가 높은 부분)은 원심력을 받아 바깥쪽으로 밀려나면서 밀도가 낮은 부분으로 진입하고, 중심에서 먼 부분은 새로 유입된 고밀도 물질에게 길을 내어주면서 중심에 가까운 쪽

---

8) 공전 방향이 행성과 반대라는 뜻이다.

에 생긴 빈 자리를 채운다. 즉 밀도가 높은 부분은 중심에서 멀어지고, 밀도가 낮은 부분은 중심을 향해 이동하게 되는 것이다. 이런 식으로 자리 교환이 계속되다 보면, 결국 소용돌이 물질은 전체적으로 밀도가 균일해지면서 평형 상태에 도달할 것이다[즉 모든 부위들 사이의 상대 운동(relative motion)이 완벽하게 사라진다]. 밀도가 다른 두 종류의 유체를 같은 용기에 담으면 중력에 의해 고밀도 유체가 저밀도 유체 밑으로 가라앉는다. 이와 마찬가지로, 소용돌이에서 밀도가 높은 부분은 원심력에 의해 밀도가 낮은 부분보다 먼 곳에 모이게 된다. 그러므로 지구보다 먼 곳에 있는 소용돌이(소용돌이의 대부분)의 밀도와 관성(질량에 비례함)은 지구의 밀도와 관성과 비슷하거나 더 커야 한다. 밀도가 크면 저항도 커지기 마련인데, 혜성이 과연 이런 곳을 헤쳐나와 근일점까지 도달할 수 있을지 의문스럽다. 소용돌이가 실제로 존재한다면, 혜성은 원일점 근처에서 맹렬한 저항에 발이 묶여 더 이상 움직이지 못할 것이다. 그러나 혜성은 뚜렷한 규칙을 따라 움직이고 있으며, 저항을 느끼지도 않는다. 즉 우주 공간에는 특정한 밀도와 저항력으로 혜성의 운동을 방해하는 물질이 존재하지 않는다는 뜻이다. 일반적으로 매질의 저항은 매질을 구성하는 유체의 관성이나 마찰에 의해 발생하는데, 마찰 저항은 강도가 매우 미약하기 때문에 꿀처럼 점성이 높은 액체가 아니면 거의 관측되지 않는다. 공기나 물 또는 수은처럼 점성이 낮은 유체의 저항은 거의 대부분 관성 때문에 생기는데, 밀도나 관성이 변하지 않는 한 저항력도 크게 달라지지 않는다(저항력은 항상 유체의 관성에 비례한다). 뉴턴은 이 사실을 2권에서 그의 탁월한 이론을 이용하여 명쾌하게 증명했는데, 이번에 출간된 2판에는 더욱 정밀한 실험(유체 속에서 진행되는 낙하 실험) 결과가 추가되어 이론의 신뢰도가 한층 더 높아졌다.

유체 속을 이동하는 물체는 자신의 운동을 주변 유체에 조금씩 전달하면서 속도가 서서히 느려진다. 그러므로 유체의 저항력은 전달된 운동량에 비례하고, 전달된 운동량은 (물체의 속도가 주어졌을 때) 유체의 밀도에 비례한다. 따라서 유체의 저지력 또는 저항력은 유체의 밀도에 비례하며, 유체가 물체의 뒤쪽으로 되돌아와서 잃어버린 운동을 회복하지 않는 한 저항은 계속 작용한다. 즉 물체의 저항이 사라지려면 유체가 물체의 뒤쪽에 가하는 힘이 물체의 앞부분이 유체에 가하는 힘과 같아야 한다. 이렇게 되려면 물체의 뒷부분에서 유체가 물체를 밀어내는 상대 속도가 물체가 유체를 밀어내는 속도와 같아야 하며, 이는 곧 유체가 되돌아가는 절대 속도가 물체의 앞부분에서 유체가 밀려나는 절대 속도의 2배가 되어야 한다는 뜻이다. 물론 이것은 절대 불가능하므로, 유체의 밀도와 관성에 의한 저항력을 제거할 방법은 없다. 그런데 하늘의 천체들은 저항을 전혀 느끼지 않으므로, 하늘을 가득 채운 유체에는 관성이 없다고 결론지을 수밖에 없다. 관성이 없으면 운동을 전달할 힘이 없고, 운동을 전달할 힘이 없으면 물체의 운동을 바꿀 수 없으며, 물체의 운동을 바꿀 능력이 없으면 아무런 결과도 낳지 못한다. 그러므로 소용돌이 가설은 자연 현상을 서술하는 데 아무런 도움도 되지 않으며, 이런 것은 자연철학에서 제외되어야 마땅하다. 우주 공간이 유체로 채워져 있다고 주장하면서 그 유체에 관성이 없다고 가정하는 것은 진공의 존재를 부정하면서 진공을 가정하는 것과 같다. 관성이 없는 유체와 진공은 원리적으로 구별할 수 없기 때문이다. 이런 것은 자연철학이 아니라 용어에 관한 논쟁일 뿐이다. 누군가가 물질을 포기하지 못하여 우주 공간이 텅 비어 있음을 끝까지 부정한다면 어떤 결론에 도달하게 될까?

이런 사람들은 "우주 공간을 가득 채운 신비의 물질 에테르(aether)가 신의 뜻에 따라 모든 사물에 스며들어서 온갖 자연 현상을 일으킨다"고 주장할 것이다. 그러나 혜성의 운동에서 보았듯이 에테르는 물질에 아무런 영향도 주지 못한다. 또는 "신의 목적이 무엇인지는 알 수 없지만, 아무튼 그분의 뜻에 따라 에테르가 만들어졌다"고 주장할 수도 있다. 하지만 이것도 설득력이 떨어진다. 왜냐하면 똑같은 논리에 의해 신은 에테르가 아닌 다른 물질로 세상을 만들 수도 있기 때문이다. "에테르가 우주 공간을 가득 채우게 된 것은 신의 뜻이 아니라 자연에 그것이 필요했기 때문"이라고 주장할 수도 있다. 이런 사람들은 신의 섭리가 아닌 사물의 운명에 의해 모든 것이 결정되고, 물질은 그 자체의 필요성에 따라 모든 곳에 영원히 존재한다고 주장할 것이다. 그러나 이런 가정을 내세우면 우주는 모든 곳에서 균일해야 한다. "다양한 형태"는 필요성과 상충되기 때문이다. 그리고 물질이 필요성에 따라 특정 방향, 특정 속도로 움직인다면 다른 방향, 다른 속도로 움직이는 것도 필요할 것이므로, 결국 모든 물질은 정지 상태를 유지해야 한다. 그러므로 다양한 물질이 다양하게 움직이는 이 세상은 모든 것을 관장하는 신의 뜻에 따라 창조되었음이 분명하다.

우리가 "자연의 법칙"이라 부르는 것은 자연을 유지하는 데 반드시 필요해서 생긴 것이 아니라 최고의 지성을 통해 계획되고 구현된 것이다. 그러므로 자연의 법칙은 관찰과 실험을 통해 발견될 수 있을 뿐, 인간의 불완전한 추측만으로 알아낼 수는 없다. 물리학의 기본 원리와 자연의 법칙을 스스로 알아낼 수 있다고 주장하는 사람은 이 세상과 법칙이 필요에 의해 존재한다고 믿는 사람이거나, 자연이 신의 뜻에 따라 구성되었음을 인정하면서도 인간처럼 작고 하찮은 피조물이 자연의 섭리를 명쾌하게 이해할 수 있다고 믿는 사람이다. 진정한 철학은 현상에 기초해야 하며, 이런 철학만이 우리를 전지전능한 존재의 뜻이 반영된 심오한 원리로 이끌 수 있다. 자신의 마음에 들지 않는다는 이유로 신의 섭리가 담긴 원리를 배척하면 안 된다. 개인적 취향을 중요하게 여기는 사람은 자신의 입맛에 맞지 않는 자연의 법칙을 "기적"이나 "신비"라고 부를 수도 있지만, 이들이 "철학은 무신론에 기초해야 한다"고 솔직하게 고백하지 않는 한, 어떤 이름으로 불러도 자연의 가치는 훼손되지 않을 것이다. 자연의 질서는 변하지 않기에, 그것을 탐구하는 철학도 결코 이들에게 굴복해선 안 된다.

실험과 관측에 기초한 자연철학이야말로 자연을 이해하는 최상의 수단이다. 그리고 우리의 탁월한 저자 뉴턴이 바로 이 자연철학의 정수(精髓)를 세 권의 책에 담아 지혜의 빛을 밝혔다. 그는 인간의 한계를 넘어 가장 어려운 문제를 해결한 최고의 천재이자, 이 분야의 전문가들도 찬양해 마지않는 최고의 자연철학자이다. 이제 우리는 뉴턴이 활짝 열어놓은 문을 자유롭게 통과하여 아름답고 신비로운 자연의 세계를 마음껏 음미할 수 있게 되었다. 그가 밝힌 이 세계의 구조는 너무도 아름답고 우아하여, 알폰소 대왕(King Alfonso)이 다시 살아난다 해도 감탄을 금치 못할 것이다. 덕분에 우리는 웅장한 자연을 가장 가까운 거리에서 감상하며 달콤한 사색에 빠질 수 있게 되었고, 위대한 창조주를 더욱 열성적인 마음으로 찬양할 수 있게 되었다. 이것은 역사 이래 철학이 이룬 최고의 성과로서 부족함이 없다. 이토록 완벽한 사물의 구조를 접하고도 창조주의 무한한 지혜를 깨닫지 못하는 사람은 장님이나 마찬가지이며, 그 가치를 인정하지 않는 사람은 제정신이 아닌 사람이다.

뉴턴이 집필한 이 위대한 도서는 무신론자의 공격을 방어하는 난공불락의 요새가 되어줄 것이다. 물론 이 요새에는 무신론자를 향해 날릴 최신 무기도 다량 확보되어 있다. 이 위대한 작업을 최초로 실행하여 영어와 라틴어로 세상에 알린 사람은 우리 학회와 트리니티 칼리지의 자랑이자 예술가의 든든한 후견인 역할을 해온 리처드 벤틀리(Richard Bentley, 1662~1742)였다. 나 역시 그에게 커다란 도움을 받았으니, 독자들도 그의 이름을 기억해주기 바란다. 이 책의 저자인 뉴턴도 벤틀리와 오랜 세월 동안 친분을 쌓아왔고, 벤틀리는 뉴턴의 업적을 누구보다 잘 알고 있었기에, 그의 이름을 널리 알리고 과학의 유용함을 전파하는 데 최선을 다해왔다. 이 책의 초판이 거의 절판된 상태에서 높은 가격으로 판매되고 있을 때 재판을 찍어내자고 뉴턴을 설득한 사람도 바로 벤틀리였다(사실 설득이라기보다 위협에 가까웠다. 뉴턴은 빼어난 지성 못지않게 극도로 겸손한 사람이다). 본 2판은 벤틀리의 헌신적인 도움과 재정적 지원 덕분에 세상에 태어날 수 있었음을 다시 한번 강조하는 바이다. 또한 벤틀리는 나에게 뉴턴의 원고를 검토해달라는 영광스러운 부탁을 해왔고, 나는 그의 기대에 부응하기 위해 최선을 다했다.

1713년 5월 12일

케임브리지에서

트리니티 칼리지 실험철학부 천문학과 플러미언(Plumian) 석좌교수

로저 코츠(Roger Cotes)

본 개정판(3판)은 출판 분야에서 전문가 못지않은 식견을 보유한 헨리 펨버튼(Henry Pemberton)[1]의 감독하에 출간되었다. 2권에서 매질의 저항에 관한 부분이 다소 보강되었고, 공기 중에서 떨어지는 물체가 받는 저항을 다룬 부분에는 새로운 실험 결과가 추가되었다. 그리고 3권에서는 달의 궤도가 중력에 의해 유지된다는 논리를 좀 더 구체적으로 보강했으며, 목성과 다른 행성의 지름 비율은 제임스 파운드(James Pound)가 측정한 값을 추가하여 정확도를 높였다. 또한 1680년에 나타난 혜성의 운동을 분석하는 부분에는 독일의 천문학자 고트프리트 키르히(Gottfried Kirch)가 그해 11월에 관측한 자료를 최근에 입수하여 첨부했다. 그 덕분에 혜성의 궤도가 포물선에 가깝다는 것이 더욱 분명해졌으나, 결국 이 혜성의 궤도는 에드먼드 핼리의 정밀한 계산을 통해 타원으로 밝혀졌다. 3권에 제시된 표에 의하면 1680년 혜성은 타원 궤도를 따라 황도 12궁 중 9개를 순차적으로 지나갔는데, 이것은 천문학에서 밝힌 행성의 타원 궤도와 크게 다르지 않다. 1723년에 나타난 혜성의 이론적 궤도도 새로 첨부했는

1) 1694~1771, 영국의 의사 겸 물리학자.

데, 이 값은 옥스퍼드대학교의 천문학과 교수인 브래들리 새빌리언(Bradley Savilian)이 계산한 것이다.

1726년 1월 12일
런던에서
아이작 뉴턴

차례

제2권 물체의 운동

제3권 태양계의 구조

정의

정의 1

물체의 양(quantity, 질량)은 밀도와 부피로부터 계산된 값이다. 즉 양은 밀도에 부피를 곱한 값으로 정의된다.[1]

물체의 밀도와 부피를 각각 2배로 키우면 양은 4배로 커지고, 밀도를 2배, 부피를 3배로 키우면 양은 6배로 커진다. 눈송이나 분말을 압축하거나 녹여서 액체로 만든 경우도 마찬가지다. 이 정의는 어떤 물체를 어떻게 압축하건 항상 동일하게 적용된다. 물체에 난 틈새로 밀도가 다른 이물질이 스며들면 상황이 조금 복잡해지는데, 이런 경우는 당분간 고려하지 않을 것이다. 앞으로 "본체(body)"나 "질량(mass)"이라는 단어가 나오면 위에서 정의한 "양"이라는 뜻으로 이해해주기 바란다.[2] 또한 물체의 질량은 무게(weight)로부터 알아낼 수 있다. 나는 매우 정교한 진자 실험을 통해 무게가 질량에 비례한다는 사실을 확인했는데, 자세한 내용은 나중에 설명할 것이다.

---

1) 원문에는 "곱한 값"이 아니라 "결합된 값"으로 표기되어 있다.

2) 현대의 독자들은 "질량"이라는 단어에 훨씬 익숙하므로, 앞으로는 "질량"이라는 단어를 사용할 것이다.

정의 2

운동의 양(운동량)은 움직이는 물체의 속도와 질량으로부터 계산된다. 즉 운동의 양은 질량에 속도를 곱한 값이다. [3)]

물체의 총운동량은 각 부분의 운동량을 더한 값과 같다. 그러므로 속도가 같으면서 질량이 2배인 물체는 운동량이 2배로 크고, 질량과 속도가 모두 2배면 운동량은 4배로 커진다.

정의 3

모든 물체는 힘을 발휘할 수 있는 고유의 능력을 갖고 있다. 질량을 가진 물체는 정지 상태나 일정한 속도로 움직이는 상태(등속 운동 상태)를 유지하기 위해, 이 힘을 발휘하면서 상태 변화에 저항한다.

이 힘은 물체의 질량에 비례하며 "관성(inertia)"과 같은 개념이다. 한 장소에 정지해 있거나 특정 속도로 움직이는 물체가 현재의 운동 상태를 바꾸기 어려운 것은 바로 관성 때문이다. 즉 관성이란 현재의 상태를 유지하는 힘이다. 그러므로 위에 언급된 힘은 "관성력

---

3) 뉴턴이 말하는 "운동의 양(quantity of motion)"은 훗날 "운동량(momentum)"이라는 용어로 정착되었다. 앞으로 이 책에서는 혼동을 피하기 위해 특별한 이유가 없는 한 운동량으로 표기할 것이다.

(force of inertia)"이라 불러도 무방하다. 관성력은 외부에서 물체에 힘이 작용한 경우에만 발휘되며, 보는 관점에 따라 저항력으로 해석할 수도 있고, 반동력으로 해석할 수도 있다. 물체가 자신의 현재 상태를 유지하기 위해 외부의 힘에 저항한다는 점에서 보면 저항력이고, 현재 상태를 바꾸려는 외부의 방해물에 순응하지 않고 오히려 그 방해물의 운동 상태를 변화시키려 한다는 점에서 보면 반동력이다. 일반적으로 저항력이란 정지 상태에 있는 물체와 움직이는 물체 사이에 작용하는 힘이다. 그러나 "정지 상태"와 "움직이는 상태"는 다분히 상대적인 개념이어서, 관점에 따라 얼마든지 달라질 수 있다. 즉 특정 관측자가 볼 때 정지해 있는 물체도 다른 관측자에게는 움직이는 것처럼 보일 수 있다.

정의 4

외부에서 가해진 힘(외력, 外力)은 정지해 있거나 등속 운동을 하는 물체의 운동 상태에 변화를 초래한다.

외력은 물체에 작용하는 동안에만 영향력을 행사하며, 일단 작용이 끝나면 더는 물체의 운동에 영향을 주지 않는다. 물체가 외력에 의해 새로운 상태로 접어든 후 그 상태를 계속 유지하는 것은 선천적으로 보유한 관성력 덕분이다. 물체를 때리거나 누를 때 발생하는 힘(타력 또는 압력)과 구심력은 외력에 속한다.

정의 5

구심력이란 특정 중심을 향해 물체를 끌어당기거나 중심 쪽으로 밀어붙이는 등 물체가 어느 위치에 있건 중심을 향해 작용하는 힘이다.

지구가 자신의 중심 쪽으로 물체를 잡아당기는 중력과 자석이 쇠붙이를 끌어당기는 힘, 그리고 태양이 행성을 계속 잡아당겨서 직선 궤적을 벗어나 곡선 궤적을 따라가도록 만드는 힘은 모두 구심력에 속한다.

줄에 돌멩이를 매달아서 한쪽 끝을 손으로 잡고 돌리면 느슨했던 줄이 팽팽해진다. 줄의 장력(張力, 잡아당기는 힘)이 구심력으로 작용하여 돌멩이가 곡선 궤적(원 궤적)을 그리는 것이다. 빠르게 돌릴수록 줄에 가해지는 장력은 더욱 강해지고, 줄을 잡고 있던 손을 놓으면 돌멩이는 그 즉시 원 궤도를 이탈하여 멀리 날아간다. 돌멩이가 원 궤도를 유지할 수 있는 것은 줄의 장력이 돌멩이에 끊임없이 힘을 가하고 있기 때문이며, 이 힘을 구심력이라 부르는 이유는 돌멩이의 위치에 상관없이 항상 중심을 향해 작용하기 때문이다. 이 논리는 궤도의 모양에 상관없이 하나의 궤도를 따라 반복해서 움직이는 모든 물체에 똑같이 적용된다. 궤도 운동을 하는 물체는 중심으로부터 멀어지려는 경향이 있어서, 이것을 상쇄시키는 힘(구심력)이 없으면 물체는 더 이상 궤도를 유지하지 못하고 균일한 속도로 직선 운동을 하게 된다. 중력이 작용하지 않는다면 지구에서 위로 던진 물체는 다시 아래로 떨어지지 않고 직선 궤적을 그리며 우주 공간으로 날아갈 것이다. 그리고 지구에 대기마저 없다면 운동을 방해하는 저항력도 작용하지 않을 것이므로 물체는 처음 던진 속도를 그대로 유지하면서 등속 직선 운동을 하게 된다. 그러나 지구에는 중력이 작용하기 때문에 허공으로 던진 물체는 궤적이 계속 휘어지면서 지구로 되돌아온다. 이때 휘어지는 정도는 중력의 세기와 물체의 속도에 따라 다르다. 중력이 약할수록, 그리고 물체의 속도가 빠를수록 궤적이 직선에 가까워지면서 더 멀리 날아간다. 산꼭대기에서 납으로 된 대포알을 수평으로 발사하여 2마일을 날아간 후 땅에 떨어졌다고 하자. 공기 저항이 없을 때 똑같은 대포알을 2배의 속도로 발사하면 수평 도달 거리는 2배로 길어지고, 10배의 속도로 발사하면 도달 거리는 10배로 길어진다. 즉 발사 속도가 빠를수록 대포알은 멀리 날아가고, 대포알이 그리는 궤적의 곡률(curvature)은 점점 작아진다.[4] 이때 대포알은 지구의 중심각을 기준으로 10도, 30도, 90도로 날아갈 수 있으며, 지구를 360도 돌아서 발사 지점에 떨어질 수도 있다. 발사 속도가 충분히 빠르면 아예 우주 공간으로 날아가 영원히 움직일 수도 있다. 지구에서 던진 물체가 중력에 의해 궤적이 휘어지면서 지구를 한 바퀴 돌 수 있는 것처럼, 달이 지구 주변을 도는 현상도 (지구와 달 사이에 중력, 또는 이와 유사한 인력이 작용한다면) 위와 동일한 논리로 설명 가능하다. 어떤 형태로든 구심력이 작용하면 달은 직선 운동을 하지 않고 궤적이 지구 쪽으로 끊임없이 휘어지면서 지구 주변을 선회할 수 있다. 만일 이런 힘이 작용하지 않는다면

4) 곡률이 작아진다는 것은 직선에 가까워진다는 뜻이다.

달은 궤도를 벗어나 멀리 날아가버릴 것이다. 달에 작용하는 구심력(지구와 달의 중력)이 충분히 크지 않으면 직선 궤도에서 조금밖에 벗어나지 않기 때문에 지구 주변을 공전할 수 없고, 구심력이 지나치게 강하면 궤적이 너무 크게 휘어져서 나선을 그리며 지구로 추락할 것이다. 그러므로 이 힘은 아주 적절한 강도로 작용해야 한다. 약간의 수학 계산을 수행하면 임의의 물체가 특정 궤도를 따라 특정 속도로 움직이도록 만들기 위해 어느 정도의 힘이 필요한지, 또는 특정 속도로 움직이는 물체에 특정한 힘을 가했을 때 어떤 궤적을 그리는지 알아낼 수 있다.

구심력의 세기는 그 기원에 따라 절대 강도(absolute quantity)와 가속 강도(accelerative quantity), 그리고 운동 강도(motive quantity)로 구분된다.

정의 6

구심력의 절대 강도는 중심부에서 주변으로 전달되는 구심력의 강도로서, 구심력을 창출하는 원인의 특성에 따라 달라질 수 있다.

예를 들어 자석의 자력(磁力)이 구심력으로 작용하는 경우, 구심력의 강도는 자석의 크기나 자화(磁化)된 정도 등 자기적 특성에 따라 달라진다.

정의 7

구심력의 가속 강도는 특정 시간 동안 구심력 때문에 생긴 속도(즉 가속도)에 비례한다.

예를 들어 자석이 발휘하는 힘은 거리가 가까울수록 강하고 멀수록 약하다. 중력도 계곡에서는 강하고 산꼭대기로 올라가면 약해진다(지구 중심으로부터 거리가 멀기 때문이다. 이 부분은 나중에 따로 증명할 것이다). 그러나 거리가 같으면 지구에 의한 구심력의 가속 강도는 모든 지점에서 동일하다. 대기 저항을 무시했을 때 지구로 떨어지는 모든 물체는 크기와 무게에 상관없이 동일한 가속도로 떨어지기 때문이다.

정의 8

구심력의 운동 강도는 특정 시간 동안 진행된 물체의 운동에 비례한다.

작은 물체는 가볍고 큰 물체는 무겁다. 동일한 물체도 지표면 근처에서는 무겁고 높은 곳으로 올라가면 가벼워진다. 이 "무겁고 가벼운 정도"가 바로 지구의 중심으로 향하는 구심력의 운동 강도이며, 물체의 무게이기도 하다. 구심력의 운동 강도는 물체의 추락을 막고 싶을 때 반대 방향으로 가해야 할 힘의 크기로부터 알 수 있다.

위에 언급한 세 종류의 힘을 편의상 절대력(absolute force), 가속력(accelerative force), 그리고 운동력(motive force)이라 부르기로 하자. 이들은 각각 "힘의 중심을 찾아가는 물체"와 "물체가 놓인 위치", 그리고 "힘의 중심"과 관련되어 있다. 즉 운동력은 물체의 각 부분이 힘의 중심 쪽으로 이동하려는 경향을 모두 더한 전체적 경향이고, 가속력은 어떤 영향이 중심에서 주변으로 퍼져나갈 때 특정 위치에 있는 물체가 움직이는 정도를 나타낸다. 그리고 절대력은 중심에서 발휘되는 힘으로, 이 힘이 없으면 운동력이 주변으로 전달되지 않는다. 절대력은 중심에 놓인 어떤 물체로부터 생길 수도 있고(주변의 쇳덩이를 끌어당기는 자석, 또는 자신의 중심 쪽으로 중력을 행사하는 지구 등), 아직 알려지지 않은 다른 힘에 의해 생길 수도 있다. 단 지금까지 서술한 내용은 물리적 원인을 고려하지 않은 수학적 개념임을 명심하기 바란다.

가속력과 운동력의 관계는 속도와 운동의 관계와 같다. 운동량이 속도와 질량의 조합으로 표현되는 것처럼, 운동력은 가속력과 질량의 조합으로 표현된다. 물체를 구성하는 각 입자의 가속력에 의한 힘을 모두 더하면 물체에 작용하는 운동력이 얻어진다. 지표면 근처에서 중력 가속도(중력에 의해 나타나는 가속도)는 물체의 질량에 상관없이 일정하지만, 높은 곳으로 올라가면 중력 가속도가 작아져서 무게가 가벼워진다. 물체의 무게는 질량에 가속력(가속도)을 곱한 값이기 때문이다. 그러므로 중력 가속도가 지표면의 절반인 고도까지 올라가면 물체의 무게는 절반으로 줄어들고, 질량이 $\frac{1}{2}$, 또는 $\frac{1}{3}$인 물체는 이 고도에서 무게가 $\frac{1}{4}$, 또는 $\frac{1}{6}$로 줄어든다.

이런 의미에서 앞으로는 잡아당기는 힘(attraction)과 충격력(impulse)을 각각 가속력과 운동력으로 부를 것이다. 또한 이들을 포함하여 중심을 향하는 모든 힘은 물리적 개념이 아니라 수학적 관점에서 유도된 힘이기 때문에, 엄밀하게 구별하지 않고 혼용해서 쓸 것이다. 앞으로 이 책에서 "중심에서 인력이 작용한다"는 식으로 힘의 중심에 물리적 의미를 부여한다 해도, 그것을 문자 그대로 받아들일 필요는 없다. 힘의 종류나 작동하는 방식, 또는 물리적 원인도 마찬가지다. 힘의 중심이란 눈에 보이는 실체가 아니라 수학적인 점(point)에 불과하기 때문이다.

부가설명

지금까지 나는 생소한 용어들을 정의하고, 앞으로 이 책에서 어떤 의미로 사용할 것인지를 설명했다. 시간, 공간, 위치, 운동은 대체로 익숙한 용어여서 따로 정의하지 않았는데, 사람들은 대부분 이 개념을 직관적으로 이해하고 있기 때문에 오해의 소지가 다분하다. 그래서 이들은 절대적 관점과 상대적 관점, 실체와 겉보기, 그리고 수학적 관점과 상식적 관점으로 구별할 필요가 있다.

1. 실제적이면서 수학적인 절대적 시간은 외부의 어떤 기준과도 무관하며, 스스로 균일하게 흐른다. 이것을 "지속(duration)"[5]이라 불러도 무방하다. 반면에 상대적이고 상식적인 겉보기 시간은 물체의

---

5) 영어 사전에는 "지속"이라고 명시되어 있지만, 여기서 말하는 duration은 "시간 간격"에 가깝다.

운동을 기준 삼아 측정한 시간으로, 정확할 수도 있고 틀릴 수도 있다. 우리가 일상적으로 사용하는 연월일시는 겉보기 시간에 속한다.

2. 절대 공간은 외부의 물체와 무관하게 스스로 존재하는 공간으로, 언제 어디서나 균등하고(homogeneous)[6] 움직이지 않는다. 반면에 상대 공간이란 절대 공간 중에서 이동 가능한 일부분으로, 그 크기는 공간과 물체의 상호관계로부터 결정되며, 상식적인 관점에서 움직이지 않는 것으로 간주한다. 지구 내부의 공간이나 지구를 에워싼 대기층, 또는 지구 바깥의 하늘(우주 공간)이 상대 공간의 대표적 사례로, 이들의 위치는 지구와의 관계(지구와의 상대적 위치)에 따라 수시로 달라진다. 절대 공간과 상대 공간은 같은 종류의 공간으로 크기가 같지만, 수치적으로 항상 같은 것은 아니다. 예를 들어 지구의 대기는 우리의 관점에서 볼 때 항상 그 자리에 있는 것 같지만, 지구 자체가 움직이고 있기 때문에 절대 공간 속에서 대기의 위치는 수시로 변하고 있다.

3. 물체가 점유한 공간은 절대 공간 또는 상대 공간의 일부로서 물체의 위치나 표면과는 다른 개념이다. 동일한 물체는 동일한 공간을 점유하지만, 표면적은 모양에 따라 얼마든지 달라질 수 있다. 그리고 물체의 위치는 양(quantity)을 갖지 않는다는 점에서 점유 공간과 다르다. 물체의 운동은 물체를 이루는 각 부분의 운동이 하나로 더해져서 나타나는 현상이다. 즉 물체가 점유한 공간이 이동한다는 것은

---

6) 지금 이곳에서 측정한 1미터와 1억 년 후 우주 반대편 공간에서 측정한 1미터가 똑같다는 뜻이다.

각 부분의 점유 공간이 일괄적으로 이동한다는 뜻이다. 그러므로 점유 공간의 전체 크기는 각 부분의 점유 공간을 더한 것과 같다.

4. 절대 운동(absolute motion)이란 물체의 위치가 하나의 절대적 장소에서 다른 절대적 장소로 이동하는 현상이고, 상대 운동은 상대적인 위치가 변하는 현상이다. 항해 중인 배의 선실에 놓인 임의의 물체는 배와 함께 움직이고 있으므로 배에 대한 상대적 위치는 변하지 않는다. 즉 선원들의 눈에는 그 물체가 한 자리에 정지해 있는 것처럼 보인다. 그러나 진정한 정지 상태란 움직이지 않는 절대 공간에서 하나의 위치를 고수하는 상태이다. 배는 절대 공간에 대하여 움직이고 있으므로, 배에 대하여 상대적으로 정지해 있는 물체는 진정한 정지 상태라 할 수 없다. 만일 지구가 절대 공간에서 한 자리에 고정되어 있다면 배의 속도는 절대적인 속도이고, 선실에 놓인 물체도 배와 동일한 절대 속도로 나아가고 있다고 말할 수 있다. 그러나 지구는 움직이고 있으므로, 선실에 놓인 물체의 진정한 속도(절대 공간에 대한 속도)를 알려면 절대 공간에 대한 지구의 속도와 지구에 대한 배의 상대 속도를 결합해야 한다. 또한 배에 대하여 움직이는 물체의 절대 속도는 절대 공간에 대한 지구의 속도와 지구에 대한 배의 상대 속도, 그리고 배에 대한 물체의 상대 속도가 결합된 결과이다. 방금 언급한 2개의 상대 속도를 알면 지구에 대한 물체의 상대 속도를 알 수 있다. 예를 들어 지구에서 현재 배가 떠 있는 부분이 동쪽을 향해 10,010의 속도로 움직이고 있고, 배는 바람을 타고 서쪽으로 10이라는 속도로 항해한다고 가정해보자. 이때 배의 갑판에서 한 선원이 동쪽으로 1이라는 속도로 걸어가고 있다면 그의 절대 속도는 동쪽

으로 10,001이며, 지구에 대한 그의 상대 속도는 서쪽으로 9이다.

천문학에서는 일반적으로 통용되는 시간에 특정한 방정식을 적용하여 절대 시간과 상대 시간을 구별한다. 우리는 시간의 척도로 "하루"라는 단위를 사용하고 있지만, 사실 하루의 길이는 시기와 장소에 따라 다르다. 그래서 천문학자들은 천체의 운동을 서술할 때 오차 보정을 거친 정교한 시간 단위를 사용하고 있다. 정확한 시간을 기준으로 삼으면 "완벽하게 균일한 운동"은 아예 존재하지 않을지도 모른다. 모든 운동은 가속되거나 감속될 수 있지만, 절대 시간은 어떤 경우에도 균일한 속도로 흐른다. 사물의 움직임이 빠르건 느리건 또는 아예 움직이지 않건, 이들이 존재하는 절대 시간은 달라지지 않는다.[7] 그러므로 절대 시간은 우리가 통상적으로 사용하는 시간과 구별되어야 한다. 통상적인 시간에 천문학 방정식을 적용하면 정확한 시간(절대 시간)을 계산할 수 있다. 단진자의 주기를 측정하거나 목성의 위성에서 일어나는 일식 현상을 관측할 때는 이런 식으로 보정된 시간을 사용해야 한다.

시간의 순서는 절대로 바꿀 수 없다. 공간의 순서도 마찬가지다. 공간에 놓인 사물의 위치는 임의로 바꿀 수는 있지만, 공간 자체를 빵 썰 듯이 잘라서 그중 한 부분을 다른 곳으로 옮길 수는 없다. 시간과 공간은 그들 자신을 포함하여 모든 사물이 놓여 있는 고유한

---

7) 영어권에서는 time(특정 시간)과 duration(시간 간격)을 구별해서 쓰지만, 한국어에서는 두 경우 모두 "시간"으로 표기하기 때문에 다소 오해의 소지가 있다. 앞으로 시간이라는 단어가 나올 때마다 둘 중 어떤 의미인지 잘 생각해보기 바란다.

장소이기 때문이다. 모든 사물은 시간을 따라 순차적으로 배열되어 있으며, 공간의 위치에도 이와 비슷한 순서가 존재한다. 이것은 시간과 공간의 본질이어서, 순서를 바꾸는 것은 원리적으로 불가능하다. 즉 공간상의 위치는 절대적인 개념이며, 위치를 바꿀 수 있는 것은 절대 운동뿐이다.

그러나 인간의 감각으로는 공간의 각 부분을 볼 수 없고 구별할 수도 없으므로 공간을 측정할 때는 감지 가능한 방법을 써야 한다. 한 가지 방법은 우리 눈에 움직이지 않는 것처럼 보이는 물체를 기준으로 삼아 다른 지점의 위치와 거리를 정의하는 것이다. 각 부위의 위치가 결정되면,[8] 기준점에 대하여 움직이는 모든 물체의 운동을 서술할 수 있다. 물론 이런 식으로 서술된 운동은 절대 운동이 아닌 상대 운동으로, 철학 연구에는 적절치 않지만 일상적인 물체를 다룰 때는 별문제가 없다. 절대 공간에 대하여 완벽하게 정지해 있는 무언가를 운동의 기준으로 삼는다면, "진정한 정지 상태"에 있는 물체는 존재하지 않을지도 모른다.

"절대 운동 및 절대적 정지 상태"와 "상대 운동 및 상대적 정지 상태"는 원인과 결과가 다르고 운동의 특성도 본질적으로 다르다. 진정으로(즉 절대적으로) 정지해 있는 물체들은 상대방에 대해서도 완전하게 정지된 상태를 유지한다. 우주 먼 곳에 고정되어 있는 별들은 절대적 정지 상태일 수도 있다. 그러나 지구 근방에서는 물체들 사이의 거리와 방향을 비교하여 특정 물체가 절대적으로 정지 상태

---

8) 수학적으로 말하면 좌표의 원점과 눈금이 결정되었다는 뜻이다.

에 있는지 확인할 수 없다. 상대적 위치로는 "절대적 정지 상태"를 정의할 수 없기 때문이다.

견고한 물체가 움직일 때, 물체의 일부와 그 나머지 부분 사이의 상대적 위치 관계는 변하지 않는다. 즉 물체의 모든 부분이 일제히 같은 방향, 같은 속도로 이동한다. 회전 운동을 하는 물체는 모든 부분이 회전축으로부터 멀어지는 방향으로 힘을 받고, 앞으로 나아가는 물체의 전진력은 각 부위의 전진력을 더한 것과 같다. 그러므로 여러 개의 물체가 일제히 움직이고 있을 때, 그들에 대하여 정지해 있는 것처럼 보이는 물체는 사실 정지 상태가 아니라 그들과 함께 움직이고 있다. 우리 눈에 정지해 있는 것처럼 보이는 물체를 기준으로 삼아서는 다른 물체의 절대 운동을 알아낼 수 없다는 뜻이다. 어떤 물체를 절대 운동의 기준으로 삼으려면 절대적인 정지 상태에 있어야 한다. 기준이 움직이면 다른 물체들의 진정한 운동 상태(절대적인 운동 상태)를 알 수 없기 때문이다. 움직이는 기준에 대하여 정지해 있는 물체는 절대적인 정지 상태가 아니라, 정지해 있는 것처럼 보일 뿐이다. 이것은 과일의 껍질과 내용물의 관계와 같다. 과일을 허공에 던지면 껍질과 내용물이 함께 움직이기 때문에, 운동 궤적이 아무리 복잡해도 둘 사이의 상대적 위치는 변하지 않는다.

측정 영역이 통째로 움직이는 경우도 마찬가지다. 이 영역에 속한 어떤 물체가 영역 안에서 또 움직이고 있다면, 이 물체의 절대 운동은 "영역 자체의 운동"과 "영역 안에서 일어나는 운동"의 합으로 나타난다. 영역 자체의 운동 여부를 판단하는 기준조차 움직이고 있다면 그 기준의 운동도 더해주고, 기준의 기준도 움직이고 있다면 그 운동도 더해주고…. 이 과정은 절대로 움직이지 않는 기준에 도달할 때까지 계속된다. 이것은 앞에서 언급한 "움직이는 지구 위에서 항해 중인 배 위에서 움직이는 사람"과 비슷하다. 그러므로 물체의 절대 운동을 서술하려면 절대로 움직이지 않는 기준이 필요하다. 움직이는 물체를 기준으로 삼아 서술한 운동은 절대 운동이 아니라 상대 운동이다. 절대적으로 정지된 영역에서는 모든 물체의 위치가 고정되어 있어서 물체들 사이의 거리도 변하지 않는다.

운동을 일으키는 원인을 알면 진정한 운동(절대 운동)과 상대 운동을 구별할 수 있다. 절대 운동은 물체에 힘이 직접 가해졌을 때만 일어나는 반면, 상대 운동은 힘이 작용하지 않아도 일어날 수 있다. 우리가 관심을 갖고 있는 물체(A라 하자)는 가만히 있는데, 운동의 기준으로 삼은 다른 물체(B라 하자)에 힘이 작용하여 운동 상태가 변하면, B에 대한 A의 상대 운동이 달라지기 때문이다. 다시 한번 강조하건대, 절대 운동은 힘이 가해졌을 때만 변화가 생기고, 상대 운동은 힘이 작용하지 않아도 변할 수 있다. 그리고 특정한 상대 운동 관계에 있는 두 물체 A와 B에 똑같은 힘이 작용하면 둘 사이의 상대 운동은 달라지지 않고 상대적 위치도 그대로 유지된다. 다시 말해서 절대 운동이 변하지 않아도 상대 운동은 변할 수 있고, 절대 운동이 변해도 상대 운동은 변하지 않을 수 있다는 뜻이다. 절대 운동은 다른 운동과의 상대적 관계와 무관하다.

물체가 회전할 때 회전축으로부터 멀어지는 쪽으로 작용하는 힘은 절대 운동과 상대 운동을 구별할 수 있는 좋은 사례이다. 상대적 회전 운동에서는 이런 힘이 작용하지 않지만, 절대적 회전 운동에서는 운동량에 비례하는 힘이 확실하게 작용한다.[9] 양동이에 물을 가득 담고 손잡이에 밧줄을 묶어서 높은 곳에 매달아 놓았다고 가정해보자. 양동이를 양손으로 잡고 한 방향으로 여러 번 돌리면 밧줄이 꼬일 것이다. 이 상태에서 손을 가만히 놓으면 꼬였던 밧줄이 풀리면서 양동이가 반대 방향으로 회전한다. 처음에는 양동이만 돌고 물은 돌지 않지만, 몇 바퀴 돌다 보면 양동이 벽의 마찰 때문에 물도 함께 돌기 시작하면서 평평했던 수면의 중심부가 오목하게 파이고 테두리의 수위가 높아진다(이것은 실험을 통해 확인된 사실이다). 처음에는 양동이의 회전 속도가 물보다 빨라서 파이는 정도가 그리 크지 않지만, 시간이 흐르면 양동이와 물이 똑같은 속도로 회전하면서 물의 중심부와 테두리의 수위가 가장 큰 차이를 보이게 된다. 테두리의 수면이 높아지는 것은 회전축으로부터 멀어지려는 힘이 물에 작용하기 때문이다. 물은 양동이와 함께 회전하고 있으므로 둘 사이에 상대 운동은 없는 상태지만, "절대적인" 원운동을 하고 있기 때문에 이와 같은 수면 변화가 초래된 것이다. 그러므로 물의 수면 상태를 관찰하면 절대적으로 정지해 있는지, 아니면 절대적인 원운동을 하고 있는지 확인할 수 있다. 처음(양동이만 돌고 물은 돌지 않을 때)에는 양동이와 물의 상대 속도가 가장 컸는데도 물은 중심으로부터 멀어

9) 줄에 매달린 공을 한 손에 들고 방 안에 서 있다고 가정해보자. 방바닥은 가만히 정지해 있고 벽만 통째로 회전한다면 공과 벽 사이에는 상대적 회전 관계가 성립하지만 줄은 팽팽해지지 않는다. 그러나 팔을 휘둘러서 공을 돌리면 밖으로 향하는 힘이 작용하여 줄이 팽팽해진다. 즉 물체가 회전축으로부터 멀어지려는 힘(진짜 힘은 아니지만, 편의상 원심력이라 부른다)은 절대적 원운동에서만 나타난다.

지려 하지 않았고, 수면도 오목해지지 않았다. 즉 절대적인 원운동이 아직 일어나지 않은 것이다. 반면에 양동이와 물이 함께 돌 때는 둘 사이의 상대 운동이 줄어들었는데도 수면이 오목해진다. 물의 절대적 원운동이 비로소 시작되었기 때문이다. 물을 가장자리로 밀어내는 힘은 점점 강하게 작용하다가 물과 양동이의 회전 속도가 같아졌을 때 최대치에 도달한다. 그러므로 수면이 오목해지는 현상은 물과 양동이의 상대 운동과 무관하다. 즉 물과 양동이의 상대 운동으로는 진정한(절대적인) 원운동 여부를 판별할 수 없다. 회전하는 물체의 진정한 원운동은 단 하나뿐이며, 바로 이런 경우에 한하여 회전축으로부터 멀어지는 힘이 작용한다. 상대적 원운동은 주변과의 관계에 따라 무수히 많은 형태로 일어날 수 있지만, 실제적인 효과를 낳지 못한다. 천구(celestial sphere)[10]에는 고정된 별들과 이들이 거느리는 행성이 있고, 그 아래에는 회전하는 하늘이 있다. 하늘의 몇 개 영역과 행성들은 상대적으로 정지 상태에 있지만, 사실은 움직이고 있다. 이들은 상대적인 위치가 수시로 바뀌면서(절대적 정지 상태라면 있을 수 없는 일이다) 하늘과 함께 움직이고 있으므로, 회전축으로부터 멀어지려는 경향이 있다.

상대적 양은 문자 그대로 실제적인 양이 아니라 우리 눈에 보이거나 느껴지는 양이며(맞을 수도 있고 틀릴 수도 있다), 대부분 측정한 양보다 상대적 양이 주로 사용된다. 우리가 말하는 "시간"과 "공간",

---

10) 천체의 위치를 정의하기 위해 도입한 가상의 구면. 위치가 변하지 않는 별들은 천구에 박혀 있는 것으로 간주한다.

"위치" 그리고 "운동"은 특별한 설명이 없는 한 상대적인 양이다. 그러므로 이런 양을 절대적인 양과 구별하지 않고 섞어서 쓰면 개념상의 혼란이 야기된다. 상대적 양을 실제 관측된 양(절대적 양)으로 해석하는 것은 수학과 철학을 심각하게 오염시키는 행위이다.

각 물체의 진정한 운동 상태를 파악하여 겉보기 운동(겉으로 드러난 운동)과 구별하는 것은 결코 쉬운 일이 아니다. 우리 눈에는 움직이거나 정지해 있는 물체만 보일 뿐, 절대 운동의 기준인 공간 자체는 보이지 않기 때문이다.[11] 그렇다고 희망이 전혀 없는 것은 아니다. 절대 운동과 상대 운동의 차이에서 나타나는 겉보기 운동을 정밀하게 관측하고, 진정한 운동에 영향을 주는 힘을 분석하면 절대 운동을 유추할 수 있다. 예를 들어 줄로 연결된 2개의 공을 상상해 보자. 이들이 공통의 무게 중심(줄의 가운데 부분)을 중심으로 회전하는데도 줄이 팽팽해지지 않는다면, 이 원운동은 진정한 원운동이 아니다.[12] 반면에 줄이 팽팽하게 당겨졌다면 원운동의 속도와 실에 걸린 장력을 관측하여 회전 운동의 진위 여부를 알아낼 수 있다.[13] 두 공에 크기가 같고 방향이 반대인 힘이 동시에 작용하여 원운동이 더 빨라지거나 느려지면 줄의 장력을 측정하여 운동이 변한 원인을 알아낼 수 있으며, 원운동을 최대화하려면 공에 어느 방향으로 힘

11) 우리는 물체를 통해 공간의 존재를 간접적으로 인지한다. 모든 물체를 남김없이 걷어낸 "텅 빈 공간"은 눈에 보이지 않는다.

12) 예를 들면 줄의 중심에 서 있는 관찰자가 혼자 도는 경우이다.

13) 두 공의 질량도 알아야 한다. 회전하는 물체가 밖으로 떠밀리는 힘, 즉 원심력은 질량과 속도의 제곱에 비례하고 원 궤도의 반지름에 반비례한다.

을 가해야 하는지도 알 수 있다. 이 과정을 거치면 원운동을 하는 공의 앞면(진행 방향을 바라보는 면)과 뒷면을 식별하여 원운동의 방향을 알아낼 수 있다. 진정한 원운동이 진행되고 있다면, 운동을 비교할 물체가 전혀 없는 텅 빈 공간에서도 원운동의 양(속도)과 방향을 알 수 있다는 뜻이다. 멀리 떨어진 곳에서 여러 개의 물체가 상대적 거리를 유지하고 있고(밤하늘의 별들이 이런 경우에 속한다) 그 안에서 줄에 묶인 2개의 공이 회전하고 있다면, 물체와 공의 상대적 위치 변화만으로는 공이 정말로 돌고 있는지, 또는 공을 제외한 모든 물체가 일제히 돌고 있는지 확인할 수 없다. 그러나 줄에 걸린 장력을 관측한 값이 해당 원운동에 필요한 힘과 일치한다면 회전하는 것은 공이고 다른 물체들은 정지 상태에 있다고 결론지을 수 있다. 그리고 물체와 공의 상대적 위치 변화로부터 원운동의 방향도 알 수 있다. 앞으로 이 책에서는 "운동의 원인과 결과, 그리고 겉으로 드러난 차이로부터 운동을 알아내는 방법"과 "주어진 운동으로부터 운동의 원인과 결과를 알아내는 방법"을 자세히 설명할 예정이다. 이것은 내가 이 책을 집필하는 목적이기도 하다.[14)]

14) 뉴턴은 절대 운동을 알아낼 수 있다고 했지만, 위의 논리가 적용되는 것은 가속 운동이 개입된 경우뿐이다(원운동은 가속 운동이다). 물체가 등속 운동을 하는 경우에는 그 물체의 진정한 속도, 즉 절대 속도를 알아낼 길이 없다. 어떤 기준을 정해도 그 기준이 완전하게(절대적으로) 정지 상태인지를 확인할 방법이 없기 때문이다. 20세기 초에 알베르트 아인슈타인은 이 맹점을 파고든 끝에 상대적 운동만 관측 가능한 우주의 특성을 하나의 이론으로 정립했는데, 이것이 그 유명한 "특수 상대성 이론(special theory of relativity)"이다.

공리: 운동의 법칙

제1법칙

모든 물체는 외부에서 힘이 작용하지 않는 한, 정지 상태나 등속 직선 운동 상태[1)]를 유지하려는 경향이 있다.

허공으로 던진 물체는 공기의 저항 때문에 속도가 느려지고 중력 때문에 아래로 떨어진다. 그러나 공기와 중력이 없다면 물체는 똑같은 속도로 직선을 그리며 날아갈 것이다. 팽이가 직선이 아닌 원을 그리며 도는 이유는 팽이를 구성하는 입자들이 강한 힘으로 결합되어 있기 때문이다. 공기와 바닥의 저항이 없으면 팽이는 영원히 돌아갈 것이다. 행성이나 혜성과 같은 대형 천체들은 공기 저항이 없는 우주 공간에서 움직이기 때문에 전진 운동과 회전 운동을 오랜 시간 동안 유지할 수 있다.

제2법칙

운동 상태가 변하는 정도는 물체에 가해진 힘에 비례하며, 변하는 방향은 힘이 가해진 방향과 같다.

어떤 힘이 운동을 야기했다면 그 2배의 힘은 2배의 운동을 야기하

1) 일정한 속도로 직선 궤적을 따라가는 운동 상태.

고, 3배의 힘은 3배의 운동을 야기한다. 힘이 한 번에 작용하건 여러 번에 나눠서 작용하건, 결과는 마찬가지다. 이미 움직이는 물체에 새로운 힘이 가해진 경우, (운동은 항상 힘이 작용하는 방향으로 생기기 때문에) 원래 운동과 새로 가해진 힘이 같은 방향이면 최종 운동은 이들을 더한 결과로 나타나고, 반대 방향이면 둘 사이의 차이로 나타난다. 원래 운동과 새로 가해진 힘이 비스듬한 각도를 이루는 경우, 최종 운동 방향을 구하려면 이들을 "비스듬하게" 더해야 한다.[2]

제3법칙

모든 작용(action, 힘)에는 크기가 같고 방향이 반대인 반작용(reaction)이 수반된다. 다시 말해서, 두 물체 사이에 교환되는 힘은 항상 크기가 같고 방향이 반대이다.

*a*라는 물체가 *b*라는 물체를 밀거나 당기면, *a*는 *b*에 의해 똑같은 힘으로 당겨지거나 밀려나게 된다. 손가락으로 돌멩이를 밀면 돌멩이는 손가락을 똑같은 힘으로 반대 방향으로 밀어내고, 커다란 바위

2) 비스듬하게 더하는 방법은 잠시 후에 설명할 것이다. 물체의 질량을 m, 물체에 가해진 힘을 F라 하고 이 힘 때문에 나타난 가속도를 a라 하면 제2법칙은 $F=ma$라는 수식으로 표현된다.

를 말고삐에 밧줄로 연결하여 잡아끌면 바위는 말을 똑같은 힘으로 반대 방향으로 잡아당긴다. 팽팽하게 당겨진 밧줄은 자신의 양 끝에 묶여 있는 물체를 잡아당겨 원래의 느슨한 상태로 돌아가려는 성질이 있기 때문에 말을 바위 쪽으로 잡아당기고, 이와 동시에 돌을 말이 있는 쪽으로 잡아당긴다. 즉 한쪽의 운동을 방해하면서 다른 쪽의 운동을 똑같은 정도로 촉진하는 것이다. 물체 *a*가 물체 *b*에 힘을 가하여 운동 상태를 바꿔놓으면 (작용과 반작용은 항상 크기가 같고 방향이 반대이기 때문에) *b*의 운동 상태는 *a*가 겪은 변화만큼 반대 방향으로 변한다. 여기서 "운동의 변화"는 속도의 변화가 아닌 "운동량의 변화"를 의미한다. 즉 작용과 반작용을 교환한 두 물체의 속도 변화량은 다를 수 있지만, 운동량의 변화량은 항상 똑같다. 그런데 운동량은 질량과 속도의 곱이므로, 속도의 변화량은 각 물체의 질량에 반비례한다.[3] 다음 그림에서 알게 되겠지만, 이 법칙은 두 물체가 서로 밀어내는 경우뿐만 아니라 잡아당기는 경우에도 똑같이 성립한다.

부가법칙 1

방향이 각기 다른 2개의 힘이 한 물체에 동시에 가해졌을 때, 양변의 방향이 두 힘의 방향과 같은 평행사변형을 상상해보자. 그리고 이 평행사변형의 두 변의 길이는 두 힘이 같은 시간 동안 개별적으로 가해졌을 때 물체가 이동하는 거리와 같다고 하자. 그러면 두 힘이 동시에 가해졌을 때 물체가 이

3) 여기서 말하는 "속도의 변화량"이란 가속도를 의미한다.

동하는 방향은 전술한 평행사변형의 대각선 방향과 같으며, 같은 시간 동안 이동한 거리는 대각선의 길이와 같다.

〈그림 공리-1〉

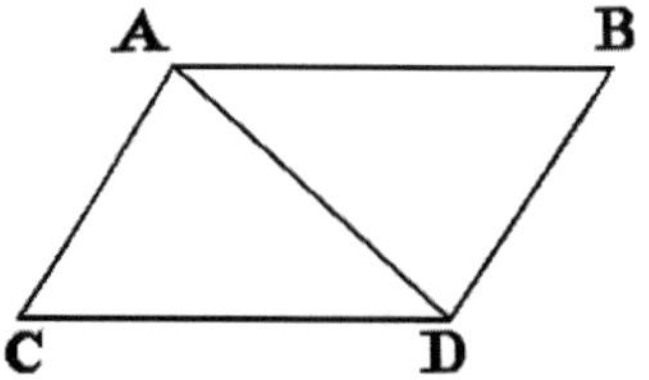

물체가 있는 곳을 *A*라 하자. 여기에 *M*이라는 힘을 가하면 물체는 특정 시간 동안 *A*에서 *B*로 균일하게 움직이고, *N*이라는 힘을 가하면 같은 시간 동안 *A*에서 *C*로 움직인다고 하자. 그러면 *ABC*를 모두 포함하는 평행사변형 *ABCD*가 정의된다. 이제 *A*에 있는 물체에 힘 *M*과 *N*이 동시에 작용하면, 물체는 평행사변형 *ABCD*의 대각선 *AD*의 방향으로 이동하며, 같은 시간(힘 *M*만 작용했을 때 물체가 *A*에서 *B*로 이동하는 데 걸리는 시간, 또는 힘 *N*만 작용했을 때 물체가 *A*에서 *C*로 이동하는 시간) 동안 이동한 거리는 *AD*의 길이와 같다. 왜 그런가? 지금부터 그 이유를 알아보자. 위에서 말한 대로 힘 *N*은 *AC* 방향으로 물체를 이동시킨다. 그런데 제2법칙에 의하면 이 힘은 물체가 선분 *BD* 쪽(그림에서 오른쪽)으로 이동하는 데 아무런 기여도 하지 않는다. 즉 그림에서 오른쪽으로 방향으로 나타나는 속도 변화는 *N*이 아닌 *M* 때문에 생긴 것이다. 그러므로 주어진 시간 동안 물체는 *BD*에 도달한다. 즉 물체에 힘 *N*이 작용하건 작용하지 않건, 주어진 시간이 흐른 후 물체는 선분 *BD* 상의 어딘가에 도달해야 한다. 그리

고 힘 M과 N의 역할을 바꿔서 동일한 논리를 전개하면 물체는 선분 CD 상의 어딘가에도 도달해야 한다. 다시 말해서, 물체는 BD 상에 존재하고 CD 상에도 존재해야 한다는 뜻이다. 그런데 BD와 CD가 공유하는 점(만나는 점)은 D밖에 없으므로, 힘 M과 N이 동시에 작용하여 주어진 시간이 지나면 물체는 D에 도달할 수밖에 없다. 또한 이 물체는 제1법칙에 따라 A와 D를 잇는 직선을 따라 이동한다.

부가법칙 2

그러므로 한 물체에 서로 비스듬한 방향(*AB*와 *BD* 방향)으로 작용하는 두 힘은 하나의 힘(*AD* 방향)으로 대치할 수 있으며, 이와 반대로 하나의 힘은 방향이 다른 2개의 힘으로 분해할 수 있다. 이런 식의 합성과 분해는 다양한 역학적 실험을 통해 검증된 사실이다.

조금 비정상적인 수레바퀴를 상상해보자. 바퀴의 중심은 O이고 OM과 ON은 바큇살인데, 길이가 같지 않다(ON이 OM보다 길다). 두 바큇살의 끝, 즉 M과 N에는 각각 A와 P라는 추가 달려 있다. MA와 NP는 두 추를 매달고 있는 줄을 나타낸다. 우리에게 주어진 과제는 이 상태에서 바퀴를 돌리는 힘, 즉 회전력의 크기를 계산하는 것이다.

O를 지나면서 MA, NP와 직각으로 만나는 직선 KOL을 그려보자. ON이 OM보다 길다고 했으므로 OL은 OK보다 길다. 다음으로, OL을 반지름으로 하는 원을 그려서 MA와 만나는 점을 D라 하고, O와 D를 연결하는 직선 OD를 긋는다. 그리고 A에서 OD와 평행한 선을 그어서 OD의 수선(직각을 이루는 선)과 만나는 점을 C라 하자. 줄에

〈그림 공리-2〉

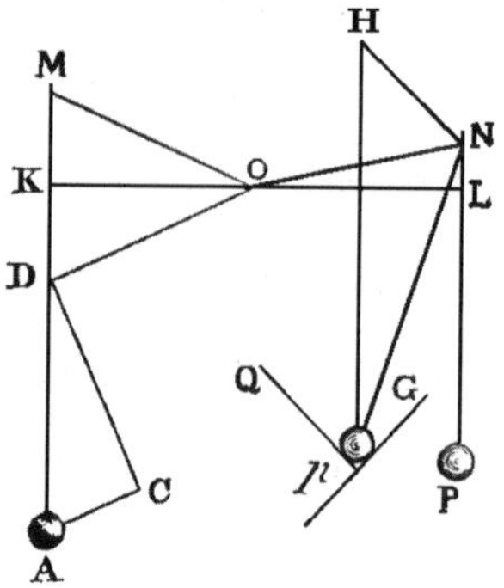

걸리는 무게는 줄의 길이와 무관하므로, 두 추가 걸린 지점을 *M*과 *L* 대신 *K*와 *L*, 또는 *D*와 *L*로 대치해도 줄의 장력은 달라지지 않는다. 이제 추 *A*가 가하는 힘의 크기가 선분 *AD*와 같다고 가정하면, 이 힘은 *AC* 방향과 *DC* 방향의 두 성분으로 분해할 수 있다. *AC* 방향 성분은 *OD* 방향으로 난 바큇살을 중심 쪽으로 밀기 때문에 바퀴의 회전에 아무런 기여도 하지 않는다. 반면에 *DC* 방향 성분은 *OD* 방향으로 난 바큇살을 살과 수직한 방향으로 잡아당기는데, 이 힘은 *OD*와 길이가 같은 *OL*에 수직한 방향으로 힘이 작용한 것과 동일한 효과를 낳는다. 그러므로 추 *P*와 *A*의 무게 비율이 *DC*와 *DA*의 길이 비율과 같으면(즉 *P*의 무게:*A*의 무게=*DC*:*DA*이면) 바퀴의 양쪽에 똑같은 힘이 작용하여 어느 쪽으로도 돌지 않고 평형 상태를 유지하게 된다. 그런데 삼각형 *ADC*와 *DOK*는 닮은꼴이므로 *DC*와 *DA*의 비율은 *OK*와 *OD*의 비율과 같고, *OD*는 *OL*과 길이가 같다. 따라서 추 *P*와 *A*의 무게 비율이 선분 *OK*와 *OL*(이들은 일직선에 있다)의 길이 비율과 같으면 바퀴는 평형 상태를 유지한다. 이것은 이미 잘 알려

진 저울, 지렛대, 바퀴 축의 특성이기도 하다. 물론 추의 무게 비율이 이 관계에서 벗어나면 바퀴는 무거운 추가 당기는 방향으로 회전한다.

이제 *P*와 무게가 같은 또 하나의 추 *p*를 *N*에 매달아보자. *p*는 비스듬한 각도로 매달려 있어서, 무게의 일부가 줄 *Np*에 걸리고 나머지 무게는 비스듬한 바닥 *pG*에 의해 떠받쳐진 상태라고 하자. 그리고 *p*에서 수평선과 수직한 방향(연직 방향)으로 선을 긋고, *N*에서 *pG* 평면과 수직한 방향으로 선을 그어서, 이들이 만나는 점을 *H*라 하자. 그러면 추 *p*의 무게는 *pN* 방향 성분과 *NH* 방향 성분으로 나눌 수 있다. 만일 *pN*에 수직한 방향으로 또 하나의 평면 *pQ*가 설치되어 있어서 추 *p*가 두 면에 모두 닿아 있다면, 평면 *pQ*와 *pG*에는 각각 *pN*, *HN*의 힘이 가해질 것이다. 이 상태에서 평면 *pQ*를 제거하면 *pQ*가 떠받치던 무게가 줄 *pN*에 고스란히 전달된다. 이때 *pN*에 걸린 장력과 연직 방향 줄 *PN*에 걸린 장력의 비율은 선분 *pN*과 *pH*의 길이 비율과 같다. 그러므로 *p*와 *A*의 무게 비율이 이들을 매달고 있는 줄과 바퀴 중심 사이의 최단 거리의 역비율과 같으면서 *pH*와 *pN*의 비율과 같으면(즉 *p*의 무게:*A*의 무게=*pH*:*pN*이면) 2개의 추가 바퀴를 돌리는 힘이 균형을 이루게 된다. 이것 역시 실험을 통해 확인할 수 있다.

그림에서 2개의 비스듬한 평면 *pG*와 *pQ*에 의지하고 있는 추 *p*를 *V*자형 쐐기라고 생각해보자. 그러면 *pG*와 *pQ*는 쐐기가 박히는 물체의 갈라진 틈에 해당한다. 이 경우 쐐기가 물체에 가하는 힘을 계산할 수 있을까? 물론 할 수 있다. *p*가 *pQ*에 가하는 힘과 *pH* 방향으로

p에 가해지는 힘(p 자체의 무게, 또는 망치로 가해진 힘)의 비율은 pN과 pH의 비율과 같고, p가 pQ에 가하는 힘과 PG에 가하는 힘의 비율은 pN과 NH의 비율과 같다. 나사못에 가해지는 힘도 이와 비슷한 힘 분해 과정을 거쳐 계산 가능하다. 나사못은 지레의 원리를 이용하여 쐐기를 밀어 넣는 것과 같다. 지금까지 설명한 부가법칙은 매우 다양한 방면에 적용할 수 있으며, 수많은 실험을 통해 사실로 판명되었다. 모든 역학은 여기서 설명한 내용에 기초하고 있으며, 이로부터 바퀴와 도르래, 지레, 줄, 수직 또는 경사각으로 들어올리는 물체의 하중 등 모든 기계의 원리와 작동에 필요한 힘을 계산할 수 있다. 동물의 뼈를 움직이는 근육의 작동 원리도 마찬가지다.

부가법칙 3

주어진 물리계의 총운동량은 한 방향으로 진행하는 각 부분의 운동량의 합에서 반대 방향으로 진행하는 운동량의 합을 뺀 값이며, 부분들 사이의 상호작용은 총운동량에 아무런 영향도 주지 않는다.

운동의 제3법칙에 의해 작용과 반작용은 크기가 같으면서 방향이 반대이다. 그러므로 제2법칙에 의해 작용과 반작용으로부터 야기되는 운동의 변화도 크기가 같고 방향이 반대이다. 두 물체가 같은 방향으로 진행하다가 작용-반작용을 교환하여 첫 번째 물체의 운동량이 증가했다면, 두 번째 물체의 운동량이 감소하여 총운동량은 변하지 않는다.[4] 반면에 두 물체가 서로 반대 방향으로 진행하다가 정면 충돌한 경우에는 두 물체의 운동량이 똑같은 양만큼 감소하는데, 원래 진행 방향이 반대였으므로 이 경우에도 총운동량은 변하지 않는다.

예를 들어 구형 물체 *A*가 2라는 속도로 직선을 따라 움직이고, 질량이 *A*의 $\frac{1}{3}$인 구형 물체 *B*가 10이라는 속도로 *A*를 따라간다고 가정해보자. 운동량은 질량에 속도를 곱한 값이므로 *A*와 *B*의 운동량 비율은 6:10이다. 편의상 *A*의 운동량을 6, *B*의 운동량을 10이라 하자. 그러면 이 물리계의 총운동량은 16이다. 얼마의 시간이 지난 후 두 물체가 충돌(사실은 추돌)하면서 *A*가 3 또는 4 또는 5의 운동량을 추가로 얻었다면, *B*는 이에 해당하는 운동량을 잃을 것이다. 즉 추돌 후 *A*의 운동량은 9 또는 10 또는 11로 증가하고, *B*의 운동량은 7 또는 6 또는 5로 감소한다. 어떤 경우에도 *A*와 *B*의 운동량을 더한 값은 충돌 전의 운동량인 16에서 벗어나지 않는다. 추돌 후 *A*의 운동량이 9 또는 10 또는 11 또는 12만큼 증가했다면, *A*는 15 또는 16 또는 17 또는 18이라는 운동량을 갖고 원래 진행 방향으로 움직이고, *B*는 1이라는 운동량으로 계속 진행하거나(운동량 9를 잃은 경우), 추돌과 동시에 운동량을 모두 잃고 그 자리에 멈춰 서거나(운동량 10을 잃은 경우), 1이라는 운동량을 갖고 반대 방향으로 튕겨나가거나(운동량 11을 잃은 경우), 2라는 운동량을 갖고 반대 방향으로 튕겨나간다(운동량 12를 잃은 경우). *A*와 *B*가 추돌 후에도 같은 방향으로 진행하는 경우, 총운동량은 15+1이나 16+0이 되어 충돌 전과 같고, *B*가 반대 방향으로 튕겨나간 경우에도 총운동량은 17-1이나 18-2가

---

4) 예를 들어, 천천히 굴러가는 첫 번째 공에 빠르게 굴러가는 두 번째 공이 추돌한 경우이다.

되어 역시 충돌 전과 같다. 그리고 대부분의 물체는 충돌 전의 질량과 충돌 후의 질량이 같기 때문에, 충돌 후의 운동량을 알면 충돌 후의 속도도 알 수 있다.[5] 운동량은 질량에 속도를 곱한 값이어서, 질량이 일정하면 운동량의 비율은 속도의 비율과 같기 때문이다. 예를 들어 위의 사례에서 충돌 전 속도가 2이고 운동량이 6이었던 물체 *A*가 충돌 후 운동량이 18로 증가했다면, 충돌에 의해 운동량이 3배 증가했으므로 속도도 3배 증가하여 6이 된다.

물체가 구형이 아니거나 비스듬한 각도로 충돌했을 때 충돌 후 운동량을 계산하려면 충돌의 순간에 두 물체가 접하는 면의 방향을 알아낸 후, 모든 운동량을 이 면에 수직한 성분과 평행한 성분으로 분해해야 한다. 충돌 면에 수직한 운동량 성분은 위에서 언급한 보존법칙을 따르고, 평행한 성분은 충돌 후에도 똑같이 유지된다. 두 물체의 수직 운동량 성분은 각기 반대 방향으로 똑같은 양만큼 변하여, 충돌 후 같은 방향으로 진행하는 경우에는 운동량의 합이 충돌 전 운동량의 합과 같고, 반대 방향으로 진행하는 경우에는 운동량의 차이가 충돌 전 운동량의 합과 같다.[6] 두 물체가 충돌하면서 충돌 전에 없었던 회전 운동이 나타날 수도 있는데, 기본 원리는 똑같이 적용되지만 계산 과정이 매우 복잡하기 때문에 이 책에서는 다루지 않기로 한다.

---

5) 물론 충돌 전의 속도와 운동량을 알고 있다는 가정하에 그렇다.

6) 특정 방향의 운동량에 +, 반대 방향의 운동량에 -라는 기호를 붙이면 합과 차이를 구별할 필요 없이 "합"이라는 한 단어로 통일된다.

부가법칙 4

2개 이상의 물체들이 모여 있을 때, 이들 사이의 상호작용으로는 공통 무게 중심의 운동 상태가 변하지 않는다. 외부에서 별도의 힘을 가하지 않는 한, 무게 중심은 정지 상태를 유지하거나 등속 직선 운동을 한다.

2개의 점이 각기 다른 등속 직선 운동을 하는 경우, 둘 사이의 거리를 특정 비율로 분할한 점은 한 자리에 정지해 있거나 등속 직선 운동을 한다. 자세한 증명은 1권 5장의 보조정리 23에서 다룰 예정이다. 이것이 증명되면 "여러 개의 점이 하나의 평면 위에서 움직이는 경우에도 무게 중심은 정지해 있거나 등속 직선 운동을 한다"는 부가정리도 쉽게 증명된다. 그리고 점들이 하나의 평면에 구속되어 있지 않은 경우에도 이와 비슷한 논리를 적용하여 똑같은 법칙이 성립한다는 것을 증명할 수 있다. 그러므로 여러 개의 물체가 각기 다른 등속 직선 운동을 하고 있을 때, 임의로 고른 두 물체의 공통 무게 중심은 정지 상태에 있거나 등속 직선 운동을 한다. 각 물체의 무게 중심을 연결한 직선은 공통 무게 중심에 의해 특정 비율로 분할되기 때문이다.[7] 이와 마찬가지로, 방금 고른 두 물체와 세 번째 물체의 공통 무게 중심

---

7) 여기서 "물체의 무게 중심"은 물체 하나의 무게 중심이고, "공통 무게 중심"은 둘 이상의 물체의 무게 중심을 의미한다. 앞에서 점을 다룰 때는 점이 있는 곳이 곧 점의 무게 중심이어서 점 1개의 무게 중심을 따로 언급할 필요가 없었기에, 여러 점의 무게 중심에 굳이 "공통(common)"이라는 접두어를 붙이지 않았다. 그러나 크기가 있는 물체를 다룰 때 물체 하나의 무게 중심과 여러 개의 무게 중심을 구별하지 않으면 문맥상 혼란이 야기되기 때문에, 이들을 각각 "무게 중심"과 "공통 무게 중심"으로 구별하기로 한다.

도 정지 상태에 있거나 등속 직선 운동을 한다. 두 물체의 공통 무게 중심과 세 번째 물체의 무게 중심 사이의 거리가 세 물체의 공통 무게 중심에 의해 특정 비율로 분할되기 때문이다. 여기서 물체를 더 추가해도 결과는 마찬가지다. 등속 직선 운동을 하는 네 물체의 공통 무게 중심은 정지 상태에 있거나 직선 운동을 하며… 이런 식으로 끝없이 계속된다. 그러므로 여러 개의 물체로 이루어진 물리계에서 물체들 사이에 상호작용이 전혀 없고 외부의 힘도 작용하지 않으면서 모든 물체가 저마다 다른 등속 직선 운동을 하고 있다면, 이들의 공통 무게 중심은 한 자리에 정지해 있거나 등속 직선 운동을 한다.

2개의 물체가 상호작용을 주고받는 물리계의 경우, 각 물체의 무게 중심에서 공통 무게 중심까지의 거리는 질량에 반비례하기 때문에, 서로 가까이 접근하건 멀어지건 두 물체의 상대적 운동량은 똑같다. 그런데 이들의 운동량 변화는 크기가 같고 방향이 반대이므로, 상호작용을 교환해도 공통 무게 중심은 가속되거나 감속되지 않는다. 즉 공통 무게 중심은 정지 상태나 등속 직선 운동 상태를 유지한다. 여러 개의 물체로 이루어진 물리계에서 두 물체가 상호작용을 교환한다 해도 두 물체의 공통 무게 중심의 운동 상태는 변하지 않으며, 나머지 물체들(방금 언급한 두 물체의 상호작용과 무관한 물체들)의 공통 무게 중심도 두 물체 사이에 교환되는 상호작용의 영향을 받지 않는다. 물리계 전체의 공통 무게 중심은 전술한 2개의 공통 무게 중심(상호작용을 교환하는 두 물체의 공통 무게 중심과 나머지 물체들의 공통 무게 중심)을 잇는 직선을 질량의 역비율로 내분한다.[8] 그리고 2개의 공통 무게 중심은 외력이 작용하지 않는 한 운동 상태가 변하지 않으므로, 전체 무게 중심도 현재의 운동 상태를 유지한다. 간단히 말해서, 2개의 물체가 상호작용을 교환한다 해도 이들이 속한 물리계 전체의 공통 무게 중심은 정지 상태나 등속 운동 상태를 유지한다는 것이다. 그런데 일반적으로 계의 상호작용은 물체들이 한 쌍씩 짝을 지어 교환하는 상호작용의 합이므로, 어떤 상호작용도 공통 무게 중심의 운동 상태를 바꿀 수 없다. 물체들이 상호작용을 전혀 하지 않을 때 공통 무게 중심은 정지해 있거나 등속 직선 운동을 한다. 따라서 물체들이 어느 순간부터 상호작용을 교환한다 해도, 외부로부터 힘이 작용하지 않는 한 공통 무게 중심은 정지 상태나 등속 직선 운동을 유지한다. 이것은 앞서 언급했던 운동의 제2법칙과 동일하다. 모든 만물이 현재의 운동 상태(정지 상태나 등속 직선 운동 상태)를 유지한다는 법칙은 물체가 하나인 경우뿐만 아니라 여러 물체로 이루어진 물리계에서도 똑같이 성립한다. 물체가 하나이건 여러 개이건, 모든 움직임은 무게 중심의 운동으로 나타나기 때문이다.

부가법칙 5

주어진 공간에서 여러 물체가 움직이고 있을 때, 공간 자체가 정지해 있거나 등속 직선 운동을 해도 이들의 상대 운동은 달라지지 않는다. 단 공간이 회전하는 경우는 예외이다.[9]

---

8) 예를 들어 두 물체의 질량의 합이 3이고 나머지 물체의 질량의 합이 10이라면, 전체 무게 중심은 두 공통 무게 중심을 잇는 직선을 10:3으로 내분한다.

9) 회전 운동뿐만 아니라, 일반적으로 공간 자체가 가속 운동을 하는 경우에는 이 부가법칙이 성립하지 않는다.

2개의 물체가 같은 방향으로 이동할 때 이들의 상대 운동은 두 운동의 차이로 나타나고, 반대 방향으로 움직일 때는 두 운동의 합으로 나타난다. 두 물체가 충돌(또는 추돌)하면서 초래된 변화는 이 합과 차이에 모두 포함되어 있다. 그러므로 공간이 정지해 있건 등속으로 움직이건 간에 두 물체의 충돌 효과는 운동의 제2법칙에 의해 똑같이 나타나며, 두 물체의 상대 운동도 달라지지 않는다. 이것은 일상적인 경험을 통해 쉽게 확인할 수 있다. 배의 갑판에서 여러 물체가 동시다발적으로 움직일 때, 이들 사이의 상대 운동은 배가 항구에 정박해 있을 때나 바다를 항해 중일 때나 똑같이 나타난다.

부가법칙 6

각기 나름대로 움직이고 있는 여러 물체에 일제히 한 방향으로 똑같은 가속력이 작용했을 때, 이들의 상대 운동은 가속력이 작용하기 전과 완전히 동일하다.[10]

이런 힘이 균일한 방향으로 작용하면(힘의 세기는 질량에 비례한다) 모든 물체는 (운동의 제2법칙에 의해) 똑같은 정도로 움직이기 때문에, 이들 사이의 상대적 운동 상태는 달라지지 않는다.

---

10) 여기서 말하는 가속력은 "특정 가속도를 유발하는 힘"을 의미한다. 가속력이 같다는 것은 개개의 물체에 작용한 힘의 세기가 같다는 뜻이 아니라, 모든 물체의 가속도가 같다는 뜻이다. 대표적 사례로 중력을 들 수 있다.

부가설명

지금까지 언급한 법칙들은 수학자들 사이에서도 통용되는 내용으로, 다양한 실험을 통해 사실로 확인되었다. 갈릴레오는 운동의 제1법칙과 제2법칙, 부가법칙 1, 2를 이용하여 무거운 물체가 자유 낙하[11] 할 때 떨어지는 거리는 시간의 제곱에 비례하고, 비스듬한 각도로 발사된 물체는 포물선 궤적을 그린다는 사실을 알아냈다. 이것도 실험을 통해 확인되었는데, 실제로는 공기 저항 때문에 약간의 오차가 발생한다. 특정 물체에 작용하는 중력은 언제 어디서나 똑같기 때문에[12] 특정 시간 동안 물체에 일정한 힘이 가해져서 속도가 일정하게 증가한다. 즉 떨어지는 물체의 속도는 시간에 비례한다. 그리고 물체가 떨어진 거리는 속도와 시간의 곱에 비례하므로, 결국은 시간의 제곱에 비례하여 증가한다. 물체를 위로 던지면 중력이 물체의 속도를 빼앗아가는데, 이 경우에도 속도의 감소량은 시간에 비례한다. 이 물체가 가장 높은 지점에 도달할 때까지 걸리는 시간은 중력에 속도를 모두 빼앗기는 데 걸리는 시간과 같고, 최고점의 높이는 속도와 시간의 곱에 비례하므로 결국은 속도의 제곱에 비례한다.[13] 그리고 물체를 비스듬한 방향으로 던지면 물체 고유의 운동과 중력의 영향

---

11) 출발 속도가 0인 낙하 운동.

12) 앞서 말한 대로 지구의 중력은 고도가 높을수록 약해진다. 그러나 지금은 지표면 근처에서 일어나는 운동을 고려하고 있으므로 중력이 일정하다고 가정해도 별문제가 없다.

13) 최고점에 도달하는 데 걸리는 시간이 처음 던진 속도에 비례하기 때문이다.

〈그림 공리-3〉

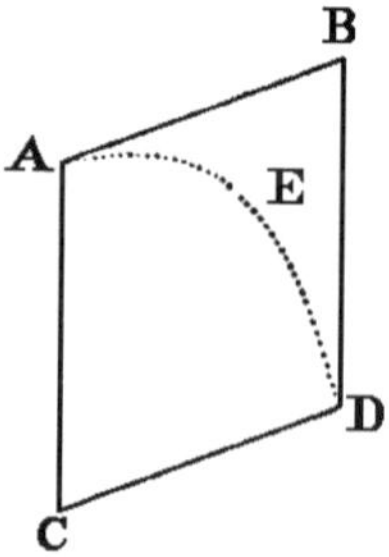

이 복합적으로 작용하여 특정한 곡선 궤적을 그리게 된다.

예를 들어 *A*라는 지점에서 물체를 *AB* 방향으로 던졌을 때, 중력이 작용하지 않는다면 직선을 따라 똑바로 나아갈 것이다. 이 경우에 특정 시간 동안 물체가 진행한 거리를 *AB*라 하자. 그리고 이 물체를 *A*에서 자유 낙하시켰을 때 같은 시간 동안 떨어진 거리를 *AC*라 하면 평행사변형 *ABCD*가 정의된다. 중력이 작용하는 곳에서 *AB* 방향으로 발사된 물체의 실제 궤적은 고유의 운동(*AB*)과 중력의 영향(*AC*)이 복합적으로 작용하여, 같은 시간 동안 *D*에 도달한다. 이 물체가 그리는 궤적은 점 *A*에서 직선 *AB*에 접하는 포물선이며, *BD*는 *AB*의 제곱과 같다.

운동의 제1법칙과 제2법칙, 부가법칙 1, 2를 이용하면 진자(pendulum)가 왕복하는 데 걸리는 시간을 계산할 수 있으며, 그 결과는 실험을 통해 사실로 확인되었다. 이 시대 최고의 기하학자로 꼽히는 크리스토퍼 렌 경(Sir Christopher Wren, 1632-1723)과 존 월리스 박사(Dr. John Wallis, 1616-1703), 그리고 크리스티안 하위헌스는 거의 비슷한 시기에 각자 독립적으로 제3법칙과 세 번째 부가법칙을 추가로 적용하여 견고한 물체의 충돌 및 산란 문제를 풀어서 영국 왕립학회에 발표했는데, 이들이 얻은 결과는 모두 사실과 일치하는 것으로 판명되었다. 논문을 제일 먼저 출판한 사람은 윌리스였지만(하위헌스의 논문이 가장 늦게 출판되었다) 크리스토퍼 렌은 자신이 얻은 결과를 진자에 적용하여 왕립학회 회원들에게 타당성을 증명했고, 얼마 후 에듬 마리오트(Edme Mariotte, 1620-1684)[14]는 여기에 기초하여 진자의 운동을 주제로 한 책을 출판했다.

〈그림 공리-4〉

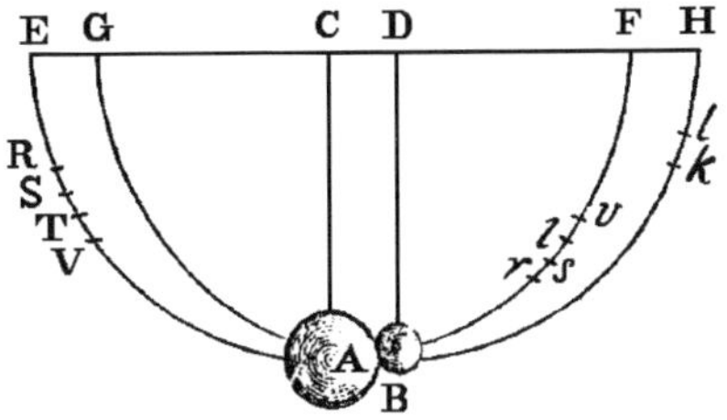

그러나 이론과 실험이 정확하게 일치하려면 충돌하는 물체의 탄성력과 공기 저항을 고려해야 한다. 그림과 같이 진자 *A*, *B*가 각각 *C*와 *D*에서 길이가 같은 줄에 매달려 있다고 가정해보자($AC=BD$). 진자가 흔들리면 각각 *EAF*와 *GBH*라는 반원을 그리고, 반지름 *AC*와 *BD*는 자신이 속한 반원을 이등분한다. 이제 *B*를 제거한 상태에서 *A*를 반원 *EAF* 위의 한 점 *R*까지 들어올렸다가 가만히 놓았을 때, 한 번 진동한 후 되돌아온 지점을 *V*라 하자. 원호 *RV*는 진자의

14) 프랑스의 성직자 겸 물리학자. 프랑스 과학아카데미의 최초 회원 중 1인.

왕복 운동이 공기 저항을 받아 줄어든 정도를 나타낸다. *RV*의 중앙에 *RV*의 길이의 $\frac{1}{4}$에 해당하는 *ST*를 잡으면 *RS*와 *TV*는 길이가 같고, *RS*와 *ST*의 길이 비율은 3:2가 된다. 여기서 *ST*는 진자가 *S*에서 *A*로 내려가는 동안 공기 저항에 의해 줄어든 진폭과 거의 일치한다. 이제 진자 *B*를 다시 매달고 진자 *A*를 *S*에서 가만히 놓으면 최저 지점에 도달했을 때 *B*와 충돌할 것이다. 이때 *A*의 속도는 진공 중에서 진자 *A*가 *T*에서 출발하여 *A*에 도달했을 때의 속도와 거의 정확하게 일치한다.[15] 그런데 모든 기하학자가 알고 있듯이 최저점에 도달한 진자의 속도는 출발점부터 최저점까지 진자가 그린 호에 해당하는 현의 길이에 비례하므로, 진자 *A*가 최저점에 도달했을 때의 속도는 현 *TA*로 나타낼 수 있다.[16] 충돌 후 진자 *A*는 *s*까지, *B*는 *k*까지 도달했다고 하자. 여기서 진자 *B*를 다시 제거하고 반원 *EAF*의 오른쪽에 *v*라는 점을 잡는다. 진자 *A*가 이 지점에서 출발하여 한 번 진동한 후 도달하는 위치를 *r*이라 하자. 그리고 *rv*의 $\frac{1}{4}$에 해당하는 짧은 원호 *st*를 *rv*의 중앙에 위치시키면 *rs*와 *tv*의 길이가 같아지고, 호 *tA*에 대응되는 현은 진자 *A*가 최저점에서 충돌한 직후의 속도를 나타낸다. *v*에서 출발한 진자는 공기 저항이 없을 때 *t*에서 출발한 것과 같기 때문이다. 진자 *B*가 오른쪽으로 도달하는 지점도 이와 비슷한 방법으로 수정할 수 있다. 공기 중에서 *B*가 *k*에 도달했다면, 진공에서는

15) 문맥에 따라 *A*는 첫 번째 진자 자체를 의미하기도 하고, 반원 *EAG*의 가장 낮은 지점을 의미하기도 한다.

16) 호(arc)는 원주를 따라 두 점을 연결한 곡선이고, 현(chord)은 원주상의 두 점을 연결한 직선이다.

*l*에 도달한다. 그러면 이 진자 실험은 진공에서 수행한 실험으로 대체할 수 있다. 진자 *A*의 질량에 현 *TA*의 길이(진자 *A*의 속도)를 곱하면 *A* 지점에서 충돌하기 직전의 운동량이 얻어지고, *A*의 질량에 현 *tA*의 길이를 곱하면 충돌 직후의 운동량이 얻어진다. 또한 충돌 직후 *B*의 운동량은 진자 *B*의 질량에 현 *Bl*의 길이를 곱하여 얻을 수 있다. 그러므로 이와 비슷한 방법을 사용하면 2개의 진자가 각기 다른 위치에서 동시에 출발했을 때 충돌 직전과 직후의 운동량을 알 수 있고, 이 값을 비교하여 충돌에 의한 효과를 계산할 수 있다.

나는 길이가 10피트인 여러 개의 줄에 질량이 같거나 다른 여러 개의 진자를 매달아서 8, 12, 또는 16피트까지 들어올렸다가 충돌시키는 실험을 여러 차례 수행하여, 두 진자의 운동량이 반대 방향으로 똑같은 양만큼 변한다는 사실을 확인했다(오차의 범위는 3인치 이내였다). 이것은 작용과 반작용이 크기가 같고 방향이 반대라는 제3법칙과 일치한다. 예를 들어 진자 *A*가 9라는 운동량으로 이동하다가 정지 상태에 있는 진자 *B*와 충돌하여 운동량 7을 잃고 2라는 운동량으로 계속 나아간다면, *B*는 운동량 7을 갖고 튕겨나간다. 그리고 운동량이 12인 *A*와 운동량이 6인 *B*가 서로 반대 방향으로 진행하다가 정면 충돌하여 *A*가 운동량 2로 튕겨나갔다면(진행 방향이 정반대로 바뀌었다면), *B*는 8이라는 운동량을 갖고 역시 반대 방향으로 튕겨나간다. 충돌 전에 12였던 *A*의 운동량이 반대 방향 운동량 2로 변했다는 것은 운동량이 14만큼 변했다는 뜻이다. 그렇다면 *B*의 운동량도 14만큼 변해야 하므로 6-14=-8, 즉 8이라는 운동량을 갖고 반대 방향으로 통겨나간다. 그러나 운동량이 14인 *A*와 운동량이 5인 *B*가 같은 방향으로 움직이다가 추돌하여(A가 B보다 빠르다고 가정하자) *A*의 운동량이 5로 줄어들었다면, *B*는 *A*가 잃은 운동량을 추가로 획득하여 5+9=14의 운동량으로 진행하게 된다. 다른 경우도 숫자만 다를 뿐 원리는 동일하다. 두 물체가 같은 방향으로 움직일 때는 충돌 전과 충돌 후 운동량의 합이 변하지 않고, 반대 방향으로 움직일 때는 운동량의 차이가 변하지 않는다.[17] 실제 실험에서는 1~2인치 정도의 오차가 발생하는데, 이것은 공기 저항 등 운동을 방해하는 여러 요인을 완벽하게 감안하기가 그만큼 어렵기 때문이다. 예를 들어 2개의 진자를 동시에 출발시켜서 정확하게 최저점에서 충돌하도록 만들기란 여간 어려운 일이 아니다. 그리고 충돌 후에 진자가 도달한 위치 s와 k를 정확하게 파악하는 것도 결코 쉽지 않다. 게다가 진자로 사용한 구형 추의 밀도와 표면의 질감이 균일하지 않은 것도 오차를 유발하는 원인 중 하나이다.

언뜻 위에서 펼친 논리가 "완벽하게 단단한 물체"나 "탄성력이 완벽한 물체"에만 적용되는 것처럼 보일 수도 있다. 물론 현실 세계에는 이런 물체가 존재하지 않는다. 그러나 내가 실행한 충돌 실험은 물체의 견고한 정도에 상관없이 항상 동일한 결론에 도달했다. 운동량의 합이 충돌 전후에 똑같다는 것은 물체의 강도와 무관하게 항상 성립하는 법칙이다. 물렁한 물체들끼리 충돌하면 탄성력에 따라 이전되는 운동량이 달라질 뿐, 운동량의 합이 보존된다는 사실에는 변

---

17) 한쪽 방향 운동량에 +, 반대 반향 운동량에 - 부호를 부여하면 "운동량의 합은 변하지 않는다"는 한마디로 요약할 수 있다.

함이 없다. 하위헌스와 렌은 단단한 물체가 충돌하면 충돌 직전과 거의 같은 속도로 튕겨나간다고 했는데, 이 사실은 물체의 탄성력이 완벽할 때 더욱 분명하게 드러난다. 탄성력이 불완전한 물체들이 충돌 후에 속도가 느려지는 것은 물체가 발휘할 수 있는 탄성력에 한계가 있기 때문이다(단 충돌 후 물체가 부서지거나 망치로 때린 것처럼 납작해지면 탄성력을 한계치까지 발휘하지 못한다). 이런 물체들이 충돌하면 충돌 직전과 직후의 속도가 특정한 비율로 변한다. 나는 양털을 단단하게 뭉친 공으로 진자를 만들어서 이 사실을 확인했다. 특정 높이에서 떨어진 진자가 다른 진자와 충돌한 후 튀어 올라간 높이를 측정하여 탄성력을 계산하고, 이 값을 근거로 다른 진자들이 튀어 올라가는 높이를 이론적으로 예측할 수 있었는데, 모든 계산은 실험 결과와 거의 정확하게 일치했다. 양털 공의 경우, 충돌 직전과 충돌 직후의 상대 속도 비율은 항상 9:5였으며, 쇠로 만든 진자는 충돌 전후의 속도가 거의 같았다. 또한 코르크로 만든 진자는 충돌 후에 속도가 아주 조금 줄어들었고, 유리 공은 충돌 전후의 속도 비율이 16:15로 나타났다. 충돌과 반발의 경우에도 제3법칙이 성립한다는 사실이 실험으로 입증된 것이다.

물체들 사이에 인력이 작용하는 경우, 운동의 제3법칙은 다음과 같이 증명할 수 있다. 두 물체 *A*, *B*가 서로 상대방을 잡아당기고 있는데, 이들 사이에 장애물이 가로막고 있어서 더 이상 가까이 다가가지 못한다고 가정해보자. *A*가 *B*를 잡아당기는 힘보다 *B*가 *A*를 잡아당기는 힘이 더 크다면, *A*가 장애물을 미는 힘이 *B*가 장애물을 미는 힘보다 더 강해서 평형 상태를 유지할 수 없다. 즉 두 물체와 장애물로 이루어진 물리계 전체가 *A*에서 *B*를 향하는 방향으로 힘을 받아 그쪽으로 가속 운동을 하게 된다. 그렇다면 우리 주변을 포함한 우주 공간에는 이런 식으로 가속 운동을 하는 물체들로 가득 차 있을 것이고, 둘 사이의 인력이 사라지지 않는 한 가속 운동은 영원히 계속될 것이다. 물론 현실 세계에서 이런 일은 절대로 일어나지 않는다. 운동의 제1법칙에 의하면 모든 물체는 외력이 작용하지 않는 한 정지 상태를 유지하거나 등속 직선 운동을 해야 한다. 그러므로 내력(internal force)[18]에 의해 가속된다는 것은 명백한 오류이다. 인력을 행사하는 두 물체는 중간에 있는 장애물을 똑같은 힘으로 밀어서 평형 상태를 유지해야 한다. 즉 작용과 반작용은 크기가 같다. 나는 자석과 쇳조각을 이용하여 이 사실을 확인한 바 있다. 물이 담긴 2개의 그릇을 맞대어놓고 각 그릇에 조그만 자석과 쇳조각을 뿌려놓았더니, 어느 한쪽이 다른 쪽을 일방적으로 잡아당기는 경우는 단 한 번도 관측되지 않았다. 이들은 서로 상대방을 같은 힘으로 잡아당기다가 어느 정도 시간이 지나면 더 이상 움직이지 않는 평형 상태에 도달했다.

지구의 내부에 작용하는 중력도 이와 동일한 원리에서 평형 상태를 유지하고 있다. 지구(*FI*)를 선분 *EG*라는 평면으로 잘라서 *EGF* 구획과 *EGI* 구획으로 분할했을 때, *EGF*가 *EGI*를 당기는 힘(중력)과 *EGI*가 *EGF*를 당기는 힘은 정확하게 같다. 왜 그럴까? 그 이유는 다음과 같다. 일단 두 구획 중 큰 부분을 *HK*라는 평면으로 또 잘라서 *EGKH*와 *HKI* 두 부분으로 나눠보자. 단 *HKI*는 *EGF*와 크기가 같

18) 물리계 내부의 구성 성분들 사이에 작용하는 힘.

〈그림 공리-5〉

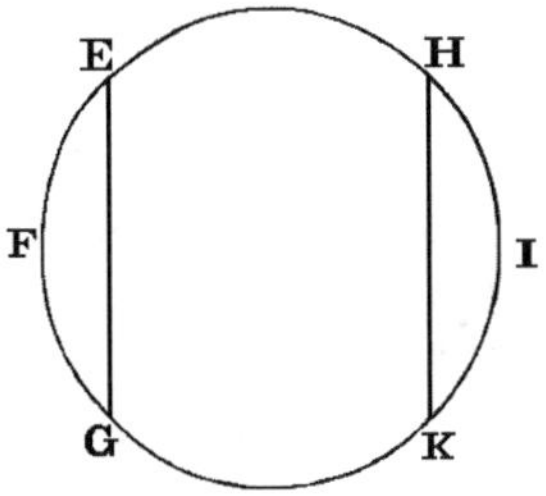

다. 그러면 중간에 있는 *EGKH*는 어느 쪽으로도 치우치지 않고 평형 상태를 유지할 것이다. *HKI*의 모든 무게는 *EGKH*에 고스란히 전해져서 반대편에 있는 *EGF*에게도 똑같은 힘을 가한다. 또한 *HKI*와 *EGKH*를 더한 *EGI*가 *EGF*에 가하는 힘은 *HKI*의 무게와 같으며, 이 값은 *EGF*의 무게와 같다. 그러므로 *EGI*가 그림에서 왼쪽으로 가하는 힘과 *EGF*가 오른쪽으로 가하는 힘은 크기가 같다. 이것이 바로 내가 증명하고자 했던 결과이다. 이 두 힘이 같지 않다면 지구는 운동을 방해하는 요인이 없는 우주 공간에서 큰 힘이 작용하는 쪽으로 영원히 가속될 것이다.

충돌하는 두 물체는 서로 똑같은 크기의 힘을 주고받으며, 충돌 후의 속도는 이들이 갖고 있는 고유의 힘(관성력)에 반비례한다.[19] 이것은 일상적으로 사용되는 모든 기계 장치에 똑같이 적용되는 법칙이다. 어떤 장치이건 움직이는 부품의 속도(힘이 작용하는 방향의 속도)는 고유의 힘에 반비례하고, 2개의 부품이 힘을 교환할 때 각 부

19) 좀더 정확하게 말하면, 충돌 후의 가속도(a)는 관성의 척도인 질량(m)에 반비례한다. $a = \frac{F}{m}$.

품의 운동량은 똑같은 양만큼 변한다. 예를 들어 대저울[20]의 한쪽 끝에 물체를 매달고 추를 평형 지점으로 옮겼을 때 가로대가 위아래로 진동하는 속도는 물체의 무게에 반비례한다. 즉 평형 지점에서 물체(또는 추)까지의 거리가 물체(또는 추)의 무게에 반비례하도록 추를 이동시키면 추와 물체가 가로대를 위아래로 움직이는 힘이 똑같아지면서 전체적으로 평형을 이룬다. 경사면이나 다른 요인에 의해 물체가 비스듬한 방향으로 오르내리는 경우에는 속도의 수직 방향 성분이 물체의 무게에 반비례한다. 중력은 항상 수직 방향으로 작용하기 때문이다. 도르래의 원리도 이와 비슷하다. 여러 개의 도르래로 이루어진 권양기를 작동시킬 때, 수직 방향으로 줄을 잡아당기는 힘과 도르래에 걸린 하중(들어올리고자 하는 물체의 무게)의 비율이 물체의 수직 방향 속도와 줄을 손으로 잡아당기는 속도의 비율과 같으면 권양기는 평형 상태를 유지한다.[21] 물체를 비스듬한 방향으로 들어올리는 경우도 마찬가지다. 시계처럼 여러 개의 기어로 이루어진 기계도 기어를 회전시키는 힘과 회전을 방해하는 힘이 각자의 회전 속도에 반비례하면 평형 상태가 유지된다. 벽에 나사못을 박을 때, 나사가 벽을 누르는 힘과 나사를 돌리는 힘의 비율은 나사의 회전 속도와 나사가 벽 속으로 파고 들어가는 속도의 비율과 같다. 또한 갈라진 나무 틈새로 쐐기를 박을 때, 쐐기가 나무 틈새를 옆으로

20) 눈금이 새겨진 대에 이동식 추를 매단 저울. 반대쪽 끝에 달린 접시나 고리에 물건을 얹고 추를 이동하여 무게를 측정한다.

21) 엄밀히 말하면 속도가 아니라 가속도의 비율과 같아야 한다.

벌리는 힘과 망치로 쐐기를 박는 힘의 비율은 쐐기가 나무 속으로 파고드는 속도와 틈새가 쐐기에 수직한 방향으로 벌어지는 속도의 비율과 같다. 이런 관계는 모든 기계에 똑같이 적용된다.

일반적으로 속도가 줄어들면 힘이 강해지고, 속도가 빠르면 힘이 약해진다. 대부분의 기계 장치는 이 원리를 이용하여 힘든 일을 쉽게 수행할 수 있도록 설계되었다. 옮겨야 할 무게와 동원할 수 있는 힘이 주어지거나 극복해야 할 저항력이 주어지면, 기계의 구조에 따라 작동 방법이 결정된다. 구동 부품과 저항 물체의 속도 비율이 그들이 발휘하는 힘의 역비율[22]과 같으면 구동력과 저항력이 평형을 이루고, 구동 부품의 속도가 더 빠르면 저항을 이기고 소기의 목적을 달성하게 된다. 물론 속도가 아주 빠르면 모든 저항을 극복할 수 있다. 저항은 접촉 상태에 있는 물체들 사이의 마찰이나 결합력(붙은 물체를 떼어내려 할 때), 또는 물체를 들어올릴 때 나타난다. 이 모든 저항을 극복하고도 힘이 남으면, 기계의 일부(또는 전부)와 저항하는 물체의 일부(또는 전부)는 남은 힘에 비례하여 가속 운동을 하게 된다.

기계의 작동 원리를 자세히 설명하는 것은 이 책의 목적과 다소 거리가 있다. 다만, 운동의 제3법칙이 항상 성립한다는 사실을 강조하기 위해 다양한 사례를 언급한 것뿐이다. 어떤 도구를 사용하건 동력의 힘과 속도로부터 계산된 작용과 저항체의 힘과 속도(마찰, 결합력, 무게, 가속도 등에서 비롯됨)로부터 계산된 반작용은 항상 크기가 같고 방향이 반대이다.

---

22) 비율의 역수. 예를 들어 1:3은 $\frac{1}{3}$이고, 역비율은 3이다.

PHILOSOPHIÆ

NATURALIS

PRINCIPIA

MATHEMATICA

제1권

물체의 운동

1장

처음과 나중의 비율을 이용하여 정리 증명하기

보조정리 1

여러 개의 양(quantity) 또는 이들 사이의 비율이 임의의 유한한 시간 동안 연속적으로 변하면서 같은 값으로 접근한다고 하자. 주어진 시간이 끝나기 전에 이들 사이의 차이가 임의로 잡은 어떤 값보다도 작으면, 이들은 결국 같아진다.

만일 그렇지 않다면 이들은 최종적으로 각기 다른 값에 도달하게 된다. 그 차이를 *D*라고 하자. 그러면 이들의 차이는 어떤 시점에도 *D*보다 작아질 수 없고, 이것은 위의 가정에 위배된다.

보조정리 2

직선 *Aa*와 *AE*, 그리고 곡선 *acE*로 에워싸인 도형 *AacE*가 주어져 있다. 여기에 길이가 모두 같은 *AB*, *BC*, *CD*, …를 밑변으로 삼아 평행사변형 *Ab*, *Bc*, *Cd*, …를 작도하면(단 이들의 세로변 *Bb*, *Cc*, *Dd*, …는 *Aa*와 평행하며, 평행사변형의 개수에는 아무런 제한이 없다) 작은 평행사변형 *aKbl*, *bLcm*, *cMdn*, …이 완성된다. 이들의 가로(폭)를 점점 줄여가면서 개수를 무한정 늘이면 곡선 도형(원래의 도형)에 내접하는 도형 *AKbLcMdD*와 외접하는 도형 *AalbmcndoE*, 그리고 원래 도형 *AabcdE*는 면적이 같아진다.

내접하는 도형과 외접하는 도형의 면적은 작은 평행사변형 *Kl*,

〈그림 1-1〉

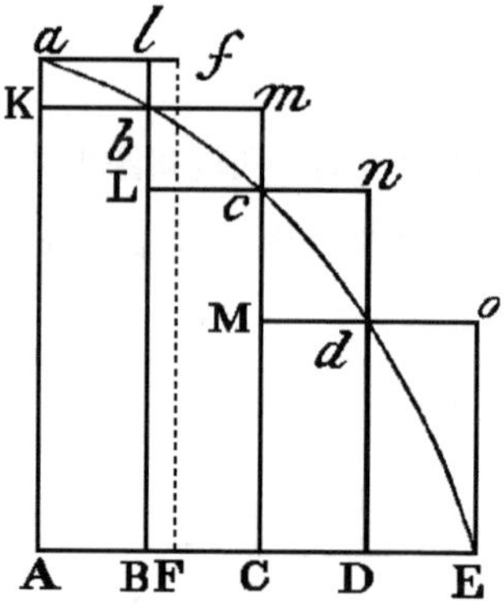

Lm, *Mn*, *Do*의 면적을 더한 값만큼 차이가 난다. 모든 평행사변형은 밑변의 길이가 같다고 했으므로, 작은 평행사변형의 면적을 더한 값은 밑변이 *Kb*이고 높이가 *Aa*인 직사각형 *ABla*의 면적과 같다(한 곳에 쌓았다고 생각하면 된다). 그런데 밑변 *AB*의 길이를 무한정 짧게 줄여나가면 *ABla*의 면적은 임의로 잡은 어떤 값보다 작아질 수 있다. 그러므로 (보조정리 1에 의해) 외접한 도형과 내접한 도형의 면적은 궁극적으로 같아지고, 이들의 중간값인 원래 도형의 면적도 같아진다. [Q.E.D.][1]

---

1) "이상이 증명되어야 할 내용이었다"는 뜻의 라틴어 "quod erat demonstrandum"의 약자.

보조정리 3

평행사변형의 밑변 *AB*, *BC*, *CD*, …가 같지 않아도, 이들이 한없이 작아지면 내접 도형과 외접 도형, 그리고 곡선 도형의 면적은 궁극적으로 같아진다.

〈그림 1-2〉

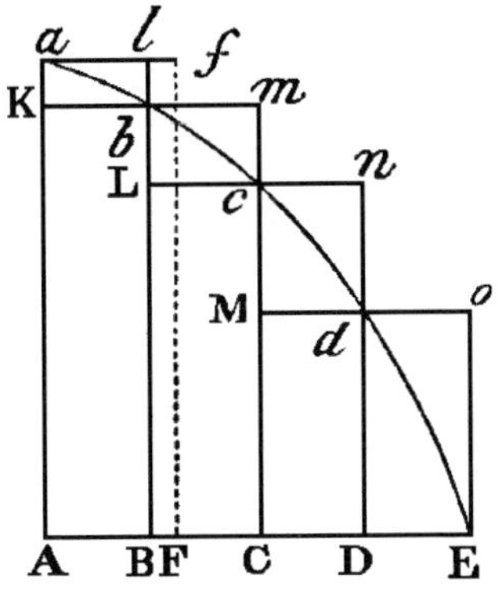

밑변 중 가장 긴 것을 *AF*라 하자. 그러면 평행사변형 *FAaf*의 면적은 내접하는 도형과 외접하는 도형의 면적 차이보다 크다. 그런데 *AF*가 무한정 작아지면 *FAaf*의 면적은 임의로 잡은 어떤 값보다 작아진다. [Q.E.D.]

부가정리 1

그러므로 무한히 작은 평행사변형의 면적을 모두 더한 값은 원래 도형의 면적과 같다.

부가정리 2

무한히 짧은 호 *ab*, *bc*, *cd*, …에 대응하는 현을 그었을 때, 이들을 윗변으로 갖는 사각형(사다리꼴)의 면적의 합은 궁극적으로 원래 도형의 면적과 같다.

부가정리 3

무한히 짧은 호 *ab*, *bc*, *cd*, …의 접선을 윗변으로 갖는 사각형의 면적의 합도 궁극적으로 원래 도형의 면적과 같다.

부가정리 4

그러므로 위에 언급한 현들은 궁극적으로 직선이 아니며, 곡선 *acE*에 무한정 가까워진다.

보조정리 4

2개의 도형 *AacE*와 *PprT*의 내부를 (다음의 경우와 같이) 같은 개수의 내접하는 평행사변형으로 가득 채웠다고 하자. 이들의 폭을 무한정 줄여나간다고 했을 때, 첫 번째 도형의 평행사변형과 두 번째 도형에서 이에 대응되는 평행사변형의 최종 면적이 모든 평행사변형에 대하여 동일하다면, *AacE*와 *PprT*는 면적이 같다.

두 도형에서 서로 대응하는 평행사변형의 면적이 모두 같으면 평행

〈그림 1-3〉

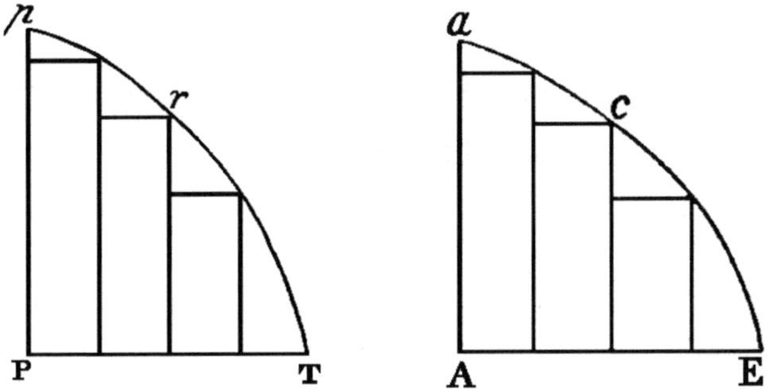

사변형의 면적을 모두 더한 값도 폭이 좁아질수록 같은 값에 수렴한다. 그런데 보조정리 3에 의해 *AacE*의 면적은 내부에 있는 평행사변형의 면적의 합과 같고 *PprT*의 면적도 그 내부에 있는 평행사변형의 면적의 합과 같으므로, 결국 *AacE*와 *PprT*의 면적은 같아진다. [Q.E.D.]

부가정리

종류 불문하고 임의의 두 양을 같은 개수로 무한정 작게 세분했을 때, 각 대응 구획 사이의 비율(첫 번째 구획끼리의 비율과 두 번째 구획끼리의 비율… 등)이 모두 같으면 두 양의 전체 비율도 이 비율과 같다. 왜 그런가? 두 양을 〈그림 1-3〉처럼 대응 비율이 모두 같은 평행사변형으로 세분했을 때, 세분된 양의 합의 비율은 평행사변형의 합의 비율과 같으므로 세분된 양과 평행사변형의 개수가 무수히 많고 크기가 무한정 작아져도, 세분된 양의 합의 비율은 여전히 평행사변형의 합의 비율과 같다. 따라서 (가정에 의해) 두 양의 비율은 각 대응 구획 사이의 비율과 같다.

보조정리 5

서로 닮음 관계에 있는 도형의 대응변(직선 또는 곡선)들은 길이 비율이 모두 같고, 면적 비율은 길이 비율의 제곱과 같다.

보조정리 6

임의로 주어진 매끄러운 호(곡률이 연속적으로 변하는 호) *ACB*와 이에 대응되는 현 *AB*가 있다. 현의 한쪽 끝 *A*에서 호에 접하는 직선을 *AD*라 하자. *AD*는 양쪽으로 길게 뻗어 있다. 이 상태에서 *A*와 *B*가 호를 따라 서로 가까워지다가 한 점에서 만나면, 현과 접선의 사잇각 *BAD*는 무한정 작아지다가 결국 0으로 사라진다.

〈그림 1-4〉

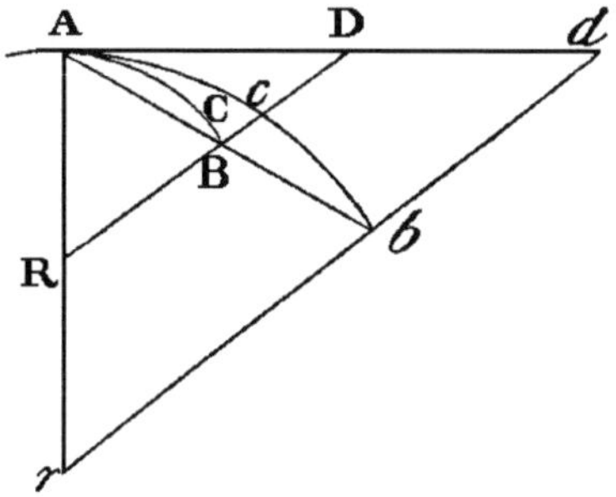

*A*와 *B*가 무한정 가까이 접근해도 ∠*BAD*가 0이 되지 않는다는 것은 호 *ACB*와 접선 *AD*가 *A*에서 유한한 각도를 형성한다는 뜻이다.

그런데 이는 곧 A 근방에서 곡률이 연속적이지 않다는 뜻이므로 가정에 위배된다. 그러므로 A와 B가 무한정 가까이 접근하면 $\angle BAD$는 0이 되어야 한다.

보조정리 7

위와 같은 가정에서 호와 현, 그리고 접선의 길이는 궁극적으로 같아진다.

B가 A를 향해 접근하는 동안 AB와 AD를 연장한 선 위에 b와 d를 잡아서, B가 어느 위치에 있건 bd와 BD가 항상 평행하도록 유지하고, 호 ACB와 닮은꼴인 호 Acb를 그려보자. 점 A와 B가 하나로 합쳐지면 $\angle dAb$는 0으로 사라지고(보조정리 6 참조), 유한한 직선 Ab와 Ad가 하나로 합쳐지면서 그 사이에 낀 호 Acb도 이들과 같아진다. 그런데 직선 AB와 AD, 그리고 이들 사이에 낀 호 ACB는 각각 Ab, Ad, Acb와 항상 비례 관계에 있으므로 결국은 이들의 길이도 같아진다. [Q.E.D.]

부가정리 1

B에서 A의 접선 AD에 평행하게 그은 선이 A를 지나는 임의의 직선과 만나는 점을 F라 하면, BF는 호 ACB와 동일한 비율로 짧아지다가 0으로 사라진다. 왜냐하면 평행사변형 $AFDB$에서 BF는 AD와 길이가 같기 때문이다.

〈그림 1-5〉

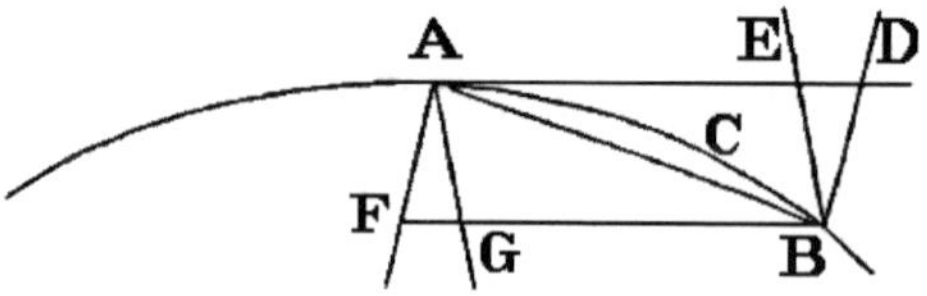

부가정리 2

*A*를 지나는 또 다른 직선 *AF*와 *AG*, 그리고 *B*를 지나는 또 다른 직선 *BE*, *BD*가 있고, *BF*가 접선 *AD*와 평행하면 (*A*와 *B*가 무한정 가까워질 때) *AD*, *AE*, *BF*, *BG*, 그리고 호 *ACB*와 현 *AB*의 길이는 궁극적으로 같아진다.

부가정리 3

그러므로 이들의 최종 비율을 논할 때는 어떤 것을 사용해도 상관없다.

보조정리 8

직선 *AR*과 *BR*, 호 *ACB*와 현 *AB*, 그리고 접선 *AD*를 조합하면 3개의 삼각형 *RAB*, *RACB*, *RAD*가 만들어진다.[2] **여기서 *A*와 *B*가 가까워지면 3개의 삼각형은 점점 작아지면서 닮은꼴 도형에 접근하다가, *A*와 *B*가 한 점에서 만날 때 닮음비는 1:1이 된다(즉 3개의 삼각형이 완전히 같아진다).**

2) 이들 중 *RACB*는 삼각형이 아니라 부채꼴에 가깝다.

〈그림 1-6〉

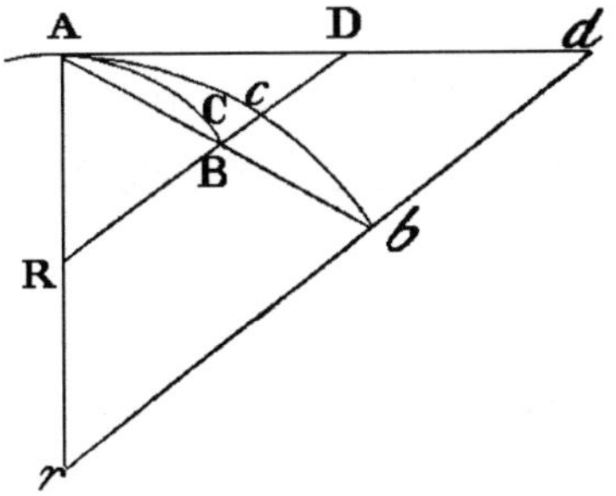

*B*가 *A*를 향해 접근하는 동안 직선 *RD*와 평행한 선이 *AB*, *AD*, *AR*의 연장선과 만나는 점을 각각 *b*, *d*, *r*이라 하고, 호 *Acb*는 *B*가 어느 위치에 있건 간에 항상 호 *ACB*와 닮은꼴을 유지한다고 하자. 이런 조건에서 *A*와 *B*가 만나면 $\angle bAd$는 0으로 사라지고, 크기가 유한한 3개의 삼각형 *rAb*, *rAcb*, *rAd*는 완전히 같아진다. 그런데 삼각형 *RAB*, *RACB*, *RAD*는 각각 *rAb*, *rAcb*, *rAd*와 닮은꼴이므로, 이들도 결국 동일한 삼각형으로 수렴한다. [Q.E.D.]

부가정리

그러므로 이 삼각형들의 최종 비율을 논할 때는 어떤 것을 사용해도 상관없다.

보조정리 9

직선 *AE*와 곡선 *ABC*가 특정 각도를 이루며 *A*에서 만나고, *AE* 선상에서

출발한 직선 *BD*와 *CE*가 각각 *B*, *C*에서 곡선 *ABC*와 만난다고 하자. 이제 *B*와 *C*가 곡선 위에서 동시에 *A*를 향해 무한정 가까이 접근하면, 삼각형 *ABD*와 *ACE*의 면적 비율은 대응변 길이의 제곱 비율과 같다.[3)]

〈그림 1-7〉

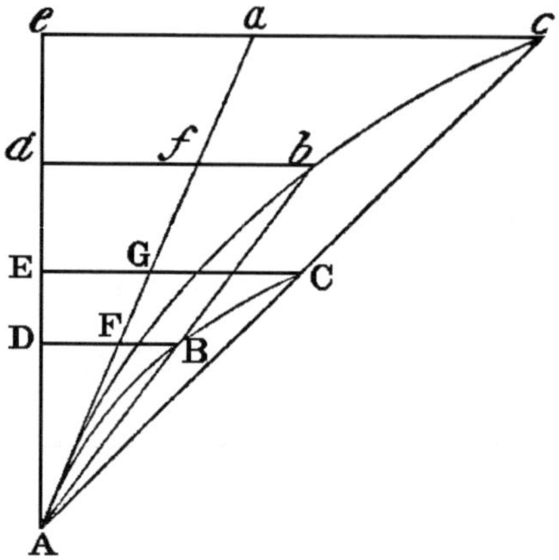

*B*와 *C*가 *A*에 접근하는 동안 직선 *AD*를 *e*까지 연장하여 *Ad*와 *Ae*가 *AD*와 *AE*에 비례하도록 만들어보자. 그리고 *d*와 *e*에서 *DB*와 *EC*에 평행하도록 그은 직선이 *AB*, *AC*의 연장선과 만나는 점을 각각 *b*, *c*라 하자. 곡선 *Abc*는 *ABC*와 닮은꼴이며, *A*에서 이 두 곡선에 동시에 접하는 접선 *Ag*는 *DB*, *EC*, *db*, *ec*와 각각 *F*, *G*, *f*, *g*에서 만난다. *Ae*의 길이를 일정하게 유지한 상태에서 *B*, *C*가 *A*에 접근하면 $\angle cAg$는 0에 가까워지고, 곡선을 포함한 도형 *Abd*와 *Ace*의 면적은 각각 직선

3) *a*와 *b*의 비율은 $a:b$이고, *a*와 *b*의 제곱 비율은 $a^2:b^2$이다.

도형 *Afd*, *Age*와 같아진다. 그러므로 이들의 면적 비율은 (보조정리 5에 의해) *Ad*와 *Ae*의 제곱 비율과 같다. 그런데 *ABD*와 *ACE*의 면적은 각각 *Abe*와 *Ace*의 면적에 비례하므로, 이들의 면적 비율은 *AD*와 *AE*의 제곱 비율과 같다. [Q.E.D.]

보조정리 10

물체가 힘을 받아 움직이기 시작하면 그 힘이 일정하건, 또는 점차 증가하건 감소하건 상관없이 운동 초기에 이동한 거리는 시간의 제곱에 비례한다.

〈그림 1-7〉에서 *AD*와 *AE*가 시간을 나타내고, *DB*와 *EC*를 그 시간에 물체가 얻은 속도라 하자. 그러면 이 속도로 물체가 이동한 거리는 각각 *ABD*, *ACE*의 면적과 같다. 그러므로 운동 초기에 물체가 움직인 거리는 (보조정리 9에 의해) 시간 *AD*와 *AE*의 제곱 비율과 같다. [Q.E.D.]

부가정리 1

2개의 물체가 이동한 시간을 닮은꼴 도형의 대응변에 각각 대응시키면, 두 물체에 똑같은 힘이 가해졌을 때 닮은꼴 도형상에서 이들이 "진행한 거리"와 "힘이 작용하지 않았을 때 진행한 거리"의 차이는 힘이 작용한 시간의 제곱에 거의 정확하게 비례한다.

부가정리 2

닮은꼴 도형의 대응 부위에 비례하는 힘을 가했을 때, 이동 거리의 차이는 힘에 시간의 제곱을 곱한 양에 비례한다.

부가정리 3

물체에 어떤 종류의 힘이 가해지건 이동 거리는 이 관계를 만족한다. 즉 운동이 막 시작되었을 때 물체가 이동한 거리는 힘에 시간의 제곱을 곱한 양에 비례한다.

부가정리 4

그러므로 힘은 물체가 움직이기 시작했을 때 이동 거리에 비례하고, 시간의 제곱에 반비례한다.

부가정리 5

따라서 시간의 제곱은 이동 거리에 비례하고 힘에 반비례한다.

부가설명

2개의 양 A, B를 비교할 때 "A가 B에 비례한다"는 것은 A와 B가 동일한 비율로 증가(또는 감소)한다는 뜻이며, "A가 B에 반비례한다"는 것은 A가 B의 증가율의 역수와 같은 비율로 증가(또는 감소)한다는 뜻이다. 그리고 A가 2개 이상의 양(B, C, D…)에 비례한다는 것은 A의 변화율[4]이 $B, C, D\cdots$의 변화율의 곱과 같다는 뜻이며, 반비례한다는 것은 A의 변화율이 $B, C, D\cdots$의 변화율의 역수의 곱과 같다는 뜻이다. 예를 들어 A가 B와 C에 비례하고 D에 반비례한다면, A의 변화율은 $B \times C \times \frac{1}{D}$이다. 즉 A와 $\frac{BC}{D}$는 변화율이 같다.

보조정리 11

어떤 곡선이 직선과 접하는 곳에서 유한한 곡률을 가질 때,[5] 접촉각[6]을 마주 보는 선분의 길이 비율은 그에 대응되는 현의 길이의 제곱 비율과 같다.

사례 1

〈그림 1-8〉에서 AB는 주어진 호, AD는 접선, BD는 접촉각($\angle BAD$)을 마주 보면서 접선에 수직한 선, 그리고 직선 AB는 호 AB에 대응하는 현이다. 현 AB에 수직한 선(BG)과 A에서 접선 AD에 수직하도록 그린 선(AG)이 만나는 점을 G라 하자. D, B, G는 각각 d, b, g를 향해 접근하고 있다. D와 B가 d, b를 지나 A에 무한정 가까워졌을 때, BG와 AG가 궁극적으로 만나는 점을 J라 하자. 그러면 GJ의 길이는 임의로 잡은 어떤 값보다 작아질 수 있다. 그리고 A, B, G를 포함하는 원

4) 증가율과 감소율을 통칭하는 용어.

5) 간단히 말해서, 곡선에 뾰족하게 튀어나오거나 들어간 곳이 없다는 뜻이다.

6) 곡선과 접선 사이의 각도.

〈그림 1-8〉

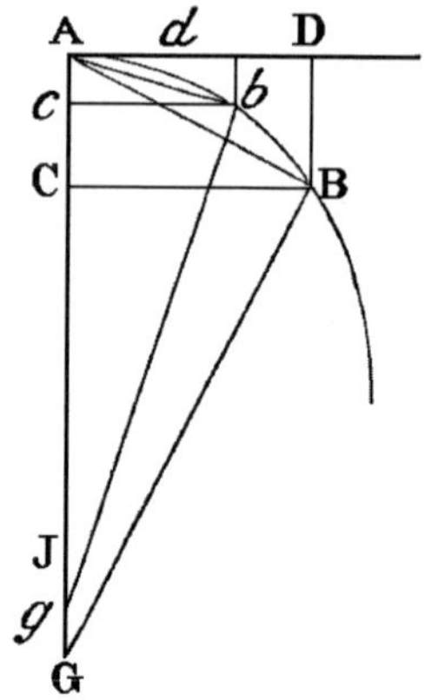

과 A, b, g를 포함하는 원의 기하학적 성질에 의해 AB^2은 $AG \times BD$와 같고, Ab^2은 $Ag \times bd$와 같다.[7] 즉, AB^2과 Ab^2의 비율은 $AG \times BD$와 $Ag \times bd$의 비율과 같다. 그런데 GJ는 임의로 잡은 어떤 값보다 작다고 했으므로 AG와 Ag의 비율은 1에 무한정 가까워지고, $AB^2 : Ab^2$와 $BD : bd$의 차이는 임의로 잡은 어떤 값보다 작아진다. 그러므로 보조정리 1에 의해 $AB^2 : Ab^2$의 궁극적인 값은 $BD : bd$와 같다. [Q.E.D.]

사례 2

AD와 BD의 사잇각이 직각에서 벗어난 어떤 특정한 각도로 주어져도 BD와 bd의 비율은 항상 같으므로, 이 값은 AB^2과 Ab^2의 비율과 같다. [Q.E.D.]

---

7) 삼각형 ABG와 삼각형 ABD는 닮은꼴이므로 $AB : AG = BD : AB$이며, 삼각형 Abg와 삼각형 Abd도 닮은꼴이므로 $Ab : Ag = bd : Ab$이다.

사례 3

$\angle D$가 특정 값으로 주어지지 않은 경우에도 직선 BD가 어떤 하나의 점으로 수렴하거나 다른 조건에 의해 결정되고, D와 d(동일한 규칙에 따라 결정된 점들)가 점점 가까워지면서 둘 사이의 거리가 임의로 잡은 값보다 작아진다면, 보조정리 1에 의해 BD와 bd의 최종 비율은 AB^2과 Ab^2의 비율과 같아진다. [Q.E.D.]

부가정리 1

그러므로 접선 AD와 Ad, 호 AB와 Ab, 그리고 이들의 사인(sine)에 해당하는 BC와 bc는 최종적으로 각각 현 AB, Ab와 같고, 이들의 제곱(AB^2과 Ab^2)은 각각 BD, bd와 같다.

부가정리 2

위에서 언급한 접선과 호, 그리고 $\sin(BC, bc)$의 제곱은 현을 양분하면서 한 점으로 수렴하는 호의 버사인(versine)[8]에 비례한다. 왜냐하면 이 버사인은 현 BD와 bd에 비례하기 때문이다.[9] [10]

---

8) $\text{versin}\theta = 1 - \cos\theta = 2\sin^2\frac{\theta}{2}$.

9) 반지름이 1인 원에서 $\sin\theta$는 AC의 길이와 같으므로 AC를 그냥 "사인"이라 부른다. 그리고 AB는 1에서 $\cos\theta$를 뺀 값, 즉 $1-\cos\theta$와 같은데, 이 값을 간단히 줄여서 "버사인"이라 한다.

10) 요즘은 삼각함수 사인, 코사인 등의 변수로 각도를 사용하고 있지만, 19세기까지는 각도가 아닌 호를 삼각함수의 변수로 사용했다. 따라서 구식으로 삼각함수를 정의하려면 호의 길이와 함께 반지름이 명시되어야 하는데, 문맥상 반지름이 명확한 경우에는 따로 명시되어 있지 않기 때문에 다소 혼란스럽다. 앞으로 삼각함수의 뜻이 모호한 경우에는 각주를 달아서 독자들의 이해를 도울 것이다.

부가정리 3

그러므로 어떤 물체가 주어진 속도로 호를 그리며 움직일 때, 시간의 제곱은 버사인에 비례한다.

〈그림 1-9〉

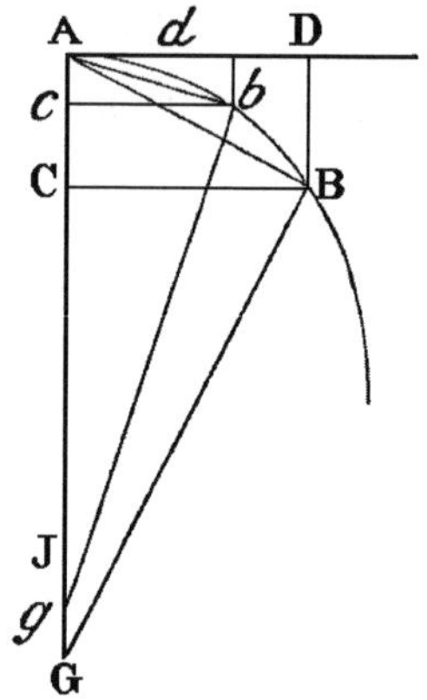

부가정리 4

삼각형 ADB와 Adb의 면적 비율은 $AD \times DB$와 $Ad \times db$의 비율과 같으므로, B와 D가 A에 무한정 가까워지면 이들의 면적 비율은 AD^3과 Ad^3의 비율과 같아지고, 이는 또 $DB^{\frac{3}{2}}$와 $db^{\frac{3}{2}}$의 비율과 같아진다. 또한 삼각형 ABC와 Abc의 면적 비율은 BC^3과 bc^3의 비율과 같다.

부가정리 5

DB와 db는 궁극적으로 평행하면서 둘 사이의 비율은 AD^2과 Ad^2의 비율과 같으므로, 곡선을 포함한 도형 ADB와 Adb의 면적은 (포

물선의 특성에 의해) 각각 삼각형 ADB와 Adb의 $\frac{2}{3}$가 되고, 활꼴 AB와 Ab[11]의 면적은 각각 삼각형 ADB와 Adb의 $\frac{1}{3}$이 된다. 그러므로 두 활꼴의 면적 비율은 접선 AD와 ad의 세제곱 비율과 같고, 현 (또는 호) AB와 Ab의 세제곱 비율과도 같다.

부가설명

앞에서 우리는 곡선과 접선 사이의 접촉각이 원과 접선의 접촉각보다 무한히 크거나 작다고 가정하지 않았다. 이는 곧 점 A에서 곡선의 곡률이 무한히 크거나 작지 않다는 뜻이며, AJ의 길이가 유한하다는 뜻이기도 하다. DB가 AD^3에 비례하면, 점 A를 지나면서 접선 AD와 곡선 AB 사이에 낀 원호를 그릴 수 없다. 즉 접선 AD와 곡선 AB 사이의 접촉각이 원과 접선의 접촉각보다 무한히 작아질 수 있다는 뜻이다. 그리고 이와 비슷한 논리에 의해, DB가 AD^4 또는 AD^5, AD^6, AD^7, …등에 비례하면 접촉각은 지수가 클수록 더욱 작아진다(예를 들어 AD^4에 비례하는 경우의 접촉각은 AD^5에 비례하는 경우보다 무한히 작다). 또한 DB가 AD^2 또는 $AD^{\frac{3}{2}}$, $AD^{\frac{4}{3}}$, $AD^{\frac{5}{4}}$, $AD^{\frac{6}{5}}$, $AD^{\frac{7}{6}}$, …등에 비례하도록 만들면 첫 번째 접촉각은 원의 접촉각과 같고, 두 번째는 이보다 무한히 크고, 세 번째, 네 번째…는 바로 전의 경우보다 무한히 크다. 이뿐만이 아니다. 위에 열거한 일련의 비례 인자

11) 호와 현으로 에워싸인 도형.

들 중 임의로 2개를 골랐을 때, 그들 사이에도 무수히 많은 접촉각이 존재하며, 이들 중 하나의 접촉각은 그다음에 나오는 접촉각보다 무한히 작을 수 있다(또는 무한히 클 수도 있다). 예를 들어 AD^2과 AD^3 사이에는 $AD^{\frac{13}{6}}$, $AD^{\frac{11}{5}}$, $AD^{\frac{9}{4}}$, $AD^{\frac{7}{3}}$, $AD^{\frac{5}{2}}$, $AD^{\frac{8}{3}}$, $AD^{\frac{11}{4}}$, $AD^{\frac{14}{5}}$, $AD^{\frac{17}{6}}$, … 등을 끼워 넣을 수 있으며, 이들 중 임의로 잡은 2개 사이에도 전후 사이에 무한대의 차이가 나는 접촉각이 무수히 많이 존재한다. 자연에는 한계가 없다.

곡선의 길이, 또는 평면 도형의 면적과 관련된 위의 증명은 휘어진 곡면이나 입체 도형에도 똑같이 적용된다. 고대의 기하학자들은 귀류법(reductio ad absurdum)[12]을 이용하여 이 사실을 증명했지만, 위에 열거한 보조정리를 이용하면 번거로운 과정을 생략할 수 있다. 무한소(indivisible)[13]의 개념을 도입하면 증명이 훨씬 간단해진다. 그러나 무한소는 기하학의 범위를 넘어선 개념이어서 아직 제대로 정립되지 않았기 때문에, 앞으로 다루게 될 증명은 무한히 작아지는 양의 최종 합과 비율, 그리고 처음 생성된 양의 초기 합과 비율을 다루는 방식으로 풀어나갈 것이다. 다시 말해서, 합과 비율의 극한을 이용하여 증명을 간소화하겠다는 뜻이다. 물론 무한소를 이용해도 동일한 결론이 내려진다. 우리는 앞에서 이와 관련된 보조정리를 여러 개 증명했으므로, 어떤 경우에도 안심하고 사용할 수 있다. 앞으

12) 명제를 부정하여 얻은 결론이 가정이나 공리에 모순된다는 것을 보임으로써 주어진 명제가 참임을 증명하는 방법.

13) 더 이상 쪼갤 수 없을 정도로 무한히 작은 양.

로 작은 요소로 이루어진 양을 다루거나 직선 대신 아주 짧은 곡선을 다룰 때는 무한소 대신 "아주 작지만 쪼갤 수 있는 양"을 사용할 것이다. 이럴 때 독자들은 정해진 합과 비율 대신 "합과 비율의 극한"을 떠올려주기 바란다. 앞으로 언급될 증명은 이 장의 서두에서 증명한 일련의 보조정리에 그 뿌리를 두고 있다.

혹자는 "0으로 사라지는 양들 사이에 궁극적 비율이란 존재할 수 없다"고 생각할지도 모른다. 0에 도달하기 전에 취한 비율은 궁극적인 비율이 아니고, 0에 도달하면 비율 자체가 존재하지 않기 때문이다. 그러나 이런 식으로 따지면 특정 속도로 움직이던 물체가 특정 위치에서 멈췄을 때도 최종 속도는 존재할 수 없게 된다. 종착지에 도달하기 전의 속도는 최종 속도가 아니고, 종착지에 도달하여 멈추면 속도는 더 이상 존재하지 않기 때문이다.[14] 이 문제를 어떻게 해결해야 할까? 다행히도 간단한 해결책이 있다. 움직이는 물체의 최종 속도란 목적지에 도달하기 전의 속도나 도달한 후의 속도가 아니라, 목적지에 도달하여 운동을 멈추는 바로 그 순간의 속도를 의미한다. 이와 마찬가지로 무한정 작아지는 양의 비율은 이들이 0으로 사라지기 전이나 사라진 후의 비율이 아니라, 0으로 사라지는 바로 그 순간의 비율이다. 이와 반대로 새로 생성되는 양의 비율은 생성되기 시작하는 순간의 비율로 이해하면 된다. 그리고 최초 합이나 최종 합은 이들이 처음 생성되거나 사라질 때(또는 증가하기 시작하거나 감소하기 시작할 때)의 비율을 의미한다. 물체가 움직일 때, 특정 속도에 가까

14) 속도는 이동 거리와 시간의 비율이다.

이 접근할 수는 있지만 결코 넘을 수 없는 경우가 있다. 이것이 바로 한계 속도(또는 최종 속도)이다. 새로 생겨나거나 사라지는 양과 이들 사이의 비율에도 한계가 존재할 수 있다. 이 한계값을 결정하는 것은 기하학의 문제이기 때문에, 기하학적인 방법으로 풀어야 한다.

0으로 사라지는 양들의 궁극적인 비율을 알 수 있다면, 궁극적인 값도 구할 수 있지 않을까? 만일 그렇다면 모든 양은 더 이상 쪼갤 수 없는 최소 단위로 이루어져 있어야 하는데, 이것은 유클리드(Euclid)가 "잴 수 없는 양(incommensurable)"과 관련하여 《원론(Elements)》 제10권에서 제시한 증명에 위배된다. 그러나 이 반론은 틀린 가정에 기초하고 있다. 0으로 사라지는 양들 사이의 최종 비율은 최종적으로 도달한 값의 비율이 아니라(즉 0:0이 아니라) 0에 가까워지는 와중에 이들 사이의 비율이 접근하는 극한값을 의미한다. 이 극한값과 "극한으로 가고 있는" 현재 비율 사이의 차이는 임의로 잡은 어떤 값보다 작아질 수 있다. 그러나 비교 대상인 두 양이 무한히 작아지기 전에는 절대로 극한값에 도달할 수 없으며, 그 값을 넘어설 수도 없다. 무한히 큰 양을 생각하면 상황이 좀더 분명해진다. 차이가 고정되어 있는 2개의 양이 무한히 커진다면, 이들 사이의 최종 비율은 무조건 1:1이다. 그러나 최종 비율을 알고 있다고 해서 이들이 도달하게 될 최종 값까지 알 수 있는 것은 아니다. 앞으로 이 책에서는 독자들의 편의를 위해 "무한히 작다"거나 "0으로 사라진다"거나 "궁극적인 값"이라는 표현을 종종 사용하게 될 텐데, 이런 단어가 등장할 때마다 값이 정해진 작은 양을 떠올리지 말고, 특정 값에 무한정 가까워지는 양을 떠올려주기 바란다.

2장

구심력

명제 1 / 정리 1

고정된 점을 중심으로 궤도 운동을 할 때, 물체의 반지름(물체와 중심 사이의 거리)이 쓸고 지나간 면은 고정된 평면에 놓여 있으며, 그 면적은 시간에 비례한다.

〈그림 2-1〉

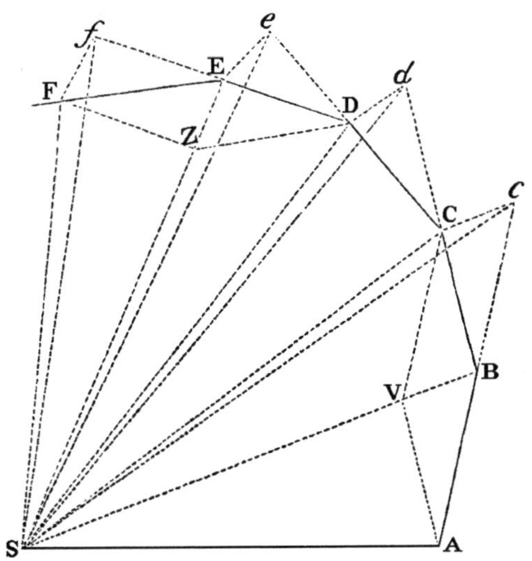

시간을 여러 개의 똑같은 구간으로 나눠서, 처음 한 구간 동안은 구심력이 작용하지 않고 물체는 원래 작용하던 고유의 힘에 의해 직선 AB를 따라 이동했다고 하자. 두 번째 구간에서 기존의 운동을 방해하는 요인이 없다면 이 물체는 (운동의 제1법칙에 의해) 직선 궤적을 따라 c로 이동할 것이고, 시간 간격이 같으므로 AB와 Bc는 길이가 같을 것이다. 따라서 중심 S와 A, S와 B, S와 c를 각각 직선으로 이었

을 때 삼각형 *ASB*와 *BSc*는 면적이 같다. 그런데 물체가 *B*에 도달했을 때 구심력이 순간적으로 강하게 작용하면 물체의 궤적이 *Bc*를 벗어나 다른 방향(그림에서 *BC* 방향)을 향하게 된다. *c*에서 *BS*와 평행한 선을 그어서 이 방향과 만나는 점을 *C*라 하자. 시간의 두 번째 구간이 다 흐르면 물체는 (운동의 부가법칙 1에 의해) 삼각형 *ASB*와 같은 평면에 놓인 *C*에 도달하게 된다. 이제 *S*와 *C*를 직선으로 연결하면 삼각형 *SBC*와 *SBc*, 그리고 *SAB*는 면적이 같다. 이와 비슷하게 *C*, *D*, *E*, *F*, …에서도 똑같은 구심력이 순간적으로 강하게 작용했다면 물체는 동일 평면상에 있는 직선 *SD*, *DE*, *EF*, …를 따라 이동할 것이다. 그리고 이전과 동일한 논리에 의해 △*SBC*=△*SCD*, △*SCD*=△*SDE*, 그리고 △*SDE*=△*SEF*이다. 즉 같은 시간 동안 물체가 이동한 직선 경로와 중심을 연결한 삼각형의 면적이 모두 같다. 따라서 물체가 같은 시간 동안 쓸고 지나간 면적은 모두 같으며, 이들은 모두 동일한 평면에 놓여 있다. 그리고 이 삼각형들을 더한 *SABCDS*나 *SABCDEFS* 같은 다각형의 면적은 물체가 그 영역을 쓸고 지나가는 데 걸리는 시간에 비례한다. 여기서 삼각형의 폭을 무한히 작게 줄이고 개수를 무한대로 늘리면 *A*에서 *F*로 가는 물체의 궤적은 (보조정리 3과 부가정리 4에 의해) 매끄러운 곡선이 되고, 물체를 접선 방향에서 이탈시키는 구심력은 연속적으로 작용하게 된다. 그러나 간격이 무한히 작아져도 위의 논리는 똑같이 적용되므로, *SADS*, *SAFS* 등 부채꼴의 면적은 물체가 그 면적을 쓸고 지나가는 데 걸리는 시간에 비례한다. [Q.E.D.]

부가정리 1

저항이 없는 공간에서 고정된 중심에 의해 끌리는 물체(구심력의 영향을 받으면서 움직이는 물체)의 속도는 궤도의 접선에서 중심을 향해 그린 수직선의 길이에 반비례한다.

증명: 물체가 *A*, *B*, *C*, *D*, *E*를 지나는 순간의 속도는 *AB*, *BC*, *CD*, *DE*, *EF*의 길이에 비례하는데, 이들은 모두 면적이 같은 삼각형의 밑변에 해당한다. 그러므로 밑변(속도)이 길어지거나 짧아지면 수직선의 길이가 그만큼 짧아지나 길어져야 삼각형의 면적(밑면×높이에 비례함)이 유지된다. 즉 접선에서 수직한 방향으로 중심을 향해 그린 직선의 길이는 해당 접점에서 물체의 속도에 반비례한다.

부가정리 2

저항이 없는 공간에서 구심력의 영향을 받는 물체가 같은 시간 동안 현 *AB*와 *BC*를 그렸을 때, 두 변을 포함하는 평행사변형 *ABCV*의 대각선 *BV*는 (시간을 무한정 잘게 쪼개서 *AB*와 *BC*가 무한정 짧아지면) 구심력의 중심점에서 *B*를 이은 직선과 일치한다.

부가정리 3

저항이 없는 공간에서 같은 시간 동안 물체가 그리는 궤적의 현 *AB*, *BC*와 *DE*, *EF*로 평행사변형 *ABCV*와 *DEFZ*를 만들고, 시간 간격이 무한정 짧아지는 극한을 취하면, *B*와 *E*에서 물체에 작용하는 힘의 비율은 두 평행사변형의 대각선 *BV*와 *EZ*의 비율과 같아진다.

증명: (운동의 부가법칙 1에 의해) *BC* 방향 운동은 *Bc* 방향 운동과

BV 방향 운동의 합이고 *EF* 방향 운동은 *Ef*와 *EZ*의 합이다. 그런데 *BV*, *EZ*는 각각 *Cc*, *Ff*와 같고 *Cc*와 *Ff*는 각각 *B*와 *E*에 작용한 구심력에 의해 나타난 운동이므로, *BV*와 *EZ*의 비율은 구심력의 비율과 같다.

부가정리 4

저항이 없는 공간에서 물체가 휘어진 궤도를 그리도록 잡아당기는 힘은 일정한 시간 동안 물체가 그리는 호의 버사인에 비례한다. 이 버사인은 시간 간격을 무한히 작게 분할했을 때 힘의 중심을 향하며, 부가정리 3에서 언급했던 대각선의 절반에 해당하므로 호에 대응되는 현을 이등분한다.

부가정리 5

그러므로 이 힘과 중력의 비율은 호의 버사인과 "같은 시간 동안 물체가 그리는 포물선 호에서 중력에 수직한 버사인"의 비율과 같다.

부가정리 6

운동의 부가법칙 5에 의해, 위에 열거한 모든 정리는 '물체의 운동이 일어나는 평면과 힘의 중심'이 고정되어 있지 않고 등속 직선 운동을 하는 경우에도 똑같이 성립한다.

명제 2 / 정리 2

한 자리에 고정되어 있거나 등속 직선 운동을 하는 평면에서 물체가 한 점을 중심으로 곡선을 그리며 움직이고 있을 때, 일정한 시간 동안 쓸고 지나간 부채꼴 모양의 면적이 시간에 비례하면, 그 물체는 중심에서 발휘되는 구심력의 영향을 받는다.

〈그림 2-2〉

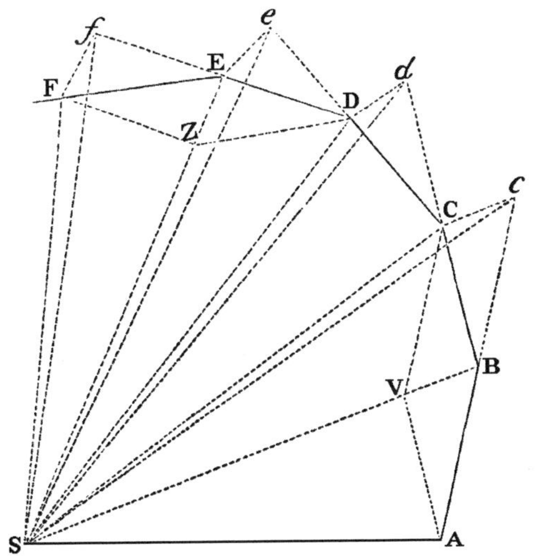

사례 1

물체가 직선이 아닌 곡선 궤적을 그리는 것은 (운동의 제1법칙에 의해) 어떤 형태로든 힘이 작용했기 때문이다. 고정된 점 *S*를 중심으로 일정한 시간(아주 짧은 시간) 동안 삼각형 *SAB*, *SBC*, *SCD*, …를 그린다면, 물체가 *B*에 있을 때 작용하는 힘은 (유클리드의 《원론》 제1권의

40번째 명제와 이 책에 수록된 운동의 제2법칙에 의해) *cC*에 평행한 방향, 즉 *BS* 방향으로 작용한다. 그리고 이와 동일한 논리에 의해 물체가 *C*에 있을 때 힘은 *dD*와 평행한 *SC* 방향으로 작용하고, *D*에 있을 때에는 *eE*와 평행한 *SD* 방향으로 작용하고⋯ 기타 등등이다. 그러므로 물체에 작용하는 힘은 항상 중심을 향하는 구심력이다. [Q.E.D.]

사례 2

(운동의 부가법칙 5에 의해) 물체의 곡선 궤적과 중심 *S*를 포함하는 평면이 정지 상태에 있거나 등속 직선 운동을 하는 경우에도 위의 명제/정리는 똑같이 성립한다.

부가정리 1

저항이 없는 공간이나 매체(medium) 속에서 물체가 쓸고 지나간 면적이 시간에 비례하지 않으면, 물체에 작용하는 힘은 중심을 향하지 않는다. 면적이 점점 증가하는 경우에 힘이 작용하는 방향은 물체가 진행하는 쪽으로 기울어지고, 면적이 점점 감소하는 경우에는 그 반대쪽으로 기울어진다.

부가정리 2

저항이 있는 공간에서도 같은 시간 동안 물체가 쓸고 지나가는 면적이 점점 증가하면, 힘이 작용하는 방향은 중심을 향하지 않고 물체가 진행하는 쪽으로 기울어진다.

부가설명

여러 개의 힘이 동시에 작용하는 경우에도 이들의 합이 모든 반지름이 만나는 중심을 향하면 물체에 구심력을 행사할 수 있다. 위에 제시한 정리는 "물체에 작용하는 모든 힘을 더한 결과가 하나의 중심 S를 향할 때" 그렇다는 뜻이다. 만일 어떤 힘이 운동 평면(물체의 궤적을 포함하는 평면)에 수직한 방향으로 작용하면 물체는 평면을 벗어나게 되지만, 물체가 쓸고 지나간 면적에는 아무런 영향도 미치지 않기 때문에 무시해도 상관없다.

명제 3 / 정리 3

여러 물체로 이루어진 물리계에서 첫 번째 물체와 두 번째 물체의 중심을 직선으로 연결했을 때, 첫 번째 물체가 움직인 궤적과 이 직선(반지름)으로 만든 부채꼴 모양의 면적이 시간에 비례하면, 첫 번째 물체는 두 번째 물체가 자신에게 행사하는 구심력과 다른 물체들이 행사하는 힘을 복합적으로 받는다.

첫 번째 물체를 L, 두 번째 물체를 T라 하자. 이 두 물체에 T가 받는 힘과 크기가 같고 방향이 반대인 힘을 동시에 가하면 (운동의 부가법칙 6에 의해) L은 여전히 일정한 면적 속도[1]로 T의 주변을 선회하고, T는 힘이 완전히 상쇄되어 (운동의 제1법칙에 의해) 정지 상태에 있거나 등속 직선 운동을 하게 된다. 그리고 L은 두 힘의 차이(즉 남은 힘)에 의해 T를 중심으로 부채꼴 면적이 시간에 비례하는 운동을 계속한다. 그러므로 힘의 차이는 (정리 2에 의해) 두 번째 물체 T의 중심을 향한다. [Q.E.D.]

부가정리 1

그러므로 물체 L과 T를 연결하는 반지름의 면적 속도가 시간에 비례하면, L이 받는 힘(하나의 힘이건 운동의 부가법칙 2를 통해 합성된 힘이건 상관없다)에서 T가 받는 힘을 뺀 차이는 (운동의 부가법칙 2에 의해) T의 중심을 향한다.

부가정리 2

이 면적이 시간에 거의 비례하면, 남은 힘은 거의 T가 있는 방향으로 작용한다.

부가정리 3

역으로, 남은 힘이 거의 T를 향하면 L의 반지름이 쓸고 지나간 면적은 시간에 거의 비례한다.

부가정리 4

T가 한자리에 정지해 있거나 등속 직선 운동을 할 때, T와 L을 이

---

1) 면적이 증가하는 속도, 즉 단위 시간당 반지름이 쓸고 지나간 부채꼴의 면적.

은 반지름이 T를 중심으로 일정 시간 동안 쓸고 지나간 면적이 시간대에 따라 큰 차이가 난다면, T로 향하는 구심력이 아예 존재하지 않거나 다른 강한 힘들과 더해져서 제 역할을 하지 못하는 경우이다. 이런 경우에 모든 힘을 더한 최종 힘은 T가 아닌 다른 중심을 향하며, 그 중심은 정지 상태일 수도 있고 움직일 수도 있다. T에 작용하는 모든 힘을 제거하여 T를 중심으로 하는 구심력이 얻어진다면, T가 움직이는 경우에도 동일한 결론을 내릴 수 있다.

부가설명

물체가 일정한 면적 속도로 움직인다는 것은 구심력의 영향으로 직선 궤적을 벗어나 궤도 운동을 한다는 뜻이다. 그러므로 면적 속도가 일정한 물체는 자유 공간(저항이 없는 공간)에서 특정한 점을 중심으로 궤도 운동을 한다고 생각해도 무방하다.

명제 4 / 정리 4

여러 개의 물체가 각기 크기가 다른 원을 따라 균일한 속도로 움직이고 있을 때, 이들에게 작용하는 구심력은 원의 중심을 향하며, 구심력의 크기는 일정한 시간 동안 물체가 그리는 원호의 길이의 제곱을 반지름으로 나눈 값에 비례한다.

이 힘은 명제/정리 2와 명제/정리 1의 부가정리 1에 의해 원의 중심을 향하고, 여러 힘들 사이의 비율은 명제/정리 1의 부가정리 1에 의해 무한히 짧은 시간 동안 그리는 호의 버사인의 비율과 같다. 또는 (보조정리 7에 의해) 호의 길이의 제곱을 지름으로 나눈 값에 비례한다. 그런데 호는 물체가 일정한 시간 동안 그린 궤적이고 지름은 반지름에 비례하므로, 중심을 향한 구심력의 크기는 일정한 시간 동안 물체가 그린 호의 길이의 제곱을 반지름으로 나눈 값에 비례한다. [Q.E.D.]

부가정리 1

물체가 그린 호의 길이는 물체의 속도에 비례하므로, 구심력은 속도의 제곱에 비례하고 반지름에 반비례한다.

부가정리 2

물체가 원을 한 바퀴 도는 데 걸리는 시간, 즉 주기는 반지름에 비례하고 속도에 반비례하므로, 구심력은 반지름을 주기의 제곱으로 나눈 값에 비례한다.

부가정리 3

그러므로 각기 다른 원운동을 하는 두 물체의 주기가 같으면 반지름과 속도의 비율이 서로 같고, 두 구심력의 비율은 반지름의 비율과 같다. 그리고 이 부가정리의 역도 성립한다.[2]

부가정리 4

원운동을 하는 두 물체의 속도의 비율이 반지름의 제곱근의 비율과 같으면, 두 물체에 작용하는 구심력이 같다. 또한 두 물체의 주기의 비율이 반지름의 제곱근의 비율과 같아도 구심력이 같다. 그리고 역도 성립한다.

부가정리 5

원운동을 하는 두 물체의 주기의 비율이 반지름의 비율과 같으면 두 물체의 속도가 같고, 구심력의 비율은 반지름의 역비율과 같다. 그리고 역도 성립한다.

부가정리 6

원운동을 하는 두 물체의 주기의 비율이 반지름의 $\frac{3}{2}$제곱의 비율과 같으면 속도의 비율은 반지름의 제곱근의 역비율과 같고, 구심력의 비율은 반지름의 제곱의 역비율과 같다. 그리고 역도 성립한다.

부가정리 7

일반적으로 원운동을 하는 두 물체의 주기의 비율이 (반지름을 R이라고 했을 때) R^n의 비율과 같으면, 속도의 비율은 R^{n-1}의 역비율과 같고 구심력의 비율은 R^{2n-1}의 역비율과 같다. 그리고 역도 성립한다.

---

2) 각기 다른 원운동을 하는 두 물체의 반지름과 속도의 비율이 서로 같고 두 구심력의 비율이 반지름의 비율과 같으면, 두 물체는 주기가 같다.

부가정리 8

여러 물체가 (원이 아닌) 닮은꼴 도형의 중심 주변에서 닮은 부분을 동시에 지나갈 때도 균일한 속도를 균일한 면적 속도로 대치하고 반지름을 중심과 물체 사이의 거리로 대치하면 시간(주기)과 속도, 그리고 힘과 관련된 위의 모든 정리는 똑같이 성립한다.

부가정리 9

비슷한 논리로 다음의 사실도 쉽게 증명할 수 있다. 임의의 물체가 구심력의 영향을 받아 균일한 속도로 원운동을 하고 있을 때, 특정 시간 동안 지나간 원호의 길이는 같은 시간 동안 물체가 "(원운동을 하지 않고) 구심력에 의해 떨어지는 거리"와 "원운동의 지름"의 기하 평균과 같다.[3)]

부가설명

밤하늘의 천체들은 부가정리 6을 만족한다(렌과 훅, 그리고 핼리는 이 사실을 각자 독립적으로 증명했다). 그래서 우리도 구심력 사이의 비율이 반지름(운동의 중심과 천체 사이의 거리)의 제곱의 역비율과 같은 경우를 자세히 살펴보기로 한다.[4)]

전술한 명제/정리와 부가정리를 이용하면 중력처럼 이미 알려진

---

3) 두 양수 a와 b의 산술 평균은 $\frac{a+b}{2}$, 기하 평균은 $\sqrt{ab}$이다.

힘과 구심력의 비율을 알아낼 수 있다. 달과 같은 천체가 지구를 중심으로 원운동을 할 때, 구심력 역할을 하는 것은 중력밖에 없기 때문이다. 또한 명제/정의 4의 부가정리 9를 이용하면 무거운 물체가 궤도를 따라 한 바퀴 도는 데 걸리는 시간(주기)과, 주어진 시간 동안 물체가 그리는 호의 길이를 알 수 있다. 하위헌스는 그의 명저인《시계추에 대한 연구(De Horologio Oscillatorio)》에서 공전하는 천체의 중력과 구심력을 비교해놓았다.

명제/정리 4는 다음과 같은 방식으로 증명할 수도 있다. 주어진 원 속에 임의의 다각형을 내접시키고, 한 물체가 다각형의 변을 따라서 등속으로 이동하다가 원주와 만날 때마다 반사된다고 가정해보자. 이런 경우 물체가 원주에 가하는 힘은 물체의 속도에 비례하므로, 주어진 시간 동안 원주에 가해진 힘의 합은 속도에 반사 횟수를 곱한 값에 비례한다. 즉 (다각형의 변과 각도가 결정되면) 힘의 합은 주어진 시간 동안 물체가 진행한 거리에 비례하고, 진행 거리와 반지름의 비율에 따라 커지거나 작아진다(다시 말해서, 진행 거리의 제곱을 반지름으로 나눈 값에 비례한다). 여기서 다각형의 한 변의 길이가 한없이 짧아지면 다각형은 원과 일치하고, 주어진 시간 동안 힘의 합은 물체가 그린 호의 길이의 제곱을 반지름으로 나눈 값에 비례하게 된다. 이것이 바로 물체가 원주에 가하는 원심력이며, 물체를 끊임없

4) 이것은 독일의 천문학자 요하네스 케플러(Johannes Kepler)가 거의 80년 먼저 발견했던 행성 운동의 제3법칙과 일치하는 결과이다. 즉 타원 궤적을 따라 주기 운동을 하는 행성의 경우, 주기의 제곱은 장축(타원의 두 초점을 연결한 선이 타원에 의해 잘리는 선분)의 세제곱에 비례한다.

이 중심 쪽으로 밀어내는 힘(구심력)은 원심력과 크기가 같고 방향이 반대이다.

명제 5 / 문제 1

어떤 물체가 하나의 중심에서 발휘되는 구심력의 영향을 받아 궤도 운동을 하고 있다. 궤도의 형태가 주어졌을 때, 구심력이 작용하는 중심점을 구하라.

〈그림 2-3〉

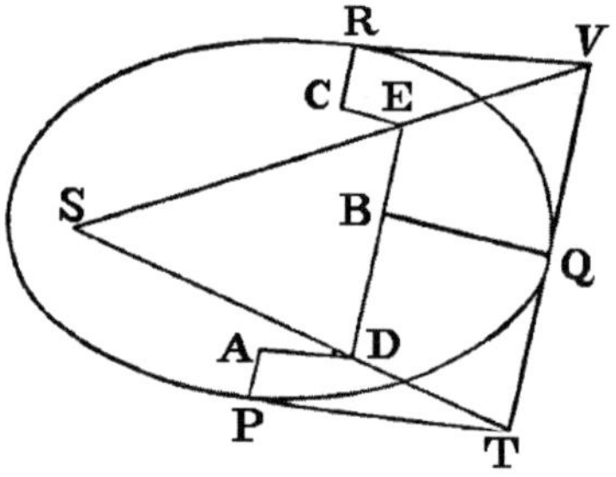

궤도 위의 세 점 *P*, *Q*, *R*에서 접선을 그어 이들끼리 만나는 점을 *T*, *V*라 하고(접선은 *PT*와 *TQV*, 그리고 *VR*이다), *P*, *Q*, *R*에서 각 접선에 수직하도록 그린 선을 *PA*, *QB*, *RC*라 하자. 단 이들의 길이는 *P*, *Q*, *R*에서 물체의 속도에 반비례한다. 즉 *PA*와 *QB*의 길이 비율은 *Q*에서의 속도와 *P*에서의 속도의 비율과 같고, *QB*와 *RC*의 길이 비율은 *R*에서의 속도와 *Q*에서의 속도의 비율과 같다. 수직선이 끝나는 점 *A*, *B*, *C*에서 접선에 수직한 선과 직각을 이루는 선을 긋고, 이들끼리 만

나는 점을 각각 *D*, *E*라 하자(이렇게 그은 직선은 *AD*, *DBE*, *EC*이다). 이제 *TD*와 *VE*를 길게 늘이면, 이들이 만나는 점 *S*가 바로 힘의 중심이다.

증명: *S*에서 출발하여 접선 *PT*와 *QT*에 수직한 선은 (명제/정리 1의 부가정리 1에 의해) 각각 *P*와 *Q*에서 물체의 속도에 반비례하므로 위의 그림에서 각각 *AP*와 *BQ*에 비례한다. 즉 *D*에서 각 접선을 향해 그린 수직선의 길이에 비례한다. 그러므로 *S*, *D*, *T*는 일직선상에 놓인 점이다. 이와 비슷한 논리로 *S*, *E*, *V*도 일직선상의 점임을 쉽게 증명할 수 있다. 따라서 직선 *TD*와 *VE*가 만나는 점 *S*가 힘의 중심이다. [Q.E.D.]

명제 6 / 정리 5

저항이 없는 공간에서 한 물체가 아주 짧은 시간 동안 짧은 호를 그리면서 고정된 중심 주변을 선회하고 있을 때, 이 호의 버사인이 현을 이등분하면서 중심을 지나면 호의 중간 부위에서 작용하는 구심력은 버사인에 비례하고, 호를 그리는 데 걸리는 시간의 제곱에 반비례한다.

주어진 시간 동안 물체가 그린 호의 버사인은 (명제/정리 1의 부가정리 4에 의해) 힘에 비례한다. 여기서 시간이 일정 비율로 길어지면 호도 같은 비율로 길어지므로 (보조정리 11의 부가정리 2, 3에 의해) 버사인은 그 제곱에 해당하는 비율로 커진다. 따라서 버사인은 힘과 시간의 제곱을 곱한 값에 비례한다(즉 힘에 비례하고 시간의 제곱에 비례한다). 여기서 양변을 시간의 제곱으로 나누면 힘은 버사인에 비례하고 시간의 제곱에 반비례한다. [Q.E.D.]

부가정리 1

물체 *P*가 *S*를 중심으로 *APQ*라는 곡선을 그리며 움직이고 있다. *ZPR*은 *P*에서 궤적에 접하는 접선이고, 궤도상의 또 다른 점 *Q*에서 *SP*에 평행하게 그은 선이 *P*의 접선과 만나는 점을 *R*이라 하고, *QR*과 *SP* 사이의 거리를 *QT*라 하자. 그러면 물체에 작용하는 구심력은 $\frac{SP^2 \times QT^2}{QR}$에 반비례한다. 단 이 값은 *P*가 *Q*에 무한히 가까워졌을 때의 값이다. *QR*은 *PQ*보다 2배 긴 호의 버사인이므로(이 호의 중점이 *P*이다), 삼각형 *SQP*의 면적의 2배($SP \times QT$)는 물체가 호 *PQ*의 2배를 그리는 데 걸리는 시간에 비례한다.

〈그림 2-4〉

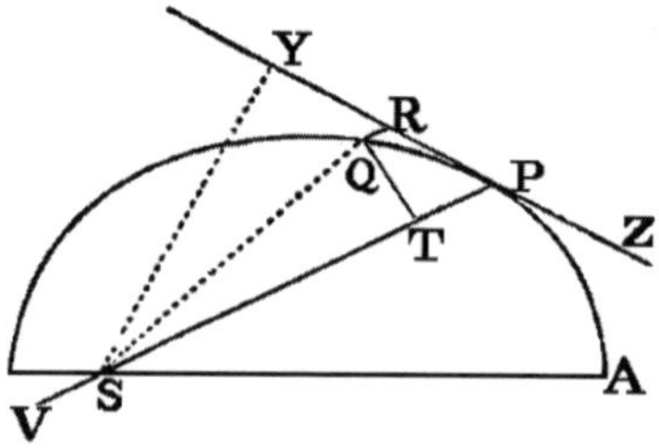

부가정리 2

직사각형 $SY \times QP$와 $SP \times QT$는 면적이 같으므로, 부가정리 1과 같은 논리에 의해, 물체에 작용하는 구심력은 $\frac{SY^2 \times QP^2}{QR}$에 반비례한다. 여기서 SY는 힘의 중심 S에서 접선 PR에 내린 수직선이다.

부가정리 3

궤적 APQ가 원의 일부이거나, 원에 접하거나, 원과 아주 작은 각도로 교차하여 P 점에서 원과 곡률이 같거나 반지름이 같고, 힘의 중심과 물체를 이은 선이 원과 만나는 점을 V라 하자. 그러면 원의 현 PV는 $\frac{QP^2}{QR}$과 같으므로, 구심력은 $SY^2 \times PV$에 반비례한다.

부가정리 4

부가정리 3과 동일한 가정하에서 구심력은 속도의 제곱에 비례하고 현의 길이에 반비례한다. 왜냐하면 명제/정리 1에 의해 속도는 수직선 SY에 반비례하기 때문이다.

부가정리 5

그러므로 임의의 곡선 APQ와 구심력의 중심 S가 주어졌을 때 S에서 발휘되는 구심력이 $\frac{SP^2 \times QT^2}{QR}$에 반비례하거나 $SY^2 \times PV$에 반비례하면, 임의의 물체 P는 APQ를 따라 움직인다. 이 사실을 이용하여 아래 제시된 문제의 답을 찾아보자.

명제 7 / 문제 2

한 물체가 임의의 점을 중심으로 원운동을 하고 있을 때, 구심력이 만족하는 비례식을 구하라.[5]

〈그림 2-5〉

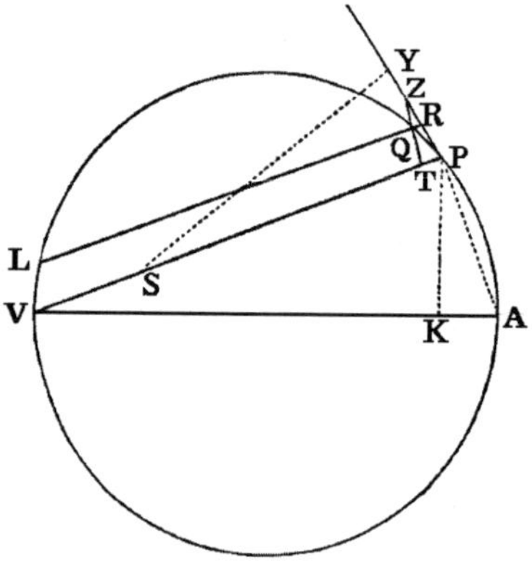

원의 둘레를 *VQPA*, 힘의 중심을 *S*, 물체의 현재 위치를 *P*, 잠시 후의 위치를 *Q*, *P*에서의 접선을 *PRZ*라 하자. *P*와 *S*를 지나는 현은 *V*에서 원주와 만나고, *AV*는 원의 지름이다. *SP*에 수직한 선 *QT*가 접선 *PR*과 만나는 점을 *Z*라 하자. 마지막으로 *Q*를 지나면서 *SP*에 평행하도록 그은 선이 원주와 만나는 점을 *L*, 접선 *PR*과 만나는 점을

5) 원문에는 "구심력이 만족하는 법칙을 구하라"로 되어 있다. 구심력을 구하려면 물체의 질량을 알아야 하는데, 이 장에서 제시된 모든 문제에는 물체의 질량이 명시되어 있지 않다. 그러므로 우리가 할 수 있는 최선은 구심력을 비례식의 형태로 표현하는 것이다.

R이라 하자. 그러면 삼각형 ZQR과 ZTP, 그리고 VPA는 닮은꼴이므로 RP^2(즉 $QR \times RL$) : $QT^2 = AV^2 : PV^2$이고, $\frac{QR \times RL \times PV^2}{AV^2} = QT^2$이다. 양변에 $\frac{SP^2}{QR}$을 곱하고 P가 Q에 무한정 가까워지는 극한을 취하면 PV와 RL이 같아지므로 $\frac{SP^2 \times PV^3}{AV^2} = \frac{SP^2 \times QT^2}{QR}$이 되고, (명제 6의 부가정리 1과 5에 의해) 구심력은 $\frac{SP^2 \times PV^3}{AV^2}$에 반비례한다. 즉 ($AV^2$은 문제에서 주어진 값이므로) 구심력은 거리 또는 고도에 해당하는 SP의 제곱에 반비례하고, PV의 세제곱에 반비례한다. [Q.E.I.][6)]

다른 해법

S에서 접선 PR의 연장선에 수선 SY를 내리면 삼각형 SYP와 VPA는 닮은꼴이므로 AV와 VP의 비율은 SP와 SY의 비율과 같다. 따라서 $\frac{SP \times PV}{AV} = SY$이고, 양변에 $SY \times PV$를 곱하여 정리하면 $\frac{SP^2 \times PV^3}{AV^2} = SY^2 \times PV$이다. 그러면 (명제 6의 부가정리 3과 5에 의해) 구심력은 $\frac{SP^2 \times PV^3}{AV^2}$에 반비례하는데, AV는 주어진 값이므로 결국 구심력은 $SP^2 \times PV^3$에 반비례하게 된다. [Q.E.I.]

부가정리 1

구심력의 중심인 S가 원주 위(예를 들어 V)에 놓여 있으면 구심력은 SP^5에 반비례한다.

---

6) "이상이 구해야 할 답이었다"는 뜻의 라틴어 "quod erat inveniendum"의 약자.

〈그림 2-6〉

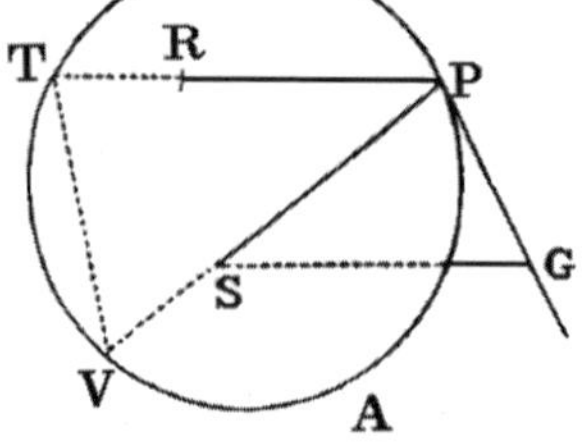

부가정리 2

"물체 P가 S를 구심력의 중심으로 삼아 원주 $APTV$를 도는 데 필요한 구심력"과 "물체 P가 S 대신 다른 점 R을 중심으로 삼아 동일한 원을 동일한 주기로 도는 데 필요한 구심력"의 비율은 $RP^2 \times SP$와 SG^3의 비율과 같다. 여기서 G는 S에서 RP에 평행하게 그은 선이 P의 접선과 만나는 점이다. 첫 번째 구심력과 두 번째 구심력의 비율은 $RP^2 \times PT^3$과 $SP^2 \times PV^3$의 비율과 같고, $SP \times RP^2$과 $\frac{SP^3 \times PV^3}{PT^3}$의 비율과 같으며, (삼각형 PSG와 TPV는 닮은꼴이므로) $SP \times RP^2$과 SG^3의 비율과도 같다.

부가정리 3

"물체 P가 S를 중심으로 원이 아닌 임의의 궤도를 도는 데 필요한 구심력"과, "S가 아닌 다른 점 R을 중심으로 동일한 궤도를 동일한 주기로 도는 데 필요한 구심력"의 비율은 $SP \times RP^2$(첫 번째 중심 S와 물체 사이의 거리에, 두 번째 중심 R과 물체 사이의 거리를 한 변으로 갖는 정사각형의 면적을 곱한 값)과 SG^3의 비율과 같다. 여기서 G는 S에서 출발하여 RP에 평행하도록 그은 선이 P의 접선과 만나는 점이다. 이 경우 궤도상의 임의의 점 P에 작용하는 힘은 원주상의 같은 점에 작용하는 힘과 같다.

명제 8 / 문제 3

물체 *P*가 반원 *PQA*를 따라 움직이고 있다. *PS*와 *RS*를 평행선으로 간주해도 무방할 정도로 구심력의 중심 *S*가 반원으로부터 아주 멀리 떨어져 있을 때, 구심력이 만족하는 비례식을 구하라.

〈그림 2-7〉

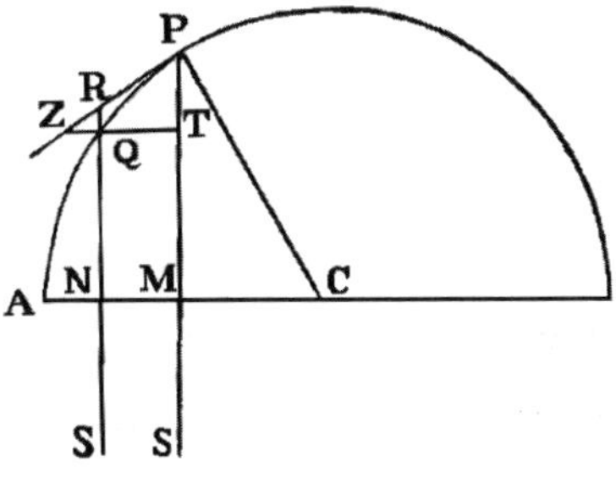

반원의 중심 C에서 그린 반지름 중 PS, RS와 직교하는 반지름을 CA라 하고, 이들의 교점을 각각 M, N이라 하자. 삼각형 CPM과 PZT, 그리고 RZQ는 닮은꼴이므로 $CP^2:PM^2=PR^2:QT^2$이다. 원의 기하학적 성질에 의해 $PR^2=QR\times(RN+QN)$이고, P가 Q에 무한히 가까워지면 PR^2은 $QR\times 2PM$과 같아진다. 그러므로 $CP^2:PM^2=QR\times$

$2PM : QT^2$이고, $\frac{QT^2}{QR} = \frac{2PM^3}{CP^2}$이며, $\frac{QT^2 \times SP^2}{QR} = \frac{2PM^3 \times SP^2}{CP^2}$이고, (명제 6의 부가정리 1과 5에 의해) 구심력은 $\frac{2PM^3 \times SP^2}{CP^2}$에 반비례한다. 그런데 $\frac{2SP^2}{CP^2}$은 정해진 값이므로, 결국 구심력은 PM^3에 반비례한다. [Q.E.I.]

이 문제는 명제 7을 이용하여 풀 수도 있다.

부가설명

임의의 물체가 타원이나 쌍곡선, 또는 포물선 궤적을 그리는 경우에도 구심력의 중심이 물체로부터 충분히 멀리 떨어져 있으면, 구심력의 세기는 중심을 향하는 세로 좌표의 세제곱에 반비례한다.

명제 9 / 문제 4

임의의 물체가 반지름 *SP*, *SQ*, …와 일정한 각을 만들면서 나선 *PQS*를 따라 움직이고 있다. 구심력의 중심이 나선의 중심과 일치할 때, 구심력이 만족하는 비례식을 구하라.

무한히 작은 각 $\angle PSQ$가 주어졌다고 하자. 그러면 모든 각이 주어진 셈이므로 도형 $SPRQT$의 형태가 결정된다. 이는 곧 $\frac{QT}{QR}$가 주어졌다는 뜻이며, $\frac{QT^2}{QR}$의 비례적 특성은 QT와 동일하고 (도형의 종류가 주어졌으므로) SP와도 동일하다. 이제 $\angle PSQ$를 임의로 바꾸면, $\angle QPR$

〈그림 2-8〉

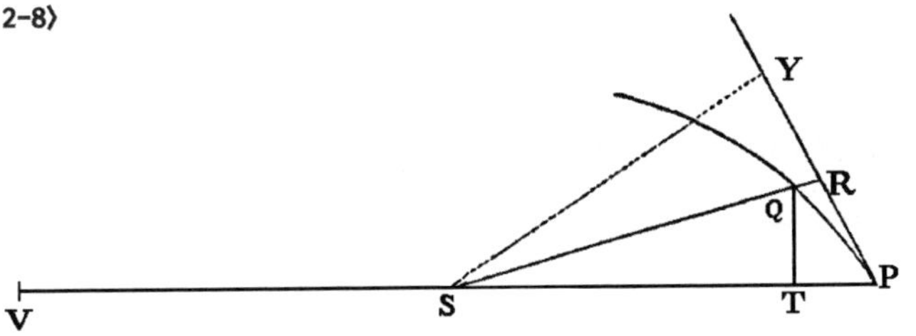

을 마주 보는 직선 QR은 (보조정리 11에 의해) PR^2, 또는 QT^2과 동일한 패턴으로 변한다(즉 비례 관계가 같다). 그러므로 $\angle PSQ$가 변해도 $\frac{QT^2 \times SP^2}{QR}$은 여전히 SP^3에 비례하고, (명제 6의 부가정리 1과 5에 의해) 구심력은 SP^3에 반비례한다. [Q.E.I.]

다른 해법

S에서 접선에 내린 수선 SY와 현 SP, 그리고 나선의 중심을 지나는 현 PV와 SP는 비율이 같다. 그러므로 SP^3은 $SY^2 \times PV$에 비례하고, (명제 6의 부가정리 3과 5에 의해) 구심력에 반비례한다.

보조정리 12

주어진 타원이나 쌍곡선의 켤레 지름[7)]으로 만든 모든 평행사변형은 면적이 같다.

이 정리는 원뿔 곡선[8)]을 다룰 때 증명하기로 한다.

명제 10 / 문제 5

임의의 물체가 타원의 중심을 구심점으로 삼아 타원 궤도를 돌고 있을 때, 구심력이 만족하는 비례식을 구하라.

〈그림 2-9〉

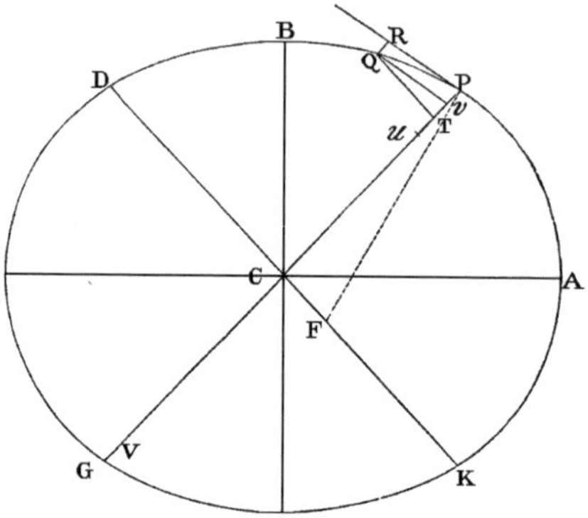

타원의 장축과 단축을 *CA*, *CB*라 하고 켤레 지름을 *GP*와 *DK*, 이들과 수직한 선을 각각 *QT*, *PF*라 하자. *Qv*는 지름 *GP*를 기준으로 한 *P*점의 세로 좌표이다. 여기서 평행사변형 *QvPR*을 완성하면 (원뿔 곡선의 성질에 의해) $Pv \times vG : Qv^2 = PC^2 : CD^2$이고, (삼각형 *QvT*와 *PCF*는 닮은꼴이므로) $Qv^2 : QT^2 = PC^2 : PF^2$이다. 두 비례식에서 Qv^2을

7) 타원이나 쌍곡선의 중심을 지나는 두 현 중 하나의 현에 평행한 모든 현을 다른 현이 이등분하면 둘의 역할을 바꿔도 동일한 사실이 성립하는데, 이런 경우 두 현을 켤레 지름이라 한다.

8) 직원뿔(꼭짓점에서 내린 수선의 발이 밑면의 중심과 일치하는 원뿔)을 꼭짓점을 지나지 않는 평면으로 잘랐을 때 생기는 곡선의 총칭. 원, 타원, 포물선, 쌍곡선이 여기에 속한다.

소거하면 $Pv \times vG : QT^2$은 $PC^2 : CD^2$과 $PC^2 : PF^2$의 곱이 되고, 다시 정리하면 $vG : \frac{QT^2}{Pv} = PC^2 : \frac{CD^2 \times PF^2}{PC^2}$이 된다. 그런데 Pv는 QR과 같고 (보조정리 12에 의해) $CD \times PF$는 $BC \times CA$와 같고, (P와 Q가 무한히 가까워지면) vG는 $2PC$와 같으므로, 위의 마지막 비례식은 $\frac{QT^2 \times PC^2}{QR} = \frac{2BC^2 \times CA^2}{PC}$이 된다. 그러므로 (명제 6의 보조정리 5에 의해) 구심력은 $\frac{2BC^2 \times CA^2}{PC}$에 반비례하며, ($2BC^2 \times CA^2$은 주어진 양이므로) $\frac{1}{PC}$에 반비례한다. 즉 구심력은 물체와 타원의 중심 사이의 거리인 PC에 비례한다. [Q.E.I.]

다른 해법

직선 PG상의 T 아래쪽에 $Tu = Tv$인 지점을 u라 하고, $uV : vG = DC^2 : PC^2$인 점을 V라 하자. 그러면 원뿔 곡선의 성질에 의해 $Qv^2 : Pv \times vG = DC^2 : PC^2$이므로 $Qv^2 = Pv \times uV$이고, 양변에 $uP \times Pv$를 더하면 현 PQ를 변으로 하는 정사각형의 면적은 PV와 Pv를 두 변으로 하는 직사각형의 면적과 같다. 그러므로 P에서 타원에 접하면서 Q를 지나는 원은 반드시 V를 지나게 된다. 이제 P와 Q가 한없이 가까워지면 $uV : vG$(이 비율은 $DC^2 : PC^2$과 같다)는 $PV : PG$, 또는 $PV : 2PC$와 같아지므로, $PV = \frac{2DC^2}{PC}$이 된다. 따라서 물체 P가 타원 궤도를 그릴 때 P에 작용하는 구심력은 (명제 6의 부가정리 3에 의해) $\frac{2DC^2}{PC} \times PF^2$에 반비례하고, ($2DC^2 \times PF^2$은 주어진 양이므로) 결국은 PC에 비례한다. [Q.E.I.]

부가정리 1

그러므로 타원 궤도를 도는 물체의 구심력은 타원의 중심과 물체 사이의 거리에 비례한다. 그리고 역으로 거리에 비례하는 구심력이 작용하면, 물체는 그 작용점을 중심으로 하는 타원 궤적을 그린다. 여기서 약간의 조건이 충족되면 원운동을 할 수도 있다.

부가정리 2

타원의 크기가 달라도 중심이 같으면 물체가 한 바퀴 도는 데 걸리는 시간(주기)도 같다.

증명: 닮은꼴 타원끼리는 (명제 4의 부가정리 3과 8에 의해) 주기가 같다. 그리고 장축을 공유하는 타원 궤도의 주기는 타원의 전체 면적에 비례하고, 일정 시간 동안 쓸고 지나간 면적에 반비례한다. 즉 단축(minor axis)[9]의 길이에 비례하고, 물체가 단축을 지날 때의 속도에 반비례한다. 다시 말해서, 주기가 단축의 길이에 비례하면서 공통의 축에서 잰 단축 끝부분의 세로 좌표에 반비례한다는 뜻이다.[10] 그런데 하나의 인자에 비례하면서 반비례한다는 것은 그 인자와 무관하다는 뜻이므로, 타원 운동의 주기는 동일하다.

9) 타원의 중심에서 장축과 직교하는 현.

10) 이 값은 단축의 길이에 해당한다.

부가설명

타원의 테두리와 중심 사이의 거리가 한없이 멀어지면 타원은 포물선으로 변하고, 물체는 포물선 운동을 하게 된다. 그런데 힘의 중심까지의 거리가 무한히 멀면 힘이 균일해진다. 이것이 바로 갈릴레오의 정리(Galileo's theorem)이다. 원뿔을 자르는 각도를 바꿔서 단면이 포물선에서 쌍곡선으로 바뀌면 물체가 쌍곡선 궤적을 그리면서 구심력이 원심력으로 바뀐다. 그리고 원과 타원의 경우처럼 구심력이 가로 좌표에 놓인 중심을 향해 작용하고, 가로 좌표가 특정 비율로 증가하거나 감소하면, 가로 좌표와 세로 좌표 사이의 각도가 변해도 (주기가 변하지 않는 한) 구심력은 항상 중심까지의 거리에 비례한다. 그러므로 궤도가 어떤 형태이건, 세로 좌표가 증가하거나 감소하건, 세로 좌표의 기울기가 어떤 식으로 변하건 간에, 궤도를 한 바퀴 도는 데 걸리는 시간이 변하지 않으면 가로 좌표에 놓인 중심을 향해 작용하는 힘(구심력)은 거리에 비례하여 증가하거나 감소한다.

3장

원뿔 곡선을 그리는 물체

명제 11 / 문제 6

타원 궤도를 도는 물체에서 구심력이 타원의 초점을 향해 작용할 때, 구심력이 만족하는 비례식을 구하라.

〈그림 3-1〉

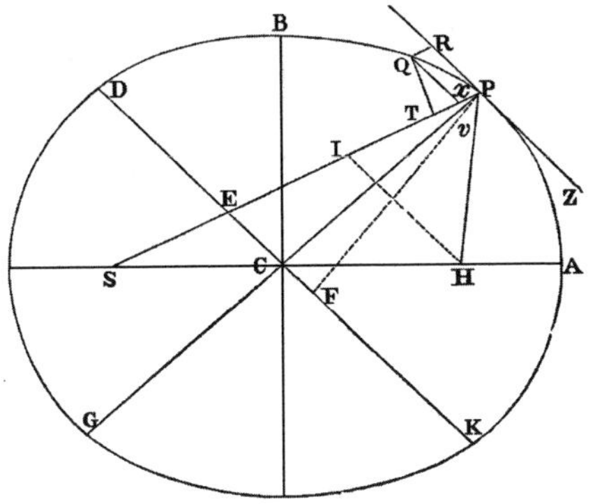

임의의 순간 물체의 위치를 P, 타원의 초점을 S, H라 했을 때, SP가 타원의 지름 DK[1]와 만나는 점을 E라 하고 세로 좌표 Qv와 만나는 점을 x라 하자. 그러면 $QxPR$은 평행사변형이 된다. 장축의 절반인 AC는 EP와 길이가 같다. 왜냐하면 타원의 또 다른 초점 H에서 EC와 평행하도록 HI를 그렸을 때 ($CS=CH$이므로) ES와 EI의 길이가 같고, (HI와 PR은 평행하고 $\angle IPR=\angle HPZ$이므로) $EP=\frac{(PS+PI)}{2}=\frac{(PS+PH)}{2}=AC$이기 때문이다. 이제 SP에 수직한 선 QT를 긋고, 타원의 장통

1) 타원의 지름이란 타원의 중심을 지나는 현의 총칭이다. 즉 타원의 지름은 한 값으로 정의되지 않는다. 여기서는 P에서의 접선 PR과 평행한 지름을 DK로 정의했다.

경(principal latus rectum)[2)]을 L(또는 $\frac{2BC^2}{AC}$)이라 하면, $L \times QR : L \times Pv = QR : Pv = PE : PC = AC : PC$이다. 그리고 $L \times Pv : Gv \times Pv = L : Gv$이며, $Gv \times Pv : Qv^2 = PC^2 : CD2$이다. 또한 P와 Q가 무한히 가까워지면 (보조정리 7의 부가정리 2에 의해) Qv^2은 Qx^2과 같아지고, Qv^2(또는 Qx^2)$: QT^2 = EP^2 : PF^2 =$ (보조정리 12에 의해) $CD^2 : CB^2$이 된다. 이 비례식들을 정리하면 $L \times QR : QT^2 = AC \times L \times PC^2 \times CD^2 : PC \times Gv \times CD^2 \times CB^2 = 2PC : Gv$를 얻는다. 그런데 P와 Q가 일치하면 $2PC$와 Gv가 같으므로, 이들과 비례 관계에 있는 $L \times QR$과 QT^2도 서로 같아진다. 양변에 $\frac{SP^2}{QR}$을 곱하면 $L \times SP^2 = \frac{SP^2 \times QT^2}{QR}$이 되므로, (명제 6의 부가정리 1과 5에 의해) 구심력은 $L \times SP^2$에 반비례한다. 즉 구심력이 타원의 초점을 향해 작용하는 경우, 타원 궤적을 그리는 물체의 구심력은 거리 SP의 제곱에 반비례한다. [Q.E.I.]

다른 해법

타원 궤도를 도는 물체에서 구심력이 타원의 중심 C를 향해 작용하면 구심력의 세기는 (명제 10의 부가정리 1에 의해) 물체와 중심 사이의 거리 CP에 비례한다. 그러므로 중심을 지나면서 접선 PR에 평행하게 그린 선과 PS가 만나는 점을 E라 했을 때, 물체 P가 기하학

2) 초점을 지나면서 대칭축에 수직한 선이 원뿔 곡선과 만나는 두 점으로 이루어진 선분을 통경(lactus lsctum)이라 하는데, 이들 중 긴 것을 장통경, 짧은 것을 단통경이라 한다. 단 포물선의 통경은 하나뿐이다.

적 중심(C)이 아닌 다른 점을 중심으로 타원 궤도를 그리려면 구심력은 (명제 7의 부가정리 3에 의해) $\frac{PE^3}{SP^2}$에 비례해야 한다. 즉 S가 타원의 초점이면 PE는 주어진 값이므로 구심력은 SP^2에 반비례한다. [Q.E.I.]

이 문제는 포물선이나 쌍곡선 궤적으로 확장할 수 있다. 타원이 아닌 다른 궤도에 대해서는 명제 10의 부가설명에서 간단하게 언급했는데, 이것은 매우 중요한 문제일 뿐만 아니라 이 책의 후반부에 가면 해답이 필요해지기 때문에 지금 자세히 다루기로 한다.

명제 12 / 문제 7

물체가 쌍곡선의 초점을 향하는 구심력을 받으면서 쌍곡선 궤적을 그릴 때, 구심력이 만족하는 비례식을 구하라.

물체의 위치를 P, 쌍곡선의 중심을 C, 반축(semiaxis)[3]을 CA, CB라 하고 또 다른 켤레 지름을 PG, KD라 하자. PF는 지름 KD에 수직한 선이고, Qv는 지름 GP의 세로 좌표이다.[4] SP의 연장선이 지름 DK와 만나는 점을 E라 하고, 세로 좌표 Qv와 만나는 점을 x라 하면 평행사변형 $QRPx$가 정의된다. 또 하나의 초점 H에서 EC에 평행한

---

3) 쌍곡선의 두 꼭짓점을 연결한 선분의 절반.

4) 쌍곡선의 중심을 지나면서 두 쌍곡선과 만나는 현을 지름이라 한다.

〈그림 3-2〉

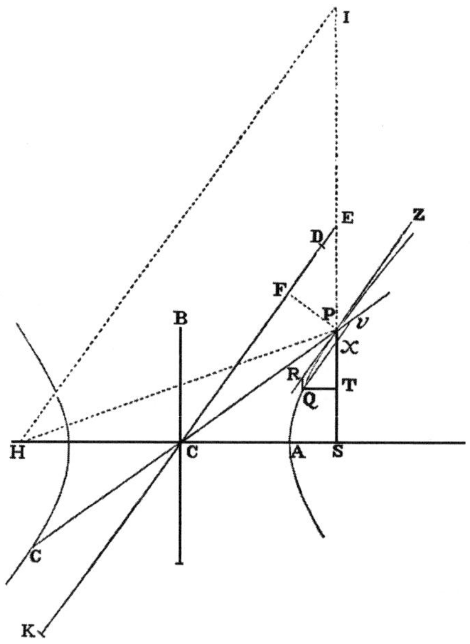

선 HI를 그으면 $CS=CH$로부터 ES와 EI가 같으므로 EP와 반축 AC도 길이가 같다. 따라서 EP는 PS와 PI의 차이의 절반이며, (IH와 PR이 평행하고 $\angle IPR=\angle HPZ$이므로) PS와 PH의 차이의 절반이기도 하다. 그리고 이 차이는 축의 길이인 $2AC$와 같다. SP에 수직한 선 QT를 그리고 쌍곡선의 장통경을 L(또는 $\frac{2BC^2}{AC}$)이라 하면 $L\times QR:L\times Pv=QR:Pv=Px:Pv$이고, (삼각형 Pxv와 PEC는 닮은꼴이므로) 이 비율은 $EP:PC$, 또는 $AC:PC$와 같다. 또한 $L\times Pv:Gv\times Pv=L:Gv$이고, (원뿔 곡선의 성질에 의해) $Gv\times Pv:Qv^2=PC^2:CD^2$이며, (보조정리 7의 부가정리 2에 의해) P와 Q가 한없이 가까워지면 Qv^2과 Qx^2은 같아진다. 따라서 Qx^2(또는 Qv^2)$:AT^2=EP^2:PF^2$이고, 이 비율은 $CA^2:PF^2$과

같으며. 보조정리 12를 적용하면 $CD^2:CB^2$과 같아진다. 지금까지 언급된 비례식을 정리하면 $L\times QR:QT^2=AC\times L\times PC^2\times CD^2:PC\times Gv\times CD^2\times CB^2=2CB^2\times PC^2\times CD^2:PC\times Gv\times CD^2\times CB^2=2PC:Gv$가 된다. 그런데 P와 Q가 무한정 가까워지면 $2PC=Gv$이므로 이들과 비례 관계에 있는 $L\times QR$과 QT^2도 같아진다. 양변에 $\frac{SP^2}{QR}$을 곱하면 $L\times SP^2=\frac{SP^2\times QT^2}{QR}$이 되어 (명제 6의 부가정리 1과 5에 의해) 구심력은 $L\times SP^2$에 반비례하고, 결국은 물체와 초점 사이 거리의 제곱에 반비례한다. [Q.E.I.]

다른 해법

쌍곡선 궤적을 그리는 물체의 구심력이 쌍곡선의 중심 C를 향할 때, 구심력의 크기는 물체와 중심 사이의 거리 CP에 비례하므로, (명제 7의 부가정리 3에 의해) 초점 S를 향하는 구심력은 $\frac{PE^3}{SP^2}$에 비례해야 한다. 그런데 PE는 주어진 값이므로 구심력은 SP의 제곱에 반비례한다. [Q.E.I.]

이와 비슷한 논리를 펼치면 구심력이 원심력으로 대치되었을 때 물체가 맞은편 쌍곡선을 따라 움직인다는 것을 어렵지 않게 증명할 수 있다.[5)]

5) 이름에서 알 수 있듯이, 수학적 쌍곡선은 항상 쌍으로 존재한다.

보조정리 13

포물선의 꼭짓점을 포함하는 통경은 꼭짓점과 초점 사이 거리의 4배이다.

이것은 원뿔 곡선의 특성으로부터 쉽게 증명할 수 있다.

보조정리 14

포물선의 초점에서 임의의 접선에 내린 수선의 길이는 "초점과 접점 사이 거리"와 "초점과 꼭짓점 사이 거리"의 기하 평균이다.

〈그림 3-3〉

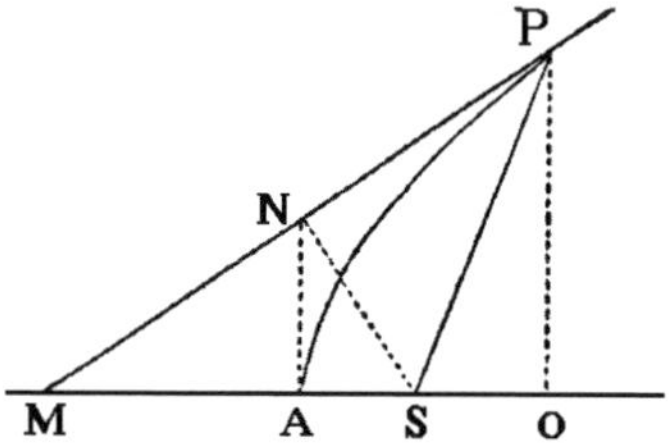

포물선 AP의 초점을 S, 꼭짓점을 A, 접점을 P라 하자. PO는 지름에 대한 P 점의 세로 좌표이고, M은 P에서의 접선과 지름이 만나는 점이며, SN은 초점에서 접선에 내린 수선이다. 그러면 $MS=SP$, $MN=NP$, $MA=AO$이므로 AN과 OP는 평행하고, 삼각형 SAN은 각 A가 직각인 직각삼각형으로 삼각형 SNM, SNP와 닮은꼴이다. 그

러므로 SP와 SN 사이의 비율은 SN과 SA의 비율과 같고, 따라서 $SN = \sqrt{SP \times SA}$이다. [Q.E.I.]

부가정리 1

SP^2과 SN^2의 비율은 SP와 SA의 비율과 같다.

부가정리 2

SA는 주어진 값이므로, SN^2은 SP에 비례한다.

부가정리 3

포물선의 초점 S에서 임의의 접선 PM에 내린 수선의 발을 N이라 했을 때, 포물선의 꼭짓점에 접하는 선도 이 접선과 N에서 교차한다.

명제 13 / 문제 8

포물선 궤적을 그리는 물체의 구심력이 포물선의 초점을 향할 때, 구심력이 만족하는 비례식을 구하라.

〈그림 3-4〉처럼 물체 P가 포물선 궤적을 그린다고 하자. 시간이 조금 지나면 P는 Q로 이동한다. QR은 Q에서 출발하여 SP와 평행한 선이고, QT는 SP에 수직한 선이다. 삼각형 Pvx와 SPM은 닮은꼴이고 SM과 SP는 길이가 같으므로, Px, QR, Pv도 길이가 같다. 그런

〈그림 3-4〉

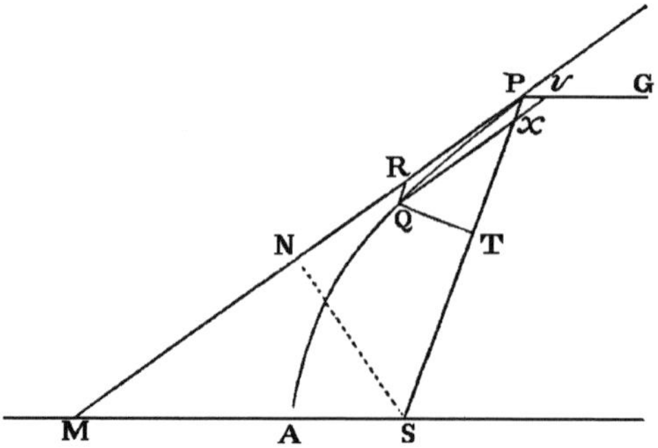

데 원뿔 곡선의 성질에 의해 세로 좌표 Qv의 제곱은 통경과 Pv로 이루어진 직사각형의 면적과 같고, (보조정리 13에 의해) 이 값은 $4PS \times Pv$, 또는 $4PS \times QR$과 같다. 여기서 P와 Q가 한없이 가까워지면 (보조정리 7의 부가정리 2에 의해) $Qv=Qx$이므로, $Qx^2=4PS \times QR$이 된다. 또한 삼각형 QxT와 SPN이 닮은꼴이므로 $Qx^2:QT^2=PS^2:SN^2$이고, (보조정리 14의 부가정리 1에 의해) 이 비율은 $PS:SA$, 또는 $4PS \times QR:4SA \times QR$과 같다. 따라서 (유클리드의 《원론》 제5권의 명제 9에 의해) $QT^2=4SA \times QR$이다. 양변에 $\frac{SP^2}{QR}$을 곱하면 $\frac{SP^2 \times QT^2}{QR}=SP^2 \times 4SA$가 되고, (명제 6의 부가정리 1과 5에 의해) 구심력은 $SP^2 \times 4SA$에 반비례한다. 그런데 $4SA$는 이미 주어진 값이므로 결국 구심력은 초점과 물체 사이 거리(SP)의 제곱에 반비례한다. [Q.E.I.]

부가정리 1

앞에 제시된 명제 11~13으로부터 다음과 같은 결론이 유도된다. P 점에서 출발하여 임의의 속도로 직선 PR을 따라가는 물체에 고정된 지점으로부터 거리의 제곱에 반비례하는 구심력이 작용하면 그 물체는 원뿔 곡선 중 하나를 따라가고, 구심력의 중심은 해당 원뿔 곡선의 초점과 일치한다. 역으로, 임의의 물체가 원뿔 곡선의 초점에서 작용하는 구심력의 영향을 받아 원뿔 곡선 중 하나를 그리면, 구심력의 크기는 해당 원뿔 곡선의 초점과 물체 사이 거리의 제곱에 반비례한다. 초점과 접점, 그리고 접선이 주어지면 접점에서 원뿔 곡선의 곡률이 결정되고, 물체의 속도와 구심력이 주어져도 곡률이 결정된다. 그러나 2개의 궤도가 서로 접하면 같은 구심력과 같은 속도로 서술할 수 없다.

부가정리 2

물체가 P 점을 지날 때 아주 짧은 시간 동안 직선 PR을 따라 움직이고, 같은 시간 동안 구심력에 의해 직선 궤적에서 QR만큼 벗어났다면, 이 물체가 그리는 원뿔 곡선의 장통경은 PR과 QR이 무한정 작아지는 극한에서 $\frac{QT^2}{QR}$로 수렴한다. 부가정리 1, 2에서 나는 원을 타원의 일종으로 간주하였으며, 물체가 구심력의 중심을 향하여 똑바로 나아가는 경우는 고려하지 않았다.

명제 14 / 정리 6

여러 개의 물체가 하나의 점을 구심점(구심력이 작용하는 점)으로 삼아 각기 다른 궤도 운동을 하고 있다. 각 물체에 작용하는 구심력이 구심점과 물체

사이 거리의 제곱에 반비례하면, 장통경은 같은 시간 동안 물체의 반지름이 쓸고 지나간 면적의 제곱에 비례한다.

〈그림 3-5〉

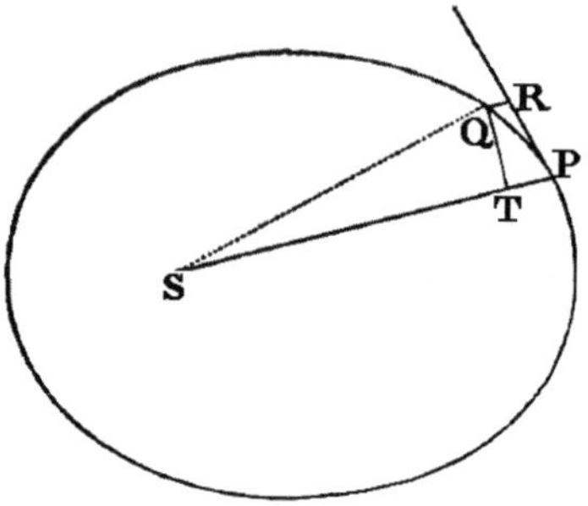

(명제 13의 부가정리 2에 의해) 통경 L은 P와 Q가 무한정 가까워지는 극한에서 $\frac{QT^2}{QR}$로 수렴한다. 그러나 무한히 짧은 직선 QR은 주어진 시간 동안 구심력에 비례하므로 (가정에 의해) SP^2에 반비례한다. 따라서 $\frac{QT^2}{QR}$은 $QT^2 \times SP^2$에 비례한다. 즉 통경 L은 주어진 시간 동안 물체의 반지름이 쓸고 지나간 면적의 제곱에 해당하는 $(QT \times SP)^2$에 비례한다. [Q.E.I.]

부가정리

타원의 총면적과 장-단축으로 이루어진 직사각형의 면적(이들은 서로 비례한다)은 통경의 제곱근에 주기를 곱한 값에 비례한다. 주어진 시간 동안 물체가 쓸고 지나간 면적 $QT \times SP$에 주기를 곱한 값은 타원의 총면적과 비례 관계에 있기 때문이다.

명제 15 / 정리 7

명제 14와 같은 가정하에서 주기의 제곱은 장축의 세제곱에 비례한다.

타원의 단축은 장축과 통경의 기하 평균이므로 장축과 단축의 곱은 통경의 제곱근에 장축의 $\frac{3}{2}$제곱을 곱한 값과 같고, (명제 14의 부가정리에 의해) 통경의 제곱근과 주기를 곱한 값에 비례한다. 이 비례식의 양변을 통경의 제곱근으로 나누면 주기의 제곱은 장축의 세제곱에 비례한다. [Q.E.I.]

부가정리

그러므로 타원 궤도를 도는 물체의 주기는 장축과 동일한 지름의 원 궤도를 도는 물체의 주기와 같다.

명제 16 / 정리 8

명제 15와 같은 가정하에, 물체가 있는 곳(P)에서 궤도에 접하는 접선을 긋고 초점에서 이 접선에 수선을 내리면, 물체의 속도는 수선의 길이에 반비례하고 장통경의 제곱근에 비례한다.

초점 S에서 접선 PR에 내린 수선의 발을 Y라 하면, 물체 P의 속도는 $\frac{SY^2}{L}$의 제곱근에 반비례한다. 이 속도는 호 PQ가 무한히 짧은 극

〈그림 3-6〉

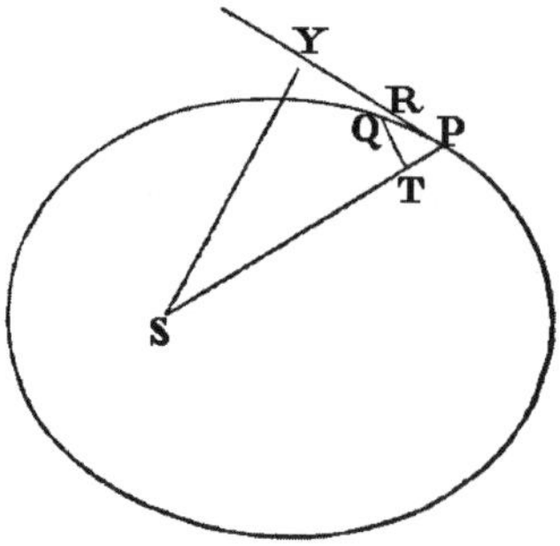

한에서 계산된 순간 속도이기 때문에 (보조정리 7에 의해) 선분 PR에 비례하고, ($PR:QT=SP:SY$이므로) $\frac{SP\times QT}{SY}$에 비례한다. 즉 $SP\times QT$에 비례하고 SY에 반비례한다. 그런데 $SP\times QT$는 주어진 시간 동안 물체가 쓸고 지나간 면적에 해당하므로, 결국 속도는 (명제 14에 의해) 통경의 제곱근에 비례한다. [Q.E.I.]

부가정리 1

장통경은 초점에서 접선에 내린 수직선 길이의 제곱과 속도의 제곱에 비례한다.

부가정리 2

물체와 초점 사이의 거리가 가장 멀 때와 가까울 때, 물체의 속도는 초점과의 거리에 반비례하고 장통경의 제곱근에 비례한다. 가장 멀 때와 가장 가까울 때는 "초점에서 접선에 내린 수선"과 "물체와 초점 사이 거리"가 같기 때문이다.

부가정리 3

그러므로 물체가 원뿔 곡선 궤적을 그릴 때, "초점으로부터 가장 먼 곳과 가장 가까운 곳에서의 속도"와 "그 거리를 반지름으로 한 원 운동을 할 때의 속도" 사이의 비율은 "통경의 제곱근"과 "물체와 초점 사이 거리의 2배" 사이의 비율과 같다.

부가정리 4

타원 궤도를 도는 물체가 초점으로부터 평균 거리[6]에 있을 때의 속도는 이 거리를 반지름으로 하는 원 궤도를 돌 때의 속도와 같으며, (명제/정리 4의 보조정리 6에 의해) 거리의 제곱근에 반비례한다. 이 지점에서는 초점에서 접선에 내린 수선의 길이가 단축의 절반과 같은데, 이 값은 거리와 통경의 기하 평균에 해당한다. 위의 비례 관계에 역수를 취한 후 통경의 제곱근 사이의 비율을 곱하면 "속도는 거리의 제곱근에 반비례한다"는 결과가 얻어진다.

부가정리 5

궤도의 형태가 달라도 통경이 같으면, 물체의 속도는 초점에서 접선에 내린 수직선의 길이에 반비례한다.

---

6) 장축 길이의 절반. 타원의 특성상 물체와 초점 사이의 거리가 이 값과 일치하는 곳은 단축과 타원이 만나는 지점이다.

부가정리 6

포물선 궤도를 그리는 물체의 속도는 초점과 물체 사이 거리의 제곱근에 반비례한다. 타원의 경우에는 속도가 이보다 빠르게 변하고, 쌍곡선에서는 더 느리게 변한다. (보조정리 14의 부가정리 2에 의해) 초점에서 접선에 내린 수선의 길이가 물체와 초점 사이 거리의 제곱근에 비례하기 때문이다. 쌍곡선에서는 수직선의 길이가 이보다 느리게 변하고, 타원에서는 더 빠르게 변한다.

부가정리 7

"포물선 궤도를 그리는 물체가 초점으로부터 임의의 거리에 있을 때의 속도"와 "그 거리를 반지름으로 갖는 원 궤도를 돌 때의 속도"의 비율은 $\sqrt{2}:1$이다. 타원 궤도를 돌 때는 비율이 이보다 작고, 쌍곡선의 경우에는 비율이 더 크다. 본 명제의 부가정리 2에 의하면 포물선 꼭짓점에서의 속도가 이 부가정리를 만족하고, (본 명제의 부가정리 6과 명제 4의 부가정리 6에 의해) 포물선의 모든 거리에서 이 비율이 유지된다. 그러므로 포물선 궤도를 그리는 물체의 속도는 초점과의 거리에 상관없이 "그 거리의 절반을 반지름으로 삼아 원운동을 하는 물체의 속도"와 같다. 타원 궤도를 돌 때에는 속도가 이보다 느리고, 쌍곡선의 경우에는 더 빠르다.

부가정리 8

"임의의 원뿔 곡선을 그리는 물체의 속도"와 "해당 곡선의 장통경의 절반을 반지름으로 삼아 원운동을 하는 물체의 속도"의 비율은 이 "반지름"과 "초점에서 접선에 내린 수선의 길이"의 비율과 같다. 이것은 본 명제의 부가정리 5로부터 자연스럽게 유도되는 결과이다.

부가정리 9

그러므로 (명제 4의 부가정리 6에 의해) "위와 같은 원 궤도를 도는 물체의 속도"와 "임의의 다른 원 궤도를 도는 물체의 속도" 사이의 비율은 거리의 제곱근에 반비례한다. 따라서 원뿔 곡선을 그리는 물체의 속도와, 그와 동일한 거리에서 원운동을 하는 물체의 속도 사이의 비율은 "그 거리와 장통경의 절반의 기하 평균"과 "초점에서 접선에 내린 수선의 길이" 사이의 비율과 같다.

명제 17 / 문제 9

중심에서 물체까지 거리의 제곱에 반비례하는 구심력의 크기를 알고 있을 때, 주어진 위치에서 주어진 속도와 방향으로 나아가는 물체의 향후 궤적을 구하라.

S를 향해 작용하는 구심력에 의해 물체 p가 궤도 pq를 따라가고, p 점에서의 속도를 알고 있다고 하자. 그리고 (구심력이 없었다면) P 점에서 직선 PR을 따라갔을 물체가 구심력에 의해 PQ라는 원뿔 곡선을 그린다고 하자. 그러면 PR은 P 점에서 궤도에 접하는 접선이 된다. 이와 비슷하게, p 점에서 궤도 pq에 접하는 직선을 pr이라 하고,

〈그림 3-7〉

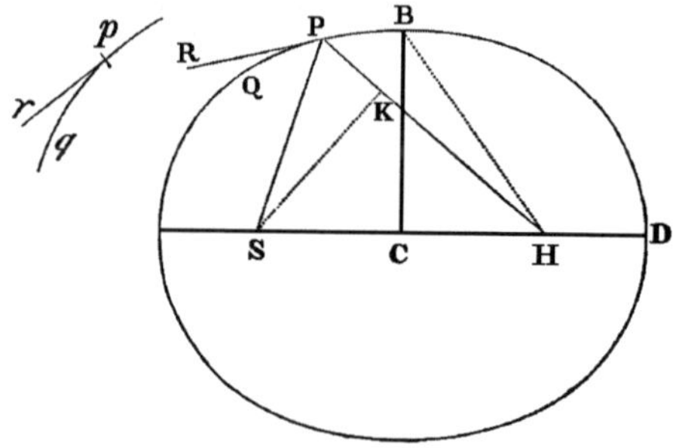

S에서 이들 두 접선에 내린 수직선을 "수선"이라 칭하자. 그러면 두 원뿔 곡선의 장통경 사이의 비율은 (명제 16의 부가정리 1에 의해) 수선 길이의 제곱의 비율에 속도의 제곱의 비율을 곱한 값과 같으므로, 이로부터 장통경을 구할 수 있다. 원뿔 곡선의 통경을 L이라 하고, 초점 S의 위치는 문제에서 주어졌다고 하자. $\angle RPH$가 $\angle RPS$의 보각이 되도록(즉 $\angle RPH+\angle RPS=180°$가 되도록) H를 잡으면 H는 또 하나의 초점 H가 된다. S에서 PH에 내린 수선의 발을 K라 하고, 단축의 절반을 BC라 하자. 그러면 $SP^2-2KP\times PH+PH^2=SH^2=4CH^2=4BH^2-4BC^2=(SP+PH)^2-L\times(SP+PH)=SP^2+2SP\times PH+PH^2-L\times(SP+PH)$가 된다. 양변에 $2KP\times PH-SP^2-PH^2+L\times(SP+PH)$를 더하면 $L\times(SP+PH)=2SP\times PH+2KP\times PH$가 되어 $SP+PH:PH=2SP+2KP:L$이라는 비례식이 얻어지고, 이로부터 PH의 위치와 길이가 결정된다. 특히 물체 P의 속도가 느려서 통경 L이 $2SP+2KP$보다 짧으면 PH는 접선 PR에 대하여 SP와 같은 쪽에 위치하므로 물체의 궤적은 S와 H를 초점으로 하고 장축의 길이가 $SP+PH$인 타원이 된다. 반면에 물체의 속도가 이보다 빨라서 $L=2(SP+KP)$이면 PH는 무한대가 되

고, 물체의 궤적은 축 *SH*가 *PK*에 평행한 포물선이 된다. 또한 *P* 점에서의 속도가 이보다 더 빠르면 *PH*는 접선 *PR*의 반대편 쪽으로 이동하여 접선이 두 초점 사이를 지나는 쌍곡선이 되고, 주축(principal axis)[7]의 길이는 *SP*와 *PH*의 차이와 같아진다. 이로써 물체가 원뿔 곡선을 그리면 구심력이 물체 *P*와 초점 *S* 사이 거리의 제곱에 반비례한다는 명제 11, 12, 13이 재확인되었다. 물체가 *P* 점을 지날 때의 속도와 방향(*PR*)이 주어지면 거리의 제곱에 반비례하는 구심력에 의해 향후 물체가 그리는 궤적 *PQ*를 알 수 있다. [Q.E.F][8]

부가정리 1

그러므로 원뿔 곡선의 꼭짓점 *D*와 통경 *L*, 그리고 초점 *S*가 주어지면 비례식 $DH:DS=L:4DS-L$로부터 두 번째 초점 *H*를 알 수 있다. $SP+PH:PH=2SP+2KP:L$인데, 지금의 경우는 $DS+DH:DH=4SD:L$이므로 $DS:DH=4DS-L:L$이기 때문이다.

부가정리 2

그러므로 꼭짓점 *D*에서 물체의 속도가 주어졌을 때, (명제 16의 부가정리 3에 의해) $L:2DS$="주어진 속도의 제곱":"반지름이 *DS*인 원운동을 하는 물체의 속도의 제곱"이라는 비례식과 $DH:DS=L:4DS-L$을 이용하면 물체의 궤도를 알아낼 수 있다.

---

7) 쌍곡선의 두 꼭짓점을 잇는 선분.

8) "이상이 우리가 해야 할 일이었다"는 뜻의 라틴어 "quod erat faciendum"의 약자.

부가정리 3

원뿔 곡선 궤적을 그리던 물체가 외부로부터 힘을 받아 궤도에서 이탈한 경우에도 향후의 궤적을 구할 수 있다. 원래의 운동에 외부에서 작용한 힘이 낳은 운동을 더하면, 외력이 작용한 시점에 물체의 속도와 방향을 알 수 있기 때문이다.

부가정리 4

외력이 한순간만 작용하지 않고 계속적으로 작용하는 경우에도 물체의 궤적을 거의 정확하게 구할 수 있다. 특정 지점들에서 힘의 변화가 운동에 미치는 영향을 계산하고, 그 중간 단계에서 일어나는 연속적 변화를 순차적으로 계산해나가면 된다.

부가설명

물체 P가 R을 중심으로 한 구심력을 받으면서 중점이 C인 원뿔 곡선을 그릴 때, 구심력은 다음과 같이 구할 수 있다. 반지름 RP에 평행한 선 CG가 P에서의 접선 PG와 만나는 점을 G라 하면, 구심력은 (명제 10의 부가정리 1과 부가설명, 그리고 명제 7의 부가정리 3에 의해) $\frac{CG^3}{RP^2}$에 비례한다.

〈그림 3-8〉

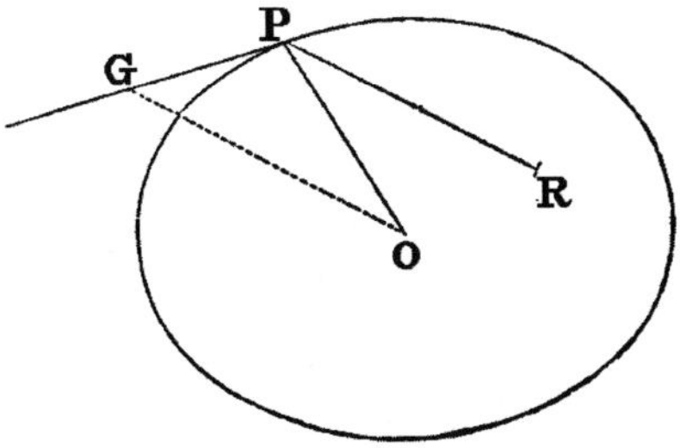

4장

주어진 초점에 대응되는 타원, 포물선, 쌍곡선 궤도 계산하기

보조정리 15

타원(또는 쌍곡선)의 두 초점을 *S*, *H*라 하자. 임의의 점 *V*에서 *S*와 *H*를 직선으로 이어서 *SV*, *HV*를 작도했는데, 이들 중 *HV*가 주축과 길이가 같다고 하자. *SV*의 중점을 지나는 수직 이등분선이 *HV*와 만나는 점을 *R*이라 하면, *TR*은 반드시 타원(또는 쌍곡선)에 접한다. 역으로, *TR*이 타원(또는 쌍곡선)에 접하면 *HV*는 주축과 길이가 같다.

〈그림 4-1〉

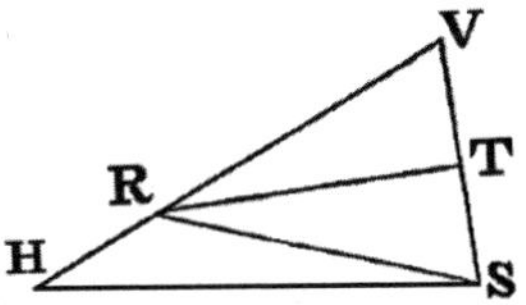

수직 이등분선 *TR*이 *HV*와 만나는 점 *R*과 *S*를 이어서 직선 *SR*을 작도한다(필요하다면 선을 연장하라). *TS*와 *TV*는 길이가 같으므로 *SR*과 *VR*도 길이가 같고, $\angle TRS$와 $\angle TRV$도 같다. 그러므로 *R*은 타원(또는 쌍곡선) 위의 한 점이며, 수직 이등분선 *TR*은 *R*에서 타원(또는 쌍곡선)에 접한다(물론 역도 성립한다). [Q.E.D.]

명제 18 / 문제 10

초점 1개와 주축이 주어졌을 때, 또 하나의 주어진 점과 또 하나의 주어진 직선에 접하는 원뿔 곡선(타원과 쌍곡선)을 작도하라.

〈그림 4-2〉

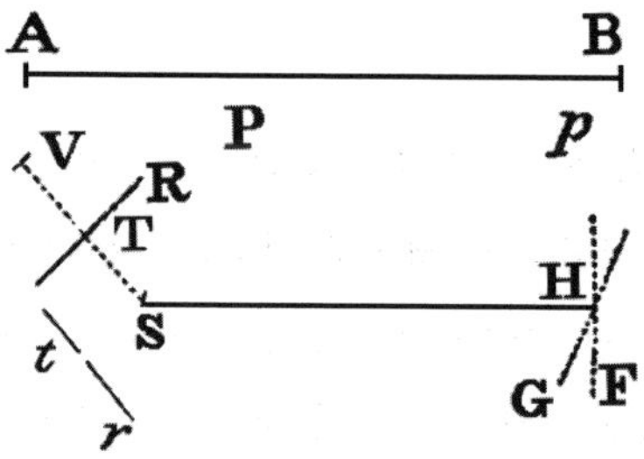

주어진 초점을 *S*라 하고 주축의 길이를 *AB*라 하자. 그리고 우리가 구하려는 원뿔 곡선은 점 *P*를 지나면서 *TR*에 접한다고 하자. 타원을 구할 때는 *P*를 중심으로 *AB*-*SP*를 반지름으로 하는 원 *HG*를 그리고, 쌍곡선을 구할 때는 *P*를 중심으로 *AB*+*SP*를 반지름으로 하는 원 *HG*를 그린다. 또한 접선 *TR*에 수직한 선 *ST*를 연장하여 *TV*=*ST*가 되도록 *V*를 잡고, *V*를 중심으로 반지름이 *AB*인 원 *FH*를 그린다. 이렇게 하면 "두 점 *P*와 *p*가 주어진 경우"나 "2개의 접선 *TR*과 *tr*이 주어진 경우", 또는 "점 *P*와 접선 *TR*이 주어진 경우"에 2개의 원을 그릴 수 있다. 두 원이 만나는 점을 *H*라 했을 때, *S*와 *H*를 초점으로 가지면서 주어진 주축에 대응되는 타원(또는 쌍곡선)이 우리가 구하고자 하는 원뿔 곡선이다. 왜냐하면 이 원뿔 곡선은 (타원의 경우에 *PH*+*SP*가 축의 길이와 같고, 쌍곡선의 경우에는 *PH*-*SP*가 축의 길이와 같으므로) 점 *P*를 지나고, (보조정리 15에 의해) 직선 *TR*에 접하기 때문이다. 그리고 이와 동일한 논리에 의해, 우리가 구한 타원(또는 쌍곡선)은 두 점 *P*와 *p*를 지나거나, 두 직선 *TR*과 *tr*에 접한다. [Q.E.F.]

명제 19 / 문제 11

초점 1개가 정해졌을 때, 주어진 점을 지나고 주어진 직선에 접하는 포물선을 작도하라.

〈그림 4-3〉

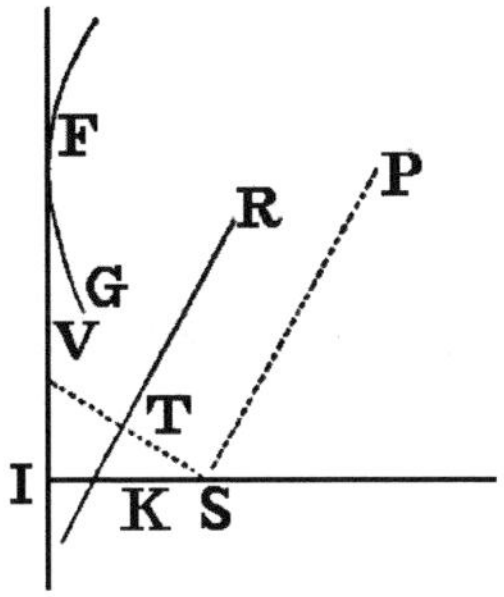

초점을 *S*, 주어진 점을 *P*, 주어진 접선을 *TR*이라 하자. *P*를 중심으로 반지름이 *PS*인 원 *FG*를 그린다. 초점 *S*에서 접선 *TR*에 수직한 선 *ST*를 그리고, 이를 *V*까지 연장하여 *TV*와 *ST*가 같도록 만든다. 이 방법대로 하면 또 다른 점 *p*가 주어졌을 때 다른 원 *fg*를 그릴 수 있고, 다른 접선 *tr*이 주어졌을 때 *tv*=*St*인 *v*를 찾을 수 있다. 이제 직선 *IF*를 그리되 두 점 *P*, *p*가 주어진 경우에는 *IF*가 *FG*와 *fg*에 접하도록 그리고, 두 접선 *TR*과 *tr*이 주어진 경우에는 *V*와 *v*를 지나도록 그리고, 한 점 *P*와 접선 *TR*이 주어진 경우에는 원 *FG*에 접하면서 *V*를 지나도록 그린다. 이제 *S*를 지나면서 *FI*에 수직한 선을 *SI*를 긋고 그 중점을 *K*라 하면, *SK*를 축으로 하면서 *K*를 꼭짓점으로 갖는 포물선이 바로 우리가 찾는 포물선이다. 이 포물선은 (*SK*=*IK*이고

SP=*FP*이므로) 문제에서 주어진 점 *P*를 지나고, (보조정리 14의 부가정리 3에 의해) *ST*와 *TV*가 같고 ∠*STR*이 직각이므로 직선 *TR*에 접한다. [Q.E.F.]

명제 20 / 문제 12

초점 1개가 정해졌을 때, 주어진 점들을 지나면서 주어진 직선들에 접하는 원뿔 곡선을 작도하라(단 원뿔 곡선의 종류는 정해져 있다).

사례 1

하나의 초점 *S*가 주어졌을 때, 두 점 *B*와 *C*를 지나는 원뿔 곡선을 그려보자.

〈그림 4-4〉

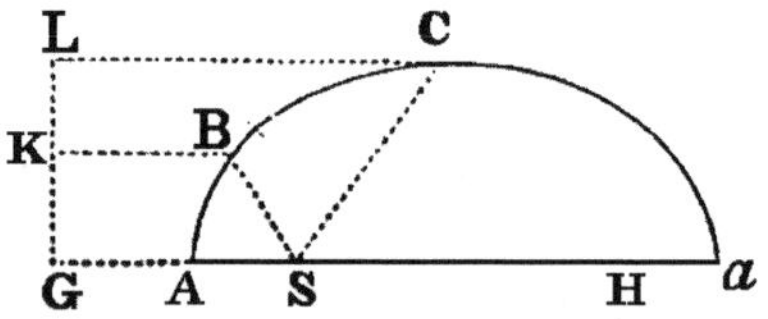

원뿔 곡선의 종류가 정해져 있다는 것은 주축의 길이와 두 초점 사이 거리의 비율이 정해져 있다는 뜻이다. *KB*와 *BS*의 비율, 그리고 *LC*와 *CS*의 비율이 이 비율과 같아지도록 *K*와 *L*을 잡는다. *B*와 *C*를 중심으로 반지름이 각각 *BK*, *CL*인 원을 그리고, 직선 *KL*에 수직한

선 SG를 길게 연장하여 GA와 AS의 비율과 Ga와 aS의 비율, 그리고 KB와 BS의 비율이 같아지도록(즉 $GA:AS=Ga:aS=KB:BS$가 되도록) A와 a를 잡는다. 그러면 Aa를 축으로 하고 A와 a를 꼭짓점으로 하는 원뿔 곡선이 바로 우리가 구하려던 곡선이다.

이유: 다른 하나의 초점을 H라 하자. GA와 AS의 비율은 Ga와 aS의 비율과 같으므로, $Ga-GA(Aa)$와 $aS-AS(SH)$의 비율은 GA와 AS의 비율과 같고,[1] 이 값은 "주축의 길이"와 "초점 사이 거리"의 비율과 같다. 따라서 우리가 구한 곡선은 문제에서 요구한 곡선과 일치한다. KB와 BS의 비율은 LC와 CS의 비율과 같으므로, 원뿔 곡선의 특성에 의해 우리가 구한 곡선은 B와 C를 지나간다.

사례 2

하나의 초점 S가 주어졌을 때, 두 직선 TR과 tr에 접하는 원뿔 곡선을 그려보자.

S에서 두 접선 TR과 tr에 수직한 직선 ST와 St를 그리고, 이들을 연장하여 $TS=TV$인 지점을 V, $tS=tv$인 지점을 v라 하자. Vv의 중점 O에서 출발하는 수직 이등분선을 그리고, VS를 길게 연장하여 $VK:KS$와 $Vk:kS$가 우리가 구하려는 원뿔 곡선의 "주축"과 "두 초점 사이 거리"의 비율과 같아지도록 K와 k를 잡는다. K를 중심으로 반지름이 Kk인 원을 그려서 Vv의 수직 이등분선과 만나는 점을 H라 하자. 그러면 S와 H를 초점으로 가지면서 주축의 길이가 VH

---

1) $\frac{a}{b}=\frac{c}{d}$이면 $\frac{a}{b}=\frac{a-c}{b-d}$이기 때문이다.

〈그림 4-5〉

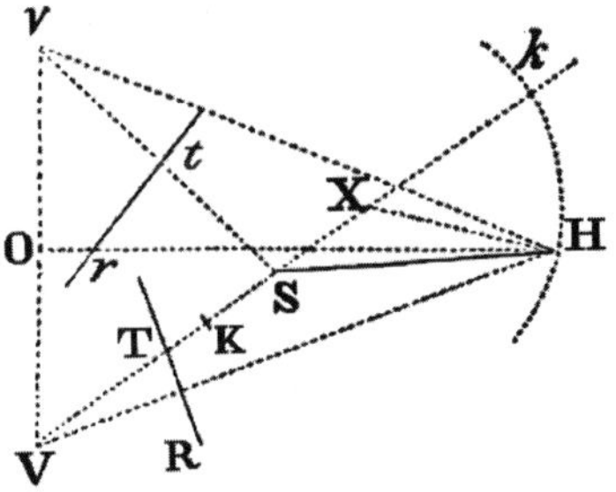

의 길이와 같은 원뿔 곡선이 바로 우리가 구하려고 했던 곡선이다.

이유: Kk의 중점 X를 찾아서, HX, HS, HV, 그리고 Hv를 그려보자. $VK:KS=Vk:kS$이므로 이 비율은 $(Vk+VK):(KS+kS)$와 같고, $(Vk-VK):(kS-KS)$와도 같다. 즉 $2VX:2KX=2KX:2SX$이다. 그러므로 $VX:HX=HX:SX$가 되어 삼각형 VHX와 HXS는 닮은꼴이며, 따라서 $VH:SH=VX:XH$이고, 이 비율은 $VK:KS$와 같다. 우리가 그린 원뿔 곡선의 "주축 VH"와 "초점 사이의 거리 SH"의 비율이 문제에서 요구했던 원뿔 곡선의 "주축"과 "초점 사이 거리"의 비율과 같으므로, 두 곡선은 같은 곡선이다. 또한 VH와 vH는 주축과 길이가 같고 VS와 vS의 수직 이등분선은 각각 TR와 tr이므로, (보조정리 15에 의해) 우리가 그린 원뿔 곡선은 TR과 tr에 접한다. [Q.E.F.]

사례 3

하나의 초점 S가 주어졌을 때, "주어진 다른 점 R을 지나는 직선 TR"에 접하는 원뿔 곡선을 그려보자.

TR에 수직한 직선 ST를 연장하여 $ST=TV$인 점을 V라 하고, V와

〈그림 4-6〉

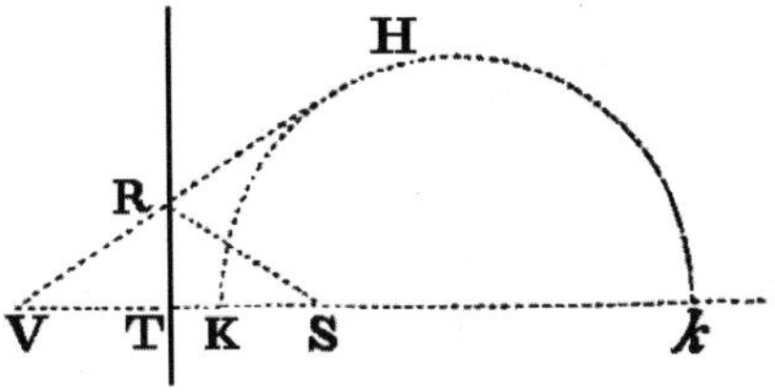

*R*을 직선으로 연결한다. 그리고 직선 *VS*를 오른쪽으로 연장하여 *VK*:*SK*와 *Vk*:*Sk*가 문제에서 요구한 원뿔 곡선의 "주축의 길이:두 초점 사이의 거리"와 같아지도록 *K*와 *k*를 잡는다. 이제 *Kk*를 지름으로 하는 원을 그려서 *VR*의 연장선과 만나는 점을 *H*라 하면, *S*와 *H*를 초점으로 가지면서 주축의 길이가 *VH*의 길이와 같은 원뿔 곡선이 바로 우리가 그리려던 곡선이다.

이유: 사례 2에서 증명한 대로 *VH*:*SH*=*VK*:*SK*이고, 이 비율은 문제에서 요구한 원뿔 곡선의 "주축의 길이:두 초점 사이의 거리"와 같다. 그러므로 우리가 그린 원뿔 곡선은 문제에서 요구한 곡선과 동일하며, 직선 *TR*은 ∠*VRS*를 이등분하므로 *R*에서 원뿔 곡선에 접한다. [Q.E.F.]

사례 4

초점 *S*가 주어졌을 때, 직선 *TR*에 접하고 *TR* 위에 있지 않은 점 *P*를 지나면서 "주축 *ab*와 두 초점 *s*, *h*로 이루어진 원뿔 곡선과 닮은꼴인" 원뿔 곡선을 그려보자.

〈그림 4-7〉

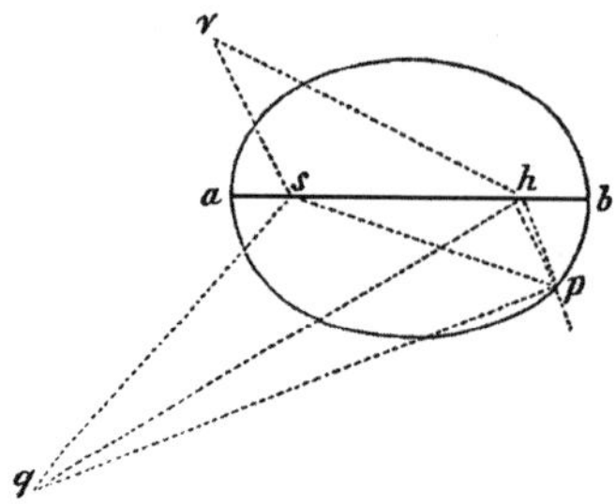

〈그림 4-8〉

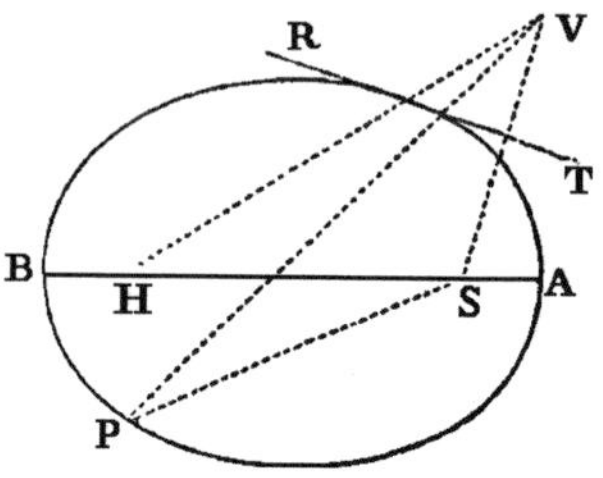

TR에 수직한 선 ST를 연장하여 $ST=TV$가 되는 지점을 V라 하자. $\angle hsq=\angle VSP$, $\angle shq=\angle SVP$가 되도록 q를 잡는다. 그리고 $r:ab=SP:PV$를 만족하는 r을 반지름으로 삼아 q를 중심으로 원을 그려서, 곡선 apb와 만나는 점을 p라 하자. sp를 직선으로 연결하고, $SH:sh=SP:sp$, $\angle PSH=\angle psh$, $\angle VSH=\angle psq$가 되도록 AB 위의 한 점 H를 잡는다. 그러면 S와 H를 초점으로 하고 $AB(=VH)$를 주축으로 하는 원뿔 곡선이 바로 우리가 구하려는 곡선이다.

이유: $sv:sp=sh:sq$이고 $\angle vsp=\angle hsq$, $\angle vsh=\angle psq$이면 삼각형 svh와 spq는 닮은꼴이므로 $vh:pq=sh:sq$이며, 이 비율은 (삼각형 VSP와 hsq는 닮은꼴이므로) $VS:SP$, 또는 $ab:pq$와 같다. 그러므로 $vh=ab$이다. 또한 삼각형 VSH와 vsh가 닮은꼴이어서 $VH:SH=vh:sh$이므로, 우리가 그린 원뿔 곡선에서 "축의 길이"와 "두 초점 사이의 거리"의 비율은 ab와 sh의 비율과 같다. 그러므로 우리가 그린 원뿔 곡선은 apb와 닮은꼴이며, (삼각형 PSH와 psh가 닮은꼴이므로) 점 P를 지난다. 그리고 VH는 축의 길이와 같고 VS는 TR에 의해 수직 이등분되므로, 우리가 그린 곡선은 TR에 접한다. [Q.E.F.]

보조정리 16

주어진 3개의 점에서 출발하여 아직 결정되지 않은 네 번째 점에 도달하는 3개의 직선을 그린다고 하자. 세 직선들 사이의 길이 차이가 주어지거나 세 직선의 길이가 모두 같다고 했을 때, 네 번째 점을 찾아라.

〈그림 4-9〉

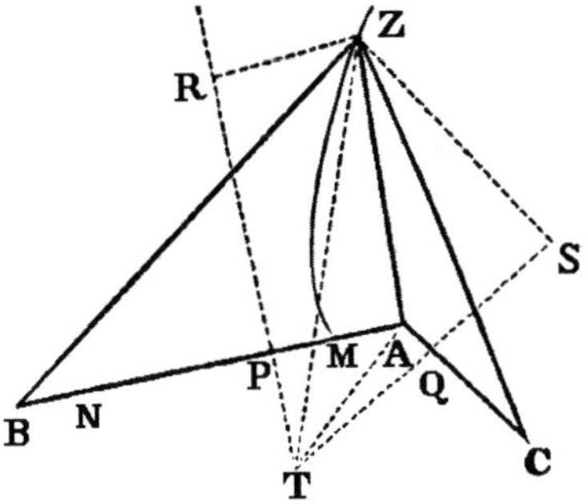

사례 1

주어진 세 점을 *A*, *B*, *C*라 하고, 찾아야 할 네 번째 점을 *Z*라 하자. 직선 *AZ*와 *BZ*의 차이가 주어졌으므로 *Z*는 "초점이 *A*, *B*이고 주축의 길이가 *AZ*와 *BZ*의 차이와 같은 쌍곡선" 위에 놓여 있다. 이 주축을 *MN*이라 하자. *PM*∶*MA*=*MN*∶*AB*가 되도록 *P*를 잡고, *P*에서 *AB*에 수직한 선 *PR*을 긋는다. 그리고 *Z*에서 여기에 수직하게 그린 선을 *ZR*이라 하면, 쌍곡선의 특성에 의해 *ZR*∶*AZ*=*MN*∶*AB*가 성립한다. 그리고 이와 비슷한 논리를 펼치면 *Z*는 "초점이 *A*와 *C*이고 주축의 길이가 *AZ*와 *CZ*의 차이와 같은 쌍곡선" 위의 한 점이 된다. *AC*

에 수직한 선 QS를 긋고, Z에서 QS에 내린 수선의 발을 S라 하면 $ZS : AZ = |AZ - CZ| : AC$이다. 즉 $ZR : AZ$와 $ZS : AZ$가 주어졌으므로 $ZR : ZS$도 결정되었다. 직선 RP와 SQ의 교점을 P라 하자. TZ와 TA를 그리면 도형 $TRZS$의 형태가 결정되고, Z가 놓여 있는 직선 TZ와 직선 TA, 그리고 삼각형 ATZ가 결정된다. 또한 $AZ : ZS$와 $TZ : ZS$가 주어졌으므로 $AZ : TZ$도 결정된다. 즉 우리가 찾는 점은 삼각형 ATZ의 꼭짓점이다. [Q.E.I.]

사례 2

3개의 직선 중 2개(AZ와 BZ)의 길이가 같은 경우에는 AB의 이등분선 TZ를 그린 후 사례 1과 같은 방법으로 삼각형 ATZ를 결정하면 된다. [Q.E.I.]

사례 3

세 직선의 길이가 모두 같은 경우에는 A, B, C를 지나는 원의 중심이 우리가 찾는 Z이다. [Q.E.I.]

이 보조정리는 아폴로니우스(Apollonius)[2]의 수학 정리 모음을 프랑수아 비에트(François Viète)[3]가 출간한 《접촉(Book of Tactions)》에도 증명되어 있다.

---

2) 기원전 3세기경 그리스의 수학자.

3) 16세기 프랑스의 수학자.

명제 21 / 문제 13

초점 1개가 주어졌을 때, 주어진 점들을 지나면서 주어진 직선들에 접하는 원뿔 곡선을 작도하라.

〈그림 4-10〉

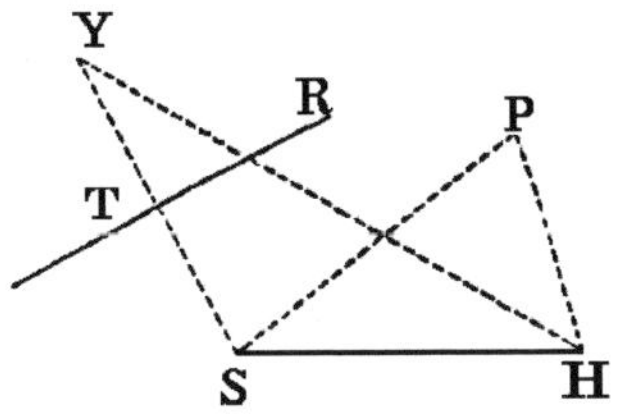

하나의 초점(*S*)과 하나의 점(*P*), 그리고 하나의 접선(*TR*)이 주어졌을 때 나머지 하나의 초점 *H*를 찾아보자. 접선 *TR*에 수직한 선 *ST*를 연장하여 *ST*=*TY*인 지점을 *Y*라 하면 *YH*의 길이는 주축의 길이와 같다. 그리고 *S*와 *P*, *S*와 *H*를 연결하면 *SP*의 길이는 "주축과 *HP*의 길이 차이"와 같아진다. *P* 외에 또 다른 점과 *TR* 외에 또 다른 접선이 주어진 경우에도 각 점과 접선에 대응되는 *YH*와 *PH*를 그릴 수 있다. 이들은 *Y*와 *P*에서 초점 *H*를 연결한 직선으로, 주축과 길이가 같거나 *SP*만큼 차이가 난다. 즉 *YH*와 *PH*는 길이가 같거나 길이의 차이가 결정되어 있다. 그러므로 보조정리 16에 의해 두 번째 초점 *H*의 위치가 결정된다. 이로써 2개의 초점과 주축의 길이(원뿔 곡선이 타원이면 주축의 길이는 *YH* 또는 *PH*+*SP*이며, 쌍곡선인 경우에는 *PH*-*SP*이다)가 결정되었으므로, 문제에서 요구한 원뿔 곡선을 그릴 수 있다. [Q.E.I.]

부가설명

물체의 궤적이 쌍곡선인 경우, 나는 한 쌍의 곡선 중 하나만을 다루었다. 물체의 궤적이 외부 요인에 의해 갑자기 변하지 않는 한, 특정 쌍곡선을 따라가던 물체는 그 켤레 곡선으로 옮겨가지 않기 때문이다.

〈그림 4-11〉

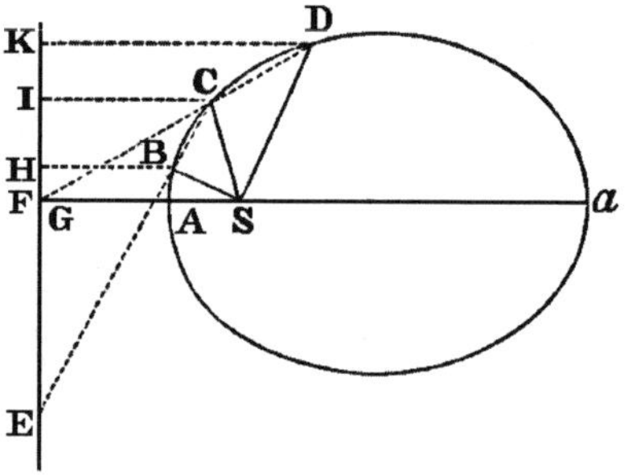

초점 1개와 3개의 점이 주어진 원뿔 곡선은 〈그림 4-11〉과 같이 쉽게 그릴 수 있다. 초점을 S라 하고, 주어진 점을 B, C, D라 하자. 직선 BC와 CD를 길게 늘여서 $EB:EC=SB:SC$, $FC:FD=SC:SD$가 되도록 E와 F를 잡는다. 직선 EF에 수직한 선 SG와 BH를 그리고, SG를 연장하여 $GA:AS=Ga:aS=HB:BS$가 되는 점을 a라 하자. 그러면 A는 원뿔 곡선의 꼭짓점이 되고, Aa는 주축이 된다. 곡선의 종류는 GS와 AS의 대소 관계에 따라 달라지는데 $GA>AS$면 타원, $GA=AS$면 포물선, $GA<AS$면 쌍곡선이다. 타원인 경우 a는 직선 GF를 기준으로 A와 같은 쪽에 놓이고, 포물선인 경우 a는 무한히 먼 곳에 위치하며,

쌍곡선인 경우 a는 GF를 기준으로 A의 반대쪽에 놓이게 된다.

이유: GF에 수직한 선 CI와 DK를 그리면 $IC:HB=EC:EB=SC:SB$이므로 $IC:SC=HB:SB=GA:SA$이다. 비슷한 논리로 $KD:SD$도 이 비율과 같음을 알 수 있다. 초점 S와 B, C, D를 연결한 선들(SB, SC, SD) 사이의 길이 비율이 B, C, D에서 GF에 수직하게 그린 직선들(HB, IC, KD) 사이의 길이 비율과 같으므로, B, C, D는 동일한 원뿔곡선 위의 점들이다.

이 문제는 저명한 기하학자 필리페 드 라이르(Philippe de La Hire)[4]의 저서《원뿔 곡선(conics)》의 제8권 명제 25에 비슷한 방법으로 증명되어 있다.

4) 1640~1718, 17세기 프랑스의 화가, 수학자, 천문학자.

5장

초점이 주어지지 않은 경우 물체의 궤적 찾기

보조정리 17

주어진 원뿔 곡선에 내접하는 사각형을 *ABCD*라 했을 때, 곡선 위의 한 점 *P*에서 *AB*, *CD*, *AC*, *DB*(또는 그 연장선)를 향해 특정한 각도로 그은 직선을 각각 *PQ*, *PR*, *PS*, *PT*라 하자. 그러면 "*PQ*와 *PR*로 만든 직사각형 $PQ \times PR$"과 "*PS*와 *PT*로 만든 직사각형 $PS \times PT$"의 면적 비율은 *P*의 위치에 상관없이 특정한 값을 갖는다.

사례 1

*PQ*와 *PR*이 *AC*에 평행하고 *PS*와 *PT*가 *AB*에 평행하면서, *AC*와 *BD*가 평행한 경우[1]를 생각해보자.

〈그림 5-1〉

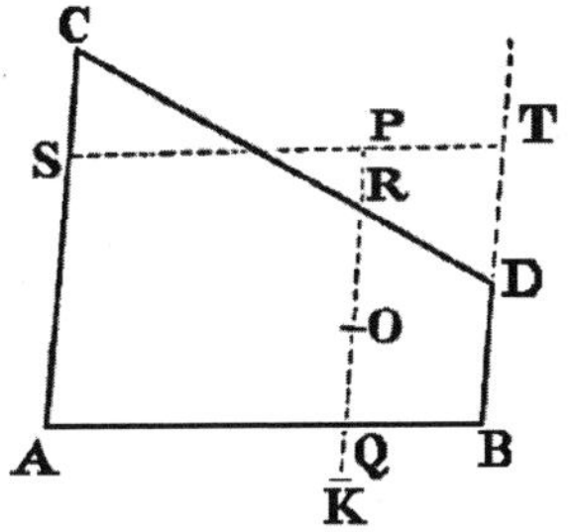

그러면 *AC*와 *BD*를 이등분하는 직선은 원뿔 곡선의 지름 중 하나가 되고, 이 지름은 *RQ*를 이등분한다. *RQ*의 중점을 *O*라 하면 *PO*는

1) 즉 *ABCD*가 사다리꼴인 경우이다.

이 지름의 세로 좌표가 된다. 그리고 *PO*를 연장하여 *PO*=*OK*인 지점을 *K*라 하면, *OK*는 이 지름의 반대쪽 세로 좌표에 해당한다. 따라서 점 *A*, *B*, *P*, *K*는 원뿔 곡선 위의 점들이며, *PK*는 *AB*를 특정한 각도로 자르기 때문에 직사각형 *PQ*×*QK*와 *AQ*×*QB*의 면적은 (아폴로니우스의 《접촉》 제3권 명제 17, 19, 21, 23에 의해) 특정한 비율을 갖게 된다. 그런데 *QK*=*OK*−*OQ*, *PR*=*OP*−*OR*이고 *OK*=*OP*, *OQ*=*OR*이어서 *QK*와 *PR*은 길이가 같으므로, 직사각형 *PQ*×*QR*과 *AQ*×*QB*(또는 *PS*×*PT*)의 면적 비율은 특정한 값을 갖는다.

사례 2

*AC*와 *BD*가 평하지 않은 경우를 생각해보자.

〈그림 5-2〉

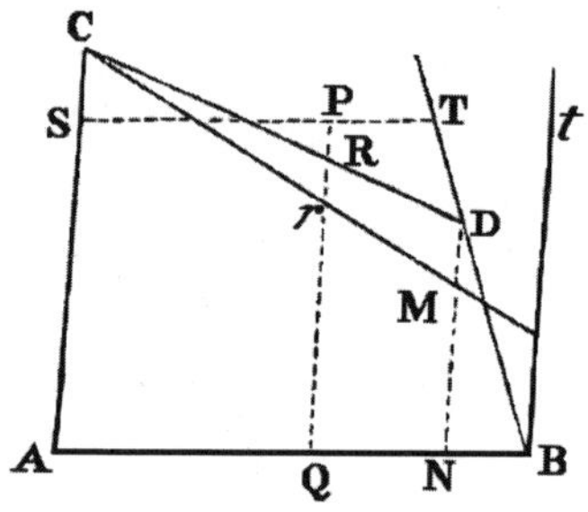

*B*에서 *AC*에 평행한 선을 그어서 *ST*와 만나는 점을 *t*, 원뿔 곡선과 만나는 점을 *d*라 하자. 그리고 *C*와 *d*를 이은 직선 *Cd*가 *PQ*와 만나는 점을 *R*이라 하고, *D*에서 *PQ*에 평행하게 그은 선이 *Cd*와 만나는 점을 *M*, *AB*와 만나는 점을 *N*이라 하자. 삼각형 *BTt*와 *DBN*

은 닮은꼴이므로 Bt(또는 PQ) : Tt=DN : NB이며, 따라서 Rr : AQ(또는 PS)=DM : AN이다. 두 등식에서 좌변은 좌변끼리, 우변은 우변끼리 곱하면 $PQ \times Rr : PS \times Tt = ND \times DM : AN \times NB$가 된다. 또한 (사례 1에 의해) $PQ \times Pr : PS : Pt$와 $PQ \times PR : PS : PT$도 이 비율과 같아진다. [Q.E.D.]

사례 3

마지막으로, 4개의 직선 PQ, PR, PS, PT가 AC, AB와 평행하지 않고 임의의 각도로 기울어진 경우를 생각해보자.

〈그림 5-3〉

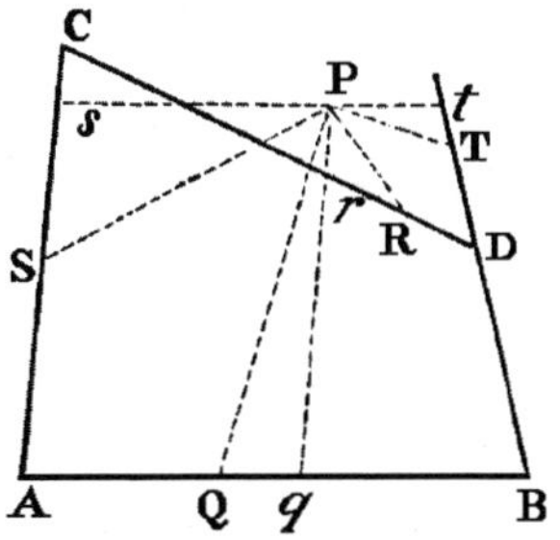

AC에 평행한 방향으로 Pq, Pr을 긋고, AB에 평행한 방향으로 Ps, Pt를 긋는다. 그러면 삼각형 PQq, PRr, PSs, PTt의 모든 각도가 결정되므로 $PQ : Pq$, $PR : Pr$, $PS : Ps$, $PT : Pt$도 결정되고, 이 비율로부터 $PQ \times PR : Pq \times Pr$, $PS \times PT : Ps \times Pt$도 결정된다. 그런데 앞에서 완료된 증명에 의해 $Pq \times Pr : Ps \times Pt$는 주어진 값이므로, $PQ \times PR : PS \times PT$도 결정된다. [Q.E.D.]

보조정리 18

보조정리 17과 동일한 가정하에, 내접하는 사각형의 마주 보는 두 변을 향해 점 *P*에서 *PQ*와 *PR*을 긋고 나머지 두 변에 *PS*와 *PT*를 그었을 때, *PQ*×*PR*과 *PS*×*PT*의 비율이 특정한 값을 가지면 *P*는 사각형에 외접하는 원뿔 곡선 위의 한 점이다.

〈그림 5-4〉

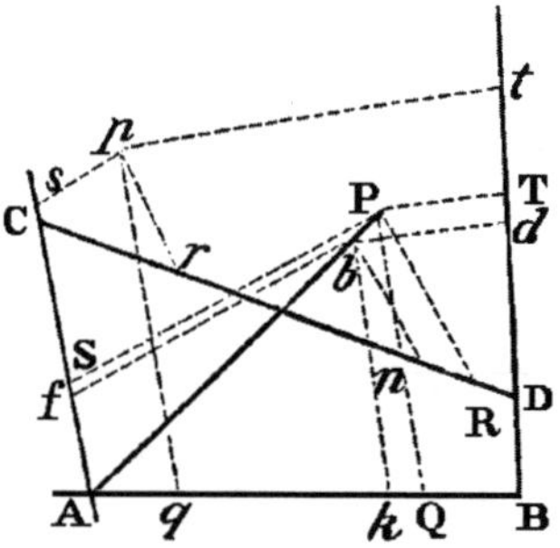

원뿔 곡선에 내접하는 사각형을 *ABCD*라 하고, 이 원뿔 곡선 위의 한 점을 *P*라 하자. *P*의 개수는 무한히 많은데, 그중 하나인 *p*를 골라서 위의 정리를 증명해보자. 우리의 목적은 *P*가 항상 원뿔 곡선 위에 놓여 있음을 증명하는 것이다. 만일 *P*가 원뿔 곡선에 놓여 있지 않다면 직선 *AP*는 *P*가 아닌 다른 점에서 원뿔 곡선을 자르고 지나갈 텐데, 이 점을 *b*라 하자. 이제 *p*와 *b*로부터 사각형의 네 변과 특정 각을 이루도록 *pq*, *pr*, *ps*, *pt*와 *bk*, *bn*, *bf*, *bd*를 그려보자. 그러면 (보조정리 17에 의해) $bk \times bn : bf \times bd = pq \times pr : ps \times pt$이며, (가정에 의해) $PQ \times PR = PS \times PT$가 된다. 또한 사각형 *bkAF*와 *PQAS*는 닮은꼴이므로

$bk:bf=PQ:PS$이다. 이전 비례식의 각 항을 이 비례식의 항으로 나누면 $bn:bd=PR:PT$임을 알 수 있다. 즉 사각형 *Dnbd*와 *DRPT*는 모든 각이 같은 닮은꼴이어서 대각선 *Db*와 *DP*가 서로 일치한다. 그러므로 *b*는 직선 *AP*와 *DP*의 교차점이며, 이는 곧 $b=P$임을 의미한다. 그러므로 점 *P*는 주어진 원뿔 곡선 의의 한 점이다. [Q.E.D.]

부가정리

점 *P*에서 3개의 직선 *AB*, *CD*, *AC*를 향해 특정 각도로 *PQ*, *PR*, *PS*를 그렸다고 하자. 이들 중 $PQ \times PR$과 세 번째 직선의 제곱(PS^2) 사이의 비율이 특정한 값을 가지면, 세 직선의 출발점인 *P*는 "*A*와 *C*에서 각각 *AB*와 *CD*에 접하는" 원뿔 곡선 위의 한 점이 되며, 그 역도 성립한다.

이유: 세 직선 *AB*, *CD*, *AC*를 그대로 유지한 채 *BD*를 *AC*에 아주 가깝게 이동시키고, *PT*를 *PS*에 아주 가깝게 이동시켜보자. 그러면 $PS \times PT=PS^2$이 되고, 점 *A*, *B*, *C*, *D*에서 원뿔 곡선을 자르고 지나갔던 직선 *AB*와 *CD*는 접선이 된다.

부가설명

이 보조정리에서 말하는 "원뿔 곡선"이란 원뿔을 빗면과 평행한 방향으로 잘랐을 때 나타나는 포물선일 수도 있고, 밑면과 평행한 방향으로 잘랐을 때 나타나는 원일 수도 있다.

〈그림 5-5〉

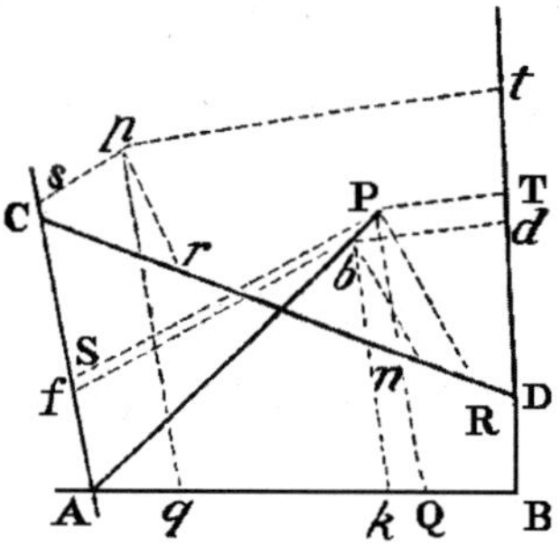

점 *p*가 직선 *AD*, 또는 *BC* 위에 놓여 있으면 원뿔 곡선은 2개의 직선이 된다. 이들 중 하나는 *p*를 포함하는 직선이고, 다른 하나는 4개의 점들 중 나머지 2개를 잇는 직선이다.

또한 사각형의 두 마주 보는 각의 합이 180° 이고 4개의 직선 *PQ*, *PR*, *PS*, *PT*가 사각형의 네 변과 직각을 이루거나 모두 같은 각을 이루면서 $PQ \times PR = PS \times PT$이면, 원뿔 곡선은 원이 된다.

임의의 각도로 그린 4개의 직선을 둘씩 짝지어 만든 사각형 $PQ \times PR$과 $PS \times PT$의 면적 비율이 sin*S*(또는 sin*T*)와 sin*Q*(또는 sin*R*)의 비율과 같은 경우에도 원뿔 곡선은 원이 된다.

그 외의 경우 점 *P*의 궤적은 통상적인 원뿔 곡선(타원, 포물선, 쌍곡선) 중 하나이다. 사각형 *ABCD*를 "마주 보는 두 변이 대각선처럼 교차하는 도형"으로 대치해도 결과는 달라지지 않는다. 그리고 네 점 *A*, *B*, *C*, *D* 중 1개 또는 2개를 무한히 먼 곳에 잡을 수도 있는데, 이런 경우 무한히 먼 점으로 이어지는 변들은 평행선이 되고, 원뿔 곡선은 나머지 점들을 지나면서 평행선을 따라 무한히 길게 이어진다.

보조정리 19

4개의 직선 *AB*, *CD*, *AC*, *BD*가 주어진 상황에서(즉 사각형 *ABCD*가 주어진 상황에서) 한 점 *P*에서 이 직선들과 특정 각도가 형성되도록 *PQ*, *PR*, *PS*, *PT*를 그었을 때, *PQ*×*PR*:*PS*×*PT*가 특정한 값이 되는 *P*를 찾아라.

〈그림 5-6〉

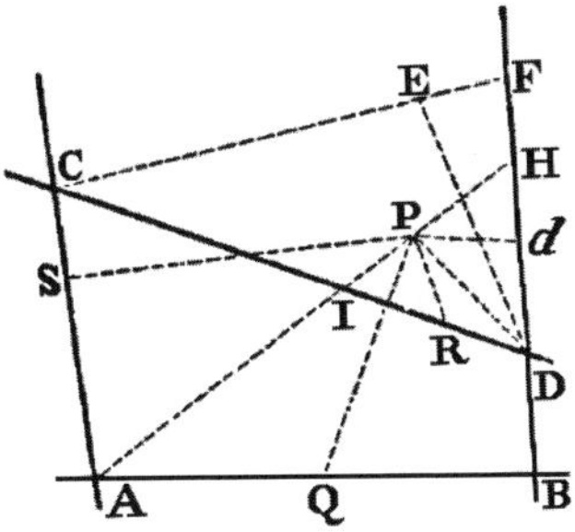

*PQ*와 *PR*이 만나는 두 직선 *AB*와 *CD*가 나머지 두 직선과 만나는 점을 *A*, *B*, *C*, *D*라 하고, *A*와 (앞으로 찾아야 할) *P*를 이은 직선이 *BD*, *CD*와 만나는 점을 각각 *H*, *I*라 하자. 이 도형의 모든 각도는 이미 주어졌으므로 *PQ*:*PA*와 *PA*:*PS*도 주어져 있으며, 이로부터 *PQ*:*PS*도 알 수 있다. 또 문제에서 주어진 *PQ*×*PR*:*PS*×*PT*에서 *PQ*와 *PS*를 소거하면 *PR*:*PT*가 결정된다. 여기에 *PI*:*PR*과 *PT*:*PH*를 결합하면 *PI*:*PH*가 결정되어 점 *P*의 위치를 알 수 있다. [Q.E.I.]

부가정리 1

무수히 많은 점으로 이루어진 *P* 점의 궤적 중 임의의 한 점 *D*를 지나는 접선을 그릴 수 있다. P와 D가 가까워지다가 한 점에서 만나면(즉 AH가 D를 지나면) 현 PD는 접선이 되기 때문이다. 이런 경우 $IP:PH$의 극한값은 위와 같은 방법으로 구할 수 있다. 그러므로 C에서 AD에 평행한 선을 그어 BD의 연장선과 만나는 점을 F라 하고, CF를 $IP:PH$의 극한 비율로 내분하는 점을 E라 하면, DE는 접선이 된다. 왜냐하면 CF와 (한없이 짧아지는) IH가 서로 평행하면서 E와 P에서 같은 비율로 내분되기 때문이다.

부가정리 2

그러므로 모든 P의 궤적을 구할 수 있다. A, B, C, D 중 임의의 한 점(A라 하자)에서 P의 궤적에 접하는 AE를 긋고, 다른 한 점(B라 하자)에서 접선에 평행하도록 BF를 그어서 궤적과 만나는 점을 F라 하면, F는 보조정리 19를 이용하여 찾을 수 있다.

〈그림 5-7〉

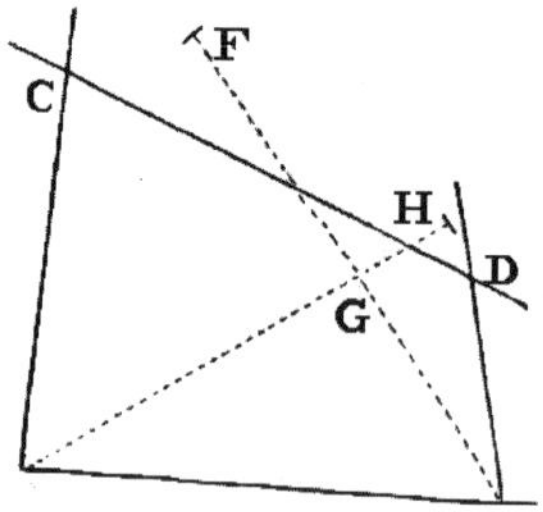

BF의 중점 G와 A를 이은 선 AG에는 BG와 FG를 세로 좌표로 갖는 지름이 위치한다. AG가 궤적과 만나는 점을 H라 하면 AH가 바

로 가로 지름(latus transversum)이다. 가로 지름과 통경의 비율은 BG^2과 $AG \times GH$의 비율과 같다. 만일 AG가 궤적과 만나지 않으면 AH가 무한히 길어지면서 궤적은 포물선이 되고, 지름 AG에 대응되는 통경은 $\frac{BG^2}{AG}$이다. 그러나 AG가 궤적과 만나는 경우, G를 기준으로 A와 H가 같은 쪽에 있으면 궤적은 쌍곡선이 되고, G가 A와 H 사이에 놓여 있으면 타원이 된다. 그리고 $\angle AGB$가 직각이고 $BG^2 = AG \times GH$이면 궤적은 원이 된다.

고대의 유클리드와 아폴로니우스도 이 부가정리를 증명했는데, 고대의 수학자들이 그렇듯이 이들도 해석적인 계산 대신 기하학적 정보를 종합하여 동일한 결론을 이끌어냈다.

보조정리 20

임의의 평행사변형 *ASPQ*의 서로 마주 보는 꼭짓점 *A*와 *P*가 원뿔 곡선 위에 놓여 있다. 변 *AQ*와 *AS*의 연장선이 원뿔 곡선과 만나는 점을 각각 *B*, *C*라 하자. 그리고 원뿔 곡선 위의 또 다른 점 *D*를 향해 두 직선 *BD*와 *CD*를 그었을 때, 이들이 *PS*와 *PQ*의 연장선과 만나는 점을 각각 *T*, *R*이라 하자. 그러면 *PR*:*PT*는 *ASPQ*의 구체적인 형태와 관계없이 항상 정해진 값을 갖는다. 역으로, *PR*:*PT*의 값이 고정되어 있으면 *D*의 궤적은 *A*, *B*, *C*, *P*를 지나는 원뿔 곡선이 된다.

〈그림 5-8〉

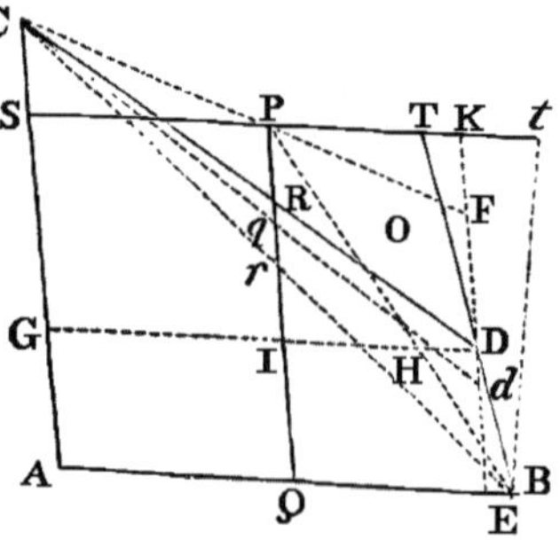

사례 1

우선 BP와 CP를 직선으로 연결한다. D에서 AB에 평행한 선을 그어서 PB, PQ, CA와 만나는 점을 각각 H, I, G라 하고, D에서 AC에 평행한 선을 그어서 PC, PS, AB와 만나는 점을 각각 F, K, E라 하자. 그러면 보조정리 17에 의해 $DE \times DF$와 $DG \times DH$의 비율은 일정한 값을 갖는다. 그런데 $PQ:DE$(또는 IQ)$=PB:HB=PT:DH$이므로, 이 비례식을 조합하면 $PQ:PT=DE:DH$가 얻어진다. 그리고 이와 비슷한 논리에 의해 $PR:DF=RC:DC=PS$(또는 IG)$:DG$이므로 $PR:PS=DF:DG$가 된다. 이 비례 관계를 조합하면 $PQ \times PR:PS \times PT=DE \times DF:DG \times DH$가 되는데, 이 비율은 정해진 값을 갖는다. 그런데 $PQ:PS$는 주어져 있으므로 $PR:PT$도 결정되어 있다. [Q.E.D.]

사례 2

$PR:PT$가 결정된 경우, 위의 논리를 역으로 진행하면 $DE \times DF:DG \times DH$도 정해진 값이 되어, D는 (보조정리 18에 의해) A, B, C,

P를 지나는 원뿔 곡선 위의 한 점이 된다. [Q.E.D.]

부가정리 1

BC와 PQ의 교점을 r이라 하고 $Pt:Pr=PT:PR$이 되도록 t를 잡으면 Bt는 B에서 원뿔 곡선에 접한다. D와 B가 무한정 가까워져서 BD가 0에 접근하면 BT는 접선이 되고 CD, BT는 각각 CB, Bt와 같아지기 때문이다.

부가정리 2

역으로, Bt가 주어진 원뿔 곡선에 접하고 BD와 CD가 원뿔 곡선 위의 임의의 점 D에서 만나면 $PR:PT=Pr:Pt$이다. 다시 역으로, $PR:PT=Pr:Pt$이면 BD와 CD는 원뿔 곡선 위의 한 점 D에서 교차한다.

부가정리 3

서로 다른 두 원뿔 곡선의 교점은 4개를 넘을 수 없다. 이를 증명하기 위해 두 원뿔 곡선이 5개의 점 A, B, C, P, O에서 만난다고 가정하자. 그리고 직선 BD는 D, d에서 두 원뿔 곡선과 만나고, 직선 Cd와 PQ의 교점을 Q라 하자. 그러면 $PR:PT=PQ:PT$이므로 $PR=PQ$가 되어 가정에 위배된다.

보조정리 21

2개의 직선 *BM*과 *CM*의 교점을 *M*이라 하자. 이들은 *B*, *C*가 고정된 채 반대쪽 끝(*M* 쪽)을 자유롭게 움직일 수 있는데, 교점 *M*은 주어진 직선 *MN* 위에서만 형성된다. 그리고 또 다른 2개의 직선 *BD*와 *CD*가 있어서, ∠*MBD*와 ∠*MCD*가 일정한 값을 유지한다고 하자. 그러면 *BD*와 *CD*의 교점 *D*는 *B*와 *C*를 지나는 원뿔 곡선을 그린다. 역으로, *BD*와 *CD*의 교점 *D*가 *B*, *C*, *A*를 지나는 원뿔 곡선을 그리면서 항상 ∠*DBM*=∠*ABC*(주어진 각), ∠*DCM*=∠*ACB*(주어진 각)이면, *M*은 특정한 직선을 따라 움직인다.

〈그림 5-9〉

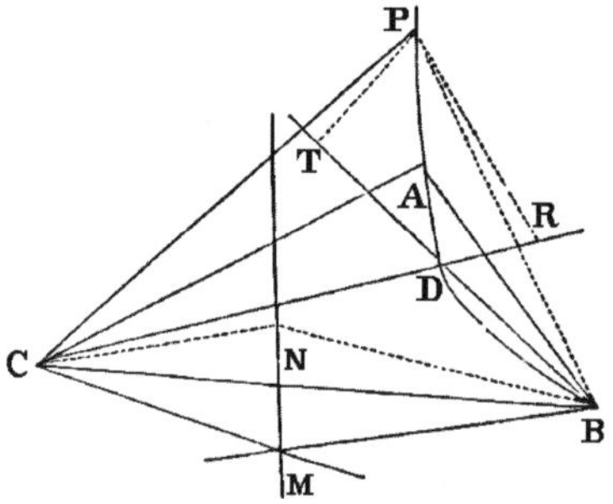

그림에서 위아래로 이동 가능한 *M*이 직선 *MN* 위의 특정한 점 *N*에 놓였을 때[2] 점 *D*가 고정된 점 *P*에 놓인다고 하자. 직선 *CN*, *BN*, *CP*, *BP*를 긋고, 점 *P*에서 그린 2개의 직선이 *BD*, *CD*의 연장선과 만

---

2) 직선 *MN*이란 "*M*과 *N*을 연결하는 선분"이 아니라, "*M*과 *N*을 지나는 무한히 긴 직선"을 의미한다. "선분"이라는 말이 나오지 않는 한, 모든 직선은 이런 의미로 이해해도 무방하다.

나는 점을 각각 T, R이라 하자. 단 PT와 PR은 $\angle BPT=\angle BNM$(주어진 각), $\angle CPR=\angle CNM$(주어진 각)을 만족한다. 그러면 가정에 의해 $\angle MBD=\angle NBP$, $\angle MCD=\angle NCP$인데, 전자는 $\angle NBD$가 공통이고 후자는 $\angle NCD$가 공통이므로, 이들을 제거하면 $\angle NBM=\angle PBT$, $\angle NCM=\angle PCR$이 얻어진다. 그러므로 삼각형 NBM와 PBT, 그리고 삼각형 NCM과 PCR이 각각 닮은꼴이어서 $PT:NM=PB:NB$, $PR:NM=PC:NC$의 관계가 성립한다. 그런데 B, C, N, P는 고정된 점이어서 $PT:NM$과 $PR:MN$의 값이 고정되어 있으므로 $PT:PR$도 이미 정해져 있다. 따라서 (보조정리 20에 의해) 움직이는 직선 BT와 CR의 교점 D는 B, C, P를 지나는 원뿔 곡선 위에 놓여 있다. [Q.E.D.]

〈그림 5-10〉

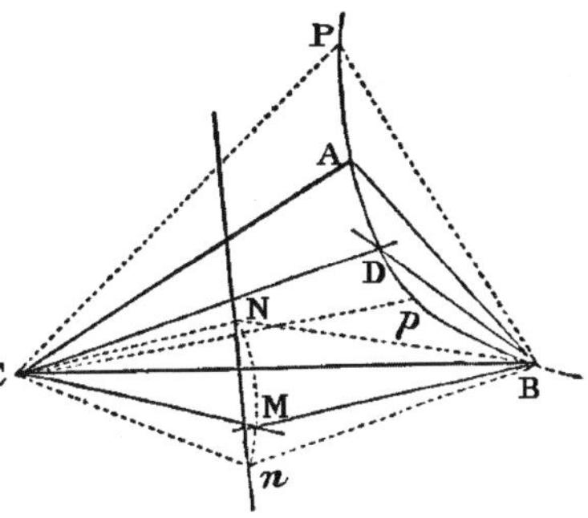

역으로, 움직이는 점 D가 고정된 점 B, C, A를 지나는 원뿔 곡선 위에 놓여 있고, $\angle DBM=\angle ABC$(주어진 각), $\angle DCM=\angle ACB$(주어진 각)를 항상 만족하면서, 점 D는 원뿔 곡선 위의 고정된 두 점 p와 P 사이를 벗어나지 않는다면, 움직이는 점 M은 고정된 두 점 n과 N

사이를 연속적으로 이동한다. 즉 직선 nN은 움직이는 점 M의 궤적이 된다.

증명: M이 직선이 아닌 곡선 궤적을 그린다고 가정해보자. 그러면 D는 5개의 점 B, C, A, p, P를 지나는 원뿔 곡선 위에 놓여 있다. 그런데 앞서 수행한 증명에 의하면 M이 직선 궤적을 그릴 때 D도 B, C, A, p, P를 지나는 원뿔 곡선 위에 놓여야 한다. 다시 말해서 서로 다른 2개의 원뿔 곡선이 최소 5개의 점을 공유한다는 뜻이다. 그러나 이것은 보조정리 20의 부가정리 3에 위배되므로, 점 M은 곡선이 아닌 직선 궤적을 그려야 한다. [Q.E.D.]

명제 22 / 문제 14

5개의 주어진 점을 지나는 원뿔 곡선을 작도하라.

〈그림 5-11〉

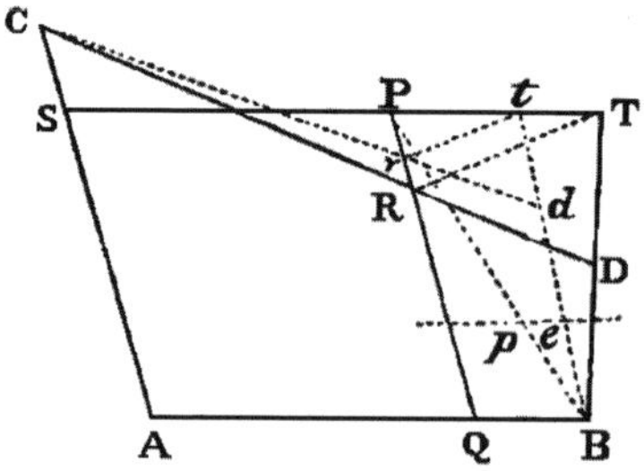

주어진 점을 A, B, C, P, D라 하자. 이들 중 임의의 한 점(A라 하자)과 임의의 다른 두 점(B, C. 이들을 고정점으로 취급할 것이다)을 직선

으로 이어서 AB, AC를 긋고, 네 번째 점 P를 지나면서 이들과 평행한 선 TPS와 PRQ를 그린다. 그리고 고정된 점 B와 C에서 다섯 번째 점 D를 지나는 선 BDT와 CRD를 길게 연장하여 BDT와 TPS의 교점을 T라 하고, CRD와 PRQ의 교점을 R이라 하자. 마지막으로 $PT : Pt = PR : Pr$이 되도록 t와 r을 잡아서 tr을 그리고(tr은 TR과 평행하다), Bt와 Cr(의 연장선)이 만나는 점을 d라 하자. 그러면 d는 문제에서 요구한 원뿔 곡선 위에 놓이게 된다.

이유: 점 d는 (보조정리 20에 의해) 4개의 점 A, B, C, P를 지나는 원뿔 곡선 위에 놓여 있고, 직선 Rr과 Tt의 길이가 0으로 접근하면 d는 D로 수렴한다. 그러므로 d의 궤적은 A, B, C, P, D를 지나는 원뿔 곡선을 그린다. [Q.E.D.]

다른 해법

주어진 5개의 점 중 임의의 세 점을 골라 직선으로 연결한다(이들을 A, B, C라 하자). 그리고 B와 C를 중심으로 $\angle ABC$와 $\angle ACB$를 반시계 방향과 시계 방향으로 조금씩 회전시켜서 (돌아간) BA와 CA가 만나는 점을 각각 D, P라 하고, (돌아간) BL과 CL이 만나는 점을 각각 M, N이라 하자.

MN을 직선으로 연결하고 B, C를 중심으로 두 각도를 계속 회전시키되, BL과 CL 또는 BM과 CM의 교점(일반적으로 m이라 하자)의 궤적이 항상 MN의 연장선에 놓이도록 회전 각도를 조절한다. 그러면 BA와 CA, 또는 BD와 CD의 교점(이 교점을 일반적으로 d라 하자)은 $PADdB$를 지나는 원뿔 곡선이 된다. 왜냐하면 점 d는 (보조정리

〈그림 5-12〉

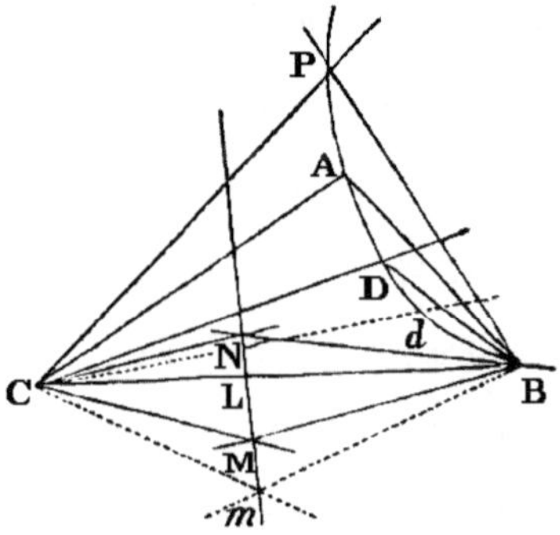

21에 의해) *B*와 *C*를 지나는 원뿔 곡선 위에 놓여 있기 때문이다. *m*이 *L*, *M*, *N*에 접근하면 *d*는 *A*, *D*, *P*로 접근하므로, *d*가 그리는 원뿔 곡선은 5개의 점 *A*, *B*, *C*, *P*, *D*를 지나게 된다. [Q.E.F.]

부가정리 1

그러므로 임의의 주어진 점 *B*에서 이 원뿔 곡선에 접하는 직선을 쉽게 그릴 수 있다. *d*가 *B*에 한없이 가까이 접근했을 때 *Bd*가 바로 접선이다.

부가정리 2

보조정리 19의 부가정리 2를 이용하면 이 원뿔 곡선의 중점과 지름, 그리고 통경을 알 수 있다.

부가설명

명제 22의 첫 번째 해법은 좀더 간단하게 줄일 수 있다. 직선 *BP*(또는 그 연장선)를 긋고 *Bp*∶*BP*=*PR*∶*PT*가 되도록 *p*를 잡는다. 그리고 *pe*=*Pr*을 만족하는 *e*를 잡아서 *SPT*에 평행한 방향으로 *pe*를 긋고, *Be*와 *Cr*을 연장하여 이들이 만나는 점을 *d*라 하자. 그러면 *Pr*∶*Pt*=*PR*∶*PT*=*pB*∶*PB*=*pe*∶*Pt*이므로 *pe*와 *Pr*은 항상 길이가 같다. 이렇게 하면 문제에서 요구한 원뿔 곡선을 쉽게 그릴 수 있다. 두 번째 해법을 적용하려면 각도기 같은 도구가 필요하다.

〈그림 5-13〉

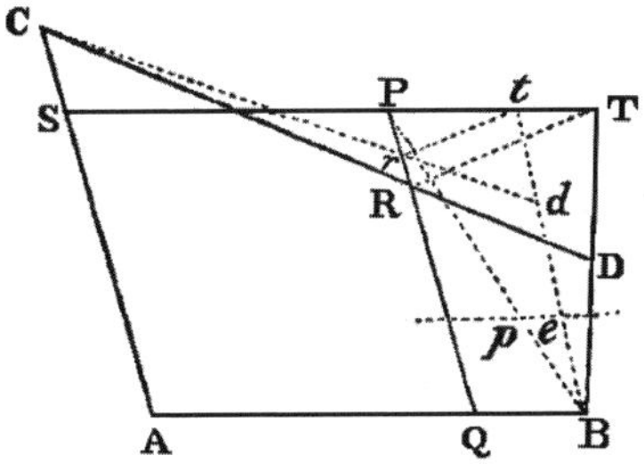

명제 23 / 문제 15

주어진 4개의 점을 지나면서 주어진 직선에 접하는 원뿔 곡선을 작도하라.

사례 1

주어진 접선을 *BH*, 접점을 *B*라 하고 나머지 세 점을 *C*, *D*, *P*라 하

자. BC를 직선으로 연결하고, P에서 BH에 평행한 선 PS와 BC에 평행한 선 PQ를 그어서 평행사변형 $BSPQ$를 만든다. BD와 PS의 교점을 T, CD와 PQ의 교점을 R이라 하자.

〈그림 5-14〉

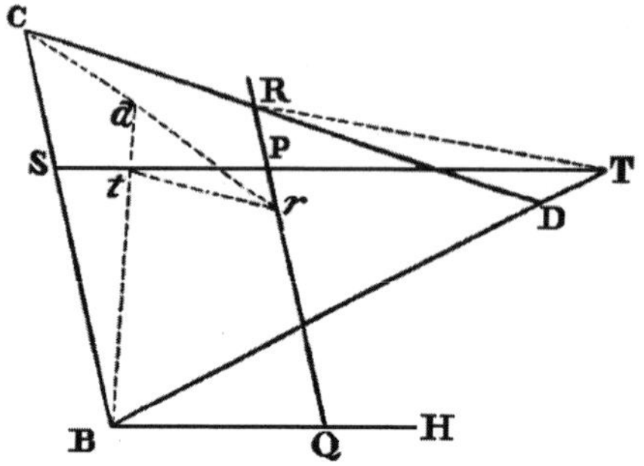

마지막으로, SP 위의 한 점 t에서 TR에 평행한 선을 그어서 PQ와 만나는 점을 r이라 했을 때, $Pr:Pt=PR:PT$가 되도록 t와 r을 잡는다. 이제 직선 Cr과 Bt의 교점을 d라 하면, (보조정리 20에 의해) d는 문제에서 요구한 원뿔 곡선 위에 놓이게 된다.

다른 해법

B를 중심으로 $\angle CBH$를 주어진 각도만큼 회전시키고, C를 중심으로 직선 반지름 DC를 회전시킨다. $\angle CBH$의 한 변 BH가 회전하여 직선 반지름과 P에서 만나면 BC도 똑같은 각도만큼 회전하여 BM이 되고, BH가 회전하여 직선 반지름과 D에서 만나면 BC도 똑같은 각도만큼 회전하여 BN이 된다. 반지름 CP(또는 CD)와 "돌아간 BC"가 MN의 연장선에서 만나도록 MN을 길에 늘인다. 그러면 "돌

아간 BH''와 반지름이 만나는 점은 문제에서 요구한 궤적을 그리게 된다.

〈그림 5-15〉

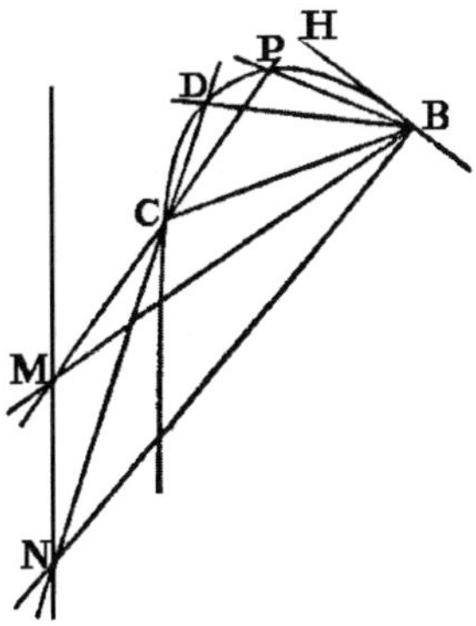

이유: 명제 22에서 A가 B에 한없이 가까워지면 CA와 CB가 일치하면서 직선 AB=(접선)BH가 되므로, 명제 22에서 그린 원뿔 곡선은 본 명제에서 요구한 원뿔 곡선과 같아진다. 따라서 BH와 반지름의 교점은 C, D, P를 지나고 B에서 BH에 접하는 원뿔 곡선을 그린다. [Q.E.F.]

사례 2

주어진 네 점을 B, C, D, P라 하고 주어진 접선을 HI라 하자(B, C, D, P 중 어느 한 점도 HI에 놓여 있지 않다).

BD와 CP를 직선으로 연결하여 이들의 연장선이 만나는 점을 G라 하고, 접선 HI와 만나는 점을 H, I라 하자. HA∶AI=($CG \times CP$와 $BH \times HD$의 비례 중항)∶($GD \times GB$와 $PI \times IC$의 비례 중항)이 되도록 HI(또

〈그림 5-16〉

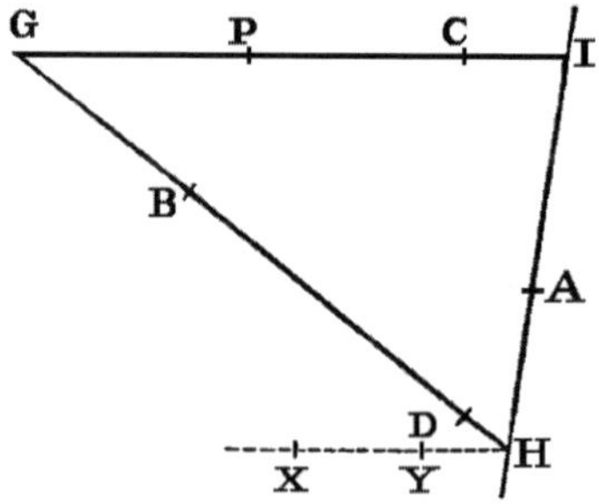

는 그 연장선) 위에 점 A를 잡으면[3] 원뿔 곡선은 A에서 HI에 접한다.

이유: H에서 PI에 평행하게 그은 선 HX가 원뿔 곡선과 만나는 점을 X, Y라 하자. 그러면 (원뿔 곡선의 특성에 의해) $HA^2 : AI^2$는 $XH \times HY : BH \times HD$(또는 $CG \times GP : GD \times GB$)와 $BH \times HD : PI \times IC$를 곱한 비율과 같다. 이렇게 접점 A를 찾았으므로, 사례 1에서 서술한 단계를 따라가면 문제에서 요구한 원뿔 곡선을 그릴 수 있다. [Q.E.F.]

그런데 A는 H와 I 사이에 놓일 수도 있고 바깥에 놓일 수도 있으므로, 2개의 원뿔 곡선이 얻어진다.

명제 24 / 문제 16

주어진 3개의 점을 지나면서 주어진 2개의 직선에 접하는 원뿔 곡선을 작도하라.

---

3) a와 b의 비례 중항은 $\sqrt{ab}$이다.

〈그림 5-17〉

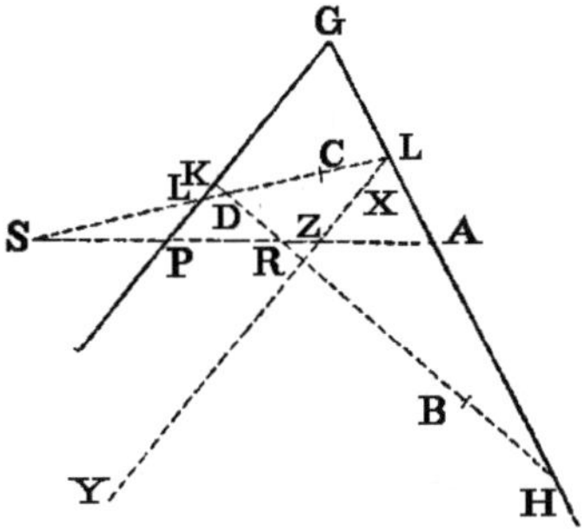

주어진 두 접선을 *HI*와 *KL*, 주어진 세 점을 *B*, *C*, *D*라 하자. 이들 중 임의의 두 점(*B*, *D*라 하자)을 골라 무한히 긴 직선 *BD*를 그어서, 두 접선과 만나는 점을 각각 *H*, *K*라 하자. 그리고 *CD*의 연장선이 두 접선과 만나는 점을 각각 *I*, *L*이라 하자. 그리고 직선 *BD*에서 $HR:KR=\sqrt{BH \times HD}:\sqrt{BK \times KD}$(비례 중항)이 되도록 *R*을 잡고, 직선 *CD*에서 $IS:LS=\sqrt{CI \times ID}:\sqrt{CL \times LD}$가 되도록 *S*를 잡는다. *R*(또는 *S*)은 *K*와 *H* 사이(또는 *I*와 *L* 사이)에 놓일 수도 있고, 그 바깥에 놓일 수도 있다. 이제 직선 *RS*를 그어서 주어진 접선과 만나는 점을 *A*, *P*라 하면, 이들이 바로 원뿔 곡선에 접하는 접점이 된다.

이유: *A*와 *P*가 접선의 다른 곳에 놓여 있고 *H*, *I*, *K*, *L* 중 하나(*I*라 하자)가 *HI* 위에 놓여 있을 때, *KL*에 평행한 직선 *IY*가 원뿔 곡선과 만나는 점을 *X*, *Y*라 하자. 그리고 *IY*에서 $IZ=\sqrt{IX \times IY}$가 되도록 *Z*를 잡으면 (원뿔 곡선의 특성에 의해) $XI \times IY$(또는 IZ^2)$:LP^2=CI \times ID:CL \times LD=SI^2:SL^2$이며, 따라서 $IZ:LP=SI:SL$이다. 그러므로 점 *S*, *P*, *Z*는 한 직선 위에 놓이게 된다. 또한 두 접선은 *G*에서 만나므로, 원뿔 곡선의 성질에 의해 $XI \times IY$(또는 IZ^2)$:IA^2=GP^2:GA^2$이며,

이는 곧 $IZ:IA=GP:GA$이므로 점 *P*, *Z*, *A*는 한 직선 위에 놓이고, *S*, *P*, *A*도 한 직선 위에 놓이게 된다. 이와 비슷한 논리를 펼치면 *R*, *P*, *A*도 한 직선 위에 놓여 있음을 어렵지 않게 증명할 수 있다. 따라서 접점 *A*와 *P*는 직선 *RS* 위에 놓여 있으며, 이 점들을 찾으면 명제 23의 사례 1에 따라 원뿔 곡선을 그릴 수 있다. [Q.E.F.]

본 명제와 명제 23의 사례 2에서 직선 *XY*가 원뿔 곡선과 *X*, *Y*에서 만나건 만나지 않건, 작도법은 동일하다. *XY*가 원뿔 곡선을 자르고 지나가는 경우의 작도법을 알고 있으면 자르지 않는 경우도 쉽게 그릴 수 있다. 자세한 방법은 굳이 반복할 필요가 없으므로 생략한다.

보조정리 22

주어진 곡선을 같은 종류의 다른 곡선으로 바꾸기

〈그림 5-18〉

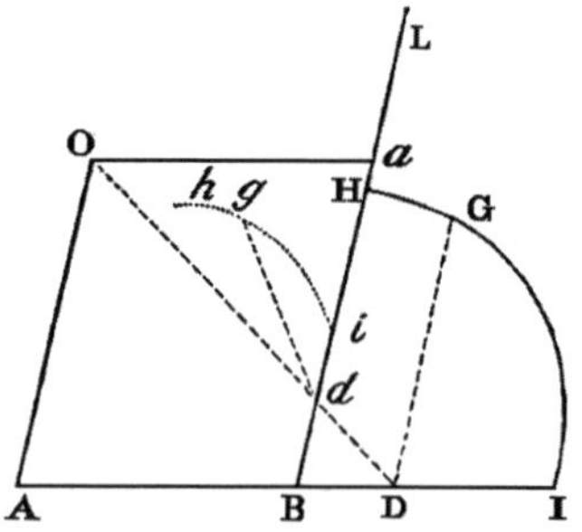

주어진 곡선 *HGI*를 같은 종류의 다른 곡선으로 바꿔보자. 임의로

2개의 평행선 AO와 BL을 그려서 또 다른 직선과 만나는 점을 A, B라 하고, 주어진 점 중 하나(G라 하자)에서 OA와 평행한 방향으로 직선을 그려서 AB(또는 그 연장선)와 만나는 점을 D라 하자. 그리고 O와 D를 연결한 직선이 BL과 만나는 점을 d라 하고, d에서 BL과 특정 각도를 이루는 방향으로 $dg:Od=DG:OD$가 되는 점을 g라 하자. 그러면 g는 새로운 곡선 hgi에서 G에 대응하는 점이 된다. 이와 비슷한 방법을 적용하면 원래 주어진 곡선의 모든 점에 대응되는 새로운 곡선의 점들을 찾을 수 있다. 즉 주어진 곡선 위에서 모든 점을 쓸고 지나가는 G에 대해 위의 과정을 반복하면 새로운 곡선 위의 모든 점 g가 결정된다. 두 곡선을 쉽게 구별하기 위해 주어진 곡선의 세로 좌표를 DG, 새로운 곡선의 세로 좌표를 dg라 하고, 주어진 곡선의 가로 좌표를 AD, 새로운 곡선의 가로 좌표를 ad라 하자. 또한 O를 고정점(pole), OD를 경사 반지름(absconding radius), OA를 주어진 곡선의 세로 반지름이라 하고, Oa(평행사변형 $OAba$를 완성하는 마지막 직선)를 새로운 곡선의 세로 반지름이라 하자.

G가 직선 궤적을 따라가면 g도 자신에게 주어진 직선을 따라 움직이고, G의 궤적이 원뿔 곡선이면 g의 궤적도 원뿔 곡선이 된다(원도 원뿔 곡선에 속한다). 또 G가 3차, 또는 그 이상의 곡선을 그려도 g는 항상 같은 차수의 곡선을 그린다.[4)]

이유: $ad:OA=Od:OD=dg:DG=AB:AD$이므로 $AD=\frac{OA\times AB}{ad}$이고 $DG=\frac{OA\times dg}{ad}$이다. 따라서 G가 직선 궤적을 그릴 때, 가로 좌표

4) 원뿔 곡선은 2차 곡선이다.

AD와 세로 좌표 DG의 관계를 서술하는 방정식은 일차식으로 표현된다. 이 관계식에서 AD에 $\frac{OA \times AB}{ad}$를 대입하고 DG에 $\frac{OA \times dg}{ad}$를 대입하면 새로운 가로 좌표 ad와 새로운 세로 좌표 dg를 연결하는 관계식이 얻어지는데, AD와 DG의 관계가 일차였으므로 ad와 dg의 관계도 선형적(1차)이다. 반면에 AD와 DG의 관계가 이차식으로 표현되면 ad와 dg의 관계도 이차식이 된다. 3차 이상의 고차식인 경우도 마찬가지다. 첫 번째 방정식의 AD, DG와 두 번째 방정식의 ad, dg는 항상 같은 차수로 나타난다. 그러므로 G와 g가 그리는 궤적은 차수가 같다.

또 한 가지 중요한 사실이 있다. 첫 번째 곡선의 특정 지점에서 접하는 직선이 있는데, 곡선을 변환할 때 이 접선을 동일한 방식으로 변환하면 두 번째 곡선의 접선이 되고, 그 역도 성립한다. 또한 첫 번째 곡선 위에서 두 점이 가까이 접근하여 하나로 합쳐지면, 두 번째 곡선에서 여기 대응되는 두 점도 하나로 합쳐진다. 따라서 이들을 연결한 직선은 두 경우 모두 접선이 된다.

이것을 기하학적 논리로 증명할 수도 있지만, 내용이 다소 번잡하기 때문에 생략한다.

직선 도형[5]을 변환할 때는 직선들이 만나는 교점만 변환한 후, 이들을 직선으로 연결하면 된다. 그러나 곡선 도형을 변환할 때는 원래 곡선을 정의하는 데 사용된 점들과 접선, 직선 등을 모두 변환해야 한다. 이 보조정리는 주어진 도형을 단순화하는 데 매우 유용하

---

5) 직선만으로 이루어진 도형.

다. 예를 들어 여러 개의 직선이 하나의 점으로 수렴하는 경우, 이 점(소실점)을 지나는 직선을 세로 좌표로 삼아서 소실점을 무한히 먼 곳으로 이동시키면 된다. "무한히 먼 곳에서 만나는 두 직선"이란 곧 평행선을 의미하기 때문이다. 새로운(즉 변형된) 도형에서 답을 구한 후 변환 과정을 역으로 적용하여 원래 도형으로 돌려놓으면 최종적인 답을 구할 수 있다.

본 보조정리는 입체 도형(공간기하학)에도 적용할 수 있다. 두 원뿔 곡선의 교점을 구했는데 둘 중 하나가 쌍곡선이나 포물선이라면 변환을 가하여 타원으로 바꿀 수 있고, 필요하다면 이것을 다시 원으로 바꿀 수도 있다. 평면 기하학에서도 직선과 원뿔 곡선에 관한 문제를 직선과 원에 관한 문제로 바꾸면 풀이가 쉬워진다.

명제 25 / 문제 17

주어진 2개의 점을 지나면서 주어진 3개의 직선에 접하는 원뿔 곡선을 작도하라.

〈그림 5-19〉

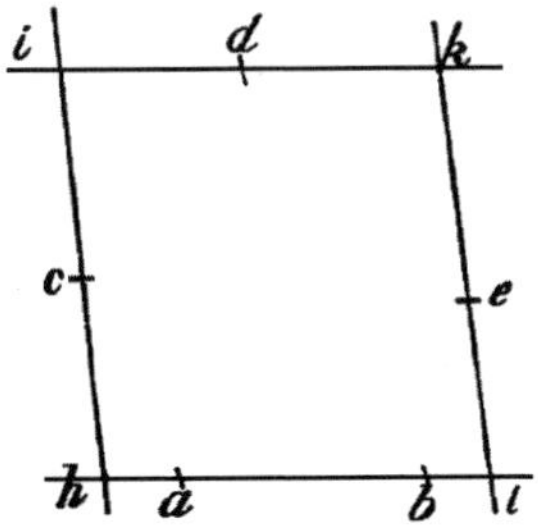

우선 "주어진 접선 중 2개가 만나는 점"과 "주어진 두 점을 잇는 직선이 세 번째 접선과 만나는 점"을 지나는 직선을 긋는다. 이 직선을 첫 번째(즉 변환하기 전) 세로 반지름으로 삼아 (보조정리 22에 의해) 새로운 도형으로 변환하면 두 접선은 평행선이 되고, 주어진 두 점을 지나는 직선과 세 번째 접선도 평행해진다.

평행해진 두 접선을 hi, kl이라 하고 세 번째 접선을 ik, 여기에 평행한 선을 hl, 변환된 원뿔 곡선이 hl과 만나는 점을 a, b라 하자. 그러면 $hikl$이라는 평행사변형이 만들어진다. 여기에 $hc : \sqrt{ah \times hb} = ic : id = ke : kd = (hi+kl) : (ik + \sqrt{ah \times hb} + \sqrt{aI \times Ib})$가 되도록 c, d, e를 잡으면 이들이 바로 원뿔 곡선과 접하는 점이 된다.

이유: 원뿔 곡선의 성질에 의해 $hc^2 : ah \times hb = ic^2 : id^2 = ke^2 : kd^2 = el^2 : al \times lb$이므로, 제곱근을 취하면 $hc : \sqrt{ah \times hb} = ic : id = ke : kd = el : \sqrt{al \times lb}$이다. 그런데 이 값은 "비례식의 좌변을 모두 더한 값"과 "우변을 모두 더한 값"의 비율과 같고, $hc + ic = hi$, $ke + el = kl$, $id + kd = ik$이므로 $(hi+kl) : (\sqrt{ah \times hb} + ik + \sqrt{al \times lb})$와 같다. 그러므로 새로운(변형된) 도형은 c, d, e에서 원뿔 곡선에 접한다. 여기에 보조정리 22를 역으로 적용하여 이 점들을 원래 위치로 되돌리면 (명제 22 / 문제 14에 의해) 문제에서 요구했던 원뿔 곡선이 얻어진다.[Q.E.F.]

a와 b가 h와 l 사이에 놓이면 c, d, e도 hi, ik, kl 사이에 놓이고, a와 b가 h와 l의 바깥에 놓이면 c, d, e도 hi, ik, kl의 바깥에 놓인다. 그러나 a, b 중 하나가 h와 l 사이에 놓이고 나머지 하나가 바깥에 놓이면 이 문제의 답을 구할 수 없다.

명제 26 / 문제 18

주어진 하나의 점을 지나면서 주어진 4개의 직선에 접하는 원뿔 곡선을 작도하라.

〈그림 5-20〉

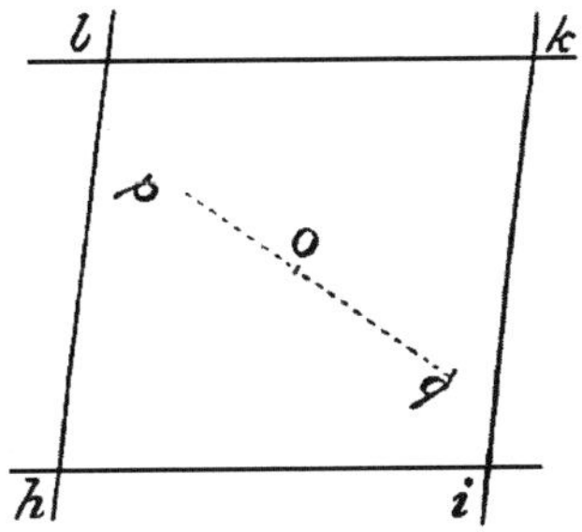

주어진 접선을 한 쌍씩 짝지어서 교점을 구한 후, 이 교점을 이은 직선을 첫 번째 세로 반지름으로 삼아 (보조정리 22에 의해) 새로운 도형으로 변환한다. 그러면 원래 도형의 세로 반지름에서 교차했던 접선들은 새로운 도형에서 평행선이 된다. 이들을 각각 *hi*, *kl*, *ik*, *hl*이라 하면 평행사변형 *hikl*이 만들어진다. 원래 도형에서 주어졌던 하나의 점에 대응되는 점을 *p*라 하자. 평행사변형의 중점 *O*와 *p*를 지나는 직선을 긋고 이 선을 연장하여 *Op*=*Oq*인 점을 *q*라 하면, 변환된 원뿔 곡선은 *q*를 통과한다. 이제 보조정리 22를 역으로 적용하여 *q*를 원래 도형으로 옮기면 원뿔 곡선이 지나는 두 점이 구해진다. 그러면 2개의 점과 3개(사실은 4개)의 접선이 주어졌으므로 명제 25에 의해 문제에서 요구한 원뿔 곡선을 그릴 수 있다.

보조정리 23

A를 지나는 직선 AC와 B를 지나는 직선 BD, 그리고 이들의 길이 비율이 주어져 있고 직선 CD를 특정 비율로 내분하는 점 K가 주어졌을 때, K는 특정한 직선 위에 놓이게 된다.

〈그림 5-21〉

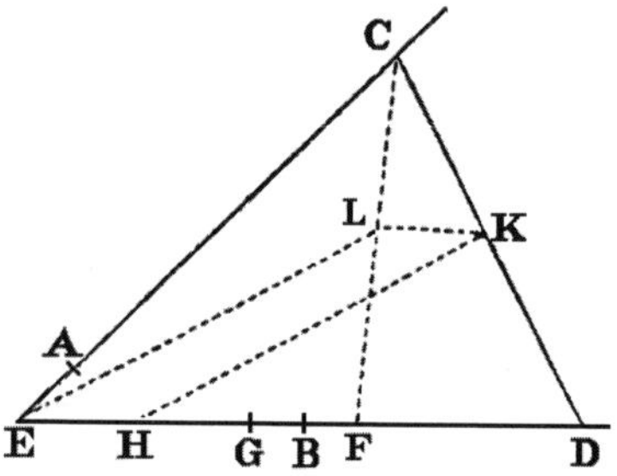

*AC*와 *BD*의 교점을 *E*라 하자. *BG*:*AE*=*BD*:*AC*가 되도록 *G*를 잡고, *FD*=*EG*인 *F*를 잡는다. 그러면 *EC*:*GD*=*EC*:*EF*=*AC*:*BD*이므로 삼각형 *EFC*의 형태가 결정된다. 또 직선 *CF* 위에서 *CL*:*CF*=*CK*:*CD*가 되도록 *L*을 잡으면 삼각형 *EFL*의 형태도 결정되므로 *L*은 주어진 직선 *EL* 위에 놓이게 된다. *L*과 *K*를 직선으로 이으면 삼각형 *CLK*와 *CFD*는 닮은꼴이며, *FD*의 길이와 *LK*:*FD*는 주어진 값이므로 *LK*의 길이도 결정된다. 직선 *ED*에서 *EH*=*LK*가 되도록 *H*를 잡으면 *ELKH*는 항상 평행사변형이다. 그러므로 *K*는 평행사변형의 한 변인 *HK* 위에 놓이게 된다. [Q.E.D.]

부가정리

도형 *EFLC*의 종류가 결정되었으므로 3개의 직선 *EF*, *EL*, *EC*(즉 *GD*, *HK*, *EC*) 사이의 비율도 결정된다.

보조정리 24

주어진 3개의 직선 중 2개가 서로 평행하면서 원뿔 곡선에 접할 때, 이들과 평행한 반지름(지름의 절반)은 "두 평행선의 접점"과 "세 번째 접선과 두 평행선이 만나는 점"으로 이루어진 두 선분의 비례 중항과 같다.

〈그림 5-22〉

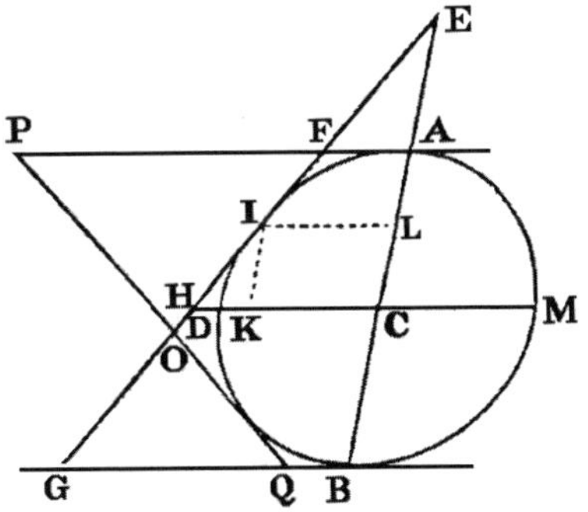

한 쌍의 평행선 *AF*, *GB*가 원뿔 곡선 *ADB*와 만나는 점을 *A*, *B*라 하자. 세 번째 직선이 원뿔 곡선과 만나는 점을 *I*. 평행선과 만나는 점을 *F*, *G*라 하고. 평행선 방향으로 잰 원뿔 곡선의 반지름을 *CD*라 하자. 그러면 *AF*, *CD*, *BG*는 순차적으로 비례하는 관계에 있다.[6)]

이유: 켤레 지름 AB와 DM의 교점을 C라 하고, 접선 FG와 만나는 점을 각각 E, H라 하면 $IKCL$은 평행 사변형이 된다. 그러면 원뿔 곡선의 성질에 의해 $EC:CA=CA:CL$이므로 $(EC-CA):(CA-CL)=EC:CA$이고, 간단히 표기하면 $EA:AL=EC:CA$가 된다. 따라서 $EA:(EA+AL)=EC:(EC+CA)$이며, 간단히 줄이면 $EA:EL=EC:EB$이다. 그런데 삼각형 EAF, ELI, ECH, EBG는 닮은꼴이므로 $AF:LI=CH:BG$이다. 또한 원뿔 곡선의 성질에 의해 LI(또는 CK)$:CD=CD:CH$이므로, 두 비례식을 조합하면 $AF:CD=CD:BG$가 얻어진다. [Q.E.D.]

부가정리 1

접선 FG가 기존의 접선 AF, BG와 만나는 점을 각각 F, G라 하자. 그리고 또 다른 접선 PQ가 기존의 접선 AF, BG와 만나는 점을 각각 P, Q라 하고, FG와 PQ의 교점을 O라 하자. 여기에 세로 좌표의 비례 관계를 적용하면 $AF:BQ=AP:BG$가 되고, 보조정리 24를 이용하여 정리하면 $AF:BQ=FP:GQ=FO:OG$가 성립한다.

부가정리 2

P, G를 연결한 직선 PG와 F, Q를 연결한 직선 FQ는 원뿔 곡선의 중심 C와 두 접점 A, B를 지나는 직선 ACB와 한 점에서 만난다.

---

6) 즉 AF는 CD에 비례하고, CD는 BG에 비례한다.

보조정리 25

원뿔 곡선에 외접하는 평행사변형과 다섯 번째 접선이 주어졌다고 하자. 다섯 번째 접선과 만나는 평행사변형의 두 변 중 한 변에서 "교점과 안쪽 모서리 사이의 거리"와 "변 자체의 길이" 사이의 비율은 나머지 한 변에서 "접점과 안쪽 모서리 사이의 거리"와 "교점과 안쪽 모서리 사이 거리"의 비율과 같다.[7]

〈그림 5-23〉

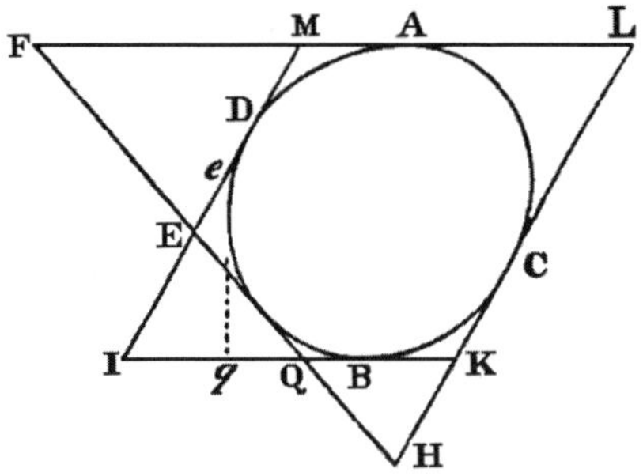

평행사변형의 네 변을 ML, IK, KL, MI, 원뿔 곡선에 접하는 네 점을 A, B, C, D라 하고, 다섯 번째 접선 FQ가 평행사변형의 변(또는 그 연장선)과 만나는 점을 F, Q, H, E라 하자. 그리고 "다섯 번째 접선과 변 MI의 교점(E)"과 "MI의 안쪽 모서리(M)" 사이의 거리를 ME

---

7) 이 책에 등장하는 다른 정리들도 대체로 그렇듯이, 정리 자체만으로는 무슨 뜻인지 이해하기가 쉽지 않다. 기하학적 명제를 일상적인 언어로 풀어 쓰면 거의 해독 불가능한 문장이 되기 십상인데, 이 정리가 특히 그렇다. 그러나 〈그림 5-23〉과 증명 과정을 보면 그 의미를 이해할 수 있을 것이다. 독자들의 양해를 바란다.

라 하고 "다섯 번째 접선과 변 KI의 교점(Q)"과 "KI의 안쪽 모서리(K)" 사이의 거리를 KQ라 하자. 그 외에 KH와 MF도 위의 그림과 같이 정의하면 $ME:MI=BK:KQ$, $KH:KL=AM:MF$의 관계가 성립한다.

이유: 보조정리 24의 부가정리 1에 의해 $ME:EI=AM$(또는 BK)$:BQ$이다. 여기에 덧셈을 적용하여 비율을 다시 쓰면 $ME:MI=BK:KQ$가 된다.[8] 같은 이유로 $KH:HL=BK$(또는 AM)$:AF$인데, 뺄셈을 적용하여 다시 쓰면 $KH:KL=AM:MF$이다.[9] [Q.E.D.]

부가정리 1

평행사변형 $IKLM$이 주어진 원뿔 곡선에 외접하면 $KQ\times ME$와 $KH\times MF$의 값이 결정된다. 그런데 삼각형 KQH와 MFE는 닮은꼴이므로[10] $KQ\times ME=KH\times MF$이다.

부가정리 2

여섯 번째 접선 eq가 기존의 접선 KI, MI와 만나는 점을 각각 e, q라 하면 $KQ\times MI=Kq\times Me$이고, $KQ:Me=Kq:ME=$(뺄셈을 이용하여 변환하면)$Qq:Ee$의 관계가 성립한다.

---

8) $\frac{a}{b}=\frac{c}{d}$이면 $\frac{a}{a+b}=\frac{c}{c+d}$이기 때문이다.

9) $\frac{a}{b}=\frac{c}{d}$이면 $\frac{a}{b-a}=\frac{c}{d-c}$이기 때문이다.

10) 즉 $KQ:KH=MF:ME$이므로.

부가정리 3

선분 *Eq*와 *eQ*의 중점을 잇는 직선은 원뿔 곡선의 중심을 지난다.

이유: *Qq*∶*Ee*=*KQ*∶*Me*이므로 (보조정리 23에 의해) *Eq*, *eQ*, *MK*의 중점은 하나의 직선 위에 놓여 있다. 그런데 *MK*의 중점은 바로 원뿔 곡선의 중심이다.

명제 27 / 문제 19

주어진 5개의 직선에 접하는 원뿔 곡선을 작도하라.

〈그림 5-24〉

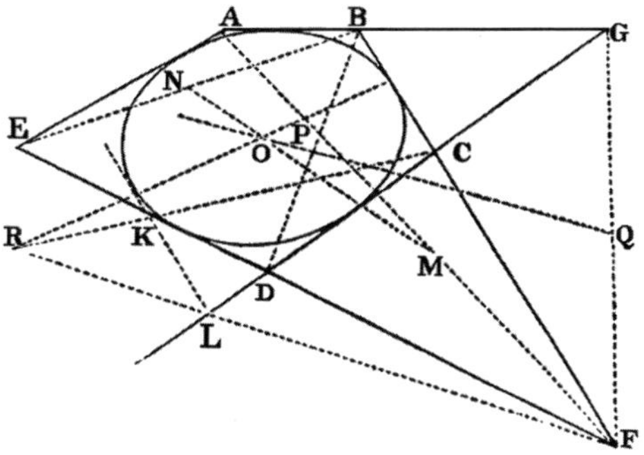

접선(또는 그 연장선)을 *ABG*, *BCF*, *GCD*, *FDE*, *EA*라 하고, 이들 중 4개로 이루어진 사각형 *ABFE*의 대각선 *AF*와 *BE*의 중점을 각각 *M*, *N*이라 하면 (보조정리 25의 부가정리 3에 의해) 직선 *MN*은 원뿔 곡선의 중심을 지난다. 또 다른 사각형 *BGFD*의 대각선(사실은 대각선이 아니라 변이다) *BD*와 *GF*의 중점을 각각 *P*, *Q*라 하면 직선 *PQ*도

원뿔 곡선의 중심을 지난다. 그러므로 두 이등분선(*MN*과 *PQ*)의 교점 *O*가 바로 원뿔 곡선의 중심이다. 접선 중 임의로 하나를 골라서(*BC*라 하자) *O*와 거리가 같은 곳에 평행선 *KL*을 그리면, *KL*도 원뿔 곡선에 접한다. *KL*이 다른 두 접선과 만나는 점을 *L*, *K*라 하자. 서로 평행하지 않은 접선 *CL*, *FK*와 서로 평행한 접선 *CF*, *KL*이 만나는 점을 *C*, *K*, *F*, *L*이라 하고, *CK*와 *FL*의 교점을 *R*이라 하자. 그러면 보조정리 24의 부가정리 2에 의해 직선 *OR*은 서로 평행한 접선 *CF*, *KL*과 접점에서 교차한다. 이와 같은 방법으로 다른 접선의 접점을 구하면 원뿔 곡선이 지나는 5개의 점이 결정되므로, 명제 22 / 문제 14의 해법에 따라 원뿔 곡선을 그릴 수 있다.

부가설명

문제 19에는 원뿔 곡선의 중심이나 궤적의 점근선이 주어진 경우가 포함되어 있다. 특정 개수의 점과 접선, 그리고 중심이 주어지면 중심을 기준으로 대척점에 있는 점들과 접선도 같은 개수만큼 주어진 것이나 마찬가지이기 때문이다. 게다가 점근선은 접선으로 간주할 수 있고, 무한히 먼 거리에 있는 소실점은 접점으로 간주할 수 있다. 임의의 접선이 원뿔 곡선과 만나는 점을 무한히 먼 곳으로 보내면 접선은 점근선이 되고, 앞서 제시한 문제는 "점근선이 주어진 경우 원뿔 곡선을 작도하는 문제"로 변환된다.

일단 원뿔 곡선이 구해지면 축과 초점은 다음과 같은 방법으로 구

〈그림 5-25〉

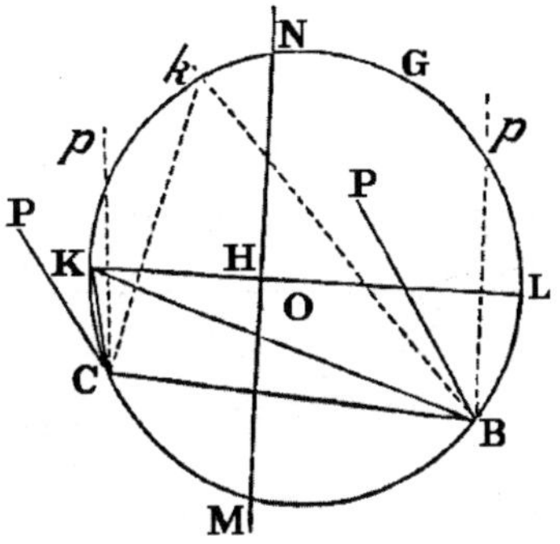

할 수 있다. 보조정리 21에서 움직이는 각 *PBN*과 *PCN*의 한 변 *BP*와 *CP*(이들의 교점이 원뿔 곡선을 그린다)를 서로 평행하게 만들고, 이 상태에서 *B*와 *C*를 중심으로 각도를 회전시킨다. 그리고 ∠*PBN*과 *PCN*의 또 다른 변 *CN*과 *BN*의 교점 *K*(또는 *k*)가 원 *BGKC*를 그리도록 만든다. 이 원의 중심을 *O*라 하자. 원뿔 곡선이 그려지는 동안 *CN*과 *BN*의 교점이 움직이는 직선 *MN*에서 *O*를 향해 수선 *OH*를 긋고, 그 연장선이 원주와 만나는 점을 *K*, *L*이라 하자. *CK*와 *BK*가 *MN*에 가장 가까운 *K*에서 만나면 *CP*와 *BP*는 원뿔 곡선의 장축과 평행해지고 단축과 수직을 이룬다. 반면에 *CK*와 *BK*가 *MN*에서 가장 멀리 떨어진 *L*에서 만나면 *CP*와 *BP*는 단축과 평행해지고 장축과는 수직을 이루게 된다. 그러므로 원뿔 곡선의 중심이 주어지면 축을 구할 수 있고, 축이 결정되면 초점도 구할 수 있다.

그런데 장축의 제곱과 단축의 제곱 사이의 비율은 *KH*와 *LH*의 비율과 같으므로, 일단 원뿔 곡선의 종류가 결정되면 네 점을 지나는 곡선을 어렵지 않게 그릴 수 있다. 주어진 점들 중 2개가 고정점 *B*

〈그림 5-26〉

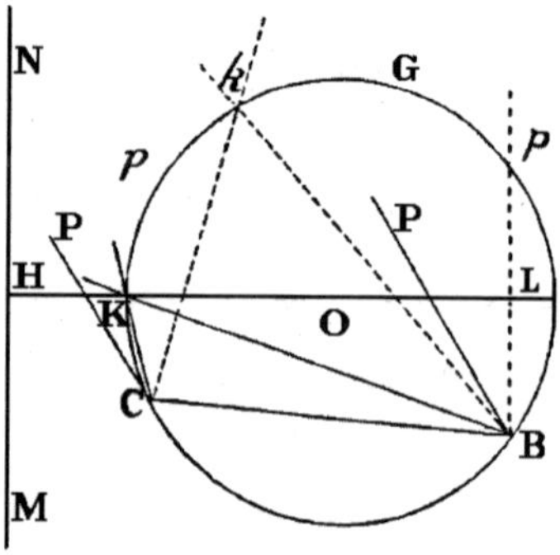

와 C인 경우, 움직이는 각 PCK와 PBK는 세 번째 점에 의해 결정되며, 이로부터 원 $BGKC$를 그릴 수 있다. 원뿔 곡선의 종류가 주어지면 $OH : OK$가 결정되므로 OH의 값도 알 수 있다. 이제 O를 중심으로 반지름이 OH인 또 하나의 원을 그려보자. 이 원에 접하면서 "CP와 BP가 네 번째 점에서 교차할 때 CK와 BK의 교점을 지나는" 직선이 바로 MN이며, 이를 이용하여 원뿔 곡선을 그릴 수 있다. 그러므로 특정한 종류의 사각형이 주어지면, (몇 가지 불가능한 경우를 제외하고) 이 사각형에 외접하는 원뿔 곡선이 결정된다.

몇 개의 점과 접선이 주어졌을 때 주어진 형태의 원뿔 곡선을 작도하는 보조정리도 있다. 예를 들어 특정한 점을 지나는 직선이 주어진 원뿔 곡선과 만나는 두 점을 알고 있으면, 이 선분의 중점은 주어진 원뿔 곡선과 같은 종류의 곡선 위에 놓여 있고, 축의 방향은 기존의 축과 평행하다. 그러나 이보다 유용한 정리가 아직 많이 남아있기 때문에 자세한 증명은 생략한다.

보조정리 26

크기(세 변의 길이)와 형태(세 모서리의 각도)가 주어진 삼각형의 세 꼭짓점이 "위치가 주어진 3개의 직선" 위에 놓이도록 삼각형의 위치와 방향을 결정하라. 단 3개의 직선 중 어떤 것도 서로 평행하지 않다.

〈그림 5-27〉

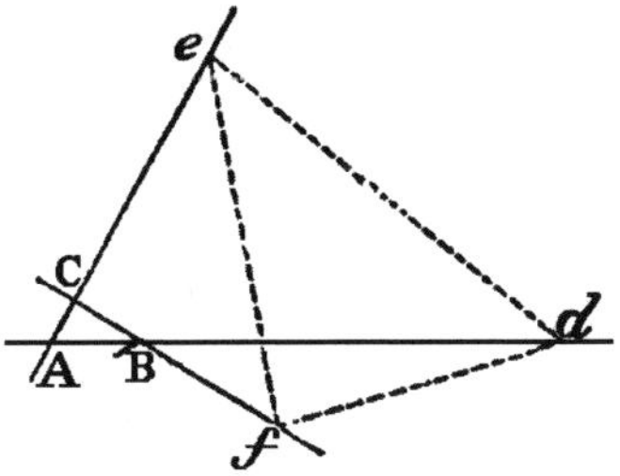

주어진 3개의 직선을 *AB*, *AC*, *BC*라 하자. 우리의 목적은 삼각형 *DEF*의 세 꼭짓점 중 *D*가 *AB*의 연장선에 놓이고 *E*는 *AC*의 연장선에, *F*는 *BC*의 연장선에 놓이도록 만드는 것이다.[11] *DE*를 지나는 원호 *DRE*와 *DF*를 지나는 원호 *DGF*, *EF*를 지나는 원호 *EMF*를 그리되, 활꼴[12] *DRE*, *DGF*, *EMF*가 각각 $\angle BAC$, $\angle ABC$, $\angle ACB$를 포함하도록 만든다. *R*은 *D-R-E-D*를 따라 돌아가는 방향이 *B-A-C-B*를 따라 돌아가는 방향과 같아지도록 선택하고, *G*와 *M*도 *D-G-*

11) 그림에서 삼각형은 *def*로 표기되어 있으나, 본문에서는 대문자 *DEF*로 표기해놓고 뒷부분에 가서 소문자를 도입했다. 〈그림 5-27〉과 관련된 설명에 등장하는 *D*, *E*, *F*는 그림의 표기를 따라 *d*, *e*, *f*로 이해해주기 바란다.

12) 중심을 지나지 않는 직선으로 원을 잘랐을 때 생기는 도형.

〈그림 5-28〉

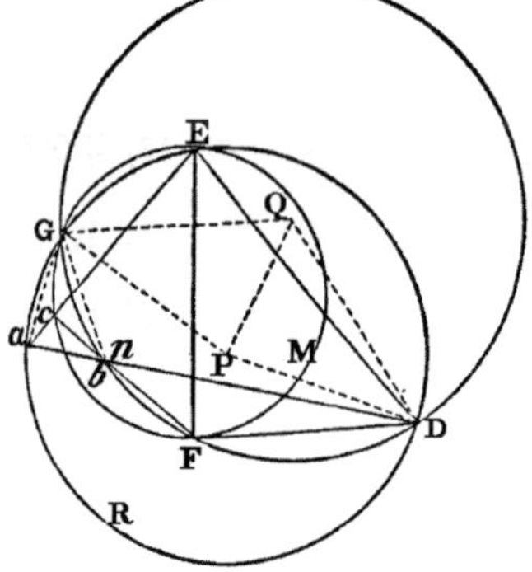

F-D와 E-M-F-E의 방향이 각각 A-B-C-A, A-C-B-A 방향과 같아지도록 선택한다.

이제 위에서 언급한 원호(또는 활꼴)를 완전한 원으로 대치시켜서 원 DRE와 DGF가 만나는 점을 G라 하고, 이들의 중심을 각각 P, Q라 하자. GP와 PQ를 직선으로 연결하여 $Ga:AB=GP:PQ$를 만족하는 점을 a라 하고, G를 중심으로 반지름이 Ga인 원을 그리면 첫 번째 원 DGE(또는 DRE)와 a에서 만난다. 또한 직선 aD가 두 번째 원 DFG와 만나는 점을 b라 하고, aE가 세 번째 원 EMF와 만나는 점을 c라 하자. 그러면 도형 $ABCdef$는 $abcDEF$와 닮은꼴 형태로 만들 수 있으며, 이것으로 문제는 해결된다.

이유: Fc와 aD의 교점을 n이라 하고, 직선 aG, bG, QG, QD, PD를 긋는다. 우리의 작도에 의하면 $\angle EaD=\angle CAB$, $\angle acF=\angle ACB$이므로, 삼각형 anc의 세 각도는 삼각형 ABC의 세 각도와 같다. 즉 두 삼각형은 닮은꼴이다. 따라서 $\angle anc$(또는 $\angle FnD$)$=\angle ABC=\angle FbD$가 되어 n과 b는 위치가 같다. 또한 $\angle GPQ$는 중심각 $\angle GPD$의 절반이므로

해당 원주각 ∠*GaD*와 같고, ∠*GQP*는 중심각 ∠*GQD*의 절반이므로 반대쪽 원주각 ∠*GbD*의 보각인 ∠*Gba*와 같다. 따라서 삼각형 *GPQ*와 *Gab*는 닮은꼴이 되어 *Ga*:*ab*=*GP*:*PQ*이고, 이 비율은 우리의 작도법에 따라 *Ga*:*AB*와 같다. 그러므로 *ab*=*AB*이며, 위에서 닮은꼴로 판명된 두 삼각형 *abc*와 *ABC*는 완전히 똑같은 합동이다. 그런데 삼각형 *DEF*의 세 꼭짓점 *D*, *E*, *F*가 각각 삼각형 *abc*의 세 변 *ab*, *ac*, *bc*의 연장선 위에 놓여 있으므로, 우리는 도형 *ABCdef*를 *abcDEF*와 합동이 되도록 작도할 수 있다. [Q.E.F.]

부가정리

직선 3개의 위치와 방향이 주어지면 또 하나의 직선이 이들에 의해 특정한 길이로 분할되도록 그을 수 있다.

이유: 삼각형 *DEF*에서 점 *D*가 변 *EF*에 한없이 가까이 접근하여 *DE*와 *EF*가 일직선에 가까워지고, 삼각형 자체도 직선이 되었다고 하자. 그래서 이 삼각형의 주어진 변 *DE*가 주어진 직선 *AB*와 *AC* 사이에 놓이고 *DF*가 *AB*와 *BC* 사이에 놓이면 보조정리 26을 이용하여 문제의 답을 구할 수 있다.

명제 28 / 문제 20

형태와 크기가 결정된 원뿔 곡선에서 주어진 부분이 주어진 세 직선 사이에 놓이도록 작도하라.

이 문제를 크기와 형태가 주어진 곡선 *DEF*와 합동인 곡선을 그리는 문제로 바꿔서 생각해보자. 단 새로 그린 곡선은 주어진 3개의 직선 *AB*, *AC*, *BC*에 의해 분할되며, 각 부분은 원래 곡선의 *DE*, *EF*와 동일해야 한다.

〈그림 5-29〉

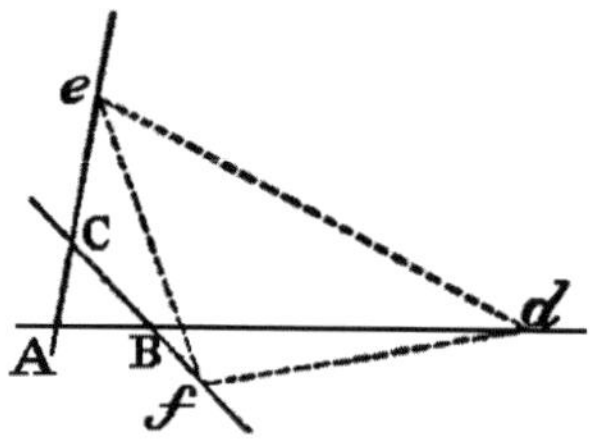

〈그림 5-30〉

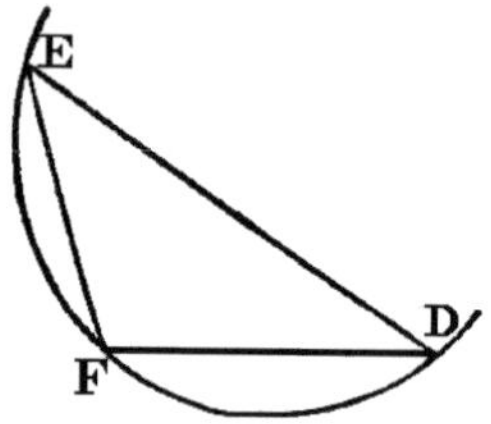

(보조정리 26을 이용하여) 직선 *DE*, *EF*, *DF*의 한쪽 끝 *D*, *E*, *F*가 각각 주어진 세 직선 *AB*, *AC*, *BC* 위에 놓이도록 삼각형 *DEF*를 그리고, 이 삼각형에 외접하면서 주어진 곡선 *DEF*와 합동인 곡선을 그리면 된다. [Q.E.F.]

보조정리 27

크기와 형태가 주어진 사각형의 네 꼭짓점이 주어진 4개의 직선 위에 놓이도록 작도하라. 단 직선들은 서로 평행하지 않으며, 하나의 소실점을 향해 수렴하지도 않는다.

〈그림 5-31〉

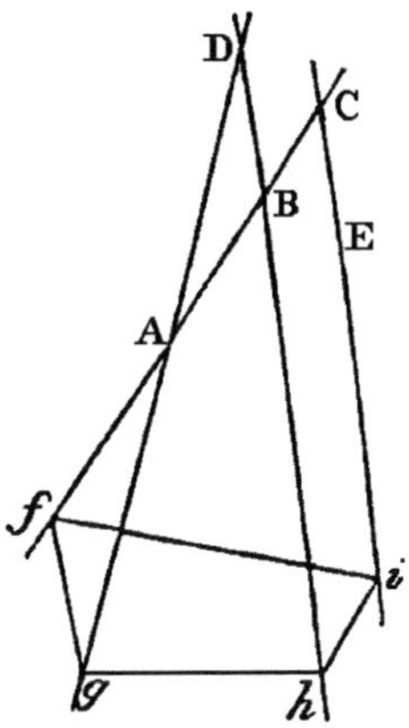

〈그림 5-32〉

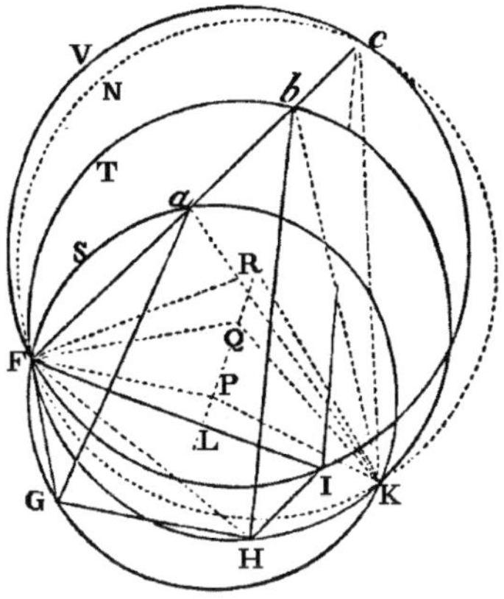

주어진 직선을 *ABC*, *AD*, *BD*, *EC*라 하자. *ABC*는 *AD*와 *A*에서 만나고 *BD*와는 *B*에서, *EC*와는 *C*에서 만난다. 우리의 목적은 주어진 사각형 *FGHI*와 닮은꼴인 사각형 *fghi*를 그리되, *F*에 대응되는 *f*는 직선 *ABC* 위에 놓이고 *G*, *H*, *I*에 대응되는 *g*, *h*, *i*도 각각 직선 *AD*, *BD*, *CE*에 놓이도록 만드는 것이다. 우선 직선 *FH*를 긋고, *FG*를 지나는 활꼴 *FSG*와 *FH*를 지나는 활꼴 *FTH*, *FI*를 지나는 활꼴 *FVI*를 그린다. 첫 번째 활꼴(*FSG*)은 ∠*BAD*를 포함하고, 두 번째(*FTH*)와 세 번째 활꼴(*FVI*)은 각각 ∠*CBD*와 ∠*ACE*를 포함한다. 그리고 *FG*, *FH*, *FI*를 현으로 갖는 세 활꼴의 각 지점은 특정한 순서를 따라야 한다. 즉 *F*-*S*-*G*-*F*로 돌아가는 방향은 *B*-*A*-*D*-*B*의 방향과 같고 *F*-*T*-*H*-*F*는 *C*-*B*-*D*-*C*와 같으며, *F*-*V*-*I*-*F*는 *A*-*C*-*E*-*A*와 방향이 같다. 이제 활꼴을 완전한 원으로 대치하고, 첫 번째 원 *FSG*의 중심을 *P*, 두 번째 원 *FTH*의 중심을 *Q*라 하자. *PQ*를 직선으로 잇고

양 끝을 연장하여 $QR:PQ=BC:AB$가 되는 지점에 R을 잡는다(단 P, Q, R이 늘어선 순서는 A, B, C의 순서와 같아야 한다). 그리고 R을 중심으로 반지름이 RF인 네 번째 원 FNc를 그려서 원 FVI와 만나는 점을 c라 하자. Fc와 첫 번째 원이 만나는 점을 a, 두 번째 원과 만나는 점을 b라 하고 직선 aG, bH, cI를 그으면 도형 $abcFGHI$와 닮은꼴인 $ABCfghi$를 그릴 수 있다. 이 단계가 완료되면 $fghi$는 문제에서 요구한 사각형이 된다.

첫 번째 원 FSG와 두 번째 원 FTH의 교점을 K라 하자. PK, QK, RK, aK, bK, cK를 긋고 PQ의 연장선이 FK와 만나는 점을 L이라 하자. 원주각은 중심각의 절반이므로 $\angle FaK$, $\angle FbK$, $\angle FcK$는 각각 $\angle FPK$, $\angle FQK$, $\angle FRK$의 절반이며, 따라서 $\angle FaK=\angle LPK$, $\angle FbK=\angle LQK$, $\angle FcK=\angle LRK$이다. 그러므로 $PQRK$의 각도는 $abcK$의 각도와 같으며, $ab:bc=PQ:QR=AB:BC$이다. 또한 $\angle fAg=\angle FaG$, $\angle fBh=\angle FbH$, $\angle fCi=\angle FcI$이므로 $abcFGHI$와 닮은꼴인 $ABCfghi$를 작도할 수 있다. 이 단계가 끝나면 사각형 $fghi$와 $FGHI$는 닮은꼴이므로 f, g, h, i는 각각 직선 ABC, AD, BD, CE 위에 놓이게 된다. [Q.E.F.]

부가정리

그러므로 주어진 4개의 직선에 의해 주어진 비율로 순서에 따라 분할되는 직선을 그릴 수 있다. $\angle FGH$와 $\angle GHI$를 키워서 FG, GH, HI를 하나의 직선으로 만들고, 앞에서와 마찬가지로 직선 $fghi$의 fg, gh, hi가 주어진 4개의 직선에 의해 분할되면 $AB:AD$, $AD:BD$, $BD:CD$는 FG, GH, HI 사이의 비율과 같아지고 순서도 같아진다.

〈그림 5-31〉

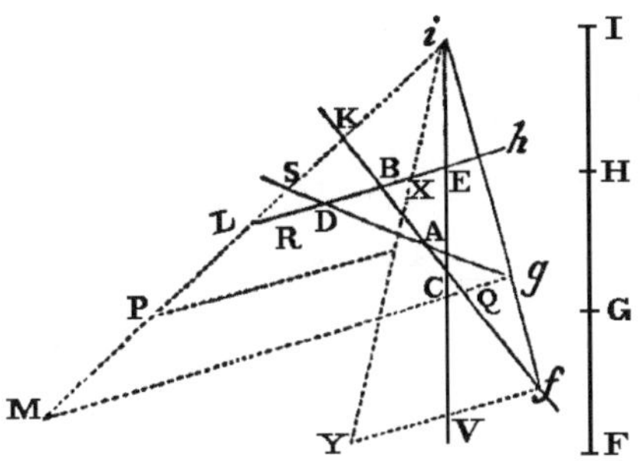

그러나 이 문제는 다음과 같이 좀더 간단하게 해결할 수 있다.

*AB*를 *K*까지, *BD*를 *L*까지 연장하면 $BK:AB=HI:GH$, $DL:BD=GI:FG$가 된다. *K*와 *L*을 연결한 직선이 *CE*와 만나는 점을 *i*라 하고 *iL*을 *M*까지 연장하면 $LM:iL=GH:HI$가 된다. *LB*에 평행한 직선 *MQ*가 *AD*와 만나는 점을 *g*라 하고, *gi*와 *AB*의 교점을 *f*, *gi*와 *BD*의 교점을 *h*라 하면 문제는 해결된 것이나 다름없다.

이유: *Mg*와 *AB*의 교점을 *Q*라 하고 *AD*와 *KL*의 교점을 *S*라 하자. 그리고 *BD*에 평행한 직선 *AP*가 *iL*과 만나는 점을 *P*라 하면 $Mg:Lh(=gi:hi=Mi:Li=GI:HI=AK:BK)=AP:BL$이 된다. *D*와 *L* 사이에 $DL:DR$이 이 비율과 같아지는 *R*을 잡으면 $gS:gM=AS:AP=DS:DL$이다. 여기서 모든 항을 일괄적으로 나누면 $gS:Lh=AS:BL=DS:RL$이 되고, 항등식에 따라 약간의 변형을 가하면 $(BL-RL):(Lh-BL)=(AS-DS):(gS-AS)$가 된다. 즉 $BR:Bh=AD:Ag=BD:gQ$이고, 다시 변형을 가하면 $BR:BD=Bh:gQ=fh:fg$가 된다. 그런데 *BL*을 *D*와 *R*로 자른 비율은 *FI*를 *G*와 *H*로 자른 비율과 같으므로 $BR:BD=FH:FG$이고 이 비율은 $fg:fh$와 같다. 또 $gi:hi=Mi:Li=GI:HI$이므로, *G*, *H*와

g, *h*는 동일한 비율로 *FI*와 *fi*를 분할한다. [Q.E.F.]

이 부가정리와 관련된 도형을 그릴 때 *LK*와 *CE*의 교점을 *i*라 하면, *EV*∶*Ei*=*FH*∶*HI*를 만족하는 직선 *iV*를 그릴 수 있고, *BD*와 평행한 *Vf*도 그릴 수 있다. *i*를 중심으로 반지름이 *IH*인 원을 그려서 *BD*와 만나는 점을 *X*라 했을 때, *iX*를 *iY*=*IF*인 *Y*까지 연장하고 *BD*와 평행한 *Yf*를 그려도 동일한 결과가 얻어진다.

과거에 크리스토퍼 렌 경과 존 월리스 박사는 이 문제를 다른 방법으로 해결했다.

명제 29 / 문제 21

주어진 4개의 직선에 의해 주어진 순서에 따라 주어진 비율로 분할되는 원뿔 곡선을 작도하라(단 원뿔 곡선의 형태는 주어져 있다).

〈그림 5-34〉

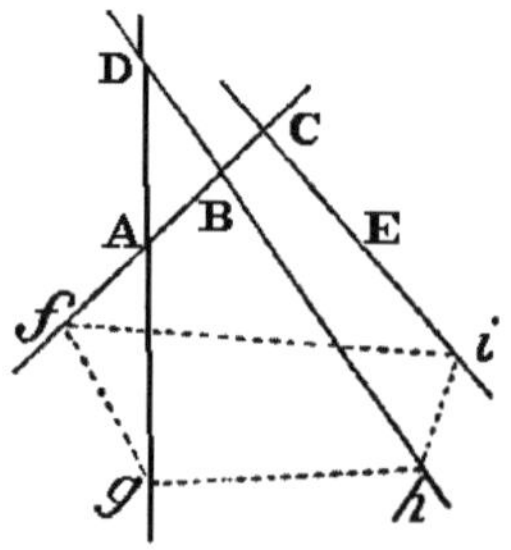

〈그림 5-35〉

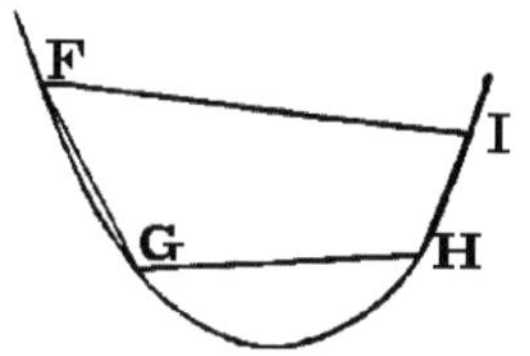

우리의 목적은 곡선 *FGHI*와 닮은꼴이면서, 각 부분이 "직선 *AB*와 *AD*에 의해 잘려나간 곡선" *FG*와 "*AD*와 *BD*에 의해 잘려나간 곡선" *GH*, 그리고 "*BD*와 *CE*에 의해 잘려나간 곡선" *HI*와 닮은꼴로 비례하는 원뿔 곡선을 작도하는 것이다. 우선 직선 *FG*, *GH*, *HI*, *FI*를 긋고 (보조정리 27을 이용하여) 사각형 *FGHI*와 닮은꼴이면서 *f*, *g*, *h*, *i*가 각각 *AB*, *AD*, *BD*, *CE* 위에 놓여 있는 사각형 *fghi*를 그린다(*f*-*g*-*h*-*i*의 순서는 *F*-*G*-*H*-*I*와 같아야 한다). 이 사각형에 외접하는 원뿔 곡선은 처음에 주어진 곡선 *FGHI*와 닮은꼴이다.

부가설명

이 문제는 다음과 같은 방법으로 해결할 수도 있다. *FG*, *GH*, *HI*, *FI*를 직선으로 연결하고, 대각선 *FH*와 *IG*를 긋는다. 그리고 *FG*를 연장하여 $\angle CAK = \angle FGH$, $\angle DAL = \angle VFH$가 되도록 *K*와 *L*을 잡는다.

〈그림 5-36〉

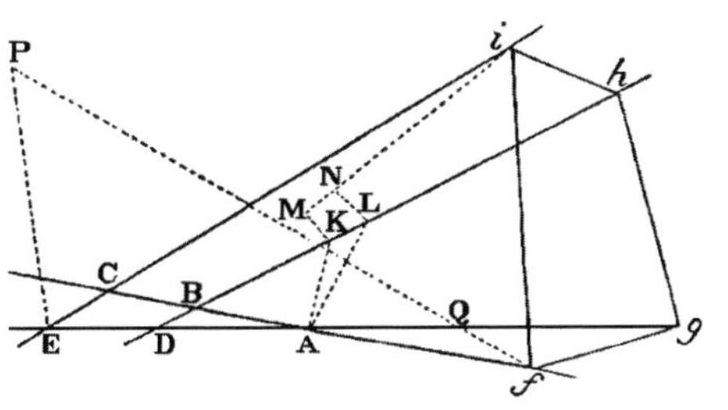

〈그림 5-37〉

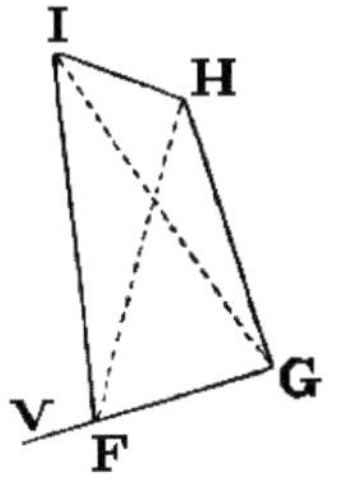

AK와 AL은 BD의 연장선과 각각 K, L에서 만난다. K에서 $\angle AKM = \angle GHI$, $KM : AK = HI : GH$가 되도록 직선 KM을 긋고, L에서는 $\angle ALN = \angle FHI$, $LN : AL = HI : FH$가 되도록 LN을 긋는다. 단 직선 AD, AK, AL을 향해 AK, KM, AL, LN을 그을 때는 $C-A-K-M-C$, $A-L-K-A$와 $D-A-L-N-D$의 순서가 $F-G-H-I-F$와 같아야 한다. MN의 연장선이 CE의 연장선과 만나는 점을 i라 하고, $\angle iEP = \angle IGF$이면서 $PE : Ei = FG : GI$인 점을 P라 하자. P에서 $\angle PQE = \angle FIG$가 되도록 직선 PQ를 그어서 AB와 만나는 점을 f라 하고, f와 i를 직선으로 연결한다. 단 PE와 PQ를 그릴 때는 $P-E-i-P$와 $P-E-Q-P$의 순서가 $F-G-H-I-F$와 같아야 한다. 이제 fi를 한 변으로 삼아 $FGHI$와 닮은꼴인 사각형 $fghi$를 그리고, 주어진 원뿔 곡선이 $fghi$에 외접하도록 작도하면 된다.

궤도를 찾는 문제는 이 정도로 충분하다. 앞으로는 실제로 이런 궤도를 따라 움직이는 물체의 운동에 대해 알아보기로 하자.

6장

주어진 궤적을 따라가는 물체의 운동

명제 30 / 문제 22

물체가 포물선 궤적을 따라갈 때, 임의의 시간에 물체의 위치를 구하라.

〈그림 6-1〉

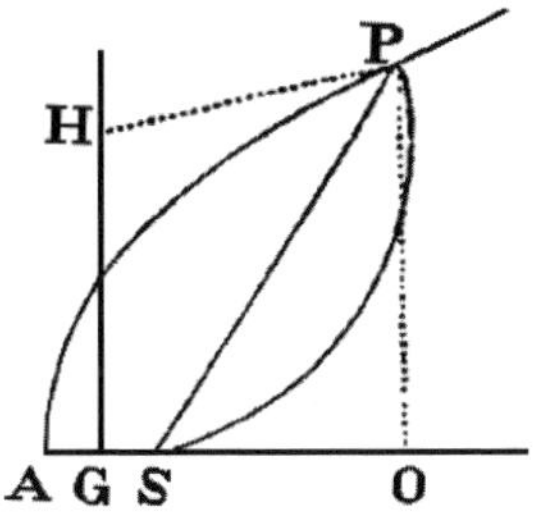

포물선의 초점을 S, 주꼭짓점을 A라 하고, APS로 에워싸인 포물선의 면적을 $4S \times M$이라 하자. APS는 물체가 꼭짓점 A에서 P를 향해 포물선을 따라 이동할 때 반지름 SP가 쓸고 지나간 면적일 수도 있고, 거꾸로 P에서 A로 이동할 때 SP가 쓸고 지나간 면적으로 생각할 수도 있다. APS의 면적은 시간으로부터 알 수 있다. 왜냐하면 이 값은 물체가 움직인 시간에 비례하기 때문이다. AS의 중점을 G라 하자. G에서 길이가 $3M$인 수직선 GH를 세우고 H를 중심으로 반지름이 HS인 원을 그리면 포물선과 P에서 만나게 된다.

이유: P에서 AS의 연장선에 수직한 선 PO를 그으면 $AG^2+GH^2(=HP^2=(AO-AG)^2+(PO-GH)^2)=AO^2+PO^2-2GA\times AO-2GH\times PO+AG^2+GH^2$이므로, $2GH\times PO(=AO^2+PO^2-2GA\times AO)=AO^2+\frac{3}{4}PO^2$이다. AO^2을 $\frac{AO\times PO^2}{4AS}$으로 대치한 후 모든 항을 $3PO$로 나누

고 $2AS$를 곱하면 $\frac{4}{3}GH \times AS(=\frac{1}{6}AO \times PO+\frac{1}{2}AS \times PO=\frac{AO \times 3AS}{6} \times PO=\frac{4AO \times 3AS}{6} \times PO=APO$의 면적$-SPO$의 면적$)=APS$의 면적이 된다. 그런데 $GH=3M$이므로 $\frac{4}{3}GH \times AS=4AS \times M$이며, 따라서 APS의 면적은 $4AS \times M$이다. [Q.E.D.]

부가정리 1

그러므로 *GH*와 *AS*의 비율은 "물체가 꼭짓점 *A*에서 *P*까지 포물선을 따라 이동하는 데 걸린 시간"과 "꼭짓점 *A*에서 출발하여 '초점 *S*에서 세로축에 평행하게 올린 수선이 포물선과 만나는 점'까지 이동하는 데 걸린 시간"의 비율과 같다.

부가정리 2

원 *ASP*가 움직이는 물체 *P*를 계속 따라간다고 했을 때, "점 *H*의 이동 속도"와 "꼭짓점 *A*에서 물체의 속도"의 비율은 3:8이며, 따라서 "직선 *GH*의 길이"와 "물체가 *A*에서 *P*까지 이동하는 데 걸리는 시간 동안 *A*에서의 속도를 그대로 유지한 채 직선 운동을 했을 때 진행한 거리"의 비율도 3:8이다.

부가정리 3

역으로, 물체가 포물선의 *AP* 구간을 지나가는 데 걸리는 시간도 계산할 수 있다. *AP*를 직선으로 연결하고 그 중점에서 수직선을 그리면 직선 *GH*와 *H*에서 만난다.

보조정리 28

타원 계열의 도형(oval figure)[1]을 임의의 직선으로 자른 구획의 면적은 항의 개수가 유한한 유한 차수 방정식으로 구할 수 없다.

타원 계열의 도형을 통과하는 직선이 도형 내부에 있는 임의의 한 점을 중심으로 일정한 속도로 회전한다고 가정하자. 그리고 이 직선 위의 한 점이 직선을 따라 회전 중심으로부터 멀어지고 있는데, 그 속도가 항상 도형 내부의 선분(도형에 의해 잘라진 직선)의 길이의 제곱에 비례한다고 하자. 그러면 이 점은 소용돌이를 그리면서 나선 운동을 하게 된다. 직선으로 잘라낸 타원 계열 도형의 면적을 유한 차수의 방정식으로 구할 수 있다면, 회전 중심으로부터의 거리는 면적에 비례하므로 동일한 방정식으로 구할 수 있다. 따라서 나선 위의 모든 점은 유한 차수의 방정식으로 구할 수 있으며, 주어진 직선이 나선과 만나는 점들도 이 방정식으로 구할 수 있게 된다. 그러나 무한히 돌아가는 나선과 직선의 교점은 무한히 많다. 두 곡선의 교점을 구할 때는 곡선을 서술하는 방정식을 연립해야 하는데, 이때 얻어지는 근의 개수가 곧 교점의 개수이다. 즉 방정식의 차수는 교점의 수와 같다. 예를 들어 2개의 원이 두 점에서 교차할 때 둘 중 하나의 교점을 구하기 위해 2개의 원방정식(2차 방정식)을 연립해서 풀면 나머지 1개의 교점도 구할 수 있다. 원뿔 곡선 2개가 만나는 점은

---

1) 타원뿐만 아니라, 임의의 닫힌 곡선으로 에워싸인 모든 도형을 의미한다.

최대 4개까지 가능하므로, 방정식을 연립하여 풀면 4개의 교점이 한꺼번에 구해진다. 교점을 1개씩 구하려 해도 이들은 모두 동일한 법칙과 조건을 만족하기 때문에 계산 과정이 똑같고 결과도 같다. 즉 모든 교점은 연립방정식을 통해 일괄적으로 한꺼번에 구해진다. 예를 들어 원뿔 곡선과 3차 곡선의 교점은 최대 6개까지 가능하므로 6차 방정식을 통해 일괄적으로 얻어지고, 두 3차 곡선의 교점은 최대 9개까지 가능하므로 9차 방정식을 통해 일괄적으로 얻어진다. 이런 식의 풀이가 불가능한 경우에는 차원을 높이거나 낮춰서 문제를 해결할 수도 있다. 그러나 지금 우리가 다루는 것은 "차수를 줄일 수 없는 곡선"이다. 곡선을 정의하는 방정식의 차수를 줄일 수 있다는 것은 그 곡선이 2개 이상의 곡선으로 이루어져 있다는 뜻이며, 이 경우 각 곡선 사이의 교점은 별개의 방정식으로 구해야 한다. 그러므로 원뿔 곡선과 직선이 만나는 한 쌍의 교점은 2차 방정식으로 주어지고, 3차 곡선과 직선의 교점은 3차 방정식으로 주어지며, 4차 곡선과 직선의 교점은 4차 방정식으로 주어진다. 차수가 아무리 높아도 주어진 곡선의 차수를 더 줄일 수 없는 한, 이 사실은 변하지 않는다. 그러므로 (여러 곡선의 조합으로 분할할 수 없는) 무한 나선과 직선 사이의 무한히 많은 교점은 차수가 무한대인 방정식의 해로 나타나며, 방정식을 풀면 모든 교점이 한꺼번에 구해진다. 모든 교점은 동일한 방정식의 해이며, 풀이 방법도 똑같다. 나선과 교차하는 직선의 회전 중심에서 직선에 수직한 선을 그어보자. 이 직선이 나선과 교차하는 선과 함께 (동일한 중심에 대하여) 회전하면 직선과 나선의 교점이 바뀐다. 즉 한 바퀴 돌고 나면 회전 중심에서 가장 가까웠던 첫 번째 교점은 두 번째 교점이 되고, 두 바퀴 돌고 나면 세 번째 교점이 되는 식이다. 회전을 아무리 많이 가해도 교점의 위치를 좌우하는 계수만 달라질 뿐, 방정식의 형태는 변하지 않는다. 즉 매번 한 바퀴 돌 때마다 계수들은 원래 값으로 되돌아오고, 방정식도 처음 형태와 동일해진다. 그러므로 모든 교점에 대한 정보는 하나의 방정식에 들어 있으며, 이 방정식의 무한히 많은 해가 교점에 해당한다. 다시 말해서, 방정식의 차수가 무한대라는 뜻이다. 따라서 직선과 무한 나선의 교점은 유한 차수의 방정식으로 구할 수 없으며, 직선으로 분할된 면적을 유한 차수의 방정식으로 구할 수 있는 타원 계열 도형은 존재하지 않는다.

이와 동일한 논리에 의해, 나선 위의 한 점과 회전 중심 사이의 거리가 "직선으로 분할된 타원 계열 도형의 둘레(호)"에 비례할 때, 이 둘레의 길이는 유한 차수 방정식으로 구할 수 없다. 단 이 정리에서 말하는 타원 계열 도형이란 "매끄러운 곡선으로 이루어진 도형"으로, 켤레 쌍곡선끼리 접하여 무한히 먼 곳까지 뻗어나가는 도형은 제외된다.

부가정리

그러므로 어떤 물체가 타원 궤적을 따라 움직일 때, 주어진 시간 동안 "초점과 물체를 이은 반지름이 쓸고 지나가는 면적"은 유한 차수 방정식으로 구할 수 없으며, 따라서 기하학적 유리 곡선(geometrically rational curve)으로 표현할 수 없다. 기하학적 유리 곡선이란 곡선상의 모든 점이 "방정식으로 정의되는 길이(또는 그 비율)"를 통해 결정되는 곡선을 의미한다. 나선과 할선 곡선(quadratrix), 그리고 사이클로이드(cycloid)는 유리 곡선이 아니다. 유클리드의 《원론》에 나와 있는 대로, 정수끼리의 비율로 표현되는 길이는 대수적으로 유리수에 속하고, 그렇지 않은 길이는 무리수에 속한다. 물체가 타원 궤적을 그릴 때, 주어진 시간 동안 반지름이 쓸고 지나간 면적(이 값은 시간에 비례한다)은 다음의 명제처럼 기하학적 무리 곡선(geometrically irrational curve)을 이용하여 구할 수 있다.

명제 31 / 문제 23

물체가 주어진 타원 궤적을 따라 움직일 때, 특정 시간에서 물체의 위치를 구하라.

〈그림 6-2〉

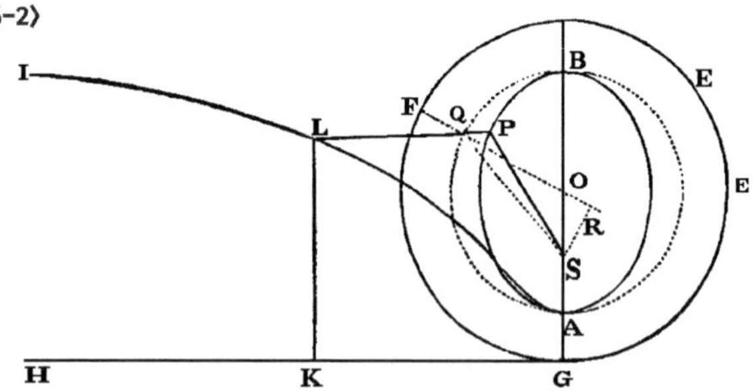

타원 APB의 주꼭짓점을 A, 초점을 S, 중심을 O라 하고, 우리가 알아내야 할 물체의 위치를 P라 하자. 직선 OA를 연장하여

$OG:OA=OA:OS$인 지점 G를 잡고 OG에 수직한 선 GH를 긋는다. 반지름이 OG인 원판 GEF가 GH를 바닥으로 삼아 O를 중심으로 회전하면(즉 그림에서 왼쪽으로 굴러가면), 점 A는 ALI라는 사이클로이드를 그린다. 이 과정이 완료되면 GK와 원판 $GEFG$의 둘레 사이의 비율이 "물체가 A에서 P까지 가는 데 걸리는 시간"과 "물체가 타원을 따라 한 바퀴 도는 데 걸리는 시간"의 비율과 같아지도록 K를 잡는다. 그리고 K에서 GH에 수직한 선을 그려서 사이클로이드 ALI와 만나는 점을 L이라 하자. L에서 KG에 평행한 선을 그으면 타원과 P에서 만나게 된다.

O를 중심으로 반지름이 OA인 원 AQB를 그려서 LP와 원의 교점을 Q라 하고, 직선 SQ와 OQ를 긋는다. 또한 OQ의 연장선이 원판 EFG와 만나는 점을 F라 하고, OQ와 수직한 선 SR을 긋는다. 그러면 APS의 면적은 AQS의 면적에 비례한다. 즉 APS의 면적은 부채꼴 OQA와 삼각형 OQS의 면적 차이$=OQ\times AQ-OQ\times SR$에 비례한다. 그런데 OQ은 주어진 값이므로 APS의 면적은 호 AQ와 직선 SR의 차이에 비례하며, 따라서 [SR:호 AQ의 사인(sine)$=OS:OA=OA:OG=AQ:GF=(AQ-SR):(GF-$호 AQ의 사인$)$이므로] 원호 GF와 "호 AQ의 사인"의 차이에 해당하는 GK에 비례한다. [Q.E.D.]

부가설명

위에서 구한 곡선은 실제로 작도하기가 매우 어렵다. 이런 경우에는 정확한 답보다 간단한 방법으로 "대략적인 답"을 구하는 것이 나을 수도 있다. 우선 "SH(두 초점 사이의 거리) : AB(타원의 지름) = B : 57.29578° (반지름과 호의 길이가 같은 부채꼴의 중심각)"의 관계를 만족하는 각도 B와, "L : 반지름 = 전술한 비율의 역수"인 L값을 계산한다. 이 값이 구해지면 다음과 같은 방법으로 문제를 해결할 수 있다.

〈그림 6-3〉

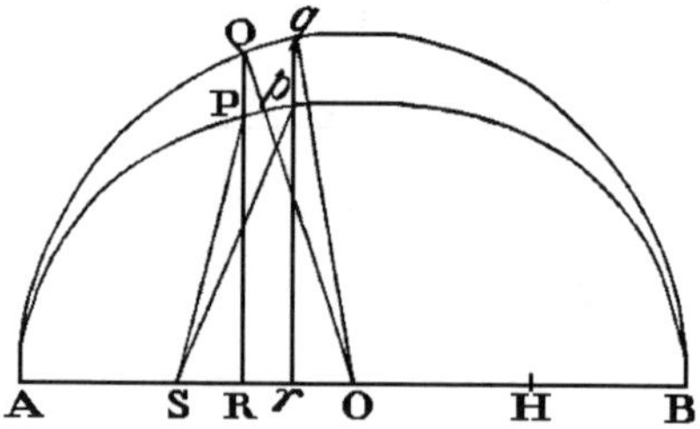

물체의 정확한 위치를 p라 하고, "대충 짐작되는 위치"를 P라 하자. 타원의 축에 수직한 방향으로 세로 좌표축 PR을 세우면 타원에 외접하는 원 AQB의 세로 좌표는 RQ이며, 이 값은 반지름이 AO인 원호 AQ의 사인에 해당한다.[2] 또한 우리의 작도에 의하면 RQ와 타원의 교점이 바로 P이다. 이제 남은 일은 대략적인 계산을 통해 $\angle AOQ$의 "근사적인 값"을 구하는 것이다. N : 360° = "물체가 A에서

---

2) $RQ = AO \times \sin(\angle AOQ)$라는 뜻이다. 앞에서 말한 "호 …의 사인"도 같은 뜻이다.

p까지 이동하는 데 걸리는 시간":"물체가 타원 궤도를 한 바퀴 도는 데 걸리는 시간"을 만족하는 각도 N을 잡고, "$D:B=\angle AOQ$의 사인(또는 원호 AQ의 사인):반지름"을 만족하는 각도 D를 잡는다. 다음으로, $E:(N-\angle AOQ+D)=L:(L-\angle AOQ$의 코사인$)$($\angle AOQ$가 직각보다 작은 경우), 또는 $E:(N-\angle AOQ+D)=L:(L+\angle AOQ$의 코사인$)$($\angle AOQ$가 직각보다 큰 경우)를 만족하는 각도 E를 잡는다. 그다음으로, "$F:B=(\angle AOQ+E)$의 사인:반지름"을 만족하는 각도 F를 잡고, $G:(N-\angle AOQ-E+F)=L:[L-(\angle AOQ+E$의 코사인$)]$($\angle AOQ+E$가 직각보다 작은 경우), 또는 $G:(N-\angle AOQ-E+F)=L:[L+(\angle AOQ+E)$의 코사인$)]$($\angle AOQ+E$가 직각보다 큰 경우)를 만족하는 각도 G를 잡는다. 그리고 "$H:B=(\angle AOQ+E+G)$:반지름"을 만족하는 각도 H를 잡고, $I:(N-\angle AOQ-E-G+H)=L:[L-(\angle AOQ+E+G)$의 코사인$]$($\angle AOQ+E+G$가 직각보다 작은 경우), 또는 $I:(N-\angle AOQ-E-G+H)=L:[L+(\angle AOQ+E+G)$의 코사인$]$($\angle AOQ+E+G$가 직각보다 큰 경우)를 만족하는 I를 잡고… 이런 식으로 계속 진행해나간다. 마지막으로 $\angle AOQ=\angle AOQ+E+G+I+\cdots$라는 등식을 세우고, $\angle AOq$의 코사인에 해당하는 Or과 세로 좌표 pr을 이용하면(pr과 qr의 비율은 타원의 장축과 단축의 비율과 같다) 물체의 위치 p를 구할 수 있다. 단 $N-\angle AOQ+D$가 음수이면 E 앞에 붙어 있는 모든 +를 -로, -를 +로 바꿔야 한다. 또한 $N-\angle AOQ-E+F$가 음수이면 G의 모든 부호를 바꾸고, $N-\angle AOQ-E-G+H$가 음수이면 I의 모든 부호를 바꾼다. 그러나 무한수열 $\angle AOQ+E+G+I+\cdots$는 매우 빠르게 수렴하기 때문에, 두 번째 항 E까지만 고려해도 꽤 정확한 답을 얻을 수 있다. 이 해법은

다음의 정리에 기초한 것이다; *APS*의 면적은 "호 *AQ*의 길이"와 "초점 *S*에서 반지름 *OQ*에 수직하게 그은 직선의 길이"의 차이에 비례한다.

쌍곡선의 경우도 이와 비슷한 방법으로 물체의 위치를 계산할 수 있다. 쌍곡선의 중심을 *O*, 꼭짓점을 *A*, 초점을 *S*라 하고 점근선을 *OK*라 하자. 제일 먼저 할 일은 "시간에 비례하는 면적"을 잘라내는 것이다. 이 면적을 *C*라 하고,[3] *APS*의 면적을 *C*와 거의 비슷하게 만드는 직선 *SP*의 위치를 찾아보자.

〈그림 6-4〉

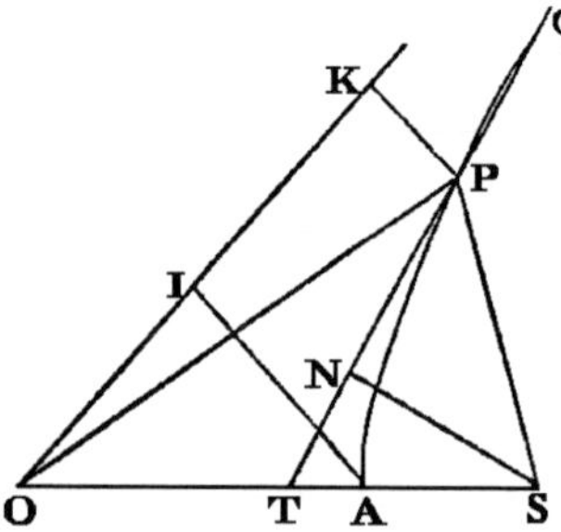

*OP*를 직선으로 연결하고, *A*와 *P*에서 "또 하나의 점근선에 평행한 선"을 그어 점근선 *OK*와 만나는 점을 각각 *I*, *K*라 하자. 로그표를 참고하여 *AIKP*의 면적=*OPA*의 면적을 구하고(삼각형 *OPS*에서 *APS*를 빼면 *OPA*가 남는다), 2*APS*−2*C*, 또는 2*C*−2*APS*(우리가 잘라내려는 면적 *C*와 *APS*의 차이의 2배)를 초점 *S*에서 접선 *TP*에 수직하게 그은 직

3) 원문에는 *A*로 되어 있는데, 꼭짓점 *A*와 혼동할 우려가 있어서 *C*로 바꾸었다.

선 SN의 길이로 나누면 현 PQ의 길이가 얻어진다. APS의 면적이 C보다 크면 A와 P 사이에 Q를 잡고, 그렇지 않으면 P의 바깥쪽에 Q를 잡아서 현 PQ를 그린다. 이렇게 찾은 점 Q는 P(물체의 대략적인 위치)보다 정확한 물체의 위치이며, Q를 P로 바꿔서 위의 과정을 반복하면(즉 새로운 Q를 찾으면) 더욱 정확한 위치를 구할 수 있다.

이 문제는 일반적인 형태로 확장 가능한데, 특히 아래 소개할 계산법은 천문학에서 매우 유용하다.

〈그림 6-5〉

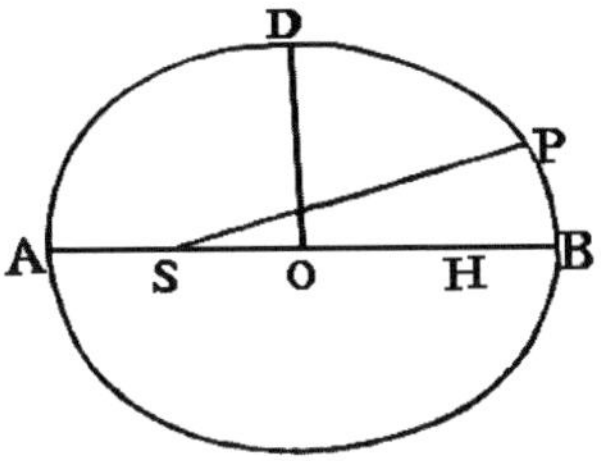

장축의 절반이 AO, OB이고 단축의 절반이 OD인 타원이 있다. 통경을 L이라 하고, 단축의 절반과 통경의 절반의 차이$(OD-\frac{1}{2}L)$를 E라 하자.[4] $\sin Y$: 반지름$=E\times(AO+OD)$: AB^2을 만족하는 각 Y를 구하고, $\sin Z$: 반지름$=2SH\times D$: $3AO^2$을 만족하는 각 Z를 구한다. Y와 Z의 값이 결정되면 쌍곡선 궤적을 그리는 물체의 위치는 다음과 같은 방법으로 찾을 수 있다. 우선 물체가 호 BP를 그리는 데 걸

---

4) 원문에는 D로 되어 있으나, 타원 위에서 정의된 점 D와 혼동할 우려가 있어서 E로 바꾸었다.

리는 시간에 비례하는 각 T를 잡는다. 그리고 "V(평균 운동의 첫 번째 방정식) : Y(첫 번째 방정식의 최댓값)=sin(2T) : 반지름"의 관계를 만족하는 각 V를 구하고, "X(두 번째 방정식) : Z(두 번째 방정식의 최댓값)=$(\sin T)^3$: (반지름)^3"을 만족하는 각 X를 A를 구한다. 이제 방정식 $\angle BHP=T+X+V$(T가 90°보다 작을 때) 또는 $\angle BHP=T+X-V$(T가 90도에서 180도 사이일 때)를 이용하여 $\angle BHP$를 구한 후, HP와 타원의 교점 P에서 직선 SP를 그리면 BSP의 면적은 거의 시간에 비례한다.

이것은 매우 유용한 해법이다. 동일한 과정을 두어 번만 반복하면 V와 X가 몇 초 단위의 오차 범위 안에서 구해지기 때문이다(1초 $=\frac{1}{3600}^\circ$). 특히 분석 대상이 행성인 경우에는 위치를 매우 정확하게 계산할 수 있다. 화성 중심부의 최대 균차(equation)[5]는 약 10도인데, 계산상의 오차는 1초를 넘지 않는다. 평균 운동에 해당하는 $\angle BHP$를 알아내기만 하면, 실제 운동($\angle BSP$)과 거리(SP)를 쉽게 계산할 수 있다.

곡선 운동을 하는 물체에 대해서는 이 정도로 충분하다. 다음 장에서는 직선을 따라 오르내리는 물체의 운동을 다루기로 한다.

---

5) 평균적인 위치와 실제 위치의 차이.

7장

직선 궤적을 그리는 물체

명제 32 / 문제 24

거리의 제곱에 반비례하는 구심력이 작용할 때, 직선을 따라 떨어지는 물체가 주어진 시간 동안 이동한 거리를 구하라.

사례 1

물체가 수직 방향으로 떨어지지 않는다면 (명제 13의 부가정리 1에 의해) 힘의 중심이 초점과 일치하는 원뿔 곡선을 그린다. 이 원뿔 곡선을 *ARPB*라 하고, 초점을 *S*라 하자.

〈그림 7-1〉

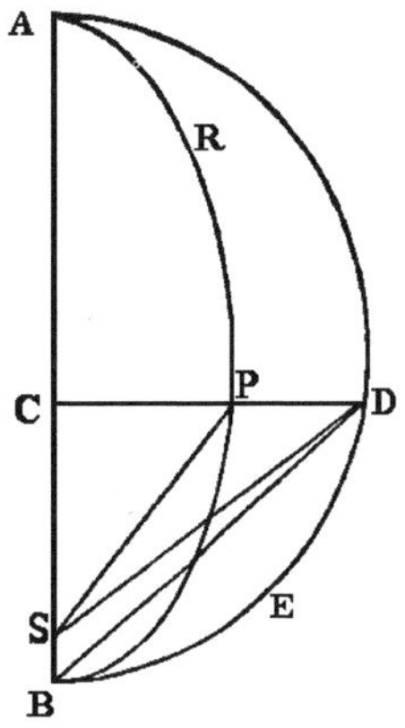

물체가 타원 궤적을 그리는 경우, 장축 *AB*를 지름으로 하는 반원 *ADB*와 떨어지는 물체를 지나면서 축과 수직인 직선 *DPC*를 그린다. 여기에 직선 *DS*와 *PS*를 그리면 *ASD*의 면적은 *ASP*의 면적에 비례하고 시간에도 비례한다. 축 *AB*를 고정시킨 채 타원의 폭을 임의

로 줄여도 *ASD*의 면적은 여전히 시간에 비례한다. 타원의 폭을 무한정 줄이면 타원 *APB*는 축 *AB*와 일치하고, 초점 *S*는 축의 끝점 *B*로 이동하며, 물체는 직선 *AC*를 따라 움직이게 되는데, 이 경우에도 *ABD*의 면적은 시간에 비례한다. 그러므로 시간에 비례하는 면적 *ABD*를 잡아서 직선 *AB*에 수선 *CD*를 내리면, 주어진 시간 동안 물체가 수직 방향으로 이동한 거리 *AC*를 알 수 있다. [Q.E.I.]

사례 2

*RPB*가 쌍곡선인 경우, 이 쌍곡선과 주축 *AB*를 공유하는 직각 쌍곡선(rectangular hyperbola)[1]을 *BED*라 하면 $CSP : CSD = CBfP : CBED = SPfB : SDEB = CP : CD$이다.[2] 그런데 *SPfB*의 면적은 물체 *P*가 곡선

〈그림 7-2〉

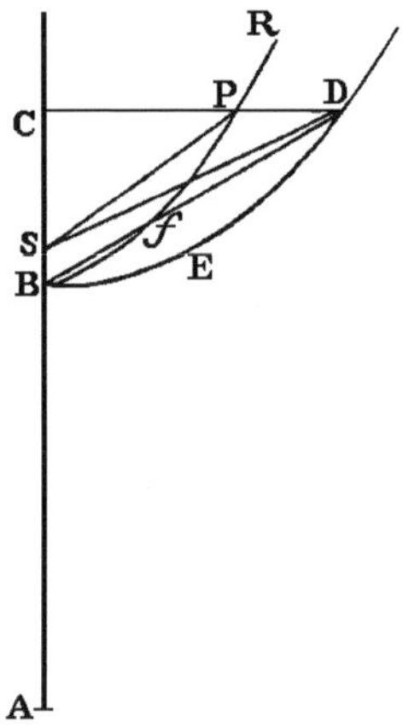

1) 두 점근선이 서로 직교하는 쌍곡선.

2) *f*는 포물선 *RPB*와 직선 *SD*의 교점이다.

*PfB*를 따라 이동하는 데 걸리는 시간에 비례하므로, *SDEB*의 면적도 이 시간에 비례한다.

이제 쌍곡선 *RPB*의 주축을 고정한 채 통경을 한없이 작게 줄이면 호 *PB*는 직선 *CB*와 일치하고 초점 *S*는 꼭짓점 *B*와 일치하며, 직선 *SD*는 *BD*와 일치하게 된다. 그러므로 *BDEB*의 면적은 물체 *C*가 직선 궤적을 따라 *B*까지 이동하는 데 걸리는 시간에 비례한다. [Q.E.I.]

사례 3

*RPB*가 포물선인 경우, 주축 *CB*와 초점 *S*를 공유하는 또 하나의 포물선을 *BED*라 하자. *RPB*의 통경을 무한히 작게 줄이면(즉 물체가 그리는 포물선의 폭을 0으로 줄이면) 포물선 *RPB*는 직선 *CB*와 일치하고, 포물선 조각 *BDEB*의 면적은 물체가 *P*(또는 *C*)에서 *S*(또는 *B*)까지 이동하는 데 걸리는 시간에 비례한다. [Q.E.I.]

〈그림 7-3〉

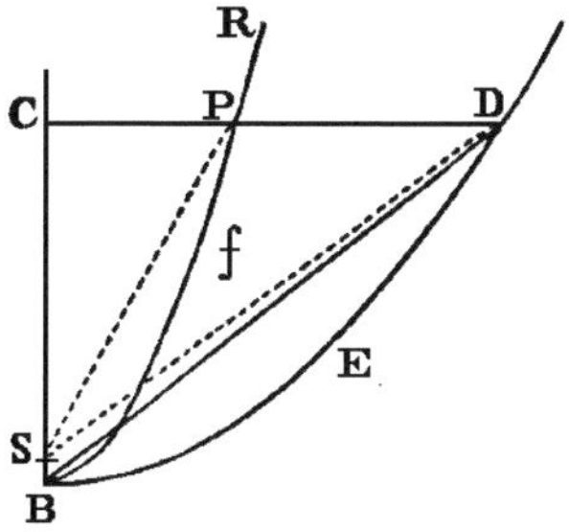

명제 33 / 정리 9

앞의 명제와 동일한 가정하에서 "낙하하는 물체가 임의의 위치 *C*를 지날 때의 속도"와 "*B*를 중심으로 반지름이 *BC*인 원운동을 하는 물체의 속도"의 비율은 "원 또는 직각 쌍곡선의 꼭짓점 *A*와 물체 사이의 거리 *AC*"와 "원의 반지름 $\frac{1}{2}AB$"의 비율의 제곱근과 같다.

〈그림 7-4〉

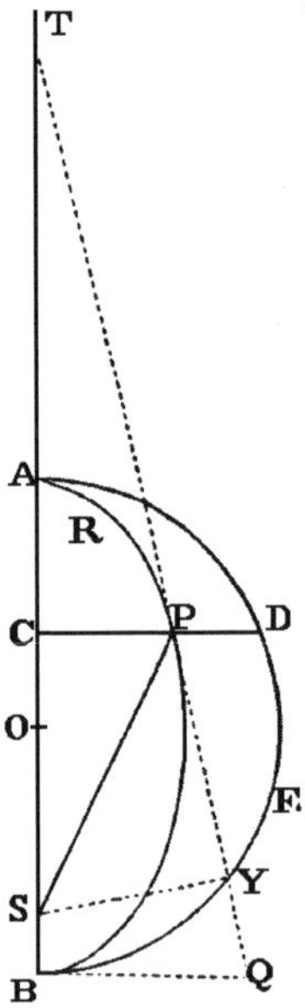

〈그림 7-5〉

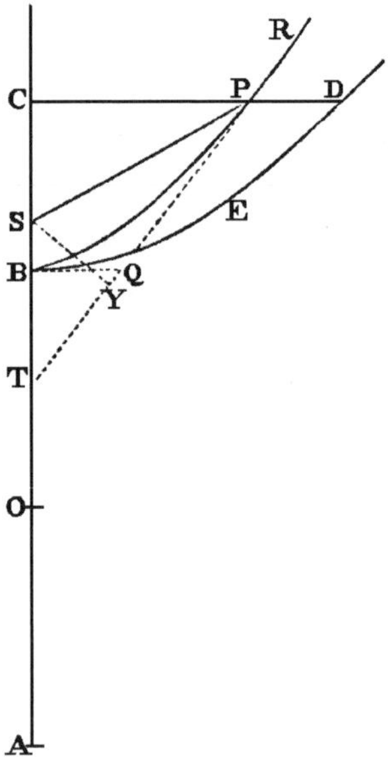

도형 *RPB*와 *DEB*의 공통 지름 *AB*를 이등분하는 점을 *O*라 하고, *P*에서 *RPB*에 접하는 접선이 *AB*(또는 그 연장선)와 만나는 점을 *T*

라 하자. 초점 S에서 PT에 수직한 선 SY와 B에서 지름 AB에 수직한 선 BQ를 긋는다. RPB의 통경을 L이라 하면, 명제 16의 부가정리 9에 의해 "S를 중심으로 궤적 RPB를 그리는 물체의 P에서의 속도"와 "S를 중심으로 반지름이 SP인 원 궤적을 그리는 물체의 속도"의 비율은 $\frac{1}{2}L \times SP : SY^2$의 제곱근과 같다. 그런데 원뿔 곡선의 성질에 의해 $AC \times CB : CP^2 = 2AO : L$이므로 $\frac{2CP^2 \times AO}{AC \times CB} = L$이며, 따라서 두 속도 사이의 비율은 $\frac{CP^2 \times AO \times SP}{AC \times CB} : SY^2$의 제곱근과 같다. 또한 원뿔 곡선의 성질에 의해 $CO : BO = BO : TO$인데, 덧셈 변환을 가하면($CO+BO=CB$, $BO+TO=BT$) 이 비율은 $CB : BT$와 같아진다. 여기에 다시 뺄셈 변환을 가하면($(BO-CO) : BO = (BT-CB) : BT$, $BO=AO$) $AC : AO = CT : BT = CP : BQ$이므로 $\frac{CP^2 \times AO \times SP}{AC \times CB} = \frac{BQ^2 \times AC \times SP}{AO \times CB}$가 된다. 이제 도형 RPB의 폭 CP를 무한히 짧게 줄이면 P는 C와 일치하고 S는 B와 일치하며, 직선 SP는 BC로, SY는 BQ로 수렴한다. 따라서 "직선 CB를 따라 낙하하는 물체의 속도"와 "B를 중심으로 반지름이 CB인 원을 그리는 물체의 속도"의 비율은 $\frac{BQ^2 \times AC \times SP}{AO \times CB}$와 SY^2의 비율의 제곱근과 같으며, ($SP : CB = SY^2 : BQ^2$이므로) AC와 AO, 또는 AC와 AB의 비율(또는 AC와 AB의 비율)의 제곱근과 같다. [Q.E.D.]

부가정리 1

점 B와 S가 일치하면 $TC : TS = AC : AO$이다

부가정리 2

원운동을 하는 물체의 궤적을 수직 상승 운동으로 바꾸면, 중심과 물체 사이 거리의 2배만큼 상승한다.

명제 34 / 정리 10

도형 *BED*가 포물선인 경우, 낙하하는 물체가 임의의 위치 *C*를 지날 때의 속도는 *B*를 중심으로 반지름이 $\frac{1}{2}BC$인 원 궤적을 그리는 물체의 속도와 같다.

〈그림 7-6〉

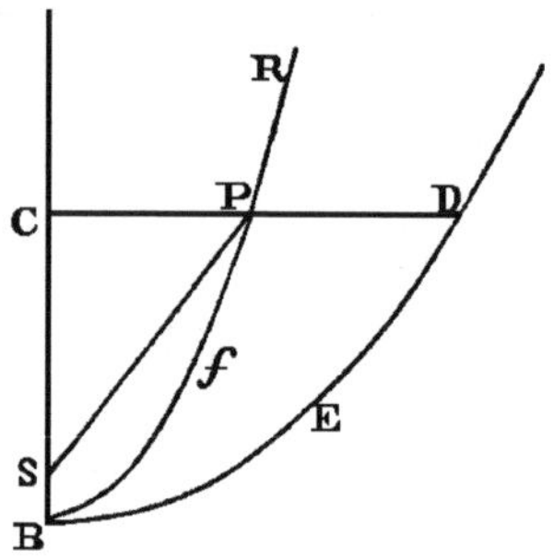

*S*를 중심으로 포물선 *RPB*를 그리는 물체가 임의의 점 *P*를 지날 때의 속도는 (명제 16의 부가정리 7에 의해) 동일한 *S*를 중심으로 반지름이 $\frac{1}{2}SP$(포물선을 그리는 물체와 힘의 중심 사이 거리의 절반)인 원운동을 하는 물체의 속도와 같다. 그런데 포물선의 폭 *CP*를 무한히 작게 줄이면 곡선 *PfB*는 직선 *CB*와 일치하고 중심 *S*는 *B*와 일치하며,

물체와 중심 사이의 거리 *SP*는 *BC*와 일치하므로 위의 명제는 참이다. [Q.E.D.]

명제 35 / 정리 11

위와 동일한 가정하에, 수시로 변하는 반지름 *SD*가 쓸고 지나간 도형 *DES*의 면적은 *DES*의 통경을 반지름 삼아 *S*를 중심으로 균일한 원운동을 하는 물체가 같은 시간 동안 쓸고 지나간 면적과 같다.

〈그림 7-7〉

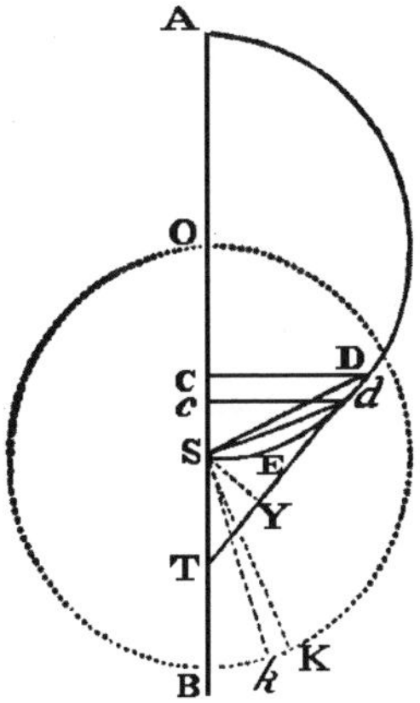

〈그림 7-8〉

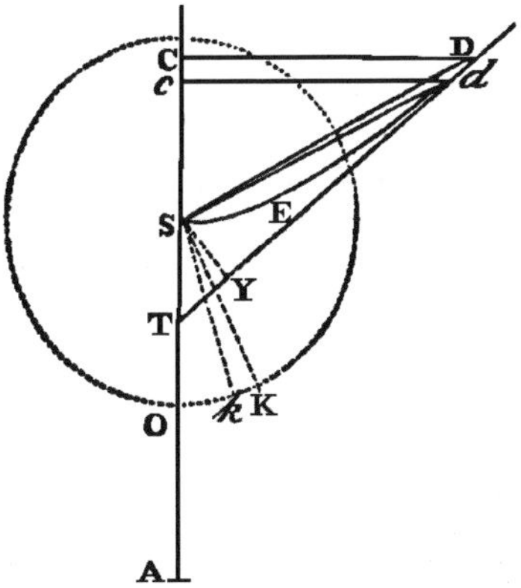

물체 *C*가 아주 짧은 시간 동안 직선 *Cc*만큼 이동하고, 이 시간 동안 다른 물체 *K*는 *S*를 중심으로 한 원주 *OKk* 위에서 *Kk*만큼 이동했다고 하자. *AS*에 수직한 방향으로 *CD*와 *cd*를 그어서 이들이 도형

DES와 만나는 점을 각각 D, d라 하자. 또 직선 SD와 Sd, SK, Dd를 그어서 Dd와 AS가 만나는 점을 T라 하고, S에서 Dd에 수직한 방향으로 직선 SY를 긋는다.

사례 1

DES가 원 또는 직각 쌍곡선인 경우, 지름 AS의 중점을 O라 하면 SO는 통경의 절반과 같다. 그리고 $TC:TD=Cc:Dd$이고 $TD:TS=CD:SY$이므로 두 비례식을 결합하면 $TC:TS=CD\times Cc:SY\times Dd$가 된다. 그런데 D와 d가 한없이 가까워지면 (명제 33의 부가정리 1에 의해) $TC:TS=AC:AO$이므로 $AC:AO$(또는 SK)$=CD\times Cc:SY\times Dd$이다. 또한 "낙하하는 물체가 C를 지날 때의 속도"와 "S를 중심으로 반지름 SC의 원운동을 하는 물체의 속도"의 비율은 (명제 33에 의해) $AC:AO$(또는 SK)의 제곱근과 같으며, "낙하하는 물체가 C를 지날 때의 속도"와 "원 궤적 OKk를 그리는 물체의 속도"의 비율은 (명제 4의 부가정리 6에 의해) $SK:SC$의 제곱근과 같다. 이 비례 관계를 적절히 변형하면 $Cc:Kk$는 $AC:SC$의 제곱근과 같고, 따라서 $AC:CD$와 같다. 그러므로 $CD:Cc=AC:Kk$이고, $AC:SK=AC\times Kk:SY\times Dd$, $SK\times Kk=SY\times Dd$이며, $\frac{1}{2}SK\times Kk=\frac{1}{2}SY\times Dd$이다. 즉 KSk의 면적은 SDd의 면적과 같다. 따라서 주어진 시간을 무수히 많은 조각으로 잘게 자르면 시간 간격마다 KSk와 SDd의 면적이 같으므로 (보조정리 4의 부가정리에 의해) 이들의 총면적은 항상 같다.

사례 2

DES가 포물선이면 $CD \times Cc : SY \times Dd = TC : TS = 2 : 1$이므로 $\frac{1}{4}CD \times Cc = \frac{1}{2}SY \times Dd$이다.

〈그림 7-9〉

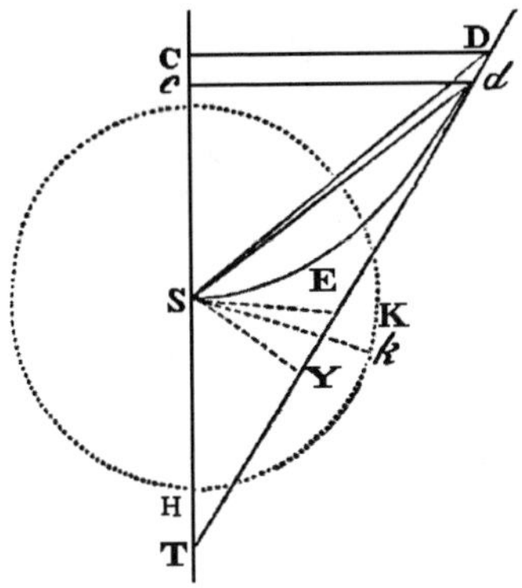

그런데 낙하하는 물체의 C에서의 속도는 (명제 34에 의해) $\frac{1}{2}CD$를 반지름으로 균일한 원운동을 하는 물체의 속도와 같고, 이 속도와 반지름 SK로 원운동하는 물체의 속도 사이의 비율, 즉 $Cc : Kk$는 (명제 4의 부가정리 6에 의해) $SK : \frac{1}{2}SC$의 제곱근과 같다(또는 $SK : \frac{1}{2}CD$와 같다). 그러므로 $\frac{1}{2}SK \times Kk = \frac{1}{4}CD \times Cc = \frac{1}{2}SY \times Dd$이며, 따라서 KSk와 SDd는 면적이 같다. [Q.E.D.]

명제 36 / 문제 25

주어진 위치 *A*로부터 물체가 낙하하는 데 걸리는 시간을 구하라.

〈그림 7-10〉

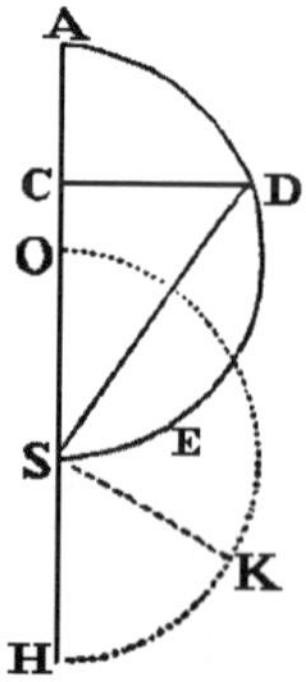

지름이 AS(힘의 중심에서 물체가 낙하하기 시작한 지점까지의 거리)인 반원 ADS를 그리고, S를 중심으로 ADS와 크기가 같은 원 OKH를 그린다. 임의의 시간에 물체의 위치 C에서 좌표축 CD를 세워서 S와 D를 연결하고(SD), ADS와 면적이 같은 OSK를 잡으면 (명제 35에 의해) 물체가 A에서 C로 낙하하는 시간 동안 S를 중심으로 균일한 원운동을 하는 물체는 원호 OK를 그린다. [Q.E.F.]

명제 37 / 문제 26

주어진 위치에서 위 또는 아래로 던져진 물체의 운동 시간을 정의하라.

물체가 주어진 위치 G에서 직선 GS를 따라 임의의 속도로 출발했다고 하자. GA와 $\frac{1}{2}AS$의 비율이 "물체의 처음 속도"와 "S를 중심으로 반지름이 SG인 균일한 원운동을 하는 물체의 속도"의 비율의 제

〈그림 7-11〉

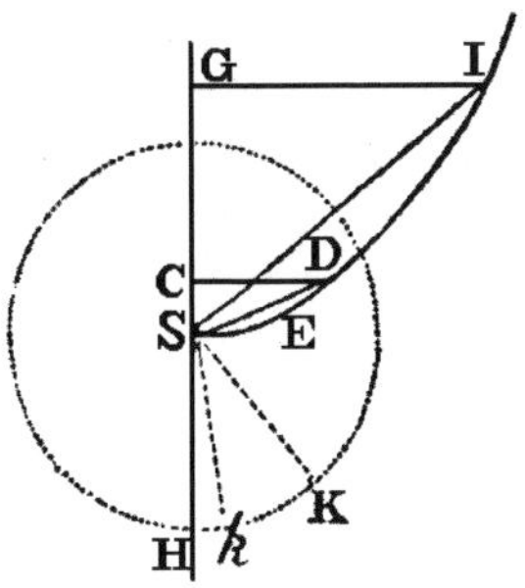

〈그림 7-12〉

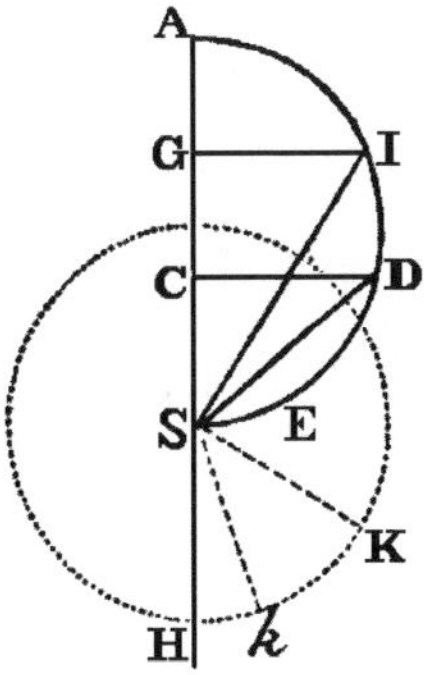

〈그림 7-13〉

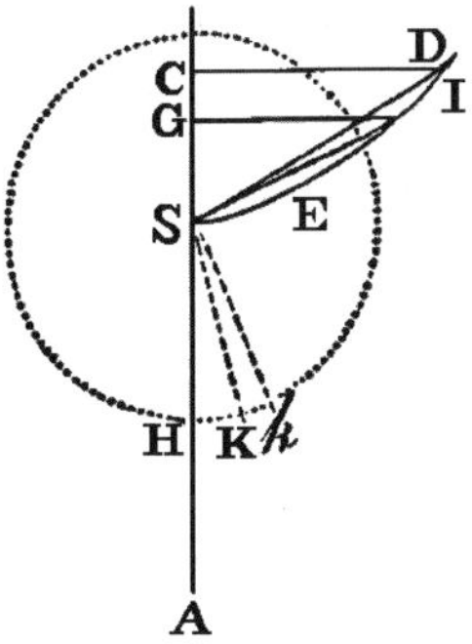

곱근과 같아지도록 *A*를 잡는다. 이 비율이 2:1이면 *A*는 무한히 멀어지는데, 이 경우에는 (명제 34처럼) 주축이 *SG*이고 초점이 *S*인 포물선을 그린다(통경의 길이는 어떻게 잡아도 상관없다). 만일 이 비율이 2:1보다 크면 (명제 33처럼) 중심축이 *SG*이고 지름이 *SA*인 원을 그리고, 2:1보다 작으면 중심축이 *SG*인 직각 쌍곡선을 그린다. 이제 *S*를 중심으로 반지름이 통경의 절반인 원 *HkK*를 그리고, 물체의 출

발점 G와 임의의 점 C에서 AS에 수직하게 그은 선 GI와 CD가 원뿔 곡선(또는 원)과 만나는 점을 각각 I, D라 하자. 직선 SI와 SD를 긋고, (면적) $HSK=SEIS$, (면적) $HSk=SEDS$가 되도록 K와 k를 잡으면 (명제 35에 의해) 물체 G가 GC를 그리는 데 걸리는 시간은 물체 K가 원호 Kk를 그리는 데 걸리는 시간과 같다. [Q.E.F.]

명제 38 / 정리 12

힘의 중심으로부터 높이(또는 거리)에 비례하는 구심력이 작용할 때, 낙하하는 물체의 시간과 속도, 그리고 이동 거리는 각각 호의 길이와 호의 사인, 그리고 호에 대응하는 버사인에 비례한다.

〈그림 7-14〉

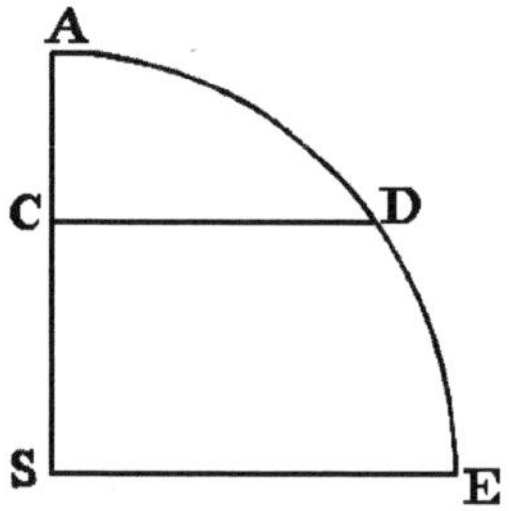

물체가 A에서 출발하여 직선 AS를 따라 낙하한다고 하자. 구심력의 중심점 S를 중심으로 반지름이 AS인 사분원 AE를 그리고, 원호 AD의 사인을 CD라 하자.[3] 그러면 A에서 출발한 물체는 AD라는

시간 동안 AC만큼 이동하고, C에서의 속도는 CD이다.

이 사실은 명제 10에서 증명되었으며, 명제 32에서도 (명제 11을 이용하여) 증명된 바 있다.

부가정리 1

그러므로 A에서 출발한 물체가 힘의 중심 S에 도달할 때까지 걸리는 시간은 균일한 원운동을 하는 물체가 사분원 ADE를 그리는 데 걸리는 시간과 같다.

부가정리 2

위와 같은 조건하에서 원운동을 하는 모든 물체는 (명제 4의 부가정리 3에 의해) 주기가 모두 같으므로, 물체가 힘의 중심에 도달할 때까지 걸리는 시간은 출발 위치에 상관없이 항상 같다.

명제 39 / 문제 27

임의의 구심력하에서 물체가 직선을 따라 상승하거나 낙하할 때, 임의의 위치에서 물체의 속도와 임의의 지점에 도달하는 데 걸리는 시간을 구하고, 역으로 물체의 속도와 시간이 주어졌을 때 구심력을 구하라.

---

3) "원호 AD의 사인"이란, 원호의 중심각을 θ라 했을 때 "반지름$\times\sin\theta$"를 의미한다.

〈그림 7-15〉

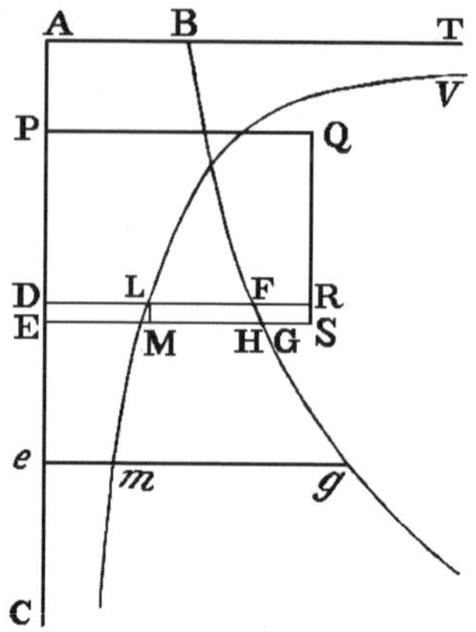

물체 *E*가 *A*에서 출발하여 직선 *ADEC*를 따라 낙하하고 있다. 물체의 위치 *E*에서 *ADEC*에 수직한 방향으로 직선을 그어서, 직선의 길이가 *E*에서의 구심력에 비례하는 지점을 *G*라 하자(구심력의 중심은 *C*이다). 이제 물체의 모든 위치마다 위와 동일한 작업을 수행하여 *G*에 해당하는 점들의 궤적을 *BFG*라 하자(즉 물체가 처음 움직이기 시작한 시점으로 되돌아가면 *EG*는 *AB*로 변한다). 그러면 임의의 위치 *E*에서 물체의 속도는 곡선 도형 *ABGE*와 면적이 같은 정사각형의 한 변의 길이와 같다. [Q.E.I.]

직선 *EG*에서 "*ABGE*와 면적이 같은 정사각형의 한 변의 길이에 반비례하는" 직선 *EM*을 잡는다. 물체가 이동함에 따라 *M*이 그리는 궤적을 *VLM*이라 하고 *VLM*의 점근선을 *AB*라 하면, 물체가 *AE*를 이동하는 데 걸리는 시간은 곡선 도형 *ABTVME*의 면적에 비례한다. [Q.E.I.]

이유: 직선 *AE*에서 아주 짧은 구간 *DE*를 잡아서, 물체가 *E*에 있

을 때 가로 방향으로 그었던 직선 EMG가 D에서 DLF로 변한다고 하자. 낙하하는 물체의 속도가 "자신의 제곱이 $ABGE$의 면적과 같은 직선"의 길이와 같아지도록 구심력이 작용한다면, 면적 자체는 속도의 제곱과 같다. 즉 D에서의 속도를 V, E에서의 속도를 $V+I$라 하면 $ABFD$의 면적$=V^2$이고, $ABGE$의 면적은 $(V+I)^2=V^2+2VI+I^2$이다. 그러므로 $DFGE$의 면적은 $2VI+I^2$이 되어 $\frac{DFGE}{DE}=\frac{2VI\times I^2}{DE}$이다. 즉 DF는 $\frac{2VI}{DE}$에 비례하며, 따라서 $\frac{VI}{DE}$에 비례한다. 그런데 낙하하는 물체가 아주 짧은 구간 DE를 통과하는 데 걸리는 시간은 DE의 길이에 비례하고 속도 V에 반비례하며, 물체에 작용하는 힘은 속도 증가분 I에 비례하고 시간에 반비례한다. 그러므로 (물체가 D 근처에 있을 때 각 양들의 비율을 고려하면) 힘은 $\frac{VI}{DE}$에 비례하며, 따라서 DF의 길이에 비례한다. 그러므로 DF(또는 EG)에 비례하는 힘이 작용할 때 물체의 속도는 $ABGE$와 면적이 같은 정사각형의 한 변의 길이와 같다. [Q.E.D.]

또한 짧은 구간 DE를 통과하는 데 걸리는 시간은 속도에 반비례하므로, $ABFD$와 면적이 같은 정사각형의 한 변의 길이에 반비례한다. 그리고 DL과 $DLME$는 전술한 변의 길이에 반비례하므로 시간은 $DLME$의 면적에 비례하고, 총운동 시간은 모든 면적의 합에 비례한다. 즉 (보조정리 4의 부가정리에 의해) 물체가 AE를 이동하는 데 걸리는 시간은 $ABTVME$의 면적에 비례한다. [Q.E.D.]

부가정리 1

우리가 이미 알고 있는 일정한 구심력(중력이 대표적인 경우이다)이 물체에 작용하여 P점에서부터 운동을 시작했다고 하자. 그리고 이 물체가 D에 도달했을 때의 속도는 다른 힘의 영향을 받는 다른 물체가 D에 대응되는 위치에 도달했을 때의 속도와 같다고 하자.

〈그림 7-16〉

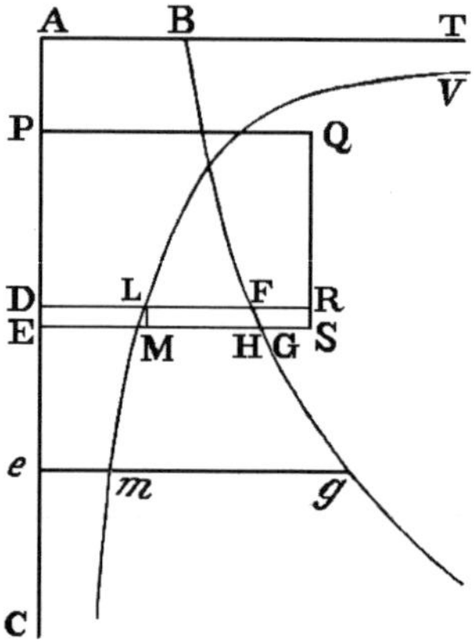

직선 DF를 연장하여 "DR과 DF의 비율"이 "D에서 일정한 구심력과 다른 힘의 비율"과 같아지는 점을 R이라 하자. 직사각형 $PDRQ$와 면적이 같은 $ABFD$를 잡으면, A는 다른 물체가 운동을 시작한 지점이 된다.

이유: 직사각형 $DRSE$를 잡아서 D에서의 속도를 V, E에서의 속도를 $V+I$라 하면 $ABFD$와 $DFGE$의 면적 비율은 $V^2:2VI$이며, 양변을 $2V$로 나누면 $\frac{1}{2}V:I$이다. 즉 "속도의 절반"과 "일정하지 않은 힘을 받으며 낙하하는 물체의 속도 증가량"의 비율과 같다. 이와 마찬가지로 $PQRD$와 $DRSE$의 면적 비율은 "속도의 절반"과 "일정한 힘을 받

으며 낙하하는 물체의 속도 증가량"의 비율과 같다. 그런데 속도 증가량은 (두 속도 증가량의 기준이 되는 시점이 같으므로) 힘에 비례하고, 따라서 *DF*와 *DR*에 각각 비례하며, *DFGE*와 *DRSE*의 면적에 각각 비례한다. 그러므로 총면적 *ABFD*와 *PQRD*의 비율은 각 경우 총 속도(마지막 시점에서의 속도)의 절반의 비율과 같다. 그런데 첫 번째 물체가 *D*에 도달했을 때 두 물체의 속도가 같다고 했으므로 *ABFD*와 *PQRD*는 면적이 같다.

부가정리 2

이미 알려진 구심력하에서 물체가 임의의 위치 *D*로부터 위 또는 아래를 향해 특정 속도로 운동을 시작했다면, 다른 임의의 위치 *e*에서의 속도와 *D*에서의 속도의 비율은 *e*가 *D*보다 아래에 있을 때 "*PQRD*+*DFge*와 면적이 같은 정사각형의 한 변의 길이"와 "직사각형 *PQRD*와 면적이 같은 정사각형의 한 변의 길이"의 비율과 같고, *e*가 *D*보다 위에 있을 때는 "*PQRD*-*DFge*와 면적이 같은 정사각형의 한 변의 길이"와 "직사각형 *PQRD*와 면적이 같은 정사각형의 한 변의 길이"의 비율과 같다(*g*는 *e*에서 *AD*의 연장선에 수직하게 그은 선이 *BFG*를 연장한 곡선과 만나는 점이다).

부가정리 3

*e*에서 *PQRD*±*DFge*의 제곱근과 길이가 같은 직선 *em*을 그리면 물체가 이동하는 데 걸린 시간도 알 수 있다. "물체가 *De*를 지나는 데 걸린 시간"과 "다른 물체가 일정한 힘의 영향을 받아 *P*를 출발하

여 D에 도달할 때까지 걸린 시간"의 비율은 곡선 도형 $DLme$와 사각형 $2PD \times DL$의 면적 비율과 같다.

이유: "일정한 힘을 받으며 낙하하는 물체가 PD를 지나는 데 걸리는 시간"과 "동일한 물체가 PE를 지나는 데 걸리는 시간"의 비율은 PD와 PE의 비율의 제곱근과 같다. 즉 이 비율은 (DE가 매우 짧은 구간이므로) $PD:(PD+\frac{1}{2}DE)=2PD:(2PD+DE)$이다. 따라서 "일정한 힘을 받으며 낙하하는 물체가 PD를 지나는 데 걸리는 시간"과 "동일한 물체가 DE를 지나는 데 걸리는 시간"의 비율은 $2PD:DE$이며, 이 비율은 사각형 $2PD \times DL$과 $DLME$의 면적 비율과 같다. 그리고 "물체가 DE를 지나는 데 걸리는 시간"과 "일정하지 않은 구심력을 받는 다른 물체가 De를 지나는 데 걸리는 시간"의 비율은 $DLME$와 $DLme$의 면적 비율과 같다. 그러므로 "일정한 힘을 받으며 낙하하는 물체가 PD를 지나는 데 걸리는 시간"과 "일정하지 않은 구심력을 받는 다른 물체가 De를 지나는 데 걸리는 시간"의 비율은 직사각형 $2PD \times DL$과 $DLme$의 면적 비율과 같다.[4]

4) $A:B=a:b$이고 $B:C=b:c$이면 $A:C=a:c$이기 때문이다.

8장

구심력이 작용할 때 물체가 그리는 궤적

명제 40 / 정리 13

한 물체가 임의의 구심력하에서 움직이고 다른 물체는 직선을 따라 상승하거나 하강하고 있을 때, 높이(힘의 중심으로부터 물체까지의 거리)가 같은 곳에서 두 물체의 속도가 같으면, 이들은 "모든 동일한 높이"에서 속도가 같다.

〈그림 8-1〉

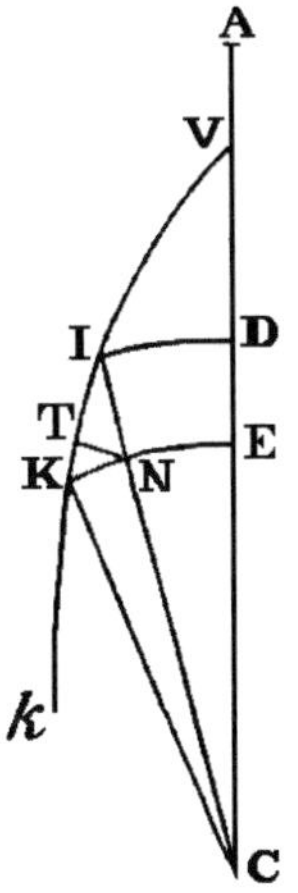

*A*에서 출발한 한 물체가 *D*, *E*를 거쳐 힘의 중심 *C*를 향해 낙하하고, 또 하나의 물체는 *V*에서 출발하여 곡선 *VIKk*를 따라간다고 하자. *C*를 중심으로 임의의 반지름을 갖는 동심원 2개(*DI*, *EK*)를 그려서 직선 *AD*와 만나는 점을 *D*와 *E*, 곡선 *VIK*와 만나는 점을 *I*와 *K*라 하고, 직선 *IC*와 원호 *KE*의 교점 *N*에서 *IK*에 수직한 선 *NT*를 긋는다. 이제 두 동심원 사이의 거리인 *DE*와 *IN*을 무한히 작게 만들고,

*D*와 *I*에서 두 물체의 속도가 같다고 하자. 이곳에서는 두 물체와 중심 사이의 거리가 같으므로(*CD*=*CI*) *D*와 *I*에 작용하는 구심력의 크기도 같다. 이 힘들을 길이가 같은 두 직선 *DE*와 *IN*으로 표기하고, *IN*을 (운동법칙에 딸린 부가법칙 2에 의거하여) *NT*와 *IT*로 분해하면 경로 *ITK*에 수직한 방향으로 작용하는 힘 *NT*는 물체가 직선 경로를 벗어나 *ITKk*라는 곡선 경로를 그리도록 유도할 뿐, 속도에는 아무런 영향도 미치지 못한다. 다시 말해서, *NT* 방향으로 작용하는 힘은 접선 방향의 운동과 무관하며, 오직 "방향 전환"에만 관여한다는 뜻이다. 반면에 *NT*에 수직한 힘 성분 *IT*는 경로를 따라 작용하면서 물체를 가속시키며, 아주 짧은 시간 동안 나타난 가속도는 이 힘에 비례한다. 그러므로 *D*와 *I*에 있는 두 물체가 같은 시간 동안 얻은 가속도는 (*DE*와 *IN*, *IK*, *IT*, 그리고 *NT*의 초기 비율을 취했을 때) 직선 *DE*와 *IT*의 길이에 비례하며, 시간 간격이 다르면 직선의 길이에 시간을 곱한 값에 비례한다. 두 물체가 각각 *DE*와 *IK*를 통과하는 데 걸리는 시간은 (*D*와 *I*에서 속도가 같다고 했으므로) *DE*와 *IK*의 길이에 비례하며, 두 물체가 *DE*와 *IK*를 지나는 동안 얻은 가속도는 *DE*, *IT*에 *DE*, *IK*를 각각 곱한 값, 즉 DE^2과 $IT \times IK$에 비례한다. 그런데 $IT \times IK = IN^2 = DE^2$이므로, 첫 번째 물체가 *D*와 *E* 사이에서 얻은 가속도는 두 번째 물체가 *I*와 *K* 사이에서 얻은 가속도와 같다. 그러므로 두 물체는 *E*와 *K*에서 속도가 같으며, 향후 궤적에 동일한 논리를 적용하면 "중심으로부터 거리가 같은 임의의 점에서 두 물체의 속도는 항상 같다"는 결론이 내려진다. [Q.E.D.]

중심으로부터 멀어지는 경우에도 높이(중심과의 거리)가 같은 한

지점에서 두 물체의 속도가 같으면 높이가 같은 모든 지점에서 속도가 같다. [Q.E.D.]

부가정리 1

줄에 매달려 흔들리는 진자와 마찰이 없는 매끄러운 곡면 위에서 움직이는 물체, 그리고 수직선을 따라 위 또는 아래로 직선 운동을 하는 물체들이 "높이가 같은 특정 위치"에서 같은 속도로 움직인다면, 이들은 "높이가 같은 모든 지점"에서 같은 속도로 움직인다.

이유: 진자를 매단 줄과 매끄러운 곡면이 물체에 작용하는 힘은 "이동 경로에 수직한 방향으로 작용하는 힘" *NT*와 동일한 역할을 하기 때문이다. 이 힘들은 물체의 속도를 바꾸지 못하며, 진행 방향만 바꿀 수 있다.

부가정리 2

진자 운동이나 회전 운동을 하는 물체가 궤도 위의 임의의 점에서 그 순간의 속도로 던져졌을 때 힘의 중심으로부터 가장 멀리 갈 수 있는 지점을 *P*라 하자. 그리고 궤도의 임의의 지점에서 힘의 중심과 물체 사이의 거리를 *A*라 했을 때, A^{n-1}의 구심력이 작용한다고 가정하자. 그러면 임의의 높이(즉 거리 *A*)에서 물체의 속도는 $\sqrt{P^n \times A^n}$에 비례하는 값으로 주어진다. 왜냐하면 수직 방향으로 상승하거나 낙하하는 물체의 속도가 (명제 39에 의해) 이 비율로 주어지기 때문이다.

명제 41 / 문제 28

임의의 구심력하에서 물체가 움직이고 있다. 특정 지점에서 운동을 시작한 후 흐른 시간이 주어졌을 때, 그 시간까지 물체가 그리는 궤적을 구하라. (곡선 도형의 면적은 어떻게든 계산할 수 있다고 가정한다).

〈그림 8-2〉

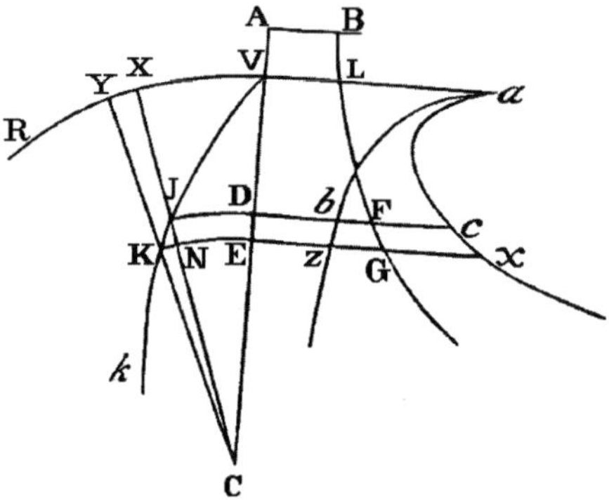

*C*를 중심으로 임의의 구심력이 작용한다고 가정하자. 우리의 목적은 물체의 궤적 *VIKk*를 찾는 것이다. *C*를 중심으로 반지름이 *CV*인 원 *VR*을 그리고, *C*를 중심으로 또 다른 원 *ID*와 *KE*를 그려서 이들이 물체의 궤적과 만나는 점을 *L*, *K*, 직선 *CV*와 만나는 점을 *D*, *E*라 하자. 또 직선 *CNIX*를 그어서 원 *KE*, *VR*과 만나는 점을 각각 *N*, *X*라 하고, 직선 *CKY*가 원 *VR*과 만나는 점을 *Y*라 하자. 단 *I*와 *K*는 한없이 가깝게 잡는다(앞서 말한 대로, 물체의 궤적은 *VIKk*이다). 한편, *A*에서는 두 번째 물체가 수직 낙하 운동을 시작했는데, *D*를 지

날 때의 속도가 첫 번째 물체의 I에서의 속도와 같다고 하자. 그 외의 모든 사항은 명제 39와 동일하다. IK는 무한히 짧은 시간 동안 물체가 그리는 경로로서 물체의 속도에 비례하며, 따라서 $ABFD$와 면적이 같은 정사각형의 한 변의 길이에 비례한다. 그리고 시간에 비례하는 삼각형 ICK의 면적은 주어진 값이므로, KN은 높이(중심과의 거리) IC에 반비례한다. 즉 주어진 어떤 양을 Q라 하고 IC의 높이를 A라 하면 KN은 $\frac{Q}{A}$에 비례한다. $\frac{Q}{A}=Z$로 줄여 쓰고, 어느 한 경우에 $\sqrt{ABFD}:Z=IK:KN$이라 가정하면, 이 비례식은 모든 경우에 성립하게 된다. 양변을 제곱하면 $ABFD:Z^2=IK^2:KN^2$이 되고, 약간의 변형을 가하면 $ABFD-Z^2:Z^2=IN^2:KN^2$이다.[1] 양변에 다시 제곱근을 취하면 $\sqrt{ABFD-Z^2}:Z$(또는 $\frac{Q}{A}$)$=IN:KN$이므로 $A\times KN=\frac{Q\times IN}{\sqrt{ABFD-Z^2}}$이다. 그런데 $YX\times XC:A\times KN=CX^2:A^2$이므로, $YX\times XC=\frac{Q\times IN\times CX^2}{A^2\sqrt{ABFD-Z^2}}$이다. DF에서 $Db=\frac{Q}{2\sqrt{ABFD-Z^2}}$ $Dc=\frac{Q\times CX^2}{2A^2\sqrt{ABFD-Z^2}}$를 만족하는 b와 c를 취하여 이들의 궤적을 그리면 곡선 ab와 ac가 얻어진다. V에서 AC에 수직한 선 Va를 그어서 곡선 도형 $VDba$와 $VDca$를 만들고, E에서 AC에 수직하게 그린 선이 곡선 ab와 만나는 점을 z, ac와 만나는 점을 x라 하자. 그러면 사각형 $Db\times IN$(또는 $DbzE$)의 면적$=\frac{1}{2}A$(IC의 높이)$\times KN=$삼각형 ICK가 되고, 사각형 $Dc\times IN$(또는 $DcxE$)의 면적$=\frac{1}{2}YXxXC=$삼각형 XCY의

1) IK를 무한히 짧게 잡았으므로 IKN은 직각삼각형으로 간주할 수 있고, 따라서 $IK^2-KN^2=IN^2$이다.

면적이 된다. 즉 $VDba$의 작은 증가분 $DbzE$와 VIC의 작은 증가분 ICK는 면적이 항상 같고, $VDca$의 작은 증가분 $DcxE$와 VCX의 작은 증가분 CXY도 면적이 항상 같다. 그러므로 $VDba$의 면적은 VIC의 면적과 같으면서 시간에 비례하고, $VDca$의 면적은 VCX의 면적과 같다.[2)]

결론: V에서 출발한 물체가 이동하는 데 걸린 시간이 주어지면 거기에 비례하는 면적 $VDba$를 알 수 있으므로 물체의 높이(중심과의 거리) CD와 CI를 알 수 있다. 그리고 $VDca=VCX$이므로 VCX의 면적과 $\angle VCI$를 알 수 있고, $\angle VCI$와 높이 CI를 알았으므로 주어진 시간이 흐른 후 물체의 위치 I를 알 수 있다. [Q.E.I.]

부가정리 1

힘의 중심과 물체 사이의 최대 거리(원일점)와 최소 거리(근일점)도 쉽게 구할 수 있다. 힘의 중심을 지나는 직선 IC가 경로 VIK와 직교하는 점, 즉 $ABFD=Z^2$인 점이 바로 원일점과 근일점이다.

부가정리 2

물체의 궤적과 직선 IC가 만드는 $\angle KIN$도 주어진 물체의 높이 IC로부터 쉽게 구할 수 있다. $\angle KIN$의 사인과 반지름의 비율은 KN과 IN의 비율과 같고, 이 값은 Z와 $\sqrt{ABFD}$의 비율과 같다.

---

2) 앞으로 두 직선 사이의 등호(=)는 길이가 같다는 뜻으로, 두 도형 사이의 등호는 면적이 같다는 뜻으로 사용하고, 합동은 "≡"으로 표기할 것이다.

부가정리 3

중심이 C이고 주 꼭짓점이 V인 임의의 원뿔 곡선 VRS를 그리고, 곡선 위의 임의의 점 R에서 접선을 그어 축 CV와 만나는 점을 T라 하자. C와 R을 직선으로 연결하고, $\angle VCR$에 비례하는 $\angle VCP$를 잡아서 $CT=CP$인 점을 P라 하자. C를 향해 작용하는 구심력이 거리의 세제곱에 반비례하고, 어떤 물체가 V에서 CV에 수직한 방향을 향해 적당한 속도로 출발했다면 이 물체는 점 P가 그리는 궤적 VPQ를 따라간다. 원뿔 곡선 VRS가 타원이면 물체는 중심을 향해 이동하고, VRS가 쌍곡선이면 물체는 위쪽으로 무한히 멀어지게 된다.

〈그림 8-3〉

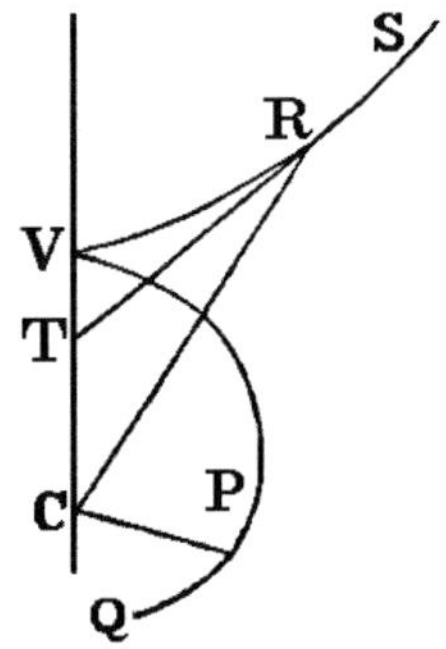

〈그림 8-4〉

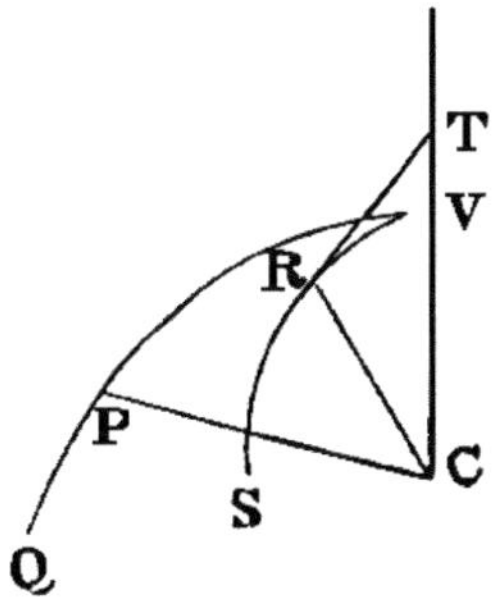

역으로, V에서 임의의 속도로 출발한 물체가 중심에 대하여 비스듬한 방향으로 낙하하거나 비스듬한 방향으로 상승하면 VRS는 타원 또는 쌍곡선이 되며, $\angle VCP$를 주어진 비율로 줄이거나 늘이면 물체의 궤적이 얻어진다. 여기서 구심력이 원심력으로 바뀌면 물체

는 궤적 *VPQ*를 따라 위로 올라가는데, 타원의 일부인 *VRC*에 비례하도록 ∠*VCP*를 잡고 *CP*=*CT*를 유지하면 물체의 궤적을 구할 수 있다. 이 모든 것은 명제 41의 결과이며, 곡선 도형의 면적을 구하는 방법은 별로 어렵지 않으므로 생략한다.

명제 42 / 문제 29

구심력이 주어졌을 때, 특정 위치에서 특정 속도와 방향으로 출발한 물체의 향후 운동을 구하라.

〈그림 8-5〉

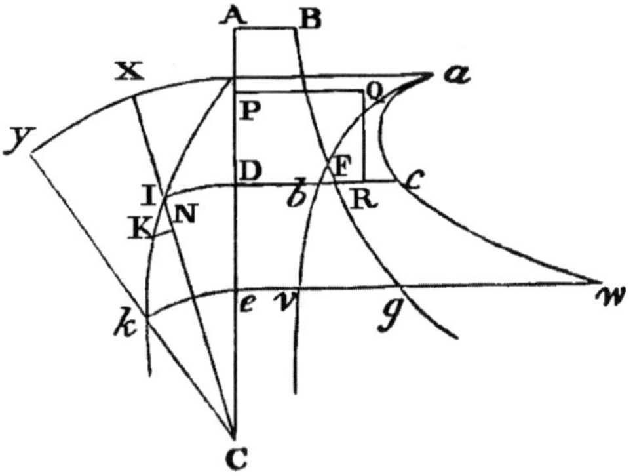

명제 40, 41, 42와 동일한 가정하에, 물체가 *I*에서 *IK* 방향으로 움직이기 시작했다고 하자. 또 물체의 초기 속도는 "균일한 구심력 아래 *P*에서 낙하하기 시작한 두 번째 물체가 *D*를 지날 때의 속도"와

같고, 이 (균일한) 구심력과 I에서 첫 번째 물체에 작용하는 구심력의 비율이 DR과 DF의 비율과 같다고 하자. 첫 번째 물체는 I에서 출발하여 k를 향해 나아간다. C를 중심으로 반지름이 Ck인 원 ke가 직선 PD와 만나는 점을 e라 하고, e에서 Dc에 평행하게 그은 직선이 곡선 BFg, abv, acw와 만나는 점을 각각 g, v, w라 하자. 주어진 직사각형 $PDRQ$와 첫 번째 물체에 작용하는 구심력 법칙, 그리고 명제 39와 부가정리 1의 작도법을 이용하면 곡선 BFg를 구할 수 있고, 주어진 $\angle CIK$와 $IK : KN$에 명제 41의 작도법을 적용하면 Q의 값과 곡선 abv, acw가 구해진다. 그러므로 도형 $Dbve$가 완성된 시점에서 물체의 높이 Ce(또는 Ck)와 $Dcwe$의 면적(= XCy의 면적), $\angle ICk$, 그리고 그 시간에 물체의 위치 k를 알 수 있다. [Q.E.I.]

명제 40~42에는 구심력의 구체적인 형태가 정의되어 있지 않다. 그러나 구심력이 어떤 형태로 표현되건, 힘의 중심으로부터 같은 거리에 있는 물체가 같은 크기의 구심력을 받는다는 것은 타당한 가정이다.

지금까지 우리는 물체의 궤도가 고정된 경우를 다루었다. 지금부터는 물체의 궤도가 힘의 중심 주변을 회전하는 경우를 다루기로 한다.

9장

움직이는 궤도를 그리는 물체의 운동 및 근일점과 원일점의 이동

명제 43 / 문제 30

한 물체가 궤도 운동을 하고 있다. 다른 물체가 이와 동일한 궤도를 돌되, 궤도 자체가 회전 운동을 하게 만드는 힘을 구하라.

〈그림 9-1〉

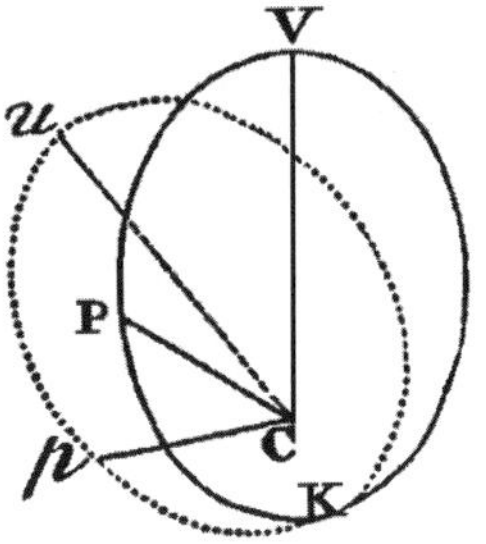

물체 P가 고정된 궤도 VPK를 따라 $V \rightarrow K$ 방향으로 움직이고 있다. 힘의 중심 C를 고정시킨 채 $\angle VCp$가 $\angle VCP$에 비례하고 $Cp=CP$의 관계가 유지되도록 p의 궤적을 그리면, 특정 시간 동안 직선 Cp가 쓸고 지나간 면적과 CP가 쓸고 지나간 면적의 비율은 Cp와 CP의 속도 비율과 같고, 이 값은 $\angle VCp$와 $\angle VCP$의 비율과도 같다. 즉 고정된 평면에서 Cp가 쓸고 지나간 면적이 시간에 비례하므로, p에 있는 물체에 적절한 구심력이 작용하면 고정된 평면에서 VPK와 비슷한 궤도를 그릴 수 있다. 이제 $\angle PCp=\angle VCu$, $Cu=CV$, $uCp \equiv VCP$가 되도록 u를 잡으면 p에 있는 물체는 uCp의 곡선 부분을 따라 움직이고, 물체 P가 호 VP를 그리는 시간 동안 이와 동일한 up를 그리게 된다. 그러므로 명제 6의 부가정리 5에 의거하여 고정된 평면에

서 p와 같은 궤적을 그리게 만드는 구심력을 구하면 문제는 해결된다. [Q.E.F.]

명제 44 / 정리 14

한 물체는 고정된 궤도를 돌고, 또 하나의 물체가 "첫 번째 궤도와 형태는 동일하지만 회전하는 궤도"를 돌고 있을 때, 두 물체에 작용하는 구심력의 차이는 두 물체의 공통 높이의 세제곱에 반비례한다.

〈그림 9-2〉

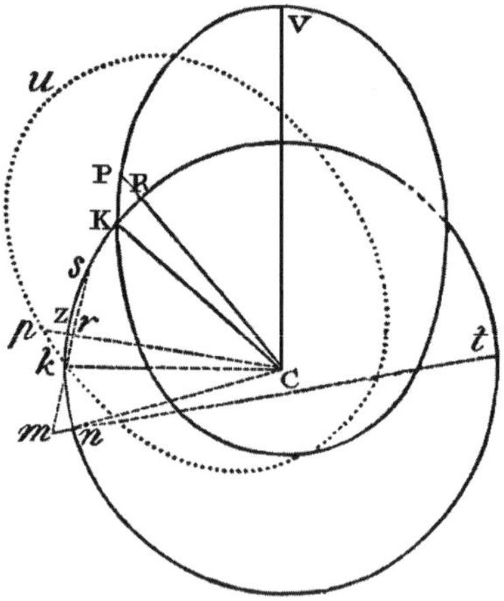

고정된 궤도의 일부인 VP, PK와 기하학적으로 동일한 up, pk를 회전하는 궤도에 잡는다. P와 K는 무한히 가깝다고 가정하자. k에서 pC에 수직한 직선 kr을 긋고, $mr:kr=\angle VCp:\angle VCP$인 점을 m이라

하자. 물체의 높이 PC와 pC(또는 KC와 kC)는 항상 같으므로, PC와 pC는 항상 같은 양만큼 증가하거나 감소한다. 따라서 P와 p를 지나는 두 물체의 운동을 (부가법칙 2에 의해) 중심을 향하는 운동(PC 또는 pC 방향의 운동)과 여기에 수직한 방향의 운동(PC 또는 pC에 수직한 방향의 운동)으로 분해하면 "중심을 향한 운동 성분"은 두 물체가 동일하고, 물체 p와 P의 수직 운동 성분의 비율은 직선 PC와 pC가 쓸고 지나간 각도의 비율과 같다(즉 $\angle VCp : \angle VCP$와 같다). 그러므로 물체 P가 두 가지 운동 성분에 의해 K에 도달하는 동안, 물체 p는 중심 C 방향의 운동 성분에 의해 직선 mkr 위의 어딘가에 놓이게 된다(이 직선은 pC와 직교한다). 그리고 "나머지 성분(pC에 수직한 운동 성분)에 의해 p가 직선 pC로부터 이동한 거리"와 "P가 PC에 수직한 운동 성분에 의해 직선 PC로부터 이동한 거리"의 비율은 "p의 수직 운동 성분"과 "P의 수직 운동 성분"의 비율과 같다. 즉 kr은 물체 P가 직선 PC로부터 이동한 거리와 같고 $mr : kr = \angle VCp : \angle VCP$(=$p$의 수직 운동:$P$의 수직 운동)이므로, P가 K에 도달하는 시간 동안 p는 m에 도달한다.

이것은 물체 p와 P가 동일한 구심력에 의해 각각 직선 pC와 PC를 따라 이동할 때도 마찬가지다. 그러나 $\angle pCn : \angle pCk = \angle VCp : \angle VCP$, $nC = kC$가 되도록 n을 잡으면 물체 p는 (위와 동일한 시간이 지났을 때) n에 도달하고, $\angle nCp$가 $\angle kCp$보다 크면 p는 P보다 더 큰 힘을 받는다. 즉 궤도 upk가 "CP가 앞으로 이동하는 속도보다 2배 이상 빠른 속도로" 앞 또는 뒤로 이동하면 p는 P보다 더 큰 힘을 받는다. 반면에 upk가 이보다 느린 속도로 뒤로 이동하면 P에 작용하는 힘이 p에 작용하는 힘보다 크다. 그리고 두 힘의 차이는 주어진 시간과 위치에서 p가 이 차이에 의해 이동한 거리 mn에 비례한다.

C를 중심으로 반지름이 Cn, 또는 Ck인 원이 mr, mn(또는 그 연장선)과 만나는 점을 각각 s, t라 하면 $mn \times mt = mk \times ms$이므로 $mn = \frac{mk \times ms}{mt}$이다. 그런데 특정 시간이 주어지면 삼각형 pCk와 pCn이 결정되므로 kr, mr, 그리고 이들의 차이 mk와 이들의 합 ms는 높이 PC에 반비례하고 $mk \times ms$는 PC^2에 반비례하며, mt는 $PC(=\frac{1}{2}mt)$에 비례한다. 따라서 $\frac{mk \times ms}{mt}$는 PC^3에 반비례한다. [Q.E.D.]

부가정리 1

그러므로 "물체 p, P가 각각 K, k에 있을 때 두 물체에 작용하는 힘의 차이"와 "고정된 궤도에서 P가 호 PK를 그리는 시간 동안 원운동을 하는 물체를 R에서 K로 이동시키는 힘"의 비율은 mn과 호 RK의 버사인의 비율과 같고, 이 값(비율)은 $\frac{mk \times ms}{mt} : \frac{rk^2}{2KC}$ 또는 $mk \times ms : rk^2$과 같다. 즉 $F : G = \angle VCP : \angle VCp$를 만족하는 2개의 양 F, G를 잡으면 이 비율은 $G^2 - F^2 : F^2$과 같다. 그러므로 중심 C와 반지름 CP(또는 Cp)를 이용하여 VCP(P가 C를 중심으로 고정된 궤도를 따라 이동하면서 만든 면적)와 면적이 같은 부채꼴을 그리면, "고정된 궤도를 따라가는 P에 작용하는 힘과 움직이는 궤도를 따라가는 p에 작용하는 힘의 차이"와 "궤적 VPC가 형성되는 동안 다른 물체가 VCP와 면적이 같은 부채꼴을 균일하게 그리도록 만드는 구심력"의 비율은 $G^2 - F^2 : F^2$과 같다. 왜냐하면 이 면적과 pCk의 면적은 물체가 해당 도형을 그리는 데 소요된 시간에 비례하기 때문이다.

〈그림 9-3〉

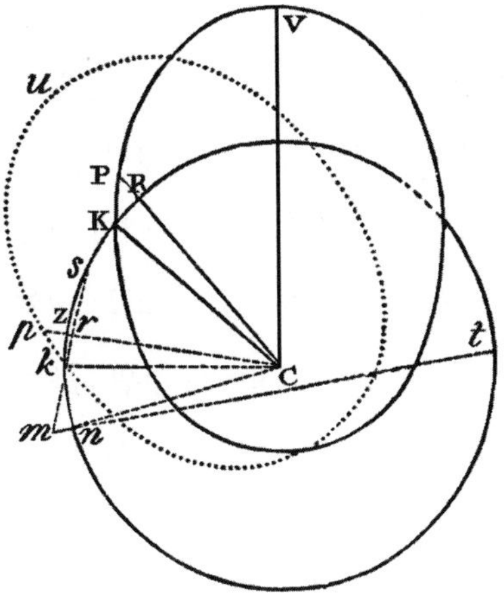

부가정리 2

궤적 *VPK*가 *C*를 초점으로, *V*를 원일점으로 갖는 타원이라 하자. 회전하는 타원 *upk*가 *VPK*와 기하학적으로 합동이면 *pC*와 *PC*는 길이가 항상 같고, $\angle VCp : \angle VCP$는 위에서 정의한 $G:F$와 같다. 높이 *PC*(또는 *pC*)를 *A*라 하고 타원의 통경을 $2R$이라 하면 회전하는 타원 궤도를 그리는 물체에 작용하는 힘은 $\frac{F^2}{A^2}+\frac{R(G^2-F^2)}{A^3}$이며, 그 역도 성립한다.

이유: 고정된 타원 궤도에 작용하는 힘을 $\frac{F^2}{A^2}$라 하면, 원일점 *V*에 작용하는 힘은 $\frac{F^2}{CV^2}$이다. 그런데 "물체 *P*가 *V*에 도달했을 때의 속도와 같은 속도로 반지름이 *CV*인 원운동을 하게 만드는 힘"과 "초점이 *C*이고 원일점이 *V*인 타원 운동을 하도록 만드는 힘"의 비율은 타원의 통경의 절반과 원의 반지름 *CV*의 비율과 같으므로 $\frac{R\times F^2}{CV^3}$이다. 어떤 힘과 이 값의 비율이 $G^2-F^2:F^2$과 같아지려면, 그 힘은

$\frac{R(G^2-F^2)}{CV^3}$이 되어야 한다. 이 힘은 (본 명제의 부가정리 1에 의해) 물체 P가 고정된 타원 VPK를 그리도록 만드는 힘과 물체 p가 움직이는 타원 upk를 그리도록 만드는 힘의 V에서의 차이에 해당한다. (본 명제에 의하면) 임의의 높이 A와 높이 CV에서 작용하는 힘의 차이는 $\frac{1}{A^3}$과 $\frac{1}{CV^3}$의 비율과 같으므로, 모든 고도 A에서 힘의 차이는 $\frac{R(G^2-F^2)}{A^3}$이다. 그러므로 p가 움직이는 타원 upk를 그리도록 만드는 힘은 P가 고정된 타원 VPK를 그리도록 만드는 힘 $\frac{F^2}{A^2}$에 여분의 힘 $\frac{R(G^2-F^2)}{A^3}$을 더한 총힘 $\frac{F^2}{A^2}+\frac{R(G^2-F^2)}{A^3}$이다.

부가정리 3

이와 비슷하게, 고정된 궤도 VPK가 힘의 중심점 C를 중심으로 하는 타원이고 움직이는 궤도 upk는 같은 점을 중심으로 가지면서 VPK와 기하학적으로 동일한 타원이라고 하자. 타원의 장통경을 $2R$, 장축의 길이를 $2T$라 했을 때, $\angle VCp : \angle VCP = G : F$가 항상 성립하면 두 물체가 같은 시간 동안 두 타원의 같은 부분을 진행하게 만드는 힘은 각각 $\frac{F^2A}{T^3}$, $\frac{F^2A}{T^3}+\frac{R(G^2-F^2)}{A^3}$이다.

부가정리 4

일반적으로 가장 높은 점(원일점)과 중심 사이의 거리를 T라 하고, V에서 곡선 VPK의 곡률 반지름(해당 지점에서 동일한 곡률을 갖는 원의 반지름)을 R이라 하자. 고도 CP를 A라 하고, 고정된 임의의 궤도 VPK의 V 지점에서 물체에 작용하는 구심력을 $\frac{VF^2}{T^2}$이라 하고, 다른 지점 P에서 작용하는 구심력을 X라 하고, $\angle VCp : \angle VCP = G : F$라 하면, VPK와 동일하면서 회전하는 궤적 upk에서 같은 시간 동안 같은 부분만큼 이동하게 만드는 구심력은 $X + \frac{VR(G^2 - F^2)}{A^3}$이다.

부가정리 5

그러므로 고정된 궤도를 따라 움직이는 물체가 주어지면 힘의 중심에 대한 각도 운동을 주어진 비율로 늘이거나 줄일 수 있으며, 새로운 구심력에 의해 만들어진 새로운 (고정된) 궤도를 구할 수 있다.

부가정리 6

그러므로 주어진 직선 CV에 수직한 선 VP와 CP를 긋고, $\angle VCp : \angle VCP$가 특정한 비율이 되도록 CP와 길이가 같은 Cp를 그렸을 때, p에 있는 물체가 곡선 Vpk를 따라가도록 만드는 힘은 물체의 높이(중심과의 거리) Cp의 세제곱에 반비례한다.

〈그림 9-4〉

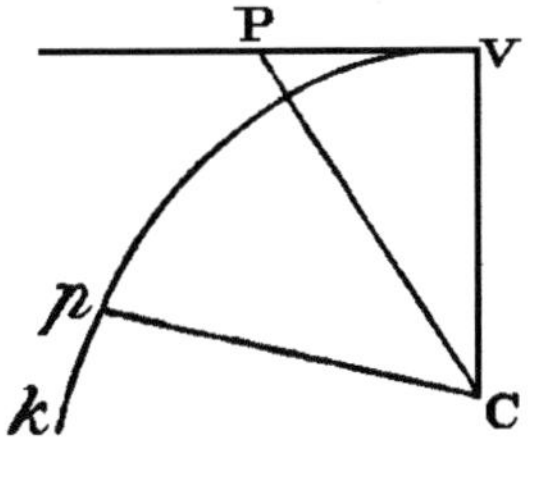

이유: 물체 P에 관성력 외에 아무런 힘도 작용하지 않는다면 직선 VP를 따라 움직일 것이다. 여기에 중심 C를 향하면서 높이 CP(또는

Cp)의 세제곱에 반비례하는 힘이 추가되면 (앞에서 증명한 명제에 의해) 물체의 궤적은 직선이 아닌 곡선 *Vpk*를 그리게 된다. 그런데 *Vpk*는 명제 41의 부가정리 3의 *VPQ*와 동일하므로, 이런 힘이 작용하는 물체는 곡선을 따라 비스듬하게 올라가는 방향으로 이동한다.

명제 45 / 문제 31

물체의 궤도가 거의 원에 가까운 타원인 경우, 원일점(또는 근일점)의 이동을 계산하라.

이 문제는 (명제 44의 부가정리 3처럼) 특정 평면에 고정된 타원 궤도를 취한 후, 이 궤도가 주어진 원일점(또는 근일점)을 갖도록 수정하는 식으로 해결할 수 있다. 즉 이 문제는 굳이 그림을 그리지 않아도 대수적으로 해결할 수 있다. 두 종류의 구심력이 같은 높이에서 서로 비례하면, 이들에 의해 나타나는 두 궤도는 기하학적으로 닮은 꼴이다. 원일점을 *V*라 하고 높이의 최댓값 *CV*를 *T*, 또 하나의 다른 높이인 *CP* 또는 *Cp*를 *A*라 하고, *CV*와 *CP*의 높이 차이, 즉 *CV*-*CP*를 *X*라 하자. 물체가 (부가정리 2에서와 같이) 초점 *C*를 중심으로 "회전하는" 타원 궤도를 그릴 때,[1] 이 물체에 작용하는 힘은 부가정리 2에

1) 물론 물체는 타원 궤도를 따라 회전하고 있지만, 여기서 말하는 "회전"이란 타원 궤도 자체가 회전한다는 뜻이다.

의해 $\frac{F^2}{A^2}+\frac{RG^2-RF^2}{A^3}=\frac{F^2A+RG^2-RF^2}{A^3}$이며, 여기에 $T-X=A$를 적용하면 $\frac{RG^2-RF^2+TF^2-F^2X}{A^3}$가 된다. 다른 종류의 구심력도 분모가 A^3인 분수로 표현되며, 분자도 차수가 같은 항들끼리 모으면 거의 비슷한 형태로 나타난다. 아래의 사례들로부터 그 이유를 분명하게 이해할 수 있을 것이다.

사례 1

구심력이 $\frac{A^3}{A^3}$으로 균일하다고 가정하자. $A=T-X$를 이용하여 분자를 다시 쓰면 구심력은 $\frac{T^3-3T^2X+3TX^2-X^3}{A^3}$이 되고, 분자에서 주어진 양과 주어지지 않은 양들을 따로 모으면 $RG^2-RF^2+TF^2:T^3=-F^2X:-3T^2X+3TX^2-X^3=-F^2:-3T^2+3TX-X^2$의 관계가 성립한다. 그런데 궤도가 "거의 원에 가깝다"고 했으므로 일단 원으로 간주하자. 그러면 R(반지름)$=T$(원일점의 높이)이고 $X=0$이므로 위의 비례식은 $RG^2:T^3=-F^2:-3T^2$, 또는 $G^2:F^2=T^2:3T^2=1:3$이 된다. 즉 $G:F=\angle VCp:\angle VCP=1:\sqrt{3}$이다. 그런데 물체가 고정된 타원 궤도를 따라 원일점에서 근일점으로 하강하면 $\angle VCP$는 180도를 돌아간 셈이므로, 회전하는 타원 궤도의 경우 원일점에서 근일점으로 하강하는 동안 물체가 돌아간 각도 $\angle VCp$는 $\frac{180°}{\sqrt{3}}$이다. 이런 결과가 얻어진 이유는 "물체가 일정한 구심력을 받으면서 그리는 타원 궤도"와 "고정된 평면에서 회전하는 타원 궤도를 따라가는 물체가 그리는 궤도"가 기하학적으로 비슷하기 때문이다. 위와 같은 방법으로 각 항을 비교하면, (궤도가 거의 원에 가까울 때에 한하여) 모든 궤도를 비슷한 형태로 만들 수 있다. 그러므로 균일한 구심력하에서 거의 원에 가까운 궤도를 그리는 물체가 $\frac{180°}{\sqrt{3}}$=103°55′23″만큼 회전하면 원일점에서 근일점으로 이동하고, 다시 같은 각도만큼 회전하면 처음 위치(원일점)로 되돌아가고… 이런 식으로 반복된다.

사례 2

구심력이 임의의 고도 A에서 A^{n-3}(=$\frac{A^n}{A^3}$)으로 표현된다고 가정하자. 여기서 n은 정수나 유리수 또는 무리수이며, 양수일 수도 있고 음수여도 상관없다. $A=T-X$이므로 $A^n=(T-X)^n$인데, 이것을 무한수열의 합으로 전개하면 $A^n=T^n-nXT^{n-1}+\frac{n^2-n}{2}X^2T^{n-2}+\cdots$이다. 각 항을 명제 45에서 구한 힘의 분자 $RG^2-RF^2+TF^2-F^2X$와 비교하면 $RG^2-RF^2+TF^2:T^n=-F^2:-nT^{n-1}+\frac{n^2-n}{2}XT^{n-2}+\cdots$가 된다. 여기에 궤도가 원에 무한히 가까워지는 극한을 취하면 $RG^2:T^n=-F^2:-nT^{n-1}$이고, 궤도가 원이면 $R=T$이므로 $G^2:T^{n-1}=F^2:nT^{n-1}$이며, 비례식의 순서를 바꾸면 $G^2:F^2=T^{n-1}:nT^{n-1}=1:n$이 된다. 그러므로 $G:F=\angle VCp:\angle VCP=1:\sqrt{n}$이다. 타원 궤도를 돌 때 원일점에서 근일점으로 이동하려면 $\angle VCP$는 180°가 되어야 한다. 따라서 물체가 A^{n-3}에 비례하는 구심력을 받으면서 거의 원에 가까운 궤도를 도는 경우, $\angle VCp$가 $\frac{180°}{\sqrt{n}}$만큼 돌면 원일점에서 근일점으로 이동하고, 다시 이 각도만큼 돌아가면 원일점으로 되돌아가고… 이런 식으로 반복된다.

구심력이 중심과의 거리에 비례하는 경우, 구심력은 A 또는 $\frac{A^4}{A^3}$으로 표현된다. 즉 n=4이고 $\sqrt{n}$=2인 경우에 해당하여 원일점과 근일점의 각도 차이는 $\frac{180°}{2}$=90°이다. 그러므로 원일점에 있는 물체가 $\frac{1}{4}$ 회전하면 근일점으로 이동하고, 다시 $\frac{1}{4}$ 회전하면 원일점으로 돌아가고… 이런 식으로 끝없이 계속된다. 이것은 명제 10을 통해서도 확인할 수 있다. 구심력이 거리에 비례하면 물체는 구심점을 중심으로 삼아 타원 운동을 한다. 그러나 구심력이 거리에 반비례하면(즉 $\frac{1}{A}$ 또는 $\frac{A^2}{A^3}$에 비례하면) $n=2$인 경우이므로 원일점과 근일점 사이의 각도는 $\frac{180°}{\sqrt{2}}=127°\,16'\,45''$이며, 물체는 이 각도를 주기로 원일점과 근일점을 지나게 된다. 만일 구심력이 거리의 $\frac{11}{4}$제곱에 반비례하면($\frac{1}{A^{11/4}}$ 또는 $\frac{A^{1/4}}{A^3}$에 비례하면) $n=\frac{1}{4}$인 경우이므로 $\frac{180°}{\sqrt{n}}=360°$가 된다. 즉 원일점에 있는 물체는 완전히 한 바퀴를 돌아야 근일점으로 이동하고, 여기서 다시 한 바퀴를 돌면 원일점으로 돌아간다.[2)]

사례 3

가장 일반적인 경우로, 구심력이 $\frac{bA^m+cA^n}{A^3}=\frac{b(T-X)^m+c(T-X)^n}{A^3}$ $=\frac{bT^m+cT^n-mbXT^{m-1}-ncXT^{n-1}+\frac{m^2-m}{2}bX^2T^{m-2}+c\frac{n^2-n}{2}\ X^2T^{n-2}}{A^3}$로 표현된다고 하자($m$, n, b, c는 임의의 상수이다). 앞에서와 마찬가지로 분자의 각 항을 비교하면 $RG^2-RF^2+TF^2:bT^m+cT^n=-F^2:-mbXT^{m-1}-ncXT^{n-1}+\frac{m^2-m}{2}bX^2T^{m-1}+\frac{n^2-n}{2}cX^2T^{n-2}\cdots$이다. 물체의 궤도가 거의 원에 가까우면 $G^2:bT^{m-1}+cT^{n-1}=F^2:mbT^{m-1}+ncT^{n-1}$이 되고, 비례식을 조금 변형하면 $G^2:F^2=bT^{m-1}+cT^{n-1}:mbT^{m-1}+ncT^{n-1}$이다. 최고 높이 CV 또는 T를 기본 단위 1로 간주하면 이 비례식은

2) 앞에서도 그랬듯이 궤도 자체가 회전하고 있으므로, 360도를 돌아도 원위치로 돌아오지 않는다.

$G^2:F^2=b+c:mb+nc=1:\frac{mb+nc}{b+c}$로 쓸 수 있으므로, $G:F=\angle VCp:\angle VCP=1:\sqrt{\frac{mb+nc}{b+c}}$가 된다. 그런데 고정된 타원에서 원일점과 근일점 사이의 각도는 $180°$이므로, $\frac{bA^m+cA^n}{A^3}$의 구심력이 적용할 때 물체가 그리는 궤도의 원일점과 근일점 사이의 각도 $\angle VCp$는 $180\sqrt{\frac{b+c}{mb+nc}}°$이다. 또한 구심력이 $\frac{bA^m+cA^n}{A^3}$인 경우에 동일한 논리를 적용하면 $\angle VCp=\sqrt{\frac{b-c}{mb-nc}}°$이 얻어진다. 이보다 복잡한 경우도 비슷한 방법으로 답을 구할 수 있다. 단 구심력은 "분자가 수렴하는 수열이고 분모는 A^3인" 분수로 표현되어야 한다. 이 조건이 만족되면 "분자에서 주어진 양과 주어지지 않은 양의 비율"이 "$RG^2-RF^2+TF^2-F^2X$에서 주어진 양과 주어지지 않은 양의 비율"과 같다는 사실로부터 G와 F의 비례 관계(비율)를 알 수 있다($T=1$로 간주하면 계산이 간단해진다).

부가정리 1

구심력이 높이의 거듭제곱으로 표현될 때, 해당 지수는 원일점과 근일점의 움직임으로부터 알아낼 수 있으며, 반대로 구심력의 형태(A의 지수)를 알면 원일점에서 근일점으로 이동하는 데 필요한 각도를 알 수 있다. 즉 물체가 원일점을 지난 후 다시 원일점으로 돌아올 때까지 돌아야 할 각도와 360도의 비율이 $m:n$이면, (높이를 A라 했을 때) 물체에 작용하는 구심력은 $A^{\frac{n^2}{m^2}-3}$이다. 이것은 사례 2와도 일치하는 결과이다. 그러므로 물체가 중심으로부터 멀어질 때, 힘은 높이의 세제곱보다 빠르게 감소할 수 없다. 높이의 세제곱보다 빠르게 감소하는 힘이 작용하면, 원일점에서 내려오는 물체는 근일점(최저 높이)에 도달하지 못하고 명제 41의 부가정리 3에서 다뤘던 곡선을 그리면서 중심을 향해 떨어진다. 그리고 근일점에서 위로 올라가는 경우에는 본 명제의 부가정리 3과 명제 44의 부가정리 6에서 다뤘던 곡선을 따라가기 때문에, 아무리 시간이 흘러도 원일점에 도달할 수 없다. 즉 물체에 작용하는 힘이 높이의 세제곱보다 빠르게 감소하면 원일점을 지난 물체는 중심을 향해 떨어지고, 근일점을 지난 물체는 아무리 올라가도 원일점에 도달하지 못한다. 그러나 물체가 중심으로부터 멀어질 때 구심력이 높이의 세제곱보다 느리게 감소하거나 높이(또는 높이의 거듭제곱)에 비례하여 증가하면 물체는 중심에 도달하지 않고 언젠가는 근일점에 도달하고, 역으로, 물체가 원일점과 근일점을 주기적으로 지나면서 중심을 향해 떨어지지 않으면, 구심력은 중심에서 멀수록 강해지거나 높이의 세제곱보다 느리게 감소한다. 그리고 원일점과 근일점 사이를 빠르게 오갈수록 힘은 "높이의 세제곱"에서 멀어진다.

예를 들어 물체가 원일점을 지난 후 다시 원일점에 도달할 때까지 8바퀴, 또는 4바퀴, 또는 2바퀴, 또는 $\frac{3}{2}$바퀴를 도는 경우를 생각해보자. 각각의 경우에 $\frac{m}{n}$은 8, 4, 2, $\frac{3}{2}$이고 $\frac{n^2}{m^2}-3$은 $\frac{1}{64}-3$, $\frac{1}{16}-3$, $\frac{1}{4}-3$, $\frac{4}{9}-3$이며, 힘(구심력)은 $A^{\frac{1}{64}-3}$, $A^{\frac{1}{16}-3}$, $A^{\frac{1}{4}-3}$, $A^{\frac{4}{9}-3}$이다. 역수로 표기하면 각 경우에 힘은 $A^{3-\frac{1}{64}}$, $A^{3-\frac{1}{16}}$, $A^{3-\frac{1}{4}}$, $A^{3-\frac{4}{9}}$에 반비례한다. 물체가 궤도를 따라 한 바퀴 도는 동안 원일점과 근일점이 이동하지 않으면 $m:n=1:1$이므로, $A^{\frac{n^2}{m^2}-3}=A^{-2}=\frac{1}{A^2}$이므로, 힘은 높이의 제곱에 반비례한다. 이것은 명제 44에서 이미 확인된 사실이다. 그리고 물체가 $\frac{3}{4}$바퀴, 또는 $\frac{2}{3}$바퀴, 또는 $\frac{1}{3}$바퀴, 또는 $\frac{1}{4}$바퀴 회전한 후에 원위

치로 돌아오면 $m:n=\frac{3}{4}, \frac{2}{3}, \frac{1}{3}, \frac{1}{4}$이며, 각 경우에 $A^{\frac{n^2}{m^2}-3}=A^{\frac{16}{9}-3}$, $A^{\frac{9}{4}-3}$, A^{9-3}, A^{16-3}이다. 즉 힘은 $A^{\frac{11}{9}}$, 또는 $A^{\frac{3}{4}}$에 반비례하거나 A^6 또는 A^{13}에 비례한다. 마지막으로, 물체가 원일점을 출발하여 다시 원일점으로 돌아올 때까지 $360^\circ+3^\circ=363^\circ$를 돌았다면 $m:n=363:360=121:120$이므로 $A^{\frac{n^2}{m^2}-3}=A^{-\frac{29,523}{14,641}}$이 되어, 구심력은 $A^{-\frac{29,523}{14,641}}$ 또는 약 $A^{2\frac{4}{243}}$에 반비례한다. 즉 구심력은 높이의 제곱보다 조금 빠르게 감소하지만, 세제곱보다 제곱에 $59\frac{3}{4}$배 더 가깝다.

부가정리 2

임의의 물체가 높이의 제곱에 반비례하는 힘을 받으면서 구심점(구심력의 중심)을 초점으로 타원 궤적을 그리고 있다. 이 상태에서 구심력이 더 강해지거나 약해지면 원일점과 근일점이 이동하기 시작하는데, 이들의 운동은 힘의 변화량으로부터 구할 수 있다. 또는 역으로, 원일점과 근일점의 운동을 알면 힘의 변화량을 계산할 수 있다. 예를 들어 어떤 물체가 $\frac{1}{A^2}$의 구심력을 받으며 타원 궤도를 돌고 있는데, 갑자기 구심력이 cA만큼 약해졌다고 가정해보자. 약해진 구심력은 $\frac{A-cA^4}{A^3}$이고 (사례 3에서 보았듯이) $b=1$, $m=1$, $n=4$이므로, 물체가 원일점에서 다시 원일점으로 돌아가려면 $180\sqrt{\frac{1-c}{1-4c}}^\circ$만큼 돌아야 한다. 구심력의 감소량이 원래 구심력의 $\frac{1}{357.45}$배라면 $c=\frac{100}{35,745}$이고 A(또는 T)=1이며, $180\sqrt{\frac{1-c}{1-4c}}^\circ=180\sqrt{\frac{35,645}{35,345}}^\circ=180.7623^\circ=180^\circ 45'44''$이다. 즉 원일점을 막 통과한 물체가 근일점에 도달하려면 $180^\circ 45'44''$를 돌아야 하고, 그 2배를 돌면 원일점으로 되돌아온다. 그러므로 물체가 한 바퀴 돌 때마다 원일점은 1°31′28″씩 앞으로 이동한다. 달의 원일점은 이보다 2배쯤 빠르게 이동하고 있다.

힘의 중심점이 궤도면(궤도를 포함하는 평면)에 놓인 운동에 대해서는 이 정도로 충분하다. 지금부터는 힘의 중심이 궤도면에 놓여 있지 않은 운동에 대해 알아보기로 한다. 무거운 물체를 주로 다루는 학자들은 주어진 평면에서 수직한 방향이나 비스듬한 방향으로 오르내리는 물체의 운동을 분석해놓았는데, 이 책에서는 물체에 다른 힘이 추가로 작용하여 중심을 향해 이동하는 경우와 힘의 중심이 궤도면에서 벗어난 경우도 다루었다. 물체가 실제 평면 위에서 움직이는 경우에는 평면이 고도로 매끈하여 마찰력이 작용하지 않는다고 가정할 것이다. 그리고 이와 관련된 내용을 증명할 때에는 물체가 면에 직접 닿지 않고 가상의 평행면을 도입하여, 물체의 무게 중심이 이 가상의 면에서 움직이는 것으로 간주할 것이다. 평면이 아닌 곡면의 경우도 마찬가지다.

10장

주어진 면에서 움직이는 물체와 단진자 운동[1)]

명제 46 / 문제 32

임의의 구심력이 작용하는 공간에서 한 물체가 움직이고 있다. 구심력의 중심과 궤도면이 주어졌을 때, 특정 위치에서 특정 방향을 향해 주어진 속도로 움직이기 시작한 물체의 향후 운동을 구하라(도형의 면적은 어떻게든 구할 수 있다고 가정한다).

〈그림 10-1〉

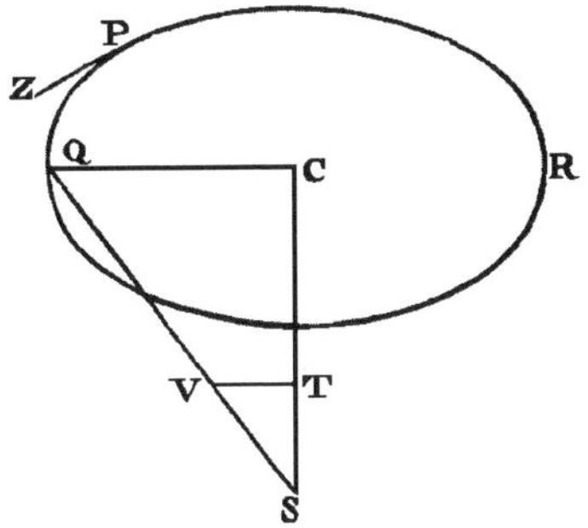

힘의 중심을 S, S와 운동 평면 사이의 최단 거리를 SC, 운동이 시작된 지점을 P, 초기 운동 방향을 PZ라 하자. 우리의 목적은 이 물체가 그리는 궤적 PQR을 구하는 것이다. 직선 CQ와 QS를 긋고 QS에서 구심력에 비례하는 SV를 취한 후, V에서 CQ에 평행한 방향으로

---

1) 이 장의 원문에는 "단진자(simple pendulum)"와 "진자(pendulum)"를 구별하지 않고 혼용해서 쓰고 있으나. 엄밀히 말해서 진자는 단진자와 물리 진자(physical pendulum)로 구분된다. 단진자는 진동체의 크기를 무시한 진자이고, 물리 진자는 진동 이외의 다른 운동을 무시할 수 없을 정도로 진동체가 큰 진자이다. 이 장에서 다루는 진자는 모두 단진자이므로, "진자"라는 단어가 나오면 단진자로 이해해주기 바란다.

그은 직선이 *SC*와 만나는 점을 *T*라 하자. 그러면 힘 *SV*는 (부가법칙 2에 의해) *ST*와 *TV*로 분해할 수 있다. *ST*는 물체를 궤도면에 수직한 방향으로 잡아당기는 힘이어서, 물체의 평면 운동에 아무런 영향도 주지 않는다. 그러나 나머지 힘성분 *TV*는 평면 방향을 따라 작용하기 때문에 물체를 *C* 쪽으로 잡아당긴다. 그러므로 이 운동은 자유공간에서 *C*를 중심으로 (*ST* 없이) 구심력 *TV*만 작용할 때 나타나는 운동과 동일하다. 그런데 구심력 *TV*와 중심 *C*가 주어지면 (명제 42에 의해) 자유 공간에서 물체 *Q*가 그리는 궤적 *PQR*과 임의의 시간에 물체의 위치 *Q* 및 속도를 알 수 있으며, 그 역도 성립한다. [Q.E.I.]

명제 47 / 정리 15

힘의 중심과 물체 사이의 거리에 비례하는 구심력이 작용하고 있을 때, 임의의 평면에서 움직이는 물체는 타원 궤도를 그리며, 한 바퀴 도는 데 걸리는 시간, 즉 주기는 타원의 형태와 상관없이 모두 같다. 또한 동일한 상황에서 직선 운동을 하는 물체는 앞뒤로 왕복 운동을 하고, 한 번 왕복하는 데 걸리는 시간(주기)이 모두 같다.

모든 기호를 명제 46과 동일하게 정의하면, 물체 *Q*를 평면 *PQR*에서 움직이게 하는 힘 *SV*는 힘의 중심 *S*를 향해 작용하고 물체와 중심 사이의 거리 *SQ*에 비례한다. 또한 *SV*와 *SQ*, 그리고 *TV*와 *CQ*는 서로 비례하는 관계에 있으므로 평면 *PQR*에 있는 물체를 *C* 쪽으로 잡아당기는 힘은 CQ에 비례하고, 이 값은 물체를 S로 잡아당기는 힘에 비례한다. 그러므로 자유 공간에서 S를 중심으로 움직이는 물체와 평면 PQR에서 C를 중심으로 움직이는 물체는 같은 시간 동안 같은 궤적을 그린다. 따라서 (명제 10의 부가정리 2와 명제 38의 부가정리 2에 의해) PQR에서 C를 중심으로 타원을 그리는 물체와 C를 중심으로 왕복 운동을 하는 물체는 주기가 같다. [Q.E.D.]

부가설명

곡면을 따라 상승하거나 하강하는 물체의 운동은 방금 논한 운동과 매우 비슷하다. 평면에 임의의 곡선을 긋고, "힘의 중심을 지나는 축"을 중심으로 곡선을 회전시키면 하나의 곡면이 얻어진다. 이제 무게 중심이 항상 이 곡면 위에 놓여 있는 물체를 상상해보자. 비스듬한 방향으로 상승 또는 하강하거나 앞뒤로 진동하는 운동은 축을 지나는 평면 위에서 진행되므로, 회전 운동으로 곡면을 만든 곡선을 따라 움직이는 것으로 간주해도 무방하다. 따라서 이런 경우에는 곡선을 따라 일어나는 운동만 고려하면 된다.

명제 48 / 정리 16

동그란 바퀴가 구면 위에 똑바로 서서 구의 대원(great circle)[2)]을 따라

굴러가고 있을 때, 접촉한 후 특정 시간 동안 "바퀴 테두리의 주어진 점이 공간에 그리는 경로[이 곡선을 사이클로이드, 또는 에피사이클로이드(epicycloid)라 한다]의 길이"와 "바퀴가 구르는 동안 구면과 접촉한 테두리 길이의 절반의 버사인의 2배"의 비율은 "바퀴의 지름과 구의 지름의 합"과 "구의 반지름"의 비율과 같다.

명제 49 / 정리 17

동그란 바퀴가 속이 빈 구의 안쪽 면에 접촉한 채 똑바로 서서 구의 대원을 따라 굴러가고 있을 때, 처음 접촉한 후 특정 시간 동안 "바퀴 테두리의 주어진 점이 구의 내부에 그린 경로의 길이"와 "바퀴가 구르는 동안 구면과 접촉한 테두리 길이의 절반의 버사인의 2배"의 비율은 "구의 지름에서 바퀴의 지름을 뺀 값"과 "구의 반지름"의 비율과 같다.

구의 표면(대원)을 *ABL*, 구의 중심을 *C*, 구 위에서 굴러가는 바퀴를 *BPV*, 바퀴의 중심을 *E*, 바퀴와 구의 접촉점을 *B*, 그리고 바퀴의 테두리에서 주어진 점을 *P*라 하자. *A*에서 출발한 바퀴는 *B*를 거쳐 *L*에 도달하고, 이 과정에서 호 *AB*와 *PB*는 항상 길이가 같다.[3] 접촉점이 *A*에서 *B*로 옮겨가는 동안 바퀴 테두리의 주어진 점 *P*가 그린 곡선

2) 구의 중심을 지나는 평면으로 구를 잘랐을 때 생기는 원.

3) 바퀴는 미끄러짐 없이 굴러가고 있기 때문이다.

〈그림 10-2〉

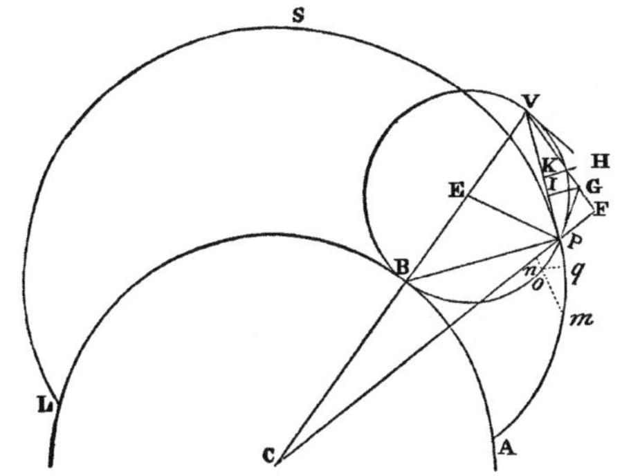

〈그림 10-3〉

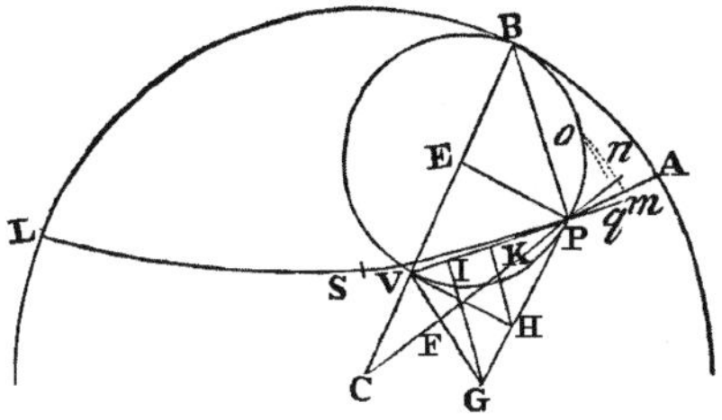

을 AP라 하면, AP의 길이 : 호$\frac{1}{2}PB$의 버사인의 2배=$2CE$: CB이다.

이유: 직선 CE의 연장선이 바퀴의 테두리와 만나는 점을 V라 하자. 직선 CP, BP, EP, VP를 긋고 V에서 CP에 수직한 선 VF를 긋는다. P와 V에서 원(바퀴)에 접하는 두 직선의 교점을 H라 하고, PH와 VF의 교점을 G라 하자. G와 H에서 VP에 수직한 선 GI와 HK를 긋는다. C를 중심으로 임의의 반지름을 갖는 원을 그려서, 이 원이 CP와 만나는 점을 n, 바퀴의 테두리 BP(원호)와 만나는 점을 o, 사이클로이드 곡선 AP와 만나는 점을 m이라 하자. 그리고 V를 중심으로 반지름이 Vo인 원을 그려서 VP와 만나는 점을 Q라 하자.

바퀴가 굴러간다는 것은 수시로 변하는 접점 B를 중심으로 회전한다는 뜻이다. 그러므로 직선 BP는 바퀴 테두리의 주어진 점 P가 그리는 곡선 AP와 항상 직교하고, 직선 VP는 P에서 곡선 AP에 접한다. 이제 원 nom의 반지름을 서서히 늘이거나 줄여서 CP와 같아졌다고 하자. 그러면 무한히 작은 도형 $Pnomq$는 $PFGVI$와 닮은꼴이므로 Pm, Pn, Po, Pq 사이의 궁극적인 비율, 즉 곡선 AP와 직선 CP, 원호 BP, 그리고 직선 VP의 순간 변화율은 각각 PV, PF, PG, PI의 순간 변화율과 같다. 그런데 $VF \perp CF$, $VH \perp CV$이므로[4] $\angle HVG = \angle VCF$, $\angle VHG = \angle CEP$가 되어(사각형 $HVEP$의 $\angle V$와 $\angle P$가 직각이기 때문이다), 삼각형 VHG와 CEP는 닮은꼴이다. 따라서 $EP : CE = HG : HV$(또는 HP)$=KI : KP$이고, 비례식에 약간의 변형을 가하면 $CB : CE = PI : PK$이며, ($PV = 2PK$이므로) $CB : 2CE = PI : PV = PQ : Pm$이 된다. 그러므로 직선 VP의 (길이) 감소량, 즉 직선 $BV - VP$의 증가량과 곡선 AP의 증가량의 비율은 CB와 $2CE$의 비율과 같고, 따라서 (보조정리 4의 부가정리에 의해) $BV - VP$와 AP는 같은 비율로 증가한다. 그런데 BV를 반지름으로 간주하면 VP는 $\angle BVP$(또는 $\frac{1}{2}\angle BEP$)의 코사인이므로, $BV - VP$는 이 각도의 버사인이며, 반지름이 $\frac{1}{2}BV$인 바퀴에서 $BV - VP$는 원호 BP의 절반($\frac{1}{2}BP$)의 버사인의 2배이다. 그러므로 AP : (호 $\frac{1}{2}BP$의 버사인의 2배)$=2CE : CB$이다. [Q.E.D.]

바퀴가 구의 외면에서 굴러가는 경우와 내면에서 굴러가는 경우를 구별하기 위해. 정리 48의 곡선 AP를 "외접 사이클로이드(cycloid

4) ⊥는 "직교한다"는 뜻이다.

outside the globe)"라 하고, 정리 49의 AP는 "내접 사이클로이드(cycloid inside the globe)"라 부르기로 한다.

부가정리 1

전체 사이클로이드를 ASL이라 하고 ASL의 중점을 S라 하면, 그 일부인 PS와 VP(EB를 반지름으로 간주했을 때 $\angle VBP$의 사인의 2배)의 길이 비율은 $2CE : CB$와 같다. 즉 이 비율은 주어진 값이다.

부가정리 2

사이클로이드의 절반인 AS의 길이는 바퀴의 지름 BV와의 비율이 $2CE : CB$인 직선의 길이와 같다.[5]

명제 50 / 문제 33

단진자가 주어진 사이클로이드 곡선을 그리면서 진동하도록 만들어라.

중심이 C인 구 QVS의 내부에 사이클로이드 QRS가 주어져 있다. QRS의 중점은 R이고, 양 끝 점 Q와 S는 구의 안쪽 면과 맞닿은 상태이다. 직선 CR의 연장선이 구면과 만나는 점을 O라 하고(따라서 O는 원호 QS의 중점이다), CR을 더 길게 연장하여 $CA : CO = CO : CR$이

5) 즉 $AS : BV = 2CE : CB$이다.

〈그림 10-4〉

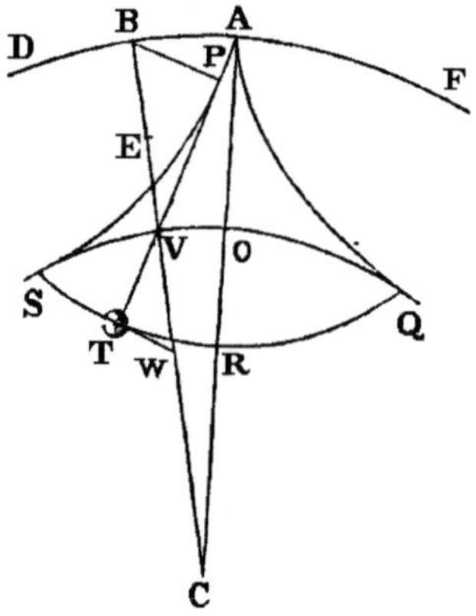

되는 지점을 A라 하자. 구의 바깥에 중심이 C이고 반지름이 CA인 또 하나의 구 DAF를 그리고, 그 안쪽 면에 반쪽 사이클로이드 AQ와 AS를 그린다. AQ와 AS는 지름이 AO인 바퀴가 DAF의 안쪽 면에 접촉한 채 굴러갈 때 테두리의 한 점이 그리는 경로로서, 안쪽 구와 Q, S에서 만나고 바깥쪽 구(큰 구)와는 A에서 만난다. 이제 AR과 길이가 같은 줄의 한쪽 끝에 물체 T를 매달고, 반대쪽 끝을 A에 고정한 단진자 APT를 상상해보자. 이 단진자가 평형 상태 AR에서 벗어나 〈그림 10-4〉의 왼쪽으로 이동하면 줄의 위쪽 부분 AP는 반쪽 사이클로이드 APS와 완전히 접촉한 상태가 되고, APS에 닿지 않은 나머지 부분 PT는 직선 형태를 유지한다.[6] 그러므로 단진자 T는 그 자체로 QRS라는 사이클로이드를 그리면서 반쪽 사이클로이드 AS와 AQ 사이를 왕복하게 된다. [Q.E.F.]

6) 반쪽 사이클로이드 APS와 AQ를 단단한 물체로 간주하면 된다.

이유: 단진자를 매단 줄 PT가 사이클로이드 QRS와 만나는 점 T와 원 QOS와 만나는 점 V를 직선으로 연결하고, 직선 CV를 긋는다. 그리고 단진자의 직선 부분의 양 끝 P와 T에서 PT에 수직한 선을 그어서, 이들이 직선 CV(또는 그 연장선)와 만나는 점을 각각 B, W라 하자. 그러면 우리의 작도법에 의해 $BV=OA$이고 $VW=OR$(바퀴의 지름)이므로 $TP:VP$(BV를 반지름으로 간주했을 때 $\angle VBP$의 사인의 2배)$=BW:BV=(AO+OR):AO$이며, 이 비율은 (CA는 CO에, CO는 CR에 비례하고 AO는 OR에 비례하므로) $(CA+CO):CA$와 같고, BV의 중점을 E라 하면 $2CE:CB$와도 같다. 따라서 (명제 49의 부가정리 1에 의해) 단진자의 직선 부분 PT의 길이는 사이클로이드 PS의 길이와 항상 같으며, (명제 49의 부가정리 2에 의해) AR의 길이와 같다. 또한 역으로, 줄의 길이가 항상 AR과 같으면 단진자 T는 QRS라는 사이클로이드를 그린다. [Q.E.D.]

부가정리

단진자를 매단 줄 AR은 반쪽 사이클로이드 AS의 길이와 같으므로, $AR:AC$(바깥 구의 반지름)$=SR$(안쪽 사이클로이드)$:CO$(안쪽 구의 반지름)이다.

명제 51 / 정리 18

구의 중심 C를 향하여 거리에 비례하는 구심력이 작용할 때, (앞에서 다룬)

사이클로이드 *QRS*를 따라 진동하는 진자의 주기는 진폭에 상관없이 항상 동일하다.

〈그림 10-5〉

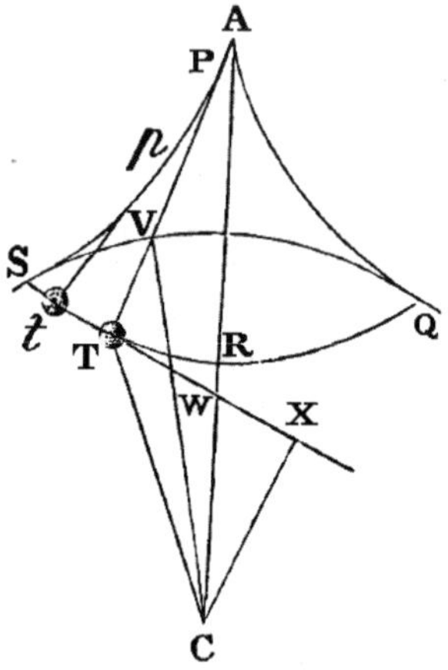

진자의 임의의 위치 *T*에서 사이클로이드에 접하는 접선을 *TW*라 하고, *C*에서 *TW*에 수직하게 그은 선을 *CX*라 하자. 진자를 *C* 쪽으로 잡아당기는 구심력은 거리 *CT*에 비례하고, 이 힘은 (운동의 부가법칙 2에 의해) *CX* 방향 성분과 *TX* 방향 성분으로 나눌 수 있다. 이들 중 *CX* 성분은 줄 *PT*를 잡아당기는 쪽으로 작용하는데, 이 힘은 실의 장력과 정확하게 상쇄되기 때문에 진자의 운동에 아무런 영향도 주지 않고(그 대신 *CX* 성분 때문에 줄이 팽팽해진다), *TX* 방향 성분은 사이클로이드를 그리는 진자를 가속시킨다. 그런데 모든 물체의 가속도는 "가속도를 유발한 힘"에 비례하므로, 진자의 가속도는 모든 지점에서 *TX*의 길이에 비례하고 (*CV*와 *CW*, 그리고 *TX*와 *TW*는 서로

비례 관계에 있으므로) TW에도 비례한다. 따라서 (명제 49의 부가정리 1에 의해) 진자의 가속도는 사이클로이드의 일부인 TR에 비례한다. 그러므로 2개의 진자 APT와 Apt가 그림과 같은 위치에서 동시에 출발한다면, 이들의 가속도는 각각 TR과 tR에 비례할 것이다. 그런데 운동이 막 시작되었을 때 진자가 그린 호의 길이는 가속도에 비례하고 호의 전체 길이에 비례한다. 또한 진자가 앞으로 그리게 될 호의 길이(남은 호의 길이)와 여기에 비례하는 향후 가속도도 호의 전체 길이에 비례한다. 그러므로 진자의 가속도와 속도, 이 속도로 진행한 거리, 앞으로 진행할 거리 등은 항상 호의 전체 길이에 비례한다. 즉 진자의 진폭이 얼마이건 "진자가 앞으로 그려야 할 곡선의 길이"는 동일한 비율로 감소하다가 동시에 0으로 사라진다. 그러므로 전술한 2개의 진자는 수직선 AR에 동시에 도달한다. 진자가 최저점(사이클로이드의 중심) R을 지나 위로 올라갈 때는 속도와 가속도, 진행 거리 등 모든 운동이 이전과 대칭적으로 진행되므로 사이클로이드 RS와 RQ는 합동이고 진자가 이동하는 데 걸리는 시간도 같다. 따라서 2개의 진자 T, t는 진폭이 다름에도 불구하고 "한쪽 끝에서 중간까지 가는 데 걸리는 시간"과 "한쪽 끝에서 반대쪽 끝까지 가는 데 걸리는 시간"은 동일하다. [Q.E.D.]

부가정리

"사이클로이드의 임의의 위치 T에서 진자를 가속하거나 감속하는 힘"과 "S 또는 Q에서 진자의 무게"의 비율은 $TR:SR$(또는 QR)과 같다.[7)]

명제 52 / 문제 34

임의의 위치에서 진자의 속도와 임의의 구간을 지나는 데 걸리는 시간, 그리고 한 번 진동하는 데 걸리는 시간(주기)을 구하라.

〈그림 10-6〉

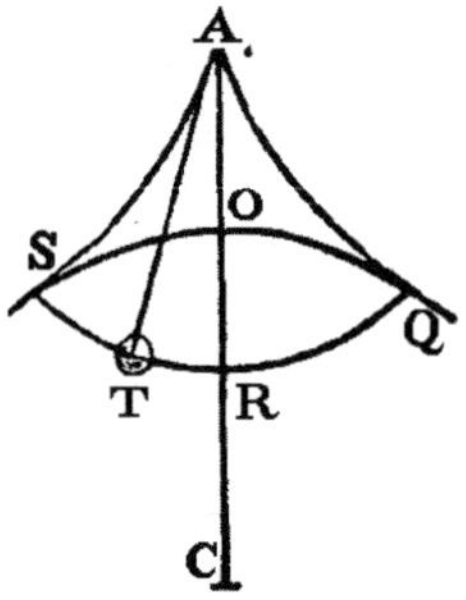

〈그림 10-7〉

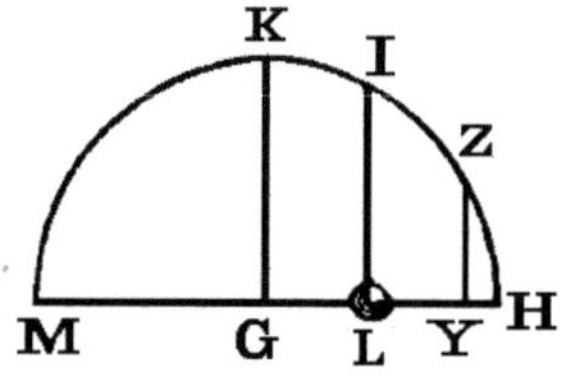

중심이 *G*이고 반지름이 사이클로이드 *RS*와 같은 반원 *HKM*을 그려서(*GH*=*RS*), 원호의 중심을 *K*라 하자. 원에서는 *G*와 물체 사이의 거리에 비례하는 구심력이 *G*를 향해 작용하고, 원호 *HIK*에서 작용하는 힘은 구면 *QOS*에서 중심을 향해 작용하는 구심력과 크기가 같다. 진자 *T*가 가장 높은 곳 *S*에서 출발하는 순간에 다른 물체 *L*이 *H*에서 *G*를 향해 떨어지기 시작했다고 하자. 운동이 처음 시작될 때 두 물체에 작용하는 힘이 같고, 임의의 지점에서 작용하는 힘은 이

7) 물론 진자의 무게는 어디서나 똑같다. "*S* 또는 *Q*에서 진자의 무게"란 "*S* 또는 *Q*에서 줄에 걸리는 장력"을 의미한다.

들이 앞으로 진행할 거리인 TR과 LG에 비례하고, ($TR=LG$이면) T와 L에서 작용하는 힘이 같다. 따라서 두 물체가 운동을 시작한 후 이동한 거리 ST와 HL도 같고, 향후에도 서로 같은 힘을 받으며 동일한 거리를 이동할 것이다. 그러므로 (명제 38에 의해) 물체가 호 ST를 그리는 데 걸리는 시간과 한 번 진동하는 데 걸리는 시간(반주기)의 비율은 물체가 호 HI를 그리는 데 걸리는 시간(H에서 L로 이동하는 데 걸리는 시간)과 반원 HKM을 그리는 데 걸리는 시간(H에서 M으로 이동하는 데 걸리는 시간)의 비율과 같다. 그리고 임의의 위치 T와 최저점 R에서 진자의 속도 비율(HI와 HK가 일정한 속도로 증가할 때 L과 G에서 물체의 속도 비율, 또는 직선 HL의 순간 증가율과 HG의 순간 증가율)은 Li와 GK의 비율과 같고, 이 비율은 $\sqrt{(SR^2-TR^2)}:SR$과 같다. 그런데 진자의 진폭이 달라도 같은 시간 동안 그린 곡선의 길이는 곡선의 전체 길이에 비례하므로, 진동의 형태에 상관없이 특정 시간에 진자의 속도와 진자가 그린 호의 길이를 알 수 있다.

이제 다른 종류의 절대력(정의 8 참조)이 작용하는 다른 구에서 단진자가 다른 사이클로이드 곡선을 그린다고 하자. 구 QOS에 일괄적으로 작용하는 절대력을 V라 하면, 진자가 중심을 향해 움직이기 시작했을 때 구의 내부에서 진자에 작용하는 가속력은 진자와 중심 사이의 거리와 구에 작용하는 절대력에 모두 비례한다. 즉 가속력은 $CO \times V$로 쓸 수 있다. 그러므로 물체는 이 힘에 의해 주어진 시간 동안 직선 HY를 그린다. Y에서 수직선을 그어 반원과 만나는 점을 Z라 하면, 호 HZ는 물체가 HY를 그리는 데 소요된 시간을 나타낸다. 그런데 호 HZ는 $GH \times HY$의 제곱근에 비례하므로, $\sqrt{GH^2 \times CO \times V}$

에 비례한다. 따라서 진자가 사이클로이드 QRS를 완전히 그리는 데 소요되는 시간(반원 HKM의 둘레에 비례하고 HZ에 반비례함)은 GH에 비례하고 $\sqrt{GH^2 \times CO \times V}$에 반비례한다. 그런데 $GH=SR$이므로 이 값은 $\sqrt{\frac{SR}{CO \times V}}$에 비례하고 (명제 50의 부가정리에 의해) $\sqrt{\frac{AR}{AC \times V}}$에 비례한다. 그러므로 임의의 구 안에서 임의의 절대력을 받으며 임의의 사이클로이드를 그리는 진자의 주기는 줄의 길이(AR)의 제곱근에 비례하고 진자를 매단 지점과 구의 중심 사이 거리(AC)의 제곱근에 반비례하며, 구에 작용하는 절대력(V)의 제곱근에 반비례한다. [Q.E.I.]

부가정리 1

그러므로 우리는 진동하는 물체와 낙하하는 물체, 그리고 회전하는 물체의 운동 시간을 비교할 수 있다. 구의 내부에서 사이클로이드를 그리는 바퀴의 지름이 구의 반지름과 같으면 사이클로이드는 구의 중심을 지나는 직선이 되고, 진자는 직선을 따라 오르내리는 직선 운동을 하게 된다. 그러므로 "임의의 위치에서 힘의 중심으로 낙하할 때까지 걸리는 시간", 또는 "임의의 거리에서 구 주변을 일정한 속도로 선회하는 물체가 사분원을 그리는 데 걸리는 시간(이 시간은 전술한 낙하 시간과 같다)"과 "진자가 사이클로이드 QRS를 그리는 데 걸리는 시간"의 비율은 $1 : \sqrt{\frac{AR}{AC}}$이다.

부가정리 2

위의 논리를 이용하면 크리스토퍼 렌 경과 크리스티안 하위헌스가 발견한 사이클로이드의 특성을 증명할 수 있다. 구의 지름이 무한정 커지면 구면이 평면으로 바뀌면서 구심력은 평면에 수직한 방향으로 균일하게 작용하고, 구면에 그린 사이클로이드는 일상적인 평면 사이클로이드(평면을 굴러가는 바퀴의 한 점이 그리는 궤적)가 된다. 이 경우 바퀴 테두리에서 움직이는 점과 평면 사이에 형성된 사이클로이드의 길이는 바퀴에서 돌아간 호의 절반의 버사인의 4배와 같은데, 이것은 크리스토퍼 렌 경이 증명한 내용과 동일하다. 그리고 이런 사이클로이드 2개 사이에 매달린 진자가 같은 시간 동안 같은 사이클로이드를 그린다는 것은 하위헌스가 증명했다. 진자가 한 번 진동하는 시간(반주기) 동안 무거운 물체가 낙하하는 거리도 하위헌스의 증명과 일치한다.

우리가 증명한 명제들은 지구 표면에서 대원을 따라 굴러가는 바퀴에도 똑같이 성립하며, 광산 갱도나 지하동굴에 진자를 매달아서 사이클로이드를 그리게 하면 진폭에 상관없이 주기가 일정하게 만들 수 있다. 3권에서 다루겠지만, 지구의 중력은 지표면 위에서 "지구의 중심과 물체 사이 거리"의 제곱에 반비례하고, 지구 내부에서는 지구의 중심과 물체 사이의 거리에 비례한다.[8)]

8) 지구 내부에서는 중심에서 멀어질수록 중력이 거리에 비례하여 강해지고, 지구 바깥에서는 높이 올라갈수록 거리의 제곱에 반비례하여 약해진다.

명제 53 / 문제 35

주어진 곡선을 따라 진동하는 물체의 주기가 진폭에 상관없이 항상 일정하게 만드는 힘을 구하라(곡선의 길이는 어떻게든 알 수 있다고 가정한다).

〈그림 10-8〉

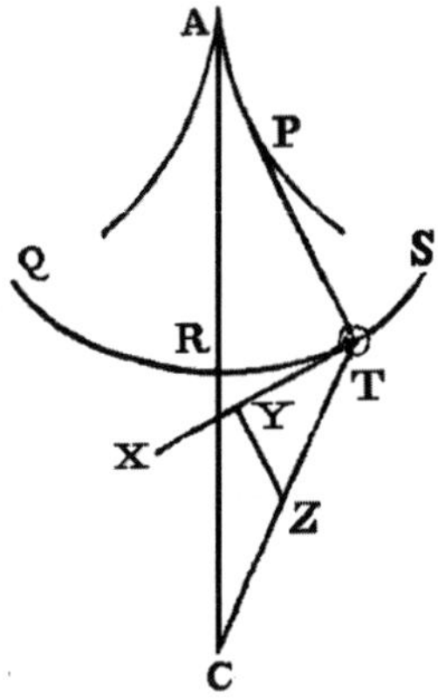

진자 *T*가 *C*를 중심으로 작용하는 힘에 의해 *AR*을 중심축으로 삼아 임의의 곡선 궤적 *STRQ*를 그리고 있다. 임의의 위치 *T*에서 접선 *TX*를 긋고, 이 직선에서 호 *TR*과 길이가 같은 선분을 *TY*라 하자(*TR*의 길이는 계측 가능하다고 가정했다). *Y*에서 접선에 수직한 직선 *YZ*를 그려서 *CT*와 *YZ*가 만나는 점을 *Z*라 하면, 구심력은 직선 *TZ*에 비례한다.

이유: *T*에 있는 물체를 *C* 방향으로 잡아당기는 힘이 *TZ*에 비례한다고 가정하자. 이 힘은 *TY* 방향 성분과 *YZ* 방향 성분으로 나눌 수 있는데, *YZ* 성분은 물체를 *PT* 방향(줄의 방향)으로 잡아당기는 힘이

어서 운동에 아무런 영향도 주지 않고(줄을 팽팽하게 만들 뿐이다), 곡선 *STRO*를 따라 물체를 가속시키거나 감속시키는 힘은 *TY* 성분이다. 그런데 이 힘은 물체가 앞으로 진행할 거리 *TR*에 비례하므로 진폭이 크건 작건 물체의 가속도는 "현 위치에서 궤도의 중점까지 남은 거리"에 비례한다. 그러므로 *TZ*에 비례하는 힘이 작용하면, 진자는 진폭에 상관없이 주기가 모두 동일하다. [Q.E.D.]

부가정리 1

줄 *AT*의 끝에 매달린 물체 *T*가 원호 *STRQ*를 따라 움직이고 있다. "이 물체에 수직 하향으로 작용하는 힘"과 "어디서나 균일하게 작용하는 중력"의 비율이 "원호 *TR*"과 "*TR*의 사인에 해당하는 *TN*"의 비율과 같으면, 물체가 한 번 진동하는 데 걸리는 시간은 진폭에 상관없이 동일하다.

〈그림 10-9〉

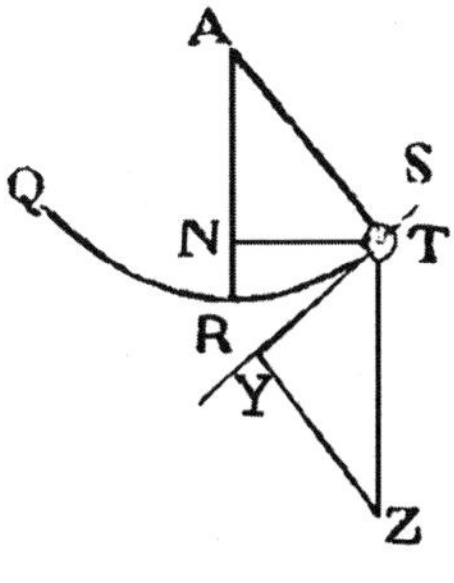

이유: *TZ*와 *AR*은 평행하므로 삼각형 *ATN*과 *ZTY*는 닮은꼴이다. 따라서 *TZ*:*AT*=*TY*:*TN*이다. 즉 균일한 중력을 *AT*의 길이로 나타

내면 "진동 주기를 균일하게 만드는 힘 TZ"와 "중력 AT"의 비율은 "원호 $TR(=TY)$"과 "TR의 사인에 해당하는 TN"의 비율과 같다.

부가정리 2

그러므로 추시계를 설계할 때 추에 작용하는 중력 외에 다른 힘을 추가하여, 아래로 작용하는 총힘이 $\frac{\text{원호}TR\times\text{반지름}AR}{TN}$에 비례하도록 만들면 추는 진폭에 상관없이 동일한 주기로 움직인다.

명제 54 / 문제 36

임의의 물체가 임의의 구심력에 의해 힘의 중심을 지나는 평면에서 곡선 궤적을 그릴 때, 한 번 올라갔다가 내려오는 데 걸리는 시간을 구하라(곡선의 길이는 구할 수 있다고 가정한다).

〈그림 10-10〉

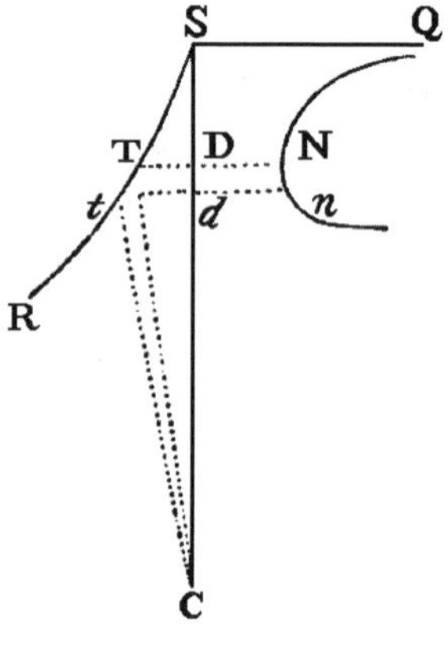

한 물체가 임의의 위치 S에서 곡선 $STtR$을 따라 아래로 내려가고 있다. $STtR$은 특정 평면에 속해 있고, 이 평면은 힘의 중심 C를 지난다. C와 S를 직선으로 잇고 CS를 무한히 많은 구간으로 세분하여, 그중 하나를 Dd라 하자. 그리고 C를 중심으로 반지름이 CD, Cd인 원 DT와 dt를 그려서, 곡선 $STtR$과 만나는 점을 각각 T, t라 하자. 구심력의 구체적인 형태를 알면 (명제 39에 의해) 물체가 처음 떨어지기 시작한 높이 CS로부터 임의의 높이 CT에서 물체의 속도를 알 수 있다. 물체가 짧은 궤적 Tt를 그리는 데 소요되는 시간은 Tt의 길이(즉 $\angle tTC$의 시컨트)[9]에 비례하고 속도에 반비례한다. 이 시간에 비례하면서 CS에 수직한 가로 좌표 DN을 잡으면, Dd는 주어진 양이므로 직사각형 $DNnd$의 면적 $Dd \times DN$은 궤적 Tt를 그리는 데 걸리는 시간에 비례한다. 그러므로 N이 그리는 궤적을 PNn이라 하고 CS에 수직한 점근선을 SQ라 하면, 도형 $SQPND$의 면적은 물체가 S에서 T에 도달할 때까지 걸리는 시간에 비례하며, 이로부터 문제에서 요구한 시간을 구할 수 있다. [Q.E.I.]

명제 55 / 정리 19

한 물체가 움푹 파인 곡면 위를 움직이고 있다. 곡면의 중심축은 힘의 중심을 지난다. 물체의 현 위치(T)에서 축에 수직한 방향으로 직선을 긋고, 축

9) 시컨트(secant)는 코사인(cosine)의 역수이다. $\sec\theta = \frac{1}{\cos\theta}$.

위의 주어진 한 점에서 방금 그은 직선과 길이가 같고 평행한 선(*OP*)을 그으면, 이 선이 쓸고 지나간 면적은 시간에 비례한다.

〈그림 10-11〉

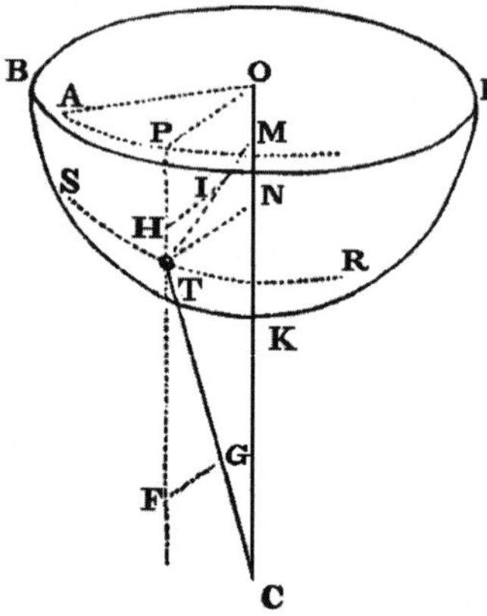

곡면을 *BKL*, 움직이는 물체를 *T*, 물체가 그리는 궤적을 *STR*, 물체가 움직이기 시작한 지점을 *S*, 곡면의 중심축을 *OMK*, 물체에서 축에 수직하게 그은 선을 *TN*이라 하고, 축 위의 주어진 점 *O*에서 *TN*과 길이가 같고 평행한 직선 *OP*를 긋는다. *O*를 지나면서 축에 직교하는 평면 위에서 *S*에 대응되는 점을 *A*, *T*에 대응되는 점을 *P*라 하자. 즉 물체가 *S*에서 *T*로 이동하는 동안 *OA*가 *OP*로 회전하면서 *AOP*라는 도형이 만들어진다. 힘의 중심과 물체를 잇는 직선 *TC*를 긋고, 물체에 작용하는 구심력에 비례하는 부분을 *TG*라 하자. 그리고 *T*에서 곡면에 수직한 방향으로 그은 선을 *TM*이라 하고, 물체가 곡면에 가하는 압력에 비례하는 부분을 *TI*라 하자.[10] 물체를 지나면서 축에 평행한 선을 *PTF*라 하고, *G*와 *I*에서 *PHTF*에 수직하게 그

은 선을 각각 *GF*, *IH*라 하자. 그러면 운동이 시작된 후 *OA*가 *OP*로 이동하면서 만들어진 도형 *AOP*의 면적은 시간에 비례한다.

이유: 힘 *TG*는 (부가법칙 2에 의해) *TF*와 *FG*로 분해되고, 힘 *TI*는 *TH*와 *HI*로 분해된다. 그런데 힘 *TF*와 *TH*는 평면 *AOP*에 수직한 *PF* 방향으로 작용하기 때문에, *AOP*에 수직한 방향으로 일어나는 운동에만 영향을 줄 수 있다. 그러므로 평면 *AOP*에서 일어나는 운동은 물체에 작용하는 힘들 중 *TF*와 *TH*를 제거하고 *FG*와 *TH*만으로 일어나는 운동과 동일하다. 즉 *FG*+*HI*에 해당하는 구심력이 *O*를 중심으로 작용할 때, 평면 *AOP*에서 일어나는 물체의 운동과 동일하다. 그러므로 (명제 1에 의해) *AOP*의 면적은 시간에 비례한다. [Q.E.D.]

부가정리

같은 이유로, 한 물체가 중심축 *CO* 위에 있는 2개 이상의 점을 향해 작용하는 여러 개의 구심력의 영향을 받으면서 궤적 *ST*를 그릴 때도 *AOP*의 면적은 항상 시간에 비례한다.

명제 56 / 문제 37

특정한 점을 중심으로 작용하는 구심력과 이 점을 지나는 직선을 축으로 갖

---

10) 물체가 움직이면서 구면의 형태가 변하지 않는 한, 물체가 곡면에 가하는 압력은 곡면이 물체에 가하는 수직 항력과 같다.

는 곡면이 주어졌을 때, 곡면 위의 주어진 점에서 주어진 속도와 방향으로 출발한 물체의 궤적을 구하라(곡선의 길이와 평면 도형의 면적은 어떻게든 구할 수 있다고 가정한다).

〈그림 10-12〉

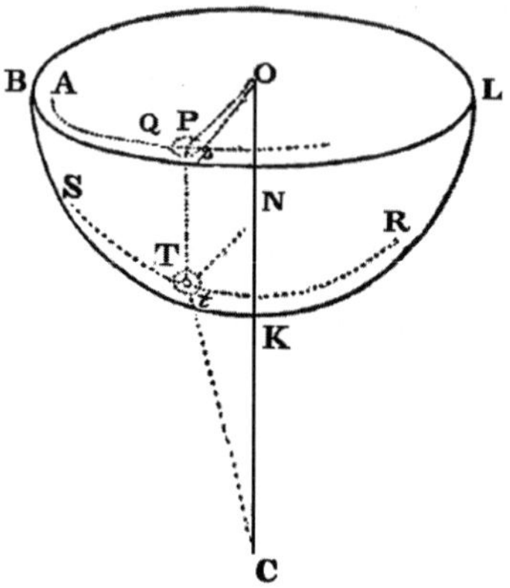

명제 55와 동일한 가정하에 물체 *T*가 *S*에서 출발하여 곡선 *STR*을 그리고, 이 궤적을 평면 *BLO*에 투영하여 *AP*를 얻었다고 하자. 높이 *SC*에서 물체의 속도가 주어졌으므로, 임의의 높이 *TC*에서의 속도도 주어진 것이나 다름없다. *T*에서 아주 짧은 시간 동안 물체가 그린 궤적을 *Tt*라 하고, 이 궤적을 평면 *AOP*에 투영한 것을 *Pp*라 하자. 직선 *Op*를 긋고, *T*를 중심으로 반지름이 *Tt*인 작은 원을 구면에 그려서, 이것을 평면 *AOP*에 투영한 타원을 *pQ*라 하자. 작은 원 *Tt*의 크기, 그리고 *Tt*와 중심축 *CO*와 사이의 거리 *TN*(=*PO*)이 주어졌으므로 타원 *pQ*의 크기와 형태, 그리고 직선 *PO*에 대한 상대적 위치도 주어진 셈이다. 또한 *POp*의 면적은 시간에 비례하는데, 시간

과 $\angle POp$가 주어졌으므로 POp의 면적도 주어진 값이며, 직선 Op와 타원의 교점 p, 그리고 "투영된 경로 APp와 직선 OP 사이의 각도"인 $\angle OPp$도 주어졌다. 따라서 명제 41과 부가정리 2를 이용하여 곡선 APp의 형태를 알 수 있으며, 여러 개의 P(물체의 위치 T를 투영한 점)에서 평면 AOP에 수직한 선 여러 개를 그리면 곡면과 만나는 점 T의 궤적을 할 수 있다. [Q.E.I.]

11장

서로 잡아당기는 물체의 운동

지금까지는 구심력의 중심이 고정된 경우를 다뤘는데, 실제 자연에는 이런 경우가 거의 없다. 무언가를 잡아당기는 힘은 한 물체에서 다른 물체를 향해 일방적으로 작용하지 않고, 운동의 제3법칙에 의해 항상 "크기가 같고 방향이 반대인 힘"을 교환하는 방식으로 작용한다. 따라서 서로 잡아당기는 두 물체가 정지 상태에 있지 않다면, 이들은 공통의 무게 중심 주변을 회전한다(부가법칙 4에 의해 외력이 따로 작용하지 않는 한 무게 중심의 운동 상태는 변하지 않기 때문이다). 여러 개의 물체가 무작위로 섞여서 서로 잡아당기고 있을 때, 이들의 공통 무게 중심은 한 자리에 정지해 있거나 등속 직선 운동을 한다. 그래서 지금부터는 잡아당기는 힘을 구심력으로 간주하여, 상호 인력을 교환하는 물체들의 운동을 다루기로 한다. 물리학적으로는 "잡아당기는 힘"보다 "충격(impulse)"이라는 표현이 더 적절할 수도 있다. 그러나 지금 우리의 관심사는 물리학이 아니라 수학이므로, 물리학적 논의는 잠시 뒤로 미루고 우리에게 친숙한 수학적 언어를 통해 문제를 해결할 것이다.

명제 57 / 정리 20

서로 잡아당기는 두 물체가 공통 무게 중심을 기준으로 그리는 궤적은 서로 닮은꼴이며, 상대 물체를 기준으로 그리는 궤적도 닮은꼴이다.

공통 무게 중심과 각 물체 사이의 거리는 물체의 질량에 반비례한다. 그러므로 두 물체의 질량 비율이 주어지면 물체들 사이의 거리 비율도 주어진 값이 된다. 또한 두 물체와 공통 무게 중심은 항상 일직선상에 놓여 있기 때문에, 두 거리(각 물체와 공통 무게 중심 사이의 거리)는 공통 무게 중심에 대하여 동일한 원운동을 한다. 그런데 비율이 일정한 두 직선이 일직선으로 연결된 상태를 유지한 채 똑같은 원운동을 하면 공통 무게 중심이 고정되어 있건 직선 운동을 하건, 양 끝점은 하나의 평면에서 닮은꼴 도형을 그린다. 그러므로 두 물체의 거리가 회전하면서 그리는 도형은 서로 닮은꼴이다. [Q.E.D.]

명제 58 / 정리 21

두 물체가 임의의 구심력을 받으면서 공통 무게 중심의 주변을 동시에 회전하고 있을 때, 이들이 상대방에 대하여 그리는 궤적은 한 물체가 고정된 상태에서 이와 동일한 힘이 작용할 때 "움직이는 물체가 고정된 물체에 대하여 그리는 궤적"과 동일하다.

〈그림 11-1〉

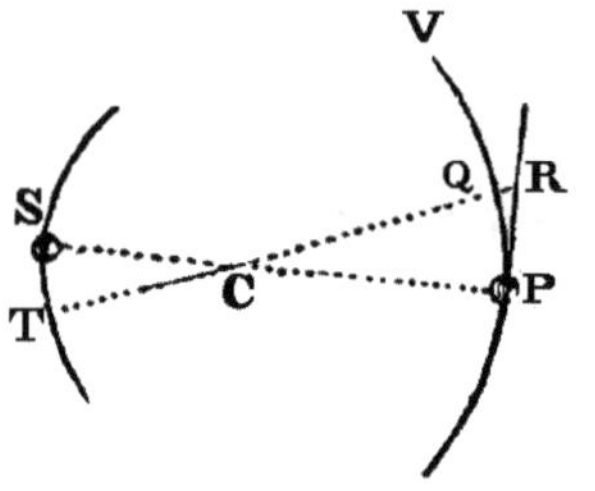

〈그림 11-2〉

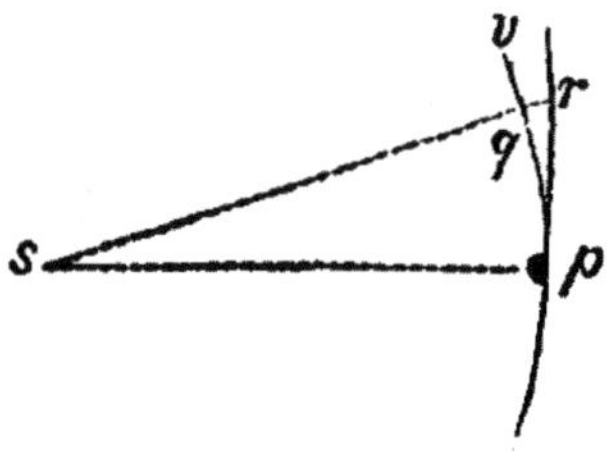

두 물체 S, P가 공통 무게 중심 C를 중심으로 회전하고 있다. S가 T로 이동하는 동안 P는 Q로 이동한다. 이와는 별개로 임의의 점 s에서 SP, TQ와 길이가 같고 평행한 선 sp, sq를 그으면, p가 고정된 점 s 주변에 그리는 곡선 pqv는 S와 P가 서로 상대방에 대하여 그리는 곡선과 기하학적으로 합동이다. 그런데 $SC:CP$와 $SP:sp$는 주어진 값이므로 (명제 57에 의해) 곡선 pqv는 S와 P가 공통 무게 중심 C 주변에 그리는 곡선 ST, PQV와 닮은꼴이다.

사례 1

외력이 추가로 작용하지 않는 한 (운동의 부가법칙 4에 의해) 공통 무게 중심은 정지해 있거나 등속 직선 운동을 한다. 일단은 공통 무게 중심이 한 점에 고정되어 있다고 가정하고, S, P와 동일한 두 물체를 고정된 s와 움직이는 p에 갖다놓는다. 직선 PR과 pr이 곡선 PQ와 pq에 접하는 점을 각각 P, p라 하고 CQ와 sq의 연장선이 접선과 만나는 점을 R, r이라 하면, 도형 $CPRQ$와 $sprq$는 닮은꼴이므로 $RQ:rq=CP:sp$이며, 이 비율은 주어진 값이다. 그러므로 "물체 P를 S 쪽으로(즉 공통 중심 C를 향해) 끌어당기는 힘"과 "p를 s 쪽으로 끌어당기는 힘"의 비율이 주어진 비율과 일치하면, 이 힘들은 같은 시간 동안 두 물체의 경로를 접선 PR과 pr로부터 호 PQ와 pq를 향해 휘어지게 만든다. 즉 두 물체의 경로가 같은 시간 동안 각각 RQ, rq만큼 직선에서 벗어난다(RQ는 PQ에 비례하고, rq는 pq에 비례한다). 그러므로 p를 s 쪽으로 끌어당기는 힘은 p가 pqv를 따라가게 만든다. pqv는 PQV(물체 P를 S 쪽으로 끌어당기는 힘에 의해 P가 그리는 궤도)

와 닮은꼴이며, *P*와 *p*가 자신의 궤도를 한 바퀴 도는 데 걸리는 시간은 똑같다. 그러나 두 힘 사이의 비율은 *CP*와 *sp*의 비율에 비례하지 않고 항상 1:1이기 때문에(물체 *S*와 *s*, *P*와 *p*가 같고 *SP*=*sp*이므로) 두 물체는 같은 시간 동안 접선에서 같은 거리만큼 벗어난다. 따라서 두 번째 물체 *p*가 접선에서 벗어난 거리 *rq*가 커지려면 시간이 더 흘러야 하며, 이 시간은 거리의 제곱근에 비례한다. 왜냐하면 (보조정리 10에 의해) 운동 초기에 이동한 거리는 시간의 제곱에 비례하기 때문이다. 그러므로 물체 *p*와 *P*의 속도 비율이 거리 *sp*와 *SP*의 제곱근의 비율과 같으면, 호 *pq*와 *PQ*(이들은 서로 비례한다)가 형성되는 데 걸리는 시간은 거리의 제곱근에 비례한다. 물체 *P*와 *p*는 항상 같은 힘에 의해 당겨지고 있으므로 각각 *C*를 중심으로 닮은꼴 궤적 *PQV*, *pqv*를 따라가고, *pqv*는 *P*가 *S*를 기준으로 그리는 궤적과 합동이다. [Q.E.D.]

사례 2

두 물체의 공통 무게 중심과 물체가 속해 있는 공간 자체가 등속 직선 운동을 하면, (운동의 부가법칙 6에 의해) 공간에서 일어나는 모든 운동은 사례 1과 완전히 동일하다. 이런 경우 두 물체는 서로 상대방을 기준으로 이전과 동일한 궤적을 그리며, 이 궤적은 *pqv*와 합동이다. [Q.E.D.]

부가정리 1

그러므로 (명제 10에 의해) 거리에 비례하는 구심력을 주고받으면서 서로 잡아당기는 두 물체는 중심이 같은 타원 궤적을 그리면서 공통 무게 중심 주변을 선회하고, 서로 상대방에 대해서도 타원 궤적을 그린다. 역으로, 두 물체가 이런 궤적을 그리면 둘 사이에 작용하는 힘은 거리에 비례한다.

부가정리 2

두 물체 사이에 거리의 제곱에 반비례하는 힘이 작용하면 이들은 (명제 11, 12, 13에 의해) 공통 무게 중심과 상대방에 대해 원뿔 곡선을 그리고, 이 원뿔 곡선의 초점은 공통 무게 중심과 일치한다. 역으로, 두 물체가 이런 궤적을 그리면 둘 사이에 작용하는 구심력은 거리의 제곱에 반비례한다.

부가정리 3

두 물체가 공통 무게 중심 주변을 선회하고 있을 때, 무게 중심과 물체를 연결한 선(반지름)이 쓸고 지나간 면적은 시간에 비례한다.

명제 59 / 정리 22

두 물체 *S*, *P*가 공통 무게 중심 *C* 주변을 한 번 선회하는 데 걸리는 시간(주기)과 한 물체 *P*가 고정된 다른 물체 *S* 주변을 한 번 선회하는 데 걸리는 시간의 비율은 두 번째 물체의 질량의 제곱근과 두 물체의 질량의 합의 제곱근의 비율, 즉 $\sqrt{B} : \sqrt{S+P}$ 와 같다(명제 58에 의해, 이 경우 *P*가 그리는 궤

적은 *S*, *P*가 서로에 대하여 회전할 때 그리는 궤적과 합동이다).

명제 58에 의해 두 물체가 닮은꼴 호 *PQ*와 *pq*를 그리는 데 걸리는 시간의 비율은 물체와 공통 무게 중심 사이 거리의 제곱근, 즉 $\sqrt{CP}$와 $\sqrt{SP}$, 또는 $\sqrt{SP}$에 비례한다. 그런데 물체와 공통 무게 중심 사이의 거리는 질량에 반비례하므로, 이 비율은 (첫 번째 물체의 질량을 *P*, 두 번째 물체의 질량을 *S*라 했을 때) $\sqrt{S} : \sqrt{S+P}$와 같다. 그러므로 모든 닮은꼴 호 *PQ*와 *pq*를 그리는 데 걸리는 시간을 모두 더하여 얻은 전체 시간(한 번 회전하는 데 걸리는 시간)의 비율도 $\sqrt{S} : \sqrt{S+P}$이다. [Q.E.D.]

명제 60 / 정리 23

두 물체 *S*, *P*가 거리의 제곱에 반비례하는 힘으로 서로 잡아당기면서 공통 무게 중심 주변을 선회할 때, "*P*가 *S*에 대하여 그리는 타원 궤도 주축의 길이"와 "고정되어 있는 다른 물체 *S*에 대하여 *P*가 같은 주기로 그리는 타원 궤도 주축의 길이"의 비율은 "두 물체의 질량의 합 *S+P*"와 "*S+P*와 *S* 사이에 있는 2개의 비례 중항 중 첫 번째 항"[1]의 비율과 같다.

1) "*S+P*와 *S* 사이의 두 비례 중항 중 첫 번째 항"이란, *S+P*, *a*, *b*, *S*라는 수열에서 *a*가 *S+P*와 *b*의 비례 중항이고 *b*가 *a*와 *S*의 비례 중항일 때 *a*를 의미한다. 이 조건을 적용하여 계산하면 $a=[S\times(S+P)^2]^{1/3}$, $b=[S^2\times(S+P)]^{2/3}$임을 알 수 있다.

두 물체의 질량을 각각 S, P라 하자. 이들이 그리는 타원이 서로 합동이면, 두 타원 궤적의 주기의 비율은 (명제 59에 의해) $\sqrt{S}$와 $\sqrt{S+P}$의 비율과 같다. 두 번째 타원 궤도의 주기가 $\frac{\sqrt{S}}{\sqrt{S+P}}$로 짧아지면 두 궤도의 주기가 같아지고, (명제 15에 의해) 두 번째 타원의 주축은 이전 비율의 $\frac{3}{2}$제곱으로 줄어든다. 그러므로 두 번째 타원의 주축과 첫 번째 타원의 주축의 비율은 "$S+P$와 S 사이의 두 비례 중항 중 첫 번째 항"과 $S+P$의 비율과 같다. 역으로, 움직이는 물체 주변에 형성된 타원 궤적의 주축과 고정된 물체 주변에 형성된 타원 궤적의 주축 사이의 비율은 $S+P$와 "$S+P$와 S 사이의 두 비례 중항 중 첫 번째 항"의 비율과 같다. [Q.E.D.]

명제 61 / 정리 24

두 물체가 서로 잡아당길 때 나타나는 운동은 둘 사이에 아무런 힘도 작용하지 않고 공통 무게 중심에 있는 제3의 물체가 이들을 똑같은 힘으로 잡아당길 때 나타나는 운동과 동일하다. 그리고 "공통 무게 중심과 두 물체 사이의 거리"를 기준으로 삼건 "두 물체 사이의 총거리"를 기준으로 삼건 간에, 구심력의 형태는 달라지지 않는다.

두 물체 사이에 작용하는 힘은 이들의 무게 중심을 연결한 직선 방향으로 작용한다. 그런데 두 물체의 공통 무게 중심도 이 직선 위에 놓여 있으므로, 힘의 중심이 물체 자체이건, 또는 공통 무게 중심

이건 상관없이 이로부터 나타나는 운동은 모두 동일하다. [Q.E.D.]

"두 물체와 공통 무게 중심 사이의 거리 중 하나"와 "두 물체 사이의 거리"의 비율이 주어졌으므로 이들을 임의로 거듭제곱한 값의 비율도 알 수 있고, 한 거리로부터 (다른 양을 거쳐) 계산된 값과 다른 거리로부터 동일한 방식으로 계산된 값의 비율도 알 수 있다. 그러므로 한 물체가 다른 물체를 잡아당기는 힘이 거리에 비례하건 반비례하건 또는 거리(또는 거리로부터 계산된 다른 양)의 어떤 거듭제곱에 비례하건 간에, "공통 무게 중심과 물체 사이의 거리"를 기준으로 표현한 힘의 법칙과 "두 물체 사이의 거리"를 기준으로 표현한 힘의 법칙은 동일한 형태를 갖는다. [Q.E.D.]

명제 62 / 문제 38

거리의 제곱에 반비례하는 힘으로 상대방을 잡아당기는 두 물체가 특정 위치에 묶여 있다가 어느 순간 갑자기 풀려났을 때, 이들의 향후 운동을 구하라.

이 경우는 (명제 61에 의해) 공통 무게 중심에 있는 제3의 물체가 두 물체를 같은 힘으로 잡아당기는 경우와 동일하다. 그리고 가정에 의해 운동이 처음 시작될 때 공통 무게 중심은 정지 상태였으므로 (운동의 부가법칙 4에 의해) 항상 정지 상태를 유지한다. 따라서 두 물체의 운동은 (명제 25와 같이) 공통 무게 중심을 향해 작용하는 힘으로부터 구할 수 있다. [Q.E.I.]

명제 63 / 문제 39

거리의 제곱에 반비례하는 힘으로 상대방을 잡아당기는 두 물체가 특정 위치에서 특정 방향을 향해 특정 속도로 움직이기 시작했을 때, 이들의 향후 운동을 구하라.

문제에서 주어진 운동의 초기 조건으로부터 공통 무게 중심의 초기 운동을 알 수 있고, 무게 중심과 함께 움직이는 공간의 운동과 공간에 대한 물체의 초기 운동을 알 수 있다. 그런데 운동의 부가법칙 5와 명제 61에 의하면, 두 물체가 움직이기 시작한 후에 진행되는 운동은 공간과 질량 중심이 한 자리에 고정된 경우와 동일하며, 두 물체가 아무런 힘도 교환하지 않으면서 공통 질량 중심에 있는 제3의 물체가 두 물체를 같은 힘으로 잡아당기는 경우와도 동일하다. 그러므로 움직이는 공간의 특정 위치에서 중심 쪽으로 잡아당기는 구심력의 영향을 받으며 특정 방향을 향해 특정 속도로 시작된 물체의 운동은 명제 17과 37을 이용하여 구할 수 있으며, 한 물체의 운동을 알면 같은 중심 주변을 선회하는 다른 물체의 운동도 알 수 있다. 여기에 균일한 속도로 움직이는 공간 자체의 운동을 더하면, "움직이지 않는 공간에 대한 운동", 즉 절대 운동을 알아낼 수 있다. [Q.E.I.]

명제 64 / 문제 40

공통 무게 중심으로부터 거리에 비례하는 힘이 작용할 때, 2개 이상의 물체들의 상대적 운동을 구하라.

〈그림 11-3〉

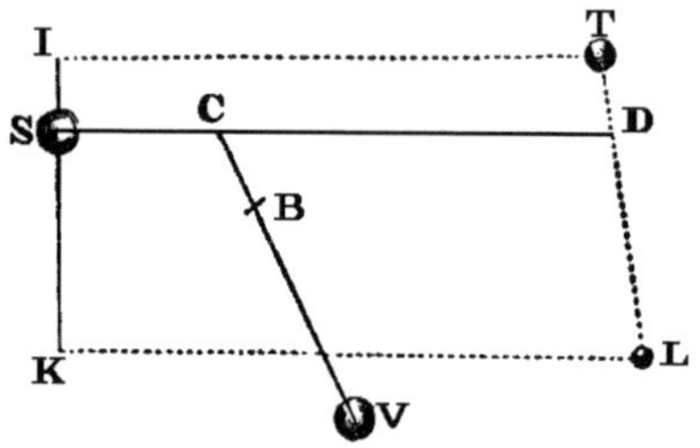

두 물체 T와 L의 공통 무게 중심을 D라 하자. 이들은 (명제 58의 부가정리 1에 의해) D를 중심으로 타원 운동을 한다. 타원의 형태와 크기는 명제 10으로부터 계산할 수 있다.

이제 세 번째 물체 S가 T와 L에 가속력 ST와 SL을 가하고, T와 L도 S에 동일한 힘을 가한다고 하자. 힘 ST는 (운동의 부가법칙 2에 의해) SD와 DT로 분해되고, SL은 SD와 DL로 분해된다. 그런데 힘 DT와 DL은 이들의 합인 TL에 비례하므로, T와 L이 서로 잡아당기는 가속력에 비례한다. 이 힘(S가 T, L에 작용하는 힘)을 T와 L끼리 작용하는 힘에 더해도 그 결과는 여전히 DT와 DL에 비례한다. 즉 힘의 세기가 커져서 물체의 속도는 빨라지지만, (명제 10의 부가정리 1과 명제 4의 부가정리 8에 의해) 두 물체는 이전(S가 없을 때)과 같은 타원 궤적을 그린다. 나머지 힘 SD는 T와 L을 TI와 LK 방향(DS와 나란한 방향)으로 잡아당기는 힘으로, 두 물체의 상대적 운동에 아무런 영향도 미치지 않으면서 (*S*를 지나고 *SD*에 수직한 직선) *IK*를 향해 동일한 속도로 다가오게 만든다. 그러나 이들이 다가오는 경향은 오른쪽 끝에 있는 *T*, *L*과 왼쪽 끝에 있는 *S*가 공통 무게 중심 *C*를 중심으로 회전하면서 방해를 받게 된다. 그리고 *CS*에 비례하는 힘 $SD \times T$와 $SD \times L$[2]의 합이 *C*를 향하는 경향이 있기 때문에 물체 *S*는 *C*를 중심으로 타원 궤적을 그리며, *CS*와 *CD*가 서로 비례하기 때문에 점 *D*도 이와 비슷한 타원 궤적을 그린다. 또한 *T*와 *L*은 $SD \times T$와 $SD \times L$에 의해 *TI*와 *LK* 방향으로 당겨지면서 (운동의 부가법칙 5, 6에 의해) 움직이는 점 *D*를 중심으로 타원 궤적을 그리게 된다. [Q.E.I.]

여기에 또 하나의 물체 *V*를 추가하여 위와 비슷한 논리를 적용하면 *V*와 *C*는 공통 무게 중심 *B* 주변에 타원 궤적을 그리며, *D*와 *C*에 대한 *T*, *L*, *S*의 운동은 이전과 동일하다(단 힘이 추가되었으므로 속도는 빨라진다). 더 많은 물체를 추가해도 이와 비슷한 논리로 결과를 예측할 수 있다. [Q.E.I.]

*T*와 *L* 사이에 작용하는 가속력이 다른 물체에 작용하는 가속력보다 크거나 작아도 결과는 달라지지 않는다. 모든 물체 사이에 작용하는 가속력이 거리×질량으로 표현된다면, 위의 논리에 의해 모든 물체는 전체 무게 중심 *B* 주변에 주기가 같은 타원 궤적을 그린다. [Q.E.I.]

---

2) 여기서 *T*와 *L*은 질량을 의미한다.

명제 65 / 정리 25

거리의 제곱에 반비례하는 힘을 행사하는 2개 이상의 물체들은 서로 상대방에 대해 타원 궤적을 그리며, "타원의 초점과 물체를 연결하는 반지름"이 쓸고 지나간 면적은 거의 시간에 비례한다.

몇 개의 물체들이 완벽한 타원 궤적을 그리는 경우는 명제 64에서 다루었다. 이 명제에서는 물체들 사이에 작용하는 인력이 거리에 비례한다고 가정했는데, 힘이 이 규칙에서 벗어날수록 물체의 궤적은 타원에서 벗어난다. 본 명제처럼 힘이 거리의 제곱에 반비례하는 경우에는 물체들 사이의 거리가 특정 비율을 유지하지 않는 한, 물체는 정확한 타원 궤적을 그리지 않는다. 그러나 아래 제시된 몇 가지 사례에서 물체는 거의 타원에 가까운 궤적을 그릴 수 있다.

사례 1

몇 개의 작은 물체들이 멀리 떨어져 있는 큰 물체 주변을 선회하고 있다. 이들은 질량에 비례하는 절대력(정의 8 참조)으로 서로 잡아당기고 있으며, 공통 무게 중심은 (운동의 부가법칙 4에 의해) 정지해 있거나 등속 직선 운동을 한다. 단 큰 물체와 작은 물체의 질량 차이가 너무 커서 공통 무게 중심이 큰 물체의 무게 중심과 거의 일치한다고 가정하자. 이런 경우에는 큰 물체가 정지해 있거나 등속 운동을 하고 작은 물체들이 큰 물체를 중심으로 타원 운동을 하고 있으며, 반지름이 쓸고 지나가는 면적이 시간에 비례한다고 간주해도 크게 틀리지 않는다. 대부분의 오차는 큰 물체의 무게 중심과 공통 무게 중심이 완전히 일치하지 않는다는 것과, 작은 물체들 사이에 작용하는 약한 인력 때문에 발생하는데, 큰 물체와 작은 물체의 질량 차이가 충분히 크면 오차가 0으로 수렴하면서 작은 물체의 궤적은 완벽한 타원에 접근하고, 반지름이 쓸고 지나간 면적은 거의 시간에 비례한다. [Q.E.O.][3)]

사례 2

작은 물체들이 큰 물체 주변을 선회하는 경우, 또는 서로에 대해 회전하는 작은 물체들로 이루어진 물리계가 통째로 등속 직선 운동을 하면서 아주 멀리 떨어져 있는 큰 물체에 의해 비스듬한 방향으로 당겨지는 경우를 생각해보자. 여러 물체에 동일한 가속력이 같은 방향으로 동시에 가해지면 물체들 간의 상대 운동은 달라지지 않고 물리계 전체가 일괄적으로 변한다. 큰 물체가 작은 물체들을 잡아당긴다 해도, 가해지는 가속력의 크기와 방향이 물체마다 다르지 않은 한, 작은 물체들의 상대 운동은 달라지지 않는다. 이제 큰 물체 쪽으로 끌려가는 가속력이 각 물체의 거리의 제곱에 반비례한다고 가정하자. 그리고 큰 물체와 작은 물체 집단 사이의 거리가 충분히 멀어서 "작은 물체와 큰 물체 사이의 거리와 방향"이 모든 작은 물체들에 대해 거의 똑같다면, 작은 물체들 사이의 상대 운동은 큰 물체가

---

3) "이상이 우리가 보이고자 하는 내용이었다"라는 뜻의 라틴어 "quod erat ostendendum"의 약자.

없을 때와 거의 같아진다. 이런 경우에는 작은 물체로 이루어진 집단을 하나의 물체로 간주할 수 있다. 즉 작은 물체로 이루어진 "덩어리"의 무게 중심은 큰 물체에 대하여 모종의 원뿔 곡선을 그리며(둘 사이의 힘이 약하면 쌍곡선이나 포물선을 그리고, 힘이 강하면 타원 궤적을 그린다), 큰 물체와 작은 물체 덩어리를 연결한 반지름이 쓸고 지나간 면적은 시간에 비례한다(작은 물체들 사이의 거리에 따라 약간의 오차가 발생할 수 있지만, 이들이 충분히 가까우면 오차는 무시할 수 있을 정도로 작아진다). [Q.E.O.]

이 논리는 훨씬 복잡한 물리계에도 똑같이 적용할 수 있다.

부가정리 1

사례 2에서 큰 물체와 작은 물체들 사이의 거리가 가까워지면 이들 사이를 잇는 직선의 길이와 기울기가 (작은) 물체마다 달라지기 때문에, 원래의 운동에서 벗어나게 된다.

부가정리 2

큰 물체와 작은 물체 사이에 작용하는 힘이 거리의 제곱에 반비례하지 않으면 오차가 커진다. 그리고 개개의 작은 물체에 작용하는 힘의 차이가 거리의 차이보다 크면 오차가 더욱 두드러지게 나타난다.

이유: 길이가 같고 평행한 선을 따라서 가속력이 일괄적으로 작용하면 작은 물체들의 상대 운동이 달라질 이유가 없다. 상대 운동이 영향을 받으려면 큰 물체로부터 가해지는 힘이 일괄적이지 않아야 한다. 물론 이 차이가 클수록 작은 물체들의 상대 운동은 "큰 물체가

없는 경우"에서 더욱 크게 벗어난다. 일부 작은 물체에 가해지는 힘이 다른 작은 물체에 가해지는 힘과 다르면, 이들 사이의 상대 운동은 달라질 수밖에 없다. 게다가 힘이 가해지는 방향까지 다르면 차이가 더욱 크게 나타난다.

부가정리 3

그러므로 여러 개의 물체가 큰 교란 없이 타원이나 원을 그리면, 이들에게 일괄적으로 작용하는 힘이 아주 약하거나(아예 없을 수도 있다), 똑같은 힘이 평행한 방향으로 작용하고 있음이 분명하다.

명제 66 / 정리 26

3개의 물체가 거리의 제곱에 반비례하는 힘으로 서로 잡아당기고 있다. 이들 중 임의로 고른 두 물체가 세 번째 물체를 향해 끌려가는 가속도는 거리의 제곱에 반비례하고, 세 물체 중 질량이 작은 2개가 질량이 큰 물체 주변을 선회한다고 하자. 이런 경우 큰 물체가 작은 물체의 인력에 의해 움직이면 안쪽 궤도를 도는 물체(2개의 작은 물체 중 큰 물체에 가까운 물체)는 타원에 가까운 궤적을 그리면서 큰 물체 주변을 선회하고, 반지름(큰 물체와 작은 물체를 연결한 직선)이 쓸고 지나간 면적은 거의 시간에 비례한다.
큰 물체가 공간의 한 점에 정지한 채 작은 물체를 일방적으로 잡아당기고 작은 물체는 큰 물체에 아무런 힘도 행사하지 않는 경우에도 궤도 운동을 할 수 있지만, 이때 형성되는 작은 물체의 궤적은 전술한 경우보다 타원에

서 더 크게 벗어난다. 또한 큰 물체가 발휘하는 인력이 "거리의 제곱에 반비례하는 힘"보다 강하거나 약해도 작은 물체의 궤적은 타원에서 더 크게 벗어난다.[4)]

앞서 다뤘던 명제 65의 부가정리 2에 의하면 이것은 자명한 사실이다. 그러나 아래 제시된 사례를 통해 더욱 분명하게 이해할 수 있다.

사례 1

작은 물체 *P*, *S*가 큰 물체 *T* 주변을 하나의 평면에서 선회하는 경우를 생각해보자. 둘 중 *T*에 더 가까운 *P*의 궤도를 *PAB*라 하고, *S*가 도는 바깥 궤도를 *ESE*라 하자. *P*와 *S*의 평균 거리를 *SK*라 하고, 이 거리에서 *P*가 *S*를 잡아당기는 가속력을 직선 *SK*로 나타내자. $SL:SK=SK^2:SP^2$이 되도록 *L*을 잡으면, *SL*은 임의의 거리 *SP*에서 *P*를 *S* 쪽으로 잡아당기는 가속력에 해당한다.

*P*와 *T*를 직선으로 잇고, *L*에서 *PT*에 평행한 직선을 그어 *ST*의 연장선과 만나는 점을 *M*이라 하면, 인력 *SL*은 (운동의 부가법칙 2에 의해) *SM*과 *LM* 성분으로 분해될 수 있다. 그러므로 물체 *P*를 잡아당기는 힘은 세 종류(*T*로 향하는 힘과 *LM*, 그리고 *SM*)이다. 이들 중 물체 *P*와 *T*가 서로 잡아당기는 힘은 *P*가 *T* 주변을 선회하게 만드는데,

---

4) 명제 66은 행성과 위성(달)의 운동을 분석한 이론으로, 운동의 법칙과 함께 《프린키피아》 1권의 핵심이라 할 수 있다. 중요한 명제답게 부가정리도 무려 22개나 된다.

〈그림 11-4〉

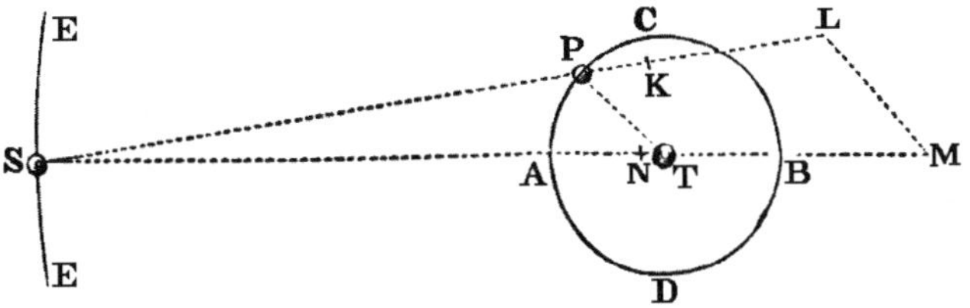

이 힘만 작용한다면 (*T*가 움직이건 또는 정지해 있건) 반지름 *PT*가 쓸고 지나가는 면적은 시간에 비례하고 궤적의 형태는 타원이며, 타원의 초점에 *T*가 위치한다. 이것은 명제 11, 그리고 명제 18의 부가정리 2, 3으로부터 유도되는 결과이다.

*P*에 작용하는 두 번째 힘은 *LM*이다. 이 힘은 (방향이 *PT*와 같으므로) 첫 번째 힘에 더해져도 (명제 58의 부가정리 3에 의해) 반지름 *PT*가 쓸고 지나간 면적은 여전히 시간에 비례한다. 그러나 *LM*은 *PT*(두 물체 사이의 거리)의 제곱에 반비례하지 않기 때문에, 두 힘을 더하면 (명제 11, 그리고 명제 58의 부가정리 2에 의해) *T*를 초점으로 타원 궤도를 돌기 위해 필요한 힘에서 벗어나게 된다. *P*가 타원 궤적을 그리면서 *T* 주변을 선회하려면 둘 사이에 작용하는 힘이 정확하게 거리의 제곱에 반비례해야 하는데, 두 힘이 더해지면 이 조건을 만족하지 못하기 때문에 궤도 *PAB*가 타원에서 벗어나는 것이다. 물론 *LM*이 클수록 벗어난 정도는 더욱 커진다.

여기에 *P*를 *ST* 방향으로 잡아당기는 세 번째 힘 *SM*이 추가되면 *P*에 가해지는 힘이 정확하게 *T*를 향하지 않으므로 반지름 *TP*가 쓸고 지나간 면적은 더 이상 시간에 비례하지 않으며, *SM*이 클수록 이 현상(면적과 시간이 비례 관계에서 벗어나는 현상)은 더욱 크게 나타난다. *SM*이 *P*를 타원 궤적에서 벗어나게 만드는 원인은 두 가지가 있다. 하나는 *SM*의 방향이 *PT*와 다르기 때문이고, 또 하나는 *SM*이 거리의 제곱에 반비례하지 않기 때문이다. 그러므로 처음 두 힘을 그대로 유지한 채 반지름이 쓸고 지나간 면적이 시간에 비례하려면 세 번째 힘이 가능한 한 약해야 한다. 그리고 *T*가 발휘하는 힘을 그대로 유지한 채 궤도 *PAB*가 타원에 가까우려면 두 번째와 세 번째 힘(특히 세 번째 힘)이 약해야 한다.

물체 *T*를 *S* 쪽으로 가속시키는 힘(즉 끌어당기는 힘)을 *SN*이라 하자. *SM*과 *SN*이 같으면 *T*와 *P*가 같은 방향, 같은 세기로 당겨지기 때문에 이들의 상대 운동은 변하지 않는다. 이런 경우 *T*와 *P*의 상대 운동은 (운동의 부가법칙 6에 의해) *SM*과 *SN*이 작용하지 않을 때와 완전히 똑같다. 그리고 *SN*이 *SM*보다 작으면 그 차이에 해당하는 *MN* 때문에 반지름이 쓸고 지나간 면적이 시간에 비례하지 않고, 궤적도 타원에서 벗어난다. *SN*이 *SM*보다 큰 경우에도 그 차이에 해당하는 *MN* 때문에 위와 같은 현상이 나타난다. 즉 세 번째 힘 *SM*은 *SN*을 상쇄시켜서 *MN*만 남게 할 뿐, 첫 번째 힘(*P*에서 *T*로 향하는 힘)과 두 번째 힘(*LM*)에는 아무런 영향도 미치지 않는다. 그러므로 면적 속도가 일정하고(즉 반지름이 쓸고 지나간 면적이 시간에 비례하고) 궤적 *PAB*가 타원에 가까우려면 *MN*이 가능한 한 작아야 한다. 이는 곧 *P*와 *T*를 *S* 쪽으로 잡아당기는 힘이 가능한 한 같아야 한다는 뜻이다. 이렇게 되려면 "*SN*=0이거나 *SM*의 최솟값보다 작은 경우"보다 "*SN*이 *SM*의 최댓값과 최솟값의 평균에 가까운 경우"가 더 유리하다. 다시 말해서, *SN*와 *SK*가 비슷할수록 *P*와 *T*에 미치는 영향이 작아진다. [Q.E.D.]

사례 2

작은 물체 *P*와 *S*가 각기 다른 평면에서 *T* 주변을 선회한다고 가정해보자. 이 경우 힘 *LM*은 *PAB*가 놓인 평면 위에서 *PT* 방향으로 작용하여 사례 1과 동일한 효과를 낳고, 궤도면에서 *P*를 벗어나게 만들지 않는다. 그러나 *P*의 궤도면과 *S*의 궤도면이 일치하지 않으면 *ST* 방향으로 작용하는 힘 *NM*은 궤도 *PAB*와 특정한 각도를 이루고 있으므로 사례 1처럼 *P*의 운동에 가로 방향(그림에서 좌우 방향)으로 영향을 줄 뿐만 아니라, *P*를 궤도면 밖으로 잡아당기는 힘[5]까지 행사한다. 이 힘은 *P*와 *T*의 상대적 위치에 상관없이 힘 *MN*에 비례하며, *MN*이 최소일 때 가장 작다. 즉 (앞에서 설명한 대로) *SN*이 *SK*와 비슷할수록 *P*에 미치는 영향이 작아진다. [Q.E.D.]

부가정리 1

그러므로 여러 개의 작은 물체 *P*, *S*, *R*, …이 큰 물체 *T* 주변을 선회하는 경우, *T*를 포함한 모든 물체는 자신을 제외한 다른 물체들의 인력 때문에 궤도가 조금씩 변형되는데, 그중에서 영향을 가장 적게 받는 물체는 가장 안쪽에 있는(즉 *T*에 제일 가까운) 물체 *P*이다.

---

5) 이 책의 종이 면에 수직한 방향으로 작용하는 힘을 말한다.

부가정리 2

*T*와 *P*, 그리고 *S*로 이루어진 3체 물리계에서 임의로 고른 두 물체가 나머지 물체를 끌어당기는 힘이 거리의 제곱에 반비례할 때, *P*가 *T* 주변을 선회하면서 반지름 *PT*가 쓸고 지나가는 면적은 가장 가까운 지점 *A*와 가장 먼 지점 *B*에서 빠르게 증가하고, 그 중간 지점인 *C*와 *D*에서 느리게 증가한다.[6]

이유: "*P*에 작용하면서 *T*에는 작용하지 않는" 모든 힘과 "*PT* 방향으로 작용하지 않는" 모든 힘은 작용 방향에 따라 면적 속도를 빠르게 만들 수 있고 느리게 만들 수도 있으며, 아예 영향을 주지 않을 수도 있다. 대표적인 사례가 바로 *MN*이다. 물체 *P*가 *C*에서 *A*로 이동하는 동안 힘 *MN*은 속도를 가속시키는 쪽으로 작용하고, *A*-*D* 구간에서는 속도를 감속시키는 쪽으로 작용한다. 그 후 *D*-*B* 구간에서 다시 속도가 빨라지다가, *B*-*C* 구간에서는 느려진다.

부가정리 3

그러므로 물체 *P*가 내합(inferior conjunction)[7]이나 외합(superior conjunction)[8]일 때의 속도는 그 중간 지점(*B*, *C*)을 지날 때의 속도보다 빠르다.

---

6) 간단히 말해서, *P*의 공전 속도는 *A*와 *B*에서 빠르고, *C*와 *D*에서 느리다.

7) *ST*〉*PT*일 때, 세 물체가 *S*-*P*-*T*의 순서로 일직선상에 놓이는 경우.

8) *ST*〉*PT*일 때, 세 물체가 *S*-*T*-*P*의 순서로 일직선상에 놓이는 경우.

부가정리 4

다른 조건이 모두 동일하다면, 물체 *P*의 궤적은 내합(*A*)과 외합(*B*)보다 그 중간(*C*, *D*)에서 더 많이 휘어진다. 물체의 속도가 빠를수록 직선에 가까운 궤적을 그리기 때문이다. 또한 내합과 외합 지점에서 힘 *KL*와 *NM*은 *T*가 *P*를 잡아당기는 힘과 반대 방향으로 작용하기 때문에, *T*와 *P* 사이의 인력이 약해져서 *P*는 더욱 직선에 가까운 궤적을 그리게 된다.

부가정리 5

그러므로 다른 조건이 모두 동일하다면 물체 *P*는 *A*, *B*에 있을 때보다 *C*, *D*에 있을 때 *T*와의 거리가 더 멀어진다. 단 이것은 이심률(eccentricity)[9]의 변화를 고려하지 않은 결과이다.

〈그림 11-5〉

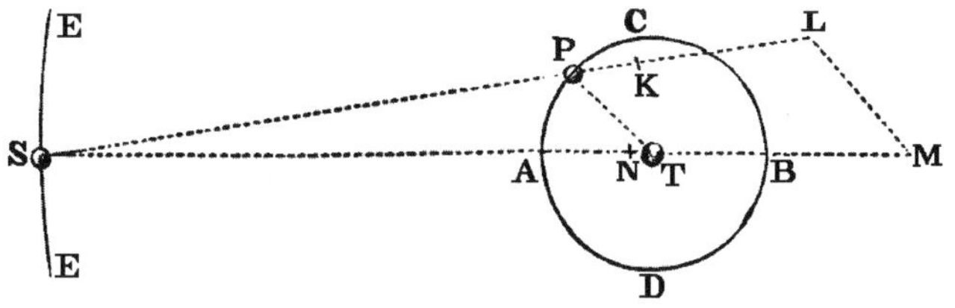

*P*가 그리는 궤도의 이심률은 (부가정리 9에서 증명하겠지만) 원일점이나 근일점에서 합(conjunction) 또는 충(opposition)이 일어날 때 가

9) 원에서 벗어난 정도 또는 타원의 일그러진 정도를 나타내는 수치.

장 큰 값을 갖는다.[10] 그러므로 물체 *P*가 원일점에 도달했을 때 합이나 충이 일어나면 *T*와의 거리가 더 멀어질 수도 있다.

부가정리 6

*P*의 궤도 운동을 유지하는 물체 *T*가 사분점(quadrant)[11]에 도달하면 힘 *LM*이 *PT* 방향으로 추가되어 구심력이 커지고, 삭망점(syzygy)[12]에 도달하면 *LM*과 함께 *KL*이 반대 방향으로 더해지면서 구심력이 약해진다(*KL*은 *LM*보다 크다). 구심력은 (명제 4의 부가정리 2에 의해) 반지름 *TP*에 비례하고 주기의 제곱에 반비례하기 때문에(즉 구심력은 반지름을 주기의 제곱으로 나눈 값에 비례하기 때문에), *KL*이 추가되면 약해질 수밖에 없다. 그러므로 (궤도 반지름 *TP*가 변하지 않는다고 가정하면) 주기는 구심력이 감소하는 비율의 제곱근의 역수 비율로 증가한다. 반지름이 증가하거나 감소하는 경우, 주기는 (명제 4의 부가정리 6에 의해) 반지름의 $\frac{3}{2}$제곱에 비례하여 길어지거나 짧아진다. *T*를 향한 구심력이 점점 약해지면 *P*를 당기는 힘이 점점 약

---

10) 3개의 물체 *T*, *P*, *S* 중 *T*를 큰 물체라 하고 작은 물체 중 *T*에 가까운 것을 *P*, 먼 것을 *S*라 했을 때, *S*-*T*-*P*의 순서로 일직선상에 놓이면 합이고, *S*-*P*-*T*의 순서로 일직선상에 놓이면 충이다. 태양계에서 행성의 운동을 논할 때 이런 용어가 자주 등장하는데, 모든 것이 지구 중심으로 정의되어 있어서 가끔 혼란을 야기할 때가 있다. 부가정리 3에서 말한 내합과 외합은 내행성(태양과의 거리가 지구보다 가까운 행성)에 적용되는 용어이고, 여기서 말하는 "합"과 "충"은 외행성(태양과의 거리가 지구보다 먼 행성)에 적용되는 용어이다.

11) 합과 충의 중간 지점으로, 그림에서 *C*와 *D*에 해당한다.

12) 합과 충을 한꺼번에 일컫는 용어.

해지면서 P는 T의 중심으로부터 서서히 멀어지고, 이와 반대로 구심력이 점점 강해지면 P는 T에 점점 더 가까워진다. 그러므로 먼 거리에 있는 S가 위치를 바꾸면서 힘의 세기가 달라지면 반지름 TP가 달라지고, P의 주기는 "반지름의 $\frac{3}{2}$제곱"과 "T의 구심력의 제곱근"에 비례하여 달라지게 된다.

부가정리 7

지금까지 증명된 결과에 의해, P가 그리는 타원의 원일점과 근일점을 연결한 직선(타원의 축)은 각운동에 대하여 전진과 후퇴를 반복한다. 그러나 전진한 거리가 후퇴한 거리보다 많기 때문에, 결과적으로 타원의 축은 조금씩 앞으로 전진한다.

〈그림 11-6〉

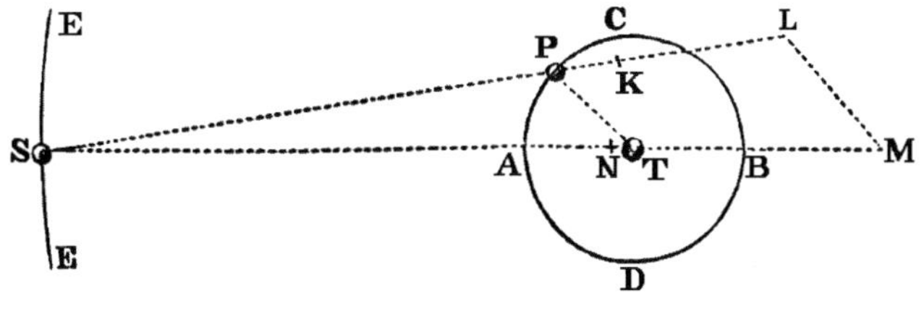

이유: MN=0인 사분점(C와 D)에서 P를 T 쪽으로 당기는 힘은 힘 LM과 T가 P를 잡아당기는 구심력의 합이다. 거리 PT가 멀어지면 힘 LM은 거리와 거의 비슷한 비율로 강해지고 구심력은 PT의 제곱에 반비례하여 약해지면서 (명제 45의 부가정리 1에 의해) 원일점이 뒤로 후퇴한다. 그러나 합 또는 충이 일어나면 P가 T 쪽으로 끌리는

힘은 "*T*가 *P*를 잡아당기는 힘과 *KL*의 차이"로 나타나는데, *T*가 *P*를 잡아당기는 힘은 *PT*의 제곱에 반비례하고 *KL*은 *PT*에 비례하므로 (명제 45의 부가정리 1에 의해) 원일점이 앞으로 이동한다. 삭망점과 사분점 사이에서 원일점의 이동 방향은 위에 열거한 두 가지 원인에 의해 좌우된다. 즉 전진하는 거리보다 후퇴하는 거리가 크면 타원의 축은 뒤로 후퇴하고, 반대의 경우는 앞으로 전진한다. 그런데 삭망점에서 힘 *KL*은 사분점에서의 힘 *LM*보다 거의 2배가량 크기 때문에, 전진하는 효과가 후퇴하는 효과를 압도하여 결국 타원의 축은 전진하게 된다. *T*와 *P*로 이루어진 물리계 주변에 여러 개의 다른 물체 *S*, *S*, *S*, …가 궤도 *ESE*를 따라 움직인다고 상상하면 이 부가정리를 포함하여 앞에 언급된 부가정리들을 쉽게 이해할 수 있다. *S*, *S*, *S*, …들이 행사하는 힘은 *T*가 발휘하는 힘을 모든 방향에서 거리의 제곱보다 큰 비율로 약화시킨다.

부가정리 8

원일점의 전진-후퇴 여부는 구심력이 감소하는 비율에 따라 좌우된다. 즉 물체가 근일점에서 원일점으로 이동할 때는 *TP*의 증가율과 TP^2의 증가율의 대소 관계에 의해 좌우되고, 물체가 다시 근일점으로 접근할 때는 *TP*의 감소율과 TP^2의 감소율의 대소 관계에 의해 좌우된다. 그러므로 "원일점에서의 힘과 근일점에서의 힘의 비율"과 "두 지점에서 거리의 제곱의 역수의 비율"의 차이가 가장 클 때 원일점이 가장 많이 이동한다. 물체가 삭망점에 있을 때는 *KL*(또는 *NM*-*LM*) 때문에 원일점과 근일점이 전진하는 속도가 빨라지고, 사분점에 있을 때는 *LM* 때문에 뒤로 후퇴하는 속도가 느려진다. 그리고 빠르게 전진하는 시간과 느리게 후퇴하는 시간이 계속 누적되면 둘 사이의 차이가 점점 더 커진다.

부가정리 9

한 물체가 특정 지점에 있는 중심으로부터 거리의 제곱에 반비례하는 힘을 받으면서 타원 궤적을 그리고 있다. 이 물체가 원일점에서 근일점으로 이동하는 동안 새로운 힘이 계속 추가되어, 물체에 작용하는 총 힘이 거리의 제곱의 역수보다 빠르게 증가한다고 하자.[13] 그러면 물체가 중심을 향해 끌리는 힘은 새로운 힘이 추가되기 전보다 강해져서 원래의 타원보다 더 작은 타원을 그리게 되고, 힘의 중심과 근일점 사이의 거리는 이전보다 가까워진다. 즉 새로운 힘이 추가되면 타원의 이심률이 커진다. 이제 물체가 근일점에서 원일점을 향해 이동하면 힘이 이전의 증가율과 동일한 비율로 감소하면서 물체는 이전의 거리를 회복한다. 만일 이 과정에서 힘이 이전의 증가율보다 더 큰 비율로 감소하면 물체를 당기는 힘이 약해져서 중심과의 거리가 멀어지고 타원의 이심률이 더욱 커진다. 그러므로 물체가 궤도를 돌 때마다 구심력의 증가율과 감소율(이하 증감률)이 커지면 이심률은 항상 증가하고, 반대로 매 바퀴마다 구심력의 증감률이 작아지면 이심률은 항상 줄어든다.

---

13) 원일점에서 근일점으로 이동할 때는 물체와 중심 사이의 거리가 계속 짧아지므로, 그 제곱의 역수는 계속 증가한다.

T, *P*, *S*로 이루어진 물리계에서 궤도 *PAB*의 원일점과 근일점[14]이 사분점과 일치할 때 증감률이 가장 작고, 원-근일점이 삭망점과 일치할 때 증감률이 가장 크다. 원-근일점이 사분점에 가까울수록 증감률이 작아지고, 삭망점 근처에서는 구심력의 증감률이 거리의 제곱의 증감률보다 커진다. 바로 이런 이유 때문에 원일점이 앞뒤로 이동하는 것이다. 이것은 이미 앞에서 증명한 내용이다. 그러나 원-근일점 사이에서 전진 운동의 총 증가율과 감소율을 고려하면, 이 비율은 거리의 제곱의 증감률보다 작다. 근일점에서 작용하는 힘과 원일점에서 작용하는 힘의 비율은 "원일점과 타원의 초점 사이 거리의 제곱"과 "근일점과 타원의 초점[15] 사이 거리의 제곱"의 비율보다 작다. 그리고 역으로, 원-근일점이 삭망점과 일치하면 근일점에서 작용하는 힘과 원일점에서 작용하는 힘의 비율은 전술한 거리의 제곱의 비율보다 크다.

사분점에서 힘 *LM*을 물체 *T*가 발휘하는 힘에 더하면 (전술한) 힘의 비율이 더 작아지고, 삭망점에서 힘 *LM*을 *T*가 발휘하는 힘에서 빼면 힘의 비율이 커진다. 그러므로 원일점과 근일점 사이에서 총증가량과 감소량의 비율은 사분점에서 가장 크고 삭망점에서 가장 작다. 즉 원-근일점이 사분점에서 삭망점(충 또는 합)으로 이동하는 동안 이 비율이 계속 증가하면서 타원의 이심률이 커지고, 원-근일점

---

14) 이하 원-근일점이라 칭하기로 한다. 원일점은 upper apsis, 근일점은 lower apsis이고, 이들을 하나로 묶어서 부르는 용어가 apsides이다. 그런데 한글에는 이에 해당하는 정식 용어가 없다.

15) 타원의 초점은 2개인데, 이 초점은 전술한 초점을 의미한다.

이 삭망점에서 사분점으로 이동하는 동안에는 이 비율이 계속 감소하면서 이심률도 작아진다.

부가정리 10

궤도 *EST*가 속한 평면이 고정되어 있다는 가정하에, 궤도면의 기울기 차이를 알아보자. 앞에서 설명한 오차의 원인에 의해, 힘 *NM*과 *ML*(오차를 야기하는 모든 원인) 중 *ML*은 항상 *PAB* 궤도를 포함하는 평면에서 작용하므로, *P*에게 위도 방향 운동(*P*를 궤도면 밖으로 벗어나게 만드는 운동)을 야기하지 않는다. 교점(node)[16]이 삭망점과 일치하면 *NM*도 같은 평면에서 작용하므로 *P*를 궤도면 밖으로 밀어내지 않는다. 그러나 교점이 사분점와 일치하면 *P*를 궤도면 밖으로 밀어내려는 힘이 최대가 된다. 이 힘은 *P*가 사분점을 지나 삭망점으로 이동하는 동안 작아지다가, 삭망점에서 사분점으로 이동하는 동안 다시 커진다. 그러므로 물체가 삭망점에 있을 때 궤도면의 기울기가 가장 작고, 사분점에 도달하면 다시 최대가 된다.

교점이 구와 삭망점의 중간(*C*와 *A*의 중간, 또는 *D*와 *B*의 중간)에 있을 때는 앞서 증명한 대로 물체 *P*가 교점으로부터 90도 돌아가는 동안 궤도면의 기울기는 계속 작아지고, 다시 45도를 돌아서 다음 사분점에 도달할 때까지는 기울기가 커진다. 그 후 다시 45도 돌아서 다음 교점에 도달할 때까지는 기울기가 다시 작아진다. 즉 기울기의 감소량이 증가량보다 크기 때문에, 교점을 지날 때마다 기울기가 감

---

16) *P*의 궤도상에서 *S*의 궤도면과 *P*의 궤도면이 만나는 점.

〈그림 11-7〉

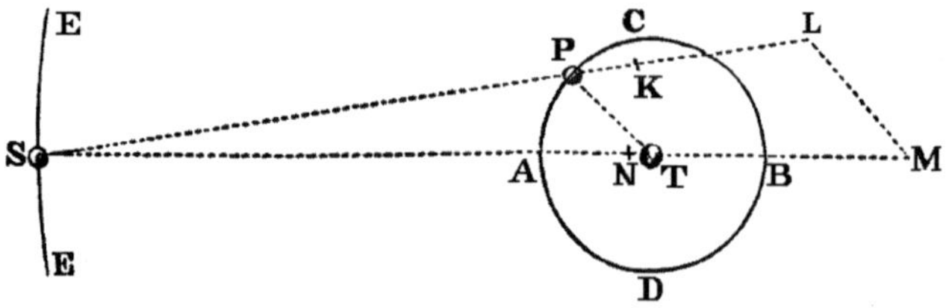

소한다. 그리고 이와 비슷한 논리를 펼치면 교점이 다른 팔분점(*A*와 *D*의 중간, 또는 *B*와 *C*의 중간)에 있을 때 기울기의 증가량이 감소량보다 크다는 것을 알 수 있다. 그러므로 기울기는 교점이 삭망점과 일치할 때 가장 크다. 교점이 삭망점에서 사분점으로 이동하면 물체가 교점에 가까워질수록 기울기가 작아지고, 교점이 사분점과 일치하면서 물체가 삭망점에 있을 때 기울기가 최소가 된다. 그 후에는 이전의 감소율과 동일한 증가율로 기울기가 커지다가, 교점이 "가장 가까운 삭망점"에 도달했을 때 원래의 기울기로 되돌아간다.

부가정리 11

교점이 사분점(*C*, *D*)과 일치하면 물체 *P*는 교점 *C*에서 합 *A*를 거쳐 다른 교점 *D*에 이르는 동안 자신의 궤도면에서 벗어난 방향(*S*를 향한 방향)으로 당겨진다. 그 후 *D*에서 충 *B*를 지나 교점 *C*로 가는 동안은 이 힘이 반대 방향으로 작용한다. 그러므로 물체는 교점 *C*를 지나 다음 교점에 도달할 때까지 첫 번째 궤도면 *CD*로부터 점점 벗어나게 된다. 즉 물체는 교점 *D*에 도달했을 때 첫 번째 궤도면 *CD*로부터 가장 멀어지고, 두 번째 궤도면 *EST*를 지나 물체 *S* 쪽으로 조금 이동한(즉 이전 교점에 약간 못 미친) 새로운 교점에 도달한다. 그러므로 교점이 사분점과 일치하면 원래 위치에서 서서히 멀어지고, 교점이 삭망점과 일치하면 궤도면 바깥쪽으로 작용하는 힘이 없기 때문에 교점의 위치가 변하지 않는다. 그리고 교점이 구와 삭망점 중간에 있으면 두 가지 효과가 동시에 일어나서 교점이 더 느린 속도로 이동한다. 이와 같이 교점은 “역행” 또는 “정지 상태”, 둘 중 하나이므로 시간이 흐를수록 뒤로 후퇴하는 경향이 있다.

부가정리 12

위에 열거한 부가정리(들)에서 언급된 모든 오차는 물체 *P*와 *S*가 충일 때보다 합일 때 조금 더 크게 나타난다. 오차를 유발하는 힘 *NM*과 *ML*이 합일 때 더 커지기 때문이다.

부가정리 13

본 명제 66과 위의 부가정리(들)에서 유도된 결과는 물체 *S*의 질량과 무관하므로, *S*가 큰 물체이고 *P*와 *T*가 작은 경우, 즉 *P*와 *T*가 *S* 주변을 선회하는 경우에도 똑같이 적용된다. 물론 *S*가 커지면 *P*의 오차를 유발하는 구심력도 커지므로, (같은 거리에서) 모든 오차는 *S*가 *P*-*T* 물리계 주변을 선회하는 경우보다 크게 나타난다.

부가정리 14

*S*가 아주 멀리 떨어져 있으면 힘 *NM*과 *ML*은 *SK*와 $\frac{PT}{ST}$에 거의 비례하는데(즉 거리 *PT*와 물체 *S*의 절대력이 주어진 값일 때 ST^3에 반비

례하는데),[17] 이들은 이전 부가정리(들)에서 언급한 모든 오차와 이동의 원인이므로, (P-T로 이루어진 물리계는 그대로 있고, 거리 ST와 S가 발휘하는 절대력만 달라진다면) 위에 언급된 모든 변화량은 거의 "S가 발휘하는 절대력에 $\frac{1}{ST^3}$을 곱한 비율"만큼 변한다. 그러므로 T와 P로 이루어진 물리계가 멀리 떨어진 S 주변을 선회하는 경우, 힘 NM과 ML, 그리고 이들이 낳은 효과는 (명제 4의 부가정리 2, 6에 의해) 주기의 제곱에 반비례한다. 또한 S의 질량이 S가 발휘하는 절대력에 비례하면 NM, ML과 이들이 낳은 효과는 "T에서 바라본 S의 겉보기 지름의 세제곱"에 비례하며, 그 역도 성립한다. 이것은 위에 언급된 비례 관계와 일치하는 결과이다.

부가정리 15

궤도 ESE와 PAB가 형태, 상대적 비율, 둘 사이의 기울기를 그대로 유지한 채 크기만 달라지고, S와 T 사이의 힘이 달라지지 않거나 같은 비율로 달라진다면, 이 힘들(P를 궤도 PAB에 묶어놓는 T의 힘과 P를 궤도에서 벗어나게 만드는 S의 힘)은 항상 같은 방식, 같은 비율로 작용한다. 그러므로 모든 효과는 스케일(비율)만 달라질 뿐 비슷한 형태로 일어나며, 변화가 일어나는 데 걸리는 시간도 그만큼 길어진다. 즉 모든 선형적인 변화는 궤도 반지름에 비례하고 각도 변화는 그대로이며, 선형 변화와 각도 변화가 일어나는 데 걸리는 시간은

---

17) ML은 $SK \times \frac{PT}{ST}$에 비례하고 SK는 SP^2에 반비례하며, S가 아주 멀리 떨어져 있으면 $SP \sim ST$이므로 결국 ML은 ST^3에 반비례한다.

궤도의 주기에 비례한다.

부가정리 16

궤도의 형태와 이들 사이의 각도가 고정된 상태에서 궤도의 크기와 힘, 그리고 물체들 사이의 거리가 변하면, 한 경우에 발생한 오차와 그 오차가 발생하는 데 걸리는 시간으로부터 다른 경우의 오차와 시간을 거의 정확하게 알 수 있다. 그러나 다음과 같은 방법을 사용하면 중간 과정이 크게 절약된다.

다른 양들이 변하지 않으면 힘 *NM*과 *ML*은 반지름 *TP*에 비례하고, 주기적으로 나타나는 효과들은 (보조정리 10의 부가정리 2에 의해) *P*의 주기의 제곱과 힘에 비례한다. 이것은 물체 *P*에 나타나는 선형적 오차이며, *T*에서 바라본 각도의 오차(원일점과 교점의 이동, 그리고 경도와 위도[18]에서 발생하는 겉보기 오차)는 *P*가 한 번 공전할 때마다 주기의 제곱에 거의 비례하여 나타난다. 이 비율을 부가정리 14의 비율과 결합해서 생각해보자. *T*, *P*, *S*로 이루어진 물리계에서 *P*가 *T* 주변을 공전하고 *T*는 멀리 떨어져 있는 *S*를 공전하는 경우[19] *T*에서 바라본 *P*의 각도 변화(*P*가 한 바퀴 돌 때마다 발생하는 각도 변화)는 *P*의 주기에 비례하고 *T*의 주기의 제곱에 반비례한다. 그러므로 원일점의 평균 운동과 교점의 평균 운동은 서로 일정한 비율을 유지한

---

18) 궤도면이 기울어진 정도는 2개의 축에 대한 회전각으로 나타낼 수 있는데, 그중 하나가 위도, 나머지가 경도에 해당한다.

19) *P*=달, *T*=지구, *S*=태양인 경우에 해당한다.

채 P의 주기에 비례하고 T의 주기의 제곱에 반비례한다. 궤도 PAB의 이심률과 기울기가 커지거나 작아져도 변화량이 아주 크지 않은 한, 원일점과 교점의 운동은 거의 영향을 받지 않는다.

부가정리 17

직선 LM은 반지름 PT보다 길 때도 있고 짧을 때도 있으므로, 힘 LM의 평균값을 PT로 표기하자. 그러면 이 힘과 평균힘 SK(또는 SN. S가 충분히 멀면 이 힘은 ST로 쓸 수 있다)의 비율은 PT와 ST의 길이 비율과 같다.

〈그림 11-8〉

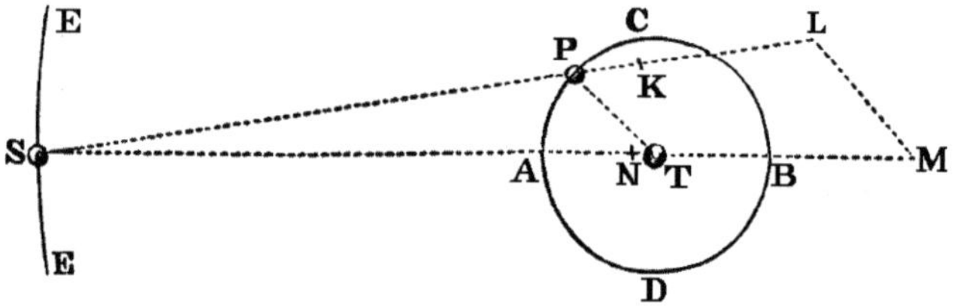

그런데 "T를 S의 주변 궤도에 묶어두는 힘 SN(또는 ST)"과 "P를 T의 주변 궤도에 묶어두는 힘"의 비율은 "반지름 S와 반지름 PT의 비율"과 "T 주변을 도는 P의 주기와 S 주변을 도는 T의 주기의 비율의 제곱"에 복합적으로 비례한다.[20] 그리고 힘 LM의 평균과 P를 T

20) a가 b에 비례하고 c에도 비례할 때, a는 "b와 c에 복합적으로 비례한다"고 말한다. 이는 곧 "a는 $b \times c$에 비례한다"는 말과 동일하다.

주변에 붙잡아두는 힘(또는 *P*가 고정된 *T*와 일정한 거리 *PT*를 유지하면서 일정한 주기로 공전하도록 만드는 힘)의 비율은 주기의 제곱과 같다. 그러므로 주기와 *PT*가 주어지면 평균힘 *LM*이 결정되며, 힘 *LM*이 결정되면 *MN*도 직선 *PT*와 *MN*의 비율로부터 거의 정확하게 구할 수 있다.

부가정리 18

여러 개의 유동체가 *T*로부터 같은 거리만큼 떨어져서 *P*와 동일한 법칙에 따라 움직이는 경우를 상상해보자. 이들은 서로 접촉한 상태에서 *T*를 중심으로 여러 개의 동심원을 그리고 있다. 즉 개개의 유동체는 *T*를 중심으로 고리 모양의 띠를 형성한 채 *P*와 동일한 법칙에 따라 회전 운동을 한다. 그러면 이들은 *T*에 점점 가까워지고, 자신과 *S*의 삭망점(합 또는 충)을 지날 때의 속도가 사분점에서의 속도보다 빠르다. 이 고리의 교점[고리가 놓인 평면과 *S*(또는 *T*)의 궤도 평면이 만나는 점]은 삭망점에서 정지 상태에 있지만 삭망점 밖에서는 뒤로 후퇴하며, 사분점에서 가장 빠르게 이동하고 다른 곳에서는 이동 속도가 느려진다. 고리의 기울기도 수시로 변하면서 주기마다 중심축이 진동을 겪게 되는데, 한 바퀴 돌고 나면 거의 원위치로 되돌아온다(교점의 세차 운동 때문에 약간 차이가 난다).

부가정리 19

*T*가 유동체가 아닌 견고한 구형 물체로서 고리형 구체에 맞닿을 정도로 지름이 크고, 표면에 홈이 패여 있어서 그곳을 따라 주변의

유체가 흐른다고 하자. 구체는 자신의 축을 중심으로 주기가 균일한 자전 운동을 하고 있다. 이런 경우에 유체(물)는 부가정리 18에서 말한 대로 가속과 감속을 반복하는데, 삭망점에서는 구 자체의 회전 속도보다 빠르고 사분점에서는 그보다 느려지면서 지구의 바다처럼 조수(밀물과 썰물)가 일어난다. 여기서 S의 인력을 제거하면 조수 현상이 사라지고, 물은 고정된 구의 중심 주변을 회전하게 된다. 구형 물체가 등속 직선 운동을 하면서 스스로 자전하는 경우에도 (운동의 부가법칙 5에 의해) 이와 비슷한 현상이 일어나며, (운동의 부가법칙 6에 의해) 구형 물체가 직선 경로를 따라 가속되는 경우도 마찬가지다. 그러나 S를 T 근처에 갖다놓으면 S에 가까운 물에는 강한 인력이 작용하고, 그 반대편에 있는 물에는 상대적으로 약한 인력이 작용한다. 또한 힘 LM은 사분점(C, D)의 위치에 있는 물을 아래쪽으로 잡아당겨서 삭망점(A, B)으로 모이게 만들고, 힘 KL은 삭망점에 있는 물을 위로 잡아당겨서 사분점의 물이 더 이상 줄어드는 것을 방지한다. 단 이 과정에서 물이 홈을 따라 이동하는 속도는 마찰 때문에 다소 줄어들 수도 있다.

부가정리 20

고리가 단단한 고체이고 구체(T)의 지름이 작으면 조수 현상은 일어나지 않지만, 기울기의 진동과 교점의 세차 운동은 여전히 계속된다. 구체와 고리의 중심축이 같고 회전 주기도 같으면서 구체의 표면과 고리의 안쪽 면이 서로 맞닿아 있으면, 고리의 운동이 구체에 전달되어 계 전체가 진동하고 교점은 뒤로 후퇴한다. 앞으로 증명하겠지만, 구체는 이 모든 영향에 민감하게 반응한다. 구체를 고려하지 않았을 때 고리의 기울어진 각도는 교점이 삭망점에 있을 때 가장 크다. 이곳에서 교점이 사분점으로 이동하는 동안 각도가 줄어들면서 구체에 영향을 주는데, 이 영향은 고리에 의해 새로운 운동이 반대 방향으로 생길 때까지 계속된다. 기울어진 각도는 교점이 사분점과 일치할 때 가장 빠르게 줄어들고, 각도 자체는 사분점을 지나 팔분점(*A*와 *D*의 중간, 또는 *B*와 *C*의 중간)에 도달했을 때 최소가 된다. 반대로 교점이 삭망점과 일치할 때 각도가 가장 빠르게 증가하고, 각도 자체는 그다음 팔분점에서 최대가 된다.

〈그림 11-9〉

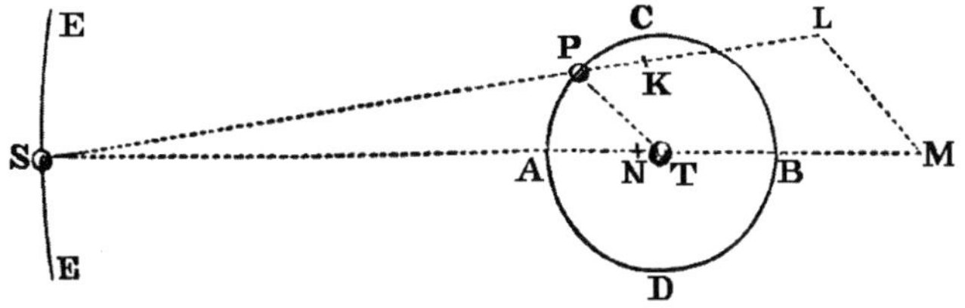

고리가 존재하지 않는 경우에도 구체의 적도가 극보다 조금 높거나 밀도가 조금 높으면 이와 비슷한 현상이 나타난다. 적도에 모여 있는 물질의 초과분이 고리의 역할을 하기 때문이다. 구체의 구심력이 커진다 해도 지구처럼 모든 것을 안쪽으로 잡아당긴다면, 위에 서술한 모든 현상과 부가정리 19에 언급된 내용은 거의 달라지지 않는다. 단 물의 높이가 가장 높은 곳과 가장 낮은 곳의 위치는 달라질 수도 있다. 왜냐하면 이 경우에 물의 움직임을 유발하는 것

은 구심력이 아니라 표면에 나 있는 홈(물길)이기 때문이다. 그리고 물을 아래로 잡아당기는 힘 LM은 사분점에서 가장 크고, 물을 위로 밀어 올리는 힘 KL(또는 $NM-LM$)은 삭망점에서 가장 크다. 이 힘들이 복합적으로 작용하면 물은 삭망점 이전의 팔분점에서 위로 밀어 올려지고, 삭망점 다음의 팔분점에서 다시 아래로 끌려간다. 그 결과 수면의 높이는 삭망점을 지난 팔분점 근처에서 가장 높고 사분점을 지난 팔분점에서 가장 낮다. 그러나 물의 이동은 물이 갖고 있는 고유의 힘(자체 관성) 때문에 예상보다 좀더 오래 지속될 수도 있으며, 구체 표면에 파인 홈의 마찰 때문에 좀더 일찍 멈출 수도 있다.

부가정리 21

구체의 양극보다 적도에 물질이 더 많이 모여 있으면 교점이 위로 이동하고(초과분이 많을수록 뒤로 이동하는 속도가 빨라지고, 초과분이 없으면 교점은 움직이지 않는다), 반대로 적도보다 양극에 물질이 더 많이 모여 있으면 교점은 앞으로 이동한다.

부가정리 22

그러므로 교점이 이동하는 방식을 알면 구체의 형태와 구조를 알 수 있다. 구체의 양극이 달라지지 않은 채 교점이 뒤로 이동하면 적도에 초과 물질이 존재하고, 교점이 앞으로 이동하면 양극(남극과 북극)에 초과 물질이 존재한다. 초기에 모든 곳의 밀도가 균일하면서 기하학적으로 완벽한 정지 상태의 구체가 주어졌는데, 여기에 비스듬한 방향(표면에 수직하지 않은 방향)으로 힘이 작용하여 회전 운동과 병진 운동이 동시에 일어났다고 하자. 균일한 구체는 특정 방향의 축이나 특정한 각도를 선호하지 않으므로, 스스로 축을 바꾸거나 각도를 바꾸지 않는다. 그러므로 (운동의 부가법칙 2에 의해) 새로운 힘이 이전과 같은 지점에 비스듬한 방향으로 작용하면, 두 힘을 더한 힘이 한 번에 작용한 것과 동일한 결과를 낳는다. 즉 두 힘이 연달아 작용해도 구체는 특정 방향으로 기울어진 축을 중심으로 단순한 운동을 할 뿐이다. 특정 위치에 첫 번째 힘을 받아 움직이는 구체의 적도 부위에 두 번째 힘이 가해진 경우나, 적도 부위에 첫 번째 힘을 받아 움직이는 구체의 특정 부위에 두 번째 힘이 가해진 경우도 마찬가지다. 두 힘은 가해진 순서에 상관없이 동일한 결과를 낳으며, 두 힘이 동시에 가해져도 구체의 최종 운동은 달라지지 않는다. 그러므로 균일한 구체에 여러 개의 힘이 시간 간격을 두고 가해져도, 최종 결과는 단 하나의 운동으로 나타난다. 가해진 힘이 아무리 복잡해도 단순한 힘의 조합으로 분해할 수 있으므로, 특정 각도로 기울어진 특정한 축을 중심으로 단순하고 균일한 운동을 하게 되는 것이다. 구심력만으로는 축의 기울기와 회전 속도를 바꿀 수 없다.

구체를 "중심을 지나는 임의의 평면으로 자른 2개의 반구"로 간주해보자. 한 반구의 임의의 위치에서 중심을 향해 힘이 작용하면, 다른 반구의 대척점에는 항상 이 힘과 크기가 같고 방향이 반대인 힘이 작용하기 때문에, 구 자체가 발휘하는 힘만으로는 축의 각도가 달라지지 않는다. 구체의 극과 적도 사이에 새로운 물체(예를 들어 거대한 산)를 추가했다고 가정해보자. 그러면 추가된 질량은 중심으로부터 멀어지는 쪽으로 힘을 받으면서 구체의 운동을 방해하고, 그 결과 극점이 작은 원을 그리면서 회전하게 된다. 산을 두 극점 중 한 곳으로 옮기면 극점의 세차 운동은 사라지지만 (부가정리 21에 의해) 적도상의 교점이 앞으로 이동하고, 산을 적도로 옮기면 (부가정리 20에 의해) 교점이 뒤로 이동한다. 산을 그대로 둔 채 구체의 대척점에 똑같은 산을 추가하면 어떻게 될까? 2개의 산이 극점에 가까우면 교점이 앞으로 이동하고, 적도에 가까우면 뒤로 이동한다.

명제 67 / 정리 27

명제 67과 같은 방식으로 힘이 작용할 때, 안쪽 물체 *P*와 *T*의 공통 무게 중심 *O*에 대하여 바깥쪽 물체 *S*의 궤도 반지름(*SO*)이 쓸고 지나간 면적은 *ST*를 궤도 반지름으로 삼아 쓸고 지나간 면적보다 시간에 더욱 정확하게 비례한다. 그리고 *S*가 *O*를 중심으로 그린 궤적은 *T*를 중심으로 그린 궤적보다 타원에 더 가깝다.[21]

*S*를 *P*와 *T*가 있는 쪽으로 당기는 힘은 둘 중 덩치가 더 큰 *T*를 향하지 않고, *T*와 *P*의 공통 무게 중심 *O*를 향해 작용한다. 따라서 *S*를

---

21) 즉 *S*가 그린 타원 궤적의 초점은 *T*보다 *O*에 더 가깝다는 뜻이다.

〈그림 11-10〉

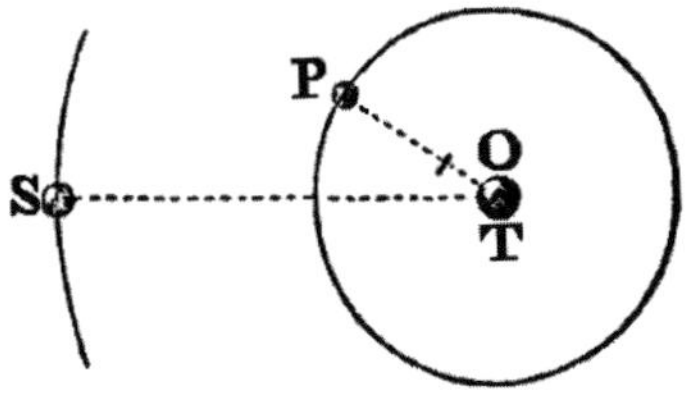

당기는 힘은 *ST*의 제곱에 거의 반비례하지만, *SO*의 제곱에는 정확하게 반비례한다. 이것은 조금만 생각해보면 쉽게 알 수 있는 사실이다.

명제 68 / 정리 28

명제 67과 같은 방식으로 힘이 작용하고 가장 안쪽에 있는 가장 큰 물체도 다른 물체들처럼 인력의 영향을 받고 있을 때, 안쪽 물체 *P*와 *T*의 공통 무게 중심 *O*에 대하여 바깥쪽 물체 *S*의 궤도 반지름(*SO*)이 쓸고 지나간 면적은 가장 큰 물체가 아무런 힘도 받지 않고 정지 상태에 있거나, 또는 더 강하거나 약한 힘으로 끌리거나, 또는 더 크거나 작게 움직이는 경우보다 시간에 더욱 정확하게 비례한다. 또한 *S*의 궤도는 후자의 경우보다 전자의 경우에 더욱 타원에 가깝다.

이 명제를 증명하는 과정은 명제 66의 증명 과정과 비슷한데, 일일이 설명하면 너무 길어질 것 같아 생략한다. 우리는 명제 66과 그에 딸린 부가정리들을 이미 증명했으므로, 다음의 내용을 고려하는 것으로 충분하다.

〈그림 11-11〉

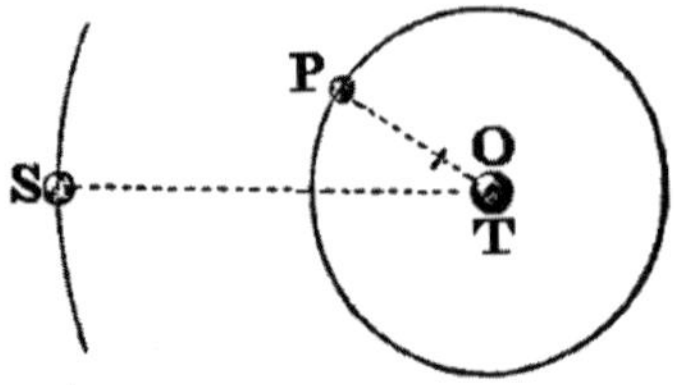

명제 67에 의하면 물체 *S*를 당기는 힘의 중심은 *P*와 *T*의 공통 무게 중심과 거의 일치한다. *S*를 당기는 힘의 중심과 *P*, *S*의 공통 무게 중심이 완전히 일치하고 세 물체의 공통 무게 중심이 정지 상태에 있으면, 한쪽의 *S*와 반대쪽의 *P*, *T*는 이 공통 무게 중심을 초점으로 삼아 완벽한 타원을 그린다. 이것은 명제 58, 64, 65로부터 확인된 사실이다. 그러나 *S*를 당기는 힘의 중심과 두 물체(*P*, *T*)의 공통 무게 중심이 일치하지 않으면 타원 궤도에 약간의 변형이 생기고, 여기에 세 물체의 공통 무게 중심의 운동을 고려하면 궤도의 교란 요인은 더욱 커진다. 그러므로 궤도가 교란되는 정도는 세 물체의 공통 무게 중심이 정지 상태에 있을 때, 즉 가장 안쪽에 있는 물체 *T*가 똑같은 법칙에 따라 다른 물체에게 끌릴 때 가장 작게 나타나며, *T*의 운동이 작아져서 세 물체의 공통 무게 중심이 움직이면 궤도의 교란 요인이 나타나기 시작한다.

부가정리

큰 물체를 중심으로 여러 개의 작은 물체들이 공전하고 있을 때, 각 물체가 타원에 가까운 궤적을 그리면서 반지름이 쓸고 지나간 면적이 시간에 비례하려면, 모든 물체가 절대력에 비례하면서 거리의 제곱에 반비례하는 가속력으로 서로 잡아당기고, 모든 궤도의 초점이 해당 궤도 안에 있는 물체들의 공통 질량 중심과 일치해야 한다(가장 안쪽에 있는 첫 번째 궤도의 초점은 가장 큰 물체의 위치와 일치하고, 두 번째 궤도의 초점은 그 안에 있는 두 물체의 공통 무게 중심과 일치하고, 세 번째 궤도의 초점은 그 안에 있는 세 물체의 공통 무게 중심과 일치하고… 등등이다). 가장 안쪽에 있는 가장 큰 물체가 정지해 있으면서 작은 물체들이 그리는 모든 궤도의 공통 초점 역할을 하는 경우에는 모든 궤도가 타원에서 벗어나고 면적 속도도 불규칙해진다.

명제 69 / 정리 29

물체 *A*, *B*, *C*, *D*, …로 이루어진 물리계에서 한 물체 *A*는 자신을 제외한 다른 물체 *B*, *C*, *D*, …를 거리의 제곱에 반비례하는 가속력으로 잡아당기고, 물체 *B*도 다른 물체 *A*, *C*, *D*, …를 거리의 제곱에 반비례하는 가속력으로 잡아당기고 있을 때, *A*의 절대력과 *B*의 절대력 사이의 비율은 *A*와 *B*의 질량 비율과 같다.

모든 물체 사이의 거리가 같으면 B, C, D, …가 A를 향해 끌리는 가속력은 모두 같다. 마찬가지로, 물체들 사이의 거리가 같으면 *A*, *C*, *D*, …가 *B*를 향해 끌리는 가속력도 모두 같다. 게다가 모든 거리가 같으면 *A*의 절대력과 *B*의 절대력 사이의 비율은 *A*로 향하는 모든 가속력과 *B*로 향하는 모든 가속력의 비율과 같고, *B*가 *A*를 향해 끌리는 가속력과 *A*가 *B*를 향해 끌리는 가속력의 비율과도 같다. 그런데 *B*가 *A*로 향하는 가속력과 *A*가 *B*로 향하는 가속력의 비율은 *A*와 *B*의 질량 비율과 같다. 왜냐하면 *A*와 *B*의 운동력(정의 2, 7, 8에 의해 가속력과 질량에 비례함)은 운동의 제3법칙에 의해 서로 같기 때문이다. 그러므로 *A*의 절대력과 *B*의 절대력 사이의 비율은 *A*와 *B*의 질량 비율과 같다. [Q.E.D.]

부가정리 1

그러므로 *A*, *B*, *C*, *D*, …모두가 자신을 제외한 다른 물체들을 거리의 제곱에 반비례하는 가속력으로 잡아당기고 있을 때, 모든 물체의 가속력의 비율은 그들의 질량 비율과 같다.

부가정리 2

같은 이유로, *A*, *B*, *C*, *D*, …모두가 자신을 제외한 다른 물체들을 거리의 제곱에 반비례하는 가속력이나, 거리의 임의의 거듭제곱에 비례하는 힘이나, 또는 거리와 관계된 법칙에 따라 잡아당기고 있을 때, 모든 물체의 가속력은 자신의 질량에 비례한다.

부가정리 3

힘이 거리의 제곱에 반비례하는 물리계에서 작은 물체들이 가장 큰 물체를 중심으로 거의 정확하게 타원 궤도를 그리는 경우, 이들의 공통 초점이 가장 큰 물체의 위치와 일치하고 (작은 물체들과 가장 큰 물체를 잇는) 반지름이 쓸고 지나간 면적이 시간에 비례하면 각 물체의 절대력은 정확하게 (또는 거의 정확하게) 질량에 비례하며, 그 역도 성립한다. 이것은 명제 68의 부가정리와 본 명제의 부가정리 1로부터 자연스럽게 유도되는 사실이다.

부가설명

앞서 언급한 명제들은 "구심력"과 "구심력이 향하는 중심 물체"의 유사성을 떠올리게 한다. 특정 물체를 향하는 힘은 그 물체의 특성과 양(질량)에 따라 달라진다. 자성을 띤 물체들 사이에 작용하는 힘도 그렇다. 어떤 경우이건 물체 *A*가 다른 물체 *B*를 잡아당기는 힘은 *A*를 구성하는 개개의 입자들이 *B*에 행사하는 힘의 합으로 이해되어야 한다.

"잡아당긴다"는 말에는 매우 일반적인 의미가 담겨 있다. 그 원인이 물체에 있건, 어떤 영적인 기운이 작용했건, 공기나 에테르(ether)[22]를 통해 작용했건, 또는 어떤 매개체를 통해 전달되었건 간

22) 공간을 가득 채우고 있을 것으로 추정되는 가상의 물질.

에, 두 물체가 서로 가까이 가려는 경향을 "잡아당긴다"는 말로 표현한 것이다. 충격(impulse)이라는 단어도 마찬가지다. 이 책의 서두에 있는 "정의"에서 서술한 대로, 충격은 힘의 종류나 물리량에 상관없이 수학적 계량을 위해 도입된 용어일 뿐이다.

힘을 물리적으로 서술하려면 주어진 조건이나 가정으로부터 유래된 힘의 크기와 비율을 수학적으로 분석한 후, 물리학으로 되돌아와서 이 비율을 실제 현상과 비교하여, 서로 잡아당기는 물체들 사이에 어떤 조건(법칙)이 적용되는지 규명해야 한다. 이 과정이 완료되면 힘의 종류와 물리적 원인, 그리고 물리적 비율을 더욱 확실하게 논할 수 있다. 다음 장에서는 작은 입자들로 이루어진 구형 물체가 행사하는 인력(引力)과, 이로 인해 나타나는 물체의 운동에 대하여 알아보기로 한다.

12장

구형 물체가 행사하는 인력

명제 70 / 정리 30

구체 표면의 모든 점이 거리의 제곱에 반비례하는 구심력을 행사하고 있을 때, 구체의 내부에 놓인 입자는 아무런 힘도 받지 않는다.[1]

〈그림 12-1〉

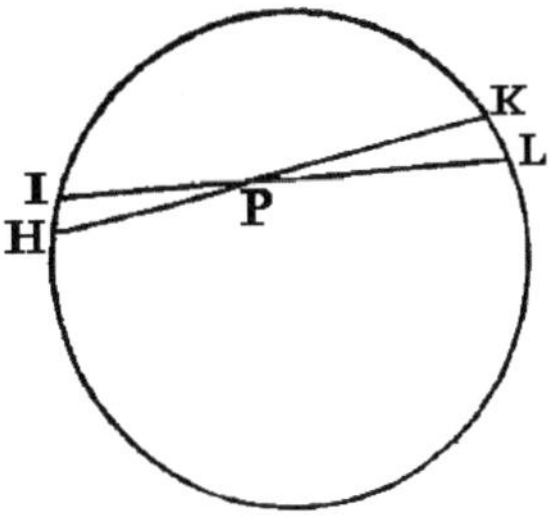

구체의 표면을 *HIKL*, 내부에 놓인 입자를 *P*라 하자. *P*를 지나는 두 직선 *HK*와 *IL*을 긋고, 이들의 끝점이 구면과 닿으면서 만들어진 짧은 호를 *HI*, *KL*이라 하자. 그러면 삼각형 *HPI*와 *LPK*는 닮은꼴이므로 (보조정리 7의 부가정리 3에 의해) 호 *HI*와 *KL*의 길이는 각각 *HP*와 *LP*의 길이에 비례하고, *P*를 지나는 직선을 여러 개 그었을 때 직선의 끝부분에 대응되는 입자의 수는 *HP*와 *LP*의 길이의 제곱에 비례한다.[2] 그러므로 두 구획에 속한 입자들은 *P*에 똑같은 힘을

1) 구체의 표면에 있는 입자들만 인력을 행사한다는 것은 구의 내부가 텅 비어 있다는 말과 같다. 그러므로 이 명제는 "속이 빈 구의 내부에 놓인 입자는 힘을 받지 않는다"는 뜻으로 해석해도 무방하다. 이것은 다음에 나오는 명제 71에도 똑같이 적용된다.

가한다. 힘의 크기는 입자의 수에 비례하고 거리의 제곱에 반비례하는데, 입자의 수가 거리의 제곱에 비례하기 때문에 두 요소를 결합하면(즉 곱하면) 거리에 의존하는 요소가 상쇄되기 때문이다. 따라서 두 구획이 P에 작용하는 힘은 크기가 같고 방향만 반대이므로 서로 상쇄되어 사라진다. 이와 동일한 논리를 구면 전체에 적용해도 결과는 마찬가지다. 즉 한쪽에서 P를 잡아당기는 힘은 반대쪽에서 잡아당기는 힘과 크기가 같고 방향만 반대이다. 그러므로 구체 내부에 놓인 입자 P는 어떤 방향으로도 끌려가지 않고 정지 상태를 유지한다. [Q.E.D.]

명제 71 / 정리 31

명제 70과 동일한 조건하에서 구체의 바깥에 놓인 입자에 작용하는 인력은 구의 중심을 향하며, 힘의 크기는 구의 중심과 입자 사이 거리의 제곱에 반비례한다.

크기가 같은 2개의 구 $AHKB$(중심=S, 지름=AB)와 $ahkb$(중심=s, 지

---

2) 이런 식으로 논하면 P의 양쪽으로 뻗은 직선의 수가 같기 때문에 입자의 수도 같아져서 원하는 결론에 도달할 수 없다. 그림을 3차원으로 확장해서 P를 지나는 직선들로 이루어진 2개의 원뿔을 상상해보자. 원뿔의 밑면(구면의 일부)의 면적 비율은 HP^2과 LP^2의 비율과 같다. 그런데 입자의 밀도가 균일하면 밑면에 속한 입자의 수는 면적에 비례하므로, 입자 수의 비율은 HP^2과 LP^2의 비율과 같다.

〈그림 12-2〉

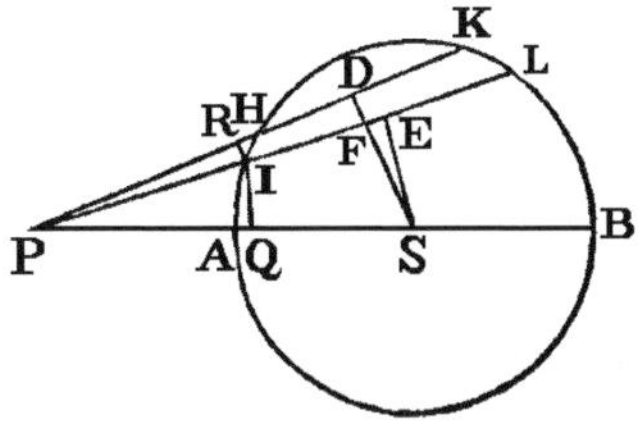

〈그림 12-3〉

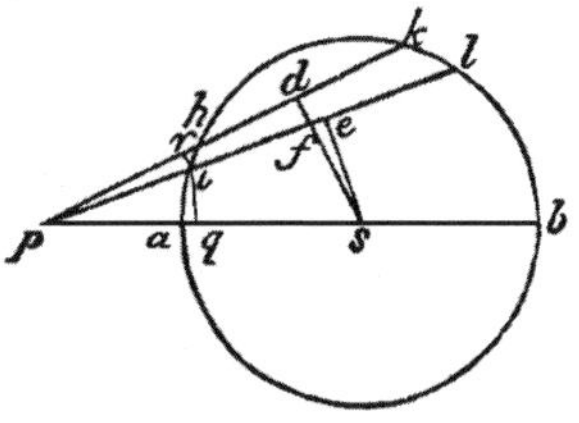

름=ab)를 상상해보자. 지름 AB를 바깥으로 연장한 선에 입자 P가 놓여 있고, ab의 연장선에는 입자 p가 놓여 있다. 입자로부터 직선 PHK, PIL과 phk, pil을 그어서 구의 대원과 만나는 점을 각각 H, K, I, L과 h, k, i, l이라 하면 길이가 같은 호 HK, hk와 IL. il이 얻어진다. 그리고 중심에서 이 직선에 수직한 선 SD, sd, SE, se를 그어서 $SD(sd)$와 $PL(pl)$이 만나는 점을 $F(f)$라 하고, $I(i)$에서 직선 $PK(pk)$에 내린 수선의 발을 $R(r)$이라 하자. 또한 $I(i)$에서 지름에 내린 수선의 발을 $Q(q)$라 하자. $\angle DPE$와 $\angle dpe$를 무한히 작게 잡으면 DS와 ES, 그리고 ds와 es가 같아지므로 $PE=PF$, $pe=pf$, $DF=df$로 간주할 수 있다.

그러면 $PI:PF=RI:DF$, $pf:pi=df$(또는 DF)$:ri$이고, 두 비례식을 곱하면 $PI\times pf:PF\times pi=RI:ri$이며, 이것은 (보조정리 7의 부가정리 3에 의해) 호 IH:호 ih와 같다. 그런데 $PI:PS=IQ:SE$이고 $ps:pi=se$(또는 SE)$:iq$이므로, 두 비례식을 곱하면 $PI\times ps:PS\times pi=IQ:iq$이고, 약간의 변형을 가하면 $PI^2\times pf\times ps:pi^2\times PF\times PS=IH\times IQ:ih\times iq$가 된다. 즉 이 비율은 "반원 AKG가 지름 AB를 축으로 회전할 때 호 IH가 끌고 지나간 면적"과 "반원 akb가 지름 ab를 축으로 회전할 때 호 ih가 쓸고 지나간 면적"의 비율과 같다. 그리고 (가정에 의해) 구면의 일부

가 입자 P와 p를 잡아당기는 힘은 면적에 비례하고 표면과 입자 사이 거리의 제곱에 반비례하므로, P를 당기는 힘과 p를 당기는 힘의 비율은 $pf \times ps$와 $PF \times PS$의 비율과 같다.

(운동의 부가법칙 2에 의해 힘을 적절히 분해하면) P와 p를 잡아당기는 힘과, 그중 직선 PS 및 ps 방향으로 작용하는 성분의 비율은 PI와 PQ의 비율과 같고, 이는 또 $pi:pq$와 같다. 그런데 삼각형 PIQ와 PSF, 그리고 삼각형 piq와 psf는 서로 닮은꼴이므로 이 비율은 $PS:PF=ps:pf$와 같다. 그러므로 입자 P가 S 쪽으로 끌리는 힘과 입자 p가 s 쪽으로 끌리는 힘의 비율은 $\frac{PF \times pf \times ps}{PS}:\frac{pf \times PF \times PS}{PS}=ps^2:PS^2$이며, 비슷한 논리에 의해 호 KL과 kl이 회전하면서 쓸고 지나간 표면이 입자 P와 p를 잡아당기는 힘의 비율도 $ps^2:PS^2$이다. $SD=sd$, $se=SE$의 관계를 유지한 채 구의 표면을 위와 같이 분할하면 각 부위가 입자(P와 p)를 잡아당기는 힘의 비율은 모든 경우에 $ps^2:PS^2$이 된다. 그리고 이 힘들을 모두 더하면 구 전체가 입자를 잡아당기는 힘이 되는데, 이 비율도 여전히 $ps^2:PS^2$이다. [Q.E.D.]

명제 72 / 정리 32

구체를 구성하는 모든 점이 거리의 제곱에 반비례하는 구심력을 행사하고 (구의 지름):(구의 중심으로부터 입자까지의 거리)와 구의 밀도가 주어졌을 때, 이 입자를 당기는 힘은 구의 (반)지름에 비례한다.

2개의 구체와 2개의 입자가 주어졌다고 하자. 이들은 서로 격리되어 있어서 하나의 구체는 하나의 입자에만 힘을 행사할 수 있으며, 구의 중심과 입자 사이의 거리는 구의 지름에 비례한다고 하자. 두 구체는 크기가 다르지만 구성 입자들은 서로 닮은꼴로 배열되어 있다. 그러면 첫 번째 입자가 첫 번째 구체의 모든 입자에게 끌리는 힘과 두 번째 입자가 두 번째 구체의 모든 입자에게 끌리는 힘의 비율은 "각 구체를 구성하는 입자의 수의 비율"에 비례하고, "거리의 제곱의 비율"에 반비례한다. 그런데 입자의 수는 구의 (반)지름의 세제곱에 비례하고 거리는 지름에 비례하므로, 구체가 입자를 당기는 힘은 "(지름의 세제곱)/(지름의 제곱)=지름"에 비례한다. [Q.E.D.]

부가정리 1

그러므로 두 입자가 구의 지름에 비례하는 반지름으로 자신에게 할당된 구체 주변을 공전한다면, 두 입자의 주기는 같다.

부가정리 2

역으로, 두 입자의 공전 주기가 같으면 구의 중심과 입자 사이의 거리(반지름)는 구의 지름에 비례한다. 부가정리 1, 2는 명제 4의 부가정리 3으로부터 자연스럽게 유도되는 결과이다.

부가정리 3

밀도가 같고 닮은꼴인 임의의 입체 도형 2개를 상상해보자. 이들이 모든 부위에서 거리의 제곱에 반비례하는 인력을 행사하고, 두 도형의 크기에 비례하는 거리에 입자가 놓여 있다면, 이들이 입자를 잡아당기는 힘의 비율은 입체 도형의 지름의 비율과 같다.[3]

명제 73 / 정리 33

구체의 표면과 내부의 모든 점이 거리의 제곱에 반비례하는 구심력을 행사하고 있을 때, 구체의 내부에 있는 임의의 입자는 중심으로부터의 거리에 비례하는 힘으로 중심을 향해 당겨진다.

〈그림 12-4〉

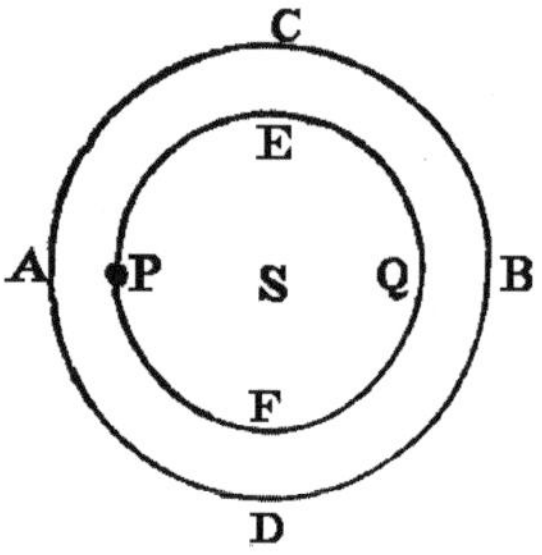

구체 *ABCD*의 중심을 *S*, 내부에 있는 입자를 *P*라 하고, *P*를 지나면서 *S*를 중심으로 갖는 가상의 구를 *PEQF*라 하자. 그러면 큰 구에서 작은 구를 제거하고 남은 구 껍질(속이 빈 구) *AEBF*는 (명제 70에

3) 임의의 입체 도형에서 지름은 정의되지 않는다. 여기서 말하는 "지름"이란 도형의 1차원적 스케일을 의미한다.

의해) 입자 P에 아무런 힘도 가하지 않는다(모든 방향에서 미는 힘과 당기는 힘이 상쇄되기 때문이다). 그러므로 P에 힘을 가하는 부분은 작은 구 $PEQF$뿐이며, (명제 72에 의해) 이 힘은 거리 PS에 비례한다. [Q.E.D.]

부가설명

위에서 말한 구 껍질은 수학적 개념이 아니라 실제로 "구를 에워싸고 있는 무한히 얇은 껍질"을 의미한다. 즉 구체를 "무한히 얇은 껍질로 겹겹이 싸여 있는 물체"로 간주하겠다는 뜻이다. 선과 면, 그리고 입체가 "무한히 작은 점으로 이루어져 있다"는 것도 같은 맥락에서 이해할 수 있다. 이 점들은 크기가 같으면서 무한히 작기 때문에, 개별적으로는 크기가 없는 점으로 간주해도 무방하다.

명제 74 / 정리 34

명제 73과 동일한 상황에서 구체 바깥에 있는 입자는 구의 중심과 입자 사이 거리의 제곱에 반비례하는 힘으로 당겨진다.

구체를 "무한히 얇은 구 껍질로 겹겹이 에워싸인 동심구[4]의 집합"으로 간주하면, 개개의 구 껍질이 외부의 입자를 잡아당기는 힘은

---

4) 중심이 같은 구.

(명제 71에 의해) 구 껍질의 중심과 입자 사이 거리의 제곱에 반비례하며, 힘의 방향은 구 껍질의 중심을 향한다. 그런데 여러 개의 구 껍질이 입자를 잡아당기는 총 힘(즉 구 전체가 입자를 잡아당기는 힘)은 개개의 구 껍질이 잡아당기는 힘의 합이므로 여전히 구의 중심을 향하고, 힘의 세기도 여전히 거리의 제곱에 반비례한다. [Q.E.D.][5)]

부가정리 1

밀도가 균일한 여러 구체가 같은 거리에 가하는 인력은 구 자체(질량)에 비례한다.

이유: (명제 72에 의해) 거리가 구의 지름에 비례하면 인력도 지름에 비례한다. 이제 멀었던 거리가 지름의 비율에 따라 점차 가까워지다가 모든 거리가 같아졌다고 가정해보자. 그러면 인력은 이 비율의 제곱에 따라 증가하므로 전체적으로는 지름의 세제곱에 비례한다. 즉 인력은 구의 부피(또는 질량)에 비례한다.

부가정리 2

임의의 거리에서 구체가 발휘하는 인력은 구의 크기(질량)를 거리의 제곱으로 나눈 값에 비례한다.

부가정리 3

밀도가 균일한 구체의 구성 입자들이 일제히 인력을 행사하여 구

---

5) a에 (반)비례하는 여러 개의 양을 더하면, 그 결과도 여전히 a에 (반)비례하기 때문이다.

의 바깥에 놓인 입자를 "구의 중심까지의 거리의 제곱에 반비례하는 힘"으로 잡아당긴다면, 개개의 입자가 바깥에 놓인 입자를 잡아당기는 힘은 둘 사이 거리의 제곱에 반비례한다.

명제 75 / 정리 35

구체의 모든 점이 거리의 제곱에 반비례하는 구심력을 행사하고 있을 때, 이 구체는 또 다른 균일한 구체를 "두 구체의 중심 사이 거리의 제곱"에 반비례하는 힘으로 잡아당긴다.

구체가 외부의 입자를 잡아당기는 힘은 (명제 74에 의해) 구의 중심과 입자 사이 거리의 제곱에 반비례하므로, 구체를 "모든 질량이 중심에 집중된 입자"로 간주해도 달라질 것이 없다. 그리고 이 인력은 "모든 질량이 중심에 집중된 입자"가 (크기가 같은) 다른 구체의 구성 입자들에 의해 당겨지는 힘과 크기가 같으며, 이 경우에도 힘의 크기는 (명제 74에 의해) 구의 중심과 입자 사이 거리의 제곱에 반비례한다. 그러므로 구가 입자에 행사하는 인력은 입자가 구에 행사하는 인력과 같으며, 그 크기는 거리의 제곱에 반비례한다. [Q.E.D.]

부가정리 1

하나의 구체가 다른 균질한(밀도가 균일한) 구체를 잡아당기는 힘은 자신의 질량을 두 구체의 중심 사이 거리의 제곱으로 나눈 값에 비례한다.

부가정리 2

외부의 물체를 잡아당기는 구가 다른 물체에 의해 당겨질 때도 똑같은 규칙이 적용된다. 구체를 구성하는 개개의 입자들은 자신이 끌려가는 힘과 똑같은 힘으로 상대방을 당기고 있기 때문이다. 운동의 제3법칙에 의하면 작용(당기는 힘)과 반작용(끌려가는 힘)은 항상 크기가 같고 방향이 반대이므로, 2개의 구체는 동일한 규칙에 따라 동시에 상대방을 잡아당긴다.

부가정리 3

"초점에 놓인 물체 *A* 주변에 원뿔 곡선을 그리며 선회하는 다른 물체 *B*의 운동"과 관련된 모든 명제와 정리는 *A*를 점이 아닌 구체로 바꿔도 *B*가 *A*의 바깥에 있는 한 여전히 성립한다.

부가정리 4

원뿔 곡선의 중심 주변을 선회하는 모든 운동의 규칙은 구체 내부에서도 똑같이 적용된다.

명제 76 / 정리 36

밀도가 균일하지 않은 2개의 구체가 있다. 이들의 밀도는 중심에서 표면으

로 나아감에 따라 달라지지만, 중심으로부터 거리가 같은 곳은 밀도가 같다.[6] 이들을 구성하는 모든 입자가 거리의 제곱에 반비례하는 인력을 행사하고 있다면, 한 구체가 다른 구체를 잡아당기는 총힘은 두 구체의 중심 사이 거리의 제곱에 반비례한다.

〈그림 12-5〉

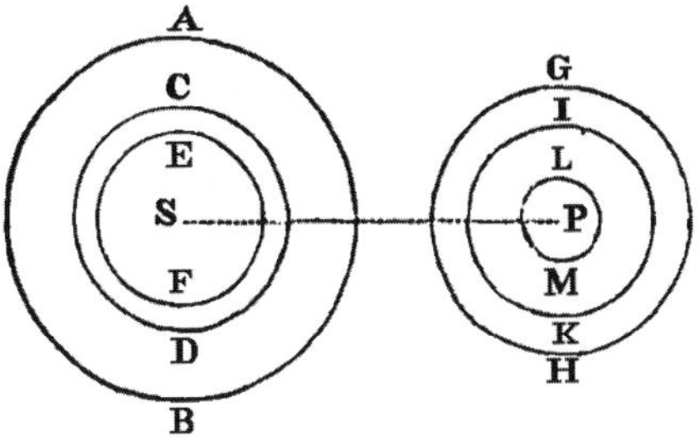

중심이 같고 밀도가 균일한 여러 개의 구(속이 빈 구나 두툼한 구 껍질) *AB*, *CD*, *EF*, …를 상상해보자. 구 하나를 놓고 보면 밀도가 균일하지만, 이들은 저마다 각기 다른 밀도를 갖고 있다. 이들을 크기순으로 포개서(즉 큰 구로 작은 구를 에워싸서) 속이 꽉 찬 구체를 만들었다고 하자. 이 구체 근처에 *GH*, *IK*, *LM*, …으로 만들어진 다른 구체를 갖다놓으면, (명제 75에 의해) 한 구체 속에 들어 있는 각 층은 다른 구체 속에 들어 있는 각 층을 거리(*SP*)의 제곱에 반비례하는 힘으로 잡아당긴다. 그러므로 이들을 겹겹이 에워싸서 만든 구체 *AB*가 역시 겹겹이 에워싸서 만든 구체 *GH*를 잡아당기는 총힘은 중심

---

6) 즉 밀도는 중심으로부터의 거리에만 관계하고 각도와는 무관하다는 뜻이다.

사이 거리(SP)의 제곱에 반비례한다. 이제 동심구의 개수를 무한히 많이 늘리고 밀도를 적절하게 배열하면, 구의 중심에서 표면으로 나아감에 따라 밀도가 변하는 패턴을 마음대로 조절할 수 있다(힘을 주고받지 않는 물질을 끼워 넣으면 변칙적인 분포도 만들 수 있다). 이렇게 만들어진 구체의 밀도의 분포가 어떻게 달라지건 내부의 동심구면 상에서는 밀도가 균일하므로, 위의 논리에 의해 두 구체 사이에 작용하는 인력은 여전히 거리(SP)의 제곱에 반비례한다. [Q.E.D.]

부가정리 1

이런 종류의 닮은꼴 구체(중심에서 멀어짐에 따라 밀도의 변화가 닮은꼴로 진행되는 구체)가 여러 개 있을 때, 같은 거리에서 한 구체가 다른 구체를 잡아당기는 가속력은 구체의 크기(질량)에 비례한다.

부가정리 2

거리가 다른 경우, 인력의 세기는 구체의 질량을 거리의 제곱으로 나눈 값에 비례한다.

부가정리 3

구의 중심들 사이 거리가 같을 때, 운동력은 당기는 구와 끌려가는 구의 질량에 복합적으로 비례한다. 즉 두 질량의 곱에 비례한다.

부가정리 4

구의 중심들 사이 거리가 다르면 위에 언급한 힘은 질량의 곱에 비례하고 중심 사이 거리의 제곱에 반비례한다.

부가정리 5

2개의 구체가 서로 상대방을 잡아당기는 경우에도 결과는 마찬가지다. 힘이 양쪽으로 작용해도 비례 관계는 달라지지 않기 때문이다.

부가정리 6

이런 구체가 정지해 있는 다른 구체를 중심으로 공전할 때, 두 구체의 중심 사이의 거리가 정지해 있는 구체의 지름에 비례하면 주기는 구체의 질량에 상관없이 일정하다.

부가정리 7

역으로, 주기가 같으면 둘 사이의 거리는 정지해 있는 구체의 지름에 비례한다.

부가정리 8

"원뿔 곡선의 초점 주변에서 일어나는 물체의 운동"과 관련된 모든 명제와 정리는 본 명제에서 다룬 구체가 초점에 놓인 경우에도 똑같이 성립한다.

부가정리 9

"원뿔 곡선의 초점 주변에서 일어나는 물체의 운동"과 관련된 모든 명제와 정리는 공전하는 물체가 본 명제에서 다룬 구체인 경우에도 똑같이 성립한다.

명제 77 / 정리 37

구체를 구성하는 모든 점(입자)들이 거리에 비례하는 구심력을 발휘하고 있을 때, 2개의 구체가 서로 잡아당기는 힘은 중심 사이의 거리에 비례한다.[7]

〈그림 12-6〉

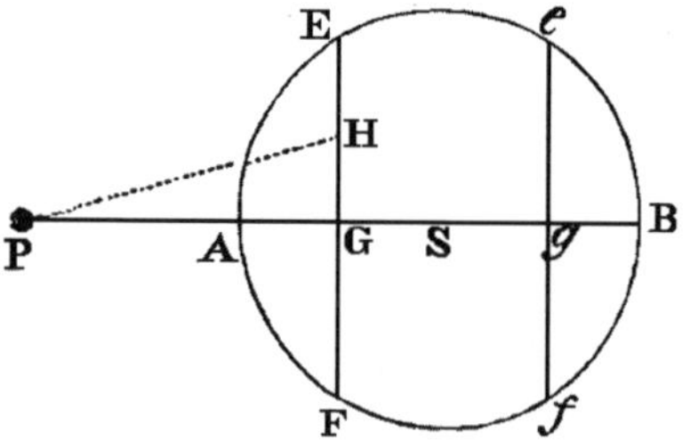

사례 1

구체 *AEBF*의 중심을 *S*, 외부에 놓인 입자를 *P*, 구체의 중심축 중 *P*로 향하는 축을 *PASB*라 하고, 중심으로부터 같은 거리에 있으면서

---

7) 거리에 비례하는 힘은 명제 47, 51, 64에서 다룬 바 있다. 두 물체 사이의 거리가 멀어질수록 당기는 힘이 강해지는 간단한 사례로는 두 물체가 용수철로 연결된 경우를 들 수 있다.

중심축 *PASB*에 수직한 평면 *EF*와 *ef*로 구를 잘라서 이 단면이 축과 만나는 점을 각각 *G*, *g*라 하자. *EF*에 놓여 있는 임의의 한 입자 *H*가 *P*에 가하는 구심력은 직선 *PH*를 따라 작용하고 힘의 세기는 *PH*의 길이에 비례하며, (운동의 부가법칙 2에 의해) 이 힘의 *PG* 방향 성분은 *PG*의 길이에 비례한다. 그러므로 평면 *EF*에 속한 모든 입자들이 *P*를 *S*로 잡아당기는 총힘(즉 평면 *EF*가 *P*를 *S* 방향으로 잡아당기는 힘)은 *PG*의 길이에 입자의 수를 곱한 값에 비례한다(즉 *PG*의 길이에 *EF*의 면적을 곱한 값에 비례한다). 이와 비슷하게 평면 *ef*가 *P*를 *S* 쪽으로 잡아당기는 힘은 *ef*의 면적에 거리 *Pg*를 곱한 값에 비례한다. 그러므로 평면 *EF*와 *ef*가 *P*를 *S* 방향으로 당기는 힘은 (*EF*의 면적)×*PG*+(*ef*의 면적)×*Pg*에 비례하는데, *EF*와 *ef*는 면적이 같으므로 결국 (*EF*의 면적)×(*PG*+*Pg*)=(*EF*의 면적)×2*PS*에 비례한다. 즉 *EF*의 면적에 입자와 중심 사이의 거리인 *PS*의 2배를 곱하거나, *EF*의 면적의 2배에 *PS*를 곱하거나, *EF*+*ef*에 *PS*를 곱한 값에 비례한다. 이제 구체를 무수히 많은 평면(*PS*에 수직한 평면)으로 잘라서 이와 비슷한 논리를 펼치면 모든 평면은 *S*로부터 거리가 같은 짝을 갖고 있으므로, 이들이 발휘하는 인력을 모두 더한 총구심력은 모든 면적의 합에 *PS*를 곱한 값에 비례한다. 즉 구체가 외부의 입자를 잡아당기는 힘은 구의 질량과 거리 *PS*에 모두 비례한다. [Q.E.D.]

사례 2

입자 *P*가 구체 *AEBF*를 끌어당기는 힘도 같은 논리에 의해 거리 *PS*에 비례한다. [Q.E.D.]

사례 3

무수히 많은 P가 모여서 또 하나의 구체를 이루었다고 하자. 이 구체를 구성하는 한 입자가 첫 번째 구에 의해 당겨지는 힘은 "첫 번째 구의 중심(S)과 해당 입자 사이의 거리"와 "첫 번째 구의 질량"에 비례하므로, 첫 번째 구의 모든 질량이 중심 S에 모여 있는 경우와 완전히 동일하다. 그러므로 두 번째 구 전체가 첫 번째 구에게 끌리는 총힘도 첫 번째 구가 한 점 S에 밀집된 경우와 같다. 따라서 첫 번째 구가 두 번째 구를 잡아당기는 힘은 중심 사이의 거리에 비례한다. [Q.E.D.]

사례 4

2개의 구가 서로 상대방을 잡아당기면 두 종류의 힘이 반대 방향으로 작용하지만, 비례 관계는 달라지지 않는다. [Q.E.D.]

사례 5

입자 p가 구체 $AEBF$의 내부에 있다고 가정해보자. 이런 경우 평면 ef가 p를 잡아당기는 힘은 ef에 속한 입자의 수(또는 평면 ef의 면적)와 거리 pg에 비례하고, EF가 p를 반대쪽으로 잡아당기는 힘은 EF에 속한 입자의 수(또는 EF의 면적)와 거리 pG에 비례한다. 두 평면이 p에 가하는 총힘은 두 힘의 차이이므로, 두 평면의 면적의 합에 거리 차이의 절반을 곱한 값에 비례한다. 즉 두 평면의 면적의 합과 pS에 복합적으로 비례한다(pS는 구의 중심과 p 사이의 거리이다). 이제 구 전체를 무수히 많은 ef와 EF로 잘게 쪼개서 똑같은 논리를 적용하면, 구 전체가 p에 가하는 힘은 모든 평면에 들어 있는 입자 수의 합과 pS에 비례한다. 즉 구 자체의 질량에 비례하고, 구의 중심과 입자 사이의 거리 pS에 비례한다. [Q.E.D.]

〈그림 12-7〉

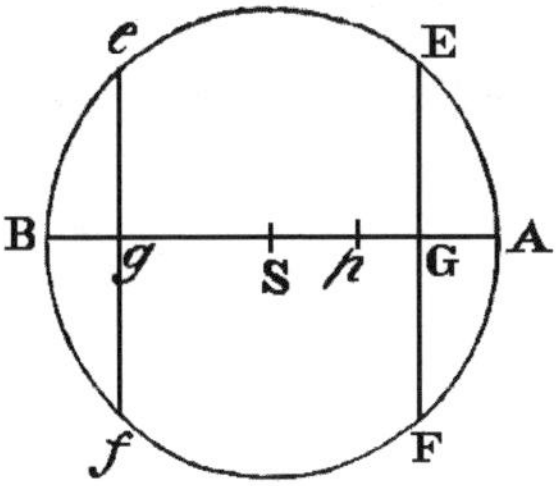

사례 6

무수히 많은 p가 모여서 기존의 구체 $AEBF$ 안에 p를 중심으로 한 또 하나의 구체를 형성한 경우, 한 구체가 다른 구체를 잡아당기는 힘, 또는 두 구체가 서로 잡아당기는 힘은 중심 사이의 거리 pS에 비례한다. [Q.E.D.]

명제 78 / 정리 38

밀도가 중심으로부터의 거리에 따라 다르지만 거리가 같은 지점에서는 균일한 구체를 상상해보자.[8] 이 구체의 구성 입자들이 거리에 비례하는 인력

---

8) 밀도가 각기 다른 구 껍질을 여러 겹으로 에워쌌다고 생각하면 된다.

을 행사하고 있을 때, 비슷한 종류의 두 구체가 서로 상대방을 잡아당기는 힘은 중심 사이의 거리에 비례한다.

이 명제는 명제 77로부터 쉽게 증명할 수 있다. 명제 75를 이용하여 명제 76을 증명한 것과 같은 논리를 전개하면 된다.

부가정리

명제 10과 64에서 다뤘던 "원뿔 곡선의 중심에 대한 운동"의 결과는 인력을 행사하는 물체와 인력에 끌려가는 물체를 위에 서술한 구체로 바꿔도 똑같이 성립한다.

부가설명

지금까지 우리는 두 가지 유형의 힘을 다루었다. 거리의 제곱에 반비례해서 작아지는 힘과 거리에 비례해서 커지는 힘이 바로 그것이다. 두 경우 모두 주변 물체가 원뿔 곡선을 그리게 만든다. 물체가 점입자가 아닌 구체인 경우에도 같은 규칙에 따라 힘이 커지거나 작아진다. 그러나 물체의 형태가 구형이 아닌 경우에는 계산이 너무 복잡하고 결과도 별로 깔끔하지 않기 때문에 일일이 확인할 필요는 없다고 본다. 그보다는 아래 제시한 방법으로 일반화시켜서 이해를 도모하는 편이 훨씬 낫다.

보조정리 29

중심이 *S*인 원 *AEB*를 그리고, 원 바깥에 있는 점 *P*를 중심으로 2개의 원호 *EF*와 *ef*를 그려서 이들이 원 *AEB*와 만나는 점을 각각 *E*, *e*라 하자. 또한 이 원들이 *PS*의 연장선과 만나는 점을 각각 *F*, *f*라 하고, *E*와 *e*에서 *PS*에 내린 수선의 발을 각각 *D*, *d*라 하자. 이 상태에서 호 *EF*와 *ef* 사이의 간격을 무한히 작게 줄이면, 직선 *Dd*와 *Ff*의 비율은 직선 *PE*와 *PS*의 비율과 같아진다.

〈그림 12-8〉

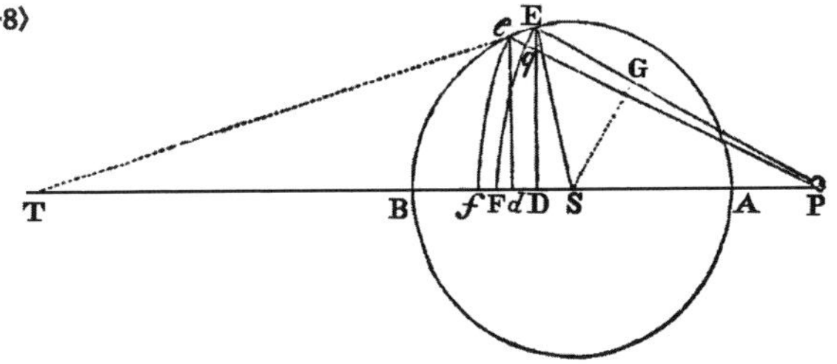

직선 *Pe*와 호 *EF*의 교점을 *q*라 하자. 직선 *Ee*(위에서 말한 극한을 취하면 직선 *Ee*는 호 *Ee*와 같아진다)를 연장하여 직선 *PS*의 연장선과 만나는 점을 *T*라 하고, *S*에서 *PE*에 내린 수선의 발을 *G*라 하자. 그러면 삼각형 *DTE*, *dTe*, *DES*는 닮은꼴이므로 $Dd:Ee=DT:TE=DE:ES$이다. 또한 삼각형 *Eeq*와 *ESG*도 (1장 보조정리 7의 부가정리 3과 보조정리 8에 의해) 닮은꼴이므로 $Ee:eq$(또는 Ff)$=ES:SG$이다. 두 비례식을 결합하면 $Dd:Ff=DE:SG$이며, (삼각형 *PDE*와 *PGS*가 닮은꼴이므로) 이 비율은 $PE:PS$와 같다. [Q.E.D.]

명제 79 / 정리 39

2개의 호 *EF*와 *ef*로 이루어진 도형 *EFfe*를 원의 중심축 *PS*를 중심으로 한 바퀴 돌려서 한쪽 면은 볼록하고 다른 면은 오목한 입체 도형을 만들었다고 하자. 이 도형을 구성하는 모든 입자들이 동일한 법칙에 따라 구심력을 행사한다면, 입체 도형이 *P*에 놓인 입자를 잡아당기는 힘은 $DE^2 \times Ff$에 비례하고, *Ff*에 속한 입자가 *P*에 놓인 입자를 잡아당기는 힘에도 비례한다.

〈그림 12-9〉

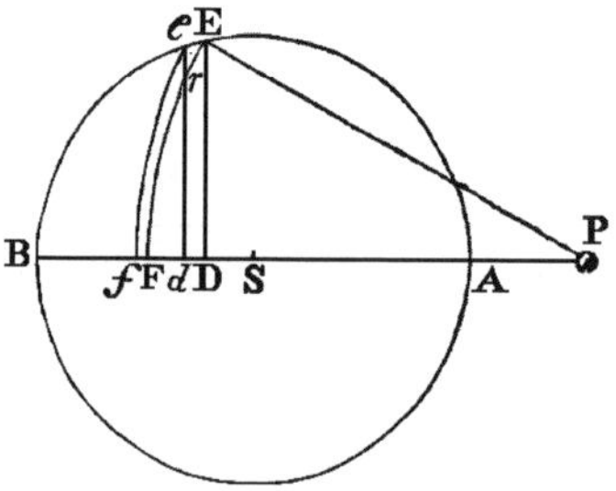

우선 호 *FE*가 회전하면서 만들어진 구면이 발휘하는 힘을 고려해 보자. 이 구면을 *r*에서 직선 *de*로 잘랐을 때 호 *rE*가 *PS*를 축으로 회전하여 만든 고리형 띠의 면적은 *Dd*에 비례한다[이것은 아르키메데스(*Archimedes*)의 저서 《구와 원통에 관하여(*On the Sphere and Cylinder*)》에 증명되어 있다]. 이 고리형 띠가 직선 *PE*(또는 *Pr*) 방향을 따라 원뿔면의 모든 곳에 발휘하는 힘은 *Dd*와 구의 반지름 *PE*로 만들어진 사각형의 면적에 비례한다.[9] 그런데 이 힘의 *PS* 방향 성분은 *PD*/*PE*만큼 작아지므로, $PD \times Dd$에 비례한다. 이제 *DF*를 무수히 많은

입자로 분할하여 각 부분을 *Dd*라 하면 *FE*로 만들어진 구면도 같은 수의 고리형 띠로 분할되고, 이들이 발휘하는 총 힘은 $PD \times Dd$의 합에 비례한다. 즉 이 힘은 $\frac{1}{2}PF^2 - \frac{1}{2}PD^2$에 비례하며, (피타고라스의 정리에 의해) DE^2에 비례한다. 이제 표면 *FE*에 높이 *Ff*를 곱하면, (*Ff*에 속한 한 입자가 *PF*만큼 떨어져 있는 *P*에 가하는 힘이 주어진 경우) 입체 도형 *EFfe*가 입자 *P*에 가하는 힘은 $DE^2 \times Ff$에 비례한다. 그러나 이 힘이 주어지지 않았다면, 입체 도형 *EFfe*가 발휘하는 힘은 $DE^2 \times Ff$와 "주어지지 않은 힘"에 복합적으로 비례한다. [Q.E.D.]

명제 80 / 정리 40

중점이 *S*인 구체 *ABE*의 모든 점에 똑같은 구심력이 작용하고 있다. 입자 *P*를 지나는 중심축 *AB* 위의 모든 점(*D*)에서 그린 수직선이 구의 표면과 만나는 점을 *E*라 하자. 그리고 이 수직선에서 "$\frac{DE^2 \times PS}{PE}$에 비례하고, 축에 놓여 있는 구성 입자들이 *PE*만큼 떨어져 있는 입자 *P*에 가하는 힘에도 비례하는" 길이 *DN*을 잡는다. 그러면 구 전체가 입자 *P*를 잡아당기는 힘은 중심축 *AB*와 곡선 *ANB*(*N*이 그리는 궤적)로 에워싸인 도형의 면적에 비례한다.

보조정리 29와 명제 79의 그림을 그대로 유지한 채 중심축 *AB*를 무한히 작게 쪼개서 그중 하나를 *Dd*라 하자. 그리고 구 전체를 잘게

---

9) 간단히 말해서, $Dd \times PE$에 비례한다는 뜻이다.

〈그림 12-10〉

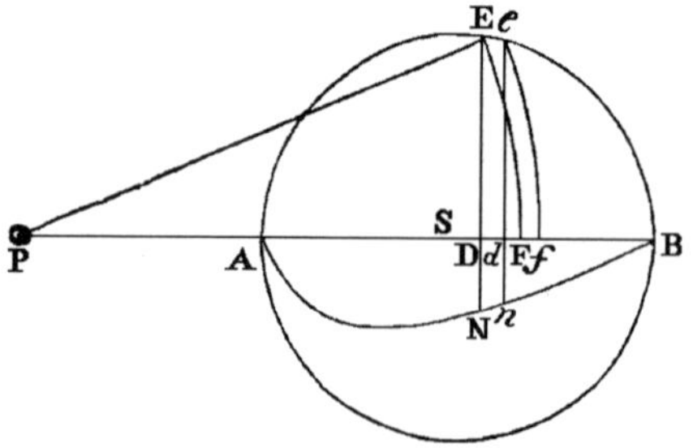

쪼개서 명제 79에서 했던 것처럼 오목-볼록한 입체 도형 *EFfe*를 무수히 많이 만들고, *d*에서 *AB*에 수직한 선을 그어서 곡선 *ANB*와 만나는 점을 *n*이라 하자. 그러면 명제 79에 의해 얇은 입체 *EFfe*가 *P*를 잡아당기는 힘은 $DE^2 \times Ef$에 비례하고, 구에 속한 입자들 중 *P*와의 거리가 *PE*인 입자들이 *P*를 당기는 힘에도 비례한다. 그런데 (보조정리 29에 의해) $Dd : Ff = PE : PS$이므로 $Ff = \frac{PS \times Dd}{PE}$이고 $DE^2 \times Ef = Dd\frac{DE^2 \times PS}{PE}$이다. 따라서 *EFfe*가 발휘하는 힘은 $Dd\frac{DE^2 \times PS}{PE}$에 비례하고, 한 입자가 거리 *PF*만큼 떨어져 있는 다른 입자를 당기는 힘에도 비례한다. 즉 (가정에 의해) $DN \times Dd$, 또는 *DNnd*의 면적에 비례한다. 그러므로 구 전체가 *P*를 잡아당기는 힘은 작은 *DNnd*의 면적을 모두 더한 *ANB*의 면적에 비례한다. [Q.E.D.]

부가정리 1

구체의 모든 점들(입자)이 발휘하는 구심력이 거리에 상관없이 항상 똑같고 *DN*이 $DE^2 \times \frac{PS}{PE}$에 비례하면, 구체가 *P*를 잡아당기는 힘은 *ANB*의 면적에 비례한다.

부가정리 2

입자가 발휘하는 구심력이 거리에 반비례하고 DN이 $\frac{DE^2 \times PS}{PE^2}$에 비례하면, 구 전체가 입자 P를 당기는 힘은 ANB의 면적에 비례한다.

부가정리 3

입자가 발휘하는 구심력이 거리의 세제곱에 반비례하고 DN이 $\frac{DE^2 \times PS}{PE^4}$에 비례하면, 구 전체가 입자 P를 당기는 힘은 ANB의 면적에 비례한다.

부가정리 4

일반적으로 구체의 구성 입자들이 발휘하는 구심력이 어떤 양 V에 반비례하고 $\frac{DE^2 \times PS}{PE \times V}$에 비례하면, 구 전체가 입자 P를 당기는 힘은 ANB의 면적에 비례한다.

명제 81 / 문제 41

이전과 동일한 조건에서 *ANB*의 면적을 구하라.

P에서 구면 위의 한 점 H를 잇는 직선 PH를 긋고, H에서 중심축 PAB에 수직한 선 HI를 긋는다. PI의 중점을 L이라 하면, (유클리드의 《원론》 제2권의 명제 12에 의해) $PE^2=PS^2+SE^2+2(PS \times SD)$이다. 또한 삼각형 SPH와 SHI가 닮은꼴이어서 SE^2(또는 SH^2)$=PS \times SI$이므로,

〈그림 12-11〉

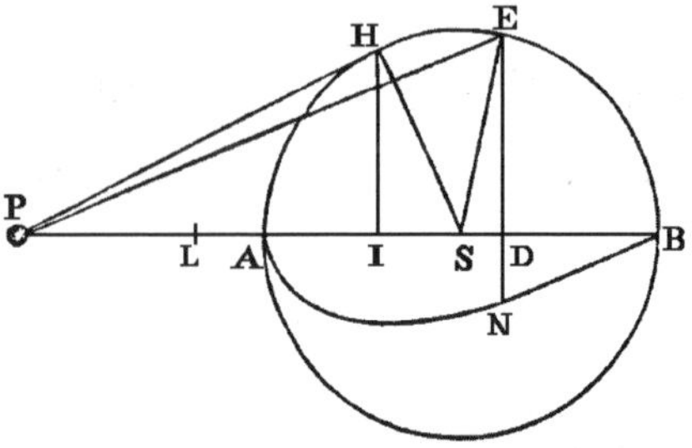

$PE^2=PS\times(PS+SI+2SD)=PS\times(2LS+2SD)=PS\times 2LD$이며, $DE^2=SE^2-SD^2=SE^2-LS^2+2(LS\times LD)-LD^2=2(LS\times LD)-LD^2-AL\times LB$이다. 왜냐하면 (유클리드의《원론》제2권의 명제 6에 의해) LS^2-SE^2(또는 LS^2-SA^2)$=AL\times LB$이기 때문이다. 그러므로 $DE^2=2(LS\times LD)-LD^2-AL\times LB$를 이용하면, 명제 80의 부가정리 4에서 도입한 $\frac{DE^2\times PS}{PE\times V}$(이 값은 DN에 비례한다)는 $\frac{2(SL\times LD\times PS)}{PE\times V}-\frac{LD^2\times PS}{PE\times V}-\frac{AL\times LB\times PS}{PE\times V}$로 쓸 수 있다. 여기서 V에 구심력의 역수를 대입하고 PE에 PS와 $2LD$의 비례 중항을 대입하면 위의 세 항은 문제에서 주어진 곡선의 세로 좌표가 되어, 일상적인 방법으로 면적을 구할 수 있다. [Q.E.F.]

사례 1

구체의 모든 구성 입자를 향해 작용하는 구심력이 거리에 반비례한다고 하자. V에 거리 PE를 대입하고 PE^2 대신 $2PS\times LD$를 쓰면, 곡선의 세로 좌표 DN은 $SL-\frac{LD}{2}-\frac{AL\times LB}{2LD}$에 비례한다. DN이 이 값의 2배, 즉 $2SL-LD-\frac{AL\times LB}{LD}$라 가정하자. 이 중 첫 번째 항 $2SL$에 구의 지름(곡선 ANB의 폭) AB를 곱하면 $2SL$과 AB로 이루어진 사각형의 면적 $2SL \times AB$가 되고, 두 번째 항 LD에 AB를 곱하면(N이 이동하는 동안 이 값은 항상 LD와 같다) $\frac{LB^2-LA^2}{2}=SL \times AB$가 되어, 첫 번째 항에서 두 번째 항을 뺀 값은 $SL \times AB$이다. 마지막으로 세 번째 항 $\frac{AL \times LB}{LD}$에 같은 길이인 AB를 곱하면 쌍곡선으로 에워싸인 면적이 얻어지는데, $SL \times AB$에서 이 값을 빼면 우리가 찾던 ANB의 면적이 된다. 이 문제를 푸는 데 필요한 작도법은 다음과 같다.

〈그림 12-12〉

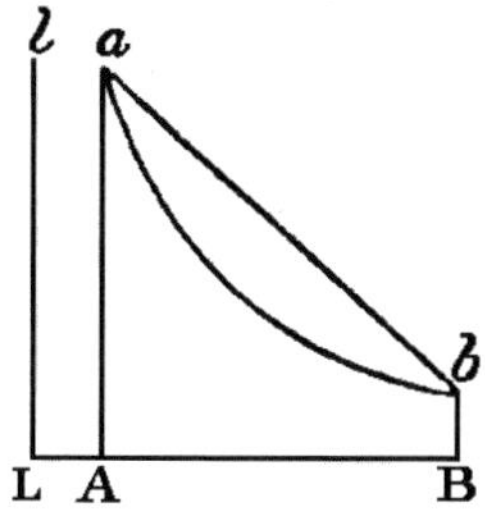

점 L, A, B에서 $Aa=LB$, $Bb=LA$가 되도록 수직선 Ll, Aa, Bb를 세우고, Ll과 LB를 점근선으로 가지면서 a와 b를 지나는 쌍곡선 ab를 그린다. 그러면 현 ab와 쌍곡선 ab로 에워싸인 도형 aba의 면적은 ANB의 면적과 같다.

사례 2

구체의 모든 구성 입자를 향해 작용하는 구심력이 거리의 세제곱에 반비례한다고 하자. 이것은 구심력이 임의의 주어진 평면의 질량을 거리의 세제곱으로 나눈 값에 비례하는 경우와 같다. 따라서 V에

$\frac{PE^3}{2AS^2}$을 대입하고 PE^2에 $2PS\times LD$를 대입하면 DN은 $SL\times\frac{AS^2}{PS}\times LD-\frac{AS^2}{2PA}-AL\times LB\times\frac{AS^2}{2PS}\times LD^2$에 비례한다. 즉 ($PS:AS=AS:SI$이므로) DN은 $\frac{LS\times SI}{LD}-\frac{SI}{2}-\frac{AL\times LB\times SI}{2LD^2}$에 비례한다. 3개의 항에 AB를 일괄적으로 곱하면 첫 번째 항 $\frac{LS\times SI}{LD}$는 쌍곡선이 그리는 면적이 되고 두 번째 항 $\frac{SI}{2}$는 $\frac{AB\times SI}{2}$, 세 번째 항 $\frac{AL\times LB\times SI}{2LD^2}$은 $\frac{AL\times LB\times SI}{2LA}-\frac{AL\times LB\times SI}{2LB}=\frac{AB\times SI}{2}$가 된다. 첫 번째 항에서 두 번째와 세 번째 항을 뺀 값이 바로 우리가 찾는 ANB의 면적이다. 이 문제를 푸는 데 필요한 작도법은 다음과 같다.

〈그림 12-13〉

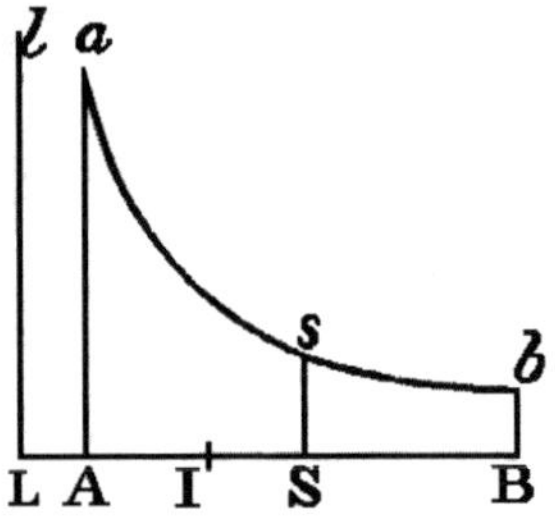

L, A, S, B에서 수직선 Ll, Aa, Ss, Bb를 세우고(단 $Ss=SI$이다), Ll과 LB를 점근선으로 가지면서 수직선 Aa, Bb와 a, b에서 만나는 쌍곡선 asb를 그린다. 그러면 포물선 영역 $AasbB$에서 사각형 $2AS\times SI$를 뺀 값이 ANB의 면적이 된다.

사례 3

구체의 모든 구성 입자를 향해 작용하는 구심력이 거리의 네제곱에 반비례한다고 하자. V에 $\frac{PE^4}{2AS^3}$을 대입하고 PE에 $\sqrt{(2PS \times LD)}$를 대입하면 $DN = \frac{SI^2 \times SL}{\sqrt{2SI}} \times \frac{1}{\sqrt{LD^3}} - \frac{SI^2}{2\sqrt{2SI}} \times \frac{1}{\sqrt{LD}} - \frac{SI^2 \times AL \times LB}{2\sqrt{2SI}} \times \frac{1}{\sqrt{LD^5}}$이 된다. 이 3개의 항에 AB를 일괄적으로 곱하면 $\frac{2SI^2 \times SL}{\sqrt{2SI}} \times (\frac{1}{\sqrt{LA}} - \frac{1}{\sqrt{LB}})$과 $\frac{SI^2}{2SI} \times (\sqrt{LA} - \sqrt{LB})$, 그리고 $\frac{SI^2 \times AL \times LB}{3\sqrt{2SI}} \times (\frac{1}{\sqrt{LA^3}} - \frac{1}{\sqrt{LB^3}})$이라는 3개의 면적이 생기는데, 간단히 줄이면 $\frac{2SI^2 \times SL}{LI}$과 SI^2, 그리고 $\frac{(SI^2 \times 2SI^3)}{3LI}$이 된다.

〈그림 12-14〉

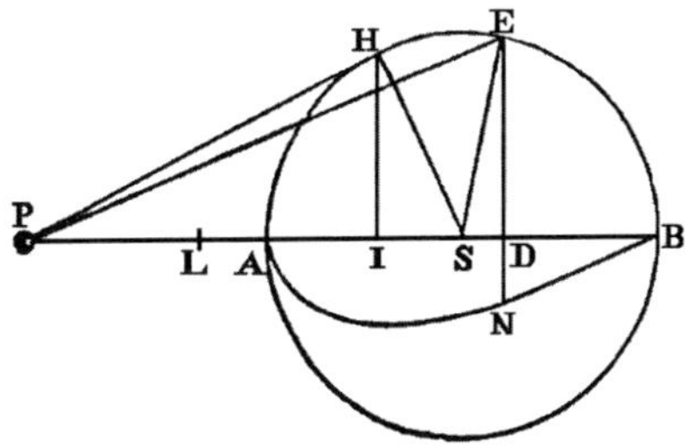

이제 첫 번째 항에서 두 번째와 세 번째 항을 빼면 $\frac{4SI^3}{3LI}$가 남는다. 그러므로 입자 P가 구의 중심을 향해 끌리는 힘은 $\frac{SI^3}{PI}$에 비례하며, 다르게 표현하면 $\frac{PS^3}{PI}$에 반비례한다. [Q.E.I.]

구의 내부에 있는 입자가 구에게 끌리는 힘도 같은 방법으로 구할 수 있지만, 다음 명제를 이용하면 계산이 훨씬 간단해진다.

명제 82 / 정리 41

중심이 *S*이고 반지름이 *SA*인 구체에서 *SI*, *SA*, *SP*가 연속적으로 비례하면 (즉 *SI* : *SA*=*SA* : *SP*이면) "구체 내부의 임의의 지점에 놓인 입자 *I*에 가해지는 힘"과 "구체 외부에 놓인 입자 *P*에 가해지는 힘"의 비율은 *IS*/*PS*의 제곱근에 비례하고, *P*와 *I*에서 구의 중심을 향하는 구심력의 비율의 제곱근에 비례한다.

〈그림 12-15〉

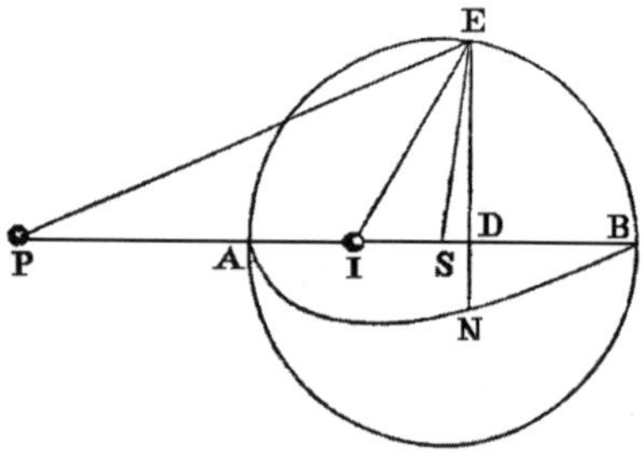

예를 들어 구체의 구성 입자들이 다른 입자에 발휘하는 구심력이 거리에 반비례하면 "구 전체가 *I*에 놓인 입자를 당기는 힘"과 "구 전체가 입자 *P*를 당기는 힘"의 비율은 거리의 비율의 제곱근, 즉 $\frac{SI}{SP}$의 제곱근에 비례하고, 중심 *S*에 있는 입자가 *I*에 발휘하는 구심력과 *P*에 발휘하는 구심력의 비율의 제곱근에 비례한다. 그런데 후자의 비율은 $\frac{SI}{SP}$의 제곱근에 반비례하므로 두 비율을 곱하면 1이 되어, 구 전체는 *I*와 *P*를 같은 힘으로 잡아당긴다. 구성 입자가 발휘하는 힘이 거리의 제곱에 반비례하는 경우에도 비슷한 논리를 펼치면 구 전

체가 I에 발휘하는 인력과 P에 발휘하는 인력의 비율은 P까지의 거리 SP와 구의 반지름 SA의 비율과 같다. 힘이 거리의 세제곱에 반비례하면 구 전체가 I와 P에 행사하는 힘의 비율은 SP^2과 SA^2의 비율과 같고, 힘이 거리의 네제곱에 반비례하면 구 전체가 I와 P에 행사하는 힘의 비율은 SP^3과 SA^3의 비율과 같다. 그런데 명제 81의 사례 3에 의하면 힘이 거리의 네제곱에 반비례하는 경우 구체가 P를 당기는 힘은 $PS^3 \times PI$에 반비례하므로 I에 작용하는 힘은 $SA^3 \times PI$에 반비례하고, SA^3은 주어진 값이므로 결국 PI에 반비례하고… 이런 식으로 얼마든지 계속할 수 있다. 또한 이 정리는 다음과 같은 방법으로 증명할 수도 있다.

입자가 임의의 점 P에 놓여 있을 때 세로 좌표 DN은 $\frac{DE^2 \times PS}{PE \times V}$에 비례한다. 그러므로 임의의 다른 위치 I에 놓인 입자의 세로 좌표 IE는 (P를 I로 대치하여 동일한 논리를 펼치면) $\frac{DE^2 \times IS}{IE \times V}$에 비례한다. I와 P에서 구의 임의의 점 E에 작용하는 구심력의 비율이 $PE^n : IE^n$이면, 이들의 세로 좌표는 각각 $\frac{DE^2 \times PS}{PE \times PE^n}$과 $\frac{DE^2 \times IS}{IE \times IE^n}$이며, 이들 사이의 비율은 $PS \times IE \times IE^n : IS \times PE \times PE^n$이다. 그런데 $SI : SE$(또는 SA)$=SE : SP$라고 했으므로 삼각형 SPE와 SEI는 닮은꼴이며, 따라서 $IE : PE = IS : SE$(또는 SA)이다. 위의 비례식에서 $IE : PE$를 $IS : SE$로 대치하면 세로 좌표의 비율은 $PS \times IE^n : SA \times PE^n$이 된다. 그런데 $PS : SA = \sqrt{PS} : \sqrt{SI}$이고 $IE^n : PE^n =$($IE : PE = IS : SA$로부터)$PS : IS$이므로, 세로 좌표의 비율(또는 세로 좌표가 그리는 면적의 비율)은 전술한 양들의 제곱근에 비례한다. [Q.E.D.]

명제 83 / 문제 42

구체의 중심에 놓인 입자가 구체의 일부(segment)[10]에 의해 끌리는 힘을 구하라.

〈그림 12-16〉

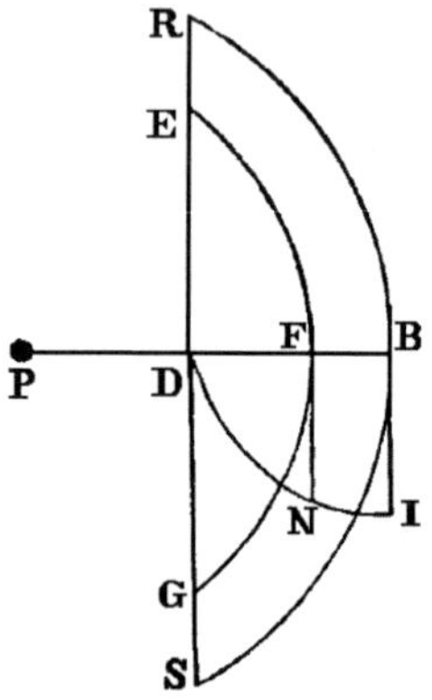

구의 중심에 놓인 입자를 *P*라 하고, 평면 *RDS*와 표면 *RBS*로 에워싸인 구의 일부(활꼴)를 *RBSD*라 하자. *P*를 중심으로 반지름이 *PF*인 원 *EFG*를 그려서, 이 원을 경계로 *RBSD*를 2개의 구획(*BREFGS*와 *FEDG*)으로 나눈다. 구체의 표면은 수학적 개념이 아니라 물리적 실체여서, 아주 얇지만 0이 아닌 두께 *O*를 갖고 있다고 하자. 그러면 (아르키메데스가 증명한 바와 같이) 표면의 크기(또는 질량)는 $PF \times DF \times O$에 비례한다. 구의 구성 입자들이 발휘하는 인력이 거리의

10) 표면을 포함한 활꼴.

n제곱에 반비례한다고 가정하면, 표면 EFG가 P를 잡아당기는 힘은 (명제 79에 의해) $\frac{DE^2 \times O}{PF^n}$에 비례하고, 이것을 다시 쓰면 $\frac{2DF \times O}{PF^{n-1}} - \frac{DF^2 \times O}{PF^n}$에 비례한다. O에서 여기에 비례하는 수직선 FN을 그리면서 O가 속한 표면을 바깥쪽으로 이동시키면 N은 특정한 곡선 궤적을 그리는데, O가 D에서 출발하여 가장 바깥 표면 B에 도달했을 때 N이 도달하는 점을 I라 하면, FN이 쓸고 지나간 곡선 영역 BDI의 면적은 구의 일부인 $RBSD$가 P를 당기는 힘에 비례한다. [Q.E.I.]

명제 84 / 문제 43

입자 *P*가 구의 일부(활꼴)의 중심축상에 있으면서 구의 중심에서 벗어나 있을 때, 구의 일부가 *P*에 가하는 인력을 구하라.

〈그림 12-17〉

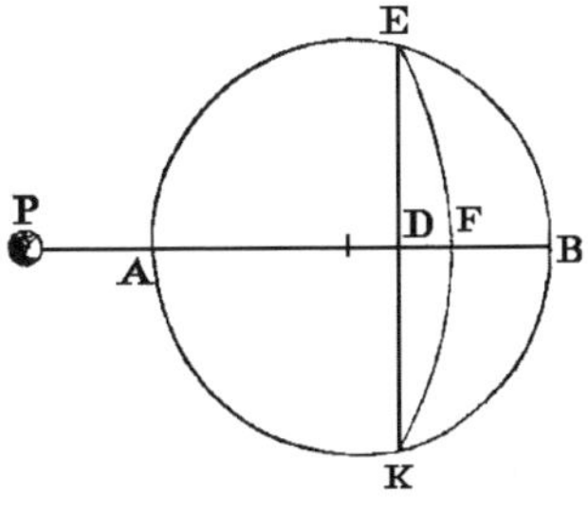

입자 P가 구의 일부인 EBK의 중심축 ADB 위에 놓여 있고, EBK가 이 입자를 당기고 있다. P를 중심으로 반지름이 PE인 원 EFK를

그려서, 구의 일부 *EBK*를 두 구획(*EBKFE*와 *EFKDE*)으로 나눴다고 하자. (명제 81을 이용하여) *EBKFE*가 *P*를 당기는 힘을 구하고 (명제 83을 이용하여) *EFKDE*가 *P*를 당기는 힘을 구해서 두 힘을 더하면 *EBKDE*가 *P*를 당기는 힘이 된다. [Q.E.I.]

부가설명

지금까지 구체가 발휘하는 인력에 대해 알아보았다. 구형이 아닌 물체도 인력을 행사하는 입자들로 구성되어 있으면 당연히 외부의 입자에 힘을 행사할 텐데, 특정 형태마다 일일이 분석하는 것은 별 의미가 없다. 힘을 행사하는 물체에 일반적으로 적용되는 몇 개의 명제와, 그 힘으로부터 야기되는 몇 가지 운동을 언급하는 것으로 충분하다. 1권의 나머지 부분에서 언급될 명제들은 철학적 문제(자연철학 또는 물리학적 문제)를 해결하는 데 어느 정도 도움이 될 것이다.

13장

비구형 물체가 행사하는 인력

명제 85 / 정리 42

잡아당기는 물체와 끌려가는 물체 사이의 힘이 아주 조금 떨어져 있을 때보다 접촉 상태일 때 훨씬 크다면, 잡아당기는 물체의 구성 입자들이 발휘하는 인력은 거리가 멀어질수록 거리의 제곱보다 훨씬 빠르게 감소한다.

힘이 거리의 제곱에 반비례하여 작아지는 경우, 구체가 발휘하는 인력은 접촉 상태라고 해서 크게 달라지지 않는다. (명제 74에 의하면) 구체가 발휘하는 인력은 중심으로부터의 거리의 제곱에 반비례할 뿐, 두 물체의 접촉 여부와는 무관하다. 그리고 거리가 멀어질 때 인력이 크게 감소하지 않으면, 가까이 다가와 맞닿았을 때도 크게 증가하지 않는다. 그러므로 인력을 행사하는 물체가 구체인 경우, 위의 명제는 확실하게 성립한다. 속이 빈 구 껍질이 안에 있는 물체를 잡아당기는 경우도 마찬가지다. (명제 70에 의해) 오목한 부위가 발휘하는 인력은 반대쪽의 오목한 부위가 발휘하는 인력과 정확하게 상쇄되어, 안에 있는 입자는 (구 껍질의 내벽과 맞닿아 있어도) 아무런 힘도 받지 않는다. 외부 입자와 맞닿은 지점으로부터 멀리 떨어진 곳[1]에서 질량의 일부를 제거하거나 외부 질량을 추가해도 힘의 세기는 크게 달라지지 않는다. 즉 구 껍질의 모양이 임의로 변해도 두 물체(구 껍질과 입자)가 맞닿았을 때 발휘되는 힘은 크게 달라지지 않는다는 뜻이다(제거되거나 추가된 질량이 접촉점으로부터 멀리 떨

1) 대척점을 예로 들 수 있다.

어져 있기 때문이다). 그러므로 이 명제는 모든 형태의 물체에 대하여 보편적으로 성립한다. [Q.E.D.]

명제 86 / 정리 43

인력을 행사하는 물체의 구성 입자들이 발휘하는 힘이 거리의 세제곱 이상의 높은 거듭제곱에 반비례하면, 당기는 물체와 당겨지는 물체 사이의 힘은 두 물체가 아주 조금 떨어져 있을 때보다 맞닿아 있을 때 훨씬 강하게 작용한다.

끌려오는 입자와 끌어당기는 구체 사이에 작용하는 힘이 거리의 세제곱 또는 네제곱에 반비례하는 경우는 명제 81의 사례 2, 3에서 다룬 바 있다. 이런 경우 둘 사이에 작용하는 힘은 거리가 가까울수록 매우 빠르게 커진다. 이 사례와 명제 82를 결합하면 속이 빈 구, 즉 구 껍질의 경우에도 끌려가는 물체가 구의 내부에 있건 외부에 있건, 둘 사이의 힘은 거리가 가까울수록 매우 빠르게 커진다는 것을 알 수 있다. 인력을 행사하는 구체는 속이 차 있건 비어 있건, 접촉점으로부터 멀리 떨어진 곳에 질량을 추가하거나 제거하여 임의의 모양으로 바꿀 수 있다. 그러므로 본 명제는 모든 형태의 물체에 대하여 보편적으로 성립한다.

명제 87 / 정리 44

동일한 인력 법칙을 따르는 입자들로 이루어진 2개의 물체가 있다. 이들은 크기가 다르지만 기하학적으로 서로 닮은꼴이며, 각기 자신의 크기에 비례하는 거리에 놓인 외부 입자를 잡아당기고 있다. 이런 경우 외부 입자가 구 전체를 향해 끌려가는 가속력은 구체의 크기(질량)에 비례하는 양만큼의 구성 입자 덩어리가 크기에 비례하는 거리에서 외부 입자를 잡아당기는 가속력에 비례한다.

각 구체를 전체 크기(질량)에 비례하면서 상대적 위치 관계도 비례하는 여러 구획으로 나눠보자. 그러면 첫 번째 물체에서 하나의 구성 입자를 향한 구심력과 여기 대응되는 두 번째 물체의 구성 입자를 향한 구심력의 비율은 첫 번째 물체를 구성하는 한 구획의 입자들을 향한 구심력과 이에 대응되는 두 번째 물체의 구획의 입자들을 향한 구심력의 비율과 같다. 그런데 첫 번째 물체를 향한 구심력과 두 번째 물체를 향한 구심력은 이 힘들을 모두 더한 결과이고 이들 사이의 비율은 모두 같으므로, 첫 번째 물체를 향한 구심력과 두 번째 물체를 향한 구심력의 비율도 위의 비율과 같다.[2] [Q.E.D.]

부가정리 1

그러므로 입자가 발휘하는 인력이 거리의 "임의의 거듭제곱"에 반

---

2) $a_1 : a_2 = b_1 : b_2 = c_1 : c_2 \cdots = (a_1+a_2+a_3+\cdots) : (b_1+b_2+b_3+\cdots)$이기 때문이다.

비례하면, 물체 전체를 향해 당겨지는 가속력은 물체의 크기(질량)에 비례하고 거리의 (주어진) 거듭제곱에 반비례한다. 예를 들어 구성 입자가 발휘하는 힘이 거리의 제곱에 반비례하고 두 물체의 크기가 A^3과 B^3에 비례하면(즉 부피의 세제곱근과 당겨지는 물체까지의 거리가 A와 B에 비례하면), 물체를 향한 가속력은 각각 $\frac{A^3}{A^2}$과 $\frac{B^3}{B^2}$에 비례한다(즉 물체의 크기의 세제곱근에 비례한다). 또한 구성 입자가 발휘하는 힘이 거리의 세제곱에 반비례하면, 두 물체를 향한 가속력은 $\frac{A^3}{A^3}$과 $\frac{B^3}{B^3}$에 비례한다. 즉 두 물체에 의한 가속력은 크기가 같다. 힘이 거리의 네제곱에 반비례하면 물체를 향해 끌려가는 힘은 $\frac{A^3}{A^4}$과 $\frac{B^3}{B^4}$에 비례한다[즉 물체의 크기(또는 질량)의 세제곱근인 A와 B에 비례한다]. 지수가 더 큰 경우도 이런 식으로 분석할 수 있다.

부가정리 2

그러므로 힘이 거리의 거듭제곱에 비례하거나 반비례하는 경우, 닮은꼴 물체들이 자신의 크기(질량)에 비례하는 거리에 있는 입자를 당기는 힘을 알면, 이로부터 입자와의 거리가 멀어짐에 따라 힘이 변하는 양상을 알 수 있다.

명제 88 / 정리 45

임의의 물체의 구성 입자들이 발휘하는 인력이 거리에 비례하면, 물체 전체가 발휘하는 힘은 물체의 무게 중심을 향한다. 그리고 이 힘은 "원래 물체

와 재질과 질량이 같으면서 기하학적 중심과 무게 중심이 일치하는 구체"가 발휘하는 인력과 완전히 동일하다.

〈그림 13-1〉

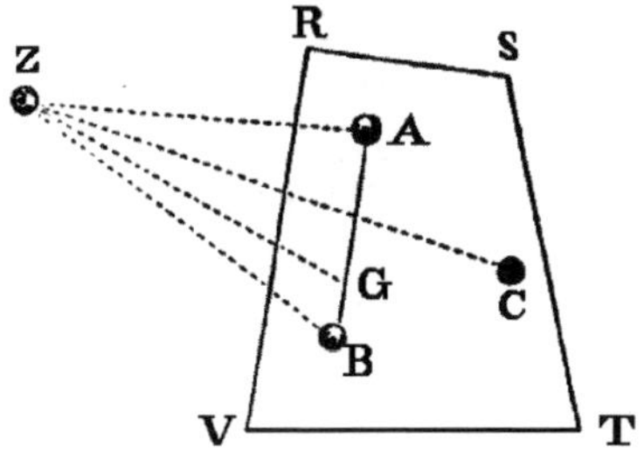

물체 *RSTV*를 구성하는 입자 중 임의로 2개를 골라서 *A*, *B*라 하자. 이들이 완전히 동일한 입자라면, *Z*에 놓인 입자를 당기는 힘은 둘 사이의 거리 *AZ*와 *BZ*에 각각 비례한다. 그러나 두 입자가 같지 않다면, 이들이 발휘하는 힘은 입자의 크기(질량)와 거리에 복합적으로 비례할 것이다. 즉 이들이 *Z*를 당기는 힘은 자신의 질량과 거리의 곱에 비례한다. 이 힘을 각각 $A \times AZ$와 $B \times BZ$로 표기하자. *A*와 *B*를 직선으로 연결하고 *A*의 크기:*B*의 크기=*BG*:*AG*가 되도록 선분 *AB*를 내분하는 점을 *G*라 하면, *G*는 *A*와 *B*의 공통 무게 중심이 된다. 힘 $A \times AZ$는 (운동의 부가법칙 2에 의해) $A \times GZ$와 $A \times AG$로 분해할 수 있고 힘 $B \times BZ$는 $B \times GZ$와 $B \times BG$로 분해할 수 있는데, $A \times AG$와 $B \times BG$는 크기가 같고 방향이 반대이므로 서로 상쇄되고 $A \times GZ$와 $B \times BZ$만 남는다. 이 힘은 *Z*와 *G*를 연결하는 직선을 따라 작용하며 크기는 $(A+B) \times GZ$이다. 즉 *A*, *B*를 합한 것과 질량이 같은 입자

가 공통 무게 중심 *G*에서 입자 *Z*를 잡아당기는 힘과 똑같다.

여기에 또 하나의 입자 *C*를 추가해보자. 위와 동일한 논리를 적용하면 *A*, *B*, *C*가 *Z*를 잡아당기는 힘은 *A*와 *B*의 공통 무게 중심 *G*를 향해 작용하는 힘 $(A+B)\times GZ$와 입자 *C*가 *Z*를 잡아당기는 힘의 합이며, 이 힘은 *A*, *B*, *C*의 공통 무게 중심을 향해 작용한다. 즉 *A*, *B*, *C*가 *Z*를 잡아당기는 힘은 세 입자의 크기(질량)를 모두 더한 하나의 입자가 *A*, *B*, *C*의 공통 질량 중심에서 *Z*를 잡아당기는 힘과 같다. 여기에 또다시 다른 입자를 추가해도 결론은 마찬가지다. 그러므로 물체 *RSTV*를 구성하는 모든 입자들이 발휘하는 총힘은 "원래 물체와 질량이 같으면서 무게 중심도 일치하는 구체가 발휘하는 힘"과 완전히 동일하다.

명제 89 / 정리 46

거리에 비례하는 인력을 행사하면서 크기가 모두 같은 입자로 이루어진 여러 개의 물체가 외부 입자를 잡아당기는 힘(각 물체의 인력을 모두 더한 총힘)은 모든 물체의 공통 무게 중심을 향하며, 힘의 크기는 "모든 물체의 질량을 더한 것과 같은 질량을 가지면서 중심이 모든 물체의 공통 무게 중심과 일치하는 구체"가 발휘하는 인력과 같다.

이 명제는 명제 88과 같은 방법으로 증명할 수 있다.

부가정리

그러므로 여러 물체의 인력에 의해 끌려가는 물체의 운동은 여러 물체가 "공통 무게 중심을 중심으로 갖는 구형으로 뭉쳐서 인력을 행사하는 경우"와 동일하다. 그리고 공통 무게 중심이 정지해 있거나 등속 직선 운동을 하면, 끌려가는 물체는 공통 무게 중심을 중심으로 갖는 타원 궤적을 그린다.

명제 90 / 문제 44

원을 구성하는 모든 점이 (임의의) 거리의 거듭제곱에 비례하는 구심력을 발휘하고 있다. 이 원의 중심을 지나면서 원을 포함한 평면에 수직한 직선 위에 놓인 입자에 가해지는 힘을 구하라.

〈그림 13-2〉

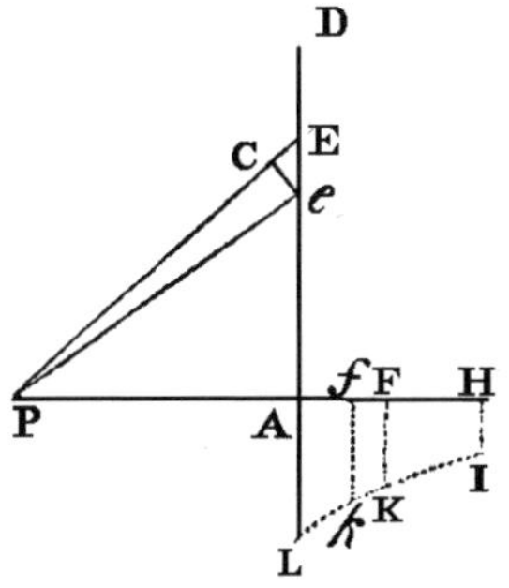

반지름이 AD인 원[3]의 중심 A에서 원이 속한 면에 수직한 방향으로 그은 직선을 AP라 하자. 우리의 목적은 원을 구성하는 입자들

이 AP상에 놓인 임의의 입자 P를 끌어당기는 힘을 계산하는 것이다. 원주상의 임의의 점 E와 입자가 놓인 지점 P를 연결하는 직선 PE를 긋고, 직선 PA에서 PE와 길이가 같은 점을 F라 하자. F에서 PA에 수직한 선을 그리되, 선의 길이는 E에 놓인 입자가 P를 당기는 힘에 비례하도록 조절한다. 이렇게 그린 직선을 FK라 하자. 그리고 E가 이동함에 따라 K가 그리는 궤적을 IKL이라 하고, 이 곡선이 원이 속한 평면과 만나는 점을 L이라 하자. PA의 연장선에서 PD와 길이가 같은 PH를 잡고 H에서 내린 수선이 곡선 IKL과 만나는 점을 I라 하면, 입자 P가 원을 향해 끌려가는 힘은 $AHIL$의 면적에 AP를 곱한 값에 비례한다. [Q.E.I.]

이유: 직선 AE 위에서 아주 짧은 직선 eE를 잡아서 직선 Pe를 긋고, PE에서 Pe와 길이가 같은 지점을 C, PA에서 Pe와 길이가 같은 지점을 f라 하자. 중심이 A이고 반지름이 AE인 고리 위의 한 점 E가 입자 P를 잡아당기는 힘은 위에서 작도한 대로 FK와 같다.[4] 그러므로 고리에 속한 임의의 입자 E가 입자 P를 A 방향으로 당기는 힘은 $AP\times\frac{FK}{PE}$에 비례하고, 하나의 고리 전체가 P를 A 방향으로 당기는 힘은 고리의 질량과 $AP\times\frac{FK}{PE}$에 복합적으로 비례한다.[5] 그런데 고리의 질량은 AE와 Ee로 만들어진 직사각형의 면적에 비례하고(즉 $AE\times Ee$에 비례하고), 이 값은 ($PE:AE=Ee:CE$이므로) 직사각형

3) 그림에서 세로 방향 직선에 해당한다.

4) 그림에는 원이 직선으로 표현되어 있어서 혼동의 여지가 있다. AD는 원의 반지름이자 "옆에서 바라본 원"이기도 하다. E는 원주상의 한 점이므로 AD와 AE는 둘 다 원의 반지름이다. 즉 $AD=AE$이다.

$PE \times CE$, 또는 $PE \times Ff$의 면적과 같으므로, 하나의 고리가 입자 P를 A 방향으로 잡아당기는 힘은 $(PE \times Ff) \times (AP \times \frac{FK}{PE}) = Ff \times FK \times AP$에 비례한다(또는 $FKkf$의 면적에 AP를 곱한 값에 비례한다). 따라서 반지름이 AD이고 중심이 A인 원 전체가 입자 P를 A 방향으로 잡아당기는 힘은 "모든 고리가 P를 잡아당기는 힘의 합"이므로 전체 면적 $AHIKL$에 AP를 곱한 값에 비례한다. [Q.E.D.]

부가정리 1

원의 각 부위가 발휘하는 인력이 거리의 제곱에 반비례하면(즉 FK가 $\frac{1}{PE^2}$에 비례하고, 따라서 $AHIKL$의 면적이 $\frac{1}{PA} - \frac{1}{PH}$에 비례하면) 원 전체가 입자 P를 당기는 힘은 $1 - \frac{PA}{PH} = \frac{AH}{PH}$에 비례한다.

부가정리 2

원의 각 부위가 발휘하는 힘이 일반적으로 (거리를 D라고 했을 때) D^n에 반비례하면(즉 FK가 $\frac{1}{D^n}$에 비례하고 $AHIKL$의 면적이 $\frac{1}{PA^{n-1}} - \frac{PA}{PH^{n-1}}$에 비례하면), 원이 입자 P를 잡아당기는 힘은 $\frac{1}{PA^{n-2}} - \frac{PA}{PH^{n-1}}$에 비례한다.

---

5) 명제에서는 질량이 원을 따라 분포되어 있다고 말했지만, 이 원은 수학적인 원이 아니라 볼트를 조일 때 사용하는 와셔처럼 약간의 폭이 있다. 뉴턴은 이 와셔를 동심원 방향으로 잘게 쪼개서 그중 하나를 "고리"라 부르고 있다. Ee는 고리 한 개의 폭에 해당한다.

부가정리 3

원의 지름이 무한히 크고 $n \geq 2$이면, 무한히 넓은 평면을 향해 P가 끌려가는 힘은 PA^{n-2}에 반비례한다. 원이 무한정 커지면 $\frac{PA}{PH^{n-1}}=0$이 되기 때문이다.

명제 91 / 문제 45

회전체[6]의 구성 입자들이 임의의 거리의 거듭제곱에 반비례하는 구심력을 행사하고 있을 때, 축의 연장선 위에 놓인 입자에 가해지는 인력을 구하라.

〈그림 13-3〉

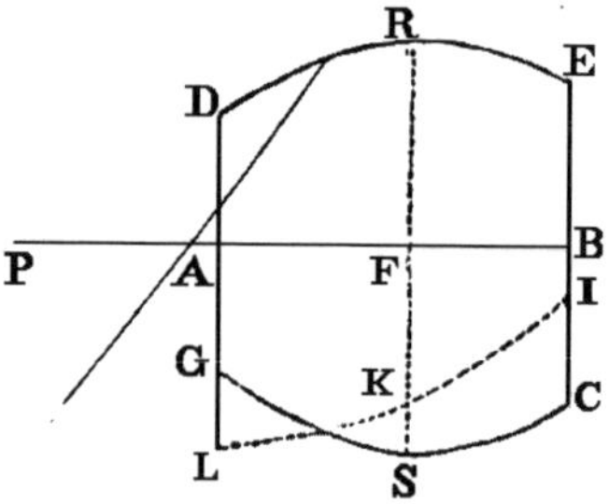

회전체 $DECG$의 중심축 AB 위에 놓인 입자 P가 회전체의 인력에 의해 A 쪽으로 당겨지고 있다. 이 회전체를 축에 수직한 원 RFS로 자르고, 축을 지나는 평면 $PALKB$에서 반지름 FS 방향으로 (명제 90

6) 평면 도형을 특정한 축을 중심으로 회전시켜서 만든 입체 도형.

에 의거하여) "입자 P가 원 RFS에 의해 당겨지는 힘"에 비례하는 FK를 잡는다. 이 원이 축을 따라 이동하면서 K가 그리는 궤적을 LKI라 하면, P가 회전체 쪽으로 끌리는 힘은 $LABI$의 면적에 비례한다. [Q.E.I.]

부가정리 1

AB를 축으로 삼아 평행사변형 $ADEB$를 회전시켜서 만든 원기둥을 $DECG$라 하자. 원기둥을 구성하는 개개의 입자들이 발휘하는 구심력이 거리의 제곱에 반비례하면, 입자 P가 원기둥 쪽으로 끌리는 힘은 $AB-PE+PD$에 비례한다.

〈그림 13-4〉

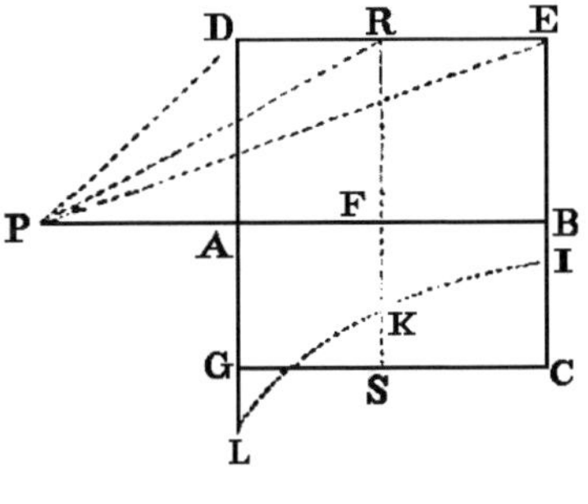

이유: 세로 좌표 FK는 (명제 90의 부가정리 1에 의해) $1-\frac{PF}{PR}$에 비례한다. 첫 번째 항 1에 AB를 곱하면 $1\times AB$라는 면적이 되고, 두 번째 항 $\frac{PF}{PR}$에 PB를 곱하면 $1\times(PE-AD)$라는 면적이 된다. 이것은 곡선 LKI와 AB로 에워싸인 도형의 구적법(quadrature)[가]을 이용하여 쉽게 증명할 수 있다. 이와 비슷하게 $\frac{PF}{PR}$에 PA를 곱하면 $1\times(PD-AD)$라

는 면적이 되고, PB와 PA의 차이에 해당하는 AB를 곱하면 $1\times(PE-AD)$와 $1\times(PD-AD)$의 차이인 $1\times(PE-PD)$가 된다. 이제 첫 번째 곱 $1\times AB$에서 마지막 곱인 $1\times(PE-PD)$를 빼면 $LABI$의 면적이 $1\times(AB-PE+PD)$로 얻어진다. 그런데 회전체가 P를 잡아당기는 힘은 이 면적에 비례하므로, 결국 $AB-PE+PD$에 비례한다.

부가정리 2

회전 타원체[8] $AGBC$가 축 AB의 연장선에 놓인 입자 P를 잡아당기는 힘도 구할 수 있다. 회전 타원체의 축 PE로부터 측정한 좌표(PE와의 거리) ER이 항상 PD와 같도록 유지하면(D는 직선 ER이 회전 타원체와 만나는 점이다), E와 D가 이동함에 따라 R은 타원 곡선 $NKRM$을 그린다.

〈그림 13-5〉

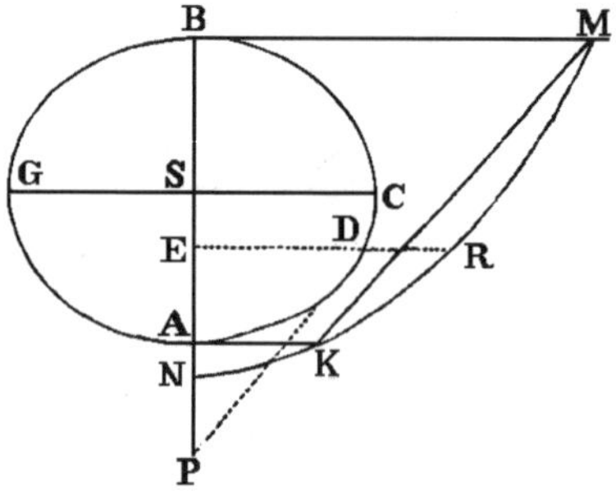

---

7) 도형의 넓이와 부피를 구하는 계산법.

8) 장축 또는 단축을 중심으로 타원을 회전시켜서 만든 입체 도형.

회전 타원체의 꼭짓점 A, B에서 중심축 AB에 수직한 선을 긋고, 이들의 길이가 AP, BP와 같아지는 점을 각각 M, K라 하면 K, R, M은 모두 하나의 원뿔 곡선 위에 놓이게 된다. 직선 K와 M을 직선으로 잇고, 회전 타원체의 중심을 S, 가장 긴 반지름을 SC라 하자. 그러면 회전 타원체가 입자 P를 잡아당기는 힘과 지름이 AB인 구체가 P를 잡아당기는 힘의 비율은 $\frac{(AS \times CS^2 - PS \times KMRK)}{(PS^2 + CS^2 - AS^2)}$와 $\frac{AS^2}{3PS^2}$의 비율과 같다.[9] 회전 타원체의 일부가 발휘하는 인력도 이와 비슷한 방법으로 계산할 수 있다.

부가정리 3

입자가 회전 타원체 내부의 축 위에 놓인 경우, 타원체가 입자를 당기는 힘은 중심과 입자 사이의 거리에 비례한다. 입자가 회전축에 놓여 있거나 다른 지름 위에 놓인 경우는 다음과 같이 증명할 수 있다.

〈그림 13-6〉

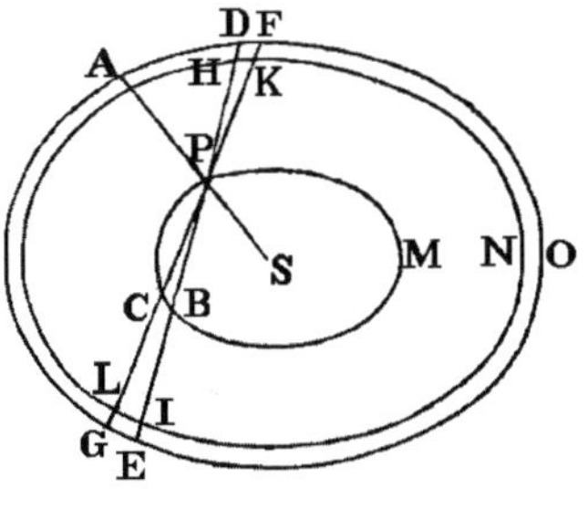

9) 여기서 $KMRK$는 도형 $KMRK$의 면적이다. 구체가 외부 입자를 잡아당기는 힘은 이미 알고 있으므로, 이 비율을 알면 회전 타원체가 입자를 당기는 힘도 알 수 있다.

인력을 발휘하는 회전 타원체 *AGOF*의 중심을 *O*라 하고, 그 내부에 입자 *P*가 놓여 있다고 하자. *P*를 지나는 반지름 *SPA*를 긋고, *P*를 지나는 임의의 직선 *DE*와 *FG*를 그어서 이들이 회전 타원체의 표면과 만나는 점을 *D*, *F*, *E*, *G*라 하자. 그리고 회전 타원체의 내부에 중심이 같고 모양도 닮은꼴인 2개의 회전 타원체 *PCM*과 *HLN*을 그린다. *PCM*은 *P*를 지나면서 *DE*와 *FG*의 교점이 각각 *B*, *C*이며, *HLN*과 *DE*, *FG*의 교점은 각각 *H*, *I*와 *K*, *L*이다. 모든 회전 타원체들이 회전축을 공유하고 있으므로 이들에 의해 분할된 직선의 길이는 모두 같다. 즉 $DP=BE$, $FP=CG$, $DH=IE$, $FK=LG$이다(DE, PB, HI는 중점이 같고 FG, PC, KL도 중점이 같기 때문이다). *DPF*와 *EPG*를 서로 반대쪽을 바라보는 원뿔로 간주하고, 이들의 중심각 $\angle DPF$, $\angle EPG$와 직선 *DH*, *EI*가 무한히 작다고 가정하자. 그러면 바깥에 있는 2개의 회전 타원체와 2개의 원뿔이 공유하는 구획, 즉 *DHKF*와 *GLIE*에 포함된 입자의 수는 ($DH=EI$이므로) *P*와의 거리의 제곱에 비례하며, 따라서 이들은 입자 *P*를 똑같은 힘으로 잡아당긴다.[10] *DPF*와 *EGCB*를 "회전축과 중심이 같은 무수히 많은 닮은꼴 회전 타원체"로 잘게 잘라서 위와 동일한 논리를 적용하면 모든 부위가 *P*를 "크기가 같고 방향이 반대인 힘"으로 당기고 있으므로, 원뿔 *DPF*와 꼭대기가 잘려나간 원뿔 *EGCB*가 *P*에 발휘하는 힘은 서로 상쇄된다. *P*가

10) 본 명제는 구성 입자가 당기는 힘이 "거리의 임의의 거듭제곱에 비례한다"는 가정 하에서 출발했으나, 부가정리 1에서 힘이 거리의 제곱에 반비례하는 경우를 다루었으므로, 지금 유효한 것은 후자의 가정이다.

회전 타원체 *PCBM*의 바깥에 있는 한, 결과는 항상 똑같다. 그러므로 *P*에게 영향을 주는 것은 *PCBM*의 안쪽에 있는 입자들뿐이며, (명제 72의 부가정리 3에 의해) 이들이 *P*를 잡아당기는 힘과 회전 타원체 *AGOD*가 *A*에 있는 입자를 잡아당기는 힘의 비율은 거리 *PS*와 *AS*의 비율과 같다. [Q.E.D.]

명제 92 / 문제 46

인력을 행사하는 물체가 주어졌을 때, 물체의 구성 입자들을 향한 구심력이 거리에 따라 감소하는 비율을 구하라(즉 힘과 거리의 함수 관계를 구하라).

주어진 물체를 구체나 원기둥, 회전체, 또는 다른 기하학적 도형으로 분할하여 명제 80, 81, 91을 적용하면 그 부분에 한하여 거리에 따라 인력이 변하는 규칙을 알 수 있다. 그 후 실험을 통해 다양한 거리에서 인력의 크기를 측정하면 물체 전체가 발휘하는 인력을 알 수 있고, 이로부터 각 부위가 발휘하는 힘이 증가하거나 감소하는 비율을 알 수 있다.

명제 93 / 정리 47

한쪽은 평면으로 되어 있고 다른 부분은 무한히 먼 곳까지 뻗어 있는 물체

를 상상해보자. 이 물체의 구성 입자들은 동일한 법칙에 따라 인력을 행사하고 있으며, 힘의 세기는 거리가 멀어질수록 거리의 제곱보다 빠르게 감소한다. 평면에 놓인 모든 입자가 물체를 구성하는 나머지 입자들에 의해 당겨지고 있을 때, 물체 전체가 표면을 안쪽으로 잡아당기는 힘은 (표면과 입자 사이의 거리를 d라 하고 구성 입자의 인력이 d^{-n}에 비례한다면) $d^{-(n-3)}$에 비례한다.[11]

사례 1

물체가 외부와 닿은 표면을 *LGl*이라 하자. 물체는 이 표면에서 *I* 쪽으로 이어진다. 이 물체를 표면에 평행한 *mHM*, *nIN*, *oKO*, … 등으로 분할해서 생각해보자.

〈그림 13-7〉

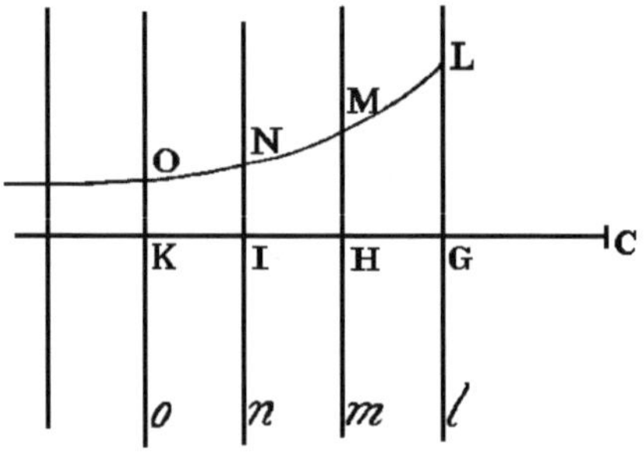

일단 물체에 끌리는 외부 입자 *C*가 그림과 같은 위치에 놓여 있고, *C*에서 출발하여 방금 그린 무수히 많은 평면과 직교하는 직선

11) "d^{-n}에 비례한다"는 말은 "d^{n}에 반비례한다"는 말과 동일하다.

을 $CGHI$라 하자. 물체의 구성 입자들이 발휘하는 인력은 거리가 멀어질수록 거리의 n제곱에 반비례하여 작아지는데, n은 3보다 작지 않다.[12] 그러면 (명제 90의 부가정리 3에 의해) 임의의 평면 mHM이 입자 C를 잡아당기는 힘은 CH^{n-2}에 반비례하고, 평면 mHM에서 CH^{n-2}에 반비례하는 길이 HM을 잡으면 이 힘은 HM에 비례한다. 이와 비슷하게 모든 평면 lGL, nIN, oKO, …에서도 CG^{n-2}, CI^{n-2}, CK^{n-2}, …에 반비례하도록 GL, IN, KO, …를 잡으면, 각 평면들이 C에 행사하는 힘은 이 길이에 비례한다. 즉 물체 전체가 발휘하는 힘은 OK 방향으로 무한히 이어지는 도형 $GLOK$의 면적에 비례한다. 그런데 이 면적은 (이미 알려진 구적법에 의해) CG^{n-3}에 반비례하므로, 전체 힘은 CG^{n-3}에 반비례한다. [Q.E.D.]

사례 2

C가 물체의 내부(그림에서 lGL의 오른쪽)에서 $CK=CG$인 지점에 놓인 경우를 생각해보자.

〈그림 13-8〉

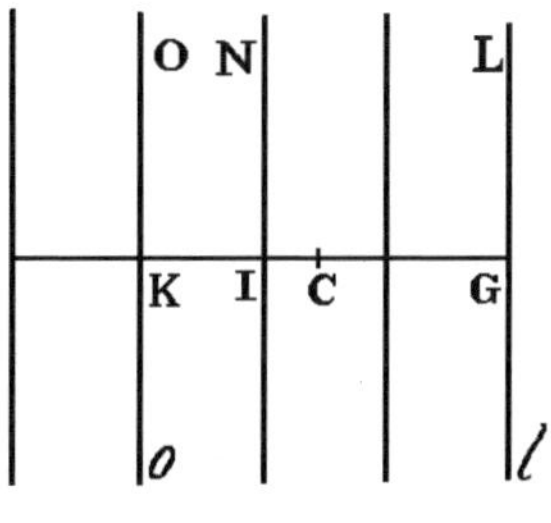

12) 즉 $n \geq 3$이다.

*lGL*과 *oKO*로 에워싸인 구획 *LGloKO*가 *C*에 가하는 힘은 0이다. 왜냐하면 *C*의 왼쪽에 있는 부위가 당기는 힘과 오른쪽에 있는 부위가 당기는 힘은 크기가 같고 방향이 반대여서 서로 상쇄되기 때문이다. 그러므로 *C*를 당기는 것은 그림에서 *OK*보다 오른쪽에 있는 부위이며, 이 힘은 (사례 1에 의해) CK^{n-3}에 비례한다. 그런데 $CK=CG$이므로 결국 CG^{n-3}에 비례한다. [Q.E.D.]

부가정리 1

그러므로 2개의 무한히 큰 평행면 *LG*, *IN*으로 에워싸인 물체가 발휘하는 인력은 *LGKO*(위에서 다룬 물체 전체)가 발휘하는 힘에서 *NI*부터 오른쪽으로 한없이 뻗어 있는 *NIKO*가 발휘하는 힘을 뺀 값과 같다.

부가정리 2

입자 *C*에서 멀리 떨어진 부분의 인력이 가까운 부분의 인력보다 현저하게 약해서 무시할 수 있다면, 가까운 부분이 발휘하는 인력은 CG^{n-3}에 거의 비례한다.

부가정리 3

크기가 유한하면서 한쪽이 평면인 물체가 평면의 중심으로부터 아주 짧은 거리(평면의 크기와 비교할 때 무한소에 가까운 거리)만큼 떨어져 있는 입자에 인력을 행사하고 있다. 이 물체가 균일한 입자로 이루어져 있으면서 개개의 입자가 발휘하는 인력이 거리가 멀수록 거리의 네제곱보다 빠르게 감소한다면, 전체 물체가 발휘하는 인력은 아주 짧은 거리에서 (거리가 d이고, 각 입자의 인력이 d^{-n}에 비례할 때) $d^{-(n-3)}$에 거의 비례한다. 그러나 입자의 인력이 거리의 세제곱에 반비례하는 경우에는 “무한히 큰 부분이 먼 거리에서 당기는 힘”이 “가까운 부분이 당기는 힘”보다 무한히 커서 부가정리 2의 가정이 성립하지 않기 때문에, 본 부가정리도 성립하지 않는다.

부가설명

주어진 평면을 향해 주어진 법칙에 따라 끌려가는 물체의 운동을 구할 때는 (명제 39에 의거하여) 평면을 향해 수직으로 떨어지는 운동과 (운동의 부가법칙 2에 의거하여) 평면에 평행한 방향으로 일어나는 운동을 결합하는 식으로 해결할 수 있다. 역으로 평면을 향해 떨어지는 물체의 궤적이 주어졌을 때, 평면이 물체를 수직 방향으로 잡아당기는 규칙을 구하고자 한다면 명제 8/문제 3과 같은 방법으로 해결 가능하다.

세로 좌표를 특정 값에 수렴하는 무한급수[13]로 표현하면 계산이 좀더 간단해진다. 예를 들어 임의의 주어진 각도에서 A의 세로 좌표 B가 $A^{\frac{m}{n}}$의 형태로 주어지고 물체가 A를 향해 끌리거나 A로부터 멀어지는 힘이 세로 좌표가 그리는 곡선의 꼭대기 점에 해당된다고 하

13) 무한수열의 합.

자. 이런 경우 A가 아주 작은 양 O만큼 이동하면 세로 좌표 $(A+O)^{\frac{m}{n}}$는 다음과 같은 급수로 풀어쓸 수 있다.

$$A^{\frac{m}{n}}+\frac{m}{n}OA^{\frac{m-n}{n}}+\frac{m^2-mn}{2n^2}O^2A^{\frac{m-2n}{n}}\cdots.$$

힘이 O^2 항($\frac{m^2-mn}{2n^2}O^2A^{\frac{m-2n}{n}}$)에 비례한다는 것은 힘이 $\frac{m^2-mn}{2n^2}A^{\frac{m-2n}{n}}$에 비례한다는 뜻이며, $\frac{m^2-mn}{2n^2}B^{\frac{m-2n}{m}}$에 비례한다는 뜻이기도 하다. 예를 들어 세로 좌표가 포물선을 그리면 $m=2$, $n=1$이고 힘은 $2B^0$라는 주어진 값(상수)이 된다. 즉 힘이 일정하면 물체는 포물선 궤적을 그린다. 이것은 갈릴레오가 이미 증명한 사실이다. 또한 세로 좌표가 쌍곡선을 그리면 $m=0-1$, $n=1$이고 힘은 $2A^{-3}$ 또는 $2B^3$으로 세로 좌표의 세제곱에 비례하며, 물체는 쌍곡선 궤적을 그린다. 이와 유사한 명제도 꽤 많이 있지만 이쯤에서 마무리하고, 1권의 나머지 부분에서는 아직 한 번도 언급되지 않은 운동을 다루기로 한다.

14장

큰 물체의 각 부위가 발휘하는 구심력에 의한 작은 물체의 운동

명제 94 / 정리 48

2개의 균일한 매질이 공간을 사이에 두고 평행한 상태로 마주 보고 있다. 둘 사이의 공간을 통과하는 물체는 평행하게 마주 보는 두 매질에 의해 표면에 수직한 방향으로 인력이나 척력을 받고, 그 외의 다른 힘은 작용하지 않는다고 하자. 물체가 두 평면으로부터 같은 거리에 있을 때 작용하는 힘도 같으면, 물체가 한 매질에서 탈출할 때(또는 진입할 때) 표면과 이루는 각도의 사인(sine)과 다른 매질로 진입할 때(또는 탈출할 때) 표면과 이루는 각도의 사인의 비율은 특정한 값을 갖는다.

사례 1

평행하게 마주 보는 두 매질의 표면을 각각 *Aa*, *Bb*라 하자. *Aa*에 도달하기 전에 *GH*라는 직선 경로를 따라가던 물체는 *Aa*를 통과하여 빈 공간으로 진입한 후 매질의 인력(또는 척력)에 의해 곡선 *HI*를 그리다가 직선 *IK* 방향으로 두 번째 매질에 진입한다. *I*에서 *Bb*에 수직한 선 *IM*을 그어서 *GH*의 연장선과 만나는 점을 *M*이라 하자. 또 *Aa*와 *IM*의 연장선이 만나는 점을 *R*, 직선 *KI*와 *HM*의 교점을 *L*이라 하고, *L*을 중심으로 반지름이 *LI*인 원을 그려서 *HM*과 만나는 점을 *P*와 *Q*, *MI*와 만나는 점을 *N*이라 하자.

우선 첫째로, 인력이나 척력이 거리에 상관없이 일정하다면 곡선 *HI*는 (갈릴레오가 증명한 바와 같이) 포물선이 되고, 통경과 *IM*으로 만든 직사각형의 면적은 *HM*으로 만든 정사각형의 면적과 같으며, *L*은 *HM*의 중점이 된다. 그러므로 *L*에서 *MI*의 연장선에 내린 수선

〈그림 14-1〉

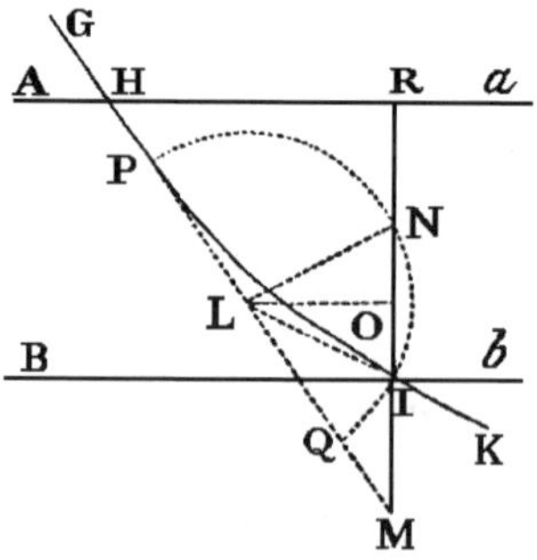

의 발을 O라 하면 $MO=OR$이고, 길이가 같은 ON과 OI를 양변에 각각 더하면 $MN=IR$이 된다. 여기서 IR은 처음부터 주어진 값(두 매질의 간격)이므로 MN도 주어진 값이며, $NM \times MI$와 통경$\times IM=HM^2$의 비율도 결정되어 있다. 그런데 $NM \times MI=PM \times MQ$이고[이 값은 ML^2과 PL^2(또는 LI^2)의 차이와 같다] $HM^2=4ML^2$이므로 ML^2-LI^2과 ML^2의 비율은 결정된 값이며, 비례식에 약간의 변형을 가하면 LI^2과 ML^2의 비율과 이들의 제곱근인 LI와 ML의 비율도 결정된 값이다. 그런데 삼각형 LMI에서 모든 각의 사인은 마주 보는 변의 길이에 비례하므로, 입사각(angle of incidence) $\angle LMR$의 사인과 사출각(angle of emergence) $\angle LIR$의 사인의 비율은 문제에서 주어진 조건으로부터 결정된다. [Q.E.D.]

사례 2

평행한 평면으로 분할된 공간 $AabB$, $BbcC$, …를 물체가 연속적으로 관통하는 경우를 생각해보자. 각 중간 공간에서 물체는 균일한 힘을 받지만, 공간의 층이 달라지면 힘의 규칙도 달라진다고 하자.

〈그림 14-2〉

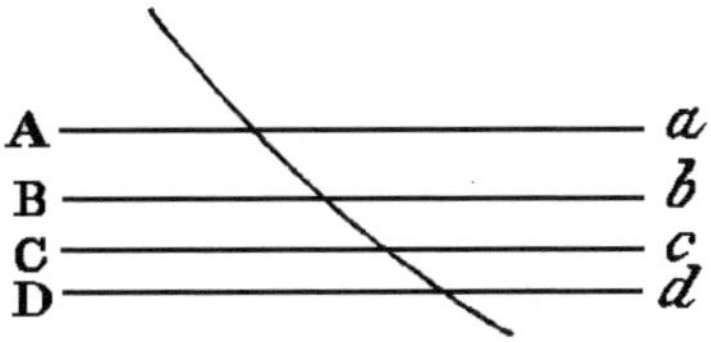

그러면 앞서 증명한 대로 첫 번째 평면 *Aa*에 대한 입사각의 사인과 두 번째 평면 *Bb*에 대한 사출각의 사인의 비율은 주어진 값이 된다. 그리고 두 번째 평면 *Bb*에 대한 입사각(이 각은 *Bb*에 대한 사출각이기도 하다)의 사인과 세 번째 평면 *Cc*에 대한 사출각의 사인도 주어진 값이며, *Cc*와 *Dd*의 입사-사출각의 사인의 비율도 마찬가지다. 이 관계는 평면층이 아무리 많아도 똑같은 방식으로 유지되기 때문에, 결국 첫 번째 평면에 대한 입사각의 사인과 마지막 평면에 대한 사출각의 사인의 비율은 정해진 값이 된다. 이제 평면 사이의 간격을 무한히 작게 줄이고 평면의 개수를 무한대로 늘리면 인력(또는 척력) 법칙이 어떤 형태로 주어졌건 연속적으로 변할 것이므로, 첫 번째 평면에 대한 입사각의 사인과 마지막 평면에 대한 사출각의 사인은 항상 주어진 값으로 결정된다. [Q.E.D.]

명제 95 / 정리 49

명제 94와 같은 상황에서 입사 직전의 속도와 사출 직후의 속도 사이의 비율은 사출각의 사인과 입사각의 사인의 비율과 같다.

〈그림 14-3〉

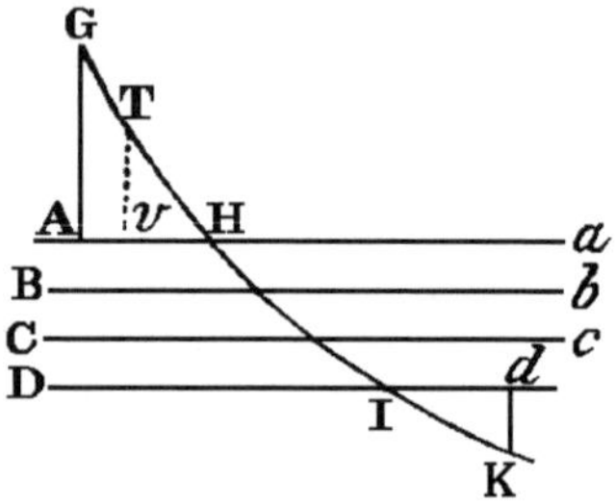

AH=*Id*가 되도록 *A*와 *d*를 잡고, 이곳에서 평면에 수직한 선을 그어 물체의 경로와 만나는 점을 각각 *G*, *K*라 하자. 또 *GH* 위에서 *TH*=*IK*인 *T*를 잡고, *T*에서 *Aa*에 내린 수선의 발을 *v*라 하자. 물체의 운동은 (운동의 부가법칙 2에 의해) 평면 *Aa*, *Bb*, *Cc*, …에 수직한 운동과 평행한 운동으로 분해할 수 있다. 평면이 물체를 당기거나 미는 힘은 항상 평면에 수직한 방향으로 작용하기 때문에, 물체의 수평 방향(평면과 평행한 방향) 운동에는 아무런 영향도 마치지 않는다. 그러므로 *AG*~*H* 구간과 *I*~*dK* 구간에서 물체의 수평 방향 속도는 똑같다. 그런데 *AH*=*Id*이므로, 물체가 *GH* 구간을 이동하는 데 걸리는 시간은 *IK* 구간을 이동하는 데 걸리는 시간과 같다. 그러므로 물체가 입사되기 직전과 사출된 직후의 속도 비율은 *GH*와 *IK*(또는 *TH*)

의 비율과 같으며, 이 비율은 *AH*(또는 *Id*)와 *vH*의 비율과 같다. 따라서 입사 직전과 사출 직후의 속도 비율은 사출각의 사인과 입사각의 사인의 비율과 같다. [Q.E.D.]

명제 96 / 정리 50

명제 94와 같은 상황에서 입사 직전의 속도가 사출 직후의 속도보다 빠르다고 하자. 이런 경우에 입사각을 점점 크게 늘려나가면 언젠가는 물체가 평면에 반사되기 시작하고, 이때 입사각은 반사각과 같다.

〈그림 14-4〉

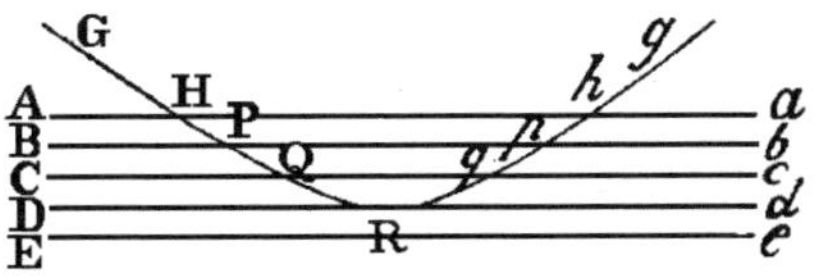

앞의 경우와 마찬가지로 물체가 평행선 *Aa*, *Bb*, *Cc*, …를 지나면서 포물선을 그린다고 하고, 평면에 의해 분할된 포물선 구획을 *HP*, *PQ*, *QR*, …이라 하자. 첫 번째 평면 *Aa*로 진입하는 물체의 궤적 *GH*의 기울기는 "*Aa*로 진입하는 입사각의 사인과 반지름[1]의 비율=*Aa*로 진입하는 입사각의 사인과 평면 *Dd*에서 공간 *DdeE*로 나올 때 사

1) 사인(sine)각을 정의하는 직각삼각형의 빗변.

출각의 사인의 비율"의 관계를 만족한다고 하자. 그러면 사출각의 사인이 반지름과 같으므로 사출각은 직각이 된다. 즉 물체가 *Dd*에 도달했을 때 사출 방향은 *Dd*와 평행하다.

물체가 *Dd*와 만나는 점을 *R*이라 하면, 이곳에서 물체는 더 이상 *Ee*를 향하여 나아가지 못한다. 방금 말한 대로 사출 방향이 *Dd*와 나란하기 때문이다. 그렇다고 *Dd*와 나란한 방향으로 나아갈 수도 없다. 왜냐하면 물체는 매질에 의해 끊임없이 당겨지거나 밀려나고 있기 때문이다. 그러므로 물체는 *Cc*와 *Dd* 사이에서 포물선 *QRq*를 그리며 진행 방향을 바꾼다(즉 반사된다). 이때 포물선의 꼭짓점은 (갈릴레오가 증명한 대로) *R*이며, *Q*에서와 같은 각도로 *q*에서 *Cc*를 통과한다. 그 후 물체는 이전에 그렸던 *QP*, *PH*, …와 대칭인 *Qp*, *ph*, …를 그리며 나아가고, 앞에서 *H*, *P*, …를 통과할 때와 똑같은 각도로 *p*, *h*, …를 통과한다. 물론 마지막에 *h*를 통과할 때의 사출 각도는 *H*를 통과할 때의 입사각과 같다.

이제 평면 *Aa*, *Bb*, *Cc*, *Dd*, *Ee*, …의 간격을 무한히 작게 줄이고 평면의 개수를 무한대로 늘리면 인력(또는 척력)이 연속적으로 작용하여 입사각과 사출각이 항상 같아지고, 물체의 진행 방향이 바뀌는 곳에서 입사각과 반사각도 같아진다. [Q.E.D.]

부가설명

위에서 다룬 인력은 빌리브로어트 스넬리우스(Willebrord Snellius)[2]

가 발견했던 빛의 반사-굴절 법칙과 비슷하다. 입사각과 굴절각, 또는 입사각과 반사각의 사인은 르네 데카르트의 이론에 따라 특정한 값을 갖는다. 빛의 속도는 엄청나게 빠르지만, 한 지점에서 다른 지점으로 이동하는 데는 분명히 시간이 걸린다. 이것은 여러 천문학자들이 목성의 위성을 면밀히 관측한 끝에 확인된 사실이다. 예를 들어 태양에서 방출된 빛이 지구에 도달하려면 약 7~8분이 소요된다. 또한 빛은 공기 중에서 뾰족한 끝을 지날 때 마치 인력에 끌리는 것처럼 경로에 변화가 생긴다[이 현상은 최근에 프란체스코 그리말디(Francesco Grimaldi)가 발견했으며, 나 역시 비슷한 실험을 통해 확인한 바 있다. 금, 은 또는 구리로 주조한 동전의 각진 테두리나 칼, 돌, 부서진 유리 조각 등의 날카로운 부분을 향해 빛을 쪼였을 때 이와 같은 현상이 나타나는 것으로 보아, 물체의 투명도와는 무관한 것으로 추정된다]. 그리고 빛이 뾰족한 부분에 가까이 지나갈수록 휘어지는 정도가 크게 나타나며, 뾰족한 부분에서 멀어질수록 경로 변화가 작아지다가 거리가 어느 이상 멀어지면 경로가 반대쪽으로 살짝 휘어지면서 세 가지 색상의 줄무늬가 생긴다.

〈그림 14-5〉에서 뾰족한 물체 *AsB*의 날카로운 끝점을 *s*라 하고, *gowog*, *fnunf*, *emtme*, *dlsld*를 빛의 경로라 하자. 각 경로는 *s*를 지나갈 때 *owo*, *nun*, *mtm*, *lsl*이라는 호를 그리면서 휘어지는데, 앞서 말한 대로 *s*와의 거리에 따라 휘어지는 정도가 다르게 나타난다. 게다가 경로가 휘어지는 현상은 칼의 내부가 아닌 외부 공간에서 일어나기

2) 1580~1626, 네덜란드의 천문학자 겸 수학자.

〈그림 14-5〉

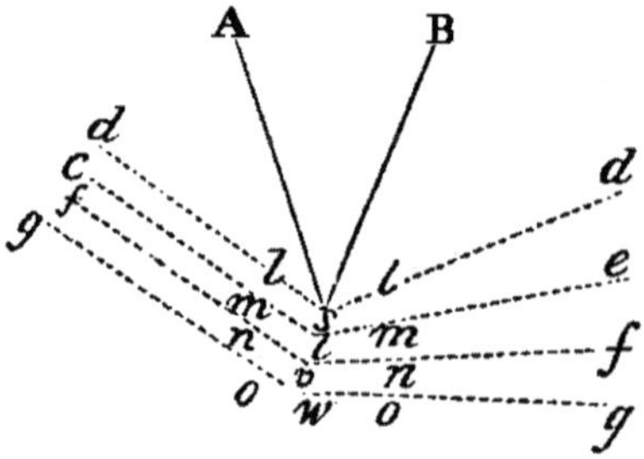

〈그림 14-6〉

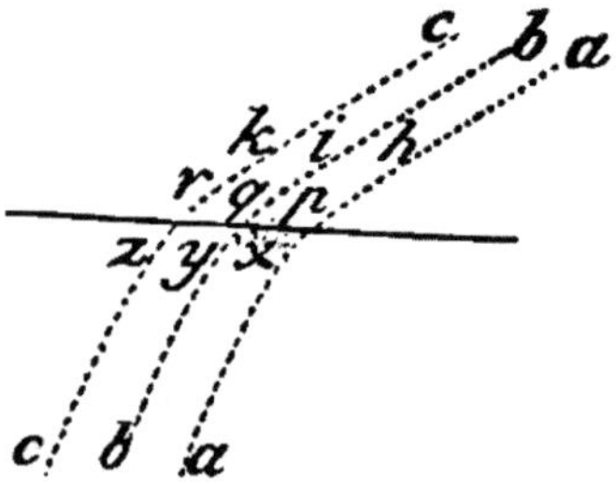

때문에, 칼을 향해 입사된 빛은 *s*에 도달하기 전에 공기 중에서 경로를 바꾼다고 보는 것이 타당하다. 유리를 향해 입사된 빛도 마찬가지다.

그러므로 굴절(refraction)은 유리와 공기의 경계면에서 일어나는 것이 아니라 부분적으로는 유리면에 닿기 직전에 일어나고, 부분적으로는 (내 생각이 옳다면) 빛이 유리 속으로 진입한 직후에 일어난다. 위의 그림에서 유리를 향해 입사된 빛 *ckzc*, *biyb*, *ahxa*는 각각 *r*, *q*, *p*에서 유리 속으로 진입하지만, 굴절은 *k*~*z*, *i*~*y*, *h*~*z* 구간에서 일어난다. 빛이 진행하는 과정과 물체의 운동 사이에 이런 유사점이 있으므로, 광학 연구에 도움이 될 만한 명제 몇 개를 소개하기로 한다. 우리의 목적은 빛의 물리적 성질을 논하는 것이 아니라("빛은 물체인가?"라는 유형의 질문은 다루지 않겠다는 뜻이다), 빛과 비슷하게 거동하는 물체의 경로를 분석하는 것이다.

명제 97 / 문제 47

입사각의 사인과 사출각의 사인의 비율이 특정 값으로 주어진 표면이 있다. 굴절 현상은 아주 작은 영역에서 일어나기 때문에, 한 점에서 일어나는 것으로 간주해도 무방하다고 가정하자. 이런 경우 주어진 장소에서 날아온 입자들을 한 지점으로 집중시키는 표면의 형태를 구하라.

〈그림 14-7〉

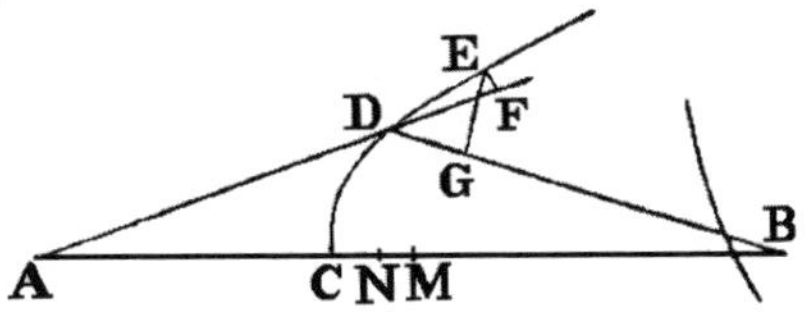

입자들이 출발한 지점을 A, 한곳으로 모이는 지점을 B라 하고, 굴절을 일으키는 표면을 CDE라 하자(AB를 축으로 삼아 그림의 곡선 CDE를 회전시켜서 만든 표면이라 생각하면 된다). 표면 위의 임의의 두 점 D, E를 잡아서 AD에 수직한 선 EF와 DB에 수직한 선 EG를 긋고 D를 E에 무한히 가깝게 가져가면(이 과정에서 AD는 길어지고 DB

는 짧아진다) 직선 *DF*와 *DG*의 비율은 입사각의 사인과 사출각의 사인의 비율과 같아진다. 그러므로 *AD*의 증가분과 *DB*의 감소분의 비율은 주어진 값이 된다. 문제의 표면이 축 *AB*에서 임의로 취한 점 *C*를 지난다고 하자. "*CM*:*CN*=*AD*의 증가분:*DB*의 감소분"이 되도록 *M*과 *N*을 잡고, 중심이 *A*, *B*이면서 반지름이 각각 *AM*, *BN*인 두 원의 교점을 *D*라 하면, *D*가 그리는 궤적이 바로 우리가 찾는 표면이 된다. [Q.E.I.]

부가정리 1

*A*와 *B* 사이의 거리가 무한히 멀어지거나 *C*를 향해 접근하는 경우, 물체를 한 점으로 모으는 곡선의 형태는 데카르트가 집필한 광학 서적과 기하학 서적에 나와 있다. 데카르트는 곡선을 찾는 방법에 대해 아무런 언급도 하지 않았는데, 이 기회에 본 명제를 통해 밝히는 바이다.

부가정리 2

한 물체가 직선 *AD*를 따라가다가 곡면 *CD*에서 굴절된 후 *DK*라는 직선 경로를 그린다고 하자.

점 *C*에서 출발하여 *AD*와 *DK*에 항상 수직한 곡선을 *CP*, *CQ*라 하면, *PD*와 *QD*의 증가분의 비율(또는 늘어난 *PD*와 늘어난 *QD*의 비율)은 입사각의 사인과 사출각의 사인의 비율과 같고, 그 역도 성립한다.[3]

---

3) *PD*와 *QD*의 길이가 변한다는 것은 *D*가 이동한다는 뜻이다.

〈그림 14-8〉

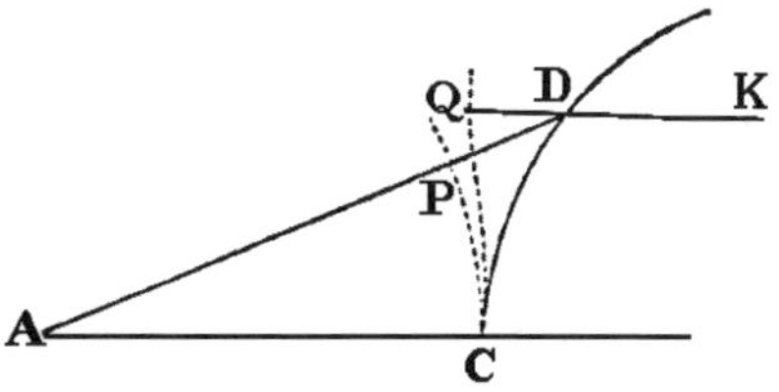

명제 98 / 문제 48

명제 97과 동일한 가정하에서, *AB*를 축으로 삼아 곡선 *CD*를 회전시켜서 만든 곡면 *CD*를 상상해보자. *A*에서 출발한 입자들은 *CD* 위의 한 점 *D*를 반드시 통과한다. *CD*의 오른쪽에 또 다른 곡면 *EF*를 설치했을 때, 모든 입자들이 *B*에 모이도록 만드는 *EF*의 형태를 구하라.

〈그림 14-9〉

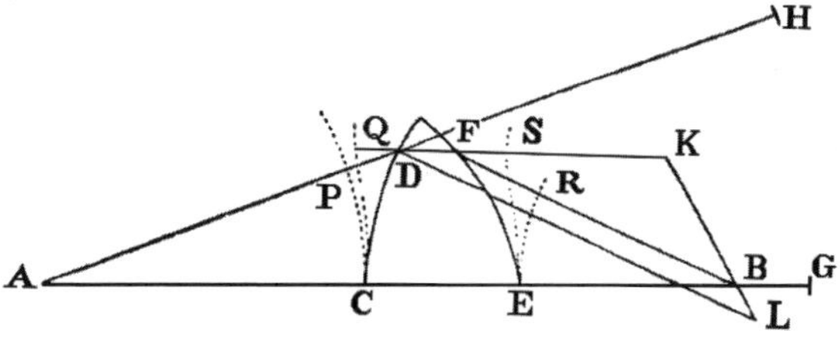

직선 *AB*가 첫 번째 곡면과 만나는 점을 *C*, 두 번째 곡면과 만나는 점을 *E*라 하고, *D*는 우리의 선택에 따라 이동 가능한 점으로 간주하자.[4] 첫 번째 표면에서 입사각의 사인과 사출각의 사인의 비율, 그리고 두 번째 곡면에서 사출각의 사인과 입사각의 사인의 비

율이 $M:N$으로 주어졌다고 하자. 직선 AB를 연장하여 $BG:CE=(M-N):N$을 만족하는 점을 G라 하고, 직선 AD를 연장하여 $AH=AG$인 점을 H라 하자. 또 DF를 연장하여 $DK:DH=N:M$인 점을 K라 하자. K와 B를 직선으로 연결하고, D를 중심으로 반지름이 DH인 원을 그려서 KB의 연장선과 만나는 점을 L이라 하고, B에서 DL과 평행한 선 BF를 긋는다. 그러면 (D가 이동함에 따라) F가 그리는 궤적이 (AB를 중심축 삼아 회전시켰을 때) 바로 우리가 찾는 두 번째 곡면이 된다. [Q.E.F.]

D와 F가 가 이동해도 AD에 항상 수직한 곡선을 CP라 하고, DF에 항상 수직한 곡선을 CQ라 하자. 그리고 이와 비슷하게 FB에 항상 수직한 곡선을 ER이라 하고, FD에 항상 수직한 곡선을 ES라 하자. 그러면 QS는 항상 CE와 길이가 같고 (명제 97의 부가정리 2에 의해) $PD:QD=M:N= DL:DK=FB:FK$이다. 약간의 변형을 가하면 이 비율은 $DL-FB$(또는 $PH-PD-FB$)$:FD$(또는 $FQ-QD$)와 같고 $PH-PB:FQ$와도 같으며, ($PH=CG$, $QS=CE$이므로) $CE+BG-FR:CE-FS$와도 같다. 그런데 BG는 CE에 비례하고 $M-N$은 N에 비례하므로 $CE+BG:CE=M:N$이고, 약간의 변형을 가하면 $FR:FS=M:N$이 된다. 그러므로 (명제 97의 부가정리 2에 의해) DF를 그리던 물체가 곡면 EF를 만나면 경로가 FR로 변하여 B에 도달하게 된다. [Q.E.D.]

---

4) A를 출발한 입자는 첫 번째 곡면의 어느 곳이건 도달할 수 있으므로, D를 일종의 변수로 간주하자는 뜻이다.

부가설명

지금까지 펼친 논리는 표면이 3개 이상인 경우에도 적용할 수 있다. 그러나 현실적으로는 구면 렌즈[5]가 가장 적절하다. 2개의 구면 렌즈 사이에 물을 채워 넣어서 망원경의 대물렌즈로 사용하면, 렌즈 가장자리의 굴절 때문에 생기는 오차를 물에 의한 굴절로 거의 정확하게 상쇄시킬 수 있다. 이렇게 만든 대물렌즈는 포물선 렌즈나 쌍곡선 렌즈보다 만들기 쉽고 정확할 뿐만 아니라, 렌즈의 가장자리로 들어오는 빛을 더욱 정확하게 굴절시킨다. 그러나 구면이나 기타 곡선으로 가공한 렌즈로는 빛의 색상에 따라 굴절률이 다르게 나타나는 현상을 극복할 수 없다.[6] 이 오차를 극복하지 못하면 다른 오차를 제거해도 별 도움이 되지 않는다.

---

5) 구면 모양으로 가공한 렌즈.

6) 이것 때문에 생긴 오차를 색수차(chromatic aberration)라 한다.

PHILOSOPHIÆ

NATURALIS

PRINCIPIA

MATHEMATICA

제2권

물체의 운동

1장

속도에 비례하여 저항력을 받는 물체의 운동

명제 1 / 정리 1

움직이는 물체에 작용하는 저항력이 속도에 비례하는 경우, 물체가 저항 때문에 잃은 운동은 이동 거리에 비례한다.

물체가 움직인 시간을 여러 개의 동일한 구간으로 세분해보자. 저항이 속도에 비례하면 동일한 시간 동안 나타난 운동의 손실은 속도에 비례하므로, 그 시간 동안 이동한 거리에 비례한다. 따라서 전체 시간 동안 나타난 운동의 손실은 물체가 이동한 전체 거리에 비례한다. [Q.E.D.]

부가정리

중력이 작용하지 않는 자유 공간에서 오직 관성력에 의해 움직이는 물체를 생각해보자. "운동이 처음 시작되던 순간의 운동량"과 "운동이 어느 정도 진행된 임의의 지점에서 남은 운동량"이 주어졌다면, 이 물체가 무한히 긴 시간 동안 진행하는 거리를 알 수 있다.

이유: 전체 진행 거리와 지금까지 진행한 거리의 비율은 처음 운동량과 지금까지 이동하면서 잃은 운동량의 비율과 같기 때문이다.

보조정리 1

이웃한 양과의 차이에 순차적으로 비례하는 양들은 그 자체도 순차적으로

비례한다.

$A:A-B=B:B-C=C:C-D=\cdots$일 때 비례식에 약간의 변형을 가하면 $A:B=B:C=C:D=\cdots$임을 알 수 있다.

명제 2 / 정리 2

한 물체가 균일한 매질 속에서 속도에 비례하는 저항력을 받으며 오직 관성력에 의해 이동하고 있다. 이런 경우 시간을 일정한 간격으로 분할했을 때, 각 구간의 초기 속도들은 등비수열을 이루며, 각 구간에서 이동한 거리는 속도에 비례한다.

사례 1

일단 시간을 일정한 간격으로 분할해보자. 각 구간이 시작되는 순간에 속도에 비례하는 저항력이 한번에 작용한다면, 각 구간에서 속도의 감소량은 해당 구간의 초기 속도에 비례한다. 그러므로 한 구간에서 물체의 속도는 다음 구간과의 속도 차이에 비례하며, 보조정리 1에 의해 순차적으로 비례한다. 따라서 같은 수의 작은 구간으로 이루어진 동일한 "구간 집단"에서의 초기 속도는 같은 수의 작은 구간만큼 건너뛴 후의 속도에 해당한다. 각 구간 집단의 초기 속도 사이의 비율은 그 사이에 있는 작은 구간들 사이의 비율을 곱한 값과 같은데, 작은 구간의 개수가 모두 같으므로 이들(각 구간 집단의 초기 속도들) 사이의 비율도 일정하다. 그러므로 각 구간 집단의 초기 속도는 순차적으로 등비수열을 이룬다.

이제 시간 간격을 무한히 작게 줄여나가면 각 구간이 시작될 때 한번에 가해졌던 저항력은 연속적으로 작용한 경우와 같아지고, 순차적으로 비례했던 각 구간 집단에서의 초기 속도는 여전히 순차적으로 비례한다(즉 등비수열을 이룬다). [Q.E.D.]

사례 2

물체가 각 구간에서 잃어버린 속도는 해당 구간의 초기 속도에 비례하므로, 전체 운동에서 잃어버린 속도는 초기 속도에 비례한다. 또한 일정한 시간 동안 이동한 거리는 (2권의 명제 1에 의해) 같은 시간 동안 잃어버린 속도에 비례하므로, 물체의 전체 이동 거리도 속도의 총감소량에 비례한다. [Q.E.D.]

부가정리

서로 직교하는 직선 *AC*와 *CH*를 점근선으로 삼아 쌍곡선 *BG*를 그리고, 점근선 *AC*에 수직한 선 *AB*와 *DG*를 긋는다. 여기서 *AC*는 물체가 움직이기 시작하는 순간의 속도와 저항력에 해당하고,[1] 어느 정도 시간이 흐른 후에는 이 값이 *DC*로 줄어든다고 하자. 그러면 도형 *ABGD*는 흐른 시간에 해당하고, 이 시간 동안 이동한 거리는 *AD*로 표현할 수 있다.

---

1) 저항력이 속도에 비례하므로 하나의 선분으로 나타낼 수 있다.

〈그림 1-1〉

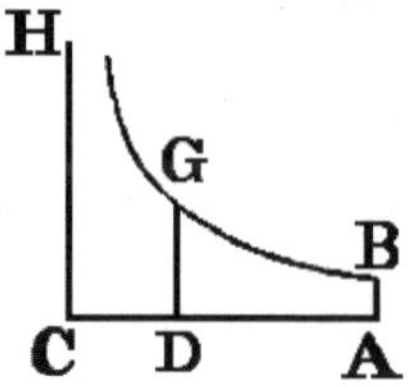

이유: 점 D가 이동함에 따라 $ABGD$의 면적이 시간과 같은 비율로 증가하면, DC는 속도와 마찬가지로 기하급수적으로(즉 등비수열의 규칙을 따라) 감소하기 때문이다. 그리고 같은 시간 동안 이동한 거리(선분 AC의 일부)도 동일한 비율로 감소한다.

명제 3 / 문제 1

균일한 매질 속에서 일정한 중력과 속도에 비례하는 저항을 받으며 수직 방향으로 상승하거나 하강하는 물체의 운동을 구하라.

〈그림 1-2〉

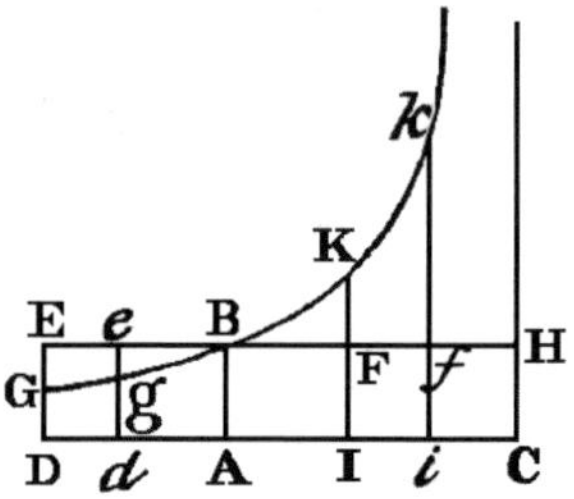

〈그림 1-2〉에서 물체가 위로 올라갈 때 작용하는 중력을 사각형 *BACH*의 면적이라 하고, 처음 움직이기 시작했을 때 물체에 작용하는 저항력을 사각형 *BADE*의 면적이라 하자(두 사각형은 직선 *AB*를 공유한다). 그리고 사각형의 가로와 세로를 연장한 *AC*와 *CH*를 점근선으로 삼아 *B*를 지나는 쌍곡선을 그려서 *DE*와 만나는 점을 *G*라 하고, *de*와 만나는 점을 *g*라 하자. 그러면 *DGgd*라는 시간 동안 물체가 올라간 거리는 *EGge*의 면적과 같고, 시간 *DGBA* 동안 올라간 거리는 *EGB*의 면적과 같다. 또한 시간 *ABKI* 동안 떨어진 거리는 *BFK*와 같고, 시간 *IKki* 동안 떨어진 거리는 *KFfk*와 같다. 그리고 방금 언급한 시간 동안 (매질의 저항력에 비례하는) 물체의 속도는 각각 *ABED*, *ABed*, 0, *ABFI*, *ABfi*의 면적과 같고, 떨어지는 물체가 도달할 수 있는 최고 속도는 *BACH*이다.

이유: 〈그림 1-3〉에서 사각형 *BACH*를 여러 개의 작은 사각형 *BAKk*(간단하게 *Ak*라 하자), *Kl*, *Lm*, *Mn*, …으로 잘라보자. 단 이들의 면적은 속도에 비례하여 증가한다. 그러면 속도는 0, *Ak*, *Al*, *Am*, *An*, …에 비례하고, (문제의 가정에 의해) 각 시간 간격의 처음 순간에 물체에 작용하는 매질의 저항도 같은 식으로 비례한다. "물체에 가해지는 중력":"두 번째 구간의 시작점에서 물체에 가해지는 저항력" =*AC*∶*AK*(또는 *ABHC*∶*ABkK*)가 되도록 *C*와 *K*를 잡으면, 저항력에서 중력을 빼고 남은 *ABHC*, *KkHC*, *LlHC*, *MmHC*, …는 각 구간이 시작되는 순간에 물체에 가해지는 총힘에 비례한다. 그러므로 이 값은 (운동의 제2법칙에 의해) 속도의 증가량, 즉 사각형 *Ak*, *Kl*, *Lm*, *Mn*, …의 면적에 비례하며, (2권의 보조정리 1에 의해) 등비수열을 이룬다.

〈그림 1-3〉

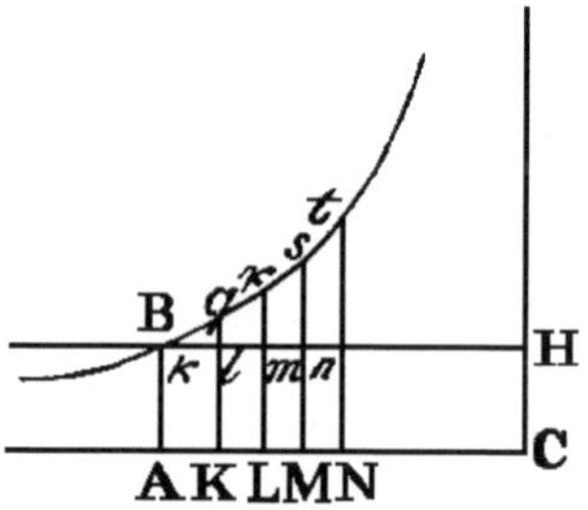

그러므로 직선 *Kk*, *Ll*, *Mm*, *Nn*, …의 연장선이 쌍곡선과 만나는 점을 *q*, *r*, *s*, *t*, …라 하면 *ABqk*, *KqrL*, *LrsM*, *MstN*, …의 면적은 모두 같으면서 시간과 중력에 비례한다. 또한 *ABqK*와 *Bkq*의 면적 비율은 (1권 보조정리 7의 부가정리 3과 보조정리 8에 의해) *Kq*와 $\frac{kq}{2}$의 비율, 또는 *AC*와 $\frac{AK}{2}$의 비율과 같으며, 이 값(비율)은 중력과 첫 번째 시간 간격의 중간에서 작용하는 저항력의 비율과 같다. 그리고 동일한 논리에 의해 *qKLr*, *rLMs*, *sMNt*, …와 *qklr*, *rlms*, *smnt*, …의 면적 비율은 중력과 두 번째, 세 번째, 네 번째, … 시간 간격의 중간에서 작용하는 저항력의 비율과 같다. 또한 면적이 같은 *BAkq*, *qKLr*, *rLMs*, *sMNt*, …는 중력에 비례하므로, *Bkq*, *qklr*, *rlms*, *smnt*, …의 면적은 각 시간 간격의 중간에서 작용하는 저항력에 비례하며, (가정에 의해) 속도에 비례하고 이동 거리에도 비례한다. 그리고 *Bkq*, *Blr*, *Bms*, *Bnt*, …는 해당 시간까지 물체가 이동한 거리에 비례하고, *ABqK*, *ABrL*, *ABsM*, *ABtN*, …은 시간에 비례한다. 그러므로 *ABrL*에 해당하는 시간 동안 물체는 *Blr*만큼 떨어지고, *LrtN* 동안 *rlnt*만큼 떨어진다. [Q.E.D.] 물체가 상승하는 경우에도 같은 방식으로 증명할 수 있다.

부가정리 1

그러므로 임의의 구간에서 "떨어지는 물체가 도달하는 최고 속도"와 "그 시간 동안 속도의 증가량"의 비율은 "물체에 가해지는 일정한 중력"과 "구간이 끝나는 순간에 물체에 가해지는 저항력"의 비율과 같다.

부가정리 2

시간은 산술급수(등차수열)적으로 증가하므로, 올라갈 때의 최고 속도와 상승 속도의 합, 그리고 내려갈 때의 최고 속도와 하강 속도의 차이는 기하급수(등비수열)적으로 감소한다.

부가정리 3

차이가 같은 시간 간격 동안 물체가 이동한 거리의 차이도 위와 동일한 비율로 감소한다.

부가정리 4

물체의 이동 거리는 "하강이 시작된 순간부터 지금까지 경과한 시간에 비례하는 거리"와 "속도에 비례하는 거리"의 차이와 같으며, 하강이 시작되는 순간에는 이 거리들의 값이 같다.

명제 4 / 문제 2

균일한 매질 속에서 균일한 중력이 지면과 수직한 방향으로 작용하고 있을 때, 속도에 비례하여 저항력을 받는 포사체(projectile)의 운동을 구하라.

〈그림 1-4〉

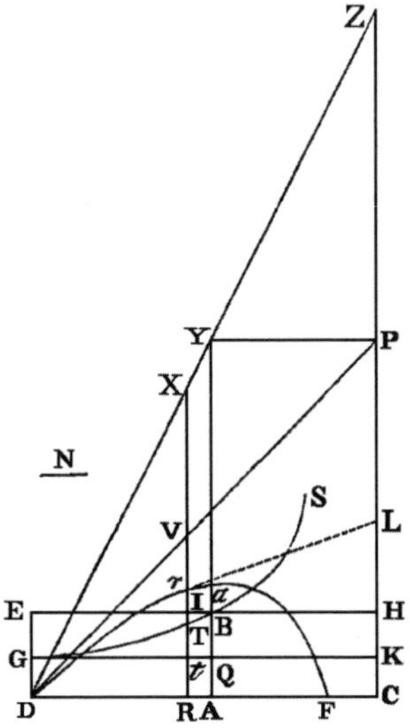

임의의 위치 *D*에서 물체가 *DP* 방향으로 발사되었다고 하자. 직선 *DP*의 길이는 물체의 초기 속도를 나타낸다. *P*에서 수평선 *DC*에 수직한 선 *PC*를 긋고, *DA*∶*AC*="초기에 작용하는 저항력의 수직 성분":"중력"이 되도록 *DC* 위의 한 점 *A*를 잡는다(*DA*×*DP*∶*AC*×*CP*="초기에 물체에 작용하는 총저항력":"중력"이 되도록 *A*를 잡아도 마찬가지다). *DC*와 *CP*를 점근선으로 갖는 쌍곡선 *GTBS*를 그려서 수직선 *DG*, *AB*와 만나는 점을 각각 *G*, *B*라 하고, 직사각형 *DGKC*의

한 변 GK가 AB와 만나는 점을 Q라 하자. $N : QB = DC : CP$가 되도록 직선 N을 잡고, 직선 DC 위 임의의 점 R에서 수직선 RT를 그어서 쌍곡선과 만나는 점을 T라 하고, 직선 EH, GK, DP와 만나는 점을 각각 I, t, V라 하자. 그리고 RT 상에서 $Vr = \frac{tGT}{N}$를 만족하는 점을 r이라 하자($Rr = \frac{GTIE}{N}$를 만족하는 r을 잡아도 마찬가지다).[2] 그러면 $DRTG$라는 시간이 흘렀을 때 물체는 r에 도달하고, 전체적으로는 $DraF$라는 궤적을 그리게 된다. 또한 물체는 AB의 연장선 위에 있는 a에서 최고 높이에 도달하고, 그 후로는 PC를 점근선으로 삼아 고도가 낮아진다. 임의의 지점 r에서 물체의 속도는 r에서 궤적에 접하는 직선 rL의 길이에 비례한다. [Q.E.I.]

이유: $N : QB = DC : CP = DR : RV$이므로 $RV = \frac{DR \times QB}{N}$이고, $Rr = RV - Vr = \frac{DR \times QB - tGT}{N} = \frac{DR \times AB - RDGT}{N}$이다. 시간을 $RDGT$의 면적으로 나타내고, (운동의 부가정리 2에 의거하여) 물체의 운동을 수직 방향과 수평 방향으로 분해해보자. 매질의 저항력은 물체의 속도에 비례하므로 저항력도 수직/수평 성분으로 분해할 수 있다. 그러면 수평 방향 이동 거리는 (2권의 명제 2에 의해) DR에 비례하고, 수직 방향 이동 거리는 (2권의 명제 3에 의해) $DR \times AB - RDGT$, 또는 Rr에 비례한다. 그런데 운동이 시작되던 순간에 $RDGT = DR \times AQ$이므로, Rr(또는 $DR \times AB - DR \times AQ$)$: DR = (AB - AQ) : N = QB : N = CP : DC$이다. 즉 운동 초기에 위로 올라간 거리와 앞으로 이동한 거리의 비율과 같다. 그런데 Rr은 항상 물체의 높이(수직 방향 이동 거리)에 비례

2) N은 그림에 별도의 직선으로 표기되어 있고, tGT와 $GTIE$는 도형의 면적을 의미한다.

하고 DR은 수평 방향 진행 거리에 비례하므로, $Rr:DR$은 언제 어디서나 "수직 이동 거리":"수평 이동 거리"와 같다. 그러므로 포사체는 곡선 $DraF$(r의 궤적)를 따라 움직인다. [Q.E.D.]

부가정리 1

앞서 말한 바와 같이 $Rr=\frac{DR\times AB}{N}-\frac{RDGT}{N}$이다. 그러므로 RT를 연장하여 $RX=\frac{DR\times AB}{N}$이 되도록 X를 잡으면(즉, 사각형 $ACPY$를 그려서 DY와 CP의 교점을 Z라 하고 RT의 연장선이 DY와 만나는 점을 X라 하면) $Xr=\frac{RDGT}{N}$이고, 이 값은 시간에 비례한다.

부가정리 2

무수히 많은 CR(또는 무수히 많은 ZX)을 등비수열 간격으로 잡으면, 여기 대응되는 Xr은 등차수열을 이룬다. 그러므로 포사체의 궤적 $DraF$는 로그표를 이용하여 쉽게 그릴 수 있다.

부가정리 3

통경과 $2DP$의 비율이 초기의 저항력과 중력의 비율과 같으면서, 꼭짓점이 D인 (위로 볼록한) 포물선을 그려보자. 그러면 균일한 매질 속에서 DP 방향을 향해 D에서 발사된 포사체가 $DraF$라는 궤적을 그린다고 했을 때, 저항이 없는 공간에서 이와 동일한 위치에서 동일한 속도로 발사된 포사체는 방금 전에 작도한 포물선을 그리게 된다.

〈그림 1-5〉

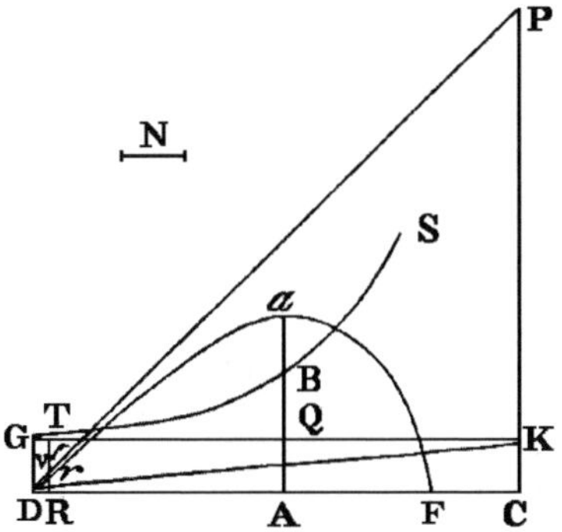

이유: 운동이 시작되는 순간에 포물선의 통경은 $\frac{DV^2}{Vr}$이고, $Vr=\frac{tGT}{N}=\frac{DR\times Tt}{2N}$이다. 그런데 쌍곡선 GTS와 G에서 접하는 접선은 DK와 평행하므로 $Tt=\frac{CK\times DR}{CD}$이고 $N=\frac{QB\times DC}{CP}$이다. 따라서 $Vr=\frac{DR\times CK\times CP}{2DC^2\times QB}=$($DR:DC=DV:DP$이므로) $\frac{DV^2\times CK\times CP}{2DP^2\times QB}$이고, 포물선의 통경 $\frac{DV^2}{Vr}=\frac{2DP^2\times QB}{CK\times CP}=$($QB:CK=DA:AC$이므로) $\frac{2DP^2\times DA}{AC\times CP}$이며, 통경$:2DP=DP\times DA:CP\times AC$이다. 이 비율은 저항력과 중력의 비율과 같다. [Q.E.D.]

부가정리 4

그러므로 포사체의 초속도와 출발점 D, 방향 DP, 그리고 매질의 초기 저항력이 주어지면 포사체의 향후 궤적 $DraF$를 알 수 있다.

이유: 속도가 주어지면 포물선의 통경을 알 수 있고, 비례식 $2DP:$통경$=$중력$:$저항력으로부터 DP가 결정된다. 그러므로 $CP\times AC:DP\times DA=$중력$:$저항력이 되도록 DC 위의 한 점 A를 결정하면 포사

〈그림 1-6〉

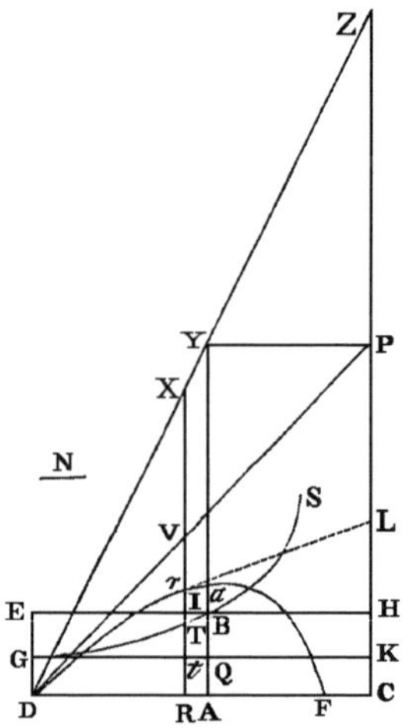

체의 궤적 $DraF$를 알 수 있다.

부가정리 5

역으로, 궤적 $DraF$가 주어지면 모든 r에서 물체의 속도와 저항력을 알 수 있다.

이유: $CP \times AC : DP \times DA$가 주어지면 "초기 저항력":"포물선의 통경"을 알 수 있고, 포사체의 초속도도 알 수 있다. 그러므로 임의의 위치 r에서 접선 rL의 길이로부터 속도(rL에 비례함)와 저항력(속도에 비례함)을 알 수 있다.

부가정리 6

$2PD$:"포물선의 통경"="중력":"D에서의 저항력"이다. 가정에 의해 속도와 저항력은 같은 비율로 증가하지만 포물선의 통경은 이들의

제곱에 비례한다. 그러므로 $2PD$는 항상 속도에 비례하며, 속도가 변하지 않는 한 $\angle CDP$의 변화와는 무관하다.

부가정리 7

그러므로 관측을 통해 몇 개의 데이터를 얻으면 물체의 궤적 $DraF$를 거의 정확하게 결정할 수 있으며, 물체의 초속도와 매질의 저항력도 알 수 있다. 동일한 두 물체를 동일한 속도로 수평선과 $\angle CDP$와 $\angle CDp$를 이루도록 던져서, 수평선 DC 위의 F와 f에 각각 도달했다고 하자. 그리고 DP와 Dp의 길이를 임의로 잡아서 D에서의 저항력과 중력의 비율을 SM의 길이로 나타내고, DP로부터 DF와 Df를 계산하여 $\frac{Ff}{DF}$의 이론값과 실험값의 차이를 MN이라 하자.

〈그림 1-7〉

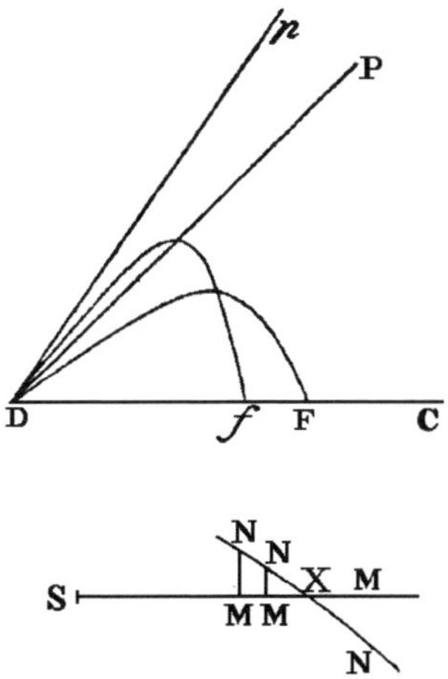

새로운 SM(저항력과 중력의 비율)에 대하여 이 과정을 두세 차례

반복하면 새로운 *MN*이 얻어진다. 이제 새로 직선 *SM*을 긋고, 이론값과 실험값의 차이가 양수이면 *SM*의 왼쪽에, 음수이면 오른쪽에 그린다. 이제 점 *N*, *N*, *N*을 지나는 곡선 *NNN*이 *SMMM*과 만나는 점을 *X*라 하면, *SX*는 우리가 찾고자 했던 "저항력과 중력의 진짜 비율"이 된다. 이 비율로부터 *DF*를 구할 수 있고, 비례식 *K*∶*DP*=(측정값)*DF*∶(계산값)*DP*로부터 구한 *K*가 바로 진짜 *DP*에 해당한다. 이 단계가 완료되면 물체의 궤적 *DraF*를 알 수 있고, 임의의 위치에서 물체의 속도와 저항력도 알 수 있다.

부가설명

그러나 저항력이 속도에 비례한다는 것은 계산상의 편의를 위해 내세운 수학적 가설일 뿐, 현실과는 다소 거리가 있다. 강직도(rigidity)가 낮은 매질 속에서는 저항력이 속도의 제곱에 비례한다. 물체의 속도가 빠를수록 주어진 시간 동안 매질과 주고받는 상호작용이 그만큼 많아지기 때문이다. 즉 같은 시간 동안 매질의 영향을 더 많이 받기 때문에 (운동의 제2, 3법칙에 의해) 운동에 의한 저항력이 추가되어 전체적으로 속도의 제곱에 비례하게 되는 것이다. 이런 경우는 다음 장에서는 집중적으로 다루기로 한다.

2장

속도의 제곱에 비례하여 저항력을 받는 물체의 운동

명제 5 / 정리 3

한 물체가 균일한 매질 속에서 속도의 제곱에 비례하는 저항력을 받으며 오직 관성력에 의해 이동하고 있다. 시간 간격을 "점차 증가하는 등비수열"로 자르면, 각 구간에서 물체의 초속도는 공비가 위의 경우의 역수인 등비수열을 이루며, 각 구간에서 물체가 진행한 거리는 모두 같다.

〈그림 2-1〉

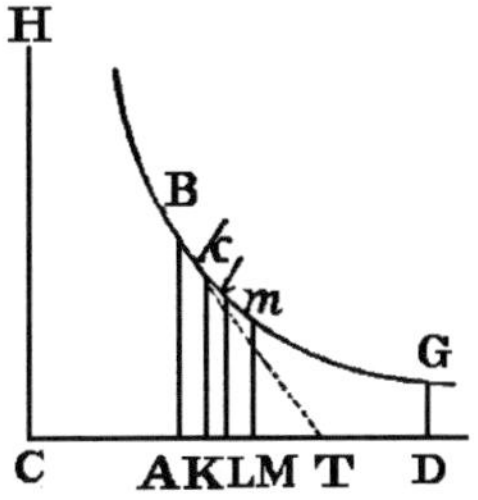

매질의 저항력이 속도의 제곱에 비례하면 속도의 감소량은 저항력에 비례한다. 시간을 동일한 간격으로 무한히 작게 잘랐을 때 각 구간이 시작되는 곳에서 속도의 제곱은 같은 곳에서의 속도의 차이에 비례하기 때문이다. 시간축 *CD*를 따라 등비수열로 분할한 시간 간격을 *AK*, *KL*, *LM*, …이라 하고, 각 경계점에서 세운 수선이 쌍곡선 *BklmG*(점근선은 *CD*와 *CH*임)와 만나는 점을 각각 *B*, *k*, *l*, *m*, …이라 하자. 그러면 $AB:Kk=CK:CA$이고, 비례식에 약간의 변형을 가하면 $(AB-Kk):Kk=AK:CA$, 또는 $(AB-Kk):AK=Kk:CA=AB\times Kk:AB\times CA$가 된다. 그런데 *AK*와 $AB\times CA$는 주어진 값이므로

$AB-Kk$는 $AB \times Kk$에 비례하고, AB와 Kk가 무한정 가까워지면 AB^2에 비례한다. 그리고 이와 비슷한 논리에 의해 $Kk-Ll$, $Ll-Mm$, …은 Kk^2, Ll^2, …에 비례한다. 즉 직선 AB, Kk, Ll, Mm, …의 제곱은 이들의 차이에 비례한다. 그런데 앞에서 속도의 제곱이 속도의 차이에 비례한다고 했으므로, 이 직선들도 속도와 비슷한 양상으로 감소한다. 따라서 이 직선들이 그리는 도형의 면적은 각 구간에서 물체가 진행한 거리와 같은 비율로 감소한다. 첫 번째 구간 AK에서 물체의 속도를 AB의 길이로 나타내고, 두 번째 구간 KL에서 물체의 초속도를 Kk라 하자. 그리고 첫 번째 구간에서 진행한 거리를 해당 도형의 면적 $AKkB$로 나타내면 후속 구간의 초속도는 Ll, Mn, …이고 각 구간에서 진행한 거리는 $KLlk$, $LMml$, …이다. 그러므로 전체 이동 시간을 AM이라 하면, 이 시간 동안 이동한 총거리는 $AMmB$가 된다. 이제 CA, CK, CL, CM, …이 등비수열을 이루도록 AM을 AK, KL, LM, …으로 분할하면 이들도 같은 등비수열이 되고 속도 AB, Kk, Ll, Mm, …은 공비가 역수인 등비수열이 되며, 이동 거리 $AKkB$, $KLlk$, $LMml$, …은 모두 같은 값을 갖는다. [Q.E.D.]

부가정리 1

시간을 AD로 나타내고 세로 좌표 AB를 초속도라 하면, 마지막 순간의 속도는 DG이고 총이동 거리는 쌍곡선으로 둘러싸인 도형 $ABGD$의 면적이 된다. 그리고 저항력이 작용하지 않는 경우에 초속도 AB로 시간 AD 동안 이동한 거리는 AB와 AD로 이루어진 사각형의 면적 $AB \times AD$와 같다.

부가정리 2

그러므로 저항이 작용하는 매질 속에서 초속도 AB로 AD라는 시간 동안 물체가 이동한 거리와 저항이 없는 매질 속에서 같은 초속도로 같은 시간 동안 이동한 거리의 비율은 $ABGD$와 $AB \times AD$의 면적 비율과 같다.

부가정리 3

운동이 시작되는 순간의 저항력을 "저항이 없는 공간에서 작용하는 균일한 구심력"으로 간주하고, 이 구심력에 의해 물체가 CA라는 시간 동안 떨어지면서 획득한 속도를 AB라 하면 매질의 저항력을 구할 수 있다. B에서 쌍곡선의 접선을 그어 수평 점근선과 만나는 점을 T라 하면 $AT=AC$이며, 이 값은 초기 저항이 균일하게 유지되었을 때 속도 AB를 모두 잃을 때까지 걸리는 시간에 해당한다.

부가정리 4

그러므로 이 저항력과 중력(또는 다른 형태로 주어진 구심력)의 비율도 구할 수 있다.

부가정리 5

역으로, 저항력과 구심력의 비율을 알면 저항력과 크기가 같은 구심력에 의해 물체가 속도 AB를 얻을 때까지 걸리는 시간 AC를 알 수 있다. 또한 점 B의 위치를 알았으므로 CH와 CD를 점근선으로 갖는 쌍곡선을 그릴 수 있고, 균일한 매질 속에서 초속도 AB로 출발한 물체가 *AD*라는 시간 동안 이동한 거리 *ABGD*도 알 수 있다.

명제 6 / 정리 4

크기가 같은 여러 개의 구형 물체들이 속도의 제곱에 비례하는 저항력을 받으면서 관성만으로 움직이고 있을 때, 이들이 "초속도에 반비례하는 시간 동안 이동한 거리"는 모두 같으며, 이동 중 잃어버린 속도(속도의 감소량)는 초속도에 비례한다.

〈그림 2-2〉

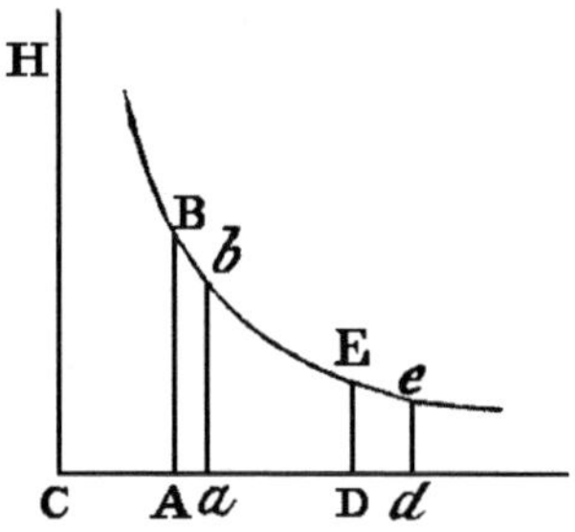

직교하는 직선 *CD*와 *CH*를 점근선으로 갖는 쌍곡선을 그리고, 그 위의 점 *B*, *b*, *E*, *e*에서 수평 점근선에 내린 수선의 발을 *A*, *a*, *D*, *d*라 하자. 그리고 *Aa*와 *Dd*를 시간에 대응시키고 수선 *AB*와 *DE*를 해당 시간의 물체의 속도라 하자. 그러면 (가정에 의해) $Aa : Dd = DE : AB$ =(쌍곡선의 성질에 의해) $CA : CD$ =(비례식에 약간의 변형을 가하면) $Ca : Cd$이다. 그러면 물체의 이동 거리 *ABba*와 *DEed*는

서로 같고, 초속도 *AB*와 *DE*는 마지막 속도 *ab*와 *de*에 각각 비례하며, (비례식을 변형하면) 속도의 감소량 *AB*-*ab*와 *DE*-*de*에도 비례한다. [Q.E.D.]

명제 7 / 정리 5

구형 물체들이 속도의 제곱에 비례하는 저항력을 받으면서 움직일 때, "초속도에 비례하고 처음 가해진 저항력에 반비례하는 시간" 동안 나타난 운동량의 손실은 총운동량에 비례하며, 이동 거리는 시간과 초속도의 곱에 비례한다.[1]

운동량의 손실은 저항과 시간에 모두 비례하므로, 이 값이 총운동량에 비례하려면 저항과 시간은 운동량에 비례해야 한다. 따라서 시간은 운동량에 비례하고 저항에 반비례한다. 그리고 이 비율에 따라 시간 간격을 분할하면 물체의 운동량 손실은 총운동량에 비례하고, 속도는 항상 초속도에 비례한다. 각 구간에서 속도들 사이의 비율이 주어졌으므로, 물체의 이동 거리는 항상 초속도에 시간을 곱한 양과 같다. [Q.E.D.]

---

1) 뉴턴은 질량을 불변량으로 취급하고 있으므로, "운동량"을 "속도"로 바꿔서 이해해도 상관없다.

부가정리 1

균일한 구형 물체에 작용하는 저항력이 지름의 제곱에 비례할 때, 임의의 속도로 움직이는 구체가 "지름에 비례하는 거리"를 이동하는 동안 나타나는 운동량의 손실은 총운동량에 비례한다.

이유: 각 구체의 운동량은 속도와 질량의 곱에 비례하므로 속도와 "지름의 세제곱"에 모두 비례하고, 저항력은 (가정에 의해) 지름의 제곱과 속도의 제곱에 비례한다. 그리고 시간은 (역시 가정에 의해) 지름에 비례하고 속도에 반비례한다. 그런데 이동 거리는 시간과 속도에 비례하므로, 결국 지름에 비례하게 된다.

부가정리 2

지름의 $\frac{3}{2}$제곱에 비례하는 저항력이 작용할 때, 임의의 속도로 움직이는 균일한 구체들이 "지름의 $\frac{3}{2}$제곱에 비례하는 거리"를 이동하는 동안 잃은 운동량은 총운동량에 비례한다.

부가정리 3

물체에 가해지는 저항력이 "지름의 임의의 거듭제곱"에 비례할 때, 임의의 속도로 이동하는 균일한 구체들의 운동량 손실이 총운동량에 비례하면, 이들이 진행한 거리는 지름의 세제곱을 위에서 언급한 "임의의 거듭제곱"으로 나눈 값에 비례한다. 예를 들어 두 구체의 반지름을 각각 D, E라 하고 이들의 속도가 같을 때 저항력이 각각 D^n, E^n에 비례하면, 임의의 속도로 움직이는 두 구체의 운동량 손실이 전체 운동량에 비례하는 데 필요한 이동 거리는 각각 D^{3-n}, E^{3-n}에 비례한다. 그러므로 균일한 두 구체가 각각 D^{3-n}, E^{3-n}에 비례하는 거리를 이동했을 때 속도의 비율은 초속도의 비율과 같다.

부가정리 4

구체의 밀도가 높을수록 이동 거리는 밀도에 비례하여 커진다.

이유: 속도가 같은 경우, 물체의 운동량은 밀도에 비례하고 시간은 (명제 7에 의해) 운동량에 비례하며, 이동 거리는 시간에 비례하기 때문이다.

부가정리 5

여러 개의 구체가 각기 다른 매질 속에서 움직이는 경우, 다른 조건이 모두 같으면 이동 거리는 저항에 반비례한다.

이유: 시간은 저항에 반비례하고, 이동 거리는 시간에 비례하기 때문이다.

보조정리 2

제니텀(genitum)의 총변화율은 각 구성 요소의 변화율에 지수와 계수를 곱한 것과 같다.[2]

2) 뉴턴은 이 정리에서 미분의 기본 개념을 순전히 기하학적인 논리로 설명했다.

"제니텀"이란 덧셈이나 뺄셈 없이 만들어진 양을 의미한다. 대수학에서 제니텀은 곱셈이나 나눗셈, 또는 거듭제곱(근)을 통해 만들어지고, 기하학에서는 면적이나 부피, 변의 길이, 또는 극값이나 비례 중항으로부터 만들어진다. 곱, 몫, 제곱, 세제곱, 제곱근, 세제곱근 등은 모두 제니텀에 속한다. 앞으로 이런 양들은 끊임없이 흐르는 유체처럼 수시로 변하는(증가하거나 감소하는) 양으로 간주할 것이다. 그리고 이들이 순간적으로 증가하거나 감소하는 정도를 "변화율"이라 부르기로 한다. 무언가가 더해지거나 변화율의 부호가 플러스(+)면 증가했다는 뜻이고, 무언가를 빼거나 변화율의 부호가 마이너스(-)면 감소했다는 뜻이다.

그러나 한 가지 주의할 점이 있다. 무언가의 변화율을 논할 때 "유한한 양"을 떠올리면 안 된다는 것이다! 유한한 양은 변화율 자체가 아니라 변화로부터 만들어진 양이며, 변화율은 "지금 당장 유한한 양을 만들어내는 원리나 규칙"이라고 생각하면 된다. 본 보조정리에서는 변화율의 크기를 따지지 않고 처음 생겨났을 때의 비율만 고려했다. 변화율 대신 증감 속도(이것을 임의의 양의 "운동", "변화", 또는 "유동"이라 부를 수도 있다)를 쓰거나, 이 속도에 비례하는 유한한 양을 써도 마찬가지다. 제니텀의 각 구성 요소에 붙은 계수는 그 요소에 제니텀을 적용한 결과이다.

그러므로 본 보조정리의 의미는 다음과 같다. 연속적으로 증가하거나 감소하는 양을 A, B, C, …라 하고, 이들이 변하는 속도(변화율에 비례함)를 a, b, c, …라 하면, 사각형 AB의 면적 변화율은 $aB+bA$이고, 육면체 ABC의 부피 변화율은 $aBC+bAC+cAB$이며, 거듭제곱으로 만들어진 양 A^2, A^3, A^4, $A^{\frac{1}{2}}$, $A^{\frac{3}{2}}$, $A^{\frac{1}{3}}$, $A^{\frac{2}{3}}$, A^{-1}, A^{-2}. $A^{-\frac{1}{2}}$의 변화율은 각각 $2aA$, $3aA^2$, $4aA^3$, $\frac{1}{2}aA^{-\frac{1}{2}}$, $\frac{3}{2}aA^{\frac{1}{2}}$, $\frac{1}{3}aA^{-\frac{2}{3}}$, $\frac{2}{3}aA^{-\frac{1}{3}}$, $-aA^{-2}$, $-2aA^{-3}$, $-\frac{1}{2}aA^{-\frac{3}{2}}$이다. 일반적으로 임의의 지수 $A^{\frac{n}{m}}$의 변화율은 $\frac{n}{m}A^{\frac{n}{m}-1}$로 쓸 수 있다. 동일한 논리를 적용하면 A^2B의 변화율은 $2aAB+bA^2$이고, $A^3B^4C^2$의 변화율은 $3aA^2B^4C^2+4bA^3B^3C^2+2cA^3B^4C$이며, A^3B^{-2}의 변화율은 $3aA^2B^{-2}-2bA^3B^{-3}$이다. 이것은 다음의 논리를 통해 증명할 수 있다.

사례 1

임의의 사각형 AB의 면적이 연속적으로 증가하고 있다. 변 A와 B가 변화율의 절반인 a와 b만큼 모자랄 때 사각형의 면적은 $(A-\frac{1}{2}a)(B-\frac{1}{2}b)=AB-\frac{1}{2}aB-\frac{1}{2}Ab+\frac{1}{4}ab$이고, A와 B가 변화율의 절반만큼 커졌을 때의 면적은 $(A+\frac{1}{2}a)(B+\frac{1}{2}b)=AB+\frac{1}{2}aB+\frac{1}{2}Ab+\frac{1}{4}ab$이다. 면적의 증가량은 후자에서 전자를 뺀 것이므로 $aB+bA$가 된다. 즉 각 변이 a, b만큼 증가하면 면적은 $aB+bA$만큼 증가한다. [Q.E.D.]

사례 2

$AB=G$의 관계가 항상 성립할 때, 육면체의 부피 $ABC=GC$의 변화율은 (사례 1에 의해) $gC+cG$이다. 그런데 $g=aB+bA$이므로 ABC의 변화율은 $aBC+bAC+cAB$이다. 변이 여러 개인 경우(또는 여러 개의 변수를 곱해서 만들어진 양)도 같은 방법으로 증명할 수 있다. [Q.E.D.]

사례 3

$A=B=C$가 항상 성립하면 사각형 AB의 변화율은 $aB+bA=2aA$이고, $ABC=A^3$의 변화율은 $aBC+bAC+cAB=3aA^2$이다. 그리고 같은 논리에 의해 A^n의 변화율은 naA^{n-1}이 된다. [Q.E.D.]

사례 4

$\frac{1}{A}$에 A를 곱하면 1이다. 그러므로 ($\frac{1}{A}$의 변화율)$\times A+\frac{1}{A}\times a$($A$의 변화율)=1의 변화율은 0이 되어야 한다. 이로부터 $\frac{1}{A}$의 변화율은 $-\frac{a}{A^2}$임을 알 수 있다. 이 논리를 일반화시켜보자. $\frac{1}{A^n}$에 A^n을 곱하면 1인데, ($\frac{1}{A^n}$의 변화율)$\times A^n+\frac{1}{A^n}\times naA^{n-1}$($A^n$의 변화율)=1의 변화율은 0이 되어야 하므로, $\frac{1}{A^n}$의 변화율은 $-\frac{na}{A^{n+1}}$이다. [Q.E.D.]

사례 5

$A^{\frac{1}{2}}$에 $A^{\frac{1}{2}}$을 곱하면 A이므로, ($A^{\frac{1}{2}}$의 변화율)$\times 2A^{\frac{1}{2}}$=(사례 3에 의해) a이다. 따라서 $A^{\frac{1}{2}}$의 변화율은 $\frac{1}{2}aA^{-\frac{1}{2}}$이다. 일반적으로 $A^{\frac{m}{n}}=B$이면 $A^m=B^n$이다. 그러므로 $maA^{m-1}=nbA^{-1}$이고 $maA^{-1}=nbB^{-1}=nbA^{-m/n}$이며, $\frac{n}{m}aA^{\frac{m-n}{n}}=b=$($A^{\frac{m}{n}}$의 변화율)이다. [Q.E.D.]

사례 6

그러므로 A^mB^n의 변화율은 (A^m의 변화율$\times B^n$)+(B^n의 변화율$\times$ Am)$=maA^{m-1}B^n+nbB^{n-1}A^m$이다. 이것은 m과 n이 정수건 분수건, 또는 양수이건 음수이건 상관없이 항상 성립한다. 항이 3개 이상인 경우도 마찬가지다.

부가정리 1

여러 개의 양이 연속적으로 비례할 때, 이들 중 하나의 값이 주어지면 나머지 양의 변화율은 주어진 값과의 간격 수에 해당하는 숫자에 비례한다. 예를 들어 A, B, C, D, E, F가 연속적으로 비례하고 C의 값이 주어졌다면, 나머지 항들의 변화율은 각각 $-2A$, $-B$, D, $2E$, $3F$에 비례한다.

부가정리 2

서로 비례하는 4개의 항 중 가운데 2개가 주어진 경우, 양 끝 항의 변화율은 자기 자신에게 비례한다. 임의의 사각형의 네 변 사이의 관계도 마찬가지다.

부가정리 3

두 사각형 면적의 합이나 차이가 주어지면, 각 변의 변화율은 자신에게 반비례한다.

부가설명

나는 1672년 12월 10일자로 존 콜린스(John Collins)에게 보낸 편지에서 접선을 구하는 방법을 설명했는데, 내가 보기에 이것은 르네-프랑수아 드 슬루즈(René-François de Sluse)의 방법과 동일한 것 같다(슬루즈의 방법은 아직 공개되지 않았다). 이 자리를 빌려 편지의 내용 중 일부를 소개한다.

"이것은 일반적으로 적용되는 방법의 특수한 형태(또는 부가법칙)로, 복잡한 계산을 거치지 않고 기하학이나 역학에서 등장하는 곡선의 접선을 구할 수 있을 뿐만 아니라, 곡률과 면적, 길이, 질량 중심이 그리는 곡선 등 난해한 문제를 해결할 수 있습니다. 또한 이 방법은 요하네스 허드(Johannes Hudde)의 방법과 달리 무리수가 섞인 방정식에도 응용할 수 있습니다. 나는 방정식의 해를 무한수열로 축약한 후 이 방법을 적용하여 유용한 결과를 얻어냈습니다."

마지막에 언급한 내용은 내가 1671년에 발표한 논문에 실려 있다. 위에서 다룬 보조정리 2는 이 일반적인 방법의 기본 원리를 설명한 것이다.

명제 8 / 정리 6

한 물체가 균일한 매질 속에서 균일한 중력을 받으며 연직 상승 또는 하강 운동을 하고 있다. 이 물체가 이동한 거리를 동일한 간격으로 분할했을 때, 각 구간의 시작점에서 물체에 작용하는 총힘(올라갈 때는 중력에 저항력을 더한 값이고, 내려올 때는 중력에서 저항력을 뺀 값이다)은 등비수열을 이룬다.

〈그림 2-3〉

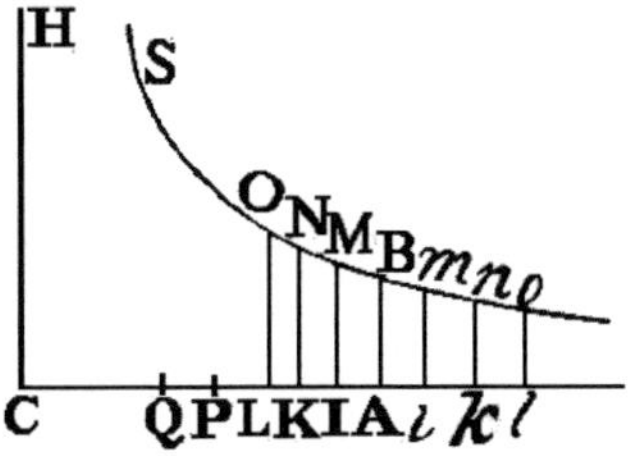

중력의 크기를 *AC*로, 저항력을 *AK*로 나타내면 물체가 내려올 때 작용하는 총힘은 이들의 차이인 *KC*이다. 물체의 속도를 *AK*와 *AC*의 비례 중항(mean proportional)[3]인 *AP*로 나타내면, 속도는 저항의 제곱근에 비례하게 된다. 주어진 시간 간격에서 저항력의 증가량을 *KL*로 나타내고, 같은 시간 동안 속도의 증가량을 *PQ*라 하자. 그리고 서로 직교하는 두 직선 *CA*와 *CH*를 점근선으로 갖는 임의의 쌍곡선 *BNS*가 *A*, *K*, *L*에서 세운 수직선과 만나는 점을 각각 *B*, *N*, *O*라 하자. *AK*는 AP^2에 비례하므로, *AK*의 변화율 *KL*은 AP^2의 변화율 $2AP \times PQ$에 비례하고, 결국 $AP \times KC$에 비례한다. 왜냐하면 속도의 증가량 *PQ*는 (운동의 제2법칙에 의해) 물체에 가해지는 총힘 *KC*에 비례하기 때문이다. 따라서 $KL \times KN$은 $AP \times KC \times KN$에 비례하는데, $KC \times KN$은 주어진 양이므로 *AP*에 비례한다. *K*와 *L*이 한없이 가까워질 때 쌍곡선으로 에워싸인 도형 *KNOL*과 사각형 $KL \times KN$의 최종 비율은 1:1에 접근하므로, 무한히 가느다란 쌍곡선 기둥 *KNOL*의 면적은 결국 *AP*에 비례하게 된다. 그런데 쌍곡선으로 에

3) 기하 평균이라고도 한다. *a*와 *b*의 비례 중항은 $\sqrt{ab}$이다.

워싸인 도형 *ABOL*의 면적은 *KNOL*의 합이고 *KNOL*은 항상 *AP*에 비례하므로, *ABOL*은 이 속도(*AP*)로 움직이는 물체가 진행한 거리에 비례한다. 이제 *ABOL*을 면적이 같은 *AMBI*, *IMNK*, *KNOL*, … 로 분할하면 각 구간의 총힘 *AC*, *IC*, *KC*, *LC*, …는 등비수열을 이룬다. [Q.E.D.]

물체가 상승할 때도 위와 비슷한 논리를 적용하여 *A*의 오른쪽에 면적이 모두 같은 *ABmi*, *imnk*, *knol*, …을 잡으면 각 구간에 작용하는 총힘 *AC*, *iC*, *kC*, *lC*, …는 연속적으로 비례한다.[4] 그러므로 상승할 때와 하강할 때 이동 거리가 모두 같도록 분할하면, 각 구간에 작용하는 총힘 *lC*, *kC*, *iC*, *AC*, *IC*, *KC*, *LC*, …는 등비수열을 이룬다. [Q.E.D.]

부가정리 1

그러므로 물체의 이동 거리를 쌍곡선으로 에워싸인 면적 *ABNK*로 나타내면, 중력의 세기와 물체의 속도, 매질의 저항력은 각각 *AC*, *AP*, *AK*의 길이에 대응되며, 그 역도 성립한다.

부가정리 2

충분히 높은 곳에서 떨어지는 물체가 도달할 수 있는 최대 속도는 *AC*로 표현된다.

---

4) 등비수열을 이룬다는 뜻이다.

부가정리 3

특정 속도에 대한 매질의 저항력이 주어진 경우, 최대 속도:특정 속도=(중력)$^{\frac{1}{2}}$:(주어진 저항력)$^{\frac{1}{2}}$으로부터 최대 속도를 구할 수 있다.

명제 9 / 정리 7

앞에서 증명한 내용을 모두 알고 있다는 가정하에, 적절한 크기의 원의 특정 중심각에 대한 탄젠트(tangent)와 쌍곡선의 특정 중심각에 대한 탄젠트가 물체의 속도에 비례하도록 중심각을 잡으면, "물체가 최고 높이에 도달할 때까지 걸리는 시간"은 원으로 만든 부채꼴의 면적에 비례하고, "최고 높이에 도달한 물체가 떨어지는 데 걸리는 시간"은 쌍곡선으로 만든 부채꼴의 면적에 비례한다.

〈그림 2-4〉

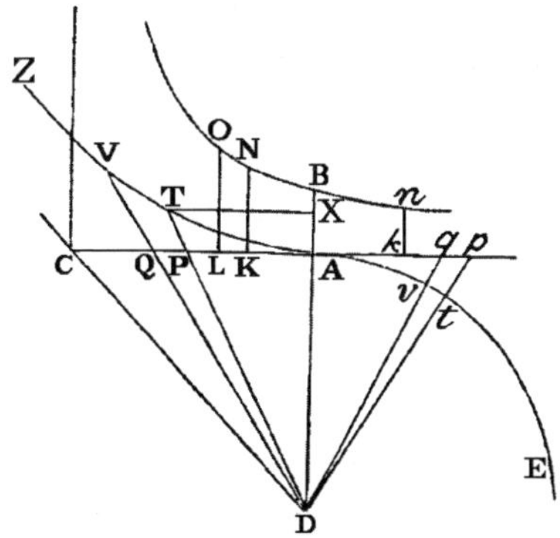

우선 서로 직교하면서 길이가 같은 직선 AD와 AC를 그리고, 이들

의 길이를 중력이라 하자. D를 중심으로 반지름이 AD인 사분원 AtE와, AX를 축으로 갖고 주꼭짓점이 A이면서 점근선이 DC인 직각 쌍곡선(rectangular hyperbola)[5] AVZ를 그린다. 우리가 증명해야 할 내용은 다음과 같다. Ap와 AP의 탄젠트가 속도에 비례하도록 직선 Dp와 DP를 그으면, 원으로 만든 부채꼴 AtD의 면적은 "물체가 최고 높이에 도달할 때까지 걸리는 시간"에 비례하고, 쌍곡선으로 만든 부채꼴 ATD의 면적은 "최고 높이에 도달한 물체가 떨어지는 데 걸리는 시간"에 비례한다.

사례 1

직선 DvQ를 그어서 부채꼴 ADt와 삼각형 ADp를 아주 작은 부채꼴 tDv와 아주 작은 삼각형 QDp로 잘라보자. 이들의 면적은 (중심각 D가 같으므로) 변의 제곱에 비례한다. tDv의 면적은 $\frac{QDp \times tD^2}{pD^2}$에 비례하는데, tD는 값이 정해져 있으므로 $\frac{QDp}{pD^2}$에 비례한다. 여기서 $pD^2 = AD^2 + Ap^2 = AD^2 + AD \times Ak = AD \times Ck$이고 QDp(면적)$= \frac{1}{2} AD \times pQ$이므로, tDv의 면적은 $\frac{pQ}{CK}$에 비례한다. 다시 말해서, 속도의 작은 변화(pQ)에 비례하고 속도를 감소시키는 힘(Ck)에 반비례한다는 뜻이다. 그러므로 tDv의 면적은 속도가 pQ만큼 줄어드는 데 소요된 시간에 비례한다.

부채꼴 ADt의 작은 부분 tDv를 순차적으로 더해나가면, 물체의 속도 Ap가 한 번에 pQ씩 감소하여 0이 될 때까지 걸린 시간이 된다.

---

5) 두 점근선이 서로 직교하는 쌍곡선.

즉 ADt의 면적은 "물체가 최대 고도에 도달할 때까지 걸린 시간"에 비례한다. [Q.E.D.]

사례 2

직선 DQV를 그어서 쌍곡선 부채꼴 DAV와 삼각형 ADQ를 아주 작은 부채꼴 TDV와 아주 작은 삼각형 PDQ로 잘라보자. 그러면 TDV의 면적 : PDQ의 면적 $=DT^2:DP^2=$(TX와 AP가 평행하면)$DX^2:DA^2=TX^2:AP^2$이며, (비례식에 약간의 변형을 가하면)이 비율은 $DX^2-TX^2:DA^2-AP^2$과 같다. 그런데 쌍곡선의 특성에 의해 $DX^2-TX^2=AD^2$이고 가정에 의해 $AP^2=AD\times AK$이므로, $TDV:PDQ=AD^2:(AD^2-AD\times AK)=AD:(AD-AK)=AC:CK$이다. 따라서 $TDV=\frac{PDQ\times AC}{CK}$이며, AC와 AD는 주어진 값이므로 $\frac{PD}{CK}$에 비례한다. 즉 TDV의 면적은 속도의 증가량에 비례하고 속도를 증가시킨 힘에 반비례하므로, 속도가 증가하는 데 걸린 시간에 비례한다. 이제 속도가 PQ만큼 증가하는 데 걸리는 짧은 시간을 순차적으로 더해나가면 속도가 AP에 도달할 때까지 걸리는 시간과 같아진다. 그러므로 ATD의 면적은 물체의 속도가 AP에 도달할 때까지 걸리는 시간에 비례한다.

부가정리 1

AB의 길이가 AC의 $\frac{1}{4}$이 되도록 잡으면 "임의의 시간 동안 물체가 떨어진 거리"와 "물체가 최대 속도 AC를 유지하면서 같은 시간 동안 지나간 거리"의 비율은 $ABNK$의 면적(떨어지는 물체의 이동 거리)과

〈그림 2-5〉

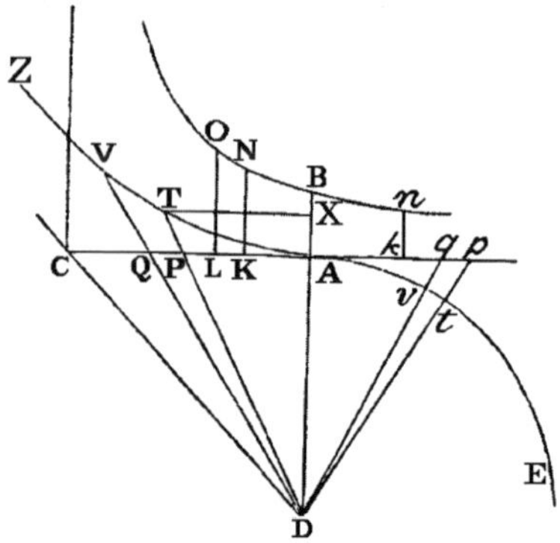

*ATD*의 면적(시간)의 비율과 같다.

이유: $AC:AP=AP:AK$이므로 (2권의 보조정리 2의 부가정리 1에 의해) $LK:PQ=2AK:AP=2AP:AC$이다. 따라서 $LK:\frac{1}{2}PQ=2AK:\frac{1}{4}AC(=AB)$이고 $KN:AC(=AD):AB:CK$이며, 비례식에 약간의 변형을 가하면 $LKNO:DPQ=AP:CK$이다. 그리고 앞서 증명한 대로 $DPQ:TDV=CK:AC$이므로, $LKNO:DTV=AP:AC$가 된다. 즉 이 비율은 "떨어지는 물체의 속도"와 "이 물체가 도달할 수 있는 최대 속도"의 비율과 같다. 그러므로 *ABNK*의 변화율 *LKNO*와 *ATD*의 변화율 *DTV*는 속도에 비례하며, 특정 시간 동안 증가한 면적은 같은 시간 동안 이동한 거리에 비례한다. 따라서 *ABNK*와 *ATD*의 총면적은 떨어지기 시작한 시점부터 물체가 이동한 총거리에 비례한다. [Q.E.D.]

부가정리 2

물체가 위로 올라갈 때도 마찬가지다. 즉 "물체의 총이동 거리"와

"속도 AC를 유지했을 때 같은 시간 동안 물체가 이동한 거리"의 비율은 $ABnk$와 ADt의 면적 비율과 같다.

부가정리 3

물체가 "ATD라는 시간 동안 낙하했을 때 얻은 속도"와 "저항이 없는 매질 속에서 같은 시간 동안 낙하했을 때 얻은 속도"의 비율은 삼각형 APD와 쌍곡선 부채꼴 ATD의 면적 비율과 같다.

이유: 저항이 없는 매질 속에서 낙하하는 물체의 속도는 시간 ATD에 비례하고, 저항이 있는 곳에서는 AP에 비례한다(즉 삼각형 APD의 면적에 비례한다). 그러나 저항력이 있건 없건 물체가 처음 떨어지기 시작할 때의 속도는 동일하며, ATD와 APD의 면적도 처음에는 동일하다.

부가정리 4

같은 이유로, "올라가는 물체의 속도"와 "저항이 없는 공간에서 같은 시간 동안 올라가면서 물체가 잃은 속도"의 비율은 삼각형 ApD와 부채꼴 ArD의 면적 비율과 같으며, 이 비율은 직선 Ap와 호 At의 길이 비율과도 같다.

부가정리 5

그러므로 "저항이 있는 곳에서 낙하하는 물체의 속도가 AP에 도달할 때까지 걸리는 시간"과 "저항이 없는 곳에서 낙하하는 물체의 속도가 최댓값 AC에 도달할 때까지 걸리는 시간"의 비율은 쌍곡선 부채꼴 ADT와 삼각형 ADC의 면적 비율과 같다. 그리고 "저항이 있는 곳에서 상승하는 물체가 속도 Ap를 모두 잃어버리는 데 걸리는 시간"과 "저항이 없는 곳에서 상승하는 물체가 Ap만큼 속도를 잃어버리는 데 걸리는 시간"의 비율은 호 At와 접선 Ap의 길이 비율과 같다.

부가정리 6

그러므로 시간이 주어지면 물체의 상승 거리와 하강 거리를 알 수 있다.

이유: 무한정 떨어지는 물체가 도달할 수 있는 최대 속도는 제2권 명제 8의 부가정리 1, 3을 통해 알 수 있으며, 저항이 없는 곳에서 떨어지는 물체가 이 속도(떨어지는 물체의 최대 도달 속도)를 얻을 때까지 걸리는 시간도 알 수 있다. 그리고 쌍곡선 부채꼴 ADT(또는 부채꼴 ADt)와 삼각형 ADC의 면적 비율이 "주어진 시간"과 "방금 위에서 구한 시간"의 비율과 같으면 속도 AP(또는 Ap)와 $ABNK$(또는 $ABnk$)의 면적을 알 수 있으며, 이 면적과 ADT(또는 ADt)의 비율은 "우리가 찾는 거리"와 "주어진 시간 동안 방금 구한 최대 속도로 일정하게 움직였을 때 이동한 거리"의 비율과 같다.

부가정리 7

이 과정을 역으로 적용하여 상승 거리 $ABnk$나 하강 거리 $ABNK$가 주어지면 상승 시간 ADt나 하강 시간 ADT를 알 수 있다.

명제 10 / 문제 3

중력이 수직 방향으로 일정하게 작용하면서, 매질의 밀도에 비례하고 물체의 속도의 제곱에 비례하는 저항력이 작용하는 경우를 생각해보자. 이런 공간에서 물체의 특정한 궤적이 주어졌을 때, 해당 궤적을 그리는 데 필요한 매질의 밀도와 물체의 속도, 그리고 저항력을 구하라.

〈그림 2-6〉

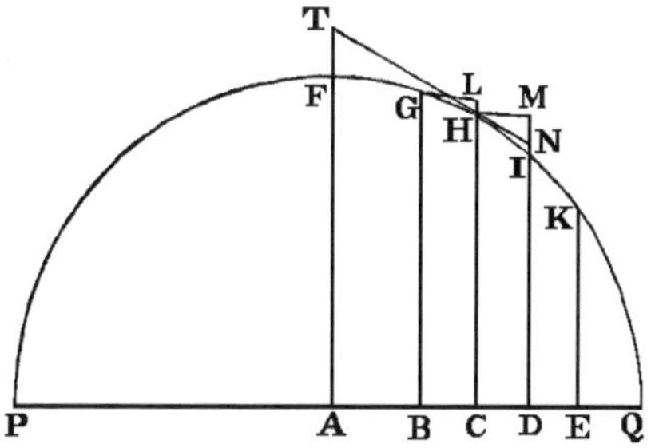

이 책의 지면에 수직한 평면(이것을 지평면으로 간주한다)을 *PQ*라 하고, 곡선 *PFHQ*가 이 평면과 만나는 점을 *P*, *Q*라 하자. 이 곡선을 따라 *F*에서 *Q*를 향해 이동하는 물체가 도중에 거쳐가는 점 *G*, *H*, *I*, *K*에서 아래로 내린 수선이 수평선 *PQ*와 만나는 점을 각각 *B*, *C*, *D*, *E*라 하고, *BC*=*CD*=*DE*라 하자(*GB*, *HC*, *ID*, *KE*는 각각 *G*, *H*, *I*, *K*의 세로 좌표에 해당한다). *G*와 *H*에서 곡선에 접하는 직선 *GL*과 *HN*을 그어서 *CH*와 *DI*의 연장선과 만나는 점을 각각 *L*, *N*이라 하고, 지평선과 나란한 직선 *LM*을 잡아서 평행사변형(직사각형) *HCDM*을 그린다.

그러면 물체가 호 GH와 HI를 지나는 데 걸리는 시간은 LH와 NI의 제곱근에 각각 비례하며(LH와 NI는 이 시간 동안 물체가 "수직 방향으로 떨어진 거리"에 해당한다), 물체의 속도는 GH와 HI(이동 거리)에 비례하고 시간에 반비례한다. 두 구간을 통과하는 데 걸리는 시간을 각각 T, t라 하면 속도는 $\frac{GH}{T}$, $\frac{HI}{t}$이고, 시간 t 동안 속도의 감소량은 $\frac{GH}{T}-\frac{HI}{t}$로 쓸 수 있다. 속도가 줄어드는 것은 매질의 저항과 중력이 복합적으로 작용하여 나타나는 현상이다. 물체가 수직 방향으로 NI만큼 떨어지는 동안에는 중력 때문에 속도가 빨라지는데, 같은 시간 동안 이런 추세가 계속된다면 이동 거리는 두 배로 길어지고, 갈릴레오가 증명한 대로 속도는 $\frac{2NI}{t}$가 될 것이다. 그러나 물체가 호 HI를 따라가는 동안 물체의 이동 경로는 $HI-HN$(또는 $\frac{MI\times NI}{HI}$)만큼 길어지기 때문에, 속도는 $\frac{2MI\times NI}{t\times HI}$만큼 증가한다. 이 값을 위에서 언급한 속도의 감소량에 더하면 저항에 의한 속도의 감소량은 $\frac{GH}{T}-\frac{HI}{t}+\frac{2MI\times NI}{t\times HI}$가 된다. 그리고 같은 시간 동안 중력에 의한 속도의 증가량은 $\frac{2NI}{t}$이므로, 저항력과 중력의 비율은 $\frac{GH}{T}-\frac{HI}{t}+\frac{2MI\times NI}{t\times HI}:\frac{2NI}{t}$ 또는 $\frac{t\times GH}{T}-HI+\frac{2MI\times NI}{HI}:2NI$이다.

가로 좌표 CB, CD, CE를 각각 $-o$, o, $2o$라 하고 세로 좌표 CH를 P로 표기하자.[6] 그리고 MI를 $Qo+Ro^2+So^3+\cdots$라는 수열로 나타내면 첫 번째 항을 제외한 $Ro^2+So^3+\cdots$은 NI와 같고, 다른 세로 좌표들은 $DI=P-Qo-Ro^2-So^3-\cdots$, $EK=P-2Qo-4Ro^2-8So^3-\cdots$, $BG=P+Qo-$

6) "지면에 수직한 평면 PQ"의 P와는 다른 P이다.

$Ro^2+So^3-\cdots$이 된다. 세로 좌표의 차이를 제곱한 $(BG-CH)^2$과 $(CH-DI)^2$에 BC^2과 CD^2을 각각 더하면 (피타고라스의 정리에 의해) 호의 제곱은 각각 $GH^2=o^2+Q^2o^2-2QRo^2+\cdots$, $HI^2=o^2+Q^2o^2+2QRo^3+\cdots$이 된다. 즉 $GH=o\sqrt{1+Q^2}-\frac{QRo^2}{\sqrt{1+Q^2}}$, $HI=o\sqrt{1+Q^2}+\frac{QRo^2}{\sqrt{1+Q^2}}$이다. 또한 세로 좌표 CH에서 $\frac{BG+DI}{2}$를 빼면 Ro^2이 남고 DI에서 $\frac{CH+EK}{2}$를 빼면 Ro^2+3So^2이 남는데, 이들은 각각 GI와 HK의 버사인에 해당한다. 또한 이들은 각각 LH와 NI에 비례하고 무한히 짧은 시간 T와 t의 제곱에 비례하므로, $\frac{t}{T}=\sqrt{\frac{R+3So}{R}}=\frac{R+\frac{3}{2}So}{R}$이다. 이 값과 GH, HI, MI, NI를 대입하면 $\frac{t\times GH}{T}-HI+\frac{2MI\times NI}{HI}=\frac{3So^2\sqrt{1+Q^2}}{2R}$이 된다. 그리고 $2NI=2Ro^2$이므로 저항력과 중력의 비율은 $\frac{3So^2\sqrt{1+Q^2}}{2R}:2Ro^2=3S\sqrt{1+Q^2}:4R^2$과 같다.

〈그림 2-7〉

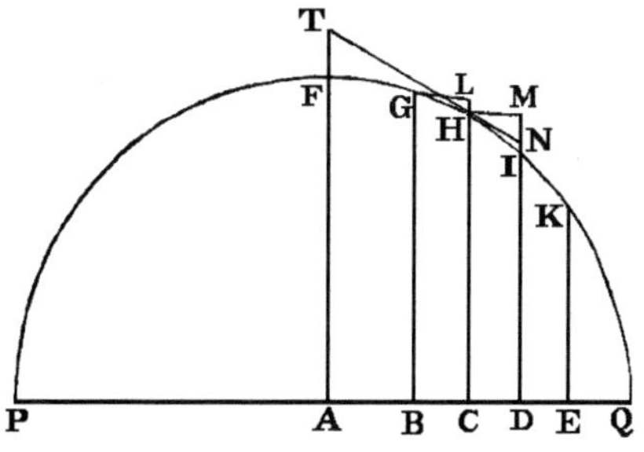

물체가 "임의의 위치 H에서 접선 HN 방향으로 나아가는 속도"로 진공 중에서 움직인다면, 지름이 HC이고 통경이 $\frac{HN^2}{NI}$ (또는 $\frac{(1+Q^2)}{R}$) 인 포물선을 그리게 된다.

저항력은 매질의 밀도에 비례하고 물체의 속도의 제곱에 비례한다고 가정했으므로, 밀도는 저항력에 비례하고 속도의 제곱에 반비례한다. 즉 매질의 밀도는 $\frac{3S\sqrt{1+Q^2}}{4R^2}$에 비례하고 $\frac{1+Q^2}{R}$에 반비례하므로, $\frac{S}{R\sqrt{1+Q^2}}$에 비례한다. [Q.E.I.]

부가정리 1

접선 HN을 양쪽으로 연장하여 임의의 세로 좌표선 AF와 만나는 점을 T라 하면 $\frac{HT}{AC}=\sqrt{1+Q^2}$이다. 그러므로 앞에서 등장한 $\sqrt{1+Q^2}$는 $\frac{HT}{AC}$로 대치할 수 있다. 그러면 저항력과 중력의 비율은 $3S\times HT:4R^2\times AC$가 되고 속도는 $\frac{HT}{AC\sqrt{R}}$에 비례하며, 매질의 밀도는 $S\times\frac{AC}{R}\times HT$에 비례한다.

부가정리 2

그러므로 가로 좌표(AC)와 세로 좌표(CH)의 상호관계를 통해 곡선 $PFHQ$를 정의하고 세로 좌표를 "수렴하는 수열의 합"으로 나타내면, 수열의 첫 번째 항을 이용하여 문제를 쉽게 해결할 수 있다. 다음 예제가 그 대표적 사례이다.

예제 1: 지름이 PQ인 반원 $PFHQ$가 주어졌을 때, 물체가 이 궤적을 따라가도록 매질의 밀도를 결정하라.

풀이: 지름의 중점을 A라 하고 $AQ=n$, $AC=a$, $CH=e$, $CD=o$라 하면 $DI^2=AQ^2-AD^2=n^2-a^2-2ao-o^2=e^2-2ao-o^2$이다. 위의 방법을 이용하여 제곱근을 구하면 $DI=e-\frac{ao}{e}-\frac{o^2}{2e}-\frac{a^2o^2}{2e^3}-\frac{ao^3}{2e^3}-\frac{a^3o^3}{2e^5}-\cdots$이고, $e^2+a^2=n^2$을 이용하여 다시 쓰면 $DI=e-\frac{ao}{e}-\frac{n^2o^2}{2e^3}-\frac{an^2o^3}{2e^5}-\cdots$이 된다.

각 항의 순서는 o에 관한 올림차순으로 정돈되어 있다. 즉 첫 번째 항에는 무한히 작은 양 o가 존재하지 않고, 두 번째 항은 o에 관한 1차항, 세 번째 항은 o에 관한 2차항, 네 번째 항은 o에 관한 3차항… 이런 식으로 무한히 계속된다. 또 첫 번째 항 e는 항상 세로 좌표 CH를 나타내고 두 번째 항 $\frac{ao}{e}$는 CH와 DN의 차이에 해당하는 MN을 나타낸다. 이것은 사각형 $HCDM$을 완성할 때 새로 만들어진 부분으로, MN이 주어지면 H에서의 접선 HN이 결정되는데, 지금의 경우에는 $MN:HN=\frac{ao}{e}:o=a:e$를 만족하도록 잡으면 된다. 세 번째 항 $\frac{n^2o^3}{2e^3}$은 접선과 곡선 사이의 간격에 해당하는 IN을 나타내며, 이를 통해 접촉각 $\angle IHN$, 또는 H에서 곡선의 곡률이 결정된다. 만일 IN의 길이가 유한하면[7] 세 번째 항을 포함하여 그 위에 이어지는 무수히 많은 항의 합으로 표현된다. 그러나 IN이 무한히 짧으면 네 번째 이하의 항들은 세 번째 항보다 훨씬 작기 때문에 무시해도 된다. 네 번째 항은 곡률의 변화를 결정하고, 다섯 번째 항은 곡률의 변화의 변화를 결정하고… 이런 식으로 계속된다. 이 예제에서 알 수 있듯이

〈그림 2-8〉

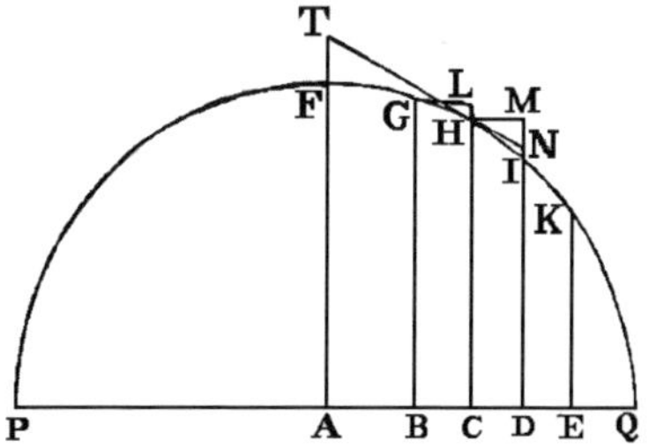

---

7) 무한히 짧지 않아서 길이가 정의될 수 있다는 뜻.

접선이나 곡률과 관련된 문제를 풀 때 무한수열을 이용하면, 해답과 함께 유용한 부가 정보를 얻을 수 있다.

이제 수열 $e-\frac{ao}{e}-\frac{n^2o^2}{2e^3}-\frac{an^2o^3}{2e^5}-\cdots$과 $P-Qo-Ro^2-So^3-\cdots$을 비교해 보자(둘 다 DI에 대한 표현이다). 후자의 수열에서 P, Q, R, S에 e, $\frac{a}{e}$, $\frac{n^2}{2e^3}$, $\frac{an^2}{2e^5}$를 각각 대입하고 $\sqrt{1+Q^2}$을 $\sqrt{1+\frac{a^2}{e}}$ 또는 $\frac{n}{e}$으로 대치하면 매질의 밀도는 $\frac{a}{ne}$가 되어 (n은 주어진 값이므로) $\frac{a}{e}$, 또는 $\frac{AC}{CH}$에 비례한다. 즉 매질의 밀도는 "PQ에 수직한 반지름 AF에서 끝나는 접선 HT"의 길이에 비례한다. 그리고 저항력과 중력의 비율은 $3a:2n=3AC:PQ$이며, 속도는 $\sqrt{CH}$에 비례한다. 그러므로 물체가 F에서 PQ에 평행한 직선을 따라 적절한 속도로 움직이고, 매질의 밀도가 모든 H에서 접선 HT의 길이에 비례하고, 모든 H에서 저항력과 중력의 비율이 $3AC:PQ$이면, 물체의 궤적은 사분원 FHQ와 일치한다. [Q.E.I.]

그리고 동일한 물체가 P에서 PQ에 수직한 방향으로 출발하여 반원 PFQ를 따라가려면 AC(또는 a)를 반대쪽(그림에서 중심의 왼쪽)에 잡아야 한다. 그러면 $-a$가 $+a$로 바뀌기 때문에 매질의 밀도는 $-\frac{a}{e}$가 되는데, 밀도가 음수인 매질은 존재하지 않는다(즉 물체를 가속시키는 밀도는 존재하지 않는다). 그러므로 물체가 P에서 사분원 PF를 그리는 사건은 자연적으로 일어날 수 없다. 이런 궤적이 구현되려면 매질이 물체에 저항력을 가하는 대신 물체를 진행 방향으로 밀어내면서 가속시켜야 한다.

예제 2: 물체가 포물선 궤적 PFQ를 그리는 데 필요한 매질의 저항력을 구하라.

〈그림 2-9〉

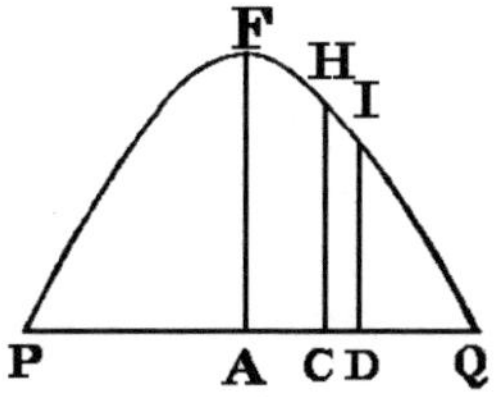

풀이: 지평선을 PQ라 하고, 여기에 수직한 선을 AF라 하자. 포물선의 특성에 의해, $PD \times DQ$는 세로 좌표 DI와 어떤 주어진 직선으로 만들어진 직사각형의 면적과 같다. 이 직선을 b라 하고, $PC=a$, $PQ=c$, $CH=e$, $CD=o$라 하자. 그러면 사각형 $(a+o)\times(c-a-o)$, 또는 $ac-a^2-2ao+co=o^2=b\times DI$이므로 $DI=\frac{ac-a^2}{b}+\frac{c-2a}{b}o-\frac{o^2}{b}$이다. 여기서 두 번째 항 $\frac{c-2a}{b}o$는 Qo에 해당하고 세 번째 항 $\frac{o^2}{b}$은 Ro^2에 해당한다. 그런데 o^3 이상의 고차항이 존재하지 않기 때문에 네 번째 항의 계수 S는 0이며, 매질의 밀도에 비례하는 $\frac{S}{R\sqrt{1+Q^2}}$도 0이 되어야 한다. 그러므로 물체가 포물선을 그리려면 매질의 밀도는 0, 즉 진공이어야 한다. 이것은 갈릴레오의 증명과 일치하는 결과이다. [Q.E.I.]

〈그림 2-10〉

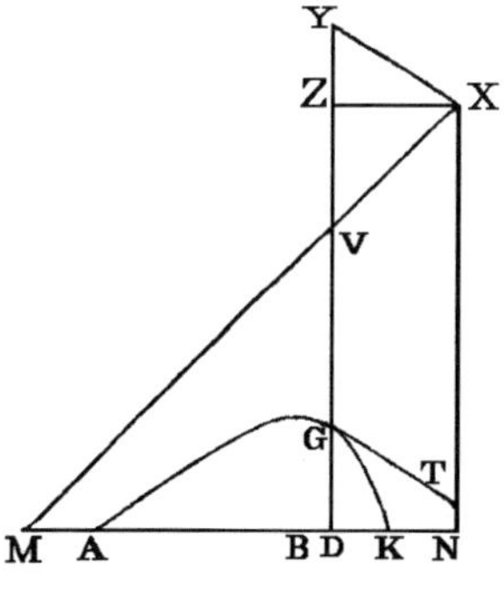

예제 3: 수평선 AK에 수직한 선 NX를 점근선으로 갖는 쌍곡선을 AGK라 했을 때, 물체가 이 궤적을 그리는 데 필요한 매질의 저항력을 구하라.

풀이: 또 하나의 점근선 MX가 세로 좌표 DG의 연장선과 만나는 점을 V라 하면, 쌍곡선의 특성에 의해 $XV \times VG$의 값이 결정된다. 그런데 $DN : VX$가 주어졌으므로 $DN \times VG$도 하나의 값으로 결정된다. 이 값을 b^2이라 하자. 그리고 직사각형 $DNXZ$를 그린 후 $BN=a$, $BD=o$, $NX=c$라 하고, $VZ : ZX$(또는 DN)$=\frac{m}{n}$이라 하자(이 비율은 결정된 값이다). 그러면 $DN=\frac{b^2}{a-o}$, $VZ=\frac{m(a-o)}{n}$, $GD=NX-VZ-VG=c-\frac{ma}{n}+\frac{mo}{n}-\frac{b^2}{a-o}$이다. 여기서 $\frac{b^2}{a-o}$를 수렴하는 수열 $\frac{b^2}{a}+\frac{b^2}{a^2}o+\frac{b^2}{a^3}o^2+\frac{b^2}{a^4}o^3+\cdots$로 나타내면 $GD=c-\frac{m}{n}a-\frac{b^2}{a}+\frac{m}{n}o-\frac{b^2}{a^2}o+\frac{b^2}{a^3}o^2+\frac{b^2}{a^4}o^3+\cdots$으로 쓸 수 있다, 이 수열의 두 번째 항 $\frac{m}{n}o-\frac{b^2}{a^2}o$는 Qo에 해당하고 세 번째 항 $\frac{b^2}{a^3}o^2$은 (부호가 바뀐) Ro^2이며, 네 번째 항 $\frac{b^2}{a^4}o^3$은 (부호가 바뀐) So^3에 해당한다. 그리고 이들의 계수 $\frac{m}{n}-\frac{b^2}{a^2}$, $\frac{b^2}{a^3}$, $\frac{b^2}{a^4}$은 각각 Q, R, S에 해당한다. 이 과정을 거치면 매질의 밀도는 $\dfrac{\frac{b^2}{a^4}}{\frac{b^2}{a^3}\sqrt{1+\frac{m^2}{n^2}-\frac{2mb^2}{na^2}+\frac{b^4}{a^4}}}$, 또는 $\dfrac{1}{\sqrt{a^2+\frac{m^2}{n^2}a^2-\frac{2mb^2}{n}+\frac{b^4}{a^4}}}$ 이 된다. 즉 매질의 밀도는 ($VY=VG$이면) $\frac{1}{XY}$에 비례한다.

이유: a^2은 XZ의 제곱이고, $\frac{m^2}{n^2}a^2-\frac{2mb^2}{n}+\frac{b^4}{a^2}$은 ZY의 제곱이다. 그리고 매질의 저항력과 중력의 비율은 $3XY : 2YG$이며, 속도는 "꼭짓점$=G$, 지름$=DG$, 통경$=\frac{XY^2}{VG}$인 포물선을 그릴 정도의 속도"이다. 그

러므로 매질의 밀도가 모든 G에서 XY에 반비례하고 G에서의 저항력과 중력의 비율이 $3XY:2YG$이면, A에서 적절한 속도로 출발한 물체는 쌍곡선 AGK를 그리게 된다. [Q.E.I.]

예제 4: 일반적으로 곡선 AGK가 MX와 NX를 점근선으로 갖는 쌍곡선이라 하자(쌍곡선의 중심=X). 사각형 $XZDN$의 한 변 ZD가 쌍곡선과 만나는 점을 G, 점근선과 만나는 점을 V라 하고, VG는 ZX(또는 DN)의 거듭제곱에 반비례한다고 했을 때($VG \propto \frac{1}{DN^n}$), 포사체가 궤적 AGK를 그리는 데 필요한 매질의 밀도를 구하라.

〈그림 2-11〉

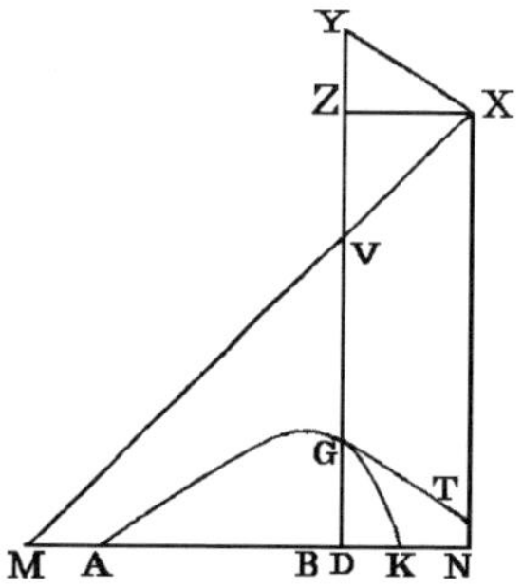

풀이: $BN=A$, $BD=O$, $NX=C$라 하고 $VZ:XZ=d:e$, $VG=\frac{b^2}{DN^n}$이라 하자. 그러면 $DN=A-O$, $VG=\frac{b^2}{A-O^n}$, $VZ=\frac{d(A-O)}{e}$, $GD=NX-VZ-VG=C-\frac{dA}{e}+\frac{dO}{e}+\frac{b^2}{A-O^n}$이 된다. 여기서 $\frac{b^2}{A-O^n}$을 무한수열 $\frac{b^2}{A^n}+\frac{nb^2}{A^{n+1}}O+\frac{(n^2+n)b^2}{2A^{n+2}}O^2+\frac{(n^3+3n^2+2n)b^2}{6A^{n+3}}O^3+\cdots$로 풀어 쓰면 $GD=C-\frac{dA}{e}-\frac{b^2}{A^n}+\frac{nb^2}{A^{n+1}}O-\frac{(n^2+n)b^2}{2A^{n+2}}O^2-\frac{(n^3+3n^2+2n)b^2}{6A^{n+3}}O^3\cdots$이다. 여기서 O의 1차항 $\frac{d}{e}O-\frac{nb^2}{A^{n+1}}O$는 Qo에 해당하고 2차항 $\frac{(n^2+n)b^2}{2A^{n+2}}O^2$은 Ro^2에,

3차항 $\frac{(n^3+3n^2+2n)b^2}{6A^{n+3}}O^3$은 So^3에 해당한다. 그러므로 임의의 위치 G에서 매질의 밀도는 $\frac{S}{R\sqrt{1+Q^2}} = \frac{n+2}{3\sqrt{A^2+\frac{d^2}{e^2}A^2-\frac{2dnb^2}{eA^n}A+\frac{n^2b^4}{A^{2n}}}}$ 이며, $VY=n \times VG$이면 밀도는 XY에 반비례한다.

이유: A^2은 XZ의 제곱이고, $\frac{d^2}{e^2}A^2 - \frac{2dnb^2}{eA^n}A + \frac{n^2b^4}{A^{2n}}$은 ZY의 제곱이다. 또한 G에서 저항력과 중력의 비율은 $3S \times \frac{XY}{A} : 4R^2 = XY : \frac{2n^2+2n}{n+2}VG$이며, 같은 위치에서의 속도는 "꼭짓점=$G$, 지름=$GD$, 통경=$\frac{1+Q^2}{R} = \frac{2XY^2}{n^2+n} \times VG$인 포물선을 그리는 속도"에 해당한다. [Q.E.I.]

부가설명

본 명제의 부가정리 1에서 매질의 밀도가 $\frac{S \times AC}{R \times HT}$에 비례했던 것처럼, 저항력이 속도 V의 거듭제곱(V^n)에 비례할 때 매질의 밀도는 $\frac{S}{R^{\frac{4-n}{2}}} \times \left(\frac{AC}{HT}\right)^{n-1}$에 비례한다.

〈그림 2-12〉

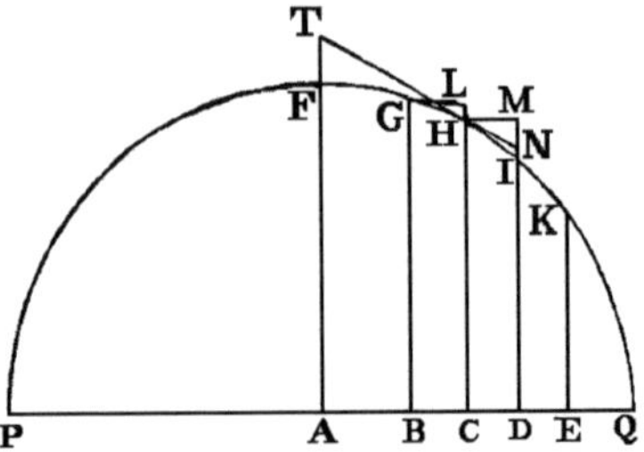

그러므로 $\frac{S}{R^{\frac{4-n}{2}}}$와 $\left(\frac{AC}{HT}\right)^{n-1}$의 비율, 또는 $\frac{S^2}{A^{4-n}}$과 $(1+Q^2)^{n-1}$의 비율로부터 구한 곡선은 "매질의 저항력이 V^n에 비례하는 경우에 물체가 그리는 궤적"이 된다. 이번에는 좀더 간단한 문제를 다뤄보자.

앞에서 보았듯이 포사체는 저항력이 없는 곳에서 포물선을 그리고, 저항이 연속적으로 작용하면 쌍곡선을 그린다. 그러므로 저항력이 균일한 곳에서 물체가 그리는 궤적은 포물선보다 쌍곡선에 가깝다. 물론 꼭짓점 근처에서는 전술한 쌍곡선보다 점근선에서 더 멀어지고 꼭짓점으로부터 멀리 떨어진 곳에서는 점근선에 더 가까워지지만, 차이가 별로 크지 않기 때문에 쌍곡선으로 취급해도 상관없다. 전술한 쌍곡선이 완벽한 쌍곡선보다 더 유용할 수도 있다(완벽한 쌍곡선은 수학적 성질이 꽤나 복잡하다). 예를 들면 다음과 같은 경우이다.

〈그림 2-13〉

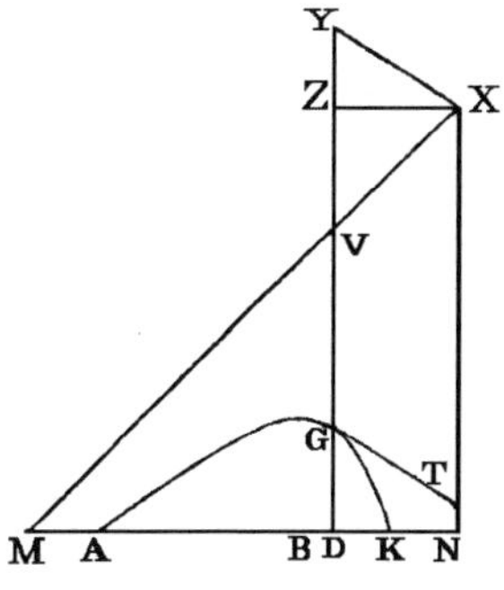

평행사변형 $XYGT$와 G에서 쌍곡선에 접하는 선 GT를 그리면 G에서 매질의 밀도는 GT에 반비례하고 G에서의 속도는 $\sqrt{\frac{GT^2}{GV}}$에 비례하며, 저항력과 중력의 비율은 $GT : \frac{(2n^2+2n)GV}{n+2}$이다.

〈그림 2-14〉

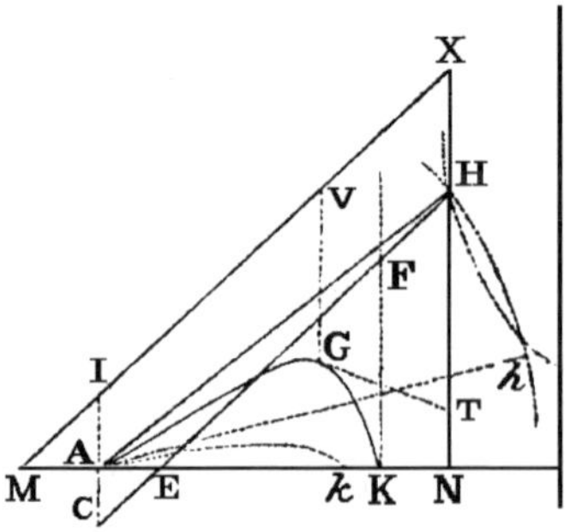

A에서 AH 방향으로 출발한 물체가 쌍곡선 AGK를 그린다고 하자. AH와 점근선 NX의 교점을 H라 하고 NX와 평행한 직선 AI가 점근선 MX와 만나는 점을 I라 하면, A에서 매질의 밀도는 AH에 반비례하고 물체의 속도는 $\sqrt{\frac{AH^2}{AI}}$에 비례하며, A에서 저항력과 중력의 비율은 $AH : \frac{2n^2+2n}{n+2}$이다. 그러므로 다음과 같은 규칙이 성립한다.

규칙 1: A에서 매질의 밀도와 물체의 속도를 그대로 유지한 채 $\angle NAH$를 바꿔도 AH, AI, HX의 길이는 달라지지 않는다. 그러므로 하나의 경우를 통해 이 길이들을 알아내면, 임의의 $\angle NAH$에서 쌍곡선의 궤적을 구할 수 있다.

규칙 2: $\angle NAH$와 A에서 매질의 밀도가 같으면서 물체의 속도만 다른 경우, AH는 변하지 않고 AI는 속도의 제곱에 반비례하여 달라진다.

규칙 3: $\angle NAH$와 A에서의 속도, 그리고 중력의 가속력(accelerative gravity)을 그대로 유지한 채 A에서의 저항력과 중력의 운동력(motive gravity)의 비율이 커지면 AH와 AI의 비율도 동일한 추세로 증가하고, 쌍곡선의 통경과 $\frac{AH^2}{AI}$(통경에 비례함)은 그대로 유지된다. 그러므로 AH는 같은 비율로 감소하고, AI는 비율의 제곱을 따라 감소한다.

그러나 (부피를 그대로 유지한 채) 물체의 비중이 작아지거나, 매질의 밀도가 커지거나, (물체의 부피가 작아져서) 저항력이 무게보다 더 작은 비율로 감소한 경우에는 저항력과 무게 사이의 비율이 커진다.

규칙 4: 꼭짓점 근방에서 매질의 밀도는 A에서의 밀도보다 크다. 그러므로 평균 밀도를 구하려면 GT와 AH의 최소 비율을 구한 후, A에서의 밀도를 "$\frac{GT+AH}{2}:GT$의 최솟값"보다 조금 큰 비율로 증가시켜야 한다.

규칙 5: AH와 AI가 주어진 경우에 AGK를 구하려면 $HX:AI=n+1:1$이 되도록 HN을 연장하고, X를 중심으로 MX와 NX를 점근선으로 가지면서 A를 지나는 쌍곡선을 그리면 된다. 단 모든 G에 대하여 $AI:VG=XV^n:XI^n$을 만족해야 한다.

규칙 6: n이 클수록 A에서 상승하는 물체의 "쌍곡선 궤적"은 더욱 정확해지고, K로 하강하는 궤적은 부정확해진다(그 역도 성립한다). 이런 경우에 원뿔 쌍곡선은 둘 사이의 평균을 유지하면서 앞에서 구한 쌍곡선보다 간단하다. 그러므로 포사체의 도착 지점 K를 구할 때는 두 점근선 MX, NX와 수평선의 교점을 M, N이라 했을 때 $NK=AM$인 K를 찾으면 된다.

규칙 7: 직접 실험을 수행하면 이런 종류의 쌍곡선을 쉽게 찾을 수 있다. 똑같은 물체 2개를 같은 속도로, 그러나 각기 다른 출발각 $\angle HAK$와 $\angle hAk$으로 던져서, 이들이 지평선에 도달한 K와 k를 측정하여 $AK:Ak$를 계산한다(이 비율을 $d:e$라 하자).

수직선 AI를 연장하고 AH(또는 Ah)의 길이를 임의로 가정한 후, 이로부터 (규칙 6에 의해) AK와 Ak의 길이를 결정한다(필요하다면 자

〈그림 2-15〉

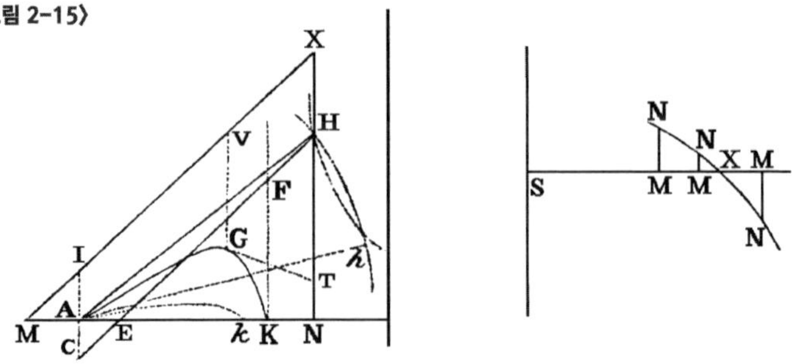

와 컴퍼스를 사용해도 좋다). $AK:Ak=d:e$면 AH를 올바르게 잡은 것이다. 그러나 이 관계가 만족되지 않으면 앞에서 가정한 AH와 길이가 같도록 SM을 잡고, M에서 수직선 MN을 그어서 그 길이가 $\frac{AK}{AK}-\frac{d}{e}$에 임의로 주어진 직선의 길이를 곱한 값과 같도록 만든다. 그 외에 AH로 가정한 몇 개의 후보 값에 대해 동일한 과정을 반복하여 몇 개의 N을 결정한 후, 곡선 $NNXN$과 직선 $SMMM$의 교점을 X라 하자. 마지막으로 $AH=SX$라는 가정하에 AK를 다시 결정한 후, "앞서 가정한 AI":"방금 구한 AH"="실험으로 구한 AK":"방금 결정된 AK"라는 비례식이 만족되도록 AI와 AH를 결정하면 된다. 이 과정이 완료되면 "A에서 매질의 저항력":중력$=AH:\frac{4}{3}AI$라는 비례식을 이용하여 A에서 작용하는 저항력도 알 수 있다. 매질의 밀도는 (규칙 4에 의해) 커져야 하며, 여기서 구한 저항력이 밀도와 같은 비율로 증가하면 정확도가 더욱 높아진다.

규칙 8: AH와 HX를 구했다는 가정하에, 주어진 속도로 물체를 던졌을 때 K에 도달하도록 만드는 초기 운동 방향, 즉 직선 AH의 방향을 구해보자. K에서 지평선에 수직한 직선 KF를 그리고, A에서는

〈그림 2-16〉

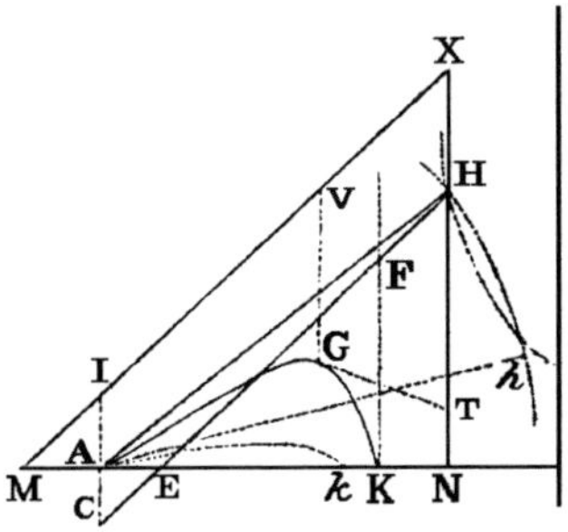

아래로 수직선을 그어서 $AC=AI$(또는 $\frac{1}{2}HX$)인 점을 C라 하자. "점근선이 AK, KF이고 켤레 쌍곡선[8]이 C를 지나는 쌍곡선"이 "중심이 A이고 반지름이 AH인 원"과 만나는 점을 H라 하면, AH 방향으로 출발한 물체는 K에 도달하게 된다. [Q.E.I.]

이유: AH는 주어진 값이므로, H는 반지름이 AH인 원주상의 어딘가에 놓여 있다. 직선 CH가 AK, KF와 만나는 점을 각각 E, F라 하면 CH와 MX는 평행하고 $AC=AI$이므로 $AE=AM=KN$이다. 그런데 $CE:AE=FH:KN$이므로 $CE=FH$이며, H는 "점근선이 AK, KF이고 켤레 쌍곡선이 C를 지나는" 쌍곡선 위에 놓이게 된다. 따라서 H는 이 쌍곡선과 A를 중심으로 그린 원(반지름$=AH$)의 교점이다. [Q.E.D.]

이 방법은 직선 AKN이 지평선과 평행하지 않고 특정 각도를 이루는 경우에도 적용할 수 있다. 2개의 교점 H와 h로부터 2개의 각 $\angle NAH$와 $\angle NAh$가 얻어지는데, 실험(측정)을 할 때에는 원을 그린 후(한 번 그리는 것으로 충분하다) 직선 자를 CH 방향으로 놓고 "원과 FK 사이

8) 하나의 쌍곡선과 짝을 이루는 나머지 쌍곡선.

〈그림 2-17〉

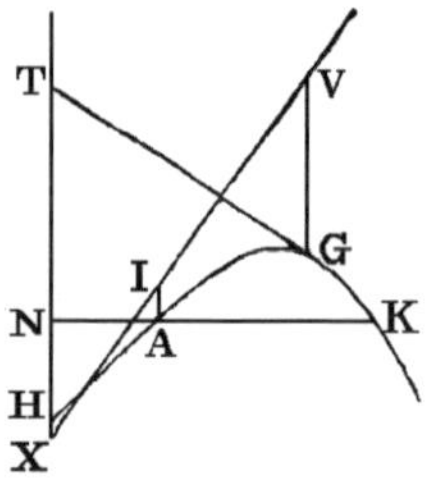

에 있는 *FH*"와 "*C*와 *AK* 사이에 있는 *CE*"가 같아지도록 만들면 된다.

지금까지 쌍곡선에 대하여 언급된 내용은 포물선의 경우에도 거의 똑같은 방식으로 적용할 수 있다. 포물선 *XAGK*에서 꼭짓점 *X*에 접하는 접선을 *XV*라 하고, 수직선 *IA*, *VG*가 각각 *XI*, *XV*의 거듭제곱(XI^n, XV^n)에 비례한다고 하자. *X*에서 *VG*에 평행한 직선 *XT*를 긋고, *G*와 *A*에서 포물선에 접하는 직선 *GT*와 *AH*를 긋는다. *A*에서 물체를 *AH* 방향(올라가는 방향)으로 적절한 속도로 던졌을 때, 모든 *G*에서 매질의 밀도가 접선 *GT*의 길이에 반비례하면 물체는 포물선을 그리게 된다. 그리고 *G*에서의 속도는 저항이 없을 때 "꼭짓점이 *G*이고 지름이 *VG*이며 통경이 $\frac{2GT^2}{(n^2-n)\times VG}$인 포물선을 그리는 속도"이며, *G*에서의 저항력과 중력의 비율은 $GT : \frac{(2n^2-2n)VG}{n-2}$이다. 그러므로 *NAK*가 지평선과 일치하는 경우, *A*에서 매질의 밀도와 속도를 그대로 유지하면 ∠*NAH*를 바꿔도 *AH*, *AI*, *HX*는 달라지지 않는다. 이 사실을 이용하면 포물선의 꼭짓점 *X*와 직선 *XI*를 구할 수 있으며, $VG : IA = XV^n : XI^n$으로부터 물체가 그리는 포물선의 모든 점 *G*를 구할 수 있다.

3장

속도에 비례하는 저항력과 속도의 제곱에 비례하는 저항력을 동시에 받는 물체의 운동

명제 11 / 정리 8

한 물체가 균일한 매질 속에서 속도에 비례하는 저항력과 속도의 제곱에 비례하는 저항력을 동시에 받으면서 오직 관성력만으로 움직이고 있다. 시간 간격을 등차수열로 분할했을 때, 속도에 반비례하는 양에 특정 값을 더한 양은 이 시간 간격을 지날 때마다 기하급수(등비수열)로 증가한다.

〈그림 3-1〉

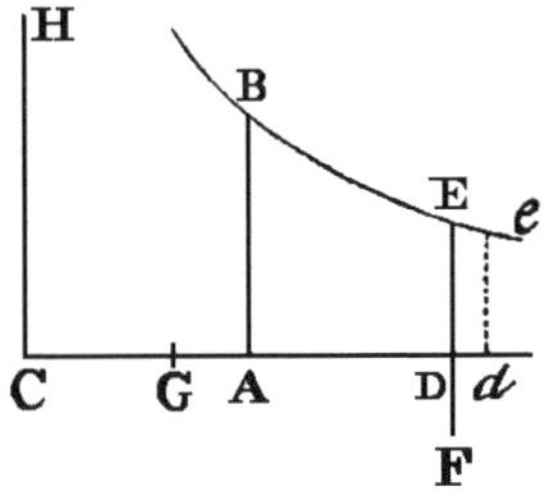

*C*를 중심으로 *CADd*와 *CH*를 점근선으로 갖는 직각 쌍곡선을 *BEe*라 하자. *AB*와 *DE*, 그리고 *de*는 *CH*와 평행한 선들이고, *A*와 *G*는 점근선 *CD* 위에 주어진 2개의 점이다. 쌍곡선으로 에워싸인 도형 *ABED*의 면적이 일정하게 증가하면서 "경과한 시간"을 나타낸다면 속도는 *DF*로 나타낼 수 있고, 그 역수에 해당하는 *GD*에 주어진 값 *CG*를 더한 *CD*는 기하급수(등비수열)로 증가한다.

이유: 아주 짧은 시간 동안 *ABED*에 나타난 미세한 증가량을 *DEed*라 하면, *Dd*는 *DE*에 반비례하므로 *CD*에 비례한다. $\frac{1}{GD}$의 감소량은 (2권의 보조정리 2에 의해) $\frac{Dd}{GD^2}$인데, 방금 언급한 관계를 이용하면 이 값은 $\frac{CD}{GD^2} = \frac{CG+GD}{GD^2} = \frac{1}{GD} + \frac{CG}{GD^2}$에 비례한다. 그러므로 시간

$ABED$가 $EDde$만큼 균일하게 증가하면 $\frac{1}{GD}$는 속도와 같은 비율로 감소한다. 왜냐하면 속도의 감소량은 저항에 비례하고, (가정에 의해) 이 값은 속도에 비례하는 양과 속도의 제곱에 비례하는 양의 합으로 나타낼 수 있기 때문이다. 그리고 $\frac{1}{GD}$의 감소량은 $\frac{1}{GD}+\frac{CG}{GD^2}$에 비례하는데, 첫 번째 항은 $\frac{1}{GD}$ 자체이고 두 번째 항은 $\frac{1}{GD^2}$에 비례하므로, 결국 $\frac{1}{GD}$은 속도에 비례한다($\frac{1}{GD}$의 감소율과 속도의 감소율이 같기 때문이다). 그리고 $\frac{1}{GD}$에 반비례하는 GD에 CG를 더한 CD는 시간 $ABED$가 증가함에 따라 기하급수로 증가한다. [Q.E.D.]

부가정리 1

그러므로 점 A와 G가 주어졌을 때, 경과한 시간을 쌍곡선으로 에워싸인 도형 $ABED$의 면적으로 나타내면, 속도는 GD의 역수인 $\frac{1}{GD}$로 나타낼 수 있다.

부가정리 2

$GA:GD$를 "임의의 시간 $ABED$가 시작될 때의 속도의 역수":"끝날 때의 속도의 역수"가 되도록 잡으면 G의 위치를 결정할 수 있다. 그리고 이런 식으로 G가 결정되면 임의의 모든 시간에 속도를 알 수 있다.

명제 12 / 정리 9

명제 11과 동일한 가정하에 물체의 이동 거리를 등차수열로 분할했을 때, 속도에 특정한 양을 더한 값은 등비수열을 이룬다.

〈그림 3-2〉

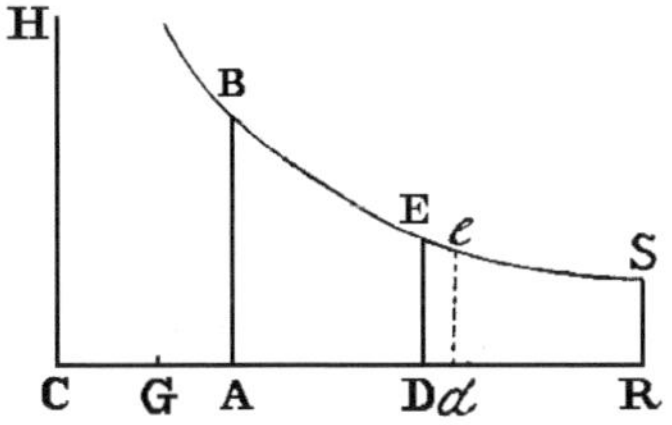

쌍곡선의 점근선 *CA* 위에 주어진 한 점 *R*에서 위로 올린 수직선이 쌍곡선과 만나는 점을 *S*라 했을 때, 물체의 이동 거리가 도형 *RSED*의 면적으로 표현된다고 하자. 그러면 물체의 속도는 *GD*에 비례하고, 여기에 주어진 길이 *CG*를 더한 *CD*는 *RSED*가 산술급수(등차수열)로 증가할 때 기하급수로 감소한다.

이유: 거리의 증가량 *EDde*가 주어지면 *GD*의 감소량 *Dd*는 *ED*에 반비례하고 *CD*(=*GD*+*CG*)에 비례한다. 그런데 속도의 감소량은 여기에 반비례하는 시간 *DdeE*가 지나는 동안 저항력과 시간에 모두 비례한다. 그러므로 속도의 감소량은 "속도에 비례하는 양"과 "속도의 제곱에 비례하는 양"의 합에 비례하고, 속도에 반비례한다. 즉 속도의 감소량은 두 양의 합에 비례하는데, 그중 하나는 주어진 양이고 다른 하나는 속도에 비례하는 양이다. 따라서 속도와 *GD*의 감소

량은 주어진 양(일정한 양)과 감소하는 양에 모두 비례하며, 감소하는 패턴이 같으므로 감소율도 같다. [Q.E.D.]

부가정리 1

속도를 *GD*로 나타내면 물체의 이동 거리는 쌍곡선으로 에워싸인 도형 *DESR*에 비례한다.

부가정리 2

*R*을 임의로 잡고, 비례식 *GR*:*GD*="처음 속도":"*RSED*만큼 이동한 후의 속도"를 이용하면 *G*의 위치를 결정할 수 있으며, *G*가 구해지면 주어진 속도로부터 거리를 알 수 있다(역도 성립한다).

부가정리 3

(명제 11에 의해) 시간으로부터 속도를 알 수 있고 (본 명제에 의해) 속도로부터 이동 거리를 알 수 있으므로, 시간을 알면 이동 거리를 알 수 있다(역도 성립한다).

명제 13 / 정리 10

균일한 중력이 작용하는 곳에서 위아래로 연직 상하 운동을 하는 물체가 속도에 비례하는 저항력과 속도의 제곱에 비례하는 저항력을 동시에 받는다고 하자. 켤레 지름의 끝을 지나면서 원과 쌍곡선의 지름에 평행한 직선을

그었을 때, 주어진 점을 포함한 이 직선의 일부(선분)가 속도에 비례하면, 시간은 "중심에서 이 선분의 끝을 연결한 직선으로 잘라낸 부채꼴의 면적"에 비례한다(역도 성립한다).

〈그림 3-3〉

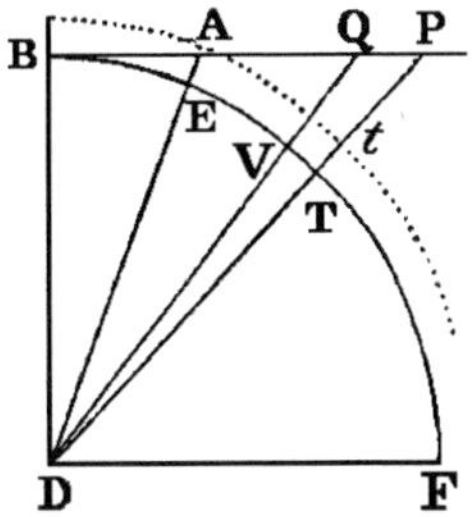

사례 1

우선 물체가 수직선을 따라 위로 올라가는 경우를 생각해보자. D를 중심으로 반지름이 DB인 사분원 $BETF$를 그리고(DB의 길이는 임의로 잡아도 된다), DB의 끝을 지나면서 직선 DF에 평행한 선 BAP를 충분히 길게 그은 후, AP가 속도에 비례하도록 점 A를 잡는다. 저항력의 일부가 속도에 비례하고 나머지 일부는 속도의 제곱에 비례한다고 했으므로, 전체 저항력이 $AP^2+2BA\times AP$에 비례한다고 하자. 직선 DA와 DP가 원과 만나는 점을 각각 E, T라 하고, 중력을 DA^2으로 표현했을 때 중력 : 저항력$=DA^2 : AP^2+2BA\times AP$이면, 물체가 상승하는 데 걸린 총시간은 부채꼴 EDT의 면적에 비례한다.

이유: 직선 DVQ를 그어서 속도 AP의 변화량을 PQ라 하고, DET의 변화량을 DTV라 하자(후자는 주어진 "시간의 변화량"을 의미한다).

그러면 속도의 변화량(정확하게는 감소량) PQ는 중력 DA^2과 저항력 $AP^2+2BA \times AP$의 합에 비례하며, 따라서 (유클리드의 《원론》 제2권의 명제 12에 의해) DP^2에 비례한다. 그러므로 DPQ의 면적은 PQ에 비례하고 DP^2에 비례하며, DTV와 DPQ의 면적 비율이 $DT^2:DP^2$이므로 DTV의 면적은 (주어진 값) DT^2에 비례한다. 즉 EDT의 면적은 주어진 면적(시간) DTV를 빼나감에 따라 균일하게 감소하므로, 물체가 상승하는 데 걸린 총시간에 비례한다.

사례 2

물체의 상승 속도를 사례 1과 같이 AP로 나타내고, 매질의 저항력이 $AP^2+2BA \times AP$에 비례한다고 하자. 또한 중력이 DA^2보다 작으면 $AB2-BD^2$이 중력에 비례하도록 BD를 잡고, 꼭짓점이 F이면서 DB와 DF를 켤레 반지름으로 갖는 쌍곡선 $FTVE$를 그린다(DB와 DF는 서로 수직하고 길이가 같다). 이 쌍곡선이 DA와 만나는 점을 E라 하고 DP, DQ와 만나는 점을 각각 T, V라 하자. 그러면 물체가 상승하는 데 걸린 총시간은 쌍곡선 부채꼴 TDE의 면적에 비례한다.

〈그림 3-4〉

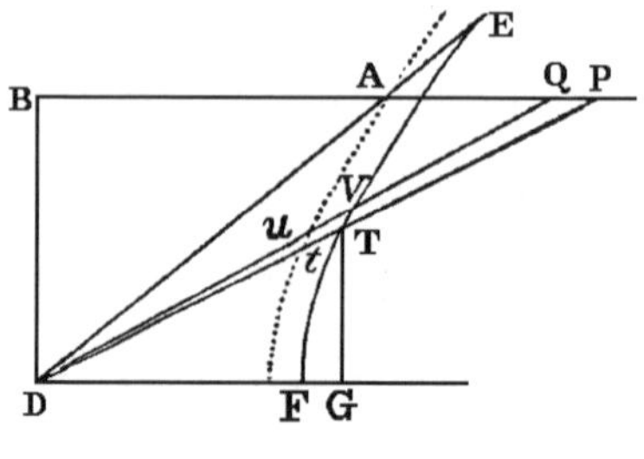

이유: 주어진 시간 동안 속도의 감소량 PQ는 저항력 $AP^2+2BA\times AP$와 중력 AB^2-BD^2의 합에 비례하고, 이 값은 BP^2-BD^2에 비례한다. 그런데 DTV와 DPQ의 면적 비율은 DT^2과 DP^2의 비율과 같고, DF에 수직한 선 GT를 그으면 $DT^2:DP^2=GT^2$(또는 GD^2-DF^2)$:BD^2=GD^2:BP^2=$(비례식에 약간의 변형을 가하면)$DF^2:BP^2-BD^2$이 된다. DPQ의 면적은 PQ에 비례하므로 BP^2-BD^2에 비례하고, DTV의 면적은 (주어진 값) DF^2에 비례한다. 즉 EDT의 면적은 같은 시간 동안 DTV만큼 균일하게 감소하므로 시간에 비례한다.

사례 3

떨어지는 물체의 속도를 AP라 하고 저항력을 $AP^2+2BA\times AP$, 중력을 BD^2-AB^2이라 하자($\angle DBA$는 직각이다). 중심이 D이고 꼭짓점이 B인 직각 쌍곡선 $BETV$를 그려서 DA, DP, DQ의 연장선과 만나는 점을 각각 E, T, V라 하면, DET의 면적은 물체가 떨어지는 데 걸리는 총시간에 비례한다.

〈그림 3-5〉

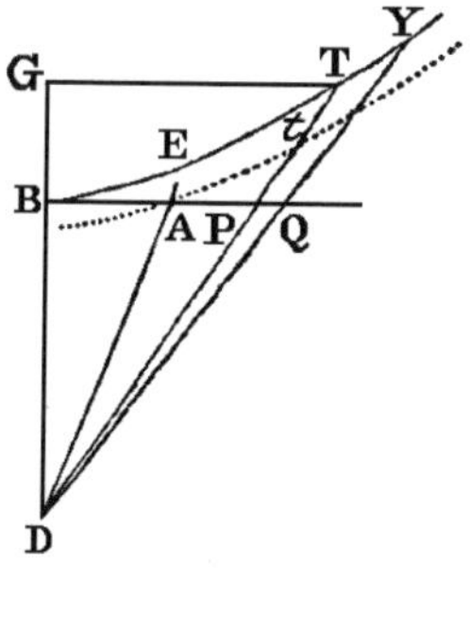

이유: 속도 PQ의 증가량과 속도에 비례하는 DPQ의 증가량은 중력에서 저항력을 뺀 $BD^2-AB^2-2BA\times AP-AP^2=BD^2-BP^2$에 비례한다. DTV와 DPQ의 면적 비율은 $DT^2:DP^2=GT^2$(또는 GD^2-BD^2)$:BP^2= GD^2:BD^2$이며, 이 비율은 (약간의 변형을 가하면) $BD^2:BD^2-BP^2$과 같다.[1] 즉 DPQ의 면적은 BD^2-BP^2에 비례하고 DTV의 면적은 (주어진 값) BD^2에 비례한다. 따라서 EDT의 면적은 같은 시간 간격 동안 같은 수의 DTV를 더한 것만큼 균일하게 증가하므로, 낙하 시간에 비례한다. [Q.E.D.]

부가정리

중심=D, 반지름=DA이고 꼭짓점 A를 지나면서 호 FT와 닮은꼴인 호 At를 그리면 EDT와 닮은꼴인 도형 ADt가 만들어진다(두 도형은 $\angle ADT$를 공유한다). 그러면 "물체의 실제 속도 AP"와 "저항이 없는 공간에서 EDT라는 시간 동안 상승하면서 잃거나 하강하면서 얻은 속도"의 비율은 삼각형 DAP와 도형 DAt의 면적 비율과 같다. 그러므로 시간이 주어지면 속도를 구할 수 있다.

이유: 저항이 없는 매질 속에서 물체의 속도는 시간에 비례하므로 DET의 면적에 비례하고, 저항이 있는 곳에서는 삼각형 DAP의 면적

---

1) a:b+c는 엄밀히 말해서 $\frac{a}{b}$+c라는 뜻이지만, 여기서는 $\frac{a}{b+c}$라는 뜻으로 이해해주기 바란다(앞에서도 이런 경우가 종종 있었다). 혼동을 피하려면 a:(b+c)로 써야 하는데, 수시로 등장하는 괄호가 가독성을 떨어뜨린다고 생각되어 괄호를 생략했다. 원문에는 ":"라는 기호를 쓰지 않고 "~와 ~의 비율은 ~와 ~의 비율과 같다"는 식으로 표기되어 있는데, 이것도 혼란스럽기는 마찬가지다.

에 비례한다. 두 매질 속에서 속도가 0에 가까워지면 두 속도의 비율은 1 : 1에 접근하고, DET와 DAP의 면적도 같아진다.

부가설명

물체가 상승하는 경우, 중력이 $DA^2(=AB^2+BD^2)$보다 작고 AB^2-BD^2보다 크면 AB^2으로 표현한 후 동일한 방법으로 문제를 해결할 수 있다. 그러나 이보다 중요한 문제가 아직 많이 남아 있으므로 자세한 풀이 과정은 생략한다.

명제 14 / 정리 11

이전과 동일한 가정하에서 저항력과 중력의 합이 등비수열을 이루면, 상승하거나 하강하는 물체의 이동 거리는 "시간을 나타내는 도형의 면적"과 "등차수열로 증가하거나 감소하는 다른 도형의 면적"의 차이에 비례한다.

〈그림 3-6〉의 세 그림에서 AC는 중력에 비례하고 AK는 저항력에 비례한다. 물체가 하강하는 경우에는 A를 기준으로 C와 K가 같은 쪽에 놓이게 하고, 상승하는 경우에는 이들이 A의 양쪽에 놓이도록 잡는다. $Ab:DB=DB^2:4BA\times AC$가 되도록 직선 Ab를 세우고, 서로 직교하는 CK와 CH를 점근선으로 갖는 쌍곡선 bN을 그리면, 힘 CK가

〈그림 3-6〉

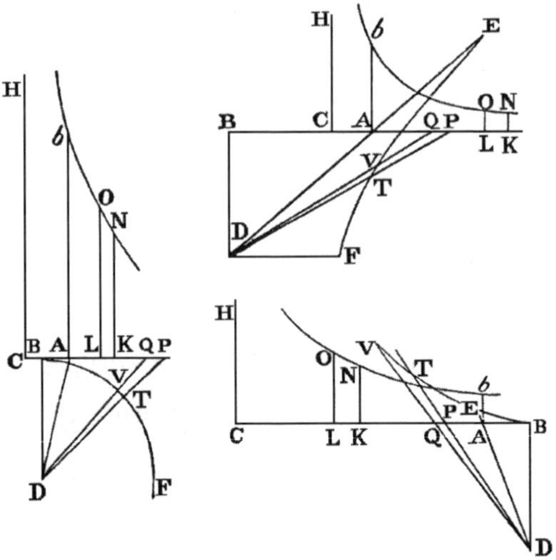

등비수열을 따라 변할 때 KN(CK에 수직함)과 Ab로 에워싸인 면적 $AbNK$는 등차수열로 증가하거나 감소한다. 그리고 물체의 현 위치와 최고점 사이의 거리는 도형 $AbNK$와 DET의 면적 차이와 같다.

이유: AK는 저항력에 비례한다고 했으므로, $AP^2+2BA\times AP$에 비례한다. Z를 임의로 주어진 양이라 하고 $AK=\frac{AP^2+2BA\times AP}{Z}$로 쓰면, (2권의 보조정리 2에 의해) AK의 변화율 KL은 $\frac{2AP\times PQ+2BA\times AP}{Z}$ 또는 $\frac{2BP\times PQ}{Z}$이며, $AbNK$의 변화율 $KLON$은 $\frac{2BP\times PQ\times LO}{Z}$ 또는 $\frac{BP\times PQ\times BD^3}{2Z\times CK\times AB}$로 쓸 수 있다.

사례 1

물체가 상승 중이고 중력이 AB^2+BD^2에 비례하면 BET는 원호가 되고(첫 번째 그림), 중력에 비례하는 AC는 $\frac{AB^2+BD^2}{Z}$가 되며,

$DP^2=AP^2+2BA\times AP+AB^2+BD^2=AK\times Z+AC\times Z=CK\times Z$이다. 그러므로 DTV와 DPQ의 면적 비율은 $DT^2(=DB^2):CK\times Z$이다.

사례 2

반면에 물체가 하강 중이고 중력이 AB^2-BD^2에 비례하면 (두 번째 그림의) 직선 $AC=\frac{AB^2-BD^2}{Z}$이고, $DT^2:DP^2=DF^2(=DB^2):BP^2-BD^2(=AP^2+2BA\times AP+AB^2-BD^2=AK\times Z+AC\times Z)$가 된다. 그러므로 DTV와 DPQ의 면적 비율은 $DB^2:CK\times Z$이다.

사례 3

같은 이유로, 물체가 하강 중이면서 중력이 BD^2-AB^2에 비례하고 (세 번째 그림에서) $AC=\frac{BD^2-AB^2}{Z}$이면, DTV와 DPQ의 면적 비율은 사례 2와 마찬가지로 $DB^2:CK\times Z$이다.

이 비율은 항상 일정하기 때문에, 시간의 변화를 나타내는 DTV를 $BD\times m$으로 표현하면 DPQ의 면적$(\frac{1}{2}BD\times PQ)$과 $BD\times m$의 비율은 $CK\times Z:DB^2$이 된다. 그러므로 $PQ\times BD^3=2BD\times m\times CK\times Z$이고 $AbNK$의 변화율 $KLON$은 $\frac{BP\times BD\times m}{AB}$이며, 여기서 DET의 변화율 $DTV(=BD\times m)$을 빼면 $\frac{AP\times BD\times m}{AB}$가 남는다. 따라서 변화율의 차이, 즉 "면적의 차이의 변화율"은 $\frac{AP\times BD\times m}{AB}$이며, 이 값은 ($\frac{BD\times m}{AB}$이 주어진 값이므로) 속도 AP에 비례한다. 즉 상승하거나 하강하는 물체의 이동 거리에 비례한다. 그러므로 면적의 차이와 이동 거리는 서로 비례하는 관계에 있다(이들은 서로 비례하는 변화율에 따라 증가하거나 감소하며, 둘 중 하나가 0이면 나머지도 0이다). [Q.E.D.]

부가정리

DET의 면적을 BD의 길이로 나눈 값을 M이라 하고 $V:M=DA:DE$가 되도록 길이 V를 잡으면, "저항이 있는 매질 속에서 상승하거나 하강하는 물체의 총이동 거리"와 "저항이 없는 공간에서 정지 상태에 있던 물체가 같은 시간 동안 하강한 거리"의 비율은 사례 3에서 언급한 면적의 차이와 $\frac{BD\times V^2}{AB}$의 비율과 같으며, 이 값은 주어진 시간으로부터 구할 수 있다.

이유: 저항이 없는 매질 속에서 물체가 이동한 거리는 시간의 제곱(V^2)에 비례하며, BD와 AB는 주어진 값이므로 $\frac{BD\times V^2}{AB}$에 비례한다고 간주해도 무방하다. 이 면적은 $\frac{DA^2\times BD\times M^2}{DE^2\times AB}$와 같고 M의 변화율은 m이므로, 면적의 변화율은 $\frac{DA^2\times BD\times 2M\times m}{DE^2\times AB}$이다.

그런데 이 변화율과 위에 언급한 DET와 $AbNK$의 차이의 변화율($\frac{AP\times BD\times m}{AB}$)의 비율은 $\frac{DA^2\times BD\times M}{DE^2}$과 $\frac{1}{2}BD\times AP$의 비율, 또는 $\frac{DA^2}{DE^2}\times DET$와 DAP의 비율과 같다. 따라서 DET와 DAP의 면적이 가장 작을 때 이 비율은 1:1이 되고, 면적 $\frac{BD\times V^2}{AB}$와 "DET와 $AbNK$의 차이"는 이 모든 값이 가장 작을 때 변화율이 같으므로 값 자체도 같다. 그러므로 매질 속에서 처음 하강하기 시작할 때와 상승이 끝날 무렵에 같은 시간 동안 이동한 거리는 동일하며, $\frac{BD\times V^2}{AB}$와 DET, 그리고 $AbNK$의 면적 차이도 같아진다. 또한 저항이 없는 매질 속에서 이동한 거리는 항상 $\frac{BD\times V^2}{AB}$에 비례하며, 저항이 있는 매질 속에서 이동한 거리는 항상 DET와 $AbNK$의 면적 차이에 비례한다. 그러므로 같은 시간 동안 두 매질 속에서 이동한 거리의 비율은 $\frac{BD\times V^2}{AB}$와 "DET와 $AbNK$의 면적 차이"의 비율과 같다.

부가설명

구형 물체가 유체 속에서 움직일 때 저항력을 받는 것은 유체의 점성과 마찰, 그리고 밀도에 기인한 현상이다. 앞서 말한 대로 유체의 밀도 때문에 생긴 저항은 속도의 제곱에 비례하고, 점성에 의한 저항은 항상 균일하게 작용한다(즉 시간의 변화율에 비례한다). 그러므로 "일정한 힘에 의한 저항"과 "속도의 제곱에 비례하는 저항"을 동시에 받는 물체의 궤적은 이론적으로 예측 가능하다. 이런 물체의 운동은 명제 8, 9와 부가정리를 이용하여 계산할 수 있다. 이 명제와 부가정리에서 "물체가 상승할 때 중력 때문에 발생하는 균일한 저항력"을 "물체가 관성만으로 상승할 때 매질의 점성 때문에 발생하는 균일한 저항력"으로 대치하면 된다. 수직 방향으로 상승하는 물체에는 균일한 저항력에 중력을 더한 힘이 가해지고, 수직 방향으로 하강하는 물체에는 중력에서 균일한 저항력을 뺀 힘이 가해진다. 균일한 저항력과 속도에 비례하는 저항력, 그리고 속도의 제곱에 비례하는 저항력이 동시에 작용하는 경우도 다룰 수 있다. 명제 13과 14에서 매질의 점성에 의해 나타난 균일한 저항력을 중력으로 대치하거나 두 힘을 적절하게 조합하면 된다. 이런 경우에 적용할 수 있는 명제가 아직 남아 있지만, 아직 다루지 않은 문제가 많이 남아 있기 때문에 다음 주제로 넘어가기로 한다.

4장

저항이 있는 매질 속에서 일어나는 원운동

보조정리 3

각기 다른 반지름 SP, SQ, SR, …을 일정한 각도로 자르는 나선을 PQR이라 하자. 임의의 점 P에서 나선에 접하는 접선 PT가 SQ의 연장선과 만나는 점을 T라 하고, 나선에 수직한 선 PO와 QO가 만나는 점을 O라 하자. 이런 경우 P와 Q가 한없이 가까워지면 $\angle PSO$는 직각이 되고, $TQ \times 2PS$는 PQ^2과 같아진다.

〈그림 4-1〉

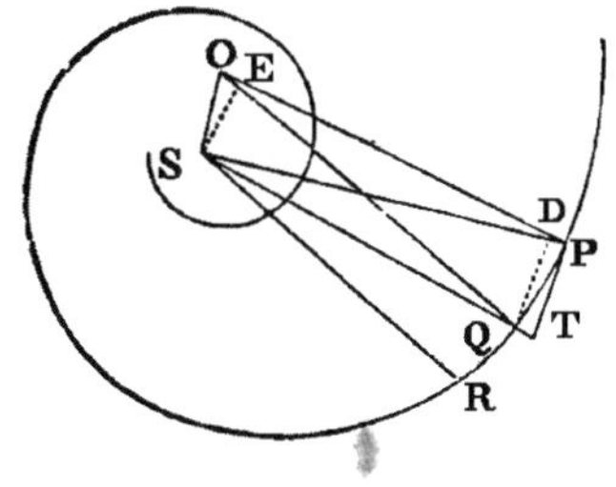

$\angle OPQ$와 $\angle OQR$은 직각이고, $\angle SPQ = \angle SQR$이므로 $\angle OPS = \angle OQS$이다. 따라서 Q는 O, S, P를 지나는 원주 위에 놓여 있다. P와 Q가 가까워지다가 하나의 점으로 합쳐지면 원 OSP는 점 P(또는 Q)에서 나선에 접하고, 직선 OP를 수직으로 자른다. 따라서 OP는 원 OSP의 지름이며, 삼각형 OSP는 지름을 빗변으로 원에 내접하는 삼각형이므로 $\angle OSP$는 직각이다. [Q.E.D.]

OP와 직교하는 선 QD와 SE를 그으면 $TQ : PD = TS$(또는 PS)$: PE = 2PO : 2PS$이고 $PD : PQ = PQ : 2PO$이며, 비례식에 약간의 변형을 가하면 $TQ : PQ = PQ : 2PS$가 된다. 그러므로 $PQ^2 = TQ \times 2PS$이다. [Q.E.D.]

명제 15 / 정리 12

매질의 밀도가 하나의 고정된 중심점을 기준으로 거리에 반비례하고 구심력은 밀도의 제곱에 비례하는 경우, 매질 속에서 움직이는 물체는 중심점에서 그린 모든 반지름과 동일한 각도로 만나는 나선 궤적을 그린다.

〈그림 4-2〉

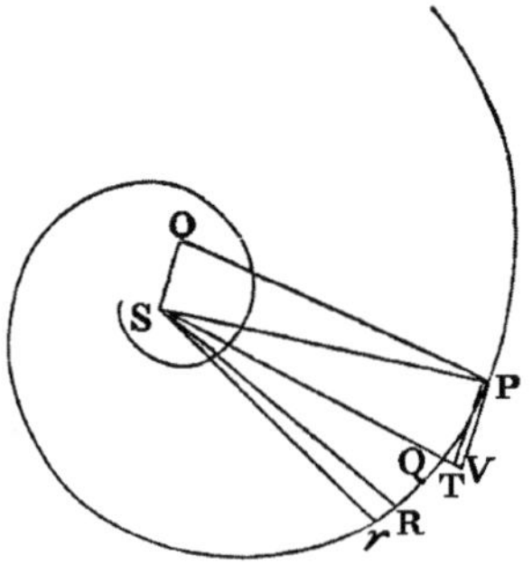

보조정리 3과 동일한 가정하에 *SQ*를 연장하여 *SP*와 같아지는 점을 *V*라 하자(즉 *SV*=*SP*). 저항이 있는 매질 속에서 아주 짧은 임의의 시간 동안 물체가 그린 작은 원호를 *PQ*라 하고, 그 2배의 시간 동안 그린 궤적을 *PR*이라 하자. 같은 시간 동안 진행 거리가 짧아진 이유는 매질의 저항 때문이다. 즉 저항이 있는 곳과 없는 곳에서 같은 시간 동안 진행한 거리(호의 길이)의 차이는 시간의 제곱에 비례한다. 그러므로 호 *PQ*의 감소량은 *PR*의 감소량의 $\frac{1}{4}$이며, *QSr*의 면적이 *PSQ*와 같도록 *r*을 잡으면 호 *PQ*의 감소량은 *Rr*의 절반과 같다. 따라서 저항력과 구심력의 비율은 짧은 시간 동안 생성된 $\frac{1}{2}Rr$과 *TQ*의 비율과 같다. *P*에 있는 물체에 작용하는 구심력

은 SP^2에 반비례하고, 구심력에 의해 진행한 거리 TQ는 (1권의 보조정리 10에 의해) "호 PQ를 그리는 데 걸린 시간의 제곱"과 구심력의 곱에 비례한다(이 경우 저항력은 구심력보다 훨씬 작기 때문에 무시해도 된다). 그러므로 $TQ \times SP^2$(이 값은 보조정리 3에 의해 $\frac{1}{2}PQ^2 \times SP$와 같다)은 시간의 제곱에 비례하며, 시간은 $TQ \times \sqrt{SP}$에 비례한다. 그리고 이 시간 동안 호 PQ를 그리는 물체의 속도는 $\frac{PQ}{PQ \times \sqrt{SP}}$, 또는 $\frac{1}{\sqrt{SP}}$에 비례하며(즉 SP의 제곱근에 반비례하며). 비슷한 논리에 의해 호 QR을 그리는 물체의 속도는 SQ의 제곱근에 반비례한다. 또한 호 PQ와 QR의 길이 비율은 이들을 그린 물체의 속도 비율과 같으며, 이 비율은 $\sqrt{SQ} : \sqrt{SP} = SQ : \sqrt{SP \times SQ}$와 같다. 그런데 $\angle SPQ = \angle SQr$이고 도형 PSQ와 QSr은 면적이 같으므로, (호) $PQ : Qr =$ (반지름)$SQ : SP$이다. 이 비례식에 약간의 변형을 가하면 $PQ : Rr = SQ : SP - \sqrt{SP \times SQ} = SQ : \frac{1}{2}VQ$가 된다. 왜냐하면 P와 Q가 하나로 합쳐졌을 때 $SP - \sqrt{SP \times SQ}$는 $\frac{1}{2}VQ$와 같아지기 때문이다. 저항 때문에 나타난 PQ의 감소량, 또는 그 2배에 해당하는 Rr은 시간의 제곱과 저항력에 복합적으로 비례하므로, 저항은 $\frac{Rr}{PQ^2 \times SP}$에 비례한다. 그런데 $PQ : Rr = SQ : \frac{1}{2}VQ$이므로 $\frac{Rr}{PQ^2 \times SP}$은 $\frac{\frac{1}{2}VQ}{PQ \times SP \times SQ}$에 비례하고, $\frac{\frac{1}{2}OS}{OP \times SP^2}$에도 비례한다. 왜냐하면 P와 Q가 무한히 가까워지면 SP와 SQ가 일치하면서 $\angle PVQ$는 직각이 되기 때문이다. 그러면 삼각형 PVQ와 PSO는 닮은꼴이 되어 $PQ : \frac{1}{2}VQ = OP : \frac{1}{2}OS$이므로, $\frac{OS}{OP \times SP^2}$은 저항에 비례한다. 즉 "점 P에서 매질의 밀도"와 "속도의 제곱"에 복합적으로 비례한다. 여기서 속도의 제곱의 비율(즉 $\frac{1}{SP}$)을

빼면 점 P에서 매질의 밀도는 $\frac{OS}{OP \times SP}$에 비례한다. 나선의 형태가 주어지면 $OS : OP$가 결정되므로 점 P에서 매질의 밀도는 $\frac{1}{SP}$에 비례하며, 밀도가 중심과의 거리 SP에 반비례하는 경우, 물체는 이와 같은 나선 궤적을 그리게 된다. [Q.E.D.]

부가정리 1

임의의 점 P에서 물체의 속도는 "저항이 없는 매질 속에서 동일한 구심력을 받으며 SP를 반지름으로 원운동을 하는 물체의 속도"와 같다.

부가정리 2

거리 SP가 주어졌을 때 매질의 밀도는 $\frac{OS}{OP}$에 비례하고, 거리가 주어지지 않은 경우에는 $\frac{OS}{OP \times SP}$에 비례한다. 그러므로 매질의 밀도가 어떤 형태로 주어지건, 거기에 맞는 나선 궤적을 결정할 수 있다.

부가정리 3

임의의 점 P에서 작용하는 저항력과 구심력의 비율은 $\frac{1}{2}OS : OP$와 같다. 왜냐하면 저항력과 구심력이 비율은 $\frac{1}{2}Rr : TQ = \frac{\frac{1}{4}VQ \times PQ}{SQ} : \frac{\frac{1}{2}PQ^2}{SP} = \frac{1}{2}VQ : PQ = \frac{1}{2}OS : OP$이기 때문이다. 그러므로 나선의 형태가 주어지면 저항력과 구심력의 비율이 결정되고, 역으로 저항력과 구심력의 비율이 주어지면 나선의 형태가 결정된다.

부가정리 4

그러므로 물체가 나선 궤적을 그리려면 저항력이 구심력의 절반보다 작아야 한다. 저항력이 정확하게 구심력의 절반인 경우에는 나선이 직선 *PS*와 일치하여 물체는 직선 *PS*를 따라 중심 *S*를 향해 접근한다. 이때 물체의 속도와 "저항이 없는 공간에서 포물선을 그리는 물체의 속도(이 속도는 1권의 명제 34에서 구한 바 있다)"의 비율은 $1 : \sqrt{2}$ 이다. 또한 하강하는 데 걸리는 시간은 속도에 반비례하므로, 속도를 알면 시간도 구할 수 있다.

부가정리 5

물체가 나선 *PQR*을 따라가건 직선 *SP*를 따라가건, 중심 *S*로부터 거리가 같으면 속도도 같다. 그리고 나선과 직선 *SP*의 길이 비율은 *OP* : *OS*이므로, 나선을 따라 하강하는 데 걸리는 시간과 직선을 따라 하강하는 데 걸리는 시간의 비율도 이 비율과 같다.

〈그림 4-3〉

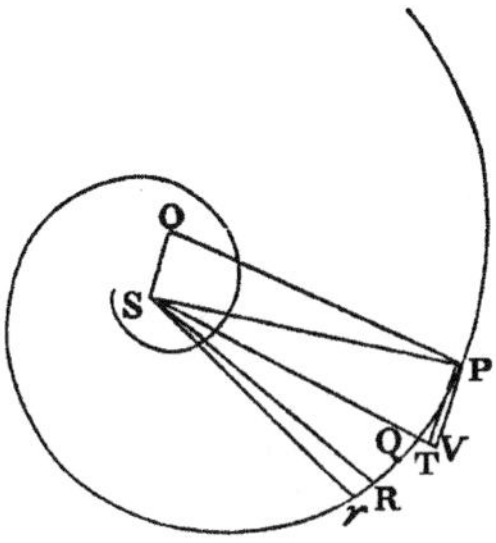

부가정리 6

*S*를 중심으로 임의의 반지름을 갖는 2개의 원을 그렸다고 하자.

이 원을 그대로 유지한 채 *PS*와 나선이 만드는 각을 임의로 바꿨을 때, 물체가 하나의 원둘레에서 다른 원둘레로 이동할 때까지 나선을 따라 회전하는 횟수는 $\frac{PS}{OS}$에 비례하며, 또는 나선과 *PS*가 만드는 각도의 탄젠트에 비례한다. 그리고 회전 주기는 $\frac{PS}{OS}$에 비례한다 [즉, 전술한 각도의 시컨트(secant, 코사인의 역수)에 비례하고, 매질의 밀도에 반비례한다].

부가정리 7

밀도가 중심과의 거리에 반비례하는 매질 속에서 한 물체가 곡선 *AEB*를 따라 움직이고 있다. 이 물체가 *A*를 지날 때 "궤적과 *PS* 사이의 각도"가 *B*를 지날 때 "궤적과 *PS* 사이의 각도"와 같고, *A*와 *B*에서의 속도 비율은 중심으로부터 거리의 제곱근의 역수 비율과 같다고 하자(즉 *B*에서의 속도 : *A*에서의 속도 $= AS : \sqrt{AS \times BS}$ 라고 하자). 그러면 물체는 처음 궤적과 비슷한 *BFC*, *CGD*, …등을 그리며 한없이 돌아가고, 반지름 *AS*, *BS*, *Cs*, *DS*, …는 등비수열을 이룬다.

〈그림 4-4〉

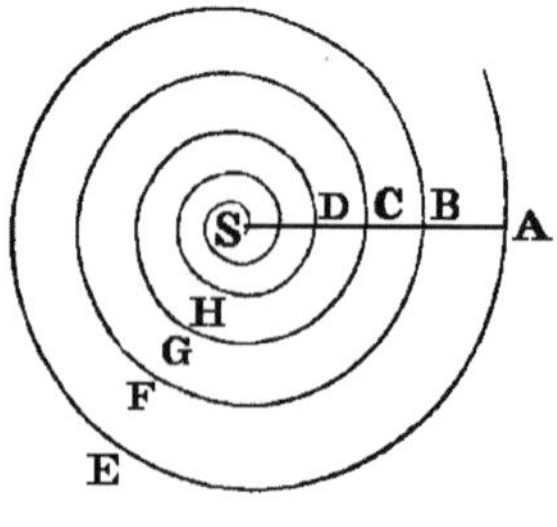

물체가 궤도 *AEB*, *BFC*, *CGD*, …를 그리는 데 걸리는 시간은 궤

도의 길이에 비례하고, 출발점(A, B, C…)에서의 속도에 반비례한다. 그러므로 각 궤도를 그리는 데 걸리는 시간은 $AS^{\frac{3}{2}}$, $BS^{\frac{3}{2}}$, $CS^{\frac{3}{2}}$, …에 비례한다. 또한 "물체가 중심 S에 도달할 때까지 걸리는 총시간"과 "첫 번째 궤도를 도는 데 걸리는 시간"의 비율은 연속적으로 비례하는(즉 등비수열을 이루는) $AS^{\frac{3}{2}}$, $BS^{\frac{3}{2}}$, $CS^{\frac{3}{2}}$, …의 합과 첫 번째 항 $AS^{\frac{3}{2}}$의 비율과 같다. 이 비율은 $AS^{\frac{3}{2}}$과 $AS^{\frac{3}{2}}-BS^{\frac{3}{2}}$(처음 두 항의 차이)의 비율과 같으며, $\frac{3}{2}AS : AB$와 거의 같다. 이 관계를 이용하면 물체가 나선을 그리는 데 걸리는 총시간을 쉽게 구할 수 있다.

부가정리 8

매질의 밀도가 균일하거나 특정 법칙에 따라 달라지는 경우에도 물체의 궤적을 거의 정확하게 계산할 수 있다. 일단 다음과 같은 일련의 가정을 세워보자. (1) S를 중심으로 배열된 동심원의 반지름 SA, SB, SC, …는 등비수열을 이룬다. (2) "부가정리 7에서 다뤘던 매질(이것을 매질 a라 하자) 속에서 물체가 임의의 두 원 사이를 지나는 데 걸리는 시간"과 "본 부가정리에서 가정한 매질(이것을 매질 b라 하자) 속에서 물체가 임의의 두 원 사이를 지나는 데 걸리는 시간"의 비율은 "매질 a에서 두 원 사이의 평균 밀도"와 "매질 b에서 두 원 사이의 평균 밀도"의 비율과 같다. (3) 매질 a에서 반지름 AS와 나선의 사잇각의 시컨트와 매질 b에서 동일한 반지름과 나선의 사잇각의 시컨트의 비율은 두 번째 가정에서 언급한 비율과 같다. (4) 2개의 원 사이에서 물체가 도는 회전수는 (a, b의 경우 모두) 방금 언급한 각도의 탄젠트와 거의 같다.

임의로 고른 2개의 원 사이에서 이 모든 가정이 충족되면 물체의 운동은 모든 원 사이에서 계속된다. 그러므로 매질의 밀도가 주어진 규칙을 따라 분포되어 있으면, 물체가 그리는 원의 반지름과 한 바퀴 도는 데 걸리는 시간을 어렵지 않게 구할 수 있다.

부가정리 9

물체가 전술한 궤적에서 조금 벗어나 타원 모양의 나선 궤적을 그리는 경우에도 간격이 이전(원형 나선을 그리는 경우)과 같은 타원 사이에서 운동 방식이 이전과 동일하고, 물체가 중심을 향해 접근하는 방식도 이전과 같다고 가정하면, 타원형 나선 궤적을 어렵지 않게 구할 수 있다.

명제 16 / 정리 13

매질의 밀도가 모든 곳에서 중심으로부터의 거리에 반비례하고, 구심력이 거리의 거듭제곱에 반비례하는 경우, 물체는 중심에서 바깥쪽으로 그린 모든 반지름과 특정 각도로 만나는 나선 궤적을 그린다.

이것은 명제 15와 같은 방법으로 증명할 수 있다. 위치 P에 작용하는 구심력이 거리 SP의 거듭제곱인 SP^{n+1}에 반비례하면, 물체가 임의의 호 PQ를 그리는 데 걸리는 시간은 (앞의 경우와 마찬가지로) $PQ \times PS^{\frac{n}{2}}$에 비례한다. 그리고 P 점에서 작용하는 저항력은 $\frac{Rr}{PQ^2 \times SP^n}$

〈그림 4-5〉

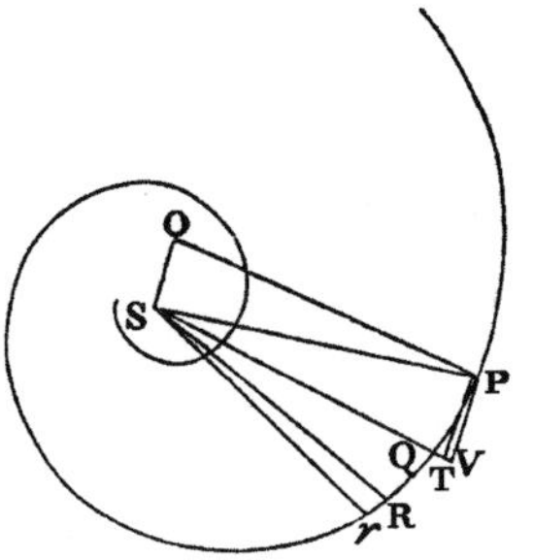

또는 $\dfrac{(1-\frac{n}{2})\times VQ}{PQ\times SP^{n}\times SQ}$에 비례하며, 따라서 $\dfrac{(1-\frac{n}{2})\times OS}{OP\times SP^{n+1}}$에 비례한다. 여기서 $\dfrac{(1-\frac{n}{2})\times OS}{OP}$는 주어진 값이므로, 처음에 가정한 대로 저항력은 SP^{n+1}에 반비례함을 알 수 있다. 그런데 속도는 $SP^{\frac{n}{2}}$에 비례하므로, P에서의 밀도는 SP에 반비례한다.

부가정리 1

저항력과 구심력의 비율은 $(1-\frac{n}{2})\times OS : OP$와 같다.

부가정리 2

구심력이 SP^3에 반비례하면(즉 n=2이면) $1-\frac{n}{2}=0$이므로 저항력과 밀도도 0으로 사라진다. 이것은 1권의 명제 9와 일치하는 결과이다.

부가정리 3

n이 3보다 크면 $1-\frac{n}{2}<0$이므로 저항력은 음수가 된다.

부가설명

우리는 명제 15와 16에서 매질의 밀도가 위치마다 다른 경우를 다루었다. 모든 물체는 크기가 있으므로, 물체의 앞면이 느끼는 밀도와 뒷면이 느끼는 밀도는 분명히 다를 것이다. 그런데 이 차이까지 고려하면 문제가 너무 복잡해지기 때문에, 이 책에서는 물체의 크기가 충분히 작은 경우(즉 물체의 앞면과 뒷면이 느끼는 밀도의 차이를 무시할 수 있는 경우)만을 다루었다. 그리고 "다른 조건이 모두 같으면 저항은 밀도에 비례한다"고 가정했다. 매질의 저항력이 밀도에 비례하지 않는 경우에는 위의 풀이법에서 밀도를 추가하거나 삭감하여 주어진 문제에 맞춰야 한다.

명제 17 / 문제 4

속도에 관한 규칙이 주어졌을 때, 물체가 주어진 나선 궤적을 그리도록 구심력과 저항력을 결정하라.

〈그림 4-6〉

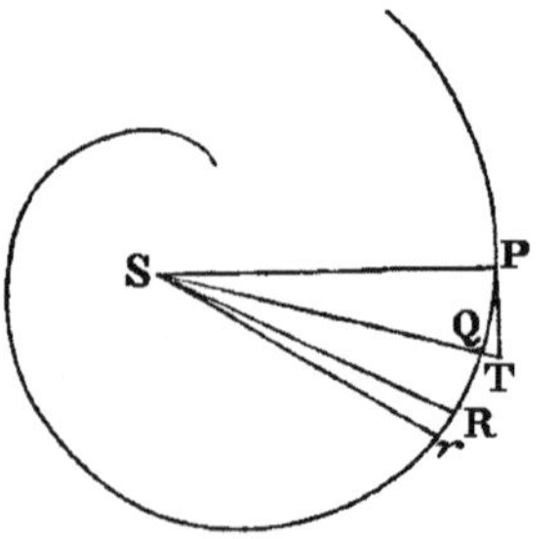

주어진 나선 궤적을 *PQR*이라 하자. 속도의 규칙이 주어지면 이로부터 물체가 아주 짧은 호 *PQ*를 그리는 데 걸리는 시간을 알 수 있고, 고도 *TQ*는 시간의 제곱과 구심력에 비례하므로 이로부터 구심력을 알 수 있다. 그리고 물체가 같은 시간 동안 그린 면적 *PSQ*와 *QSR*의 차이, 즉 *RSr*로부터 속도가 느려진 정도를 알 수 있으며, 이로부터 매질의 밀도와 저항력을 알 수 있다.

명제 18 / 문제 5

구심력에 관한 규칙이 주어졌을 때, 물체가 주어진 궤적을 따라 움직이도록 모든 점에서 매질의 밀도를 구하라.

구심력을 알면 모든 위치에서 물체의 속도를 알 수 있다, 그리고 (명제 17에서와 마찬가지로) 속도가 줄어든 정도를 알면 매질의 밀도를 구할 수 있다.

이런 유형의 문제는 2권의 명제 10과 보조정리 2에서 이미 다루었으므로, 더 이상의 논의는 생략하기로 한다. 다음 장에서는 진행하는 물체의 힘에 대하여 몇 가지 중요한 사항을 살펴보고, 지금까지 다뤄온 운동을 일으키는 매질의 밀도와 저항력에 대하여 알아보기로 하자.

5장

유체정역학: 유체의 밀도와 압축

모든 구성 요소가 외부에서 가해진 힘에 의해 자유롭게 움직이고, 구성 요소들 사이의 상대 운동도 자유롭게 일어나는 물질을 유체라 한다.

명제 19 / 정리 14

고정된 용기에 담긴 정지 상태의 균질한 유체에 모든 방향으로 압력을 가하면 (응축과 중력, 그리고 구심력이 없다는 가정하에) 유체는 모든 방향으로 동일한 압력을 받으며, 유체의 모든 부분은 아무런 운동도 하지 않는다.

〈그림 5-1〉

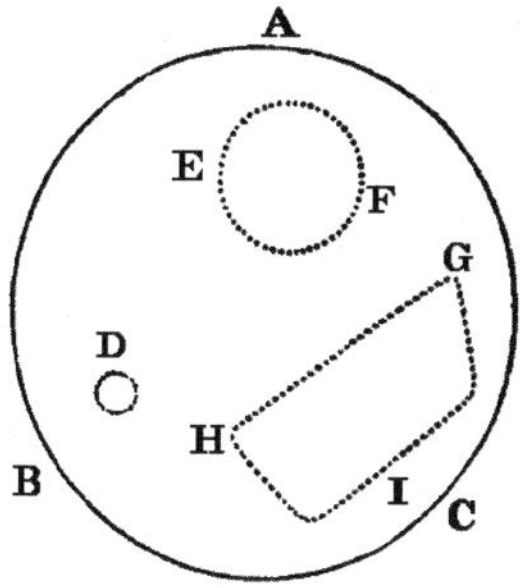

사례 1

구형 용기 *ABC* 내부를 가득 채운 유체에 모든 방향으로 균일한 압력이 가해지면, 유체의 어떤 부분도 움직이지 않는다.

이유: 예를 들어 유체의 한 구획인 *D*가 움직인다면, 중심으로부터 같은 거리에 있는 모든 부분도 일제히 비슷한 방식으로 움직여야 한

다. 유체의 모든 부위에 동일한 압력이 작용하고 있고, 유체를 움직이게 하는 요인은 압력밖에 없다고 가정했기 때문이다. 모든 부분이 중심을 향해 움직인다면 유체 중심부의 밀도가 높아질 텐데, 이런 일은 절대로 일어나지 않는다. 반대로 모든 부분이 중심으로부터 멀어지면 가장자리의 밀도가 높아져야 하므로 이것도 불가능하다. 또한 *D*가 중심과의 거리를 유지한 채 특정 방향으로 움직일 수도 없다. 만일 그렇다면 반대 방향으로 움직일 수도 있는데, 하나의 부위가 정반대 방향으로 동시에 움직일 수는 없기 때문이다. 그러므로 유체의 모든 부위는 정지 상태를 유지해야 한다. [Q.E.D.]

사례 2

유체 내부의 구형 부분 *EF*는 모든 방향에서 똑같은 압력을 받는다.

이유: 구형 부분 *EF*에 작용하는 압력이 모든 방향에서 균일하지 않다면, 압력이 작은 부분에 추가 압력을 가하여 다른 부분과 압력이 같아지게 만들어보자. 그러면 사례 1에 의해 *EF*는 움직이지 않는다. 그런데 압력을 추가하기 전에 *EF*는 (사례 1에 의해) 움직이지 않았으므로, 압력을 추가하면 (유체의 정의에 의해) 특정 방향으로 움직여야 한다. 앞에서 "모든 방향에서 동일한 압력이 가해지면 유체는 움직이지 않는다"고 했는데, 지금은 "모든 방향에서 동일한 압력이 가해지면 유체는 움직인다"는 결론이 얻어졌다. 이런 모순이 발생한 이유는 *EF*에 작용하는 압력이 모든 방향에서 균일하지 않다고 가정했기 때문이다. 그러므로 유체 내부의 구형 부분 *EF*는 모든 방향에서 똑같은 압력을 받아야 한다. [Q.E.D.]

사례 3

구형 부분은 크기에 상관없이 모두 같은 압력을 받는다.

이유: 2개의 인접한 구형 부분은 (운동의 제3법칙에 의해) 서로 접촉한 점에서 상대방에게 동일한 압력을 가한다. 그런데 사례 2에 의하면 이들은 접촉점뿐만 아니라 모든 점에서 동일한 압력을 받고 있다. 그러므로 서로 거리를 두고 떨어져 있는 2개의 구형 부분에 작용하는 압력의 세기도 구의 크기에 상관없이 같아야 한다. 왜냐하면 두 부분에 동시에 접하는 제3의 구형 부분이 반드시 존재하기 때문이다. [Q.E.D.]

사례 4

구형뿐만 아니라 모든 형태의 부분 영역들은 동일한 압력을 받는다.

이유: 임의의 두 부분은 그들 사이에 있는 구형 부분과 어디선가 접하고 있다. 그러므로 두 부분은 (사례 3에 의해) 구형 부분에 동일한 압력을 행사하고 있으며, (운동의 제3법칙에 의해) 이와 동일한 압력을 받고 있다.

사례 5

그러므로 유체의 임의의 부분 *GHI*는 경계선과 똑같은 모양의 그릇에 담긴 상태로 간주할 수 있으며, 모든 방향에서 동일한 압력을 받는다. 그리고 *GHI*의 모든 부분은 경계선 외부의 유체와 똑같은 압력을 주고받으면서 정지 상태를 유지한다. 따라서 유체 내부에서 선택한 임의의 구획 *GHI*는 기하학적 형태에 상관없이 모든 지점에서

동일한 압력을 행사하면서 정지 상태를 유지한다. [Q.E.D.]

사례 6

그러므로 강체(剛體)가 아닌 용기에 유체를 담으면 모든 지점의 압력이 균일하지 않기 때문에 (유체의 정의에 의해) 압력이 큰 부분에 주변보다 강한 힘이 작용하여 용기 자체에 변형이 일어난다.

사례 7

강체로 만든 용기에 유체를 담은 경우, 어느 한 지점의 압력이 주변보다 높으면 유체는 그 힘에 밀려 움직이게 된다. 이것은 아주 빠르게 일어나는 현상이다. 강체 용기는 유체의 흐름에 따라 움직이지 않기 때문이다.[1] 유체가 압력에 밀려 움직이면 반대쪽에 압력을 가하게 되고, 이 과정이 반복되면 결국 모든 곳의 압력이 같아진다.

압력이 주변보다 큰 지점에서 유체가 밀려나면 곧바로 용기의 반대쪽 벽에 막혀 더 이상 그 방향으로 이동하지 못하기 때문에 부분적인 움직임 없이 모든 지점의 압력이 순식간에 같아지고, 사례 5에 의해 정지 상태를 유지한다. [Q.E.D.]

부가정리

유체의 각 부분 사이에서 일어나는 상대 운동은 외부 표면(용기와의 경계면)의 압력에 의해 달라지지 않는다. 단 외부 표면의 형태에

---

1) 부분적으로 과도한 압력이 걸리면 강체 용기가 파열된다.

변형이 생기거나, 유체의 각 부분이 인접한 부분에 가하는 압력이 달라지면 움직임이 일어날 수도 있다.

명제 20 / 정리 15

유체의 각 부분이 하나의 점을 중심으로 두께가 균일한 동심원 형태로 배열되어 있고, 가장 안쪽에서 단단한 구형 물체가 유체에 중력을 행사하고 있다.[2] 이런 경우 구형 물체의 특정 부위에 가해지는 무게는 그 부위의 면적을 밑면으로 하고 유체의 두께를 높이로 하는 유체 기둥의 무게와 같다.

〈그림 5-2〉

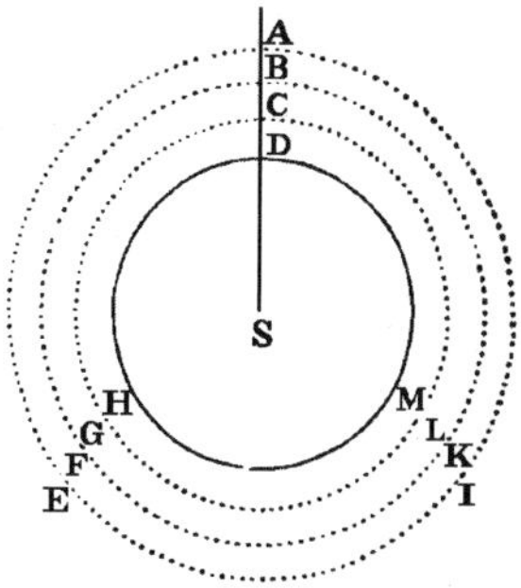

유체의 밑바닥을 *DHM*, 바깥 표면을 *AEI*라 하고, 유체 전체를 두께가 같으면서 무수히 많은 동심원 층 *BFK*, *CGL*, …로 분할해보자.[3] 중력은 각 유체층의 윗면에만 작용하는 것으로 간주하고, 특정

2) 지구 전체가 여러 층의 바다로 덮였다고 생각하면 된다.

표면의 모든 곳에서 중력의 세기가 똑같다고 가정하자. 그러면 가장 위에 떠 있는 표면 *AEI*는 제일 바깥층의 자체 중력에 의해 중심 쪽으로 당겨지고, 두 번째 표면 *BFK*는 (명제 19에 의해) 첫 번째 표면과 같은 압력을 받는다. 그러나 두 번째 표면에도 자체 중력이 작용하기 때문에, 이 힘까지 고려하면 두 번째 표면에 작용하는 총압력은 2배로 커진다. 세 번째 표면 *CGL*에도 같은 논리를 적용하면 방금 구한 압력에 자체 중력이 더해져서 압력이 3배가 되고, 네 번째 표면은 4배, 다섯 번째 표면은 5배…의 압력이 작용하게 된다. 그러므로 각 부위의 표면에 작용하는 압력은 그 위에 있는 유체의 양에 비례하지 않고, 그 위에 쌓인 구형 부분의 개수(층수)에 비례한다. 즉 압력은 제일 아래층의 무게(중력)에 층수를 곱한 값과 같다. 그러므로 가장 아래쪽 면의 특정 부위에 작용하는 압력은 "단면적이 그 부위와 같고 높이가 유체의 총 두께와 같은" 유체 기둥의 무게와 같다 (각 층의 두께를 무한히 작게 줄이고 층의 개수를 늘이면, 중력은 제일 바닥 층부터 꼭대기 층까지 연속적으로 작용한다). [Q.E.D.]

중력이 거리에 따라 변한다는 점과 유체의 밀도가 위로 올라갈수록 커지는 경우를 고려해도 이 정리는 여전히 성립한다.

부가정리 1

그러므로 제일 밑바닥에 가해지는 압력은 그 위에 있는 유체의 모든 무게가 아니라, 명제 20에서 말한 "유체 기둥"의 무게이다. 그 외

3) 무한히 얇은 층으로 나누었다고 생각하면 된다.

의 나머지 무게는 "아치형으로 휘어진" 유체층이 떠받치고 있다.

부가정리 2

압력을 받는 유체 표면이 지평선에 평행하건 기울어져 있건, 중심으로부터 거리가 같으면 압력은 항상 같다. 이것은 유체가 압력을 받아 수직 방향으로 직선을 따라 이동하건 구불구불하게 이동하건, 이동 폭이 넓건 좁건, 이동 경로가 규칙적이건 불규칙적이건 상관없이 항상 성립한다. 본 명제를 다양한 유체에 적용하면 이 사실을 쉽게 확인할 수 있다.

부가정리 3

명제 19는 무거운 유체에도 똑같이 적용된다. 즉 무거운 유체에 압력이 가해져도 (응결이 일어나지 않는 한) 각 부분들 사이의 상대운동은 일어나지 않는다.

부가정리 4

유체와 비중이 같으면서 압축되지 않는 강체를 유체 속에 담그면 위에 있는 유체의 무게가 강체를 누르겠지만, 그래도 강체는 어느 방향으로도 움직이지 않고 형태가 변하지도 않는다. 강체가 구형이건 정육면체이건 원래의 모양은 그대로 유지된다. 강체 대신 부드러운 물체나 자유롭게 흐르는 유체, 또는 바닥에 가라앉는 물체를 담가도 상황은 마찬가지다.

이유: 물체가 유체 속에 잠겨서 특정 부분을 점유한 상태는 그 부

분을 원래의 유체가 채우고 있는 상태와 동일하기 때문이다. 이것은 물체의 크기나 형태, 또는 비중과 무관하다. 만일 유체에 잠긴 물체가 위 또는 아래로 움직이거나 모양이 바뀐다면, 유체 속에서 무게를 그대로 유지한 채 액화된 경우에도 마찬가지일 것이다. 중력을 비롯한 다른 힘들(운동을 야기하는 힘들)은 달라진 것이 하나도 없기 때문이다. 그러나 명제 19의 사례 5에 의하면 이런 일은 절대로 일어나지 않는다. 따라서 유체에 어떤 물체를 담아도 움직이지 않으며, 형태가 변하지도 않는다.

부가정리 5

그러므로 유체보다 비중이 큰 물체를 유체에 담그면 아래로 가라앉고, 비중이 작은 물체를 담그면 위로 떠오른다. 비중의 차이만큼 운동이 발생하고, 형태에 변형이 생길 수도 있다. 비중이 같으면 유체 속에서 정지 상태를 유지하고, 비중이 다르면 그 차이가 "운동이나 변형을 유발하는 힘"으로 나타난다. 이것은 양팔저울에 두 물체를 올려놓았을 때 물체의 무게 차이에 따라 한쪽 방향으로 기우는 것과 비슷하다.

부가정리 6

그러므로 유체에 잠긴 물체는 "절대 중력"과 "상대 중력"이라는 두 가지 중력을 갖는다. 절대 중력은 물체가 유체 속에 잠기지 않아도 항상 작용하는 중력으로 물체를 아래쪽으로 잡아당기고, 상대 중력은 물체의 중력과 주변 유체의 중력의 차이에 해당한다. 유체의 모든 부위와 거기에 잠긴 물체는 각자 자신의 위치에서 (지구) 중력의 영향을 받고 있으므로, 각 부분의 무게를 더하면 전체 무게가 된다. 물체가 위로 떠오르는 경우에도 총무게는 유체의 무게와 물체의 무게를 더한 값과 같다. 이 사실은 실험을 통해 쉽게 확인할 수 있다. 반면에 상대 중력은 물체가 자신의 위치에서 발휘하는 힘이 아니다. 물체의 특정 부분은 다른 부분보다 무겁지 않지만, 각 부분은 다른 부분이 가라앉는 것을 방해하기 때문에 마치 중력이 작용하지 않는 것처럼 한 자리에 머무를 수 있다. 공기 속에서 공기보다 가벼운 물체는 무게가 느껴지지 않는다. 무게가 느껴지려면 공기보다 무거워야 한다.[4] 공기 중에서 물체의 무게는 물체의 진짜 무게(중력)와 공기의 무게의 차이로 나타난다. 공기보다 가벼운 물체는 아무런 힘을 가하지 않아도 위로 떠오르지만, 그렇다고 무게가 없는 것은 아니다. 이런 물체도 진공 속에 방치하면 아래로 떨어진다. 그러므로 물에 잠긴 물체가 떠오르거나 가라앉는 것은 물체와 물 사이의 상대 중력에 의해 나타나는 현상이며, 물체의 진짜 중력과는 무관하다. 간단히 말해서 물보다 비중이 큰 물체는 가라앉고, 물보다 비중이 작은 물체는 위로 떠오른다. 물속에 담갔을 때 가라앉지 않고 떠오르지도 않는 물체는 진짜 중력과 물이 떠받치는 힘(부력)이 정확하게 평형을 이루고 있다. 즉 이들은 물속에서 무중력 상태가 된다(비중을 그대로 유지한 채 크기를 키워도 상황은 달라지지 않는다). 그 이유는 위와 비슷한 논리로 증명할 수 있다.

---

4) 좀더 정확하게 말해서, 공기보다 비중이 커야 한다.

부가정리 7

중력과 관련하여 여기 제시된 모든 증명은 구심력의 경우에도 똑같이 성립한다.

부가정리 8

매질에 중력이나 구심력이 작용하고, 그 속에서 움직이는 물체에는 같은 종류의 힘이 더 강하게 작용할 때, 두 힘의 차이가 운동력(motive force)에 해당한다(명제 19에서는 이 힘을 구심력으로 간주했다). 그러나 물체의 무게가 이 힘 때문에 더 가벼워지는 경우라면 두 힘의 차이는 구심력이 아닌 원심력으로 간주해야 한다.

부가정리 9

유체는 자신이 담긴 용기에 압력을 가하지만 형태를 변형시키지 않으므로, (명제 19의 부가정리에 의해) 유체의 각 부분은 상대적 위치가 고정되어 있다. 예를 들어 유체 속에 잠긴 동물이 유체 각 부분의 상대적 움직임만 느낄 수 있다면, 유체는 동물에게 아무런 해를 입히지 않으며 아무런 느낌도 유발하지 않는다. 단 유체의 압력(수압) 때문에 몸이 조금 수축될 수는 있다. 유체 속에 여러 개의 물체가 잠긴 경우도 마찬가지다. 계의 모든 부분은 마치 진공 중에 놓인 것처럼 중력의 영향을 받으면서 자유롭게 움직인다. 단 유체는 물체의 운동을 약간 방해할 수도 있고, 압력 때문에 여러 개의 물체가 하나로 뭉칠 수도 있다.

명제 21 / 정리 16

유체의 밀도가 압력에 비례하고, 모든 부분이 중심으로부터 거리에 반비례하는 구심력에 의해 아래로 당겨지고 있다. 이런 경우 등비수열에 따라 거리를 분할하면 각 거리에서 유체의 밀도도 등비수열을 이룬다.

〈그림 5-3〉

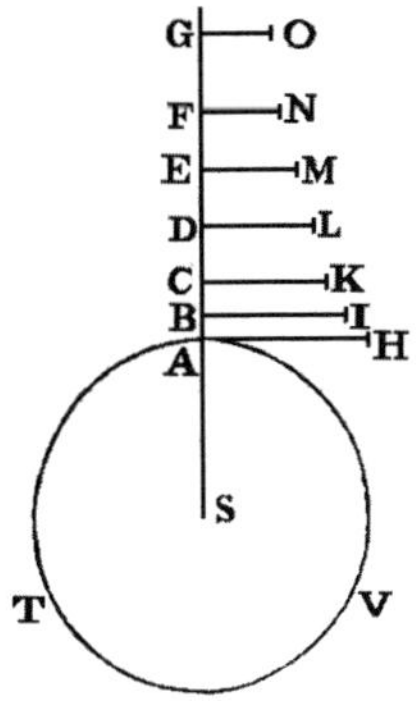

구 *ATV*를 유체의 밑면이라 하자. 구의 중심은 *S*이고 *SA*, *SB*, *SC*, *SD*, *SE*, …는 중심으로부터 등비수열로 분할한 거리이다. 각 지점에서 수평선 *AH*, *BI*, *CK*, *DL*, *EM*, *FN*, …의 길이가 해당 지점에서 유체의 밀도에 비례하도록 잡으면, 각 지점에서 유체의 비중은 $\frac{AH}{AS}$, $\frac{BI}{BS}$, $\frac{CK}{CS}$, …에 비례한다(또는 $\frac{AH}{AB}$, $\frac{BI}{BC}$, $\frac{CK}{CD}$, …에 비례한다).

일단 *A*~*B* 구간과 *B*~*C* 구간, *C*~*D* 구간, …등에서 중력이 일정하다고 가정하자. 즉 중력은 *B*, *C*, *D*, …를 지날 때마다 내리막 계단처럼 감소한다. 각 지점의 중력에 높이 *AB*, *BC*, *CD*, …를 곱하면 (명제 20에 의해) 바닥 *ATV*를 누르는 압력 *AH*, *BI*, *CK*, …가 얻어진다.

그러므로 *A* 지점에는 *AH*, *BI*, *CK*, *DL*, …을 모두 더한 압력이 가해지고, *B* 지점에는 *AH*를 제외한 모든 압력, *C* 지점에는 *AH*와 *BI*를 제외한 모든 압력이 가해지고 있다(그 위의 모든 점들도 마찬가지다). 따라서 *A* 지점의 밀도 *AH*와 *B* 지점의 밀도 *BI*의 비율은 무한급수 *AH*+*BI*+*CK*+*Dl*+…와 *BI*+*CK*+*Dl*+…의 비율과 같고, *B* 지점의 밀도 *BI*와 *C* 지점의 밀도 *CK*의 비율은 *BI*+*CK*+*Dl*+…와 *CK*+*Dl*+…의 비율과 같다. 그러므로 이 급수들 사이의 비율은 이들 사이의 차이인 *AH*, *BI*, *CK*, …에 비례하고 (2권의 보조정리 1에 의해) 그 자체로 등비수열을 이루며, 따라서 *AH*, *BI*, *CK*, …도 등비수열을 이룬다. 그리고 *A*, *B*, *C*, …지점의 밀도는 *AH*, *BI*, *CK*, …에 비례하므로, 이 역시 등비수열을 이룬다. 또한 거리를 한 단계씩 건너뛴 *SA*, *SC*, *SE*, …도 등비수열이므로 그 지점에 해당하는 밀도 *AH*, *CK*, *EM*, …도 등비수열이고, 두 칸씩 건너뛴 *SA*, *SD*, *SG*, …와 해당 밀도 *AH*, *DL*, *GO*, …도 등비수열을 이룬다. 이제 *A*, *B*, *C*, *D*, *E*, …사이의 간격을 아주 작게 줄이면 밑바닥 *A*에서 꼭대기까지 비중이 연속적으로 변하는데, 이런 경우에도 등비수열을 이루는 거리 *SA*, *SD*, *SG*, …에서 밀도 *AH*, *DL*, *GO*, …는 여전히 등비수열을 이룬다. [Q.E.D.]

부가정리

그러므로 유체의 밀도가 두 점 *A*, *E*에서 주어지면 다른 점 *Q*의 밀도를 알 수 있다. *S*를 중점으로 삼아 *SQ*, *SX*를 점근선으로 갖는 쌍곡선을 그려서 *SX*와 평행한 선 *AH*, *EM*, *QT*와 만나는 점을 각각 *a*, *e*, *q*라 하고, *SQ*와 평행한 선 *HX*, *MY*, *TZ*와 만나는 점을 각각 *h*, *m*, *t*

〈그림 5-4〉

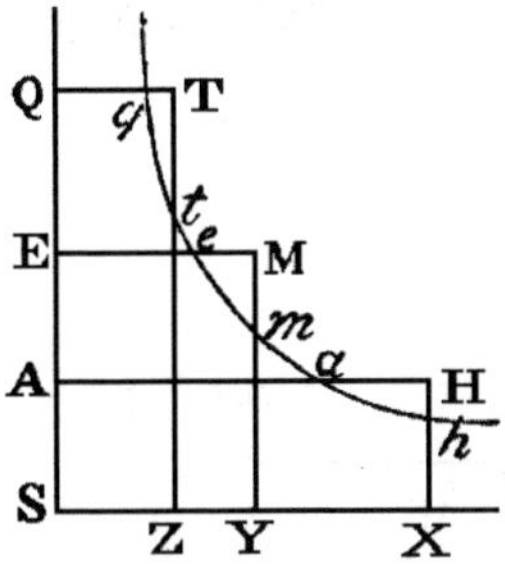

라 하자.

도형 *YmtZ*와 주어진 *YmhX*의 면적 비율이 주어진 *EeqQ*와 주어진 *EeaA*의 면적 비율과 같아지도록 *Z*를 잡으면, *Zt*의 연장선은 직선 *QT*를 "*Q* 점에서의 밀도에 비례하는 값"으로 자르게 된다.

이유: *SA*, *SE*, *SQ*가 등비수열을 이루면 *EeqQ*와 *EeaA*는 면적이 같고, 이 값에 비례하는 *YmtZ*와 *XhmY*도 면적이 같아지므로 직선 *SX*, *SY*, *SZ*(또는 *AH*, *EM*, *QT*)는 등비수열을 이룬다. 그리고 *SA*, *SE*, *SQ*의 길이가 다른 등비수열에서 다른 순서로 나타나는 값이라면, *AH*, *EM*, *QT*는 (쌍곡선으로 이루어진 면적은 등비수열을 이루므로) 다른 등비수열에서 그와 동일한 순서로 나타난다.

명제 22 / 정리 17

유체의 밀도가 압력에 비례하고, 모든 부분이 중심으로부터 거리의 제곱에 반비례하는 중력에 의해 아래로 당겨지고 있다. 이런 경우 조화수열

(harmonic progression)[5)]에 따라 거리를 분할하면, 각 지점에서 유체의 밀도는 등비수열을 이룬다.

〈그림 5-5〉

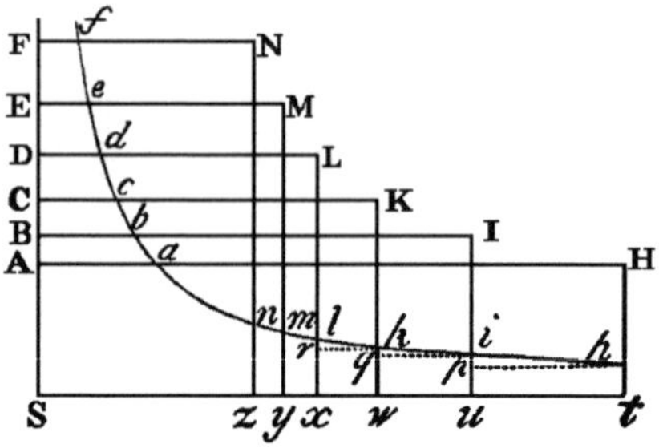

중심 S를 기준으로 거리 SA, SB, SC, SD, SE, …가 등비수열을 이루도록 A, B, C, D, E, …를 잡고, 각 지점에서 길이가 유체의 밀도에 비례하는 직선 AH, BI, CK, …를 SF에 수직한 방향으로 그리면, 각 지점에서 유체의 비중은 $\frac{AH}{SA^2}$, $\frac{BI}{SB^2}$, $\frac{CK}{SC^2}$, …에 비례한다. 이제 A~B 구간과 B~C 구간, C~D 구간, …에서 비중이 일정하다고 가정하면, 각 지점의 비중에 AB, BC, CD, DE, …(또는 SA, SB, SC, …)를 곱한 값 $\frac{AH}{SA}$, $\frac{BI}{SB}$, $\frac{CK}{SC}$, …는 해당 지점에 작용하는 압력이 된다. 그런데 유체의 밀도는 이 압력의 합이므로, 밀도의 차이($AH-BI$, $BI-CK$, …)는 합의 차이($\frac{AH}{SA}$, $\frac{BI}{SB}$, $\frac{CK}{SC}$, …)에 비례한다. S를 중심으로 SA와 Sx를 점근선으로 갖는 쌍곡선이 AH, BI, CK, …와 만나는 점을 a, b, c, …라 하고, Sx에 수직한 선 Ht, Iu, Kw, …와 만나는 점을 h, i, k, …라

---

5) 각 항의 역수가 등차수열을 이루는 수열.

하자. 그러면 각 지점에서 밀도의 차이 tu, uw, …는 각각 $\frac{AH}{SA}$, $\frac{BI}{SB}$, … 에 비례하고, 사각형 $tu\times th$, $uw\times ui$, …(또는 사각형 tp, uQ, …)의 면적은 $AH\times\frac{th}{SA}$, $BI\times\frac{ui}{SB}$, …에 비례한다(즉 Aa, Bb, …에 비례한다). 왜냐하면 쌍곡선의 기하학적 특성에 의해 $SA:AH$(또는 St)$=th:Aa$가 되어 $AH\times\frac{th}{SA}=Aa$이기 때문이다. 같은 이유로 $BI\times\frac{ui}{SB}=Bb$이다. 또한 Aa, Bb, Cc, …는 등비수열이므로 이들 사이의 차이인 $Aa-Bb$, $Bb-Cc$, …에 각각 비례하고, 사각형 tp, uQ, …의 면적이 이 차이에 비례하므로 사각형 면적의 합 $tp+uQ$ 또는 $tp+uQ+wr$은 "차이의 합"에 해당하는 $Aa-Cc$ 또는 $Aa-Dd$에 비례한다. 이런 종류의 항을 여러 개 만들어서, 차이(예를 들면 $Aa-Ff$ 등)의 합이 사각형(예를 들면 $zthn$ 등)의 합에 비례하도록 만들어보자. 그리고 항의 수를 무한정 늘려나가면 A, B, C, …의 간격이 무한히 좁아지면서 사각형 면적의 합은 쌍곡선으로 이루어진 도형 $zthn$의 면적과 같아지고, $Aa-Ff$는 이 면적에 비례한다. 이제 SA, SD, SF, …가 조화수열을 이루면 $Aa-Dd=Dd-Ff$가 되고 이들에 비례하는 $thlx$와 $xlnz$의 면적이 같아지며, 밀도 St, Sx, Sz(즉 AH, DL, FN)는 등비수열을 이룬다. [Q.E.D.]

부가정리

그러므로 두 지점에서 매질의 밀도가 주어지면(예를 들어 AH와 BI의 길이가 주어지면) 둘 사이의 차이 tu를 한 변으로 갖는 도형 $thiu$의 면적이 결정되고, $thnz$와 $thiu$의 면적 비율이 $Aa-Ff:Aa-Bb$가 되도록 z를 잡으면 임의의 높이 SF에서 밀도 FN을 알 수 있다.

부가설명

위와 비슷한 논리를 이용하면 유체의 각 부분에 작용하는 중력이 중심으로부터 거리의 세제곱에 반비례하는 경우, 거리 SA, SB, SC, …의 제곱의 역수($\frac{SA^3}{SA^2}$, $\frac{SA^3}{SB^2}$, $\frac{SA^3}{SC^2}$, …)가 등차수열을 이루면 각 지점의 밀도 AH, BI, CK, …는 등비수열이 된다는 것을 증명할 수 있다. 또한 중력이 거리의 네제곱에 반비례하고 거리의 세제곱의 역수($\frac{SA^4}{SA^3}$, $\frac{SA^4}{SB^3}$, $\frac{SA^4}{SC^3}$, …)가 등차수열을 이루면, 밀도 AH, BI, CK, …는 등비수열을 이룬다. 이 논리는 지수를 한 단계씩 높여나가도 똑같이 성립한다. 그리고 각 부분의 중력이 거리에 상관없이 일정한 경우, 거리를 등비수열로 분할하면 각 부분의 밀도는 등비수열을 이룬다. 이것은 에드먼드 핼리가 이미 증명한 바 있다. 또 중력이 거리에 비례하는 경우, 거리의 제곱이 등차수열이 되도록 잡으면 밀도는 등비수열을 이루고… 이런 식으로 계속된다.

유체의 밀도가 압력에 비례하면(즉 유체가 점유한 공간이 힘에 반비례하면) 위와 같은 결과가 도출된다. 그 외에 압력의 세제곱이 밀도의 네제곱에 비례하는 경우, 중력이 중심으로부터 거리의 제곱에 반비례하면 유체의 밀도는 거리의 세제곱에 반비례한다. 또는 압력의 세제곱이 밀도의 다섯제곱에 비례하면서 중력이 거리의 제곱에 반비례하면 밀도는 거리의 제곱에 반비례하고, 압력이 밀도의 제곱에 비례하면서 중력이 거리의 제곱에 반비례하면 밀도는 거리에 반비례하고… 기타 등등이다(모든 경우를 일일이 나열할 수도 있지만, 내용이 너무 장황해질 것 같아 생략한다). 공기의 밀도는 압력에 정확하게 비례하거나 거의 비례한다. 이것은 실험을 통해 확인된 사실이다. 그러므로 지구 대기의 밀도는 위에서 내리누르는 공기의 무게에 비례한다(즉 기압계에 장착된 수은주의 높이에 비례한다).

명제 23 / 정리 18

유체를 구성하는 입자들 사이에는 척력이 작용하고 있다. 이 유체의 밀도가 압력에 비례하면, 입자에 작용하는 원심력(또는 척력)은 중심과의 거리에 반비례한다. 역으로, 입자들 사이에 작용하는 척력이 중심과의 거리에 반비례하면 유체는 탄성을 갖게 되고, 밀도는 압력에 비례한다.

〈그림 5-6〉

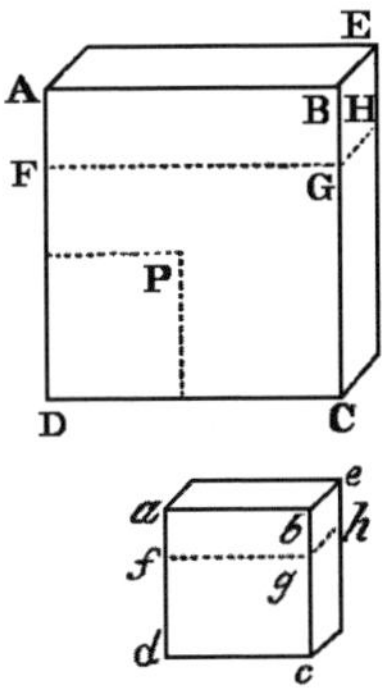

정육면체 *ACE*에 들어 있는 유체를 압축하여 더 작은 정육면체 *ace*에 넣었다고 하자. 그러면 압축 전과 압축 후에 입자들 사이 거리의 비율은 *AB* : *ab*이며, 밀도의 비율은 부피 비율의 역수이므로 $ab^3 : AB^3$이다. 큰 정육면체 *ABCD*에서 작은 정육면체 *abcd*와 크기가

같은 정사각형 DP를 잡으면, DP가 유체에 가하는 압력과 정사각형 db가 유체에 가하는 압력의 비율은 (가정에 의해) 그 안에 들어 있는 유체의 밀도 비율과 같으므로 $ab^3 : AB^3$이다. 그런데 정사각형 DB가 유체에 가하는 압력과 정사각형 DP가 유체에 가하는 압력의 비율은 DB와 DP의 면적 비율과 같으므로, $AB^2 : ab^2$이다. 따라서 두 비례식을 결합하면 DB가 유체에 가하는 압력과 db가 유체 가하는 압력의 비율은 $ab : AB$가 된다. 이제 크고 작은 2개의 정육면체에 FGH와 fgh를 그어서 유체를 두 구획으로 나눠보자. 그러면 이들(위아래 구획)은 서로 상대방에게 똑같은 압력을 행사하고 있으며, 큰 정육면체와 작은 정육면체에서 이 압력의 비율은 평면 AC와 ac가 유체에 가하는 압력의 비율과 같다. 즉 이들 사이의 비율은 $ab : AB$이며, 압력을 유지시키는 원심력(또는 척력)의 비율도 $ab : AB$이다.

두 정육면체 ACE와 ace는 구성 입자의 수가 같고 입자의 배열 상태도 같으므로, 면 FGH와 fgh에 놓인 입자들이 다른 모든 입자에게 가하는 힘의 비율은 개개의 입자들이 다른 입자에 가하는 힘의 비율과 같다. 그러므로 개개의 입자들이 큰 정육면체의 평면 FGH에 놓인 입자에게 가하는 힘과 개개의 입자들이 작은 정육면체 fgh에 놓인 입자에게 가하는 힘의 비율은 $ab : AB$이다. 즉 이 힘은 입자들 사이의 거리에 반비례한다. [Q.E.D.]

역으로, 개개의 입자 사이에 작용하는 힘이 거리에 반비례하면(즉 정육면체의 모서리 길이 AB와 ab에 반비례하면) 입자들 사이에 작용하는 힘의 합과 면 DB와 db에 작용하는 압력도 같은 비율이 되고, 정사각형 DP와 DB에 작용하는 압력의 비율은 $ab^2 : AB^2$과 같다. 또한 이 비례식에 약간의 변형을 가하면 정사각형 DP와 db에 작용하는 압력의 비율은 $ab^3 : AB^3$이 된다. 즉 두 종류의 유체를 압축하는 힘의 비율은 밀도의 비율과 같다. [Q.E.D.]

부가설명

위와 동일한 논리를 적용하면, 입자의 원심력(척력)이 거리의 제곱에 반비례하는 경우, 압력의 세제곱이 밀도의 네제곱에 비례한다는 것을 알 수 있다. 또한 원심력이 거리의 세제곱(또는 네제곱)에 반비례하면 압력의 세제곱은 밀도의 다섯제곱(또는 여섯제곱)에 비례한다. 일반적으로 거리를 D, 압축된 유체의 밀도를 E라 했을 때 원심력이 D^n에 반비례하면 압력은 E^{n+2}의 세제곱근에 반비례하며, 그 역도 성립한다.

이 모든 결과는 한 입자의 원심력(척력)이 바로 옆에 있는 입자에만 작용하거나, "먼 거리까지 작용하지 않는 경우"에 한하여 성립한다. 대표적인 예로 자석을 들 수 있다. 대부분의 자석은 가까운 거리에 있는 다른 자석(또는 쇠붙이)을 밀거나 당길 뿐, 멀리 떨어져 있는 자석에는 거의 아무런 영향도 주지 못한다. 자석 주변을 금속판으로 에워싸면 자석의 영향력이 줄어들어서, 멀리 있는 다른 자석을 잡아당기는 힘은 금속판 자체가 자석을 잡아당기는 힘과 거의 비슷해진다.

이와 마찬가지로, 한 입자의 척력이 바로 옆에 있는 입자에만 영향을 주고 그보다 먼 거리에는 작용하지 않는다면, 이런 입자로 이루어진 유체는 본 명제를 만족한다. 이와 반대로 유체를 구성하는 입자의 힘이 무한히 먼 거리까지 작용하는 경우, 유체를 압축하려면 양이 많을수록 더 많은 힘을 가해야 한다. 그러나 실제로 유체가 이런 입자(가까운 거리에만 힘을 작용하는 입자)로 이루어져 있는지 여부는 수학이 아닌 물리적 문제이다. 여기서는 "주어진 조건을 만족하는 유체의 수학적 특성"만을 증명했는데, 이 결과는 유체를 자연철학(물리학)적으로 연구할 때 하나의 가이드라인이 될 수 있다.

6장

저항력을 받는 단진자의 운동

명제 24 / 정리 19

단진자의 무게 중심과 고정점 사이의 거리가 일정할 때(즉 단진자를 매단 줄의 길이가 일정할 때), 진자의 질량은 "무게"와 "진공 중에서의 주기의 제곱"에 복합적으로 비례한다.[1)]

특정 시간 동안 물체에 힘을 가했을 때 나타나는 속도의 변화량은 힘의 크기와 힘을 가한 시간에 비례하고 물체의 질량에 반비례한다. 힘이 클수록, 힘을 가한 시간이 길수록, 그리고 물체의 질량이 작을수록 속도가 많이 변한다. 이것은 운동의 제2법칙으로부터 유도되는 결과이다. 진자가 수직 위치로부터 임의의 거리만큼 멀어졌을 때, 진자에 작용하는 복원력(평형 지점으로 되돌아가려는 힘)은 진자의 무게에 비례한다. 진자가 그리는 원호를 동일한 간격으로 세분했을 때 각 부분을 지나가는 데 걸리는 시간은 전체 주기에 비례하므로, 각 부분에서 진자의 속도는 복원력과 주기에 비례하고 진자의 질량에 반비례한다. 따라서 진자의 질량은 복원력과 주기에 비례하고 속도에 반비례한다. 그런데 속도는 시간에 반비례하므로 진자의 속도는

---

1) 단진동(simple harmonic oscillation)을 하는 진자를 단진자라 한다. 뉴턴은 이것을 "줄에 매달려서 흔들리는 물체(funependulous body)"로 표기했다. 영어 번역본에는 "진자"와 "단진자"가 혼용되어 있는데, 엄밀히 말해서 진자는 "줄이나 막대에 매달려 왕복 운동을하는 물체의 총칭"이고, 단진자는 "매달린 물체가 질량은 있지만 크기는 없는 가장 단순한 진자"를 의미한다. 한글 번역판에서는 단진동을 강조할 필요가 있을 때 "단진자"로 쓰고, 일반적으로 줄에 매달려서 왕복 운동을 하는 추를 뜻할 때는 "진자"로 표기하기로 한다.

시간의 제곱에 반비례하고, 진자의 질량은 (복원력)×(시간)^{2}에 비례한다(즉 진자의 무게와 시간의 제곱에 비례한다). [Q.E.D.]

부가정리 1

진자의 주기가 일정하면 진자의 질량은 무게에 비례한다.

부가정리 2

진자의 무게가 일정하면 진자의 질량은 주기의 제곱에 비례한다.

부가정리 3

진자의 질량이 일정하면 무게는 주기의 제곱에 반비례한다.

부가정리 4

주기의 제곱은 진자를 매단 줄의 길이에 비례하므로, 다른 양들이 모두 같을 때 진자의 무게는 줄의 길이에 비례한다.

부가정리 5

일반적으로 단진자의 질량은 주기의 제곱과 무게(복원력)에 비례하고, 줄의 길이에 반비례한다.

부가정리 6

저항이 없는 매질 속에서 단진자의 질량은 주기의 제곱과 무게에 비례하고 줄의 길이에 반비례한다. 앞서 말한 대로 진자의 무게는 복원력에 비례하기 때문이다. 그러므로 진자의 무게는 저항이 없는 매질 속이나 진공 중에서 동일한 역할을 한다.

부가정리 7

그러므로 여러 장소에서 줄의 길이와 질량이 같은 단진자의 주기를 비교하면, 각 지역에서 중력의 크고 작은 정도를 알아낼 수 있다. 그동안 정밀한 실험을 여러 차례 수행한 결과, 진자의 질량은 항상 무게에 비례하는 것으로 판명되었다.

명제 25 / 정리 20

"저항이 시간의 변화율에 비례하는 매질" 속에서 움직이는 단진자와, "이 매질과 비중은 같지만 저항이 없는 매질" 속에서 진동하는 단진자는 주기가 같은 사이클로이드를 그리며, 같은 시간 동안 사이클로이드의 동일한 부분을 지나간다.

사이클로이드의 호를 AB라 하고, 저항이 없는 매질 속에서 움직이는 진자를 D라 하자. 호의 중점을 C라 하면 C는 사이클로이드에서 고도가 가장 낮은 점에 해당한다. D와 d 또는 E에 있는 진자가 받는 가속력은 호 CD와 Cd 또는 CE의 길이에 비례하므로, 가속력을 호의 길이로 나타내도 비례 관계는 변하지 않는다. 그리고 매질의 저항은 시간의 변화율에 비례한다고 했으므로 이미 주어진 값으로 간

〈그림 6-1〉

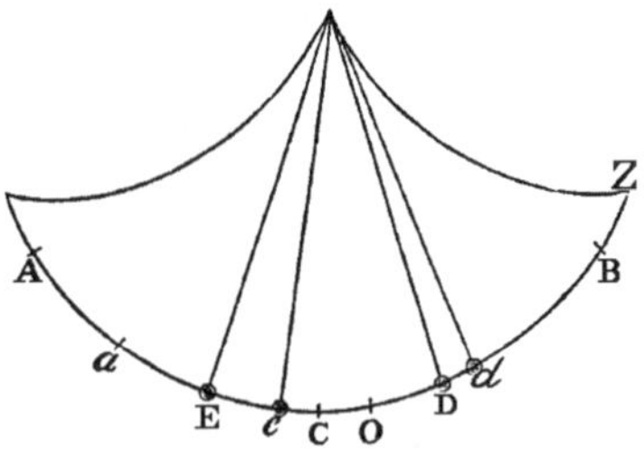

주할 수 있다. 이 값을 사이클로이드의 호 CO로 나타내자. 단 O는 $Od : CD = OB : CB$를 만족하도록 잡는다. 그러면 저항이 작용하는 매질 속에서 진자 d가 받는 힘은 (Cd와 CO의 차이와 같으므로) Od이며, 이 힘과 "저항이 없는 매질 속에서 진자 D가 받는 힘"의 비율은 호 Od와 CD의 비율과 같고, 위치 B에서 두 힘의 비율은 OB와 CB의 비율과 같다. B에서 출발한 진자 D와 d가 이런 힘을 받으면서 움직이면 처음에 작용한 힘은 각각 CB와 OB이므로, 두 물체의 초속도와 쓸고 지나간 호의 길이도 이와 같은 비율이 된다. 쓸고 지나간 호의 길이를 각각 BD와 Bd라 하면, 남은 호 CD와 Od도 같은 비율이 된다. 즉 호 CD와 Od에 비례하는 힘은 처음과 같은 비율을 그대로 유지하고, 따라서 두 진자는 같은 비율로 호를 그리게 된다. 그러므로 두 진자에 작용하는 힘과 속도, 그리고 나머지 호 CD와 Od의 비율은 전체 호 CB와 OB의 비율과 같고, 두 진자가 나머지 호를 그리는 데 걸리는 시간도 같다. 따라서 진자 D와 d는 각각 C 지점과 O 지점에 동시에 도달한다(저항이 없으면 C에 도달하고, 저항이 있으면 O에 도달한다). C와 O에서의 속도 비율은 CB와 OB의 비율과 같으므로, 두 진자가 C와 O를 통과한 후 같은 시간 동안 그리는 호의 길이도 같

은 비율을 유지한다. 이 호를 각각 *CE*, *Oe*라 하자. 그러면 저항이 없는 매질 속의 *E* 지점에서 진자 *D*를 늦추는 힘은 *CE*에 비례하고, 저항이 있는 매질 속의 *e* 지점에서 진자 *d*를 늦추는 힘은 힘 *Ce*와 저항력 *CO*의 합(*Oe*)에 비례한다. 그러므로 두 진자를 늦추는 힘은 각각 *CB*와 *OB*이며, 이들 사이의 비율은 *CE* : *Oe*와 같다. 그리고 이 비율로 느려진 속도는 계속 같은 비율을 유지한다.

두 진자의 속도 비율과 쓸고 지나간 호의 길이 비율은 항상 *CB* : *OB*이다. 그러므로 전체 호 *AB*와 *aB*의 비율이 이 비율과 같도록 잡으면 진자 *D*와 *d*가 호 *AB*와 *aB*를 그리는 데 걸리는 시간이 같고, *A*와 *a*에 도달했을 때 모든 운동을 잃는다. 즉 두 진자는 등시성을 갖고 동시에 움직인다. 그리고 두 진자가 같은 시간 동안 그리는 호의 일부 *BD*와 *Bd*, 또는 *BE*와 *Be*는 호의 전체 길이 *BA*와 *Ba*에 각각 비례한다. [Q.E.D.]

부가정리

그러므로 저항이 있는 매질 속에서 진자의 속도가 가장 빠른 곳은 최저점 *C*가 아니라 전체 호 *Ba*를 이등분하는 *O*이다. *O*를 통과한 진자는 *a*를 향해 계속 나아가는데, 이때 진자의 가속도는 *B*에서 *O*로 나아갈 때의 가속도와 크기가 같고 방향만 반대이다(즉 *B*에서 *O*에 도달할 때까지는 일정 비율로 가속되고, *O*에서 *a*로 가는 동안은 같은 비율로 감속된다).

명제 26 / 정리 21

속도에 비례하는 저항을 받으면서 사이클로이드 궤적을 그리는 단진자들은 등시성을 갖는다.

줄의 길이가 같은 2개의 단진자가 각기 다른 원호를 그리는 경우(즉 진폭이 다른 경우), 서로 대응되는 부분을 지날 때 두 진자의 속도 비율이 전체 호의 길이 비율과 같으면 저항력의 비율도 같다(저항력은 속도에 비례하기 때문이다). 그러므로 중력에서 비롯된 진자의 구동력에서 저항력을 뺀 값(또는 더한 값)의 비율도 호의 길이 비율과 같다. 또한 속도의 증가량과 감소량도 이 차이(또는 합)에 비례하므로, 진자의 속도는 항상 호의 전체 길이에 비례한다. 그러므로 임의의 한순간에 두 속도의 비율이 전체 호의 길이 비율과 같으면, 이 비율은 항상 같은 값으로 유지된다. 그런데 두 진자가 운동을 시작하는 순간에 작용하는 힘은 호의 길이에 비례하므로, 호의 길이에 비례하는 속도를 낳는다. 따라서 속도는 항상 호의 전체 길이에 비례하며, 두 진자가 자신의 호를 완전히 그릴 때까지 동일한 시간이 소요된다. 즉 두 진자는 등시성을 갖는다. [Q.E.D.]

명제 27 / 정리 22

여러 개의 단진자가 속도의 제곱에 비례하는 저항을 받는 경우, 저항이 있

는 매질에서의 진동 시간과 저항이 없는(그러나 비중은 같은) 매질에서의 진동 시간의 차이는 이들이 그리는 호의 길이에 거의 비례한다.

〈그림 6-2〉

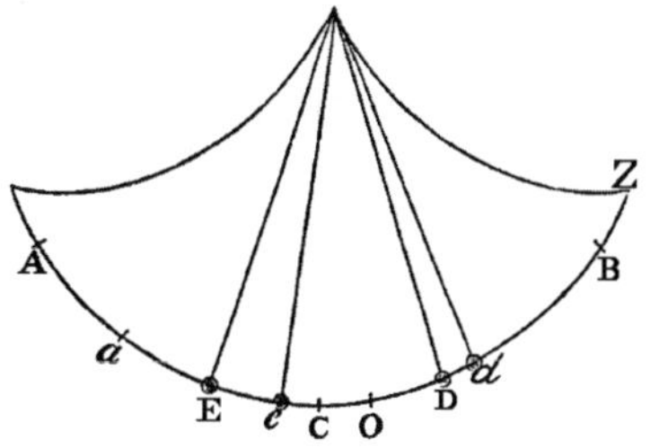

동일한 단진자 2개가 저항이 있는 매질 속에서 각기 다른 호 A, B를 그린다고 하자. 그리고 두 진자가 동일한 구획을 지나갈 때 이들에게 가해지는 저항력의 비율은 속도의 제곱 비율과 거의 같다고 하자. 즉 이 비율은 $A^2 : B^2$과 거의 같다. 호 B에 작용하는 저항과 호 A에 작용하는 저항의 비율이 $AB : A^2$이면, 명제 26에 의해 호 A를 그리는 데 걸리는 시간은 호 B를 그리는 데 걸리는 시간과 같다. 호 A에 작용하는 저항 A^2(또는 호 B에 작용하는 저항 AB)은 진자 A의 운동을 저항이 없는 경우보다 느리게 만들고, 호 B에 작용하는 저항 B^2은 진자 B의 운동을 저항이 없는 경우보다 느리게 만드는데, 여기서 발생한 초과 시간은 이들을 초래한 힘 AB와 B^2에 거의 비례하고, 따라서 A와 B의 길이에 비례한다. [Q.E.D.]

부가정리 1

그러므로 저항이 작용하는 매질 속에서 각기 다른 호를 그리는 단

진자의 주기를 알면, 비중이 같고 저항이 없는 매질 속에서 진동하는 진자의 주기를 알 수 있다.

이유: 방금 언급한 두 주기의 차이와 "저항이 있는 매질에서 짧은 호를 그리는 데 걸리는 시간과 저항이 없는 매질에서 동일한 호를 그리는 데 걸리는 시간의 차이"의 비율은 호의 전체 길이와 짧은 호의 길이의 비율과 같기 때문이다.

부가정리 2

진폭이 작을수록 진자의 등시성이 더욱 정확해지고, 진폭이 아주 작으면 저항이 있는 경우와 없는 경우의 주기가 거의 같아진다. 그러나 실제로 호가 조금이라도 길면 주기가 조금 더 길어진다. 왜냐하면 진자가 위에서 아래로 내려올 때 받는 저항력(이것 때문에 시간이 더 오래 걸린다)은 진자가 위로 올라갈 때 받는 저항력보다 (내려가는 호의 길이에 비례하여) 크기 때문이다.

그런데 진폭이 크건 작건, 매질의 운동 때문에 진자의 주기가 조금 길어지는 것 같다. 속도가 느려질 때는 저항력이 (속도의 제곱이 아닌) 속도에 비례하고, 속도가 점점 빨라질 때는 등속 운동을 할 때보다 저항을 많이 받는다. 매질은 물체(진자)와 같은 방향으로 움직이는데, 진자의 속도가 느려질 때 매질은 더 많이 움직이고 속도가 빨라질 때는 적게 움직이면서 진자의 운동에 영향을 준다. 즉 진자가 아래로 내려갈 때는 저항력이 "속도에 비례하는 값보다 크고" 위로 올라갈 때는 속도에 비례하는 값보다 작아지는데, 이 효과가 복합적으로 작용하여 전체적인 주기가 길어지는 것이다.

명제 28 / 정리 23

사이클로이드를 그리는 단진자가 시간의 변화율에 비례하는 저항을 받을 때, 저항력과 중력의 비율은 "내려오면서 그린 호와 올라가면서 그린 호의 길이 차이"와 "진자의 길이의 2배"의 비율과 같다.

〈그림 6-3〉

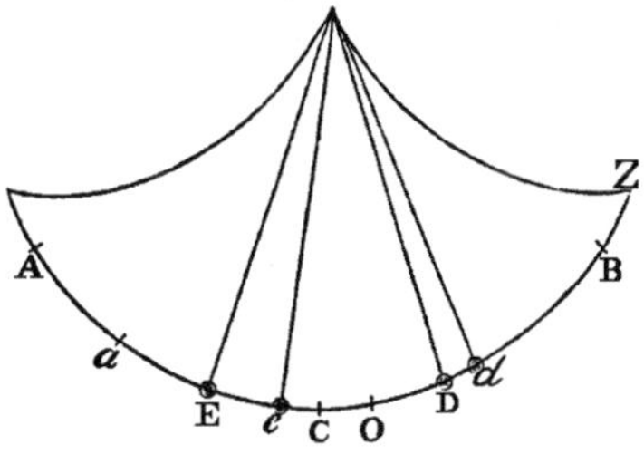

진자가 내려가면서 그린 호를 *BC*, 올라가면서 그린 호를 *Ca*라 하고, 두 호의 길이 차이를 *Aa*라 하자. 모든 조건과 결과가 명제 25와 동일하다면, 임의의 지점 *D*에서 진자가 받는 힘과 저항력의 비율은 호 *CD*와 *CO*의 길이 비율과 같다($CO=\frac{1}{2}Aa$이다). 그러므로 진자가 처음 출발할 때 받는 힘(제일 높은 곳에서 작용하는 중력)과 저항력의 비율은 최고점과 최저점 사이의 사이클로이드의 길이와 *CO*의 비율과 같다. 즉 (호의 길이를 2배로 늘이면) 사이클로이드의 전체 길이(또는 진자의 길이의 2배)와 *Aa*의 비율과 같다. [Q.E.D.]

명제 29 / 문제 6

사이클로이드를 그리면서 진동하는 물체가 속도의 제곱에 비례하는 저항을 받을 때, 각 위치에서 작용하는 저항력을 구하라.

〈그림 6-4〉

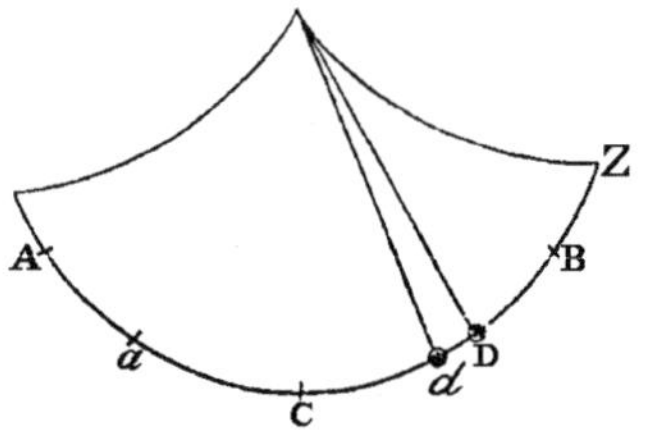

〈그림 6-5〉

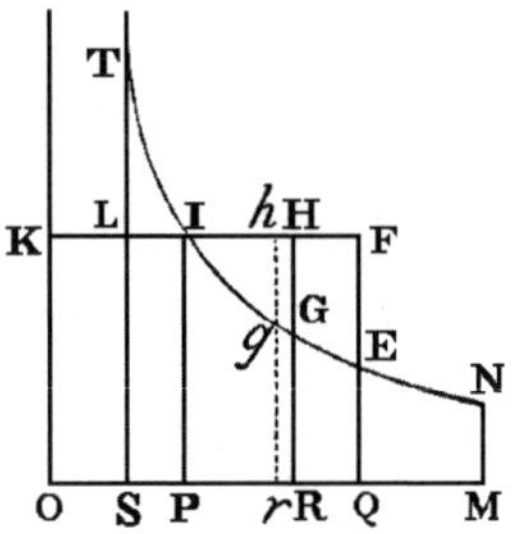

진자가 그리는 전체 호를 *Ba*, 사이클로이드의 최저점을 *C*, 전체 사이클로이드의 절반을 *CZ*라 하고, 진자의 길이는 *CZ*와 같다고 하자. 우리의 목적은 임의의 지점 *D*에서 진자에 가해지는 저항력을 구하는 것이다.

일단 수평선 *OQ* 위에 점 *O*, *S*, *P*, *Q*를 잡고 수직선 *OK*, *ST*, *PI*,

QE를 세운다. OK와 OQ를 점근선으로 갖는 쌍곡선 $TIGE$가 수직선 ST, PI, QE와 만나는 점을 각각 T, I, E라 하자. I를 지나면서 OQ에 평행한 직선 KF가 OK와 만나는 점을 K라 하고 수직선 ST와 QE가 KF와 만나는 점을 각각 L, F라 하면, 쌍곡선으로 에워싸인 도형 $PIEQ$와 $PITS$의 면적 비율은 진자가 내려가면서 그린 호 BC와 올라가면서 그린 호 Ca의 길이 비율과 같고, 도형 IEF와 ILT의 면적 비율은 직선 OQ와 OS의 길이 비율과 같다. 이제 $PINM$(수직선 MN과 PI, 그리고 쌍곡선으로 에워싸인 도형)과 $PIEQ$(수직선 OE와 PI, 그리고 쌍곡선으로 에워싸인 도형)의 면적 비율이 CZ와 BC의 길이 비율과 같아지도록 M을 잡고, $PIGR$(RG와 PI, 그리고 쌍곡선으로 에워싸인 도형)과 $PIEQ$의 면적 비율이 호 CD와 BC의 길이 비율과 같아지도록 R을 잡으면, D에서 진자에 가해지는 저항력과 중력의 비율은 $\frac{OR}{OQ}\times IEF-IGH$와 $PINM$의 면적 비율과 같다.

이유: 진자가 Z, B, D, a에서 받는 중력은 호 CZ, CB, CD, Ca의 길이에 비례하는데, 이 값은 각각 $PINM$, $PIEQ$, $PIGR$, $PITS$의 면적에 비례하므로, 비례 관계만 따진다면 각 호의 길이를 해당 면적으로 표현해도 상관없다. 진자가 아래로 내려가면서 지나는 아주 짧은 구간을 Dd라 하고, 이 값이 아주 작은 면적 $RGgr$과 같아지도록 수직선 rg를 잡는다. 그리고 rg를 연장하여 직선 KF와 만나는 점을 h라 하면, $GHhg$와 $RGgr$은 도형 IGH와 $PIRG$이 같은 시간 동안 줄어든 면적에 해당한다. 그러면 면적 $\frac{OR}{OQ}\times IEF-IGH$의 증가량인 $GHhg-\frac{Rr}{OQ}\times IEF$(또는 $Rr\times HG-\frac{Rr}{OQ}\times IEF$)와 $PIGR$의 감소량인 $RGgr$(또는 $Rr\times RG$)의 비율은 $HG-\frac{IEF}{OQ}$와 RG의 비율과 같고, 이 비

율은 $OR \times HG - \frac{OR}{OQ} \times IEF$와 $OR \times GR$(또는 $OP \times PI$)의 비율과 같다($OR \times HG = OR \times HR - OR \times GR = ORHK - OPIK = PIHR = PIGR + IGH$이기 때문이다). 그러므로 $\frac{OR}{OQ} \times IEF - IGH = Y$라 하면, $PIGR$의 감소량 $RGgr$은 주어진 값이므로 Y의 증가량은 $PIGR - Y$에 비례한다.

진자가 D에서 받는 중력(이 힘은 호 CD의 길이에 비례한다)을 V라 하고 저항력을 R이라 하면, 진자가 D에서 받는 총힘은 $V-R$이다. 그러므로 속도의 증가량은 $V-R$과 "속도가 증가하는 데 걸린 시간"에 복합적으로 비례한다. 그러나 속도 자체는 같은 시간 동안 호의 증가량에 비례하고, 시간에 반비례한다. 그런데 가정에 의해 저항력은 속도의 제곱에 비례하므로 저항력의 증가량은 (보조정리 2에 의해) 속도 및 속도의 증가량에 복합적으로 비례하며, 이는 곧 진자의 이동 거리와 $V-R$에 복합적으로 비례한다는 뜻이다. 그러므로 진자의 이동 거리가 주어지면 저항력의 증가량은 $V-R$에 비례하며, V를 $PIGR$의 면적으로 대치하고 R을 어떤 도형의 면적 Z라 하면 $PIGR-Z$에 비례한다.

그러므로 주어진 순간의 변화량을 빼서 $PIGR$의 면적이 일정하게 감소하도록 만들면, Y는 $PIGR-Y$의 비율로 증가하고 Z는 $PIGR -Z$의 비율로 증가한다. 따라서 Y와 Z가 처음에 같은 값을 가진 채 동시에 출발하면 매 순간 같은 양이 더해지므로 시종일관 값이 같고, 감소할 때도 같은 값으로 줄어들다가 동시에 0이 된다. 그리고 역으로, Y와 Z가 같은 값으로 출발했다가 동시에 0이 되면, 중간 변화율이 같으므로 항상 $Y=Z$의 관계가 성립한다. 왜냐하면 저항 Z가 증가하면 물체의 속도 및 물체가 올라가면서 그리는 호 Ca가 감소하고,

모든 운동과 저항이 사라지는 점이 C에 더욱 가까워져서 저항이 Y보다 빠르게 0으로 사라지기 때문이다(저항이 감소하는 경우에는 이 모든 현상이 반대로 나타난다).

면적 Z가 시작되고 끝나는 시점에 저항이 0이라고 가정해보자. 즉 호 $CD=CB$이면서 직선 RG가 QE와 겹칠 때 운동이 시작되고, 호 $CD=Ca$이고 직선 RG가 ST와 겹칠 때 운동이 끝난다고 하자. 또한 $Y=\frac{OR}{OQ}\times IEF-IGH$이 시작되는 점과 끝나는 점에서도 저항이 0이라고 하자. 그러면 시작점과 끝점에서는 $\frac{OR}{OQ}\times IEF=IGH$의 관계가 성립하며, 이 지점에서 직선 RG는 QE, 또는 ST와 겹치게 된다. 즉 이 면적들은 동시에 값을 갖기 시작했다가 동시에 0으로 사라지기 때문에 항상 같은 값을 갖는다.

〈그림 6-6〉

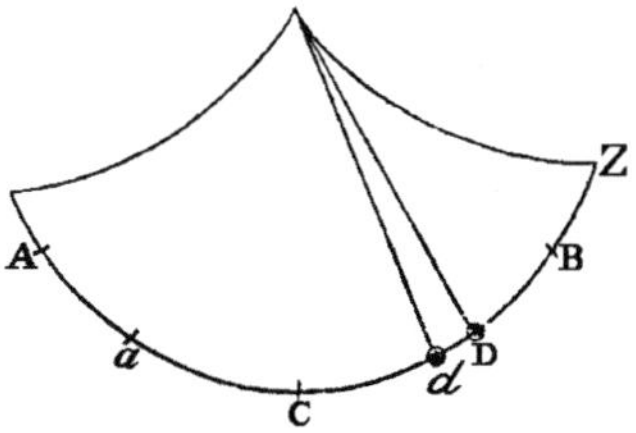

〈그림 6-7〉

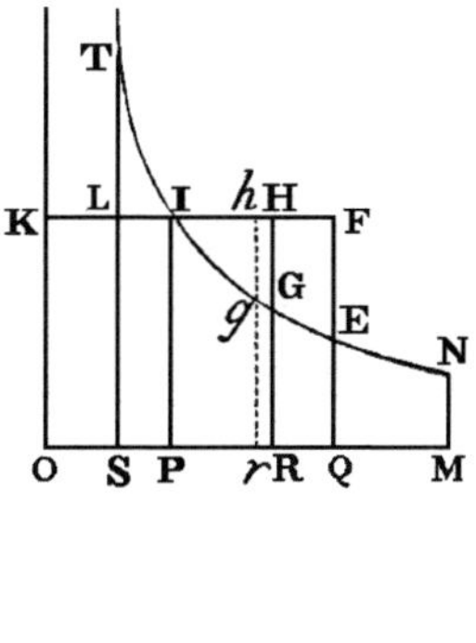

그러므로 $\frac{OR}{OQ}\times IEF-IGH$와 Z(저항을 나타내는 양)는 항상 같다. 따라서 이 값과 $PINM$(중력을 나타내는 양)의 비율은 저항과 중력의 비율과 같다. [Q.E.D.]

부가정리 1

최저점 C에서 저항과 중력의 비율은 $\frac{OR}{OQ}\times IEF : PINM$이다.

부가정리 2

저항은 $PIHR : IEF = OR : OQ$일 때 가장 크다. 바로 이 시점에서 저항의 변화율($PIGR-Y$)이 0이 되기 때문이다.

부가정리 3

임의의 위치에서 진자의 속도도 구할 수 있다. 가정에 의해 저항은 속도의 제곱에 비례하고, 진자의 초속도는 저항이 없는 공간에서 동일한 사이클로이드를 그리는 진자의 초속도와 같다.

그러나 이런 식으로는 저항과 속도를 구하기가 쉽지 않으므로, 다음의 명제를 추가하는 게 좋을 것 같다.

명제 30 / 정리 24

단진자가 그리는 사이클로이드와 길이가 같은 직선 aB를 그리고, 그 위의 임의의 점 D에서 수직선 DK를 세운다. 단 DK의 길이와 진자의 길이의 비

〈그림 6-8〉

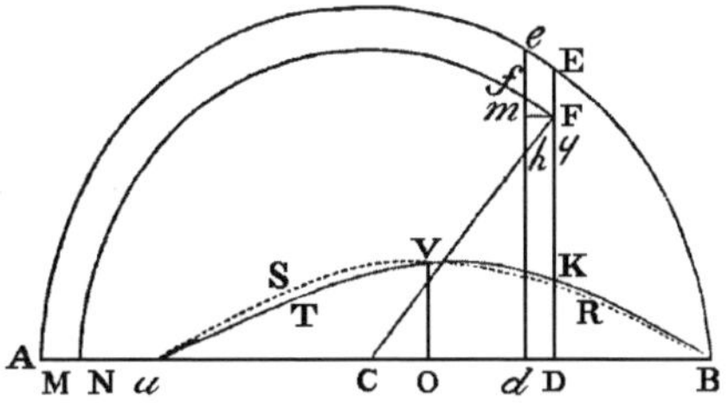

율은 "진자가 사이클로이드에서 *D*에 해당하는 위치에 있을 때 작용하는 저항력"과 중력의 비율과 같다. 그러면 "진자가 아래로 내려오면서 그리는 호의 길이와 다시 올라가면서 그리는 호의 길이의 차이"에 "두 호의 평균(두 길이의 합의 절반)"을 곱한 값은 *DK*가 쓸고 지나간 도형 *BKa*의 면적과 같다.

진자가 그리는 전체 사이클로이드와 길이가 같은 직선을 *aB*라 하고, 진공 중에서 진자가 그리는 전체 사이클로이드와 길이가 같은 직선을 *AB*라 하자. *AB*의 중점 *C*는 전체 사이클로이드에서 고도가 가장 낮은 최저점에 대응된다. *CD*는 진자가 *D*에 있을 때 작용하는 중력의 접선 방향 성분에 비례하는데, *CD*와 진자의 길이의 비율은 진자가 *D*에서 받는 힘과 중력의 비율과 같다. 그러므로 *D*에서 받는 힘을 *CD*로 나타내면 중력은 진자의 길이로 나타낼 수 있다. 그리고 수직선 *DE*에서 "*DK* : 진자의 길이=저항력 : 중력"이 되도록 *K*를 잡으면, 저항력은 *DK*로 나타낼 수 있다.

*C*를 중심으로 반지름이 *CA*(또는 *CB*)인 반원을 *BEeA*라 하고, 진자가 아주 짧은 시간 동안 통과한 구간을 *Dd*라 하자. *D*와 *d*에서 세운 수직선이 반원과 만나는 점을 각각 *E*, *e*라 하면, 진공 중에서 *B*에

서 출발한 진자가 D와 d에 도달했을 때의 속도는 각각 DE와 de에 비례한다(이것은 제1권의 명제 52에서 증명한 바 있다). 그러므로 이 속도는 그냥 DE와 de로 써도 무방하다. 그리고 저항이 있는 매질 속에서 B에서 출발한 진자가 D에 도달했을 때 얻는 속도를 DF라 하고, C를 중심으로 반지름이 CF인 원 FfM을 그려서 직선 de, AB와 만나는 점을 각각 f, M이라 하면, M은 저항이 더 이상 작용하지 않는 경우에 진자가 도달하게 될 위치를 나타내고, df는 d에서 진자의 속도를 나타낸다.

진자가 무한히 작은 구간 Dd를 지날 때 매질의 저항 때문에 잃은 속도의 변화율을 Fg로 나타내고 $Cg=CN$이 되도록 N을 잡으면, N은 저항이 더 이상 작용하지 않는 경우 물체가 도달하게 될 최고점에 해당하고, MN은 저항 때문에 줄어든 사이클로이드의 길이에 해당한다. DF에 수직한 선 Fm을 그으면 "저항력 DK에 의한 속도 DF의 감소량 Fg"와 "힘 CD에 의한 속도의 증가량 fm"의 비율은 DK와 CD의 비율과 같다. 또한 삼각형 Fmf, Fhg, FDC는 모두 닮은꼴이므로, $fm : Fm$(또는 Dd)$=CD : DF$이다. 두 비례식을 조합하면 $Fg : Dd=DK : DF$가 된다. 또한 $Fh : Fg=DF : CF$이므로, 비례식을 다시 조합하면 Fh(또는 MN)$: Dd=DK : CF$(또는 CM)이다. 따라서 (D가 이동함으로써 생기는) 모든 $MN\times CM$의 합과 모든 $Dd\times DK$의 합은 같다.

움직이는 점 M에서 직교좌표를 설정하여 수시로 변하는 CM을 세로 좌표로 잡고, 여기에 Aa를 곱한 값을 생각해보자. 이렇게 만들어진 사각형의 면적($Aa\times\frac{1}{2}aB$)은 모든 $MN\times CM$을 더한 값과 같으므로 $Dd \times DK$를 모두 더한 것과 같다. 따라서 이 값은 $BKVTa$의 면적과 같다. [Q.E.D.]

부가정리

그러므로 호 Ca와 CB의 차이인 Aa와 저항 법칙이 주어지면 저항력과 중력의 비율을 거의 정확하게 알 수 있다.

이유: 저항 DK가 일정하면 도형 $BKTa$는 $aB \times DK$와 면적이 같아진다. 즉 사각형 $Aa \times \frac{1}{2}aB$와 사각형 $aB \times DK$의 면적이 같으므로 $DK=\frac{1}{2}Aa$이다. 그런데 DK는 저항력을 나타내고 진자의 길이는 중력에 대응되므로, 저항력과 중력의 비율은 $\frac{1}{2}Aa$와 진자의 길이의 비율과 같다. 이것은 명제 28의 결과와 정확하게 일치한다.

저항이 속도에 비례하면 $BKTa$는 거의 타원에 가까워진다. 저항이 없는 매질 속에서 진자가 그리는 호의 전체 길이를 BA라 하면, 임의의 위치 D에서의 속도는 지름이 AB인 원의 세로 좌표 DE에 비례한다. 그런데 저항이 있는 매질 속에서 진자가 호 Ba를 그리는 데 걸리는 시간과 저항이 없는 매질 속에서 호 BA를 그리는 데 걸리는 시간이 거의 같고, Ba의 각 지점에서 진자의 속도와 이에 대응되는 BA에서의 속도 비율은 $Ba : BA$와 거의 같다. 그러므로 저항이 있는 경우 D에서의 속도는 지름이 Ba인 원 또는 타원의 세로 좌표에 비례한다. 따라서 도형 $BKVTa$는 거의 타원이다.

저항이 속도에 비례한다고 가정했으므로, 중심점 O에서 작용하는 저항을 OV라 하자. 그러면 O를 중심으로 장축과 단축이 각각 OB, OV인 기하학적 타원 $BRVSa$는 도형 $BKVTa$와 거의 같고, 그 면적은 직사각형 $Aa \times BO$와 같다. 그러므로 $Aa \times BO$와 $OV \times BO$의 비율은 위에 언급한 타원과 $OV \times BO$의 면적 비율과 같다. 즉 Aa와 OV의 비율은 반원의 면적과 반지름의 제곱의 비율과 같으며, 이 값은 11 : 7이다. 그러므로 $\frac{7}{11}Aa$와 진자의 길이의 비율은 진자가 O에서 받는 저항과 중력의 비율과 같다.

그러나 저항 DK가 속도의 제곱에 비례하면 $BKYTa$는 꼭짓점이 V이고 중심축이 OV인 포물선에 가까워지고, 면적은 $\frac{2}{3}BA \times OV$에 가까워진다. 그러므로 직사각형 $\frac{1}{2}Ba \times Aa$의 면적은 $\frac{2}{3}BA \times OV$와 같고, $OV=\frac{3}{4}Aa$가 된다. 따라서 진자가 O에 있을 때 받는 저항력과 중력의 비율은 $\frac{3}{4}Aa$와 진자의 길이의 비율과 같다.

이 결론은 실제 상황에 적용 가능할 정도로 정확하다. 타원(또는 포물선) $BRVSa$와 도형 $BKVTa$는 중간점이 V라는 공통점이 있으므로 BRV 구간에서 타원(또는 포물선)이 $BKVTa$보다 크면 VSa 구간에서는 $BKVTa$보다 작고, 그 반대도 마찬가지다. 따라서 어떤 경우에도 $BRVSa$와 $BKVT$의 면적은 거의 같다고 할 수 있다.

명제 31 / 정리 25

임의의 위치에서 진자에 가해지는 저항력이 특정 비율로 증가하거나 감소하면, 진자가 내려갈 때 그리는 호와 연이어 올라갈 때 그리는 호의 길이 차이는 같은 비율로 증가하거나 감소한다.

〈그림 6-9〉

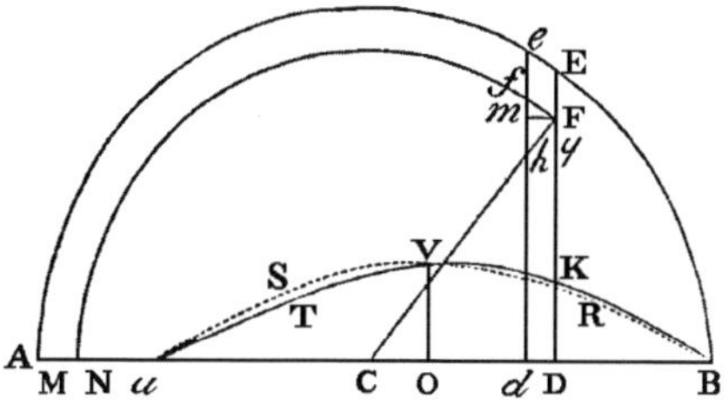

진자가 내려갈 때 그리는 호와 올라갈 때 그리는 호의 길이 차이는 매질의 저항 때문에 생긴다. 따라서 이 값은 저항력 자체와 경로 차이의 총량(진자가 완전히 왕복하면서 그린 경로의 차이)에 비례한다. 방금 전에 다룬 명제 30에 의하면, 직선 $\frac{1}{2}aB$와 호 $CB-Ca=Aa$로 만든 직사각형의 면적은 *BKTa*의 면적과 같다. *aB*의 길이가 변하지 않으면 이 면적은 세로 좌표 *DK*(저항)와 같은 비율로 증가하거나 감소한다. 그러므로 *Aa*와 $\frac{1}{2}aB$로 만들어진 직사각형의 면적은 *aB*와 저항에 복합적으로 비례하며, 따라서 *Aa*는 저항에 비례한다. [Q.E.D.]

부가정리 1

저항이 속도에 비례하는 경우, 동일한 매질 속에서 호의 길이 차이는 호의 전체 길이에 비례하며, 그 역도 성립한다.

부가정리 2

저항이 속도의 제곱에 비례하면 호의 길이 차이는 호의 전체 길이의 제곱에 비례하며, 그 역도 성립한다.

부가정리 3

일반적으로 저항이 속도의 세제곱, 또는 임의의 거듭제곱에 비례하면 호의 길이 차이는 호의 전체 길이의 동일한 거듭제곱에 비례하며, 그 역도 성립한다.

부가정리 4

저항의 일부는 속도에 비례하고 일부는 속도의 제곱에 비례하는 경우, 호의 길이 차이는 부분적으로 전체 길이에 비례하고 부분적으로 전체 길이의 제곱에 비례하며, 그 역도 성립한다. 속도에 대한 저항의 비율과 법칙은 호의 길이 차이에 대해서도 똑같이 적용된다.

부가정리 5

하나의 단진자가 그리는 궤적의 길이가 진동마다 달라지는 경우, 호의 길이에 대한 길이 차이의 증감 비율을 알면, 속도의 증감에 따른 저항의 증감 비율을 알 수 있다.

일반적인 설명

지금까지 언급된 일련의 법칙을 이용하면 특정 매질 속에서 단진자를 진동시켜 매질의 저항력을 구할 수 있다. 실제로 나는 이 방법을 이용하여 공기의 저항력을 알아냈는데, 구체적인 실험 내용은 다음과 같다.

가느다란 줄의 한쪽 끝에 나무 공을 묶고, 줄의 반대쪽 끝은 고리에 걸어놓는다. 진동의 중심과 고리 사이의 거리(진자의 길이)는 $10\frac{1}{2}$ 피트이고 나무 공의 무게는 $57\frac{7}{22}$ 온스, 지름은 $6\frac{7}{8}$ 인치이다. 공을 매단 지점으로부터 10피트 1인치 떨어진 지점(줄 위의 한 점)에 표시를 해놓고, 인치 단위의 눈금이 새겨진 자를 같은 높이에 설치하여 진자가 그리는 호의 길이를 측정한다. 나는 공의 운동이 처음 운동의 $\frac{1}{8}$을 잃을 때까지 진동한 횟수를 노트에 기록했다. 진자를 수직(평형) 위치에서 2인치만큼 잡아당겼다가 놓으면 완전히 내려갈 때까지 2인치짜리 호를 그리고, 여기서 다시 위로 올라가면서 다시 2인치에 가까운 호를 그린다. 즉 첫 번째 진동에서 진자가 그리는 호의 총길이는 약 4인치이다. 그 후에는 공기의 저항 때문에 호의 길이가 점점 짧아지는데, 164번 진동했을 때 운동의 $\frac{1}{8}$이 손실되는 것으로 나타났다. 즉 이 진자가 164번 진동했을 때 위로 올라가면서 그린 호의 길이는 $1\frac{3}{4}$ 인치였다.

평형 상태에서 4인치만큼 잡아당겼다가 놓은 경우에는 121번 진동한 후 운동의 $\frac{1}{8}$을 잃었다(즉 진자가 마지막으로 올라가면서 그린 호의 길이는 $3\frac{1}{2}$ 인치였다). 그 외에 8, 16, 32, 64인치만큼 잡아당겼다가 놓았더니 각각 69, $35\frac{1}{2}$, $18\frac{1}{2}$, $9\frac{2}{3}$ 회 진동했을 때 운동의 $\frac{1}{8}$을 잃는 것으로 나타났다. 첫 번째 진동에서 아래로 내려가면서 그린 호와 마지막 진동에서 위로 올라가면서 그린 호의 길이 차이는 각각 $\frac{1}{4}$, $\frac{1}{2}$, 1, 2, 4, 8인치인데, 이 값을 진동수로 나누면 한 번 진동할 때마다 호가 얼마나 줄어들었는지 알 수 있다. 한 번 진동할 때 진자가 그린 호의 평균 길이는 각각 $3\frac{3}{4}$, $7\frac{1}{2}$, 15, 30, 60, 120인치이며, 내려가면서 그린 호와 올라가면서 그린 호의 평균 길이 차이는 각각 $\frac{1}{656}$, $\frac{1}{242}$, $\frac{1}{69}$, $\frac{4}{71}$, $\frac{8}{37}$, $\frac{24}{29}$인치로 나타났다.

진폭이 큰 경우에 이 값은 호의 길이의 제곱에 거의 비례하지만, 진폭이 작으면 이 비례 관계보다 조금 더 커지는 경향을 보인다. 그러므로 (제2권 명제 31의 부가정리 2에 의해) 진자에 가해지는 저항력은 속도가 빠를 때 호의 길이의 제곱에 비례하고, 느릴 때는 이보다 조금 더 커진다.

진자가 가질 수 있는 최대 속도를 V라 하자. 그리고 A, B, C를 어떤 주어진 양이라고 했을 때, 호의 길이 차이가 $AV+BV^{\frac{3}{2}}+CV^2$으로 표현된다고 하자. 사이클로이드에서 가장 빠른 속도는 전체 호의 절반에 비례하고, 원 궤도에서 가장 빠른 속도는 해당 원호에 대응되는 현의 길이의 절반에 비례한다. 그러므로 호의 길이가 같으면 사이클로이드 진자의 속도가 원을 그리는 진자의 속도보다 "호의 길이 : 현의 길이"만큼 더 빠르고, 원을 그리는 진자의 주기는 속도에 반비례하므로 사이클로이드보다 길다. 따라서 진자의 궤적이 사이클로이드건 원이건, 호의 길이 차이(이 차이는 주기의 제곱과 저항에 모두 비례한다)는 거의 같다. 사이클로이드에서 이 차이는 호와 현의 제곱 비율과 거의 비슷한 비율로 저항과 함께 증가하고(속도가 호와 현의 비율로 증가하기 때문이다. 즉 "속도의 증가율=호의 길이 : 현의 길이"이다), 같은 제곱 비율로 주기의 제곱과 함께 감소한다. 그러므로 위에 제시한 조건(호의 길이 차이$=AV+BV^{\frac{3}{2}}+CV^2$)을 사이클로이드에 적용하려면 원에서 관찰한 원호의 길이 차이를 호의 차이로 간주하고, 진자의 최대 속도 V가 호(전체 또는 절반)에 비례한다고 가정해야 한다.

내가 실행한 실험에서 이 값은 각각 $\frac{1}{2}$, 1, 2, 4, 8, 16이었는데 두 번째와 네 번째, 그리고 여섯 번째 경우에 V를 각각 1, 4, 16이라 하면 호의 길이 차이는 각각 $\frac{\frac{1}{2}}{121}=A+B+C$, $\frac{2}{35+\frac{1}{2}}=4A+8B+16C$, $\frac{8}{9+\frac{2}{3}}=16A+64B+256C$가 된다. 이 방정식의 해는 A=0.0000916, B=0.0010847, C=0.0029558이며, 호의 길이 차이는 $0.0000916V+0.0010847V^{\frac{3}{2}}+0.0029558V^2$이다. 그리고 (명제 30의 부가정리를 적용하면) 속도가 V인 호의 중앙에서 저항과 무게 $\frac{7}{11}$의 비율은 $AV+\frac{7}{10}BV^{\frac{3}{2}}+\frac{3}{4}CV^2$과 진자의 길이와의 비율과 같으므로 A, B, C에 값을 대입하면 나무 공에 가해지는 저항과 무게의 비율은 $0.0000583V+0.0007593V^{\frac{3}{2}}+0.0022169V^2$과 "진자를 매단 점에서 자가 놓인 곳까지의 거리(121인치)"의 비율과 같다. 두 번째 경우에 V=1이고 네 번째는 4, 여섯 번째는 16이었으므로, 두 번째 경우에 저항과 무게의 비율은 0.0030345∶121이고 네 번째는 0.041748∶121, 여섯 번째는 0.61705∶121이다.

여섯 번째 경우, 줄에 표시해놓은 점이 그리는 호의 길이는 $120-\frac{8}{9+\frac{2}{3}}=119\frac{5}{29}$인치였다. 반지름이 121인치이고 진자를 매단 지점과 공의 중심까지의 거리가 126인치이므로, 공의 중심이 그리는 호의 길이는 $124\frac{3}{31}$인치이다. 공기의 저항 때문에 진자의 속도가 가장 빠른 지점은 최저점이 아니라 전체 호의 중간 지점에 가까운데, 이때의 속도는 저항이 없는 매질 속에서 전체 호의 절반($62\frac{3}{62}$인치)만큼 내려왔을 때의 속도와 같다. 그러므로 이 속도는 전체 호의 절반의 버사인에 해당하는 높이만큼 수직으로 떨어졌을 때의 속도와 같다. 그런데 이 버사인과 호의 길이($62\frac{3}{62}$)의 비율은 같은 호와 진자 길이의 2배(252)의 비율과 같으므로, 버사인의 값은 약 15.278인치이다. 따라서 진자의 최대 속도는 15.278인치를 자유 낙하했을 때의 속도와 같다. 나무 공이 이 속도에 도달했을 때 저항과 무게의 비율은 0.61705 : 121이며, 속도의 제곱에 비례하는 저항만 고려하면 0.56752 : 121이다.

"실험에 사용한 나무 공"과 "같은 부피의 물"의 무게 비율은 55 : 97=121 : 213.4였다. 그러므로 물로 만든 공(물공이라 하자)이 위와 같은 속도로 움직일 때 저항과 무게의 비율은 0.56752 : 213.4=1 : $376\frac{1}{50}$이다. 물공이 균일한 속도로 30.556인치의 호를 그리는 동안 물공의 무게는 속도를 얻는 데 기여하므로, 같은 시간 동안 저항력이 균일하게 작용하면 물공은 전체 속도의 $\frac{1}{376+\frac{1}{50}}$을 잃게 된다. 따라서 공이 같은 시간 동안 같은 균일한 속도로 움직이면, 반지름에 해당하는 $3\frac{7}{16}$인치를 이동하는 동안 운동의 $\frac{1}{3,342}$을 잃는다.

나는 진자가 운동의 $\frac{1}{4}$을 잃을 때까지 진동하는 횟수도 측정했다. 〈표 6-1〉의 첫 번째 줄에 나열된 숫자는 진자가 처음 아래로 내려갈 때 그린 호의 길이를 인치 단위로 나타낸 것이고 두 번째 줄은 진자가 마지막으로 위로 올라가면서 그린 호의 길이이다. 그리고 마지막 줄에는 진동 횟수를 적어 놓았다. 굳이 데이터를 공개하는 이유는 운동의 $\frac{1}{8}$을 잃을 때까지 관측한 실험보다 훨씬 정확하기 때문이다. 관심 있는 독자들은 중간 계산을 실행하여 결과가 얼마나 정확한지 확인해보기 바란다.

〈표 6-1〉

첫 번째 하강	2	4	8	16	32	64
마지막 상승	$1\frac{1}{2}$	3	6	12	24	48
진동 횟수	374	272	$16\frac{1}{2}$	$83\frac{1}{3}$	$41\frac{2}{3}$	$22\frac{2}{3}$

〈표 6-2〉

첫 번째 하강	1	2	4	8	16	32	64
마지막 상승	$\frac{7}{8}$	$\frac{7}{4}$	$3\frac{1}{2}$	7	14	28	56
진동 횟수	226	228	193	140	$90\frac{1}{2}$	53	30

〈표 6-3〉

첫 번째 하강	1	2	4	8	16	32	64
마지막 상승	$\frac{3}{4}$	$1\frac{1}{2}$	3	6	12	24	48
진동 횟수	510	518	420	318	204	121	70

후속 실험에서는 지름 2인치, 무게 $26\frac{1}{4}$온스인 납으로 만든 공(납공)을 같은 줄에 매달아서 공의 중심과 매단 지점 사이의 거리가 $10\frac{1}{2}$피트가 되도록 만든 후, 운동의 일정 부분이 소실될 때까지 걸린 진동수를 헤아렸다. 〈표 6-2〉는 운동의 $\frac{1}{8}$이 소실될 때까지 걸린 진동수이고, 〈표 6-3〉은 운동의 $\frac{1}{4}$이 소실될 때까지 걸린 진동수이다.

〈표 6-2〉의 세 번째, 다섯 번째, 일곱 번째 데이터를 취하여 각 경우의 최고 속도 V를 1, 4, 16이라 하자. 그러면 세 번째 실험에서는 $\frac{\frac{1}{2}}{193}=A+B+C$가 되고 다섯 번째 실험에서는 $\frac{2}{90+\frac{1}{2}}=4A+8B+16C$, 일곱

번째 실험에서는 $\frac{8}{30}=16A+64B+256C$가 된다. 이 연립 방정식의 해는 $A=0.001414$, $B=0.000297$, $C=0.000879$이다. 그러므로 속도 V인 공에 작용하는 저항력과 무게($26\frac{1}{4}$온스)의 비율은 $0.0009V+0.000208V^{\frac{3}{2}}+0.000659V^2$과 진자의 길이(121인치)의 비율과 같다. 그리고 속도의 제곱에 비례하는 저항만 고려하면 저항과 무게의 비율은 $0.000659V^2:121$이 된다.

첫 번째 실험에서 속도의 제곱에 비례하는 저항과 나무 공 무게($57\frac{7}{22}$)의 비율은 $0.002217V^2:121$이었다. 그러므로 나무 공과 납 공에 작용하는 저항의 비율은 (속도가 같을 때) $57\frac{7}{22}\times0.002217:26\frac{1}{4}\times0.000659=7\frac{1}{3}:1$이다. 두 공의 지름은 각각 $6\frac{7}{8}$인치와 2인치이고, 이 값의 제곱은 약 $47\frac{1}{4}$과 4, 또는 $11\frac{13}{16}$과 1이다. 따라서 속도가 같을 때 두 공에 작용하는 저항의 비율은 지름의 제곱의 비율보다 작다.

그러나 이것은 줄의 저항을 고려하지 않은 결과이다. 줄에 작용하는 저항은 무시할 수 없을 정도로 크며, 진자에 작용하는 총저항을 구하려면 앞서 구한 저항에서 줄의 저항을 빼줘야 한다. 줄의 저항을 정확하게 알아낼 수는 없지만, 작은 진자의 경우 전체 저항의 3분의 1이 넘을 것으로 예측된다. 줄의 저항을 빼고 나면 진자에 작용하는 저항은 공의 지름에 거의 비례하는 것으로 나타났다. $7\frac{1}{3}-\frac{1}{3}:1-\frac{1}{3}=10\frac{1}{2}:1$은 반지름의 제곱 비율인 $11\frac{13}{16}:1$과 거의 같다.

공의 지름이 크면 줄의 저항에 의한 효과가 상대적으로 작아진다. 나는 지름이 $18\frac{3}{4}$인 큰 공으로 같은 실험을 실행했는데, 줄을 매단 지점과 공의 중심 사이의 거리는 $122\frac{1}{2}$인치였고 매단 지점과 줄의 매듭 사이의 거리는 $109\frac{1}{2}$인치, 공이 처음 내려올 때 매듭이 그리는 호의 길이는 32인치, 다섯 번 진동한 후 공이 마지막으로 올라갈 때 매듭이 그린 호의 길이는 28인치였다. 한 번 진동할 때 진자가 그리는 호의 평균 길이는 방금 언급한 2개의 호를 더한 60인치이며, 두 호의 길이 차이는 4인치이다. 그리고 한 번 진동할 때 진자가 내려온 길이와 올라간 길이의 평균 차이는 4인치의 $\frac{1}{10}$인 $\frac{2}{5}$인치이다(다섯 번 진동했다는 것은 곧 열 번 왕복했다는 뜻이다). 반지름 $109\frac{1}{2}$과 $122\frac{1}{2}$의 비율은 줄의 매듭이 그리는 전체 호의 평균 길이 60인치와 공의 중심이 그리는 전체 호의 평균 길이 $67\frac{1}{8}$인치의 비율과 같고, 진자가 내려온 길이와 올라간 길이의 평균 차이 $\frac{2}{5}$인치와 새로운 차이 0.4475인치의 비율과도 같다. 호의 길이를 그대로 유지한 채 진자의 길이를 $126 : 122\frac{1}{2}$의 비율로 증가시키면 진자의 주기는 이 비율의 제곱근을 따라 증가하고 속도는 이 비율의 제곱근을 따라 감소하지만, 내려가면서 그린 호와 올라가면서 그린 호의 길이 차이 0.4475는 달라지지 않는다. 그리고 호의 길이를 $124\frac{3}{31} : 67\frac{1}{8}$의 비율로 증가시키면 호의 차이 0.4475는 이 비율의 제곱에 비례하여 1.5295로 커진다. 이런 식의 변화는 진자의 저항이 속도의 제곱에 비례하는 한 비슷한 패턴으로 계속된다. 그러므로 진자가 $124\frac{3}{31}$인치짜리 호를 그리고 진자를 매단 지점과 공의 중심 사이의 거리가 126인치이면 진자가 내려가면서 그린 호와 연이어 올라가면서 그린 호의 길이 차이는 1.5925인치가 되고, 이 차이에 공의 무게(208온스)를 곱하면 318.136이라는 값이 얻어진다. 나무 공 진자의 경우, 공의 중심이 그리는 전체 호의 길이가 $124\frac{3}{31}$인치일 때(공의 중심과 매단 지점 사이의 거리는 126인치였다) 내려가는 호와 올라가는 호의 길이 차이는 $\frac{126}{121} \times \frac{8}{9+\frac{2}{3}}$

이며, 여기에 공의 무게($57\frac{7}{22}$온스)를 곱하면 49.396이다. 공의 무게를 곱한 이유는 저항을 구하기 위해서이다. 호의 길이에 차이가 생기는 것은 저항 때문이며, 이 차이는 저항에 비례하고 무게에 반비례한다. 그러므로 위의 두 경우에 저항은 각각 318.136과 49.396이다. 그러나 작은 공에서 속도의 제곱에 비례하는 저항과 전체 저항의 비율은 0.56752 : 0.61675 = 45.453 : 49.396이며, 공이 큰 경우에는 속도에 비례하는 저항과 전체 저항이 거의 같다. 그러므로 작은 공과 큰 공에서 속도의 제곱에 비례하는 저항의 비율은 318.136 : 45.453 ≅ 7 : 1이다. 공의 지름이 $18\frac{3}{4}$과 $6\frac{7}{8}$이면 이들을 제곱한 비율은 $351\frac{9}{16}$: $47\frac{17}{64}$ = 7.438 : 1로서 방금 구한 저항의 비율(7 : 1)과 약간의 차이가 있지만, 이 차이는 줄에 작용하는 저항보다 크지 않다. 따라서 (공의 크기가 같을 때) 진자에 작용하는 저항 중 속도의 제곱에 비례하는 부분은 (속도가 같을 때) 공의 지름의 제곱에 비례한다.

그러나 내가 실험에 사용한 큰 공들은 완벽한 구형이 아니기 때문에, 위의 계산에는 상세한 부분이 생략되어 있다. 애초부터 정밀한 실험이 아니었기에 계산에 공을 들여봐야 별 의미가 없다.

더 크고 정확한 구형 진자로 후속 실험이 이루어지기를 바란다. 진공 여부를 테스트하는 기술이 이 실험에 달려 있기 때문이다. 공의 지름을 4, 8, 16, 32와 같이 기하급수로 키워 나갔을 때 운동의 변화 패턴을 관찰하면, 공이 아주 클 때 나타나는 현상을 예측할 수 있다.

나는 다양한 유체의 저항을 비교하기 위해 다음과 같은 실험을 실행했다. 우선 길이 4피트, 폭 1피트, 높이 1피트짜리 나무 상자에 물을 가득 채우고 그 안에 납으로 만든 공을 매달아서 수중 진동을 유도한다. 납 공의 무게는 $166\frac{1}{6}$온스이고 지름은 $3\frac{5}{8}$인치, 공을 매단 지점에서 줄에 표시해놓은 특정 지점 사이의 길이는 126인치, 공의 무게 중심까지의 길이는 $134\frac{3}{8}$인치이다. 실험에서 얻은 데이터는 〈표 6-4〉와 같다.

〈표 6-4〉

첫 번째 하강시 줄의 특정 지점이 그리는 호의 길이	64	32	16	8	4	2	1	$\frac{1}{2}$	$\frac{1}{4}$
마지막 상승시 호의 길이	48	24	12	6	3	$1\frac{1}{2}$	$\frac{3}{4}$	$\frac{3}{8}$	$\frac{3}{16}$
호의 길이 차이 (손실된 운동에 비례함)	16	8	4	2	1	$\frac{1}{2}$	$\frac{1}{4}$	$\frac{1}{8}$	$\frac{1}{16}$
물속에서의 진동 횟수			$\frac{29}{60}$	$1\frac{1}{5}$	3	7	$11\frac{1}{4}$	$12\frac{2}{3}$	$13\frac{1}{3}$
공기 중에서의 진동 횟수	$85\frac{1}{2}$		287	535					

(길이의 단위: 인치)

네 번째 세로줄의 데이터를 보면, 공기 중에서 535번 진동한 경우와 물속에서 $1\frac{1}{5}$번 진동한 경우에 운동의 손실량이 같다. 이것은 공기 중의 진자가 수중 진자보다 빠르게 움직인다는 확실한 증거이다. 수중 진자의 속도를 가속시켜서 공기 중 진자와 같아지게 만들어도, $1\frac{1}{5}$번 진동한 후 손실된 운동은 이전과 똑같다. 물속에서 저항이 특정 비율로 증가하면 주기의 제곱은 그와 같은 비율로 감소하기 때문이다. 그러므로 공기 중과 수중에서 진자의 속도가 같으면 공기 중에서 535번 진동한 진자와 수중에서 $1\frac{1}{5}$번 진동한 진자는 운동의 손실 비율이 같고, 수중 진자의 저항과 공기 중 진자의 저항의 비율은 $535:1\frac{1}{5}$이다. 네 번째 세로줄의 경우, 전체 저항의 비율은 이와 같다.

공기 중에서 최대 속도 V로 움직이는 진자가 내려가면서 그리는 호와 연이어 올라가면서 그리는 호의 차이[2]를 $AV+CV^2$으로 표현하자. 네 번째 세로줄과 첫 번째 세로줄의 최대 속도 비율은 $1:8$이고 네 번째 세로줄의 승강 경로차와 첫 번째 세로줄의 승강 경로차의 비율은 $\frac{2}{535}:\frac{16}{85+\frac{1}{2}}=85\frac{1}{2}:4{,}280$이다. 두 경우의 속도를 각각 1, 8이라 하고 승강 경로차를 각각 $85\frac{1}{2}$, 4,280이라 하면 $A+C=85\frac{1}{2}$, $8A+64C=4{,}280$, $A+8C=535$이다. 이 방정식을 풀면 $7C=449\frac{1}{2}$이 되어 $C=64\frac{3}{14}$이고 $A=21\frac{2}{7}$이므로, 저항은 $\frac{7}{11}AV+\frac{3}{4}CV^2=13\frac{6}{11}V+48\frac{9}{56}V^2$이 된다. 그러므로 속도가 1인 네 번째 세로줄의 경우 전체 저항과 속도의 제곱에 비례하는 저항의 비율은 $13\frac{6}{11}+48\frac{9}{56}:48\frac{9}{56}=61\frac{12}{17}:48\frac{9}{56}$이다. 그리고 수중 진자와 공기 중 진자의 저항 중 속도의 제곱에 비례하는 부분(속도가 빠른 경우에는 이 부분만 고려해도 충분하다)의 비율은 $61\frac{12}{17}:48\frac{9}{56}$와 $535:1\frac{1}{5}$의 결합 비율인 $571:1$이다. 수중 진자의 줄이 물속에 모두 잠긴 채 진동했다면 저항이 더욱 커서 "속도의 제곱에 비례하는 수중 진자의 저항"과 "공기 중에서 같은 속도로 움직이는 동일한 진자의 저항"의 비율은 약 $850:1$이 되었을 것이다. 이 비율은 물과 공기의 밀도 비율과 거의 같다.

이 계산에서도 수중 진자에 작용하는 저항은 속도의 제곱에 비례하는 부분만 고려해야 한다. 그런데 본 실험에서는 (다소 이상하게 들

2) 앞으로 이 차이를 "승강 경로차"라 하자.

리겠지만) 물속에서의 저항이 속도의 제곱보다 다 큰 비율로 증가하는 것처럼 나타났다. 그 이유는 아마도 나무 상자의 크기에서 찾을 수 있을 것이다. 공의 크기에 비해 상자의 폭이 너무 좁아서, 공 옆으로 피해 가는 물의 운동을 방해했을 수도 있다. 지름이 1인치인 수중 진자의 경우, 저항력은 속도의 제곱에 거의 정확하게 비례하는 것으로 나타났다.

나는 이 사실을 확인하기 위해 두 종류의 진자를 만들어서 별도의 실험을 실행했다. 작은 공이 매달린 진자는 물속에서 움직이고, 큰 공이 매달린 진자는 공기 중에서 좀더 오랫동안 움직인다. 실험 결과는 아래의 표에 정리되어 있다.

〈표 6-5〉

처음 하강할 때 진자가 그린 호의 길이	16	8	4	2	1	$\frac{1}{2}$	$\frac{1}{4}$
마지막으로 상승할 때 진자가 그린 호의 길이	12	6	3	$1\frac{1}{2}$	$\frac{3}{4}$	$\frac{3}{8}$	$\frac{3}{16}$
호의 길이 차이, 즉 승강 경로차 (손실된 운동에 비례함)	4	2	1	$\frac{1}{2}$	$\frac{1}{4}$	$\frac{1}{8}$	$\frac{1}{16}$
진동 횟수	$3\frac{3}{8}$	$6\frac{1}{2}$	$12\frac{1}{12}$	$21\frac{1}{5}$	34	53	$62\frac{1}{5}$

다양한 매질의 저항을 비교하기 위해 나는 수은 속에서 쇠로 만든 공(쇠 공)을 진동시켜보았다. 쇠 공을 매단 줄의 길이는 약 3피트였고 쇠 공의 지름은 약 $\frac{1}{3}$인치였다. 그리고 커다란 납 공을 매단 진자는

수은면 바로 위의 공기 중에서 진동하도록 만들었다. 수은 3파운드를 용기에 채워서 수은 진자의 운동을 측정한 후 매질을 물로 바꿔서 동일한 실험을 실행하면 수은과 물의 저항을 직접 비교할 수 있다.

실험 결과 수은과 물의 저항 비율은 13(또는 14) : 1로 나타났는데, 이 값은 수은과 물의 밀도 비율과 거의 같다. 공의 지름을 $\frac{1}{3}$~$\frac{2}{3}$인치로 조금 키우면 수은과 물의 저항 비율이 약 12(또는 10) : 1로 조금 작아지는데, 후자보다는 전자의 실험이 더 정확하다. 공의 지름이 커지면 공에 대한 용기의 폭이 상대적으로 작아져서 움직이는 공에 더 많은 저항을 가하기 때문이다. 큰 공을 사용할 때는 그에 걸맞게 용기도 커져야 한다.

나는 금속을 녹인 액체를 비롯하여 차갑고 뜨거운 여러 가지 액체를 큰 용기에 담아서 이 실험을 실행하려 했으나, 시간이 부족하여 뜻을 이루지 못했다. 그러나 지금까지 얻은 결과를 보면, 유체 속에서 빠르게 움직이는 물체에 가해지는 저항은 유체의 밀도에 거의 비례하는 것 같다. 물론 저항을 좌우하는 요인은 밀도만이 아니다. 밀도가 같아도 점성이 크면 저항이 더 크게 작용한다. 물은 알코올보다 저항이 크고, 뜨거운 기름은 빗물보다 저항이 크고, 차가운 기름은 뜨거운 기름보다 저항이 크다. 그러나 공기, 물(민물 또는 소금물), 와인, 테레빈유, 증류를 통해 찌꺼기를 제거한 기름, 금속을 녹인 액체, 수은, 황산 등등…처럼 유동성이 충분히 큰 유체들은(유동성이 크면 한 번 일어난 운동이 오랫동안 유지되며, 다른 그릇에 조심스럽게 부으면 한 방울씩 분리되어 떨어진다) 앞에서 언급한 법칙을 거의 정확하게 따를 것이다. 진자가 무거울수록, 그리고 속도가 빠를수록 정확도는 더욱 높아질 것으로 예상된다.

마지막으로, 나는 진자를 이용하여 "에테르(ether)"의 존재 여부를 확인하는 실험을 수행했다. 일부 사람들은 모든 공간을 가득 메우고 있는 미지의 물질이 물체의 작은 구멍으로 스며들어서 저항을 일으킨다고 믿고 있다. 물체가 움직일 때 나타나는 저항은 물체의 표면에서만 발생한 것인가? 아니면 내부에 스며든 에테르도 저항에 기여하고 있는가? 나는 이것을 확인하기 위해 다음과 같은 실험을 고안했다.

전나무로 만든 원통형 상자에 금속제 고리를 달아서 11피트짜리 강철 고리의 끝에 걸어놓는다. 고리의 윗부분에 안으로 날을 세워서 강철 고리와의 접촉면을 최소화하면 필요 없는 마찰을 줄일 수 있다. 이렇게 만든 진자를 수직 상태(평형 상태)에서 한쪽으로 잡아당겼다가 놓으면 갈고리 면에 수직한 평면에서 진동하기 때문에, 고리와 갈고리의 접촉 부위가 앞뒤로 이동하지 않는다(접촉 부위가 움직이면 과도한 마찰이 발생하여 실험의 신뢰도가 떨어진다). 처음에 진자를 한쪽으로 6피트쯤 잡아당겨서 출발 지점을 정확하게 표시한 후, 한 번 진동하고 되돌아온 위치와 두 번, 세 번 진동한 후 되돌아온 위치를 같은 방법으로 표시해놓는다. 나는 실험의 정확도를 높이기 위해 이 과정을 여러 번 반복했다. 원통형 상자에 납을 비롯한 몇 가지 금속을 번갈아 채워 넣으면서 진자의 무게에 변화를 주었는데, 그전에 빈 상자의 무게와 상자를 감는 데 사용된 줄의 무게, 그리고 갈고리와 상자를 연결하는 줄의 절반의 무게를 정확하게 측정해둬야 한다. 진자가 진동할 때에는 진자를 매단 줄 자체도 일종의 진자

역할을 하기 때문이다(줄 진자의 무게는 줄 자체 무게의 절반쯤 된다). 상자 속에 들어 있는 공기의 무게도 더해줘야 하는데, 이 값은 금속으로 가득 찬 상자 무게의 $\frac{1}{78}$이었다. 또 진자를 매단 줄은 진자가 진동할 때 조금 늘어나기 때문에, 처음부터 조금 짧게 만들어서 진자가 진동할 때 원하는 길이가 되도록 만들었다.

처음에 진자를 한쪽으로 당겼다가 놓았더니 77번 진동한 후 두 번째 지점(빈 상자가 한 번 진동한 후 도달한 지점)에 도달했다. 그 후 다시 77번 진동한 후 세 번째 지점(빈 상자가 두 번 진동한 후 도달한 지점)에 도달했고, 다시 77번 진동한 후 네 번째 지점에 도달했다. 그래서 나는 "속이 찬 상자에 작용하는 저항력과 텅 빈 상자에 작용하는 저항력의 비율은 78 : 77을 넘지 않는다"는 결론에 도달했다. 두 경우에 저항이 같으면, 속이 찬 상자의 관성은 텅 빈 상자의 78배이므로 78번 진동한 후 미리 표시해놓은 지점에 도달했을 것이다. 그런데 속이 찬 상자는 항상 77번 진동한 후 도달했다.

원통형 상자의 바깥 면에 작용하는 저항을 A라 하고, 빈 상자의 내부에서 에테르 때문에 발생하는 저항을 B라 하자. 속도가 같을 때 물체의 내부에 작용하는 저항(에테르의 저항)이 질량에 비례한다면(또는 구성 입자의 수에 비례한다면), 내용물로 가득 찬 상자의 내부에 작용하는 저항은 $78B$가 될 것이다. 따라서 빈 상자의 전체 저항 $A+B$와 가득 찬 상자의 저항 $A+78B$의 비율은 77 : 78이며, 비례식에 약간의 변형을 가하면 $(A+B) : 77B = 77 : 1$이다. 따라서 $(A+B) : B = 77 \times 77 : 1$이며, $A : B = 5{,}928 : 1$이 된다. 즉 빈 상자가 에테르 때문에 받는 저항은 바깥 표면에 작용하는 저항의 $\frac{1}{5000}$도 안 된다. 그러므로 내용물로 가득 찬 상자가 텅 빈 상자보다 많은 저항을 받는 이유는 눈에 보이지 않는 원인(에테르) 때문이 아니라, 물체 주변에 나타나는 유체의 미묘한 흐름 때문일 가능성이 높다.

이 실험과 관련된 모든 데이터는 오직 나의 기억력만으로 복원된 것이다. 모든 과정과 결과를 상세하게 기록해놓긴 했는데, 나의 실수로 분실하고 말았다. 위에 언급된 숫자들도 사실은 분수였으나, 기억이 나지 않아 정수로 단순화시켰다.

실험을 다시 할 시간이 없었기에 이 정도로 마무리하고자 한다. 처음에는 내용물로 찬 상자가 빠르게 멈추는 경향을 보였는데, 알고 보니 이것은 저항 때문이 아니라 갈고리가 약해서 상자가 움직이는 쪽으로 휘어지기 때문이었다. 단단한 갈고리로 바꾼 후 실행한 실험에서는 위에 서술한 것과 같은 결과가 얻어졌다.

7장

유체의 운동 및 유체 속에서 움직이는 포사체의 저항

명제 32 / 정리 26

같은 수의 입자로 이루어진 2개의 닮은꼴 물리계를 상상해보자. 한 계의 모든 입자는 다른 계의 입자들과 동일한 닮음비로 구성되어 있고, 입자들 사이의 거리와 밀도도 같은 비율로 분포되어 있으며, 이 입자들의 운동도 같은 비율(같은 닮음비)로 진행된다고 하자(한 물리계 안에서 진행되는 입자의 상대적 운동이 다른 물리계 입자의 상대적 운동과 동일한 닮음비로 진행된다는 뜻이다). 같은 계에 속한 입자들은 반사되는 경우를 제외하고 서로 접촉하지 않으며, 입자의 지름에 반비례하고 속도의 제곱에 비례하는 힘으로 가속되기만 할 뿐, 어떤 인력이나 척력도 행사하지 않는다. 이 조건을 만족하는 두 물리계에서, 입자의 운동은 시간이 흐름에 따라 동일한 비율로 진행된다.[1]

두 물리계의 입자 분포와 운동이 닮은꼴이라는 것은 임의의 시간 간격을 잡았을 때 입자들의 처음 상태와 나중 상태가 항상 같은 비율로 닮은꼴이라는 뜻이다(두 계의 입자들의 위치와 속도를 비교했을 때 그렇다는 뜻이다. 한 계의 입자들의 처음 상태와 나중 상태가 닮은꼴일 필요는 없다). 2개의 닮은꼴 물리계에서 서로 대응되는 입자들은 닮은꼴 궤적을 그리며, 이런 상황은 입자들이 접촉하지 않는 한 계속 유지된다. 왜냐하면 운동의 제1법칙에 의해 입자에 힘이 가해지지

---

1) 여기서 말하는 반사(reflection)란 2개의 입자가 충돌한 후 산란(scattering)되는 과정을 의미한다. 현대의 물리학자들은 "반사"와 "산란"을 다른 의미로 사용하고 있지만, 뉴턴 시대의 물리학자들은 두 용어를 엄밀하게 구별하지 않았다.

않으면 등속 직선 운동을 하기 때문이다. 만일 입자들끼리 힘을 주고받는다 해도 힘의 크기가 입자의 지름에 반비례하고 속도의 제곱에 비례하면 입자의 배열 상태가 서로 닮은꼴이고 힘의 비례 관계가 그대로 유지되므로, 입자에 가해지는 총힘(개개의 힘을 더한 힘)은 운동의 제2법칙에 의해 방향이 같다. 그리고 총힘 사이의 비율은 개개의 힘들 사이의 비율과 같아서 입자의 지름에 반비례하고 속도의 제곱에 비례하므로, 두 계에서 서로 대응되는 입자들은 닮은꼴 궤적을 그린다. 단 제1권 명제 4의 부가정리 1, 8에 의해 두 물리계의 무게 중심이 정지 상태에 있다는 가정하에 그렇다. 그러나 무게 중심이 움직이는 경우에도 입자에 대한 두 계의 무게 중심은 닮은꼴 위치에 있으므로, 입자들이 그리는 궤적 자체는 여전히 닮은꼴을 유지한다. 따라서 서로 대응하는 "닮은 입자"들은 최초의 충돌이 일어나기 전까지 닮은꼴 궤적을 그리며, 충돌과 반사도 닮은꼴로 일어난다. 그러므로 (위의 증명에 의해) 입자들의 상대적 운동은 후속 충돌이 일어날 때까지 닮은꼴로 진행되며, 이런 양상은 충돌이 아무리 많이 일어나도 그대로 유지된다. [Q.E.D.]

부가정리 1

서로 닮은꼴인 두 물체가 두 물리계의 닮은꼴 지점(구성 입자들과의 상대적 위치가 닮은꼴인 지점)에서 닮은꼴 궤적을 그리며 운동을 시작했을 때, 두 물체의 크기와 밀도의 비율이 "서로 대응되는 입자들의 닮음비"와 같으면 두 물체는 계속해서 닮은꼴 궤적을 그린다. 이것은 물체가 하나의 입자이거나 계의 일부일 때 모두 성립한다.

부가정리 2

두 물리계에서 닮은꼴인 모든 부위가 서로에 대하여 정지 상태에 있다고 하자. 이들 중 서로 대응되는 가장 큰 부위들이 닮은꼴 위치에 놓인 직선을 따라 닮은꼴로 움직이면 두 물리계의 나머지 부분들도 닮은꼴 운동을 하게 되고, 주어진 시간 동안 자신의 지름에 비례하는 거리를 이동한다.

명제 33 / 정리 27

명제 32와 동일한 조건하에서 물리계의 큰 부분이 받는 저항은 속도의 제곱과 지름의 제곱, 그리고 그 부분의 밀도에 비례한다.

방금 언급한 저항은 계를 구성하는 각 입자가 다른 입자에게 작용하는 구심력과 원심력으로부터 발생하거나, 큰 부분과 입자가 충돌하고 반사되면서 발생한다. 전자의 경우, 저항은 이들을 낳은 전체 운동력에 비례한다. 즉 저항은 전체 가속력과 해당 부위의 질량에 비례하고 (가정에 의해) 속도의 제곱에 비례하며, 서로 대응되는 입자들 사이의 거리에 반비례하고, 대응 부위의 질량에 비례한다. 그런데 한 물리계의 입자들 사이 거리와 다른 계(닮은꼴 물리계)의 입자들 사이 거리의 비율은 두 물리계의 입자(또는 부위)의 지름의 비율과 같고 질량은 해당 부위의 밀도와 지름의 세제곱에 비례하므로, 각 계에 작용하는 저항은 속도의 제곱과 지름의 제곱, 그리고 해당

부위의 밀도에 비례한다. [Q.E.D.]

후자의 경우, 저항은 입자가 반사되는 횟수와 반사를 일으키는 힘에 복합적으로 비례하며, 반사 횟수는 해당 부위의 속도에 비례하고 반사되는 지점들 사이의 거리에 반비례한다. 그리고 반사를 일으키는 힘은 해당 부위의 속도, 부피(지름의 세제곱) 및 밀도에 복합적으로 비례한다. 이 모든 비례 관계를 결합하면, 서로 대응 관계에 있는 두 부위의 저항의 비율은 속도의 제곱과 지름의 제곱, 그리고 해당 부위의 밀도에 복합적으로 비례한다. [Q.E.D.]

부가정리 1

공기와 같은 탄성 유체(elastic fluid)[2]로 이루어진 두 물리계에서 각 부위가 다른 부위에 대하여 정지 상태에 있고, 서로 닮은꼴이면서 부피와 밀도에 비례하는 물체가 각기 닮은꼴 위치에 있다가 닮은꼴 직선을 따라 던져졌다고 하자. 유체를 구성하는 각 입자가 가하는 가속력이 물체의 지름에 반비례하고 속도의 제곱에 비례하면, 두 물체는 각자 자신이 속한 유체 안에서 서로 닮은꼴 운동을 하게 되고, 이동 거리는 자신의 지름에 비례한다.

부가정리 2

그러므로 위와 같은 유체 안에서 빠른 속도로 던져진 물체에 작용하는 저항은 거의 속도의 제곱에 비례한다.

---

2) 밀도와 부피가 자유롭게 변하는 유체.

이유: 멀리 떨어져 있는 유체 입자들 사이에 작용하는 힘이 속도의 제곱에 비례하면, 그 안에서 움직이는 물체의 저항은 속도의 제곱에 정확하게 비례한다. 그러므로 멀리 떨어져 있는 부위들 사이에 아무런 힘도 작용하지 않는 매질 속에서 저항은 속도의 제곱에 정확하게 비례한다.

닮은꼴 부위로 이루어진 세 종류의 균일한 매질 A, B, C가 주어져 있다. A와 B의 모든 부위는 각각 T, V라는 힘에 의해 서로 멀어지고 있으며, 매질 C의 부위들은 아무런 힘도 행사하지 않는다고 하자. A와 B 속에서는 D와 E라는 물체가 움직이고 있고, C 속에서는 F와 G라는 물체가 움직이고 있다. D, E, F, G는 동일한 물체인데, D와 E의 속도 비율은 F와 G의 속도 비율과 같고, 이 비율은 T와 V의 제곱근의 비율($\sqrt{T}$와 $\sqrt{V}$의 비율)과 같다고 하자. 그러면 D와 E(또는 F와 G)에 작용하는 저항의 비율은 속도의 제곱의 비율과 같으며, D와 F의 저항 비율은 E와 G의 저항 비율과 같아진다.

D와 F의 속도가 같고, E와 G의 속도가 같다고 하자. 이런 경우 D와 F의 속도를 임의의 비율로 증가시키고 매질 B의 입자들이 작용하는 힘을 전술한 비율의 제곱 비율로 감소시키면, B와 C를 거의 동일한 매질로 만들 수 있다. 그러면 이런 매질 속에서 같은 속도로 움직이는 동일한 물체 E와 G에 가해지는 저항이 거의 같아진다. 그런데 D와 F에 작용하는 저항의 비율은 E와 G에 작용하는 저항의 비율과 같으므로, D와 F의 저항 비율도 1:1에 가까워진다. 따라서 D와 F의 속도가 빠르면 두 물체에 가해지는 저항이 거의 같고, F의 저항은 속도의 제곱에 비례하므로 D의 저항도 거의 속도의 제곱에 비례하게 된다.

부가정리 3

탄성 유체의 탄성력(팽창력)이 입자의 원심력에 기인하는 경우, 그 안에서 매우 빠르게 움직이는 물체의 저항은 "해당 부위의 유체가 원심력을 잃어서 서로 멀어지지 않는 경우에 작용하는 저항"과 거의 같다(유체가 물체의 운동에 반응하려면 어느 정도 시간에 걸리기 때문에, 물체의 속도가 아주 빠르면 그 부위의 유체가 반응하기 전에 다른 부위로 이동한다).

부가정리 4

각 부위가 서로 멀어지지 않는 매질 속에서 매우 빠르게 움직이는 물체에 작용하는 저항은 지름의 제곱에 비례한다. 그러므로 탄성 유체 안에서 빠른 속도로 움직이는 물체의 저항도 지름의 제곱에 비례한다.

부가정리 5

밀도가 같고 구성 입자들이 서로 멀어지지 않는 매질 속에서 동일한 물체들이 움직이는 경우, 이들은 (매질이 다수의 작은 입자로 이루어져 있건 소수의 큰 입자로 이루어져 있건) 같은 시간 동안 같은 양의 물질과 부딪히면서 같은 양의 운동을 전달하므로, (운동의 제3법칙에 의해) 매질로부터 동일한 반작용을 받는다(즉 동일한 저항을 받는다). 그러므로 밀도가 같은 탄성 유체 속에서 빠른 속도로 움직이는 물체들은 구성 입자의 크기에 상관없이 거의 같은 저항을 받는다. 매질 속에서 고속으로 움직이는 물체에 가해지는 저항은 매질의 구성 입자의 크기와 거의 무관하다.

부가정리 6

위에 언급된 부가정리들은 "유체의 탄성력이 입자의 원심력(척력)에서 비롯된 경우에 한하여" 성립한다. 유체의 탄성력이 (털실이나 나뭇가지처럼) 입자의 팽창으로부터 생기거나, 입자의 상대 운동을 방해하는 다른 요인에서 비롯된 경우에는 매질의 유동성이 감소하여 저항이 커진다.

명제 34 / 정리 28

구성 입자들 사이의 거리가 모두 같은 희박한 매질 속을 지름이 같은 구와 원기둥이 원기둥의 중심축 방향을 따라 같은 속도로 움직이고 있을 때, 구에 작용하는 저항은 원기둥에 작용하는 저항의 절반과 같다.

물체에 가해지는 매질의 운동은 물체가 정지 상태의 매질 속을 헤쳐나가건 정지 상태에 있는 물체 주변으로 매질이 흐르건 상관없이 (운동법칙에 딸린 부가법칙 5에 의해) 동일하게 작용한다. 따라서 이 문제는 정지 상태에 있는 물체 주변으로 매질이 흐를 때 어떤 힘이 작용하는지 알아보는 것으로 충분하다.

C를 중심으로 반지름이 CA인 구를 $ABKI$라 하자. 매질의 구성 입자들은 AC에 평행한 직선을 따라 주어진 속도로 달려오다가 구에 충돌한다. 이 직선들 중 하나를 FB라 하고, FB에서 $CB=LB$가 되도록 L을 잡는다. B에서 구에 접하는 직선을 BD라 하고, B에서 KC에

〈그림 7-1〉

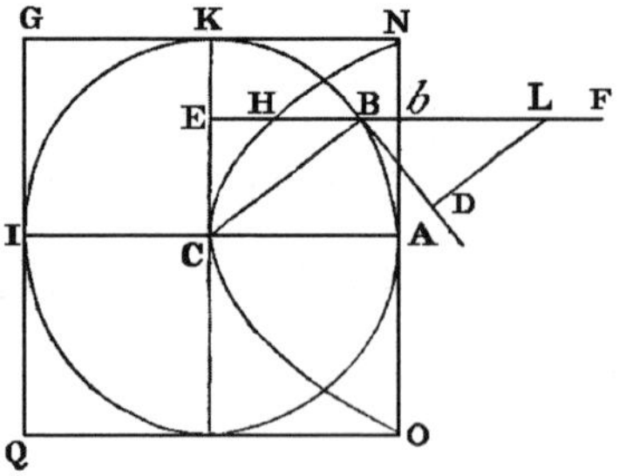

내린 수선을 BE, L에서 BD에 내린 수선을 LD라 하자. 그러면 "매질 입자가 입사선 FB를 따라 달려오다가 B에서 비스듬한 방향으로 구와 충돌하면서 가하는 힘"과 "동일한 입자가 같은 방향으로 달려오다가 b에서 수직한 방향으로 원기둥 $ONGO$(중심축=ACI)와 충돌하면서 가하는 힘"의 비율은 $LD:LB$, 또는 $BE:BC$와 같다. 그리고 이 힘이 "구를 FB 방향(또는 AC 방향)으로 이동시키는 효율"과 같은 크기의 힘이 "B에서 BC 방향(구의 중심을 향하는 방향)으로 가해졌을 때 구를 이동시키는 효율"의 비율도 $BE:BC$로 쓸 수 있다. 방금 언급한 두 비율을 결합하면, "입자가 FB를 따라 비스듬한 방향으로 구와 충돌했을 때 입사된 방향으로 구를 이동시키는 힘의 효율"과 "같은 방향을 따라 원기둥에 수직한 방향으로 충돌했을 때 원기둥을 이동시키는 힘의 효율"의 비율은 $BE^2:BC^2$이 된다. 원기둥의 밑면 NAO와 수직한 bE(이 직선은 AC와 길이가 같다)에서 $bH=\frac{BE^2}{CB}$이 되도록 H를 잡으면, bH와 bE의 비율은 "구에 미치는 입자의 영향"과 "원기둥에 미치는 입자의 영향"의 비율과 같다. 그러므로 모든 가능한 bH를 모아서 만든 입체 도형과 모든 가능한 bE를 모아서 만든 입체 도형의

부피 비율은 "구에 충돌한 모든 입자가 구에 미치는 영향"과 "원기둥에 충돌한 모든 입자가 원기둥에 미치는 영향"의 비율과 같다. 첫 번째 도형은 꼭짓점이 *C*이고 중심축과 통경이 *CA*인 포물선 입방체[3]이고 두 번째 도형은 전술한 포물면에 외접하는 원기둥인데, 이들의 부피 비율은 정확하게 1 : 2로 알려져 있다. 그러므로 매질 전체가 구에 작용하는 힘과 같은 매질이 원기둥에 작용하는 힘의 비율도 1 : 2이며, 매질이 정지 상태에 있을 때 같은 속도로 움직이는 구와 원기둥에 작용하는 저항의 비율도 1 : 2이다. [Q.E.D.]

부가설명

이 논리를 응용하면 다른 형태의 입체 도형들이 매질 속에서 움직일 때 가해지는 저항을 비교할 수 있으며, 유체 속에서 저항을 최소화하는 이상적인 형태를 알아낼 수 있다. 예를 들어 밑면이 *CEBH*(중심이 *O*이고 반지름이 *OC*인 원)이고 꼭짓점이 *S*인 원뿔을 잘라서 만든, 높이 *OD*인 원뿔대를 *CBGF*라 하자.[4] 이 입체 도형이 매질 속에서 대칭축 방향으로 움직일 때, 저항이 가장 작으려면 어떤 조건을 만족해야 할까?[5] *OD*의 중점을 *Q*라 하고 직선 *OQ*의 연장선

---

3) 대칭축을 중심으로 포물선을 360도 회전시켜서 만든 입체 도형.

4) 원뿔을 밑면에 평행한 면으로 잘랐을 때 생기는 2개의 도형 중 꼭짓점을 포함하지 않은 아랫부분을 원뿔대라 한다.

〈그림 7-2〉

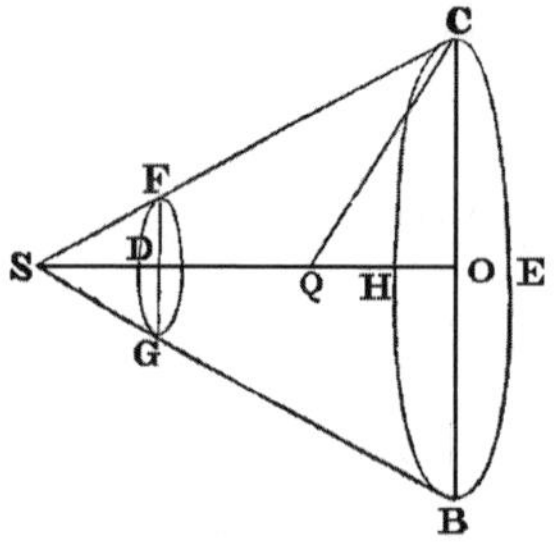

〈그림 7-3〉

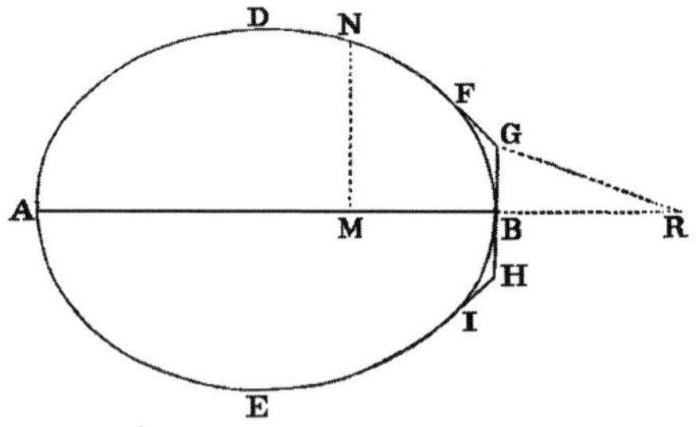

상에서 $QC=QS$인 지점을 S라 하면, S가 바로 우리가 구하고자 하는 원뿔대의 꼭짓점에 해당한다.

$\angle CSB$는 항상 예각이라 가정하자. 타원 $ADBE$를 주축 AB를 중심으로 회전시켜서 타원 입방체를 만들고(이 도형의 이름도 $ADBE$라 하자) F, B, I에서 타원 입방체에 접하는 직선을 각각 FG, GH, HI라 하자. 단 GH는 타원 입방체에 접하는 점 B에서 주축과 수직을 이루고, FG와 HI가 GH와 이루는 각 $\angle FBG$와 $\angle BHI$는 135°이다. 그러면

5) 밑면의 반지름 OC와 높이 OD는 정해져 있으므로 우리가 바꿀 수 있는 것은 원뿔대 윗면의 면적, 또는 옆면의 기울기이다.

도형 *ADFGHIE*를 *AB*를 중심으로 회전시켜서 만든 입체 도형이 *AB* 방향(그림에서 오른쪽 방향)으로 이동할 때 받는 저항은 앞에서 만든 타원 입방체 *ADBE*가 같은 방향으로 움직일 때 받는 저항보다 작다. 선박을 건조할 때 이 정리를 이용하면 항해에 많은 도움이 될 것이다.

임의의 점 *N*에서 주축 *AC*에 수선 *NM*을 내리고, 주어진 점 *G*에서 *N*의 접선과 평행한 방향으로 직선을 그어 *AC*의 연장선과 만나는 점을 *R*이라 하자. 이들 사이에 $MN:GR=GR^3:4BR\times GB^2$의 관계가 성립하면, 곡선 *DNFG*를 *AC* 주변으로 회전시켜서 만든 입체 도형이 희박한 매질 속에서 *A*→*B* 방향으로 움직일 때 받는 저항은 길이와 폭이 같은 모든 물체 중에서 가장 작다.

명제 35 / 문제 7

미세한 입자들로 이루어진 희박한 매질이 있다(모든 입자들은 물리적으로 동일하다). 구성 입자들은 거리가 모두 같으면서 정지 상태에 있지만, 다른 물체가 들어오면 자유롭게 움직일 수 있다. 이런 매질에 구체가 진입하여 등속도로 움직일 때 작용하는 저항을 구하라.

사례 1

문제에서 주어진 구와 지름과 높이가 동일한 원기둥이 대칭축 방향을 향해 같은 속도로 움직이는 경우를 생각해보자. 원기둥(또는 구)과 충돌한 입자들이 가능한 한 빠른 속도로 반사된다고 가정하면[6] 구에 가해지는 저항은 (명제 34에 의해) 원기둥에 작용하는 저항의 절반이며, 구와 원기둥의 표면적 비율은 2 : 3이다. 그리고 원기둥의 앞면(또는 윗면)에 수직 방향으로 충돌한 입자는 똑같은 속도로 반사되므로, 충돌 후 입자의 속도는 원기둥 속도의 2배만큼 변한다. 따라서 원기둥이 중심축 방향으로 자신의 높이의 절반만큼 등속도로 진행하는 동안 입자들에게 전달된 운동량과 원기둥의 운동량 비율은 매질과 원기둥의 밀도 비율과 같다.

구의 경우, 등속도로 지름만큼 이동하는 동안 입자들에게 전달된 운동량은 구 자체의 운동량과 같으며, 지름의 $\frac{2}{3}$만큼 이동하는 동안 입자들에게 전달된 운동량과 구의 운동량 비율은 매질과 구의 밀도 비율과 같다. 그러므로 "구에 가해지는 저항력"과 "구가 지름의 $\frac{2}{3}$만큼 등속도로 이동하는 동안 구의 모든 운동을 낳거나 없앨 수 있는 힘"의 비율은 매질과 구의 밀도 비율과 같다.

사례 2

매질을 구성하는 입자들이 구체나 원기둥에 충돌한 후 반사되지 않는다고 가정하면 원기둥에 수직한 방향으로 충돌한 입자는 (정지 상태에 있다가 원기둥의 앞면에 들러붙어서 이동하게 되었으므로) 원기둥의 속도만큼 속도가 변한다. 따라서 원기둥이 받는 저항은 사례 1의 절반으로 줄어든다. 구에 작용하는 저항도 마찬가지다.

6) 에너지와 운동량이 모두 보존되는 완전 탄성 충돌로 간주하겠다는 뜻이다.

사례 3

매질의 구성 입자들이 구와 충돌한 후 최대 속도로 반사되거나 완전히 들러붙지 않고 그 중간 속도로 반사되는 경우, 구에 작용하는 저항은 속도의 비율에 따라 사례 1과 사례 2의 중간값을 갖게 된다. [Q.E.D.]

부가정리 1

구와 입자가 무한히 단단하여(즉 탄성이 전혀 없어서) 이들이 충돌했을 때 반사시키는 힘이 전혀 작용하지 않는다면, "구에 작용하는 저항력"과 "구가 지름의 $\frac{4}{3}$만큼 진행하는 동안 시간에 대한 운동량의 변화율에 해당하는 힘"의 비율은 매질과 구의 밀도 비율과 같다.

부가정리 2

다른 조건이 모두 같을 때, 구에 작용하는 저항은 속도의 제곱에 비례한다.

부가정리 3

다른 조건이 모두 같을 때, 구에 작용하는 저항은 구의 지름의 제곱에 비례한다.

부가정리 4

다른 조건이 모두 같을 때, 구에 작용하는 저항은 매질의 밀도에 비례한다.

부가정리 5

구에 작용하는 저항은 속도의 제곱과 구의 지름의 제곱, 그리고 매질의 밀도에 비례한다.

부가정리 6

저항에 따른 구의 운동은 다음과 같이 기하학적으로 이해할 수 있다.

〈그림 7-4〉

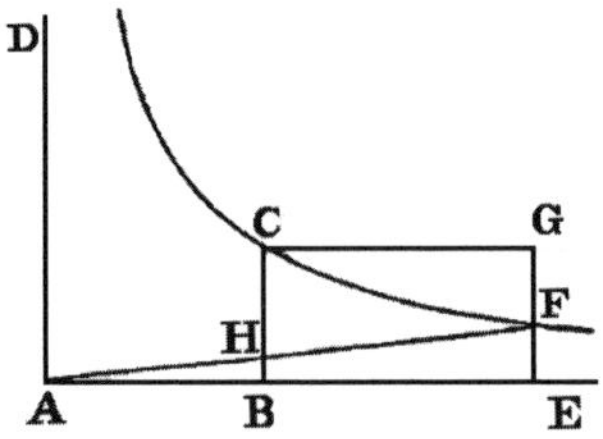

저항이 균일하게 작용할 때 구가 운동을 모두 잃는 데 걸리는 시간을 직선 *AB*로 나타내고, *A*와 *B*에서 *AB*에 수직하게 그은 선을 각각 *AD*, *BC*라 하자. 여기서 *BC*는 구의 전체 운동을 나타낸다. *C*를 지나면서 *AD*와 *AB*를 점근선으로 갖는 쌍곡선을 *CF*라 하고, 직선 *AB*를 임의의 점 *E*까지 연장하여 *E*에서 올린 수직선이 쌍곡선과 만나는 점을 *F*라 하자. *B*, *C*, *E*를 포함하는 직사각형을 *CBEG*라 하고, *A*와 *F*를 이은 직선 *AF*가 *BC*와 만나는 점을 *H*라 하자. 저항이 없는 매질 속에서 초기 운동이 *BC*인 구가 임의의 시간 *BE* 동안 진행한 거리가 *CBEG*의 면적과 같으면, 저항이 있는 매질 속에서 동일한 구

가 진행한 거리는 *CBEF*의 면적과 같고, 마지막 순간에 구의 운동은 쌍곡선의 세로 좌표 *EF*와 같다. 즉 구는 시간 *BE*가 흐르는 동안 *FG*에 해당하는 운동을 잃은 셈이다. 또한 마지막 순간에 구에 작용하는 저항은 *BH*의 길이로 나타낼 수 있는데, 이것은 초기 저항 *BC*가 *CH*만큼 줄어들었음을 의미한다. 이 모든 것은 제2권 명제 5의 부가정리 1, 3을 이용하여 증명할 수 있다.

부가정리 7

매질 속의 구체가 균일한 저항 *R*을 받으면서 자신의 운동 *M*을 모두 잃을 때까지 걸리는 시간을 *T*라 하자. 저항 *R*이 속도의 제곱에 비례하면, 구가 매질 속에서 시간 t 동안 잃은 운동은 $\frac{tM}{T+t}$이고, 남은 운동은 $\frac{TM}{T+t}$이다. 그러므로 구가 "시간 t 동안 진행한 거리"와 "같은 시간 동안 균일한 운동 *M*으로 진행한 거리"의 비율은 "$\frac{T+t}{T}$에 로그를 취한 후 2.302585092994를 곱한 값"과 $\frac{t}{T}$의 비율과 같다. 쌍곡선으로 에워싸인 도형 *BCFE*와 직사각형 *BCGE*의 면적 비율이 위의 비율과 같기 때문이다.

부가설명

위의 명제에서는 불연속적인 매질 속에서 구형 물체에 가해지는 저항을 다루었으며, 증명한 내용은 다음과 같다. 구와 입자가 완벽한 탄성체여서 한번 충돌하면 최대 속도로 반사되는 경우, "구에 가해지는 저항"과 "구가 지름의 $\frac{2}{3}$만큼 등속도로 이동하는 동안 구의 모든 운동을 낳거나 없앨 수 있는 힘"의 비율은 매질과 구의 밀도 비율과 같다. 반면에 구와 입자가 탄성이 전혀 없는 완벽한 강체라면 이 힘은 절반으로 줄어든다.

물이나 뜨거운 기름, 또는 수은처럼 연속적인 유체 속에서 움직이는 구는 저항을 일으키는 모든 입자와 직접 충돌하지 않고 가까이 있는 입자에만 압력을 행사한다. 이 입자들이 다른 입자에 압력을 순차적으로 전달하면서 저항이 발생하는데, 그 크기는 사례 2와 같이 반으로 줄어든다. 이처럼 유동성이 큰 유체에서 "구에 가해지는 저항"과 "구가 지름의 $\frac{8}{3}$만큼 등속도로 이동하는 동안 구의 모든 운동을 낳거나 없앨 수 있는 힘"의 비율은 매질과 구의 밀도 비율과 같다. 이것은 다음 명제에서 증명하기로 한다.

명제 36 / 문제 8

원통형 그릇에 물을 가득 채웠을 때, 밑바닥에 난 구멍으로 빠져나가는 물의 운동을 서술하라.

원통형 그릇 $ACDB$에서 윗면(열린 쪽)의 지름을 AB, 아랫면(막힌 쪽)의 지름을 CD라 하고, 아랫면의 중앙에 나 있는 구멍의 지름을 EF, 원통의 중심축을 GH라 하자(윗면과 아랫면은 수평면과 평행하고, 중심축은 수평면과 수직을 이룬다). 이제 원통형 그릇의 내경과 지름

〈그림 7-5〉

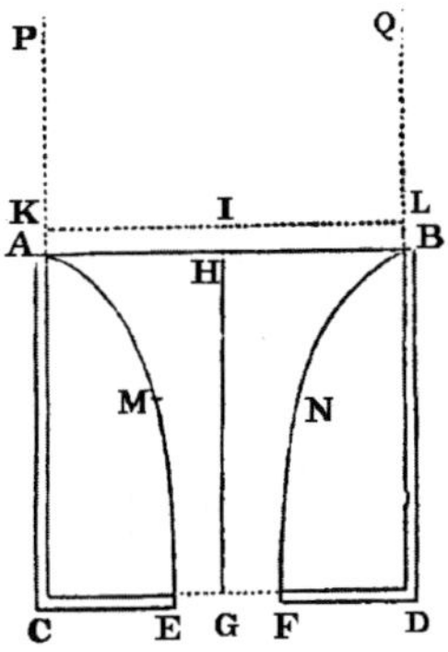

이 같은 원통 모양의 얼음 *APQB*가 그릇 위에서 균일한 속도로 내려온다고 하자. 얼음은 그릇의 입구 *AB*에 닿는 순간 곧바로 물이 되어 *ABNFEM*과 같은 모양으로 떨어지다가 그릇 밑에 나 있는 구멍 *EF*를 통해 외부로 빠져나가며, 매 순간 빠져나간 양만큼 위에서 보충되고 있다. 얼음이 내려오는 속도(등속도)와 *AB*에서 수면의 하강 속도는 물이 *IH*만큼 떨어지면서 얻는 속도와 같다고 하자(*IH*와 *HG*는 일직선상에 놓여 있다). 그리고 *I*를 지나면서 수면에 평행한 선을 그어서 얼음의 가장자리와 만나는 점을 *K*, *L*이라 하면, 물이 구멍 *EF*를 빠져나가는 속도는 물이 *IG*를 이동하면서 얻은 속도와 같다. 그러므로 갈릴레오의 정리에 의해 *IG*와 *IH*의 비율은 구멍을 빠져나가는 물의 속도와 *AB*에서 물의 속도의 제곱 비율과 같으며, 이 비율은 *AB*와 *EF*의 제곱 비율과 같다(즉 두 원의 면적 비율과 같다). 임의의 시간 동안 빠져나간 만큼 채워지려면 물이 통과하는 원의 지름과 물의 속도가 반비례해야 하기 때문이다.

여기서 중요한 것은 지면을 향해 떨어지는 물의 속도이기 때문에,

물이 떨어지면서 폭이 가늘어지는 속도(즉 수평 방향 이동 속도)는 고려하지 않았다. 물줄기가 가늘어지는 것은 중력에 의한 현상이 아니어서 물의 수직 방향 운동에 아무런 영향도 미치지 않기 때문이다. 사실 우리는 물의 각 부분이 서로 응집하려는 경향이 있음을 가정하고 있다. 물이 떨어지면서 물줄기가 가늘어지는 것은 물의 각 부위가 이 힘에 의해 수평 방향으로 조금씩 이동하기 때문이라고 생각할 수 있는데, 지금은 물의 수직 방향 운동만 고려하고 있으므로 신경 쓰지 않아도 된다.

사례 1

물통의 내부에서 *ABNFEM*(아래로 떨어지는 물)을 제외한 나머지 부분이 얼음으로 차 있다고 가정하자. 즉 물이 깔때기 모양의 얼음 통로를 지나가는 경우이다. 물이 얼음에 직접 닿지 않고 아주 가까이 지나가거나 (같은 말이긴 하지만) 얼음이 완벽하게 매끈하여 물이 얼음에 닿아도 마찰이 전혀 없다고 가정하면, 물은 구멍 *EF*를 통해 이전과 같은 속도로 빠져나가고, 깔때기 모양의 물기둥 *ABNFEM*의 무게도 이전처럼 물을 아래로 이동시키는 데 사용된다. 그리고 물통의 밑바닥은 물기둥을 에워싼 얼음의 무게를 떠받치고 있다.

이제 물통 내부의 가장자리를 깔때기 모양으로 에워싸고 있던 얼음이 어느 순간에 모두 녹았다고 하자. 그러면 녹은 물은 아래로 빠져나가려 할 것이므로 밑구멍으로 빠져나가는 속도는 이전보다 느려지지 않고, 녹은 물이 위에서 유입된 물의 진행을 방해하기 때문에 이전보다 빨라지지도 않는다. 즉 물통 내부의 얼음이 다 녹아도 물이 EF로 빠져나가는 속도는 이전과 동일하다(얼음이 녹기 전이나 녹은 후나 빠져나가는 물에 작용하는 힘은 같기 때문이다).

그러나 빠져나온 물의 입자들은 약간 비스듬한 방향으로 움직이기 때문에, 구멍의 크기는 이전보다 조금 커져야 한다. 물 입자들은 처음부터 수직 방향으로 떨어지는 것이 아니라 모든 방향에서 구멍 쪽으로 모여들다가 빠져나오기 때문에, 구멍을 통과한 후 한 줄기로 모여들면서 점차 물줄기가 가늘어진다. 내가 측정한 바에 의하면 물줄기의 굵기와 구멍의 지름의 비율은 $5\frac{1}{2}:6\frac{1}{2}$, 또는 $5:6$이었다. 물통의 밑면이 아닌 옆면에 구멍을 뚫으면 이곳에서 수평 방향으로 빠져나온 물은 진행 방향으로 가속되지 않기 때문에 중력에 의한 효과를 제거할 수 있다. 나는 물통의 옆면에 지름이 $\frac{5}{8}$인치인 구멍을 뚫고 임시로 막은 후 물통에 물을 가득 채우고 구멍을 열었다. 그리고 물통으로부터 약 $\frac{1}{2}$인치 떨어진 곳에서 물줄기의 지름을 측정해보니 약 $\frac{21}{40}$인치라는 값이 얻어졌다. 즉 처음과 나중에 물줄기 지름의 비율이 $25:21$로 나타난 것이다. 그러므로 물통 내부의 물 입자들은 구멍 근처에서 한 곳으로 모여들다가 구멍을 통과한 후에는 (줄기가 가늘어지는 방향으로 방출되었으므로) 줄기가 가늘어지고, 중력 가속도에 의해 더욱 가늘어지다가 $\frac{1}{2}$인치만큼 진행한 후에는 더욱 가늘어지고 빨라져서, 나중과 처음의 속도의 비율이 $25\times25:21\times21 \cong 17:12 \cong \sqrt{2}:1$에 가까워진다. 실험 결과에 의하면 "특정 시간 동안 물통의 밑구멍으로 빠져나온 물의 양"은 "지름이 이보다 $\frac{21}{25}$만큼 작은 구멍을 통해 같은 시간 동안 위에 언급한 속도($\sqrt{2}:1$)로 빠져나온 물의 양"과 같다. 그러므로 "물이 밑구멍을 통해 빠져나올 때의 속도"는 "무거운 물체가 물통에 든 물 높이의 절반만큼 자유 낙하했을 때의 속도"와 같다. 그리고 물은 물통 밖으로 빠져나오는 순간부터 중력에 의해 가속되면서 물줄기가 가늘어지다가, 구멍의 지름만큼 진행했을 때의 속도는 처음 빠져나올 때 속도의 $\sqrt{2}$배로 빨라진다. 이 속도는 무거운 물체가 물통에 든 물 높이의 절반만큼 자유 낙하했을 때의 속도와 거의 비슷하다.

앞에서는 물통의 밑면에 난 구멍의 지름을 *EF*라 했는데, 지금은 이것을 물줄기의 지름으로 간주하고, 여기서 구멍의 지름만큼 위로 올라간 지점에 또 하나의 밑면 *VW*가 존재한다고 가정해보자. *VW*의 중앙에 *EF*보다 큰 구멍 *ST*가 나 있어서, 이곳을 통과한 물이 정확하게 *EF*를 통과한다고 하자. 이런 경우 $ST:EF=25:21$이면 첫 번째 구멍을 통과한 물은 남거나 모자람 없이 곧바로 수직으로 떨어지다가 *EF*를 통과할 것이다. 물론 주어진 시간 동안 빠져나오는 물의 양은 구멍의 크기에 따라 달라지는데, 이 값을 좌우하는 것은 빠져나오는 속도이다. 따라서 물이 *ST*와 *EF*를 통과할 때의 속도를 구하면 문제의 답을 구한 것과 같다.

〈그림 7-6〉

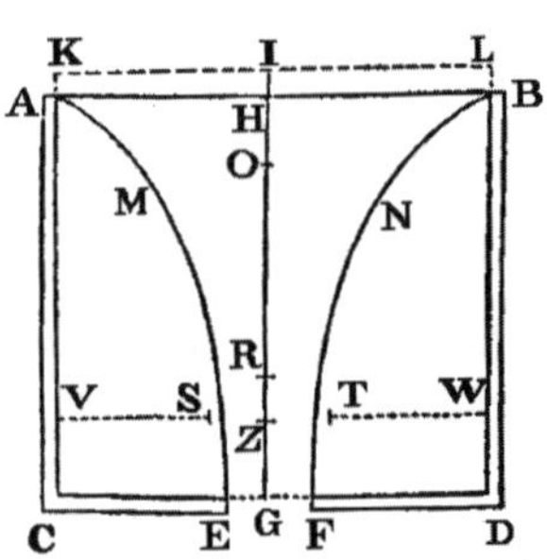

첫 번째 밑면 *VW*와 두 번째 밑면 *EF* 사이의 공간이 원통과 같은 재질로 가득 차 있고, 그 중앙에 *STFE*라는 깔때기 모양의 구멍이 뚫려 있다고 간주해도 상관없다. 그러나 수학적 논리를 통해 간단한 답을 얻으려면 *CD*만을 밑바닥으로 간주하고, 물이 깔때기 모양의 얼음을 타고 미끄러지다가 *EF*를 통해 아래로 떨어진다고 생각하는 것이 바람직하다(원통 내부의 얼음은 녹지 않으며, 한 자리에 고정되어 있다). 그래서 지금부터는 *Z*를 중심으로 하는 원형 구멍의 지름을 *ST*라 하고, "원통의 내부는 모두 물로 가득 차 있고, 원통을 빠져나가는 물은 *ST*를 통과한다"고 가정하자. 그리고 물이 구멍 *ST*를 통과하건 깔때기 모양의 얼음을 미끄러지면서 통과하건, 위에서 내려온 물이 남거나 모자람 없이 통과하는 밑구멍의 지름을 *EF*라 하자. 위쪽 구멍의 지름과 아래쪽 구멍의 지름 사이의 비율은 25 : 21로 고정시키고, 두 구멍 사이의 간격은 작은 구멍의 지름 *EF*와 같다고 하자. 그러면 물이 *ST*를 통과할 때의 속도는 임의의 물체가 *IZ*의 절반만큼 자유 낙하했을 때 얻는 속도와 같고, *EF*를 통과할 때의 속도는 임의의 물체가 *IG*만큼 자유 낙하했을 때 얻는 속도와 같다.

사례 2

구멍 *EF*가 중앙에서 벗어나 밑면의 다른 곳에 뚫려 있는 경우에도 구멍의 지름이 같으면 물의 속도는 사례 1과 같다. 무거운 물체가 경사진 길을 내려가면 수직으로 낙하할 때보다 시간이 오래 걸리지만, 수직 이동 거리가 같으면 최종 속도도 같다. 이것은 갈릴레오에 의해 이미 증명된 사실이다.

사례 3

물이 물통의 옆면에 뚫린 구멍을 통해 수평 방향으로 빠져나가는 경우, 분출 속도는 이전과 같다.

이유: 구멍의 지름이 아주 작으면 *AB*와 *KL* 사이의 거리는 감지할 수 없을 정도로 가까워진다. 옆면에 난 구멍을 통해 수평 방향으로 분출된 물은 포물선 궤적을 그리는데, 이 포물선의 통경으로부터 물이 분출되는 속도는 "임의의 물체가 물의 높이 *HG*(또는 *IG*)만큼 자유 낙하했을 때 얻는 속도"와 같음을 알 수 있다.

직접 실험을 해보니, 물통의 밑면에서 수면까지의 높이가 20인치이고 물통의 밑면과 지면 사이의 거리가 20인치일 때, 옆으로 분출된 물줄기는 구멍으로부터 37인치만큼 날아간 후 지면에 도달했다. 공기 저항이 없었다면 40인치를 날아갔을 것이므로, 물줄기가 그린 포물선의 통경은 80인치이다.

사례 4

물이 물통의 옆면에 뚫린 구멍을 통해 비스듬하게 위쪽으로 분출되는 경우에도 분출 속도는 이전과 같다.

이유: 가느다란 물줄기가 위쪽으로 분출되었을 때 도달할 수 있는 최고 높이는 *GH*(또는 *GI*)이다. 물론 공기의 저항 때문에 실제 최고 도달 높이는 이보다 조금 낮다. 그러므로 물의 분출 속도는 그 높이만큼 떨어졌을 때 얻는 속도와 같다. 정지 상태에 있는 물의 구성 입자는 (제2권의 명제 19에 의해) 모든 방향으로부터 동일한 압력을 받으면서 모든 방향으로 동일한 힘을 행사한다. 이것은 밑구멍으로 떨

어지는 물이나 수평 방향으로 분출되는 물, 또는 위쪽으로 비스듬하게 분출되는 물에도 똑같이 적용되는 사실이다. 물의 분출 속도가 위와 같다는 것은 이론과 실험을 통해 이미 검증되었다.

사례 5

구멍의 모양이 원이 아닌 다른 형태(사각형, 삼각형 등)인 경우에도 구멍의 면적이 같으면 분출되는 물의 속도는 이전과 같다. 분출 속도는 구멍의 형태와 무관하며, 평면 *KL*과 구멍의 높이 차이에 따라 달라지기 때문이다.

사례 6

물통 *ABDC*의 아랫부분을 고인 물속에 담가보자. 물통의 밑면으로부터 고인 물의 수면까지의 높이를 *GR*이라 하면, 구멍 *EF*를 통해 빠져나와 고인 물로 유입되는 물줄기의 속도는 물이 *IR*만큼 떨어지면서 얻는 속도와 같다.

〈그림 7-7〉

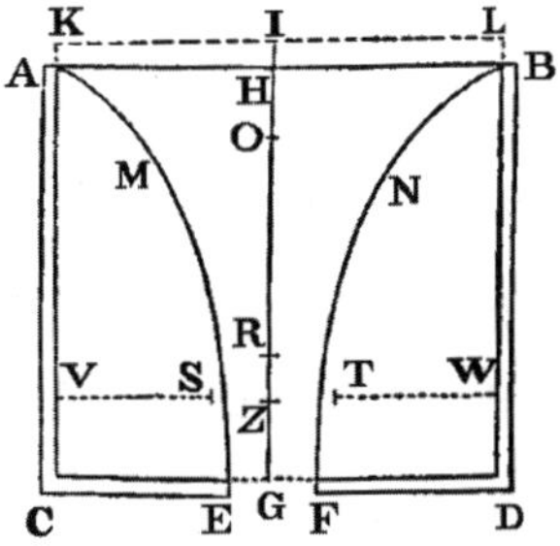

이유: 물통 속에 들어 있는 물 중에서 고인 물에 잠긴 부분의 무게는 고인 물과 평형을 이루고 있으므로, 물통의 수위를 낮추는 데 아무런 역할도 하지 않는다. 물이 빠져나가는 데 걸리는 시간을 측정하면 이 사실을 확인할 수 있다.

부가정리 1

그러므로 물의 높이 *CA*를 *CK*로 확장하여 *AK*와 *CK*의 비율이 밑바닥에 나 있는 구멍과 원 *AB*의 면적의 제곱 비율과 같으면, 물의 분출 속도는 물이 *KC*만큼 자유 낙하했을 때 얻는 속도와 같다.

부가정리 2

물을 물통 밖으로 분출하는 총힘은 밑면이 *EF*이고 높이가 2*GI*(또는 2*CK*)인 물기둥의 무게와 같다. 왜냐하면 물이 이 물기둥만큼 빠져나가는 동안 (자신의 무게에 의해) 높이 *GI*만큼 떨어졌을 때 도달하는 만큼의 속도를 얻기 때문이다.

부가정리 3

물통 *ABDC*에 들어 있는 물의 총량과 물이 빠져나가도록 만든 부분의 무게 비율은 (*AB*+*EF*):2*EF*와 같다.

이유: *IH*와 *IG*의 기하 평균을 *IO*라 하면, "*I*에서 떨어진 물 한 방울이 높이 *IG*만큼 떨어지는 데 걸리는 시간" 동안 구멍 *EF*를 빠져나가는 물의 양은 밑면이 *EF*(원)이고 높이가 2*IG*인 물기둥과 같다. 즉 밑면이 *AB*(원)이고 높이가 2*IO*인 물기둥과 같다. 왜냐하면 원 *AB*와

원 *EF*의 면적 비율은 *IH*와 *IG*의 제곱근 비율과 같기 때문이다. 즉 이 비율은 기하 평균 *IO*와 높이 *IG*의 비율과 같다. 그리고 물방울 하나가 *I*에서 출발하여 *IH*만큼 떨어지는 시간 동안 빠져나가는 물의 양은 밑면이 *AB*(원)이고 높이가 2*IH*인 물기둥과 같으며, *I*에서 출발한 물방울이 *HG*를 지나는 시간 동안 빠져나가는 물의 양(즉 *ABNFEM*에 해당하는 양)은 밑면이 *AB*(원)이고 높이가 2*HO*인 물기둥과 같다. 그러므로 *ABDC*에 들어 있는 물과 *ABNFEM*에 들어 있는 물(빠져나가는 물)의 비율은 *HG*∶2*HO*, 즉 (*HO*+*OG*)∶2*HO*=(*IH*+*IO*)∶2*IH*와 같다. 그런데 *ABNFEM*에 들어 있는 물의 무게는 물이 밖으로 빠져나가는 데 사용되었으므로, 물통에 들어 있는 물 전체와 빠져나가는 데 기여한 물의 무게 비율은 (*IH*+*IO*)∶2*IH*이며, 이 비율은 원 *EF*+*AB*와 원 *EF*의 면적 비율과 같다.

부가정리 4

물통 *ABDC*에 들어 있는 물과 물통의 밑면이 떠받치는 물의 무게 비율은 원 *AB*와 원 *EF*의 "합과 차이의 비율"과 같다.

부가정리 5

물통의 밑면이 떠받치는 물과 물이 빠져나가도록 힘을 가하는 부분의 무게 비율은 "원 *AB*와 원 *EF*의 면적의 합"과 "원 *EF*의 면적의 2배"의 비율과 같다. 즉 밑면과 구멍의 면적 비율과 같다.

부가정리 6

물통의 밑면을 누르는 물과 밑면에 수직한 방향으로 얹혀 있는 물의 무게 비율은 원 *AB*와 원 *AB*+원 *EF*의 면적 비율과 같으며, 이 비율은 원 *AB*의 면적과 "원 *AB*의 2배에서 밑면의 면적을 뺀 값"의 비율과 같다.

이유: 물통의 밑면을 누르는 부분과 물통에 들어 있는 모든 물의 무게 비율은 부가정리 4에 의해 원 *AB*와 원 *EF*의 "면적의 차이와 면적의 합의 비율"과 같다. 또한 물통에 들어 있는 모든 물과 밑면에 수직한 방향으로 얹혀 있는 물의 무게 비율은 원 *AB*와 원 *AB*-*EF*의 면적 비율과 같다. 두 비례식을 결합하면, 밑면을 누르는 물과 밑면에 수직한 방향으로 얹혀 있는 물의 무게 비율은 원 *AB*와 원 *AB*+*EF*의 면적 비율과 같다(원 *AB*+*EF*의 면적은 "원 *AB*-밑면"의 2배와 같다).

부가정리 7

밑면에 난 구멍 *EF*의 중앙에 *G*를 중심으로 작은 원판 *PQ*를 밑면과 평행하게 갖다놓았을 때, 이 작은 원판이 떠받치는 물의 무게는 밑면이 *PQ*(원)이고 높이가 *GH*인 물기둥 무게의 $\frac{1}{3}$보다 크다.

이유: 앞서 말한 바와 같이, 외부로 분출되는 깔때기 모양의 물기둥을 *ABNFEM*이라 하자(중심축은 *GH*이다). 물의 유동성은 분출되는 속도와 무관하므로, 깔때기형 물기둥의 주변과 작은 원판의 윗부분은 물이 아닌 얼음으로 채워져 있다고 생각해도 상관없다. 이제 작은 원판 위에 얹혀 있는 얼음 기둥을 *PHQ*라 하자(높이는 *GH*이고,

〈그림 7-8〉

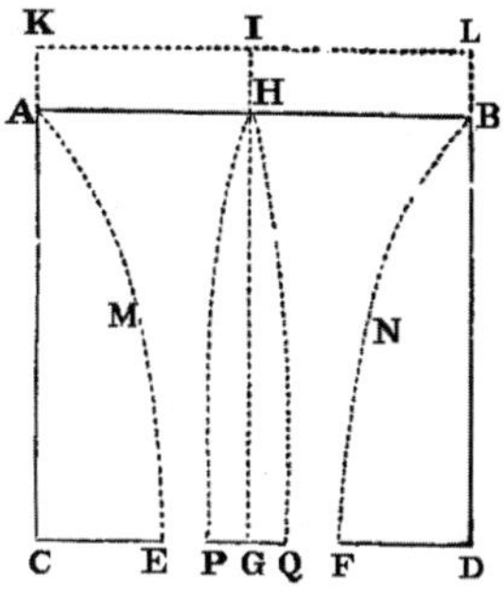

꼭짓점은 H이다). 밑면의 빈틈으로 쏟아져 내리는 물은 오직 자기 자신의 무게만으로 이동하며, PHQ에 압력을 전혀 가하지 않은 채 아무런 저항 없이 미끄러진다고 가정하자(물이 HP나 HQ를 따라 곡선운동을 시작하는 꼭짓점 H에서는 상황이 다를 수도 있다). 물기둥을 에워싸고 있는 얼음($AMEC$와 $BNFD$)이 물통의 안쪽 벽에 대하여 볼록한 형태인 것처럼(AME와 BNF) 작은 원판 위에 얹혀 있는 얼음 기둥 PHQ도 떨어지는 물에 대하여 볼록한 형태이다. 그러므로 PHQ의 부피는 밑면이 PQ(원)이고 높이가 GH인 원뿔보다 크며, 밑면과 높이가 같은 원기둥 부피의 $\frac{1}{3}$보다 크다. 따라서 작은 원판은 떠받치고 있는 얼음 기둥의 무게는 밑면이 PQ(원)이고 높이가 GH인 물기둥의 $\frac{1}{3}$보다 무겁다.

부가정리 8

원 PQ가 아주 작으면 PQ가 떠받치는 무게는 밑면이 PQ이고 높이가 HG인 물기둥의 $\frac{2}{3}$보다 작다. 모든 것을 이전과 동일하게 가정하고, "중심축을 따라 반으로 자른 회전 타원체"를 상상해보자. 즉 이 입체 도형의 밑면은 작은 원판 PQ와 같고, 장축의 길이는 HG이다. 그러면 반으로 자른 회전 타원체의 부피는 밑면과 높이가 같은 원기둥의 $\frac{2}{3}$이며, 그 안에는 작은 원판이 떠받치고 있는 얼음 기둥이 완전히 포함된다. 물은 곧바로 아래쪽을 향해 이동하지만, 얼음 기둥 HPQ의 표면이 밑면 PQ와 만나는 곳의 각도는 90도보다 작다. 물이 떨어지면서 중력에 의해 속도가 점점 빨라질수록 물줄기는 가늘어지기 때문이다. 그러므로 얼음 기둥 PHQ는 앞서 말한 반쪽 회전 타원체 속에 완전히 포함된다. 얼음 기둥의 꼭대기도 뾰족한 예각이다. 그렇지 않으면 회전 타원체의 꼭짓점에서 물의 수평 방향 속도가 수직 방향 속도보다 훨씬 빨라야 한다. 그리고 원 PQ가 작을수록 얼음 기둥의 꼭짓점은 더욱 뾰족해지고, PQ가 무한히 작으면 $\angle PHQ$는 거의 0°에 가까워진다. 따라서 (뾰족한) 얼음 기둥의 부피는 반쪽 회전 타원체보다 작으며, 밑면이 PQ(원)이고 높이가 GH인 원통 모양 물기둥의 $\frac{2}{3}$보다 작다. 얼음 기둥을 에워싼 물의 무게는 오직 아래로 흐르는 데 사용되고 있으므로, 작은 원판 PQ는 얼음 기둥의 무게만을 떠받치고 있다.

부가정리 9

원 PQ가 아주 작으면 PQ가 떠받치는 물의 무게도 아주 작아지기 때문에, 밑면이 PQ이고 높이가 $\frac{1}{2}GH$인 원통형 물기둥과 거의 같아진다. 이 값은 밑면과 높이가 같은 원뿔과 반쪽 회전 타원체의 산술평균에 해당한다. 그러나 PQ가 점점 커져서 EF와 같아지면, PQ는 그 위에 수직 방향으로 얹혀 있는 물(밑면이 EF이고 높이가 GH인 물기둥)의 무게를 고스란히 떠받쳐야 한다.

부가정리 10

그리고 (내가 아는 한) 이 작은 원판 *PQ*가 떠받치는 무게와 밑면이 *PQ*이고 높이가 $\frac{1}{2}GH$인 물기둥의 무게의 비율은 EF^2과 $EF^2-\frac{1}{2}PQ^2$의 비율과 같다. 또한 이 비율은 원 *EF*의 면적과 "*EF*의 면적에서 *PQ*의 면적의 절반을 뺀 값"의 비율과 거의 같다.

보조정리 4

중심축과 나란한 방향으로 등속 운동을 하는 원기둥에 가해지는 저항은 원기둥의 길이와 무관하다. 따라서 이 저항은 원기둥과 지름이 같은 원이 면에 수직한 방향으로 등속 운동을 할 때 받는 저항과 같다.

저항이 원기둥의 길이와 무관하므로, 길이가 무한히 짧은 원기둥을 생각하면 된다. 길이가 0에 가까워지면 원기둥은 원이 되며, 따라서 이들에게는 동일한 저항력이 작용한다.

명제 37 / 정리 29

압축 가능하고 무한히 큰 비탄성 유체 속에서 원통형 물체가 중심축 방향

으로 등속 운동을 하고 있을 때, "앞면(원)에 가해지는 저항"과 "원기둥 길이의 4배에 해당하는 운동을 낳는(또는 그만큼의 운동을 없앨 수 있는) 힘"의 비율은 매질과 원기둥의 밀도 비율과 같다.

〈그림 7-9〉

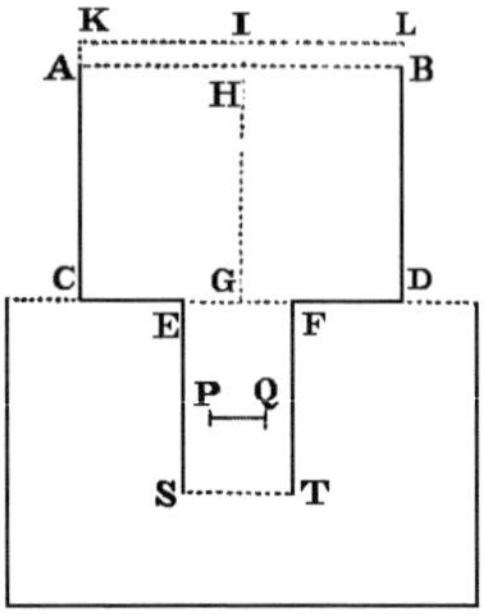

물통 *ABDC*의 밑면 *CD*가 고인 물의 표면과 접촉 상태에 있고, *ABCD*의 물이 수직 방향으로 나 있는 원통형 관 *EFTS*를 통해 고인 물 쪽으로 유입된다고 하자. 이 통로의 임의의 위치에 작은 원판 *PQ*가 수평 방향으로 놓여 있고, *CK*와 *AK*의 비율이 원 *AB*와 원 *EF*-*PQ*의 제곱 비율과 같으면, (명제 36의 경우 5와 6, 그리고 부가정리 1에 의해) 원통형 관 *EFTS*와 작은 원판 *PQ* 사이의 고리형 틈새로 빠져나가는 물의 속도는 물이 *KC*(또는 *IG*)만큼 떨어지면서 얻는 속도와 같다.

그리고 (명제 36의 부가정리 10에 의해) 물통의 폭이 무한히 커서 *IH*가 무시할 수 있을 정도로 작으면(즉 *IG*=*IH*이면) "아래로 흐르는 물이 작은 원판 *PQ*에 가하는 힘"과 "밑면이 *PQ*이고 높이가 $\frac{1}{2}IG$인 물기둥의 무게"의 비율은 EF^2과 $EF^2-\frac{1}{2}PQ^2$의 비율과 거의 같다. 관을 통해 균일하게 흐르는 물은 작은 원판 PQ의 위치에 상관없이 동일한 힘을 가하기 때문이다.

관 $EFTS$의 입구 EF와 출구 ST를 막은 상태에서 작은 원판 PQ가 위로 올라가면, 물은 원판과 관 사이의 고리형 통로를 따라 아래로 이동할 것이다. 이때 작은 원이 올라가는 속도와 물이 아래로 이동하는 속도의 비율은 원 $EF-PQ$와 원 PQ의 면적 비율과 같고, 위로 이동하는 작은 원판의 속도와 두 속도의 합(즉 내려가는 물과 올라가는 원판의 상대 속도)의 비율은 원 EF와 PQ의 면적 차이와 EF의 면적의 비율과 같다(즉 EF^2-PQ^2 과 EF^2의 비율과 같다). 이 상대 속도가 "작은 원판이 고정되어 있을 때 그 주변의 고리형 통로를 따라 물이 이동하는 속도"와 같으면(즉 물이 IG만큼 떨어졌을 때 얻는 속도와 같으면), 위로 움직이는 작은 원판에 가해지는 힘은 (운동의 부가법칙 5에 의해) 이전과 같다. 즉 "위로 이동하는 작은 원판에 가해지는 저항력"과 "밑면이 작은 원판과 같고 높이가 $\frac{1}{2}GI$인 물기둥의 무게"의 비율은 EF^2과 $EF^2-\frac{1}{2}PQ^2$의 비율과 거의 같다. 그리고 작은 원판의 속도와 물이 IG만큼 떨어지면서 얻는 속도의 비율은 EF^2-PQ^2과 EF^2의 비율과 같다.

관 $EFTS$의 폭이 무한히 크면 $EF^2-PQ^2 : EF^2$과 $EF^2 : (EF^2-\frac{1}{2}PQ^2)$은 거의 $1:1$이 되므로 작은 원판 PQ의 속도는 물이 IG만큼 떨어지는 동안 얻는 속도와 같고, PQ에 가해지는 저항은 밑면이 PQ(원)이고 높이가 $\frac{1}{2}IG$인 물기둥의 무게와 같다. 즉 이 물기둥이 자신의 키만큼 떨어지면 작은 원판의 상승 속도와 같은 속도를 얻게 되며, 이 속도에 도달한 원통형 물체는 떨어지는 시간 동안 자신의 길이의 4배에 해당하는 거리를 이동한다. 그리고 (보조정리 4에 의해) 중심축 방향을 따라 이 속도로 움직이는 원통형 물체에 가해지는 저항은 작은 원판이 받는 저항과 같으므로, 자신의 길이의 4배에 해당하는 거리를 이동하게 만드는 힘과 거의 같다.

원기둥의 길이가 달라지면 자신의 길이의 4배를 이동하는 데 걸리는 시간도 같은 비율로 달라진다. 따라서 달라진 시간 동안 달라진 운동을 낳거나 없앨 수 있는 힘의 크기는 여전히 같으며, 이 값은 (보조정리 4에 의해) 원기둥에 가해지는 저항과 같다.

원기둥의 밀도가 커지거나 작아지면 같은 시간 동안 원기둥의 운동 및 그 운동을 낳거나 없앨 수 있는 힘의 크기도 같은 비율로 커지거나 작아진다. 그러므로 "원기둥에 가해지는 저항"과 "그 길이의 4배를 이동하면서 얻은 운동을 낳거나 없앨 수 있는 힘"의 비율은 매질과 원기둥의 밀도 비율과 거의 같다. [Q.E.D.]

매질이 연속적인 성질을 가지려면 압축되어야 하고, 압축에 의해 발생한 모든 압력이 즉각적으로 전달되려면 연속적이면서 비탄성적이어야 한다. 이 압력이 움직이는 물체에 동일하게 작용하면서 저항이 일정하게 유지되는 것이다. 유체 속에서 물체가 움직일 때 생기는 압력은 유체의 일부를 움직이는 데 사용되며, 이로부터 저항이 발생한다. 그러나 유체의 압축에서 생기는 압력이 아무리 커도 주변에 즉각적으로 전달되는 한 유체의 어떤 부위도 움직이지 않으며, 물체에 작용하는 저항도 달라지지 않는다. 압축으로부터 생긴 유체의 운동은 움직이는 물체의 앞부분보다 뒷부분에 더 강하게 작용하기 때문에, 본 명제에서 언급한 저항에 영향을 주지 않는다. 물체의 이동 속도가 압력에 의한 속도보다 훨씬 빠르면 앞면에 가해지는 힘은 뒷면에 가해지는 힘보다 강할 수 없다. 연속적이고 비탄성적인 유체의 경우, 이 작용은 무한히 빠르게, 즉각적으로 전달된다.

부가정리 1

무한히 크고 연속적인 매질 속에서 중심축 방향으로 등속 운동을 하는 원통형 물체(원기둥)에 가해지는 저항은 속도의 제곱과 앞면(또는 뒷면)의 지름의 제곱, 그리고 매질의 밀도에 복합적으로 비례한다.

부가정리 2

관 *EFTS*의 폭을 무한히 넓힐 수 없는 경우, 원기둥이 정지 상태에 있는 매질 속에서 중심축 방향으로 움직이고, 원기둥의 중심축이 관의 중심축과 일치하면, "원기둥에 가해지는 저항"과 "원기둥이 자신의 길이의 4배를 이동하는 동안 그 운동을 낳거나 상쇄시키는 힘"의 비율은 $EF^2:(EF^2-\frac{1}{2}PQ^2)$과 $EF^2:(EF^2-PQ^2)$의 제곱, 그리고 매질과 원통의 밀도의 비율을 곱한 값과 같다.[7]

부가정리 3

이전과 같은 가정하에, 길이 L과 원통 길이의 4배의 비율이

---

7) 간단히 표현하면 $\frac{a}{b}=\frac{c}{d}\times\frac{e}{f}\times\frac{g}{h}$라는 뜻이다.

〈그림 7-10〉

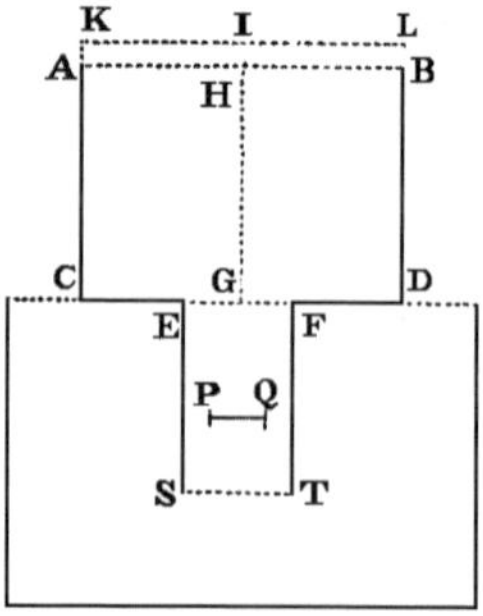

$(EF^2 - \frac{1}{2}PQ^2):EF^2$과 $(EF^2 - PQ^2):EF^2$의 제곱을 곱한 비율과 같으면, "원기둥에 가해지는 저항"과 "원기둥이 길이 L만큼 이동하는 동안 그 운동을 낳거나 상쇄시키는 힘"의 비율은 매질과 원기둥의 밀도 비율과 같다.

부가설명

위의 명제에서는 원기둥 단면의 크기에 좌우되는 저항만을 다루었고, 운동 방향에 비스듬하게 작용하는 저항은 고려하지 않았다. 명제 36의 사례 1에서 확인한 것처럼 물통 속의 물은 모든 방향에서 구멍 EF를 향해 모여들기 때문에, 물이 EF를 통해 유출되는 것을 방해한다. 이와 비슷하게 명제 37에서는 원기둥의 앞면이 가하는 압력에 의해 유체가 여러 방향으로 흩어지면서 "원기둥의 앞면에서 뒤쪽으로 나아가는 유체의 흐름"을 방해한다. 이로 인해 유체는 더 먼 거리를 이동해야 하며, 저항은 유체의 흐름이 줄어든 비율만큼 증가하게 된다. 즉 저항은 약 25 : 21로 커진다.

명제 36의 사례 1에서는 *EF*를 통해 수직 방향으로 빠져나가는 물의 양을 최대화하기 위해 이동하는 물을 제외한 모든 물이 얼어붙었다고 가정했으며, 비스듬한 방향으로 움직이면서 유출에 도움이 되지 않는 물은 정지 상태에 있다고 가정했다. 이와 비슷하게 본 명제(명제 37)에서는 비스듬한 방향으로 일어나는 운동을 고려하지 않았고, 원기둥의 활동성을 최대화하기 위해 물이 최대한 빠른 속도로 원기둥에게 길을 내준다고 가정했다. 저항이 원기둥의 앞면에만 가해지면 원기둥의 지름을 줄이지 않는 한 저항은 결코 줄어들지 않는다. 그러므로 비스듬한 방향으로 움직이면서 저항을 낳는 부분은 원기둥의 양 끝에서 상대적으로 정지 상태에 있는 것으로 간주해야 한다(즉 원기둥의 양 끝에 달라붙어 있다고 간주해야 한다).

〈그림 7-11〉

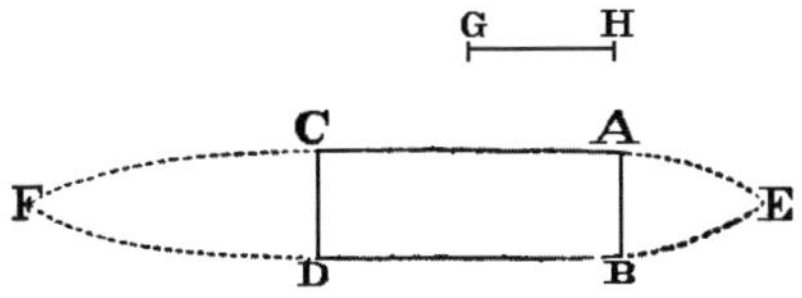

위의 그림에서 *ABDC*는 직사각형이고 *AE*와 *BE*는 중심축이 *AB*인 포물선의 일부이다. 이 포물선의 통경과 *HG*(원기둥이 현재의 속도를 얻기 위해 떨어져야 하는 거리)의 비율은 *HG*와 *AB*의 비율과 같다고 하자. 그리고 *CF*와 *DF*는 중심축이 *CD*인 포물선의 일부로서, 통경의 길이가 이전 포물선의 4배라고 하자. *EF*를 축으로 삼아 이 도

형을 360° 회전시켜서 입체 도형을 만들면 중심부 *ABDC*는 앞서 다뤘던 원기둥에 해당한다. 양 끝 부분 *ABE*와 *CDF*를 "원기둥의 머리와 꼬리에 고정된 채 함께 움직이는 단단한 부위"로 간주하면, 입체 도형 *EACFBD*가 중심축 방향을 따라 *F*에서 *E*를 향해 움직일 때 가해지는 저항은 명제 37에서 구한 저항과 거의 같다. 즉 유체와 원기둥의 밀도 비율은 "원기둥에 가해지는 저항"과 "원기둥이 자신의 길이의 4배(4*AC*)를 등속도로 이동하는 동안 얻은 운동을 낳거나 없앨 수 있는 힘"의 비율과 거의 같다. 그리고 이 힘과 저항의 비율은 (명제 36의 부가정리 7에 의해) 2 : 3보다 크다.

보조정리 5

폭이 같은 원기둥이나 구, 또는 회전 타원체를 원통형 관의 중심축 방향으로 삽입했을 때, 이들이 흐르는 물을 방해하는 정도는 모양에 상관없이 동일하다.

삽입된 물체(원기둥, 구, 회전 타원체)와 관의 내벽 사이의 공간(틈)이 모두 같기 때문이다. 공간의 크기가 같으면 흐르는 물의 양도 같다.

이 정리는 명제 36의 부가정리 7에서 설명한 것처럼, 원기둥(또는 구나 회전 타원체) 위에 있는 물이 얼어붙어 있고 이들의 유동성이 물의 빠른 이동에 아무런 도움이 되지 않는다는 가정하에서도 성립한다.

보조정리 6

이전과 같은 가정하에, 위에서 말한 입체들은 관을 통해 흐르는 물에 의해 똑같은 영향을 받는다.

이것은 보조정리 5와 운동의 제3법칙에 의해 자명한 사실이다. 물과 물체는 재질이 다르지만, 이들이 주고받는 작용과 반작용은 동일하다.

보조정리 7

관 내부의 물은 정지 상태에 있고, 위의 물체들이 (같은 속도로) 반대 방향으로 움직이는 경우에도 이들에게는 이전과 동일한 저항이 작용한다.

이것도 보조정리 6에 의해 자명한 사실이다. 두 물체가 서로에 대해 움직이고 있을 때, 상대 운동에 의한 효과는 항상 동일하게 나타나기 때문이다.

부가설명

이 모든 것은 볼록하고 둥그스름한 입체 도형이 관의 축과 나란한 방향으로 삽입된 경우에 똑같이 성립한다. 마찰의 크기에 따라 약간의 차이는 있을 수 있지만, 위에 제시한 보조정리들은 물체의 표면이 이상적으로 매끄럽고 매질의 점도와 마찰이 없는 것으로 가정하고 있다. 그리고 유체의 각 부위 중 "비스듬한 방향으로 움직이거나 과도하게 움직여서 관을 통한 흐름을 방해할 수 있는 부분"은 명제 27의 부가설명에서 언급한 것처럼 물체의 앞뒤에 얼음의 형태로 들러붙어 있어서 물체와의 상대 운동이 없다고 가정하자. 지금부터 우리가 다루고자 하는 것은 횡단면이 크고 둥그스름한 물체에 작용하는 최소한의 저항이다.

물체가 유체 속에서 똑바로 나아갈 때, 유체는 물체의 앞부분에서 위로 올라가고 뒷부분에서 아래로 내려가는 경향이 있다. 물체의 끝이 뭉툭할수록 이런 경향이 두드러지게 나타난다. 즉 앞뒤가 뭉툭한 물체는 뾰족한 물체보다 조금 큰 저항을 받는다.

탄성이 있는 유체의 경우도 마찬가지다. 앞뒤가 뭉툭한 물체가 이런 유체 속에서 움직이면 앞부분에서는 유체가 압축되어 밀도가 조금 높아지고 뒷부분에서는 유체의 밀도가 조금 낮아져서 뾰족한 물체보다 큰 저항을 받게 된다. 그러나 보조정리 4~7에서는 탄성이 없는 유체를 다루었고, 물체가 표면에 떠 있는 경우가 아니라 유체 속에 잠긴 경우를 다루었다. 비탄성 유체에서 물체에 작용하는 저항을 알아냈다면, 공기 같은 탄성 유체나 바닷물과 습지처럼 고여 있는 물의 경우에는 이 값을 조금 크게 잡으면 된다.

명제 38 / 정리 30

무한히 큰 비탄성, 비압축성 유체 속에서 구형 물체(구)가 균일한 속도로 움직이고 있을 때, 구에 가해지는 저항과 "구가 자신의 지름의 $\frac{8}{3}$만큼 이동하는 동안 얻은 운동을 낳거나 없앨 수 있는 힘"의 비율은 유체와 구의 밀도 비율과 같다.

구와 "구에 외접하는 원기둥"의 부피 비율은 2 : 3이다. 그러므로 원기둥이 자신의 지름의 4배를 지나는 동안 얻은 운동을 낳거나 없앨 수 있는 힘은 구가 이 거리의 $\frac{2}{3}$(지름의 $\frac{8}{3}$배)를 지나는 동안 얻은 운동을 낳거나 없앨 수 있다. 원기둥에 가해지는 저항과 이 힘의 비율은 (명제 37에 의해) 유체와 원기둥(또는 구)의 밀도 비율과 거의 같고, 구에 가해지는 저항은 (보조정리 5, 6, 7에 의해) 원기둥에 가해지는 저항과 같다. [Q.E.D.]

부가정리 1

무한히 큰 비압축성 매질 속에서 구에 작용하는 저항력은 속도의 제곱과 지름의 제곱, 그리고 매질의 밀도에 복합적으로 비례한다.

부가정리 2

"저항이 있는 유체 속에 잠긴 구가 상대적인 무게에 의해 아래로 가라앉는 최대 속도"와 "같은 무게의 구가 저항이 없는 공간 속에서 지름의 $\frac{4}{3}$만큼 떨어졌을 때 얻는 속도"의 비율은 구와 유체의 밀도 비율과 같다.

이유: "특정 시간 동안 떨어진 구가 그 시간 동안 얻은 속도로 진행한 거리"와 "구의 지름의 $\frac{8}{3}$"의 비율은 구와 유체의 밀도 비율과 같다. 그리고 이런 운동을 낳은 무게(힘)와 "구가 그와 같은 속도로 지름의 $\frac{8}{3}$을 지나는 시간 동안 그 운동을 낳는 힘"의 비율은 유체와 구의 밀도 비율과 같다. 그러므로 (명제 38에 의해) 무게가 낳은 힘은 저항력과 같으며, 두 힘이 함께 작용하는 한 구는 가속되지 않는다.

부가정리 3

구의 밀도와 초속도, 그리고 압축성 유체의 정지 상태 밀도가 주어지면 (명제 35의 부가정리 7에 의해) 임의의 시간에 구의 속도와 저항, 그리고 진행 거리를 알 수 있다.

부가정리 4

정지 상태에 있는 압축성 유체 속을 유체와 밀도가 같은 구가 움직이고 있을 때, (명제 35의 부가정리 7에 의해) 구는 지름의 2배에 해당하는 거리를 이동하는 동안 운동의 절반을 잃는다.

명제 39 / 정리 31

구체가 비압축성 유체로 채워진 원통형 관 속을 등속도로 이동하고 있을 때, "구에 가해지는 저항"과 "구가 지름의 만큼 이동하면서 얻은 운동을 낳

거나 상쇄시킬 수 있는 힘"의 비율은 "관의 입구와 관의 입구에서 구의 대원(가장 큰 둘레)의 절반을 뺀 값의 비율"과 "관의 입구와 관의 입구에서 구의 대원(가장 큰 둘레)을 뺀 값의 제곱 비율", 그리고 "유체와 구의 밀도 비율"을 연달아 곱한 값과 거의 같다.

이것은 명제 37의 부가정리 2를 이용하여 증명 가능하다. 명제 38과 같은 논리를 펼치면 어렵지 않게 증명할 수 있다.

부가설명

명제 38과 39에서는 (보조정리 5와 같이) 구체 앞에 있는 물이 얼어 있다고 가정했다. 이 부위가 액체 상태로 존재하면 구에 작용하는 저항이 커진다. 그러나 명제 38, 39에서 저항의 증가량은 아주 작으므로 무시해도 상관없다. 구의 볼록한 표면이 얼음과 같은 효과를 주기 때문이다.

명제 40 / 문제 9

압축성 유체 속에서 움직이는 구체에 작용하는 저항을 실험적으로 구하라.

진공 중에서 구의 무게를 A, 저항이 있는 매질 속에서 구의 무게를

B라 하자. 구의 지름을 D라 하고, F와 $\frac{4}{3}D$의 비율이 구와 매질의 밀도 비율과 같다고 하자(즉 F는 비례식 $F:\frac{4}{3}D=A:A-B$를 만족한다). 구가 아무런 저항 없이 자신의 무게 B에 의해 F만큼 떨어지는 데 걸리는 시간을 G라 하고, F만큼 떨어졌을 때 얻은 속도를 H라 하자. 그러면 (명제 38의 부가정리 2에 의해) H는 저항이 있는 매질 속에서 무게=B인 구체가 도달할 수 있는 최고 속도이며, 이 속도로 가라앉는 구체는 자신의 무게 B와 동일한 저항을 받는다. 다른 속도로 가라앉는 경우, 저항과 B의 비율은 (명제 38의 부가정리 1에 의해) 해당 속도와 최대 속도 H의 제곱 비율과 같다.

이 저항은 유체의 관성으로부터 생긴 것이다. 유체의 탄성과 점착력(tanacity), 그리고 마찰에 의해 생긴 저항은 다음과 같은 방법으로 구할 수 있다.

유체 속에서 무게(공기 중의 무게에서 부력을 제외한 무게)가 B인 구가 아래로 가라앉고 있다. 떨어진 시간을 P라 하고, P와 G를 모두 초(second) 단위로 표현하자. $0.4342944819\frac{2P}{G}$에 로그를 취한 값을 N이라 하고, $\frac{N+1}{N}$에 로그를 취한 값을 L이라 하자. 그러면 구가 떨어지면서(가라앉으면서) 얻은 속도는 $\frac{N-1}{N+1}H$이며, 떨어진 거리는 $\frac{2PF}{G}-1.3862943611F+4.605170186LF$이다.

유체가 충분히 깊으면 $4.605170186LF$는 무시할 수 있을 정도로 작아서, 구가 떨어진 거리는 $\frac{2PF}{G}-1.3862943611F$와 거의 같다. 이것은 공에 가해지는 저항이 유체의 관성 때문이라는 가정하에, 2권의 명제 9와 부가정리를 이용하여 쉽게 증명된다. 그러나 구에 다른 저항이 추가로 가해지면 가라앉는 속도가 느려지는데, 그 정도로부터 추가된 저항을 구할 수 있다.

나는 유체 속에서 아래로 떨어지는 물체의 속도와 이동 거리를 좀 더 쉽게 알아내기 위해 〈표 7-1〉을 작성했다. 첫 번째 세로줄은 물체가 떨어지는 데 걸린 시간을 나타내고 두 번째 세로줄은 떨어지면서 얻은 속도이다(최대 속도를 100,000,000으로 규격화했다). 또한 세 번째 세로줄은 해당 시간 동안 진행한 거리이며(최대 속도로 시간 G 동안 진행한 거리는 $2F$이다), 네 번째 세로줄은 각 경우에 대한 $\frac{2P}{G}$의 값으로, 여기서 $1.3862944\text{-}4.6051702L$을 빼면 세 번째 세로줄과 같아지고, 거리 F를 곱하면 떨어지면서 진행한 거리가 얻어진다. 마지막으로 다섯 번째 줄은 물체의 무게를 B로 간주했을 때, 같은 시간 동안 진공 중에서 떨어진 거리를 나타낸다.

〈표 7-1〉

시간 P	유체 속에서 떨어지는 물체의 속도	유체 속에서 물체의 이동 거리	최고 속도로 이동한 거리	진공 중에서 이동 거리
$0.001G$	$99999\frac{29}{30}$	$0.000001F$	$0.002F$	$0.000001F$
$0.01G$	999967	$0.0001F$	$0.02F$	$0.0001F$
$0.1G$	9966799	$0.0099834F$	$0.2F$	$0.01F$
$0.2G$	19737532	$0.0397361F$	$0.4F$	$0.04F$
$0.3G$	29131261	$0.0886815F$	$0.6F$	$0.09F$
$0.4G$	37994896	$0.1559070F$	$0.8F$	$0.16F$
$0.5G$	46211716	$0.2402290F$	$1.0F$	$0.25F$
$0.6G$	53704957	$0.3402706F$	$1.2F$	$0.36F$
$0.7G$	60436778	$0.4545405F$	$1.4F$	$0.49F$

시간 P	유체 속에서 떨어지는 물체의 속도	유체 속에서 물체의 이동 거리	최고 속도로 이동한 거리	진공 중에서 이동 거리
0.8G	66403667	0.5815071F	1.6F	0.64F
0.9G	71629787	0.7196609F	1.8F	0.81F
1G	76159416	0.8675617F	2F	1F
2G	96402758	2.6500055F	4F	4F
3G	99505475	4.6186570F	6F	9F
4G	99932930	6.6143765F	8F	16F
5G	99990920	8.6137964F	10F	25F
6G	99998771	10.6137179F	12F	36F
7G	99999834	12.6137073F	14F	49F
8G	99999980	14.6137059F	16F	64F
9G	99999997	16.6137057F	18F	81F
10G	99999999$\frac{3}{5}$	18.6137056F	20F	100F

부가설명

이 실험에서는 유체를 담는 그릇으로 사각형 목재 용기가 사용되었다. 용기의 길이와 폭은 9인치, 깊이는 $9\frac{1}{2}$피트이고[모두 내경(內徑)이다] 내부는 빗물로 채워져 있다. 그 속에서 움직이는 물체로는 납덩어리를 밀랍으로 에워싼 조그만 공을 사용했으며, 빗물 속에서 112인치 떨어지는 데 걸리는 시간을 측정했다. 빗물 1세제곱피트의 무게는 76파운드이고, 빗물 1세제곱인치의 무게는 $\frac{19}{36}$온스, 또는

$253\frac{1}{3}$그레인이다.[8] 또한 지름이 1인치인 구형 물 덩어리의 무게는 공기 중에서 132.645그레인, 진공 중에서는 132.8그레인이며, 다른 재질로 만든 구의 부피는 "진공 중의 무게-물속에서의 무게"에 비례한다.

실험 1

공기 중에서 무게가 $156\frac{1}{4}$그레인이고 물속에서 77그레인인 구형 물체(구)를 물속에 담갔을 때, 112인치만큼 떨어지는 데 걸린 시간은 4초였다. 동일한 실험을 여러 번 수행했는데, 시간은 항상 4초로 균일했다.

진공 중에서 구의 무게는 $156\frac{13}{38}$그레인이고, 물속에서 잰 무게와의 차이는 $79\frac{13}{38}$이었다. 따라서 구의 지름은 0.84224인치이다. "진공 중 무게와 수중 무게의 차이"와 진공 중 무게의 비율은 물과 구의 밀도 비율과 같으므로, 이 비율은 구의 지름의 $\frac{8}{3}$(2.24597인치)과 $2F$의 비율과 같다. 따라서 $2F$의 값은 4.4256인치이다. 무게가 $156\frac{13}{38}$그레인인 구가 물속에서 1초 동안 떨어진 거리는 193인치이고, 무게가 77그레인인 구가 물속에서 아무런 저항 없이 같은 시간 동안 떨어진 거리는 95.219인치이다. 그리고 G라는 시간 동안 구는 2.2128인치를 떨어지면서 최고 속도 H에 도달한다. G와 1초의 비율은 F(2.2128인치)와 95.219인치의 제곱근 비율과 같으므로, G=0.15244초이

8) 오늘날 1그레인은 0.0648그램인데, 뉴턴 시대에는 지역마다 값이 조금씩 달랐기 때문에 약간의 차이가 있다.

다. 구형 물체가 시간 G 동안 최고 속도 H로 움직이면 이동 거리는 $2F$=4.4256인치이므로, 4초 동안 움직이면 116.1245인치를 이동하게 된다. 여기서 1.3862944F(=3.0676인치)를 빼면 113.0569인치가 남는데, 이 값이 바로 널찍한 물통 속에서 구형 물체가 4초 동안 떨어진 거리이다. 그런데 본 실험에 사용된 목재 용기는 폭이 별로 넓지 않기 때문에, 방금 구한 거리는 (1) "용기 입구의 둘레"와 "용기 입구의 둘레-구의 둘레의 절반"의 제곱근 비율과 (2) "용기 입구의 둘레"와 "용기 입구의 둘레-구의 둘레"의 비율(1 : 0.9914)을 결합한 비율만큼 수정되어야 한다(즉 작아져야 한다). 이 과정을 거쳐서 얻은 최종 거리는 112.08인치이며, 실제 측정 결과는 112인치였다.

실험 2

공기 중 무게 $76\frac{1}{3}$그레인, 수중 무게 $5\frac{1}{16}$그레인인 똑같은 구 3개를 물속에 순차적으로 담갔더니, 모두 15초 동안 112인치를 떨어졌다.

이로부터 계산을 해보면 진공 중에서 구의 무게는 $76\frac{5}{12}$그레인이고. 여기서 구의 수중 무게를 빼면 $71\frac{17}{48}$그레인이다. 구의 지름은 0.81296인치이며, 이 값의 $\frac{8}{3}$은 2.16789인치, $2F$는 2.3217인치이다. 무게가 $5\frac{1}{16}$그레인인 구가 저항이 없는 곳에서 1초 동안 떨어지는 거리는 12.808인치이며, G는 0.301056초이다. 그러므로 우리의 구가 물속에서 $5\frac{1}{16}$그레인의 무게로 최고 속도로 움직이면 0.301056초 동안 2.3217인치를 이동하고, 15초 동안 115.678인치를 이동하게 된다. 여기서 1.3862944F=1.609인치를 빼면 114.069인치가 남는데, 이 값이 바로 폭이 충분히 넓은 물통 속에서 구가 15초 동안 떨어지는 거리이다. 그러나 실험에 사용한 용기는 폭이 좁았기 때문에, 구가 용기 안에서 15초 동안 떨어진 거리는 여기서 0.895인치를 뺀 113.174인치가 될 것이다. 실험을 통해 얻은 값은 112인치였는데, 이 정도면 이론과 꽤 정확하게 일치한다.

실험 3

공기 중 무게 121그레인, 수중 무게 1그레인인 동일한 구 3개를 물속에 순차적으로 담근 결과, 이들이 112인치를 떨어지는 데 걸린 시간은 각각 46초, 47초, 50초로 측정되었다.

나의 이론에 의하면 이들은 약 40초 만에 112인치를 이동해야 하는데, 실험 결과는 그렇지 않았다. 시간이 예상보다 오래 걸린 이유는 (1) 물체의 속도가 느린 경우에는 다른 저항이 관성에 의한 저항보다 상대적으로 크기 때문일 수도 있고, (2) 구에 들러붙은 작은 거품들이 의외의 저항을 낳았기 때문일 수도 있고, (3) 구를 만진 손이나 주변 공기로부터 약간의 열이 전달되어 구를 에워싼 밀랍의 물성(物性)이 변했기 때문일 수도 있고, (4) 구의 수중 무게를 측정할 때 발생한 의외의 오차 때문일 수도 있다. 지금으로선 어느 것이 진짜 이유인지 단언하기 어렵다. 아마도 구의 무게를 키우면 실험의 신뢰도를 높일 수 있을 것으로 예상된다.

실험 4

실험 3은 유체의 저항을 알기 위해 실행했던 실험이지만, 당시는 전술한 명제들이 확립되기 전이었다. 그 후 나는 유체의 저항과 관련된 일련의 명제들을 증명했고, 그 타당성을 확인하기 위해 다음과 같은 실험을 실행했다.

실험에 사용된 용기는 폭 $8\frac{1}{2}$인치, 깊이 $15\frac{1}{3}$피트짜리 목재 물통이었다. 그 외에 조그만 납덩어리를 밀랍으로 에워싼 구형 물체 4개(공기 중 무게 $139\frac{1}{4}$그레인, 수중 무게 $7\frac{1}{8}$그레인)를 만들어서 물이 가득 찬 용기 속에 담그고 주기가 0.5초인 단진자를 이용하여 가라앉는 시간을 측정했다. 나는 구의 무게를 측정할 때부터 물속에 담글 때까지, 차가운 상태가 유지되도록 각별한 주의를 기울였다. 온도가 높아지면 표면에 바른 밀랍이 팽창하여 수중 무게가 줄어들 수도 있기 때문이다(한번 팽창한 밀랍은 온도가 내려가도 원래 밀도로 돌아갈 때까지 꽤 긴 시간이 걸린다). 그리고 구는 물속에서 가라앉기 전에 완전히 잠긴 상태에서 출발해야 한다. 그렇지 않으면 수면 위로 돌출된 부위의 무게 때문에 처음 출발할 때 의외의 가속도가 추가되기 때문이다.[9] 또 구가 완전히 잠긴 후에도 완벽한 정지 상태에서 출발해야 하기 때문에, 사람의 손이나 기타 도구의 영향을 받지 않도록 조심해야 한다.

4개의 구가 15피트 2인치 떨어지는 동안 진자의 진동 횟수는 각각 $47\frac{1}{2}$, $48\frac{1}{2}$, 50, 51회였다. 이 실험을 실행한 날은 공의 무게를 측정했던 날보다 기온이 낮았기 때문에 적당한 기온이 돌아올 때까지 기다렸다가 동일한 실험을 몇 번에 걸쳐 다시 실행했는데, 1차 결과는

---

9) 완전히 잠기지 않은 상태에서는 부력이 작아서 구의 유효 무게가 커지고, 따라서 가속도도 커진다.

49, $49\frac{1}{2}$, 50, 53회였고 2차 결과는 $49\frac{1}{2}$, 50, 51, 53회였다. 대부분의 경우 구가 가라앉는 데 걸린 시간은 $49\frac{1}{2}$~50회(진동) 사이였으며, 더 오래 걸린 경우는 구가 아래로 떨어지다가 용기의 내벽에 부딪힌 경우였다.

이론에 입각하여 계산해보자. 구의 진공 중 무게는 $139\frac{2}{5}$그레인이고, 여기서 수중 무게를 뺀 값은 $132\frac{11}{40}$그레인이다. 공의 지름은 0.99868인치이고 그 $\frac{8}{3}$은 2.66315인치이며, $2F$는 2.8066인치, 무게 $7\frac{1}{8}$그레인인 구가 아무런 저항 없이 1초 동안 떨어진 거리는 9.88164인치, 그리고 G는 0.376843초이다. 그러므로 수중 무게 $7\frac{1}{8}$그레인인 구가 물속에서 최고 속도로 가라앉는다면 0.376843초 동안 2.8066인치를 이동하고, 1초 동안 7.44766인치를 이동한다. 그리고 단진자가 50번 진동하는 동안(즉 25초 동안) 이동한 거리는 186.1915인치이다. 여기서 $1.386294F$(=1.9454인치)를 빼면 184.2461인치가 남는데, 이 값이 바로 충분히 넓은 물통 안에서 구가 25초 동안 진행한 거리이다. 그러나 내가 실험에서 사용한 물통은 폭이 좁았기 때문에 (1) "물통의 둘레"와 "물통의 둘레-구의 둘레의 절반"의 제곱근 비율과 (2) "물통의 둘레"와 "물통의 둘레-구의 둘레"의 비율을 곱해야 한다. 즉, 내가 실험에 사용한 좁은 물통에서 구가 25초 동안 진행한 거리의 이론적 예상치는 181.86인치이다. 실험 결과, 구는 단진자가 49, 또는 50회 진동하는 동안 182인치를 이동한 것으로 나타났다.

실험 5

공기 중 무게 $154\frac{3}{8}$그레인, 수중 무게 $21\frac{1}{2}$그레인인 구 4개를 물속에 담갔을 때, 15피트 2인치 떨어지는 동안 단진자가 진동한 횟수는 각각 $28\frac{1}{2}$, 29, $29\frac{1}{2}$, 30회였다. 그러나 같은 거리를 떨어지는 데 단진자가 31, 32, 33회 진동한 경우도 있었다.

이론적으로 예측된 진동 횟수(낙하 시간)는 약 29회이다.

실험 6

공기 중 무게 $212\frac{3}{8}$그레인, 수중 무게 $79\frac{1}{2}$그레인인 구 5개를 물속에 담갔을 때, 15피트 2인치를 떨어지는 동안 단진자의 진동 횟수는 각각 15, $15\frac{1}{2}$, 16, 17, 18회였다.

이론적으로 예측된 진동 횟수는 약 15회이다.

실험 7

공기 중 무게 $293\frac{3}{8}$그레인, 수중 무게 $35\frac{7}{8}$그레인인 구 4개를 물속에 담갔을 때, 이들이 15피트 $1\frac{1}{2}$인치를 이동하는 동안 진자의 진동 횟수는 $29\frac{1}{2}$, 30, $30\frac{1}{2}$, 31, 32, 33회였다.

이론적으로 예측된 진동수는 약 28회이다.

구의 크기와 무게는 모두 같은데, 가라앉는 데 소요되는 시간이 왜 다른 걸까? 나의 분석은 다음과 같다. 구가 처음 가라앉기 시작할 때, 좌우면 중 조금이라도 더 무거운 쪽이 먼저 움직이면서 가운데를 중심으로 진동이 발생한다. 물속에서 가라앉는 도중에 진동을 하면 물과 더 많은 운동을 교환하면서 아래로 내려가는 데 써야 할 운동이 낭비된다. 진동의 크고 작음에 따라 구가 가라앉는 데 걸리는 시간은 더 길어질 수도 있고, 짧아질 수도 있다. 또한 진동하고 있는 구는 아래로 내려가는 면으로부터 멀어지려는 경향이 있기 때문에, 물통의 내벽에 점점 가까워지다가 충돌할 수도 있다. 구가 무거울수록 진동은 더욱 강해지고, 지름이 클수록 물의 요동이 더욱 심해진다. 그래서 나는 진동을 줄이기 위해 구에 약간의 변형을 주었다. 납덩어리가 구의 중심에서 조금 벗어난 곳에 위치하도록 밀랍의 두께를 바꾼 것이다. 이런 식으로 구의 한쪽 부위를 다른 부위보다 무겁게 만든 후, 무거운 쪽이 아래를 향하는 자세에서 낙하시켰더니 시간 오차가 줄어들었다. 새로 실행한 실험 결과는 다음과 같다.

실험 8

공기 중 무게 139그레인, 수중 무게 $6\frac{1}{2}$그레인인 구 4개를 물속에 담갔을 때, 182인치를 떨어지는 동안 단진자의 진동 횟수는 50~52회였고, 대부분의 경우는 51회로 관측되었다.

이론적으로 예측된 진동 횟수는 약 52회이다.

실험 9

공기 중 무게 $237\frac{1}{4}$그레인, 수중 무게 $140\frac{3}{4}$그레인인 구 4개를 물속에 담갔을 때, 182인치를 떨어지는 동안 단진자의 진동 횟수는 12~13회로 나타났다.

이론적으로 예측된 진동 횟수는 약 $11\frac{1}{3}$회이다.

실험 10

공기 중 무게 384그레인, 수중 무게 $119\frac{1}{2}$그레인인 구 4개를 물속에 담갔을 때, $181\frac{1}{2}$인치를 떨어지는 동안 단진자의 진동 횟수는 $17\frac{3}{4}$, 18, $18\frac{1}{2}$, 19회였다. 특히 진동 횟수가 19회인 경우에는 구가 바닥에 닿기 전에 물통의 옆면에 부딪히는 소리가 들릴 때도 있었다.

이론적으로 예측된 진동 횟수는 약 $15\frac{5}{9}$회이다.

실험 11

공기 중 무게 48그레인, 수중 무게 $39\frac{29}{32}$그레인인 구 3개를 물속에 담갔을 때, $182\frac{1}{2}$인치를 떨어지는 동안 단진자의 진동 횟수는 $43\frac{1}{2}$, 44, $44\frac{1}{2}$, 45, 46회였고 대부분이 44~45회로 나타났다.

이론적으로 예측된 진동 횟수는 약 $46\frac{5}{9}$회이다.

실험 12

공기 중 무게 141그레인, 수중 무게 $4\frac{3}{8}$그레인인 구 3개를 물속에 담갔을 때, 182인치를 떨어지는 동안 단진자의 진동 횟수는 61, 62, 63, 64, 65회였다.

이론적으로 예측된 진동 횟수는 약 $64\frac{1}{2}$회이다.

이상의 실험으로부터 내릴 수 있는 결론은 다음과 같다. (실험 2, 4, 5, 8, 11, 12처럼) 공의 속도가 느리면 떨어지는 데 걸리는 시간이 이론과 거의 일치하지만, (실험 6, 9, 10처럼) 속도가 빠른 경우에는 저항이 속도의 제곱보다 조금 더 큰 값에 비례한다.

이유: 가볍고 느린 구는 운동 자체가 약해서 진동이 빨리 멈추지만, 크고 무거운 구는 운동이 강하여 진동이 오래 지속되기 때문에

낙하 시간이 길어지는 경향이 있다. 또한 구의 속도가 빠를수록 구의 뒤쪽에서 유체가 가하는 압력이 약해진다. 구의 속도가 빨라질 때 유체의 압력이 함께 증가하지 않으면 뒤쪽에 빈 공간이 생길 것이다. 저항이 속도의 제곱 비율로 증가하려면 유체의 압력도 (명제 32, 33에 의해) 속도의 제곱에 비례해야 한다. 그러나 현실은 그렇지 않기 때문에 구의 속도가 빠를수록 뒤쪽의 압력이 약해져서, 구에 가해지는 저항은 속도의 제곱보다 조금 더 커진다.

이 모든 요인을 고려할 때, 나의 이론은 실험 결과와 잘 일치한다고 볼 수 있다. 지금부터는 공기 중에서 떨어지는 물체의 운동을 분석해보자.

실험 13

1710년 6월에 런던 세인트폴 성당에서 낙하 실험을 실행한 적이 있다. 같은 높이에서 수은을 채운 유리 공과 공기를 채운 유리 공을 동시에 떨어뜨리는 실험이었는데, 이를 위해 220피트 높이에 널빤지를 설치하여 한쪽 끝은 무거운 쇠로 고정시키고 반대쪽 끝은 나무 막대로 지지해놓았다. 2개의 유리 공을 판자 위에 올려놓고 미리 설치해둔 쇠줄을 당기면 나무 막대가 치워지면서 유리 공이 아래로 낙하하고, 그와 동시에 시간 측정용 단진자가 작동하는 식이다. 실험에 사용된 공의 무게와 지름, 그리고 낙하 시간은 다음과 같다.

여기 제시된 낙하 시간은 약간의 보정이 필요하다. 수은으로 채운 공은 (갈릴레오의 이론에 의하면) 4초 동안 257피트를 낙하하고, $3\frac{42}{60}$초 동안 220피트를 낙하한다. 그런데 널빤지 한쪽 끝의 나무 막대를 제

〈표 7-2〉

수은으로 채운 유리 공		
무게 (그레인)	지름 (인치)	낙하 시간 (초)
908	0.8	4
983	0.8	4^-
866	0.8	4
747	0.75	4^+
808	0.75	4
784	0.75	4^+

공기로 채운 유리 공		
무게 (그레인)	지름 (인치)	낙하 시간 (초)
510	5.1	$8\frac{1}{2}$
642	5.2	8
599	5.1	8
515	5.0	$8\frac{1}{4}$
483	5.0	$8\frac{1}{2}$
641	5.2	8

거한 순간부터 유리 공이 낙하를 시작할 때까지 예상보다 시간이 오래 걸렸기 때문에(단진자는 나무 막대를 제거하는 순간부터 작동하기 시작했다), 낙하 시간이 실제보다 조금 길게 측정되었다. 특히 지름이 큰 유리 공(공기로 채운 유리 공)은 널빤지가 기울었을 때 그 위에 머문 시간이 상대적으로 길기 때문에 오차가 발생할 수밖에 없다. 이 모든 상황을 고려할 때, 〈표 7-2〉에 제시된 낙하 시간은 일괄적으로 약 $\frac{18}{60}$초만큼 짧아져야 한다. 그러므로 큰 유리 공(오른쪽 표)의 낙하 시간은 $8\frac{12}{60}$초, $7\frac{42}{60}$초, $7\frac{42}{60}$초, $7\frac{57}{60}$초, $8\frac{12}{60}$초, $7\frac{42}{60}$초이다.

공기로 채운 유리 공의 다섯 번째 데이터는 지름 5인치, 무게 483그레인이고 220피트를 떨어지는 데 걸린 시간은 $8\frac{12}{60}$초이다. 이 유리 공과 부피가 같은 물의 무게는 16,600그레인이고, 부피가 같은 공기의 무게는 $\frac{16,600}{860}$그레인=$19\frac{3}{10}$그레인이다. 따라서 유리 공의 진공 중 무게는 $502\frac{3}{10}$그레인이며, 이 값과 동일 부피의 공기 무게와의 비율$(502\frac{3}{10}:19\frac{3}{10})$은 $2F$와 공의 지름의 $\frac{8}{3}$의 비율$(2F:13\frac{1}{3})$과 같으므로, $2F$=28피트 11인치이다. 무게가 $502\frac{3}{10}$그레인인 공이 진공 중에서 1초 동안 떨어진 거리는 $193\frac{1}{3}$인치이고, 무게가 483그레인이면 같은 시간 동안 185.905인치를 떨어진다. 그리고 무게가 똑같이 483그레인인 물체가 진공 중에서 거리 F(14피트 $5\frac{1}{2}$인치)를 떨어지는 데 걸리는 시간은 $\frac{57}{60}+\frac{58}{3600}$초이며, 이로부터 계산된 속도는 공기 중에서 떨어질 때 얻을 수 있는 최대 속도에 해당한다. 이 속도로 움직이는 공은 $8\frac{12}{60}$초 동안 245피트 $5\frac{1}{3}$인치를 이동할 수 있다. 여기서 1.3863F(20피트 $\frac{1}{2}$인치)를 뺀 225피트 5인치는 이론상으로 구형 물체가 $8\frac{12}{60}$초 동안 떨어지면서 이동한 거리인데, 실험 결과는 220피트였다. 이 정도면 이론과 실험이 꽤 정확하게 일치한 셈이다.

공기로 채운 유리 공의 실험 데이터는 다음과 같다.

〈표 7-3〉

공의 무게 (그레인)	공의 지름 (인치)	220피트를 떨어지는 데 걸린 시간(초)	이론으로 계산된 낙하 거리	이론과 실험의 차이
510	5.1	$8\frac{12}{60}$	226피트 11인치	6피트 11인치
642	5.2	$7\frac{42}{60}$	230피트 9인치	10피트 9인치
599	5.1	$7\frac{42}{60}$	227피트 10인치	7피트 10인치
515	5	$7\frac{57}{60}$	224피트 5인치	4피트 5인치
483	5	$8\frac{12}{60}$	225피트 5인치	10피트 7인치
641	5.2	$7\frac{42}{60}$	230피트 7인치	10피트 7인치

실험 14

존 테오필루스 데사굴리에(John Theophilus Desaguliers)[10]는 1719년 7월에 이와 비슷한 실험을 실행한 바 있다. 나무로 구형 틀을 만든 후 습기 찬 돼지 방광에 공기를 불어넣어 나무틀에 끼워 넣고 건조시키면 거의 구에 가까운 형태가 된다. 데사굴리에의 실험은 실험자가 세인트폴 성당의 탑(높이=272피트)에 올라 방광으로 만든 공과 납공(납으로 만든 공, 무게=약 2파운드)를 동시에 떨어뜨리면 그 위에 있는 관찰자가 낙하 운동을 육안으로 관찰하면서 낙하 시간을 측정하고, 땅 위에 대기 중인 관찰자들은 방광 공과 납 공이 바닥에 도달한 시간 차이를 측정하는 식으로 진행되었다(모든 시간은 주기가 $\frac{1}{2}$초인 단진자를 통해 측정되었다). 땅 위에 있는 사람들은 1초에 네 번 진동하는 용수철 진자와, 역시 1초에 네 번 진동하는 정교한 기계 장치로 시간을 측정했다. 탑 꼭대기에서 시간을 재는 사람도 비슷한 시간 측정기를 갖고 있었는데, 이것은 실험자가 원할 때 작동을 멈췄다가 언제든지 다시 작동할 수 있도록 고안된 첨단 장비였다.

탑에서 출발한 납 공이 지면에 도달할 때까지 걸린 시간은 약 $4\frac{1}{4}$초였다. 여기에 앞서 말한 시간 차이를 더하면 방광의 낙하 시간이 얻어진다. 납 공이 바닥에 도달한 후 방광이 도달할 때까지 걸린 시간을 다섯 번 측정한 결과는 $14\frac{3}{4}$, $12\frac{3}{4}$, $14\frac{5}{8}$, $17\frac{3}{4}$, $16\frac{7}{8}$초였고, 두 번째 실험에서는 $14\frac{1}{2}$, $14\frac{1}{4}$, 14, 19, $16\frac{3}{4}$초로 나타났다. 여기에 납 공

10) 1683~1744, 뉴턴과 동시대에 살았던 영국의 성직자 겸 자연철학자.

의 낙하 시간 $4\frac{1}{4}$초를 더한 결과는 첫 번째 실험의 경우 19, 17, $18\frac{7}{8}$, 22, $21\frac{1}{8}$초이고, 두 번째 실험은 $18\frac{3}{4}$, $18\frac{1}{2}$, $18\frac{1}{4}$, $23\frac{1}{4}$, 21초이다. 그리고 실제로 방광이 탑 꼭대기에서 낙하하는 데 걸린 시간은 첫 번째 실험의 경우 $19\frac{3}{8}$, $17\frac{1}{4}$, $18\frac{3}{4}$, $22\frac{1}{8}$, $21\frac{5}{8}$초였고, 두 번째 실험에서는 19, $18\frac{5}{8}$, $18\frac{3}{8}$, 24, $21\frac{1}{4}$초였다. 그러나 방광은 낙하 도중에 진동하거나 앞뒤로 오락가락하는 등 수직으로 얌전하게 떨어진 적이 거의 없었다. 실험 결과가 이론치보다 $\frac{1}{2}$~1초 정도 길게 나온 것은 아마도 이런 이유 때문일 것이다. 첫 번째 실험의 두 번째와 네 번째 시도, 그리고 두 번째 실험의 첫 번째와 세 번째 시도에서는 방광이 거의 수직에 가깝게 떨어졌으나, 다섯 번째로 떨어뜨린 방광은 주름이 많이 생겨서 다른 경우보다 저항을 많이 받았다. 데사굴리에는 방광을 가느다란 실로 두 번 감아서 둘레를 측정했는데, 나는 이 값으로부터 지름을 추정하고 공기와 빗물의 밀도 비율이 1 : 860이라는 가정하에, 나의 이론과 데사굴리에의 실험 결과를 비교해보았다.

〈표 7-4〉

방광의 무게 (그레인)	지름 (인치)	272피트를 떨어지는 데 걸린 시간(초)	이론으로 계산된 낙하 거리	이론과 실험의 차이
128	5.28	19	271피트 11인치	−0피트 1인치
159	5.19	7	272피트 $\frac{1}{2}$인치	+0피트 $\frac{1}{2}$인치
$137\frac{1}{2}$	5.3	$18\frac{1}{2}$	272피트 7인치	+0피트 7인치
$97\frac{1}{2}$	5.26	22	277피트 4인치	+5피트 4인치
$97\frac{1}{2}$	5	$21\frac{1}{8}$	282피트 0인치	+10피트 0인치

그러므로 우리의 이론은 구형 물체가 물이나 공기 속에서 받는 저항을 거의 정확하게 예측하고 있다. 구의 지름과 속도가 같으면 저항은 유체의 밀도에 비례하는 것이 거의 확실하다.

6장의 "일반적인 설명"에서 보았듯이, 크기가 같은 물체(단진자)가 공기, 물, 수은 등 다양한 유체 속에서 같은 속도로 움직일 때 물체에 가해지는 저항은 유체의 밀도에 비례한다. 그리고 위의 실험은 유체가 공기와 물인 경우에 이 결과를 더욱 정확하게 보여주고 있다. 유체 속에서 진동하는 진자는 자신과 반대 방향으로 유체의 운동을 야기하고, 바로 이 운동 때문에 저항이 발생한다. 그리고 진자를 매단 실에도 저항이 작용하는데, 이 값은 낙하 실험에서 나타난 공기의 저항보다 크다. 6장의 "일반적인 설명"에 의하면, 물과 비중이 같은 구(진자)는 공기 중에서 자신의 반지름만큼 진행할 때마다 운동의 $\frac{1}{3,342}$을 잃는다. 그러나 7장에서 제시된 이론과 낙하 실험 결과에 의하면, (물과 공기의 밀도 비율이 860 : 1이라는 가정하에) 구는 자신의 반지름만큼 이동하면서 운동의 $\frac{1}{4,586}$을 잃는다. 즉 단진자에 가해지는 저항은 (방금 설명한 이유 때문에) 낙하하는 구에 가해지는 저항보다 약 4 : 3의 비율로 크게 나타난다. 그러나 공기, 물, 수은 등 다양한 매질 속의 진자는 매질의 종류에 상관없이 비슷한 원인에 의해 저항이 증가하기 때문에, 매질 속 저항의 비율은 진자뿐만 아니라 낙하 실험을 통해서도 정확하게 알아낼 수 있다. 그러므로 우리의 결론은 다음과 같다. "물체가 어떤 유체 속을 움직이건 유체의 유동성이 충분히 크면, 물체에 가해지는 저항은 유체의 밀도에 비례한다."

이 사실을 염두에 두고, 유체 속으로 던져진 물체가 주어진 시간 동안 얼마나 많은 운동을 잃어버리는지 알아보자. 공의 지름을 D, 초기 속도를 V라 하고, 진공 중에서 속도 V인 물체의 이동 거리와 $\frac{8}{3}D$의 비율이 공과 유체의 밀도 비율과 같아지는 시간을 T라 하자. 그러면 이 유체 속으로 진입한 물체는 임의의 시간 t 동안 $\frac{tV}{T+t}$만큼 속도를 잃고(즉 처음에 V였던 속도가 $\frac{T}{T+t}V$로 줄어들고), "시간 t 동안 유체 속에서 이동한 거리"와 "진공 중에서 일정한 속도 V로 같은 시간 동안 이동한 거리"의 비율은 (명제 35의 부가정리 7에 의해) "$\frac{T+t}{T}$에 로그를 취한 후 2.302585093을 곱한 값"과 $\frac{t}{T}$의 비율과 같다.

물체의 속도가 느리면 저항이 조금 더 작을 수도 있다. 구는 지름이 같은 원기둥보다 유체를 헤쳐나가기에 좀더 유리한 형태이기 때문이다. 또한 유체의 탄성과 압축성은 속도의 제곱에 비례하지 않으므로, 물체의 속도가 빠르면 저항이 조금 커질 수도 있다. 그러나 이런 효과는 극히 미세하기 때문에 나의 이론에서는 고려하지 않았다.

그리고 공기, 물, 수은과 같은 유체를 무한히 작은 부분으로 세분하여 유동성을 극대화해도 물체에 가해지는 저항은 작아지지 않는다. 앞의 명제에서 보았듯이 저항이 생기는 근본적 원인은 물질의 "관성"인데, 이것은 기본 단위(입자)의 크기에 상관없이 항상 "물질의 양(질량)"에 비례하기 때문이다. 유체를 아주 작은 부분으로 세분하면 마찰과 점착력으로부터 생기는 저항은 줄어들 수도 있다. 그러나 아무리 잘게 쪼개도 질량은 변하지 않으며, 질량이 불변이면 (저항에 항상 비례하는) 관성도 불변이다. 저항이 감소하려면 물체가 헤쳐나가는 부분에서 유체의 질량이 감소하는 수밖에 없다.

우주 공간에서는 행성과 혜성들이 모든 방향으로 자유롭게 움직이고 있지만, 저항 때문에 운동이 줄어드는 현상은 아직 관측된 적이 없다. 그러므로 우주 공간에는 천체의 운동을 방해하는 유체가 아주 희박한 증기나 빛의 형태로 퍼져 있을 것이다.

유체 속에서 움직이는 물체는 유체 자체의 운동을 야기한다. 유체가 움직이는 이유는 물체의 앞부분에 작용하는 압력이 뒷부분의 압력보다 크기 때문이며, 유체의 유동성이 무한히 크다 해도 이 대소관계가 바뀔 수는 없다. 앞부분과 뒷부분의 압력 차이는 유체의 운동을 야기할 뿐만 아니라, 물체의 움직임을 방해하여 속도를 감소시킨다. 그러므로 임의의 유체 속에서 물체가 받는 저항은 물체가 일으킨 유체의 운동에 비례하며, 에테르처럼 밀도가 아무리 작은 유체라 해도 그 속을 헤쳐나가는 물체의 저항과 일반 유체(공기, 물, 수은 등)를 헤쳐나가는 물체의 저항의 비율은 에테르와 일반 유체의 밀도 비율보다 작을 수 없다.

8장

유체를 통해 전달되는 운동

명제 41 / 정리 32

유체의 구성 입자들이 일직선상에 놓여 있지 않은 한, 유체의 압력은 직선을 따라 전달되지 않는다.

〈그림 8-1〉

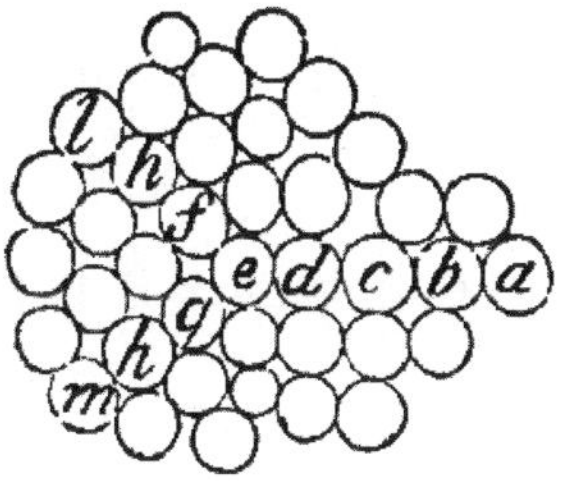

입자 a, b, c, d, e가 일직선상에 놓여 있으면 압력은 a에서 e로 곧바로 전달된다. 그러나 입자 f와 g가 비스듬한 방향으로 놓여 있으면 e의 압력은 f와 g로 분산되며, 이들 다음에 더 이상 입자가 존재하지 않으면(즉 f와 g가 물질의 경계면에 있으면) 압력은 더 이상 전달되지 않는다. 그리고 f와 g 다음에 놓인 입자들(h, l과 k, m)이 일직선상에 놓여 있지 않은 한, 분산된 압력은 그 값을 유지하지 못하고 또다시 분산된다. 그러므로 물질 내부에서 직선을 따라 나열되지 않은 입자들에게 압력이 가해지면 비스듬한 방향으로 전달되며, 방향이 바뀐 압력은 일직선상에 놓이지 않은 입자를 만날 때마다 또다시 방향이 바뀌면서 넓은 영역으로 퍼져나간다. [Q.E.D.]

부가정리

유체의 한 점에서 주변으로 압력이 전달되다가 장애물을 만나면, 나머지 부분(장애물이 없는 부분)은 장애물의 뒤쪽 공간으로 퍼져나간다. 이것은 다음과 같은 논리로 증명할 수 있다.

〈그림 8-2〉

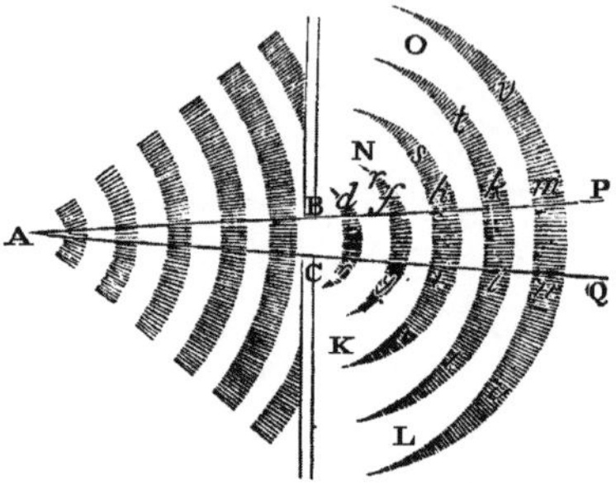

점 *A*에서 압력이 모든 방향으로 퍼져나가는 상황을 상상해보자(가능한 한 직선을 따라 퍼져나간다고 가정하자). 압력이 전달되는 길목에 *NBCK*라는 장애물이 놓여 있는데, 중앙에 동그란 구멍 *BC*가 뚫려 있어서 *BC*를 통과하는 원뿔 모양의 영역 *APQ*를 제외한 모든 곳에서 압력 전달이 차단된다. 원뿔 *APQ*를 장애물에 평행한 평면 *de*, *fg*, *hi*로 잘라서 몇 개의 원뿔 띠를 만들었다고 하자. 그러면 원뿔 *ABC*가 가하는 압력은 원뿔 띠 *defg*의 표면 *de*에 전달되고, 이 압력은 다시 그 뒤에 있는 원뿔 띠 *fgih*의 표면 *fg*에 전달되고, 다시 그 뒤에 있는 원뿔 띠로 전달되고… 이런 식으로 끝없이 계속된다. 첫 번째 원뿔 띠 *degf*의 밑면 *fg*가 두 번째 원뿔 띠의 윗면 *fg*에 압력을 가하면(운동의 제3법칙에 의해) 같은 크기의 압력을 돌려받으므로, 원뿔 *Ade*

와 원뿔 띠 *fgih* 사이에 있는 원뿔 띠 *degf*는 양쪽에서 압력을 받게 된다. 그런데 *degf*는 (제2권 명제 19의 사례 2에 의해) 모든 방향에서 동일한 압력을 받지 않는 한 현재의 모양을 유지할 수 없으므로, *de*와 *fg*에서 받은 압력과 같은 압력으로 옆면 *df*와 *eg*의 바깥쪽을 향해 퍼져나갈 것이다. 주변의 유체가 이 흐름을 막아주지 않는 한 *degf*에 속한 유체는 계속해서 옆면을 통해 흘러나가고, 이 과정에서 *fgih*에 가해진 압력과 같은 크기의 압력이 면 *df*와 *eg*에 가해지게 된다. 그러므로 유체의 압력은 *fg*에서 *PQ*로 전달될 뿐만 아니라. *df*, *eg*에서 *NO*, *KL* 방향으로도 전달된다. [Q.E.D.]

명제 42 / 정리 33

유체를 통해 전달되는 모든 운동은 직선 경로를 벗어나 움직임이 없는 영역에도 전달된다.

사례 1

*A*에서 시작된 유체의 운동이 직선을 따라 구멍 *BC*를 통과하여, *BCQP* 영역에 전달되고 있다. 일단은 이 운동이 고인 물의 한 점에서 시작된 수면파라 가정하고, 파동의 "마루(파고가 가장 높은 곳)"를 *de*, *fg*, *hi*, *kl*, …이라 하자. 이들 사이에는 파고가 가장 낮은 "골"이 같은 수만큼 존재한다.

파동의 마루는 움직임이 없는 *KL*이나 *NO*보다 수위가 높으므로

〈그림 8-3〉

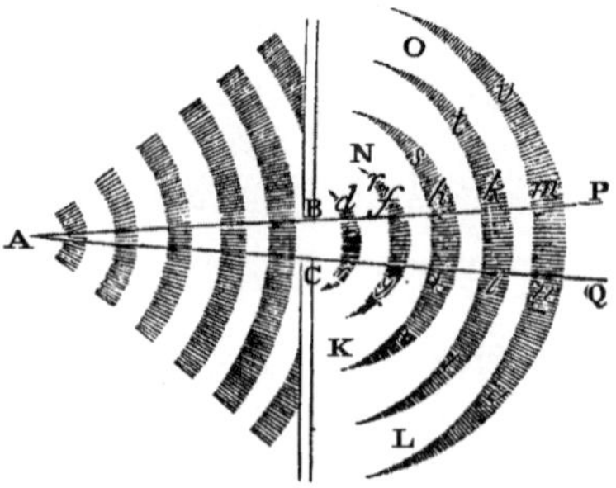

유체는 마루의 끝 *e*, *g*, *i*, *l*, …과 *d*, *f*, *h*, *k*, …에서 *KL*와 *NO*를 향해 흐르고, 파동의 골은 움직임이 없는 부분보다 수위가 낮으므로 *KL*과 *NO*에서 골을 향해 흐른다. 이런 흐름이 계속되면 파동의 마루와 골은 *KL*과 *NO* 쪽으로 전파되면서 점차 넓은 영역으로 확장될 것이다. *A*에서 *PQ*로 향하는 파동의 운동은 마루의 물이 가까운 골로 유입되면서 일어나기 때문에, 파동의 진행 속도는 마루가 낮아지는 속도보다 빠를 수 없다. 그러므로 마루와 골이 *KL*과 *NO* 쪽으로 퍼지는 속도는 파동이 *A*에서 *PQ*로 진행하는 속도와 같으며, *KL*과 *NO*를 향한 모든 공간은 확장된 파동 *rfgr*, *shis*, *tklt*, *vmnv*, …로 채워진다. [Q.E.D.]

사례 2

de, *fg*, *hi*, *kl*, *mn*을 "탄성 유체 내부의 한 점 *A*에서 연속적으로 일어나는 펄스(pulse, 맥동)로부터 발생하여 퍼져나가는 파동"이라고 하자.[1]

1) 즉 파동이 유체의 표면에서 일어나지 않고 유체의 내부에서 동심구를 그리며 퍼져나간다는 뜻이다.

이 파동은 유체의 밀(dense, 密)한 부분과 소(rarefaction, 疏)한 부분이 번갈아 나타나면서 모든 방향으로 나아가고, 밀한 부분은 *A*를 중심으로 동심구를 형성한다. 일단은 문제가 복잡해지는 것을 방지하기 위해, 펄스가 일정한 시간 간격으로 일어나서 각 펄스 사이의 거리(동심구 사이의 간격)가 모두 같다고 하자.

펄스의 가장 밀한 부분 중 구멍 *BC*를 통과한 부분을 *de*, *fg*, *hi*, *kl*… 이라 하자. 이곳의 유체는 *KL*이나 *NO* 쪽 공간보다 밀도가 높으므로, 펄스 사이의 소한 부분뿐만 아니라 *KL*과 *NO* 쪽 공간으로도 퍼져나간다. 따라서 펄스와 펄스 사이는 밀도가 낮고 펄스가 있는 곳은 밀도가 높으며, 매질은 이들의 움직임에 따라 공간적으로 출렁이게 된다. 펄스가 앞으로 나아가는 것은 밀한 부분이 자신의 앞에 있는 소한 부분을 끊임없이 채워나가기 때문이며, 이들은 정지 상태에 있는 *KL*와 *NO* 쪽 부위로도 같은 속도로 퍼져나가고 있다. 그러므로 펄스는 진원지 *A*에서 출발할 때와 거의 같은 속도로 *KL*과 *NO* 일대로 퍼져나가다가 결국 *KLON*의 모든 곳을 채우게 된다. [Q.E.D.]

우리는 소리(음파)가 산 같은 장애물을 만나도 그 너머로 전달되고, 창문으로 들어온 소리도 방안 전체로 퍼진다는 것을 경험적으로 알고 있다. 방의 한쪽 구석에 서 있는 사람에게 창밖의 소리가 들리는 것은 소리가 벽에 반사되었기 때문이 아니라, 창문을 통과한 후 곧바로 구석으로 전달되었기 때문이다.

사례 3

마지막으로, 유체 속의 한 점 *A*에서 시작된 임의의 운동이 구멍

*BC*를 통해 장애물 너머로 전달되는 경우를 생각해보자. 운동이 전달되려면 진원지 *A*에 가까운 부위가 먼 부위를 건드려서 운동을 야기해야 한다. 그러면 유체의 특성상 압력을 받은 부위는 압력이 낮은 곳을 향해 퍼져나가고, 결국은 정지 상태에 있는 모든 부위로 퍼져나간다. 즉 매질의 운동은 구멍의 연장선상에 있는 *PQ*뿐만 아니라 장애물 바로 뒤의 *KL*과 *NO*에도 전달된다. 그러므로 매질의 모든 운동은 구멍 *BC*를 통과하자마자 "마치 *BC*가 운동의 진원지인 것처럼" 그곳을 기점으로 삼아 모든 부위로 퍼져나간다. [Q.E.D.]

명제 43 / 정리 34

탄성 매질 안에서 진동하는 물체는 직선을 따라 이동하는 펄스를 낳는다. 그러나 비탄성 매질에서 진동하는 물체는 매질의 원운동을 야기한다.

사례 1

유체 속에서 진동하는 물체(진동체)는 한쪽으로 움직일 때 자신과 가까이 있는 유체를 밀어내면서 그 부위의 압력을 높이고, 반대쪽으로 움직일 때는 압축된 부위로부터 멀어지면서 부피를 팽창시킨다. 그러므로 유체에서 진동체와 가장 가까운 부위는 진동체와 함께 오락가락하게 되고, 이 부위는 자신이 마치 진동체인 것처럼 자신과 가장 가까운 부위를 진동시키고, 그 부위는 다시 가장 가까운 부위를 진동시키고… 이런 식으로 끝없이 계속된다.

진동체와 가장 가까운 부위의 매질이 한쪽으로 이동할 때 수축되고 반대쪽으로 이동할 때 팽창하는 것처럼, 나머지 부분도 운동 방향에 따라 팽창과 수축을 반복한다. 물론 모든 부위가 동시에 진동하는 것은 아니다. 만일 그렇다면 각 부위 사이의 거리가 일정하게 유지되어 팽창이나 수축이 일어나지 않을 것이다. 유체의 각 부위는 서로에 대하여 상대적으로 진동하고 있으며, 거리가 가까워질 때 밀도가 커지고 멀어질 때 밀도가 낮아진다. 즉 한 쌍의 부위가 서로 가까워질 때, 다른 부위는 멀어질 수도 있다. 앞으로 전진하는 부위와 그로 인해 압축되는 부위(정지 상태에 있던 부위가 자신을 향해 다가오는 부위와 부딪히면 압축이 일어난다)는 하나의 펄스를 형성하고, 이런 펄스들이 연달아 생성되어 직선 방향으로 전파된다. 그리고 진동체의 주기가 일정하면 펄스가 일정한 시간 간격을 두고 생성되므로, 모든 펄스 사이의 (공간적) 간격은 동일하다.

진동체가 어떤 특정한 방향으로만 진동한다 해도, 이로부터 생성된 매질의 펄스는 (명제 42에 의해) 모든 방향으로 퍼져나간다. 즉 펄스는 진동체를 중심으로 동심구를 형성하고, 시간이 흐를수록 구의 지름이 커진다. 예를 들어 손가락을 물속에 담근 채 앞뒤로 빠르게 흔들면, 이로부터 생성된 파동은 앞뒤 방향뿐만 아니라 손가락을 중심으로 동심원을 형성하여 모든 방향으로 퍼져나간다. 물의 중력이 유체에 탄성을 부여하기 때문이다.

사례 2

유체에 탄성이 없으면 진동체의 압력을 받은 부분이 압축되지 않기 때문에, 진동체의 운동은 "가장 움직이기 쉬운 부분"을 통해 즉각적으로 전달된다. 즉 진동체가 한쪽으로 움직이면 그 뒷부분으로 유체가 몰려든다. 그렇지 않으면 진동체가 있던 자리가 빈 공간으로 남기 때문이다. 임의의 매질 속에서 물체를 던진 경우도 마찬가지다. 물체에 의해 밀려난 매질은 무한정 밀려나지 않고, 원운동을 하면서 되돌아와 물체 뒷부분의 빈 공간을 채운다. 그러므로 진동하는 물체가 어느 곳으로 (또는 어떤 방향으로) 움직이건 간에, 물체에 의해 밀려난 매질은 원운동을 거쳐 방금 전에 물체가 있던 공간을 채우고, 물체가 원래 위치로 되돌아오면 매질은 다시 원운동을 거쳐 원래 위치로 되돌아간다. 진동체가 견고하지 않고 잘 휘어지는 경우에도 진동 중에 크기가 변하지 않는 한, 물체가 진행 방향으로 압력을 가하려면 "자신이 이동함으로써 생긴 빈 공간"을 곧바로 매질이 채워줘야 한다. 그러므로 비탄성 매질에서 진동하는 물체는 매질에 국소적인 원운동을 야기한다. [Q.E.D.]

부가정리

그러므로 "불꽃의 한 부위를 휘저으면 젓는 방향으로 압력이 전달된다"고 생각하는 것은 명백한 오류이다. 압력이 생기려면 한정된 부피 안에서 매질이 전체적으로 팽창해야 한다.

명제 44 / 정리 35

U자형 관에 채워 넣은 물이 수직 방향으로 서 있는 양 끝 *KL*과 *MN*을 통해 위아래로 진동하고 있을 때, 그 진동 주기는 "고정점에서 진동 중심까지의 거리(진자를 매단 줄의 길이)가 U자형 관에 들어 있는 물기둥의 길이의 절반과 같은" 단진자의 주기와 같다.

〈그림 8-4〉

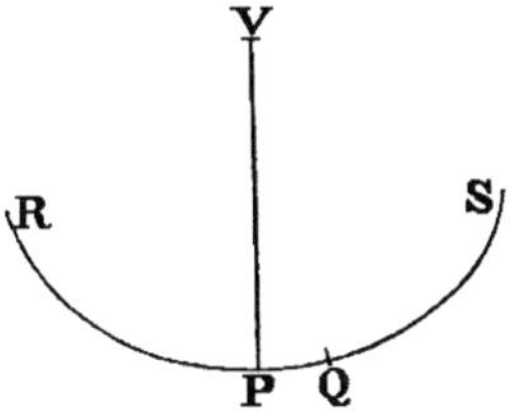

〈그림 8-5〉

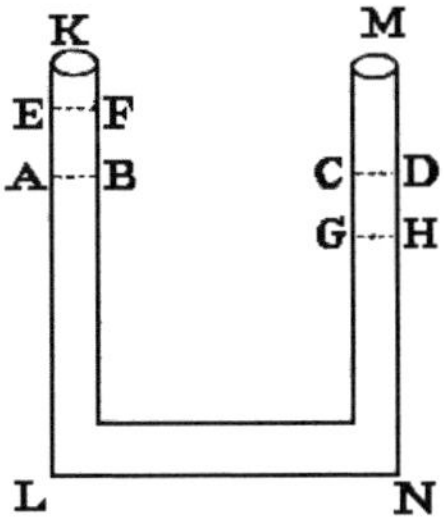

위에서 말한 "물기둥의 길이"란 수평관과 수직관의 중심축을 따라 측정한 길이의 합이며, 물과 관 사이에는 마찰이 없다고 가정한다. 수직 방향으로 서 있는 물기둥의 평균 수위를 각각 *AB*, *CD*라 하자. 물기둥 *KL*의 수위가 *EF*까지 올라가면 *MN*의 수위는 *GH*까지

내려간다. 고정점 V에서 줄 VP에 매달린 단진자 P는 사이클로이드 $PQRS$를 그리며 진동하고 있다. 이 진자의 최저점을 P라 하고, AE와 길이가 같은 호를 PQ라 하자.

물기둥이 위아래로 가속 운동을 하는 것은 두 물기둥(KL과 MN)의 무게가 다르기 때문이다. KL의 수위가 EF로 올라가면 MN의 수위는 GH로 내려가므로 물기둥에 가해지는 힘은 $EABF$에 포함된 물의 무게의 2배이며, 이 값과 물 전체 무게의 비율은 AE(또는 PQ) : VP(또는 PR)과 같다. 또한 사이클로이드의 임의의 위치 Q에서 진자 P를 가속시키거나 감속시키는 힘과 진자의 무게의 비율은 (1권 명제 51의 부가정리에 의해) 최저점과의 거리 PQ와 사이클로이드의 길이 PR의 비율과 같다. 즉 물기둥을 AE만큼 움직이는 운동력(motive force)과 진자를 PQ(=AE)만큼 움직이는 운동력은 "움직여야 할 무게"에 비례한다. 그러므로 처음에 물기둥과 단진자가 정지 상태에 있었다면, 운동력이 이들을 AE, PQ만큼 움직이는 데에는 같은 시간이 소요된다. 즉 물기둥과 진자는 같은 주기로 진동한다. [Q.E.D.]

부가정리 1

물기둥이 위아래로 진동하는 데 걸리는 시간은 운동의 폭에 상관없이 항상 동일하다.

부가정리 2

물기둥의 길이가 $6\frac{1}{9}$피트일 때 올라가는 데 걸린 시간은 1초이며,

내려올 때 걸리는 시간도 1초이다. 한번 진동하기 시작하면 같은 주기로 끝없이 계속된다. 길이가 $3\frac{1}{18}$인 단진자가 한쪽 끝에서 반대쪽 끝으로 이동하는 데 걸리는 시간이 1초이기 때문이다.

부가정리 3

물기둥의 길이가 길어지거나 짧아지면, 상승(또는 하강)하는 데 걸리는 시간은 길이의 제곱근에 비례하여 길어지거나 짧아진다.[2]

명제 45 / 정리 36

파동의 속도는 파동의 길이의 제곱근에 비례한다.

이 명제는 다음과 같은 논리로 증명할 수 있다.

명제 46 / 문제 10

파동의 속도를 구하라.

줄의 길이가 "주어진 파동의 길이와 같은" 단진자를 생각해보자.

---

2) 주기가 물기둥의 길이의 제곱근에 비례한다는 뜻이다.

〈그림 8-6〉

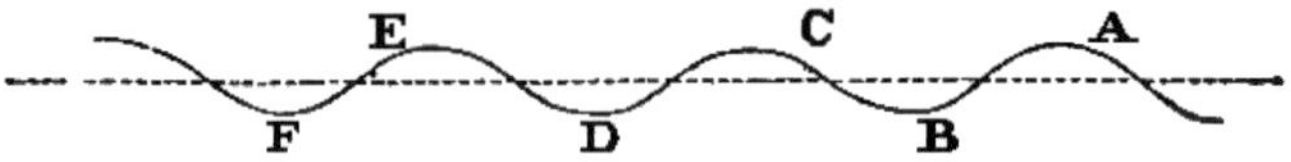

단진자가 한 번 왕복하는 동안 파동은 자신의 길이만큼 이동한다.

여기서 말하는 "파동의 길이"란 파동의 마루와 마루 사이의 간격(또는 골과 골 사이의 간격)을 의미한다.[3] 고인 물의 표면에 생성된 수면파 *ABCDEF*의 마루를 *A*, *C*, *E*, …라 하고, 그 사이에 위치한 골을 *B*, *D*, *F*, …라 하자. 파동이 이동하는 것처럼 보이는 이유는 마루 *A*, *C*, *E*, …가 잠시 후에 가장 낮은 골로 바뀌고, 골 *B*, *D*, *F*, …는 마루로 바뀌기 때문이며, 높은 곳과 낮은 곳의 위치가 바뀌는 것은 위로 들어올려진 물의 무게 때문이다. 그러므로 파동이 오르락내리락하는 것은 관 속의 물이 위아래로 진동하는 것과 비슷한 현상이며, 소요 시간도 *U*자형 관과 비슷한 법칙을 따른다. 또한 (명제 44에 의해) 파동의 최고점(*A*, *C*, *E*)과 최저점(*B*, *D*, *F*) 사이의 거리가 단진자 길이의 2배이면, 진자가 한 번 흔들리는 동안(즉 반주기 동안) 최고점은 최저점이 되고, 진자가 다시 한 번 흔들리면 최고점으로 되돌아간다. 그러므로 진자가 두 번 흔들리는 동안(즉 한 번 왕복하는 동안) 파동은 자신의 길이(파장)만큼 이동한다. 그리고 진자의 길이가

3) 현대 물리학에서는 "파장(wavelength)"이라고 한다. 뉴턴은 파장이라는 단어를 사용하지 않았지만, 구식 표현은 다소 장황하기 때문에 앞으로는 특별한 문제가 없는 한 "파장"으로 표기할 것이다.

4배로 길어져서 파동의 길이와 같아지면, 파동이 파장만큼 이동하는 데 걸리는 시간은 진자가 한 번 흔들리는 데 걸리는 시간과 같다.[4)]
[Q.E.D.]

부가정리 1

파동의 파장이 $3\frac{1}{18}$피트이면 1초 동안 자신의 길이와 같은 거리를 이동하고, 1분 동안 $183\frac{1}{18}$피트, 1시간 동안 거의 11,000피트를 이동한다.

부가정리 2

파동의 속도는 파장의 제곱근에 비례한다.

지금까지 언급된 내용은 수면이 수직 방향으로 오르락내리락한다는 가정하에 성립한다. 그러나 실제로 파동이 진행 중인 수면에서 수위의 변화는 원을 따라 일어난다. 그러므로 독자들은 위의 명제와 정리를 “근사적인 이론”으로 수용하기 바란다.

---

4) 단진자의 주기는 길이의 제곱근에 비례하므로, 길이가 4배로 길어지면 주기는 2배로 길어진다.

명제 47 / 정리 37

펄스(파동)가 유체를 통해 전달될 때, 유체를 구성하는 개개의 입자들은 아주 짧은 거리를 왕복하면서 "진동하는 진자"와 같은 규칙에 따라 가속되거나 감속된다.

〈그림 8-7〉

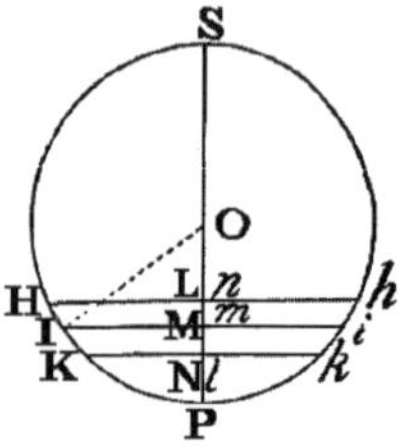

연속되는 펄스 사이의 동일한 간격을 *AB*, *BC*, *CD*, …라 하자. 직선 *ABC*는 *A*에서 *B*로 가는 파동의 진행 방향이다. *E*, *F*, *G*는 정지 상태의 매질에서 정의된 물리적인 점(즉 매질과 함께 움직이는 점)으로 직선 *AC* 위에 동일한 간격으로 놓여 있으며(*EF*=*FG*), *Ee*, *Ff*, *Gg*는 *E*, *F*, *G*가 진동 주기마다 오락가락하는 폭이다. 이들은 길이가 모두 같다고 하자. 그리고 ε, φ, γ는 각각 *Ee*, *Ff*, *Gg* 사이에 있는 임의의 점이며, *EF*와 *FG*는 직선상에 놓인 물리적 선분(즉 매질과 함께 움직이는 선분)으로서, 여기 속한 점들은 $\varepsilon\varphi$와 $\varphi\gamma$를 거쳐 *ef*와 *fg*로 이동한다고 하자. 또 다른 그림에는 *Ee*와 길이가 같은 직선 *PS*를 그려서 *PS*의 중점을 *O*라 하고, *OP*를 반지름으로 하는 원을 *SIPi*라 하자.

원 *SIPi*의 전체 원주 길이를 "한 번 진동하는 데 걸리는 시간"에 대응시켜보자. 그리고 *PS*에 수직한 선 *HL*(또는 *hl*)을 긋고, $E\varepsilon=PL$(또

〈그림 8-8〉

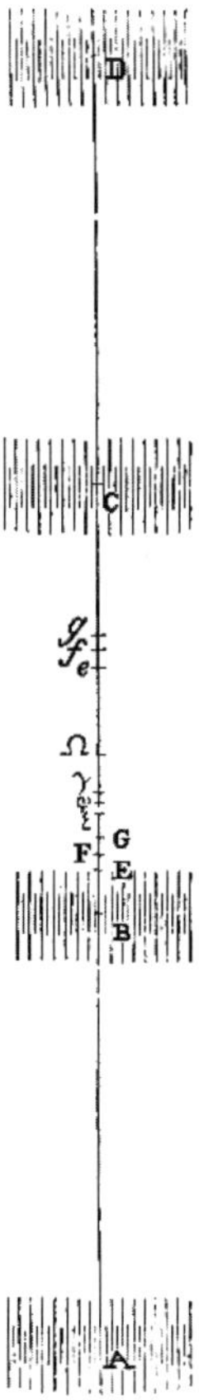

는 Pl)이 되도록 L(또는 l)을 잡는다. 이런 상황에서 시간이 PH(또는 $PHSh$)만큼 흐르면 물리적인 점 E는 ε으로 이동하게 된다. 임의의 점 E가 이 규칙에 따라 ε을 거쳐 e에 도달한 후 다시 ε을 거쳐 E로 되돌아오는 과정은 단진자가 가속과 감속을 겪으면서 원위치로 되돌아오는 과정과 동일하다. 지금부터 나는 매질에 속한 모든 물리적 점들이 이와 같은 방식으로 움직인다는 것을 증명할 참이다. 진동의 원인이 무엇이건 간에, 일단 위와 같은 패턴으로 진동하는 매질을 가정한 후 어떤 결과가 얻어지는지 알아보기로 하자.

원주 $PHSh$에서 원호 HI(또는 hi)와 원주의 비율이 EF(=FG)와 펄스 간격 BC의 비율과 같아지도록 I(또는 i)를 잡는다. I(또는 i)에서 출발하여 HI(또는 hi)와 원호의 길이가 같아지는 점을 K(또는 k)라 하고 I, K, i, k에서 PS에 수직한 선을 각각 IM, KN, im, kn이라 하자.

점 E, F, G가 비슷한 운동을 하면서 한 차례의 진동을 마무리하는 동안, 펄스는 B에서 C로 전달된다. 그러므로 E에서 운동이 시작된 후 경과한 시간을 PH(또는 $PHSh$)로 나타내면 PI(또는 $PHSk$)는 점 F가 움직이기 시작한 후부터 경과한 시간에 대응되고, PK(또는 $PHSk$)는 점 G가 움직이기 시작한 후부터 경과한 시간에 대응된다. 그리고 점들이 앞으로 이동할 때 $E\varepsilon$, $F\varphi$, $G\gamma$

는 각각 PL, PM, PN과 같고, 제자리로 돌아올 때는 Pl, Pm, Pn과 같다. 따라서 $\varepsilon\gamma(=EG+G\gamma-E\varepsilon)$는 앞으로 이동할 때 $EG-LN$과 같고, 뒤로 돌아올 때는 $EG+ln$과 같다. 그런데 $\varepsilon\gamma$는 매질의 한 부분인 EG가 $\varepsilon\gamma$의 위치로 이동했을 때의 폭에 해당하므로, 이 부분의 폭과 평균 폭의 비율은 앞으로 이동할 때 $(EG-LN):EG$이고, 뒤로 돌아올 때 $(EG+ln):EG$ 또는 $(EG+LN):EG$이다.

LN과 KH의 비율은 IM과 반지름 OP의 비율과 같고, KH와 EG의 비율은 원주 $PHShP$와 BC의 비율과 같다. 그리고 원주의 길이가 펄스의 간격 BC와 같은 원의 반지름을 V라 하면, 이 비율은 OP와 V의 비율과 같다. 방금 언급한 비례식을 결합하면 $LN:EG=IM:V$가 된다. 그러므로 위치 $\varepsilon\gamma$에서 EG(또는 물리적인 점 F)의 폭과 그 부분이 처음 위치(EG)에 있을 때의 평균 폭 사이의 비율은 앞으로 진행할 때 $EG:(V-IM)$이고, 원래 위치로 돌아올 때 $V+im:V$와 같다. 따라서 위치 $\varepsilon\gamma$에서 점 F의 탄성력과, F가 EG 안에 있을 때 평균 탄성력의 비율은 펄스가 앞으로 진행할 때 $\frac{1}{V-IM}:\frac{1}{V}$이고, 제자리로 돌아올 때에는 $\frac{1}{V-im}:\frac{1}{V}$이다. 그리고 같은 논리에 의해 물리적인 점 E(또는 G)의 탄성력과 평균 탄성력의 비율은 앞으로 진행할 때 $\frac{1}{V-HL}$(또는 $\frac{1}{V-KN}$)$:\frac{1}{V}$이며, 탄성력의 차이와 평균 탄성력의 비율은 $\frac{HL-KN}{V^2-V\times HL-V\times KN+HL\times KN}:\frac{1}{V}$이다. 진동의 폭이 좁아서 HL과 KN이 V보다 훨씬 작다고 가정하면, 이 비율은 $\frac{HL-KN}{V^2}:\frac{1}{V}$, 또는 $(HL-KN):V$가 된다. 그런데 V는 주어진 값이므로 탄성력의 차이는 $HL-KN$에 비례하고, ($HL-KN$은 HK에 비례하고 OM은 OI 또는 OP에 비례하는데, HK와 OP는 주어진 값이므로) OM에도 비례한다. 즉 Ff

의 중점을 Ω라 하면 탄성력의 차이는 $\Omega\varphi$에 비례한다. 그리고 같은 논리에 의해 물리적인 선분 $\varepsilon\gamma$가 원위치로 돌아올 때 ε과 γ의 탄성력 차이도 $\Omega\varphi$에 비례한다. 이 차이(점 ε과 γ에서 탄성력의 차이)는 매질에 속한 물리적 선분 $\varepsilon\gamma$를 (앞으로 갈 때) 가속시키거나 (돌아올 때) 감속시키는 힘에 해당한다. 그러므로 물리적인 선분 $\varepsilon\gamma$의 가속력은 진동의 중심 Ω와의 거리에 비례하고, 시간은 (1권의 명제 38에 의해) PI로 표현되며, 매질의 선형 부분 $\varepsilon\gamma$는 전술한 법칙(단진자의 운동법칙)에 따라 움직인다. 이것은 매질의 모든 직선 부분에 똑같이 적용되는 사실이다. [Q.E.D.]

부가정리

그러므로 펄스의 수는 진동체의 진동 횟수와 같으며, 펄스가 앞으로 진행한다고 해서 더 많아지지 않는다.

이유: 물리적인 선분 $\varepsilon\gamma$가 처음 위치로 돌아오면, 진동체(또는 진동체로부터 발생한 펄스)의 영향을 추가로 받지 않는 한 더 이상 움직이지 않는다. 그러므로 진동체로부터 펄스가 더 이상 발생하지 않으면 $\varepsilon\gamma$는 정지 상태를 유지한다.

명제 48 / 정리 38

탄성 유체의 탄성력이 압축도(condensation)에 비례할 때, 그 안에서 펄스가 전달되는 속도는 유체의 탄성력에 비례하고 유체의 밀도의 제곱근에 반비례한다.

사례 1

매질의 밀도가 균일하고 펄스 사이의 거리가 같아도 한 매질 속에서 일어나는 운동이 다른 매질보다 강하면, 두 매질에서 서로 대응되는 부위가 팽창/수축되는 정도는 운동의 강도에 비례할 것이다. 물론 반드시 그렇다고 단정할 수는 없지만, 압축과 팽창이 극단적으로 강하게 일어나지 않는 한 오차가 극히 미미하기 때문에, 이 명제는 하나의 법칙으로 간주해도 무방하다.

매질의 운동력은 팽창/수축된 정도에 비례하고, 같은 부위에서 같은 시간 동안 얻은 속도는 힘에 비례한다. 그러므로 두 매질에서 서로 대응되는 펄스의 대응되는 부분은 팽창/수축에 비례하여 오락가락하고, 펄스의 속도는 이동 거리에 비례한다. 또한 펄스는 한 번 진동하는 시간 동안 자신의 길이(파장)만큼 이동하여 바로 앞에 있던 펄스의 자리를 차지한다. 매질의 운동 강도가 달라도 펄스의 이동 거리가 같으면 속도도 같다.

사례 2

두 매질에서 펄스 사이의 간격(파장)이 다른 경우, 대응 부위의 왕복 거리가 펄스의 파장에 비례하면 두 매질은 같은 양만큼 팽창/수축한다. 그러므로 두 매질이 균일하면 왕복 운동을 일으키는 운동력(탄성력)의 크기가 같다. 그러나 이 힘에 의해 움직이는 매질의 양과 진동마다 왕복하는 거리는 펄스의 파장에 비례하며, 왕복하는 데 걸리는 시간은 매질의 양의 제곱근과 거리의 제곱근에 비례한다. 따라서 왕복 시간은 거리에 비례한다. 두 매질의 펄스는 한 번 왕복하는 동안 자신의 파장만큼 진행하므로(즉 시간에 비례하는 거리를 이동하므로) 속도가 같다.

사례 3

그러므로 밀도와 탄성이 같은 매질에서 모든 펄스는 같은 속도로 전달된다. 매질의 밀도, 또는 탄성이 커지면 (운동력은 탄성력에 비례하고 움직이는 양은 밀도에 비례하므로) 전술한 운동을 수행하는 데 소요되는 시간은 밀도의 제곱근에 비례하여 길어지고, 탄성력의 제곱근에 비례하여 작아진다.[5] 그러므로 펄스의 속도는 매질의 밀도의 제곱근에 반비례하고 탄성력의 제곱근에 비례한다.

다음 문제를 풀고 나면 이 정리가 더욱 명백해질 것이다.

명제 49 / 문제 11

매질의 밀도와 탄성력이 주어졌을 때, 펄스의 속도를 구하라.

매질이 지구의 대기처럼 자체의 무게에 의해 압축된다고 가정하고, 균일한 매질의 높이를 A라 하자. 매질의 무게는 자체 무게와 같고, 밀도는 "펄스가 전달되는 압축된 매질"의 밀도와 같다. 그리고 매질과는 별도로 고정점과 진동의 중심까지의 길이(줄의 길이)가 A인

5) 즉 탄성력의 제곱근에 반비례한다.

〈그림 8-9〉

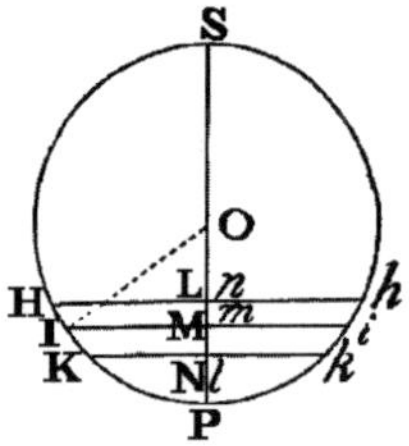

〈그림 8-10〉

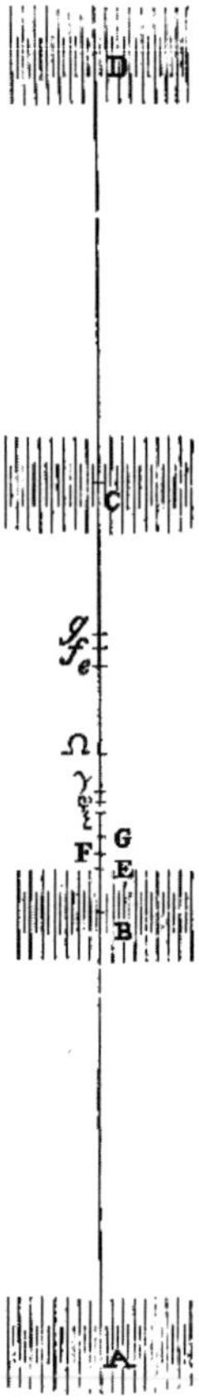

단진자를 만들면, 진자가 한 번 진동하는 동안(즉 한쪽 끝에서 출발하여 반대쪽 끝까지 갔다가 다시 원위치로 되돌아오는 시간 동안) 펄스는 반지름이 A인 원의 둘레만큼 진행한다.

이유: 명제 47과 같이 임의의 물리적인 직선 EF가 매질의 자체 무게와 같은 탄성력에 의해 한 번 진동할 때마다 이동하는 거리를 PS라 하면, 한 번 진동하는 데 걸리는 시간은 둘레 길이가 PS인 사이클로이드를 따라 진동하는 데 걸리는 시간과 같다. 2개의 동일한 물체에 동일한 힘이 가해지면 동일한 거리만큼 움직이기 때문이다. 그런데 진동 시간(주기)은 진자의 길이의 제곱근에 비례하고, 진자의 길이는 사이클로이드 길이의 절반이므로, 펄스의 주기와 길이가 A인 진자의 주기의 비율은 $\frac{1}{2}PS$(또는 PO)와 A의 제곱근의 비율과 같다.

양 끝점 P와 S에서 물리적인 선분 EG에 가해지는 탄성력과 전체 탄성력의 비율은 (명제 47에 의해) $(HL-KN):V$이며, 이 비율은 (K가 P의 위치에 온 경우이므로) $HK:V$와 같다. 그리고 전체 힘(직선 부분 EG를 누르는 총무게)과 EG의 무게의 비율은 매질의 높이 A와 선분 EG의 길이 비율과 같다. 두 비례식을 결합하면 P와 S에서 물리적 선분 EG에 가해지는 힘과 EG의 무게의 비율은 $HK\times A:V\times EG$, 또는 ($HK:EG=PO:V$이므로) $PO\times A:V^2$이다. 동일한 물체가 동일한 거리를 이동하는 데 걸리는 시간은 힘의 제곱근에 반비례하므로, "탄성력에 의해 한 번 진동하는 데 걸리는 시간"과 "무게에 의해 한 번 진동하는 데 걸리는 시간"의 비율은 V^2과 $PO\times A$의 제곱근 비율과 같고, "탄성력에 의해 한 번 진동하는 데 걸리는 시간"과 "길이가 A인 진자의 주기"의 비율은 $\sqrt{\frac{V^2}{PO\times A}}$와 $\sqrt{\frac{PO}{A}}$의 곱과 같다. 즉 이 비율은 $\frac{V}{A}=V:A$이다.

진자가 한 번 왕복하는 시간 동안 펄스는 자신의 파장인 BC만큼 이동한다. 그러므로 펄스가 BC만큼 이동하는 데 걸리는 시간과 진자가 한 번 왕복하는 데 걸리는 시간의 비율은 V와 A의 비율과 같으며, 이것은 BC와 "반지름이 A인 원의 둘레"의 비율과 같다. 그런데 이 비율은 "펄스가 BC를 이동하는 데 걸리는 시간"과 "펄스가 반지름이 A인 원의 둘레만큼 이동하는 데 걸리는 시간"의 비율과 같으므로, 진자가 한 번 진동하는 시간 동안 펄스는 전술한 원의 둘레만큼 이동한다. [Q.E.D.]

부가정리 1

펄스의 속도는 무거운 물체가 일정한 가속도로 $\frac{1}{2}A$만큼 떨어졌을 때 도달하는 속도와 같다.

이유: 이 시간 동안 펄스가 위와 같은 속도로 움직이면 전체 높이

A와 같은 거리를 이동하기 때문이다. 그러므로 한 번 진동하는 시간 동안 펄스는 반지름이 A인 원의 둘레만큼 진행한다. 위에 언급한 "낙하 시간"과 "한 번 진동하는 데 걸리는 시간"의 비율이 원의 반지름과 둘레의 비율과 같기 때문이다.

부가정리 2

높이 A는 유체의 탄성력에 비례하고 밀도에 반비례한다. 그러므로 펄스의 속도는 밀도의 제곱근에 반비례하고 탄성력의 제곱근에 비례한다.

명제 50 / 문제 12

펄스 사이의 간격을 구하라.

진동하는 물체가 주어진 시간 동안 진동하는 횟수를 구한 후, 같은 시간 동안 펄스가 진행한 거리를 이 값으로 나누면 펄스 하나의 길이(파장)가 얻어진다. [Q.E.I.]

부가설명

지금까지 언급된 명제들은 빛과 소리(음파)에도 적용할 수 있다.

빛은 언제나 직선 경로를 따라 이동하므로, (명제 41과 42에 의해) 구성 입자들 사이의 상호작용만으로는 이 현상을 설명할 수 없다. 그러나 모든 소리는 진동체로부터 발생하므로, (명제 43에 의해) 공기의 펄스임이 분명하다. 이것은 북소리처럼 크고 깊은 소리가 주변에 있는 물체들을 진동시키는 현상으로부터 확인할 수 있다. 빠르고 짧은 진동은 다른 물체를 진동시키기 어렵지만, 진동체와 그 주변에 있는 줄이 서로 동조를 일으키면(즉 진동체의 진동 주기와 줄의 고유 진동 주기가 일치하면) 줄에서 소리가 난다는 것은 익히 알려진 사실이다. 소리가 공기의 펄스라는 것은 속도를 이용하여 증명할 수도 있다. 빗물의 비중과 수은의 비중의 비율은 약 1 : $13\frac{2}{3}$인데, 공기 중에 설치된 수은 기압계의 수은 기둥 높이는 약 30인치(760밀리미터)이고 공기와 빗물의 비중 비율은 약 1 : 870이므로, 공기와 수은의 비중 비율은 1 : 11,890이다. 그러므로 균일한 공기 속에서 수은 기둥의 높이가 30인치일 때, 이런 압력을 행사하기 위한 공기의 높이(공기층의 두께)는 11,890×30=356,700인치(29,725피트)이다. 이것이 바로 명제 49에서 "높이 *A*"라고 불렀던 양이다. 반지름이 29,725피트인 원의 둘레는 186,768피트이고, 줄의 길이가 $39\frac{1}{5}$인 단진자가 한 번 왕복하는 데 걸리는 시간(주기)은 2초로 알려져 있다. 따라서 길이가 19,725피트(356,700인치)인 단진자의 주기는 $190\frac{3}{4}$초이므로, 이 시간 동안 음파는 186,768피트를 진행한다. 즉 소리의 속도는 초속 979피트이다.

그러나 이 계산에서는 공기 입자의 크기를 고려하지 않았다. 입자는 고체이므로, "입자의 폭에 해당하는 거리"에서는 소리가 거의 즉

각적으로 전달된다. 공기와 물의 무게 비율은 1∶870이고 소금의 밀도는 물의 약 2배이므로, "공기 입자의 밀도는 물이나 소금과 비슷하지만 같은 부피에서 공기가 물보다 가벼운 이유는 입자들 사이의 거리가 훨씬 멀기 때문"이라고 가정하면, 공기 입자 1개의 지름과 "두 공기 입자의 중심과 중심 사이 거리"의 비율은 약 1∶9~10이며, 공기 입자 1개의 지름과 "두 공기 입자의 표면 사이 거리"의 비율은 1∶8~9 정도 될 것이다. 그러므로 공기 입자의 밀도를 고려하여 좀더 정확한 속도를 구하려면 앞에서 얻은 초속 979피트에 $\frac{979}{9}$피트(약 109피트)를 더해줘야 한다. 이렇게 계산된 소리의 속도는 초속 1,088피트이다.

공기 중에는 공기 입자뿐만 아니라 다량의 수증기도 포함되어 있다. 그런데 수증기 입자는 탄성을 비롯한 물리적 성질이 공기 입자와 다르기 때문에, 소리를 전달하는 공기의 움직임에 거의 관여하지 않을 것이다(아예 무관할 수도 있다). 수증기 입자들이 정지 상태에 있다면 공기의 진동은 오직 공기만을 통해 더욱 빠르게 전달될 것이다. 즉 소리의 속도는 "공기+수증기의 양"과 "공기의 양"의 비율의 제곱근만큼 빨라진다. 예를 들어 공기 중에 포함된 공기 입자와 수증기 입자의 비율이 10∶1이면, 소리의 속도는 $\sqrt{\frac{11}{10}}$배 또는 약 $\sqrt{\frac{21}{20}}$배로 빨라질 것이다. 이 효과를 고려하면 소리의 속도는 초속 1,142피트가 된다.

봄이나 가을에는 기온이 따뜻하여 공기가 조금 엷어지면서 탄성력이 커지기 때문에 이론과 실험이 잘 일치한다. 그러나 겨울에는 기온이 낮아서 공기가 압축되어 탄성이 작아지므로 소리의 속도가 밀도의 제곱근에 반비례하여 느려지고, 여름에는 이와 반대로 빨라진다.

직접 실험을 실행한 결과, 소리의 속도는 초속 1,142피트(또는 1,070파리피트)로 확인되었다.[6]

소리의 속도를 알면 펄스 사이의 간격도 알 수 있다. 조세프 소뵈르(Joseph Sauveur)[7]는 정교한 실험을 통해 공기가 5파리피트 길이의 파이프를 통과할 때 나는 소리가 1초에 100번 진동하는 바이올린의 줄의 소리와 같다는 것을 알아냈다. 그러므로 공기는 1초 동안 1,070파리피트를 진행하면서 100번 진동하고, 하나의 펄스는 약 $10\frac{7}{10}$파리피트의 공간을 차지한다. 소뵈르가 사용했던 파이프 길이의 약 2배이다. 그러므로 양쪽 끝이 모두 개방된 파이프를 통과하는 펄스의 파장은 파이프 길이의 2배이다.

또한 명제 47의 부가정리로부터, 음원의 진동이 멈추면 소리가 곧바로 사라지는 이유와, 음원으로부터 멀리 떨어져 있는 사람에게 처음 잠시 동안 소리가 들리지 않는 이유를 알 수 있다. 메가폰에 대고 말을 하면 목소리가 커지는 이유도 전술한 일련의 명제로부터 이해할 수 있다. 어딘가에 반사되어 되돌아온 음파가 음원에 의해 다시 증폭되기 때문이다. 그리고 메가폰의 관 자체가 소리의 퍼짐 현상을 막아주기 때문에, 음원으로 돌아왔을 때 더욱 강하게 증폭된다. 소리와 관련된 중요한 현상은 이것으로 충분하리라 생각한다.

---

6) 당시 영국과 프랑스는 1피트의 길이가 조금 달랐다. 1파리피트는 약 1.06피트이다.

7) 1653~1716, 프랑스의 수학자, 물리학자.

9장

유체의 회전 운동

가정

다른 조건이 모두 같을 때, 유체 각 부위의 마찰 때문에(즉 덜 매끄럽기 때문에) 생기는 저항은 유체의 각 부위가 서로 멀어지는 속도에 비례한다.

명제 51 / 정리 39

양이 무한히 많은 균일한 유체 속에서 긴 원기둥이 자신의 축을 중심으로 균일한 회전 운동을 하고 있다. 유체에 힘을 가하는 것은 회전하는 원기둥뿐이고 유체의 각 부위가 균일한 운동을 한다고 가정했을 때, 각 부위의 주기(한 바퀴 도는 데 걸리는 시간)는 원기둥 중심축과의 거리에 비례한다.

〈그림 9-1〉

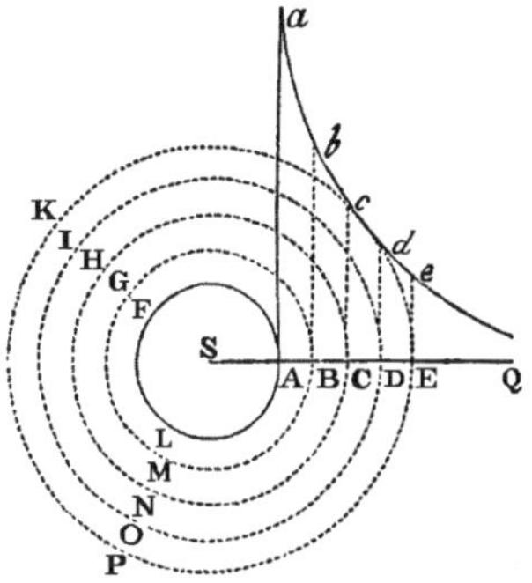

유체 속에서 원기둥 *AFL*이 중심축 *S*를 중심으로 균일한 원운동(자전)을 하고 있다. 원기둥 주변의 유체를 동일한 간격의 무수히 많은 동심원 구획으로 층층이 분할하여, 각 구획의 경계면을 *BGM*,

CHN, *DIO*, *EKP*, …라 하자. 유체는 균일하다고 했으므로, 인접한 고리형 구획들이 서로 상대방에게 가하는 힘은 (가정에 의해) 둘 사이의 상대적 이동 거리와 힘이 교환되는 면적에 비례한다. 그리고 임의의 구획에 작용하는 힘이 경계면의 오목한 면(안쪽 면)과 볼록한 면(바깥쪽 면) 중 어느 쪽에 더 강하게 작용하는가에 따라 그 구획은 가속될 수도, 감속될 수도 있다. 예를 들어 두 힘의 방향이 같으면 해당 구획은 가속되고, 방향이 반대면 감속된다. 그러므로 모든 구획이 균일한 운동 상태를 유지하려면 각 구획의 양면에 가해진 힘은 크기가 같고 방향이 반대여야 한다. 그런데 면에 가해지는 힘은 접촉면의 면적에 비례하고 서로 맞닿은 두 구획의 상대 속도에도 비례하므로, 상대 속도는 표면적에 반비례해야 한다. 즉 인접한 두 구획의 상대 속도는 회전축으로부터의 거리에 반비례한다.

중심축에 대한 각운동(angular motion)의 차이는 상대 속도를 거리로 나눈 값에 비례한다(즉 상대 속도에 비례하고 거리에 반비례한다). 위의 두 비례 관계를 결합하면 각운동의 차이는 거리의 제곱에 반비례함을 알 수 있다. 그러므로 다음과 같은 기하학적 해석이 가능하다.

무한히 긴 직선 *SABCDEQ*의 *A*, *B*, *C*, *D*, *E*…에서 위로 수직선을 세우고, 각 수직선의 길이가 중심으로부터의 길이 *SA*, *SB*, *SC*, *SD*, *SE*, …의 제곱에 반비례하도록 잘라서 *Aa*, *Bb*, *Cc*, *De*, *Ee*, …를 만든다. 그리고 각 수직선의 끝을 매끄럽게 이어서 쌍곡선 *abcde*를 그리면, 각 수직선의 차이의 합(각운동의 총량)은 그에 대응하는 수직선 *Aa*, *Bb*, *Cc*, *De*, *Ee*의 합에 비례한다. 즉 고리형 구획의 수를 한없이 키우고 한 구획의 두께를 한없이 작게 잡아서 매질을 균일한 유체로 만들면, 각운동의 총량은 각 합에 대응되는 쌍곡선 도형 *AaQ*, *BbQ*, *CcQ*, *DdQ*, *EeQ*, …의 면적에 비례한다. 그리고 시간은 각운동에 반비례하므로 이 면적에도 반비례한다. 따라서 임의의 입자(예를 들어 *D*)의 주기는 면적 *DdQ*에 반비례하며, (쌍곡선 도형의 면적을 구한 후 계산해보면) 거리 *SD*에 비례한다는 것을 알 수 있다.

부가정리 1

그러므로 유체 입자들의 각운동은 원기둥 중심과의 거리에 반비례하며, 절대 속도는 모두 같다.

부가정리 2

무한히 긴 원기둥 안에 유체가 채워져 있고, 그 안에 또 하나의 작은 원기둥이 들어 있다고 하자. 두 원기둥이 공통의 축을 중심으로 회전하고 있는데, 회전 주기가 원기둥의 반지름에 비례하고 유체의 모든 부위가 현재의 운동 상태를 똑같이 유지한다면, 각 부분의 주기는 원기둥 중심축과의 거리에 비례한다.

부가정리 3

위와 같은 방식으로 움직이는 원기둥과 유체에서 똑같은 양의 각운동을 더하거나 빼도 유체 각 부위의 상호 마찰은 추가된(또는 제거된) 운동과 무관하므로, 모든 부위의 상대 운동은 변하지 않는다. 각 부위들 사이의 상대 속도는 마찰에 의해 결정되며, 모든 부위는 마찰력보다 더 강하게 가속되지도, 감속되지도 않는다.

부가정리 4

그러므로 유체와 원기둥으로 이루어진 물리계의 총 각운동에서 바깥쪽 원기둥의 각운동을 빼면, 원기둥이 정지 상태에 있는 유체의 운동이 남는다.

부가정리 5

유체와 바깥쪽 원기둥이 정지 상태에 있고 안쪽 원기둥이 균일하게 회전하는 경우에는 회전 운동이 조금씩 유체에 전달되다가 결국 유체 전체가 회전하게 되고, 이 회전 운동은 유체의 각 부분이 부가정리 4에서 정의한 운동을 획득할 때까지 점차 증가한다.

부가정리 6

유체는 자신의 운동을 더 넓은 영역으로 전달하려는 경향이 있기 때문에, 바깥쪽 원기둥을 강제로 붙잡아두지 않는 한 바깥쪽 원기둥도 함께 회전하게 되고, 이 운동은 두 원기둥의 회전 주기가 같아질 때까지 가속된다. 그러나 바깥쪽 원기둥이 움직이지 못하도록 강제로 붙잡아두면 유체의 운동을 방해하는 쪽으로 힘을 가한다. 그러므로 안쪽 원기둥이 계속 회전하도록 외부에서 힘을 가하지 않으면 바깥쪽 원기둥 때문에 운동이 서서히 줄어들게 된다.

이 모든 것은 고여 있는 깊은 물을 대상으로 한 실험에서 사실로 확인되었다.

명제 52 / 정리 40

양이 무한히 많은 균일한 유체 속에서 고체 구가 주어진 축을 중심으로 균일한 회전 운동을 하는 경우, 유체에 회전 운동을 유발하는 원인이 오직 고체 구뿐이고, 유체의 모든 부위가 균일한 운동을 유지하면, 유체 각 부위의 회전 주기는 고체 구의 중심과의 거리의 제곱에 비례한다.

〈그림 9-2〉

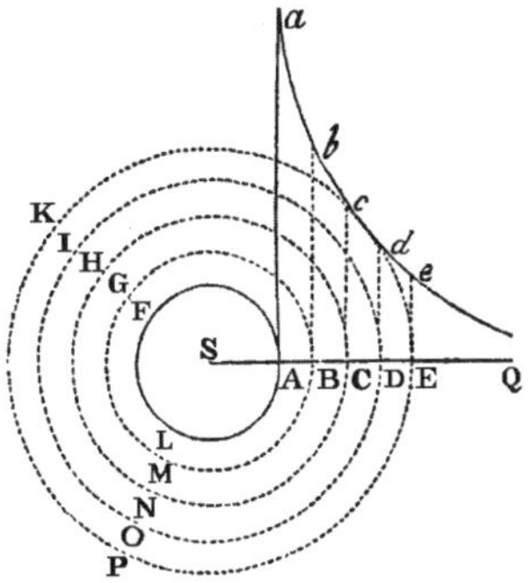

사례 1

축 S를 중심으로 균일하게 회전하는 고체 구를 AFL이라 하자. 유체를 "두께가 균일하면서 무한히 많은 동심원(동심구) 구획"으로 분할하여 각 부위의 경계면을 BGM, CHN, DIO, EKP, …라 하고, 이들 모두가 단단한 고체(구 껍질)라고 가정해보자.[1] 유체는 균일하다

1) 중앙에 구체가 있고, 그 주변을 "속이 빈 단단한 구 껍질"들이 똑같은 간격으로 겹겹이 에워싸고 있으며, 그 사이사이에 유체가 채워져 있는 상황이다.

고 했으므로 인접한 구획들이 상대방에게 가하는 힘은 (9장의 서두에서 제시한 가정에 의해) 상대 속도에 비례하고, 맞닿은 면적에도 비례한다. 임의의 구 껍질 안쪽(오목한 쪽)에 가해진 힘이 바깥쪽(볼록한 쪽)에 가해진 힘과 크기가 다르면 강한 쪽 힘이 살아남을 것이고, 이 힘과 해당 구 껍질의 운동 방향에 따라 구 껍질은 가속되거나 감속될 것이다. 그러므로 모든 구 껍질이 균일한 운동 상태를 유지하려면 구 껍질의 양면에 가해진 힘은 크기가 같고 방향이 반대여야 한다. 그런데 이 힘은 맞닿은 면적에 비례하고 인접한 두 구획의 상대 속도에 비례하므로, 상대 속도는 구 껍질의 표면적에 반비례해야 한다. 즉 상대 속도는 중심에서 구 껍질까지의 거리의 제곱에 반비례한다. 그런데 축을 중심으로 한 각운동의 차이는 상대 속도를 거리로 나눈 값에 비례하므로(즉 상대 속도에 비례하고 거리에 반비례하므로), 두 비례식을 결합하면 각운동의 차이는 거리의 세제곱에 반비례함을 알 수 있다. 그러므로 다음과 같은 기하학적 해석이 가능하다.

무한히 긴 직선 *SABCDEQ*의 *A*, *B*, *C*, *D*, *E*…에서 위로 수직선을 세우고, 각 수직선의 길이가 중심으로부터의 길이 *SA*, *SB*, *SC*, *SD*, *SE*, …의 세제곱에 반비례하도록 잘라서 *Aa*, *Bb*, *Cc*, *De*, *Ee*, …를 만든다. 그리고 각 수직선의 끝을 매끄럽게 이어서 쌍곡선 *abcde*를 그리면, 각 수직선의 차이의 합(각운동의 총량)은 그에 대응하는 수직선 *Aa*, *Bb*, *Cc*, *De*, *Ee*의 합에 비례한다. 즉 구 껍질의 수를 한없이 늘리고 구 껍질 사이의 간격을 한없이 좁혀서 매질을 균일한 유체로 만들면, 각운동의 총량은 각 합에 대응되는 쌍곡선 도형 *AaQ*, *BbQ*, *CcQ*, *DdQ*, *EeQ*, …의 면적에 비례한다. 그리고 시간은 각운동에 반비례하므로 이 면적에도 반비례한다. 따라서 임의의 구 껍질(예를 들어 *DIO*)의 주기는 면적 *DdQ*에 반비례하며, (쌍곡선 도형의 면적을 구한 후 계산해보면) 거리 *SD*의 제곱에 비례한다는 것을 알 수 있다. 이것이 바로 내가 제일 먼저 증명하고자 했던 내용이다.

사례 2

고체 구의 중심에서 시작하여 무한히 길게 뻗어 나가는 직선을 여러 개 그려보자. 이 직선들은 중심축과 특정 각도를 이루고, 이웃한 직선들 사이의 각도가 모두 같다. 이들을 축을 중심으로 회전시키면 구 껍질이 수없이 많은 고리로 분할되고, 개개의 고리는 이웃한 4개(바깥, 안, 양옆)의 고리와 접하게 된다. 또한 개개의 고리가 안쪽 및 바깥쪽 고리와 일으키는 마찰이 서로 반대 방향으로 작용하여 정확하게 상쇄되려면, 고리는 사례 1에서 언급한 규칙을 따라 움직여야 한다. 이것은 사례 1의 증명 결과로부터 얻어지는 자명한 사실이다. 그러므로 구에서 바깥쪽으로 직선을 따라 끝없이 나열된 일련의 고리들은 양쪽 옆에 있는 고리로부터 마찰이 작용하지 않는 한 사례 1에서 말한 규칙에 따라 움직인다.

그런데 고리가 이 규칙에 따라 움직이면, 양쪽 옆에 있는 고리와 마찰을 일으키지 않는다. 즉 고리가 운동 규칙을 따르는 것을 방해하는 요인이 전혀 없다는 뜻이다. 중심으로부터 같은 거리에 있는 고리들이 극(pole)보다 적도에서 더 빠르거나 느리게 회전한다 해도, 고리들 사이의 마찰 때문에 느린 고리는 가속되고 빠른 고리는 감속되어 주기가 점차 같아지면서 결국 사례 1의 규칙을 다르게 된다. 그러므로 마찰력은 고리가 사례 1의 규칙을 따르는 데 아무런 방해도 하지 않는다. 즉 각 고리의 주기는 구의 중심으로부터의 거리의 제곱에 비례한다. 이것이 내가 두 번째로 증명하고자 했던 내용이다.

사례 3

모든 고리를 가로 방향으로 잘게 썰어서, 균일한 유체를 구성하는 미세한 입자로 만들어보자. 이런 식의 분할은 유체의 구성 성분을 부각시킬 뿐 회전 운동과는 아무런 상관도 없으므로, 고리의 회전 운동은 이전과 동일하게 유지된다. 그리고 고리를 잘라서 만든 작은 고리들도 마찰이 변하지 않거나 일괄적으로 변한다. 운동을 일으키는 원인이 모든 고리에 대하여 같은 비율로 변하면 결과도 같은 비율로 변할 것이므로, 고리들 사이의 상대적 운동(운동과 주기의 비율 등)은 달라지지 않는다. [Q.E.D.]

그러나 원운동에서 야기된 원심력은 극보다 적도에서 더 크기 때문에, 모든 입자가 자신만의 원운동을 계속하려면 무언가 다른 요인이 개입되어야 한다. 그렇지 않으면 적도 근처에 있는 물질들은 항상 중심으로부터 멀어져서 소용돌이 밖으로 나갔다가 축을 따라 적도 근처로 되돌아오는 운동을 반복할 것이다.

부가정리 1

그러므로 구의 중심축에 대한 유체 각 부위의 각운동은 구의 중심으로부터의 거리의 제곱에 반비례하고, 각 부위의 절대 속도는 "구의 중심축으로부터의 거리"를 "구의 중심으로부터의 거리의 제곱"으로 나눈 값에 비례한다.

부가정리 2

균일하고 무한한 정지 상태의 유체 속에서 주어진 위치의 축을 중심으로 균일하게 회전하는 구는 유체에 소용돌이형 운동을 일으킨다. 이 회전 운동은 시간이 흐를수록 넓은 영역으로 퍼져나가는데, 모든 부위의 회전 주기가 구의 중심으로부터의 거리의 제곱에 비례할 때까지 서서히 가속된다.

부가정리 3

소용돌이의 안쪽 부분은 속도가 빠르기 때문에 바깥 부분을 비비고 밀어내면서 끊임없이 운동을 교환한다. 그와 동시에 바깥 부분은 새로 획득한 운동을 자신의 바깥 부분에 전달하는데, 받은 만큼 건네주기 때문에 자신의 운동은 달라지지 않는다. 그러므로 운동은 중심에서 외곽으로 끊임없이 전달되다가 결국은 무한히 큰 최외곽 부위에 흡수된다.

소용돌이와 중심이 같은 두 동심구 사이에 있는 물질은 가속되지 않는다. 안쪽 물질이 전해 받은 운동이 계속해서 바깥쪽 물질로 고스란히 전달되고 있기 때문이다.

부가정리 4

소용돌이가 자신의 운동 상태를 유지하려면 중심에 있는 구가 소용돌이에 운동력을 전달하는 양만큼 무언가가 구에 운동력을 계속

공급해야 한다. 이런 공급원이 없으면 구가 소용돌이의 안쪽에 운동을 전달한 후 새로운 운동을 일으키지 못하여 서서히 느려지다가 결국 멈추게 된다.

부가정리 5

소용돌이 안에서 중심으로부터 조금 벗어난 곳에 또 하나의 구가 들어와 어떤 힘에 의해 자신만의 축을 중심으로 회전하면, 유체에는 또 하나의 소용돌이가 발생한다. 처음에 이 조그만 소용돌이는 구와 함께 첫 번째 소용돌이의 가운데를 중심으로 회전하다가 서서히 퍼져나가면서, 첫 번째 소용돌이처럼 무한히 넓은 영역으로 확장될 것이다.

새 소용돌이를 낳은 구가 원래의 소용돌이에 영향을 받듯이, 첫 번째 구도 새로 생긴 소용돌이의 영향을 받는다. 그리하여 2개의 구는 둘 사이에 있는 어떤 점을 중심으로 회전하다가 (다른 힘이 개입되지 않는 한) 원운동의 영향으로 둘 사이의 거리가 서서히 멀어진다. 두 구를 회전시키는 힘을 제거하고 모든 것이 역학 법칙에 따라 움직이도록 내버려두면, (부가정리 3, 4에 의해) 구의 운동이 서서히 약해지다가 결국은 소용돌이가 완전히 멈추게 된다.

부가정리 6

무한한 유체 속에서 여러 개의 구가 각기 다른 축을 중심으로, 그리고 각기 다른 속도로 회전하면 구의 개수만큼 소용돌이가 발생하여 무한히 넓게 퍼져나가고, 유체의 모든 부위는 구가 만들어낸 운동의 영향을 받아 마치 교반기로 휘저은 것처럼 복잡하게 뒤섞인다. 그러므로 구에서 발생한 여러 개의 소용돌이는 한정된 영역에 머무르지 않고 다른 소용돌이에 영향을 미치면서 서서히 퍼져나가고, 구는 여러 소용돌이의 영향을 연달아 받으면서 (부가정리 5에 의해) 조금씩 이동한다. 다른 힘으로 이들을 붙잡아두지 않는 한, 구는 그들 사이의 상대적 위치를 유지할 수 없다. 그러다가 구를 회전시키는 힘이 사라지면, 유체는 (부가정리 8, 4에 의해) 조금씩 느려지다가 소용돌이 안에서 더 이상 움직이지 않게 된다.

부가정리 7

구형 용기 속에 균일한 유체가 가득 담겨 있고, 그 중심에서 구형 물체가 일정한 속도로 회전하면서 소용돌이를 만들고 있다. 용기와 구가 같은 축을 중심으로 삼아 같은 방향으로 회전하고 있고 이들의 주기가 반지름의 제곱근에 비례하면, 유체의 각 부위는 조금씩 가속되거나 감속되다가, 결국은 주기가 "소용돌이의 중심으로부터의 거리의 제곱"에 비례하는 회전 운동을 하게 된다. 그 외의 소용돌이는 안정한 상태를 유지할 수 없다.

부가정리 8

구형 용기와 유체, 그리고 그 속에 들어 있는 구가 위와 같은 운동을 계속하면서 임의로 주어진 축에 대하여 일제히 같은 속도로 회전하는 경우, 새로운 회전 운동은 유체에 아무런 영향도 주지 않으므로 모든 부위들 사이의 상대 운동은 달라지지 않는다. 이들의 상대 운동은 오직 마찰력에 의해 결정되기 때문이다. 한 부분의 마찰이 커졌는데 반대쪽 부분의 마찰이 반대 방향으로 똑같은 양만큼 커지면, 두 효과가 상쇄되어 운동 상태는 달라지지 않는다.

부가정리 9

그러므로 용기가 정지된 상태에서 구의 운동이 주어지면 유체의 운동을 알아낼 수 있다. 우선 구의 중심축을 지나는 평면을 상정한 후, 이 평면이 구와 반대 방향으로 회전한다고 가정하자. 이런 상황에서 "평면의 주기와 구의 주기의 합"과 구의 주기의 비율이 구형 용기의 반지름의 제곱과 구의 반지름의 제곱의 비율과 같으면, 가상의 평면에 대한 임의의 유체 부위의 회전 주기는 구의 중심과 해당 부위 사이 거리의 제곱에 비례한다.

부가정리 10

그러므로 용기가 구와 같은 축, 또는 다른 축을 중심으로 임의의 속도로 회전하는 경우에도 유체의 운동을 구할 수 있다. 계 전체의 운동에서 용기의 각운동을 제거해도 (부가정리 8에 의해) 모든 상대 운동은 변하지 않으므로, 부가정리 9를 이용하여 구하면 된다.

부가정리 11

구형 용기와 유체가 정지한 상태에서 구가 일정한 속도로 회전하면 그 운동이 유체의 모든 곳으로 서서히 퍼져나간다. 이럴 때 용기를 다른 힘으로 붙잡아두지 않으면 결국 함께 돌게 되고, 유체와 용기는 회전 속도가 점점 빨라지다가 결국 구와 같은 주기로 회전하게 된다.

외부의 다른 힘으로 용기를 붙잡아두거나 용기가 균일한 원운동을 하는 경우, 매질은 부가정리 8, 9, 10에서 정의한 운동에 서서히 가까워진다. 그 외의 운동은 안정한 상태를 유지할 수 없다. 그러나 용기와 구를 일정하게 회전시키는 힘을 제거하고 계 전체가 역학법칙에 따라 흘러가도록 내버려두면, 용기와 구는 그 사이에 낀 유체를 통해 서로 힘을 가하고, 둘의 주기가 같아질 때까지 유체를 통해 자신의 운동을 상대방에게 전달한다. 이 시점에 도달하면 모든 부위의 회전 주기가 똑같아져서, 계 전체가 마치 하나의 고체 덩어리처럼 거동한다.

부가설명

앞에 제시한 일련의 명제에서 나는 유체의 밀도와 유동성이 균일하다고 가정했다. 이는 곧 "유체 속에 구를 담가서 회전시켰을 때, 일정 시간이 지난 후 주변 유체의 운동 상태는 처음에 구를 놓은 위치와 무관하다"는 뜻이다. 그러나 실제로 회전하는 모든 물질은 중심으로부터 멀어지려는 경향이 있기 때문에 자신보다 바깥에 있는 물질에 압력을 가하게 된다. 바로 이 압력 때문에 마찰이 커져서 각 부위의 분리가 어려워지고, 결과적으로 유체의 유동성이 감소한다. 일반적으로 유체의 특정 부위의 밀도가 다른 부위보다 높으면 그 부위의 유동성이 작아진다. 이웃한 부위와 맞닿은 면적이 다른 곳보다 작기 때문이다. 이런 경우 나는 그 부위의 미끄러운 정도(slipperiness)나 유연성(pliancy) 등 몇 가지 물리적 조건이 변하여 줄어든 유동성을 보충한다고 가정했다. 그렇지 않으면 유동성이 작은 부분에서 물질이 더욱 강하게 밀착되어 운동 전달이 느려지고, 앞에서 말한 것보다 더 먼 곳까지 영향을 미칠 것이다.

용기가 구형이 아니면 입자들은 원 궤도 대신 용기와 비슷한 모양을 그리며 움직이겠지만, 한번 선회하고 돌아오는 데 걸리는 시간은 중심과의 평균 거리의 제곱에 거의 비례할 것이다. 용기의 내벽과 중심 사이의 거리가 먼 곳에서는 속도가 느리고 가까운 곳에서는 빠르겠지만, 속도가 빠른 곳에서 입자를 바깥쪽으로 밀어내는 힘이 더 강하지는 않다. 밖으로 밀어내는 힘이 작용하면 궤적이 커지면서 곡률이 작아지는데, 중심에서 멀어지려는 경향은 곡률 감소에 의해 줄어들고 빠른 속도에 의해 증가하여 두 효과가 상쇄되기 때문이다. 유체가 좁은 곳에서 넓은 곳으로 진입하면 중심에서 조금 멀어지면서 속도가 느려지고, 넓은 곳에서 좁은 곳으로 진입하면 속도가 빨라진다. 모든 입자는 이런 식으로 감속과 가속을 끊임없이 겪게 된다.

이 모든 것은 용기가 견고한 경우에 한하여 성립한다. 무한한 유체에서 소용돌이가 겪는 과정은 본 명제의 부가정리 6에서 설명한 바 있다.

본 명제에서 소용돌이의 특성을 깊이 파고든 이유는 천체 현상을 소용돌이의 운동으로 설명할 수 있는지 확인하기 위해서였다. 목성의 위성들이 목성 주변을 공전하는 데 걸리는 시간은 목성 중심과의 거리의 $\frac{3}{2}$제곱에 비례하며, 태양 주변을 공전하는 행성들도 같은 법칙을 따른다. 지금까지 얻은 관측 결과에 의하면, 모든 행성과 위성은 이 법칙을 매우 정확하게 따르고 있다. 행성(또는 위성)의 공전이 태양(또는 행성)의 주변을 선회하는 소용돌이 때문에 생긴 것이라면, 소용돌이도 위와 같은 규칙을 따를 것이다. 그런데 앞에서 확인한 바와 같이 소용돌이를 이루는 각 부위의 주기는 운동 중심으로부터의 거리의 "제곱(2제곱)"에 비례한다. 이 지수가 "$\frac{3}{2}$제곱"으로 작아지려면 소용돌이를 이루는 물질이 중심에서 멀수록 유동성이 커지거나, 미끄러운 정도가 낮아서 생기는 저항(속도가 빠를 때 유체의 각 부위가 서로 분리되면서 나타나는 현상임)이 속도보다 빠르게 증가해야 한다. 그러나 둘 중 어느 것도 사실일 가능성이 거의 없다. 밀도가 크고 무거운 부위는 중심을 향해 중력이 작용하지 않는 한 테두리(용기의 내벽) 쪽으로 밀려나는 경향이 있다. 그리고 9장의 서두에서 (증명이 복잡해지는 것을 피하기 위해) 저항이 속도에 비례한다고 가정했지만, 실제로 저항은 속도보다 느리게 증가하는 것 같다. 이런 점을 고려하면 소용돌이의 각 부위의 주기는 중심으로부터의 거리의 제곱보다 더 빠르게 증가한다. 그리고 일부 학자들의 주장처럼 소용돌이의 속도가 중심 근처에서 빠르고 어느 정도 거리까지 느려지다가 가장자리 근처에서 다시 빨라진다면, $\frac{3}{2}$제곱은커녕 어떤 수학적 관계도 기대할 수 없을 것이다. 주기가 거리의 $\frac{3}{2}$제곱에 비례하는 현상은 앞으로 (자연)철학자들이 풀어야 할 중요한 문제 중 하나이다.

명제 53 / 정리 41

소용돌이에 휩쓸려서 움직이는 물체가 한 바퀴 선회한 후 원래 위치로 돌아오면 그 물체의 밀도는 소용돌이의 밀도와 같으며, 소용돌이의 규칙에 따라 같은 속도, 같은 방향으로 움직인다.

소용돌이의 작은 부분이 "상대적 거리가 변하지 않는 입자(물리적인 점)"로 이루어져 있다고 가정해보자. 그렇다면 이 부분은 얼어붙은 후에도 이전과 같은 법칙을 따를 것이다. 왜냐하면 밀도와 관성, 입자의 배열 상태 등 어떤 것도 달라지지 않았기 때문이다. 그리고 역으로, 소용돌이의 얼어붙은 부분이 나머지 부분과 밀도가 같은 상태에서 다시 액체로 녹았다면, 입자들의 상대적 위치가 달라지지 않는 한 이전과 같은 법칙을 따라 움직일 것이다. 그러므로 계 전체의 운동과 무관한 "입자들 사이의 상대적 운동"은 무시해도 상관없으며, 이런 경우 전체적인 운동은 이전과 같다.

이 운동은 중심과 거리가 같은 다른 부분의 운동과 동일하다. 고체가 녹아서 소용돌이의 일부가 되면, 다른 부분과 거의 같아지기 때문이다. 그러므로 어떤 고체가 자신과 밀도가 같은 유체의 소용돌이에 휘말리면 다른 부분과 똑같은 방식으로 움직이며, 주변 물질에 대하여 상대적인 정지 상태를 유지한다. 그러나 고체의 밀도가 유체보다 높으면 중심으로부터 멀어지려는 힘이 "회전체의 궤도를 평형 상태처럼 유지시키는 소용돌이의 힘"보다 강해져서 나선을 그리며 중심에서 멀어지고, 한번 궤도를 벗어난 후에는 두 번 다시 돌아오지 않는다. 그리고 고체의 밀도가 유체보다 낮은 경우에는 위와 같은 이유로 나선을 그리며 중심에 점점 가까워진다. 그러므로 회전하는 유체와 밀도가 다른 고체는 소용돌이 속에서 같은 궤도를 유지할 수 없으며, 밀도가 같으면 유체의 다른 부분과 동일한 법칙에 따라 움직이면서 소용돌이의 중심과 일정한 거리를 유지한다. [Q.E.D.]

부가정리 1

그러므로 유체의 소용돌이에 휘말려 일정한 궤도를 유지하는 고체는 유체에 대하여 상대적 정지 상태에 놓여 있다.

부가정리 2

밀도가 균일한 유체의 소용돌이에 휘말린 고체는 소용돌이의 중심으로부터 어떤 거리에 놓여도 일정한 궤도를 유지할 수 있다.

부가설명

그러므로 유체의 운동 이론으로는 행성의 궤도를 설명할 수 없다. 코페르니쿠스의 가설(지동설)에 의하면 지구를 비롯한 행성들은 태양을 초점으로 갖는 타원 궤도를 따라 태양 주변을 공전하고 있으며, 태양과 행성을 연결한 직선이 쓸고 지나간 면적은 시간에 비례한다. 그러나 소용돌이는 결코 이런 식으로 움직일 수 없다.

〈그림 9-3〉

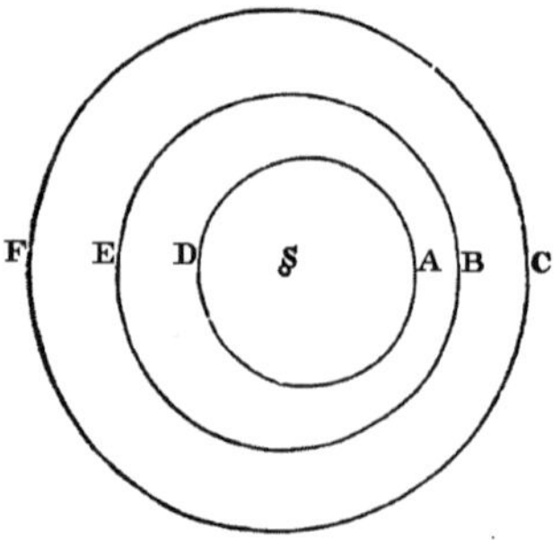

태양 S를 중심으로 한 3개의 궤도를 *AD*, *BE*, *CF*라 하자. 가장 바깥에 있는 궤도 *CF*는 태양을 중심으로 갖는 원이고, *A*와 *B*는 안에 있는 두 궤도의 원일점, *D*와 *E*는 근일점을 나타낸다. 그러면 궤도 *CF*를 도는 물체는 어디서나 같은 속도로 움직일 것이다. 물체와 중심을 연결한 선이 쓸고 지나가는 면적은 시간에 비례하는데, 반지름이 일정한 원에서는 이 면적이 이동한 각도에 비례하여 결국 이동한 각도가 시간에 비례하기 때문이다. 또한 천문학 법칙에 의하면 궤도 *BE*를 도는 물체는 원일점 *B*에서 속도가 느려지고, 근일점 *E*에서는 속도가 빨라진다. 그런데 역학법칙에 의하면 소용돌이는 *D*와 *F* 사이의 넓은 길보다 *A*와 *C* 사이의 좁은 길을 지날 때 속도가 더 빠르다. 즉 소용돌이 유체는 근일점보다 원일점에서 더 빠르게 움직인다는 뜻이다. 이것은 우리가 알고 있는 천문학 법칙과 절대로 양립할 수 없다.

현재 화성의 원일점은 처녀자리가 시작되는 곳 근처에 있다. 이곳에서 화성 궤도와 금성 궤도 사이의 거리와 물고기자리가 시작되는 곳에서 두 궤도 사이 거리의 비율은 약 3 : 2이다. 그러므로 물질의 소용돌이가 두 궤도 사이를 채우고 있다면, 물고기자리에서의 속도는 처녀자리가 시작되는 곳 근처에서의 속도보다 3 : 2의 비율로 빨라야 한다. 주어진 양의 물질이 주어진 시간 동안 한 번 회전하려면, 폭이 좁을수록 속도가 빨라야 하기 때문이다. 그러므로 지구가 소용돌이치는 천체 물질과 상대적으로 정지된 상태에서 태양 주변을 공전하고 있다면, 물고기자리 근처에서의 속도와 처녀자리 근처에서의 속도 비율은 3 : 2가 될 것이다. 즉 처녀자리가 시작되는 곳에서 태양의 겉보기 운동은 하루에 70분($\frac{70}{60}$도)을 넘고, 물고기자리가 시작되는 곳에서는 하루에 48분($\frac{48}{60}$도)을 넘지 않아야 한다. 그러나 실제 관측 결과에 의하면 태양의 겉보기 운동은 처녀자리보다 물고기자리에서 더 크게 나타난다. 즉 지구는 물고기자리를 지날 때보다 처녀자리를 지날 때 더 빠르게 움직인다. 그러므로 소용돌이 가설로 천문 현상을 설명하면 혼란만 야기될 뿐, 별 도움이 되지 않는다. 행성들이 우주 공간에서 소용돌이의 도움 없이 움직이는 비결은 이미 1권에서 설명했지만, 뒤에 이어지는 3권에서 더욱 자세히 다룰 예정이다.

PHILOSOPHIÆ

NATURALIS

PRINCIPIA

MATHEMATICA

제3권

태양계의 구조

1권과 2권에서 제시한 철학적 원리는 엄밀히 말해서 철학이 아니라 수학이다. 자연철학을 연구할 때에는 기존의 철학보다 수학이 훨씬 유용하다. 이 원리들은 운동과 힘을 서술하는 일련의 법칙과 조건으로서, 주로 자연철학과 관련되어 있다. 그러나 원리만 제시해놓으면 별 의미가 없으므로 물체의 밀도와 저항, 물체가 없는 빈 공간, 빛과 소리의 운동 등 가장 기본적이면서 일반적인 개념에 대한 부가 설명을 곳곳에 추가했다. 이제 이 원리들을 태양계에 적용하여 행성과 위성, 달, 그리고 혜성의 운동을 분석하고자 한다. 이전에 집필한 3권의 초기 원고는 누구나 쉽게 읽을 수 있는 대중적인 글이었다. 그러나 원리를 잘 모르는 상태에서 이런 책을 읽으면 원리로부터 유도된 결론이 얼마나 유용한지 실감하기 어렵고 오랜 세월 동안 쌓인 편견을 극복하기도 쉽지 않을 듯하여, 이미 써놓은 정리들을 수학적 형태로 재구성한 3권을 다시 집필하게 된 것이다. 그러므로 이 책을 읽으려면 1권과 2권을 먼저 읽고 내용을 숙지해야 한다.

1권과 2권에서는 다수의 정리를 다뤘기 때문에, 수학에 익숙한 독자들도 모든 내용을 이해하려면 꽤 긴 시간이 소요될 것이다. 다행히도 거기 수록된 모든 정리를 일일이 따라갈 필요는 없다. 1권 서두의 용어 정의와 운동법칙, 그리고 처음 1~3장만 이해하면 3권을 읽는 데 큰 무리가 없으리라 본다. 그리고 이 책에서 1권과 2권에 수록된 정리가 언급되면, 그때마다 해당 정리를 찾아서 읽어볼 것을 권한다.

1장

자연철학에서 논리를 전개할 때 지켜야 할 규칙들

규칙 1

자연현상을 연구할 때 "참(true)"이면서 현상을 이해하기에 충분한 설명이 존재하면, 더 이상의 원인을 도입하지 않는다.

철학자들은 이렇게 말한다. "자연은 결코 쓸데없는 짓을 하지 않기 때문에, 간단한 설명으로 충분하면 그 외의 원인은 고려할 필요가 없다." 자연은 항상 단순한 것을 선호하며, 과도한 원인으로 치장하는 것을 좋아하지 않는다.

규칙 2

그러므로 동일한 종류의 자연현상은 가능한 한 동일한 원인으로 설명해야 한다.

사람의 호흡과 동물의 호흡, 유럽에서 떨어지는 돌멩이와 미국에서 떨어지는 돌멩이, 부엌 아궁이에서 타오르는 불빛과 태양의 불빛, 지구에서 반사되는 빛과 다른 행성에서 반사되는 빛은 각각 동일한 원리로 설명된다.

규칙 3

물체의 성질 중 증가하거나 감소하지 않으면서 실험 가능한 대상에 공통적으로 존재하는 성질은 모든 물체가 갖는 성질로 간주해야 한다.

물체의 성질은 오직 실험을 통해서만 알 수 있으므로, 실험을 통해 보편적으로 발견된 성질은 모든 물체가 갖는 보편적 성질로 간주해야 한다. 그리고 줄어들지 않는 성질은 완전히 제거될 수 없다. 자연은 항상 단순함을 선호하면서 자신과 조화를 이루기 때문에, 실험에서 얻은 증거를 개인의 취향에 맞춰 조작·폐기해선 안 되며, 자연에서 유추한 사실로부터 멀어져서도 안 된다. 우리는 오직 오감(五感)을 통해 물체의 존재를 인지할 수 있으며, 개중에는 우리의 인지 능력을 넘어선 물체도 있다. 그러나 인지 가능한 물체는 예외 없이 공간의 특정 영역을 메우고 있으므로(이것을 "공간 점유성"이라 하자), 공간 점유성은 모든 물체들이 갖는 특성으로 간주해야 한다.[1] 또한 우리는 경험을 통해 일부 물체들이 단단하다는 것을 알고 있다. 그런데 물체가 단단한 것은 물체를 구성하는 각 부위가 단단하기 때문이므로, 오감으로 인지 가능한 물체뿐만 아니라 모든 물체를 구성하는 알갱이(입자)를 단단한 물체로 간주하는 것이 논리적으로 타당하다.

우리는 물체를 뚫고 지나갈 수 없으며, 물체 자신도 다른 물체를 뚫고 지나갈 수 없다. 이것은 논리적 결과가 아니라, 우리의 오감을 통

1) 너무 멀리 있거나 너무 작아서 보이지 않는 물체도 크기가 있다고 간주하자는 뜻이다.

해 터득한 사실이다. 관측 및 실험 가능한 모든 물체들은 다른 물체가 자신을 관통하는 것을 허용하지 않으므로, "관통 불가능성"은 모든 물체가 갖는 속성으로 간주할 수 있다. 또한 "모든 물체는 움직일 수 있으며, 정지 상태이건 운동 상태이건 현재의 상태를 계속 유지하려는 능력[이것을 관성(inertia)이라 한다]을 갖고 있다"는 것도 관측 가능한 물체로부터 알아낸 사실을 본 규칙에 따라 일반화시킨 결과이다. 물체의 공간 점유성과 단단함, 관통 불가능성, 이동성, 그리고 관성은 물체를 구성하는 작은 부분의 공간 점유성, 단단함, 관통 불가능성, 이동성, 관성으로부터 유추 가능하다. 그러므로 물체를 구성하는 가장 작은 단위의 알갱이들도 공간 점유성과 단단함, 관통 불가능성, 이동성, 그리고 관성을 갖고 있다고 결론지을 수 있다. 이것이 바로 모든 자연철학의 기본이다. 또한 우리는 관찰과 경험을 통해 "한 물체에서 서로 이웃한 부분은 분리될 수 있다"는 것을 알고 있으며, 수학적 논리를 통해 "분리되지 않은 부분들도 작은 부분으로 분리하여 개별적으로 다룰 수 있다"는 사실을 알고 있다. 물론 "구별은 가능하지만 한 몸으로 붙어 있는 부분들"이 자연적임 힘에 의해 분리된다는 보장은 없다. 그러나 단단한 물체(고체 또는 강체)를 쪼개는 단 한 번의 실험에서라도 하나로 이어진 부분이 더 작은 부분으로 분할된다면, 본 규칙에 의해 "분할된 부분은 물론이고 아직 분할되지 않은 부분도 더 작은 부분으로 한없이 쪼갤 수 있다"고 결론지을 수 있다.

마지막으로, 일련의 실험과 천문 관측을 통해 "지구 표면에 닿아 있거나 그 근처에 있는 물체들은 지구를 향하는 쪽으로 중력에 의해 당겨지고, 그 힘의 크기는 물체의 양(질량)에 비례한다"는 사실이 확인되었다면, "달도 질량에 비례하는 중력의 영향을 받아 지구 쪽으로 당겨진다"고 결론지을 수 있다. 같은 이유로 지구의 바다는 달의 중력에 의해 달이 있는 쪽으로 끌려가고, 행성은 자신을 제외한 모든 행성들에게 질량에 비례하는 중력을 행사하며, 혜성은 태양의 중력에 끌려간다. 그러므로 본 규칙(규칙 3)에 의거하여 "모든 물체는 서로 상대방을 끌어당긴다"고 결론지을 수 있다. 눈에 보이는 현상만 놓고 보면 "관통 불가능성"보다는 "중력"이 더욱 강력한 규칙인 것 같다. 중력은 실험과 천체 관측을 통해 확인할 수 있지만, 천체의 관통 불가능성은 확인할 길이 없기 때문이다. 그렇다고 해서 중력이 물체의 본질이라는 뜻은 아니다. 물체의 고유한 특성은 중력이 아니라 관성이다. 관성은 어떤 상황에서도 변하지 않지만, 물체의 중력은 지구에서 멀어질수록 작아진다.

규칙 4

실험과학에서 다양한 현상으로부터 하나의 명제가 유추되면, 굳이 반대 가정을 내세우지 말고 그 명제를 "정확한 사실"이나 "거의 정확한 사실"로 간주해야 한다. 그 후 추가로 관측된 현상이 기존의 명제에 부합되면 "더욱 정확한 사실"로 굳어지고, 부합되지 않으면 예외적인 경우로 간주한다.

논리적으로 입증된 사실이 불필요한 가설 때문에 폐기되는 것을 막으려면 이 규칙을 반드시 지켜야 한다.

2장

자연 현상

현상 1

목성의 위성들이 공전할 때 "목성과 위성의 중심을 연결한 선분"이 쓸고 지나간 면적은 시간에 비례하고, 위성의 공전 주기는 (다른 항성들이 움직이지 않는다는 가정하에) 이 선분의 길이의 $\frac{3}{2}$제곱에 비례한다.

이것은 천문 관측을 통해 확인된 사실이다. 위성의 궤도는 목성을 중심으로 하는 원과 거의 비슷하며, 특정 위성이 자신의 궤도를 따라 이동하는 속도는 항상 일정하다. 대부분의 천문학자들은 위성의 공전 주기가 궤도 반지름의 $\frac{3}{2}$제곱에 비례한다는 데에 동의하고 있는데, 이것은 아래 제시한 관측 자료에서 확인할 수 있다.

〈표 2-1〉 목성 위성들의 공전 주기[1]

이오(Io)	유로파(Europa)	가니메데(Ganymede)	칼리스토(Callisto)
1일 18시간 27분 34초	3일 13시간 13분 42초	7일 3시간 42분 36초	16일 16시간 32분 9초

제임스 파운드(James Pound)[2]는 정교한 마이크로미터(micrometer)[3]를 사용하여 목성과 위성 사이의 거리와 목성의 지름을 측정했는

1) 원문에는 위성의 이름 대신 1, 2, 3, 4라는 번호로 표기되어 있다.

2) 1669~1724, 영국의 성직자 겸 천문학자.

3) 망원경에 장착된 미세 측정 장치.

〈표 2-2〉 목성의 중심과 위성 사이의 거리(목성의 반지름을 1로 간주한 값)

관측자	관측 방법	이오	유로파	가니메데	칼리스토
보렐리(Borelli)		$5\frac{2}{3}$	$8\frac{2}{3}$	14	$24\frac{2}{3}$
타운리(Townly)	마이크로미터	5.52	8.78	13.47	24.72
카시니(Cassini)	천체망원경	5	8	13	23
카시니	위성의 일식	$5\frac{2}{3}$	9	$14\frac{23}{60}$	$25\frac{3}{10}$
위성의 주기		5.667	9.107	14.384	25.299

데, 구체적인 과정은 다음과 같다. 먼저 그는 길이 15피트(약 4.5미터)짜리 망원경에 장착된 마이크로미터를 이용하여, 목성이 지구로부터 평균 거리에 놓여 있을 때 태양을 중심으로 네 번째 위성인 칼리스토(Callisto)과 목성의 중심 사이의 최대 각도가 약 8′16″(1°=60′, 1′=60″, 1″=60‴)임을 알아냈다. 그리고 이와 동일한 지구-목성 간 거리에서 길이 123피트(약 37m)짜리 대형 망원경에 장착된 마이크로미터를 이용하여 측정한 세 번째 위성[가니메데(Ganymede)]과 목성 사이의 최대 각도는 4′42″였고, 같은 조건에서 다른 두 위성의 최대 각도를 공전 주기에 기초하여 알아낸 값은 각각 2′56″47‴과 1′51″6‴이었다.

목성의 지름은 123피트짜리 망원경으로 여러 번 측정하여 결정되었다. 목성이 지구-목성 간 평균 거리에 있을 때 각지름[4]은 38″에서 40″ 사이이고, 대부분의 관측값은 39″이며, 짧은 망원경으로 관측

4) 목성의 양 끝과 지구를 연결한 삼각형의 가장 작은 각도. 시직경이라고도 한다. 뉴턴은 "각지름"이라고 명시하지 않은 채 목성의 지름을 각도 단위로 표기했다.

한 값은 40″ 또는 41″이다. 목성의 빛은 굴절률이 일정하지 않아서 넓게 퍼지는 경향이 있는데, 후자의 관측값이 큰 이유는 이 퍼짐 효과가 긴 망원경(고급 망원경)보다 짧은 망원경에서 더 크게 나타나기 때문이다. 긴 망원경(123피트)을 이용하여 이오와 가니메데 위성의 움직임도 관측했는데, 특히 주안점을 둔 것은 이들이 목성 뒤로 숨기 시작할 때부터 목성 뒤에서 나타나기 시작할 때까지 걸린 시간과, 목성 뒤로 완전히 숨는 순간부터 목성 뒤에서 완전히 나타날 때까지 걸리는 시간이다. 목성이 (지구-목성 사이의) 평균 거리에 있을 때 첫 번째 위성(이오)이 목성의 뒷면을 가로지르는 데 걸리는 시간으로부터 계산된 목성의 지름은 (각지름 단위로) $37\frac{1}{8}''$였고, 세 번째 위성(가니메데)으로부터 계산된 값은 $37\frac{3}{8}''$였다. 또 첫 번째 위성의 그림자가 목성을 가로지르는 데 걸리는 시간도 측정했는데, 이로부터 (목성이 지구로부터 평균 거리에 있다는 가정하에) 계산된 목성의 지름은 37″였다. 목성의 반지름이 $37\frac{1}{4}''$라는 가정하에 계산된 네 위성(이오, 유로파, 가니메데, 칼리스토)과 목성 사이의 거리는 각각 목성 반지름의 5.965, 9.494, 15.141, 26.63배이다.

현상 2

토성의 위성들도 "토성과 위성의 중심을 연결한 선분이 쓸고 지나간 면적"은 시간에 비례하며, 공전 주기는 (다른 항성들이 움직이지 않는다는 가정하에) 이 선분의 길이의 $\frac{3}{2}$제곱에 비례한다.

지오반니 도메니코 카시니(Giovanni Dominique Cassini)[5]가 관측한 토성-위성 사이의 거리(중심 사이의 거리)와 각 위성의 공전 주기는 다음과 같다.

〈표 2-3〉 토성의 위성의 공전 주기

위성	공전 주기
테티스(Tethys)	1일 21시간 18분 27초
디오네(Dione)	2일 17시간 41분 22초
레아(Rhea)	4일 12시간 25분 12초
타이탄(Titan)	15일 22시간 41분 14초
이아페투스(Iapetus)	79일 7시간 48분 00초

〈표 2-4〉 토성의 중심과 위성 사이의 거리(토성의 반지름을 1로 간주한 값)

위성	관측값	주기로부터 계산된 값
테티스	$1\frac{19}{20}$	1.93
디오네	$2\frac{1}{2}$	2.47
레아	$3\frac{1}{2}$	3.45
타이탄	8	8
이아페투스	24	23.35

관측 자료에 의하면 네 번째 위성(타이탄)과 토성 사이의 최장 거리는 토성 반지름의 8배이다. 그러나 크리스티안 하위헌스가 마이크

5) 1625~1712, 이탈리아의 수학자, 천문학자.

로미터를 장착한 123피트짜리 망원경으로 관측한 값은 $8\frac{7}{10}$배였다. 이 값과 주기에 기초하여 계산된 토성-위성 사이의 거리(중심 사이의 거리)는 고리의 반지름을 1이라 했을 때 각각 2.1, 2.69, 3.75, 8.7, 25.35이다. 동일한 망원경으로 관측한 토성과 고리의 지름 비율은 3:7이며, 1719년 5월 28-29일에 관측한 고리의 지름은 43″였다. 토성이 지구-토성 간 평균 거리에 있다는 가정하에 계산된 고리의 지름은 42″이고, 토성의 지름은 18″이다. 이것은 빛의 퍼짐 효과가 적게 나타나는 "긴 망원경"으로 관측한 결과이며, 짧은 망원경으로 관측하면 더 큰 값이 얻어질 것이다. 빛의 퍼짐 효과를 완전히 제거하면 토성의 지름은 16″ 이하일 것으로 추정된다.

현상 3

5개의 주요 행성들(수성, 금성, 화성, 목성, 토성)의 궤도는 태양을 에워싸고 있다.

수성과 금성이 태양 주변을 돈다는 것은 이들의 위상 변화(phase change)로부터 유추할 수 있다. 이들이 망(full face, 望, 보름달)일 때는 태양 위에 있고,[6] 반만 보일 때는 태양의 왼쪽(또는 오른쪽)에 있

---

6) 지구-태양-수성(금성)의 순서로 직선을 따라 배열되었다는 뜻이다. 현대식 용어로는 외합(superior conjunction)이라 한다.

으며, 삭(new moon, 朔)일 때는 태양 아래에 있다. 또한 화성이 태양 주변을 공전한다는 것은 합(conjunction, 合)[7]일 때 온전한 모습이 보이고, 사분원에 있을 때 볼록한 반달 모양이라는 사실로부터 유추할 수 있다. 목성과 토성은 항상 동그란 모습으로 보이는데, 이것도 목성과 토성이 태양 주변을 공전한다는 증거이다. 그리고 위성이 목성과 토성을 가로지를 때 표면에 그림자가 생기는 것은 목성과 토성이 스스로 빛을 발하지 않고 태양빛을 반사한다는 증거이다.

현상 4

5개 주요 행성과 지구의 공전 주기(또는 지구에 대한 태양의 공전 주기)는 (다른 항성들이 움직이지 않는다는 가정하에) 태양과의 거리의 $\frac{3}{2}$제곱에 비례한다.

이것은 요하네스 케플러가 발견한 정리로서, 대부분의 과학자들에게 사실로 받아들여지고 있다. 태양이 지구 주변을 공전하건 지구가 태양 주변을 공전하건 궤도의 크기와 주기는 같고, 현재 알려진 행성의 주기는 대부분의 천문학자들이 인정하는 값이다. 공전 궤도의 크기는 케플러와 이스마엘 볼리아(Ismael Boulliau)[8]의 관측값이 가

7) 지구-태양-행성의 순서로 직선을 따라 배열된 경우를 말한다. 행성-지구-태양의 순서로 배열된 경우는 충(opposition, 衝)이라 한다.

장 정확하며, 주기로부터 계산된 평균 거리와 별로 다르지 않다. 실제로 대부분의 계산 결과는 아래 제시된 표에서 알 수 있듯이, 두 사람이 얻은 관측값 사이에 들어온다.

〈표 2-5〉 항성(별)을 기준으로 한 각 행성의 공전 주기

토성	목성	화성	지구	금성	수성
10759.275일	4332.514일	686.9785일	365.2565일	224.6176일	87.9692일

〈표 2-6〉 태양과 행성 사이의 평균 거리(태양과 지구 사이의 거리를 100,000으로 간주한 값)

행성	케플러	볼리아	주기로부터 계산된 값
토성	951,000	954,198	954,006
목성	519,650	522,520	520,096
화성	152,350	152,350	152,369
지구	100,000	100,000	100,000
금성	72,400	72,398	72,333
수성	38,806	38,585	38,710

수성과 금성의 평균 거리는 태양과의 이각(elongation)[9]으로부터 계산된 값이어서 논란의 여지가 없으며, 외행성(목성과 토성)의 거리는 위성의 삭망에 기초한 값이므로 역시 믿을 만하다. 위성의 위상으로부터 목성이 드리운 그림자의 위치가 결정되고, 이로부터 태양

8) 1605~1694, 프랑스의 천문학자.

9) 태양(S)-지구(E)-행성(P)을 삼각형의 세 꼭짓점으로 간주했을 때 ∠SEP의 값.

에 대한 목성의 경도[일심 경도(heliocentric longitude)][10]를 알 수 있다. 그리고 일심 경도와 지심 경도(geocentric longitude)[11]를 비교하면 태양과 목성 사이의 거리가 결정된다.

현상 5

주요 행성들이 움직일 때, 지구와 행성을 이은 선분이 지구를 중심으로 삼아 쓸고 지나가는 면적은 전혀 시간에 비례하지 않는다. 그러나 주요 행성과 태양을 연결한 선분이 쓸고 지나가는 면적은 시간에 비례한다.

행성을 지구에서 바라보면 앞으로 갈 때도 있고, 한동안 정지 상태를 유지하는 경우도 있으며, 심지어 거꾸로 갈 때도 있다. 그러나 태양을 기준으로 삼으면 모든 행성들은 거의 균일한 운동을 유지하면서 항상 같은 방향으로 나아간다. 근일점(perihelion)[12] 근처에서는 행성의 속도가 조금 빨라지고 원일점(aphelion)[13]에서는 조금 느려지지만, 태양과 행성의 중심을 이은 선분이 쓸고 지나가는 면적은 항상 동일하다. 이것은 천문학에서 매우 유용한 법칙으로 알려져 있

---

10) 태양에서 바라본 특정 천체의 천구상의 경도.

11) 지구의 중심에서 바라본 특정 천체의 천구상의 경도.

12) 태양과 행성 사이의 거리가 가장 가까운 지점.

13) 태양과 행성 사이의 거리가 가장 먼 지점.

으며, 목성의 경우에는 위성의 일식(日蝕)으로부터 증명할 수 있다. 앞서 말한 대로 위성의 일식을 이용하면 목성의 일심경도 및 태양과의 거리가 결정된다.

현상 6

달과 지구의 중심을 이은 선분이 쓸고 지나가는 면적은 시간에 비례한다.

이것은 달의 겉보기 운동(apparent motion)[14]과 달의 각지름을 비교하면 쉽게 알 수 있다. 달의 궤적은 태양의 영향을 받아 미세한 변화를 일으키지만, 현상 6은 이런 미세한 효과를 고려하지 않은 결과이다.

14) 지구가 정지 상태에 있다는 가정하에 서술한 천체의 운동.

3장

명제

명제 1 / 정리 1

(1) 목성의 위성들이 직선 운동에서 벗어나 휘어진 궤도를 따라가도록 만드는 힘은 목성의 중심을 향해 작용한다. (2) 이 힘의 크기는 목성의 중심과 위성 간 거리의 제곱에 반비례한다.

(1)은 현상 1과 1권의 명제 2 또는 명제 3으로부터 유추되는 자명한 결과이며, (2)는 현상 1과 1권의 명제 4의 부가정리 6의 결과이다.

또한 현상 2에 의해, 토성의 위성들도 같은 법칙을 따른다.

명제 2 / 정리 2

(1) 태양계의 행성들이 직선 운동에서 벗어나 휘어진 궤도를 따라가도록 만드는 힘은 태양(의 중심)을 향해 작용한다. (2) 이 힘의 크기는 태양의 중심과 행성 간 거리의 제곱에 반비례한다.

(1)은 현상 5와 1권의 명제 2로부터 유추할 수 있고, (2)는 현상 4와 1권의 명제 4의 부가정리 6을 이용하여 증명 가능하다. 그러나 (2)는 원일점이 고정되어 있다는 사실로부터 간단하게 증명된다. 행성에 작용하는 힘이 거리의 역제곱에서 조금이라도 벗어나면 (제1권 명제 45의 부가정리 1에 의해) 행성이 한 번 공전할 때마다 원일점과 근일점이 관측 가능할 정도로 이동하고, 이 이동 거리는 해가 거듭

될수록 더욱 커져야 하는데, 실제로는 그렇지 않다.

명제 3 / 정리 3

(1) 달이 직선 운동에서 벗어나 휘어진 궤도를 따라가도록 만드는 힘은 지구의 중심을 향해 작용한다. (2) 이 힘의 크기는 지구의 중심과 달 사이 거리의 제곱에 반비례한다.

(1)은 현상 6과 1권의 명제 2, 3에 의해 자명한 결과이며, (2)는 달의 원지점(apogee)[1]이 매우 서서히 이동한다는 사실로부터 알 수 있다. 이 운동에서 달이 한 번 공전할 때마다 원지점이 $3°3'$씩 동쪽으로 이동하는 현상은 무시해도 된다. 왜냐하면 (1권 명제 45의 부가정리 1에 의해) "지구 중심에서 달까지의 거리"와 지구 반지름 사이의 비율을 D : 1이라 했을 때, 이런 운동을 일으키는 힘은 $D^{2\frac{4}{243}}$에 반비례하기 때문이다. 즉 힘은 거리의 제곱보다 조금 큰 값에 반비례하지만, 거리의 세제곱보다 제곱에 $59\frac{3}{4}$배나 가깝다. 잠시 후 알게 되겠지만 원지점의 이동은 태양에 의해 일어나는 현상이기 때문에 지금은 무시해도 상관없다. 태양이 달을 지구로부터 멀어지는 쪽으로 잡아당기는 힘은 지구와 달 사이의 거리에 비례하므로, (1권의 명제 45의 부가정리 2에 의해) 이 힘과 달의 구심력 사이의 비율은 약

1) 지구-달 사이의 거리가 가장 멀 때 달이 있는 지점.

$2:357.45=1:178\frac{29}{40}$이다. 태양이 발휘하는 힘을 무시했을 때, 달의 궤도를 유지시키는 힘은 D^2에 반비례한다. 잠시 후 명제 4에서 이 힘을 지구의 중력과 비교하면 더욱 분명하게 이해할 수 있을 것이다.

부가정리

달의 궤도를 유지하는 구심력을 $177\frac{29}{40}:178\frac{29}{40}$의 비율로 증가시킨 후, 다시 (지구의 반지름)^2:(지구와 달의 중심 간 평균 거리)^{2}의 비율로 증가시키면 지구 표면에서 달의 구심력이 얻어진다. 단 여기에는 "달의 구심력은 지표면에 가까워질수록 높이의 제곱에 반비례하여 증가한다"는 가정이 필요하다.

명제 4 / 정리 4

달은 중력에 의해 지구 쪽으로 당겨지고 있으며, 바로 이 힘 때문에 직선 궤적을 벗어나 지금과 같은 궤도 운동을 하고 있다.

달이 삭망점(합 또는 충)에 있을 때 지구와 달 사이의 평균 거리는 지구의 반지름을 1로 간주했을 때 59(프톨레마이오스를 비롯한 대부분의 천문학자들), 60(벤델린과 하위헌스), $60\frac{1}{3}$(코페르니쿠스), $60\frac{2}{5}$(스트리트), $56\frac{1}{2}$(티코 브라헤) 등으로 측정되었다. 이들 중 티코의 값이 유난히 작은 이유는 그가 갖고 있던 굴절률 표에 "태양과 달에서 방출되거나 반사된 빛은 다른 별에서 방출된 빛보다 굴절률이 크다"고

기록되어 있어서(사실 이것은 빛의 특성에 어긋난 주장이다. 실제로 그 차이는 4~5′에 불과하다), 달의 수평 시차(horizontal parallax)[2]를 원래 값의 $\frac{1}{15}$ ~ $\frac{1}{12}$만큼 크게 잡았기 때문이다. 이 오류를 바로잡으면 티코가 관측한 지구-달 사이의 거리는 지구 반지름의 60배가 되어 다른 관측값과 거의 일치한다. 달이 삭망점에 있을 때 지구-달 사이의 평균 거리가 지구 반지름의 $60\frac{1}{2}$배라 가정하고, 다른 항성들이 고정되어 있다는 가정하에 계산된 달의 공전 주기를 27일 7시간 43분이라 하자. 이것은 대부분의 천문학자들도 동의하는 수치이다. 그리고 지구의 둘레를 123,249,600파리피트(1파리피트=12파리인치. 1파리인치=1.0657인치=약 2.71센티미터)라 하자.

지금 이 순간에 달이 모든 운동을 갑자기 잃어버리고 궤도 운동을 유지하던 모든 힘이 (명제 3에 의해) 오직 "지구를 향해 떨어지는 데" 사용된다면, 처음 1분 동안 $15\frac{1}{12}$파리피트만큼 떨어질 것이다. 이 값은 1권의 명제 36이나 명제 4의 부가정리 9를 이용하여 계산할 수 있다(둘은 논리적으로 동일하다).

이유: 달이 지구로부터 (지구 반지름의) 60배만큼 떨어진 거리에서 1분 동안 평균적으로 그리는 호의 버사인이 $15\frac{1}{12}$파리피트이기 때문이다. 좀더 정확하게 말하면 15피트 1인치 $1\frac{4}{9}$라인(line, 1인치=12라인)이다.

---

2) 지구의 관측자가 바라본 천체의 방향과 지구 중심에서 바라본 천체의 방향이 이루는 각도를 지심 시차(geocentric parallax)라 하고, 천체가 지평선에 걸쳐 있을 때의 지심 시차를 지평 시차라 한다.

지구가 달을 잡아당기는 힘은 둘 사이 거리의 제곱에 반비례하므로 달이 지구의 표면에 닿으면 처음보다 60×60배만큼 강해진다. 그러므로 지구 근처에서 달이 1분 동안 떨어지는 거리는 60×60×$15\frac{1}{12}$파리피트이며, 1초 동안 떨어지는 거리는 $15\frac{1}{12}$파리피트=15피트 1인치 $1\frac{4}{9}$라인이다. 지표면 근처에서 (먼지 알갱이처럼 작은 물체를 제외하고) 모든 물체가 바닥으로 떨어지는 것은 바로 이 힘 때문이다. 하위헌스는 파리에 있는 그의 실험실에서 "1초당 한 번 흔들리는 진자(주기가 2초인 진자)의 길이=3파리피트 $8\frac{1}{2}$라인"이라는 것과 "무거운 물체가 1초 동안 떨어지는 거리:1초당 한 번 흔들리는 진자의 길이의 절반=(임의의 원의 둘레)^2:(그 원의 지름)^2"임을 알아냈다.[3)] 즉 물체가 1초 동안 떨어지는 거리는 15파리피트 1인치 $1\frac{7}{9}$라인이다. 그러므로 달을 지금과 같은 궤도에 붙잡아두는 힘은 (명제 1, 2에 의해) 지구에서 우리가 느끼는 중력과 같다. 만일 두 힘의 근원이 다르다면, 지구로 떨어지는 물체에 두 힘이 복합적으로 작용하여 2배의 속도로 떨어질 것이고, 이는 곧 1초 동안 $30\frac{1}{6}$파리피트만큼 떨어져야 한다는 뜻이다. 그러나 현실은 전혀 그렇지 않으므로 두 힘(달을 궤도에 붙잡아두는 힘과 중력)은 같은 힘이어야 한다.

이 계산에서는 지구의 운동을 고려하지 않았다. 지구와 달이 태양 주변을 공전하면서 공통의 무게 중심(지구와 달의 무게 중심) 주변을 공전하고 있다면, 지구와 달의 중심 사이의 거리는 앞에서 가정했던

---

3) 이 비율은 π^2:1이다.

"지구 반지름의 60배"에서 "지구 반지름의 약 $60\frac{1}{2}$배"로 증가한다. 이 값은 1권의 명제 60을 이용하여 계산할 수 있다.

부가설명

이 정리는 다음과 같이 좀더 포괄적으로 증명할 수도 있다. 목성이나 토성처럼 지구에도 여러 개의 위성이 존재하고, 이들의 주기가 (귀납적 추론에 의해) 케플러의 법칙을 따른다고 하자. 그러면 지구의 위성들에 작용하는 구심력은 이 책의 명제 1에 의해 지구 중심과 위성 사이 거리의 제곱에 반비례한다. 그리고 이들 중 지구에 가장 가까우면서 몸집이 작은 위성 *P*가 지구에서 가장 높은 산에 거의 닿아 있다고 가정하면, *P*의 궤도 운동을 유지시키는 구심력은 (앞에서 수행한 계산에 의해) 그만한 크기의 물체가 받는 중력과 거의 같다. 이제 어느 순간에 *P*가 모든 운동을 상실하여 지구로 떨어진다면, (운동을 상실해도 구심력은 여전히 작용하고 있으므로) 그 속도는 *P*만 한 물체가 산꼭대기에서 떨어지는 속도와 같을 것이다. 지구가 *P*를 잡아당기는 중력과 *P*의 구심력이 같기 때문이다.

만일 *P*의 구심력이 중력이 아니라면, *P*는 구심력과 중력의 복합적인 영향을 받아 "산꼭대기 높이에서 중력에 의해 떨어지는 물체"보다 2배 빠른 속도로 떨어질 것이다. 그런데 두 힘(지구 근처의 물체에 작용하는 힘과 위성에 작용하는 힘)은 똑같이 지구 중심을 향하고 크기도 같으므로, (명제 1, 2에 의해) 같은 원인에서 발생한 힘으로 간주해야 한다. 따라서 위성을 궤도에 붙잡아두는 힘은 지구가 물체를 잡아당기는 중력과 같다. 그렇지 않다면 산꼭대기 높이에 있는 위성 P는 중력의 영향을 받지 않거나, 다른 물체보다 2배 빠른 속도로 떨어져야 한다.

명제 5 / 정리 5

목성의 위성은 목성을 향해 중력을 받고, 토성의 위성은 토성을 향해 중력을 받는다. 또한 태양 주변의 행성들은 태양을 향해 중력을 받고 있다. 행성과 위성들이 직선 운동에서 벗어나 곡선 궤적을 그리는 것은 바로 이 중력 때문이다.

목성의 위성이 목성을 중심으로 공전하는 것과 토성의 위성이 토성을 중심으로 공전하는 것, 그리고 태양계의 행성들이 태양을 중심으로 공전하는 것은 달이 지구를 공전하는 것과 같은 종류의 현상이다. 그러므로 이들의 공전은 (명제 2에 의해) 동일한 원인으로부터 나타난 결과로 해석할 수 있다. 특히 모든 위성과 행성에 작용하는 힘이 공전 중심(목성, 토성, 태양)을 향하고, 거리에 따른 변화가 동일한 법칙(거리의 제곱에 반비례한다는 법칙)을 따른다는 점도 이 사실을 뒷받침하고 있다.

부가정리 1

그러므로 모든 행성에는 중력이라는 힘이 작용한다. 금성과 화성, 그리고 이들의 위성은 목성이나 토성과 같은 종류의 물체이다. 그리고 운동의 제3법칙(작용과 반작용의 법칙)에 의해 모든 인력은 두 물체에 동시에 작용하므로, 목성과 토성은 자신의 위성에게 끌려가고, 지구는 달에게 끌려가고, 태양은 모든 행성들에게 끌려간다.

부가정리 2

임의의 행성이 주변 물체에 발휘하는 중력은 자신의 중심에서 물체까지의 거리의 제곱에 반비례한다.

부가정리 3

부가정리 1, 2에 의해 모든 행성은 서로 상대방을 잡아당긴다. 목성과 토성이 합을 이루면(즉 둘 사이의 거리가 가까워지면) 서로 상대방에게 중력을 행사하여 원래의 궤적에 약간의 변화를 일으킨다. 태양도 달의 궤도에 영향을 주고 있다. 또한 태양과 달은 지구의 바다에 중력을 행사하여 조석간만을 일으키는데, 자세한 내용은 나중에 다루기로 한다.

부가설명

지금까지 우리는 임의의 천체가 궤도 운동을 하도록 붙잡아놓는 힘을 "구심력"이라 불러왔다. 그런데 이 힘이 바로 중력이라는 사실이 명백해졌으므로, 앞으로는 "중력"이라는 이름으로 통일하기로 한다. 달을 궤도에 붙잡아놓는 구심력은 명제 1, 2, 4에 의해 모든 행성에 똑같이 적용될 수 있다.

명제 6 / 정리 6

모든 행성은 모든 물체에 중력을 행사한다. 임의의 행성의 중심에서 특정 거리만큼 떨어져 있는 물체의 무게는 자신의 질량에 비례한다.[4)]

임의의 물체가 특정한 높이에서 지구를 향해 떨어질 때, 처음 출발한 순간(자유 낙하가 시작된 순간)부터 지면에 도달할 때까지 걸리는 시간은 물체의 질량에 상관없이 항상 동일하다(공기의 저항 때문에 약간 다를 수도 있지만, 이 효과를 보정하면 결국 같아진다). 이것은 오랜 세월 동안 다양한 실험을 거쳐 확인된 사실이다. 진자를 이용하면 "낙하 시간의 등시성"을 매우 정확한 수준까지 증명할 수 있다. 나는 금, 은, 납, 유리, 모래, 소금, 나무, 물, 그리고 밀(곡식)로 만든 구형 진자를 이용하여 이 사실을 재차 확인했다.

제일 먼저 나는 나무를 깎아서 크기가 같고 속이 빈 2개의 구를 만들어서 하나는 속을 나무로 채우고 다른 하나는 첫 번째 구와 무게

---

4) 원문에는 "질량(mass)" 대신 "물질의 양(quantity of matter)"이라고 되어 있다.

가 같아지도록 적절한 크기의 금을 구의 중심에 매달았다(금이 목재 구의 무게 중심에 위치하도록 최대한 신경 썼다). 이렇게 하면 두 물체는 외형과 무게, 그리고 공기 저항이 완전히 같아진다. 이들을 길이가 같은 줄(길이=11피트)에 매달아서 같은 진폭으로 왕복 운동을 시켰더니, 오랜 시간 동안 정확하게 같은 주기로 움직였다. 그러므로 금의 질량과 나무의 질량의 비율은 (2권 명제 24의 부가정리 1, 6에 의해) 금을 움직이는 힘 및 나무를 움직이는 힘의 비율과 같으며, 따라서 금과 나무의 무게 비율과 같다. 진자를 다른 재질로 바꿔도 결과는 마찬가지였다. 재질이 달라도 진자의 무게가 같으면 질량의 차이는 수천 분의 1 이하로 나타났다.[5)]

행성의 중심을 향해 작용하는 중력이 지구의 중심을 향하는 중력과 같은 종류의 힘이라는 점에는 의심의 여지가 없다. 지구에 있는 돌멩이를 달이 있는 곳까지 가져간 후 달과 돌멩이의 움직임을 없애면, 이들은 지구를 향해 똑같은 속도로 떨어질 것이기 때문이다. 앞에서 증명한 대로 달과 돌멩이는 같은 시간 동안 같은 거리만큼 떨어진다. 그러므로 돌멩이와 달의 질량 비율은 둘의 무게 비율과 같다.

또한 목성의 위성들이 궤도를 도는 데 걸리는 시간(공전 주기)은 목성 중심과의 거리를 D라 했을 때 $D^{\frac{3}{2}}$에 비례하므로 위성이 목성으로 떨어질 때의 가속도(중력 가속도)는 D^2에 반비례한다. 즉 거리가

---

5) 지금은 물체의 무게(중력, mg)가 질량(m)에 비례한다는 사실을 누구나 알고 있지만, 뉴턴이 중력의 법칙을 과학 역사상 최초로 서술하던 시절에는 당연한 사실이 전혀 아니었다.

같으면 중력 가속도도 같다. 따라서 모든 위성들이 같은 거리에서 목성을 향해 떨어진다면, 이들은 같은 시간 동안 같은 거리만큼 떨어진다(여기서 목성을 지구로 바꾸면 가속도의 값은 달라지지만, 위성들이 같은 거리를 이동한다는 사실에는 변함이 없다). 마찬가지로, 모든 행성들이 태양으로부터 같은 거리에서 태양을 향해 떨어지는 경우에도 같은 시간 동안 같은 거리를 이동할 것이다.

질량이 다른 물체들이 똑같은 가속도로 이동한다는 것은 물체를 움직이는 힘이 물체의 질량에 비례한다는 뜻이다. 즉 태양을 향해 떨어지는 행성의 무게는 질량에 비례하며, 목성과 위성이 태양을 향해 떨어질 때의 무게도 자신의 질량에 비례한다. 이것은 목성과 위성이 극도로 안정된 운동 상태를 유지한다는 사실로부터 알 수 있다(1권 명제 65의 부가정리 3 참조). 만일 목성의 위성 중 하나가 태양에 끌리는 중력이 질량에 비례하는 값보다 크다면, 그 위성은 (1권 명제 65의 부가정리 2에 의해) 지금과 다른 궤적을 그릴 것이다.

목성과 그 위성이 태양으로부터 같은 거리에 있을 때, 위성에 작용하는 태양의 중력과 목성에 작용하는 태양의 중력의 비율 $d:e$가 질량의 비율보다 크다고 가정해보자.[6] 그러면 태양의 중심과 위성 궤도의 중심 사이의 거리는 태양의 중심과 목성의 중심 사이의 거리보다 항상 크며, 두 거리의 비율은 d와 e의 제곱근 비율과 거의 같다(이것은 과거에 내가 증명했는데, 계산이 다소 장황하여 생략한다). 만일 $d:e$

6) 질량을 감안해도 위성에 작용하는 중력이 목성에 작용하는 중력보다 크다는 뜻이다. 물론 이것은 틀린 가정이므로 틀린 결과가 유도될 것이다.

가 1보다 작으면 태양의 중심과 위성 궤도의 중심 사이의 거리는 태양의 중심과 목성의 중심 사이의 거리보다 짧다(이 경우에도 두 거리의 비율은 d와 e의 제곱근 비율과 거의 같다). 그러므로 위성과 목성이 태양으로부터 같은 거리에 있을 때, 태양을 향한 위성의 중력 가속도가 태양을 향한 목성의 중력 가속도보다 $\frac{1}{1,000}$배만큼 크거나 작으면, 위성의 궤도 중심과 태양 사이의 거리는 목성-태양 사이의 거리보다 $\frac{1}{2,000}$배만큼 크거나 작다. 목성에서 가장 멀리 있는 위성의 경우, 이 차이는 목성-위성 간 거리의 $\frac{1}{5}$에 해당한다. 궤도의 이심률이 이 정도로 크다면 망원경 관측을 통해 이미 오래전에 발견되었을 것이다. 그러나 모든 위성들은 목성을 중심으로 동심원을 그리고 있으므로, 목성이 태양으로 끌리는 중력 가속도와 목성의 위성이 태양으로 끌리는 중력 가속도는 동일하다. 이와 마찬가지로 토성과 그 위성들도 태양으로부터 같은 거리에 있을 때, 이들의 (태양의 중력 때문에 생기는) 무게는 질량에 비례한다. 지구와 달의 경우, 태양 때문에 생기는 무게는 0이거나 질량에 비례하는데, 명제 5의 부가정리 1과 3에 의하면 이들은 질량을 갖고 있음이 분명하다.

행성의 각 부분도 다른 행성의 중력에 의한 "무게"를 갖고 있으며, 이 무게는 해당 부위의 질량에 비례한다. 행성의 특정 부위가 다른 부위와 질량이 같은데도 무게가 더 나간다면, 무거운 부분의 함유량에 따라 (총질량이 같음에도 불구하고) 무게가 제각각일 것이기 때문이다. 무거운 부위가 중심부에 몰려 있건 표면 근처에 흩어져 있건, 결과는 마찬가지다. 예를 들어 지구에 있는 물체 a를 달의 공전 궤도까지 들어올려서 달의 표면에 있는 물체 b 및 달의 중심부에 있는 물체 c와 비교한다고 가정해보자. a와 b의 무게 비율은 질량 비율과 같은데 a와 c의 무게 비율이 질량 비율과 다르다면, a와 달 전체의 무게 비율도 질량 비율과 다를 것이다. 그러나 이것은 앞에서 증명한 내용에 위배된다. 그러므로 행성 전체뿐만 아니라 그 일부도 무게와 질량은 서로 비례하는 관계에 있다.

부가정리 1

그러므로 물체의 무게는 외관상 형태나 구성 요소와 무관하다. 물체의 무게가 생긴 모양에 따라 달라진다면 질량이 정해진 물체를 이리저리 변형시킬 때마다 무게가 달라져야 하는데, 우리의 경험에 의하면 이런 일은 절대로 일어나지 않는다.

부가정리 2

지구 근처의 모든 물체들은 지구를 향해 끌리는 힘(중력)을 받고 있으며, 그 결과로 나타난 이들의 "무게"는 (지구 중심과의 거리가 모두 같을 때) 질량에 비례한다. 지금까지 실험해본 모든 물체들은 이런 성질을 갖고 있으므로, (규칙 3에 의해) 우주에 존재하는 모든 물체들의 공통적인 성질로 간주해야 한다. 에테르(물질의 정수) 같은 물질이 중력의 영향을 받지 않거나 일반적인 물질보다 중력을 덜 받는다고 가정해보자. 그러면 (아리스토텔레스, 데카르트 등의 주장에 의해) 이런 물체는 다른 물체와 형태만 다를 뿐이므로, 형태를 적절히 바꿔서 "중력이 질량에 비례하는" 물체로 바꿀 수 있다. 그리고 이 과정을 반대로 실행하면 물체의 형태를 바꿔서 중력이 작아지도록 만들 수도 있다. 그렇다면 물체의 외형에 따라 중력이 달라진다는 뜻인데, 이것은 방금 전에 언급한 부가정리 1과 상충된다.

부가정리 3

모든 공간은 똑같은 정도로 가득 차 있지 않다. 모든 공간이 똑같은 정도로 가득 차 있다면 공기로 가득 찬 영역의 비중(specific gravity)은 수은이나 금과 같은 무거운 물질의 비중과 같을 것이고, 따라서 수은이나 금을 허공에서 떨어뜨려도 바닥으로 추락하지 않을 것이다. 임의의 물체가 유체 속에서 가라앉으려면 유체보다 비중이 커야 하기 때문이다. 주어진 공간 안에 존재하는 물체를 희박하게 만들어서 무게를 줄일 수 있다면, 무한히 작게 줄여서 아예 0으로 만들 수도 있지 않겠는가?

부가정리 4

모든 물체를 구성하는 단단한 입자의 밀도가 같고, 입자에 구멍을 내지 않는 한 밀도를 줄일 수 없다면 "진공(vacuum)"은 반드시 존재해야 한다. 여기서 "밀도가 같은 입자들"이란, 관성(또는 질량)이 부피에 비례하는 입자를 말한다.

부가정리 5

중력과 자력은 본질적으로 다른 힘이다. 자력의 세기는 당겨지는 물체의 질량에 비례하지 않기 때문이다. 재질에 따라 자석에 강하게 끌리는 물체도 있고 약하게 끌리는 물체도 있으며, 대부분의 물체는 자석에 아무런 영향도 받지 않는다. 자석의 종류를 바꾸면 똑같은 물체에 작용하는 자력이 강해지거나 약해질 수 있으며, 경우에 따라서는 중력보다 강해질 수도 있다. 그리고 정확한 실험을 해보지 않아서 장담할 수는 없지만, 지금까지 내가 관찰한 바에 의하면 물체와 자석 사이의 거리가 멀어질수록 물체에 가해지는 자력은 거리의 제곱이 아닌 세제곱에 반비례하여 감소하는 것 같다.

명제 7 / 정리 7

모든 물체는 자신의 질량에 비례하는 중력을 행사하고 있다.

앞에서 우리는 모든 행성들이 서로 상대방에게 중력을 행사하고 있으며, 중력의 세기가 행성 중심 간 거리의 제곱에 반비례한다는 것을 증명했다. 그러므로 (1권의 명제 69 및 부가정리 1~3에 의해) 중력은 행성의 질량에 비례한다.

두 행성을 *A*, *B*라 했을 때 *A*의 모든 부분이 *B*에 중력을 행사하고 있다. 그런데 이들의 합이 전체 중력과 같고, (운동의 제3법칙에 의해) 모든 작용에는 크기가 같고 방향이 반대인 반작용이 작용하므로 *B*는 *A*의 모든 부분에 중력을 행사하고 있으며, 각 부분의 중력과 전체 중력의 비율은 각 부분의 질량과 전체 질량의 비율과 같다. [Q.E.D.]

부가정리 1

그러므로 임의의 한 행성이 발휘하는 중력은 그 행성의 구성 입자들이 발휘하는 중력의 합과 같다. 자력과 전기력도 이와 비슷하여, 전체가 당기는 힘은 각 부분이 당기는 힘의 합과 같다. 중력의 경우, 여러 개의 작은 행성들이 하나로 뭉쳐서 큰 행성이 되었다고 생각하면, "행성 전체가 당기는 힘=작은 행성들이 당기는 힘의 합"이라는 사실을 쉽게 이해할 수 있을 것이다.

질량을 가진 모든 물체들이 무조건 서로 잡아당긴다면, 우리 주변에 있는 물체들(책상과 의자, 포크와 접시 등)은 왜 서로 잡아당기지 않는 걸까? 여기에는 그럴 만한 이유가 있다. "접시가 포크를 잡아당기는 중력"과 "지구 전체가 포크를 잡아당기는 중력(포크의 무게)"의 비율은 접시와 지구의 질량 비율과 같다. 다시 말해서, 전자가 후자보다 엄청나게 작다는 뜻이다. 우리의 감각은 이 정도로 작은 힘을 감지할 수 없고 관측할 수도 없기 때문에, 평범한 물체들 사이에 작용하는 중력이 감지되지 않는 것이다.

부가정리 2

물체를 구성하는 각 입자(동일한 입자)들이 발휘하는 중력은 입자와 물체 사이 거리의 제곱에 반비례한다. 이것은 1권 명제 74의 부가정리 3을 이용하여 쉽게 증명할 수 있다.

명제 8 / 정리 8

2개의 구형 물체가 서로 상대방에게 중력을 행사하고 있을 때, 구의 중심으로부터 거리가 같은 곳의 재질이 균일하다면, 두 구체가 상대방에게 끌려가는 힘, 즉 "무게"는 두 구체의 중심 간 거리의 제곱에 반비례한다.

앞에서 우리는 "행성 *A*가 주변 물체 *a*를 잡아당기는 중력은 *A*의 각 부분이 *a*를 잡아당기는 힘의 합과 같고, 이 "부분적인" 힘들은 *A*의 각 부분과 *a* 사이 거리의 제곱에 반비례한다"는 사실을 확인한 바 있다. 그렇다면 *A* 전체가 *a*에 행사하는 힘도 여전히 거리의 제곱에 반비례할 것인가? 아니면 거리의 제곱에 "거의" 반비례하는가? 충분히 먼 거리에서는 역제곱 법칙이 정확하게 성립한다 해도, 행성의 표면 근처에서는 구성 입자까지의 거리가 제각각이고 분포가 균일하지도 않으므로 역제곱 법칙이 성립하지 않을지도 모른다. 나는 이 문제로 한동안 고민하다가 1권의 명제 75, 76과 부가정리 덕분에 역제곱법칙이 항상 성립한다는 것을 확인할 수 있었다.

부가정리 1

여러 행성의 중력 때문에 생기는 물체의 무게를 비교해보자. 질량이 같은 여러 물체들이 여러 행성의 둘레를 공전하는 경우, 물체의 무게는 (1권 명제 4의 부가정리 2에 의해) 공전 궤도의 반지름에 비례하고 주기의 제곱에 반비례한다. 그리고 물체가 행성의 표면, 또는 임의의 거리에 있을 때의 무게는 (이전과 동일한 정리에 의해) 거리의 제곱에 반비례한다. 나는 태양에 대한 금성의 공전 주기(224일 $16\frac{3}{4}$시간)와 목성에서 가장 먼 위성인 칼리스토의 공전 주기(16일 $16\frac{8}{15}$시간), 토성의 위성 타이탄의 공전 주기(15일 $22\frac{2}{3}$시간), 그리고 달의 공전 주기(27일 7시간 43분)를 태양-금성 간 평균 거리와 목성의 중심과 칼리스토 사이의 최대 거리(8′16″), 토성의 중심과 타이탄 사이의 거리(3′4″), 그리고 지구의 중심과 달 사이의 거리(10′33″)와 각각 비교하여 다음과 같은 결과를 얻었다. 질량이 같은 물체 4개가 각각 태양, 목성, 토성, 지구로부터 같은 거리에 놓여 있을 때, 태양에 끌리는 물체의 무게를 1이라 하면 목성, 토성, 지구에 끌리는 물체의 무게는 각각 $\frac{1}{1,067}$, $\frac{1}{3,021}$, $\frac{1}{169,282}$이다. 여기서 거리가 변하면 무게는 거리의 제곱에 반비례하여 달라지므로 태양, 목성, 토성, 지구와 물체 사이의 거리가 각각 10,000, 997, 791, 109일 때 물체의 무게는 각각 10,000, 943, 529, 435이다. 달의 표면에서 물체의 무게는 잠시 후에 계산하기로 한다.

부가정리 2

위에 제시된 수치를 이용하면 각 행성의 질량도 알 수 있다. 물체의 질량은 (거리가 일정할 때) 행성이 물체에 행사하는 중력의 세기에 비례하기 때문이다. 이로부터 계산된 천체의 질량은 태양의 질량을 1이라 했을 때 $\frac{1}{1,067}$(목성), $\frac{1}{3,021}$(토성), $\frac{1}{169,282}$(지구)이다. 태양의 시차가 10″30‴보다 크거나 작으면, 지구의 질량은 그 비율($\frac{\text{태양의 시차}}{10''30'''}$)의 세제곱에 따라 수정되어야 한다.

부가정리 3

행성의 밀도도 구할 수 있다. 재질이 균일하고 질량이 같은 여러 개의 공들이 균일한 구의 표면에 놓여 있을 때, 이들의 무게는 (1권의 명제 72에 의해) 구의 지름에 비례한다. 따라서 균일하지 않은 구의 밀도는 무게를 구의 지름으로 나눈 값에 비례한다. 그런데 태양의 지름을 10,000이라 했을 때 목성, 토성, 지구의 지름은 각각 997, 791, 109이고, 질량과 거리가 같은 물체의 무게는 (태양의 경우를 10,000이라 했을 때) 각각 943, 529, 435이므로, 태양, 목성, 토성, 지구의 밀도는 각각 100, $94\frac{1}{2}$, 67, 400이다. 여기 제시된 지구의 밀도는 달의 시차를 이용하여 계산된 값이어서, 태양의 시차로부터 계산된 값보다 정확하다. 그러므로 태양은 목성보다 밀도가 높고 목성은 토성보다 밀도가 높으며, 지구의 밀도는 태양보다 4배나 높다. 태양의 밀도가 낮은 이유는 온도가 높기 때문일 것으로 추정된다. 달의 밀도는 지구보다 조금 높은데, 자세한 계산은 나중에 다룰 것이다.

부가정리 4

그러므로 다른 조건이 동일하다면, 작은 행성일수록 밀도가 높다. 모든 행성의 표면에서 물체의 무게가 비슷한 것은 바로 이런 이유 때문이다. 또한 다른 조건이 동일하다면 태양에 가까운 행성일수록 밀도가 높다. 예를 들어 목성은 토성보다 밀도가 높고, 지구는 목성보다 밀도가 높다. 물론 행성들은 태양과의 거리에 따라 태양열을 많이 받을 수도 있고, 적게 받을 수도 있다. 만일 지구가 토성만큼 멀리 떨어져 있다면 바닷물은 모두 얼어붙었을 것이고, 수성 궤도에 놓여 있다면 바닷물은 모두 증발했을 것이다. 태양의 열은 빛의 강도에 비례하는데, 수성에 도달하는 태양열은 지구의 7배에 가깝다. 여름날 지구의 바닷가에 도달하는 태양열이 지금의 7배로 강해지면, 온도는 물의 비등점인 섭씨 100도보다 높아진다. 이런 점에서 미루어볼 때, 오랜 세월 강한 열에 노출되어온 수성의 밀도는 지구보다 높은 것이 분명하다. 물질의 밀도가 높은 곳에서 자연의 법칙이 작동하려면 다량의 열이 필요하기 때문이다.

명제 9 / 정리 9

행성의 내부에서 중력의 세기는 중심으로부터의 거리에 비례한다.

행성의 밀도가 균일한 경우, 이 비례 관계는 1권의 명제 73에 의해 정확하게 성립한다. 그러므로 밀도가 균일하지 않은 경우에 생기는 비례 관계의 오차는 밀도에서 생긴 오차를 넘어서지 않을 것이다.

명제 10 / 정리 10

행성의 운동은 매우 긴 시간 동안 계속될 수 있다.

2권 명제 40의 부가설명에서 확인한 바와 같이, 물을 얼려서 만든 얼음 구체는 공기 속에서 자신의 지름만큼 이동하는 동안 공기의 저항 때문에 운동의 $\frac{1}{4,586}$을 잃는다. 구체가 행성만큼 크거나 이동 속도가 아무리 빨라도 이 비율은 거의 달라지지 않는다. 지금부터 나는 향후 전개될 논리를 위해, 지구의 밀도가 물보다 크다는 것을 증명하고자 한다.

100퍼센트 물로 이루어진 구형 천체에 물보다 비중이 작은 물체가 유입되면 수면 위로 떠오른다. 그러므로 고체로 이루어진 천체의 표면이 물로 완전히 덮여 있으면 물보다 비중이 작은 부위는 위로 떠오르고, 이 부분 때문에 밀려난 물은 반대쪽에 고일 것이다. 대부분의 표면이 물로 덮여 있는 지구가 바로 이런 경우에 해당한다. 만일 지구에서 밀도가 바닷물보다 낮은 부분이 존재한다면 수면 위로 떠오를 것이고, 이 부위에 있던 물은 반대쪽으로 흐를 것이다. 태양의 흑점이 다른 부위보다 가벼워서(밀도가 낮아서) 태양 표면에 떠다니는 것도 같은 논리로 설명할 수 있다. 행성이 형성된 과정은 자세히 알 수 없지만, 모든 질량이 유체였던 시기에 무거운 물체는 모두 중심부로 가라앉았을 것이다. 지표면에서 발견되는 물체들은 물보다 2배 정도 무겁고 깊은 광산에서 발견되는 물체는 물보다 3~5배가량 무거운 것으로 미루어볼 때, 지구의 평균 밀도는 물보다 5~6배쯤 높을 것으로 예상된다. 지구의 밀도가 목성보다 4배 가까이 높다는 것도 이 가설을 입증하고 있다.

따라서 목성의 밀도는 물보다 조금 클 것이다. 목성은 30일 동안 자신의 반지름의 459배에 해당하는 거리를 이동하고 있는데, 우주공간의 밀도가 공기의 밀도와 같다면 이 기간 동안 목성은 운동의

$\frac{1}{10}$을 잃게 된다. 그런데 매질의 저항은 매질의 밀도에 비례하므로 (물의 밀도는 수은보다 $13\frac{3}{5}$배 작아서 저항도 $13\frac{3}{5}$배 약하고, 공기의 밀도는 물보다 860배 작아서 저항도 860배 약하다), 우주 공간의 밀도가 측정할 수 없을 정도로 낮으면 행성의 움직임을 방해하는 저항도 거의 0에 가까울 것이다. 2권 명제 22의 부가설명에서 언급한 바와 같이, 지구에서 고도 200마일 지점의 공기 밀도와 지표면 공기 밀도의 비율은 0.0000000000003998 : 30 = 1 : 75,000,000,000,000이다. 그러므로 목성이 이런 곳에서 공전한다면, 100만 년이 지나도 저항 때문에 발생한 운동 소실량은 $\frac{1}{1,000,000}$이 채 되지 않는다. 게다가 지구와 가까운 곳에서 물체의 운동을 방해하는 요인은 주로 공기와 수증기인데, 진공 펌프로 이들을 제거한 유리관 속에서 물체를 수직 방향으로 떨어뜨리면 거의 아무런 방해도 받지 않고 자유롭게 낙하한다. 같은 높이에서 묵직한 금덩어리와 가벼운 깃털을 동시에 떨어뜨리면, 똑같은 속도로 진행하다가 바닥에 동시에 도달한다. 이것은 정교한 실험을 통해 이미 확인된 사실이다. 우주 공간에는 공기나 증기가 전혀 없으므로 행성과 혜성은 저항을 거의 받지 않은 채 매우 긴 시간 동안 자신의 운동을 유지할 수 있다.

가정 1

태양계의 중심은 고정되어 있다.[7]

이것은 모든 사람들이 뚜렷한 반론 없이 수용하는 가설이다. 단 그 중에는 중심에 지구가 있다고 주장하는 사람도 있고, 태양이 중심이라고 주장하는 사람도 있다. 이 두 가지 상반된 주장에서 어떤 결론이 유도되는지 알아보자.

명제 11 / 정리 11

지구와 태양, 그리고 모든 행성들로 이루어진 물리계의 공통 무게 중심은 움직이지 않는다.

공통 무게 중심은 (운동의 부가법칙 4에 의해) 정지 상태에 있거나 등속 직선 운동을 한다. 그러나 이 중심이 등속 직선 운동을 한다면 태양계의 중심도 움직여야 하므로 가정 1에 위배된다.

명제 12 / 정리 12

태양은 조금씩 움직이고 있지만, 모든 행성의 공통 중력 중심에서 크게 벗어나지 않는다.

---

7) 원문에는 "태양계"가 아니라 "세상(world)"이라고 되어 있다. 3권의 제목도 사실은 "태양계의 구조"가 아니라 "세상의 구조"이다. 뉴턴 시대에는 태양을 제외한 다른 별들이 무한히 멀리 있는 천구에 박혀 있다고 생각했기 때문에, "움직이는 우주"란 곧 태양계를 의미했다.

태양과 목성의 질량 비율은 (명제 8의 부가정리 2에 의해) 1,067 : 1이고, 태양-목성 간 거리와 태양 반지름의 비율은 위의 비율보다 조금 크다. 그러므로 태양과 목성의 공통 무게 중심은 태양 표면의 조금 바깥에 놓여 있다. 또한 태양과 토성의 질량 비율은 3,201 : 1이고 태양-토성 간 거리와 태양 반지름의 비율은 이 비율보다 조금 작으므로, 태양과 토성의 공통 무게 중심은 태양의 표면에서 조금 안으로 들어간 곳에 놓여 있다. 이런 식으로 계산을 해보면, 지구를 비롯한 모든 행성들이 태양을 기준으로 한쪽 방향에 모여 있다 해도, 태양의 중심과 태양계 전체의 무게 중심(G) 사이의 거리 d는 태양의 지름보다 크지 않다. 물론 이것은 d가 가장 클 때 이야기고, 대부분의 경우에는 행성들의 방향이 제각각이어서 d의 값이 더욱 작아진다. 그러므로 G가 한 자리에 고정되어 있다면 태양은 행성의 배열 상태에 따라 조금씩 움직일 것이며, 행성들이 한쪽 방향으로 쏠린 경우에도 G에서 크게 벗어나지 않는다.

부가정리

그러므로 지구와 태양을 비롯한 모든 행성들의 공통 무게 중심(중력 중심, G)을 "우주의 중심"으로 간주해도 무방하다. 태양을 포함한 모든 행성들은 자신을 제외한 다른 천체에 중력을 행사하면서[8] 운동 법칙에 따라 움직이고 있으므로, 특정한 천체의 중심은 우주의 중심

8) 자기 자신에게도 자체 중력을 행사하고 있지만, 지금의 논리에서는 무시해도 상관없다.

이 될 수 없다. 우주의 중심은 정지 상태를 유지해야 하기 때문이다. 모든 천체들 중에서 압도적으로 강한 중력을 발휘하는 천체가 세상의 중심에 놓여 있다면, 그 영예는 당연히 태양이 누려야 마땅할 것이다. 그러나 태양조차도 움직이고 있으므로 "부동의 중심"은 태양의 중심과 큰 차이가 없는 지점으로 잡아야 하고, 이 모든 조건을 만족하는 점은 *G*밖에 없다. 태양이 더 크거나 밀도가 높았다면 *G*와 태양 중심 사이의 거리는 지금보다 더 가깝고, *G*에 대한 태양의 운동도 지금보다 한층 더 얌전했을 것이다.

명제 13 / 정리 13

모든 행성은 태양의 중심을 초점으로 갖는 타원을 따라 움직이고 있으며, 이 점과 행성을 이은 선분이 쓸고 지나가는 면적은 시간에 비례한다.

앞에서 우리는 관측 자료(현상)에 기초하여 위와 같은 결론에 도달한 적이 있다. 그러나 지금은 운동을 일으키는 원인(중력)을 알고 있으므로, 천체의 운동을 수학적 논리로 이해할 수 있다. 태양 때문에 생기는 행성의 무게는 태양-행성의 중심 간 거리의 제곱에 반비례하므로, (1권의 명제 1과 11, 그리고 명제 13의 부가정리 1에 의해) 태양이 한 지점에 고정되어 있고 행성들이 오직 태양하고만 중력을 교환한다면, 모든 행성은 "2개의 초점 중 한 곳에 태양이 위치한" 타원 궤적을 그리고, 태양과 행성을 연결한 선분이 쓸고 지나간 면적은 시간에 비례한다. 물론 실제로는 행성들끼리도 중력을 행사하고 있다. 그러나 이 힘은 태양의 중력에 비해 매우 약하기 때문에 무시해도 상관없으며, 행성의 타원 궤도에도 큰 영향을 미치지 않는다. 실제로 행성 간 중력이 궤도에 미치는 영향은 (1권의 명제 66에 의해) 태양이 정지해 있을 때 미치는 영향보다 작다.

그러나 목성과 토성 사이의 중력은 무시할 수 없을 정도로 강하다. 같은 거리에서 목성과 태양의 중력 비율은 1:1,067인데, 목성과 토성이 가장 가까이 접근했을 때 둘 사이의 거리와 태양-토성 간 거리의 비율은 약 4:9이므로, 목성-토성 간 중력과 태양-토성 간 중력의 비율은 81:16×1,067=1:211이다. 따라서 토성은 목성과 가까워질 때마다 궤도에 "관측 가능할 정도로" 큰 오차가 발생한다(이것 때문에 천문학자들은 꽤 긴 세월 동안 골머리를 앓아왔다). 목성과 토성이 최단 거리로 접근하면 다른 행성들의 상대적 위치에 따라 타원 궤도의 이심률이 커지거나 작아지고, 원일점은 앞이나 뒤로 이동하고, 이동속도가 빨라지거나 느려진다. 그러나 목성 궤도의 아래쪽 초점을 태양-목성의 공통 무게 중심에 갖다 놓으면 (1권의 명제 67에 의해) 목성 궤도에 나타난 오차를 크게 줄일 수 있다(그래도 평균 운동의 오차는 남는다). 이런 경우 오차의 최댓값은 2′을 넘지 않고, 평균 운동의 최대 오차도 1년당 2′을 넘지 않는다.

목성과 토성이 최단 거리로 접근했을 때 토성을 향한 태양의 중력 가속도와 토성을 향한 목성의 중력 가속도, 그리고 태양을 향한 목성의 중력 가속도의 비율은 $16:81:\frac{16\times81\times3{,}021}{25}$ (=156,609)이며, "토성에 끌리는 태양의 중력과 토성에 끌리는 목성의 중력의 차이"와

"태양에 끌리는 목성의 중력"의 비율은 65 : 156,609=1 : 2,409이다. 그런데 토성이 목성의 궤도에 미치는 최대 힘은 이 차이에 비례하므로, 목성의 궤도가 변하는 정도는 토성의 경우보다 훨씬 작다. 나머지 행성들은 상호 중력에 의한 궤도 변화가 별로 크지 않지만, 지구만은 예외이다. 지구는 자신의 몸집에 비해 엄청나게 큰 위성인 달을 거느리고 있기 때문이다. 지구와 달의 공통 무게 중심은 태양을 초점으로 갖는 타원을 따라가고, 지구-달의 공통 무게 중심과 태양을 연결한 선분이 쓸고 지나간 면적(타원 부채꼴의 면적)은 시간에 비례한다. 그리고 지구는 지구-달의 공통 무게 중심 주변을 한 달에 한 번씩 공전하고 있다.

명제 14 / 정리 14

행성 궤도의 원일점과 교점[9)]은 고정되어 있다.

원일점이 고정되어 있다는 것은 1권의 명제 11에서 증명한 바 있다. 그리고 1권의 명제 1에 의해 궤도면은 고정되어 있으며, 따라서 교점도 고정되어 있다. 행성과 혜성이 공전할 때에는 이들 사이의 상호작용에 의해 궤도에 변화가 생기지만, 그 정도가 크지 않기 때문에 무시해도 무방하다.

---

9) 행성의 궤도면과 천구상의 황도가 만나는 2개의 점.

부가정리 1

행성의 원일점과 교점에 대한 항성(별)들의 위치는 변하지 않으므로, 모든 항성들도 한 자리에 고정되어 있다.

부가정리 2

지구의 연주 운동(1년을 주기로 진행되는 운동, 공전)으로는 행성의 시차가 관측되지 않는 것으로 보아, 행성들은 지구로부터 아주 멀리 떨어져 있음이 분명하다. 그러므로 행성이 중력을 행사한다 해도, 그 강도가 너무 약해서 태양계에는 거의 아무런 영향도 주지 않는다. 또한 항성들은 하늘의 모든 방향에서 거의 균일하게 분포되어 있으므로, 이들이 당기는 힘은 (1권의 명제 70에 의해) 서로 상쇄될 것이다.

부가설명

태양에 가까운 행성들(수성, 금성, 지구, 화성)은 질량이 작아서 중력이 비교적 약하기 때문에 원일점과 교점이 거의 고정되어 있다. 단 이들은 목성이나 토성 또는 더 멀리 있는 대형 천체에 의해 약간의 영향을 받을 수도 있다. 중력 이론에 의하면 수성, 금성, 지구, 화성의 원일점은 고정된 항성에 대하여 조금씩 앞으로 이동하고 있으며, 이동 거리는 태양-행성 간 거리의 $\frac{3}{2}$제곱에 비례한다. 예를 들어 화성의 원일점이 항성에 대하여 100년 동안 33′ 20″만큼 이동하면, 지구, 금성, 수성의 원일점은 같은 기간 동안 각각 17′40″, 10′53″,

4′16″만큼 이동한다. 위의 명제에서 "원일점과 교점이 고정되어 있다"고 한 이유는 이 값이 무시할 수 있을 정도로 작기 때문이다.

명제 15 / 문제 1

행성이 그리는 공전 궤도의 주지름(principal diameter)[10]을 구하라.

(1권의 명제 15에 의해) 각 행성의 주기에 $\frac{3}{2}$제곱을 취한 후, (1권의 명제 60에 의해) "태양의 질량과 행성의 질량의 합"과 "태양과 행성의 질량의 합과 태양의 질량 사이에 있는 2개의 비례 중항 중 첫 번째 항"의 비율을 곱하면 된다.

명제 16 / 문제 2

행성이 그리는 공전 궤도의 이심률과 원일점을 구하라.

이 문제의 해답은 1권의 명제 18에서 찾을 수 있다.

10) 타원의 가장 긴 지름.

명제 17 / 정리 15

행성의 일주 운동[11]은 일정하게 유지되며, 달의 칭동(libration, 秤動)은 달의 자전 때문에 나타나는 현상이다.

이것은 1권 명제 66의 부가정리 22로부터 쉽게 증명할 수 있다. 고정된 별을 기준으로 삼았을 때 목성의 자전 주기는 23시간 56분이고 화성의 자전 주기는 24시간 39분, 금성은 약 23시간, 지구는 23시간 56분, 태양은 $25\frac{1}{2}$일, 달은 27일 7시간 43분이다. 이 값은 관측 자료와도 잘 일치한다. 지구에서 봤을 때 태양의 흑점이 표면을 한 바퀴 돌아서 원위치로 돌아오는 데 걸리는 시간은 $27\frac{1}{2}$일이므로, 항성을 기준으로 한 주기는 $25\frac{1}{2}$일이다.[12]

달의 하루는(달은 자신의 축을 중심으로 균일하게 자전하고 있다) 지구의 한 달(달이 지구를 한 번 공전하는 데 걸리는 시간)과 같아서, 달이 바라보는 방향은 공전 궤도에 존재하는 2개의 초점 중 먼 쪽 초점에 거의 고정되어 있다. 그러나 지구는 달에 가까운 초점에 위치하고 있기 때문에 지구에서 바라본 달은 좌-우 상-하로 조금씩 돌아가는 것처럼 보이는데, 이 현상을 달의 "칭동"이라 한다. 칭동은 달의 자전축이 황도면에 대하여 기울어져 있기 때문에 나타나는 현상이

---

11) 하루를 주기로 진행되는 운동. 자전.

12) 흑점이 한 바퀴 도는 동안 지구는 약 27.12° 만큼 공전한다. 따라서 항성을 기준으로 한 흑점의 주기는 $27\frac{1}{2}$일$-27\frac{1}{2}$일$\times\frac{27.12}{360}=27\frac{1}{2}$일$-2.072$일$\simeq25\frac{1}{2}$일이다.

다. 나는 칭동 이론을 편지에 적어서 니콜라스 메르카토르(Nicholas Mecartor)[13]에게 보냈고, 그는 편지의 내용을 더욱 자세히 분석하여 1676년 초에 《천문학(Astronomy)》이라는 책으로 출간했다.

토성의 가장 외곽에 있는 위성(이아페투스)도 달처럼 "토성을 바라보는 면"이 고정되어 있는 것 같다. 이 위성은 공전 궤도의 동쪽 끝에 도달할 때마다 망원경의 시야에서 거의 사라지는데, 카시니는 "이 시기에 위성 표면에 있는 검은 점들이 지구를 향하기 때문"이라고 추측했다. 목성의 최외곽 위성(칼리스토)도 이와 비슷한 운동을 하는 것 같다. 이 위성은 목성의 반대쪽 면에 검은 점을 갖고 있으며, 목성과 지구 사이를 지날 때는 마치 목성의 표면에 박혀 있는 것처럼 항상 같은 모습만 보여준다.

명제 18 / 정리 16

행성의 자전축 방향 지름(세로 지름)은 이와 직각 방향으로 잰 지름(가로 지름)보다 짧다.

행성이 일주 운동(자전)을 하지 않는다면 자체 중력이 모든 방향으로 똑같이 작용하여 구형이 될 것이다. 그러나 특정 축을 중심으로 자전을 하면 행성 내부의 구성 성분이 적도를 향해 쏠리는 현상

13) 1620~1687, 독일의 수학자 겸 천문학자.

이 나타난다. 행성 전체가 액체로 되어 있다면 내용물이 적도 쪽으로 쏠리면서 가로 지름이 커지고, 빈 곳을 채우기 위해 북극과 남극에 있던 유체가 가운데로 이동하면서 세로 지름은 작아진다. 목성의 세로 지름이 가로 지름보다 짧다는 것은 천문 관측을 통해 사실로 확인되었으며, 이 점에 대해서는 대부분의 천문학자들도 동의하고 있다. 지구의 경우, 가로 지름이 세로 지름보다 길지 않다면 극지방의 바닷물이 적도 쪽으로 모여들어서 그 일대의 모든 육지가 바다에 잠길 것이다.

명제 19 / 문제 3

행성의 세로 지름과 가로 지름의 비율을 구하라.

1635년경에 영국인 노우드(Norwood)는 런던과 요크 사이의 거리를 측정하여 905,751피트(약 276킬로미터)라는 값을 얻었다. 두 지점의 위도 차이는 2°28′이므로, 위도 1°의 길이는 367,196피트[14]이다. 한편 프랑스의 피카르(Picard)는 아미앵과 말부아지 사이의 거리를 측정했는데, 두 지점의 위도 차이(1°22′55″)로 나눈 값은 57,060 파리토와즈였다. 또한 카시니의 부친 장 도메니코 카시니(Jean-Dominique Cassini)는 자오선을 따라 루실롱의 콜리오르에서 파리천

14) 57,300파리토와즈(paris toise). 1파리토와즈는 6,395피트다.

문대까지의 거리를 측정했고, 아들 자크(Jacques)는 부친이 얻은 값에 파리천문대에서 덩케르크까지의 거리를 추가하여 총 $486,156\frac{1}{2}$토와즈라는 값을 얻었다. 콜리오르와 덩케르크 사이의 위도 차이는 $8°31'11\frac{5}{6}''$이므로, 자크가 구한 위도 1°당 거리는 57,061파리토와즈이다. 지구가 완벽한 구형이라는 가정하에 이 값으로부터 지구의 둘레와 반지름을 구하면 각각 123,249,600파리피트와 19,615,800피트가 얻어진다.

파리(위도=48°50′10″)에서 자유 낙하하는 물체가 1초 동안 떨어지는 거리는 앞서 말한 대로 15파리피트 1인치 $1\frac{7}{9}$라인=$2,173\frac{7}{9}$라인이다. 낙하하는 물체는 주변의 공기 때문에 무게가 조금 줄어드는데, 이 감소 비율을 $\frac{1}{11,000}$이라 가정하면 진공에서 낙하하는 무거운 물체가 1초 동안 진행하는 거리는 2,174라인쯤 될 것이다.

임의의 물체가 균일한 속도로 반지름이 19,615,800피트인 원을 그리며 1항성일(sidereal day)[15] 동안 한 바퀴를 돌려면 1초당 1,433.46피트의 호를 그려야 한다. 이 호의 버사인은 0.0523656피트=7.54064라인이다. 그러므로 "파리에서 물체를 아래로 떨어지게 하는 힘"과 "적도에서 물체에 작용하는 원심력(지구의 자전 때문에 생기는 힘)"의 비율은 2,174:7.54064이다.

"적도에서 물체에 작용하는 원심력"과 "파리에서 물체에 작용하는 원심력"의 비율은 해당 위도의 코사인의 제곱 비율과 같으므로 7.54064:3.267이다.[16] 이 힘을 "파리에서 무거운 물체를 아래로 잡

---

15) 춘분점이 같은 자오선을 두 번 통과하는 데 걸리는 시간. 23시간 56분 4초.

아당기는 힘"에 더하면, 파리에서 물체가 오로지 중력에 의해 1초 동안 낙하하는 거리는 2,177.267라인=15파리피트 1인치 5.267라인이 된다. 그리고 파리에서 물체에 작용하는 중력과 적도에서 물체에 작용하는 원심력의 비율은 2,177,267:7.54064=289:1이다.

〈그림 3-1〉

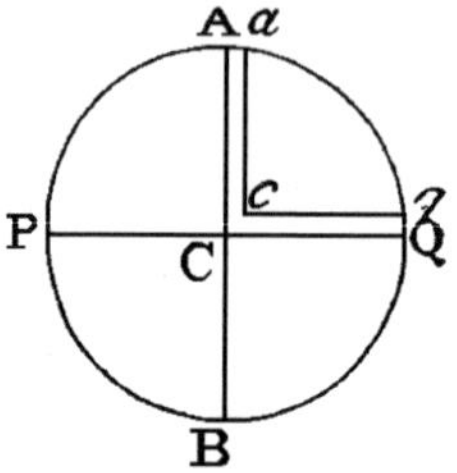

위의 그림에서 *APBQ*는 지구를 나타낸다. 앞서 논한 바와 같이 지구는 완벽한 구형이 아니라, 단축 *PQ*를 중심으로 타원을 회전시켜 얻은 회전 타원체의 형태를 띠고 있다.[17] 이제 *Qq*에서 터널을 뚫기 시작하여 중심 *Cc*에 도달한 후, 방향을 90도 틀어서 *Aa*까지 도달했다고 하자. 이렇게 만들어진 L자 모양의 터널 *ACQqca*에 물을 가득 채우면, 물기둥 *ACca*와 *QCcq*의 무게 비율은 289:288이다. 왜냐하면 원운동에 의해 생긴 원심력이 *ACca*의 무게 289 중 1을 떠받쳐서 288로 줄이고, 이 무게가 *QCcq*의 무게 288과 평형을 이룰 것이기 때

---

16) 적도의 위도는 0이고, cos0=1이다.

17) 자전축이 *PQ*이므로 적도는 *AB*이다. 그림을 90도 돌리면 이해하기 편할 텐데, 어쨌거나 원문에 이렇게 그려져 있다.

문이다.

나는 (1권 명제 91의 부가정리 2에 의거하여) 일련의 계산을 수행하던 중 "지구가 균일한 물질로 이루어져 있고 어떤 부위도 움직이지 않으면서 $PQ:AB=100:101$일 때 Q에 작용하는 중력"과 "지구가 PC 또는 QC를 반지름으로 갖는 완벽한 구형인 경우 Q에 작용하는 중력"의 비율이 126∶125임을 알게 되었다. 또 이와 비슷한 계산을 거치면, "지구가 AB를 축으로 삼아 타원 $APBQ$를 회전시킨 형태일 때 A에 작용하는 중력"과 "지구가 AC를 반지름으로 한 완벽한 구형일 때 A에 작용하는 중력"의 비율이 125∶126임을 알 수 있다. 그런데 A에 작용하는 중력은 지구가 회전 타원체일 때의 중력과 완벽한 구형일 때의 중력의 비례 중항과 같다. 왜냐하면 반지름 PQ를 101∶100의 비율로 줄이면 지구와 같은 형태가 되고, 2개의 지름 AB와 PQ에 모두 수직한 세 번째 지름을 같은 비율로 줄이면 앞서 서술한 회전 타원체가 되는데, 어떤 경우이건 A에 작용하는 중력은 거의 같은 비율로 줄어들기 때문이다. 그러므로 C를 중심으로 반지름이 AC인 구체의 A 지점에 작용하는 중력과 지구의 A 지점에 작용하는 중력의 비율은 $126:125\frac{1}{2}$이다. 그리고 C를 중심으로 반지름이 QC인 구체의 Q 지점에 작용하는 중력과 C를 중심으로 반지름이 AC인 구체의 A 지점에 작용하는 중력의 비율은 (1권의 명제 72에 의해) 100∶101이다. 지금까지 구한 3개의 비율($126:125$, $126:125\frac{1}{2}$, $100:101$)을 결합하면, 지구 표면의 Q에 작용하는 중력과 A에 작용하는 중력의 비율은 $126\times126\times100:125\times125\frac{1}{2}\times101=501:500$이 된다.

(1권 명제 91의 부가정리 3에 의해) 터널 $ACca$, 또는 $QCcq$를 채운

물에 작용하는 중력은 지구 중심으로부터의 거리에 비례하므로, 두 터널을 일정한 간격으로 잘랐을 때 *ACca*에 속한 임의의 토막 수와 *QCcq*에 속한 같은 수의 토막의 무게 비율은 부피와 중력을 결합한 비율과 같다. 즉 이 비율은 $101 \times 500 : 101 \times 501 = 505 : 501$이다. 그러므로 "지구의 자전 때문에 생기는 *ACca* 각 부분의 원심력"과 "각 부위에 가해지는 중력"의 비율이 4:505가 되어 (터널 전체를 505등분 한 경우) 4개 부분에 해당하는 무게가 원심력과 상쇄되었다면, 두 터널의 남은 부분의 무게가 같으므로 평형을 유지하게 된다. 그러나 각 부분의 원심력과 무게의 비율은 1:289이다. 즉 원심력은 무게의 $\frac{4}{505}$가 되어야 하는데, 실제로는 $\frac{1}{289}$밖에 되지 않는다. 그러므로 (비례식에 입각해서 생각해보면) 무게의 $\frac{4}{505}$에 해당하는 원심력 때문에 터널 *ACca*를 채운 물의 높이가 *QCcq*의 높이보다 $\frac{1}{100}$만큼 높아진다면, 무게의 $\frac{1}{289}$에 해당하는 원심력은 *ACca*의 물 높이를 *QCcq*보다 $\frac{1}{229}$만큼 높아지게 만들 것이다. 따라서 지구의 적도 지름(가로 지름)과 자전축 방향 지름(세로 지름)의 비율은 230:229이다. 그리고 피카르의 측정값에 의하면 지구의 평균 반지름은 19,615,800 파리피트=3,923.16마일(1마일=5,000피트)이므로, 지구의 적도는 극보다 85,472피트(=$17\frac{1}{2}$마일)만큼 더 높다. 그 결과 적도의 높이(중심으로부터의 거리)는 약 19,658,000피트이고, 북극과 남극의 높이는 19,573,000피트라는 결론에 도달하게 된다.

밀도와 자전 주기는 지구와 같으면서 부피가 지구보다 더 크거나 작은 행성이 존재한다면, 원심력과 중력의 비율이 지구와 같으므로 가로 지름과 세로 지름의 비율도 지구와 같을 것이다. 그러나 자전 주기가 특정 비율만큼 다르면 원심력은 그 비율의 제곱만큼 달라지고, 가로 지름과 세로 지름의 차이도 해당 비율의 제곱에 거의 비례하여 커지거나 작아진다.

밀도가 지구보다 특정 비율만큼 크거나 작은 행성의 경우에는 중력도 같은 비율만큼 달라지고, 가로 지름과 세로 지름의 차이는 이 비율의 역수만큼 달라진다. 고정된 항성에 대한 지구의 자전 주기는 23시간 56분이고, 목성의 자전 주기는 9시간 56분이다. 즉 지구와 목성의 주기의 제곱 비율은 29 : 5이고 밀도의 비율은 $400 : 94\frac{1}{2}$이므로, 목성의 "가로 지름과 세로 지름의 차이"와 "둘 중 짧은 지름"의 비율은 $\frac{29}{5} \times \frac{440}{94\frac{1}{2}} \times \frac{1}{229} : 1 \fallingdotseq 1 : 9\frac{1}{3}$이다. 그러므로 목성의 가로 지름과 세로 지름의 비율은 약 $10\frac{1}{3} : 9\frac{1}{3}$이다. 목성의 가장 큰 지름의 시직경이 37″이므로, 이 계산에 의하면 작은 지름(세로 지름)은 33″25‴이다. 그런데 빛의 굴절 때문에 약 3″ 정도의 오차가 발생하므로 이 값을 보정하면 40″와 36″26‴가 되고, 이들 사이의 비율은 약 $11\frac{1}{6} : 10\frac{1}{6}$이다. 이 모든 값은 목성의 밀도가 균일하다는 가정하에 계산된 결과이다. 만일 목성의 적도 부위의 밀도가 극지방보다 높다면 가로 지름과 세로 지름의 비율은 12 : 11이나 13 : 12, 또는 14 : 13까지 작아질 수도 있다. 1691년에 카시니는 목성의 동서 지름(가로 지름)이 다른 방향 지름보다 $\frac{1}{15}$쯤 크다는 사실을 발견했고, 1719년에 영국의 천문학자 제임스 파운드는 정교한 마이크로미터가 장착된 123피트짜리 망원경으로 목성의 지름을 측정하여 다음과 같은 값을 얻었다.

〈표 3-1〉

관측 시기	최대 지름	최소 지름	두 값의 비율
1월 28일 6시	13.40	12.28	12 : 11
3월 6일 7시	13.12	12.20	13 : 12
3월 9일 7시	13.12	12.08	12 : 11
4월 9일 9시	12.32	11.48	14 : 13

(모든 값은 마이크로미터의 눈금 단위임)

이 정도면 이론과 관측 결과가 꽤 정확하게 일치하는 셈이다. 행성의 적도 부위는 극점보다 태양열을 많이 받아서 조금 더 응축된 상태임에도 불구하고 적도 지름이 더 크다는 것은, 자전에 의한 효과가 그만큼 크게 나타난다는 뜻이기도 하다.

지구의 자전 때문에 적도 부근의 중력이 약해지고, 그 결과 (지구의 밀도가 균일하다는 가정하에) 극지방보다 적도의 고도가 높다는 사실은 다음 명제에 제시된 진자 실험을 통해 확인할 수 있다.

명제 20 / 문제 4

지구의 여러 지역에서 물체의 무게를 구하고, 그 값을 비교하라.

물로 채워진 L 자형 터널 $ACQqca$에서 2개의 물기둥 $ACca$와 $QCcq$는 길이가 다르지만 무게가 같고, 일부의 무게는 전체 무게에 비례한다. 또한 두 물기둥에서 같은 위치에 대응하는 부분들의 무게 비

〈그림 3-2〉

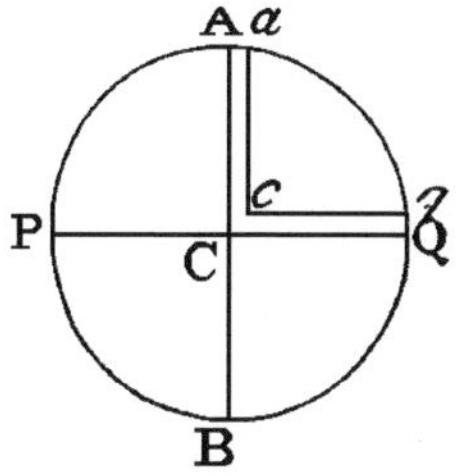

율은 전체 물기둥의 무게 비율과 같으며, 이 값은 터널의 길이 비율의 역수와 같다. 즉 230 : 229이다.

터널 내부를 물 대신 밀도가 균일한 물체로 채워 넣은 경우도 마찬가지다. 즉 물체의 무게 비율은 터널의 길이 비율(지구의 중심과 물체 사이의 거리 비율)의 역수와 같다. 그러므로 두 물체가 두 터널의 끝에 놓여 있을 때(또는 지표면에 놓여 있을 때), 이들의 무게 비율은 지구 중심으로부터의 거리 비율의 역수와 같다. 이와 동일한 논리에 의해, 지표면에 놓인 모든 물체의 무게는 지구 중심과의 거리에 반비례한다. 그러므로 지구가 회전 타원체라고 가정하면, 각 위치에 따른 무게의 비율을 알 수 있다.

이로부터 다음과 같은 법칙이 유도된다. 적도에서 경도선을 따라 북극(또는 남극)을 향해 나아가면 물체가 점점 무거워지는데, 이때 무게의 증가량은 위도의 2배의 버사인(또는 위도의 사인의 제곱)에 거의 비례하며, 경도선에서 현 위치의 위도에 대응하는 호의 길이도 거의 같은 비율로 증가한다. 파리의 위도는 48°50′이고 적도의 위도는 00°00′, 그리고 북극(또는 남극)의 위도는 90°이므로, 이 각도의 2배의 버사인은 (지구의 반지름을 10,000이라 했을 때) 각각 11,334, 0,

20,000이다.[18] 또한 극과 적도에서 중력의 비율은 230 : 229이며, "극과 적도에서 중력의 차이"와 "적도에서의 중력"의 비율은 1 : 229이다. 그러므로 "파리와 적도에서 중력의 차이"와 "적도에서의 중력"의 비율은 $1 \times \frac{11,334}{20,000}$: 229=5,667 : 2,290,000이고, 파리와 적도에서 중력의 비율은 2,295,667 : 2,290,000이다.

진자의 주기가 같은데 길이가 다르다면, 이는 곧 진자에 작용하는 중력이 다르다는 뜻이다. 주기가 같은 경우, 진자의 길이는 중력에 비례한다. 파리에서 주기가 1초인 진자(앞으로 이것을 "1초진자"라 하자)의 길이는 3파리피트 $8\frac{1}{2}$라인이고(공기의 무게를 고려하면 3파리피트 $8\frac{5}{9}$라인이다), 적도에서 1초진자의 길이는 파리의 진자보다 1.087라인만큼 짧다. 각 위도에 따른 진자의 길이는 〈표 3-2〉와 같다.

〈표 3-2〉

위도 (단위: 도(°))	진자의 길이 (단위: 피트	라인)	1°에 해당하는 호의 길이 (단위: 토와즈)
0	3	7.468	56637
5	3	7.482	56642
10	3	7.526	56659
15	3	7.596	56687
20	3	7.692	56724
25	3	7.812	56769

18) 버사인의 식은 $\mathrm{versin}\theta=1-\cos\theta=2\sin^2(\frac{\theta}{2})$이지만, 뉴턴 시대에는 버사인을 "삼각함수가 정의된 원의 반지름(R)을 곱한 값"으로 사용했다. 즉 $\mathrm{versin}\theta=R(1-\cos\theta)=2R\sin^2(\frac{\theta}{2})$이다.

위도 (단위: 도(°))	진자의 길이 (단위: 피트	라인)	1°에 해당하는 호의 길이 (단위: 토와즈)
30	3	7.948	56823
35	3	8.099	56882
40	3	8.261	56945
41	3	8.294	56958
42	3	8.327	56971
43	3	8.361	56984
44	3	8.394	56997
45	3	8.428	57010
46	3	8.461	57022
47	3	8.494	57035
48	3	8.528	57048
49	3	8.561	57061
50	3	8.594	57074
55	3	8.756	57137
60	3	8.907	57196
65	3	9.044	57250
70	3	9.162	57295
75	3	9.258	57332
80	3	9.329	57360
85	3	9.372	57377
90	3	9.387	57382

보다시피 위도에 따른 진자의 길이 차이가 매우 작기 때문에, 지리적 관점에서는 지구를 완벽한 구형으로 간주해도 상관없을 것 같다. 특히 적도 근처의 밀도가 극지방보다 높다면 지구는 더욱 원에 가까워진다.

천문 관측을 위해 적도 근방으로 진출한 천문학자들은 그들이 휴대한 진자 시계가 영국에 있을 때보다 느리게 간다는 것을 알고 있었다. 이 사실을 최초로 발견한 사람은 장 M. 리셰(Jean M. Richer)[19]였는데, 그는 1672년 8월에 카옌섬에서 자오선을 통과하는 항성을 관측하던 중 자신이 가져간 진자 시계가 태양의 평균 운동보다 매일 2분 28초씩 느려진다는 사실을 깨달았다. 정밀 관측을 위해서는 정확한 시계가 반드시 필요했기에 그는 1초에 한 번 진동하는 진자시계를 새로 만들었고, 천문 관측을 하던 와중에 무려 10개월 동안 진자의 길이와 주기를 수시로 측정하여 노트에 기록해놓았다. 관측을 마치고 프랑스로 돌아온 리셰는 자신이 만든 진자를 파리에서 사용하는 진자(길이=3파리피트 $8\frac{3}{5}$라인)와 비교해보니 $1\frac{1}{4}$라인만큼 짧은 것으로 나타났다. 적도의 중력이 약해서 진자의 길이도 그만큼 짧았던 것이다.

1677년에 에드먼드 핼리도 세인트헬레나섬으로 관측 여행을 갔다가 진자 시계가 런던에 있을 때보다 느리게 가는 것을 발견했다. 그는 자세한 수치를 기록하진 않았지만, 진자의 길이를 $\frac{1}{8}$인치($1\frac{1}{2}$라인)만큼 줄여서 길어진 주기를 보정했다(진자를 매단 막대 끝부분의 나사산이 충분히 길지 않아서, 너트와 추 사이에 나무로 만든 고리를 끼워 넣었다).

1682년에 프랑스 왕립천문대의 천문학자 M. 바랭(M. Varin)과 M. 데에(M. des Hayes)는 파리에서 1초진자의 길이가 3피트 $8\frac{5}{9}$라인임을

---

19) 1630~1696, 프랑스의 천문학자.

확인했으나, 고레섬에서 1초진자는 길이가 3피트 $6\frac{5}{9}$라인으로 짧아져야 한다는 것을 깨달았다. 그리고 같은 해에 이들은 과달루페섬과 마르티니크섬에서 1초진자의 길이가 3피트 $6\frac{1}{2}$라인이라는 사실을 확인했다.

1697년 7월에 쿠플레(Couplet)는 파리 왕립천문대에서 태양의 운동을 관측하기 위해 자신이 사용하는 진자를 태양의 평균 운동에 맞춰 놓았고, 이 진자시계는 꽤 오랜 시간 동안 정확하게 작동했다. 그 후 쿠플레는 관측을 위해 리스본으로 갔다가 멀쩡하던 시계가 그곳에서는 하루에 2분 13초씩 늦어지는 것을 발견했고, 이듬해 3월에 도착한 브라질의 파라이바에서는 하루에 4분 12초나 느려졌다. 그는 진자의 길이를 여러 번 조절한 끝에 "파리의 1초진자를 리스본으로 가져가서 똑같은 주기로 사용하려면 진자의 길이를 $2\frac{1}{2}$라인만큼 줄여야 하고, 파라이바에서는 $3\frac{2}{3}$라인만큼 줄여야 한다"고 결론지었다. 그가 측정에 좀더 심혈을 기울였다면, 두 곳에서 진자의 길이를 각각 $1\frac{2}{3}$라인, $2\frac{5}{9}$라인만큼 줄였을 것이다. 그래야 2분 13초와 4분 12초의 비율과 같아지기 때문이다. 쿠플레는 정밀한 관측 도구를 사용하지 않았기 때문에, 그가 얻은 값은 신뢰도가 다소 떨어지는 편이다.

1699~1700년에 미국으로 건너간 데예는 카옌섬과 그레나다섬에서 1초진자의 길이가 3피트 $6\frac{1}{2}$라인보다 조금 짧아야 한다는 사실을 확인했다. 그 외에 세인트크리스토퍼섬과 산토도밍고섬에서는 각각 3피트 $6\frac{3}{4}$라인과 3피트 7라인이었다.

1704년에 포이에 신부(Father Feuillée)는 미국의 푸에르토벨로에서 1초진자의 길이가 3피트 $5\frac{7}{12}$라인임을 확인했다. 파리의 1초진자보다 무려 3라인이나 짧은 값이다. 그런데 얼마 후 그가 마르티니크섬에서 3피트 $5\frac{10}{12}$라인짜리 진자를 1초진자로 사용한 것을 보면, 아무래도 측정에 문제가 있었던 것 같다.

파라이바의 위도는 남위 6°38′이고 푸에르토벨로의 위도는 북위 9°33′이다. 그 외에 카옌섬과 고레섬, 과달루페섬, 마르티니크섬, 그레나다섬, 세인트크리스토퍼섬, 산토도밍고섬의 위도는 각각 (북위) 4°55′, 14°40′, 14°00′, 14°44′, 12°6′, 17°19′, 19°48′이다. 앞에 제시된 표에 의하면, 파리의 1초진자와 비교할 때 다른 곳에서 사용한 1초진자의 길이는 내가 계산한 값보다 대체로 긴 경향을 보인다. 아마도 이것은 적도 지역이 위에서 수행한 계산보다 조금 더 높거나, 중심에서 지표면으로 올라올수록 밀도가 빠르게 낮아지기 때문일 것이다. 또는 열대 지방의 뜨거운 열기 때문에 진자의 길이가 늘어났을 수도 있다.

피카르는 추운 겨울에 길이가 1피트인 쇠막대에 열을 가하면 $\frac{1}{4}$라인만큼 늘어난다는 것을 실험으로 확인했고, 필리페 드 라이르는 한겨울에 길이 6피트였던 쇠막대가 한여름에 6피트 $\frac{2}{3}$라인으로 늘어나는 것을 확인했다. 수치만 놓고 보면 피카르의 쇠막대가 드 라이르의 쇠막대보다 뜨거웠음이 분명하다. 그래도 드라이어의 쇠막대는 사람의 체온보다 뜨거웠는데, 더운 여름날 쇠막대를 햇빛에 장시간 노출시키면 손으로 만지기 어려울 정도로 뜨거워지기도 한다. 그러나 진자시계를 매달았던 막대는 여름 햇살에 노출된 적이 없고 사람의 체온에 영향을 받지도 않았기에, 3피트짜리 진자시계의 막대가 겨울보다 여름에 더 길어졌다 해도 그 차이는 $\frac{1}{4}$라인을 넘지 않았을 것이다. 그러므로 여러 지역에서 나타난 진자의 길이 차이를 온도로 설명하는 것은 다소 무리가 있다.

프랑스 천문학자들의 관측상 실수라고 단정 짓기도 어렵다. 그들이 얻은 값이 완벽하게 일치하진 않지만, 그 차이가 무시할 수 있을 정도로 작기 때문이다. 확실한 것은 적도의 1초진자와 파리의 1초진자 사이의 길이 차이가 $1\frac{1}{4}$~$2\frac{2}{3}$라인 사이라는 것이다. 리셰가 카옌섬에서 사용한 1초진자는 파리의 1초진자보다 $1\frac{1}{4}$라인만큼 더 길었고, 데예의 보정값은 $1\frac{1}{2}$~$1\frac{3}{4}$라인 사이였다. 다른 사람들이 얻은 값은 신뢰도가 다소 떨어지지만, 이 값에 기초하여 길이를 보정해도 2라인을 넘지 않는다. 보정값이 사람마다 다른 이유는 측정상의 오차일 수도 있고 지구 내부의 밀도와 산의 고도, 또는 온도가 달랐기 때문일 수도 있다.

나의 실험실에도 3피트짜리 쇠막대가 있는데, 겨울에는 여름보다 $\frac{1}{6}$라인쯤 짧아진다. 적도 지방은 런던보다 온도가 훨씬 높으므로 리처가 관측한 길이 차이인 $1\frac{1}{4}$라인에서 이 값을 빼면 $1\frac{1}{12}$라인이 남는데, 이 값은 앞에서 이론적으로 계산했던 $1\frac{87}{1,000}$라인과 거의 정확하게 일치한다. 리셰는 카옌섬에 10개월 동안 거주하면서 진자를 매단 쇠막대의 길이를 수시로 측정하여 프랑스에서 얻은 길이와 비교했다(즉 프랑스에서 사용하는 1초진자와 카옌섬에서 사용한 1초진자의 길이를 비교했다). 다른 관측자들은 진자 시계에 이 정도로 공을 들이지 않았지만, 그들이 얻은 값을 토대로 추정해보면 지구의 적도 지방은 극 지방보다 고도가 17마일쯤 높은 것 같다. 이 값은 앞서 제시했던 이론과 꽤 정확하게 일치한다.

명제 21 / 정리 17

춘분점과 추분점[20]은 지구의 공전 방향과 반대 방향으로 조금씩 이동하고 있으며, 지구의 자전축은 한 번 공전할 때마다 장동(nutation, 章動)[21]을 겪으면서 황도를 두 번 지나갔다가 원래 위치로 돌아온다.

이것은 1권 명제 66의 부가정리 20으로부터 유도되는 자명한 결과이다. 장동은 아주 미세하게 나타나기 때문에 감지되지 않을 수도 있다.

명제 22 / 정리 18

달의 (규칙적 및 불규칙적인) 모든 운동은 앞서 정립한 원리로 설명 가능하다.

태양계의 대형 행성들은 태양 주변을 공전하면서 자신 주변을 공전하는 소형 행성(또는 위성)을 거느리고 있으며, 위성이 그리는 타원 궤적의 초점에는 대형 행성의 중심이 자리 잡고 있다. 이것은 1권의 명제 65로부터 유도되는 결과이다. 그러나 이들의 운동은 다

---

20) 천구상에서 적도와 황도가 만나는 두 교점.

21) 자전하는 물체의 자전축이 겪는 세차 운동.

양한 방식으로 태양의 영향을 받아 이상적인 궤적에서 조금 벗어나 있고, 달의 불규칙적인 운동도 여기서 기인한다. 달은 (1권 명제 66의 부가정리 2~5에 의해) 다른 행성의 위성과 비교할 때 공전 속도가 빠른 편이어서 달과 지구를 연결한 타원 반지름이 일정 시간 동안 쓸고 지나가는 면적이 크다. 그리고 궤도의 곡률이 작아서 사분점(quadrature)[22]에 있을 때보다 삭망점에 있을 때 지구에 더 가까이 접근한다. 단 이런 효과들은 이심률이 변함에 따라 겉으로 드러나지 않을 수도 있다.

이심률은 (1권 명제 66의 부가정리 9에 의해) 달의 원지점이 삭망점과 일치할 때 가장 크고, 사분점과 일치할 때 가장 작다. 그러므로 달은 근지점(perigee)[23]에 있을 때 지구와 가까우면서 공전 속도가 빠르고, 원지점에서는 지구와 멀어지면서 공전 속도가 느려진다.

또한 달의 원지점은 순방향(달이 진행하는 방향. 동→서)으로 이동하고 근지점은 역방향으로 이동하는데, 이동 속도가 다소 불규칙하다. 원지점은 (1권 명제 66의 부가정리 7, 8에 의해) 삭망점 근처에서 순방향으로 빠르게 이동하고 사분점 근처에서는 역방향으로 느리게 이동하기 때문에, 매년 조금씩 순방향으로 이동하고 있다. 그러나 이와 반대로 교점[24]은 (1권 명제 66의 부가정리 2에 의해) 삭망점에서 움

22) 합과 충의 중간 지점, 또는 반달이 되는 지점.

23) 달이 지구에서 가장 가까운 지점.

24) 여기서는 달이 천구에 그리는 백도(白道)와 태양이 그리는 황도(黃道)가 만나는 두 교점을 의미한다.

직이지 않다가 사분점에서 역방향으로 가장 빠르게 이동한다. 또한 달의 최고 위도는 (1권 명제 66의 부가정리 10에 의해) 삭망점보다 사분점에서 더 크고, 달의 평균 운동은 (1권 명제 66의 부가정리 6에 의해) 지구의 근일점보다 원일점에서 더 느리게 진행된다. 달이 불규칙적으로 움직이는 것은 이런 요인들이 복합적으로 작용한 결과이다.

과거의 천문학자들이 발견하지 못한 불규칙 운동도 있는데, 이런 것은 기존의 법칙으로 설명하기가 쉽지 않다. 달의 원지점과 교점의 시간당 속도, 이들의 균차, 삭망점에서의 최대 이심률과 사분점에서의 최소 이심률의 차이, 이균차(variation)[25] 등은 (1권 명제 66의 부가정리 14에 의해) 1년을 주기로 태양의 겉보기 지름[26]의 세제곱에 비례하여 증감을 반복하고 있다. 그리고 이균차는 (1권 보조정리 10의 부가정리 1, 2와 명제 66의 부가정리 16에 의해) 사분점 사이의 시간차의 제곱에 거의 비례하여 커지거나 작아진다. 그러나 천문학자들은 이런 변화를 "달 중심의 균차"에 포함시켜서 한꺼번에 다루고 있다.

명제 23 / 문제 5

달의 운동에 기초하여 목성과 토성의 위성들이 겪는 불규칙한 운동을 서술하라.

---

25) 태양의 영향을 받아 $\frac{1}{2}$개월(반삭망월)을 주기로 일어나는 달의 변화.

26) 지구에서 바라본 지름.

목성과 토성의 위성들은 달과 비슷한 원인에 의해 불규칙한 운동을 하고 있다. 목성의 최외곽 위성인 칼리스토의 교점의 평균 운동과 달의 교점의 평균 운동 사이의 비율은 (1권 명제 66의 부가정리 16에 의해) "태양에 대한 지구의 공전 주기와 목성의 공전 주기의 비율의 제곱"에 "칼리스토의 공전 주기와 달의 공전 주기의 비율"을 곱한 값과 같다. 그러므로 칼리스토의 교점은 100년에 8°24′씩 뒤로 이동한다. 칼리스토보다 안쪽에 있는 위성들의 교점과 칼리스토의 교점의 평균 운동 비율은 (같은 부가정리에 의해) 안쪽 위성의 공전 주기와 칼리스토의 공전 주기의 비율과 같으므로 주어진 자료로부터 계산할 수 있다. 또한 각 위성의 원일점의 순방향 운동과 교점의 역방향 운동의 비율은 (같은 부가정리에 의해) 달의 원지점의 운동과 달의 교점의 운동의 비율과 같으므로, 이것도 자료로부터 계산 가능하다. 이렇게 구한 원일점의 운동이 실제와 일치하려면 $\frac{5}{9}$ 또는 $\frac{1}{2}$로 줄여야 하는데, 이유가 너무 복잡하기 때문에 설명은 생략한다.

각 위성의 교점(또는 원일점)의 최대 균차와 달의 교점(또는 원지점)의 최대 균차의 비율은 위성이 한 번 공전하는 동안 나타나는 교점(또는 원일점)의 운동과 달이 한 번 공전하는 동안 나타나는 교점(또는 원지점)의 운동의 비율과 같다. 그리고 목성에서 바라본 위성의 이균차와 달의 이균차 사이의 비율은 (같은 부가정리에 의해) 위성과 달이 태양에서 멀어졌다가 다시 돌아오는 시간 동안 이들의 교점이 이동한 총거리의 비율과 같다. 그러므로 칼리스토 위성의 이균차는 5″12‴를 넘지 않는다.

명제 24 / 정리 19

조석간만은 태양과 달의 중력 때문에 나타나는 현상이다.

1권 명제 66의 부가정리 19~20에 의하면, 지구의 바다가 하루에 두 번씩 오르고 내리기를 반복하는 것은 태양과 달의 중력 때문임이 분명하다. 또한 깊고 넓은 바다의 해수면은 태양이나 달이 그곳의 자오선(meridian)[27]을 통과하고 6시간 안에 최고 높이에 도달한다. 이런 현상은 프랑스에서 희망봉에 이르는 대서양과 아프리카 해안, 그리고 칠레와 페루의 해안에서도 쉽게 관측할 수 있다. 대부분의 해변가에서는 대체로 2~4시간 안에 밀물(또는 썰물)이 발생하지만, 깊은 바닷물이 이동하는 중에 수심이 얕은 곳을 통과해야 하는 지형에서는 5~7시간, 또는 그 이상 지연될 수도 있다. 여기서 말하는 "시간"은 태양이나 달이 지평선 위에 있건 아래에 있건 해당 지역의 자오선을 통과한 순간부터 측정한 시간이며, "태음일 시간"은 달이 특정 자오선을 지난 후 다시 그 자오선을 지날 때까지 걸리는 시간의 $\frac{1}{24}$에 해당한다. 태양이나 달이 특정 지역의 바닷물을 끌어당기는 힘은 이들이 가까이 접근한 상태[28]에서 해당 지역의 자오선에 도달했

---

27) 천구의 남극과 북극을 지나는 가장 큰 원들의 총칭. 지구의 경도선을 천구까지 확대했다고 생각하면 된다.

28) 이것을 "근접(appulse)"이라 한다. 단 지구에서 바라볼 때 태양과 달이 일직선상에 놓여서 일식이나 월식이 일어나는 경우는 제외한다. 다시 말해서, 근접이란 "두 천체가 겹치지 않으면서 둘 사이의 각거리가 최소인 상태"이다.

을 때 가장 크게 작용한다. 이 시간대에 바다에 작용한 힘은 한동안 그대로 유지되다가 그 후에 가해지는 (이전보다 약한) 힘에 의해 더욱 강해지면서 수위가 점점 높아지고, 새로 작용한 힘이 물을 들어 올리지 못할 정도로 약해졌을 때 최고점에 도달한 후 다시 수위가 낮아진다. 이 현상은 대체로 1~2시간에 걸쳐 진행되는데, 수심이 얕은 해변가에서는 3시간 이상 걸리기도 한다.

태양과 달은 각자 나름대로 지구의 바다에 영향을 주고 있지만, 그 결과는 하나의 현상으로 나타난다. 태양과 달이 합이나 충의 위치에 있으면 두 천체의 효과가 더해져서 밀물과 썰물이 가장 커지고, 이들이 사분점에 놓였을 때는 두 효과가 서로 상쇄되어 밀물과 썰물의 차이가 가장 작아진다. 그리고 달이 지구에 행사하는 중력은 태양의 중력보다 강하기 때문에(이것은 우리의 경험과도 일치한다), 바닷물의 수위는 태음시(lunar hour)[29]로 3시일 때 가장 높다. 태양과 달이 삭망점(합과 충)이나 사분점 이외의 어중간한 위치에 놓인 경우 달에 의한 밀물은 3태음시, 태양에 의한 밀물은 3태양시에 일어나며, 태양과 달의 효과를 더한 전체 효과는 3태음시와 3태양시 사이에 일어난다. 그러나 달의 인력이 태양의 인력보다 강하기 때문에, 이 시간은 3태양시보다 3태음시에 가깝다. 달이 삭망점에서 사분점으로 이동할 때에는 3태양시가 3태음시보다 일찍 찾아오기 때문에 바닷물은 3태음시보다 일찍 최고 수위에 도달하고, 이 시간 차이는 달이 팔분점(octant, 삭망점과 사분점의 중간 지점)을 조금 지났을 때 최대가 된

29) 달에 대한 지구의 자전 운동을 기준으로 정한 시간법.

다. 그리고 달이 팔분점을 지나 삭망점으로 접근할 때는 3태음시 후 같은 시간만큼 지났을 때 바닷물이 최고 수위에 도달한다. 그러나 이것은 넓게 트인 바다의 경우이고, 모든 조건이 같을 때 강의 하구에서는 좀더 늦게 최고 수위에 도달한다.

태양과 달이 지구에 미치는 영향은 거리가 가까울수록 강해지고 멀수록 약해지며, 그 세기는 겉보기 지름의 세제곱에 비례한다. 그러므로 태양은 근지점에 놓인 겨울에 조석간만에 가장 큰 영향을 미치고, 삭망점에 있을 때 여름보다 수위가 조금 높아지며, (다른 조건이 같으면) 사분점에 있을 때 여름보다 조금 낮아진다. 그리고 달이 매달 근지점에 놓이면 원지점에 놓인 15일 전후보다 조석간만이 크게 일어난다. 따라서 가장 큰 조수 현상은 연이은 삭망점에서 연달아 일어나지 않는다.

태양과 달이 지구에 미치는 영향은 적위(declination, 赤緯)[30]에 따라 다르게 나타난다. 이들이 천구의 남극이나 북극에 놓여 있다면 바닷물을 당기는 힘이 변하지 않아서 조수 현상도 생기지 않을 것이다. 그러므로 태양과 달은 천구의 적도에서 남극이나 북극으로 이동할수록 영향력이 약해지며, 하-동지의 삭망점보다 춘-추분의 삭망점에서 조수 현상이 크게 일어난다. 그러나 달이 천구의 적도에 놓이면 태양보다 달의 영향이 크기 때문에(이때 둘 사이의 차이가 가장 크다), 태양과 달이 하-동지의 사분점에 있으면 춘-추분의 사분점에 있을 때보다 조수 현상이 크게 나타난다. 그러므로 삭망점에서 조

30) 천구상의 위도.

수 현상이 최대가 되거나 사분점에서 최소가 되는 것은 태양과 달이 춘-추분점 근처에 있을 때 나타나는 현상이다.

우리는 태양과 달이 삭망점에 있을 때 조수간만이 최고조에 달했다가 사분점에서 최소가 된다는 것을 경험을 통해 알고 있다. 또한 태양과 지구 사이의 거리는 여름보다 겨울에 더 가깝기 때문에, 바닷물의 최고 수위와 최저 수위는 춘분점 이후보다 이전에 더 빈번하게 나타나고, 추분점 이전보다 이후에 더 빈번하게 나타난다.

태양과 달이 지구의 각 지점에 미치는 영향은 해당 지역의 위도에 따라서도 달라진다. 육지가 하나도 없이 온통 바다로 덮여 있는 가상의 지구를 *ApEP*라 하자. *C*는 지구의 중심이고 *P*와 *p*는 극점, *AE*는 적도, *F*는 적도 위에 있지 않은 (북반구의) 임의의 점이다. *F*를 지나는 위선(緯線)[31]을 *Ff*라 하고, *F*와 위도가 같은 남반구의 위선을 *Dd*라 하자. 또한 지금으로부터 3시간 전에 달이 놓여 있던 방향을 *L*이라 하고, 그 방향에 대응되는 지구상의 위치를 *H*, *H*의 대척점을 *h*, 이들과 90° 떨어진 지점을 각각 *K*, *k*라 하자. 그러면 *CH*와 *Ch*는 (지구의 중심으로부터 측정한) 바닷물의 최고수위이며, *CK*와 *Ck*는 최저 수위에 해당한다.

*Hh*와 *Kk*를 축으로 갖는 타원을 장축 *Hh*를 중심으로 회전시켜서 얻은 회전 타원체 *HPKhpk*는 바닷물의 수위와 거의 일치하며 *CF*, *Cf*, *CD*, *Cd*는 각각 *F*, *f*, *D*, *d*에서의 수위(깊이)에 해당한다. 또한 타원 위의 점 *N*은 회전 타원체를 그릴 때 원 *NM*을 그리게 되고, 이

---

31) 위도가 같은 지점들을 연결한 선.

〈그림 3-3〉

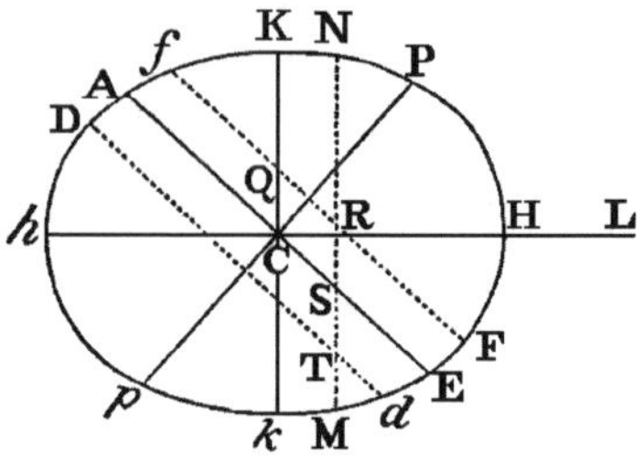

원은 위선 *Ff*, *Dd*와 각각 *R*, *T*에서 만나며, 적도 *AE*와 *S*에서 만난다. 그리고 *CN*은 원 *NM*에 놓인 점 *R*, *T*, *S*에서 바닷물의 깊이에 해당한다. 그러므로 지구가 자전할 때 임의의 지점 *F*에서 밀물의 수위는 달이 지평선 위의 자오선에 도달하고 3시간이 지났을 때 최고조에 도달하고, 달이 지고 3시간이 지났을 때 *Q*에서 썰물의 수위는 최소가 된다. 또한 달이 지평선 아래의 자오선에 도달하고 3시간이 지났을 때 *f*의 밀물은 최고조에 도달하며, 달이 뜨고 3시간이 지났을 때 *Q*에서 썰물의 수위가 가장 낮아진다. 그리고 *f*에서의 밀물은 그 전에 일어난 *F*의 밀물보다 수위가 낮다.

이유: 바닷물로 덮인 지구를 2개의 반구 *KHk*와 *Khk*로 나눠서 이들을 각각 "북쪽 바다"와 "남쪽 바다"로 부르기로 하자. 이들은 항상 상대방의 반대쪽에 놓여 있으며, 각 대척점들은 12태음시 간격으로 동일한 자오선을 통과한다. 북반구에는 북쪽 바다가 많고 남반구에는 남쪽 바다가 많으므로, 태양과 달이 뜨고 지는 적도 이외의 모든 지점에서 밀물과 썰물이 번갈아 일어나게 된다. 또한 특정 위치에서 달이 최고 고도를 향해 나아가는 경우에는 달이 지평선 위의 자오선을 통과하고 약 3시간 후에 밀물이 일어나고, 그 대척점에서는 썰물

이 일어나게 된다. 밀물과 썰물의 차이가 가장 크게 나타나는 시기는 하지와 동지인데, 이 차이는 달의 승교점(ascending node)[32]이 양자리(Aries)의 첫 번째 별 근처에 있을 때 더욱 커진다. 겨울에는 저녁보다 아침에 밀물의 수위가 높고 여름에는 그 반대인 것은 바로 이런 이유 때문이다. 새뮤얼 콜프레스(Samuel Colepress)와 새뮤얼 스터미(Samuel Sturmy)의 관찰 결과에 따르면 플리머스에서는 그 차이가 약 1피트에 달하고, 브리스톨에서는 15인치 정도 차이가 난다.

지금까지 서술한 바닷물의 이동은 물이 왕복하는 힘 때문에 약간의 변화가 생긴다. 천재지변이 일어나 태양과 달이 어느 순간 그 자리에 멈춘다 해도, 바닷물은 한동안 움직일 것이다. 질량을 가진 모든 물체는 관성을 갖고 있기 때문이다. 이로 인해 연이어 일어나는 밀물의 수위 차이가 줄어든다. 또한 삭망점 직후에는 조수 현상이 커지고 사분점 직후에는 작아진다. 플리머스와 브리스톨에서 연달아 일어나는 밀물의 수위가 1피트, 또는 15인치만큼 차이가 나는 것은 바로 이런 이유 때문이다. 두 항구의 수위는 삭망점 후 첫 번째 밀물이 아닌 세 번째 밀물이 들어왔을 때 가장 높다. 그리고 수심이 얕은 해협이나 강의 하구에서는 물의 움직임이 느려지기 때문에 삭망점을 지난 후 네 번째, 심지어는 다섯 번째 밀물의 수위가 가장 높은 경우도 있다.

바닷물이 여러 개의 해협을 통해 하나의 항구로 들어오는 지형에

---

32) 천체의 궤도가 황도와 만나는 두 교점 중 천체가 남에서 북으로 가로지르는 점. 그 반대는 강교점(descending node)이라 한다.

서는 각 해협마다 물살의 속도가 다를 수도 있다. 이런 경우에는 하나의 밀물이 2개 이상의 밀물로 분할되어 새로운 운동을 일으키기도 한다. 예를 들어 서로 다른 곳에서 발생한 2개의 밀물이 6시간 차이로 하나의 항구를 향해 들어오는데, 달이 그곳의 자오선을 지나고 3시간이 지난 후에 밀물이 일어난다고 가정해보자. 달이 자오선에 도달했을 때 적도에 놓여 있다면 6시간 간격으로 일어나는 밀물과 썰물이 서로 상쇄되기 때문에, 이날은 항구의 수위가 하루 종일 변하지 않을 것이다. 그리고 달이 적도 아래로 내려가면 앞서 말한 대로 밀물이 커졌다가 작아지기를 반복하여 두 번의 큰 밀물과 두 번의 작은 밀물이 차례로 항구에 도달한다. 또한 바닷물의 수위는 두 번의 큰 밀물 사이에서 가장 높아지고 큰 밀물과 작은 밀물 사이에는 평균 높이에 도달하며, 두 번의 작은 밀물 사이에서 최소가 된다. 그러므로 이런 항구의 바닷물은 일상적인 해변가와 달리 24시간 동안 두 번이 아니라 단 한 번 최고 수위와 최저 수위에 도달한다. 달이 지평선 위의 극을 향해 이동할 때는 자오선을 지나고 6시간 또는 30시간 후에 최고 수위에 도달하며, 달의 차고 기우는 모드가 바뀌면 밀물이 썰물로 바뀐다. 대표적 사례로는 에드먼드 핼리가 북위 20°50′에 위치한 통킹왕국의 밧샤[33]에서 뱃사람들의 증언에 기초하여 작성한 조수 데이터를 들 수 있다. 이 기록에 의하면 달이 적도를 가로지른 다음 날에는 바닷물의 수위가 변하지 않다가 달이 북쪽으로 이동할 때 썰물이 일어나기 시작했는데, 다른 지역과 달리 하

33) 현재 베트남 하이퐁시의 해변.

루에 한 번밖에 일어나지 않았다. 그리고 달이 질 때 밀물이 들어왔다가 달이 뜰 때 썰물이 일어나 바닷물의 수위가 가장 낮아졌다. 밀물은 달이 기우는 시기(점점 작아지는 시기)에 7~8일에 걸쳐 점점 커졌고, 그 후 7일 동안은 증가할 때와 동일한 비율로 감소했다. 그 후 달이 다시 커지기 시작할 때 밀물은 잠시 멈췄다가 썰물로 바뀌었으며, 달이 적도를 지나 작아지는 시기에 돌입할 때까지 썰물은 달이 질 때, 밀물은 달이 뜰 때 일어났다. 바닷물이 밧샤 항구로 유입되는 길은 2개가 있다. 중국해에서 대륙과 루코니아섬 사이를 통해 유입되는 길과 인도양에서 대륙과 보르네오섬 사이로 유입되는 길이 그것이다. 그러나 인도양과 중국해의 바닷물이 밧샤 항구에 도달할 때까지 정말로 12시간과 6시간이 걸리는지, 그리고 이들이 3태음시와 9태음시에 하나로 합쳐서 위와 같은 조수 현상을 낳는지 확인하려면 좀더 면밀한 분석이 필요하다.

지금까지 달과 바다의 운동을 살펴보았다. 대략적인 운동을 논할 때에는 이 정도로 충분하지만, 좀더 구체적으로 논하려면 추가 정보가 필요하다.

명제 25 / 문제 6

달의 운동을 방해하는 태양의 힘을 구하라.

〈그림 3-4〉

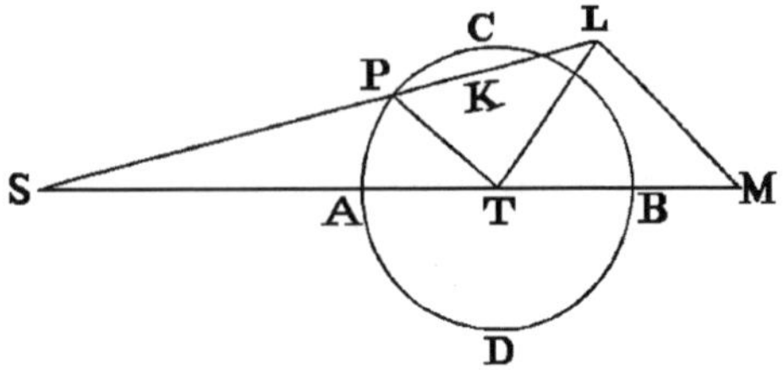

위 그림에서 *S*, *T*, *P*는 각각 태양, 지구, 달을 나타낸다. *CADB*를 달의 공전 궤도라 하고, 직선 *SP*를 연장하여 *ST*와 길이가 같아지는 지점을 *K*라 하자(즉 *ST*=*SK*이다). 직선 *SP*를 연장하여 $SL:SK=SK^2:SP^2$이 되도록 *L*을 잡고, *PT*와 평행한 선 *LM*을 긋는다. 태양을 향한 지구의 중력 가속도를 *ST*(또는 *SK*)라 하면 *SL*은 태양을 향한 달의 중력 가속도에 해당하는데, 이 힘은 *SM*과 *LM*의 합으로서 *LM*과 "*SM*의 일부인 *TM*"이 달의 운동을 방해한다. 이것은 제1권의 명제 66과 부가정리에서 증명한 바 있다. 지구와 달은 공통의 무게 중심 주변을 공전하고 있으므로, 지구 역시 같은 힘에 의해 방해를 받는다. 그러나 이 두 힘의 합과 두 운동의 합을 달에 국한된 것으로 간주하면 *TM*과 *ML*로 나타낼 수 있다. 여기서 "힘 *ML*의 평균값"과 "*PT*의 거리를 두고 그 자리에 정지해 있는 지구 *T*에 대하여 달의 공전 궤도를 유지시켜주는 구심력"의 비율은 (제1권의 명제 66과 부가정리 17에 의해) "지구에 대한 달의 공전 주기의 제곱"과 "태양에 대한 지구의 공전 주기의 제곱"의 비율과 같다. 이 비율은 (27일 7시간 43분)^2 : (365일 6시간 9분)^2=1,000 : 178,725=1 : 178$\frac{29}{40}$이다. 그런데 이 책(제3권)의 명제 4에 의하면 지구와 달이 공통 무게 중심 주

변을 돌고 있을 때 둘 사이의 평균 거리는 대략 지구 반지름의 $60\frac{1}{2}$배이므로, "달과 지구 사이의 거리 *PT*가 지구 반지름의 60배일 때 달을 공전하게 만드는 힘"과 "*PT*가 지구 반지름의 $60\frac{1}{2}$배일 때 달을 공전하게 만드는 힘"의 비율은 $60\frac{1}{2}:60$이며, 이 힘과 지구의 중력의 비율은 약 $1:60\times60$이다. 그러므로 평균 힘 *ML*과 지구 표면의 중력의 비율은 $1\times60\frac{1}{2}:60\times60\times60\times178\frac{29}{40}=1:638{,}092.6$이다. 이 값과 *TM:ML*로부터 구한 *TM*이 바로 달의 운동을 방해하는 태양의 힘이다. [Q.E.I]

명제 26 / 문제 7

달이 지구를 중심으로 원 궤적을 그리고 있을 때, 지구와 달을 연결한 반지름이 매시간 쓸고 지나가는 부채꼴의 면적을 구하라.

〈그림 3-5〉

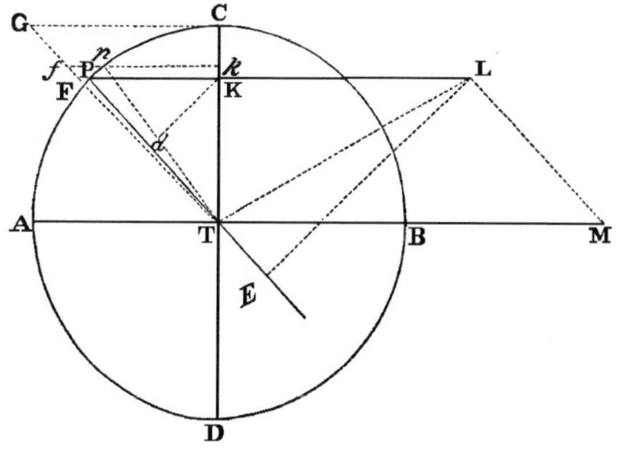

앞에서는 달의 공전 반지름이 쓸고 지나가는 면적이 시간에 비례한다고 했지만, 태양의 영향을 고려하면 약간의 변화가 생긴다. 지금부터 그 변화량을 계산해보자. 계산을 좀더 쉽게 하기 위해 달의 공전 궤도를 완벽한 원으로 가정하고, 태양-지구-달 이외의 모든 영향은 무시하기로 하자. 그리고 태양은 아주 먼 곳에 있으므로 태양과 달을 잇는 직선 *SP*와 태양과 지구를 잇는 직선 *ST*는 서로 평행하다고 가정하자. 그러면 힘 *LM*은 항상 평균값 *TP*가 되고, 힘 *TM*은 평균값 3*PK*로 대치된다. 또한 *LM*과 *TM*의 합은 (제1권 운동의 부가법칙 2에 의해) *TL*과 같다.

반지름 *TP*에 수직한 선 *LE*를 그려서 이 힘을 *TE*와 *EL*로 분할하면 *TE*는 항상 반지름 *TP*와 같은 방향으로 작용한다. 따라서 힘 *TE*는 반지름 *TP*가 쓸고 지나간 면적 *TPC*의 증가 속도를 가속시키지도, 감속시키지도 않는다. 그러나 *EL*은 *TP*에 수직한 방향으로 작용하기 때문에 달의 운동에 직접적인 영향을 주고, 그 결과 궤도 반지름의 면적 속도[34]를 가속시키거나 감속시킨다. 달이 *C*(사분점)에서 *A*(삭망점)로 이동할 때 매 순간 달의 가속도는 $EL = \frac{3PK \times TK}{TP}$에 비례한다. 지금부터 "경과한 시간"을 달의 평균 운동으로 나타내자. 즉 달이 이동한 각도 $\angle CTP$나 호 *CP*의 길이를 시간의 척도로 사용한다는 뜻이다. 이제 *CT*와 직각을 이루면서 길이가 같은 직선 *CG*를 그리고, 사분원의 호 *AC*를 길이가 같으면서 무한히 짧은 호 *Pp*, … 로 분할해보자. 이 부분들은 무한히 잘게 분할한 시간을 나타낸다.

34) 반지름 *TP*가 쓸고 지나가는 면적의 증가속도.

CT에 수직한 선 pk를 긋고, TG와 KP, kp의 교점을 각각 F, f라 하자. 그러면 $FK=TK$이고, $Kk:PK=Pp:Tp$가 된다. 즉 이 비율은 주어진 값이다. 그러므로 $FK\times Kk$(또는 사각형 $FKkf$의 면적)는 $\frac{3PK\times TK}{TP}=EL$에 비례한다. 지금까지 얻은 결과를 결합하면 $GCKF$의 면적은 전체 시간 CP 동안 달에 가해진 힘 EL의 합에 비례하고, 이 합으로부터 계산된 속도에도 비례한다. 즉 $GCKF$는 부채꼴 CTP를 그리는 가속도에 비례하며, 운동량의 증가분에 비례한다. 주기 $CADB$(27일 7시간 43분) 동안 달이 궤도를 유지하도록 만드는 힘은 (지구가 정지해 있고 지구와 달 사이의 거리가 TP로 고정되어 있을 때) CT라는 시간 동안 물체를 $\frac{1}{2}CT$만큼 떨어지게 만들고, 결국 이 물체는 궤도 운동을 하는 달과 같은 속도를 얻게 된다. 이것은 제1권 명제 4의 부가정리 9로부터 자명한 사실이다. 그러나 TP에 내린 수선 Kd의 길이는 EL의 $\frac{1}{3}$이고 TP(또는 ML)의 절반이므로, 힘 EL은 팔분점 안에서 ML보다 $\frac{3}{2}$만큼 크다. 따라서 EL과 "달이 고정된 지구 주변을 주어진 주기로 공전하도록 만드는 힘"의 비율은 $100:\frac{2}{3}\times 17{,}812\frac{1}{2}=100:11{,}915$이다. 즉 힘 EL은 CT라는 시간 동안 달의 속도의 $\frac{100}{11{,}915}$에 해당하는 속도를 낳고, 시간 CPA 동안 도달하는 속도는 이 값보다 $\frac{CA}{CT}(=\frac{CA}{TP})$만큼 크다. 팔분점에서 가장 큰 힘 EL을 사각형의 면적 $FK\times Kk$로 나타내자. 이 값은 $\frac{1}{2}TP\times Pp$와 같다. 그리고 가장 큰 EL이 시간 CP 동안 낳는 속도와 다른 EL이 같은 시간 동안 낳는 속도의 비율은 $\frac{1}{2}TP\times CP$와 $KCGF$의 면적의 비율과 같다. 그런데 시간 CPA 동안 도달하는 속도들 사이의 비율은 $\frac{1}{2}TP\times CA$와 삼각형 TGC의 면적 비율(또는 사분원의 호 CA와 반지름 TP의 비율)과 같으므로, 전체 시

간 동안 생성된 후자의 속도는 달의 속도의 $\frac{100}{11,915}$이다. 면적의 평균 운동에 해당하는 달의 속도(11,915)에 다른 속도(100)의 절반을 더하거나 빼보자. 둘의 합(11,915+50=11,965)은 삭망점 *A*에서 면적의 최대 운동량을 나타내고, 둘의 차이(11,915-50=11,865)는 사분점에서 동일한 면적의 최소 운동량을 나타낸다. 그러므로 삭망점과 사분점에서 같은 시간 동안 쓸고 지나간 면적의 비율은 11,915 : 11,865이다.

"*X* : 100(방금 언급한 두 운동량의 차이)=사각형 *FKCG*의 면적 : 삼각형 *TCG*의 면적(또는 $\sin^2 PK : Tp^2$, 또는 *Pd* : *TP*)"을 만족하는 *X*를 최소 운동량(또는 최소 속도) 11,865에 더한 값은 달이 임의의 중간 지점 *P*에 있을 때 면적의 운동량과 같다.[35]

지금까지 언급된 모든 내용은 태양과 지구가 정지 상태에 있고, 달의 공전 주기가 27일 7시간 43분이라는 가정하에 성립한다. 그러나 달의 실제 주기는 27일 12시간 44분이므로,[36] 운동량도 1,080,853 : 1,000,000의 비율로 커져야 한다. 이 수정 사항을 적용하면 총증가분은 평균 운동량의 $\frac{100}{11,915}$에서 $\frac{100}{11,023}$으로 수정된다. 따라서 달이 사분점에 있을 때와 삭망점에 있을 때 면적 운동량의 비율은 11,023-50 : 11,023+50=10,973 : 11,073이며, 달이 임의의 지점 *P*에 있을 때 이 비율은 (*TP*=100으로 간주했을 때) 10,973 : 10,973+*Pd*가 된다.

---

35) 운동량은 속도에 비례하므로, 여기서 말하는 운동량은 속도로 이해해도 무방하다.

36) 달이 지구를 한 바퀴 도는 동안 지구도 공전 궤도를 따라 이동하기 때문에, 지구에서 봤을 때 달의 공전 주기가 완전히 마무리되려면 약간의 시간이 더 걸린다.

그러므로 지구와 달을 이은 반지름이 무한히 작은 구획들을 쓸고 지나간 면적은 (달의 궤도 반지름을 1이라 하면) 219.46이라는 숫자에 "가장 가까운 사분점에서 달까지의 거리의 2배의 버사인"을 더한 값에 거의 비례한다. 단 이것은 팔분점 안에서 일어나는 변화가 평균값을 크게 벗어나지 않을 때의 이야기다. 변화가 크게 일어나면 버사인의 값을 그와 같은 비율로 조절해야 한다.

명제 27 / 문제 8

달의 시간당 운동으로부터 지구와 달 사이의 거리를 구하라.

지구와 달을 연결한 궤도 반지름이 매 순간 쓸고 지나가는 면적은 달의 운동(속도)에 비례하고, 지구와 달 사이의 거리의 제곱에 비례한다. 그러므로 지구와 달 사이의 거리는 반지름이 쓸고 지나간 면적의 제곱근에 비례하고, 시간당 운동(시속)의 제곱근에 반비례한다. [Q.E.I]

부가정리 1

이로부터 달의 겉보기 지름을 구할 수 있다. 겉보기 지름은 지구-달 사이의 거리에 반비례하기 때문이다. 지금까지 서술한 법칙이 실제와 얼마나 정확하게 일치하는지 천문학자들이 나서서 확인해주기 바란다.

부가정리 2

그러므로 본 이론과 관측 결과를 조합하면 달의 궤적을 이전보다 더욱 정확하게 알아낼 수 있다.

명제 28 / 문제 9

달의 공전 궤도의 이심률이 0이라는 가정하에 궤도 반지름을 구하라.[37]

움직이는 물체의 진행 방향에 항상 수직한 쪽으로 인력이 작용하는 경우, 물체가 그리는 궤적의 곡률은 인력의 크기에 비례하고 속도의 제곱에 반비례한다. 나는 곡선의 휘어진 정도를 판단할 때 특정 지점에서 곡선에 접하는 직선의 접촉각에 대한 사인, 또는 탄젠트와 반지름의 비율을 구한 후, 반지름이 0으로 접근할 때의 극한값을 취하여 곡률로 사용하고 있다. 삭망점에서 달을 지구 쪽으로 당기는 인력은 지구가 달에 행사하는 중력과 태양이 달에 행사하는 중력 $2PK$의 차이와 같으며(명제 25의 〈그림 3-4〉 참조), 태양을 향한 달의 중력 가속도는 태양을 향한 지구의 중력 가속도보다 이 값만큼 크거나 작다. 그리고 달이 사분점에 있을 때 이 인력은 지구를 향한 달의 중력과 태양의 중력 KT의 합이다(달은 이 힘에 의해 지구로 끌린다).

37) 이심률이 0이라는 것은 공전 궤도가 완벽한 원이라는 뜻이다.

$\frac{AT+CT}{2}=N$이라 하면, 이 인력들(삭망점에서의 인력과 사분점에서의 인력)은 각각 $\frac{178{,}725}{AT^2}-\frac{2{,}000}{CT\times N}$과 $\frac{178{,}725}{CT^2}-\frac{1{,}000}{AT\times N}$에 비례하고, $178{,}725N\times CT^2-2{,}000AT^2\times CT$와 $178{,}725N\times AT^2+1{,}000CT^2\times ATdp$ 비례한다.

이유: 지구를 향한 달의 중력을 178,725라는 숫자로 나타내면 평균 힘 *ML*(달을 지구 쪽으로 잡아당기는 힘. 사분점에서는 *PT* 또는 *TK*임)은 1,000이고 삭망점에서 평균 힘 *TM*은 3,000이 된다. *TM*에서 *ML*을 빼면 2,000이 남는데, 이 힘은 삭망점에서 달을 지구 반대편으로 당기는 힘이다(앞에서는 이 힘을 2*PK*로 표기했다). 삭망점(*A*와 *B*)과 사분점(*C*와 *D*)에서 달의 속도 비율은 $CT:AT$와 "삭망점과 사분점에서 달과 지구를 연결한 반지름이 쓸고 지나가는 면적의 운동량의 비율"을 결합한 것과 같다. 즉 이 비율은 $11{,}073CT:10{,}973AT$이다. 이 비율의 역수에 제곱을 취하고 전술한 비율과 결합하면, 삭망점과 사분점에서 달 궤적의 곡률의 비율은 $120{,}406{,}729\times178{,}725AT^2\times CT^2\times N-120{,}406{,}729\times2{,}000AT^2\times CT:122{,}611{,}329\times178{,}725AT^2\times CT^2\times N+122{,}611{,}329\times1{,}000CT^2\times AT$이며, 간단하게 줄이면 $2{,}151{,}969AT\times CT\times N-24{,}081AT^3:2{,}191{,}371AT\times CT\times N+12{,}261CT^3$이다.

달의 정확한 궤도는 아직 구하지 않았으므로 일단 타원 *DBCA*를 가이드라인으로 삼아보자.[38] 타원의 중심 *T*에 지구가 놓여 있고 장축 *DC*의 양 끝을 사분점, 단축 *AB*의 양 끝을 삭망점이라 하자.

38) 이 타원은 실제 달의 궤적이 아니라, 참고로 그려 넣은 것이다.

〈그림 3-6〉

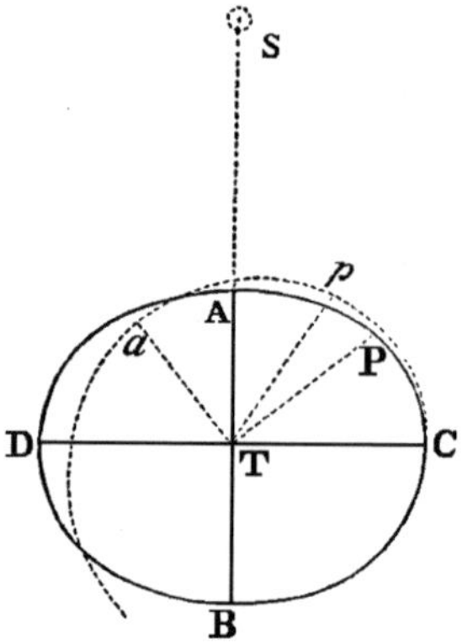

타원이 속한 평면은 지구를 중심으로 각운동을 하고, 지금 우리가 곡률을 구하려는 달의 궤도는 각운동을 전혀 하지 않으므로, 달이 타원을 따라 회전하면서 그리는 궤적 *Cpa*를 상상해보자. 여기서 *p*는 타원 위의 임의의 점 *P*(달의 위치)에서 *Tp*=*TP*가 되도록 잡은 점이며, ∠*PTp*는 달이 *C*점을 통과한 후에 일어난 태양의 겉보기 운동과 같다. 다시 말해서, ∠*CTp*와 ∠*CTP*의 비율은 "달이 합에서 출발하여 다시 합으로 돌아오는 데 걸리는 시간(29일 12시간 44분)"과 "달의 공전 주기(27일 7시간 43분)"의 비율과 같다. 그러므로 ∠*CTa* : ∠*CTA*가 이 비율과 같고 *Ta*=*TA*가 되도록 *a*를 잡으면, *a*는 궤도 *Cpa*의 근지점이 되고 *C*는 원지점이 된다. 내가 직접 수행한 계산에 의하면 "궤도 *Cpa*의 꼭짓점 *a*에서의 곡률과 중심이 *T*이고 반지름이 *TA*인 원의 곡률의 차이"와 "타원의 꼭짓점 *A*에서의 곡률과 전술한 원의 곡률의 차이"의 비율은 ∠*CTP*와 ∠*CTp*의 제곱 비율과 같으며, *A*에서 타원의 곡률과 전술한 원의 곡률의 비율은 $TA^2 : TC^2$

이다. 그리고 전술한 원(중심이 T이고 반지름이 TA인 원)의 곡률과 "중심이 T이고 반지름이 TC인 원의 곡률"의 비율은 $TC:TA$지만, "전술한 원의 곡률과 C에서 타원의 곡률의 비율"은 $TA^2:TC^2$이다. 또한 "꼭짓점 C에서 타원의 곡률과 반지름이 TC인 원의 곡률의 차이"와 "C에서 Tpa의 곡률과 반지름이 TC인 원의 곡률의 차이"의 비율은 $\angle CTp$와 $\angle CTP$의 제곱 비율과 같다. 이 모든 비율은 접촉각의 사인과 그들 사이의 차이로부터 쉽게 유도할 수 있다.

위에서 얻은 결과를 비교 분석하면 곡선 Cpa의 a와 C에서 곡률의 비율은 $AT^3-\frac{16,824}{100,000}CT^2\times AT:CT^3-\frac{16,824}{100,000}AT^2\times CT$가 된다. 여기서 $\frac{16,824}{100,000}$는 $(\angle CTP)^2$과 $(\angle CTp)^2$의 차이를 둘 중 작은 각인 $(\angle CTP)^2$으로 나눈 값이며, 이것은 (29일 12시간 44분)^2-(27일 7시간 43분)^{2}을 (27일 7시간 43분)^{2}으로 나눈 값과 같다.

그런데 a는 달의 삭망점이고 C는 사분점이므로, 방금 구한 비율은 삭망점에서 달 궤도의 곡률과 사분점에서 곡률의 비율과 같아야 한다. CT와 AT의 비율을 구하기 위해, 위에서 얻은 비례식에 약간의 변형을 가해보자. 일단 비례식을 등식으로 바꾸고,[39] 각 항을 $AT\times CT$로 나누면 $2062.79CT^4-2151969N\times CT^3+368676N\times AT\times CT^2+36342AT^2\times CT^2-362047N\times AT^2\times CT+2191371N\times AT^3+4051.4AT^4=0$이 된다. 여기서 AT와 CT의 합의 절반인 N을 1이라 하고$(\frac{CT+AT}{2}=N=1)$ 둘의 차이의 절반을 x라 하면$(\frac{CT-AT}{2}=x)$, $CT=1+x$, $AT=1-x$가 되고 이것을 방정식에 대입하여 풀면 $x=0.00719$,

39) 비례식 $a:b=c:d$를 $ad=bc$라는 등식으로 바꾼다는 뜻이다.

CT=1.00719, AT= 0.99281이 얻어지는데, CT와 AT의 비율은 $70\frac{1}{24}$: $69\frac{1}{24}$과 거의 비슷하다. 그러므로 삭망점에서 지구와 달 사이의 거리와 사분점에서 지구와 달 사이 거리의 비율은 (이심률에 관한 논의는 차치하고) $69\frac{1}{24}:70\frac{1}{24} \cong 69:70$이다.

명제 29 / 문제 10

달의 이균차를 구하라.

이균차가 생기는 이유는 달의 공전 궤도가 타원이기 때문이기도 하고, 달과 지구를 연결한 직선이 일정 시간 동안 쓸고 지나가는 면적이 위치에 따라 조금씩 달라지기 때문이기도 하다. 달 P가 타원 $DBCA$를 따라 공전하고 있고, 지구 T는 타원의 중심에 고정되어 있으며, 지구와 달을 잇는 반지름 TP가 쓸고 지나가는 면적 CTP는 시간에 비례하고, 타원의 가장 긴 반지름 CT와 가장 짧은 반지름 TA의 비율이 70:69라 하자. 그러면 사분점 C에서 $\angle CTP$의 탄젠트와 평균 운동의 탄젠트의 비율은 $TA:TC$=70:69와 같다. 또한 달이 사분점에서 삭망점으로 이동할 때에는 면적 CPT의 증가 속도가 빨라지는데, 삭망점에서 면적의 운동량(증가 속도)과 사분점에서 면적의 운동량의 비율은 11,073:10,973이다. 그리고 삭망점과 사분점 사이에 있는 임의의 위치 P와 사분점에서 면적의 운동량의 비율은 $\angle CTP$의 사인의 제곱에 비례한다. $\angle CTP$의 탄젠트값을 $\sqrt{10973}$

: $\sqrt{11073}$, 또는 68.6877 : 69로 줄이면 이 결과를 정확하게 얻을 수 있다. 이렇게 하면 $\angle CTP$의 탄젠트와 평균 운동량의 탄젠트의 비율은 68.6877 : 70이 되고, 평균 운동이 45° 인 팔분점에서 $\angle CTP$는 44° 27′28″가 된다. 45° 에서 이 값을 뺀 32′32″가 이균차의 최댓값이다. 단, 달이 사분점에서 $\angle CTP$=90° 만큼 이동하여 삭망점에 도달한다는 가정하에 그렇다.

그러나 지구는 태양 주변을 공전하고 있으므로 사분점에서 출발한 달이 삭망점에 도달하려면 $\angle CTP$(직각)보다 큰 $\angle CTa$만큼 이동해야 한다. 두 값의 비율은 삭망월(synodic month)[40]과 항성월(periodic month)[41]의 비율, 즉 29일 12시간 44분 : 27일 7시간 43분이다. 물론 T를 중심으로 하는 모든 각도들도 이와 동일한 비율로 커져야 한다. 그러므로 달의 최대 이균차는 32′32″가 아니라 35′10″이다.

이것은 지구 공전 궤도의 곡률이 변하면서 나타나는 효과와 태양의 영향력이 보름달보다 초승달에 더 강하게 작용한다는 사실을 무시한 채, 지구와 태양 사이의 거리가 평균을 유지한다는 가정하에 유도된 결과이다. 지구와 태양 사이의 거리가 변하면 최대 이균차는 삭망월의 제곱에 비례하고 지구-태양 간 거리의 세제곱에 반비례한다. 그러므로 태양이 원지점에 있을 때 (태양의 이심률과 지구 공전 궤도의 반지름 사이의 비율이 $16\frac{15}{16}$: 1,000이라는 가정하에) 최대 이균차는 33′14″이며, 근지점에 있을 때 최대 이균차는 37′11″이다.

---

40) 달의 모양(위상, phase)을 기준으로 하여 계산한 공전 주기.

41) 항성을 기준으로 하여 달이 지구를 한 바퀴 도는 데 걸리는 시간.

방금 우리는 궤도의 이심률이 0이라는 가정하에 달의 최대 이균차를 계산했다. 다시 말해서, 달이 팔분점 안에 있을 때 지구-달 사이의 거리가 항상 평균값을 유지한다는 가정이다. 그러나 (이심률이 0이 아니어서) 지구와 달 사이의 거리가 평균보다 멀어지거나 가까워지면 달의 이균차는 앞에서 계산한 값보다 커지거나 작아질 것이다. 이 차이는 앞으로 천문학자들이 정밀한 관측을 통해 밝혀주기 바란다.

명제 30 / 문제 11

원 궤도를 따라 공전하는 달의 교점의 운동을 구하라

〈그림 3-7〉

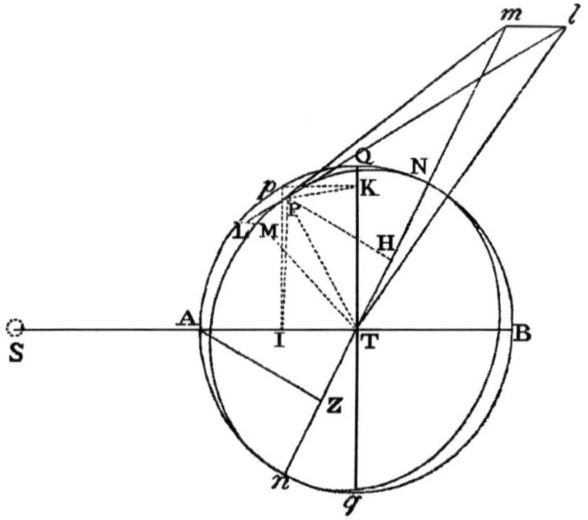

〈그림 3-7〉에서 *S*는 태양, *T*는 지구, *P*는 달을 나타낸다. 달의 궤도를 *NPn*이라 하고, *NPn*을 황도면에 수직으로 투영한 궤도를 *Npn*이라 하자. *N*과 *n*은 *NPn*과 *Npn*의 교점이고 *nTNm*은 두 교점을 연결한 직선이다.[42] *P*에서 직선 *ST*와 *Qq*, 그리고 황도면에 내린 수선을 각각 *PI*, *PK*, *Pp*라 하자. *A*와 *B*는 황도면에 형성된 달의 삭망점이고, *AZ*는 *A*에서 교선 *Nn*에 내린 수선이며, *Q*와 *q*는 황도면에 형성된 달의 사분점, *pK*는 *p*에서 2개의 사분점를 잇는 직선 *Qq*에 내린 수선이다. 달의 운동을 방해하는 태양의 힘은 두 가지가 있는데 (명제 25 참조), 그중 하나는 〈그림 3-4〉에 명시된 직선 *LM*의 길이에 비례하고, 나머지 하나는 같은 그림에서 직선 *MT*의 길이에 비례한다. 여기서 달은 전자의 힘에 의해 지구를 향해 끌리며, 또한 후자의 힘에 의해 지구와 태양을 잇는 직선 *ST* 방향으로 끌리기도 한다. *LM* 방향으로 작용하는 첫 번째 힘은 달의 궤도 평면과 나란한 방향으로 작용하기 때문에 그 평면 위에 있는 어떤 물체에도 영향을 주지 않지만, *MT* 방향으로 작용하는 두 번째 힘은 달의 궤도 평면에 직접적인 영향을 주며, 그 크기는 3*PK*, 또는 3*IT*와 같다. 그리고 (명제 25에 의해) 이 힘과 "달이 정지 상태의 지구 주변을 일정한 주기로 공전하도록 만드는 힘"의 비율은 3*IT*∶공전 반지름×178.725=*IT*∶공전 반지름×59.575와 같다.

그러나 이 계산과 바로 다음에 진행될 계산에서 "달과 태양을 잇는 직선"과 "지구와 태양을 잇는 직선"은 평행하다고 간주할 것이다.

---

42) 이 직선은 두 궤도면이 만나면서 형성되는 교선(line of nodes, 交面)과 일치한다.

왜냐하면 대부분의 경우에 두 직선 사이의 각도 때문에 나타나는 증가 효과와 감소 효과가 거의 상쇄되기 때문이다. 지금 우리의 목적은 교점의 평균 운동을 구하는 것인데, 세세한 부분까지 고려하면 계산이 너무 복잡해진다.

아주 짧은 시간 동안 달이 그리는 호(궤적)를 PM이라 하고, 같은 시간 동안 앞서 말한 $3IT$라는 힘에 의해 달이 이동하는 거리의 절반을 ML이라 하자. 직선 PL과 MP의 연장선이 황도면과 만나는 점을 m, l이라 하고, Tm에 수직한 선 PH를 긋는다. 직선 ML은 황도면에 평행하므로 직선 ml과 만나지 않는다(ml도 황도면 위에 놓여 있다). 그런데 두 직선은 공통의 평면 $LMPml$에 놓여 있으므로, 삼각형 LMP와 삼각형 lmp는 닮은꼴이다. 또한 MPm은 실제로 달이 움직이는 궤도면에 놓여 있으므로, m은 달 궤도의 두 교점 N, n을 연결한 직선 Nn의 연장선에 놓여 있다. 달이 LM의 절반만큼 움직이도록 만드는 힘이 한순간에 점 P에 가해지면 달은 LM만큼 움직일 것이며, 따라서 달은 호 LP만큼 이동할 것이다. 즉 달은 평면 $MPmT$에서 $LPlT$로 이동한다. 그러므로 이 힘에 의해 야기된 교점의 각운동은 $\angle mTl$과 같고, ml과 mP의 비율은 ML과 MP의 비율과 같다. 그런데 MP는 주어진 양이므로(시간이 주어졌으므로), ml은 $ML\times mP$에 비례하고, 따라서 $IT\times mP$에 비례한다. 그리고 $\angle Tml$이 직각이면 $\angle mTl$은 $\frac{ml}{Tm}$에 비례하므로 $\frac{IT\times Pm}{Tm}$에 비례하고 ($Tm : mP = TP : PH$이므로) $\frac{IT\times PH}{TP}$에 비례하며, TP는 주어진 값이므로 $IT\times PH$에 비례한다. 그러나 $\angle Tml$ 또는 $\angle STN$이 직각이 아니면 $\angle mTl$은 $\sin(\angle STN)$과 반지름의 비율, 또는 AZ와 AT의 비율만큼 작아지고, 교점의 이동 속도는 $IT\times$

$PH \times AZ$에 비례한다[또는 $\sin(\angle TPI) \times \sin(\angle PTN) \times \sin(\angle STN)$에 비례한다].

방금 언급한 각들이 직각이면(2개의 교점이 사분점에 위치하고 달은 삭망점에 있는 경우) 직선 ml은 무한히 멀어지고 $\angle mTl = \angle mPl$이 된다. 이 경우 $\angle mPl$과 $\angle PTM$(같은 시간 동안 겉보기 달이 지구 주변을 회전하는 각도)의 비율은 1∶59.975이다.

이유: $\angle mPl = \angle LPM$이다. 즉 $\angle mPl$은 달의 중력이 갑자기 사라졌을 때, 전술한 힘 $3IT$에 의해 같은 시간 동안 달의 궤적이 직선에서 벗어나는 각도와 같다. 또한 $\angle PTM$은 태양의 힘 $3IT$가 갑자기 사라졌을 때 달이 자신의 궤도를 유지하는 힘에 의해 같은 시간 동안 직선 궤적에서 벗어나는 각도와 같다. 그리고 이 힘들 사이의 비율은 앞서 말한 대로 1∶59.575이다. 고정된 별에 대한 달의 시간당 이동 각도는 $32'56''27'''12\frac{1}{2}''''$이므로, 이 경우 교점의 시간당 이동 각도는 $33''10'''33''''12'''''$이다. 그 외의 경우에 시간당 이동 각도와 $33''10'''33''''12'''''$의 비율은 $\sin(\angle TPI) \times \sin(\angle PTN) \times \sin(\angle STN)$(또는 달과 사분점 사이의 거리×달과 교점 사이의 거리×교점과 태양 사이의 거리)과 반지름의 세제곱의 비율과 같다. 또한 각도의 사인 값이 양수에서 음수로 바뀌거나 음수에서 양수로 바뀌면 전진 운동은 후진 운동으로, 후진 운동은 전진 운동으로 바뀐다. 그러므로 달이 사분점과 "구에서 가장 가까운 교점" 사이에 놓여 있으면 교점은 앞으로 이동하고, 그 외의 경우에는 뒤로 이동한다. 그리고 이 전진 운동과 후퇴 운동의 차이에 의해, 교점은 매달 뒤로 이동하게 된다.

부가정리 1

그러므로 무한히 짧은 호 PM의 양 끝점 P, M에서 2개의 사분점을 잇는 직선 Qq를 향해 수선 PK와 Mk를 긋고, 이들의 연장선이 Nn(두 교점을 잇는 선)과 만나는 점을 각각 D와 d라 하면, 교점의 시간당 운동은 도형 $MPDd$의 면적과 직선 AZ의 제곱에 비례한다.

이유: 위에 언급한 3개의 사인 값을 각각 PK, PH, AZ라 하자. 즉 PK는 사분점에서 달까지 거리의 사인이고 PH는 교점에서 달까지 거리의 사인이며, AZ는 태양에서 교점까지 거리의 사인에 해당한다. 그러면 교점의 이동 속도는 $PK \times PH \times AZ$에 비례한다. 그런데 $PT : PK = PM : Kk$이고 PT와 PM은 주어진 값이므로 Kk는 PK에 비례한다. 또한 $AT : PD = AZ : PH$이므로, PH는 $PD \times AZ$에 비례한다. 이 결과를 조합하면 $PK \times PH$는 $Kk \times PD \times AZ$에 비례하고, $PK \times PH \times AZ$는 $Kk \times PD \times AZ$에 비례한다. 즉 $PK \times PH$는 $PDdM$의 면적과 AZ^2에 모두 비례한다. [Q.E.D.]

부가정리 2

교점의 위치가 어디이건 간에, 교점의 매시간 평균 운동은 달이 삭망점에 있을 때 교점의 운동의 절반과 같다. 따라서 교점의 시간당 운동과 16″55‴16⁗ 36‴″의 비율은 삭망점과 교점 사이 거리의 사인의 제곱과 반지름의 제곱의 비율, 즉 $AZ^2 : AT^2$와 같다.

이유: 달이 일정한 속도로 반원 QAq를 그린다고 했을 때, 달이 Q에서 M으로 이동하는 동안 도형 $PDdM$의 면적을 모두 더한 값은 $QMdE$의 면적과 같다(이 면적은 원의 접선인 QE에서 출발하여 Md에서

〈그림 3-8〉

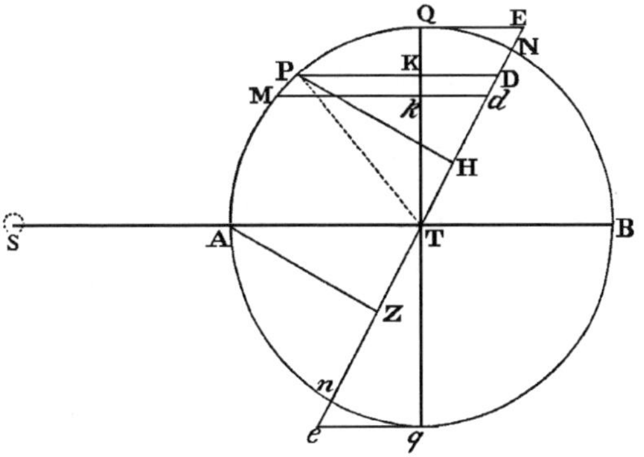

끝난다). 그리고 달이 *Q*에서 출발하여 *n*에 도달할 때까지 직선 *PD*가 쓸고 지나간 면적을 모두 더한 값은 *EQAn*이며, 달이 *n*에서 *q*로 가는 동안 직선 *PD*는 원의 외부로 이탈하여 *nqe*라는 면적(*q*에서의 접선인 *qe*에서 끝남)을 쓸고 지나간다. 그런데 이전에 뒤로 후퇴했던 교점이 지금은 앞으로 전진하고 있으므로 면적 *nqe*는 이전 면적 *EQAn*에서 빼야 하며, *nqe*와 *QEN*은 면적이 같으므로 최종적으로 반원 *NQAn*이 남게 된다. 따라서 달이 반원을 그리는 동안 *PDdM*의 면적을 모두 더한 값은 반원의 면적과 같으며, 달이 완전한 원 궤적을 그리는 동안 *PDdM*의 면적의 합은 원 전체의 면적과 같다. 또한 달이 삭망점에 있을 때 *PDdM*의 면적은 호 *PM*과 반지름 *PT*로 이루어진 사각형의 면적과 같고, 달이 완전한 원을 그리는 동안 이 면적의 합은 원주와 반지름으로 만든 직사각형의 면적과 같다. 그런데 이 직사각형의 면적은 원의 면적의 2배이므로, 전술한 직사각형의 2배이다. 따라서 교점이 "달이 삭망점에 있을 때 교점의 이동 속도"와 동일한 속도로 균일하게 이동한다면, 교점이 그리는 도형의 면적은 실

제로 그리는 면적의 2배가 된다. 그러므로 달이 균일하게 움직이면서 쓸고 지나간 면적이 같은 시간 동안 불균일하게 움직이면서 쓸고 지나간 면적과 같아지려면, 달이 삭망점에 있을 때 속도의 절반으로 (균일하게) 움직여야 한다. 교점의 시간당 이동 속도는 교점이 사분점과 일치할 때 33″10‴33⁗12⁗′로 최대치에 도달하므로, 교점의 시간당 평균 속도는 이 값의 절반인 16″35‴16⁗36⁗′이다. 그리고 교점의 시간당 운동은 항상 AZ^2과 *PDdM*의 면적에 비례하므로(*PDdM*의 면적은 주어진 값이므로 사실은 AZ^2에 비례함), 달이 삭망점에 있을 때 교점의 시간당 운동도 AZ^2에 비례한다. 따라서 교점이 사분점 이외의 지점에 있을 때, 교점의 운동과 16″35‴16⁗36⁗′의 비율은 AZ^2과 AT^2의 비율과 같다. [Q.E.D.]

명제 31 / 문제 12

달이 원이 아닌 타원 궤도를 따라 움직일 때 교점의 시간당 운동을 구하라.

장축이 *Qq*, 단축이 *ab*인 타원 *Qpmaq*에 외접하는 원을 *QAqB*라 하자. 원과 타원의 공통 중심인 *T*에 지구가 있고 *S*는 태양, *p*는 지구를 중심으로 타원 궤적을 그리는 달을 나타낸다. 아주 짧은 시간 동안 달이 그리는 호를 *pm*이라 하고, 두 교점(*N*과 *n*)을 잇는 직선을 *Nn*이라 하자. 또한 *pK*와 *mk*는 직선 *Qq*에 수직한 선으로, 이들의 연장선이 원과 만나는 점을 *P*, *M*이라 하고, 교선(두 교점을 이은 직선)과 만나는 점을 D, d라 하자. 달과 지구를 이은 궤도 반지름이 쓸고 지나간 면적이 시간에 비례하면, 타원을 따라 이동하는 교점의 시간당 운동은 $pDdm$과 AZ^2에 비례한다.

〈그림 3-9〉

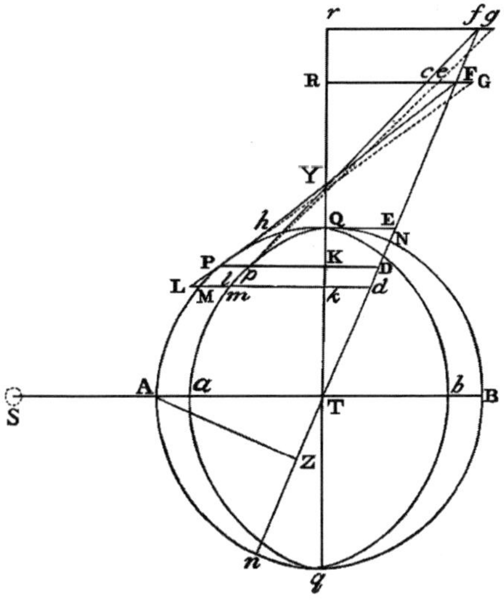

이유: P에서 원에 접하는 접선을 그어서 TN의 연장선과 만나는 점을 F라 하자. 직선 pf는 p에서 타원에 접하고, 두 접선(PF와 pf)은 TQ 축 위의 Y에서 교차한다. 달이 원 궤도를 돈다고 했을 때 호 PM을 그리는 동안 앞서 언급했던 힘 $3IT$(또는 $3PK$)에 의해 옆으로 움직이는 거리를 ML이라 하자. 그리고 달이 타원 궤도를 돌 때 같은 시간 동안 힘 $3IT$(또는 $3PK$)에 의해 옆으로 이동하는 거리를 ml이라 하자.

LP와 lp의 연장선이 타원면(타원 궤도를 포함하는 평면)과 만나는

점을 각각 G, g라 하자. 그리고 직선 FG의 연장선이 pf, pg, TQ의 연장선과 만나는 점을 각각 c, e, R이라 하고, fg의 연장선이 TQ의 연장선과 만나는 점을 r이라 하자. 그러면 원 궤도의 $3IT$(또는 $3PK$)와 타원의 $3IT$(또는 $3pK$) 사이의 비율은 PK와 pK의 비율(또는 AT와 aT의 비율)과 같으므로, 전자의 힘에 의해 이동한 거리 ML과 후자의 힘에 의해 이동한 거리 ml의 비율도 PK와 pK의 비율과 같으며, ($PYKp$와 $FYRc$가 닮은꼴이므로) 이 비율은 FR과 cR의 비율과 같다. 또한 $ML:FG$=($\triangle PLM \equiv \triangle PGF$이므로)$PL:PG$=($Lk$, PK, GR은 서로 평행하므로)$pl:pe$=($\triangle plm \equiv \triangle cpe$이므로)$lm:ce$이다. 따라서 $LM:lm$(또는 $FR:cR$)$=FG:ce$이다. 그러므로 $fg:ce=fY:cY$인 경우(또는 $fr:cR$인 경우, 또는 $fr:FR$과 $FR:cR$에 모두 비례하는 경우, 또는 $fT:FT$와 $FG:ce$에 모두 비례하는 경우), 비례식의 양변에서 $FG:ce$를 제거하면 $fg:FG$와 $fT:FT$가 남으므로 $fg:FG=fT:FT$가 되고, FG와 fg가 지구를 중심으로 이루는 두 각도가 서로 같음을 알 수 있다(즉 $\angle FTG=\angle fTg$임을 알 수 있다). 그런데 이 각들은 (명제 30에 의하면) 달이 원 궤도를 따라가면서 호 PM을 그리는 동안, 또는 달이 타원 궤도를 그리면서 호 pm을 그리는 동안 교점이 이동한 각도와 같으므로, 원 궤도의 교점과 타원 궤도의 교점은 같은 시간 동안 같은 각도만큼 이동한다. 단 이렇게 되려면 앞에서 말한 대로 $fg:ce=fY:cY$(즉 $fg=\frac{ce\times fY}{cY}$)라는 조건이 만족되어야 한다. 그런데 $\triangle fgp$와 $\triangle cep$는 닮은꼴이므로 $fg:ce=fp:cp$, 즉 $fg=\frac{ce\times fp}{cp}$이다. 따라서 fg가 마주 보는 각과 FC가 마주 보는 각의 비율(즉 타원의 두 교점의 운동과 원의 두 교점의 운동의 비율)은 이 fg와 이전 fg의 비율, 즉 $\frac{ce\times fp}{cp}:\frac{ce\times fY}{cY}$이며, 이 비율은

$fp \times cY : fY \times cp = \frac{fp}{fY} \times \frac{cY}{cp}$와 같다. 즉 ($ph$가 TN과 평행하고 FP와 h에서 만난다면) 이 비율은 $Fh : FY = \frac{Fh \times FY}{FY \times FP} = Fh : FP = Dp : DP$와 같고, 따라서 $Dpmd$와 $DPMd$의 면적 비율과 같다. 그러므로 (명제 30의 부가정리 1에 의해) 원의 교점의 시간당 운동은 $DPMd$의 면적과 AZ^2에 비례하고, 타원의 교점의 시간당 운동은 $Dpmd$와 AZ^2에 비례한다. [Q.E.D.]

부가정리

교점이 임의의 위치에 있을 때, 달이 사분점에서 임의의 다른 위치 m까지 이동하는 시간 동안 면적 $pDdm$의 총합은 타원의 접선 QE에서 끝나는 도형 $mpQEd$의 면적과 같고, 달이 궤도를 따라 한 바퀴 도는 동안 이 면적의 총합은 타원 전체의 면적과 같다. 타원 궤도에서 일어나는 교점의 평균 운동과 원에서 일어나는 교점의 평균 운동의 비율은 타원과 원의 면적 비율과 같으며, 이 비율은 $Ta : TA = 69 : 70$이다. 그러므로 (명제 30의 부가정리 2에 의해) 원에서 교점의 시간당 평균 운동과 $16''35'''16''''36'''''$의 비율은 $AZ^2 : AT^2$과 같다. $16''21'''3''''30'''''$과 $16''35'''16''''36'''''$의 비율을 69 : 70으로 잡으면, 타원에서 교점의 시간당 평균 운동과 $16''21'''3''''30'''''$의 비율도 $AZ^2 : AT^2$과 같아진다. 즉 이 비율은 태양과 교점 사이 거리의 사인과 반지름의 제곱 비율과 같다.

달과 지구를 이은 궤도 반지름이 쓸고 지나간 면적은 사분점보다 삭망점에서 더 빠르게 증가하기 때문에 삭망점에서는 시간이 짧아지고 사분점에서는 길어지며,[43] 교점의 이동 속도는 삭망점에서 빨라지고 사분점에서 느려진다. 달이 사분점에 있을 때 면적의 운동량(속도)과 달이 삭망점에 있을 때 면적의 운동량의 비율은 10,973 : 11,073이다. 그러므로 팔분점(삭망점과 사분점의 중간 지점)에서 달의 평균 운동과 삭망점에서 초과분의 비율(또는 사분점에서 부족분의 비율)은 두 값의 합의 절반(평균)인 11,023과 두 값의 차이의 절반인 50의 비율과 같다. 그런데 달이 궤도에서 같은 구간을 이동하는 데 걸리는 시간[44]은 속도에 반비례하므로, 팔분점에서 평균 시간과 사분점에서의 초과 시간의 비율(또는 삭망점에서 짧아진 시간의 비율)은 거의 11,023 : 50이다. 나는 사분점과 삭망점 사이에서 시간에 따른 달의 위치를 분석한 끝에, "임의의 위치에서 면적 속도"와 "구에서의 면적 속도(이곳에서 최소임)"의 차이가 "현재의 달과 사분점 사이 거리의 사인의 제곱"에 거의 비례한다는 사실을 알아냈다. 그러므로 임의의 위치에서 달의 속도와 팔분점에서 평균 속도의 차이는 "현재의 달과 사분점 사이 거리의 사인의 제곱과 사인 45°(또는 반지름의 제곱의 절반)의 차이"에 비례한다. 그리고 팔분점과 사분점 사이의 임의의 구간에서 달의 이동 시간이 길어지는 비율은 팔분점과 삭망점 사이의 임의의 구간에서 달의 이동 시간이 짧아지는 비율과 같다. 그러나 달이 궤도상에서 같은 거리를 움직이는 동안 교점은 시간의 제곱에 비례하여 가속되거나 감속된다.

---

43) 시간이 짧아진다는 것은 같은 각도를 돌아가는 데 걸리는 시간이 짧아진다는 뜻이다.

44) 즉 같은 각도를 돌아가는 데 걸리는 시간.

이유: 달이 PM을 지나갈 때, 그 운동은 (다른 조건이 동일하다는 가정하에) ML에 비례하고, ML은 시간의 제곱에 비례하기 때문이다. 그러므로 달이 궤도의 주어진 부분을 지나가는 동안 삭망점에서 교점의 운동은 11,0372 : 11,0232의 비율로 감소하며, 감소한 운동과 남은 운동의 비율은 100 : 10,973, 그리고 감소한 운동과 전체 운동의 비율은 약 100 : 11,073이다. 또한 팔분점과 삭망점 사이에서 나타난 위치의 감소량과 전술한 감소량의 비율은 해당 위치의 총운동과 삭망점에서의 총운동의 비율과 거의 같고, 팔분점과 사분점 사이에서 나타난 위치의 증가량과 전술한 감소량의 비율은 사분점와 달 사이의 거리의 사인의 제곱과 반지름 제곱의 절반의 차이와 반지름 제곱의 절반과의 비율과 거의 같다. 그러므로 교점이 사분점에 놓여 있을 때 팔분점을 기준 삼아 전-후로 거리가 같은 두 지점을 잡고, 삭망점을 기준 삼아 같은 방법으로 두 지점을 잡고, 또 사분점을 기준 삼아 같은 방법으로 두 지점을 잡은 후, 삭망점과 팔분점 사이에서 나타난 운동의 감소량에서 팔분점과 사분점 사이에서 나타난 운동의 증가량을 뺀 값은 삭망점에서 나타난 운동의 감소량과 같다(계산을 해보면 쉽게 알 수 있다). 그러므로 교점의 평균 운동에서 이 값을 뺀 평균 감소량은 삭망점에서 나타난 감소량의 $\frac{1}{4}$과 같다.

삭망점에서 교점의 시간당 운동(돌아간 각도)은 (달과 지구를 연결한 궤도 반지름이 쓸고 지나간 면적이 시간에 비례한다는 가정하에) 32″42‴7⁗이다. 그리고 앞서 말한 대로 달이 같은 거리를 지나는 시간 동안 나타난 교점의 운동의 감소량과 방금 언급한 운동의 비율은 100 : 11,073이므로, 감소량은 17‴43⁗11′′′′′이다. 이 값의 $\frac{1}{4}$(4‴25⁗

48′′′′′)을 앞에서 구한 시간당 평균 운동(16″21‴3⁗30′′′′′)에서 빼면 16″16‴37⁗42′′′′′가 남는데, 이 값이 바로 시간당 평균 운동의 올바른 값이다.

두 교점이 사분점과 일치하지 않을 때 삭망점 전후로 거리가 같은 두 지점을 생각해보자. 달이 이 위치에 놓여 있을 때 교점의 운동의 합과 (달의 위치는 같으면서) 교점이 사분점에 놓여 있을 때 운동의 합의 비율은 $AZ^2 : AT^2$과 같다. 그리고 여기서 언급하지 않은 원인으로부터 생긴 운동의 감소량은 운동 자체에 비례할 것이므로 나머지 운동들 사이의 비율도 $AZ^2 : AT^2$과 같고, 평균 운동은 나머지 운동에 비례한다. 따라서 교점이 임의의 위치에 있을 때 시간당 평균 운동과 16″16‴37⁗42′′′′′ 사이의 비율은 $AZ^2 : AT^2$이다. 즉 이 비율은 교점과 삭망점 사이 거리의 사인의 제곱과 반지름 제곱의 비율과 같다.

명제 32 / 문제 13

달의 교점의 평균 운동을 구하라.

시간당 평균 운동을 1년 동안 더하면 연간 평균 운동이 된다. 현재 N에 위치한 교점이 매시간 한 바퀴씩 돌아서 원위치로 돌아온다고 하자. 즉 교점은 그 자체의 고유 운동을 하고 있음에도 불구하고, 고정된 별에 대하여 항상 같은 위치에 놓여 있다는 뜻이다. 그리고 같은 시간 동안 태양 S는 지구의 운동 때문에 교점에서 멀어지는 것처

〈그림 3-10〉

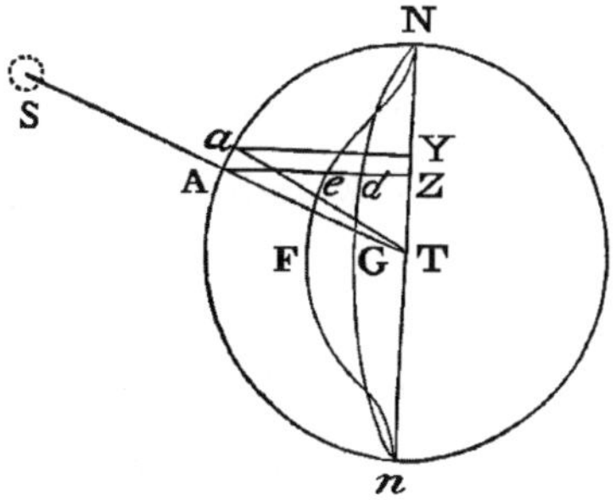

럼 보이고, 일정한 겉보기 운동을 하면서 연주 운동을 한다고 가정하자.

태양과 지구를 연결한 직선 *TS*가 아주 짧은 시간 동안 원 *NAn*의 원주를 쓸고 지나가는 길이를 *Aa*라 하자. 그러면 (앞의 증명에 의해) 시간당 평균 운동은 AZ^2에 비례한다. 즉 (*AZ*와 *AY*는 비례 관계에 있으므로) 시간당 평균 운동은 *AZ*와 *ZY*로 이루어진 직사각형 *AZYa*의 면적에 비례하고, 시간당 평균 운동을 처음부터 더한 합은 *aYZA*의 합인 *NAZ*의 면적에 비례한다. 또한 *AZYa* 중 가장 큰 값은 호 *Aa*와 반지름으로 이루어진 직사각형의 면적과 같으므로, 원 전체에서 이 직사각형을 모두 더한 값과, 같은 수의 최대 직사각형을 모두 더한 값의 비율은 전체 원과 "원둘레×반지름"으로 만든 직사각형의 면적 비율, 즉 1∶2이다. 가장 큰 직사각형의 시간당 운동(돌아간 각도)은 16″16‴37⁗42′′′′′이고, 1항성년(365일 6시간 9분) 동안 누적된 운동은 39°38′7″50‴이다. 그러므로 원 전체에 대응되는 교점의 평균 운동은 이 값의 절반인 19°49′3″55‴이며, 태양이 *N*에서 *A*로 가는 동안 교점이 이동한 각도와 19°49′3″55‴의 비율은 *NAZ*와 원 전체의 면적 비율과 같다.

이것은 매시간 교점을 원래 위치로 돌려놓는다는 가정하에 그렇다. 다시 말해서, 1년이 지난 후 태양이 처음 출발했던 교점으로 정확하게 돌아가야 한다는 뜻이다. 그러나 이 시간 동안 교점도 움직이기 때문에, 태양은 위에서 계산한 것보다 좀더 일찍 교점으로 돌아오게 된다. 지금부터 이 줄어든 시간을 계산해보자.

태양은 1년 동안 360° 회전하며, 같은 기간 동안 교점은 (최대 속도로 움직인다면) 39°38′7″50‴ 또는 39.6355°만큼 돌아간다. 그리고 임의의 위치 N에서 교점의 평균 운동과 사분점에서 교점의 평균 운동의 비율은 $AZ^2 : AT^2$이다. 따라서 태양의 운동과 N에서 교점의 운동의 비율은 $360AT^2 : 39.6355AZ^2 = 9.0827646AT^2 : AZ^2$이 된다. 그러므로 원 NAn의 둘레를 길이가 Aa인 호로 잘게 쪼갰을 때, 원이 고정되어 있는 경우에 태양이 Aa만큼 이동하는 데 걸리는 시간과, 원이 교점과 함께 T를 중심으로 회전하는 경우에 태양이 Aa만큼 이동하는 데 걸리는 시간의 비율은 $9.0827646AT^2 : 9.0827646AT^2 + AZ^2$의 역수와 같다. 왜냐하면 시간은 속도에 반비례하고, 이 경우 태양의 이동 속도는 태양의 속도와 교점의 속도를 더한 값이기 때문이다. 교점이 고정된 경우 태양[45]이 호 NA를 쓸고 지나가는 데 걸리는 시간을 NTA의 넓이로 나타내면, 태양이 무한히 짧은 호 Aa를 쓸고 지나가는 데 걸리는 시간은 ATa가 된다.

a에서 Nn에 수직한 선 aY를 긋고, 직선 AZ 위에서 $dZ \times ZY$:

---

45) 정확하게는 태양과 지구를 연결한 직선.

$ATa = AZ^2 : 9.0827646AT^2 + AZ^2$의 관계를 만족하는 점 d를 잡아보자(즉 $dZ : \frac{1}{2}ZY = TA^2 : 9.0827646AT2 + AZ^2$이 되도록 만든다는 뜻이다). 그러면 사각형 $dZ \times ZY$는 태양이 호 Aa를 쓸고 지나가는 동안 교점의 운동에 의해 짧아진 시간을 나타낸다. 이제 태양이 이동함에 따라 d가 그리는 궤적을 $NdGn$이라 하면, 도형 NdZ의 면적은 태양이 NA를 쓸고 지나가는 동안 시간의 총감소량과 같다. 그러므로 NAT와 NAZ의 면적 차이는 전체 시간에 비례한다. 또한 교점의 운동이 작을수록 운동과 시간을 연결하는 비례상수가 작아지므로 $AaYZ$의 면적도 이와 같은 비율로 감소해야 하는데, 이 조건은 $eZ : ZY = AZ^2 : 9.0827646AT^2 + AZ^2$를 만족하는 e를 잡음으로써 충족시킬 수 있다. 그러면 $eZ \times ZY$와 $AZYa$의 비율은 "태양이 호 Aa를 쓸고 지나가는 동안 시간의 감소량"과 "교점이 고정되어 있을 때 같은 구간을 태양이 쓸고 지나가는 데 걸리는 시간"의 비율과 같아지고, 따라서 사각형 $eZ \times ZY$의 면적은 교점의 운동 감소량에 비례한다. e가 그리는 궤적을 $NeFn$이라 하면, NeZ의 면적(운동 증가량이 합에 해당함)은 호 AN을 그리는 동안 시간의 총감소량에 비례하며, 남은 면적 NAe는 나머지 운동(태양과 교점이 모두 움직이면서 호 NA를 지나는 동안 교점의 진정한 운동)에 비례한다. 반원의 면적과 $NeFn$의 면적(이 값은 무한수열의 합으로 구할 수 있다)의 비율은 약 793 : 60이다. 또한 원 전체에 대응하는 운동(돌아간 각도)은 $19°49'3''55'''$이므로, $NeFN$의 2배에 대응하는 운동은 $1°29'58''2'''$이다. 두 값의 차이인 $18°19'5''53'''$이 바로 태양이 합에서 다음 합에 도달하는 동안 (항성을 기준으로 한) 교점의 총운동이다. 태양의 연주 운동각인 360°에서

이 값을 빼면 341°40′54″7‴이 남는데, 이 값은 합에서 다음 합에 도달하는 동안 진행된 태양의 운동에 해당한다. 또한 이 운동과 360°의 비율은 방금 구한 교점의 운동(18°19′5″53‴)과 교점의 연주 운동의 비율과 같아야 하므로, 교점이 1년 동안 돌아가는 각도는 19°18′1″21‴임을 알 수 있다. 이것이 바로 1항성년 동안 교점이 수행하는 평균 운동(즉 교점이 돌아가는 평균 각도)이다. 《천문관측연감》에는 이 값이 19°21′21″50‴으로 기록되어 있는데, 둘 사이의 오차는 전체 운동의 $\frac{1}{360}$을 넘지 않는다. 두 값이 일치하지 않는 이유는 달 궤도의 이심률과 황도면에 대한 기울기 때문일 것이다. 궤도의 이심률이 클수록 교점의 가속도가 크고 황도면에 대한 기울기가 클수록 교점의 속도가 늦춰지는데, 이 두 가지 효과가 정확하게 상쇄되지 않아서 위와 같은 차이가 발생한 것으로 추측된다.

명제 33 / 문제 14

달의 교점의 실제 운동을 구하라.

〈그림 3-10〉에서 *NTA-NdZ*의 면적에 비례하는 시간 동안 교점의 운동은 *NAe*의 면적에 비례하므로, 이 값은 주어진 것이나 다름없다. 하지만 계산이 너무 복잡하기 때문에, 다음과 같은 방법으로 문제를 해결하는 것이 바람직하다.

중심이 *C*이고 반지름이 *CD*인 원 *BEFD*를 그린 후, *AB*와 *AC*

〈그림 3-11〉

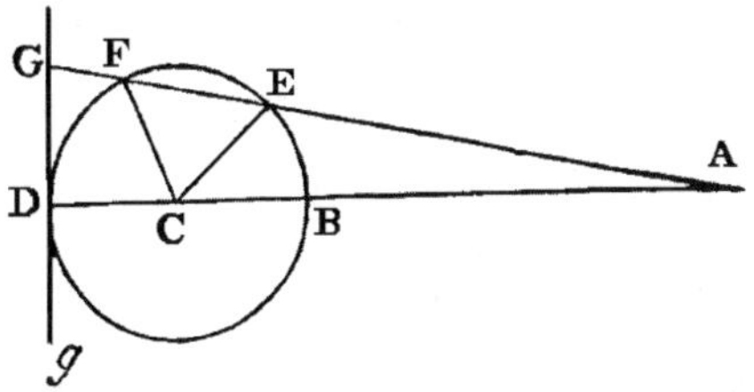

의 비율이 "교점이 사분점에 있을 때 평균 운동"과 "실제 운동(true motion)의 절반"의 비율과 같아지도록 *A*를 잡는다(이 비율은 19°18′1″23‴:19°49′3″55‴이다). 그러면 *BC*와 *AC*의 비율은 두 운동의 차이(0°31′2″32‴)와 후자(19°49′3″55‴)의 비율과 같고, 그 값은 $1:38\frac{3}{10}$이다. 다음으로, *D*에서 원에 접하는 직선 *Gg*를 긋고, (평균 운동을 계산할 때 구했던) 태양과 교점 사이 거리의 2배가 되도록 ∠*BCE*, 또는 ∠*BCF*를 잡아서, 직선 *AE* 또는 *AF*가 수직선 *DG*와 만나는 점을 *G*라 하자. 이제 어떤 각도 하나를 잡아서 이 각과 삭망점에서 다음 삭망점으로 가는 동안 교점의 운동(돌아간 각도, 9°11′3″)의 비율이 접선 *DG*와 원 *BED*의 둘레의 비율과 같게 만들고, 사분점에서 삭망점으로 가는 동안 이 각도(∠*DAG*를 사용할 수 있다)를 교점의 평균 운동에 더하고, 삭망점에서 사분점으로 가는 동안 교점의 평균 운동에서 이 각도를 빼면 교점의 실제 운동을 구할 수 있다.

이유: 이렇게 구한 실제 운동은 "시간이 *NTA*-*NdZ*의 면적에 비례하고 교점의 운동이 *NAe*의 면적에 비례한다"는 가정하에 얻은 실제 운동과 거의 정확하게 일치하기 때문이다. 직접 계산을 해보면 쉽게 알 수 있다. 이것이 바로 반달($\frac{1}{2}$개월)을 주기로 한 교점 운동의 균

차이다. 물론 한 달을 주기로 발생하는 균차도 있지만, 달의 황위(黃緯)[46]를 계산할 때에는 고려할 필요가 없다. 달 궤도 평면이 황도면에 대하여 기울어지는 현상은 "반달 주기 균차"와 "한 달 주기 균차"라는 두 가지 요인에 의해 일어나는데, 이들은 값이 작을 뿐만 아니라 서로 상쇄되는 경향이 있기 때문에 달의 황위에는 그다지 큰 영향을 미치지 않는다.

부가정리

명제 32와 33에 의해, 교점은 삭망점에서 정지해 있고 사분점에서는 시간당 16″19‴26⁗씩 후퇴한다. 또한 사분점에서 교점 운동의 균차는 1°30′ 이다. 이 모든 것은 실제 하늘에서 일어나는 현상과 정확하게 일치한다.

부가설명

그레셤 칼리지(Gresham College)의 천문학과 석좌교수 존 머친(John Machin)과 의사 겸 물리학자인 헨리 펨버튼(Henry Pemberton)은 각자 다른 방법으로 교점의 운동을 계산했는데, 펨버튼의 방법은 이 책 앞부분의 어디선가 언급된 적이 있다(이름은 명시하지 않았다). 이들의 논문에 등장한 2개의 명제는 표현 방식이 다를 뿐, 내용은 동일

---

46) 황도면을 기준으로 측정한 위도.

하다. 나는 펨버튼보다 머친의 논문을 먼저 접했기에 그 내용을 여기 소개한다.

〈존 머친 교수의 논문〉

달의 교점의 운동에 관하여

[명제 1]

교점으로부터 태양의 평균 운동은 "태양의 평균 운동"과 "태양이 사분점에서 교점으로부터 가장 빠르게 멀어질 때의 평균 운동"의 기하 평균으로 정의된다.

지구가 있는 곳을 *T*라 하고, 임의의 시간에 달의 두 교점을 연결한 선(교선)을 *Nn*, 여기에 수직한 선을 *KTM*이라 하자. 그리고 태양과 교점이 서로 멀어지는 각속도와 동일한 각속도로 중심 *T*에 대하여 회전하는 직선을 *TA*라 하자. *Nn*(고정된 직선)과 *TA*(회전하는 직선) 사이의 각도는 항상 태양과 교점 사이의 거리와 같다. 직선 *TK* 위에서 "태양의 시간당 평균 운동":"사분점에서 교점의 시간당 평균 운동"=*TS*:*SK*가 되도록 *S*를 잡고, *TS*와 *TK*의 기하 평균을 *TH*라 하면, *TH*의 길이는 교점으로부터 태양의 평균 운동에 비례한다.

〈그림 3-12〉

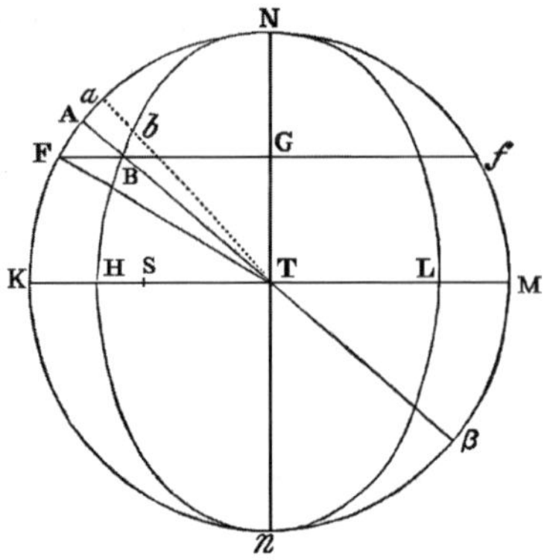

이유: T를 중심으로 반지름이 TK인 원을 $NKnM$이라 하고, 같은 중심으로 장축이 TN, 단축이 TH인 타원을 $NHnL$이라 하자. 태양이 교점으로부터 호 Na를 통해 멀어지는 시간 동안 직선 Tba가 그리는 부채꼴의 넓이는 같은 시간 동안 태양의 운동과 교점의 운동의 합과 같다. 그러므로 (전술한 규칙에 따라 돌고 있는) 직선 Tba가 주어진 시간 동안 균일하게 그려나가는 무한히 짧은 호를 Aa라 하면, 무한히 작은 부채꼴 TAa는 같은 시간 동안 태양과 교점의 이동 속도의 합에 비례한다. 여기서 태양의 속도는 거의 일정하기 때문에 교점의 평균 운동에 심각한 변화를 야기하지 않지만, 교점의 속도는 (《프린키피아》 3권 명제 31의 부가정리에 의해) 삭망점으로부터 멀어질 때 태양과의 거리의 사인의 제곱에 비례하여 증가한다. 그리고 K에서 속도가 최고에 도달했을 때, 교점과 태양의 속도 비율은 SK와 TS의 비율과 같아진다. 즉 이 비율은 (한 변이 TK인 정사각형과 한 변이 TH인 정사각형의 면적 차이인) $KH \times HM$과 TH^2의 비율과 같다.

타원 NBH는 두 속도의 합에 해당하는 ATa를 각각의 속도에 비례하는 $ABba$와 BTb로 분할한다. BT의 연장선이 원과 만나는 점을 β라 하고, B에서 타원의 장축에 수직하도록 그은 선 BG가 원과 만나는 점을 F, f라 하자. 그러면 $ABba : TBb = AB \times B\beta : BT^2$이며($A\beta$의 중점이 T이므로 $AB \times B\beta$는 한 변이 TA인 정사각형과 한 변이 TB인 정사각형의 면적 차이와 같다), 이 비율은 ($ABba$가 K에서 최댓값을 가질 때) $KH \times HM : HT^2$과 같다. 그런데 (앞에서 증명한 바와 같이) 교점의 최대 평균 속도와 태양 속도의 비율도 이 비율과 같으므로, ATa는 사분점에서 두 속도의 비율에 따라 분할된다. 또한 $KH \times HM : HT^2 = FB \times Bf : BG^2$이고 $AB \times B\beta = FB \times Bf$이므로, $ABba$가 최댓값일 때 나머지 영역 TBb와의 비율은 $AB \times B\beta : BG^2$과 같다. 그런데 이 작은 영역들 사이의 비율은 항상 $AB \times B\beta : BT^2$과 같으므로 $ABba$가 위치 A에 있을 때와 사분점에 있을 때의 면적 비율은 $BG^2 : BT^2$이며, 이 비율은 태양과 교점 사이 거리의 사인의 제곱 비율과 같다. 따라서 작은 영역 $ABba$의 합(ABN)은 태양이 교점을 지난 후 호 NA를 지나는 시간 동안 진행된 운동에 비례하고, 나머지 영역(NTB)은 같은 시간 동안 진행된 태양의 평균 운동에 비례한다. 또한 교점의 평균 연주 운동이란 태양이 자신의 궤도를 한 바퀴 도는 동안 진행된 교점의 평균 운동이므로, 태양에 대한 교점의 평균 운동과 태양 자체의 평균 운동의 비율은 원과 타원의 면적 비율과 같다. 즉 이 비율은 $TK : TH$이다. 그런데 TH는 TK와 TS의 기하 평균이므로, 방금 말한 비율은 $TH : TS$와 같다.

[명제 2]

달의 교점의 평균 운동이 주어졌을 때, 교점의 실제 운동을 구하라.

〈그림 3-13〉

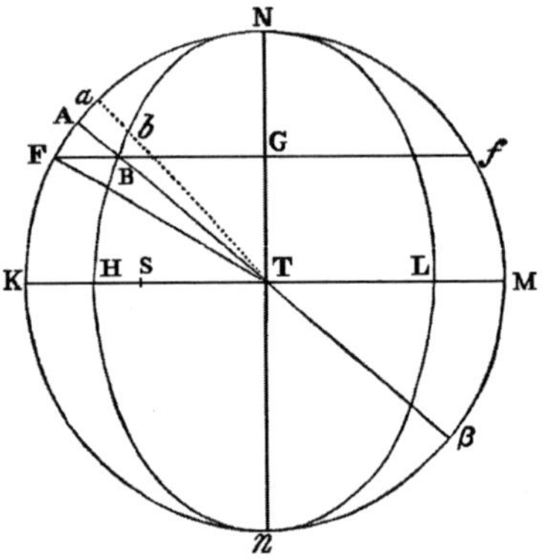

교점의 평균 위치로부터 태양까지의 거리(또는 교점에서 출발한 태양의 평균 운동)를 $\angle A$라 하자. $\tan(\angle B):\tan(\angle A)=TH:TK$ (태양의 시간당 평균 운동과 교점이 사분점에 있을 때 교점에서 출발한 태양의 시간당 평균 운동의 제곱근 비율)가 되도록 $\angle B$를 잡으면, $\angle B$는 교점의 실제 위치로부터 태양까지의 거리에 해당한다.

이유: 직선 FT를 그으면 (본 논문의 명제 1에 의해) $\angle FTN$은 교점의 평균 위치와 태양 사이의 거리가 되고 $\angle ATN$은 교점의 실제 위치와 태양 사이의 거리에 해당한다. 따라서 $\tan(\angle FTN):\tan(\angle ATN)=TK:TH$이다.

부가정리

그러므로 $\angle FTN$은 달의 교점의 균차에 해당하며, 팔분점에서 가장 크다. 이곳에서 sin($\angle FTN$)과 반지름 사이의 비율은 $KH : TK+TH$와 같다. 그리고 다른 위치 A에서 sin($\angle FTN$)과 최댓값에 도달한 sin($\angle FTN$)의 비율은 sin($\angle FTN+\angle ATN$)과 반지름의 비율과 같다. 즉 이 비율은 sin(2×$\angle FTN$)(교점의 평균 위치에서 태양까지의 거리의 2배의 사인)과 반지름 사이의 비율에 해당한다.

[부가설명]

사분점에서 교점의 시간당 평균 운동이 16″16‴37⁗42′′′′′이면(즉 1년당 39°38′7″50‴이면), $TH : TK = \sqrt{9.0827646} : \sqrt{10.0827646} =$ 18.6524761 : 19.6524761이 된다. 그러므로 $TH : HK$=18.6524761 : 1이며, 이 비율은 1항성년 동안 진행되는 태양의 운동과 교점의 평균 운동(19°18′1″23$\frac{2}{3}$‴) 사이의 비율과 같다.

그러나 20율리우스년(Julian years)[47]에 달의 운동 이론으로 산출한 교점의 평균 운동이 386°50′15″라면 1항성년 동안 교점의 평균 운동은 19°20′31″58‴이며, 이 경우 $TH : HK$=360° : 19°20′31″58‴=18.61214 : 1이다. 그러므로 사분점에서 교점의 시간당 평균 운

47) 율리우스 카이사르가 제정한 역법으로 산출한 해. 율리우스력의 1년은 365.25일이다.

동은 16°18′48″이며, 팔분점에서 교점의 균차는 1°29′57″로 최대가 된다.

명제 34 / 문제 15

황도면에 대한 달 궤도면의 기울기가 시간에 따라 변하는 양상을 구하라.

〈그림 3-14〉

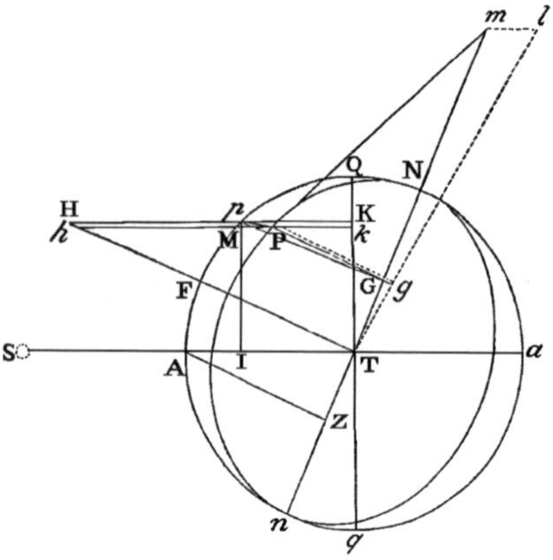

삭망점을 A, a라 하고 사분점을 Q, q, 교점을 N, n, 달의 위치를 P라 하자. 그리고 P를 황도면에 투영한 점을 p라 하고, 아주 짧은 시간 동안 일어난 교점의 운동을 mTl이라 하자. P에서 Tm에 수직한 선 PG와 p와 G를 연결한 선 pG를 그려서 pG의 연장선이 Tl과 만나는 점을 g라 하고, P와 g를 연결한 선 Pg를 긋는다. 그러면 $\angle PGp$는 달이 P에 있을 때 달의 궤도면과 황도면 사이의 각도이고 $\angle Pgp$는 아

주 짧은 시간이 지난 후의 각도이므로, $\angle GPg$는 이 각도의 순간 변화율을 나타낸다. 그런데 $\angle GPg$와 $\angle GTg$의 비율은 TG와 PG의 비율에 Pp와 PG의 비율을 결합한 것과 같으므로,[48] 위에 언급한 "짧은 시간"을 1시간으로 잡으면 (명제 30에 의해 $\angle GTg : 33'' 10''' 33'''' = IT \times PG \times AZ : AT^2$이므로) $\angle GPg$(각도의 시간당 변화량) $: 33'' 10''' 33'''' = IT \times AZ \times TZ \times \frac{Pp}{PG} : AT^3$이다. [Q.E.I.]

단 이것은 달이 원 궤도를 따라 일정한 속도로 움직이는 경우의 이야기다. 달의 궤도가 타원이면 앞서 말한 대로 교점의 평균 운동은 단축과 장축의 비율로 감소하고, 기울기의 변화도 같은 비율로 줄어든다.

부가정리 1

Nn에 수직한 선 TF를 긋고, 황도면에서 달의 시간당 운동(움직인 거리, 또는 돌아간 각도)을 pM이라 하자. QT에 수직한 선 pK와 Mk를 긋고, 이들의 연장선이 TF의 연장선과 만나는 점을 각각 H, h라 하면, $IT : AT = Kk : Mp$이고 $TG : Hp = TZ : AT$이므로 $IT \times TG = \frac{Kk \times Hp \times TZ}{Mp}$이다. 즉 $IT \times TG$는 $HpMh$의 면적에 $\frac{TZ}{Mp}$를 곱한 것과 같다. 그러므로 기울어진 각도의 시간당 변화와 $33'' 10''' 33''''$ 사이의 비율은 ($HpMh$의 면적) $\times AZ \times \frac{TZ}{Mp} \times \frac{Pp}{PG} : AT^3$이다.

48) $\frac{\angle GPg}{\angle GTg} = \frac{TG}{PG} \times \frac{Pp}{PG}$.

부가정리 2

그러므로 지구와 교점이 매시간 현 위치에서 한 시간 전의 위치로 되돌려져서 한 주기(한 달) 내내 주어진 위치를 벗어나지 않는다면, 한 달 동안 나타난 기울기(달의 궤도면과 황도면 사이의 각도)의 변화량과 33″10‴33⁗ 사이의 비율은 p가 한 바퀴 도는 동안 $HpMH$의 면적의 합(이 면적은 부분적으로 +일 수도 있고 −일 수도 있다)에 $AZ \times TZ \times \frac{Pp}{PG}$를 곱한 값과 $Mp \times AT^3$의 비율과 같다. 즉 이 비율은 (원 $QAqa$의 면적)$\times AZ \times TZ \times \frac{Pp}{PG} : Mp \times AT^3$=(원 $QAqa$의 둘레)$\times AZ \times TZ \times \frac{Pp}{PG} : 2Mp \times AT^2$이다.

부가정리 3

그러므로 교점이 주어진 위치에 놓인 상태에서 한 달 동안 균일한 운동을 했을 때, 시간당 평균 변화량과 33″10‴33⁗ 사이의 비율은 $AZ \times TZ \times \frac{Pp}{PG} : 2AT^2 = Pp \times \frac{AZ \times TZ}{\frac{1}{2}AT} : PG \times 4AT$이며, [$Pp$와 PG의 비율은 위에 언급한 기울기의 사인과 반지름의 비율과 같고, $\frac{AZ \times TZ}{\frac{1}{2}AT}$와 $4AT$의 비율은 $\sin(2\angle ATn)$과 반지름의 4배의 비율과 같으므로] 이 비례식은 "동일한 기울기(각도)의 사인에 태양과 교점까지의 거리의 2배의 사인을 곱한 값"과 "반지름의 제곱의 4배"의 비율과 같다.

부가정리 4

교점이 사분점에 있을 때 기울기의 시간당 변화량과 33″10‴33⁗ 사이의 비율은 (본 명제에 의해) $IT \times AZ \times TG \times \frac{Pp}{PG} : AT^3 = \frac{IT \times TZ}{\frac{1}{2}AT} \times \frac{Pp}{PG} : 2AT$=(구와 달 사이 거리의 2배의 사인$\times \frac{Pp}{PG}$) : (반지름의 2배)

이다. 그러므로 위와 같은 조건에서 달이 사분점에서 삭망점으로 가는 동안(즉 $177\frac{1}{6}$시간 동안) 기울기의 총변화량과 33″10‴33⁗ $\times 177\frac{1}{6}$ =5,878″의 비율은 (구와 달 사이 거리의 2배의 사인의 총합$\times \frac{Pp}{PG}$):지름×177과 같으며, 이 비율은 지름$\times \frac{Pp}{PG}$와 원둘레의 비율과 같다. 예를 들어 기울기가 5°1′이라면, 이 비율은 $7 \times \frac{874}{10{,}000}$:22 또는 278:10,000이다. 그러므로 시간당 변화량을 모두 더한 총변화량은 163″=2′43″이다.

명제 35 / 문제 16

주어진 시간에 황도면에 대한 달 궤도면의 기울기를 구하라.

최대 기울기의 사인을 *AD*라 하고, 최소 기울기의 사인을 *AB*라 하자. *BD*의 중점 *C*를 중심으로 반지름이 *BC*인 원 *BGD*를 그리고, 직선 *AC* 위에서 *CE*:*EB*=*EB*:2*BA*를 만족하는 점을 *E*라 하자. 이제 주어진 특정한 시간에 사분점에서 교점까지의 거리의 2배에 해당하는 ∠*AEG*를 잡고 *G*에서 *AD*를 향해 수선 *GH*를 내리면, *AH*가 바로 우리가 찾는 기울기의 사인에 해당한다.

이유: $GE^2=GH^2+HE^2=BH\times HD+HE^2=HB\times BD+HE^2-BH^2=HB\times BD+BE^2-2BH\times BE=BE^2+2EC\times BH=2EC\times AB+2EC\times BH=2EC\times AH$이다. 여기서 $2EC$는 주어진 양이므로 GE^2는 *AH*에 비례한다. 아주 짧은 시간이 지났을 때 사분점과 교점 사이 거리의

〈그림 3-15〉

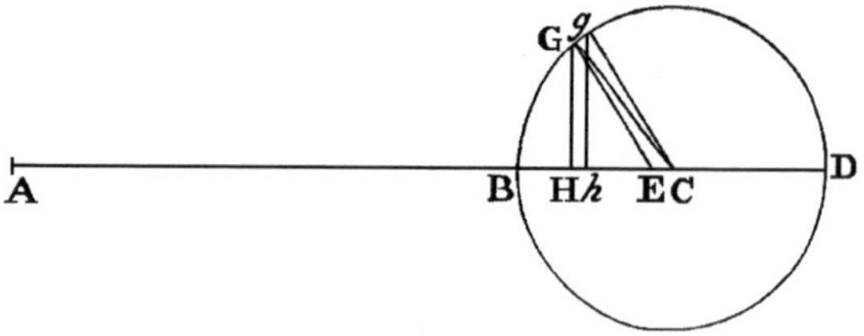

2배에 해당하는 각도를 $\angle AEg$라 하면, ($\angle GEg$는 주어진 값이므로) 호 Gg는 거리 GE에 비례한다. 또한 $Hh : Gg = GH : GC$이므로 Hh는 $GH \times Gg$에 비례한다(또는 $GH \times GE$, 또는 $\frac{GE}{GH} \times GE^2$, 또는 $\frac{GE}{GH} \times AH$에 비례한다). 즉 Hh는 AH와 $\sin(\angle AEG)$에 모두 비례한다. 그러므로 어떤 경우이건 AH가 기울기의 사인이면 (명제 34의 부가정리 3에 의해) 기울기의 사인과 같은 양만큼 증가하며, 이 관계는 항상 유지된다. 그리고 G가 B 또는 D에 놓이면 AH가 기울기의 사인과 같아지면서 이 관계도 항상 유지된다. [Q.E.D.]

이 증명에는 사분점에서 교점까지의 거리의 2배에 해당하는 $\angle BEG$가 일정하게 증가한다는 가정이 깔려 있다. 불규칙하게 증가하면서 생기는 세세한 부분까지 고려하면 계산이 너무 길어지기 때문이다. 이제 $\angle BEG=90^\circ$이고, Gg는 "태양과 교점 사이 거리의 2배"의 시간당 증가량이라고 가정하자. 그러면 (명제 34의 부가정리 3에 의해) 기울기의 시간당 변화량과 33″10‴33⁗ 사이의 비율은 기울기의 사인에 해당하는 AH와 직각 $\angle BEG$의 사인(교점과 태양 사이 거리의 2배)으로 만든 직사각형의 넓이와 반지름을 한 변으로 하는 정사각형 넓이의 4배와의 비율과 같다. 또한 이 비율은 평균 기울기의 사인인 AH

와 반지름의 4배의 비율과 같고, 이 비율은 (평균 기울기=약 $5°8\frac{1}{2}'$이므로) sin(896)과 반지름의 4배(40,000)의 비율=224∶10,000이다. 그리고 사인 값의 차이 *BD*에 해당하는 총변화량과 시간당 변화량의 비율은 지름 *BD*와 호 *Gg*의 비율과 같고, "지름 *BD*와 원둘레의 절반인 *BGD*의 비율"과 "$2{,}079\frac{7}{10}$시간(교점이 사분점에서 삭망점으로 이동하는 데 걸리는 시간)과 1시간의 비율"을 곱한 것과 같다.[49] 여기서 전자의 비율은 7∶11이고 후자의 비율은 2,079∶1이다. 이 비율을 결합하면 총변화량 *BD*와 33″10‴33⁗ 사이의 비율은 $224\times7\times2{,}079\frac{7}{10}$∶110,000=29,645∶1,000이므로, $BD=16'23\frac{1}{2}''$이다.

이 값은 궤도에서 달의 위치를 고려하지 않고 구한 기울기의 최대 변화량이다. 교점이 삭망점에 놓이면 달의 위치가 변해도 기울기는 변하지 않는다. 그러나 교점이 사분점에 놓이면, 기울기는 달이 사분점에 있을 때보다 삭망점에 있을 때 2′43″만큼 작아지는데, 이것은 명제 34의 부가정리 4에서 논한 바 있다. 그리고 평균 변화량의 총합인 *BD*는 달이 사분점에 있을 때 2′43″의 절반인 $1'21\frac{1}{2}''$만큼 작아져서 15′2″가 되고, 달이 삭망점에 있을 때는 같은 양만큼 증가하여 17′45″가 된다. 그러므로 달이 삭망점에 있을 때 교점이 사분점에서 삭망점으로 이동하는 동안 나타나는 총변화는 17′45″이다. 따라서 교점이 삭망점에 놓여 있을 때 기울기가 5°17′20″였다면, 교점이 사분점에 도달하고 달이 삭망점에 있을 때 기울기는 4°59′35″가 된다. 이것은 이미 천문 관측을 통해 확인된 사실이다.

---

49) *a*∶*b*와 *c*∶*d*의 곱은 *ac*∶*bd*이다.

달이 삭망점에 있고 교점이 삭망점과 사분점 사이의 임의의 위치에 있을 때 궤도의 기울기를 구하려면 $AB:AD=\sin(4°59'35''):\sin(5°17'20'')$가 되도록 A, B를 잡고 $\angle ABG$가 사분점에서 교점까지 거리의 2배가 되도록 G를 잡으면 된다. 이때 AH가 바로 우리가 원하는 기울기의 사인 값이다. 이 기울기는 달이 교점으로부터 90° 거리에 있을 때 궤도면의 기울기와 같다. 달이 그 외의 위치에 있을 때 기울기의 변화 때문에 한 달 주기로 나타나는 위치의 불규칙성은 역시 한 달 주기로 일어나는 교점의 불규칙한 운동과 서로 상쇄되기 때문에(이 내용은 앞에서 다루었다), 달의 황도를 계산할 때에는 굳이 고려할 필요가 없다.

부가설명

나의 목적은 중력 이론을 이용하여 달의 운동을 계산하는 것이었다. 제1권 명제 66의 부가정리 6에서도 중력 이론을 적용하여 태양의 힘에 의해 달의 궤도가 수시로 커지거나 작아지는 상황에서 달의 평균 운동의 1년간 균차를 계산한 바 있다. 태양이 근지점에 놓이면 이 힘이 강하게 작용하여 달의 궤도가 확장되고, 태양이 원지점에 놓이면 이 힘이 약해지면서 달의 궤도가 수축된다. 궤도가 커지면 달의 공전 속도가 느려지고, 궤도가 작아지면 달의 공전 속도가 빨라지는 것도 중요한 결과 중 하나이다. 이 불균일성은 연균차(annual equation)[50]에 의해 거의 상쇄되는데, 태양이 원지점과 근지점에 놓이면 상쇄 효과가 사라지면서 태양과 지구 사이의 평균 거리에 약 11′50″의 균차가 발생하며, 태양이 그 외의 위치에 있을 때 이 균차는 태양 중심의 균차에 비례한다. 또한 지구가 원일점에서 근일점으로 이동하는 동안에는 균차가 달의 평균 운동에 더해지고, 근일점에서 원일점으로 이동하는 동안에는 달의 운동에서 차감된다. 지구 공전 궤도의 반지름을 1,000이라 하고 지구의 이심률을 $16\frac{7}{8}$이라는 가정하에 중력 이론을 적용하면 균차의 최댓값은 11′49″이다. 그러나 지구의 실제 이심률은 이 값보다 조금 클 것으로 예상되며, 이심률이 커지면 균차도 같은 비율로 증가한다. 이심률이 16일 때 균차의 최댓값은 11′51″이다.

나는 지구가 원일점에 있을 때보다 근일점에 있을 때 달의 근지점과 교점이 더 빠르게 이동한다는 사실을 발견했다.[51] 속도가 빨라지는 이유는 태양의 중력이 더 강하게 작용하기 때문이다. 지구의 근일점과 원일점에서 달의 근지점(또는 교점)의 속도 비율은 태양과 지구 사이 거리의 세제곱에 반비례하고, 이들의 연균차는 태양 중심의 균차에 비례한다. 또한 태양의 운동은 지구와 태양 사이 거리의 제곱에 반비례하는데, 거리의 변화 때문에 나타나는 태양 중심부의 최대 균차는 1°56′20″이다(태양의 이심률을 위에 언급했던 $16\frac{11}{12}$로 가정한 결과이다). 그러나 태양의 운동이 거리의 세제곱에 반비례한다면 최

50) 1년을 주기로 나타나는 균차.

51) 근일점과 원일점은 대상 천체에 상관없이 "태양으로부터 가장 가까운 지점과 가장 먼 지점"이고, 근지점과 원지점은 역시 대상에 상관없이 "지구로부터 가장 가까운 지점과 가장 먼 지점"을 의미한다.

대 균차는 2°54′30″로 증가한다. 따라서 달의 근지점과 교점이 불규칙하게 이동하면서 발생한 최대 균차와 2°54′30″ 사이의 비율은 원지점과 근지점의 평균 일주 운동과 태양의 평균 일주 운동의 비율과 같다. 그러므로 근지점의 평균 운동의 최대 균차는 19′43″이고, 교점의 평균 운동의 최대 균차는 9′24″이다. 단 지구가 근일점에서 원일점으로 이동하는 동안에는 19′43″을 더하고 9′24″를 빼야 하며, 원일점에서 근일점으로 이동할 때에는 덧셈과 뺄셈을 반대로 실행해야 한다.

중력 이론을 이용하면 다음과 같은 사실도 알 수 있다: 태양이 달에 미치는 영향은 달 궤도의 횡경(transverse diameter)[52]의 연장선이 태양을 지나갈 때보다, 태양과 지구를 연결하는 선과 수직을 이룰 때 조금 더 크게 나타난다. 그래서 달의 궤도는 후자의 경우보다 전자의 경우에 조금 더 커진다. 이로부터 달의 평균 운동에 또 다른 균차가 발생하는데, 그 값은 달의 원지점과 태양의 상대적 위치에 따라 다르다. 이 균차는 달의 원지점이 태양의 팔분점에 놓였을 때 가장 크고, 사분점이나 삭망점에 놓였을 때 0으로 사라진다. 그리고 달의 원지점이 태양의 사분점에서 삭망점으로 이동하는 동안에는 이 균차를 평균 운동에 더해야 하고, 달의 원지점이 삭망점에서 사분점으로 이동하는 동안에는 평균 운동에서 빼야 한다. 내가 "반년균차(semiannual equation)"라고 명명한 이 균차는 원지점이 팔분점과 일치할 때 3′45″로 최대치에 도달하는데(지구와 태양 사이의 거리를 평

52) 가장 긴 지름.

균 거리로 간주했을 때 그렇다), 이것은 관측을 통해 확인된 값이다. 또한 반년균차는 태양과 지구 사이 거리의 세제곱에 반비례하여 증가하거나 감소하며, 거리가 가장 멀 때 3′34″, 가장 가까울 때 3′56″이다. 달의 원지점이 팔분점 이외의 위치에 놓이면 반년균차가 작아지는데, 이 값과 최대 균차 사이의 비율은 가장 가까운 삭망점에서 달의 원지점까지의 거리의 2배의 사인과 궤도 반지름의 비율과 같다.

중력 이론에 의하면, 태양이 달에 미치는 영향은 달의 두 교점을 이은 직선의 연장선이 지구와 태양을 연결한 선과 직교하는 경우보다 이 직선이 태양을 관통하는 경우에 더 크게 나타난다. 이로 인해 달의 평균 운동에는 또 다른 균차가 발생하는데, 이것을 "제2 반년균차(second semiannual equation)"라 부르기로 하자. 이 값은 달의 교점이 태양의 팔분점에 놓였을 때 가장 크고, 삭망점이나 사분점에 놓이면 0으로 사라진다. 그리고 교점이 그 외의 위치에 놓인 경우 제2 반년균차는 다음 삭망점(또는 사분점)과 교점 사이 거리의 2배의 사인에 비례한다. 또 태양이 둘 중 가까운 교점보다 앞에 있을 때 제2 반년균차는 달의 평균 운동에 더해지고, 그 뒤에 있을 때에는 달의 평균 운동에서 차감된다. 지구와 태양 사이의 거리를 평균 거리로 간주했을 때 제2 반년균차는 팔분점에서 47″로 최대치에 도달하는데, 이것은 중력 법칙으로 확인된 결과이다. 지구-태양 사이의 거리가 평균에서 벗어나면 (교점이 팔분점에 있을 때 최대치에 도달하는) 제2 반년균차는 태양과 지구 사이 거리의 세제곱에 반비례한다. 구체적인 값은 태양이 근지점에 있을 때 약 49″이고, 원지점에 있을 때 약 45″이다.

또 중력 이론에 의하면 달의 원지점은 합이나 충에 놓였을 때(즉 삭망점에 놓였을 때) 가장 빠르게 전진하고, 사분점에 놓이면 뒤로 후퇴한다. 그리고 이심률은 (제1권 명제 66의 부가정리 7~9에 의해) 전자의 경우에 가장 크고 후자의 경우에 가장 작다. 결코 무시할 수 없는 이 차이 때문에 또 하나의 균차가 발생하는데, 나는 이것을 "원지점 반년균차(semiannual equation of the apogee)"로 명명했다. 지금까지 내가 수집한 관측 자료에 의하면 이 균차의 최댓값은 약 12° 18′이다. "달의 공전 궤도는 타원이고, 지구는 타원의 아래쪽 초점에 자리 잡고 있다"는 사실을 최초로 발견한 사람은 제레미아 호록스(Jeremiah Horrocks, 1618-1641)라는 영국인이었다. 그 후 에드먼드 핼리는 호록스의 이론을 개선하여 타원의 중심을 주전원(epicycle)[53]에 올려놓고 "주전원의 중심이 지구 주변을 균일한 속도로 공전하고 있다"고 생각했다. 원지점이 순행과 역행을 번갈아 반복하고 이심률이 수시로 변하는 것은 바로 이 주전원의 운동 때문이다.

지구와 달 사이의 거리를 100,000이라 하자. 〈그림 3-16〉에서 T는 지구이고 TC는 달의 평균 이심률인데, 이 값을 5,505라 하자. 직선 TC를 연장하여 CB="반지름 TC에 대한 원지점 반년균차의 최댓값의 사인"=sin(12° 18′)을 만족하는 점을 B라 하자. 중심이 C이고 반지름이 CB인 원 BDA를 달의 궤도 중심이 위치한 주전원이라 하고, 공전 방향은 $B \to D \to A$라 하자. 그리고 $\angle BCD$=연균차의 2배=태양의 실제 위치와 달의 원지점(균차를 고려하여 한 차례 보정되었음) 사

53) 큰 원의 원주를 따라 중심이 이동하는 작은 원.

〈그림 3-16〉

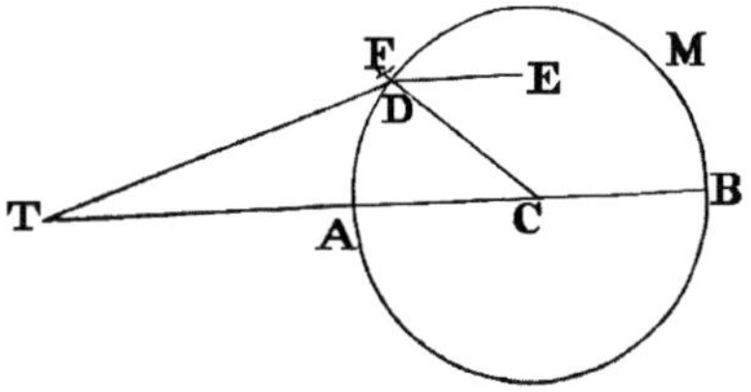

이 거리의 2배가 되도록 *D*를 잡는다. 그러면 *CTD*는 달의 원지점의 반년균차에 해당하고, *TD*는 두 번 보정된 달 궤도의 이심률이 된다. 이제 달의 평균 운동과 원지점, 이심률, 그리고 궤도의 장축(20,000)을 알고 있으므로, 이 데이터로부터 달의 실제 위치와 지구와의 거리를 계산할 수 있다.

근일점에 놓인 지구는 원일점에 있을 때보다 태양의 영향을 많이 받는다. 또한 이곳에서는 달 궤도의 중심도 *C* 주변을 더욱 빠르게 움직이는데, 그 속도는 지구-태양 사이 거리의 세제곱에 반비례한다. 태양 중심의 균차는 연주 운동에 이미 포함되어 있으므로 달 궤도의 중심은 주전원 *BDA*에서 더욱 빠르게 이동하며, 그 속도는 지구-태양 사이 거리의 제곱에 반비례한다. 그러므로 궤도의 중심 *D*에서 달의 원일점을 향해(즉 *TC*에 평행하게) 직선 *DE*를 긋고, ∠*EDF*="위에서 언급한 연균차"-"달의 원지점과 태양의 근지점 사이의 거리"가 되도록 *F*를 잡으면, 달 궤도 중심의 이동 속도가 거리의 제곱에 반비례하여 이전보다 빨라진다. 또는 ∠*CDF*="태양의 실제 근점이각(anomaly, 近點離角)[54]의 360°에 대한 보각"이 되도록 *F*를

54) 공전하는 천체의 현 위치와 근일(지)점 사이의 거리를 알려주는 척도.

잡아도 같은 결과를 얻을 수 있다.

이번에는 *DF*:*DC*=(지구 공전 궤도의 이심률의 2배와 지구-태양 사이 거리의 비율)×(달의 원지점에 대한 태양의 평균 일주 운동과 태양 자신의 원지점에 대한 태양의 평균 일주 운동의 비율)이 되도록 *F*를 잡아보자. 우변의 첫 번째 항은 $33\frac{7}{8}$:1,000이고 두 번째 항은 52′27″16‴:59′8″10‴이므로 둘을 곱한 비율은 3:100이다. 이제 달 궤도의 중심이 *F*에 놓여 있으면서 중심이 *D*이고 반지름이 *DF*인 주전원을 돌고 있고, *D*는 원 *DABD*의 원주를 따라 돈다고 하자. 그러면 달 궤도의 중점은 *C* 주변에서 어떤 특정한 곡선을 그리게 되고, 그 속도는 지구-태양 사이 거리의 세제곱에 거의 반비례한다.

이것은 결코 쉬운 계산이 아니지만, 근사적인 답을 원한다면 난이도를 크게 줄일 수 있다. 앞에서와 마찬가지로 지구와 태양 사이의 거리를 100,000이라 하고 이심률 *TC*를 5,505라 하자. 그러면 직선 *CB*(또는 *CD*)의 길이는 $1{,}172\frac{3}{4}$이고 *DF*는 $35\frac{1}{5}$이 된다. 직선 *DF*는 *TC*라는 거리를 두고 궤도의 중심이 *D*에서 *F*로 이동하면서 형성된 각도에 대응하는 변(선)이며, *DF*를 2배로 늘여서 지구에서 달 궤도의 위쪽 초점을 잇는 선과 평행하게 그은 직선은 초점이 이동하면서 만든 각(이 각은 방금 언급한 각과 같다)에 대응하는 변이다. 그리고 지구-달 사이만큼 떨어진 거리에서 바라본 이 각은 달이 이동한 각과 같으므로 "달 중심의 제2균차"라 할 수 있다. 이 균차는 지구와 달 사이의 간격이 평균 거리일 때 *F*와 달을 잇는 직선과 *DF*의 사잇각의 사인과 거의 같으며, 최댓값은 2′25″이다. 그리고 *F*와 달을 잇는 직선과 *DF*의 사잇각은 달의 평균 근점이각에서 ∠*EDF*를 뺀 값과 같고, 태양의 원지점과 달의 원지점 사이의 거리에 태양-달 사이의 거리를 더한 값과도 같다. 달의 궤도 반지름과 이 각도의 사인의 비율은 2′25″와 달 중심의 제2균차의 비율과 같은데, 방금 언급한 합이 반원주보다 작으면 이 값을 균차에 더해주고, 반원주보다 크면 빼야 한다. 이런 식으로 달의 위치를 수정하면 삭망점에서 달의 황위를 구할 수 있다.

태양에서 날아온 빛은 지구의 대기 중 30~50마일(50~80킬로미터) 높이에서 굴절된 후 지표면에 형성된 그림자 속으로 산란되기 때문에, 그림자의 경계선이 희미해지면서 그림자가 커지는 효과가 나타난다. 그러므로 월식에 의해 달에 드리운 그림자의 시차(parallax, 視差)를 측정할 때에는 그림자의 지름에 1′, 또는 $1\frac{1}{3}'$을 더해줘야 한다.

달의 운동 이론을 전개할 때는 제일 먼저 삭망점에서 진행되는 운동을 분석한 후 사분점의 운동을 분석하고, 마지막으로 팔분점에서의 운동을 고려하는 식으로 진행되어야 한다. 이 작업을 수행하는 사람은 그리니치 왕립천문대에서 1700년 12월 31일까지 수집한 관측 자료를 참고할 것을 권한다. 이 자료에 의하면 태양의 평균 운동은 20°43′40″, 태양의 원지점의 평균 운동은 7°44′30″이고 달의 평균 운동은 15°21′00″, 달의 원지점의 평균 운동은 8°20′00″, 교점의 평균 운동은 27°24′20이다. 그리니치 천문대와 파리 왕립천문대 사이에는 0시간 9분 20초의 경도 차이가 있지만, 두 곳에서 관측한 달과 원일점의 평균 운동은 아직 엄밀하게 검증되지 않은 상태이다.

명제 36 / 문제 17

지구의 바다에 작용하는 태양의 힘을 구하라.

〈그림 3-17〉[55]

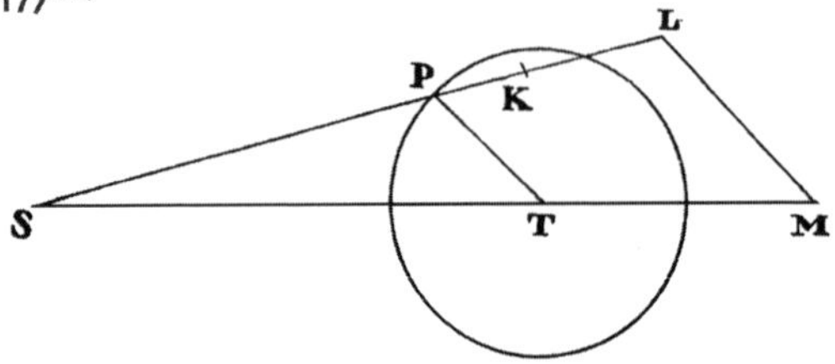

달이 사분점에 있을 때 달의 운동을 방해하는 태양의 힘 *ML*(또는 *PT*)과 지구 중력의 비율은 (제3권의 명제 25에 의해) 1:638,092.6이다. 그리고 힘 *TM*-*LN*(또는 2*PK*)는 달이 삭망점에 있을 때 2배로 강해진다. 그러나 지표면으로 내려가면 이 힘은 지구 중심과의 거리에 비례하여 약 $60\frac{1}{2}$:1로 줄어든다. 그러므로 지표면에 작용하는 태양의 힘과 지구 자체 중력의 비율은 1:38,604,600이며, 태양과 90° 각도를 이루는 지점의 바닷물은 이 비율만큼 아래로 내리누르는 힘을 받게 된다. 그러나 태양 바로 아래에 있는 바닷물과 그 대척점에

---

55) 이 책의 저본으로 삼은 앤드루 모트의 책에는 이 그림이 없고, I. 버나드 코언(I. Bernard Cohen)과 앤 위트먼(Anne Whitman)의 1999년 번역본에만 있다. 이 그림이 없으면 본문의 내용을 이해하기가 어려워 부득이하게 그림을 추가했다.

있는 바닷물은 전술한 힘의 2배에 해당하는 힘을 받아 위로 들어올려지는데, 이 힘의 합과 중력 사이의 비율은 1 : 12,868,200이다. 태양으로부터 90° 거리에서 물을 아래로 누르는 힘이건, 태양 바로 아래와 그 대척점에서 물을 위로 들어 올리는 힘이건 간에, 같은 힘은 같은 운동을 낳는다. 이 힘들을 모두 더한 결과는 태양이 바다에 가하는 총 힘과 같다. 만일 처음부터 태양이 90° 거리에 있는 바다에 아무런 영향도 미치지 않고 태양 바로 아래와 그 대척점에 있는 바닷물에만 들어올리는 힘을 작용한다 해도, 전체적인 결과는 달라지지 않을 것이다.

이 힘은 천정(Zenith, 天頂)[56]에 태양이 위치한 지역에서 지구와 태양 사이의 거리가 평균 거리일 때 바닷물을 들어 올리는 힘에 해당한다. 태양이 천정 이외의 다른 지점에 있을 때 태양이 바닷물을 들어올리는 힘은 그 지역에서 태양 고도의 2배의 버사인(versine)에 비례하고, 태양-지구 사이 거리의 세제곱에 반비례한다.

부가정리

지구는 자전하고 있으므로 모든 지점에 원심력이 작용하고 있으며(명제 19에 의하면 원심력과 중력의 비율은 1 : 289이다), 그 결과 적도의 해수면은 극지방의 해수면보다 85,472피트만큼 더 높다(이것도 명제 19에서 확인한 바 있다). 그러므로 앞서 언급했던 "태양이 지구에 작용하는 힘", 즉 태양의 힘(이 힘과 지구 자체 중력의 비율은 1 : 12,868,200

---

56) 임의의 지표면에서 수직한 방향으로 올라갔을 때 천구와 만나는 지점.

이므로 이 힘과 지구 원심력의 비율은 1:44,527이다)은 태양의 바로 아래에 있는 바닷물과 그 대척점에 있는 바닷물을 태양과 90° 거리에 있는 바닷물보다 겨우 1피트 $11\frac{1}{30}$인치만큼 더 높이 들어올릴 뿐이다(1:44,527=1피트 $11\frac{1}{30}$인치:85,472피트이기 때문이다).

명제 37 / 문제 18

지구의 바다에 작용하는 달의 힘을 구하라.

바닷물을 움직이는 달의 힘은 태양이 바다에 가하는 힘과의 비율로부터 계산할 수 있으며, 이 비율은 실제 바닷물이 움직이는 비율로부터 알아낼 수 있다. 브리스톨에서 남쪽으로 3마일 거리에 있는 에이번강 어귀의 수위는 (새뮤얼 스터미의 관측에 따르면) 봄, 가을에 태양과 달이 삭망점에 있을 때 약 45피트였다가, 이들이 사분점으로 이동하면 25피트로 내려간다. 여기서 45피트는 두 힘이 더해져서 나타난 결과이고, 25피트는 두 힘의 차이에서 나타난 결과이다. 그러므로 태양과 달의 힘이 적도를 향해 작용하고 이들이 지구로부터 평균 거리에 있다고 가정하면, (달의 힘을 L, 태양의 힘을 S라고 했을 때) $L+S:L-S=45:25=9:5$가 된다.

또한 새뮤얼 콜프레스의 관측에 의하면 폴리머스 항구의 평균 수위는 약 16피트이며, 봄, 가을에 태양과 달이 삭망점에 놓였을 때 수위는 사분점에 놓였을 때 수위보다 7~8피트 더 높아진다. 두 수위의 최대 격차를 9피트라 하면, $L+S:L-S=20\frac{1}{2}:11\frac{1}{2}=41:23$인데, 이 비율은 에이번강에서 구한 비율과 거의 같다. 그러나 에이번강의 평균 수위가 폴리머스 항구보다 높기 때문에 스터미의 관측이 더 믿을 만하다고 사료되는 바, 앞으로 더 정확한 결과가 나오기 전까지는 9:5라는 비율을 사용하기로 한다.

바닷물은 왕복 운동을 반복하기 때문에, 가장 높은 수위는 태양과 달이 삭망점에 있을 때가 아니라, (앞서 말한 대로) 삭망점에 도달한 후 세 번째 밀물 때 일어난다. 또는 달이 삭망점을 지난 후 세 번째로 그 지역의 자오선에 도달한 직후, 또는 스터미가 말한 대로 초승달(삭)이나 보름달(망)이 뜬 후 세 번째 밀물 때, 또는 초승달이나 보름달이 뜨고 약 12시간이 지난 후, 또는 초승달이나 보름달이 뜨고 약 43시간이 지난 후 최고 수위에 도달한다. 폴리머스 항구에서는 달이 그 지역의 자오선에 걸치고 7시간이 지났을 때 수위가 최고에 도달했다고 기록되어 있는데, 이것은 달이 태양으로부터 약 18~19° 쯤 앞서가거나 뒤처진 상황에서 그 지역의 자오선을 지난 후 최고 수위에 도달했음을 의미한다. 여름과 겨울의 최고 수위는 하지나 동지 때가 아니라 태양이 전체 궤도의 10퍼센트쯤 지났을 때, 또는 태양이 지점(solstice, 至點)[57]으로부터 약 36~37° 거리에 있을 때 일어난다. 이와 비슷하게 임의의 지역에서 바다의 가장 큰 밀물은 한 번의 밀물과 그다음 밀물 사이에 태양과 달 사이의 거리(간격)가 전체 궤도 운동의 10퍼센트쯤 되는 상황에서 달이 그 지역의 자오선으로

57) 하지점이나 동지점.

접근할 때 발생한다. 이 거리를 대략 $18\frac{1}{2}°$라 하자. 태양이 삭망점이나 사분점으로부터 이 거리만큼 떨어져 있으면, 달 때문에 일어난 바다의 운동을 더 크게 만들거나 감소시키는 능력이 (삭망점이나 사분점에 있을 때보다) 줄어드는데, 그 감소 비율은 반지름 : $\cos(2\times18\frac{1}{2}°=37°)$ = 10,000,000 : 7,986,355와 같다.[58] 그러므로 앞에서 도입했던 "태양이 바다에 가하는 힘" S는 0.7986358이 되어야 한다.

그러나 사분점에 있는 달은 적도에 대해 기울어져 있기 때문에 지구에 가하는 힘이 약해진다. 달이 사분원이나 사분원에서 $18\frac{1}{2}°$만큼 벗어나 있을 때 적도와 이루는 각은 약 22°13′이다. 태양(또는 달)이 바다에 행사하는 힘은 태양(또는 달)과 적도 사이의 기울기에 따라 달라지는데, 대략적으로 이 각도의 코사인의 제곱에 비례한다(즉 각도가 클수록 힘이 약해진다). 그러므로 사분점에 있는 달이 발휘하는 힘은 $0.8570327L$에 불과하며, $L+0.7986355S : 0.8570327L-0.7986355S=9:5$이다.

달 궤도의 지름은 일정하지 않아서, 긴 지름과 짧은 지름의 비율이 69 : 70쯤 된다. 따라서 달이 삭망점에 있을 때와 사분원에 있을 때 지구-달 사이 거리의 비율은 (다른 조건이 모두 같다는 가정하에) 69 : 70이다. 그리고 달이 삭망점을 $18\frac{1}{2}°$만큼 지났을 때(밀물이 가장 클 때)와 사분점을 $18\frac{1}{2}°$만큼 지났을 때(밀물이 가장 작을 때) 지구와의 거리와 평균 거리 사이의 비율은 각각 69.098747 : $69\frac{1}{2}$, 그리

58) cos37° = 0.798635⋯이다.

고 69.897345 : $69\frac{1}{2}$이다. 그런데 달이 바닷물에 가하는 힘은 거리의 세제곱에 반비례하므로, 힘이 가장 클 때와 가장 작을 때, 그리고 평균 거리에 있을 때 힘의 비율은 0.9830427 : 1.017522 : 1이다. 즉 $1.017522L+0.7986355S : 0.9830427\times0.8570327L-0.7986355S=9:5$이므로, $S:L=1:4.4815$이다. 그리고 태양의 힘과 지구 중력의 비율은 1 : 12,868,200이므로, 달의 힘과 지구 중력의 비율은 1 : 2,871,400이다.

부가정리 1

바닷물은 태양의 힘에 의해 1피트 $11\frac{1}{30}$인치 올라가므로 달에 의해 올라가는 높이는 8피트 $7\frac{5}{22}$인치이며, 두 효과를 더하면 $10\frac{1}{2}$피트가 된다. 달이 근지점에 있으면 $12\frac{1}{2}$까지 올라가고, 조류와 같은 방향으로 바람이 불면 더 높아질 수도 있다. 이 정도 힘이면 바닷물을 움직이기에 충분하며, 우리의 계산 결과는 실제 운동과 거의 정확하게 일치한다. 대서양의 일부 지역과 태평양, 그리고 남대서양처럼 남-북회귀선 바깥에 있으면서 동서로 넓게 트인 바다에서는 바닷물이 6, 9, 12, 또는 15피트까지 올라가고, 특히 태평양은 다른 바다보다 깊고 넓어서 대서양이나 남대서양보다 조수 현상이 더 크게 일어나는 것으로 알려져 있다. 밀물이 완전히 채워지려면 바다가 동서 방향으로 90° 이상 펼쳐 있어야 하기 때문이다. 아프리카 대륙과 남미 대륙 사이에 끼어 있는 남대서양은 동서 방향 폭이 충분히 넓지 않기 때문에 열대 지역(저위도)의 수위가 온대 지역(고위도)의 수위보다 낮다.

바다 한복판의 수위가 올라가면 양 끝 해변의 수위는 동시에 내려가야 한다. 그런데 영국의 좁은 해협에서는 양 끝 해변의 수위가 동시에 오르거나 내리지 않고 번갈아 오르내린다. 즉 한쪽 해변의 수위가 올라가면 반대쪽 해변의 수위가 내려간다는 뜻이다. 이런 이유 때문에 해변으로부터 멀리 떨어진 외딴섬에서는 조수간만의 차이가 별로 크지 않다. 반면에 수심이 깊지 않은 일부 항구에서는 바닷물의 이동이 매우 격렬하여 조수간만의 차이가 다른 지역보다 크게 나타난다. 영국의 폴리머스와 쳅스토브리지, 노르망디 해변의 몽생미셸과 아브랑슈, 동인도제도의 캠베이와 페구 등이 대표적 사례이다. 이런 곳에서는 물이 들어오고 나가는 속도가 매우 빠르기 때문에 물이 들어오면 해변이 통째로 잠기고, 물이 빠지면 갯벌이 수 킬로미터에 걸쳐 드러나기도 한다. 바닷물을 이동시키는 힘이 사라지려면(즉 바다가 잠시나마 진정되려면) 수위가 30, 40 또는 50피트까지 올라가거나 내려가야 한다. 마젤란해협이나 영국의 작은 항구들처럼 길고 얕은 바닷가도 마찬가지다(영국인을 괴롭히는 것은 대양이 아니라 해협이다). 이런 곳에서는 물이 들어오고 나가는 힘이 매우 강하기 때문에, 수위가 측정 가능한 한계를 넘을 때도 종종 있다. 그러나 사방이 넓게 트이고 수심도 깊으면서 경사가 급한 해변에서는 바닷물이 급하게 이동하지 않으므로, 조수의 양이 태양 및 달의 힘과 거의 정확하게 일치한다.

부가정리 2

바닷물에 작용하는 달의 힘과 지구 중력의 비율은 1 : 2,871,400이다. 달의 힘은 이 정도로 약하기 때문에 단진자나 물, 또는 통계적 방법으로 아무리 정교한 실험을 실행해도 감지하기 어렵다. 이토록 약한 힘이 낳은 결과 중 감지 가능한 것은 조수간만뿐이다.

부가정리 3

바닷물에 작용하는 달의 힘과 태양의 힘 사이의 비율은 4.4815 : 1이며, 두 힘은 (제1권 명제 66의 부가정리 14에 의해) 달과 태양의 밀도와 겉보기 지름의 세제곱에 비례한다. 그러므로 달과 태양의 밀도 비율은 "4.4815 : 1"과 "태양의 겉보기 지름의 세제곱 : 달의 겉보기 지름의 세제곱"을 곱한 것과 같다. 즉 이 비율은 (달과 태양의 평균 겉보기 지름은 각각 31′16″, 32′12″이므로) 4,891 : 1,000이다. 또한 태양과 지구의 밀도 비율은 1,000 : 4,000이므로 달과 지구의 밀도 비율은 4,891 : 4,000=11 : 9이다. 이로부터 달의 밀도가 지구보다 높다는 것을 알 수 있다.

부가정리 4

천문 관측 데이터에 의하면 달의 실제 지름과 지구의 실제 지름 사이의 비율은 100 : 365이다. 따라서 달과 지구의 질량 비율은 1 : 39.788이다.

부가정리 5

달 표면에서의 중력 가속도는 지구 표면에서 중력 가속도의 약 $\frac{1}{3}$이다.[59]

부가정리 6

"지구의 중심에서 달의 중심까지의 거리"와 "지구와 달의 공통 무게 중심에서 달의 중심까지의 거리"의 비율은 40.788 : 39.788이다.[60]

부가정리 7

지구의 중심에서 달의 중심까지의 평균 거리는 (달이 팔분점에 있을 때) 지구의 가장 긴 반지름의 $60\frac{2}{5}$배이다. 지구의 가장 긴 반지름은 19,658,600피트이며, 지구의 중심에서 달의 중심까지의 평균 거리는 이 값의 $60\frac{2}{5}$배이므로 1,187,379,440피트이다. 이 거리와 "지구와 달의 공통 무게 중심에서 달의 중심까지의 거리"의 비율은 (부가정리 7에 의해) 40.788 : 39.788이며, 따라서 후자의 거리는 1,158,68,534피트임을 알 수 있다. 또한 고정된 별을 기준으로 한 달의 공전 주기는 27일 7시간 $43\frac{4}{9}$분이므로, 궤도 반지름을 1,000,000,000,000,000이라고 했을 때 달이 1분 동안 그리는 호의 버사인은 12,752,341이며, 궤도 반지름과 이 버사인의 비율은 1,158,268,534피트 : 14.7706353피트이다. 그러므로 달의 궤도를 유지시키는 힘이 고

---

59) 실제로 달의 중력 가속도는 1.63m/s^{2}으로, 지구 표면 중력 가속도인 9.8m/s^{2}의 $\frac{1}{6}$에 불과하다. 뉴턴이 이 비율을 $\frac{1}{3}$로 생각한 이유는 부가정리 3에서 달의 밀도 계산이 잘못되었기 때문이다. 달과 지구의 밀도 비율은 11 : 9가 아니라 약 3 : 5로서, 지구의 밀도가 더 높다. 따라서 부가정리 4의 질량 비율도 수정되어야 한다. 실제 달과 지구의 질량 비율은 1 : 81.34이다.

60) 밀도 계산이 잘못되었으니 이 값도 수정되어야 한다. 이후에 나오는 관련 내용들도 마찬가지다. 그러나 대부분이 수치상의 오류일 뿐, 논리 자체에는 아무런 문제가 없다.

스란히 지구 쪽으로 작용하여 달을 떨어뜨린다면, 달은 1분 동안 14.7706353피트를 떨어지게 된다. 이 힘을 $178\frac{29}{40}:177\frac{29}{40}$의 비율로 증가시키면 (제3권 명제 3의 부가정리에 의해) 달 궤도에 작용하는 중력의 총량을 구할 수 있다. 달이 이 힘에 의해 지구로 떨어진다면 1분 동안 14.8538067피트를 떨어질 것이다. 그리고 지구의 중심에서 달까지 거리의 $\frac{1}{60}$이 되는 지점(즉 지구 중심으로부터 197,896,573피트 떨어진 지점)에서 자체 무게로 낙하하는 물체는 1초 동안 14.8538067피트를 떨어진다. 그러므로 19,615,800피트(지구의 평균 반지름)의 거리에서 자체 무게로 낙하하는 물체는 1초 동안 15.11175피트, 즉 15피트 1인치 $4\frac{1}{11}$라인을 떨어지게 된다. 이것이 위도 45°인 지점에서 낙하하는 물체의 운동이다. 그런데 명제 20에 수록된 표에 의하면 파리(위도 48°50′10″)에서 떨어뜨린 물체의 낙하 거리는 방금 언급한 값보다 $\frac{2}{3}$라인쯤 더 길다. 그러므로 이 계산에 의하면 파리와 같은 위도에서 진공 중에 떨어지는 물체는 1초 동안 약 15피트 1인치 $4\frac{25}{33}$라인을 떨어지게 된다. 그리고 이 위도에서 지구의 자전에 의한 원심력을 고려하면 낙하하는 (무거운) 물체는 1초 동안 15피트 1인치 $1\frac{1}{2}$라인을 떨어진다. 이것이 파리에서 낙하하는 물체의 실제 운동으로, 제3권의 명제 4와 명제 19에서 얻은 결과와 일치한다.

부가정리 8

달이 삭망점에 있을 때 지구의 중심과 달의 중심 사이의 평균 거리는 지구의 가장 긴 반지름의 60배에서 반지름의 $\frac{1}{30}$을 뺀 값과 같다. 그리고 달이 사분점에 있을 때 지구의 중심과 달의 중심 사이의 평균 거리는 지구 반지름의 $60\frac{5}{6}$배이다.

이유: 제3권의 명제 28에 의해, 위의 두 값과 "달이 팔분점에 있을 때 지구와 달 사이의 평균 거리"의 비율이 각각 $69:69\frac{1}{2}$과 $70:69\frac{1}{2}$이기 때문이다.

부가정리 9

달이 삭망점에 있을 때 지구와 달의 중심 사이의 거리는 지구의 평균 반지름의 $60\frac{1}{10}$배이며, 달이 사분점에 있을 때 이 거리는 지구의 평균 반지름의 $(61-\frac{1}{30})$배$=60\frac{29}{30}$배이다.

부가정리 10

달이 삭망점에 있을 때, 위도가 0°, 30°, 38°, 45°, 52°, 60°, 90° 인 지점에서 달의 지평시차(horizontal parallax)[61]는 각각 57′ 20″, 57′ 16″, 57′ 14″, 57′ 12″, 57′ 10″, 57′ 8″, 57′ 4″이다.

이 모든 것은 지구의 자력, 즉 지자기력을 고려하지 않은 결과이다. 지자기력은 강도가 아주 약하지만, 구체적인 값은 아직 알려지지 않은 상태이다. 지자기력의 정확한 값이 알려지면 모든 계산을 다시 수행하여 진자의 등시성과 바닷물의 운동, 달의 시차, 태양과 달의 겉보기 지름 등을 좀더 정확하게 규명할 수 있을 것이다.

61) 천체가 지평선에 걸쳐 있을 때의 지심 시차.

명제 38 / 문제 19

달의 구체적인 형태를 구하라.

만일 달이 지구의 바다와 같은 유체라면 "달에서 지구와 마주 보는 지역과 그 대척점(반대쪽)의 수위를 높이는 지구의 힘(A)"과 "지구에서 달과 마주 보는 지역과 그 대척점의 수위를 높이는 달의 힘(B)"의 비율은 "지구를 향한 달의 중력 가속도(C)와 달을 향한 지구의 중력 가속도(D)의 비율"과 "달의 지름(E)과 지구의 지름(F)의 비율"의 곱과 같다.[62] 즉 이 비율은 (39.788 : 1)×(100 : 365)=1,081 : 100이다. 지구의 바다는 달의 힘에 의해 $8\frac{3}{5}$피트만큼 상승하므로, 달의 바다는 지구의 힘에 의해 93피트만큼 높아져야 한다. 그러므로 달의 외형은 회전 타원체일 것이며, 가장 긴 지름의 연장선은 지구를 관통하고, 이것과 수직을 이루는 지름보다 186피트만큼 길다. 달은 처음 생성되었을 때부터 이런 모양이었을 것이다. [Q.E.I.]

부가정리

달의 특정한 면이 항상 지구를 향해 고정되어 있는 이유도 여기서 찾을 수 있다. 달이 조금 회전하여 지금과 다른 면이 지구를 향한다면 달은 그 상태를 안정적으로 유지할 수 없으며, 약간의 진동을 거쳐 원래 방향으로 되돌아가게 된다. 단 진동을 일으키는 힘이 매우

---

62) $\frac{A}{B}=\frac{C}{D}\times\frac{E}{F}$라는 뜻이다.

약하기 때문에 이 과정은 매우 느리게 진행된다.[63] 지금 우리에게 보이는 달의 면이 달 궤도의 다른 초점을 바라보는 쪽으로 돌아간다면 (제3권의 명제 17에 의해) 곧바로 원위치로 되돌아오지 않는다.

보조정리 1

밀도가 일정한 지구를 *APEp*라 하고 중심을 *C*, 북극과 남극을 *P*와 *p*, 적도를 *AE*라 하자. *Pape*는 중심이 *C*이고 반지름이 *CP*이면서 지구에 내접하는 원이며, *QR*은 태양의 중심과 지구의 중심을 연결하는 직선에 수직한 평면이다. 이제 지구와 원 사이의 영역 *PapAPepE*에 들어 있는 모든 입자들이 평면 *QR*과의 거리에 비례하는 힘(척력)을 받아 *QR*로부터 밀려난다고 하자. 그러면 "적도 *AE*에 놓인 모든 입자들(지표면에서 적도를 따라 고리 모양으로 균일하게 분포된 입자들)이 *C*를 중심으로 지구를 회전시키는 총힘"과 "같은 수의 입자들이 (평면 *QR*로부터 가장 먼 지점인) *A*에 뭉쳐서 *C*를 중심으로 지구를 회전시키는 총힘"의 비율은 1:2이다. 그리고 이 회전 운동은 적도와 *QR*의 두 교점을 연결한 직선을 축으로 삼아 진행된다.

우선 중심이 *K*이고 지름이 *IL*인 반원 *INLK*를 그려보자. 반원주 *INL*을 무한히 짧고 동일한 간격으로 세분한 후, 임의의 부분 *N*에서 지름 *IL*에 내린 수선의 발을 *M*이라 하면, 사인 *NM*의 제곱의 총합은 사인 *KM*의 제곱의 총합과 같고, 두 값의 합은 반지름 *KN*의 제

63) 이 현상을 칭동(liberation, 秤動)이라 한다.

〈그림 3-18〉

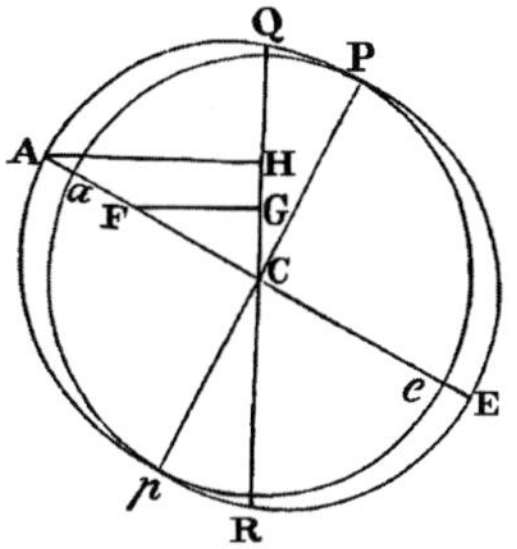

〈그림 3-19〉

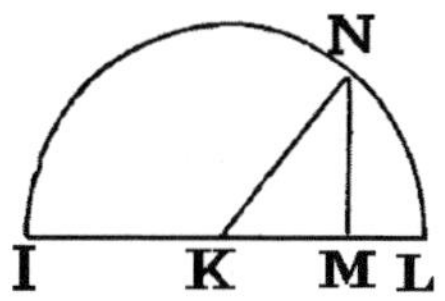

곱을 같은 수만큼 더한 값과 같다. 그러므로 사인 *NM*의 총합은 반지름 *KN*의 제곱을 같은 수만큼 더한 값의 절반에 해당한다.

이제 원 *AE*의 둘레를 위와 같은 개수의 동일한 조각으로 세분한 후,[64] 각 부분 *F*에서 평면 *QR*에 수직한 선 *FG*를 긋고 *A*에서도 같은 방향의 수선 *AH*를 그어보자. 그러면 입자 *F*가 평면 *QR*로부터 멀어지려는 힘은 (가정에 의해) 수직선 *FG*의 길이에 비례하고, 이 힘에 *CG*를 곱하면 입자 *F*가 *C*를 중심으로 지구를 회전시키는 힘이 된다.[65] 그러므로 *F*에 있는 입자가 지구를 회전시키는 힘과 *A*에 있는 입자가 지구를 회전시키는 힘 사이의 비율은 $FG \times GC : AH \times HC = FC^2 : AC^2$이며, 따라서 "모든 *F*들이 지구를 회전시키는 총힘"과 "*A*에 밀집된 같은 수의 입자들이 지구를 회전시키는 총힘"의 비율은 "FC^2의 합 : AC^2의 합"과 같다. 그리고 두 번째 그림에서 증명한 바에 의하면 이 비율은 1 : 2이다. [Q.E.D.]

---

64) 사실 *AE*는 원이 아니라 적도 쪽이 불룩하게 튀어나온 "찌그러진 구"이다.

65) 이 힘을 토크(torque, 돌림힘)라 한다.

모든 입자들이 발휘하는 힘은 평면 *QR*로부터 멀어지는 쪽으로 작용하고, *QR*의 양쪽에서 같은 크기로 동시에 작용한다. 그러므로 이 힘은 지구의 적도 부분과 거기 붙어 있는 지구 전체를 함께 회전시키며, 회전축은 적도면과 *QR*이 교차하는 직선이다.

보조정리 2

이전과 동일한 가정하에서 "원의 외부(원과 지구 사이)에 있는 모든 입자들이 주어진 축을 중심으로 지구를 회전시키는 총힘"과 "같은 수의 입자들이 적도 *AE*를 따라 고리 모양으로 균일하게 분포되어 있을 때, 이들이 지구를 회전시키는 총힘"의 비율은 2:5이다.

〈그림 3-20〉

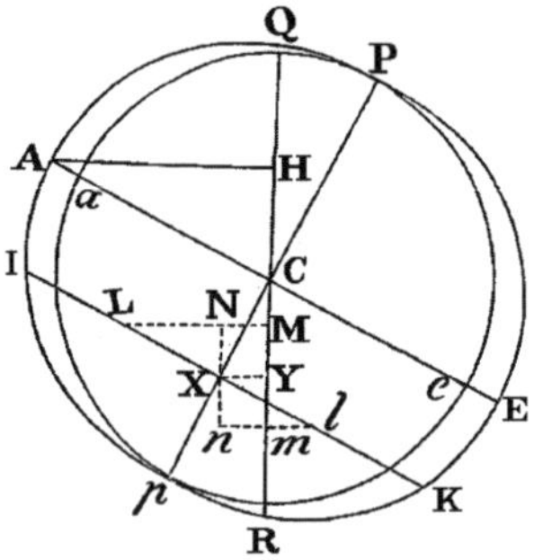

적도 *AE*와 평행하면서 이보다 크기가 작은 원을 *IK*라 하고, 이 원에 놓여 있으면서 원 *Pape*의 바깥에 있는 임의의 두 입자를 *L*, *l*이라 하자. 여기서 평면 *QR*에 수직한 선 *LM*과 *lm*을 그으면, 입자들이

QR로부터 멀어지려는 총힘은 LM과 lm에 비례한다. 이제 평면 $Pape$와 평행한 직선 Ll의 중점을 X라 하고,[66] X를 지나면서 평면 QR에 평행한 직선이 LM, lm과 만나는 점을 각각 N, n이라 하자. 그리고 X에서 평면 QR에 내린 수선을 XY라 하자. 그러면 지구를 한쪽 방향으로 회전시키는 입자 L의 힘과 그 반대 방향으로 회전시키는 입자 l의 힘은 각각 $LM \times MC$와 $lm \times mC$에 비례한다. 즉 L과 l의 힘은 각각 $LN \times MC + NM \times MC$와 $ln \times mC - nm \times mC$에 비례하고, 또는 $LN \times MC + NM \times MC$와 $LN \times mC - NM \times mC$에 각각 비례한다. 그리고 이들의 차이인 $LN \times Mm - NM \times (MC + mC)$는 두 입자가 지구를 회전시키는 알짜힘(*net force*)에 해당한다. 이 알짜힘에서 부호가 플러스(+)인 $LN \times Mm$(또는 $2LN \times NX$)과 $2AH \times HC$(두 입자가 모두 A에 놓여서 지구를 회전시키는 힘)의 비율은 $LX^2 : AC^2$이고, 부호가 마이너스(−)인 $NM \times (MC + mC)$(또는 $2XY \times CY$)와 $2AH \times HC$의 비율은 $CX^2 : AC^2$이다. 그러므로 "두 힘의 차이(두 입자 L과 l이 지구를 회전시키는 알짜힘)"와 "두 입자가 모두 A에 놓였을 때 지구를 회전시키는 힘"의 비율은 $(LX^2 - CX^2) : AC^2$이다.

원 IK의 둘레를 한없이 작으면서 크기가 같은 조각으로 세분하여 그중 한 조각(입자)을 L이라 하면, "모든 L에 대한 LX^2의 합"과 "같은 개수의 IX^2의 합"의 비율은 (보조정리 1에 의해) 1:2이고, "모든 L에 대한 LX^2의 합"과 "같은 수의 CX^2의 합"의 비율은 $IX^2 : 2AC^2$이며, "같은 수의 CX^2의 합"과 "같은 수의 AC^2의 합"의 비율은

66) Ll이 평면 $Pape$와 평행해지도록 L과 l을 잡았다고 생각하면 된다.

$2CX^2 : 2AC^2$이다. 그러므로 "원 IK를 따라 늘어서 있는 모든 입자의 총힘"과 "같은 수의 입자들이 A에 집중되어 있을 때 발휘하는 총힘"의 비율은 $(IX^2 - 2CX^2) : 2AC^2$이며, "원 IK를 따라 늘어서 있는 모든 입자의 총힘"과 "같은 수의 입자들이 원 AE의 둘레를 따라 일정한 간격으로 늘어서 있을 때 발휘하는 총힘"의 비율은 (보조정리 1에 의해) $(IX^2 - 2CX^2) : AC^2$이다.

구의 지름 Pp를 크기가 같고 무한히 작은 조각으로 세분하여 각 조각마다 같은 개수의 원 IK가 들어가도록 만들어보자. 그러면 개개의 원 IK에 들어 있는 물질의 양은 IX^2에 비례하고, 이 물질이 지구를 회전시키는 힘은 $IX^2 \times (IX^2 - 2CX^2)$에 비례한다. 그리고 같은 물질이 원 AE의 둘레를 따라 분포되어 있다면, 이들이 지구를 회전시키는 힘은 $IX^2 \times AC^2$에 비례한다. 그러므로 "모든 물질에 포함된 모든 입자들이 구의 바깥에 분포되어 있을 때 이들이 지구를 회전시키는 힘"과 "같은 수의 입자들이 원 AE를 따라 분포되어 있을 때 이들이 지구를 회전시키는 힘"의 비율은 모든 $IX^2 \times (IX^2 - 2CX^2)$와 모든 $IX^2 \times AC^2$의 비율과 같으며, 이 비율은 모든 $(AC^2 - CX^2) \times (AC^2 - 3CX^2)$: 모든 $(AC^2 - CX^2) \times AC^2$ = 모든 $AC^4 - 4AC^2 \times CX^2 + 3CX^4$: 모든 $AC^4 - AC^2 \times CX^2$과 같다. 이 값은 $AC^4 - 4AC^2 \times CX^2 + 3CX^4$를 적분한 값과 $AC^4 - AC^2 \times CX^2$를 적분한 값의 비율에 해당하는데, 그 결과는 $AC^4 \times CX - \frac{4}{3}AC^2 \times CX^3 + \frac{3}{5}CX^5 : AC^4 \times CX - \frac{1}{3}AC^2 \times CX^3$이다.[67] 여기서 CX를 Cp 전체, 즉 AC로 대치하면 위의 비율은 $\frac{4}{15}AC^5 : \frac{2}{3}AC^5 = 2 : 5$가 된다. [Q.E.D.]

보조정리 3

이전과 동일한 가정하에, 전술한 축을 중심으로 회전하는 지구 전체의 운동과 전술한 고리 모양으로 분포된 입자들이 동일한 축을 중심으로 회전할 때의 운동의 비율은 (1) 지구를 구성하는 물질의 양과 고리에 포함된 물질의 양의 비율과 (2) 임의의 사분원의 호의 제곱의 3배와 그 원의 지름의 제곱의 2배의 비율을 곱한 것과 같다. 즉 이 비율은 물질의 양의 비율에 925,275:1,000,000을 곱한 것과 같다.

원기둥이 자신의 축을 중심으로 회전할 때의 운동(운동량)과 그 안에 내접하는 구가 같은 속도로 회전할 때의 운동의 비율은 똑같은 정사각형 4개와 그 안에 내접하는 원 3개의 면적 비율과 같다. 그리고 이 원기둥의 운동과 "원기둥과 내접원의 접점에서 이들을 에워싸는 가느다란 원형 고리"의 운동의 비율은 원기둥을 구성하는 물질의 2배와 고리를 구성하는 물질의 3배의 비율과 같다. 또한 "실린더의 축을 중심으로 균일하게 회전하는 원형 고리의 운동"과 "자신의 지름을 축으로 삼아 (같은 주기로) 균일하게 회전하는 원형 고리의 운동"의 비율은 임의의 원의 둘레와 지름의 2배의 비율과 같다. 이 모든 비율을 조합하면 본 정리가 증명된다.

---

67) 드디어 이곳에서 뉴턴이 처음으로 "적분"을 언급했다. 여기서 적분이란 각 항목들을 모두 더한다는 뜻이다.

가정 2

위에서 언급한 원형 고리가 지구처럼 태양을 중심으로 연주 운동(공전)을 한다고 하자(지구의 다른 부분이 모두 제거되고 원형 고리만 남았다고 생각하면 된다). 또한 이 고리가 황도면에 대하여 23° 기울어진 축을 중심으로 일주 운동(자전)까지 한다고 가정하자. 그러면 이 고리의 구성 성분이 액체이건 고체이건, 춘분점과 추분점의 운동은 지구의 경우와 동일하다.

명제 39 / 문제 20

춘분점과 추분점의 운동을 구하라.

달의 공전 궤도를 원으로 간주하고 궤도의 교점이 사분점에 놓여 있을 때. 교점의 시간당 평균 운동(평균 이동 각도)은 16″35‴16⁗ 36′′′′′이다. 이 값의 절반인 8″17‴38⁗ 18′′′′′은 (제3권 명제 30의 부가정리 2에 의해) 그 외의 위치에서 교점의 시간당 평균 운동이며, 이 운동이 1항성년 동안 누적된 결과는 20°11′46″이다(제3권 명제 32 참조). 그러므로 이런 궤도에서 달의 교점은 1년 동안 20°11′46″만큼 뒤로 이동한다. 만일 달이 2개 이상 존재한다면 각 궤도의 교점은 (제1권 명제 66의 부가정리 16에 의해) 주기에 비례한다. 그러므로 달이 지표면에 가까운 곳에서 1항성일을 주기로 공전한다면, 교점의 1년간 운동과 20°11′46″의 비율은 23시간 56분(1항성일) : 27일 7시간 43분(1항성월)=1,436 : 39,343이 될 것이다. 여러 개의 달이 연속적으로 늘어서서 지구를 에워싼 고리를 형성한다 해도 결과는 마찬가지다. 이들이 목걸이에 꿰인 진주처럼 서로 독립된 고체 덩어리의 집합이거나, 연속적으로 이어진 고리 모양의 액체이거나, 또는 거대한 원형 고리 모양의 고체라 해도 달라지는 것은 없다.

고리를 구성하는 물질의 양이 "지구에서 구 *Pape* 바깥의 *PapAPepE* 를 구성하는 물질의 양"과 같다고 하자(제3권 보조정리 2의 〈그림 3-20〉 참조). 구를 이루는 물질과 그 바깥 영역을 이루는 물질의 비율은 $aC^2:(AC^2-aC^2)$이며, 이 비율은 [지구의 작은 반지름 PC(또는 aC)와 가장 큰 지름 AC의 비율이 229:230이므로] 52,441:459이다. 그러므로 이 고리가 지구의 적도 둘레를 에워싼 채 고리의 지름을 축으로 삼아 지구와 고리가 함께 회전한다면, 고리의 운동과 지구에 내접하는 구의 운동의 비율은 (제3권 보조정리 3에 의해) 459:52,411과 1,000,000:925,275를 결합한 4,590:485,223이며, 고리의 운동과 (고리+구)의 운동 비율은 590:489,813이다. 그러므로 고리가 구에 밀착되어 교점이나 춘-추분점이 뒤로 이동하는 자신의 운동 상태를 구에 전달한다면, 고리에 남은 운동과 원래 운동의 비율은 4,590:489,813이고, 춘-추분점의 운동도 같은 비율로 줄어들 것이다. 따라서 고리와 구로 이루어진 천체의 춘-추분점의 연주 운동과 20°11′46″ 사이의 비율은 1,436:39,343과 4,590:489,813의 결합, 즉 100:292,369이다.

그런데 여러 개의 달(원형 고리 모양의 달)의 교점이 뒤로 후퇴하도록 만드는 힘, 또는 춘-추분점이 뒤로 후퇴하도록 만드는 힘(제1권 명제 30의 〈그림 3-7〉의 $3IT$)은 개개의 입자와 평면 QR 사이의 거리에 비례하며, 모든 입자는 이 힘을 받아 평면으로부터 멀어진다. 그러므로 (보조정리 2에 의해) 고리의 구성물질이 구 표면 위에 들러붙어서 *PapAPepE*와 같은 모양으로 지구의 바깥 부분이 되었다면, 이 물질 입자들이 적도를 지나는 임의의 지름을 축으로 지구를 회전시켜서 춘-추분점이 뒤로 이동하도록 만드는 힘은 이전과 비교했을 때 $\frac{2}{5}$의 비율로 줄어든다. 따라서 춘-추분점이 1년 동안 뒤로 후퇴하는 거리(각도)와 $20°11'46''$ 사이의 비율은 10:73,092이며, 따라서 후퇴 거리는 $9''56'''50''''$ 이다.

지구의 적도면이 황도면에 대해 기울어져 있기 때문에 춘-추분점의 운동은 "sin(91,706)[이 값은 cos(23.5°)과 같다]:반지름 100,000"의 비율로 줄어드는데, 그 값은 $9''7'''20''''$ 이다. 이것이 바로 1년 동안 태양에 의해 일어나는 춘-추분점의 운동이다.

바다를 움직이는 달의 힘과 태양의 힘의 비율은 약 4.4815:1이다. 춘-추분점의 이동에 기여하는 달의 힘과 태양의 힘의 비율도 이 비율과 같다. 그러므로 1년 동안 달의 힘 때문에 나타난 춘-추분점의 운동은 $40''52'''52''''$이고 태양과 달의 힘을 모두 고려한 연간 운동은 $50''00'''12''''$인데, 이 값은 실제 관측 결과와 거의 정확하게 일치한다. 천문학자들 사이에서 춘-추분점의 연간 이동은 약 $50''$로 알려져 있다.

적도에서 지면의 높이가 극지방보다 $17\frac{1}{6}$마일만큼 더 높다면, 지표면 근처의 밀도는 중심부보다 낮을 것이다. 왜냐하면 춘-추분점의 운동은 적도의 고도가 높을수록 커지고, 밀도가 낮을수록 작아지기 때문이다.

태양과 지구, 달, 그리고 행성에 관한 논의는 이 정도로 해두고, 지금부터 혜성의 운동에 대해 알아보기로 하자.

보조정리 4

혜성은 달보다 훨씬 먼 거리에 있는 행성의 영역에서 움직이고 있다.

혜성은 일주시차(diurnal parallax, 日周視差)[68]가 관측되지 않으므로 달보다 멀리 있다고 보는 것이 타당하다. 또한 혜성에서 연주시차(annual parallax, 年周視差)[69]가 관측된다는 것은 이들이 우주 먼 곳에서 행성의 영역으로 진입했다는 강력한 증거이다. 혜성이 황도대를 순차적으로 지나가는 경우, 이들이 시야에서 거의 사라질 무렵에 지구가 태양과 혜성 사이에 끼어 있으면 혜성의 속도가 예상보다 느려지거나 아예 뒤로 역행하고, 지구가 그 반대편에 있으면 예상보다 빨라진다. 반면에 혜성이 황도대를 역순으로 지나가는 경우에는 모든 것이 반대이다. 즉 혜성이 시야에서 거의 사라질 무렵에 지구가 태양과 혜성 사이에 끼어 있으면 혜성의 속도가 빨라지고, 지구가 태양의 반대편에 있으면 혜성의 속도가 느려지거나 뒤로 역행한다. 이런 변화가 나타나는 주된 요인은 태양 주변을 공전하는 모든 행성들이 그렇듯이 혜성과 지구의 상대적 위치가 수시로 달라지기 때문이다. 행성은 지구와의 상대적 운동 방향에 따라 빨라지거나 느려지며, 아예 뒤로 가는 것처럼 보이기도 한다. 지구가 혜성과 같은 방향으로 움직일 때 태양에 대한 지구의 각운동량이 크면, 지구와 혜성

68) 지구의 자전에 의해 천체의 위치가 달라진 것처럼 보이는 현상.

69) 지구의 공전에 의해 천체의 위치가 달라진 것처럼 보이는 현상.

을 연결한 직선들이 혜성의 뒤쪽에 있는 한 점으로 수렴하고, 이런 경우 지구에서 바라본 혜성은 뒤로 역행하는 것처럼 보인다. 지구의 실제 속도가 혜성보다 느린 경우에는 역행을 하지 않지만, 그래도 혜성은 실제보다 느린 것처럼 보인다. 그러나 지구와 혜성이 서로 반대 방향으로 움직인다면 혜성의 속도는 실제보다 빠르게 보일 것이다. 그러므로 혜성의 가속과 감속, 그리고 역행 여부로부터 지구와 혜성 사이의 거리를 알아낼 수 있는데, 그 방법은 다음과 같다.

〈그림 3-21〉

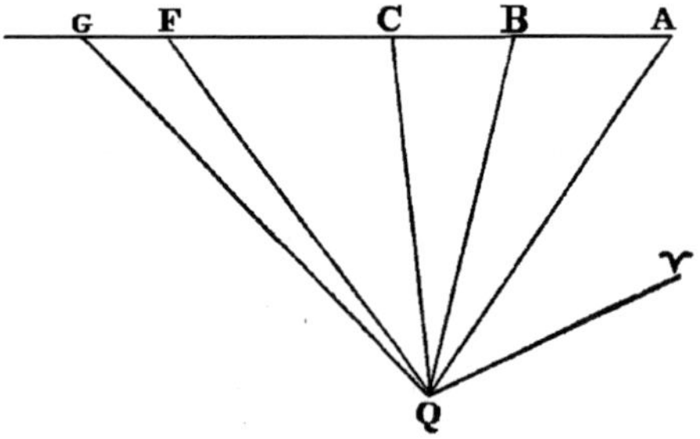

혜성이 처음으로 보이기 시작한 시점부터 지구에서 관측된 혜성의 경도를[70] γQA, γQB, γQC라 하고, 혜성이 시야에서 사라지기 전에 마지막으로 관측된 경도를 γQF라 하자. QA, QB 사이의 선분 AB와 QB, QC 사이의 선분 BC를 하나의 직선 ABC로 연결하면, AB와 BC의 길이는 처음 세 번의 관측이 실행된 (2개의) 시간 간격과 같다. 이제 AC를 연장하여 "$AG : AB$=첫 번째 관측과 마지막 관측의 시간

70) 천구상의 경도를 의미한다.

간격:첫 번째 관측과 두 번째 관측의 시간 간격"이 되는 점을 G라 하고, 직선 QG를 긋는다. 혜성이 등속 직선 운동을 하고 지구는 정지해 있거나 등속 직선 운동을 한다면 $\angle\gamma QG$는 마지막으로 관측된 순간의 경도에 해당하고, $\angle FQG$는 "혜성과 지구의 운동의 차이에서 발생한 경도의 차이"로 해석할 수 있다. 지구와 혜성이 서로 반대 방향으로 움직인 경우에는 $\angle\gamma QG$가 커지면서 혜성의 겉보기 속도가 빨라지고, 지구와 혜성이 같은 방향으로 움직이는 경우에는 $\angle\gamma QG$가 작아지면서 혜성의 속도가 느려지거나 (앞서 말한 대로) 역행한 것처럼 나타난다. 이처럼 $\angle\gamma QG$는 주로 지구의 운동에 의해 생기는 각이므로 "혜성의 시차"로 간주해도 무방하다. 물론 혜성의 궤도 운동이 불규칙해서 나타나는 증감을 무시한다는 가정하에 그렇다. 이 시차를 이용하면 지구와 혜성 사이의 거리를 다음과 같은 방법으로 알아낼 수 있다.

〈그림 3-22〉

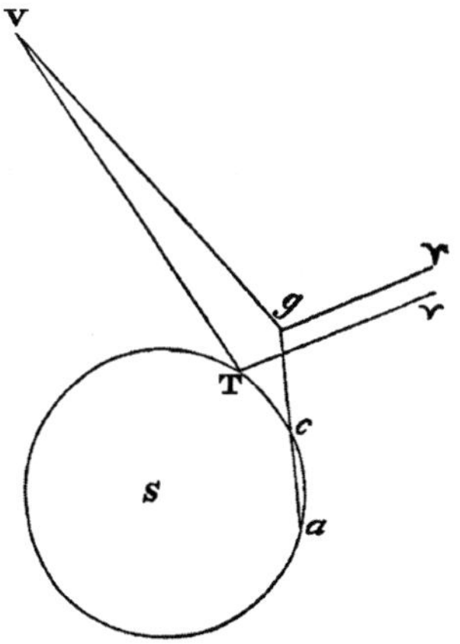

S를 태양, acT를 지구의 공전 궤도라 하자. 첫 번째와 세 번째, 그리고 마지막 관측이 실행되었을 때 지구의 위치를 각각 a, c, T라 하고, T에서 양자리의 시작점을 향해 그은 직선을 $T\gamma$라 하자. $\angle\gamma TV$(지구가 T에 있을 때 혜성의 경도)=$\angle\gamma QF$가 되도록 V의 방향을 잡고, 직선 ac를 연장하여 $ag:ac=AG:AC$를 만족하는 점을 g라 하자. 그러면 g는 지구가 등속 직선 운동을 하는 경우 마지막 관측이 실행되었을 때 도달할 위치가 된다. 그러므로 g에서 $T\gamma$에 평행한 선 $g\gamma$를 긋고 $\angle\gamma gV=\angle\gamma QG$가 되도록 V를 잡으면(방금 전에는 V의 방향만 결정했다), $\angle\gamma gV$는 g에서 바라본 혜성의 경도와 같고 $\angle TVg$는 지구가 g에서 T로 이동하면서 생긴 혜성의 시차에 해당한다. 그러므로 V는 황도면에서 바라본 혜성의 위치이며, 이 지점은 대부분의 경우 목성보다 아래에 있다.

혜성이 그리는 궤도의 곡률로부터 거리를 산출할 수도 있다. 혜성의 속도가 빠르면 원의 내부(지구 궤도의 내부)로 진입하는 경우도 있지만, 결국에는 총겉보기 운동 중 "시차 때문에 발생한 겉보기 운동"의 비중이 커지면서 지구의 공전 궤도를 벗어나게 되고, 지구의 운동 방향과 반대쪽으로 이동한다. 이런 변화는 지구의 운동에 기인하므로, 주로 시차 때문에 발생한다고 봐도 무방하다. 그런데 혜성의 시차는 생각보다 훨씬 크기 때문에, 나의 계산에 의하면 혜성은 목성보다 훨씬 낮은 곳에서 사라진다. 따라서 혜성은 근지점이나 근일점에 도달했을 때(즉 지구에 가까이 접근했을 때) 종종 화성이나 내행성(수성, 금성)보다 낮은 고도에서 발견되곤 한다.

지구와 혜성 사이의 거리는 혜성의 머리 부분에서 방출되는 빛을 통해서도 알 수 있다. 햇빛을 반사하는 천체는 거리가 멀어질수록 거리의 네제곱에 반비례하여 희미해진다. 밝기 자체는 태양과의 거리의 제곱에 반비례하는데, 천체의 겉보기 지름도 거리의 제곱에 반비례하여 줄어들기 때문이다. 그러므로 혜성의 밝기와 겉보기 지름을 알면 혜성까지의 거리를 알 수 있다. "혜성까지의 거리 : 특정 행성까지의 거리=(혜성의 지름 : 행성의 지름)×(혜성의 밝기 : 행성의 밝기)$^{\frac{1}{2}}$라는 비례식을 세워서 구하면 된다.[71]

1682년에 혜성이 나타났을 때, 영국의 천문학자 존 플램스티드(John Flamsteed)가 길이 16피트짜리 망원경과 마이크로미터로 관측한 코마(coma)[72]의 최소 직경은 2′0″였는데, 실제 직경은 이보다 10배쯤 작은 11~12″ 정도일 것으로 예측되었다. 그러나 이 혜성은 1680년에 나타났던 혜성보다 훨씬 밝아서, 밤에는 1~2등성과 구별이 안 될 정도였다.

토성의 몸체와 고리에서 반사된 빛이 혜성보다 4배쯤 밝다고 가정해보자.[73] 고리에서 반사된 빛의 양은 토성 몸체에서 반사된 양과 거의 같고 토성 본체의 지름은 약 21″이므로, 토성과 고리에서 반사된 빛의 총량은 지름이 30″인 행성에서 반사된 빛의 양과 거의 같다. 따라서 혜성과 토성의 거리 비율은 $(1:\sqrt{4})^{-1}\times(12'':30'')$=24 : 30=4 : 5

---

71) 특정 행성까지의 거리는 알고 있다고 가정한다.

72) 혜성의 몸체를 에워싸고 있는 가스층. 이곳에서 빛이 반사되어 관측자에게 자신의 존재를 알린다.

73) 지구에서 보이는 겉보기 밝기가 아니라 실제 밝기이다.

이다. 독일의 천문학자 요하네스 헤벨리우스(Johannes Hevelius)가 1665년에 4월에 관측한 혜성은 대부분의 별보다 더 밝았고 심지어 토성보다도 밝았다고 한다(그 정도로 색상이 선명했다). 이 혜성은 1664년 말에 나타났던 혜성보다 더 밝았으며, 1등성과 밝기가 비슷했다. 또한 이 혜성의 코마는 직경이 무려 6″에 달했지만, 망원경을 이용하여 다른 행성과 비교한 결과 실제 크기는 목성보다 작고 토성의 본체와 비슷하거나 좀더 작은 것으로 판명되었다. 일반적으로 코마의 직경은 8″~12″를 넘지 않고 핵(nucleus)[74]의 직경은 코마의 $\frac{1}{10}$~$\frac{1}{15}$ 정도이므로, 대부분의 경우 혜성의 밝기 등급은 행성의 겉보기 등급과 비슷하다. 즉 혜성에서 반사되는 빛은 토성과 비슷하거나 더 밝으므로, 근일점에 도달한 혜성은 토성의 궤도 안으로 진입했거나 거의 근접한 상태이다. 천문학자들 중에는 혜성이 별(항성)과 비슷한 거리에서 움직인다고 주장하는 사람이 있는데, 이것은 완전히 잘못된 생각이다. 혜성이 그 정도로 멀리 있다면 항성으로부터 받은 빛을 지금처럼 강렬하게 반사할 수 없기 때문이다(물론 혜성의 밝기가 태양계의 행성과 비슷한 이유도 설명할 수 없다).

지금까지 나는 혜성에 관한 논리를 펼치면서, 혜성의 머리 부분을 두껍게 에워싼 기체 때문에 밝기가 감소하는 효과를 고려하지 않았다. 이 기체층이 두꺼울수록, 태양과 혜성 사이의 거리는 자신과 겉보기 밝기가 비슷한 행성과 태양 사이의 거리보다 가깝다. 그러므로 앞에서 시차를 이용해 증명한 것처럼, 가시권에 들어온 혜성은 토성

74) 혜성 외부의 증기층을 제외한 고체 중심부.

의 궤도 안쪽으로 깊숙이 진입한 상태일 것이다.

이것은 혜성의 꼬리를 봐도 알 수 있다. 혜성의 꼬리는 몸에서 발생한 기체가 에테르[75] 속으로 퍼지면서 빛을 반사하거나, 머리에서 반사된 빛이 이 기체에 다시 반사되면서 나타나는 현상이다. 전자의 경우, 혜성은 우리의 생각보다 훨씬 가까워야 한다. 그렇지 않으면 혜성의 머리에서 발생한 기체가 그토록 넓은 공간에 그토록 빠른 속도로 퍼져나가는 이유를 설명할 길이 없기 때문이다. 그리고 후자의 경우에는 머리와 꼬리의 빛이 모두 혜성의 핵에서 발생했으므로 핵 자체가 목성보다 훨씬 밝아야 한다. 혜성의 겉보기 지름이 작으면서 매우 밝은 빛을 반사한다는 것은 태양과의 거리가 우리의 짐작보다 훨씬 가깝다는 뜻이다. 그렇다면 혜성의 머리는 가끔씩 금성 궤도의 안쪽까지 들어올 수도 있다. 이런 경우 머리는 태양빛에 가리지만 엄청나게 밝고 긴 꼬리가 나타나는데, 이런 모습은 실제로 관측된 적이 있다. 금성 궤도 안쪽으로 진입한 혜성의 몸과 꼬리에서 방출된 빛을 별처럼 하나의 점에 모으면 금성보다 몇 배나 밝을 것이다.

혜성의 머리에서 방출(반사)되는 빛을 분석해도 같은 결론에 도달한다. 이 빛은 혜성이 태양을 향해 나아갈 때 강해지고, 태양으로부터 멀어지면서 지구를 향해 다가올 때 약해진다. 헤벨리우스의 관측에 의하면 1665년에 관측된 혜성은 처음 나타났을 때부터 겉보기 운동이 약해지고 있었으므로 이미 근지점을 지난 상태였다. 그러나 머

---

75) 뉴턴 시대에는 빛을 전달하는 매질의 후보로 알려져 있었으나, 훗날 존재하지 않는 것으로 판명되었다. 여기서는 "텅 빈 우주 공간"으로 이해해도 무방하다.

리에서 반사된 빛은 태양에 가려 사라질 때까지 점점 더 밝아졌다고 한다. 그 후 1683년에 나타난 혜성은 (이것도 헤벨리우스의 관측에 의하면) 7월 말에 처음으로 모습을 드러냈을 때 속도가 매우 느려서 하루 진행 거리가 40~45′에 불과했으나, 그 후로 속도가 점점 빨라져서 9월 4일에는 5°까지 도달했다. 그러므로 이 기간 동안 혜성은 지구를 향해 다가오고 있었을 것으로 예측된다. 당시 히벨리우스는 마이크로미터를 사용하여 머리의 직경을 측정했는데, 8월 6일에는 6′5″였던 것이 9월 2일에는 9′7″까지 커졌다. 혜성이 사라졌을 때와 비교해서, 처음 나타났을 때 머리가 훨씬 작았던 것이다. 결국 이 혜성은 눈에 보이는 기간 내내 지구에 가까워지고 있었지만, 태양과의 거리가 점점 멀어지면서 밝기가 점차 줄어들었다.

1618과 1680년에 나타났던 혜성은 각각 해당 연도의 12월 중순과 12월 말에 속도가 매우 빨랐으므로, 그 무렵에 근지점에 도달했을 것이다. 그러나 이들의 머리가 가장 밝게 빛난 시기는 그보다 2주 전, 그러니까 태양빛에서 벗어난 직후였고, 이들의 꼬리는 그보다 더 전에(태양에 더 가까웠을 때) 가장 밝은 빛을 발휘했다. 1618년 혜성은 [존 밥티스트 키샛(Johann Baptist Cysat)의 관측에 의하면] 12월 1일에 1등성보다 커보였고, 12월 16일(근지점에 도달했을 때)에는 크기가 조금 줄어들면서 밝기는 현저하게 감소했다. 요하네스 케플러도 이 혜성을 연구했지만, 크기가 명확하지 않아 이듬해 1월 7일에 관측을 중단했다. 1680년 혜성은 (플램스티드의 관측에 의하면) 12월 12일에 태양과 무려 9°나 떨어져 있어서 3등성과 비슷한 밝기였고, 12월 15일과 17일에는 일몰시 구름의 광채에 묻혀서 역시 3등성과 비슷하게 보였다. 그 후 12월 26일에는 거의 근지점에 도달하여 속도가 가장 빨라졌지만 밝기는 3등성보다 희미했다 이듬해 1월 3일에는 4등성, 9일에는 5등성 수준으로 보이다가 13일에는 달빛에 가려 잠시 사라졌고(그 무렵에 달은 초승달이었다), 1월 25일에는 7등성보다 희미해져 있었다.

혜성의 궤도에서 근지점을 기준 삼아 양쪽을 동일한 시간 간격으로 분할해보자. 즉 "혜성이 근지점에 도달하기 3일 전부터 근지점에 도달할 때까지 그리는 궤적"과 "근지점을 통과한 시점부터 향후 3일 동안 그리는 궤적"으로 나눈다는 뜻이다. 그러면 근지점으로부터 같은 시간만큼 떨어져 있을 때에는 지구와의 거리가 같기 때문에 머리의 밝기가 같을 것 같다. 그러나 실제로는 두 경로 중 "태양에 더 가까운 구간"에서 훨씬 밝게 빛나고, 그 반대 구간에서는 눈에 보이지 않을 정도로 희미해진다. 두 경우에 밝기가 이토록 큰 차이를 보인다는 것은 전자의 경우에 태양과 혜성 사이의 거리가 매우 가깝다는 것을 의미한다. 혜성의 머리에서 반사된 빛은 밝기가 거의 일정하고, 속도가 빠를수록(즉 근지점에 가까울수록) 밝아진다. 그러나 이와 무관하게 태양에 가까울수록 밝아지는 것도 분명한 사실이다.

부가정리 1

그러므로 혜성은 자체 발광체가 아니라, 태양빛을 반사하는 간접 발광체이다.

부가정리 2

지금까지 언급된 내용으로부터, 혜성이 주로 태양 근처에서 발견되는 이유를 알 수 있다. 만일 혜성이 토성보다 먼 곳에 있어도 보인다면, 태양의 반대편 하늘에서 더욱 빈번하게 나타나야 한다. 이 영역에 있는 혜성은 지구와의 거리가 더 가깝기 때문이다. 지구와 혜성 사이에 태양이 끼어 있으면 행성이건 혜성이건 강렬한 햇빛에 가려서 보이지 않는다. 그러나 과거의 혜성 관측 자료를 살펴보면, 태양이 있는 쪽 반구(半球)[76]에서 발견된 사례가 그 반대쪽 반구에서 발견된 사례보다 4~5건 정도 많다. 개중에는 햇빛에 가려 보이지 않은 것도 있을 테니, 실제로는 더 많을 것이다. 먼 곳에서 지구 쪽으로 접근하는 혜성은 꼬리가 없고 (태양빛을 충분히 받지 못하여) 몸체도 별로 밝지 않기 때문에, 목성보다 가까워지기 전에는 맨눈 관측이 거의 불가능하다. 그러나 혜성이 작은 반지름으로 태양 주변을 선회하면서 공간을 두 구획으로 나눴다고 생각했을 때, 지구가 둘 중 더 큰 공간에 속해 있다면, 혜성은 (그 반대의 경우보다) 태양에 더 가까우므로 더 밝게 보일 것이다.

부가정리 3

그러므로 우주 공간에서는 천체의 운동을 방해하는 저항력이 작용하지 않는다. 혜성이 행성의 궤도에 대하여 비스듬한 방향으로 움직이거나 아예 반대 방향으로 움직이는 경우에도 운동이 매우 자유

76) 천구의 반쪽.

롭고, 오랜 시간 동안 자신의 운동(량)을 그대로 갖고 있기 때문이다. 내 생각이 옳다면 혜성도 일종의 행성이며, 연속적으로 자신만의 궤도를 돌고 있다. 일부 천문학자들은 혜성의 머리가 끊임없이 변한다는 이유로 행성을 운석으로 간주하고 있지만, 이것은 분명히 잘못된 해석이다. 혜성의 머리는 거대한 기체층으로 에워싸여 있으며, 이 기체는 아랫부분의 밀도가 가장 높다.[77] 그러므로 우리 눈에 보이는 변화는 혜성의 몸체에서 일어난 변화가 아니라, 몸을 에워싼 기체층에서 일어난 것이다. 다른 행성에서 지구를 바라본다면 구름에서 반사된 빛만 보일 뿐, 몸체는 구름에 가려 거의 보이지 않을 것이다. 목성의 경우도 마찬가지다. 목성 표면에 나 있는 줄무늬는 대기와 구름이 만들어낸 것이고, 목성 자체는 대기에 가려 보이지 않는다. 혜성은 훨씬 두꺼운 대기로 덮여 있으므로, 몸체가 보이지 않는 것은 당연한 결과이다.

명제 40 / 정리 20

혜성의 궤도는 원뿔 곡선이며, 그 초점 중 하나에 태양이 자리 잡고 있다. 그리고 태양과 혜성을 연결한 반지름이 쓸고 지나간 면적은 시간에 비례한다.

---

77) 보는 각도에 따라 다르지만, 대부분의 혜성은 하늘 위에서 아래로 비스듬하게 떨어지는 것처럼 보인다. 그러므로 여기서 말하는 "아랫부분"이란 진행 방향의 제일 앞부분, 즉 선단(先端)을 의미한다.

이것은 제1권 명제 13의 부가정리 1과 제3권의 명제 8, 12, 13을 비교함으로써 쉽게 증명할 수 있다.

부가정리 1

그러므로 혜성의 궤도는 타원이며, 혜성과 행성의 주기의 비율은 주축의 $\frac{3}{2}$제곱의 비율과 같다. 또한 혜성은 대부분의 시간을 행성보다 먼 곳에서 보내며, 주축이 매우 길기 때문에 이동 속도도 대체로 느리다. 예를 들어 혜성 궤도의 주축이 토성의 4배이면 혜성의 주기는 토성 주기(30년)의 $4\sqrt{4}$배=8배=240년이다.

부가정리 2

그러나 혜성의 궤도는 포물선에 매우 가깝기 때문에, 포물선을 사용해도 크게 틀리지 않는다.

부가정리 3

그러므로 (제1권 명제 16의 부가정리 7에 의해) "혜성의 속도"와 "태양을 중심으로 원 궤도를 그리는 행성의 속도" 사이의 비율은 "태양의 중심과 행성 사이 거리의 2배의 제곱근"과 "태양의 중심에서 혜성까지의 거리"의 비율과 거의 같다. 지구의 궤도 반지름(또는 지구가 도는 타원 궤도의 가장 긴 반지름)을 100,000,000이라 하면 지구는 매일 평균 1,720,212라는 거리를 이동하고, 한 시간당 $71,675\frac{1}{2}$을 이동한다. 그러므로 혜성과 태양 사이의 거리가 지구와 태양 사이의 평균 거리와 같고 혜성과 구의 속도 비율이 $\sqrt{2}:1$이면, 혜성은 하루에

2,432,747을 이동하고 한 시간당 $101,384\frac{1}{2}$을 이동하게 된다. 그러나 혜성과 태양 사이의 거리가 이보다 멀거나 가까울 때 하루(또는 한 시간)당 이동 거리와 방금 계산한 이동 거리의 비율은 거리의 제곱근에 반비례한다.

부가정리 4

그러므로 혜성이 그리는 포물선의 통경이 지구 궤도 반지름의 4배이고 이 반지름의 제곱을 100,000,000이라 하면, 혜성과 태양을 연결한 반지름이 하루 동안 쓸고 지나가는 면적은 $1,216,373\frac{1}{2}$이고, 시간당 그리는 면적은 $50,682\frac{1}{4}$이다. 그러나 통경이 특정한 비율로 커지거나 작아지면, 하루(또는 한 시간)당 쓸고 지나가는 면적은 "방금 언급한 특정한 비율의 제곱근"에 반비례하여 작아지거나 커진다.

보조정리 5

주어진 점들을 지나는 포물선의 방정식을 구하라.

주어진 점을 A, B, C, D, E, F, ⋯라 하고, 이들로부터 임의로 주어진 직선 HN에 내린 수선의 발을 각각 AH, BI, CK, DL, EM, FN, ⋯이라 하자.

경우 1: H, I, K, L, M, N 사이의 간격 HI, IK, KL⋯이 모두 같은 경우.

〈그림 3-23〉

$b \quad 2b \quad 3b \quad 4b \quad 5b$

$c \quad 2c \quad 3c \quad 4c$

$d \quad 2d \quad 3d$

$e \quad 2e$

f

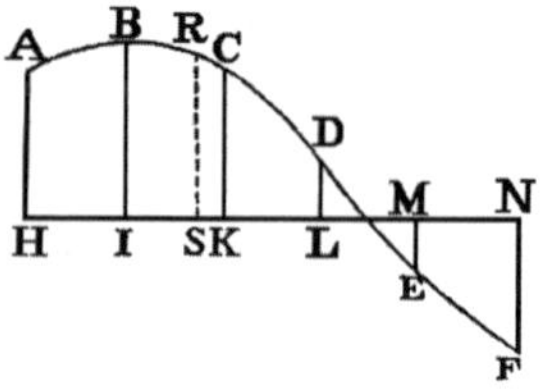

수직선 AH, BI, CK, …의 첫 번째 차이를 b, b_2, b_3, b_4, b_5, …라 하고, 두 번째 차이를 c, c_2, c_3, c_4, …라 하고, 세 번째 차이를 d, d_2, d_3 …,라 하자. 즉 $AH-BI=b$, $BI-CK=b_2$, $CK-DL=b_3$, $DL+EM=b_4$, $-EM+FN=b_5$, …(첫 번째 차이)이고, $b-b_2=c$, $b_2-b_3=c_2$…(두 번째 차이)이며, $c-c_2=d$, …(세 번째 차이)이다. 지금 여기서는 다섯 번째 차이인 f까지 고려하기로 한다. 이제 그림에서 임의의 수직선 RS를 새워서, RS의 길이를 우리가 찾는 곡선의 세로 좌표라 하자. 문제의 가정에서 HI, IK, KL, …이 모두 같다고 했으므로 이 값을 1이라 하고, $AH=a$, $-HS=p$, $\frac{1}{2}p\times(-IS)=q$, $\frac{1}{3}q\times(+SK)=r$, $\frac{1}{4}r\times(+SL)=s$, $\frac{1}{5}s\times(+SM)=t$, …이런 식으로 끝에서 두 번째 수직선인 ME까지 정의하자. 단 S를 기준으로 왼쪽에 있는 HS, IS, …에는 앞에 - 부호를 붙이고, 오른쪽에 있는 SK, KL, …에는 + 부호를 붙인다. 이 규칙을 잘 따르면 곡선의 세로 좌표 $RS=a+bp+cq+dr+es+ft+\cdots$가 된다.

경우 2: H, I, K, L, M, N 사이의 간격 HI, IK, KL…이 모두 다른 경우.

수직선 AH, BI, CK, …의 첫 번째 차이를 하나의 해당 간격으로 나눈 값을 $b, b_2, b_3, b_4, b_5, \cdots$라 하고, 두 번째 차이를 "2개의 간격"으로 나눈 값을 $c, c_2, c_3, c_4, \cdots$라 하고, 세 번째 차이를 "3개의 간격"으로 나눈 값을 $d, d_2, d_3, \cdots$,라 하고, 네 번째 차이를 "4개의 간격"으로 나눈 값을 $e, e_2, \cdots$등등이라 하자.

$$b=\frac{AH-BI}{HI},\ b_2=\frac{BI-CK}{IK},\ b_3=\frac{CK-DL}{KL},\ \cdots$$

$$c=\frac{b-b_2}{HK},\ c_2=\frac{b_2-b_3}{IL},\ c_3=\frac{b_3-b_4}{KM},\ \cdots$$

$$d=\frac{c-c_2}{HL},\ d_2=\frac{c_2-c_3}{IM},\ \cdots$$

즉 위처럼 되도록 정의한다는 뜻이다. 이제 $AH=a$, $-HS=p$, $p\times(-IS)=q$, $q\times(+SK)=r$, $r\times(+SL)=s$, $s\times(+SM)=t$, $\cdots$ 이런 식으로 끝에서 두 번째 수직선인 ME까지 정의하자. 그러면 곡선의 세로 좌표 $RS=a+bp+cq+dr+es+ft+\cdots$가 된다.

부가정리

위의 방법을 이용하면 곡선으로 에워싸인 도형의 면적을 거의 정확하게 구할 수 있다. 면적을 구하고자 하는 곡선 위에서 몇 개의 점을 잡고, 그 점들을 지나는 포물선 방정식을 구한 후 포물선의 면적을 계산하면, 주어진 곡선으로 에워싸인 면적과 거의 비슷한 값이 얻어진다. 포물선의 면적을 구하는 방법은 잘 알려져 있다.[78]

---

78) 여기서 갑자기 "포물선의 면적"을 논하는 이유는 혜성의 궤도인 타원이 포물선에 가깝기 때문이다. 이것은 제3권 명제 40의 부가정리 2에서 명시한 바 있다.

보조정리 6

몇 번의 관측을 통해 혜성이 거쳐 간 몇 개의 지점을 알아냈을 때, 이들 사이의 임의의 시간에 혜성의 위치를 구하라.

〈그림 3-23〉에서 *HI*, *IK*, *KL*, *LM*, *LM*을 "관측이 행해진 시간"이라 하고 *HA*, *IB*, *KC*, *LD*, *ME*를 "관측으로 얻은 혜성의 경도"라 하자. 그리고 관측을 시작한 시점부터 "우리가 혜성의 위치(경도)를 구하고자 하는 시점까지 흐른 시간"을 *HS*라 하자. 이제 *A*, *B*, *C*, *D*, *E*를 매끄럽게 연결하는 곡선 *ABCDE*를 그린 후 보조정리 5를 이용하여 세로 좌표 *RS*를 구하면, 이 값이 바로 우리가 구하고자 했던 혜성의 경도이다.

경도와 함께 5개의 위도도 주어졌을 것이므로, 위와 동일한 방법을 적용하면 우리가 원하는 시간의 위도를 구할 수 있다.

관측으로 얻은 경도(또는 위도) 수치들 사이의 차이가 4~5° 정도로 작으면 3~4개의 점만 주어져도 새로운 경도(또는 위도)를 구할 수 있다. 그러나 관측값들 사이의 차이가 10~20° 수준이면, 적어도 5개 이상의 관측값이 주어진 상태에서 출발해야 한다.

보조정리 7

여기 하나의 점 *P*와, *A*를 지나는 2개의 직선이 주어져 있다. *P*를 지나는 직

선을 그어서 주어진 두 직선과 만나는 점을 각각 *B*, *C*라 했을 때, *PB*:*PC*가 원하는 비율이 되도록 *B*와 *C*를 정하라.

〈그림 3-24〉

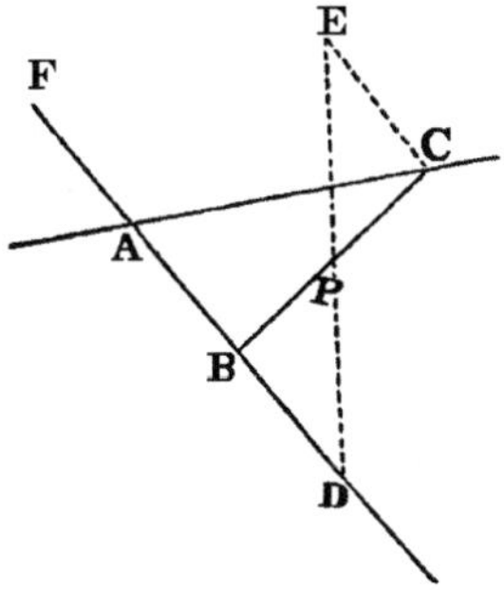

*P*에서 두 직선 중 하나(예를 들어 *AB*)를 향해 임의의 직선 *PD*를 긋고, 이 선을 반대쪽으로 연장하여 "*PE*:*PD*=원하는 비율"이 되는 지점을 *E*라 하자. 이제 *E*에서 *AD*에 평행한 선을 그어서 주어진 다른 한 직선과 만나는 점을 *C*라 하면, *PC*:*PB*=*PE*:*PD*가 된다. [Q.E.F.]

보조정리 8

초점이 *S*인 포물선을 *ABC*라 하자. *ABCI*를 현 *AB*로 잘라서(*I*는 *AC*의 중점이다) 그 반지름을 *Iμ*라 하고, 꼭짓점을 *μ*라 하자. *Iμ*를 연장하여 $\mu O=\frac{1}{2}I\mu$가 되는 지점을 *O*라 하고, *O*와 초점 *S*를 연결하는 직선 *OS*를 연장하여 *Sξ*=2*SO*가 되는 점을 *ξ*라 하자. 이제 직선 *ξB*와 *AC*가 만나는 점을 *E*라 하고 혜성의 궤적을 호 *CBA*라 하면, 직선 *AE*의 길이는 거의 시간에 비례한다.

〈그림 3-25〉

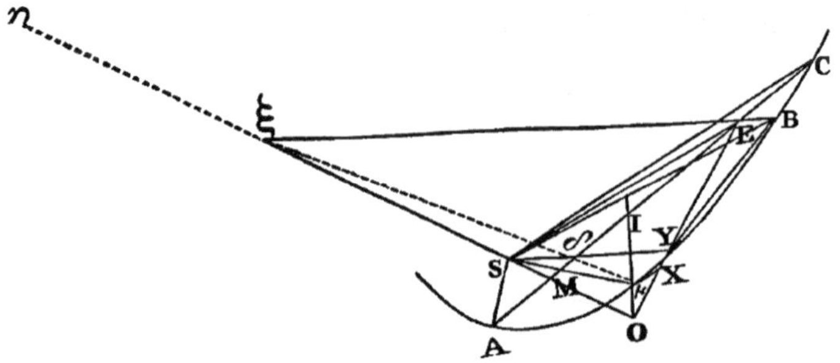

직선 *EO*가 포물선의 호 *ABC*와 만나는 점을 *Y*라 하고, *μ*에서 호 *ABC*에 접하는 선과 *EO*의 교점을 *X*라 하자. 그러면 곡선도형 *AEXμA*와 *ACYμA*의 면적 비율은 *AE*와 *AC*의 비율과 같다. 그런데 △*ASE*와 △*ASC*의 면적 비율도 이 비율과 같으므로 *ASEXμA*와 *ASCYμA*의 면적 비율 역시 *AE*와 *AC*의 비율과 같다. 또한 *ξO*∶*SO*=*EO*∶*XO*=3∶1이므로 *SX*와 *EB*는 서로 평행하다. 따라서 직선 *BX*를 그었을 때 △*SEB*와 △*XEB*는 면적이 같다. *ASEXμA*의 면적에 △*XEB*의 면적을 더하고 △*SEB*의 면적을 빼면 *ASBXμA*가 남는데, 같은 양을 더했다가 뺐으므로 이것은 *ASEXμA*와 같으며, 따라서 *ASBXμA*와 *ASCYμA*의 면적 비율은 *AE*와 *AC*의 비율과 같다. 그런데 *ASBYμA*와 *ASBXμA*는 면적이 거의 같고 *ASBYμA*와 *ASCYμA*의 면적 비율은 혜성이 호 *AB*를 그리는 데 걸린 시간과 호 *AC*를 그리는 데 걸린 시간의 비율과 같으므로, *AE*와 *AC*의 비율은 시간의 비율과 거의 같다. [Q.E.D.]

부가정리

점 B가 포물선의 꼭짓점 μ에 놓이면 $AE:AC$는 시간의 비율과 정확하게 일치한다.

부가설명

직선 $\mu\xi$를 그어서 AC와 만나는 점을 δ라 하고, 이 직선 위에서 $\xi n:\mu B=27MI:16M\mu$를 만족하는 점을 n이라 하면, 직선 Bn에 의해 분할된 AC의 두 부분 사이의 비율은 시간의 비율에 더욱 가까워진다. 단 B와 포물선 주꼭짓점 사이의 거리가 μ와 주꼭짓점 사이의 거리보다 멀면 n을 ξ보다 먼 곳에 잡고, 그렇지 않으면 ξ보다 가까운 곳에 잡아야 한다.

보조정리 9

직선 $I\mu$와 μM, 그리고 $\frac{AIC}{4S\mu}$는 길이가 모두 같다.

$4S\mu$는 꼭짓점 μ까지 확장된 포물선의 통경이기 때문이다.

보조정리 10

〈그림 3-26〉에서 직선 $S\mu$를 N과 P까지 연장하여 $\mu N=\frac{1}{3}$이고 $SP:SN=SN:S\mu$가 되도록 만들었다고 하자. 그러면 혜성은 호 $A\mu C$를 그리는 시간 동안 (높이가 SP일 때의 속도를 유지하면서 계속 앞으로 나아간다면) 현 AC와 같은 길이를 지나가게 된다.

〈그림 3-26〉

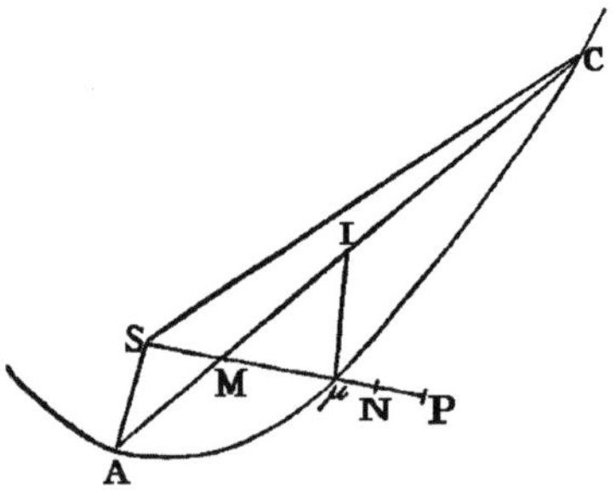

만일 혜성이 μ에서의 속도를 유지하면서 위에 언급한 시간 동안 μ에 접하는 직선을 따라 등속 직선 운동을 한다면, S에서 그린 반지름이 쓸고 지나가는 면적은 포물선으로 에워싸인 도형 $ASC\mu$의 면적과 같다. 그러므로 "접선을 따라 지나간 거리와 $S\mu$가 만드는 면적"과 "AC와 SM이 만든 면적"의 비율은 $ASC\mu$와 $\triangle ASC$의 면적 비율과 같고, 이 비율은 $SN:SM$이다. 따라서 AC와 "접선을 따라 지나간 거리"의 비율은 $S\mu:SN$이다. 그런데 "높이가 SP일 때 혜성의 속도"와 "높이가 $S\mu$라면 혜성의 속도" 사이의 비율은 (제1권 명제 16의 부가정리 6에 의해) SP와 $S\mu$의 제곱근의 역비율과 같고, 이 비율은 $S\mu:SN$과

같으므로, 이 속도로 진행한 거리와 같은 시간 동안 접선을 따라 지나간 거리의 비율은 $S\mu : SN$이다. 즉 AC와 "새로운 속도로 진행한 거리"의 비율은 AC와 "접선을 따라 진행한 거리"의 비율과 같으므로, 새로운 속도로 진행한 거리와 접선을 따라 진행한 거리는 서로 같다. [Q.E.D.]

부가정리

그러므로 높이가 $S\mu + \frac{2}{3}I\mu$일 때의 속도로 움직이는 혜성은 같은 시간 동안 현 AC와 거의 같은 거리를 진행한다.

보조정리 11

정지 상태에 있던 혜성이 어느 순간 높이 $SN(=S\mu + \frac{1}{3}I\mu)$에서 태양을 향해 떨어지고 있다. 낙하가 시작되던 순간에 작용했던 태양의 힘이 그 후로도 변하지 않고 똑같은 크기로 작용한다면, 혜성은 "호 AC를 그리는 데 걸리는 시간의 절반 동안" $I\mu$만큼 이동한다.

〈그림 3-27〉

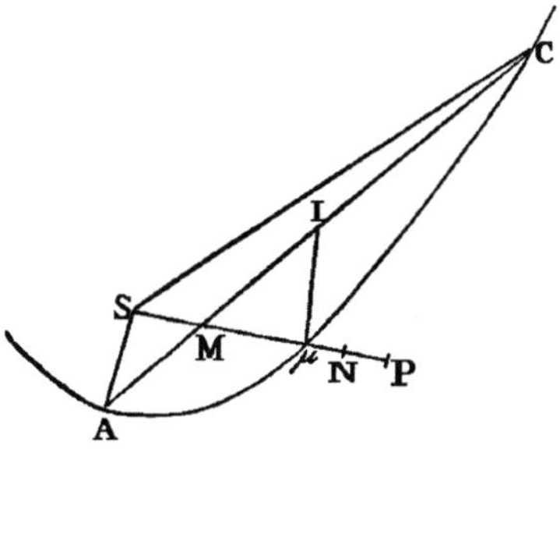

보조정리 10에 의하면, 혜성은 포물선 AC를 그리는 데 걸리는 시간 동안 (높이가 SP일 때의 속도로) 현 AC를 이동할 수 있다. 그러므로 (제1권 명제 16의 부가정리 7에 의해) 혜성이 자체 중력에 의해 반지름이 SP인 원운동을 한다면, 같은 시간 동안 혜성이 그리는 원호와 포물선의 현 AC의 길이 비율은 $1:\sqrt{2}$이다. 그러므로 혜성이 높이 SP에서 태양을 향해 떨어지면서 "높이=SP일 때의 무게"가 일정하게 유지된다면, 전술한 시간의 절반 동안 혜성이 떨어지는 거리는 (제1권 명제 4의 부가정리 9에 의해) 전술한 현의 길이의 절반의 제곱을 높이 SP의 4배로 나눈 값과 같다. 즉 낙하 거리는 $\frac{AI^2}{4SP}$이다. 그런데 높이가 SN일 때와 SP일 때 혜성의 무게 비율은 $SP:S\mu$이므로, 높이=SN일 때의 무게를 그대로 유지하면서 태양을 향해 낙하하는 혜성이 같은 시간 동안 떨어지는 거리는 $\frac{AI^2}{4S\mu}$이며, 이 거리는 $I\mu$, 또는 $M\mu$와 같다. [Q.E.D.]

명제 41 / 문제 21

세 번의 관측을 통해 3개의 위치-시간 데이터가 주어졌을 때, 혜성의 포물선 궤적을 구하라.

매우 어려운 문제이다.[79] 나는 이 문제를 풀기 위해 다양한 시도를 해왔는데, 사실 1권에 수록된 명제(문제가 수반된 명제)들 중 몇 개는 이 문제의 답을 찾기 위한 시도였다. 그러나 얼마 후 훨씬 단순한

〈그림 3-28〉

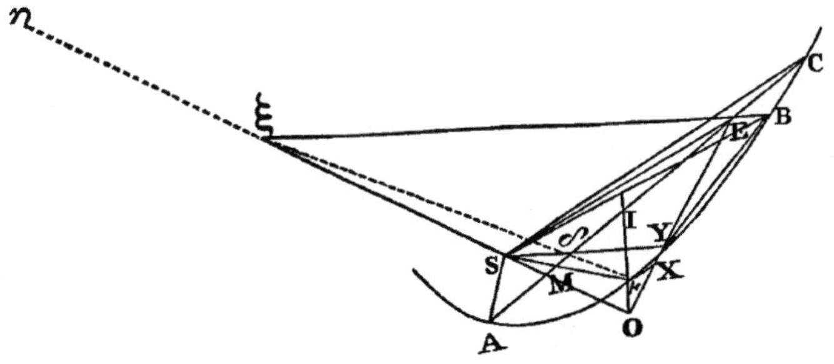

해결법을 찾았기에 여기 소개하기로 한다.

세 번의 관측이 거의 동일한 시간 간격으로 이루어져서, 혜성의 위치에 관한 3개의 데이터가 주어졌다고 하자. 단 혜성이 좀더 느리게 움직인 구간은 다른 구간보다 시간 간격이 좀더 길어서 "시간의 차이":"시간의 합"="시간의 합":"600일"의 관계에 있다고 하자. 그리고 점 *E*는 *M*과 가까운 곳에 있고, 둘 사이의 간격은 *A*가 아닌 *I* 쪽을 향한다고 하자. 이런 관측 자료가 없다면 보조정리 6을 사용하여 새로운 위치를 찾아야 한다.

태양을 *S*, 혜성을 관측하던 순간에 지구가 놓여 있던 3개의 위치를 T, t, τ라 하고, 각 위치에서 혜성을 관측하여 얻은 3개의 경도를 TA, tB, τC라 하자. 그리고 첫 번째 관측과 두 번째 관측 사이의 시간 간격을 *W*라 하고, 두 번째와 세 번째 관측 사이의 시간 간격을 *V*라 하

79) 뉴턴이 이런 말을 할 정도면 정말 끔찍하게 어렵다는 뜻이다. 천재가 인정한 난제답게, 이 명제와 관련된 설명은 거의 40쪽 넘게 이어진다.

자. 전체 관측 시간($W+V$) 동안 혜성이 태양-지구 사이의 평균 거리에서 갖게 될 속도로 균일하게 움직였을 때 이동한 거리를 X라 하고 (이 거리는 제3권 명제 40의 부가정리 3을 이용하여 구할 수 있다), t에서 현 $T\tau$에 내린 수선의 발을 V라 하자.[80)]

〈그림 3-29〉

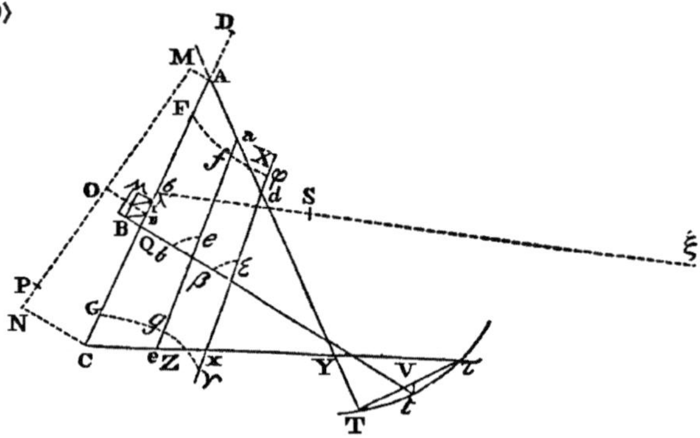

관측된 경도의 평균에 해당하는 직선 tB의 점 B가 황도면 위에 혜성이 놓일 수 있는 임의의 위치라 하자. 그리고 B에서 S를 향한 직선(SE)을 그려서, 이 직선의 길이와 tV의 비율이 $SB \times St^2$과 "한 변이 SB이고 다른 한 변은 반지름 tB에 대하여 두 번째 관측에서 얻은 혜성의 위도의 탄젠트인 직각삼각형의 빗변의 세제곱"의 비율과 같아지는 점(즉 B에서 S를 향해 그린 직선의 끝점)을 E라 하자. 그리고 E를 지

80) 지금 정의한 V와 바로 앞에서 정의한 V는 완전히 다른 양이다. 뉴턴은 이 2개(시간 간격과 기하학적 점)를 같은 기호로 표기하는 약간의 실수를 범했다. 그러나 둘 중 어느 것을 칭하는지는 문맥상 명백하므로, 굳이 수정하지 않고 원문대로 표기하기로 한다.

나는 직선 AEC를 긋되, (제3권의 보조정리 7을 이용하여) TA에서 끝나는 AE와 τC에서 끝나는 EC의 비율이 관측의 시간 간격 V와 W의 비율과 같아지도록 만든다. B가 두 번째로 관측된 지점과 올바르게 일치한다면(즉 임의로 잡은 B가 옳은 값이었다면), A와 C는 "첫 번째와 세 번째 관측에서 얻은 황도면상에서 혜성의 위치"와 거의 정확하게 일치한다.

AC의 중점 I에서 세운 수선을 Ii라 하고, B를 지나면서 AC에 평행한 "상상의 선"을 Bi라 하자. 그리고 또 하나의 "상상의 선" Si가 AC와 만나는 점을 λ라 하면 평행사변형 $iI\lambda\mu$가 만들어진다. 직선 AC 위에 $Io=3I\lambda$인 o를 잡고, o와 태양 S를 연결한 선을 연장하여 그 길이가 $3So+3i\lambda$가 되는 점을 ξ라 하자. 이제 그림에서 A, B, C, I라는 문자를 지우고 B에서 ξ로 향하는 새로운 직선을 그어서, 이 직선과 이전에 그렸던 직선 BE의 길이 비율이 $S\mu : I\lambda$가 되도록 만든다. 그리고 E를 지나는 또 하나의 직선 AEC를 이전과 같은 규칙에 의거하여 $AE : EC=W : V$(두 번째와 세 번째 관측 사이 시간 간격의 비율)가 되도록 그린다. 그러면 새로 만들어진 A와 C는 혜성의 위치와 더욱 정확하게 일치한다.

AC의 중점을 I라 하고 수선 AM, CN, IO를 세우면, 이들 중 AM과 CN은 첫 번째와 세 번째 관측에서 얻은 혜성의 위도의 (반지름 TA, τC에 대한) 탄젠트에 해당한다. 직선 MN을 그어서 IO와 만나는 점을 O라 하고 이전과 비슷하게 직사각형 $iI\lambda\mu$를 만든 후, IA를 연장하여 그 길이가 $S\mu+I\lambda$가 되는 점을 D라 하자. 그리고 MN 위에서 한 점을 취하여 (M과 이 점 사이의 거리)$:X$(앞에서 찾은 값)=(태양

과 지구 사이의 평균 거리, 즉 공전 궤도의 반지름)$^{\frac{1}{2}}$:$OD^{\frac{1}{2}}$이 되는 점을 P라 하자. 이런 상황에서 점 P가 N과 일치하면 A, B, C는 황도면에서 움직이는 혜성의 위치가 된다. 만일 $P \neq N$이면 직선 AC 위에서 NP와 길이가 같은 CG를 취한다(단 G와 P는 직선 NC를 기준으로 같은 쪽에 놓여야 한다).

점 B의 위치를 가정하여 E, A, C, G를 찾은 것과 같은 방법으로, 또 다른 점 b와 β를 가정하여 새로운 점 e, a, c, g와 ε, α, $\varkappa$, γ를 찾는다. 그러면 G, g, γ를 지나는 원 $Gg\gamma$가 직선 τC와 만나는 점 Z가 바로 황도면에서 혜성의 위치가 된다. 그리고 세 직선 AC, ac, $\alpha\varkappa$, 위에서 $AF=CG$, $af=cg$, $\alpha\varphi=\varkappa\gamma$인 점을 각각 F, f, φ라 하고, 이 세 점을 지나는 원 $Ff\varphi$가 AT와 만나는 점을 X라 하면, X는 황도면에서 또 다른 혜성의 위치가 된다. 또한 X와 Z에서 (반지름 TX와 τZ에 대하여) 혜성의 위도의 탄젠트를 세우면, 혜성 자체의 궤도에서 2개의 위치가 결정된다. 마지막으로 (제1권의 명제 19에 의해) S를 초점으로 가지면서 이 두 점을 지나는 포물선을 그리면, 이 곡선이 바로 혜성의 궤적이다. [Q.E.I.]

본 증명은 앞서 제시된 몇 개의 보조정리에 기초하고 있다. 직선 AC를 시간의 비율에 따라 E에서 자른 것은 보조정리 8에 따라 보조정리 7을 사용한 것이고, BE는 보조정리 11에 의해 호 ABC와 현 AEC 사이의 황도면에 놓인 직선 BS, 또는 $B\xi$의 일부이다. 그리고 MP는 (보조정리 10의 부가정리에 의해) 첫 번째와 세 번째 관측 사이에 혜성이 그린 호에 대응하는 현의 길이에 해당하며, 황도면에서 혜성의 위치가 B이면 $MP=MN$이다.

B, b, β를 임의로 잡지 않고 실제값에 가깝게 잡으면 계산이 한결 쉬워진다. $\angle AQt$(혜성의 궤도를 황도면에 투영했을 때 직선 tB와 이루는 각)의 대략적인 값을 알고 있다면, $AC : \frac{4}{3}T\tau = \sqrt{SQ} : \sqrt{St}$를 만족하는 직선 AC를 그 각도로 긋고, $EB=Vt$가 되도록 직선 SEB를 긋는다. 그러면 점 B가 구해지는데, 이것을 초기 값으로 사용하면 된다. 다음으로 직선 AC를 지우고 전술한 방법에 따라 새로운 AC를 그어서 MP를 구한 후, tB에서 점 b를 잡는다. 단 TA와 τC의 교점을 Y라 했을 때, $Yb : YB = (MP : MN) \times (\sqrt{SB} : \sqrt{Sb})$가 되어야 한다. 이 과정을 세 차례 반복하고 싶다면 이전과 같은 방법을 사용하여 β를 구하면 된다. 그러나 대부분의 경우 두 번이면 충분하다. Bb의 값이 너무 작은 경우에는 점 F, f와 G, g를 구해서 직선 Ff와 Gg를 그리면 된다. 이들이 TA, τC와 만나는 점이 바로 우리가 구하고자 하는 X와 Z이다.

사례

1680년에 나타난 혜성을 예로 들어보자. 〈표 3-3〉은 플램스티드가 자신의 관측 자료에 기초하여 계산한 값인데, 일부는 에드먼드 핼리의 자료를 통해 수정되었다.[81]

〈표 3-3〉

	시간		태양의 경도	혜성	
	겉보기 시간	실제 시간		경도	위도(북위)
	시 분	시 분 초	도 분 초	도 분 초	도 분 초
1680년 12월 12일	4 48	4 46 0	1 51 23	6 32 30	8 28 0

	시간		태양의 경도	혜성	
	겉보기 시간	실제 시간		경도	위도(북위)
21일	6 32	6 36 59	♑11 8 44	♑5 8 12	21 42 13
24일	6 12	6 17 52	14 9 26	♒18 49 23	25 23 5
26일	5 14	5 20 44	16 9 22	28 24 13	27 0 52
29일	7 55	8 3 2	19 19 43	♓13 10 41	28 9 58
30일	8 2	8 10 26	20 21 9	17 38 20	28 11 53
1681년 1월 5일	5 51	6 1 38	26 22 18	♈8 48 53	26 15 7
9일	6 49	7 0 53	♒0 29 2	18 44 4	24 11 56
10일	5 54	6 6 10	1 27 43	20 40 50	23 43 52
13일	6 56	7 8 55	4 33 20	25 59 48	22 17 28
25일	7 44	7 58 42	16 45 36	♉9 35 0	17 56 30
30일	8 7	8 21 53	21 49 58	13 19 51	16 42 18
2월 2일	6 20	6 34 51	24 46 59	15 13 53	16 4 1
5일	6 50	7 4 41	27 49 51	16 59 6	15 27 3

내가 관측한 값은 〈표 3-4〉와 같다.

〈표 3-4〉 토성의 위성의 공전 주기

	겉보기시간	혜성의 경도	성의 위도(북위)
	시 분	도 분 초	도 분 초
1681년 2월 25일	8 30	♉26 18 35	12 46 46
27일	8 15	27 4 30	12 36 12
3월 1일	11 0	27 52 42	12 23 40
2일	8 0	28 12 48	12 19 38
5일	11 30	29 18 0	12 3 16
7일	9 30	♊0 4 0	11 57 0
9일	8 30	0 43 4	11 45 52

이 관측은 초점에 마이크로미터가 부착된 길이 7피트짜리 망원경

〈그림 3-30〉

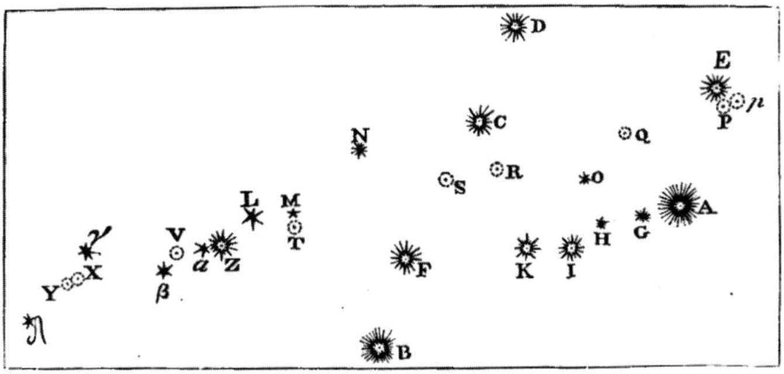

을 이용하여 실행된 것이다. 나는 이 장치를 이용하여 항성들 사이의 상대적 위치와 항성에 대한 혜성의 위치를 알아낼 수 있었다. 〈그림 3-30〉에서 *A*는 페르세우스자리(Perseus)의 왼쪽 뒤꿈치에 해당하는 4등성(Bayer's o)이고, *B*는 왼쪽 발에 해당하는 3등성(Bayer's ζ)이며, *C*는 같은 발뒤꿈치 부위 있는 6등성(Bayer's η)이다.[82] 그리고 *D*, *E*, *F*, *G*, *H*, *I*. *K*, *L*, *O*, *Z*와 α, β, γ, δ는 페르세우스의 발밑에 있는 작은

---

81) 경도 앞에 붙은 기호는 황도 12궁을 나타내는 기호로서, 순서는 다음과 같다.
양자리=♈, 황소자리=♉, 쌍둥이자리=♊, 게자리=♋ 사자자리=♌, 처녀자리=♍, 천칭자리=♎, 전갈자리=♏, 사수자리=♐, 염소자리=♑, 물병자리=♒, 물고기자리=♓.
천구의 경도는 0°~360° 사이의 값을 가져야 하지만, 과거에는 숫자가 커서 불편하다는 이유로 황도 12궁을 기준으로 경도를 표기했다. 예를 들어 "♑ 11도 8분 44초"는 "염소자리(♑)를 기준으로 태양의 이동 방향을 따라 11도 8분 44초만큼 이동한 위치"라는 뜻이며, 표에서 기호가 없는 부분은 "위와 동일한 별자리를 기준으로 한 경도"라는 뜻이다. 12개의 별자리를 경도의 기준으로 삼았으므로, 이 책에 등장하는 천구상의 경도값은 $\frac{360°}{12}$=30°를 넘지 않는다. 또한 여기서 말하는 경도와 위도는 황도를 기준으로 삼은 황도 좌표계의 경도와 위도이므로 "황경(黃經)"과 "황위(黃緯)"라고 표기해야 옳지만, 뉴턴이 굳이 이 점을 강조하지 않았기에 이 책에서도 그냥 "경도"와 "위도"로 표기하기로 한다.

별들을 나타낸다. 앞에서 언급한 혜성의 위치는 p, P, Q, R, S, T, V, X 인데, $AB=80\frac{7}{12}$이라 하면 $AC=52\frac{1}{4}$, $BC=58\frac{5}{6}$, $AD=57\frac{5}{12}$, $BD=82\frac{6}{11}$, $CD=23\frac{2}{3}$, $AE=29\frac{1}{4}$, $CE=57\frac{1}{2}$, $DE=49\frac{11}{12}$, $AI=27\frac{7}{12}$, $BI=52\frac{1}{6}$, $CI=36\frac{7}{12}$, $DI=53\frac{5}{11}$, $AK=38\frac{2}{3}$, $BK=43$, $CK=31\frac{5}{9}$, $FK=29$, $FB=23$, $FC=36\frac{1}{4}$, $AH=18\frac{6}{7}$, $DH=50\frac{7}{8}$, $BN=46\frac{5}{12}$, $CN=31\frac{1}{3}$, $BL=45\frac{5}{12}$, $NL=31\frac{5}{7}$이다.

$HO:HI=7:6$이고, HO를 길게 연장하면 D와 E 사이를 통과하는데, 이때 항성 D와 직선 사이의 거리는 $\frac{1}{6}D$이다. 또한 $LM:LN=2:9$이고, LM의 연장선은 H를 통과한다. 이로써 항성들 사이의 상대적 위치가 결정되었다.

영국의 천문학자 제임스 파운드는 항성들 사이의 상대적 위치를 다시 관측했는데, 그가 얻은 경도와 위도는 〈표 3-5〉와 같다.

〈표 3-5〉

항성	경도			위도(북위)		
	도	분	초	도	분	초
A	♉ 26	41	50	12	8	36
B	28	40	23	11	17	54
C	27	58	30	12	40	25
E	26	27	17	12	52	7
F	28	28	37	11	52	22
G	26	56	8	12	4	58

82) 독일의 천문학자 요한 바이어(Johan Bayer)가 1603년에 〈우라노메트리아(Uranomeria)〉라는 천구 지도를 발표했는데, 이 지도에는 51개의 별자리와 거기 속한 별들이 그리스 문자와 알파벳으로 명기되어 있다. Bayer's …는 이 지도에 기초한 이름이다.

항성	경도	위도(북위)
H	27 11 45	12 2 1
I	27 25 2	11 53 11
K	27 42 7	11 53 26
L	♉ 29 33 34	12 7 48
M	29 18 54	12 7 20
N	28 48 29	12 31 9
Z	29 44 48	11 57 13
α	29 52 3	11 55 48
β	♊ 0 8 23	11 48 56
γ	0 40 10	11 55 18
δ	1 3 20	11 30 42

내가 관측한 "항성(별)에 대한 혜성의 상대적 위치"는 다음과 같다.

2월 25일 금요일 오후 8시 30분에 혜성은 p에 있었고, 항성 E와의 거리는 $\frac{1}{5}AE$보다 크고 $\frac{3}{13}AE$보다 작았으므로 약 $\frac{3}{14}AE$라 할 수 있다. 또한 $\angle ApE$는 직각보다 조금 큰 둔각이었다. A에서 pE에 수선을 그었을 때 혜성과 이 수선 사이의 거리가 $\frac{1}{5}pE$였기 때문이다.[83]

같은 날 오후 9시 30분에 혜성은 P로 이동했고 항성 E와의 거리는 $\frac{1}{4\frac{1}{2}}AE$과 $\frac{1}{5\frac{1}{4}}AE$ 사이였으므로 약 $\frac{1}{4\frac{7}{8}}AE$, 또는 $\frac{8}{39}AE$였다. 그리고 항성 A에서 PE에 내린 수직선과 혜성 사이의 거리는 $\frac{4}{5}PE$였다.

2월 27일 일요일 오후 8시 15분, Q로 이동한 혜성과 O 사이의 거리는 O와 H의 거리와 거의 같았으며, QO를 연장한 선은 K와 B 사이를 지나갔다. 그러나 구름이 짙게 끼어서 직선의 정확한 방향을

83) 점과 직선 사이의 거리는 그 점에서 직선에 내린 수선의 길이로 정의된다.

파악하기 어려웠다.

3월 1일 화요일 오후 11시, 어느새 R로 이동한 혜성은 정확하게 K와 C를 잇는 직선 위에 놓였고, 직선 CRK의 길이는 $\frac{1}{3}CK$보다 조금 크면서 $\frac{1}{3}CK+\frac{1}{8}CR$보다 조금 작았으니 $\frac{1}{3}CK+\frac{1}{16}CR=\frac{16}{45}CK$였다.

3월 2일 수요일 오후 8시 정각에 혜성은 S에 있었고, C와의 거리는 약 $\frac{4}{9}FC$였다. 그리고 CS의 연장선과 F 사이의 거리는 $\frac{1}{24}FC$였으며, 이 직선과 B 사이의 거리는 F와의 거리의 5배였다. 또한 직선 NS의 연장선은 H와 I 사이로 지나가는데, NS와 I의 거리는 H와의 거리보다 5~6배쯤 배 크다.

3월 5일 토요일 오후 11시 30분, 혜성은 T에 도달했고 $MT=\frac{1}{2}ML$이었다. LT의 연장선은 B와 F 사이를 지나가는데, 이 직선과 F와의 거리는 B보다 5~6배쯤 가깝다. 그리고 MT의 연장선은 BF의 바깥을 B에 가까운 쪽으로 지나가며, 이 직선과 B 사이의 거리는 F와의 거리보다 4배 더 가깝다. M은 망원경으로 간신히 보일 정도로 작은 별이지만, L은 8등성쯤 되는 것으로 관측되었다

3월 7일 월요일 오후 9시 30분, 혜성은 V에 도달했고 $V\alpha$의 연장선은 직선 BF를 F에 가까운 쪽으로 1 : 9의 비율로 내분하면서 B와 F 사이를 지나갔다. 또한 $V\alpha : V\beta=5:4$였으며, 혜성과 직선 $\alpha\beta$ 사이의 간격은 $\frac{1}{2}V\beta$였다.

3월 9일 수요일 오후 8시 30분, 혜성은 X에 도달했고 γX의 길이는 $\frac{1}{4}\gamma\delta$와 거의 같았으며, δ에서 γX에 내린 수선의 길이는 $\frac{1}{5}\gamma\delta$였다.

같은 날 밤 12시, 혜성은 Y에 있었고 직선 γY는 $\frac{1}{3}\gamma\delta$보다 조금 짧은 $\frac{5}{16}\gamma\delta$였으며, δ에서 γY에 내린 수선의 길이는 $\frac{1}{7}\gamma\delta$~$\frac{1}{6}\gamma\delta$였다. 그

러나 이 시간에는 혜성이 지평선에 걸쳐서 잘 보이지 않았기 때문에, 이전 관측처럼 정확한 값을 얻기가 어려웠다.

나는 이런 종류의 관측 자료를 기본 데이터로 삼아 도형을 작성하고 계산을 수행하여 혜성의 경도와 위도를 구할 수 있었으며, 제임스 파운드는 항성의 위치에 약간의 수정을 가하여 더욱 정확한 결과를 얻어냈다(파운드가 수정한 항성의 위치는 앞서 제시된 표에 수록되어 있다). 내가 사용한 마이크로미터는 그다지 정밀한 장비가 아니었지만, 경도와 위도의 오차는 1′을 넘지 않았다. 그리고 내가 관측한 혜성은 시야에서 사라지기 얼마 전부터 2월에 관측된 궤도에서 벗어나 북쪽으로 눈에 띄게 기울어지기 시작했다.

나는 전술한 방법으로 혜성의 궤도를 결정하기 위해 플램스티드가 12월 21일과 1월 5일, 그리고 1월 25일에 관측한 데이터를 선택했는데, 그로부터 계산된 *St*값은 (지구의 궤도 반지름을 10,000이라고 했을 때) 9.842였고 *Vt*는 455였다. 첫 번째 계산에서 *tB*=5,567이라는 가정하에 *SB*=9,747가 얻어졌으며, 첫 번째 *BE*는 412, *Sμ*=9,503, *iλ*=413이었고 두 번째에는 *BE*=421, *OD*=10,186, *X*=8,528,4, *MP*=8,450, *MN*=8,475, *NP*=25였다. 두 번째 과정에서 얻은 거리 *tb*는 5,640이며, 최종적으로 거리 *TX*=4,755와 거리 *τZ*=11,322를 얻었다. 이 값에 기초하여 혜성의 궤도를 계산했는데, 강교점(descending node, 降交點)[84]은 1°53′(게자리 근방)이었고 승교점(ascending node,

---

84) 천체의 궤도와 황도가 만나는 두 교점 중 천체가 북쪽에서 남쪽으로 황도를 가로지르는 점.

乘交點)[85]은 1° 53′(염소자리 근방)이었으며, 혜성의 궤도와 황도면이 이루는 각도는 61° $20\frac{1}{3}$′였다. 그리고 포물선의 꼭짓점(혜성의 근일점)과 교점 사이의 거리는 8° 58′이었고 궁수자리와 27° 43′의 각도를 이루었으며, 꼭짓점의 위도는 남위 7° 34′, 통경의 길이는 236.8로 확인되었다.

지구의 궤도 반지름을 100,000,000이라 했을 때 혜성과 태양을 연결한 반지름이 하루에 쓸고 지나가는 면적은 93,585였다. 혜성은 이 궤도를 따라 황도 12궁을 순차적으로 통과했고, 12월 8일 오전 0시 4분에 꼭짓점(근일점)에 도달했다. 이 모든 결과는 자와 컴퍼스, 삼각함수표(특정 각도에 대응하는 현의 길이를 계산할 때 필요함)를 이용하여 그린 커다란 그림으로부터 도출된 것이다. 이 그림에서 지구 궤도의 반지름(10,000)이 16인치(약 41.5센티미터)였으니, 얼마나 큰 그림인지 짐작이 갈 것이다.

마지막으로, 나는 산술 및 기하학적 계산을 통해 얻은 혜성의 궤도가 실제 관측값과 얼마나 일치하는지 확인하기 위해 아래와 같은 표를 작성했다.

〈표 3-6〉

	태양과의 거리	경도 (계산값)	위도 (계산값)	경도 (관측값)	위도 (관측값)	경도의 차이	위도의 차이
		도 분	도 분	도 분	도 분		
12월 12일	2,792	♑ 6 32	8 $18\frac{1}{2}$	♑ 6 $31\frac{1}{3}$	8 26	+1	$-7\frac{1}{2}$
29일	8,403	♓ 13 $13\frac{2}{3}$	28 0	♓13 $11\frac{3}{4}$	28 $10\frac{1}{12}$	+2	$-10\frac{1}{12}$
2월 5일	16,669	♉ 17 0	15 $29\frac{2}{3}$	♉16 $59\frac{7}{8}$	15 $27\frac{2}{5}$	+0	$+2\frac{1}{4}$
3월 5일	21,737	29 $19\frac{3}{4}$	12 4	29 $20\frac{6}{7}$	12 $3\frac{1}{2}$	−1	$+\frac{1}{2}$

그 후 에드먼드 핼리는 기하학 대신 산술연산을 이용하여 혜성의 궤도를 더욱 정확하게 수정했다. 그는 혜성 궤도의 승교점(♋ 게자리 1°53′)과 강교점(♑ 염소자리 1°53′), 혜성의 궤도면과 황도면이 만나는 사잇각(61° $20\frac{1}{3}'$), 그리고 혜성이 근일점에 도달한 날짜(12월 8일 0시 4분)를 그대로 수용한 채 계산을 수행하여, 근일점과 승교점 사이의 거리=9°20′, 포물선의 통경=(지구와 태양 사이의 평균 거리를 100,000으로 간주했을 때) 2,430이라는 결과를 얻었다. 핼리는 이 값에 기초하여 관측이 실행되던 순간 혜성의 위치를 이론적으로 계산했는데, 그 결과는 〈표 3-7〉에 정리되어 있다.

〈표 3-7〉

실제 시간	태양-혜성 간 거리	경도 (계산값)			위도 (계산값)			경도의 오차		위도의 오차	
		도	분	초	도	분	초	분	초	분	초
12월 12일 4시 46분	28,028	♑ 6	29	25	8	26	0N	−3	5	−2	0
21일 6시 37분	61,076	♒ 5	6	30	21	43	20	−1	42	+1	7
24일 6시 18분	70,008	18	48	20	25	22	40	−1	3	−0	25
26일 5시 21분	75,576	28	22	45	27	1	36	−1	28	+0	44
29일 8시 3분	84,021	♓ 13	12	40	28	10	10	+1	59	+0	12
30일 8시 10분	86,661	17	40	5	28	11	20	+1	45	−0	33
1월 5일 6시 1분	101,440	♈ 8	49	49	26	15	15	+0	56	+0	8
9일 7시 0분	110,959	18	44	36	24	12	54	+0	32	+0	58
10일 6시 6분	113,162	20	41	0	23	44	10	+0	10	+0	18
13일 7시 9분	120,000	26	0	21	22	17	30	+0	33	+0	2
25일 7시 59분	145,370	♉ 9	33	40	17	57	55	−1	20	+1	25

85) 천체의 궤도와 황도가 만나는 두 교점 중 천체가 남쪽에서 북쪽으로 황도를 가로지르는 점.

실제 시간	태양–혜성 간 거리	경도 (계산값)	위도 (계산값)	경도의 오차	위도의 오차
30일 8시 22분	155,303	13 17 41	16 42 7	−2 10	−0 11
2월 2일 6시 35분	160,951	15 11 11	16 4 15	−2 42	+0 14
5일 7시 4분	166,686	16 58 25	15 29 13	−0 41	+2 0
25일 8시 41분	202,570	26 15 46	12 48 0	−2 49	+1 14
3월 5일 11시 39분	216,205	29 18 35	12 5 40	+0 35	+2 14

이 혜성은 독일에서도 관측되었다. 독일의 천문학자 고트프리트 키르히(Gottfried Kirch)는 11월 4일, 6일, 11일에 이 혜성을 작센주에 있는 코부르크에서 2피트짜리 망원경으로 가장 가까운 항성에 대한 혜성의 상대적 위치를 매우 정확하게 측정했다. 비슷한 시기에 제임스 파운드도 런던에서 같은 관측을 실행한 바 있다(코부르크와 런던의 경도 차이는 약 11°이다). 에드먼드 핼리는 이 모든 관측 자료를 종합하여 혜성의 위치를 계산했는데, 그 결과는 다음과 같다.

11월 3일 17시 2분(런던시), 혜성의 경도는 ♌(사자자리) 29°51′, 위도는 북위 1°17′45″였다.

11월 5일 15시 58분, 혜성의 경도는 ♍(처녀자리) 3°23′, 위도는 북위 1°6′이었다.

11월 10일 16시 31분, 혜성은 사자자리의 알파성(α)과 타우성(τ)의 중간에 놓여 있었다. 두 별을 잇는 직선 위에 정확하게 놓이진 않았지만, 크게 벗어나지도 않았다. 플램스티드가 작성한 천문지도에 의하면 사자자리 알파성의 위치는 경도=♍ 14°15′, 위도=북위 1°41′이고, 타우성은 경도=♍ 17°3$\frac{1}{2}$′, 위도=남위 0°34′이며, 두 별의 중간 지점은 ♍ 15°39$\frac{1}{4}$′, 위도=북위 0°33$\frac{1}{2}$′이다. 이 직선과 혜성 사이의 거리를 10′~12′라 하면 혜성과 직선의 중간 지점의 경도차는 7′이고, 위도차는 $7\frac{1}{2}$′이다. 그러므로 혜성의 경도는 ♍ 15°23′, 위도는 북위 약 26°이다.

혜성과 별의 상대적 위치를 측정했던 첫 번째 관측은 매우 성공적이었고, 두 번째 관측도 꽤 정확했다. 세 번째 관측은 혜성의 위치가 좋지 않아서 6′ ~7′ 의 오차가 발생했지만, 데이터로 쓰는 데에는 별문제가 없었다. 제일 정확했던 첫 번째 관측에서 얻은 혜성의 경도에 기초하여 앞서 언급했던 방법으로 포물선 궤도를 계산한 결과, 혜성의 경도는 ♌ 29°30′22″였고 위도는 북위 1°25′7″, 태양과의 거리는 115,546이었다.

또한 애드먼드 핼리는 이 혜성이 과거에도 575년 간격으로 네 번이나 나타났다는 놀라운 사실을 알아냈고[율리우스 카이사르(Julius Caesar)가 살해된 직후인 기원전 44년 9월과 람파디우스(Lampadius)와 오레스테스(Orestes)의 시대였던 서기 531년, 그리고 서기 1106년 2월과 1680년 말에 나타났으며, 모두 긴 꼬리를 갖고 있었다. 단 카이사르가 죽은 해에 나타난 혜성은 지구의 위치가 좋지 않아서 육안으로는 잘 보이지 않았다], 이 사실에 착안하여 혜성의 타원 궤도를 계산했는데, 그가 얻은 장축의 길이는 (지구와 태양 사이의 거리를 10,000이라 했을 때) 1,382,957이었으며, 이로부터 혜성의 주기가 575년임을 이론적으로 확인할 수 있었다.

그 후 핼리는 승교점=♋ 2°2′, 혜성의 궤도면과 황도면의 각도=61°6′48″, 황도면에서 혜성의 근일점=♐(궁수자리) 22°44′25″, 근일점에 도달한 시간=12월 7일 23시 9분, 황도면에서 근일점과 승교점 사이의 거리=9° 17′35″, 켤레축(conjugate axis)의 길이=18,481.2라는 가정하에 혜성의 움직임을 계산했는데, 그가 얻은 이론값과 망원경을 통해 얻은 관측값은 〈표 3-8〉에 정리되어 있다.

〈표 3-8〉

시간	경도 (관측값)	위도 (관측값)	경도 (계산값)	위도 (계산값)	경도의 오차	위도의 오차
일 시 분	도 분 초	도 분 초		도 분 초	분 초	분 초
11월 3 16 47	♌ 29 51 0	1 17 45	♌ 29 51 22	1 17 32N	+0 22	−0 13
5 15 37	♍ 3 23 0	1 6 0	♍ 3 24 32	1 6 9	+1 32	+0 9
10 16 18	15 32 0	0 27 0	15 33 2	0 25 7	+1 2	−1 53
16 17 0			♎ 8 16 45	0 53 7S		
18 21 34			18 52 15	1 26 54		
20 17 0			28 10 36	1 53 35		
23 17 5			♏ 13 22 42	2 29 0		
12월 12 4 46	♑ 6 32 30	8 28 0	♑ 6 31 20	8 29 6N	−1 10	+1 6
21 6 37	♒ 5 8 12	21 42 13	♒ 5 6 14	21 44 42	−1 58	+2 29
24 6 18	18 49 23	25 23 5	18 47 30	25 23 35	−1 53	+0 30
26 5 21	28 24 13	27 0 52	28 21 42	27 2 1	−2 31	+1 9
29 8 3	♓ 13 10 41	28 9 58	♓ 13 11 14	28 10 38	+0 33	+0 40
30 8 10	17 38 0	28 11 53	17 38 27	28 11 37	+0 7	−0 16
1월 5 6 1	♈ 8 48 53	26 15 7	♈ 8 48 51	26 14 57	−0 2	−0 10
9 7 1	18 44 4	24 11 56	18 43 51	24 12 17	−0 13	+0 21
10 6 6	20 40 50	23 43 32	20 40 23	23 43 25	−0 27	−0 7
13 7 9	25 59 48	22 17 28	26 0 8	22 16 32	+0 20	−0 56
25 7 59	♉ 9 35 0	17 56 30	♉ 9 34 11	17 56 6	−0 49	−0 24
30 8 22	13 19 51	16 42 18	13 18 28	16 40 5	−1 23	−2 13
2월 2 6 35	15 13 53	16 4 1	15 11 59	16 2 7	−1 54	−1 54
5 7 4	16 59 6	15 27 3	16 59 17	15 27 0	+0 11	−0 3
25 8 41	26 18 35	12 46 46	26 16 59	12 45 22	−1 36	−1 24
3월 1 11 10	27 52 42	12 23 40	27 51 47	12 22 28	−0 55	−1 12
5 11 39	29 18 0	12 3 16	29 20 11	20 2 50	+2 11	−0 26
9 8 38	♊ 0 43 4	11 45 52	♊ 0 42 43	11 45 35	−0 21	−0 17

보다시피 전술한 방법으로 계산한 혜성의 궤도는 관측값과 거의 정확하게 일치한다. 행성의 궤도를 계산했던 행성 이론과 비교해도 전혀 손색이 없다. 그러므로 지난 몇 달 동안 나타났던 혜성들은 똑같은 혜성이며, 그 궤도는 우리의 이론으로 정확하게 계산되었음을 알 수 있다.

12월 16, 18, 20, 23일에 얻은 관측 데이터는 정확도가 떨어지기 때문에 표에 포함시키지 않았다. 그러나 이 무렵에 혜성은 다른 곳에서도 관측되었다. 쥐세페 디오니지 폰테오(Guiseppe Dionigi Ponteo)와 그의 동료들은 11월 17일 오전 6시(런던 시간 오전 5시 10분)에 로마에서 혜성을 관측하여 경도=♎(천칭자리) 8°30′, 위도=남위 0°40′라는 값을 얻었는데, 이 결과는 폰테오가 출판한 논문에 수록되어 있다. 관측 현장에 함께 있었던 마르코 안토니오 첼리오(Marco Antonio Cellio), [첼리오는 자신의 관측 결과를 편지에 적어서 지오반니 도메니코 카시니(Giovanni Domenico Cassini)에게 보냈다]는 같은 시간에 혜성이 경도=♎ 8°30′, 위도=남위 0°30′에 있음을 확인했으며, 프랑스의 천문학자 갈레(Jean Charles Gallet)도 비슷한 시간(런던 시간 오전 5시 42분)에 아비뇽에서 문제의 혜성을 관측하여 경도=♎ 8°, 위도=0°를 얻었다. 이 시간대에 이론적으로 계산된 값은 경도=♎ 8°16′45″, 위도=남위 0°53′7″이다.

로마 시간으로 11월 18일 오전 6시 30분(런던 시간 오전 5시 40분)에 폰테오가 관측한 혜성의 위치는 경도=♎ 13°30′, 위도= 남위 1°20′였고, 첼리오의 관측값은 경도=♎ 13°30′, 위도= 남위 1°00′이었으며, 같은 시간대에 아비뇽에서 갈레가 관측한 값은 경도=♎13°00′,

위도=남위 1°00′이었다. 또한 프랑스 라플라스대학교의 앙고(Ango)가 같은 날 오전 5시(런던 시간 오전 5시 9분)에 실행한 관측에 의하면, 혜성은 처녀자리의 남쪽 손에 해당하는 별(Bayer's Ψ)과 날개 가장자리에 있는 별(Bayer's θ)의 중간 지점을 지나고 있었다. 그렇다면 이 시간에 혜성의 경도는 ♎ 8°16′, 위도는 남위 50′으로 추정된다. 그리고 내가 핼리로부터 전해 들은 바에 따르면, 같은 날 뉴잉글랜드의 보스턴에서 오전 5시(런던 시간 오전 9시 44분)에 혜성의 경도는 약 ♎ 14°, 위도는 남위 1°30′이었다고 한다.

이름이 알려지지 않은 한 젊은이가 케임브리지에서 얻은 관측 데이터에 의하면, 11월 19일 오전 4시 30분에 혜성은 처녀자리의 스피카(Spica)로부터 남서쪽으로 2° 떨어진 곳에 있었으며(당시 스피카 항성의 경도는 ♎ 19°23′47″, 위도는 남위 2°1′59″였다), 같은 날 오전 5시에 뉴잉글랜드의 보스턴에서 혜성은 스피카 항성과 경도 1° 차이, 위도 40′ 차이 나는 곳에서 발견되었다. 그리고 같은 날 자마이카섬에서 관측된 혜성은 스피카 항성으로부터 1° 떨어진 곳을 지나고 있었으며, 역시 같은 날 메릴랜드와 버지니아의 경계 근처에 있는 헌팅크릭의 파투센강(위도=38.5°)에서 아서 스토러(Arthur Storer)가 오전 5시(런던 시간 오전 10시)에 관측한 혜성은 스피카 항성과 아주 가까이 있었는데, 둘 사이의 거리는 약 $\frac{3}{4}$°였다. 나는 이 관측 자료를 비교 분석한 끝에, 런던 시간으로 9시 44분에 혜성의 경도=♎ 18°50′, 위도=남위 1°25′이라는 결론에 도달했다. 이 시간에 이론적으로 계산된 혜성의 위치는 경도=♎ 18°52′15″ 위도=남위 1°26′54″이다.

11월 20일에 이탈리아 파도바대학교의 천문학과 교수 제미니아

노 몬타나리(Geminiano Montanari)는 베네치아에서 오전 6시(런던 시간 오전 5시 10분)에 혜성을 관측하여 경도=♎ 23°, 위도=1°30′을 얻었고, 같은 날 보스턴에서 관측된 혜성은 스피카 항성에서 동쪽으로 경도 4° 만큼 떨어진 곳에서 발견되었으므로 경도는 약 ♎ 23°24′으로 추정된다.

11월 21일 오전 7시 15분에 폰테오가 관측한 혜성은 경도=♎ 27°50′, 위도=남위 1°16′이었고, 첼리오의 관측값은 경도=♎ 28°50′이었으며, 앙고는 오전 5시에 ♎ 27°45′, 몬타나리는 ♎ 27°51′을 얻었다. 그리고 같은 날 자마이카섬에서 혜성은 전갈자리가 시작되는 지점에서 발견되었는데, 위도는 처녀자리의 스피카 항성과 거의 같은 2°2′이었다. 또 같은 날 동인도제도의 발라소르에서 오전 5시(런던 시간으로 전날 밤 11시 20분)에 발견된 혜성은 처녀자리의 스피카 항성에서 동으로 7°35′ 거리에 있었다. 당시 이 혜성은 스피카와 천칭자리를 잇는 직선 위에 놓여 있었으므로 경도=♎ 26°58′, 위도=남위 1°11′이었을 것으로 추정되며, 그로부터 5시간 40분 후(런던 시간 오전 5시)에는 경도=♎ 28°12′, 위도=남위 1°16′이었다. 이 시간대에 이론적으로 계산된 혜성의 위치는 경도=♎ 28°10′36″, 위도=남위 1°63′35″이다.

11월 22일에 몬타나리가 관측한 혜성의 경도와 위도는 각각 ♏(전갈자리) 2°33′과 남위 1°30′이었고, 뉴잉글랜드주의 보스턴에서 관측된 값은 경도=♏ 3°, 위도=1°30′이었다. 그리고 같은 날 발라소르에서 오전 5시에 관측된 혜성의 경도는 ♏ 1°50′이었으므로, 런던 시간으로 오전 5시에 혜성의 경도는 ♏ 3°5′으로 예측된다. 또한 영국의 물리학자 로버트 훅(Robert Hooke)은 같은 날 런던에서 오전 6시 30분에 혜성을 발견했는데, 경도=♏ 3°30′이었고 처녀자리의 스피카 항성과 사자자리의 심장을 잇는 직선 위에 놓여 있었다(사실은 이 직선에서 북으로 아주 조금 벗어나 있었다). 몬타나리도 이날부터 며칠 동안 혜성과 스피카 항성을 이은 직선이 사자자리의 심장을 남쪽으로 비껴간 것으로 확인했는데, 이 직선과 사자자리 심장의 간격은 아주 작았다고 한다. 사자자리의 심장과 처녀자리의 스피카 항성을 잇는 직선은 ♍ 3°46′에서 황도와 2°51′의 각도로 교차한다. 만일 혜성이 이 직선 위에서 ♏ 3°에 놓여 있었다면, 위도는 2°26′이었을 것이다. 그러나 훅과 몬타나리는 혜성이 이 직선에서 북쪽으로 약간 벗어나 있었다고 기록하고 있으므로, 실제 위도는 이보다 조금 작을 것으로 추정된다. 몬타나리가 20일에 얻은 관측 자료에 의하면 혜성의 위도가 처녀자리의 스피카 항성과 거의 같았으므로 약 1°30′쯤 될 것이다. 그런데 훅과 몬타나리, 앙고의 관측 데이터에 의하면 이 무렵에 혜성의 위도가 증가하고 있었으므로, 22일의 위도는 1°30′보다 컸다고 봐야 한다. 따라서 위에 제시한 2개의 양극값 1°30′과 2°26′의 평균인 1°58′이 가장 그럴듯한 값이다. 훅과 몬타나리는 혜성의 꼬리가 처녀자리의 스피카 항성을 향해 뻗어 있다고 했다. 그러나 훅은 스피카의 남쪽, 몬타나리는 스피카의 북쪽으로 조금 벗어났다고 했으므로 벗어난 정도는 매우 미미했을 것이며, 혜성의 꼬리는 (천구의) 적도에 거의 평행하게 누운 채 태양의 반대 방향에서 북으로 약간 벗어나 있었을 것이다.

독일의 천문학자 요한 야코프 짐머만(Johan Jacob Zimermann)은 11

월 23일 오전 5시에 뉘른베르크에서 혜성과 항성 사이의 거리를 관측하여 경도=♏ 8°8′, 위도=남위 2°31′을 얻었다.

이튿날인 11월 24일 일출 직전에 몬타나리는 경도=♏ 12°52′, 그리고 사자자리의 심장과 처녀자리의 스피카를 잇는 직선에서 북쪽으로 조금 벗어난 곳에서 혜성을 발견했다. 따라서 혜성의 위도는 2°38′보다 조금 작았을 것으로 추정된다. 그런데 (앞서 발한 바와 같이) 몬타나리와 앙고, 그리고 훅의 관측에 의하면 혜성의 위도가 계속 증가하는 추세였으므로, 24일에는 1°58′보다 조금 컸을 것이다. 따라서 가장 그럴듯한 위도는 두 값의 평균인 2°18′이다. 폰테오와 갈레의 관측 데이터에 의하면 이 시점부터 혜성의 위도가 감소했는데, 첼리오와 뉴잉글랜드의 관측자들이 얻은 자료에는 위도가 한동안 1°, 또는 $1\frac{1}{2}$°를 유지한 것으로 기록되어 있다. 그러나 폰테오와 갈레의 데이터에는 방위각과 고도가 별로 정확하지 않고, 갈레의 데이터도 마찬가지다. 이보다는 혜성과 항성의 상대적 위치로부터 혜성의 위치를 알아낸 몬타나리와 훅, 앙고, 그리고 뉴잉글랜드의 데이터가 좀더 정확하다(폰테오와 갈레도 가끔 이런 방법을 사용했다). 같은 날(11월 24일) 발라소르에서 오전 5시에 관측된 혜성은 경도=♏11°45′이었고, 런던에서 관측된 경도는 ♏ 13°였다. 같은 시간대에 이론적으로 계산된 혜성의 경도는 ♏ 13°22′42″이다.

11월 25일 일출 전, 몬타나리에서 혜성의 경도는 ♏ $17\frac{3}{4}$°였고, 같은 시간에 첼리오는 처녀자리 오른쪽 다리의 밝은 별과 천칭자리의 남쪽 별을 잇는 직선 위에서 혜성을 발견했다. 이 직선은 혜성의 궤도와 ♏ 18°36′에서 교차한다. 같은 시간대에 이론적으로 계산된 혜성의 경도는 약 ♏ $18\frac{1}{3}°$ 이다.

이 모든 결과를 종합해볼 때, 여러 관측 결과들이 서로 일치하면 그 값은 이론적 계산과도 일치한다는 것을 알 수 있다. 그리고 이로부터 1680년 11월 4일~1681년 3월 9일에 걸쳐 나타났던 혜성은 모두 동일한 하나의 혜성이었음이 분명하다. 또한 이 혜성의 궤도는 황도면과 두 번 교차했으므로 직선이 아니었으며, 두 교차점이 하늘의 정반대편에 있지 않고 처녀자리의 끝부분과 염소자리의 시작 부분에 놓여 있으므로(두 점 사이의 간격은 약 98° 였다) 대원(great circle)에서 크게 벗어난 궤도를 그렸음이 분명하다.

11월에 혜성의 궤도는 황도면에 대하여 남으로 최소 3° 쯤 기울어져 있었으나, 12월 이후에는 북으로 29° 기울어진 것으로 나타났다. 몬타나리의 관측에 의하면 혜성의 궤도를 "태양을 향해 내려가는 부분"과 "태양을 지나 올라가는 부분"으로 나눴을 때, 두 부분의 겉보기 각도가 30° 이상 차이를 보였다. 또한 이 혜성은 사자자리의 끝부분에서 쌍둥이자리의 시작 부분에 이르는 동안 9개의 별자리를 순차적으로 지나갔다(사자자리의 통과 여부는 혜성이 시야에 들어오기 전이었기에 확실치 않다). 혜성이 이토록 거대한 궤적을 그리면서 특정한 법칙에 따라 이동하는 현상을 설명하는 이론은 앞서 제시한 이론뿐이다. 사실 혜성의 운동은 매우 불규칙했다. 11월 20일경에는 하루에 약 5°를 진행했지만 11월 26일부터 12월 12일 사이에는 15일 동안 이동 거리가 40°에 불과했고, 그 후 점점 빨라져서 한동안 하루에 5°씩 진행하다가 다시 느려지기 시작했다. 이 불규칙하고 거대한 운동을 일관된 법칙으로 설명하면서 계산 결과가 관측값과 정확하

〈그림 3-31〉

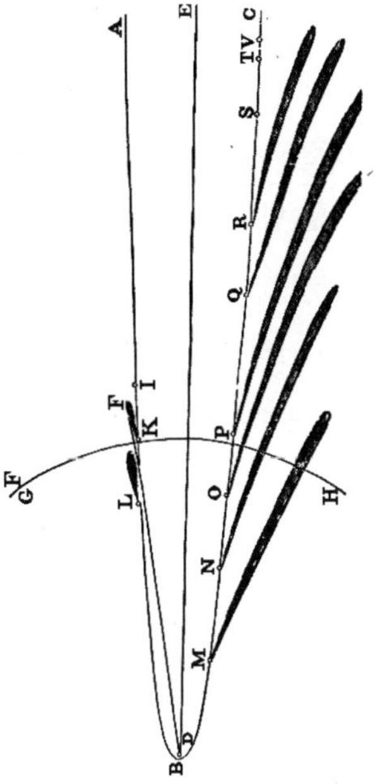

게 일치한다면, 그 이론은 옳다고 보는 것이 타당하다.

혜성의 궤도와 각 위치에서 혜성의 꼬리가 향했던 방향은 〈그림 3-31〉과 같다(책의 지면이 곧 혜성의 궤도면이다). 이 그림에서 *ABC*는 혜성의 궤도이고 *D*는 태양, *DE*는 궤도의 중심축이며, *DF*는 교선(두 교점을 잇는 직선), *GH*는 지구의 공전 궤도를 3차원 구면으로 확장했을 때 혜성의 궤도면과 만나면서 형성된 곡선이다. 그리고 각 점들은 날짜에 따른 혜성의 위치를 나타내는데, *I*=1680년 11월 4일, *K*=11월 11일, *L*=11월 19일, *M*=12월 12일, *N*=12월 21일, *O*=12월 29일, *P*=1681년 1월 5일, *Q*=1월 25일, *R*=2월 5일, *S*=2월 25일, *T*=3월 5일, *V*=3월 9일에 관측된 위치이다. 또한 이 그림에서 꼬리의 길이는 다음과 같은 과정을 거쳐 산출되었다.

11월 4일과 6일에는 혜성의 꼬리가 보이지 않았다. 꼬리가 모습을 드러낸 것은 11월 11일부터였는데, 길이 10피트짜리 망원경으로 관측했을 때 길이가 $\frac{1}{2}°$를 넘지 않았다. 그 후 11월 17일에 폰테오가 관측한 혜성의 꼬리는 15°를 넘었고, 11월 18일에 뉴잉글랜드에서 관측된 꼬리의 길이는 거의 30°에 가까웠으며(이날 꼬리는 태양의 반대편을 향해 화성이 있는 곳까지 뻗어 있었고, 화성의 경도는 ♍ 9°54′이었다), 11월 19일에 메릴랜드에서는 꼬리의 길이가 15~20°로 관측되었다. 12월 10일에 (플램스티드의 관측에 의하면) 혜성의 꼬리는 뱀자리(뱀주인자리에서 뱀의 머리에 해당하는 부분)와 독수리자리의 델타성(독수리의 남쪽 날개)을 잇는 직선의 중점을 지나 바이어 A, ω, b(바이어의 천구 지도에 기록된 A, ω, b 항성)까지 뻗어 있었다. 그러므로 혜성의 꼬리가 끝나는 지점은 경도=♑(염소자리) $19\frac{1}{2}°$, 위도=남위 $34\frac{1}{4}°$였을 것이다. 다음 날인 12월 11일에 혜성의 꼬리는 사자자리의 머리(Bayer's α, β) 위를 지나 ♑ 26°43′까지 이어졌고 꼬리 끝의 위도는 남위 26°43′이었으며, 12월 12일에 꼬리는 화살자리 중심부를 지나 경도=♒(물병자리) 4°, 위도=$42\frac{1}{2}°$에서 끝났다.

지금까지 서술한 것은 꼬리 전체가 아니라 "꼬리의 밝은 부분"이며, 희미한 부분까지 고려하면 훨씬 길어진다. 예를 들어 날씨가 청명했던 12월 12일 오전 5시 40분에 로마에서 폰테오가 관측한 바에 따르면 꼬리의 어두운 부분은 백조자리의 엉덩이 부위(uropygium of Cygnus)를 10° 거리로 통과하여, 이 별로부터 북서쪽으로 45′ 떨어진 지점까지 이어졌다고 한다. 게다가 그 무렵에는 꼬리의 퍼짐각이 3°

에 가까웠으므로, 꼬리의 중심은 백조자리 엉덩이에서 남으로 2°15′ 거리에 있었고 꼬리 끝의 경도는 ♓(물고기자리) 22°, 위도는 북위 61°였다. 따라서 꼬리의 총 길이는 거의 70°에 가까웠을 것으로 추정된다.

12월 21일에 혜성의 꼬리는 카시오페이아의 의자(Cassiopeia's Chair)에 닿을 정도로 길어졌고 카시오페이아 알파성[쉐다르(Schedir)]과 베타성(β)의 중간을 지나갔으며, 종착점의 경도는 ♈(양자리) 24°, 위도는 47°였다. 그 후 12월 29일에 혜성의 꼬리는 페가수스자리 베타성[쉐아트(Scheat)]의 왼쪽을 스치듯 지나 안드로메다의 북쪽 발에 해당하는 두 별 사이를 가득 채웠다. 따라서 꼬리의 길이는 54°, 꼬리 끝의 경도는 ♉(황소자리) 19°, 위도는 35°였다. 1월 5일에 혜성의 꼬리는 안드로메다 가슴 부위에 있는 파이성(π)의 오른쪽과 허리 부위에 있는 뮤성(μ)까지 도달했고, (나의 관측 자료에 의하면) 길이는 40°였는데, 특이한 것은 꼬리가 남쪽으로 볼록하게 휘어져 있었다는 점이다. 혜성의 머리에 가까운 부위에서 꼬리는 태양과 혜성의 머리를 동시에 지나는 원과 4°의 각도로 교차했고, 꼬리의 끝부분에서는 교차각이 10~11°였으며, 꼬리의 현은 이 원의 8°에 해당하는 부분을 마주 보고 있었다. 1월 13일에 혜성의 꼬리는 알라메크(Alamech)와 알골(Algol, 페르세우스자리의 베타성) 사이를 지나 페르세우스 카파성(κ)을 향해 뻗어 있었으나, 별에 접근할수록 밝기가 급격하게 감소했다. 이때 태양과 혜성의 머리를 동시에 통과하는 원과 혜성 꼬리의 끝부분 사이의 거리는 3°50′이었으며, 꼬리의 현과 이 원 사이의 각도는 8°였다. 1월 25일과 26일에 꼬리는 희미한 빛을 발하면서 길이가 6~7°까지 줄어들었다가 날씨가 청명했던 며칠 후에는 다시 12°로 길어졌는데, 빛이 너무 희미해서 관측하기가 매우 어려웠다. 그러나 궤도의 축은 마차부자리(또는 마차꾼자리, Auriga)의 동쪽 어깨에 있는 밝은 별을 향했고, 태양의 반대 방향에서 북으로 10°쯤 기울어 있었다. 마지막으로 2월 10일에 나는 망원경을 이용하여 꼬리의 길이가 2°임을 확인했으며, 위에서 말한 "희미한 빛"은 더 이상 볼 수 없었다. 폰테오의 관측에 의하면 2월 7일에 꼬리의 길이=12°였고, 25일부터 완전히 사라질 때까지는 꼬리가 보이지 않았다고 한다.

누구든지 앞서 서술한 혜성의 궤적과 그 외의 관련 현상을 생각해 본 사람이라면 혜성의 몸체가 여타 행성들처럼 단단하고, 조밀하고, 형태가 고정되어 있으면서 오랫동안 지속되는 물체라는 점에 동의할 것이다. 만일 혜성이 지구, 태양, 또는 행성에서 방출된 증기로 이루어져 있다면, 태양 근처를 지날 때 형태를 유지하지 못하고 산산이 흩어질 것이다. 태양의 열은 빛의 밀도에 비례하며, 따라서 태양과의 거리의 제곱에 반비례한다. 12월 8일에 혜성이 근일점에 도달했을 때 태양과의 거리는 (지구의 중심과 태양 사이의 거리를 1,000이라 했을 때) 거의 6이었다. 따라서 그날 혜성에 쏟아진 태양열은 한여름날 지구에 쏟아지는 태양열의 28,000배에 달한다. 끓는 물에서 방출되는 열은 한여름날 지구에 쏟아지는 태양열의 3배쯤 되고, 빨갛게 달아오른 쇠막대의 열은 (내 추측이 옳다면) 끓는 물에서 방출되는 열의 3~4배쯤 된다. 그러므로 근일점에 도달한 혜성은 빨갛게 달아오른 쇳덩이의 2,000배에 달하는 열을 태양으로부터 받게 된다. 이 정도로 강한 열에 노출되면 증기를 포함한 모든 휘발성 물질은 순식간에 흩어질 것이다.

우리가 관측한 혜성은 근일점에 도달했을 때 엄청난 양의 태양열을 받았고, 그 열을 매우 긴 시간 동안 유지했다. 지름이 1인치인 구형 쇳덩어리를 빨갛게 달군 후 공기 중에 1시간 동안 방치하면 대부분의 열을 잃는다. 그러나 덩치가 큰 쇳덩어리는 열을 더 긴 시간 동안 유지할 수 있다. 물체에 저장된 열은 뜨거운 물질의 양, 즉 부피(반지름의 세제곱)에 비례하는데, 방출되는 열은 공기와 맞닿은 면적, 즉 표면적(반지름의 제곱)에 비례하기 때문이다. 그러므로 쇳덩어리가 클수록 열을 유지하는 시간이 길어진다. 예를 들어 지구만 한 크기의 쇳덩어리(지름=약 40,000,000피트)를 빨갛게 달군 후 공기 중에 방치한다면, 완전히 식을 때까지 거의 5만 년이 걸린다. 그러나 열을 유지하는 시간은 무언가 다른 이유 때문에 지름보다 작은 비율로 증가할 수도 있다. 실험을 통해 정확한 비율이 하루속히 밝혀지기를 기대해본다.

혜성의 꼬리는 근일점에 도달하기 전인 11월보다 태양열을 충분히 받은 12월에 훨씬 밝았으며, 길이도 훨씬 길어졌다. 일반적으로 혜성의 꼬리는 태양 근방을 스쳐 간 직후에 가장 크고, 가장 밝은 빛을 발한다. 즉 혜성이 열을 받으면 꼬리가 길어진다는 뜻이다. 따라서 혜성의 꼬리는 뜨겁게 달궈진 머리(또는 핵)에서 방출된 열은 증기일 가능성이 높다.

현재 혜성의 꼬리를 설명하는 이론은 세 가지가 있다. (1) 햇빛이 반투명한 혜성의 몸체를 통과한 후 뒤로 퍼진 잔광이 꼬리처럼 보인다는 설과 (2) 혜성의 머리에서 방출된 빛이 지구 대기에 의해 굴절되면서 나타난 현상이라는 설, 그리고 (3) 혜성의 머리에서 발생한 구름이나 증기가 태양의 반대 방향으로 날아가면서 꼬리를 형성한다는 설이 그것이다. 이 중 첫 번째 설은 광학에 대한 이해가 깊지 않아서 생긴 오류이다. 칠흑 같은 방안에 한 줄기 빛이 들어왔을 때, 그 빛줄기가 눈에 보이려면 방안에 먼지나 연기 같은 입자들이 떠다니면서 빛을 반사해야 한다. 공기 중에 짙은 연기가 끼어 있을 때 빛이 더욱 밝게 보이고 눈에 강한 자극을 주는 것은 바로 이런 이유 때문이다. 맑은 공기 중에서는 빛이 희미해져서 눈에 잘 띄지 않는다. 그런데 우주 공간에는 빛을 반사할 공기가 아예 없으므로 꼬리 같은 것이 보일 리 없다. 우리 눈에 보이는 것은 빛줄기 자체가 아니라, 먼지 같은 불순물에서 반사된 빛이다. 우리의 눈이 빛을 감지하려면 도중에 어떤 과정을 거쳤건, 빛이 눈에 도달해야 하기 때문이다. 그러므로 혜성의 꼬리 부분에는 빛을 반사하는 물질이 반드시 존재해야 한다. 그렇지 않다면 우주 공간은 태양 때문에 어디나 밝기가 균일할 것이다.

두 번째 가설도 많은 문제점을 안고 있다. 일반적으로 빛이 굴절되면 다양한 색상의 단색광으로 분리되는데, 혜성의 꼬리는 그런 모습으로 나타난 적이 단 한 번도 없다. 행성이나 혜성에서 반사된 빛이 우리 눈에 그대로 도달한다는 것은 우주 공간을 메우고 있는 물질(에테르)이 빛을 굴절시키지 않는다는 것을 의미한다. 고대 이집트 문서에는 별이 둥그런 성운으로 에워싸였다는 기록이 있긴 하지만 별들이 항상 그런 모습으로 보이진 않았으므로, 아마도 별 주변에 우연히 모여든 구름에 의해 빛이 굴절되면서 나타난 현상일 것이다.

그리고 별이 깜박이는 것은 대기와 눈에서 빛이 굴절되기 때문이다. 이런 별을 망원경으로 관찰하면 반짝이는 현상이 감쪽같이 사라진다. 사람의 동공은 폭이 별로 넓지 않기 때문에, 대기 중에서 상승하는 증기나 공기가 빛을 교란하면 눈에 맺힌 상(像)이 흔들리게 된다. 그러나 망원경의 대물렌즈는 훨씬 넓은 영역에서 빛을 모으기 때문에 이런 현상이 현격하게 줄어든다. 그래서 맨눈으로 볼 때 깜박이는 별도 망원경을 통해서 보면 안정적으로 보이는 것이다. 그리고 망원경에서 상이 깜박이거나 흔들리는 현상이 나타나지 않는다는 것은 우주 공간에서 빛이 굴절을 일으키지 않고 균일하게 전달된다는 뜻이다. 회의론자들은 이런 질문을 던질 수도 있다. "혜성의 빛이 충분히 강하지 않아서 꼬리가 보이지 않는 것이라면, 반사체가 아닌 자체 발광체(별)도 원래 꼬리가 있는데 너무 멀어서 안 보인다는 말인가?" 그렇지 않다. 망원경을 이용하면 별의 밝기를 100배 이상 키울 수 있는데, 그래도 별의 꼬리는 여전히 보이지 않는다. 행성의 경우도 마찬가지다. 망원경으로 행성을 관측하면 훨씬 밝게 보이지만 꼬리를 본 사람은 지금까지 단 한 명도 없다. 그러나 혜성은 머리에서 방출된 빛이 별이나 행성보다 훨씬 희미한데도 엄청나게 긴 꼬리를 드러내곤 한다. 1680년에 나타난 혜성이 대표적 사례이다. 12월에 이 혜성의 밝기는 2등성 수준이었지만 꼬리의 길이가 40°, 50°, 60°를 넘어 무려 70°까지 이르렀다. 그 후 1981년 1월 27, 28일에는 밝기가 7등성 수준까지 떨어졌는데도 6~7° 길이의 꼬리가 희미하게 보였고, 망원경으로 보이는 부분까지 더하면 거의 12°에 달했다. 2월 9일과 10일에는 혜성의 몸체조차 맨눈으로 볼 수 없을 정도로 희미해졌지만, 나의 망원경에는 2° 짜리 꼬리가 포착되었다. 증거는 이뿐만이 아니다. 만일 혜성의 꼬리가 우주 공간에서 일어난 굴절 때문에 생긴 것이라면, 같은 지점에서 항상 같은 방향으로 뻗어 있어야 한다. 정말로 그런지 데이터로 확인해보자. 1680년 12월 28일 런던 시간으로 오후 8시 30분에 관측된 혜성의 위치는 경도=♓ 8°41′, 위도=북위 28°6′이었고, 태양은 ♑ 18°26′에 있었다. 그리고 1577년 12월 29일에 관측된 혜성은 경도=♓ 8°41′, 위도=북위 28°40′이었고 당시 태양의 위치는 1680년과 같은 ♑ 18°26′이었다. 즉 두 경우는 지구의 위치가 같고 혜성이 관측된 위치도 거의 같다. 그러나 1680년에 혜성의 꼬리는 (나를 포함한 여러 사람의 관측에 의하면) 태양의 정반대 방향에서 북으로 4° 벗어난 방향으로 나 있었고, 1577년에 나타난 혜성의 꼬리는 (티코 브라헤의 관측에 의하면) 태양의 정반대 방향에서 남으로 21° 벗어난 방향으로 뻗어 있었다. 그러므로 혜성의 꼬리가 공간에서 일어난 굴절 때문에 생겼다는 주장은 설득력이 없으며, 이로써 "혜성에서 방출된 물질이 햇빛을 반사하면서 나타난 현상"이라는 세 번째 가설만 남게 된다.

혜성의 꼬리가 머리에서 탄생하여 태양의 반대 방향을 향한다는 것은 꼬리가 따르는 규칙만 봐도 자명한 사실이다. 예를 들어 혜성의 꼬리가 혜성의 궤도 평면(이 평면은 태양을 포함한다) 위에 놓여 있다면, 꼬리는 태양의 반대 방향을 곧바로 향하지 않고 혜성이 진행하는 방향의 반대쪽으로 기울어진다. 관측자가 혜성의 궤도 평면 위에서 이 광경을 바라본다면 혜성의 꼬리는 항상 태양의 반대편을 향할 것이다. 그러나 관찰자가 거주하는 행성(지구)이 이 평면에서 벗어나 있다면, 꼬리는 태양의 정반대 방향에서 점차 벗어나는 것처럼 보일 것이다. 또한 다른 조건이 동일하다고 가정했을 때, 혜성의 꼬리가 혜성의 궤도 평면에 놓여 있지 않은 상태에서 머리가 태양에 가까이 접근하면 이탈각[86]이 작아지는데, 이 각도를 혜성의 머리 근처에서 재면 더욱 작게 나타난다. 그리고 이탈각이 0°인 꼬리는 직선으로 보이고 이탈각이 있으면 휘어진 곡선처럼 보이는데, 이탈각이 클수록 곡률이 커진다. 혜성의 꼬리가 길면 곡률이 금방 눈에 띄지만, 꼬리가 짧으면 휘어진 방향을 감지하기가 쉽지 않다. 또한 혜성의 머리 근처에서는 꼬리의 이탈각이 작고 꼬리 끝으로 갈수록 커지므로, 꼬리의 볼록한 부분은 이탈각의 기준선(혜성과 태양을 이은 직선의 연장선)을 향한다. 그리고 꼬리가 길고 굵으면서 밝은 경우에는 오목한 부분보다 볼록한 부분이 좀더 밝은 빛을 발하며, 끝부분이 비교적 선명하게 나타난다.

이상의 내용을 종합해볼 때 혜성의 꼬리는 움직이는 머리로부터 생긴 것이며, 혜성의 위치와는 아무런 관계가 없음이 분명하다. 즉 혜성의 꼬리는 굴절의 결과가 아니라 머리로부터 꾸준히 공급되는 물질 때문에 나타나는 현상이다. 지구의 대기 속에서 어떤 물체를 태우면 연기가 발생하고, 이 연기는 (물체가 정지해 있을 때) 수직 방향으로, 또는 (물체가 움직일 때) 비스듬한 방향으로 상승한다. 우주 공간에서도 태양의 중력이 작용하고 있으므로, 연기나 증기가 발생하면 (물체가 정지해 있을 때) 태양의 반대 방향으로 피어오르거나,

86) 혜성에서 태양으로부터 멀어지는 쪽으로 그은 직선과 혜성의 꼬리가 이루는 각.

(물체가 움직일 때) 뒤쪽을 향해 기울어진 방향으로 피어오를 것이다. 그리고 태양 근처 또는 증기를 발생시키는 물체 근처에서는 증기의 상승 속도가 빨라서 기울어진 정도가 작다. 이렇게 증기의 방향이 수시로 달라지기 때문에 증기 기둥이 곡선을 그리는 것이다. 또한 혜성의 진행 방향을 기준으로 가장 앞쪽에 있는 증기는 가장 최근에 발생한 것이어서 다른 부위보다 밀도가 높기 때문에 많은 빛을 반사하여 더 밝게 빛나고, 외곽선도 훨씬 선명하다.

여러 사람이 남긴 관측 기록에 의하면 혜성의 꼬리가 갑자기 흔들리거나 모양이 변하는 경우도 있었지만, 이에 대해 굳이 설명을 제시할 생각은 없다. 이런 현상은 지구의 불안정한 대기나 시야를 가린 구름 때문에 생길 수도 있기 때문이다. 또는 혜성의 꼬리가 배경의 은하수와 겹치면서 형상이 왜곡되었을 수도 있다.

혜성의 대기가 어떻게 그토록 방대한 공간에 퍼질 수 있을까? 이 점이 궁금하다면 시야를 지구로 돌려보라. 지구의 대기는 정말 엄청나게 얇다. 지표면 근처의 공기는 같은 무게의 물보다 850배 큰 공간을 차지한다. 즉 높이가 850피트인 공기 기둥의 무게는 단면적이 같으면서 높이가 1피트인 물기둥의 무게와 같다. 그러므로 지구 대기의 꼭대기와 높이가 같은 공기 기둥의 무게는 높이가 33피트인 물기둥의 무게와 같고, 공기 기둥의 맨 아래쪽에서 850피트를 제거하면 높이 32피트짜리 물기둥과 무게가 같아진다. 따라서 (공기의 압력은 공기 자체의 무게에 해당하고, 지구의 중력은 지구 중심으로부터의 거리의 제곱에 반비례하므로) 제2권 명제 22의 부가정리를 이용하면, "지표면으로부터 지구의 반지름만큼 올라간 곳의 공기"와 "지표면 공기"의 밀도 비율은 "지름이 1인치인 구의 부피"와 "태양-토성 사이의 거리를 반지름으로 갖는 구의 부피"의 비율보다 작다. 그러므로 지표면 근처의 공기를 지름=1인치인 구의 부피만큼 취한 후, 그 밀도가 "지표면에서 지구의 반지름만큼 올라간 곳의 공기 밀도"와 같아질 때까지 부피를 늘이면, 토성보다 가까운 모든 공간을 채우고도 남는다. 이처럼 고도가 높을수록 공기가 급속도로 희박해지는데, 혜성의 코마(혜성의 대기)의 지름은 머리보다 10배쯤 크고 꼬리는 머리에서 더욱 멀기 때문에 그곳의 밀도는 지극히 낮을 것이다. 혜성의 대기 밀도가 매우 높은 상태에서 태양의 중력이 강하게 작용하면 꼬리 부위의 밀도가 꽤 높을 수도 있지만(기체 입자들 사이에도 서로 잡아당기는 중력이 작용한다), 나의 계산에 의하면 약간의 공기(또는 증기)만 있어도 지금과 같은 꼬리는 얼마든지 형성될 수 있다.

혜성의 꼬리에 가린 별이 식별 가능한 것을 보면, 꼬리의 밀도는 아주 낮을 것으로 예상된다. 지구의 대기는 두께가 몇 마일에 불과하지만,[87] 바로 이 대기 때문에 그 자리에 있어야 할 별이 안 보이기도 하고, 심지어 달빛까지 희미해질 때도 있다. 그러나 아무리 작고 희미한 별도 혜성의 꼬리에 가렸다고 해서 밝기가 줄어들지 않으므로, 혜성의 꼬리는 밀도가 매우 낮다고 보는 것이 타당하다(혜성의 꼬리도 빛을 반사하고 있는데, 그 뒤에 가린 항성은 별다른 영향을 받지 않는다). 일반적으로 혜성 꼬리의 밝기는 어두운 방으로 들어온 햇빛이 1~2인치 두께의 공기에 반사된 빛보다 밝지 않다.

---

87) 몇 마일이 아니라 수십 마일이다.

혜성의 꼬리의 끝과 태양을 연결한 직선이 혜성의 궤도와 만나는 점 A를 구하면, 혜성의 증기가 머리에서 꼬리 끝까지 올라가는 데 걸린 대략적인 시간을 구할 수 있다. 임의의 시간에 머리에서 발생한 증기가 머리와 태양을 연결하는 직선을 따라 올라간다면, 지금 이 시간에 꼬리에 도달한 증기는 머리가 A에 있을 때 발생한 것이기 때문이다. 그러나 증기는 머리와 태양을 연결하는 직선만을 따라가지 않고, 혜성이 원래 갖고 있던 속도에도 영향을 받는다. 즉 증기는 자신의 고유한 상승 속도와 혜성의 속도를 결합하여 얻은 비스듬한 방향으로 올라간다. 그러므로 좀더 정확한 답을 구하려면 궤도를 자르는 직선을 꼬리에 평행하도록 그리거나, (혜성 자체가 곡선 운동을 하고 있으므로) 꼬리의 연장선에서 점점 멀어지는 쪽으로 그려야 한다. 나는 이 계산법을 이용하여 1월 25일에 혜성의 꼬리 끝부분에 있던 증기가 그전 해 12월 25일에 머리에서 방출되었다는 결론에 도달했다. 처음 방출되어 꼬리 끝에 도달할 때까지 약 45일이 걸린 셈이다. 그러나 12월 10일에 나타난 꼬리는 혜성이 근일점에 도달한 후 단 2일 만에 형성되었다. 그러므로 증기의 상승 속도는 태양 근처에서 가장 빠르고, 그 후에는 증기의 중력 때문에 조금씩 느려지며, 증기가 멀리 올라갈수록 꼬리도 길어진다. 그러나 꼬리가 보이는 한, 그 꼬리에는 혜성이 근일점을 지난 이후로 형성된 거의 모든 증기가 포함되어 있다. 현재 눈에 보이는 꼬리 중에서 제일 먼저 방출된 증기, 즉 꼬리 끝부분의 증기는 태양과의 거리가 충분히 멀거나 지구로부터 충분히 멀어져서 관측이 불가능해지기 전까지는 여전히 꼬리의 끝부분으로 남아 있기 때문이다. 그러므로 꼬리가 짧은 혜성은 증기의 상승 속도가 빨라서 짧아진 것이 아니라, 머리에서 꾸준하게 생성된 증기와 (며칠에 걸쳐 서서히 생성된) 방출물이 생성 초기에 머리로부터 전달받은 운동을 그대로 유지하면서 영구적인 기체 기둥을 형성한 채 머리와 함께 움직이고 있기 때문이다. 이로써 "우주 공간에는 물체의 운동을 방해하는 요인이 존재하지 않는다"는 주장이 다시 한번 입증된 셈이다. 행성이나 혜성처럼 견고한 물체는 말할 것도 없고, 혜성의 꼬리 같은 기체까지도 우주 공간에서는 아주 빠른 속도를 오랜 시간 동안 유지할 수 있다.

케플러는 "혜성의 꼬리가 상승하는 것은 머리를 감싸고 있는 대기 때문이며, 혜성의 꼬리가 태양의 반대편을 향하는 것은 꼬리의 구성 물질을 태양빛이 실어나르고 있기 때문"이라고 생각했다. 자유 공간(텅 빈 공간)에서 에테르처럼 희박한 물질이 햇빛에 의해 움직인다는 것은 그다지 무리한 가정이 아니다. 물론 지구 근처에는 운동을 방해하는 요인이 너무 많아서 이 가설을 확인할 길이 없다. 학자들 중에는 중력에 반대되는 힘, 즉 물체를 들어 올리는 힘을 발휘하는 입자가 존재한다고 주장하는 사람도 있다. 만일 혜성의 꼬리가 이런 물질로 이루어져 있다면, 태양의 반대쪽을 향하는 것은 바로 이 힘(반중력) 때문일 것이다. 그러나 지구상의 물체에 작용하는 중력은 물질의 양(질량)에 비례하므로, 질량이 사라지지도 않고 생성되지도 않는(또는 커지거나 작아지지 않는) 보존량이라면 혜성의 머리에서 생성된 기체가 꼬리 쪽으로 상승하는 것은 꼬리의 밀도가 상대적으로 낮기 때문일 것이다. 굴뚝에서 흘러나온 연기가 위로 올라가는 이유는 주변에 떠다니는 공기 입자들이 힘을 가하기 때문이다. 열을 흡수하여 희박해진 공기는 비중이 작아지면서 자신과 얽힌 연기 입자를 데리고 위로 올라간다. 그렇다면 혜성의 꼬리도 이런 과정을 거쳐 상승할 수 있지 않을까?

태양빛이 매질에 어떤 방식으로든 영향력을 행사하려면 그 매질에 의해 반사되거나 굴절되어야 한다. 반사된 입자는 이 과정에서 흡수한 열을 자신과 얽혀 있는 주변 공기에 전달할 것이고, 더워진 공기는 부피가 커지고 비중이 작아지면서 위로 상승하게 된다. 바로 이때 혜성의 꼬리를 구성하는 입자(햇빛을 반사하는 입자)를 데리고 올라가는데, 그 속도는 태양 주변을 선회하는 혜성 자체의 운동 때문에 더욱 빨라진다. 반면에 태양의 대기와 우주 공간을 떠도는 다른 물질은 완전히 정지 상태에 있거나, 자전하는 태양의 영향을 받아 혜성보다 훨씬 느린 속도로 회전할 뿐이다.

태양 근처에서 혜성의 꼬리가 상승하는 것은(즉 태양으로부터 멀어지는 쪽을 향하는 것은) 바로 이런 이유 때문이다. 혜성의 궤도는 태양과 가까운 곳에서 크게 휘어져 있기 때문에, 이곳을 지나는 혜성은 태양의 고밀도 대기(무거운 대기) 영역으로 진입하여 매우 긴 꼬리를 갖게 된다. 이 지점에서 생성된 꼬리는 자신의 고유 운동을 유지하면서 태양의 중력에 끌리기 때문에 혜성의 머리처럼 타원 운동을 하게 되고, 그 결과 꼬리는 머리에 강제로 붙어 있지 않아도 마치 머리에 붙은 것처럼 함께 움직이는 것이다. 그래서 태양이 증기에 작용하는 중력이 머리에 작용하는 중력보다 강해서 꼬리가 머리로부터 떨어져나오는 일도 없고, 그 반대로 머리에 작용하는 중력이 강해서 머리가 꼬리에서 분리되는 일도 없다. 혜성의 머리와 꼬리는 똑같은 법칙에 따라 중력의 영향을 받기 때문에, 태양을 향해 다가가거나 태양으로부터 상승하면서 속도가 느려질 때에도 항상 일심동체로 움직인다. 그러므로 혜성의 머리와 꼬리는 (앞에서 서술한 이유, 또는 그 외의 이유로 인해) 중력의 방해를 받지 않은 채 둘 사이의 어떠한 상대적 위치도 자유롭게 취하고 유지할 수 있다.

근일점에서 형성된 꼬리는 머리와 함께 장거리 여행을 할 운명이어서, 긴 세월이 흐른 후 혜성이 다시 돌아왔을 때 여전히 꼬리의 일부로 남아 있을 수도 있다. 물론 대부분은 밀도가 크게 줄어들어서 눈에 보이지 않겠지만, 이들이 중력의 차이 때문에 머리에서 분리되는 일은 절대 일어나지 않는다. 다시 돌아온 혜성이 태양을 향해 내려가면 새로 형성된 짧은 꼬리가 서서히 자라기 시작하고, 근일점에 도달하여 태양의 대기를 향해 돌진할 때는 꼬리가 엄청나게 길어진다. 자유 공간에서 증기가 꾸준히 팽창하기 때문이다. 그래서 혜성의 꼬리는 머리에 가까운 부분보다 끝부분이 훨씬 넓다. 혜성의 머리에서 발생한 증기가 이런 식으로 퍼지다 보면, 결국은 우주 공간에 넓게 흩어졌다가 가까운 행성의 중력에 서서히 끌려 대기의 일부로 섞여 들어갈 수도 있다. 그렇다면 혜성은 지구의 수량(水量)을 유지하는 데 반드시 필요한 존재일지도 모른다. 다들 알다시피 바다는 지구에 반드시 필요한 요소이다. 태양열이 바다에 도달하면 다량의 수증기가 발생하고, 이들이 위로 상승하여 구름이 된 후 비가 되어 떨어지면서 온갖 식물을 양육한다. 또는 기온이 낮은 산꼭대기에서 수증기가 응결되어 샘물이나 강을 따라 흐를 수도 있다(실제로 이렇게 생각하는 과학자들이 꽤 많이 있다). 그러므로 혜성은 지구의 강과 바다를 유지하는 데 매우 중요한 역할을 하는 셈이다. 지구의 식물은 살아 있는 동안 끊임없이 물을 소비하다가 죽은 후에는 썩어서 흙으로 돌아가므로, 혜성에서 방출된 수증기가 지구 대기에 꾸준히 공급되지 않으면 이 순환에 차질이 생길 수도 있다. 죽은 식물이 부패한 물밑에는 진흙이 서서히 쌓여가고, 이로 인해 "물기가 없는 땅"은 서서히 부피가 커지는 중이다. 그러므로 외부에서 물이 계속 유입되지 않으면 지구의 수량이 점점 줄어들다가 결국은 완전히 마른 행성이 될 것이다. 또한 나는 공기 중에서 가장 작고, 미묘하고, 탁월하면서 모든 생명에 반드시 필요한 "생기(spirit, 生氣)"도 대부분 혜성으로부터 온 것이라고 생각한다.[88)]

혜성이 태양을 향해 하강할 때에는 혜성의 머리를 감싼 대기가 꼬리로 흘러가면서 두께가 얇아지고(이런 현상은 태양을 마주 보는 면에서 특히 두드러지게 나타난다), 태양으로부터 멀어질 때는 꼬리로 유입되는 대기의 양이 줄어들면서 혜성의 대기층이 다시 두꺼워진다. 혜성의 머리 크기가 변하는 것은 독일의 천문학자 요하네스 헤벨리우스(Johannes Hevelius, 1611-1687)가 관측을 통해 발견한 현상인데, 그의 데이터가 옳다면 위와 같은 논리로 설명할 수 있다. 혜성의 대기는 태양열에 의해 뜨거워졌을 때 가장 작게 보이고, 바로 이 시기에 가장 밝고 긴 꼬리를 갖게 된다. 또한 이 시기에 혜성의 핵은 가

88) "생기"라는 용어를 엄밀하게 정의하지 않았으니, 바로 이 지점에서 《프린키피아》 1~3권을 통틀어 처음으로 비과학적인 주장이 등장한 셈이다. 3권의 말미에서는 신(god)에 관한 논리가 신중하게 펼쳐진다.

장 안쪽의 짙고 검은 연기에 에워싸여 있을 것이다. 매우 뜨거운 열에서 탄생한 연기는 대체로 짙으면서 검은색을 띠기 때문이다. 이것은 우리가 관측했던 혜성이 근일점에 도달하기 전보다 근일점을 통과한 후에 더 어둡게 보인 이유를 설명해준다. 실제로 11월에 관측된 혜성은 1~2등성과 비슷한 밝기였는데 12월에는 3등선 수준으로 떨어졌고, 11~12월에 걸쳐 혜성을 관측한 사람들은 혜성의 몸집이 갈수록 작아지는 것을 뚜렷하게 목격했다. 케임브리지의 한 젊은이는 11월 9일에 관측한 혜성이 "희미하긴 했지만 처녀자리의 스피카 항성과 비슷한 밝기였으며, 그 후로 점차 희미해졌다"고 기록했고, 11월 20일에 몬타나리의 망원경에 잡힌 혜성은 1등성보다 크면서 꼬리의 길이는 약 2°였다. 그리고 아서 스토러가 내게 보내온 편지에 의하면 혜성의 꼬리는 12월에 가장 길고 밝았지만, 당시 혜성의 머리는 11월의 어느 날 일출 직전에 관측했을 때보다 훨씬 작았다고 한다. 그는 혜성이 작아진 이유가 "머리를 구성하는 물질이 점차 소모되었기 때문"일 것으로 추측했다.

과거의 기록을 봐도 꼬리가 엄청나게 길고 밝은 혜성들은 대체로 머리가 작았다. 브라질의 신부이자 천문학자인 경애하는 발렌티누스 에스탄시우스(Valentinus Estancius)가 1668년 3월 5일 오후 7시에 남서쪽 지평선 근처에서 발견한 혜성은 간신히 보일 정도로 머리가 작았지만 꼬리가 어찌나 밝았는지, 해변가에 서 있던 사람들도 바닷물에 비친 혜성의 모습을 쉽게 볼 수 있을 정도였다. 당시 혜성의 꼬리는 23°의 시야각에 걸쳐 서쪽에서 남쪽을 향해 지평선에 거의 평행한 방향으로 뻗어 있었다. 그러나 이런 장관은 단 며칠 동안만 계속되었고 3일 후에는 눈에 띄게 희미해지면서 꼬리가 커졌다고 한다. 이 혜성이 포르투갈의 하늘에 나타났을 때는 하늘의 $\frac{1}{4}$이 꼬리로 덮여 있었다. 우리가 바라보는 최대 시야각이 180°이니, 꼬리의 길이가 거의 45°였다는 뜻이다. 게다가 이때는 이미 혜성의 머리가 지평선 아래로 숨은 후였으니, 실제 길이는 더 길었을 것이다. 꼬리의 부피가 커지고 밝기가 줄어든 것을 보면, 1680년 혜성이 그랬던 것처럼 당시 혜성의 머리는 태양으로부터 멀어지는 중이었고, 처음 나타났을 때에는 근일점 근처에 있었던 것으로 추정된다. 《앵글로-색슨 연대기(Anglo-Saxon Chronicle)》[89]에는 혜성과 관련하여 다음과 같은 기록이 남아 있다. "1106년에 나타났던 그 별은 작고 희미했지만 (1680년 혜성이 그랬듯이)[90] 횃불처럼 찬란하게 빛나는 꼬리는 북동쪽으로 뻗어 있었다." 헤벨리우스가 더럼의 수도승인 시미언(Simeon)으로부터 전해 받은 고문서에도 이와 비슷한 내용이 들어 있다. 거기 적힌 글에 의하면 혜성은 1106년 2월의 어느 날 저녁에 남서쪽 하늘에서 보이기 시작했는데, 첫 출현 장소와 꼬리의 위치로 미루어볼 때 이 혜성의 머리가 태양에 매우 가까웠던 것 같다. 매슈 패리스(Matthew Paris)[91]도 혜성을 처음 보았을 때 다음과 같은 목격담을 남겼다. "그 천체는 태양으로부터 약 1큐빗(cubit)[92] 정도 떨어

89) 앵글로색슨 시대(5세기 중엽~12세기 초)에 작성된 연대기적 사료.

90) 물론 이것은 뉴턴이 끼워 넣은 글이다.

91) 1200~1259, 영국의 역사가.

92) 1큐빗=45~46센티미터.

져 있었으며, 3시(사실은 6시)에서 9시까지 기다란 광선을 내뿜으며 하늘을 가로질러 사라졌다."

아리스토텔레스의 유명한 저서인 《기상학(Meteorologica)》에도 혜성에 관한 서술이 등장한다. "첫날에는 태양 빛에 가렸다가 태양보다 먼저 지는 바람에 혜성의 머리를 볼 수 없었다. 둘째 날에는 태양에서 조금 벗어나 일몰 후에도 하늘에 남아 있었기에 꽤 선명한 모습을 볼 수 있었으나, 꼬리의 빛이 너무 밝아서 여전히 머리는 보이지 않았다. 그러나 얼마 후 꼬리가 희미해지면서 혜성의 얼굴이 비로소 드러나기 시작했고, 꼬리는 하늘의 $\frac{1}{3}$까지 이어졌다[꼬리의 길이(시야각)가 약 60°였다는 뜻이다]. 시기는 겨울이었으며, 혜성은 오리온의 허리띠(Orion's belt)[93]까지 올라갔다가 그곳에서 사라졌다."

1618년에 나타난 혜성은 태양에서 벗어나 1등성을 능가할 정도로 밝은 꼬리를 드리우며 일대 장관을 이루었다. 그러나 이보다 몸집이 컸던 혜성들은 대체로 꼬리가 짧았던 것으로 기록되어 있다. 개중에는 목성이나 금성, 심지어는 달만 한 혜성도 있었다고 한다.

앞에서 나는 혜성이 "이심률이 아주 큰 타원 궤도를 그리는 행성의 일종"이라고 말했다. 태양계에서는 태양에 가까운 (꼬리가 없는) 행성일수록 더 작은 궤도를 그리므로, 혜성도 근일점에서 태양과의 거리가 가까울수록 덩치가 작을 가능성이 높다. 그렇지 않다면 태양이 거대한 혜성의 중력 때문에 요동을 칠 텐데, 그런 현상은 관측된 적이 없다. 혜성의 공전 주기와 타원 궤도의 장축의 길이를 알아내

93) 오리온자리의 삼태성.

려면, 수십 년 후 혜성이 다시 돌아왔을 때 재관측을 시도한 후 과거에 얻은 관측 자료와 비교해야 한다. 그러나 다음의 명제를 이용하면 굳이 긴 세월을 기다리지 않아도 꽤 유용한 정보를 얻을 수 있다.

명제 42 / 문제 22

명제 41에서 얻은 혜성의 궤도를 좀더 사실에 가깝게 수정하라.

〔1단계〕

명제 41에 의거하여 궤도면의 위치를 구했다고 하자. 그리고 정교한 관측을 통해 "혜성이 지나간 3개의 위치"를 충분히 먼 간격으로 알아내서, 첫 번째 시간 간격을 A, 두 번째 시간 간격을 B라 하자. 3개의 위치 중 하나가 혜성의 근지점이거나, 근지점에서 멀지 않은 지점이라면 더욱 좋다. 관측으로 얻은 3개의 겉보기 위치에 삼각연산법(trigonometric operation)을 적용하여 앞서 얻은 궤도 평면 위에서 3개의 진짜 위치를 구하고, 이 세 점을 지나면서 태양의 중심을 초점으로 갖는 원뿔 곡선을 그린다. 이 작도법은 제1권의 명제 21에 제시되어 있다. 이제 궤도 평면 위의 3개의 점과 태양을 연결한 반지름이 만드는 2개의 부채꼴 도형의 면적을 각각 D, E라 하자. 즉 D는 첫 번째와 두 번째 관측점 사이의 면적이고 E는 두 번째와 세 번째 관측점 사이의 면적이다. 그리고 제1권의 명제 16에서 구한 혜성의 속도로 총면적 $D+E$를 쓸고 지나가는 데 걸리는 시간을 T라 하자.

〔2단계〕

혜성의 궤도면과 황도면 사이의 각도를 그대로 유지한 채 두 면이 만나는 교점의 위도에 20′, 또는 30′을 더하여, 이 지점을 P라 하자. 처음에 말한 3개의 관측 위치를 이용하여 (1단계와 마찬가지로) 새로 구한 평면 위에 3개의 진짜 위치를 구하고, 이 점들을 지나는 궤도를 구한다. 이제 각 점들 사이를 반지름이 쓸고 지나간 면적을 d, e라 하고, $d+e$를 쓸고 지나가는 데 걸리는 시간을 t라 하자.

〔3단계〕

1단계에서 구한 교점의 경도를 그대로 유지한 채 궤도면과 황도면 사이의 각도에 20′, 또는 30′를 더하여, 이 값을 Q라 하자. 그리고 관측을 통해 구한 3개의 겉보기 위치를 이용하여 새로운 평면에서 혜성의 진짜 위치를 구하고, 이 점들을 지나는 궤도를 구한다. 이제 앞의 경우와 비슷하게 반지름이 쓸고 지나간 면적을 각각 δ, ε이라 하고, 총면적 $\delta+\varepsilon$을 쓸고 지나가는 데 걸리는 시간을 τ라 하자.

$C:1=A:B$, $G:1=D:E$를 만족하는 C와 G를 구하고, $g:1=d:e$, $\gamma:1=\delta:\varepsilon$을 만족하는 g와 γ를 구한다. 그리고 첫 번째와 세 번째 관측 사이의 실제 시간 간격을 S라 하고, +와 - 부호에 주의하면서 $2G-2C=mG-mg+nG-n\gamma$와 $2T-2S=mT-mt+nT-n\tau$를 만족하는 m, n을 구한다.

1단계에서 궤도면과 황도면 사이의 각도를 I라 하고 두 교점의 경도를 K라 하면 두 평면의 궤도면과 황도면 사이의 진짜 각도는 $I+nQ$이고, 교점의 진짜 경도는 $K+mP$가 된다. 마지막으로 1, 2, 3단계에서 각 궤도의 통경을 R, r, ρ라 하고 궤도의 횡경을 $\frac{1}{L}, \frac{1}{l}, \frac{1}{p}$이라 하면, 혜성이 그리는 궤도의 진짜 통경의 길이는 $R+mr-mR+np-nR$이고, 진짜 횡경의 길이는 $\frac{1}{L+ml-mL+n?-nL}$이다. 혜성의 주기는 횡경으로부터 구할 수 있다. [Q.E.D.]

그러나 혜성의 주기와 궤도의 횡경을 정확하게 파악하려면, 다음 주기에 다시 나타난 혜성과 비교해보는 수밖에 없다. 일정한 시간 간격으로 나타난 여러 개의 혜성이 같은 궤도를 그린다면, 이들 모두는 동일한 혜성일 가능성이 매우 높다. 이 점이 확인되면 정확한 주기와 횡경을 알 수 있고, 이로부터 정확한 타원 궤도를 알아낼 수 있다.

이 모든 계산에는 혜성의 궤도가 타원이라는 가정이 깔려 있다. 실제로 계산을 통해 얻은 혜성의 궤적은 관측으로 알려진 실제 궤적과 거의 정확하게 일치한다. 이것은 1680년 혜성 궤도의 이론값과 관측값을 비교한 표(앞에서 제시한 〈표 3-3〉)뿐만 아니라, 헤벨리우스가 1664년과 1665년에 남긴 관측 데이터를 봐도 알 수 있다. 당시 헤벨리우스는 자신이 얻은 관측값으로부터 혜성의 경도와 위도를 계산했는데, 그다지 정확한 값은 아니었다. 그 후 에드먼드 핼리는 헤벨리우스의 관측 자료에 기초하여 혜성의 위치를 다시 계산한 후 이로부터 궤도를 새롭게 결정했는데, 그의 계산에 따르면 혜성의 승교점은 ♊(쌍둥이자리) 21°13′55″, 혜성의 궤도면과 황도면 사이의 기울기는 21°18′40″, 근일점과 교점 사이의 거리는 49°27′30″였다. 또한 근일점의 위치는 경도=♌(사자자리) 8°40′30″, 위도=남위 16°1′45″였으며, 혜성이 근일점에 도달한 시간은 런던 시간으로 11월 24

일 오후 11시 52분, 단치히 시간으로는 13시 8분이었다. 지구와 태양 사이의 평균 거리를 100,000이라 했을 때 혜성이 그리는 포물선 궤도의 통경은 410,286이다. 〈표 3-9〉를 보면 계산값과 관측값이 얼마나 정확하게 일치하는지 알 수 있다.

〈표 3-9〉

단치히의 시간	항성과 혜성 사이의 거리	관측된 위치	계산으로 얻은 위치
	도 분 초	도 분 초	도 분 초
1664년 12월 3일	사자자리 심장 46 24 20	경도: ♎ 7 1 0	♎ 7 1 29
18시 29½분	처녀자리 스피카 22 52 10	위도: 남위 21 39 0	21 38 50
12월 4일	사자자리 심장 46 2 45	경도: ♎ 16 15 0	♎ 6 16 5
18시 1½분	처녀자리 스피카 23 52 40	위도: 남위 22 24 0	22 24 0
12월 7일	사자자리 심장 44 48 0	경도: ♎ 3 6 0	♎ 3 7 33
17시 48분	처녀자리 스피카 27 56 40	위도: 남위 25 22 0	25 21 40
12월 17일	사자자리 심장 53 15 15	경도: ♌ 2 56 0	♎ 2 56 0
14시 43분	오리온자리의 오른쪽 어깨 45 43 30	위도: 남위 49 25 0	49 25 0
12월 19일	작은개자리 알파 35 13 50	경도: ♊ 28 40 30	♊ 28 43 0
9시 25분	고래자리의 턱 52 56 0	위도: 남위 45 48 0	45 46 0
12월 20일	작은개자리 알파 40 49 0	경도: ♊ 13 3 0	♊ 13 5 0
9시 53분	고래자리의 턱 40 4 0	위도: 남위 39 54 0	39 53 0
12월 21일	오리온의 우측 어깨 26 21 25	경도: ♊ 2 16 0	♊ 2 18 30
9시 9½분	고래자리의 턱 29 28 0	위도: 남위 33 41 0	33 39 40
12월 22일	오리온의 우측 어깨 29 47 0	경도: ♉ 24 24 0	♉ 24 27 0
9시 0분	고래자리의 턱 20 29 30	위도: 남위 27 45 0	27 46 0
12월 26일	양지리의 밝은 별 23 20 0	경도: ♉ 9 0 0	♉ 9 2 28
7시 58분	알데바란 26 44 0	위도: 남위 12 36 0	12 34 13
12월 27일	양지리의 밝은 별 20 45 0	경도: ♉ 7 5 40	♉ 7 8 45
6시 45분	알데바란 28 10 0	위도: 남위 10 23 0	10 23 13
12월 28일	양자리의 밝은 별 18 29 0	경도: ♉ 5 24 45	♉ 5 27 52
7시 39분	팔릴리시움 29 37 0	위도: 남위 8 22 0	8 23 37
12월 31일	안드로메다의 허리 30 48 10	경도: ♉ 2 7 40	♉ 2 8 20
6시 45분	팔릴리시움 32 53 30	위도: 남위 4 13 0	4 16 25

단치히의 시간	항성과 혜성 사이의 거리	관측된 위치	계산으로 얻은 위치
1665년 1월 7일 7시 37분	안드로메다의 허리 25 11 0 팔릴리시움 37 12 25	경도: ♈ 28 24 47 위도: 북위 0 54 0	♈ 28 24 0 0 53 0
1월 13일 7시 0분	안드로메다의 허리 28 7 10 팔릴리시움 38 55 20	경도: ♈ 27 6 54 위도: 북위 3 6 50	♈ 27 6 30 3 7 40
1월 24일 7시 29분	안드로메다의 허리 20 32 15 팔릴리시움 40 5 0	경도: ♈ 26 29 15 위도: 북위 5 25 50	♈ 26 28 50 5 26 0
2월 7일 8시 37분		경도: ♈ 27 4 46 위도: 북위 7 3 29	♈ 27 24 55 7 3 15
2월 22일 8시 46분		경도: ♈ 28 29 46 위도: 북위 8 12 36	♈ 28 29 58 8 10 25
3월 1일 8시 16분		경도: 29 18 15 위도: 북위 8 36 26	♈ 29 18 20 8 36 12
3월 7일 8시 37분		경도: ♉ 0 2 48 위도: 북위 8 56 30	♉ 0 2 42 8 56 56

1665년 2월에 양자리(♈)의 일등성인 감마성(γ)은 경도=♈ 28° 30′ 15″, 위도=북위 7° 8′ 58″에 있었고 두 번째로 밝은 별은 경도=♈ 29° 17′ 18″, 위도=북위 8° 28′ 16″에 있었으며, 같은 별자리의 7등성 A는 경도=♈ 28° 24′ 45″, 위도=북위 8° 28′ 33″에 있었다. 그리고 2월 7일 파리 시간으로 7시 30분(단치히 시간 8시 37분)에 혜성과 A, 그리고 감마성으로 이루어진 삼각형은 ∠γ=90°인 직각삼각형이었다. 감마성과 혜성 사이의 거리는 감마성과 A 사이의 거리와 같았는데 그 값은 천구의 대원을 따라 1° 19′ 46″이었으니, 혜성은 감마성의 위도와 평행한 선을 따라 1° 20′ 26″만큼 이동한 곳에 있었을 것이다.

그러므로 혜성의 경도는 감마성의 경도에서 1° 20′ 26″를 뺀 ♈ 27° 9′ 49″가 된다. 이 데이터는 프랑스의 천문학자 아드리앙 오주(Adrien Auzout)가 혜성을 직접 관측하여 얻은 것인데, 그는 여기에 기초하여 혜성의 경도가 약 ♈ 27°0′이라고 결론지었다. 한편 훅의 관측 일지에는 ♈ 26°59′24″로 기록되어 있으므로, 두 값의 평균인 ♈ 26°59′24″로 보는 것이 타당하다. 아드리안 오주는 당시 혜성의 위도가 북위 7°4′~7°5′이라고 했는데, 혜성과 γ의 위도 차이가 γ와 A의 경도 차이와 같았으므로 정확한 위도는 7°3′29″였을 것이다.

훅과 오주의 관측에 의하면[훅은 자신의 데이터를 이용하여 직접 도표를 만들었고, 오주의 데이터는 프랑스의 천문학자 피에르 프티(Pierre Petit)의 손을 거쳐 도표화되었다] 2월 22일 7시 30분(단치히 시간 8시 46분)에 혜성과 A 사이의 거리는 양자리 1등성과 A 사이의 거리의 $\frac{1}{5}$인 15′57″였으며, 양자리 1등성과 A를 잇는 직선으로부터 혜성까지의 거리는 15′57″의 $\frac{1}{4}$인 4′이었다. 그러므로 당시 혜성의 위치는 경도=♈ 28°29′46″, 위도=북위 8°12′36″이었을 것이다.

3월 1일 런던 시간으로 오전 7시 0분(단치히 시간 오전 8시 16분)에 양자리의 두 번째 별 근처에서 혜성이 발견되었는데, 로버트 훅은 "이 별과 혜성 사이의 거리"와 "양자리의 첫 번째 별과 두 번째 별 사이의 거리(1°33′)의 비율"을 4:45로 산출했고, 벨기에의 천문학자 고티그니스(M. Gottignies)가 얻은 비율은 2:23이었다. 그러므로 양자리의 두 번째 별과 혜성 사이의 거리는 8′16″(훅), 또는 8′5″(고티그니스)이며, 두 값의 평균은 8′10″이다. 고티그니스는 그날 혜성이 양자리의 두 번째 별을 약 1′35″만큼 지나쳤다고 기록했는데(오주의 기록도 이와 일치한다), 이 값은 혜성의 하루 이동 거리의 $\frac{1}{4}$~$\frac{1}{5}$에 해당한다. 그러나 훅의 관측 일지에는 이 값이 1′0″로 기록되어 있다. 그러므로 혜성의 경도는 양자리 첫 번째 별의 경도에 1′을 더한 ♈ 29°

18′이고, 위도는 양자리 첫 번째 별의 위도에 8′10″를 더한 남위 8° 36′26″로 추정된다.

3월 7일 파리 시간 7시 30분(단치히 시간 8시 37분), 아드리앙 오주의 관측 데이터에 의하면 양자리의 두 번째 별과 혜성 사이의 거리(52′29″)는 양자리의 두 번째 별과 A(양자리의 7등성) 사이의 거리와 같았으며, 양자리의 두 번째 별과 혜성의 경도 차이는 45′, 또는 46′였으므로(평균=45′30″), 혜성의 경도는 ♉(황소자리) 0°2′48″였다. 헤벨리우스는 프티가 그린 오주의 관측 도표를 분석하여 혜성의 위도가 8°54′이라고 결론지었다가, 얼마 후 조판 과정에서 실수가 있었음을 발견하고 본인이 직접 천문 도표를 작성하여 8°55′30″로 수정했다. 여기에 불규칙성을 보정하면 혜성의 위도는 8°56′~8°57′쯤 될 것이다.

3월 9일에 나타난 혜성의 경도는 ♉ 0°18′, 위도는 북위 9°3$\frac{1}{2}$′에 가까웠다.

이 혜성은 3개월 동안 황도를 따라 나 있는 12개의 별자리(황도 12궁) 중 6개를 가로질렀고 하루 이동 거리가 거의 20°에 달했다. 궤적은 대원에서 크게 벗어나 북쪽으로 휘어져 있었는데, 처음에는 행성과 반대 방향으로 역행하다가 사라지기 직전에 순행으로 바뀌었다. 언뜻 보기에 혜성의 궤도는 정상을 벗어난 것 같았지만, 〈표 3-10〉을 보면 알 수 있듯이 관측된 위치는 이론적으로 계산한 값과 거의 정확하게 일치했으며, 그 오차는 행성의 궤적을 계산했을 때 나타나는 오차의 수준을 넘지 않았다. 그러나 혜성의 속도가 가장 빠를 때에는 2°쯤 빼줘야 한다. 승교점과 근일점 사이의 각도에서 12″를 차감하여 49°27′18″로 만든 것이 이런 결과를 낳은 것 같다. 또한 두 혜성(1665년과 1683년)의 연주 시차가 매우 크다는 것은 지구가 태양을 중심으로 공전하고 있음을 보여주는 또 하나의 증거이다.

혜성의 궤도를 계산하는 이론은 1683년에 나타난 혜성의 관측 데이터를 이용하여 검증 가능하다. 이 혜성은 한동안 뒤로 가는 것처럼 보였고 궤도면과 황도면은 거의 직각을 이루었으며, (핼리의 계산에 의하면) 승교점은 ♍ 23°23′, 궤도면과 황도면 사이의 각은 83° 11′, 근일점은 ♊ 25°29′30″, 근일점과 태양 사이의 거리는 (지구 공전 궤도의 반지름을 100,000이라 했을 때) 56,020, 혜성이 근일점에 도달한 시간은 7월 2일 3시 50분이었다. 〈표 3-10〉에는 플램스티드의 관측값과 핼리의 계산값이 비교되어 있다.

〈표 3-10〉

1683년 평균시	태양의 위치	혜성의 경도 (계산값)	혜성의 위도 (계산값/북위)	혜성의 경도 (관측값)	혜성의 위도 (관측값/북위)	경도의 차이	위도의 차이
일 시 분	도 분 초	도 분 초	도 분 초	도 분 초	도 분 초	분 초	분 초
7월 13 12 55	♌1 2 30	♋13 5 42	29 28 13	♋13 6 42	29 28 20	+1 0	+0 7
15 11 15	2 53 12	11 37 48	29 34 0	11 39 43	29 34 50	+1 55	+0 50
17 10 20	4 45 45	10 7 6	29 33 30	10 8 40	29 34 0	+1 34	+0 30
23 13 40	10 38 21	5 10 27	28 51 42	5 11 30	28 50 28	+1 3	−1 14
25 14 5	12 35 28	3 27 53	24 24 47	3 27 0	28 23 40	−0 53	−1 7
31 9 42	18 9 22	♊27 55 3	26 22 52	♊27 54 24	26 22 25	−0 39	−0 27
31 14 55	18 21 53	27 41 7	26 16 57	27 41 8	26 14 50	+0 1	−2 7
8월 2 14 56	20 17 16	25 29 32	25 16 19	25 28 46	25 17 28	−0 46	+1 9
4 10 49	22 2 50	23 18 20	24 10 49	23 16 55	24 12 19	−1 25	+1 30
6 10 9	23 56 45	20 42 23	22 47 5	20 40 32	22 49 5	−1 51	+2 0
9 10 26	26 50 52	16 7 57	20 6 37	16 5 55	20 6 10	−2 2	−0 27

1683년 평균시	태양의 위치	혜성의 경도 (계산값)	혜성의 위도 (계산값/북위)	혜성의 경도 (관측값)	혜성의 위도 (관측값/북위)	경도의 차이	위도의 차이
일 시 분	도 분 초	도 분 초	도 분 초	도 분 초	도 분 초	분 초	분 초
15 14 1	♍2 47 13	3 30 48	11 37 33	3 26 18	11 32 1	−4 30	−5 32
16 15 10	3 48 2	0 43 7	9 34 16	0 41 55	9 34 13	−1 12	−0 3
18 15 44	5 45 33	♉24 52 53	5 11 15	♉24 49 5	5 9 11	−3 48	−2 4
			(이하 남위)		(이하 남위)		
22 14 44	9 35 49	11 7 14	5 16 53	11 7 12	5 16 50	−0 2	−0 3
23 15 52	10 36 48	7 2 18	8 17 9	7 1 17	8 16 41	−1 1	−0 28
26 16 2	13 31 10	♈24 45 31	16 38 0	♈24 44 0	16 38 20	−1 31	+0 20

우리의 이론은 1682년에 하늘을 역행했던 혜성을 통해 검증될 수도 있다. (핼리의 계산에 의하면) 이 혜성의 승교점은 ♉ 21°16′30″였고 궤도면과 황도면 사이의 각은 17°56′0″이었으며, 근일점은 ♒(물병자리) 2°52′50″였다. 또한 태양과 근일점 사이의 거리는 (지구의 공전 반지름을 100,000이라 했을 때) 58,328이었으며, 혜성이 근일점에 도달한 시간은 평균시로 9월 4일 7시 39분이었다. 〈표 3-11〉은 플램스티드의 관측값과 우리의 이론을 통해 얻은 계산값을 비교한 것이다.

〈표 3-11〉

1683년 평균시	태양의 위치	혜성의 경도 (계산값)	혜성의 위도 (계산값/북위)	혜성의 경도 (관측값)	혜성의 위도 (관측값/북위)	경도의 차이	위도의 차이
일 시 분	도 분 초	도 분 초	도 분 초	도 분 초	도 분 초	분 초	분 초
7월 19 16 38	♍7 0 7	♌18 14 28	20 50 7	♌18 14 40	25 49 55	−0 12	+0 12
20 15 38	7 55 52	24 46 23	26 14 42	24 46 22	26 12 52	−0 1	+1 50
21 8 21	8 36 14	29 37 15	26 20 3	29 38 2	26 17 37	−0 47	+2 26
22 8 8	9 33 55	♍6 29 53	26 8 42	♍6 30 3	26 7 12	−0 10	+1 30

1683년 평균시	태양의 위치	혜성의 경도 (계산값)	혜성의 위도 (계산값/북위)	혜성의 경도 (관측값)	혜성의 위도 (관측값/북위)	경도의 차이	위도의 차이
일 시 분	도 분 초	도 분 초	도 분 초	도 분 초	도 분 초	분 초	분 초
29 8 20	16 22 40	♎12 37 54	18 37 47	♎12 37 49	18 34 5	+0 5	+3 42
30 7 45	17 19 41	15 36 1	17 26 43	15 35 18	17 27 17	+0 43	−0 34
9월 1 7 33	19 16 9	20 30 53	15 13 0	20 27 4	15 9 49	+3 49	+3 11
4 7 22	22 11 28	25 42 0	12 23 48	25 40 58	12 22 0	+1 2	+1 48
5 7 32	23 10 29	27 0 46	11 33 8	26 59 24	11 33 51	+1 22	−0 43
8 7 16	26 5 58	29 58 44	9 26 46	29 58 45	9 26 43	−0 1	+0 3
9 7 26	27 5 9	♍0 44 10	8 49 10	♍0 44 4	8 48 25	+0 6	+0 45

1723년에 나타난 혜성(이것도 한동안 역행했다)도 우리의 이론을 뒷받침한다. 이 혜성의 승교점은 [옥스퍼드대학교의 천문학과 교수 브래들리 새빌리언(Bradley Savilian)에 의하면] ♈(양자리) 14°16′이었고 궤도면과 황도면 사이의 각은 49°59′이었으며, 근일점은 ♉ 12°15′20″에 있었다. 또한 태양과 근일점 사이의 거리는 (지구의 공전 반지름을 1,000,000이라 했을 때) 998,651이었으며, 혜성이 근일점에 도달한 시간은 평균시로 9월 16일 16시 10분이었다. 〈표 3-12〉는 브래들리와 그의 삼촌인 제임스 파운드가 함께 관측한 데이터를 브래들리 자신이 계산한 이론값과 비교한 것이다(표에 수록된 관측값에는 핼리가 얻은 값도 일부 포함되어 있다).

위의 사례에서 알 수 있듯이, 혜성의 운동은 이론적으로 예측 가능하다. 이것은 행성의 운동 이론으로 행성의 실제 움직임을 예측하는 것과 비슷하며, 정확성도 결코 뒤지지 않는다. 그러므로 우리의 이론을 적용하면 혜성의 타원 궤도를 비롯하여 궤도의 통경과 주기, 그

〈표 3-12〉

1723년 평균시	혜성의 경도 (관측값)	혜성의 위도 (관측값/북위)	혜성의 경도 (계산값)	혜성의 위도 (계산값/북위)	경도의 차이	위도의 차이
일 시 분	도 분 초	도 분 초	도 분 초	도 분 초	분 초	분 초
10월 9 8 5	♒7 22 15	5 2 0	♒7 21 16	5 2 47	+49	−47
10 6 21	6 41 12	7 44 13	6 41 42	7 43 18	−50	+55
12 7 12	5 39 58	11 55 0	5 40 19	11 54 55	−21	+5
14 8 57	4 59 49	14 43 50	5 0 37	14 44 1	−48	−11
15 6 35	4 47 41	15 40 51	4 47 45	15 40 55	−4	−4
21 6 22	4 2 32	19 41 49	4 2 21	19 42 3	+11	−14
22 6 24	3 59 2	20 8 12	3 59 10	20 8 17	−8	−5
24 8 2	3 55 29	20 55 18	3 55 11	20 55 9	+18	+9
29 8 56	3 56 17	22 20 27	3 56 42	22 20 10	−25	+17
30 6 20	3 58 9	22 32 28	3 58 17	22 32 12	−8	+16
11월 5 5 53	4 16 30	23 38 33	4 16 23	23 38 7	+7	+26
8 7 6	4 29 36	24 4 30	4 29 54	24 4 40	−18	−10
14 6 20	5 2 16	24 48 46	5 2 51	24 48 16	−35	+30
20 7 45	5 42 20	25 24 45	5 43 13	25 25 17	−53	−32
12월 7 6 45	8 4 13	26 54 18	8 3 55	26 53 42	+18	+36

리고 태양과 근일점 사이의 거리를 구할 수 있다.

1607년에 나타나서 궤도를 거꾸로 역행했던 혜성은 (핼리의 계산에 의하면) 승교점이 ♉ 20°21′이었고 궤도면과 황도면 사이의 각도는 17°2′이었으며, 근일점의 경도는 ♒ 2°16′이었다. 그리고 지구의 궤도 반지름을 100,000이라 했을 때 근일점과 태양 사이의 거리는 58,680이었으며, 혜성이 근일점에 도달한 시간은 10월 16일 3시 50분이었다. 이 궤도는 1682년에 나타난 혜성의 궤도와 거의 정확하게 일치한다. 만일 이들이 동일한 혜성이었다면 주기는 75년이고, 혜성 궤도와 지구 궤도의 장축의 비율은 $\sqrt[3]{75\times75}:1=1{,}778:100$이며, "혜성의 원일점과 태양 사이의 거리"와 "지구와 태양 사이의 평균 거리"의 비율은 약 35 : 1이다. 혜성의 궤도는 이 값으로부터 쉽게 구할 수 있다. 이 모든 계산에는 혜성의 주기가 75년이라는 가정이 깔려 있는데, 지금까지 얻은 관측 자료와 계산 결과에 의하면 다른 혜성들은 주기와 장축이 훨씬 길다.

그러나 혜성의 수는 엄청나게 많고 태양과 원일점 사이의 거리가 멀 뿐만 아니라 원일점 근방에서는 매우 느리게 움직이기 때문에, 혜성들은 서로 중력을 행사하면서 상대방의 궤도에 영향을 미칠 수 있고, 이로 인해 궤도의 이심률과 공전 주기가 조금씩 달라질 수도 있다. 그러므로 하나의 혜성이 똑같은 주기로 되돌아오지 않거나 궤도에 변형이 생기는 것은 얼마든지 있을 수 있는 일이다. 주기와 궤도의 변화가 전술한 원인에서 생긴 것보다 크지 않다면 같은 혜성으로 간주할 수 있다는 뜻이다.

혜성의 궤도면이 황도면과 큰 각도를 이루고, 하늘의 모든 영역에서 운동의 변화가 큰 이유도 여기서 찾을 수 있다. 혜성의 속도가 느린 원일점 근방에서는 혜성들 사이의 거리가 멀어서 상호 인력이 약해진다. 그러므로 황도면을 기준으로 가장 낮게 내려간 혜성이 원일점 근처에서는 가장 느린 속도로 가장 높이 올라가게 된다.

1680년에 나타난 혜성은 근일점과 태양 사이의 거리가 태양 지름의 6배가 채 되지 않았다. 이렇게 짧은 거리에서는 태양의 대기가 혜성의 운동에 영향을 미쳤을 것이고, 근일점에서 혜성은 속도가 매우 빨랐으므로 속도가 다소 느려지면서 태양에 더욱 가까이 접근했을 것이다. 매번 공전할 때마다 이런 일을 겪다 보면 태양과의 거리가 점점 가까워지다가 언젠가는 태양으로 빨려 들어갈 수도 있다. 또한 원일점에서는 혜성의 속도가 느리기 때문에 다른 혜성의 중력으로 인해 속도가 더욱 느려질 것이고, 이로 인해 태양에 더욱 가까워지게 된다. 별(항성)은 빛과 증기를 방출하면서 질량이 서서히 줄어드는데, 이럴 때 혜성이 떨어지면 새로운 연료를 공급받아 마치 새로 태어난 별처럼 빛날 수도 있다. 이런 별은 어느 날 갑자기 밝아졌다가 서서히 희미해질 텐데, 코넬리우스 젬마(Cornelius Gemma)[94]가 1572년 11월 9일에 카시오페이아의 의자에서 관측한 별이 바로 이런 경우였다. 이 별은 금성에 조금 못 미치는 정도로 밝게 빛났으나, 그전 날인 11월 8일에는 하늘이 맑았음에도 불구하고 보이지 않았었다. 티코 브라헤도 11월 11일에 이 별을 목격했는데, 그날 하늘에 뜬 모든 별들 중 가장 밝게 빛나다가 날이 갈수록 희미해졌고, 16개월 후에는 완전히 사라졌다. 이 별이 처음 나타난 11월에는 거의 금성과 맞먹을 정도로 밝았지만 12월에는 목성과 비슷할 정도로 희미해졌고, 1573년 1월에는 목성과 시리우스(Sirius)[95]의 중간 정도였으며, 2월 말~3월 초에는 시리우스와 비슷한 밝기였다. 그 후 4월과 5월에는 2등성이 되었다가 6~8월에는 3등성, 9~11월에는 4등성, 12월~1574년 1월에는 5등성, 2월에는 6등성으로 점차 희미해졌고 3월부터는 시야에서 완전히 사라졌다. 이 별이 처음 나타났을 때는 선

94) 1535~1578, 벨기에의 천문학자.

95) 큰개자리의 알파성.

명한 흰색을 띠었다가 얼마 후 노란색으로 바뀌었고, 1573년 3월에는 화성이나 알데바란(Aldebaran)[96]처럼 붉은색으로 변했다가 5월에는 토성처럼 검푸른색과 흰색이 섞인 모습이었으며, 그 후에는 이 색상을 유지하면서 점차 희미해졌다.

1604년에 케플러의 제자들이 뱀주인자리의 오른발 근처에서 발견한 별도 이와 비슷하다. 이 별은 바로 전날만 해도 보이지 않다가 9월 30일에 갑자기 나타나 목성보다 밝은 빛을 발휘했는데, 그 후로 점차 희미해지다가 16개월 후에 사라졌다. 고대 그리스의 천문학자 히파르코스(Hipparchus)는 갑자기 나타나서 밝게 빛나는 별에 자극을 받아 천문도표를 만들기 시작했다고 한다. 그러나 주기적으로 나타났다가 사라지기를 반복하면서 밝기가 조금씩 변하지만 3등성보다 밝지 않은 별은 이들과 종류가 다른 별일 가능성이 높다. 한쪽 면은 어둡고 반대쪽 면은 밝은 별이 자전을 한다면 이렇게 보일 것이다. 태양과 별, 그리고 혜성의 꼬리에서 생성된 증기는 행성의 중력에 끌려 대기와 섞이고, 그곳에서 응결되어 물이나 액체가 된다. 그리고 여기에 열이 서서히 가해지면 소금이나 황, 진흙, 찰흙, 모래, 바위, 산호 등 우리에게 친숙한 물질이 만들어질 수도 있다.

---

96) 황소자리의 알파성.

4장

일반적 설명

소용돌이 가설[1]은 많은 문제점을 안고 있다. 모든 행성과 태양을 잇는 반지름이 쓸고 지나가는 면적이 시간에 비례하려면, 해당 부위의 소용돌이의 주기는 태양과의 거리에 비례해야 한다. 그러나 행성의 주기가 태양과의 거리의 $\frac{3}{2}$제곱에 비례하려면 소용돌이의 주기도 거리의 $\frac{3}{2}$제곱에 비례해야 하므로 당장 문제가 발생한다. 또한 토성, 목성 등 여러 행성의 근방을 선회하는 조그만 소용돌이가 태양의 방해를 받지 않고 그대로 유지되려면 태양의 소용돌이는 모든 영역에서 주기가 같아야 하는데, 태양과 행성의 자전(이 운동은 자신만의 소용돌이와 일치해야 한다)은 각기 다른 속도로 진행되고 있다. 혜성은 행성과 동일한 법칙에 따라 매우 규칙적으로 움직이고 있으며, 이것 역시 소용돌이 가설로 설명할 수 없다. 혜성은 하늘의 방대한 영역에 걸쳐 이심률이 매우 큰 타원 궤도를 그리고 있는데, 원운동에 기초한 소용돌이 가설로 이런 운동을 설명하는 것은 원리적으로 불가능하기 때문이다.

공기 중에서 던져진 물체의 운동을 방해하는 것은 오직 공기뿐이다. 그러므로 로버트 보일이 시도했던 것처럼 공기를 제거하여 진공 상태로 만들면 물체는 아무런 저항도 받지 않는다. 이런 곳에서 가벼운 깃털과 무거운 금덩어리는 정확하게 같은 속도로 떨어진다. 지구 대기의 바깥에 있는 우주 공간도 마찬가지다. 모든 물체는 우주 공간에서 아무런 저항 없이 자유롭게 움직이고 있으므로 행성과 혜

1) 지구를 비롯한 행성들이 소용돌이치는 천체 물질과 상대적으로 정지된 상태에서 태양 주변을 공전한다는 가설. 제2권의 마지막 명제 53의 부가설명 참조.

성은 전술한 법칙에 따라 궤도 운동을 하며, 다른 방해 요인이 없는 한 이 운동은 영원히 계속될 것이다. 행성이 자신의 궤도를 유지하는 데 필요한 힘은 중력뿐이다. 그러나 이들이 지금과 같은 위치를 점유하게 된 이유를 설명하려면 중력 외에 다른 법칙이 필요하다.

6개의 행성들은 태양을 중심으로 동심원을 그리면서 공전하고 있다. 이들은 공전 방향이 모두 같고, 거의 동일한 평면 위에서 움직인다.[2] 또한 지구와 목성, 그리고 토성이 보유한 10개의 위성들도 모행성을 중심으로 동심원을 그리고 있으며, 이들의 공전면도 행성의 공전면과 거의 일치한다. 그런데 혜성의 공전면은 다른 행성의 공전면에서 크게 벗어나 있고 타원의 이심률도 매우 크기 때문에, 행성과 혜성이 지금과 같은 궤도를 그리게 된 이유를 하나의 역학법칙으로 설명할 수는 없다. 혜성은 속도가 매우 빠르면서 다른 행성의 궤도 사이를 쉽게 뚫고 지나가며, 속도가 느려지는 원일점 근처에서는 혜성들 사이의 거리가 멀기 때문에 운동을 방해하는 힘도 최소가 된다.

태양계처럼 더없이 우아한 체계가 만들어지려면 "현명하고 강력한 존재"의 손길이 반드시 필요하다. 다른 별들도 우리의 태양처럼 행성계를 거느리고 있다면, 그들 역시 전능한 존재의 손길을 거쳤을 것이다. 다른 별에서 방출된 빛의 특성이 태양빛과 같고, 모든 태양계의 빛이 다른 계에 똑같이 전달되고 있다면 이런 심증이 더욱 확실해진다. 아마도 전능한 존재는 태양계들이 중력에 끌려 가까이 다가와서 행성들끼리 충돌하는 사고를 방지하기 위해 지금처럼 충분

2) 뉴턴의 시대에 발견된 행성은 수성부터 토성까지 모두 6개였다.

히 먼 거리를 두고 고립시킨 것 같다.

그 전능한 존재는 세속적인 영혼이 아니라 만물의 주인(lord of all)으로서 모든 것을 다스린다. 그래서 그를 "만물을 지배하는 신(Lord God Pantokrator)"이라 부르는 것이다. "신(god)"은 상대적인 단어로서 다스리는 대상이 있다는 뜻이며, "신성(godhood)"은 신의 권위를 상징하는 단어로서 인간처럼 자신의 몸을 다스리는 자가 아니라, 그의 지배를 받는 모든 만물을 다스리는 존재이다. 최고의 신은 영원하고 무한하며, 절대적으로 완벽하다. 그러나 제아무리 완벽한 존재라 해도 통치 대상이 없으면 "주 하나님(Lord God)"이라 부르지 않는다. 우리는 "나의 하나님"이나 "당신의 하나님", "이스라엘의 하나님", "신 중의 신", "주님 중의 주님"이라는 말을 자주 하지만, "우리의 영원한 존재"나 "당신의 영원한 존재", 또는 "이스라엘의 영원한 존재"라는 말은 하지 않는다. 이런 단어(영원, 무한, 완벽)에는 무언가를 지배한다는 뜻이 누락되어 있기 때문이다. 신(god)이라는 단어에는 주인(lord)이라는 뜻이 포함되어 있지만, 모든 주인이 신이 될 수는 없다. 신은 영적인 존재를 지배하고, 진정한 신은 진정한 지배권을 갖고 있으며, 최고의 신은 최고의 권위를, 상상의 신은 상상의 지배권을 갖고 있다. 진정한 권위로부터 지적이고 강력하면서 살아 있는 신이 존재하며, 그는 다른 부분도 완벽하기에 최고의 완벽함으로 존재한다. 하나님(He)은 영원하고 무한하며 전지전능하다. 즉 하나님은 영원 이전부터 영원 이후까지, 무한에서 무한까지 존재한다. 그는 모든 것을 다스리며, 우주에서 일어나는 모든 일과 일어날 수 있는 모든 일을 알고 있다. 그는 영원이 아니고 무한대도 아니지만 영원하고 무한하며, 시간이나 공간은 아니지만 모든 시간과 모든 공간에 존재하기에 시간과 공간 그 자체이다. 모든 입자는 공간에 항상 존재하고 시간도 모든 곳에서 연속적으로 흐르기에, 만물의 창조주인 신이 "존재하지 않는 순간"이나 "존재하지 않는 공간"이란 있을 수 없다.

지각이 있는 모든 영혼은 존재하는 시간대가 다르고 감각과 감정이 다르다 해도 어디까지나 인간일 뿐이다. 연속적인 시간과 공간은 부분적으로 존재할 수 있지만, 인간의 마음이나 생각에는 이런 것이 존재하지 않는다. 특히 신을 생각하는 마음속에는 더욱 존재할 수 없다. 모든 인간은 감각을 갖고 있는 한, 인생 전체와 감각기관을 통틀어 똑같은 인간이다. 그들에게 신은 동일한 신이며, 모든 곳에 항상 존재한다. 신은 명목상으로 편재(遍在)할 뿐만 아니라 실제로도 편재한다. 실제성이 없는 명목은 존재할 수 없기 때문이다. 모든 만물은 신 안에서 움직이고 있지만, 신과 만물은 서로에게 영향을 미치지 않는다. 물체가 아무리 복잡하게 움직여도 신은 영향을 받지 않으며, 신이 편재하는 우주 공간에서 물체는 아무런 저항 없이 자유롭게 움직일 수 있다.

우리는 최고의 신이 반드시 존재해야 한다고 굳게 믿고 있으며, 이에 화답하듯 신은 모든 곳에 항상 존재하고 있다. 그러므로 신은 모든 눈과 모든 귀, 모든 머리, 모든 힘으로 느끼고, 이해하고, 행한다. 그러나 신이 무언가를 행하는 방식은 인간의 방식과 완전히 다르기에, 우리는 그것을 이해할 수 없다. 맹인이 색상을 인지할 수 없듯이, 우리는 신이 모든 것을 느끼고 이해하는 과정을 알 수 없는 것이다.

신은 육체로 존재하지 않기에, 우리는 그를 볼 수 없고 목소리를 들을 수 없으며 만질 수도 없다. 그러므로 신을 눈에 보이는 형상으로 만들어서 경배하는 것은 무의미한 짓이다. 우리는 신의 속성에 대하여 약간의 개념을 갖고 있지만, 만물의 진정한 구성 요소는 알 수 없다. 우리는 그저 물체의 모양과 색상을 인지하고, 소리를 듣고, 표면을 만져보고, 냄새를 맡고, 맛을 볼 수 있을 뿐이다. 우리의 감각이나 사고로는 물체의 진정한 속성을 알 수 없으니, 신의 속성은 더 말할 것도 없다. 그저 우리는 신이 창조한 사물의 최종 결과를 통해 신의 속성과 의도를 짐작할 수 있을 뿐이다. 신은 완벽하기에 우리는 그를 찬양하고, 신의 권위는 절대적이기에 우리는 그를 경배하며, 그의 종으로서 헌신하는 것이다. 신에게 권위가 없다면, 눈앞에 드러난 최종 결과는 그저 운명이고 자연현상일 뿐이다. 목적이 없는 형이상학은 항상 똑같은 결론에 도달할 것이므로, 지금과 같은 다양성을 낳을 수 없다. 모든 장소, 모든 시간대에 그토록 다양한 피조물이 존재하는 이유는 실존하는 누군가의 의지가 발현되었기 때문이다. 그런데 우리가 아는 신은 우리처럼 듣고, 보고, 말하고, 웃고, 사랑하고, 미워하고, 갈망하고, 주고, 받고, 기뻐하고, 분노하고, 싸우고, 무언가를 만든다. 신이 인간의 속성을 가진 것처럼 보이는 이유는 신과 관련된 모든 이야기를 "신과 닮았지만 불완전한" 인간이 만들어냈기 때문이다. 이상이 신에 대한 나의 생각이다. 자연현상에서 신의 존재를 유추하는 것도 분명히 "자연철학(natural philosophy)"의 일부이다.

지금까지 나는 중력을 이용하여 하늘과 바다에서 일어나는 현상을 설명했지만, 중력이 작용하는 원인에 대해서는 아무런 말도 하지 않았다. 실제로 중력은 태양이나 행성의 중심을 관통해도 전혀 약해지지 않으며, 물체의 표면에 있는 양이 아닌 총량(질량)에 비례한다(역학적으로 따져보면 표면에 있는 양에 비례할 것 같지만, 사실은 그렇지 않다). 또한 중력은 모든 방향으로 아주 먼 곳까지 작용하며, 거리가 멀수록 거리의 제곱에 반비례하여 작아진다. 태양이 발휘하는 중력은 태양을 구성하는 모든 입자들이 개별적으로 발휘하는 중력의 합이며, 토성만큼 멀리 떨어진 물체에도 정확하게 거리에 반비례하여 작용한다. 행성의 원일점이 움직이지 않는다는 것도 이 사실을 증명하고 있다. 혜성을 행성으로 간주한 우리의 이론이 옳다면, 이보다 훨씬 멀리 있는 혜성의 원일점도 움직이지 않을 것이다. 그러나 이런 현상만으로는 중력이 작용하는 원인을 설명할 수 없으며, 이 문제에 관한 한 나는 어떤 가설도 내세우지 않을 것이다. 현상으로부터 유추되지 않은 것은 가설일 뿐이며, 형이상학이건 신비한 물질이건 가설은 실험철학(실험물리학)에서 발붙일 곳이 없기 때문이다. 실험물리학에서는 현상으로부터 명제를 세우고, 귀납적 추론을 통해 일반화시킨다. 물체의 불가입성과 운동성, 그리고 운동의 법칙과 중력 법칙은 비로 이런 과정을 통해 발견된 것이다. "중력은 실제로 존재하며, 일정한 법칙에 따라 하늘과 바다에서 일어나는 모든 운동을 좌우하고 있다."—우리는 이 사실을 아는 것만으로 충분하다.

커다란 물체의 저변에 숨어 있는 미묘한 생기에 대하여 몇 마디 덧붙일 것이 있다. 물체를 구성하는 입자들은 이 생기를 통해 가까운 거리에서 서로 잡아당기고, 아주 가까이 접근하면 한 몸으로 들러붙는다. 그리고 전기를 띤 물체는 먼 거리에서도 작은 미립자를 잡아당기거나 밀어내며, 빛은 방출되고 반사되고 굴절하고 물질에 열을 가한다. 또한 우리의 모든 감각이 주변 상황을 느끼면 생기의 진동이 신경망을 통해 두뇌에 전달되어 상황을 분석하고, 이에 합당한 명령이 두뇌에서 근육으로 전달되어 팔과 다리가 움직인다. 그러나 이 모든 과정을 단 몇 마디의 말로 설명할 수는 없다. 생기의 작동을 좌우하는 법칙을 정확하게 규명하려면 더 많은 실험이 실행되어야 한다.

나는 기독교인이 아니지만, 내가 알기로 성서의 번역본에는 역자 후기라는 것이 없다. 그런 엄청난 책에 어느 누가 감히 흔적을 남기려 하겠는가. 물리학의 구약성서로 통하는《프린키피아》의 번역을 간신히 마친 지금, 불현듯 위와 같은 생각이 뇌리를 스친다. 이토록 권위 있고 값진 책에는 타인의 잔소리가 적을수록 좋다. 그러나 이미 본문에 주석을 잔뜩 달면서 이 원칙을 어긴데다, 원래《프린키피아》는 성서와 달리 믿음이 아닌 수학적 사고를 통해 이해할 수 있는 책이기에, 마무리를 하는 마음으로 책의 탄생 배경과 내용에 대해 몇 자, 아니 몇 장 더 적어보기로 한다.

인조 20년(1642년), 조선의 빼어난 문인 윤선도(尹善道)가 해남에 은거하며 〈오우가(五友歌)〉를 써 내려가던 무렵, 지구 반대편 영국의 울즈소프(Woolsthorpe)에서 아이작 뉴턴(Isaac Newton)이라는 걸출한 천재가 태어났다. 그의 아버지는 출생 전에 사망했고, 인근의 부농과 재혼한 어머니는 자녀 교육에 무심하여 뉴턴을 농사꾼으로 키우려 했다. 다행히 그의 총명함을 간파한 외삼촌의 도움으로 1661년에 케임브리지대학교에 입학할 수 있었으나, 집에서 학비를 대주지 않았기에 뉴턴은 귀족 학생들의 하인 노릇을 하며 학비를 벌어야 했다.

뉴턴이 대학생이었던 17세기 중반의 유럽은 철학의 시대였다. 탐구 대상이 인간이건 자연이건, 대부분의 학문은 철학적 기초에서 출발하여 철학적 방법을 거쳐 철학적 결론으로 끝나는 것이 정석이었다. 그래서 당시에는 역사학자도, 사회학자도, 수학자도, 물리학자도 모두 철학자였으며, 철학 박사를 뜻하는 라틴어 "Philosophiæ Doctor(약자로 Ph.D.)"는 현대에도 철학과 별 상관없어 보이는 이공계의 박사학위를 뜻하는 용어로 남아 있다. 또한 당시에는 기독교의 도그마가 모든 학문과 생활의 근간이었기에, 자연을 탐구하는 철학자들조차 신이 거주하는 하늘과 인간이 거주하는 땅을 감히 같은 수준에서 취급할 수 없었다. 하늘에는 하늘만의 신성한 법칙이 있고, 땅에는 인간과 사물에 적용되는 세속적인 법칙이 따로 존재한다고 믿은 것이다. 그러나 뉴턴은 요하네스 케플러의 천문 관측 자료와 갈릴레오 갈릴레이의 운동 이론에 자신이 발견한 중력 법칙을 결합하여 "이 세상을 관장하는 법칙은 하늘과 땅을 구별하지 않는다"는 확고한 결론에 도달했다.

뉴턴식 물리학의 기초 공사가 절반가량 진행되었을 무렵, 영국에 대재앙이 발생했다. 유럽 대륙을 초토화시킨 흑사병(페스트)이 드디어 도버해협을 건너 영국 본토에 상륙한 것이다. 1665년 한 해 동안 케임브리지대학교에서만 700여 명의 사망자가 발생했다고 하니, 이 정도면 팬데믹을 넘어 거의 학살 수준이다. 결국 학교는 문을 닫았고 뉴턴은 전염병을 피해 고향인 울즈소프로 돌아왔는데, 여기서 기적 같은 일이 일어났다. 신기하게도 흑사병이 울즈소프를 아슬아슬하게 피해 간 것이다. 그 이유는 아직도 미스터리로 남아 있지만, 아무튼 그 덕분에 뉴턴은 남들이 목숨을 부지하기 위해 동분서주했던 1666년 한 해 동안 아늑한 고향 집에 머물면서 생각을 정리할 수 있었다. 그 유명한 뉴턴의 운동 법칙과 중력 법칙, 미적분학, 그리고 광학의 이론적 기초는 바로 이 시기에 완성된 것이다. 그래서 역사학자들은 1666년을 "기적의 해(The Year of Miracle)"라 부른다. 한 사람의 머릿속에서 이토록 방대한 양의 지식이 단 1년 사이에 떠오른 것도 기적이고, 치사율이 20퍼센트에 달하는 흑사병이 울즈소프를 피해 간 것도 기적이다.

다행히 흑사병은 비교적 빠르게 잦아들었고, 뉴턴은 1667년에 케임브리지로 돌아와 트리니티 칼리지의 교수가 되었다.[1] 그러나 사람들과 교류하는 기술이 매우 서툴러서 학문적 성취를 공유하는 사람이 거의 없었고, 그의 강좌는 개강과 동시에 폐강될 정도로 인기가 없었다고 한다.

내성적인 성품과 달리, 뉴턴은 굵직한 논쟁에 자주 휘말렸다. 그는 울즈소프에서 연구했던 유율법(Fluxion), 즉 미적분학을 발표했다가 독일의 수학자 고트프리트 빌헬름 폰 라이프니츠(Gottfried Wilhelm von Leibniz)와 한바탕 원조 논쟁을 벌였고, 광학 분야에서도 로버트 훅(Robert Hooke)의 공로를 충분히 인정하지 않았다는 이유로 훅과

1) 이때 뉴턴은 영국 성공회의 삼위일체 교리를 부정하는 바람에 교수 임용에 탈락할 뻔했다. 그러나 당시 국왕이었던 찰스 2세가 실력을 인정해준 덕분에, 뉴턴은 예외적으로 성공회의 성품(聖品)을 받지 않은 채 교수직을 유지할 수 있었다.

평생 원수지간이 되고 말았다. 뉴턴의 최고 걸작인《프린키피아》가 1687년이 되어서야 출간된 것도, 평소 방어적이었던 그의 성격이 격한 논쟁을 겪으면서 더욱 소극적으로 변했기 때문일 것이다.

1680-1681년에 런던 하늘에 혜성이 나타났을 때, 뉴턴보다 열네 살 젊은 에드먼드 핼리가 혜성의 궤적을 계산하다가 확실한 답을 얻지 못하여 뉴턴에게 자문을 구했는데, 뉴턴은 너무나 당연하다는 듯 "혜성의 궤적은 원뿔 곡선"이라고 단언했다. 중력의 법칙을 이용하여 이미 답을 구했으면서 근 20년 동안 입을 닫고 있었던 것이다. 여기에 대경실색한 핼리는 뉴턴에게 비용은 자신이 댈 테니 자세한 내용을 당장 왕립학회에 보고하고 책으로 출판하라고 강력하게 권했고, 몇 번을 고사한 끝에 결국 뉴턴은 과학사에 길이 남을 명저를 써 내려가기 시작했다. 이렇게 탄생한 책이 바로 "자연철학의 수학적 원리(*Philosophiæ Naturalis Principia Mathematica*)", 즉《프린키피아》이다.

《프린키피아》는 총 세 권으로 구성되어 있는데, 전체적인 내용과 번역하면서 느낀 소감을 정리하면 대충 다음과 같다.

[정의 / 공리]

본론으로 들어가기 전에 운동을 서술할 때 반드시 필요한 물리량[질량, 운동의 양(운동량), 구심력 등]을 정의한 후, 그 유명한 "운동의 1, 2, 3법칙"을 운동 이론의 절대적 공리로 내세운다. 교과서에서 줄곧 봐왔던 다소 식상한 내용을 저자 직강으로 접할 수 있다. 지금은 당연하게 받아들여지는 작용과 반작용, 관성 등을 엄밀한 논리와 실험으로 증명하는 과정은 단연 압권이다. 다만, 고색창연한 원문의 느낌을 한글로 충실하게 살리지 못한 것이 마음에 걸린다.

[1권]

서두에 제시했던 운동 법칙을 이용하여 관성계에서 일어날 수 있는 다양한 운동을 다룬다. 힘이 주어졌을 때 물체가 그리는 궤적을 구하고, 그 반대로 물체의 궤적이 주어졌을 때 그 물체에 작용하는 힘을 구하고… 비슷한 과정이 반복되다가 드디어 대망의 중력 법칙에 도달한다. 특히 명제 66은 앞에서 증명했던 여러 명제를 종합하여 달의 운동을 길고도 정확하게 설명한 1권의 하이라이트라 할 수 있다.

그런데 막상 책을 들고 처음 몇 장을 넘기다 보면 가슴이 먹먹해지기 시작한다. "뉴턴" 하면 떠오르는 것은 당연히 미적분학인데, 두 눈을 부릅뜨고 찾아봐도 미적분에 관한 이야기는 단 한마디도 없다. 모든 명제를 오로지 기하학과 비례식으로 증명해나갈 뿐이다. 미적분을 사용하면 단 몇 줄이면 될 것을, 눈이 돌아갈 정도로 어지러운 그림을 그려놓고 몇 쪽에 걸쳐 장황한 증명이 이어진다(게다가 증명이 긴 경우에는 중간 과정이 인정사정없이 생략되어 있다). 그의 논리를 따라 이리저리 헤매다 보면 느닷없이 [Q.E.D.(증명 끝)]라는 글자가 튀어나오는데, 도대체 이게 왜 끝인지, 그래서 뭐가 증명되었다는 건지, 한참 동안 다시 생각해야 간신히 알 수 있다. 그러나 목적지에 도달하고 나면 긴 한숨과 함께 이루 말할 수 없는 성취감이 밀려온다

(물론 안 밀려온다고 실망할 필요는 없다. 우리가 언제 책을 100% 이해하면서 읽었던가?). 1권을 다 읽고 나면 이 책이 출간되었을 때 케임브리지의 교수들이 뉴턴을 가리켜 "아무도 이해하지 못하고, 자신도 이해하지 못하는 책을 쓴 사람"이라며 손가락질했던 이유를 온몸으로 이해하게 될 것이다.

[2권]

2권의 내용을 한마디로 축약하면 "유체역학"이다. 저항이 있는 공간 또는 매질 속에서 움직이는 물체(또는 단진자)의 운동을 1권 못지않게 치밀하고 정교하고 우아하면서 복잡하기 그지없는 논리로 설명해나간다. 물론 여기에도 미적분은 없고 오로지 기하학과 비례식뿐이지만, 1권을 읽으면서 어느 정도 익숙해졌기에 충격은 좀 덜한 편이다. 뉴턴이 매질의 저항을 분석하는 데 이토록 공을 들인 데에는 그럴 만한 이유가 있다. 당시 자연철학자들은 르네 데카르트의 "소용돌이 가설"에 입각하여 행성의 운동을 이해하고 있었다. 즉 에테르라는 신비한 물질이 우주 공간을 가득 채우고 있고, 이 에테르가 소용돌이치면서 돌기 때문에 행성들도 그 흐름에 휘말려 함께 돌고 있다는 가설이다. 그러나 이 가설을 손톱만큼도 믿지 않았던 뉴턴은 2권의 상당 부분을 할애하여 "에테르가 정말로 존재한다면 그 안에 있는 물체는 매질의 저항 원리에 따라 이러이러한 식으로 움직여야 한다"고 미리 못을 박아놓았다. 아니, 이 정도면 못질이 아니라 거대한 말뚝을 박은 거나 다름없다. 그리고 2권의 말미에 가서 행성의 운동과 소용돌이 가설이 양립할 수 없음을 역시 정교한 논리로 증명한 후 "그러므로 유체의 운동 이론으로는 행성의 궤도를 설명할 수 없다"며 소용돌이 가설에 조용히 사형선고를 내린다. 중력이라는 만유의 힘이 물리학의 중앙 무대에 데뷔하는 역사적 장면을 현장에서 라이브로 관람하는 느낌이다.

[3권]

행성과 위성의 운동, 달의 운동과 조수 현상, 그리고 이 시기에 출몰했던 혜성의 궤적을 운동 법칙과 중력 법칙으로 깔끔하게 설명한 《프린키피아》의 결정판이다. 행성의 운동은 1권에서 이미 다뤘지만 3권에는 행성의 밀도와 질량을 계산하고 밀물과 썰물이 일어나는 이유를 달의 중력으로 설명하고, 혜성의 궤도를 이론적으로 구한 후 관측값과 비교하는 등 훨씬 광범위한 내용이 담겨 있다. 혜성의 관측 결과를 길게 나열한 부분은 다소 지루한 감이 있으나, "혜성도 중력 법칙에 따라 태양을 공전하는 행성의 일종"임을 증명하는 부분으로 가면 온몸에 전율이 느껴진다. 물론 어렵기는 마찬가지다. 요즘은 중력이 거리의 제곱에 반비례하고 질량에 비례한다는 것이 마치 공리처럼 당연한 사실로 받아들여지고 있지만, 이런 파격적인 아이디어를 편견으로 가득 찬 중세의 학자들에게 납득시키려면 그만큼 치밀하고 정교한 논리가 필요했을 것이다.

그러나 역시 뉴턴은 독실한 기독교인이었다. 3권의 끝부분으로 가면 그동안 신물 나게 보여줬던 냉철한 지성을 잠시 접어두고 느닷없이 한참 신앙고백을 하다가, "자연 현상에서 신의 존재를 유추하는 것도 분명히 자연철학의 일부이다"라는 글로 마무리를 짓는다. 과학

도서에서 신을 만물의 지배자로 일컫는 것이 다소 낯설긴 하지만, 이것도 원문만이 갖고 있는 고색창연함의 일부일 것이다.

원래 뉴턴의 계획은《프린키피아》를 두 권의 책으로 쓰는 것이었다. 그래서 "물체의 운동에 관한 첫 번째 책(*De motu corporum, Liber primus*)"을 먼저 완성한 후 "물체의 운동에 관한 두 번째 책(*De motu corporum, Liber secundus*)"을 1685년에 탈고했다. 그런데 무슨 영문인지 갑자기 마음을 바꿔서 두 번째 책을 완전히 다른 형식으로 처음부터 다시 썼고, 첫 번째 책은 내용을 추가하여 두 권으로 나누었다. 그리하여 처음에 썼던 제2권(*Liber secundus*)은 서랍으로 들어갔고, 1권은 둘로 나뉘어서 1권과 2권이 되었으며(그래서 1, 2권의 제목이 "물체의 운동"으로 똑같다), 새로 집필한 원고가 3권이 된 것이다. 확실하진 않지만 3권을 다시 쓴 이유는 명제와 정리, 그리고 문제풀이 식으로 써놓은 1, 2권과 달리 3권이 지나치게 서술적이라고 생각했기 때문일 것이다. 졸지에 낙동강 오리알이 된 원고는 한동안 서고에서 먼지만 덮어쓰다가 뉴턴이 사망한 다음 해인 1727년에《태양계의 체계에 관한 논문(The Treatise of the System of the World)》이라는 제목을 달고 영문판으로 출간되었다(요즘도 같은 제목으로 계속 출간되고 있다). 아이러니한 것은 이 누락된 원고에 실린 그림 하나가《프린키피아》에 게재된 그림들보다 훨씬 널리 알려졌다는 점이다.

바로 이것이 "물체의 운동에 관한 두 번째 책"에 실렸던 그림이다. 지구에 높은 산이 있고, 산꼭대기에서 누군가가 돌멩이를 던지고 있다. 느린 속도로 던지면 지구의 중력 때문에 고도가 서서히 낮아지

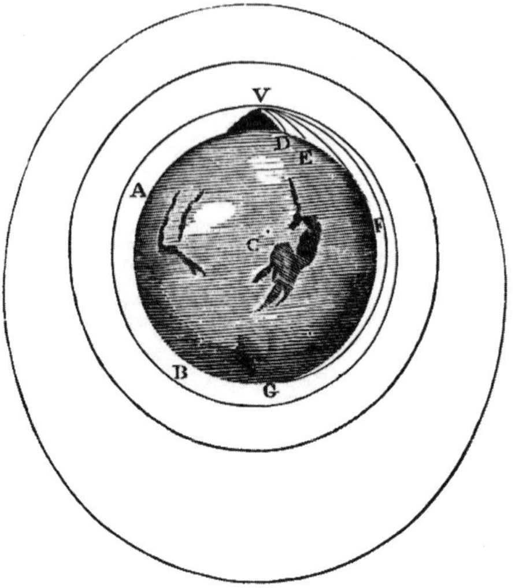

다가 결국 지표면 어딘가에 떨어진다. 여기서 속도를 조금 더 키우면 좀더 먼 곳에 떨어지고, 더 빠르게 던지면 지구를 거의 한 바퀴 돌아서 출발점으로 돌아오고, 이보다 훨씬 빠르게 던지면 중력이 작용하는데도 바닥에 닿지 않고 지구 주변을 영원히 돌게 된다. 그렇다. 바로 이것이다. 사과나무에서 떨어지는 사과와 지구 주변을 공전하는 달은 중력이라는 동일한 힘이 작용한 결과였다. 땅의 법칙과 하늘의 법칙이 멋들어지게 하나로 통일되는 순간이다. 이 얼마나 간결하고 아름다운 논리인가!

물리학을 공부하다 보면 수많은 "법칙"과 마주하게 된다. 앙페르의 법칙, 가우스의 법칙, 플레밍의 법칙, 보일의 법칙, 이상기체 법칙 등등…. 그놈의 법칙은 참 많기도 하다. 그러나 법칙이라고 해서 다

같은 법칙이 아니다. 적용 가능한 대상과 환경, 그리고 적용되는 범위에 따라 중요도에는 분명한 차이가 있다. 개중에는 기체에만 적용되는 법칙도 있고, 전기장이나 자기장이 존재할 때만 적용되는 법칙도 있으며, 대체 어떤 경우에 적용해야 할지 모호한 법칙도 있다. 이런 점에서 볼 때 뉴턴의 운동 법칙과 중력 법칙(만유인력 법칙)은 적용 범위와 중요도에서 타의 추종을 불허한다. 그가 발견한 법칙들은 땅이건 하늘이건, 공기 속이건 물속이건, 우주 전역에 걸쳐 한결같이 적용된다. 법칙이라기보다 범우주적 칙령에 가깝다. 특히 중력 법칙은 250년 후에 아인슈타인의 일반 상대성 이론(general relativity theory)을 낳은 모태가 되었고, 빅뱅(big bang)을 비롯하여 140억 년에 걸친 우주의 역사에서 가장 중요한 법칙으로 작용해왔다. 게다가 20세기 초에 이론물리학의 판도를 송두리째 갈아엎은 양자역학(quantum mechanics)이 등장한 후에도 중력은 여전히 양자 수술대에 오르기를 거부하면서 고고한 자태를 유지하고 있다. 자연에서 발견된 네 가지 기본힘[중력, 전자기력, 약한 핵력(약력), 강한 핵력(강력)] 중 수학적 얼개가 가장 먼저 알려진 중력이 21세기로 접어든 지금까지 가장 미스터리한 힘으로 남아 있는 것이다. 이 사실을 뉴턴이 알게 된다면 과연 어떤 표정을 지을까? 문득 에드먼드 핼리가 이 책에 헌정한 서시(序詩)의 마지막 구절이 떠오른다. "어느 누가 그보다 더 가까이 신에게 다가갔으랴."

나는 평소에 뉴턴을 인류 역사상 가장 위대한 물리학자로 생각해왔다. 그런데 《프린키피아》를 번역하면서 생각이 달라졌다. 뉴턴은 위대한 물리학자를 넘어 혀를 내두를 정도로 복잡하고 치밀한 수학적 논리를 아무렇지 않게 구사하는 괴물 중의 괴물이었다. 요즘 출간되는 교양과학 서적은 가능한 한 독자들이 쉽게 이해할 수 있도록 간결하고 친절하게 쓰는 것이 미덕인데, 350년 전의 뉴턴은 이런 노력을 전혀 하지 않았다. "이해할 수 있으면 해보고, 안 돼도 내 원망은 하지 말라"는 식이다. 책이 출간되었을 때 어설픈 아마추어나 (뉴턴이 보기에) 전문성이 떨어지는 교수들이 저마다 나서서 왈가왈부하는 것을 미연에 방지하기 위해 일부러 어렵게 썼다고 하는데, 이 소문이 사실이라면 뉴턴은 정말 완벽하게 성공했다. 이런 무지막지한 책을 누구나 이해할 수 있도록 번역하는 것은 애초부터 불가능한 일이었다. 게다가 원래 라틴어로 쓰여진 책을 앤드루 모트(Andrew Motte)가 1729년에 번역한 영문본에 기초하여 다시 한글로 중역했으니, 한글 번역이 부실하여 더욱 난해해진 부분도 사방에 널려 있을 것이다. 그러나 《프린키피아》는 원래 어려운 책이기에 "누가 번역을 해도 난이도를 낮추기는 어려웠을 것"이라 생각하며 스스로 위로해본다.

이 책을 읽는 독자들은 아마도 물리학자이거나, 대학에서 물리학을 전공했거나, 평소 물리학에 관심이 많은 사람일 것이다. 이런 독자들에게는 내가 노파심에 달아 놓은 각주가 눈에 거슬릴 수도 있다. 그저 가능한 한 많은 사람들이 이 책을 읽어주기를 바라는 마음에, 최대한 이해를 돕기 위해 적어놓은 것이니 너그러운 마음으로 이해해주기 바란다. 그리고 오역이 있더라도 너무 심하게 꾸짖지 말고, "명저의 완성도를 높이는 작업에 동참한다"는 마음으로 기탄없이 지적해주기 바란다. 또한 나는 독자들이 이 책을 골동품 수집가의 벽에 걸려 있는 17세기 원판 지도를 감상하는 마음으로 읽어주기를 바란다. 현실적으로 쓸 곳이 거의 없는 물건을 수집가들이 그토록 소중히 간직하는 것은 역사적 가치가 실용성을 훨씬 능가하기 때문이 아니던가. 《프린키피아》도 마찬가지다. 이 책으로 고전역학을 공부하는 사람은 없겠지만 역사적 가치는 값을 매길 수 없을 정도로 막대하기에, 내용을 다 이해하지 못한다 해도 물리학의 대가가 남긴 걸작을 원형 그대로 접하는 것만으로도 충분히 의미 있는 일이라 생각한다.

끝으로 원고가 완성될 때까지 끈기 있게 기다려주시고 깔끔한 편집으로 완성해주신 편집진과, 이 값진 책을 번역할 기회를 주신 휴머니스트의 김학원 대표님께 진심으로 깊은 감사를 드린다. 이들 덕분에 나는 인생 버킷리스트의 중요한 항목 하나를 완수할 수 있었다.

2022년 10월 5일
수리산 자락에서
역자 박병철

찾아보기

ㄴ

ㄷ

ㄹ

ㅁ

ㅂ

ㅅ

ㅇ

ㅈ

ㅊ

ㅋ

ㅌ

ㅍ

ㅎ

지은이 **아이작 뉴턴**(Isaac Newton, 1642~1727)

영국의 물리학자, 수학자, 천문학자. 1642년 12월 25일에 영국 링컨셔주 울즈소프에서 아이작 뉴턴 시니어(Isaac Newton Senior)와 해나 애스큐(Hannah Ayscough)의 아들로 태어났다. 부친은 그가 태어나기 전에 병으로 사망했고 세 살 때 모친이 재혼한 후로 외조모의 집에서 양육되었는데, 모친은 뉴턴의 교육에 별 관심을 쏟지 않았다고 전해진다. 다행히 외삼촌의 도움으로 19세 때 케임브리지대학교 트리니티 칼리지에 입학하여 아이작 배로(Isaac Barrow) 교수의 지도하에 학사학위를 취득했다. 학부 과정을 졸업한 직후 영국 본토에 페스트가 창궐하여 고향인 울즈소프에서 1년 남짓한 시간을 보냈다. 그의 전매특허로 알려진 운동의 1, 2, 3 법칙과 중력이론 그리고 미적분학과 광학의 기본 개념은 바로 이 시기에 정립된 것이다. 그래서 과학사가들은 뉴턴이 흑사병을 피해 고향 집에 머물렀던 1666년을 '기적의 해'라 부른다.

1667년에 학교로 돌아온 그는 1669년에 지도교수 아이작 배로의 뒤를 이어 루카스 석좌교수가 되었다. 그러나 대인관계가 원만하지 않아서 동시대 물리학자인 로버트 훅(Robert Hooke)과 평생 원수지간으로 지냈으며, '미적분학의 최초 개발자'라는 타이틀을 놓고 독일의 수학자 라이프니츠(Gottfried Wilhelm von Leibniz)와 열띤 논쟁을 벌이기도 했다. 1680~1681년, 런던 하늘에 혜성이 나타났을 때 에드먼드 핼리(Edmond Halley)가 혜성의 궤적에 대해 뉴턴에게 자문을 구하자 그는 잠시의 망설임도 없이 타원이라고 단언했다. 여기에 놀란 핼리는 뉴턴의 연구 결과를 책으로 출판할 것을 강력하게 권했고, 그 덕분에 탄생한 책이 바로 물리학의 구약성서로 일컬어지는 《자연철학의 수학적 원리(*Philosophiæ Naturalis Principia Mathematica*)》, 즉 《프린키피아》이다. 물체의 운동법칙과 중력, 유체역학, 태양계의 운동, 조석(潮汐) 현상 등의 원리를 정교한 수학적 논리로 설명한 《프린키피아》는 고전역학을 대표하는 최고의 명저로 꼽힌다.

그 후로도 끊임없는 논쟁에 지친 뉴턴은 정치에 관심을 돌려 1688년 명예혁명 때 트리니티 칼리지의 대표 국회의원으로 선출되었고 1691년에는 조폐국의 감사가 되었으며, 1699년에 조폐국 장관이 되어 수많은 위조지폐범을 적발하는 등 과학와 분야에 헌신했다. 그러던 중 1703년에 훅이 세상을 떠나자 그의 뒤를 이어 왕립협회 회장으로 취임하면서 물리학계로 돌아갔다. 이후 뉴턴은 가족도 취미도 없이 평생 독신으로 연구에만 몰두하다가 1727년 3월 31일에 세상을 떠났다. 그의 유해는 왕족이 아닌 민간인으로는 처음으로 웨스트민스터 사원에 안치되었는데, 그의 묘비에는 다음과 같은 비문이 새겨져 있다.

아이작 뉴턴 경, 여기 잠들다.
신과 같은 정신적 능력으로 행성과 혜성,
그리고 바다의 움직임을 처음으로 밝혔으며
아무도 몰랐던 빛의 본질을 규명했다.
또한 자연과 성서를 세밀하고 명료하게 분석하여
전능하신 하나님이 존재한다는 것을 철학적으로 증명했다.
인간이 신에게 이토록 가까이 다가갔다는 것은
우리에게 진정 커다란 기쁨이었다.

옮긴이 **박병철**

연세대학교 물리학과를 졸업하고 한국과학기술원(KAIST)에서 이론물리학 박사 학위를 받았다. 30년 가까이 대학에서 학생들을 가르쳤으며, 지금은 번역과 집필에 전념하고 있다. 2005년 제46회 한국출판문화상, 2016년 제34회 한국과학기술도서상 번역상을 수상했다. 옮긴 책으로 《신의 입자》, 《보통 사람을 위한 현대수학》, 《슈뢰딩거의 고양이를 찾아서》, 《엔드 오브 타임》, 《엘러건트 유니버스》, 《파인만의 물리학 강의》, 《페르마의 마지막 정리》, 《평행우주》 등 100여 권이 있으며, 지은 책으로는 어린이 과학동화 〈나의 첫 과학책〉 시리즈와 《별이 된 라이카》 등이 있다.

프린키피아

한정판 1쇄 발행일 2023년 4월 10일
일반판 1쇄 발행일 2023년 6월 19일
일반판 2쇄 발행일 2024년 1월 8일

지은이 아이작 뉴턴
옮긴이 박병철

발행인 김학원
발행처 (주)휴머니스트출판그룹
출판등록 제313-2007-000007호(2007년 1월 5일)
주소 (03991) 서울시 마포구 동교로23길 76(연남동)
전화 02-335-4422 **팩스** 02-334-3427
저자·독자 서비스 humanist@humanistbooks.com
홈페이지 www.humanistbooks.com
유튜브 youtube.com/user/humanistma **포스트** post.naver.com/hmcv
페이스북 facebook.com/hmcv2001 **인스타그램** @humanist_insta

편집주간 황서현 **기획** 전두현 **편집** 정일웅 **디자인** 김태형
조판 홍영사 **용지** 화인페이퍼 **인쇄** 청아디앤피 **제본** 다인바인텍

ISBN 979-11-7087-000-5 93400